第三届青年治淮论坛论文集

中国水利学会
水利部淮河水利委员会　编

黄河水利出版社
·郑州·

内容提要

本书为第三届青年治淮论坛论文集。围绕“创新驱动、推进生态淮河建设”主题，青年作者在流域水旱灾害综合防治、生态流域与民生水利、流域水资源优化管理、水利改革与能力建设、互联网+流域大数据战略、设计与施工等方面，提出了许多好的思路、观点和建议。

本论文集可供水利科研人员、相关领域学者以及关心支持治淮事业发展的读者学习参考。

图书在版编目(CIP)数据

第三届青年治淮论坛论文集/中国水利学会，水利部淮河水利委员会编.—郑州：黄河水利出版社，2018.5

ISBN 978-7-5509-2010-1

Ⅰ.①第… Ⅱ.①中…②水… Ⅲ.①淮河-流域综合治理-文集 Ⅳ.①TV882.3-53

中国版本图书馆 CIP 数据核字(2018)第 068769 号

组稿编辑：杨雯惠　电话：0371-66020903　E-mail：yangwenhui923@163.com

出 版 社：黄河水利出版社

地址：河南省郑州市顺河路黄委会综合楼 14 层　邮政编码：450003

发行单位：黄河水利出版社

发行部电话：0371-66026940、66020550、66028024、66022620(传真)

E-mail：hhslcbs@126.com

承印单位：河南瑞之光印刷股份有限公司

开本：890 mm×1 240 mm　1/16

印张：39

字数：1 208 千字　　印数：1—1 000

版次：2018 年 5 月第 1 版　　印次：2018 年 5 月第 1 次印刷

定价：160.00 元

《第三届青年治淮论坛论文集》

编　委　会

前 言

为科学实施“十三五”流域治淮规划，展现青年治淮工作者奋发向上、勇于担当的精神风采，2017 年 11 月 3 日，中国水利学会和水利部淮河水利委员会在安徽省蚌埠市联合主办了“第三届青年治淮论坛”。论坛围绕“创新驱动，推进生态淮河建设”主题，展开“流域水旱灾害综合防治”“生态流域与民生水利”“流域水资源优化管理”“水利改革与能力建设”“互联网+流域大数据战略”“设计与施工”等学术方面的交流与研讨。中国水利学会、水利部淮河水利委员会、豫皖苏鲁四省水利厅和青岛市水利局的领导，相关单位负责人、专家、学者及代表 200 多人应邀到会。

论坛特邀了 4 名中青年专家做专题学术报告，17 名优秀论文作者代表做大会交流，他们以严谨的学术态度，立足各自专业领域，发表了具有前沿性的学术观点和真知灼见，充分体现了科技创新与治淮实践的有机结合，为进一步治淮提供了有力支撑。

本次论坛由中国水利学会淮河研究会承办，中国水利学会青年科技工作委员会，河南、安徽、江苏、山东及青岛市水利学会协办。论文征集过程中，得到了水利部淮河水利委员会、流域四省青年治淮工作者的积极响应，共收到论文 165 篇。经专家评审，145 篇论文入选，其中 39 篇评为优秀论文。会后，根据论坛组委会安排，经作者修改完善，我们将 145 篇入选论文汇编成集，并正式出版。由于编辑出版的时间仓促，编者水平有限，疏漏和不当之处，敬请广大读者批评指正。

编 者

2018 年 5 月

目　录

第1篇　流域水旱灾害综合防治专题

第2篇　生态流域与民生水利专题

第3篇 流域水资源优化管理专题

第4篇 水利改革与能力建设专题

第5篇 互联网+流域大数据战略专题

第6篇 设计与施工专题

第1篇　流域水旱灾害综合防治专题

佛子岭水库群洪水资源化预蓄预泄风险决策模型

徐　斌[1]　储晨雪[2]　钟平安[1]　田向忠[3]

(1. 河海大学水文水资源学院　江苏南京　210098;
2. 河海大学外国语学院　江苏南京　210098;
3. 安徽省佛子岭水库管理处　安徽六安　237272)

摘　要:水库群洪水资源利用是协调解决淮河流域防洪、水资源问题的有效手段。针对传统基于预蓄预泄理念的洪水资源化模型对实时防洪风险考虑的不足,提出结合风险决策理论的水库群洪水资源化预蓄预泄模型。模型以实时洪水预报误差导致的下游防洪点水量超标作为风险指标,在保证风险指标不超阈值的前提下适量承担防洪风险、挖掘洪水资源风险价值。以东淠河佛子岭水库群系统为例验证了模型有效性,结果表明:以20160630洪水为例,在相同防洪风险水平下,本模型相对于传统模型可增蓄洪水资源量3.1%,增加经济效益3.4%。

关键词:水库调度　洪水资源化　防洪风险　风险决策

1　引言

淮河流域地处我国南北气候过渡带,在复杂天气系统作用下,暴雨频繁,是洪涝灾害频发区。流域水资源总量偏少且时空分布极不均匀,人口稠密、耕地率高,人均、亩均水资源占有量少,水资源问题突出。经过60多年的治理,淮河流域基本形成了由水库、闸坝、分洪河道、堤防、行蓄洪区、湖泊等工程设施形成的六位一体防洪工程体系,在历次洪水调度中发挥了重要作用,取得了巨大的防洪效益。然而,目前过度侧重防洪安全的调节方式导致工程的防洪与水资源协同调控能力不足,防洪、水资源矛盾显著。研究水库群工程体系的洪水资源化调控方式即在防洪安全、经济可行、生态友好的前提下蓄滞洪水并将其转化为可供利用的水资源,实现防洪减灾、水资源利用的双重目的。洪水资源化可显著提高淮河流域防洪工程群体系的多目标综合效益,提升工程体系科学管理调度技术水平,具有显著的社会经济效益和研究价值。

长期以来,基于水库调节的洪水资源利用研究侧重于结合水文水情预报技术、优化决策理论、统计方法对原设计汛限水位进行"安全阈度"范围内的浮动,以期在不降低防洪标准条件下增蓄水量。代表性成果包括水库分期汛限水位以及水库汛限水位动态控制技术。其中,水库汛限水位动态控制是一种挖掘洪水资源的动态调控技术。针对分期汛限水位方法未能结合考虑实时水雨情预报信息的不足,汛限水位动态控制要求依据实时水雨工情信息动态确定水位浮动范围。预蓄预泄法为汛限水位动态控制的代表性方法,其核心理念为根据洪水预报预见期内水库的预泄能力确定动态控制阈值上限。因此,即使水库超蓄后遭遇洪水过程,水库依然可在有效预见期内通过预泄水量将水位降至汛限水位以保障防洪安全。该方法目前在汛限水位动态控制试点水库、流域中已广泛应用,成效显著。

然而,在水库实时洪水资源化调度过程中,受预报水平限制,在洪水形成过程中无法准确获知未来洪水的全过程,因此洪水预报的不确定性导致洪水资源利用存在一定风险。所以,传统预蓄预泄法确定的阈值上限并不一定能保证洪水调度过程无风险。针对该问题,本文在考虑预报不确定条件下建立水库群洪水资源化预蓄预泄风险决策模型,在适量承担防洪风险条件下寻求洪水资源化的实时超蓄上限方案。以东淠河佛子岭水库群为例验证了模型有效性。

2　水库洪水资源化预蓄预泄模型

预蓄预泄法以洪水有效预见期内的水量预泄能力确定汛限水位动态控制的上限阈值,即预蓄的最大洪水资源量不超过可安全预泄的水量：

$$W = \sum_{t=1}^{\tau} (O_t - I_t) \cdot \Delta t \tag{1}$$

式中：W 为预蓄水量，m^3；t 为时段序号；τ 为洪水预报有效预见期；I_t 为 t 时段预报入库流量，m^3/s；O_t 为 t 时段预泄流量，m^3/s，可依据下游河道安全泄量、水库泄流能力、防洪安全阈度水平等因素综合确定；Δt 为时段长，s。

可见，洪水资源化总量与有效预见期、预报入库流量、预泄流量等因素有关。由于水库实时调度中洪水预见期、预报入库流量均具有不确定性，且预泄流量受水库调度方式高度影响，传统的预蓄预泄法并不能完全规避防洪风险；此外，该方法未评估预蓄水量下的实时防洪风险大小。在考虑洪水预报不确定的条件下，该方法的应用具有一定局限性。

3　风险源及防洪风险

洪水资源化利用中的洪水预报误差是实时调度决策的主要风险来源，在预报结果偏小的条件下可能导致实时洪水资源利用存在水量超额的风险。然而，洪水资源效益往往与防洪风险正向关联，一方面，水量超额的风险可能给系统带来经济损失，但完全消除风险将降低洪水资源效益。因此，在考虑洪水预报误差条件下进行洪水资源化实时调度决策的关键在于如何确定防洪风险大小与洪水资源化效益的置换关系，在适量承担风险的前提下实现超蓄增效。

洪水资源化风险源为预报误差，就包含 n 座水库的混联水库群系统而言，即各库所辖区间洪量的预报相对误差：

$$\delta_i = (WU_i - WF_i)/WU_i, i = 1,2,\cdots,n \tag{2}$$

式中：δ_i 为水库 i 控制区间的洪量的预报相对误差(%)；WU_i、WF_i 分别为实际区间洪量、预报区间洪量，m^3。

在无预报系统偏差的条件下，一般可认为预报相对误差 δ_i 服从正态分布，$\delta_i : N(0,\sigma_i^2)$，$\sigma_i$ 为误差分布的标准差(%)。

由于洪水预报不确定性可能导致实际洪量大于预报洪量，超过预报值的超额洪量可从两个途径消化：利用水库库容蓄存或下泄至下游河道。由水库蓄存超额洪量可能增加水库自身防洪风险，而下泄至下游河道将增大堤防防洪风险。由于洪水资源化主要针对风险较小的中小洪水，一般而言远不足下游防洪标准，在此条件下，超额洪量对水库自身防洪安全影响较小，可主要考虑下游防洪风险。因此，本文将风险定义为下游防洪点最大超额流量的期望值，作为下游防洪风险导致损失的近似值：

$$R = E[\max_{t\in[1,T]} \{Os_t\}] \tag{3}$$

式中：R 为防洪风险，m^3/s；Os_t 为 t 时段超额流量，m^3/s；$E[\cdot]$ 为期望值算子。

若防洪点距离最下游水库距离较近，在可忽略最下游水库至防洪点的区间入流的条件下，超额流量主要取决于最下游水库的出库流量大小：

$$Os_t = \begin{cases} O_{n,t} - \overline{O}, O_{n,t} > \overline{O} \\ 0, O_{n,t} \leqslant \overline{O} \end{cases} \tag{4}$$

式中：对于某包含 n 座水库的混联水库群系统而言，$O_{n,t}$ 为最下游水库在 t 时段的出库流量，m^3/s；$\overline{O}$ 为河道防洪点的泄量阈值，m^3/s。

4　水库群洪水资源化预蓄预泄风险决策模型

风险与效益并存是水库洪水资源利用的特点。在适量承担风险的条件下最大化洪水资源效益属于风险决策问题，即识别、评估不同决策方案对应系统未来可能发生的各种状态及对应风险后，选择一定风险程度下洪水资源效益最大的决策方案。

4.1　目标函数

依据预蓄预泄法的思想，洪水资源效益即水库群系统超汛限水位预蓄的潜在经济效益，该效益值取决于决策者在次洪调度决策过程中能承担的最高风险水平。考虑实时预报误差条件下，以洪水调度过程中一定风险水平下对应的库群水量预泄能力确定汛限水位动态控制的阈值上限。考虑到水库供水对象及单价的不一致性，洪水资源在不同水库蓄存的价值不一样。因此，以系统总的洪水资源潜在效益最大为决策目标：

$$\max B = \sum_{i=1}^{n} S_{i,1} \cdot p_i \tag{5}$$

式中：B 为预蓄达到的蓄量组合方案条件下库群系统蓄存洪水资源的潜在效益，元；$S_{i,1}$ 为水库 i 面临时刻可预蓄至的库容阈值上限，m^3；p_i 为水库 i 单方洪水资源量的供水效益，元/m^3。

4.2　约束条件

在依据统计预报误差结果下，可结合预报洪水过程及预报误差采用统计抽样 Neural gas 方法生成实际洪水过程的模式集，即各种可能发生的实际洪水过程的情景模式 $IU^j = (Iu^j_{1,t}, Iu^j_{2,t}, \cdots, Iu^j_{n,t}), t = 1,2,\cdots,T; j = 1,2,\cdots,J$ 及发生概率 $P(Iu^j)$。其中，实际洪水过程的情景模式即各库各时段实际区间来水($Iu^j_{i,t}$)组成的向量，发生概率与实际洪水的洪量大小有关。在误差服从正态分布的条件下，与预报洪水偏差较大的实际洪水模式发生概率较小，而偏差较小的实际洪水模式发生概率较大。

在各实际洪水模式下，洪水资源化调度均满足如下约束条件：

（1）水量平衡约束。

$$S^j_{i,t+1} = S^j_{i,t} + [\sum_{k \in \Omega_i} (Iu^j_{k,t} + O^j_{k,t}) - O^j_{i,t}] \Delta t, i = 1,2,\cdots,n; t = 1,2,\cdots,T; j = 1,2,\cdots,J \tag{6}$$

式中：$S^j_{i,t}$，$S^j_{i,t+1}$ 分别为水库 i 在实际洪水模式 j 下 t 时段初以及时段末的库蓄水量，m^3；$O^j_{i,t}$ 为水库 i 在实际洪水模式 j 下 t 时段出库流量，m^3/s；Ω_i 为与水库 i 有直接水力联系的上游水库集合；J 为模式情景总数。

（2）蓄量约束。

$$\underline{S_{i,t+1}} \leqslant S^j_{i,t+1} \leqslant \overline{S_{i,t+1}} \tag{7}$$

式中：$\overline{S_{i,t+1}}$、$\underline{S_{i,t+1}}$ 分别为第 i 库第 t 时段末蓄量上、下限，m^3。

（3）泄流能力约束。

$$O^j_{i,t} \leqslant \overline{O_{i,t}} \tag{8}$$

式中：$\overline{O_{i,t}}$ 为第 i 库第 t 时段泄流能力，m^3/s。

（4）初始、边界条件。

由预蓄库容不低于汛限水位对应库容，以及期末（洪末）库容期望值不高于汛限水位对应库容可得：

$$\begin{gathered} S_{i,1} \geqslant SF_i \\ E[S_{i,T+1}] \leqslant SF_i \end{gathered} \tag{9}$$

式中：SF_i 为汛限水位对应库蓄量，m^3。

（5）防洪风险约束。

洪水调度过程的系统防洪风险不高于阈值水平：

$$R \leqslant \overline{R} \tag{10}$$

式中：$\overline{R}$ 为风险阈值水平，m^3/s。

4.3　模型求解

由上述模型可知，当预蓄水量 $\sum_{i=1}^{n} S_{i,1}$ 越大，洪水调度过程中需下泄的水量越多，因此造成的防洪风险值 R 越高。在限定风险水平不超过 $\overline{R}$ 的条件下，必然可求得对应的最大预蓄水量。对于该非线性约束优化模型，在给定参数条件下可采用非线性规划方法进行求解。

5 算例分析

5.1 佛子岭水库群系统概况

淠河流域地处东亚季风湿润气候区,为淮河流域雨量最丰沛的地带,降水年际变化大,年内分配不均,属于水旱灾害多发区。汛末夏秋之交农作物需水高峰期却雨量稀少,使下游淠史杭灌区灌溉用水紧张,极易形成干旱。防洪与水资源问题矛盾突出。为解决防洪、水资源问题,支流东淠河水系建有磨子潭、白莲崖、佛子岭混联水库群系统。系统承担下游霍山县城及下游横排头的防洪任务,并协同其余大型水库工程为淮河干流提供滞洪、错峰;此外,该水库群为淠河灌区660万亩(1亩=1/15 hm^2,下同)农田提供灌溉用水以及下游城市(六安市、合肥市等)、乡镇和农村提供一定量生活和工业用水。系统拓扑结构示意图及主要控制站点位置分布见图1。

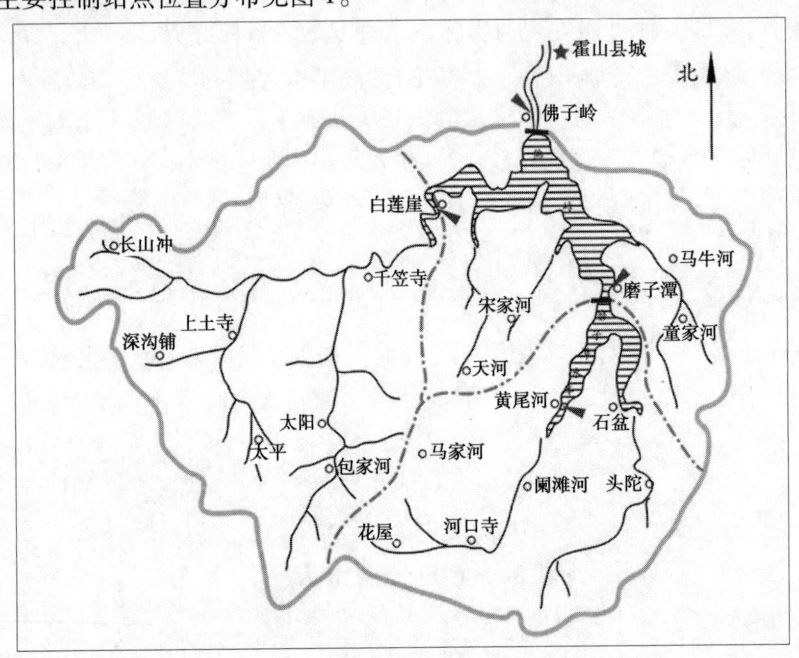

图1 东淠河混联水库群系统概化示意图

以2016年6月30日至7月4日洪水过程为例,本次洪水过程主要受移动强降雨云系影响,全流域普遍降雨。7月1日4时雨势渐强,至1日19时趋弱。白莲崖流域为暴雨中心:白莲崖雨量站连续14 h降雨达248 mm。依据水库群目前的洪水自动预报精度水平,下游佛子岭入库洪水有效预见期可达8 h。在下游霍山县城控制断面流量阈值水平2 800 m^3/s的条件下,依据传统预蓄预泄法计算系统总超蓄水量可达5 623万m^3。在暴雨中心位于白莲崖流域的条件下,将超蓄水量按照防洪库容分配准则蓄存至磨子潭、佛子岭以上。

5.2 模型结果

将传统预蓄预泄模型以及本文提出的风险决策模型分别应用于该水库群系统。依据水库群系统洪水预报精度水平统计预报误差,根据预报洪水过程生成可能出现的实际洪水过程情景模式55种。将原预蓄预泄模型计算的超蓄结果按预蓄预泄调控规则进行水库群防洪联合调度,评估该模型对应超蓄方案下产生的下游防洪风险。作为比较,将该风险值作为风险决策模型约束条件中的风险阈值水平,求解同等防洪风险水平下两种模型洪水资源化效益的差异。结果见表1。

表1　两种模型超蓄风险、效益计算结果

水库	原预蓄预泄模型					预蓄预泄风险决策模型				
	预蓄库容（$\times10^6m^3$）	超蓄水量（$\times10^6m^3$）	超蓄效益（$\times10^6$元）	防洪风险（m^3/s）	风险率（%）	预蓄库容（$\times10^6m^3$）	超蓄水量（$\times10^6m^3$）	超蓄效益（$\times10^6$元）	防洪风险（m^3/s）	风险率（%）
白莲崖	179.26	0	0	11	29	179.26	0	0	11	5
磨子潭	139.67	18.76	3.57			141.03	20.12	3.82		
佛子岭	243.06	37.53	5.63			243.43	37.90	5.68		
汇总		56.29	9.20				58.02	9.50		

由结果可知：

（1）按原预蓄预泄模型超蓄的结果，对应调度过程中最大超额流量的期望值（防洪风险）为 11 m^3/s，对应超过防洪点泄量阈值的概率为29%。在控制相同防洪风险条件下，风险决策模型可将风险事件的发生概率降低至5%。

（2）与原模型结果相比，在相同防洪风险水平下，风险决策模型可增蓄水量172万m^3，等价于增加效益32万元。应用模型可使磨子潭水库增蓄水量136万m^3，佛子岭水库增蓄水量37万m^3。

图2为两种模型下各库主要调度结果。

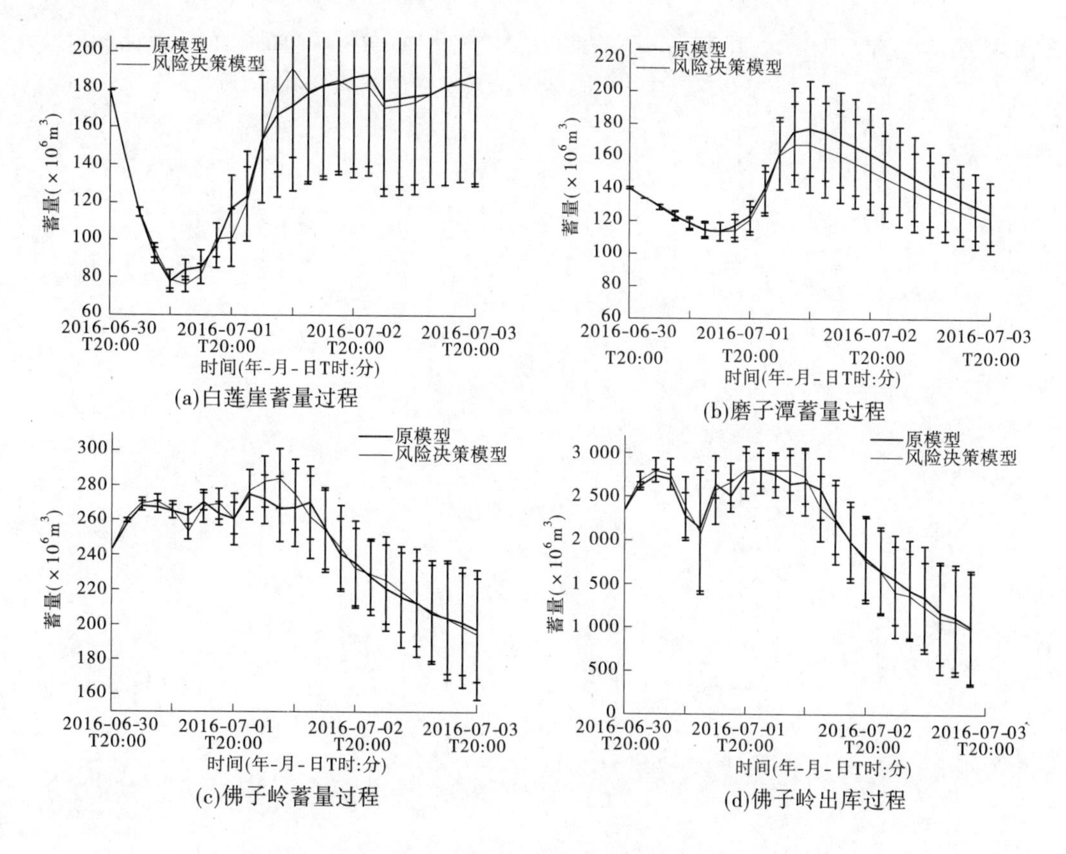

图2　不同模型下水库群系统调度结果

由图2可知，在两种调度模型下，白莲崖的调度蓄量过程线基本无差异。由于白莲崖水库洪量大，在两种模型下均以保障自身防洪安全为主，不宜超蓄；磨子潭水库富余库容多，可通过适量预泄降低自身防洪风险，因此该库超蓄水量最大，效益最高；风险决策方案下佛子岭水库蓄量过程线略高，利用库容调蓄降低了下游防洪风险事件发生的概率，受限于富余库容条件，超蓄效益较低。

6 结论

洪水资源化是协调防洪、水资源矛盾的有效手段,关键问题在于调控防洪风险。传统基于预蓄预泄思想的水库洪水资源化模型未考虑实时洪水调度过程中因预报误差导致的风险。针对该问题,本文提出基于风险决策理论的水库群洪水资源化预蓄预泄模型,应用于东淠河混联水库群系统20160630洪水实时调度决策中,取得如下结论:相对于传统预蓄预泄法超蓄结果,在相同防洪风险水平下,风险决策模型可将风险事件的发生概率降低24%,洪水资源化水量增蓄3.1%,对应效益增益3.4%。

参考文献

[1] 储德义. 基于最严格水资源管理制度下的淮河流域水资源管理[J]. 治淮,2012(09):4-6.

[2] 邱瑞田,王本德,周惠成. 水库汛期限制水位控制理论与观念的更新探讨[J]. 水科学进展,2004(01):68-72.

[3] 高波,吴永祥,沈福新,等. 水库汛限水位动态控制的实现途径[J]. 水科学进展,2005(03):406-411.

[4] 刘攀,郭生练,王才君,等. 三峡水库动态汛限水位与蓄水时机选定的优化设计[J]. 水利学报,2004(07):86-91.

[5] 丁伟,梁国华,周惠成,等. 基于洪水预报信息的水库汛限水位实时动态控制方法研究[J]. 水力发电学报,2013(05):41-47.

[6] 朱永英,袁晶瑄,王国利,等. 实时预蓄预泄法汛限水位动态控制与应用[J]. 辽宁工程技术大学学报(自然科学版),2008(04):606-609.

[7] Xu B, Zhong P, Zambon R C, et al. Scenario tree reduction in stochastic programming with recourse for hydropower operations[J]. Water Resources Research,2015, 51(8):6359-6380. DOI:10.1002/2014WR016828.

作者简介:徐斌,男,1986年5月生,讲师,主要从事水资源规划与管理。E-mail:xubin_hhu@hhu.edu.cn.

淮河洪水概率预报方法研究及应用

王　凯[1]　蒋晓蕾[2]

(1. 淮河水利委员会水文局(信息中心)　安徽蚌埠　233001;
2. 河海大学　江苏南京　210098)

摘　要:提出一种考虑误差异分布的概率预报方法:根据实测及预报洪水信息,估计不同量级洪水预报误差的概率分布,构造线性似然函数,推求预报流量的后验分布,实现洪水概率预报。以淮河王家坝断面为对象,采用新安江洪水预报模型对1991~2012年28场洪水进行预报并分析误差规律,发现不同量级洪水预报误差的均值差异显著,即误差具有异分布特征。为此,构建误差均值与预报值之间的函数关系,建立以预报流量为条件的误差概率分布。在此基础上,对2场洪水进行概率预报,结果表明基于误差异分布的洪水概率预报模型简单实用;若以概率分布期望值作为定值预报,相较于经验预报结果,精度更高。

关键词:淮河　洪水　概率预报

1　研究背景

水文预报是一种重要的防洪非工程措施,直接为防汛抗旱和水资源管理服务。目前,广泛使用的水文预报模型大多是确定性的,模型以确定预报值的形式输出给用户。实际上,由于水文过程的影响因素复杂多变,加之人类的认识水平有限,使得水文预报过程中不可避免地存在诸多的不确定性。目前,水文预报不确定性量化已逐渐成为研究热点,概率预报作为其重要的表现形式,已成为水文预报的发展趋势。

当前国内外关于洪水概率预报的研究主要包括两类途径:第一类是全要素耦合途径,分别量化降雨—径流过程各个环节的主要不确定性,如降雨输入的不确定性、模型结构的不确定性、模型参数的不确定性等,并进行耦合,实现概率预报。如Kavetski等采用"潜在变量"雨深乘子(Storm Depthmultiplier)反映降雨输入的不确定性,并将模型的敏感性参数随机化,应用马尔可夫链蒙特卡洛(Markov Chain Monte Carlo,MCMC)采样方法求解流量后验分布,提出贝叶斯总误差分析(Bayesian Total Error Analysis,BATEA)方法。在国内,李明亮等基于层次贝叶斯模型(Bayesian hierarchical model),构建联合概率密度函数以考虑模型参数和降雨输入的不确定性,并采用MCMC方法进行求解。梁忠民等借用抽站法原理推求降雨量的条件概率分布,进而实现考虑输入不确定性的洪水概率预报。全要素耦合途径能够溯源预报不确定性,但计算相对耗时,无法满足实时预报的需要。

第二类是总误差分析途径,即从确定性预报结果入手,直接对预报不确定性进行量化分析,推求预报量的分布函数,实现概率预报。Krzysztofowicz等提出的贝叶斯预报系统(Bayesian Forecasting System,BFS)最具代表性,其中水文不确定性处理器(Hydrologic Uncertainty Processor,HUP)在正态空间中对似然函数进行了线性假定,为推求预报量后验分布的解析表达提供了可能。王善序详细介绍了BFS的理论,并指出它可以综合考虑预报过程的不确定性,不限定预报模型的内部结构。近年来,很多研究表明,不同流量级的预报不确定性存在差异。王晶晶等在原始空间中开展预报误差规律研究,发现不同流量级的误差服从不同的分布函数,为此采用极小熵确定各分布线型,采用极大熵进行参数估计,进而降低了福建池潭水库管理的风险。Van Steenbergen等针对不同预见期、不同流量级预报误差统计规律的差异,采用频率学方法,构建了三维误差矩阵,量化预报不确定性。

本文在第二类研究途径框架下,结合研究区域(淮河王家坝断面)预报误差的统计特征,假定误差均值随流量级呈分段线性变化,在贝叶斯预报系统的基础上,对其水文不确定性处理器进行改进,提出改进的贝叶斯概率预报系统(PCA-HUP),定量评估单个水文模型预报结果的可靠度,实现概率预报。

2　模型方法

考虑误差异分布的洪水概率预报方法不涉及预报的中间环节,只对预报结果进行分析,定量评估预报结果的不确定性,并在此基础上实现洪水概率预报。在贝叶斯预报系统的基础上,对其水文不确定性处理器进行改进,提出改进的贝叶斯概率预报系统,定量评估单个水文模型预报结果的可靠度,实现概率预报。

2.1　HUP 基本原理

水文不确定性处理器是贝叶斯概率预报系统的主要组成部分,用以分析除降雨外的其他所有不确定性。其特点是,不需要直接处理预报模型的结构与参数,而是从预报结果入手,分析其与实测水文过程的误差,再利用贝叶斯公式估计预报变量的概率分布,从而实现水文模型预报结果的不确定性分析及概率预报。其工作流程如图 1 所示。

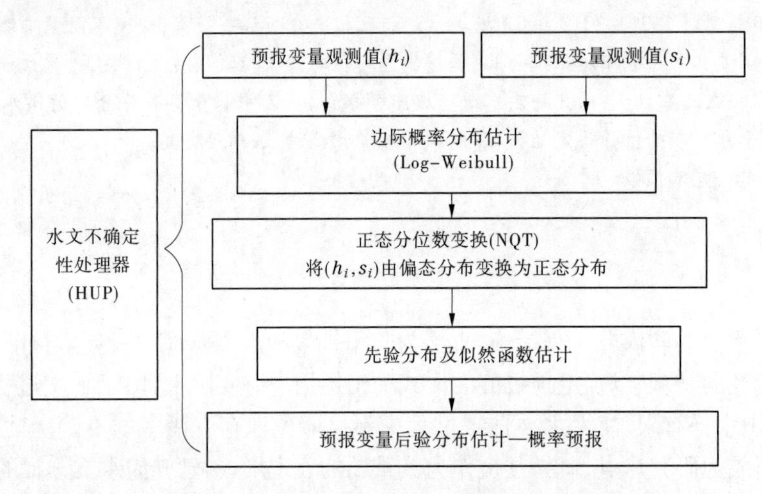

图 1　水文不确定性处理器工作流程示意图

2.2　改进的概率洪水预报 PCA - HUP 模型

为推求预报量后验分布的解析解,传统 HUP 模型结合亚高斯模型,在正态空间中对先验分布式和似然函数式进行线性假设,并采用最小二乘法对相关参数进行估计。

然而,由于似然函数式的自变量之间存在明确的线性关系,必然导致回归方程的多重共线性问题。若采用传统最小二乘法进行参数估计,会使得估计的回归系数不唯一,也使得回归方程不稳定(原始数据的极小变化可造成参数估计值和标准差的明显变化)。因此,本项目研究结合主成分分析技术(Principal Components Analysis,PCA),对传统 HUP 模型进行改进,提出 PCA - HUP 模型。

主成分回归的基本思想:对原始回归变量进行主成分分析,将线性相关的自变量,转化为线性无关的新的综合变量,采用新的综合变量建立模型回归方程。

2.2.1　主成分分析

设 $X=(X_1,X_2,\cdots,X_p)^{\mathrm{T}}$ 是 p 维随机向量,均值 $E(X)=\mu$,协方差阵 $D(X)=\sum$。

考虑它的线性变换:

$$\left.\begin{aligned} Z_1 &= a_1^{\mathrm{T}}X = a_{11}X_1 + a_{21}X_2 + \cdots + a_{p1}X_p \\ Z_2 &= a_2^{\mathrm{T}}X = a_{12}X_1 + a_{22}X_2 + \cdots + a_{p2}X_p \\ &\vdots \\ Z_p &= a_p^{\mathrm{T}}X = a_{1p}X_1 + a_{2p}X_2 + \cdots + a_{pp}X_p \end{aligned}\right\} \tag{1}$$

用矩阵表示为:

$$Z = A^{\mathrm{T}}X = \begin{bmatrix} a_{11} & a_{21} & \cdots & a_{p1} \\ a_{12} & a_{22} & \cdots & a_{p2} \\ \vdots & \vdots & & \vdots \\ a_{1p} & a_{2p} & \cdots & a_{pp} \end{bmatrix} \cdot \begin{bmatrix} X_1 \\ X_2 \\ \vdots \\ X_p \end{bmatrix} = \begin{bmatrix} Z_1 \\ Z_2 \\ \vdots \\ Z_p \end{bmatrix} \tag{2}$$

由式(2)可以将 p 个 $X_1,X_2,\cdots,X_p$ 转化为 p 个新变量 $Z_1,Z_2,\cdots,Z_p$，若新变量 $Z_1,Z_2,\cdots,Z_p$ 满足下列条件：

(1) Z'_i 和 Z_j 相互独立，$i \neq j, i,j = 1,2,\cdots,p$；

(2) $\mathrm{var}(Z_1) \geqslant \mathrm{var}(Z_2) \geqslant \cdots \geqslant \mathrm{var}(Z_p)$；

(3) $a_i^{\mathrm{T}} a_j = 1$，即 $a_{i1}^2 + a_{i2}^2 + \cdots + a_{ip}^2 = 1, i = 1,2,\cdots,p$；

则新变量 $Z_1,Z_2,\cdots,Z_p$ 为 $X_1,X_2,\cdots,X_p$ 的 p 个主成分，且 $Z_1,Z_2,\cdots,Z_p$ 线性无关。

2.2.2 主成分回归

实际问题中不同的变量经常具有不同的量纲，变量的量纲不同会使分析结果不合理，将变量进行标准化处理可避免这种不合理的影响。

对数据进行标准化首先要得出样本标准差和样本均值，记 s_j 为 x_j 样本的标准差，即 $s_j = \sqrt{\mathrm{var}(x_j)}$，$\bar{x}_j$ 是 x_j 的样本均值，即 $\bar{x}_j = \dfrac{1}{n}\sum_{i=1}^{n} x_{ij}$，原始数据的标准化变换为：

$$X_{ij} = \frac{x_{ij} - \bar{x}_j}{s_j}, j = 1,2,\cdots p \tag{3}$$

标准化后的数据矩阵为：

$$X = \begin{bmatrix} X_{11} & X_{12} & \cdots & X_{1p} \\ X_{21} & X_{22} & \cdots & X_{2p} \\ \vdots & \vdots & & \vdots \\ X_{n1} & X_{n2} & \cdots & X_{np} \end{bmatrix} = (X_1, X_2, \cdots, X_p) \tag{4}$$

标准化后，X 的相关系数阵也就是 X 的协方差阵(半正定矩阵)：

$$R = \mathrm{cov}(X) = \begin{bmatrix} r_{11} & r_{12} & \cdots & r_{1p} \\ r_{21} & r_{22} & \cdots & r_{2p} \\ \vdots & \vdots & & \vdots \\ r_{p1} & r_{p2} & \cdots & r_{pp} \end{bmatrix} = \begin{bmatrix} 1 & r_{12} & \cdots & r_{1p} \\ r_{21} & 1 & \cdots & r_{2p} \\ \vdots & \vdots & & \vdots \\ r_{p1} & r_{p2} & \cdots & 1 \end{bmatrix} \tag{5}$$

其中：

$$r_{ij} = \frac{\sum_{k=1}^{n} (x_{ki} - \bar{x}_i)(x_{kj} - \bar{x}_j)}{\sqrt{\sum_{k=1}^{n} (x_{ki} - \bar{x}_i)^2 \sum_{k=1}^{n} (x_{kj} - \bar{x}_j)^2}} \tag{6}$$

采用 Lagrange 乘子法求解，可以求得：

$$R = \begin{bmatrix} a_{11} & a_{12} & \cdots & a_{1p} \\ a_{21} & a_{22} & \cdots & a_{2p} \\ \vdots & \vdots & & \vdots \\ a_{p1} & a_{p2} & \cdots & a_{pp} \end{bmatrix} \cdot \begin{bmatrix} \lambda_1 & & & \\ & \lambda_2 & & \\ & & \ddots & \\ & & & \lambda_p \end{bmatrix} \cdot \begin{bmatrix} a_{11} & a_{21} & \cdots & a_{p1} \\ a_{12} & a_{22} & \cdots & a_{p2} \\ \vdots & \vdots & & \vdots \\ a_{1p} & a_{2p} & \cdots & a_{pp} \end{bmatrix} \tag{7}$$

其中：$\lambda_1 \geqslant \lambda_2 \geqslant \cdots \geqslant \lambda_p \geqslant 0$ 为 R 的特征值，$a_1, a_2, \cdots, a_p$ 是相对应的单位正交特征向量，$a_p = (a_{1p}, a_{2p}, \cdots, a_{pp})^{\mathrm{T}}$。

主成分回归可以得到 p 个主成分，这 p 个主成分之间互相独立，且方差呈递减趋势，所包含的自变量的信息也是递减的。即主成分对因变量的贡献率是递减的，第 i 个主成分 Z_i 的贡献率可以用 $\dfrac{\lambda_i}{\sum_{i=1}^{p} \lambda_i}$

来表示。

在实际问题的分析时，由于主成分的贡献率是递减的，后面的主成分贡献率有时会非常小，所以一般不选取 p 个主成分，而是根据累计贡献率来确定主成分个数，即前 m 个主成分的累计贡献率达到 0.85 时，选取前 m 个主成分进行回归。则原始回归问题转化为以下回归问题：

$$y_t = b_0 + b_1 Z_{t1} + b_2 Z_{t2} + \cdots + b_m Z_{tm} + \varepsilon_t, t = 1,2,\cdots,n \tag{8}$$

其中：$E(\varepsilon_t) = 0, \mathrm{var}(\varepsilon_t) = \sigma^2, \mathrm{cov}(\varepsilon_i,\varepsilon_i) = 0, i \neq j$

回归模型的矩阵形式为：

$$Y = CB + \varepsilon = \begin{bmatrix} 1 & Z_{11} & \cdots & Z_{1m} \\ 1 & Z_{21} & \cdots & Z_{2m} \\ \vdots & \vdots & & \vdots \\ 1 & Z_{n1} & \cdots & Z_{nm} \end{bmatrix} \cdot \begin{bmatrix} b_1 \\ b_2 \\ \vdots \\ b_n \end{bmatrix} + \begin{bmatrix} \varepsilon_1 \\ \varepsilon_2 \\ \vdots \\ \varepsilon_n \end{bmatrix} = \begin{bmatrix} y_1 \\ y_2 \\ \vdots \\ y_n \end{bmatrix}$$

采用最小二乘法估计参数矩阵 B，根据式(1)和式(3)可以估计因变量矩阵 Y 与自变量矩阵 X 之间的回归系数矩阵。

由此可见，主成分回归模型是对普通的最小二乘法估计的改进，首先选取主成分，克服自变量间的多重共线性，然后对所选的主成分进行线性回归，进而得到主成分回归方程。

3　实例应用

3.1　研究区概况

王家坝站是淮河上游总控制站，集水面积 30 630 km^2。上游干流河长 360 km，河道比降 0.5%，年平均降水量 800 ~ 1 200 mm，且降水年际变化大，时空分布不均匀。年降水量的 60% 集中在 5 ~ 8 月，以 6、7 两月暴雨次数较多。产生暴雨的主要天气系统是西南低涡、切变线、低压槽和台风等。淮干上游及淮南山区一般是王家坝洪水的主要来源区。

本项目主要针对息县、潢川、班台至王家坝区间（面积为 7 110 km^2）开展研究（见图 2）。

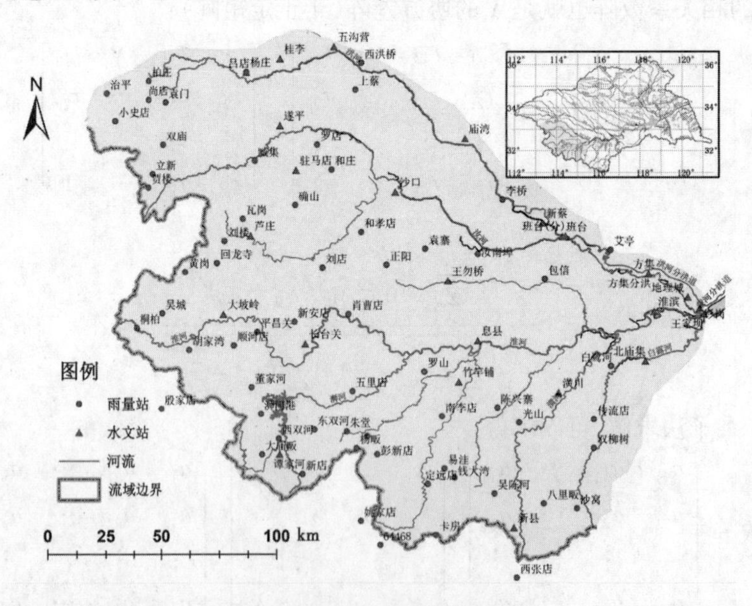

图 2　王家坝断面控制区域图

3.2　概率预报结果

本研究以新安江模型为确定性预报模型，在此基础上，采用 PCA - HUP 模型分别对上述模型预报的可靠度进行定量，并在淮河干流主要控制断面王家坝进行了实际应用，采取滚动预报方式实现了洪水概率预报。

将新安江模型的预报结果与实测资料输入 PCA - HUP 模型中，其中 20 场洪水用于相关参数的率定,8 场洪水用于模型验证。模型相关参数见表 1。以置信度为 90%(亦可采用其他置信度值)的预报区间为例,对概率预报结果进行评估,同时,对流量分布函数的中位数 Q_{50} 进行分位数评价,率定期模型的模拟精度见表 2。

表 1　PCA - HUP 模型参数(王家坝)

Δt (h)	A_n	B_n	D_n	T_n
2	0.016 9	0	0.982 6	0.002 2
4	0.053 9	0	0.944 2	0.007 0
6	0.115 0	0.000 01	0.880 8	0.014 7
8	0.197 7	0.000 02	0.794 7	0.025 2
10	0.273 8	0.000 01	0.715 1	0.035 6
12	0.364 3	0.000 06	0.620 0	0.047 0

表 2　PCA - HUP 模型率定期模拟精度统计(王家坝,Δt = 2 h)

洪号	置信度 90% 的预报区间	覆盖率 CR(%)	离散度 DI	实测洪峰 (m^3/s)	Q_{50}洪峰预报 (m^3/s)	Q_{50}洪峰误差(%)	Q_{50}确定性系数
19910524	[2 550,2 900]	95.77	0.14	2 730	2 720	-0.40	0.99
19910612	[5 940,6 660]	88.76	0.13	6 280	6 290	0.22	0.99
19910629	[5 040,5 670]	91.03	0.13	5 340	5 350	0.19	0.99
19910804	[4 130,4 660]	92.71	0.14	4 390	4 390	0.04	0.99
19910902	[1 040,1 200]	94.70	0.15	1 120	1 120	0.05	0.99
19921003	[721,835]	91.88	0.14	778	776	-0.25	0.99
19940608	[1 050,1 210]	90.76	0.15	1 130	1 130	-0.33	0.99
19961031	[4 330,4 880]	95.09	0.14	4 610	4 600	-0.32	0.99
19980630	[4 110,4 640]	92.98	0.14	4 370	4 370	-0.09	0.99
19980801	[3 560,4 030]	96.96	0.13	3 790	3 790	-0.10	0.99
20020506	[1 060,1 220]	79.75	0.15	1 140	1 140	-0.38	0.99
20030719	[4 280,4 820]	91.26	0.13	4 540	4 540	0.04	0.99
20031005	[2 470,2 810]	100.00	0.14	2 640	2 640	-0.14	0.99
20040717	[2 070,2 360]	90.34	0.14	2 220	2 210	-0.34	0.99
20050513	[1 390,1 600]	93.91	0.15	1 500	1 490	-0.42	0.99
20050625	[1 500,1 720]	83.56	0.14	1 610	1 600	-0.37	0.99
20060722	[1 660,1 900]	99.01	0.15	1 780	1 770	-0.34	0.99
20090828	[2 100,2 390]	88.67	0.15	2 250	2 240	-0.35	0.99
20100709	[4 080,4 600]	97.02	0.14	4 350	4 340	-0.34	0.99
20120907	[1 870,2 140]	85.62	0.14	2 000	2 000	0.08	0.99

由表 2 可知,PCA - HUP 模型率定期模拟结果:预报区间(置信度为 90%)覆盖率较高,且离散度在 0.2 以内。此外,将每一时刻预报量概率分布的中位数预报与实测流量进行比较,确定性系数接近于 1,洪峰误差在 1% 以内,说明中位数预报的精度非常高,且从不同预见期的模拟过程线中可以看出,随着预见期的逐渐增大,区间离散度呈现出递增的趋势。

采用验证期 8 场洪水对概率预报模型进行检验,推求预报流量的概率分布,实现王家坝断面的洪水概率预报。预报精度统计见表 3,预报流量过程线以其中两场为例,预报流量过程线如图 3、图 4 所示。

表 3　PCA - HUP 模型验证期概率预报精度统计(王家坝,Δt = 2 h)

洪号	置信度 90% 的预报区间	覆盖率 CR(%)	离散度 DI	实测洪峰 (m^3/s)	Q_{50}洪峰预报 (m^3/s)	Q_{50}洪峰误差(%)	Q_{50}确定性系数
19920505	[997,1 150]	88.39	0.15	1 070	1 070	0.10	0.99
19950707	[2 440,2 780]	87.68	0.14	2 610	2 610	-0.09	0.99
19980509	[2 540,2 890]	90.95	0.14	2 720	2 710	-0.40	0.99
19990622	[510,593]	97.95	0.14	548	550	0.38	0.99
20050707	[5 950,6 680]	96.25	0.14	6 310	6 310	-0.07	0.99
20050821	[4 670,5 260]	89.60	0.13	4 960	4 950	-0.13	0.99
20080722	[3 980,4 490]	94.31	0.14	4 240	4 230	-0.29	0.99
20100904	[661,767]	99.30	0.15	712	712	0	0.99

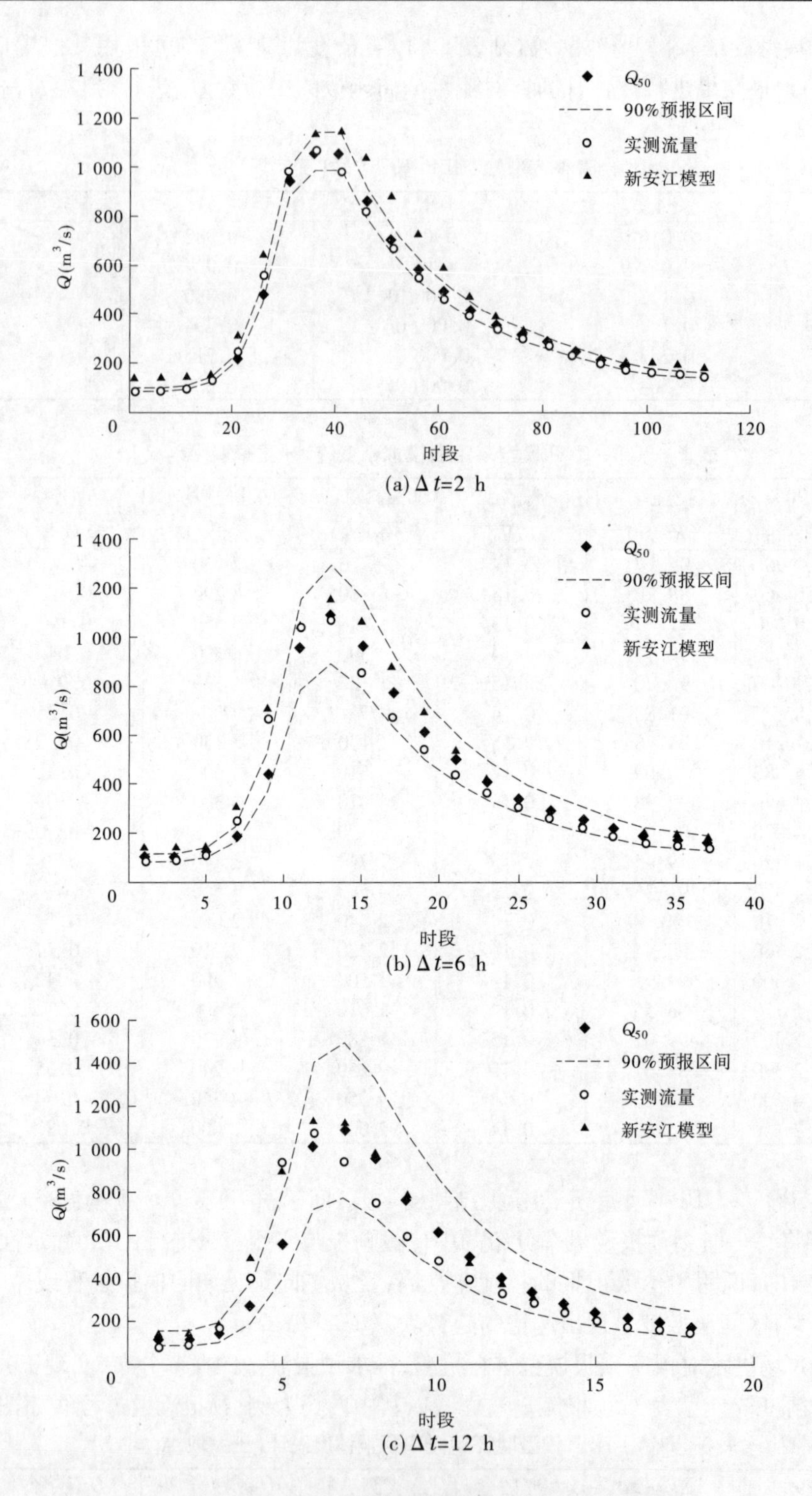

图3　19920505 号洪水预报流量过程线(王家坝)

由表 3 和 2 场洪水概率预报过程线可知,PCA－HUP 模型(以新安江模型为确定性预报模型)提供的概率预报结果:预报区间(置信度为 90%)覆盖率在 87% 以上,且离散度在 0.2 以内,说明在相对较小的区间宽度内,预报区间仍然能够覆盖绝大多数实测数据,说明概率预报精度较高。此外,将每一时刻预报量概率分布的中位数预报与实测流量进行比较,确定性系数接近于 1,洪峰误差在 1% 以内,说明中位数预报的精度非常高,明显高于新安江模型预报结果,充分体现了贝叶斯修正原理。从不同预见期的预报过程线中可以看出,随着预见期的逐渐增大,区间宽度呈现出递增的趋势。

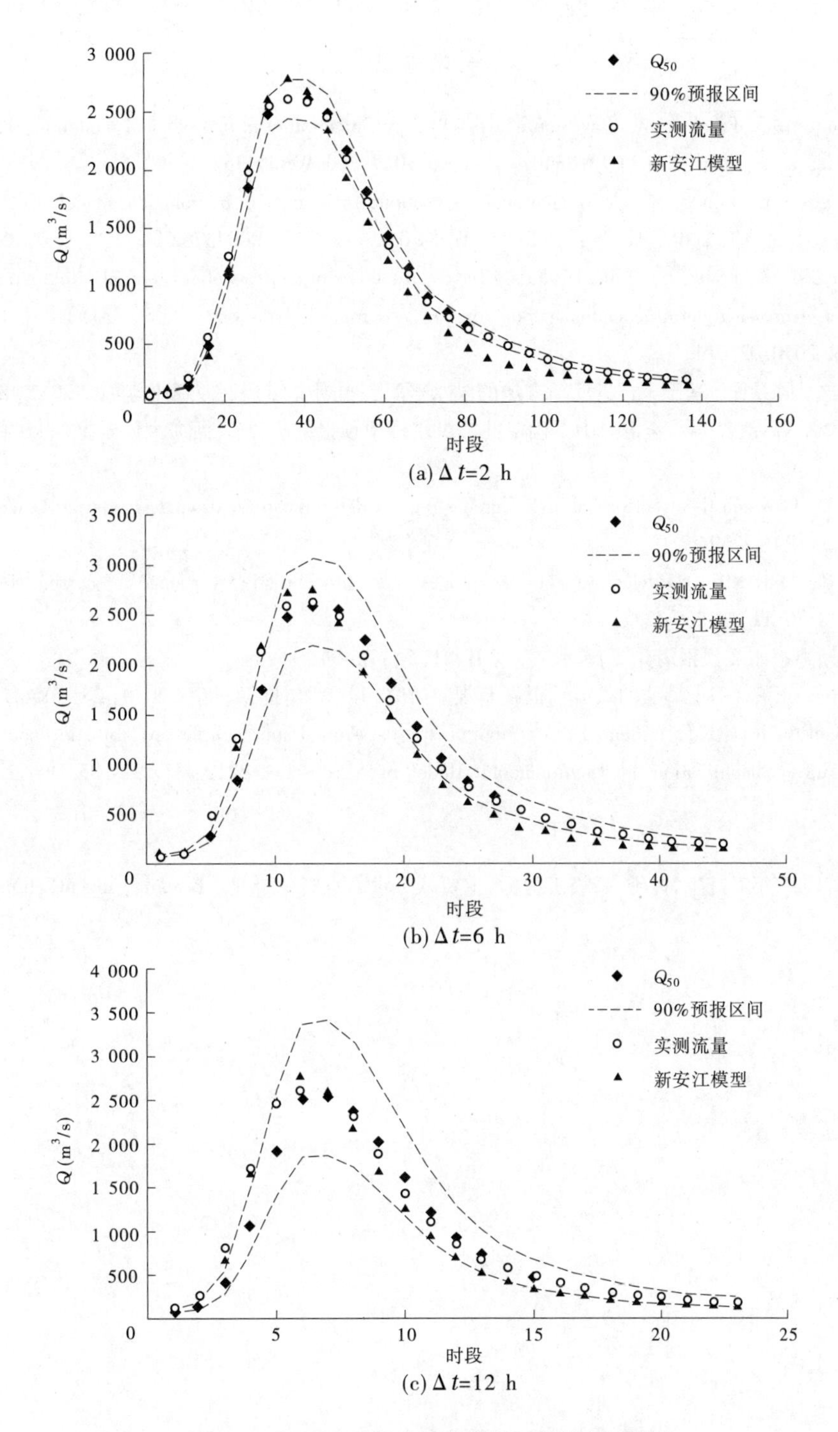

图4　19950707号洪水预报流量过程线(王家坝)

4　结论

本文在贝叶斯预报系统的基础上,对其水文不确定性处理器进行改进,提出改进的贝叶斯概率预报系统,PCA-HUP模型是在正态空间中对预报误差进行分析,构造线性似然函数,推求预报流量的后验分布,实现洪水概率预报。以淮河王家坝断面的洪水预报为示例进行了应用研究,表明该方法不仅可以提供不同置信度的区间预报结果,还可以获得精度更高的定值预报结果。

该方法可以与任何确定性的水文预报模型相耦合。作为示例,文中对相对误差进行了正态假设,但研究方法不局限于此,同样适用于误差服从其他分布的情况。限于研究区的预报误差特征,本文仅考虑了误差均值随流量级的变化规律,相同思路亦适用于误差方差等分布参数随流量变化的情况。

参考文献

[1] Kavetski D, Kuczera G, Franks S W. Bayesian analysis of input uncertainty in hydrological modeling: 1. Theory[J]. Water Resources Research, 2006, 42(3): W03407. DOI:10.1029/2005WR004368.

[2] Kavetski D, Kuczera G, Franks S W. Bayesian analysis of input uncertainty in hydrological modeling: 2. Application[J]. Water Resources Research, 2006, 42(3): W03408. DOI:10.1029/2005WR004376.

[3] Kuczera G, Kavetski D, Franks S, et al. Towards a Bayesian total error analysis of conceptual rainfall-runoff models: Characterising model error using storm dependent parameters[J]. Journal of Hydrology, 2006, 331(1-2): 161-177. DOI:10.1016/j. jhydrol. 2010. 02. 014.

[4] 李明亮, 杨大文, 陈劲松. 基于采样贝叶斯方法的洪水概率预报研究[J]. 水力发电学报, 2011, 30(3): 27-33.

[5] 梁忠民, 蒋晓蕾, 曹炎煦, 等. 考虑降雨不确定性的洪水概率预报方法[J]. 河海大学学报(自然科学版), 2016,44(1): 8-12.

[6] Krzysztofowicz R. Bayesian theory of probabilistic forecasting via deterministic hydrologic model[J]. Water Resources Research, 1999, 35(9): 2739-2750.

[7] Krzysztofowicz R, Kelly K S. Hydrologic uncertainty processor for probabilistic river stage forecasting[J]. Water Resources Research, 2001, 36(11): 3265-3277.

[8] 王善序. 贝叶斯概率水文预报简介[J]. 水文, 2001,21(5): 33-34.

[9] 王晶晶, 梁忠民, 王辉. 基于熵法的入流预报误差规律研究[J]. 水电能源科学, 2010, 28(7): 12-14, 126.

[10] Van Steenbergen N, Ronsyn J, Willems P. A nonparametric data-based approach for probabilistic flood forecasting in support of uncertainty communication[J]. Environmental Modelling & Software, 2012, 33: 92-105. DOI:10. 1016/j. envsoft. 2012.01.013.

作者简介:王凯,男,1983 年 1 月生,博士,高级工程师,主要从事水文水资源研究。E-mail:wangkai@ hrc. gov. cn.

模拟溃坝过程的水文应急监测

张 白 丁韶辉 冯 峰

(淮河水利委员会水文局(信息中心) 安徽蚌埠 233001)

摘 要:溃口洪水监测是水文应急监测主要内容之一,具有突发性、非常规性、复杂性、时效性等突出特点,需监测人员对水体要素进行突击性紧急监测,及时取得现场水文基本信息,为灾害应急处置提供第一手资料。在淮河水利委员会防汛抗旱办公室组织的“2017年防汛抢险联合演练”中,淮河水利委员会水文局应急监测队承担了溃坝险情下溃口断面流速、流量监测任务。借助遥控船测流系统,成功监测到整个模拟溃坝过程溃口处洪水过程,及时有效地收集了溃坝洪水信息情报,为突发性水事件水文应急监测积累了成功经验。

关键词:溃口洪水 水文应急监测 无人测量机器人

1 背景

近年来,极端气候、地质灾害和水污染等突发性水事件频繁发生,使各级政府在应急监测和科学减灾方面面临的任务越来越重,压力也越来越大。据美国自然灾害评估报告引用的有关研究表明,针对洪水引发的灾害,如果能在12~24 h内开展应急响应,灾害损失就可降低1/5~1/3。水文应急监测通常是指在突发性水事件发生时或发生后,通过对水体要素、水文要素等进行突击性紧急监测,及时取得现场水文基本信息,为启动应急预案和防灾减灾提供信息服务和决策支撑。

按照国务院推进防灾减灾救灾体制机制改革的要求,淮河水利委员会防汛抗旱办公室牢固树立灾害风险管理和综合减灾理念,坚持以防为主、防抗救相结合的工作方针,通过开展联合实战演练,检验防汛抢险队的抢险装备和准备状况,提高在防汛抢险中的配合协同、快速反应和险情应急处置能力,提升防汛抗洪抢险实战水平。2017年4月,淮委防办协同安徽、江苏两省防办共同组织开展“2017年防汛抢险联合演练”,设置的演练科目包括:堤坝漫溢抢筑板坝挡水子堰、橡胶充水子堰,堤防渗水散浸、管涌、漏洞险情处置,水下摸探、切割、焊接,堤防溃口断面流速分布、流量等测量,气垫船水上救助、冲滩,实时信息卫星传输,后勤餐车保障、帐篷搭设等多项任务,其中淮河水利委水员会文局承担模拟溃坝险情下溃口断面流速、流量监测任务。

2 防汛演练工程概况

防汛演练场地选择在江苏省防汛抢险训练场位于南京市六合区瓜埠镇滁河红山窑水利枢纽下游,工程主要包括:演练水池1座;下河坡道1座,宽15 m;提水泵站1座,设3台潜水混流泵及进库涵管,设计流量3.66 m^3/s;泄水槽1座,设计流量30.0 m^3/s。

演练水池围堤轴线尺寸180 m×90 m(长×宽),轴线总长540 m,设计出险水位10.00 m,漫顶出险水位10.50 m,最高水位11.00 m,最大蓄水深度2.50 m,最高水位下库容2.97×10^4 m^3。设计堤顶高程11.50 m,堤高3.00 m,迎水坡坡比1:2,背水坡坡比1:2.5。

3 应急监测

3.1 监测方案制订

3.1.1 监测断面布设

溃口处口门宽10.0 m,下游布置有U形槽、泄水槽、出口消能设施,U形槽、泄水槽渠段水流湍急,流态紊乱,不宜施测流量,下游无河道且杂草丛生不具备监测条件。溃口上游为演练水池,池底部、边坡均有衬砌,无冲淤变化,水流分布集中,上游断面视野开阔便于仪器设备的操控,同时结构稳定可以确保监测人员的安全。监测断面选择在溃口上游。由于发生溃口时的水流流场呈以溃口为中心的收缩状分布,据此水流特性应急监测队制定出以溃口为中心的弧形监测断面,如图1所示。

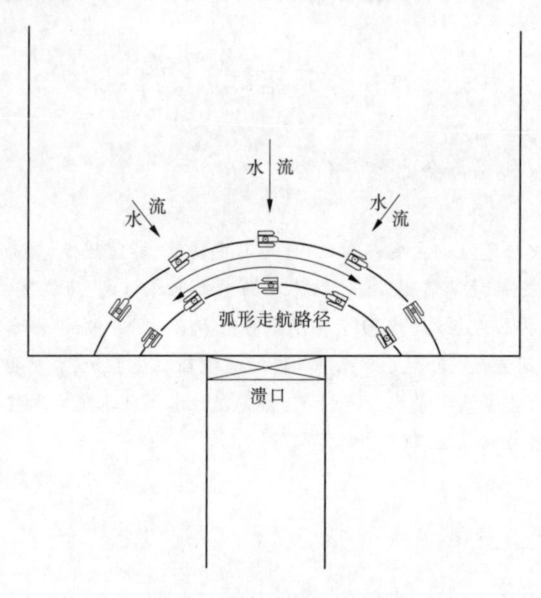

图1　监测路线示意图

3.1.2　监测设备

监测设备采用遥控船搭载声学多普勒流速剖面仪(ADCP),无须监测人员涉水,即可实现流速、流量信息的实时采集。同时配备外业工作台1套、对讲机6部、备用电源系统、工具、救生衣、雨具等保障用品。

遥控船:船体内置控制系统、无线传输系统、动力系统,同时集成GPS定位、电子罗盘、高清摄像头等多种高精度传感设备。采用无线传输的方式,在岸基即可实时接收并分析采集数据,支持人工遥控和按规划路径自动巡航两种走航方式,具有便捷、安全、适应性强的特点。

声学多普勒流速剖面仪(ADCP):ADCP利用换能器发射声脉冲波,声脉冲波通过水体中不均匀分布的泥沙颗粒、浮游生物等反散射体反散射,由换能器接收信号,经测定多普勒频移而测算出流速。ADCP具有能直接测出断面的流速剖面、不扰动流场、测验历时短、测速范围大等特点。目前被广泛用于海洋、河口的流场结构调查、流速和流量测验等。

3.2　应急监测的组织与实施

应急监测队提前到达监测位置,按照预定的工作方案,迅速开展应急监测准备工作。在溃口上游约10 m处搭建监测工作台,同时提前组装、测试完成2套无人船测流系统,演练中如果1套系统遭遇突发状况停止工作,另1套系统瞬时即可下水继续监测,保障监测数据的完整性和时效性。

根据监测方案,监测队科学分工,明确队员各自工作职责。1人负责操控无人船系统弧线走航;1人负责操作ADCP测流软件;1人同步记录整理监测数据;1人负责有关信息、影像资料的采集传输;1人负责突发状况的应急处置;监测队长负责现场指挥,保障应急监测有条不紊地顺利进行。在溃坝的45 min里,采用遥控船测流系统连续走航,施测溃口流量25次(平均108 s测流一次),完整记录了溃口处流速、流量的动态变化过程。

4　应急监测成果及其合理性分析

4.1　应急监测成果

淮河水利委员会水文局应急监测队凭借科学的监测方案、严谨的工作态度、扎实的工作能力圆满完成演练科目。监测到溃口洪水水量1.863×10^4 m^3,洪峰流量20.9 m^3/s。应急监测主要成果包括:溃口流量、流速监测成果表(见表 1)、溃口断面流量过程线(见图 2)、溃口航迹、流速矢量图(见图 3)。

表 1　溃口流量、流速监测成果表

序号	时间(时:分)	流量(m^3/s)	流速(m/s)	序号	时间(时:分)	流量(m^3/s)	流速(m/s)
1	10:05	5.39	0.049	14	10:25	6.38	0.130
2	10:07	6.13	0.052	15	10:27	5.37	0.110
3	10:09	11.9	0.11	16	10:28	4.30	0.110
4	10:10	16.8	0.18	17	10:30	4.87	0.100
5	10:11	20.9	0.23	18	10:31	4.23	0.089
6	10:13	17.9	0.21	19	10:33	3.28	0.070
7	10:14	16.0	0.19	20	10:34	3.43	0.079
8	10:16	13.4	0.18	21	10:36	3.16	0.068
9	10:18	11.3	0.18	22	10:38	2.38	0.053
10	10:20	10.2	0.15	23	10:39	3.28	0.073
11	10:21	9.12	0.14	24	10:41	2.29	0.061
12	10:22	8.41	0.16	25	10:42	1.86	0.045
13	10:24	7.29	0.13	26	10:50	0	0

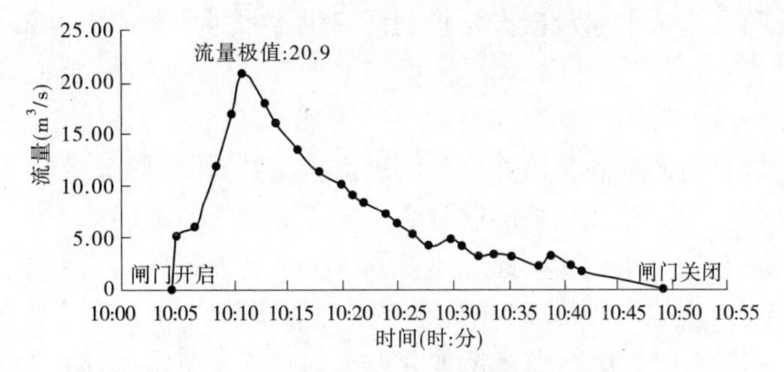

图 2　溃口洪水流量过程线

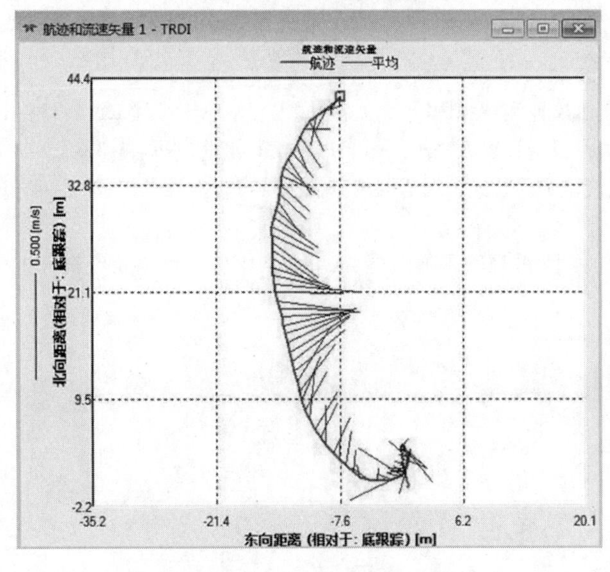

图 3　实测溃口航迹、流速矢量图

4.2 应急监测成果合理性分析

根据溃坝演练过程,下泄水量由以下两部分组成:①模拟溃坝演练过程中潜水泵向演练池的补水量$W_{补}$;②溃坝前后演练池的蓄水变量ΔW。蓄泄水量平衡关系见式(1):

$$W_{泄} = W_{补} \pm \Delta W \tag{1}$$

4.2.1 蓄水变量ΔW计算

演练水池形状较规则,可以概化为局部四棱锥模型,根据溃坝开始、结束时刻的演练池蓄水位及演练水池的形状系数,按照公式(2)计算出溃坝前后演练池内水体积分别为$V_{前} = 2.331 \times 10^4\ m^3$,$V_{后} = 1.121 \times 10^4\ m^3$。故溃坝前后演练池蓄水变量$\Delta W = V_{前} - V_{后} = 1.210 \times 10^4\ m^3$。

$$V = \frac{1}{3}sh \tag{2}$$

式中:s为相应水位下演练池水面面积;h为演练池底面对应四棱锥的高,取22.96 m。

4.2.2 补水量$W_{补}$计算

演练场3台潜水泵先后间隔3 min开启(关闭时同上),单机抽水流量约为1.1 m^3/s,溃坝过程中潜水泵的补水量按公式(3)计算:

$$W_{补} = qt \tag{3}$$

式中:q为潜水泵抽水流量;t为潜水泵抽水时间(溃坝过程中抽水历时约40 min)。

根据溃坝演练过程中水泵机组运行记录及公式(3)计算得:$W_{补} = 0.673\,2 \times 10^4\ m^3$。

据此,计算出模拟溃坝理论下泄水量$W_{泄}$等于$1.883 \times 10^4\ m^3$;根据水文应急监测的溃口下泄水量$1.863 \times 10^4\ m^3$,得水量绝对误差为$0.02 \times 10^4\ m^3$,相对误差为1.06%,水量基本平衡(水量分析中未考虑渗水、管涌、漏洞等演练科目造成的水量损失),说明溃口洪水水量监测成果可靠、精度较高。

5 总结

通过开展应急监测,及时、有效地收集监测要素信息情报,为防汛抢险应急预案编制及灾害应急处置提供信息服务和决策支撑。应急监测方案的制订应充分考虑现场监测环境条件,合理编制监测方案,不仅要实事求是,还要与时俱进、勇于创新。遥控船搭载ADCP这种新型测流系统,具备测流历时短、监测精度高、无须涉水更安全、无须缆道等特点,非常适合溃坝等特殊水情条件下水文资料的收集。此次溃口洪水应急监测,就溃口特定水流条件,监测队放弃以往的直线走航路径,创新设计了弧形走航路径,圆满完成监测任务,用事实证明了溃口弧形监测方案的合理性、科学性、实用性。

参考文献

[1] 王俊,王建群,余达征. 现代水文监测技术[M]. 北京:中国水利水电出版社,2016:431-450.
[2] 孙文初,刘霞,李伦. 溃坝洪水流量计算方法浅析[J]. 广东水利水电,1999,3:3-6.
[3] 李启龙,黄金池. 瞬间全溃流量常用公式试用范围的分析比较[J]. 人民长江,2011,42(1):54-58.

作者简介:张白,男,1991年12月生,助理工程师,主要从事水文水资源监测及资料分析工作。E-mail:zhangbai@hrc.gov.cn.

影响淮河流域的台风统计特征分析

梁树献　冯志刚　程兴无　徐　胜

（淮河水利委员会水文局（信息中心）　安徽蚌埠　233001）

摘　要：通过收集整理1950～2015年西北太平洋地区的台风、流域降水、历史天气图等资料，统计分析了影响淮河流域台风的年际变化、影响频次、移动路径、登陆区域等特征，简要分析了中纬度西风槽与台风环流系统是否相互作用及台风影响流域降水的分布特征。统计表明：平均每年约1.7个台风影响流域，7～9月影响台风占全部影响台风数的94%；影响流域的台风路径分为4类，登陆福建省、浙江省影响流域的台风数最多；台风影响流域降水均值为22 mm，与中纬度西风槽相互作用产生的降水比非相互作用的降水偏多60%。

关键词：淮河流域　台风　移动路径　特征分析

中国是世界上少数几个受台风影响最严重的国家之一。近年来，在全球气候变暖的背景下，极端天气气候事件的频发使我国台风防御形势相当严峻，随着我国经济社会的持续快速发展，对台风防御工作也提出了更高的要求。

淮河流域地处我国东部，包含山东、江苏2个沿海省份，每年夏季，受台风影响，在流域内经常出现台风暴雨，造成山洪爆发、山体滑坡、泥石流、洪涝泛滥等严重的自然灾害。影响淮河流域的1975年第3号台风“尼娜”造成河南省板桥水库等62座水库溃坝，直接损失超过百亿元。2000年8月，受12号台风“派比安”影响，沂沭河中下游出现特大暴雨降水，最大降水响水口站降水828 mm，造成江苏省响水县城乡积水深达1.4 m，县城被洪水围困72 h，死伤数十人，县城经济损失达9亿多元。2005年13号台风“泰利”造成大别山区特大暴雨降水，最大降水响洪甸683 mm，在流域大别山区造成山洪和泥石流次生灾害，582万人受灾。

因此，统计分析影响淮河流域的台风的主要特征，为防台风决策部门提供参考，以便更有效地做好淮河流域的台风防御工作。

1　资料来源

台风资料来源于中央气象台编制的1950～2015年《台风年鉴》，降水资料为淮河流域水情逐日降水资料。

影响流域的台风是指受台风直接或间接影响，在流域范围内产生日面降水量大于或等于3 mm或小范围内有5个站出现10 mm以上的降水。

根据国家标准《热带气旋等级》（GB/T 19201—2006），热带气旋分为六个等级：热带低压（中心最大风速为10.8～17.1 m/s）、热带风暴（最大风速为17.2～24.4 m/s）、强热带风暴（最大风速为24.5～32.6 m/s）和台风（最大风速为32.7～41.4 m/s）、强台风（最大风速为41.5～50.9 m/s）、超强台风（最大风速≥51.0 m/s）。为便于描述，除特别说明外，本文都统称为台风。

2　影响淮河流域台风年际变化

统计1950～2015年影响淮河流域的台风（见图1），共111个台风影响淮河流域，平均每年约1.7个台风影响流域。年影响流域台风个数最多为4个，相应年份为1956年、1985年、1990年、1994年、2000年、2005年。有8年（1955年、1957年、1963年、1979年、1983年、1993年、2003年、2011年）没有台风影响淮河流域。

影响流域的台风主要集中在夏季7～9月，占全部影响台风数的93.9%，7～9月影响流域的台风分

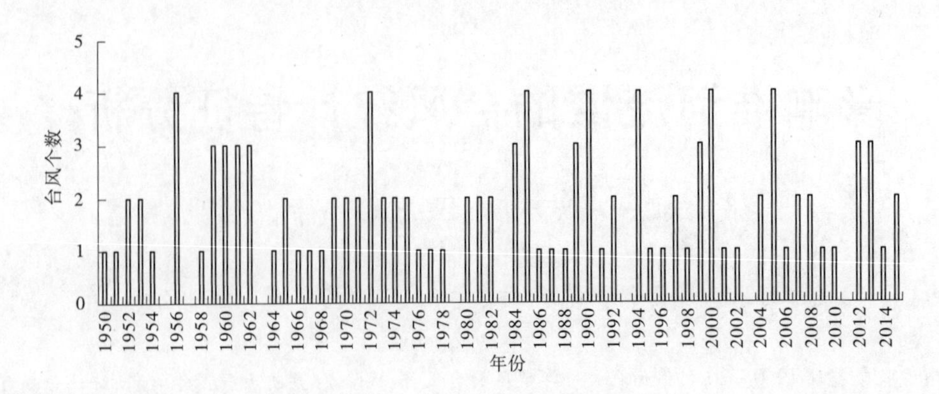

图1　历年影响淮河流域的台风

别为24个、55个、28个，占影响流域台风数据的24.1%、48.2%和24.6%。5月、6月、10月、11月分别有1个、3个、3个、1个台风影响流域。1~4月和12月没有台风影响淮河流域。

按年代统计影响淮河流域的台风个数，分析各年代影响淮河流域台风频次的年代际变化。结果为：20世纪50年代15个，60年代17个，70年代17个，80年代19个，90年代19个，21世纪的2000~2009年18个，2010~2015年10个。说明20世纪50年代影响流域台风数最少，其他年代际影响流域台风频次处于相对平稳的波动状态。特别是近20年来气候变暖的大背景下，影响流域台风的频次没有明显增加。

影响流域最早台风为1961年第4号台风，该台风5月21日8时在菲律宾东部洋面上生成，分别于5月26日23时和27日21时登陆台湾省、福建省，登陆后减弱向东北向移动，受台风倒槽影响，5月27日，沂沭河出现暴雨降水。影响流域最晚台风为1972年第20号台风，该台风于11月2日20时在太平洋关岛附近洋面生成，11月8日先后登陆海南省、广东省，登陆后向东北向移动。11月8~9日，受台风外围环流影响，沿淮及以南出现大到暴雨。

影响流域的台风中，有5个台风在我国南海生成，分别为1960年第1号台风、1974年第12号台风、1997年第10号台风、2000年第4号台风、2010年第6号台风，其余台风均为西太平洋生成。

3　影响淮河流域台风移动路径特征

3.1　台风移动路径分类

陈玉林等在"登陆我国台风研究概述"按照台风登陆后相对于登陆前移向的改变，将登陆台风的路径分为6类，对于影响淮河流域的台风的移动路径，大致可以分成四大类：Ⅰ类是登陆后西行台风，即台风在我国东南沿海省份登陆后，继续向偏西向移动，移动路径一直处于淮河流域南侧，台风倒槽影响流域产生降水（见图2(a)）；Ⅱ类是登陆后移经流域台风，即台风登陆后向偏北向移动，台风中心移经流域或在流域内减弱消失（见图2(b)）；Ⅲ类是登陆后转向东北，从长江下游移出，台风外围环流影响流域降水（见图2(c)）；Ⅳ类是沿海转向台风，即台风不登陆，从我国近海北上或沿海转向，台风外围环流流域影响降水（见图2(d)）。

统计分析影响流域的台风移动路径，Ⅰ类、Ⅱ类、Ⅲ类、Ⅳ类台风分别占影响流域台风的32.1%、37.6%、18.3%、11.9%，移经流域的台风数最多，其次为登陆西行的台风，沿海转向台风数最少。

3.2　台风登陆区域统计特征

统计分析表明：登陆台风占全部影响流域台风的82.1%，其中登陆福建省和浙江省影响流域的台风数最多，占所有影响流域台风的74.1%。其中登陆福建省影响流域的台风数有52个为最多，占登陆台风数的52.5%（其中41个首次登陆台湾、再次登陆福建，11个直接登陆福建），其次为从浙江省登陆的台风为31个，占登陆台风数的31.3%（其中26个首次登陆台湾再次登陆浙江，5个直接登陆浙江）。登陆广东省影响流域台风数为8个，占登陆台风的8.1%，登陆海南省影响流域降水的台风为1个。登陆上海、江苏省影响流域台风分别为2个、5个。

从福建省登陆影响流域的台风，Ⅰ类台风数最多，占从福建省登陆台风数的46.2%，其次为Ⅱ类和

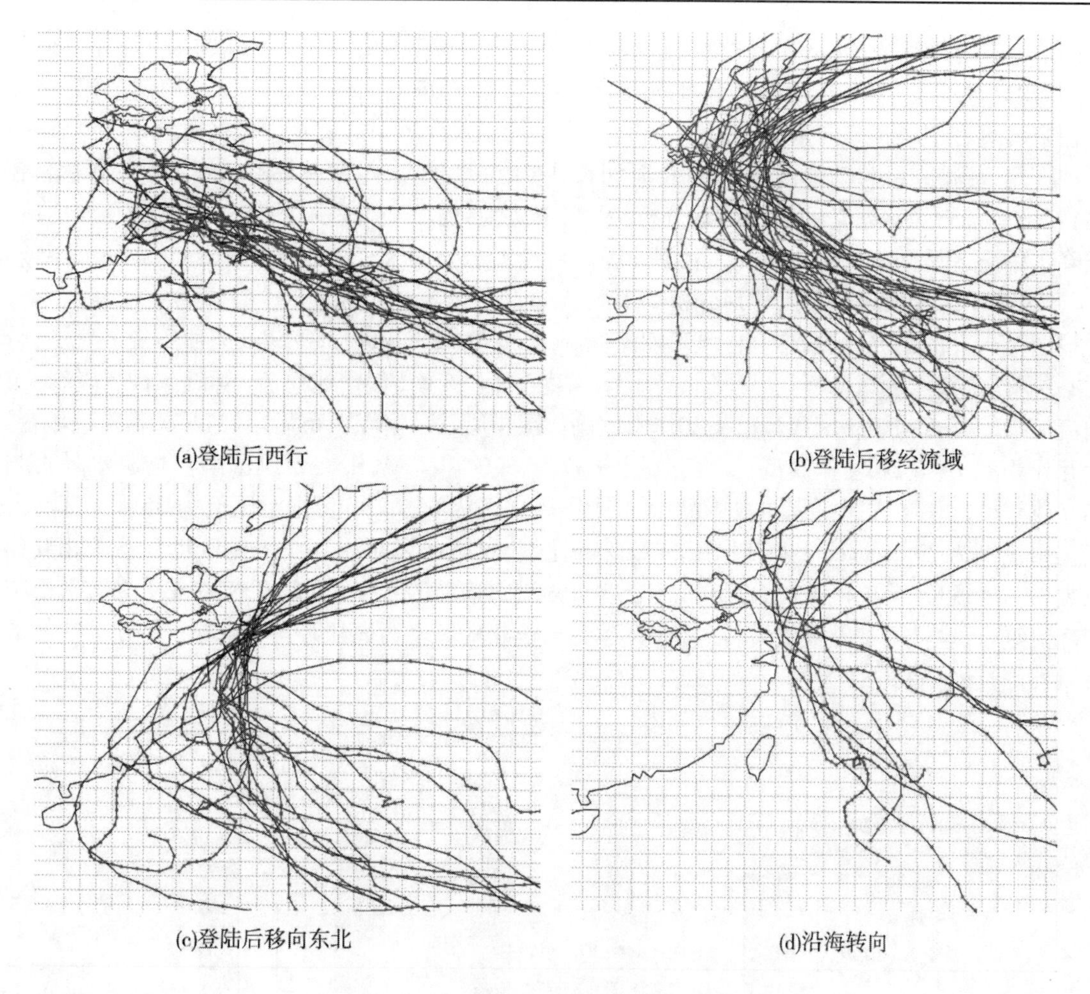

图2　影响淮河流域的台风移动路径

Ⅲ类，分别占福建省登陆台风数的36.5%和17.3%。从浙江省登陆的台风，Ⅰ类、Ⅱ类、Ⅲ类分别占登陆浙江台风数的29%、48.4%、22.6%。由此说明登陆福建省影响流域的台风，登陆后西行台风数偏多（Ⅰ类），登陆浙江省影响流域的台风，移经流域的台风数偏多（Ⅱ类）（见图3）。

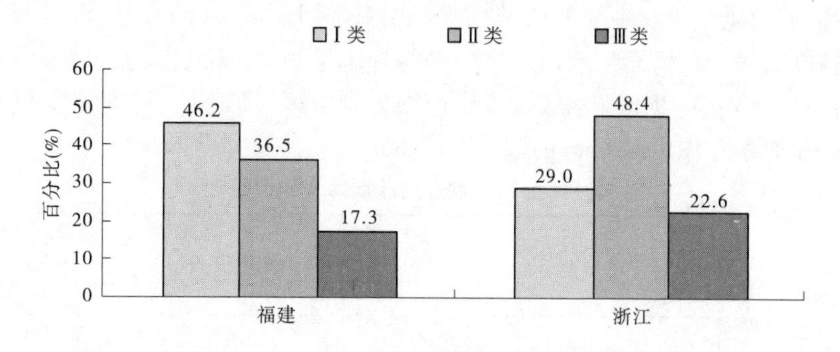

图3　福建省和浙江省登陆影响淮河流域台风移动路径

1950～2015年，直接从流域登陆的台风有2个，分别为1984年6号台风和2012年10号台风“达维”。1984年第6号台风7月31日20时登陆江苏省如东县，受该台风登陆影响，流域东部沿海出现中到大雨降水。2012年10号台风“达维”于8月2日21时登陆江苏省响水县，受该台风影响，8月2～3日，流域沂沭河水系出现大到暴雨降水。

4　淮河流域台风降水统计特征

仇永炎按照台风、河套西风槽、日本海瀚海高压、东南风急流、弱冷空气侵入将台风暴雨的天气型分为相互作用型与非相互作用型。西风槽或冷空气等中纬度天气系统与台风发生相互作用，引起其环流结构的改变甚至变性发展,从而导致暴雨增幅;边清河等研究《华北地区台风暴雨的统计特征分析台风》中指出台风北上过程中,渤海日本海高压起阻挡作用,在华北南部形成东南或偏南急流,中纬度西风槽在东移过程中减速并向南延伸,且不断有弱冷空气侵入台风。这就是中低纬系统的相互作用,也正是这种作用,使得系统移动缓慢,降水维持时间长,降雨强度加大,对台风暴雨起到了增幅作用。钮学新等在《影响登陆台风降水量的主要因素分析》研究中认为:弱冷空气影响热带气旋北侧及外围后,其北侧强降水中心区域内雨量变化不大。北侧外围雨量绝大部分地区有增加,过程雨量增加近一倍或以上。

4.1　台风与中纬度西风槽相互作用分析

根据仇永炎的研究成果,结合台风影响流域降水期间的500 hPa、850 hPa、地面历史天气图,分析台风中心位置、中纬度西风槽、河套—华北高压脊,东北冷涡、东南(偏南风急流)等气象因子,统计出台风影响流域期间是否与中纬度西风槽相互作用比例如图4所示。由图4可看出,111次影响流域台风中,非相互作用型70次,相互作用型41次,分别占37%、63%。其中,Ⅰ类台风影响流域降水是否与西风槽相互作用的比例各占50%。Ⅱ类台风非相互作用比例为65%,相互作用比例为35%。Ⅲ类台风非相互作用比例为79%,远高于相互作用的21%的比例,Ⅳ类台风非相互作用比例也2倍于相互作用的台风数。由此说明,影响流域的台风中,登陆后向偏西向移动的台风,北方更容易有冷空气南下与台风外围环流结合;登陆后北上或沿海转向台风,河套至华北地区多为高压环流,阻挡了北方冷空气的南下与台风外围环流的结合。

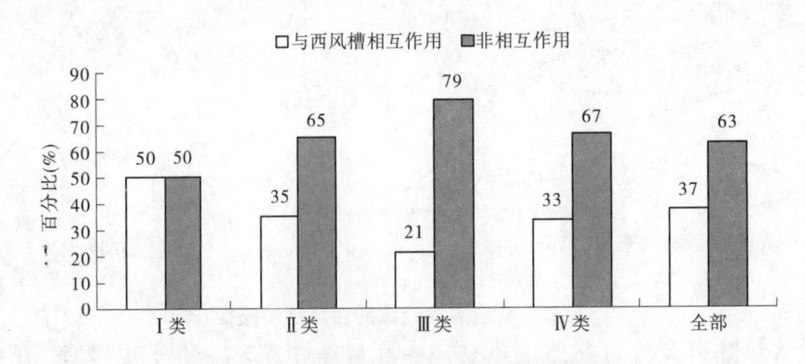

图4　影响流域台风与西风槽相互作用比

4.2　台风影响流域降水量分析

表1为影响流域台风是否与中纬度西槽相互作用对淮河流域、淮河水系、沂沭泗水系产生的降水均值。由表1可以看出,每个台风影响流域产生的平均降水量为22 mm,影响流域降水大的区域主要位于流域东部和淮南山区,50 mm以上降水区域位于流域大别山区(图略)。与中纬度西风槽相互作用产生的降水为29 mm,比非相互作用18 mm的降水偏多60%。

表1　台风影响淮河流域降水均值统计　　(单位:mm)

台风类型	降水								
	淮河水系			沂沭泗水系			淮河流域		
	全部类型	相互作用型	非相互作用型	全部类型	相互作用型	非相互作用型	全部类型	相互作用型	非相互作用型
Ⅰ类	29	36	22	25	30	23	27	34	23
Ⅱ类	27	32	23	33	36	27	29	32	24
Ⅲ类	8	13	5	5	8	4	7	13	5
Ⅳ类	4	7	3	11	29	8	5	10	4
全部	22	30	17	23	28	20	22	29	18

Ⅰ类台风影响流域降水均值为27 mm,25 mm以上降水主要位于流域沿淮及以南和沂沭河水系,其

中大别山区降水量50 mm以上。与西风槽相互作用的流域降水量为34 mm，比非相互作用的23 mm偏多48%。Ⅱ类台风影响流域降水均值为29 mm，25 mm以上降水主要位于流域淮南山区及蚌埠以东区域，流域东部沿海及大别山区局地降水50 mm以上。与西风槽相互作用的流域降水量32 mm，比非相互作用的24 mm偏多33%。Ⅲ类台风影响流域降水为7 mm，降水主要位于洪泽湖以东区域，里下河区降水25 mm以上。Ⅲ类台风与西风槽相互作用产生平均降水量为13 mm，比非相互作用产生的降水5 mm偏多160%。Ⅳ类台风影响流域降水强度最小为5 mm，主要影响流域洪泽湖以东及沂沭河水系。与西风槽相互作用产生的降水为10 mm，明显高于非相互作用的4 mm的降水量。

Ⅰ类和Ⅲ类台风影响淮河水系产生的降水量高于沂沭泗水系的降水量，Ⅱ类和Ⅳ类台风影响沂沭泗的降水量高于淮河水系的降水量。

4.3　台风影响降水时间

台风缓慢北上或少动，使台风及其倒槽对这些地区影响时间长，可使雨量增加50%到1倍。

统计台风影响流域降水的起止日期，得出台风影响流域的时间均值为2.6 d。Ⅰ类、Ⅱ类、Ⅲ类和Ⅳ类台风影响流域的平均时间为2.7 d、2.9 d、2.3 d、2.1 d。由此表明，Ⅱ类台风影响流域时间最长。

影响流域时间最长的台风为1989年第13号台风，影响降水时间为1989年8月3～8日，时间长达6 d，该台风造成流域淮河中上游暴雨到大暴雨的降水过程，最大雨量桐柏站出现429 mm降水，王家坝以上面雨量129 mm。

5　结论

本文对1950～2015年影响淮河流域的台风统计分析，得出了影响流域台风的年际变化、移动路径、登陆区域、降水分布及与中纬度系统的相互作用关系等特征。

（1）平均每年约1.7个台风影响流域。年影响流域台风个数最多4个，有8年没有台风影响淮河流域。7～9月影响台风占全部影响台风数的94%。近20年来气候变暖的大背景下，影响流域台风的频次没有明显增加的趋势。

（2）影响流域的台风路径可分为4类，登陆后移经流域台风数最多（Ⅱ类），其次为登陆后西行（Ⅰ类）和转向东北台风（Ⅲ类），沿海转向台风数最少（Ⅳ类）。

（3）登陆福建省、浙江省影响流域的台风数最多，占影响流域台风数的74.1%。登陆福建省影响流域的台风，1类台风数偏多（Ⅰ类），登陆浙江省影响流域的台风，Ⅱ类台风数偏多。

（4）台风影响流域降水均值为22 mm。Ⅱ类台风对流域降水影响最大，略高于登陆西行台风，Ⅳ类台风影响流域降水强度最小。

（5）影响流域的台风中与西风槽相互作用的比例为37%。影响流域台风与西风槽相互作用产生的降水比非相互作用产生的降水偏多60%。Ⅰ类和Ⅲ类台风对影响淮河水系产生的降水量要高于沂沭泗水系的降水量，Ⅱ类和Ⅳ类台风影响沂沭泗水系的降水量高于淮河水系的降水量。

参考文献

[1] 陈联寿，丁一汇. 西太平洋台风概论[M]. 北京：科学出版社，1979.
[2] 中国气象局. 热带气旋年鉴1975[M]. 北京：气象出版社，1975.
[3] 中国气象局. 热带气旋年鉴2000[M]. 北京：气象出版社，2000.
[4] 淮河水利委员会. 治淮汇刊年鉴[Z]. 2003：219-226.
[5] 陈玉林，周军，马奋华. 登陆我国台风研究概述[J]. 气象科学，2005，25(3)：320-328.
[6] 仇永炎. 北方盛夏台风暴雨的天气型及其年际变率[J]. 气象，1997，23(7)：3-9.
[7] 李英，陈联寿，雷小途. 高空槽对9711号台风变性加强影响的数值研究[J]. 气象学报，2006，64(5)：552-563.
[8] 边清河，丁治英，吴明月. 华北地区台风暴雨的统计特征分析[J]. 气象，31(3)：61-65.
[9] 钮学新，杜惠良，滕代高. 影响登陆台风降水量的主要因素分析[J]. 暴雨灾害，2010，29(1)：76-79.

作者简介：梁树献，男，1971年7月生，高级工程师，主要从事气象预报工作。E-mail：sdliang@hrc.gov.cn.

安徽省淮河流域旱灾成因剖析

陈小凤[1,2]　李　瑞[1,2]　王再明[3]

(1.安徽省水利水资源重点实验室　安徽蚌埠　233000;
2.安徽省·水利部淮河水利委员会水利科学研究院　安徽蚌埠　233000;
3.中水淮河规划设计研究有限公司　安徽合肥　230601)

摘　要:干旱灾害是安徽省淮河流域最主要的自然灾害之一,发生频次高、影响范围广、持续时间长,对农业、工业、生态及居民生活等方面均造成较大的影响。本文首先统计安徽省淮河流域主要干旱年份及旱灾成灾面积,分析旱灾发生的时间与空间分布特征,分别从自然因素和社会因素两个方面系统地阐述旱灾成因,为保障区域粮食生产安全,确保居民生活、工业、农业、生态用水安全,提出旱灾防治对策。

关键词:安徽省淮河流域　旱灾　成因分析　防治对策

1　概况

干旱灾害是安徽省淮河流域最主要的自然灾害之一。与其他自然灾害不同,旱灾发生频次高、持续时间长、影响范围广,对农业、工业、生态、居民生活等社会各个方面都造成了很大的影响,严重制约着区域社会经济健康快速发展。

干旱是一种长期缺水的自然现象,降水量少、蒸发量大是形成干旱的直接原因,而大气环流异常、海气和陆气相互作用导致降雨偏少、蒸发加剧,这是干旱发生的根本原因,人类活动在一定程度上加大了旱灾发生的概率。安徽省淮河流域属于旱灾易发区,水资源条件先天不足,社会经济的快速发展、人口增长和城市化进程的加快加剧了水资源短缺,此外水体污染导致的水质性缺水进一步加剧了水资源的短缺,从而在一定程度上加剧了旱灾的发生概率。因此,系统剖析安徽省淮河流域旱灾成因,并提出相关策略,能在一定程度上降低旱灾损失,保障粮食生产安全,确保居民生活、工业、农业及生态的供水安全和用水安全。

2　安徽省淮河流域旱灾分析

2.1　区域概况

安徽省淮河流域位于淮河中游,地处华东腹地,包括阜阳市、亳州市、宿州市、淮北市,淮南市、六安市、蚌埠市全市、合肥市、滁州市、安庆市部分县区,总面积66 626 km²,占安徽省总面积的47.8%,占整个淮河流域面积的35.0%。其中,淮河以北主要为平原区,面积37 421 km²;淮河以南区域,面积29 205 km²,地面主要由丘陵、台地和镶嵌其间的河谷平原组成,山岭呈东北—西南走向,东南部为江淮水系的分水岭。区域多年平均降水量886 mm,多年平均蒸发量851 mm,多年平均气温14.6 ℃,多年平均日照时数2 200~2 425 h,最大年降水量1 372.9 mm(2003年)是最小年降水量562.3 mm(1978年)的2.44倍。

2016年安徽省淮河流域人口3 458.7万人,占全省人口的56.1%;地区生产总值9 016.8亿元,占全省生产总值的37.4%;耕地面积5 549.83万亩,占全省耕地面积的63%,是全省乃至全国重要的粮食、能源、新兴制造业基地和交通安全枢纽区域。

2.2　历史旱灾分析

1949~2010年安徽省淮河流域共发生旱灾37次,其中特大干旱6次,严重干旱10次,中度干旱10次,轻度干旱11次(见表1)。1949~2010年区域年平均旱灾成灾面积422万亩,其中20世纪90年代年平均旱灾成灾面积最大，为 910 万亩；20 世纪 80 年代最小，为 351 万亩；各年代最大旱灾成灾面积分别为 1959 年 2 645 万亩、1966 年 2 001 万亩、1978 年 1 799 万亩、1988 年 818 万亩、1994 年 1 899 万亩、2001 年 2 466 万亩（见表 2）。

表 1　安徽省淮河流域干旱年份

干旱等级	干旱年份
特大干旱	1966、1978、1994、2001、2008、2010
严重干旱	1953、1961、1976、1977、1985、1986、1988、1992、2000、2009
中度干旱	1949、1962、1965、1971、1979、1981、1984、1989、1995、1997
轻度干旱	1956、1960、1963、1980、1982、1983、1996、1999、2002、2004、2007

表 2　安徽省淮河流域不同时期旱灾成灾面积

统计值	1949 ~ 1960	1961 ~ 1970	1971 ~ 1980	1981 ~ 1990	1991 ~ 2000	2001 ~ 2010	1949 ~ 2010
平均值（万亩）	570	582	560	351	910	595	422
最大值（万亩）	2 645	2 001	1 799	818	1 899	2 466	2 645
出现年份	1959	1966	1978	1988	1994	2001	

安徽省淮河流域地跨亚热带—暖温带两个气候带，农业干旱的季节性特征明显，主要干旱类型有春旱、夏旱、秋旱、春夏连旱、夏秋连旱、春秋同旱、春夏秋连旱 7 种。区域最易发生夏伏旱和秋旱，其中淮河以北区域和江淮分水岭地区还极易形成春旱，一般冬旱出现的概率较小，对农作物的影响也较小。根据统计分析，淮南地区平均 3 年就有一次春旱或春夏两季连旱；淮北平原地区平均每 2.5 ~ 3 年就有一次夏旱或秋旱，或冬春连旱，其中西部平均每 2.5 ~ 3 年就有一次夏旱或冬旱，东部平均每 2.5 ~ 3 年就有一次冬春旱或秋旱。该区域属于旱灾易发地区，其中淮北平原中北部和部分山丘区、江淮分水岭两侧为旱灾高发地区，位于淮河以南的"定（远）、凤（阳）、嘉（明光）"一带和"江淮分水岭两侧"的干旱程度要重于淮北平原北部。

3　旱灾成因分析

3.1　自然因素

3.1.1　降水量时空分布不均

安徽省淮河流域地处我国南北气候过渡带，降水量时空分布不均，年际变化大，年内分配不均，极易引发旱灾的发生。年降水量 700 ~ 1 400 mm，由北向南逐渐递增，北部亳州、萧县、砀山县为降水量低值区，小于 800 mm，其中以亳州的张集 700 mm 为全省最低值，其次为亳州的安溜 715 mm，砀山县的周寨 742 mm。淮河以南的瓦埠湖东南部、江淮分水岭以北有一个 900 mm 的相对低值区，大致分布在淮南市—定远的西三十里店、张桥和蒋集—长丰县的杜集—长丰—淮南市一线范围内，降水量为 800 ~ 900 mm。最大降水量位于大别山区的六安市，年均降水量 1 000 ~ 1 400 mm，其中佛子岭和响洪甸水库上游达 1 500 mm。

淮北平原是粮食主产区，降水量年际变化较大且年内分配不均，其中 60% ~ 70% 的降水量集中在 6 ~ 9 月。降水量少的时段往往是作物需水多的关键时段，如 3 ~ 5 月上旬是小麦生长需水旺盛期，10 月上、中旬是作物播种期，这两个时段降水量均较少，而作物的需水量又大，易发生旱灾。6 月是玉米、大豆、水稻等作物的主要播种期，8 月上、中旬是玉米和大豆等主要旱作物生育关键需水期，这两个时段的降水量较多，但是由于温度高，蒸发量大，作物的需水量也很大，也易发生旱灾。

3.1.2　区域水资源短缺

安徽省淮河流域多年平均水资源总量 226.14 亿 m^3，占全省的 31.58%，其中地表水资源量 175.78 亿 m^3，地下水资源量 89.40 亿 m^3，地表水资源与地下水资源不重复量 50.36 亿 m^3。人均水资源占有量

654 m^3,仅占全省人均水资源量的56.3%;亩均水资源占有量407 m^3,占全省的50.1%。该区域以全省约31.6%的水资源量,支撑着全省63%耕地和56.1%人口的用水要求,是全省及淮河流域水资源最紧缺及开发利用程度最高的地区之一。水资源的严重紧缺是导致区域旱灾发生的又一主要因素。

3.2 社会因素

3.2.1 蓄水工程不足,雨洪资源未得到有效利用

安徽省淮河流域地处淮河中游,水源工程主要包括地表河流、湖泊、水库和地下水。该区河流主要包括淮河干流、颍河、西淝河、涡河、浍河、新汴河、濉河、史河、淠河、东淝河、池河等,闸坝老化、河道淤积、堤防毁坏等导致现有河道蓄水能力严重不足,虽然过境水量较大,但是蓄存较少,雨洪资源未得到高效利用。安徽省淮河流域大型水库包括梅山水库、响洪甸水库、佛子岭水库、龙河口水库和磨子潭水库,均位于大别山区的六安市,水库蓄水量大、水质好;而作物主要种植区位于缺水较严重的淮北地区,缺少大中型水库,仅有的小型水库蓄水能力严重不足。淮河干流沿线分布城西湖、城东湖、瓦埠湖、女山湖等17个主要湖泊,主要位于淮河南岸,而淮北平原仅有沱湖、天井湖、老汪湖等库容相对较小的湖泊,蓄水能力不足。地下水是淮北地区农业用水和居民生活用水的主要水源,但地下水蓄水能力有限,开采之后恢复较慢,并且补给来源主要是降水,当遇到干旱年份时,降水量减少,地下水位也会降低。

水源工程蓄水能力不足导致雨洪资源未得到有效的利用,水资源供需矛盾日益突出,在丰水年份,由于流域缺乏足够的调蓄库容,大量的雨洪资源无法存储,雨洪资源利用量不大,且利用难度较大;在偏枯年份,水资源供不应求,城市之间、行业之间、城市与农村之间争水现象日益突出。

3.2.2 水资源供需矛盾日益突出

安徽省淮河流域是资源性、工程性和水质性缺水并存的典型区域,依托淮河干流过境水资源,沿淮两岸经济开发区、工业园区众多,以火电、化工、造纸等取、排水量较大的传统工业行业为主,但干旱年份供水量不足,地区之间、行业之间争水矛盾突出。城市化和人口的快速增长对供水安全和用水安全提出了更高的要求。随着经济的稳步快速发展、人口增长和城市化进程加快,区域社会经济的发展对水资源提出了更高的要求,供水与用水、城市与农村、工业、农业、生活与生态之间的矛盾日趋突出。

3.2.3 水体污染问题突出

淮河干流水质总体为优,但仍存在局部河段部分时段水质超标现象,如淮南(凤台大桥、淮南、李嘴子上)、蚌埠(临淮关)等监测断面,超标时段主要出现在非汛期,超标因子主要为五日生化需氧量。支流污染问题尤为突出,省淮河流域支流总体水质状况为轻度污染。2016年水质评价结果显示:茨淮新河、东淝河、西淝河、淠河、汲河5条水质为Ⅲ类,颍河、沣河、池河、濠河、谷河5条为Ⅳ类,涡河、洪河为Ⅴ类。众多支流水质较差,沿河周边的浅层地下水也受到一定影响,严重影响区域供水安全和用水安全。入河排污口监管不到位,工业污染污水未达标排放,城镇生活污水集中处理率不高,雨污合流现状普遍存在,点源污染突出。农业化肥、农药使用量大,有效利用率不高,大量农业化肥进入附近水体;规模养殖场未配备污染治理设施,大量养殖粪污直接排放,农业面源污染严重。水污染使部分水体功能下降甚至丧失,严重影响了城乡供水安全,进一步加剧了区域水资源短缺矛盾。

3.2.4 用水效率不高,用水水平有待全面提升

区域用水效率不高,农业用水方式仍较粗放,灌溉水利用系数不高,高效节水灌溉面积较少;工业水重复利用率不高,中水回用率较低;老旧供水管网改造任务较重,城市供水管网漏损率较大,节水器具普及率有待进一步提高;全民节水惜水意识有待提高,节水型社会建设亟待全面加强。2016年安徽省淮河流域用水总量118.68亿m^3,人均综合生活用水量343.1 m^3;其中农田灌溉用水量74.04亿m^3,亩均灌溉量133.4 m^3;工业(含火电)用水量23.4亿m^3,万元工业增加值用水量68.8 m^3。该区域用水水平不高,加剧了水资源短缺,尤其在干旱年份旱灾更为突出。

4 对策研究

(1)加强水源工程建设和调水工程建设。充分利用现有的水源工程,加强水资源调蓄利用;充分利用南水北调东线工程,加快引江济淮等跨流域调水工程建设,增加区域可供水量;同时要加强流域内淮

(河)水北调、淮水西调、淮南引大别山水库水、引淮济阜(阳)、引淮入亳等工程建设与水资源调度。

(2)实施最严格水资源管理制度。全面落实最严格水资源管理制度,实施水资源消耗总量和强度双控方案,严控用水总量;全面开展节水型社会建设,提高用水效率;加强水功能区监督管理;制订超采区地下超采治理方案,确保地下水开采合理可控。

(3)加强水污染防治。工业污染、城镇生活污染、农业面源污染等得到有效防治,淮河干流水质保持优良,支流水质逐渐好转;入河排污口得到综合整治,布局更加规范、监管更加到位;工业集聚区水污染得到集中治理,城镇生活污水和生活垃圾处理能力全面提升,农业面源污染和畜禽养殖污染得到有效防治。

(4)建立旱情监测预测预警系统。充分利用现代信息技术建立抗旱信息系统,形成由流域、省、市、县组成的旱情监测预测预警系统,实现旱情监测、传输、分析、预测、预警于一体,涵盖水情、雨情、工情变化的各种相关因素,为各级决策部门及时提供准确的旱情和抗旱信息,准确评价干旱对经济和社会发展的影响,还可以提出合理的对策建议,更加科学地指挥部署抗旱工作,大大提高抗旱减灾管理水平。

参考文献

[1] 王劲松,郭江勇,周跃武,等. 干旱指标研究的进展与展望[J]. 干旱区地理,2007,30(1):60-65.
[2] 袁文平,周广胜. 干旱指标的理论分析与研究展望[J]. 地球科学进展,2004,19:(6):982-991.
[3] 安徽省水利科学研究院. 安徽省抗旱规划[R]. 2011.
[4] 安徽省水利厅. 安徽省水旱灾害[M]. 北京:中国水利水电出版社,1998.
[5] 汤广民,曹成. 安徽省农业旱灾特征及其对粮食生产的影响[J]. 灌溉排水学报,2010,29(6):47-50.
[6] 李彬,武恒. 安徽省农业旱灾规律及其对粮食安全的影响[J]. 干旱地区农业研究,2009,27(5):18-23.

作者简介:陈小凤,女,1984年3月生,高级工程师,主要从事水文水资源相关方面的研究工作。E-mail:chxf508@163.com.

桥梁工程跨越蓄洪区对防洪的影响评价

张　鹏　季益柱

（中水淮河规划设计研究有限公司　安徽合肥　230601）

摘　要：本文以跨越蒙洼蓄洪区的某省道特大桥工程为例进行分析，在防洪评价计算中采用平面二维数学模型进行计算，分析了桥梁建设对蒙洼蓄洪区运用时区内蓄洪水位、分洪历时、流速过程和水流流场等情况的影响，并对桥梁建设前后的壅水、冲刷情况进行了对比分析计算，做出客观的防洪影响评价，提出修改意见和预防措施，为水行政主管部门对建设方案的审批提供技术支撑。

关键词：桥梁工程　蒙洼蓄洪区　数学模型　防洪影响评价

蓄洪区是指包括分洪口在内的河堤背水面以外临时储存洪水的低洼地区及湖泊等。淮河干流现有蓄洪区6处，设计蓄洪量65.44亿m^3，蓄洪区的主要作用是蓄滞河道洪量，削减洪峰，减轻河道两岸堤防和下游的防洪压力，在历次大洪水中发挥了重要作用。

随着我国社会经济的不断发展，交通运输行业投资规模进一步扩大，跨越蓄洪区的公路桥梁建设项目逐年增多，桥梁建成后，可为蓄洪区内群众的生产、生活及分洪时撤退转移提供更为有利的交通保障，是保护区域居民生命和财产安全的交通命脉，建设意义重大。但是桥梁的建设也会带来一些不利因素，如桥位断面的过流面积会被压缩，造成局部流速加大，壅水、冲刷和流态紊乱等会给蓄洪区的运用、防汛抢险和水利管理带来不利影响。鉴于以上情况，在项目建设前对拟建桥梁工程进行相应的计算和分析并做出合理的防洪影响评价是十分必要的。

本文以跨越蒙洼蓄洪区的某省道特大桥工程为例进行分析，通过收集蒙洼蓄洪区基本情况、相关水利规划和桥梁工程设计文件等资料，采用规范推荐的经验公式进行壅水和冲刷分析计算，同时，为更好地分析桥梁建设对蒙洼蓄洪区运用时区内蓄洪水位、分洪历时、流速过程和水流流场等情况的影响，采用平面二维水流数学模型对工程前后蒙洼蓄洪区的水流运动进行数值模拟，根据分析计算成果给出桥梁工程跨越蓄洪区对防洪的影响评价结论，并对拟建工程设计和施工提出修改建议及防治与补救措施，减轻或降低工程建设对蓄洪区安全运用带来的不利影响。

1　蒙洼蓄洪区和桥梁工程概况

蒙洼蓄洪区是淮河防洪工程体系的重要组成部分，位于安徽省阜南县境内，淮河干流洪河口以下至南照集之间，南临淮河，北临蒙河分洪道。蒙洼蓄洪工程由蒙洼圈堤、王家坝进洪闸和曹台孜退水闸等组成，圈堤长94.3 km。蒙洼蓄洪区内地面高程一般为26.0～21.0 m，地势由西南向东北倾斜。现状蓄洪区总面积180.4 km^2，设计蓄洪水位27.7 m、设计进洪流量1 626 m^3/s、设计蓄洪量7.50亿m^3。当淮干王家坝水位达29.2 m且有继续上涨趋势时，视雨情、水情和工程情况，适时启用蒙洼蓄洪。蒙洼蓄洪区的主要作用是降低淮干王家坝水位，现状启用标准约为5年一遇。

拟建桥梁工程位于阜南县中岗镇、曹集镇，在蒙洼蓄洪区内布置2座特大桥分别为蒙洼特大桥和曹集特大桥，桥梁设计荷载公路－Ⅰ级，设计防洪标准为300年一遇。其中，蒙洼特大桥位于曹集镇北侧，桥梁北侧与蒙河分洪道右岸堤防平交，南侧接过渡段路基，桥梁全长约3 000 m。曹集特大桥位于曹集镇东侧，桥梁北侧接过渡段路基，南侧接区内县道，桥梁全长2 200 m。蒙洼蓄洪区及桥梁工程线路示意见图1。

2　桥梁工程对蓄洪区运用的影响

桥梁工程的修建对蓄洪区运用的影响一般包括以下几个方面：①对蓄洪水位的影响；②对分洪历时

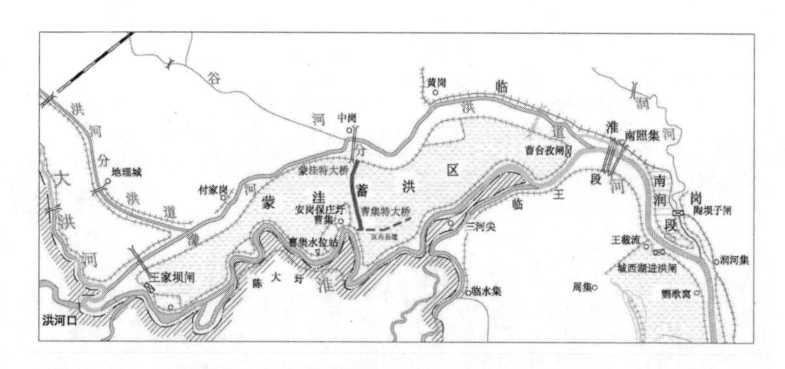

图 1　蒙洼蓄洪区及桥梁工程线路示意图

的影响;③对流速过程的影响;④对水流流场的影响。上述影响均可利用平面二维水流数学模型对桥梁工程修建前后蒙洼蓄洪区的水流运动进行数值模拟后对比分析得到。

2.1　蒙洼蓄洪区二维水流模型

2.1.1　控制方程及计算方法

连续性方程:

$$\frac{\partial h}{\partial t}+\frac{\partial h\bar{u}}{\partial x}+\frac{\partial h\bar{v}}{\partial y}=hS \tag{1}$$

X 方向动量方程:

$$\frac{\partial h\bar{u}}{\partial t}+\frac{\partial h\,\overline{u}^2}{\partial x}+\frac{\partial h\,\overline{vu}}{\partial y}=hf_{\bar{v}}-gh\frac{\partial\eta}{\partial x}-\frac{h}{\rho_0}\frac{\partial p_a}{\partial x}-\frac{gh^2}{2\rho_0}\frac{\partial\rho}{\partial x}+\frac{\tau_{sx}}{\rho_0}-\frac{\tau_{bx}}{\rho_0}-\frac{1}{\rho_0}\left(\frac{\partial S_{xx}}{\partial x}+\frac{\partial S_{xy}}{\partial y}\right)+\frac{\partial}{\partial x}(hT_{xx})+\frac{\partial}{\partial y}(hT_{xy})+hu_sS \tag{2}$$

Y 方向动量方程:

$$\frac{\partial h\bar{v}}{\partial t}+\frac{\partial h\,\overline{uv}}{\partial x}+\frac{\partial h\,\overline{v}^2}{\partial y}=h\bar{f}_u-gh\frac{\partial\eta}{\partial y}-\frac{h}{\rho_0}\frac{\partial p_a}{\partial y}-\frac{gh^2}{2\rho_0}\frac{\partial\rho}{\partial y}+\frac{\tau_{sy}}{\rho_0}-\frac{\tau_{by}}{\rho_0}-\frac{1}{\rho_0}\left(\frac{\partial S_{yx}}{\partial x}+\frac{\partial S_{yy}}{\partial y}\right)+\frac{\partial}{\partial x}(hT_{yx})+\frac{\partial}{\partial y}(hT_{yy})+hv_sS \tag{3}$$

式中:t 为时间;x、y 为右手 Cartesian 坐标系;$h=\eta+d$ 为总水深,d 为静止水深;η 为水位;u、v 分别为流速在 x、y 方向上的分量;f 为科氏力系数 $f=2\Omega\sin\theta$,Ω 为地球旋转的角频率,θ 为当地的纬度;ρ 为水的密度;ρ_0 为参考水密度;$\bar{f_v}$ 和 $\bar{f_u}$ 为地球自转引起的加速度;S_{xx}、S_{xy}、S_{yx} 和 S_{yy} 为辐射应力分量;T_{xx}、T_{xy}、T_{yx} 和 T_{yy} 为水平黏滞应力项;p_a 为当地的大气压;S 为源汇项(u_s、v_s)源汇项水流流速;τ_{sx}、τ_{sy} 为风场摩擦力在 x、y 上的分量;τ_{bx}、τ_{by} 为底床,摩擦力在 x、y 上的分量。

采用非结构有限体积法离散控制方程。有限体积法中使用的非结构网格通常由三角形或四边形网格组成,为了准确拟合蓄洪区曲折的岸边界,一般采用三角形网格进行计算。

2.1.2　模型的建立

(1)计算范围。

模型计算采用实测的蒙洼蓄洪区地形资料,计算范围为整个蒙洼蓄洪区。计算范围、保庄圩、进出口闸门及特征点示意见图 2。

(2)糙率。

蒙洼蓄洪区在进行洪水模拟的过程中,根据现场调研、已有项目经验及相关资料的查阅,模型中糙率选用 0.05。

(3)网格。

采用三角形网格进行计算,模型中对庄台及桥墩等局部地区进行网格加密,同时扣除安岗等保庄圩的保护范围,总共划分了约 30 000 个网格。模型网格划分如图 3 所示。

(4)时间步长。

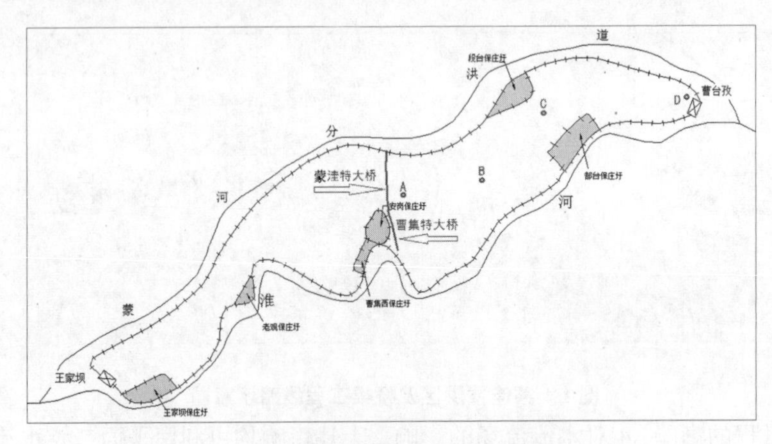

图2 计算范围及特征点示意图

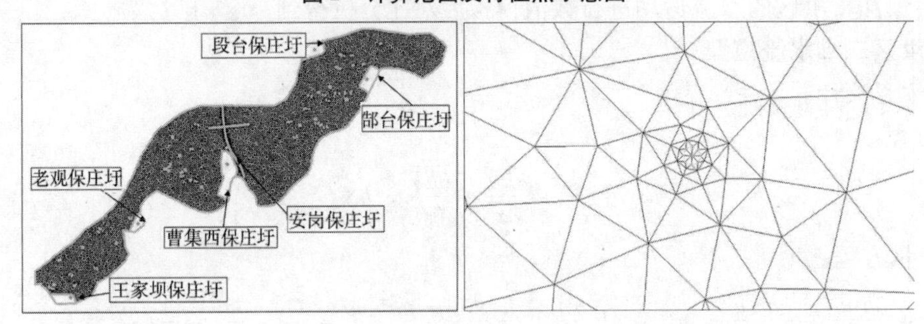

图3 网格划分图

利用有限体积法计算三角网格的水流模拟时,采用30 s 作为最大时间步长,0.01 s 作为最小时间步长。

(5)边界条件。

上游进口边界采用王家坝闸流量过程,下游出口边界采用曹台孜闸流量过程。

2.1.3 模型的验证

选取2003年蒙洼蓄洪区进洪后区内洪水复演过程对模型进行验证。选取2003年7月3日00:00至7月22日00:00作为模型验证时段,模拟计算蒙洼蓄洪区两次进洪过程及第一次退洪过程,上、下边界条件分别为2003年王家坝闸及曹台孜闸实测流量过程,验证过程中需考虑该时段蓄洪区内的降雨及蒸发量。

2003年洪水演进过程模拟结果如图4所示。自王家坝闸开闸进洪开始,洪水到达曹台孜闸附近,大致需要2 d左右的时间。曹集水位站水位验证结果显示,计算水位与实测水位吻合较好,水位平均误差在0.06 m以内。

从2003年洪水复演的模拟结果看,模型的网格划分、参数取值等较合理,模型能较好地模拟蒙洼蓄洪区内洪水的淹没过程,可应用于工程前后区内洪水演进情况的分析对比。

2.2 计算结果分析

2.2.1 对蓄洪水位的影响

由于桥墩的阻水作用,桥墩两侧区域的水位会略微抬高。由于蒙洼蓄洪区面积较大,为反映工程后蓄洪区内蓄洪水位的变化情况,选取具有代表性的特征点的水位过程进行分析。模型计算结果显示,各特征点处水位的最大抬高值不超过0.005 m,桥墩阻水对蒙洼蓄洪区蓄洪水位的影响很小。

2.2.2 对分洪历时的影响

对分洪历时的影响主要表现为:蒙洼蓄洪区分蓄洪水时,工程对洪水到达蓄洪区内各点时间的影响。桥梁工程修建前后洪水到达蓄洪区内各特征点时间见表1。由表1可以看出,桥梁工程修建后,洪水到达蓄洪区内各特征点的时间基本一致。可见,桥梁工程的修建对洪水到达各特征点位置的历时有一定的影响,但影响较小。

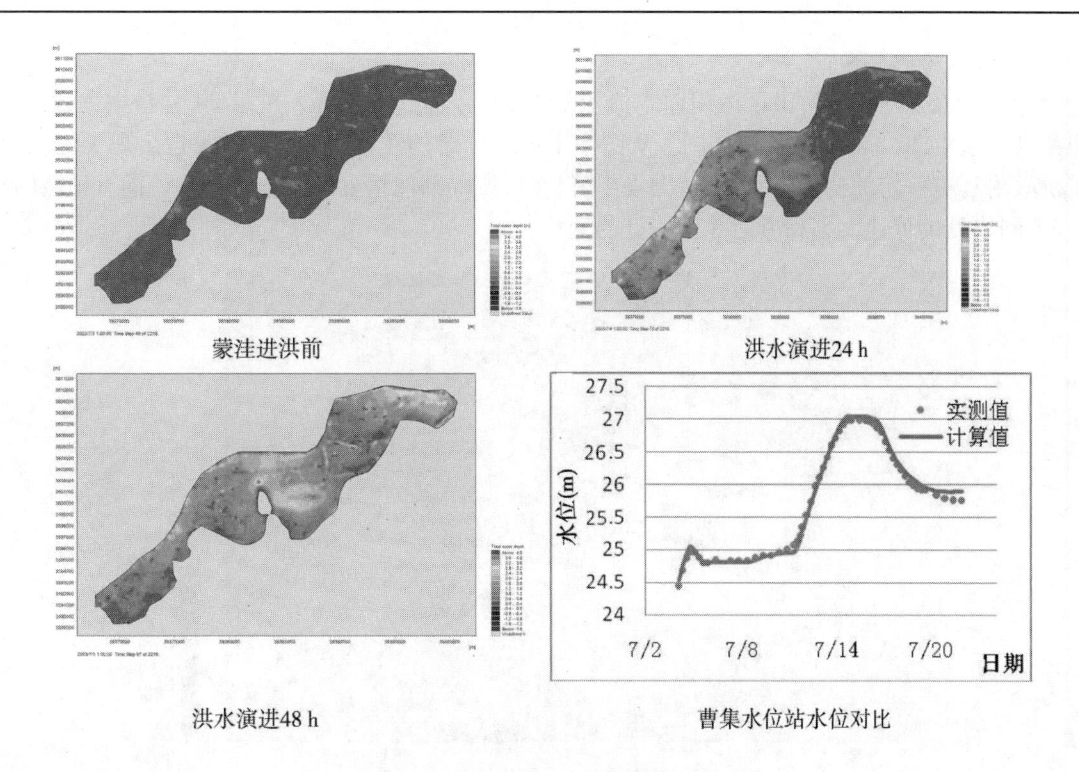

图4　2003年蒙洼洪水演进模拟结果

表1　工程修建前后洪水到达蓄洪区内各特征点的时间

特征点（位置或附近桥墩号）	洪水到达时间(h)		
	工程前	工程后	差值
A	16.03	16.00	-0.03
B	26.22	26.22	0
C	38.55	38.53	-0.02
D(曹台孜闸)	47.23	47.25	0.02
a(蒙洼特大桥28号墩)	14.88	14.90	0.02
b(蒙洼特大桥79号墩)	15.70	15.70	0
c(曹集特大桥37号墩)	20.63	20.58	-0.05

2.2.3　对流速过程的影响

工程沿线各特征点相应的流速峰值统计见表2。可以看出，蒙洼蓄洪区分蓄洪水时，区内洪水流速整体较小，且工程前后各特征点的流速峰值相差也不大。

表2　工程修建前后各特征点流速峰值及峰值出现时间比较

特征点（附近桥墩号）	流速峰值(m/s)		
	工程前	工程后	差值
a(蒙洼特大桥28号墩)	0.386	0.375	-0.011
b(蒙洼特大桥79号墩)	0.349	0.343	-0.006
c(曹集特大桥37号墩)	0.155	0.158	0.003

总体来说，工程修建后，蒙洼蓄洪区进洪时区内各点的流速过程、流速峰值有所变化，但变化非常小。

2.2.4 对水流流场的影响

为分析工程修建对蒙洼蓄洪区运用时水流流场的影响,选取蒙洼特大桥第30号桥墩为代表,图5为蒙洼蓄洪区进洪36 h后桥墩处流场图。从图5中可以看出,工程修建后,桥墩附近出现了绕流,水流流场在桥墩附近有一定的变化,但影响范围较小,仅在桥墩局部网格处的流速大小和流向有稍微明显的改变,其他网格处的流速大小和方向并无明显的变化。

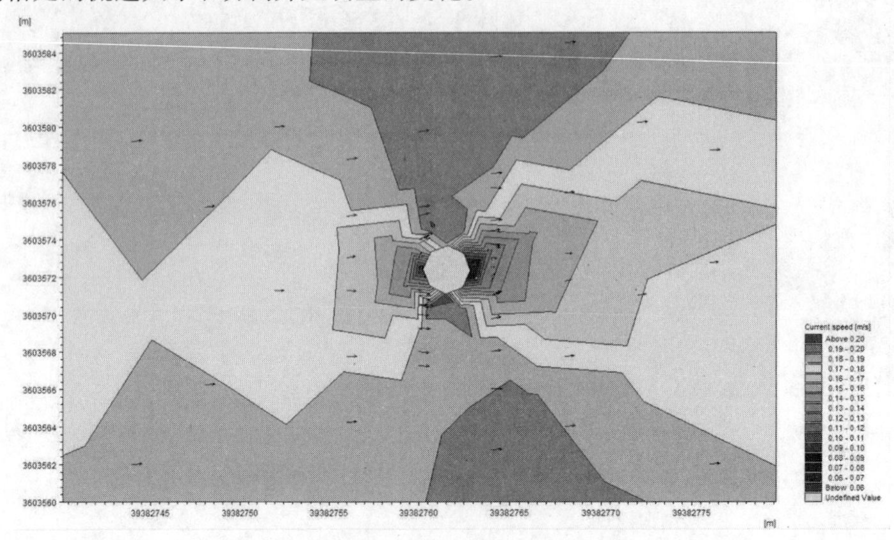

图5 蒙洼特大桥第30号桥墩处流场图

3 蓄洪区运用对桥梁工程的影响

蓄洪区运用对桥梁工程自身安全的影响主要为蓄洪区运用时对桥墩基础的冲刷影响,长时间的蓄洪对路基的浸泡,风浪淘刷影响和遇超标准洪水蓄洪区堤防可能溃决的影响。

本文运用规范推荐的公式,根据模型计算得到的流速和水深变化过程,对拟建桥梁进行冲刷计算。经计算,桥址处不产生一般冲刷,局部冲刷深度为0.23 cm,冲刷对桥墩基础的影响较小。

根据蒙洼蓄洪区历次运用情况,蓄洪区一般蓄洪时间较长,有时持续数月,路基长时间浸泡,加上风浪淘刷及进退水等因素,可能会对路基边坡稳定造成不利影响。

现状蒙洼蓄洪区堤防级别为3级,根据《淮河洪水调度方案》,当淮干王家坝水位达29.2 m且有继续上涨趋势时,视雨情、水情和工程情况,适时启用蒙洼蓄洪。因此,从风险角度考虑,当淮河发生较大洪水时,桥址处蒙洼圈堤可能会溃决,堤防溃决后洪水流速较大,将会造成大的冲刷坑,对桥墩乃至大桥的稳定性造成较大影响,不利于桥梁安全。

4 桥梁工程对防洪工程及防汛抢险的影响

桥梁工程的修建对防洪工程的影响主要为对堤防和区内庄台安全的影响,对防汛抢险的影响是桥梁施工和运行期间对防汛抢险的影响。

该工程中蒙洼特大桥与蒙河分洪道右堤平交,根据大桥的总体布置图以及现状堤防状况,未在蒙河分洪道右堤堤身断面内布置桥墩,且墩台布置在蒙河右堤的堤脚外;曹集特大桥与安岗保庄圩圩堤相距约300 m,距离较远;因此大桥的布置符合《堤防工程设计规范》(GB 50286—2013)的相关要求。

根据现场调查情况,拟建大桥上下游各1.0 km范围无庄台,且桥址处目前也无规划建设的庄台,因此大桥的建设对庄台无影响。

桥梁施工期间对防汛抢险主要有三个方面的影响:一是施工对堤防及上、下堤道路的破坏,直接降低堤防的防洪标准;二是在堤防背水侧进行桥墩桩基基础施工,钻孔打通透水层产生管涌可能对堤基造成的渗透破坏;三是在蓄洪区内堆放施工器材、工具等阻水物品,降低分蓄洪水的能力。

桥梁运行期间对防汛抢险的影响主要表现为蒙洼特大桥与蒙河分洪道右堤平交,可能会影响防汛、管理车辆的正常通行;桥梁工程在蓄洪区内布置桥墩较多,桥墩会对分洪时救生船只形成障碍,可能给蓄洪区内水上救生带来影响。

5　对工程设计和施工的建议

通过上述分析及计算结果可知,桥梁工程的建设对蒙洼蓄洪区正常运用、桥梁工程本身安全运行和现有防洪工程及防汛抢险的影响很小,并且符合当地的交通规划要求。但工程在设计和施工安排上仍然存在一些不足之处,鉴于此,本文结合蓄洪区运用和工程实际情况,提出了修改性建议和预防性措施。

(1)建议设计单位对蒙洼特大桥桥址与蒙河分洪道右堤平交处上下游一定范围内采取护坡、护岸等工程措施进行防护。

(2)建议设计单位根据本次计算的流量、水位成果重新进行冲刷计算,复核桥梁桩基的承载力和桥墩基底的安全埋深。

(3)建议施工单位在汛期来临前清理蓄洪区内施工区一切临时建筑物、施工器材,清除防汛道路上一切临时障碍物,不得影响防汛车辆的通行。

(4)建议建设单位和设计单位综合考虑桥址处蒙洼圈堤可能溃决时对桥梁安全的不利影响,做好风险防范措施。

(5)建议设计单位在平交路口设置警示标志,确保防汛、管理车辆的正常通行;在桥梁附近设立指示牌,桥梁侧面及桥墩上设立反光标识和警示标志,保证蓄洪区水上救生船只和人员安全通过。

6　结语

蓄洪区是淮河防洪工程体系的重要组成部分,随着我国经济社会的快速发展,蓄洪区内建设项目逐渐增多,这些工程在发挥自身作用的同时也会对蓄洪区的安全运用产生一定的影响。如何既满足各行业建设的需要,又不致削弱或降低水利工程防御洪水的能力,这就要求必须加强对河道管理范围内建设项目的管理,在工程建设前期做出客观、公正、合理的防洪影响评价,避免对后期运行造成无法挽回的损失。最后,希望本文既能为加强河道管理范围内建设项目的管理提供技术依据,也能为今后类似工程的防洪影响评价提供有价值的理论和方法。

参考文献

[1] 水利部办公厅. 河道管理范围内建设项目防洪评价报告编制导则(试行)[R]. 2004.

[2] 徐新华,夏云峰. 防洪评价报告编制导则研究及解读[M]. 北京:中国水利水电出版社,2008.

[3] MIKE21:flow model FM hydrodynamic module user - guide manual[R]. Copenhagen:DHI,2014.

作者简介:张鹏,男,1982年4月生,高级工程师,主要从事水利工程规划。E-mail:email0371@163.com.

2014 年和 2016 年淮河水系秋汛期间“分淮入沂”调水可行性分析

苏 翠 陈红雨 王 凯

(淮河水利委员会水文局(信息中心) 安徽蚌埠 233001)

摘 要:淮河水系与沂沭泗水系具备水资源调配的条件。当淮河水系(或沂沭泗水系)出现丰水,而同期沂沭泗水系(或淮河水系)为枯水,则可通过调水的方式,将丰水区的部分水量调往枯水区,减少丰水区的弃水,实现水资源的合理配置和利用。本文分析了2014年9月和2016年10月淮河水系秋汛期的雨水情,并论证了“分淮入沂”调水的可行性。结果表明:在此期间,洪泽湖水位持续偏高,且后续水量丰沛;同时骆马湖、上级湖及下级湖水位持续偏低,且后续无明显涨洪过程;洪泽湖下泄水量>骆马湖+上级湖+下级湖升至正常蓄水位所需水量,具备“分淮入沂”的调水条件,本成果可为淮河流域水资源合理利用提供技术支撑。

关键词:“分淮入沂” 调水 可行性分析

1 引言

淮沂丰枯遭遇分析的目的是,当淮河水系(或沂沭泗水系)出现丰水,而同期沂沭泗水系(或淮河水系)为枯水,则可通过调水的方式,将丰水区的部分水量调往枯水区,减少丰水区的弃水,实现水资源的合理配置和利用。

淮河水系洪泽湖和沂沭泗水系骆马湖是两大水系的大型蓄水湖泊,设计条件下的库容量分别为111.2亿 m^3 和15.03亿 m^3,具有滞蓄洪水、调节水量的功能,对区域的防汛抗旱、水资源利用、生态用水等起到重要作用。洪泽湖向骆马湖、南四湖调水可用南水北调东线泵站工程,因此淮河水系与沂沭泗水系具备水资源调配的条件。

2 2014 年和 2016 年后汛期雨水情分析

2.1 2014 年后汛期洪水分析

2.1.1 雨情

2014 年 9 月,流域主要有 3 次降水过程,致使淮河水系出现明显涨洪过程,但沂沭泗水系无明显涨洪过程。主要的降水过程分为以下三次。

(1)8 月 26 日至 9 月 3 日。

8 月 26 日至 9 月 3 日,淮河流域出现一次持续降雨过程,流域面平均雨量 55.7 mm,其中淮河水系面雨量 69.3 mm,沂沭泗水系面雨量 22.1 mm,如图 1 所示。本次降雨除淮北支流上游、洪泽湖北部支流上游、里下河局部及沂沭泗地区外雨量均超过 50 mm,其中淮河上游、淮南山区、蚌洪区间、洪汝河中游及沙颍河中游超过 100 mm,暴雨中心潢河上游吴陈河站 223.5 mm。受降雨影响,淮河及南部主要支流出现一次洪水过程。

(2)9 月 7 ~ 19 日。

9 月 7 ~ 19 日,流域连续降雨,面平均雨量 97 mm,其中淮河水系面雨量 106 mm,沂沭泗水系面雨量 75.1 mm,如图 2 所示。本次降雨淮河沿淮及北部支流、上级湖湖西支流上游雨量在 100 mm 以上,局部超过 200 mm,暴雨在中心昭平台水库上游坪沟站,次雨量 284 mm。降雨致使淮河干流出现低于警戒水位的洪水过程。

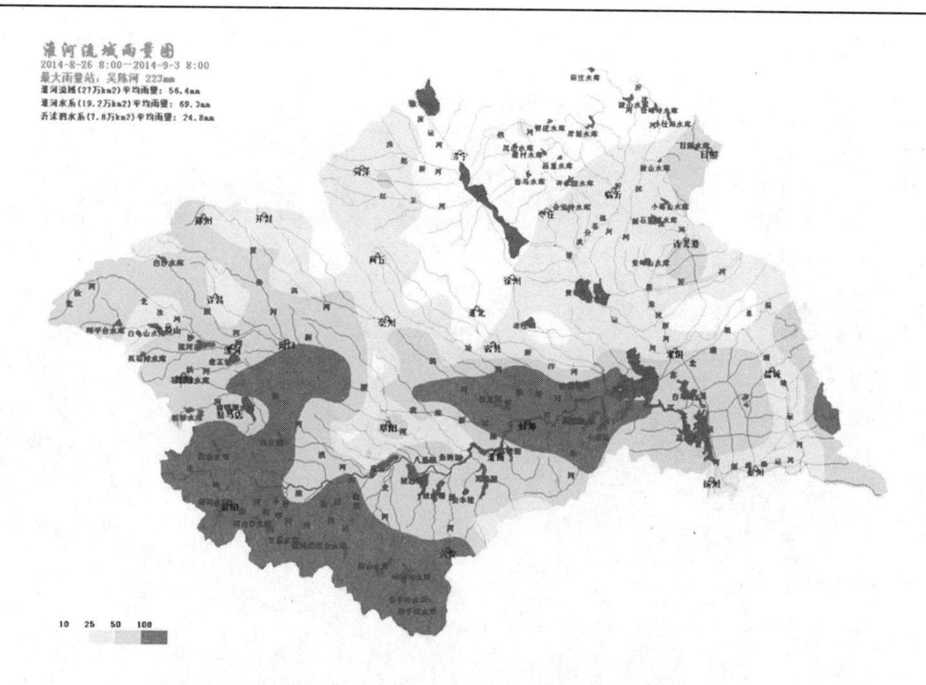

图1　2014年8月26日至9月3日淮河流域次降雨等值线图

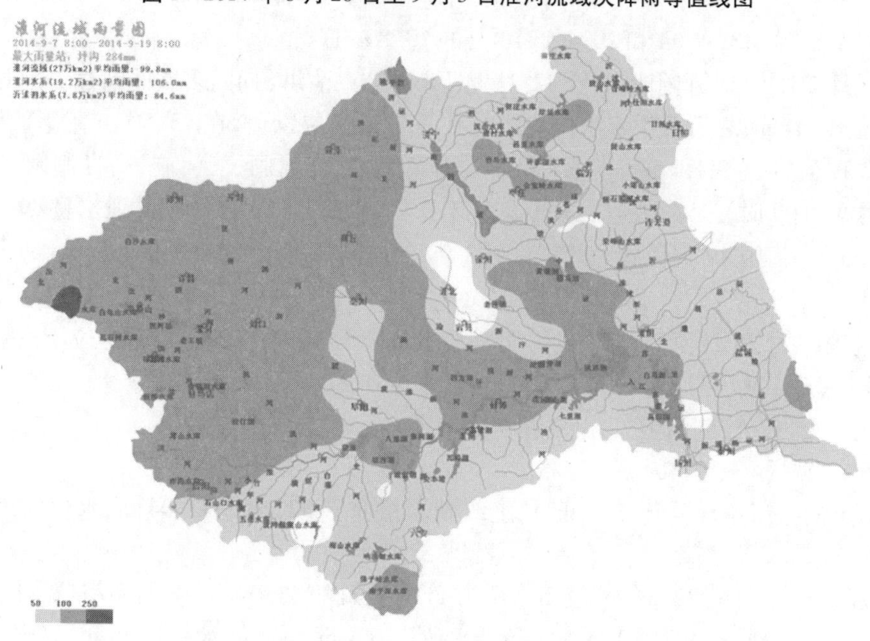

图2　2014年9月7～19日淮河流域次降雨等值线图

(3)9月27～29日。

9月27～29日，流域自北向南产生一次较大降雨过程。本次降雨流域面雨量38.2 mm，淮河水系面雨量39.5 mm，沂沭泗水系面雨量35.1 mm，如图3所示。本次降雨主雨区位于淮北支流中下游、入江水道北段及骆马湖周边，一般雨量超过50 mm，其中洪汝河上游、沙颍河中游局部、涡河中游、洪泽湖北部支流中游等地雨量超过100 mm，淮河上游北部迴龙寺站189 mm最大。

2.1.2　四大湖水情

(1)洪泽湖。

由于3次降水过程相隔较近，所以洪泽湖的来水过程表现为一次较大涨洪过程。

本次洪水过程，洪泽湖水位介于13.06～13.81 m，水位均位于汛限水位(12.50 m)以上。

8月30日洪泽湖水位从13.06 m起涨，之后至汛末呈上升态势，9月29日14时出现汛期最高水位13.67 m(超汛限水位1.17 m)；10月13日出现年最高水位13.81 m，列1953年以来同期第3高水位

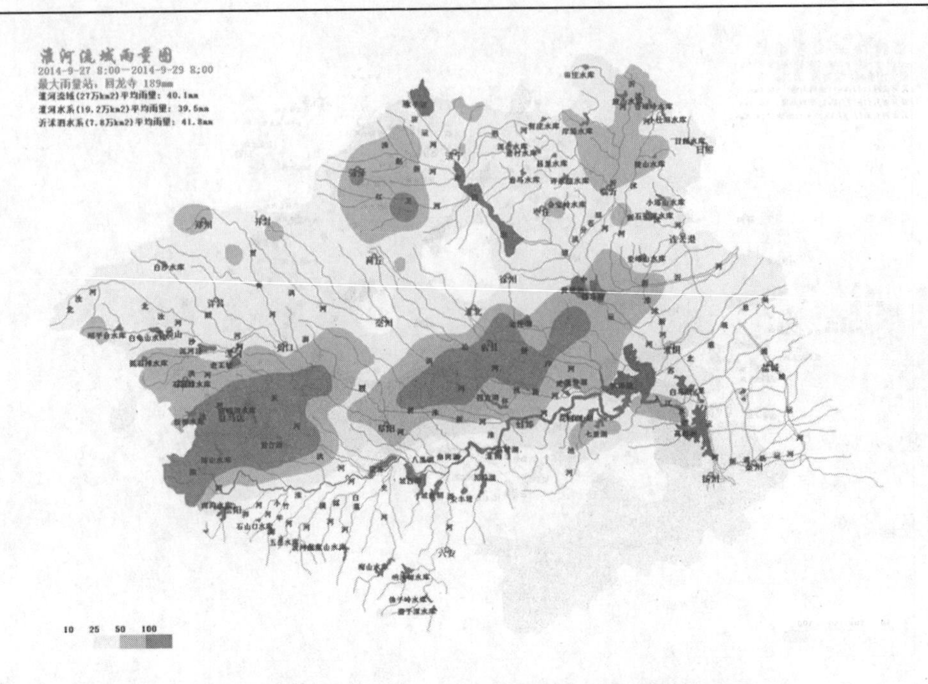

图3　2014 年 9 月 27～29 日淮河流域次降雨等值线图

(仅次于 1996 年 10 月的 13.96 m 和 2004 年 10 月的 13.89 m)。

三河闸从 9 月 2 日 10 时开闸泄洪，至 11 月 3 日 8 时结束泄洪(期间多次间断性关闸开闸)，泄洪结束时洪泽湖水位 13.41 m，之后至年末水位均维持在正常蓄水位以上，在 13.50 m 附近波动，故此次泄洪过程取 9 月 2 日至 11 月 3 日。期间洪泽湖最大出湖流量(二河闸、三河闸、高良涧闸、高良涧电站) 5 360 m^3/s(9 月 30 日 9 时)。本次泄洪过程(9 月 2 日至 11 月 3 日)，洪泽湖总泄水量 89.3 亿 m^3，包括二河闸 25.0 亿 m^3、三河闸 49.6 亿 m^3、高良涧闸 7.0 亿 m^3、高良涧电站 7.7 亿 m^3。

(2)骆马湖。

本次洪水过程(8 月 26 日至 11 月 3 日)，骆马湖水位介于 21.98～22.24 m，均位于汛限水位(22.50 m)以下。自 8 月底至年底，骆马湖无明显涨洪过程，水位在 22.10 m 附近小幅波动。

期间骆马湖主要出湖控制闸全关，总出湖水量为零。

(3)南四湖上级湖。

本次洪水过程(8 月 26 日至 11 月 3 日)，上级湖水位介于 32.64～33.04 m，水位大多位于死水位(33.00 m)以下。

最低水位为 9 月 12 日的 32.64 m，最高水位为 11 月 1 日的 33.04 m。8 月 26 日 8 时上级湖水位为 32.74 m，低于死水位 0.26 m，9 月 12 日降至最低水位 32.64 m，低于死水位 0.36 m，仅比最低生态水位高 0.09 m，列历史同期第 5 低水位。之后水位持续上升，至 10 月 21 日升至死水位以上。10 月底至年末水位缓慢上升，11 月 3 日 8 时水位 33.04 m。

后续骆马湖无明显涨洪过程，11 月 3 日至年末，水位升至死水位附近。

期间上级湖主要出湖控制闸全关，总出湖水量为零。

(4)南四湖下级湖。

本次洪水过程(8 月 26 日至 11 月 3 日)，下级湖水位呈缓慢上升态势，水位介于 31.19～31.42 m，均位于死水位(31.50 m)以下。8 月 26 日 8 时，下级湖水位 31.23 m，低于死水位 0.27 m；11 月 3 日 8 时水位 31.42 m，低于死水位 0.08 m。

后续南四湖下级湖无明显涨洪过程，至年末水位升至死水位附近。

期间南四湖下级湖主要出湖控制闸全关，总出湖水量为零。

2.2　2016 年后汛期洪水分析

2016 年 10 月，淮河流域降水量 182.6 mm，为 2016 年 1 月以来月最大降水量，且为 1953 年以来 10

月历史最大月降水,较历史同期偏多近 3 倍,较历史最大偏多 20%;淮河干流遭遇严重秋汛,淮河干流正阳关和蚌埠(吴家渡)水文站最大流量均列历史第二位,洪泽湖最高超警戒水位 0.33 m,列 1953 年以来同期第 4 高水位。

2.2.1　雨情

10 月 19 日至 11 月 1 日,淮河流域平均降水 119.9 mm,淮河水系 141.9 mm,沂沭泗水系 65.9 mm。淮河沿淮及以南地区、里下河大部降水 200 mm 以上,如图 4 所示。受 10 月下旬持续降水影响,淮河干流相应有 1 次明显涨水过程。

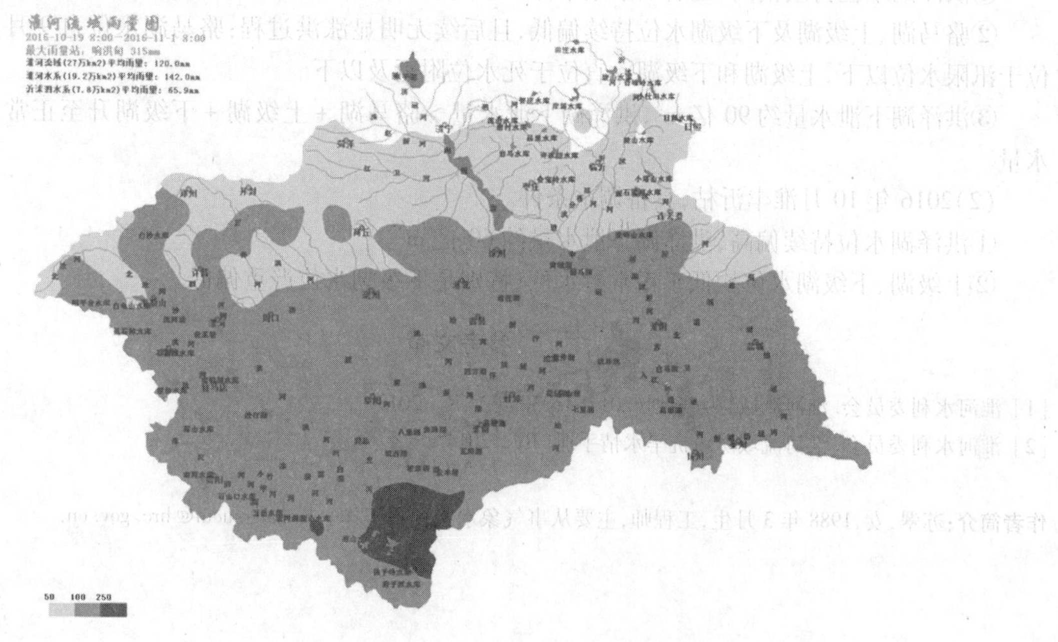

图 4　2016 年 10 月 19 日至 11 月 1 日降水量分布图

2.2.2　四大湖水情

(1)洪泽湖。

洪泽湖水位从 10 月 24 日 8 时 12.31 m 快速起涨,10 月 26 日水位涨至汛限水位 12.50 m 以上,11 月 14 日 11 时出现最高水位 13.83 m,列 1953 年以来同期第 4 高水位。

本次洪水过程,洪泽湖水位介于 12.31 ~ 13.83 m,水位大多位于汛限水位以上。

三河闸从 10 月 31 日 10 时 30 分开闸泄洪,11 月 1 日 10 时 20 分泄洪流量从 1 000 m^3/s 升至 4 000 m^3/s,9 日 11 时 13 分泄量减小至 1 000 m^3/s 左右,截至 11 月 22 日 8 时,三河闸泄量为 1 200 m^3/s。11 月 5 日 8 时,洪泽湖最大出湖流量(二河闸、三河闸、高良涧闸、高良涧电站)为 4 970 m^3/s。

从 10 月 31 日至今,洪泽湖总泄水量 58.3 亿 m^3,包括二河闸 9.4 亿 m^3、三河闸 40.5 亿 m^3、高良涧闸 5.5 亿 m^3、高良涧电站 2.9 亿 m^3。

(2)骆马湖。

10 月 19 日至今,骆马湖水位快速上涨,水位介于 21.64 ~ 23.29 m。10 月 19 日,骆马湖水位 21.64 m,低于正常蓄水位 1.36 m;11 月 21 日 23.30 m,高于正常蓄水位 0.30 m。

期间骆马湖主要出湖控制闸全关,总出湖水量为零。

(3)南四湖上级湖。

10 月 19 日至今,上级湖水位缓慢上升,水位介于 34.10 ~ 34.24 m。10 月 19 日,上级湖水位为 34.10 m,低于正常蓄水位 0.40 m;11 月 21 日,水位为 34.24 m,低于正常蓄水量 0.26 m。

期间上级湖主要出湖控制闸全关,总出湖水量为零。

(4)南四湖下级湖。

10 月 19 日至今,下级湖水位持续上升,水位介于 31.60 ~ 31.82 m。10 月 19 日,下级湖水位 31.60

m,高于死水位0.10 m,低于正常蓄水位0.90 m;11月21日下级湖水位31.82 m,低于正常蓄水位0.68 m。

期间下级湖主要出湖控制闸全关,总出湖水量为零。

3 结论

(1)2014年9月淮丰沂枯,具备调水条件。

①洪泽湖水位持续偏高,且后续水量丰沛,至年底水位维持在13.50 m附近。

②骆马湖、上级湖及下级湖水位持续偏低,且后续无明显涨洪过程:骆马湖水位自9月至年底一直位于汛限水位以下,上级湖和下级湖一直位于死水位附近及以下。

③洪泽湖下泄水量约90亿m^3,洪泽湖下泄水量 > 骆马湖 + 上级湖 + 下级湖升至正常蓄水位所需水量。

(2)2016年10月淮丰沂枯,具备调水条件。

①洪泽湖水位持续偏高,洪泽湖下泄水量约60亿m^3。

②上级湖、下级湖水位均低于正常蓄水位,特别是下级湖水位严重偏低。

参考文献

[1] 淮河水利委员会.淮河流域综合规划(2012~2030年)[R].2013.
[2] 淮河水利委员会.淮河流域防汛抗旱水情手册[R].2014.

作者简介:苏翠,女,1988年3月生,工程师,主要从事气象水文预报工作。E-mail:sucui@hrc.gov.cn.

淮河梅山水库流域洪水模拟不确定性分析

李彬权　梁忠民　杨晓甜　吕圣岚　孙　浩　陈　腾

（河海大学水文水资源学院　江苏南京　210098）

摘　要：由于自然水文过程的复杂性和人类认识水平的局限性，应用水文模型进行模拟和预报时不可避免地存在着诸如降水输入、模型结构和参数的不确定性，由此导致洪水模拟和预报结果的不确定性。基于三水源新安江水文模型，分析贝叶斯预报系统（BFS）—水文不确定性处理器（HUP）在淮河梅山水库入库洪水模拟不确定性分析中的适用性。通过对入库洪水模拟结果的不确定性量化，实现梅山水库入库洪水概率预报。结果表明，与确定性洪水预报相比，基于不确定性分析的洪水概率预报在提供均值预报的同时还能给出更为丰富的不确定性信息（如90%预报置信区间）。

关键词：洪水模拟　水文不确定性处理器HUP　不确定性分析　梅山水库流域

洪水预报是非工程防洪减灾措施的重要组成内容，一直以来，洪水预报提供的都是一种确定性的定值预报，无法对调度方案及防洪决策的可能风险做出客观评估。在淮河流域，随着对洪水预报精准度、行蓄洪区调度决策和风险管理水平的要求越来越高，现有洪水预报的手段与方式难以适应新形势下流域防洪减灾和行蓄洪区调度管理的需要。水文预报不确定性分析可分为不确定性全要素耦合和预报总误差分析两类途径，并形成概率预报基础。在预报总误差分析方面，美国贝叶斯概率预报系统BFS最具代表性。20世纪90年代，不确定性分析及概率预报概念引入国内，取得一批研究成果。

本文应用BFS中水文不确定性处理器HUP进行淮河典型流域洪水概率预报研究。通过亚高斯模型对三水源新安江模型的预报系列及实测洪水系列进行正态分位数转化，再采用贝叶斯算法得到预报变量的后验概率分布，实现洪水过程的概率预报。以淮河梅山水库流域作为示例，提供了应用流程和分析结果。

1　HUP模型原理

在BFS中，将除具有随机误差以外的不确定性都归结为水文不确定性。水文不确定性主要是由模型结构、降雨径流计算、河道汇流和水位流量关系以及模型参数误差等引起的。在BFS中，利用HUP模型进行水文不确定性的分析与处理。

HUP模型基本思想是概率分布的贝叶斯修正原则。待预报变量 H 的先验分布需预报时事先给定，它可以根据先验密度族 $\{g(\cdot \mid h_0):all\ h_0\}$ 来定量描述。假定河道水位（或流量）变化过程是一种马尔可夫链结构，那么在观测水位时刻 t_0 时给定条件 $H_0 = h_0$，H 的密度函数为 $g(\cdot \mid h_0)$。

因此，水文不确定性可采用条件密度函数族 $\{f(\cdot \mid h,y):all\ h,y\}$ 的形式来描述，其中 $f(\cdot \mid h,y)$ 表示假定状态向量为 $Y=y$，预报变量的观测值为 $H=h$，且模型输入 W 的预报结果是理想（不考虑降水输入不确定性）条件下的模型输出 S 的密度函数。对于给定的模型输出 $S=s$ 及状态向量 $Y=y$ 而言，目标函数 $f(s \mid \cdot,y)$ 可视为待预报变量 H 的似然函数。似然函数可以用来衡量系统不确定性的大小，进而反映模型预报能力的优劣。

上述 g 和 f 这两个分布函数族可以将先验分布的不确定性及水文不确定性传递至贝叶斯修正过程。给定任一预报变量 h_0 和状态向量 y，根据全概率公式可以求得模型输出 S 的期望密度函数：

$$\kappa(s \mid h_0,y) = \int_{-\infty}^{\infty} f(s \mid h,y)g(h \mid h_0)\,\mathrm{d}h \tag{1}$$

进一步地，根据贝叶斯公式可以得到在给定模型输出 $S=s$ 的条件下预报变量 H 的后验密度函数：

$$\varphi(h \mid s,h_0,y) = \frac{f(s \mid h,y)g(h \mid h_0)}{\kappa(s \mid h_0,y)} \tag{2}$$

因此,预报变量 H 的水文不确定性可用后验密度函数族 $\{\varphi(\cdot \mid s,h_0,y):all\ s,h_0,y\}$ 进行定量描述,其中处理时假定了降水输入 W 没有误差,忽略其不确定性。

2 三水源新安江模型

新安江模型是河海大学赵人俊教授研制的国内第一个完成的流域水文模型。最初是根据霍尔顿的产流概念研制的二水源新安江模型,认为当包气带土壤含水量达到田间持水量后、稳定下渗量称为地下径流量,其余称为地面径流。20 世纪 80 年代中期,借鉴山坡水文学的概念和国内外产汇流理论的研究成果,又提出了三水源新安江模型。三水源新安江模型蒸散发计算采用三层模型,产流计算采用蓄满产流模型,用自由水蓄水库结构将总径流划分为地表径流、壤中流和地下径流三种;流域汇流计算采用线性水库,河道汇流采用马斯京根分段连续演算或滞后演算法。为了考虑降水和流域下垫面分布不均匀的影响,新安江模型的结构设计为分散性的,分为蒸散发计算、产流计算、分水源计算和汇流计算四个层次结构。

3 实例研究

3.1 研究流域概况

本文以淮河史灌河流域梅山水库以上集水区域(梅山水库流域)作为应用验证流域,流域示意图见图1。流域面积为1 970 km²,地形主要以高山和丘陵为主,较为复杂,地势呈南高北低趋势,上游高山区坡度较陡,水流湍急,森林覆盖率也高,而低山丘陵地带也有很好的植被覆盖,壤中流和地下水十分丰富,流域产流方式为蓄满产流。年平均径流深 738 mm,多年平均降雨量为 1 400 mm 左右,雨量充沛,时空分布不均,雨量集中且多暴雨,往往形成暴涨暴落的洪水过程。

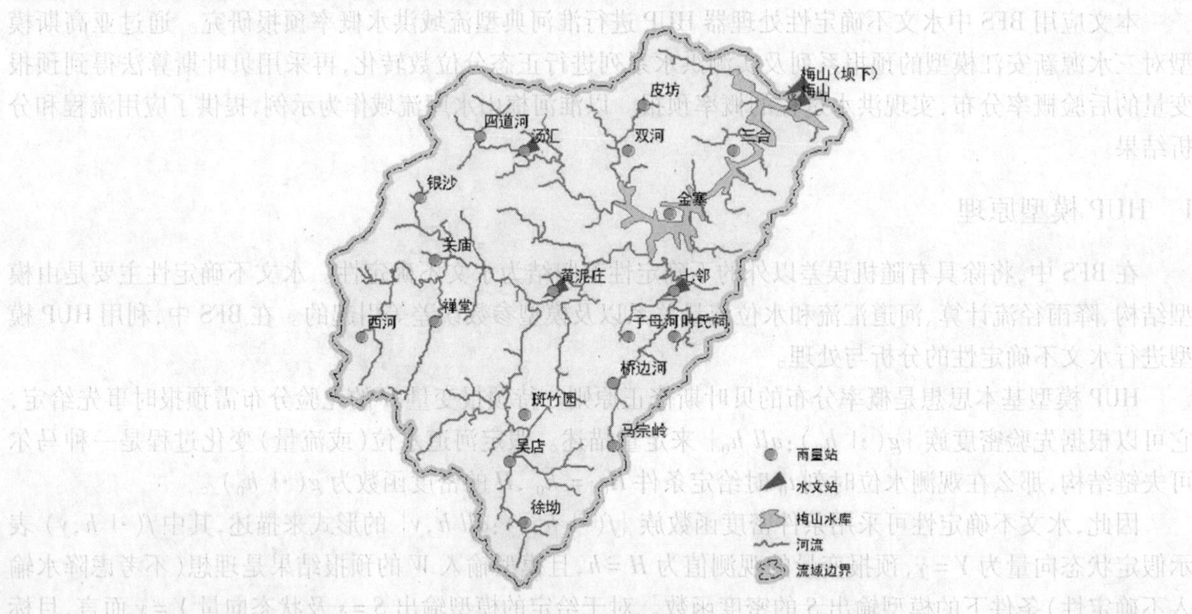

图1 淮河梅山水库流域图

3.2 新安江模型率定与验证

将梅山水库流域划分为 9 个子区间。其中,黄泥庄水文站所在集水区间可根据水系以及地形地貌条件划分为 3 个子区间,七邻水文站所在集水区间与汤汇水文站所在集水区间各为一个子区间,水库库区左岸的陆面同样可根据水系及地形地貌条件划分为两个子区间,右岸可作为一个子区间,最后水库库区作为一个子区间。在每个子区间上进行新安江模型的产汇流计算,再通过河道汇流至流域出口。选用 2006 ~2010 年汛期 7 场次洪水进行模型率定、3 场次洪水进行验证,时间步长为 1 h,模型模拟的洪水确定性预报精度统计见表 1。

表 1　梅山水库流域场次洪水确定性预报结果及精度统计

项目	洪号	实测洪峰(m³/s)	预报洪峰(m³/s)	洪峰相对误差(%)	洪量相对误差(%)	峰现滞时(h)	确定性系数
率定	2006070904	433	401	-7.39	-1.43	2	0.73
	2006072114	859	819	-4.66	-11.83	-2	0.86
	2007062214	489	531	8.59	-24.63	1	0.87
	2007063005	1 110	1 065	-4.05	-15.55	-1	0.90
	2007070812	2 180	2 155	-1.15	13.62	1	0.89
	2007072222	1 290	1 257	-2.56	-18.31	0	0.90
	2008081420	2 370	2 245	-5.27	10.76	-1	0.92
验证	2008082804	2 940	2 453	-16.56	9.66	0	0.78
	2009072308	2 750	2 385	-13.27	18.84	1	0.83
	2010090311	741	708	-4.45	-24.11	0	0.86

由表 1 可知,率定和验证场次洪水的确定性系数均在 0.7 以上,率定期和验证期场次洪水模拟的平均确定性系数分别为 0.87 和 0.82;从洪峰相对误差来看,所有场次的洪峰相对误差均在许可误差 20% 以内,合格率达到 100%;从洪量相对误差来看,除两场次洪水的洪量相对误差超过许可误差的范围,其他场次洪水的洪量相对误差均满足精度要求,合格率为 80%;从峰现时间来看,所有场次洪水的误差都在许可误差(3 h)以内。在新安江模型的确定性预报基础上,可进行梅山水库流域洪水概率预报模拟与分析。

3.3　HUP 模型应用

根据 HUP 模型可以得到梅山水库流域场次洪水每个时刻流量的后验密度分布图,进而分析得到洪水概率预报结果。表 2 中列出了各场洪水 HUP 预报结果的洪峰流量、峰现滞时及洪峰相对误差。另外,根据 HUP 模型提供的实际流量的后验密度函数,结合数理统计的原理,给定一个置信度可以计算预报流量的置信区间,表 2 中给出了各场洪水的 HUP 预报 90% 置信区间。结果分析表明,HUP 的均值预报与实测序列拟合的较好,特别地,对场次洪水实测值与新安江模型预报值相差较大的洪水,由于 HUP 模型考虑了水文不确定性,其均值预报的洪峰误差明显地降低。

表 2　梅山水库流域次洪 HUP 模型概率预报的洪峰与实测值对比结果

项目	洪号	实测洪峰(m³/s)	均值预报洪峰(m³/s)	洪峰相对误差(%)	峰现滞时(h)	洪峰 90% 置信区间(m³/s)
率定	2006070904	433	424	-2.08	1	[363, 495]
	2006072114	859	809	-5.82	1	[695, 940]
	2007062214	489	488	-0.20	1	[420, 565]
	2007063005	1 110	1 033	-6.94	1	[890, 1 205]
	2007070812	2 180	2 005	-8.03	1	[1 726, 2 332]
	2007072222	1 290	1 210	-6.20	1	[1 025, 1 405]
	2008081420	2 370	2 130	-10.13	1	[1 830, 2 465]
验证	2008082804	2 940	2 580	-12.27	1	[2 220, 3 000]
	2009072308	2 750	2 350	-14.55	1	[2 108, 2 860]
	2010090311	741	710	-4.18	0	[608, 825]

此外,各场洪水的大部分时段实测流量值处于概率预报结果的 90% 置信区间内,90% 置信区间洪

峰流量的上、下限在实测洪峰值的30%误差范围以内浮动,表明考虑水文不确定性对于洪水预报结果有显著影响。同时对比发现,HUP预报不确定性随着洪水量级的增大而增大。作为示例,图2给出了第2008082804次洪水的HUP模型概率预报与新安江模型确定性预报的对比结果。

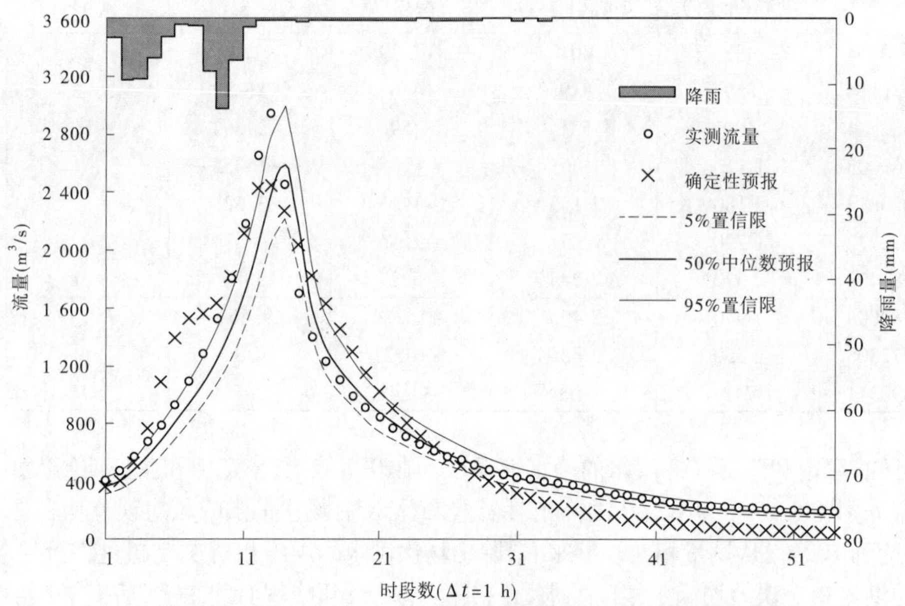

图2　梅山水库流域2008082804场次洪水确定性预报及概率预报过程线

4　小结

本文将三水源新安江模型应用于淮河史河流域的梅山水库流域,通过具有代表性场次洪水资料的率定和验证表明,新安江模型能够在梅山水库流域取得较好的模拟结果,满足洪水精度要求,证明了新安江模型在研究流域的适用性。将水文不确定性分析模型HUP与新安江模型预报结果进行结合,分析处理了洪水预报过程中的水文不确定性,给出了均值预报结果和流量的置信区间,实现了洪水概率预报。基于HUP模型预报流量结果的置信区间信息,可以为防洪调度决策提供更为丰富的不确定性信息,使得预报人员在决策中能够定量地考虑水文不确定性,做出更为合理的决策。

参考文献

[1] 梁忠民,戴荣,李彬权. 基于贝叶斯理论的水文不确定性分析研究进展[J]. 水科学进展,2010,21(2):274-281.

[2] Krzysztofowicz, R. Bayesian theory of probabilistic forecasting via deterministic hydrologic model[J]. Water Resources Research, 1999, 35(9): 2739-2750.

[3] 王善序. 贝叶斯概率水文预报简介[J]. 水文,2001,21(5):33-34.

[4] 钱名开,徐时进,王善序. 淮河息县站流量概率预报模型研究[J]. 水文,2004,24(2):23-25.

[5] 赵人俊. 流域水文模拟—新安江模型与陕北模型[M]. 北京:水利电力出版社,1984.

作者简介:李彬权,男,1984年2月生,副教授,主要从事水文水资源教学与科研工作。E-mail:libinquan@hhu.edu.cn.

基金项目:国家重点研发计划课题(2016YFC0402706);国家自然科学基金重点项目(41730750);国家自然科学基金青年项目(51509067);大学生创新创业训练项目(201710294101 7)。

王家坝流域降水集中期雨量气候特征简要分析

冯志刚　梁树献

(淮河水利委员会水文局(信息中心)　安徽蚌埠　233001)

摘　要:本文利用王家坝以上流域(以下简称王家坝流域)26个站点1961~2015年逐日降水资料,统计了每年降水集中期累积雨量,运用线性回归、EOF分析等方法研究了王家坝流域集中期降水过程的气候特征。结果表明:①王家坝流域降水集中期雨量年际差异较大,其南部存在下降趋势,而北部普遍有上升趋势,洪汝河上游站点的上升趋势显著;②王家坝流域降水集中期雨量有明显的年际变化,20世纪90年代雨量总体上偏少,21世纪初20年代明显偏多,空间分布上20世纪60年代和70年代均表现出南部与北部雨量距平符号相反的特征,20世纪80年代东部和西部变化相反,20世纪90年代和21世纪初20年代全区域一致偏少和偏多;③EOF分析第1特征向量是全区域一致变化型,表示王家坝流域受相同的天气系统影响,第2特征向量是南北反向变化型,表示雨带位于江淮地区或淮北地区时雨量的分布特征,第3特征向量代表洪河上游雨量异常分布型。

关键词:降水集中期　EOF　王家坝流域

1　引言

王家坝闸是淮河干流蒙洼蓄洪区的控制进洪闸,对有效削减淮河洪峰,减轻淮河中游防洪压力起着关键性作用,因此被称为千里淮河第一闸。因其地位的重要性,王家坝流域的雨情和水情一直以来都是防汛的重点,因此对淮河干流集中降水过程的分析研究十分必要。

统计1949年以来淮河的主要涝年包括1954年、1956年、1963年、1965年、1991年、2003年、2005年和2007年等,导致淮河洪涝的暴雨过程如1954年7月2~13日、1991年6月29日至7月11日、2007年6月30日至7月9日等,均属于降水时间跨越1~2周的持续性强降水过程。以往分析降水气候特征时,常常划定固定日期,比如夏季降水(6~8月)、6月降水、旬降水等。而进行致洪暴雨气候特征分析时,无法划定时段,因此本文使用滑动统计的方法,对每年汛期(5~9月)逐日降水进行滑动累计,从中选定最大值的时段作为该年的降水集中期,这样能找出每年降水最集中、降水强度最大的时段。本文选择15 d作为统计降水集中程度的最佳时长,因为一个连阴雨天气过程,时间长度为3~5 d,一般大尺度的天气系统,时间尺度为3~15 d,即15 d时长统计描述了1~2个长波过程或2~3个连阴雨天气过程,基本上概况每年汛期最集中、降水量最大的2~3次降水过程。有研究表明东亚地区大气环流、副热带高压和我国东部季风降水具有明显的准双周振荡周期。因此,选取15 d作为降水集中期的时长具有普遍的气候学意义,同时也与历史上洪水过程的致洪暴雨实际情况相适应。

2　资料和方法

资料选用降水序列完整、分布均匀的共26个气象、水文站点,站点位置分布见图1。

采用王家坝流域26个站点1961~2015年逐日降水资料,统计每年汛期降水集中期的雨量,运用线型回归、经验正交函数分解(Empirical Orthogonal Function, EOF)等方法,分析王家坝流域致洪暴雨的时间演变特征和空间分布特征,为研究雨型分布与洪水特性的联系打下基础。以下简要介绍EOF分解的原理。

EOF方法针对气象要素场,目标是将p个站点、n个样本的要素场的主要分布结构有效分离出来,原理是把要素场分解为空间函数和时间函数,空间函数不随时间变化,时间函数由要素的线型组合所构

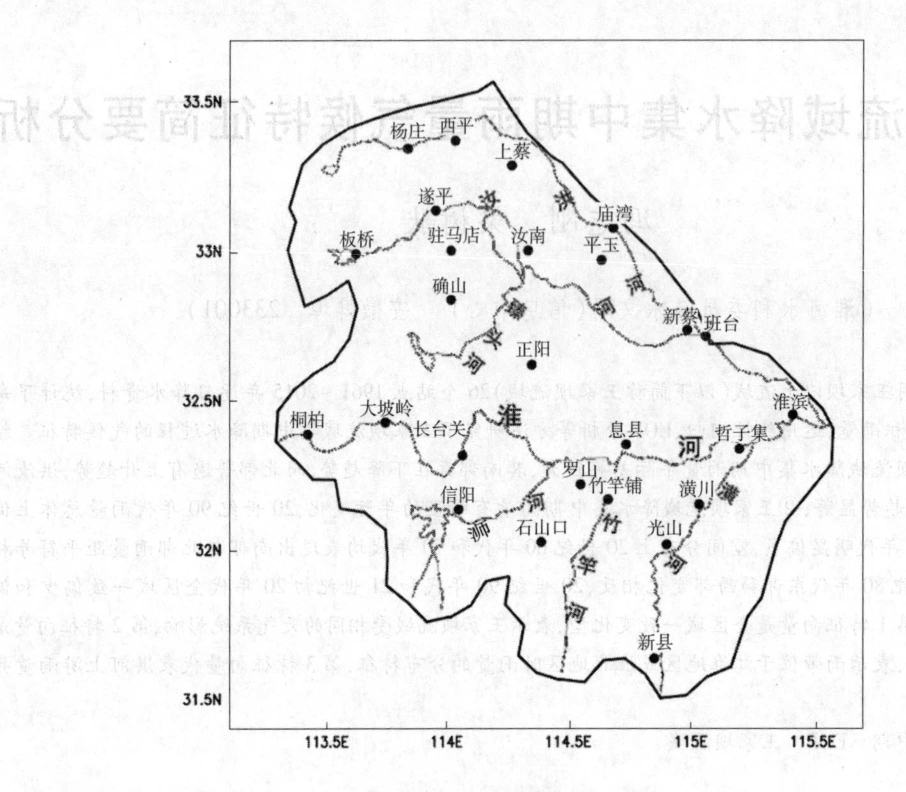

图1　王家坝流域站点分布

成。则场中任一站点 i 和任一时间点 j 的距平观测值 x_{ij} 可看成 p 个空间函数 v_{ik} 和时间函数 $y_{kj}(k=1,2,\cdots,p)$ 的线性组合

$$x_{ij}=\sum_{k=1}^{p} v_{ik}\, y_{kj}=v_{k1}\, y_{1j}+v_{k2}\, y_{2j}+\cdots+v_{kp}\, y_{pj}$$

写为矩阵形式

$$X=VY$$

式中：X 为 $p\times n$ 资料阵，阵中元素 $x_{ij}(i=1,2,\cdots,p;j=1,2,\cdots,n)$ 为距平值，即均值为0。

$$V=\begin{bmatrix} v_{11} & v_{12} & \cdots & v_{1p} \\ v_{21} & v_{22} & \cdots & v_{2p} \\ & \vdots & & \\ v_{p1} & v_{p2} & \cdots & v_{pp} \end{bmatrix}$$

$$Y=\begin{bmatrix} y_{11} & y_{12} & \cdots & y_{1n} \\ y_{21} & y_{22} & \cdots & y_{2n} \\ & \vdots & & \\ y_{p1} & y_{p2} & \cdots & y_{pn} \end{bmatrix}$$

V 和 T 分别称为空间函数矩阵和时间函数矩阵，均满足正交函数要求。

3　王家坝流域集中期降水气候特征

3.1　年际变化特征

王家坝流域1961～2015年降水集中期面平均雨量序列如图2所示。粗实折线是逐年面雨量，多年平均值为188.7 mm，雨量最大的是1982年378.0 mm，超过多年均值的1倍，其次是2007年360.2 mm和1968年351.9 mm，雨量最小的是1966年80.6 mm，不及多年均值的1/2，其他雨量较少的年份有1961年、1992年和1999年，均不足100 mm。由此可见，不同年份降水集中期的降水强度相差悬殊，并且降水集中期雨量多寡在一定程度上反映出汛期降水的多与少，更重要的是集中强降水过程往往是发生洪水过程的直接原因,分析其时空特征十分有意义。

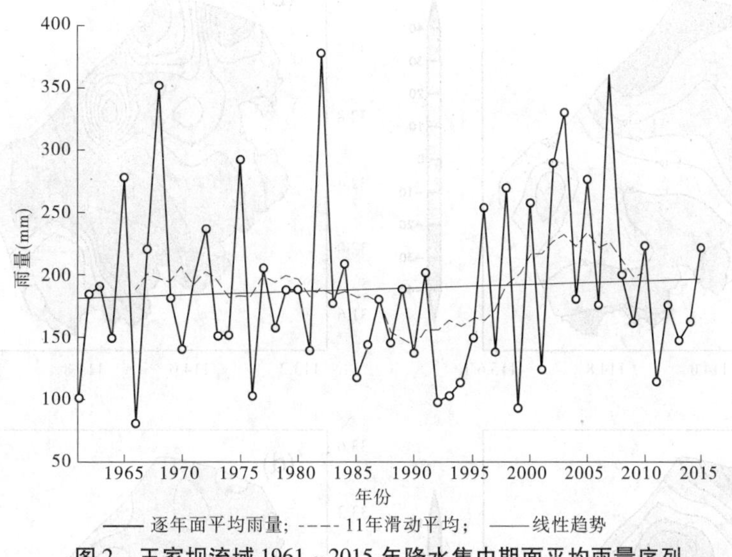

图2 王家坝流域1961~2015年降水集中期面平均雨量序列

降水集中期面雨量序列存在明显的高低振荡,年际变化较大,同时还具有2~3年周期性振荡。对面雨量序列进行11年滑动平均,分析其年代际变化,如图2中虚线所示。20世纪60年代至80年代中期,降水集中期雨量序列年代际变化幅度很小,此后序列的年代际特征较为明显,20世纪80年代后期至20世纪90年代,王家坝流域进入雨量偏少时期,20世纪90年代后期降水集中期雨量经历了由偏少向偏多的转折,21世纪10年代是雨量明显偏多的时期。

运用线性回归方法对面雨量序列进行趋势分析,如图2中细线所示,序列整体呈微弱的上升趋势,气候倾向率为2.89 mm/10年,说明王家坝流域降水集中期雨量长期趋势并不明显。对26个雨量站逐个进行线性回归分析,发现淮河干流长台关至王家坝及其以南地区回归系数均为负值,表示雨量有下降趋势,但均不能通过显著性水平为0.05的信度检验;长台关以上和淮河以北地区回归系统均为正值,表明这些地区雨量有上升趋势,杨庄、庙湾和板桥站通过了0.05显著性水平检验,降水集中期雨量有显著的上升趋势,气候倾向率分别为18.2 mm/10年、16.7 mm/10年和16.8 mm/10年,其他大部分站点的线性趋势并不显著。

3.2 年代际变化特征

通过每个年代各年份雨量合成,分析王家坝流域降水集中期雨量年代际演变特征。为了便于比较,将每个年代合成的雨量转换为降水距平百分率。图3显示了各年代合成的降水距平百分率。20世纪60年代总体面平均雨量略高于多年平均,以淮河源头至洪汝河中游为分界线,以南地区雨量偏多,越往南偏多幅度越大,以北地区雨量偏少,越往北偏少幅度越大,整体呈典型的南多北少分布。20世纪70年代整体呈南少北多的分布形态,洪河上中游至汝河中游是明显的雨量偏多区域,潢河至洪河下游雨量明显偏少。20世纪80年代淮河长台关以上、洪河上游、潢河与浉河等地区明显偏少,流域其他地区略偏多,整体呈东多西少的分布特征。20世纪90年代王家坝流域降水集中期雨量整体一致偏少,而21世纪初发生转折,表现为全区域一致明显偏多,南部地区偏多20%~30%,幅度最大的是洪河上游偏多50%~80%。21世纪10年代受资料长度限制,将2010~2015年降水集中期雨量合成用以替代21世纪10年代的结果。由图3(f)可见,21世纪10年代流域从西向东分别为偏多—偏少—偏多。

综上所述,从21世纪60年代到21世纪10年代不同年代之间降水集中期雨量有很大差异,20世纪90年代雨量整体上一致偏少,21世纪初整体上一致明显偏多,其他年代较为接近多年平均。不同年代空间分布上主要表现为20世纪60年代南多北少,20世纪70年代南少北多,20世纪80年代东多西少,20世纪90年代和21世纪初一致偏少和偏多,21世纪10年代从西向东“+ - +”距平。

3.3 时空分布特征

利用王家坝流域26站1961~2015年降水集中期雨量,采用经验正交函数分解(EOF)来分析降水

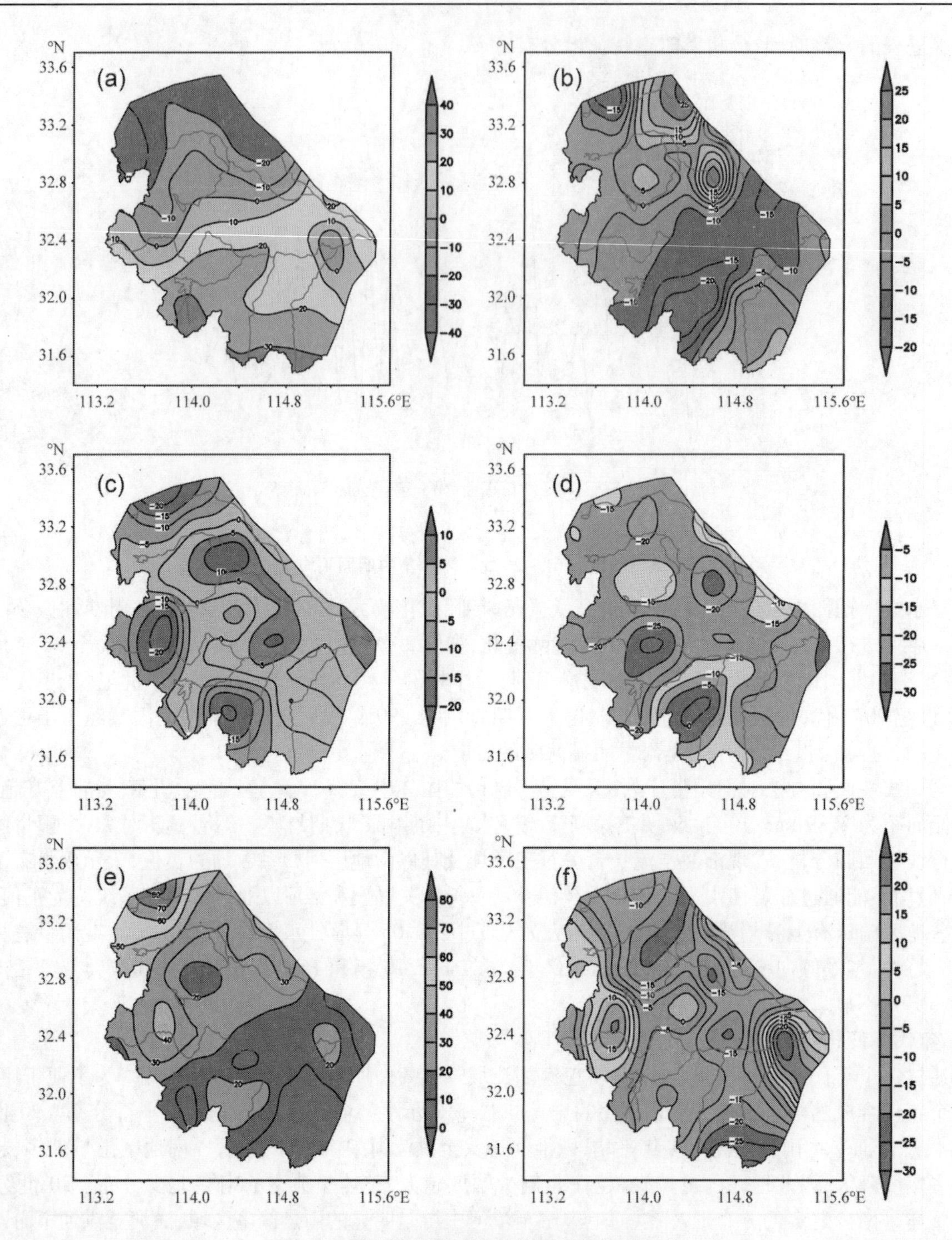

图3　王家坝流域降水集中期雨量各年代合成

集中期雨量的时空分布特征。计算得到前3个模态的方差贡献率分别为46.3%、18.2%、7.2%，累积方差贡献率达到71.7%，下面逐一分析前3个特征向量的空间分布和时间系数的演变特征。

第1特征向量如图4(a)所示，整个区域全部为一致的正值，表示王家坝流域雨量一致变化，流域中部是大值区，表示流域雨量偏多或偏少时该区域的变化最为显著。第1模态解释了46.3%的方差，是降水集中期雨量的主要模态。这与流域的降水实况相一致，因为王家坝流域东西向和南北向跨度200 km左右，远远小于降水天气系统数百至数千千米的空间尺度，多数情况下受同一天气系统影响，降水偏多或偏少的趋势在整个区域内是一致的。第1模态时间系数存在明显的年际变化，降水集中期雨量偏多或偏少的情况交替出现。

第2特征向量整体上从南至北呈阶梯状递减(见图4(c))，以长台关至洪河中游的0线为分界，其南部为正值，北部为负值，表明南北两块区域雨量异常的符号相反，即南部降水集中期雨量偏多时，北部

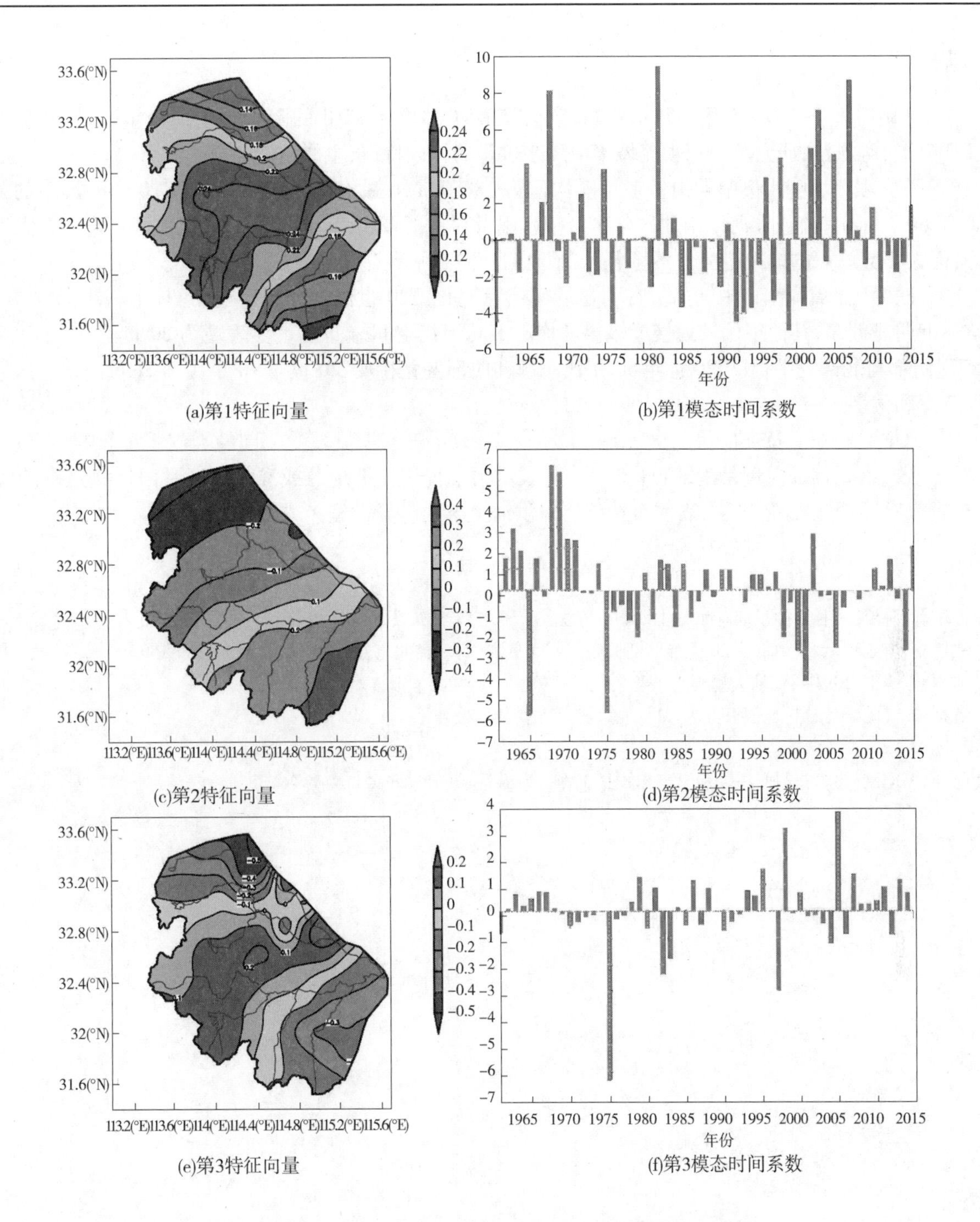

(a)第1特征向量　　(b)第1模态时间系数

(c)第2特征向量　　(d)第2模态时间系数

(e)第3特征向量　　(f)第3模态时间系数

图 4　王家坝流域 1961 ~ 2015 年降水集中期雨量 EOF 分析

为偏少;反之亦然。在历年王家坝流域的持续性降水过程中,呈纬向分布的情况较为多见,比如典型的江淮梅雨出现时,淮河以南的山区往往是暴雨中心,而洪汝河上游处于江淮梅雨雨带边缘,降水强度相对较弱。若梅雨期副高脊线偏北,我国东部主雨带位于淮河北部,洪汝河上游则成为降雨中心。第 2 模态时间系数如图 4(d)所示,可以看出在 1961 ~ 1974 年降水集中期雨量呈南多北少分布的年份较多,1998 ~ 2015 年呈北多南少的年份较多,北多南少形态最典型的是 1965 年和 1975 年。

第 3 特征向量如图 4(e)所示,王家坝流域从北向南雨量距平呈“ − ＋ − ”排列,表示洪河上游、沿淮、淮南山区不同的变化趋势,洪河上游是绝对值的大值区,说明该区域降水异常最为显著。图 4(f)是第 3 模态时间系数,可以发现在很多年份该分布形态并不明显,1975 年是该分布最典型的一年,洪河上游雨量异常偏多,这与“75 · 8”特大暴雨的降水实况相吻合。1998 年和 2005 年是洪河上游雨量异常偏少的典型年份。

4 结论

本文利用1961～2015年逐日降水资料，统计了每年时长为15 d的降水集中期雨量，运用线性回归、EOF分析等方法，研究了王家坝流域集中降水过程的气候特征，主要结论如下：

(1)王家坝流域降水集中期雨量多年平均值为188.7 mm，最大的是1982年378.0 mm，最小的是1966年80.6 mm。流域淮河以南地区降水集中期雨量存在下降趋势，流域淮河以北地区普遍存在上升趋势，但大多数站点的线性趋势并不显著，仅洪汝河上游有站点存在显著的上升趋势。

(2)王家坝流域降水集中期雨量有明显的年代际变化。20世纪90年代雨量总体上偏少，21世纪初整体上明显偏多，其他年代较为接近多年平均。不同年代空间分布上主要表现为20世纪60年代和70年代南部与北部距平相反，20世纪80年代东部和西部变化相反，20世纪90年代和21世纪初全区域一致偏少和偏多。

(3)EOF分析第1特征向量是全区域一致变化型，表示王家坝流域受相同的天气系统影响，雨量变化趋势一致；第2特征向量是南北反向变化型，表示雨带位于江淮地区或淮北地区时雨量的分布；第3特征向量是洪河上游雨量异常，表明有特殊年份洪河上游雨量异常偏多或偏少的情况。

参考文献

[1] 王琳莉，陈星.一种新的汛期降水集中期划分方法[J].长江流域资源与环境，2006，15(3)：352-355.
[2] 武培立，李崇银.大气中10～20天准周期振荡[J].大气科学文集.北京：科学出版社，1990：149-159.
[3] 陆尔，丁一汇.1991年江淮大暴雨与东亚大气低频振荡[J].气象学报，1996，54：760-763.
[4] 黄嘉佑.气象统计分析与预报方法[M].北京：气象出版社，2004.

作者简介：冯志刚，男，工程师，主要从事气象预报工作。E-mail：fengzhigang@hrc.gov.cn.

新安江模型在淮河流域干旱评价中的应用研究

贺胜利

（水利部淮河水利委员会　安徽蚌埠　233001）

摘　要:干旱是一种常见的全球性自然灾害现象,它会对社会经济和人类生存造成严重的危害。首当其冲的是农牧生产业,造成粮食作物大面积减产,甚至颗粒无收;而在对人类生存方面,则会使生态系统环境质量恶化,从而导致人类生活质量下降。我国干旱特点是出现次数多、持续时间长、影响范围广,干旱已经成为制约我国国民经济发展的重要因素之一。干旱指数是对干旱的数据化表达方式,根据干旱指数划分的干旱等级,可以直观地显示某地区的干旱情况。本文利用新安江模型,将淮河息县水文站1988~2005年的日降水和日蒸发资料进行分析计算,得到日土壤含水量,计算出土壤相对湿度,并将土壤相对湿度、蒸发、降水量、径流量通过主成分分析法计算得到一种新的综合干旱指数。将综合干旱指数应用到淮河流域干旱评价之中,并与帕尔默干旱指数和标准化降水指数进行对比分析。研究表明,综合干旱指数在淮河流域干旱评价应用效果较好,在研究区域具有一定的适用性,在某些方面要优于其他两种干旱指数,但仍存在不足,需要进一步修正改进。

关键词:淮河流域　干旱　干旱评价　综合干旱指数

1　概述

新安江模型是流域水文模型中的一种,由河海大学的水文专家赵人俊教授在19世纪80年代初期创立。赵人俊教授在研究新安江洪水预报的方案时,通过对当时的产汇流理论进行整编分析,以当时国内外先进的产流和汇流理论为基础,创立了二水源的新安江模型,这是我国第一个流域水文模型。

新安江开始采用的二水源的划分结构,因此具有明显的缺陷和不足,到了20世纪80年代中期新安江模型变得更加完善,即参考山坡水文学的基本概念和国内外产汇流理论如Horton产流、Dunne产流的研究成果,从而提出了三水源新安江模型。三水源新安江模型的蒸散发计算采用的是三层蒸发模型;产流的计算采用的是蓄满产流模型;用自由水蓄水水库结构将流域总径流划分为地表径流、壤中流和地下径流3种;流域汇流计算采用线性水库,河道汇流采用Muskingum分段连续演算或滞后演算法。

本文研究区域在淮河流域息县以上,属于半湿润地区,产流方式为蓄满产流,可利用新安江模型进行模拟计算连续日土壤含水量。

2　研究区域概况

淮河流域位于河南省南部,介于长江和黄河两流域之间,位于东经111°55′~121°25′,北纬30°55′~36°36′。流域面积10 190 km^2,流域形状呈扇形。流域内主要为山区和丘陵,平原洼地面积较小。土壤类型以轻粉质壤土、砂壤土居多,粉质黏土较少。植被较好,侵蚀冲刷不严重。本流域地处北亚热带和暖温带的过渡气候带,因此在气候上具有明显的过渡特征。每年的四五月降雨量开始明显增加,在季风的影响下,到6~9月进入汛期,6月中上旬即开始主汛期。受季风的影响,时常发生梅雨天气。流域多年平均年降水量1 145 mm,50%左右集中在汛期。

淮河流域多年平均降水量946 mm,由南向北递减,在某些雨量充沛的地区,多年平均降水量可达1 500 mm。降水年内分配不均,多年平均汛期最大4个月总雨量占全年总雨量的比重由南向北递增,如:大别山区的比重为50%左右,淮南在60%左右,淮北在70%左右。淮河流域降水量年际变化趋势明显,最少年降水量是最多年降水量的1/2~1/6。一般在6~7月,月降水量最大。多年平均水面蒸发量在淮河流域呈自南向北递增的趋势。淮南平原蒸发量较小而淮北平原最大，为 1 000 mm 左右。在每年中旬的月均蒸发量最大，而每年的最小蒸发量通常是出现在年初。

降水是影响一个地区干旱程度的重要因素之一，且较容易观测。通过对1988 ~ 2005 年息县水文站的降水资料进行统计分析，得到年降水量变化图，如图 1 所示。

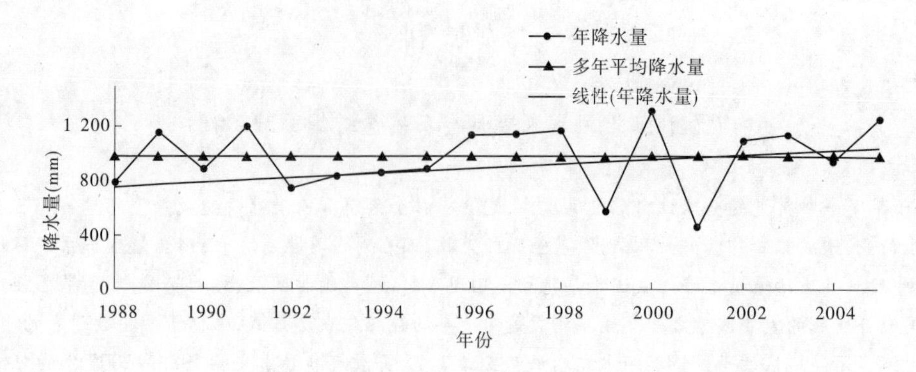

图 1　年际降水变化图

由图 1 可知，该区域 1989 年、1991 年、2000 年、1996 ~ 1998 年、2002 ~ 2003 年、2005 年的年降水量均高于多年平均降水量，1999 年和 2001 年降水量较低，且年降水量呈上升趋势，但上升趋势不明显。

3　新安江模型的应用

3.1　资料收集与处理

本文采用的是淮河流域息县以上流域水文站 1988 ~ 2005 年等 63 个雨量站的日降水资料以及 1988 ~ 2005 年息县水文站所观测的蒸发量和流量资料。先将流域划分为面积为 1 km^2 的栅格，并通过距离平方倒数法将数据插入到流域的每一个栅格上，栅格总数为 13 588，每个栅格就是一个计算单元的实测蒸发量、降水量和日流量，运用新安江模型进行日流量的模拟。

3.2　模型率定与检验

通过对淮河流域息县水文站 1988 ~ 2005 年的水文资料进行模拟计算，并以 1988 ~ 2002 年为率定期，2003 ~ 2005 年为验证期。新安江模型参数率定见表 1。

表 1　新安江模型参数率定

层次		参数符号	参数意义	参数率定值
第一层次	蒸散发计算	*KC*	流域蒸散发折算系数	0.89
		UM	上层张力水容量(mm)	28
		LM	下层张力水容量(mm)	85
		c	深层蒸散发折算系数	0.167
第二层次	产流计算	*WM*	流域平均张力水容量(mm)	180
		b	张力水蓄水容量曲线方次	0.45
		IM	不透水面积占全流域面积的比例	0.001
		BF	下渗分布曲线方次	1.5
		KF	渗透系数	1

续表1

层次		参数符号	参数意义	参数率定值
第三层次	汇流计算	*SM*	表层自由水蓄水容量(mm)	15
		EX	表层自由水蓄水容量分布曲线方次	1.5
		KG	表层自由水蓄水库对地下水的日出流系数	0.55
第四层次	汇流计算	*CS*	河网蓄水消退系数	0.62
		CI	壤中流消退系数	0.85
		CG	地下水消退系数	0.997 5
		L	河网滞时(d)	2
		KE	马斯京根法演算参数(h)	24
		XE	马斯京根法演算参数	0.3

在模型参数率定时,要先定出各参数的初始值,运行模型,比较输出的年径流量,如有误差,则需调整各个参数的值,具体操作为:*KC* 值,因为散发能力折算系数是影响产流计算中最为重要的敏感参数,*KC* 越大,则蒸发能力越强。调整 *KC* 的大小直至实测流量与模拟流量的相对误差最低。*B* 也对径流产生影响,*B* 值越大,模拟径流量越大,但是 *B* 的敏感性不强。*WM* 在模型中相对不敏感,而且 *WM* 对流域蒸散发的计算不产生影响,只表示流域蓄满的标准。但 *WM* 对 *B* 是相关的,其大小会较少地影响 *B* 的大小。*WM* 取值如果太小,就会使 W_0 出现负值;*WM* 太大,将会对 *B* 值的确定带来影响,所以只要 *WM* 的值确定即可。*WM* 确定的标准为,产流中无负值。*IM* 的值对径流的影响很小。*SM* 对径流的比例有很大的影响,*SM* 越大,则地下径流所占比例越大,所以 *RG* 会变大,但对 *RI* 的影响不明显;*SM* 越小,则 *RS* 会变大,地下径流比例变小,洪峰流量变大。*CG* 是地下水消退系数,其值越大,说明地下水消退的历时越长;反之,则地下水消退时间越短。*CI* 参数的率定需要根据退水段的第一个拐点和第二个拐点之间的退水段流量过程来确定,其值影响壤中流的大小,壤中流越大则 *CI* 越大,反之则越小。

参数的初值可根据参数的性质给出大约的值,输入资料计算流量 *R*、绝对误差、相对误差,并绘模拟径流曲线和实测曲线。比较计算流量和实测流量,调整 *KC* 值。通过对比计算的流量过程与实测的流量过程,调整 *SM*、*KG/Kl*、*CG* 的大小。如果计算出的地下水流量偏小,要增大 *KG/Kl* 或 *SM* 的值,如果地下水流量偏大,则要减小。如果计算出的地下水退水速度偏快,就应该加大 *CG* 的值;反之亦然。再通过选取各种 *SM* 的值,调整 *L*、*CS* 的大小使得计算出的误差达到最低。

本模型的评定标准是通过分析计算实测径流深和计算径流深的相对误差,以及年径流深的相关系数来确定的。

3.2.1　相对误差

采用公式

$$R = \frac{Q_s - Q_o}{Q_o} \times 100\% \tag{1}$$

3.2.2　相关系数

在评价一个模型的计算质量时,为了方便模型参数的矫正并对模型的适用性进行检验,通常采用 Nash－Suttclife 效率系数来表示模型的模拟结果和实测结果之间的拟合程度。

由表2可知,1992年、1998年、2002年、2003年、2004年的模拟成果相对误差较高,其他年份的相对误差均低于10%;确定性系数最小为0.245 7,最大为0.829 2。在所有确定性系数中,除1988年、1997年、1990年、1993年、2001年、2004年这6年外,其他年份确定性系数均高于0.7,模拟成果比较满意。

表 2　淮河流域息县以上流域日流量模拟成果

年份		降水(mm)	实测径流深(mm)	计算径流深(mm)	相对误差(%)	确定性系数
率定期	1988	787.6	193.8	202.2	4.3	0.648 0
	1989	1 153.0	475.1	457.6	−2.6	0.823 2
	1990	877.6	295.9	284.3	−3.9	0.453 7
	1991	1 197.7	609.8	584.6	−3.0	0.793 6
	1992	744.2	149.8	164.5	11.1	0.554 7
	1993	840.5	224.5	222.8	−0.8	0.402 0
	1994	849.6	179.0	192.8	7.7	0.496 0
	1995	881.2	214.8	232.8	9.6	0.739 5
	1996	1 141.5	521.0	508.7	−1.2	0.719 6
	1997	782.3	226.0	221.4	−2.0	0.567 5
	1998	1 166.6	616.4	511.5	−17.0	0.817 3
	1999	573.8	80.3	86.8	8.1	0.568 3
	2000	1 328.0	578.4	624.6	9.2	0.732 0
	2001	456.6	104.6	96.5	−7.7	0.245 7
	2002	1 108.1	348.2	411.1	19.4	0.723 4
验证期	2003	1 145.9	611.5	512.7	−16.2	0.832 8
	2004	933.7	279.0	327.9	17.5	0.444 5
	2005	1 253.2	601.3	608.2	1.15	0.829 2

4　综合干旱指数的构建

4.1　概述

鉴于造成干旱的原因比较复杂,影响因素繁多且复杂,所以在评价区域干旱程度时,寻找适用于研究区域的综合干旱指数是干旱评价中重要的环节之一。为了提高研究区域干旱评估和检测的精度,国内外利用相对容易获得的水文气象资料建立综合干旱系数。而综合干旱系数在多个研究区的干旱评估是有局限性的,即并非所有地区适用。

本文首先利用单一要素土壤相对湿度指数对淮河流域的干旱情况进行评估,并发现其具有局限性,然后通过降水、蒸发、径流量、土壤相对湿度指数这四个水文气象要素进行主成分分析法构建综合干旱指数,并用于淮河流域的干旱评价中。

4.2　综合干旱指数的构建

降水、气温、土壤含水量等是与干旱的发生及其发展极其相关的水文气候因素,而土壤含水量对干旱的影响是较为明显的。通过对新安江模型输出得到的土壤含水量计算出土壤相对湿度指数,从而进行研究区域的干旱评价。土壤相对湿度是土壤含水量与田间持水量的比值,计算公式为:

$$R = \frac{W}{f_c} \times 100\% \tag{2}$$

土壤的性质对其相对湿度有不同程度的影响,因此土壤相对湿度所划分的干旱等级标准(见表3)在进行不同区域的研究时要适当调整,本文使用的是国家干旱划分标准。

表 3　土壤相对湿度对应的干旱划分标准

干旱等级	土壤相对湿度（%）	干旱等级	土壤相对湿度（%）
无旱	>60	重旱	(30,40]
轻旱	(50,60]	特旱	<30
中旱	(40,50]		

从图 2 可知，每年土壤相对湿度的较大值均出现在 6 ~ 9 月，较小值出现在每年的 1 月前后。根据淮河地区的气候特征，夏季降水多，所以在夏季 6 ~ 9 月土壤相对湿度较高。冬季气温低，降雨少，土壤中的水分易冰冻，所以研究区域冬季的土壤相对湿度较小。相对湿度在一定程度上能反映出淮河流域的气候特征。

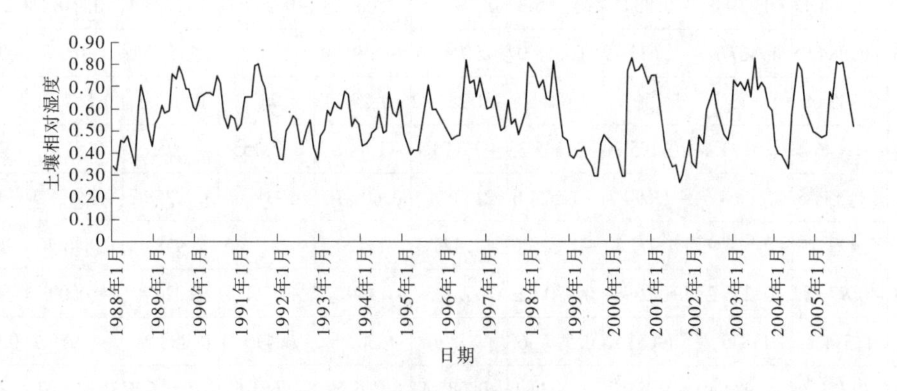

图 2　土壤相对指数月变化

从土壤相对指数干旱评价结果可知，研究区域干旱等级为中旱以上的高于 50%。淮河流域属于温带半湿润气候区，易发生超渗产流，且蒸发强烈，使土壤相对含水量偏低，所以结果呈现出偏干旱的情况。对于此类情况，应调整土壤相对湿度对干旱的划分标准，所以只通过土壤相对湿度难以全面准确地评价研究区的干旱情况。

单一元素难以对研究区的干旱情况进行全面的评价，所以要构建出多个因素的综合干旱指数。一般来说，降水、蒸发、土壤含水量、径流、地下水储存量和融雪量是进行水文预报的几个因素，因此在进行干旱评价过程中要综合考虑上述因素。由于淮河流域冬季降雪量极少，所以在干旱指数构建中不需要考虑融雪量因素；同时，地下水储存量也无须考虑。因此，使用降水、蒸发、径流量、相对湿度来构建综合干旱指数是较为理想的。

本文通过主成分分析法分析处理降水、蒸发、土壤含水量、径流数据，将其转化为少数几个能反映原始变量的大部分信息。主成分分析法是 1901 年由皮尔逊引入，目的是通过降维技术把多个变量化为少数几个主成分，形成一种线性组合。为了使每一个成分之间的信息不叠加，所以要求每个成分之间是互不相关的。因为蒸发、降水、径流量在月尺度上的不均匀分布，所以分别构建每个月的综合干旱指数。

5　基于新安江模型的综合干旱指数对淮河流域干旱评价

表 4 是基于新安江模型所计算出的干旱指数。

表4　综合干旱指数计算

年份	1月	2月	3月	4月	5月	6月	7月	8月	9月	10月	11月	12月
1988	-1.263 9	-0.946 88	-0.349 01	-0.948 59	-0.285 9	-1.663 6	-1.124 1	-0.206 57	-2.405 5	0.130 69	-0.243 73	-1.386 9
1989	1.481 8	1.980 9	-0.135 52	0.889 46	-0.333 45	1.555	-0.044 89	1.750 9	-0.499 43	-0.405 06	0.816 28	0.456 75
1990	0.896 46	2.706 5	0.785 16	1.397 5	0.521 69	0.203 53	0.193 56	-0.293 54	0.769 19	0.709 66	0.279 87	-0.416 21
1991	-0.575	0.800 74	1.674 8	0.846 27	1.766 4	1.927 2	0.858 01	0.674 81	-0.292 47	1.378 6	-1.163 6	0.105 75
1992	-0.777	-1.396 1	0.572 3	0.076 125	0.161 08	-0.134 38	-1.287 5	-1.377 3	0.017 447	0.022 717	-0.507 75	-1.526 9
1993	1.180 5	1.229 5	1.165 3	0.145 74	0.554 77	-0.197 54	-0.374 29	-0.313 29	0.098 123	1.104 1	0.094 945	-0.322 16
1994	-0.749 31	-0.618 28	-0.879 85	1.008 2	-0.177 4	-0.216 76	-1.052 5	-0.745 38	-0.011 83	0.060 575	0.019 365	1.335 6
1995	-0.833 84	-1.200 7	-1.400 8	0.460 08	-0.878 11	-0.814 04	-0.413 85	0.782 99	1.059 1	-1.066 8	-0.331 72	-0.578 68
1996	-0.430 97	-0.834 17	-0.804 25	-0.809 9	-0.965 33	0.176 31	2.062 2	-0.239 51	-1.273 3	-0.248 89	2.664 2	0.468 94
1997	0.049 976	-0.384 95	1.467 7	-0.632 49	-0.558 07	-1.265 6	-0.504 4	-1.353 9	0.351 75	1.162 8	-0.012 42	-0.053 46
1998	1.840 1	0.395 08	1.473 5	2.131 9	2.841 2	-0.255 32	-0.271 23	2.967 2	0.643 6	0.857 43	-1.253 9	-0.441 98
1999	-1.208 4	-1.646 4	-0.841 1	-0.195 89	-0.545 33	-2.176 4	-1.313 7	-2.155	1.953	-0.513 51	-0.547 81	-1.502 5
2000	0.147 86	-0.534 6	-1.964 5	-2.698 7	-1.528 6	2.538 1	0.609 16	0.935 39	-2.358 2	-3.471 3	1.217	1.694 8
2001	2.199 9	0.499 08	-0.576 99	-0.977 13	-1.527 6	-2.425 3	-1.120 5	-2.174 6	2.958 4	0.846 76	-1.313 5	0.703 81
2002	-1.162 8	-0.974 82	-0.206 28	0.022 98	0.970 62	1.731 6	-0.048 74	-0.790 9	1.026 8	1.000 9	-1.061 7	0.827 74
2003	0.050 092	1.514 7	1.845	1.031	0.599 36	0.878 56	1.303 8	-0.496 71	0.288 26	-1.979 2	0.946 93	0.882 05
2004	-0.104 2	-0.371 36	-0.988 49	-1.637 7	-1.434 1	-0.075 44	0.303 57	1.654 5	-0.534 17	0.818 87	-0.211 9	-0.025 37
2005	-0.741 23	-0.218 22	-0.836 92	-0.109	0.818 84	0.213 98	2.225 4	1.380 9	-1.790 7	-0.408 36	0.609 5	-0.221 32

图3是利用MATLAB画图功能做出的综合干旱指数累积频率曲线，而综合干旱指数划分干旱的标准与标准化降水指数（*SPI*）的划分标准类似，即在图中纵坐标为2%、7%、16%、84%所对应的综合干旱指数值来划分干旱标准，即四个累计频率所对应的综合干旱指数值分别为-2.36、-1.53、-1.13、1.17。综合干旱指数干旱等级划分如表5所示。

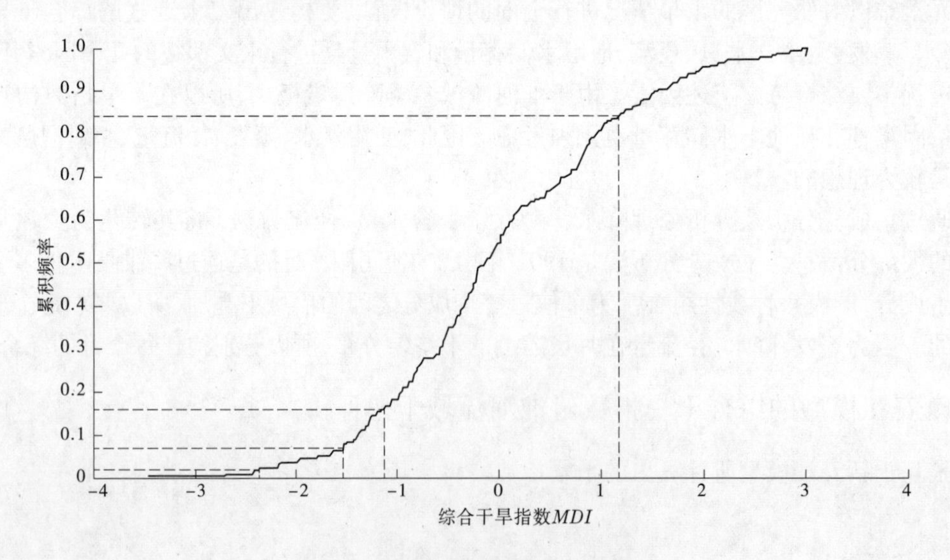

图3　综合干旱指数累积频率曲线

表5　综合干旱指数干旱等级划分

干旱等级	范围
无旱	(1.17, +∞)
轻旱	(−1.13,1.17)
中旱	(−1.53, −1.13)
重旱	(−2.36, −1.53)
特旱	(−∞, −2.36)

根据表5划分的干旱等级标准,对综合干旱指数进行干旱等级划分,结果如表6所示。

表6　综合干旱指数评价结果

年份	1月	2月	3月	4月	5月	6月	7月	8月	9月	10月	11月	12月
1988	中旱	轻旱	轻旱	轻旱	轻旱	重旱	轻旱	轻旱	特旱	轻旱	轻旱	中旱
1989	无旱	无旱	轻旱	轻旱	轻旱	无旱	轻旱	无旱	轻旱	轻旱	轻旱	轻旱
1990	轻旱	无旱	轻旱	无旱	轻旱	轻旱	轻旱	轻旱	轻旱	轻旱	轻旱	轻旱
1991	轻旱	轻旱	无旱	轻旱	无旱	无旱	轻旱	轻旱	轻旱	无旱	中旱	轻旱
1992	轻旱	中旱	轻旱	轻旱	轻旱	轻旱	中旱	中旱	轻旱	轻旱	轻旱	中旱
1993	无旱	无旱	轻旱	轻旱	轻旱	轻旱	轻旱	轻旱	轻旱	轻旱	轻旱	轻旱
1994	轻旱	轻旱	轻旱	轻旱	轻旱	轻旱	轻旱	轻旱	轻旱	轻旱	轻旱	无旱
1995	轻旱	中旱	中旱	轻旱	轻旱	轻旱	轻旱	轻旱	轻旱	轻旱	轻旱	轻旱
1996	轻旱	轻旱	轻旱	轻旱	轻旱	轻旱	无旱	轻旱	中旱	轻旱	无旱	轻旱
1997	轻旱	轻旱	无旱	轻旱	轻旱	中旱	轻旱	中旱	轻旱	轻旱	轻旱	轻旱
1998	无旱	轻旱	无旱	无旱	无旱	轻旱	轻旱	无旱	轻旱	轻旱	中旱	轻旱
1999	中旱	重旱	轻旱	轻旱	轻旱	重旱	中旱	重旱	无旱	轻旱	轻旱	中旱
2000	轻旱	轻旱	重旱	特旱	中旱	无旱	轻旱	轻旱	重旱	特旱	无旱	无旱
2001	无旱	轻旱	轻旱	轻旱	中旱	特旱	轻旱	重旱	无旱	轻旱	中旱	轻旱
2002	中旱	轻旱	轻旱	轻旱	轻旱	无旱	轻旱	轻旱	轻旱	轻旱	轻旱	轻旱
2003	轻旱	无旱	无旱	轻旱	轻旱	轻旱	无旱	轻旱	轻旱	重旱	轻旱	轻旱
2004	轻旱	轻旱	轻旱	重旱	中旱	轻旱	轻旱	无旱	轻旱	轻旱	轻旱	轻旱
2005	轻旱	轻旱	轻旱	轻旱	轻旱	轻旱	无旱	无旱	重旱	轻旱	轻旱	轻旱

根据表5中显示的干旱等级,综合干旱指数能反映出1988年夏季干旱较为严重;1992年夏季和冬季干旱有中等程度的干旱;1995年冬春有中等程度干旱;1997年夏季发生中等程度干旱;1999年的冬季和夏季均发生比较严重的干旱;2000年的春季和夏季干旱严重,甚至出现特旱以及2001年的夏季、2004年春季、2005年夏季均出现较为严重的干旱。经对比,综合干旱指数反映的干旱情况与淮河流域历史记载高度一致,且由于研究区域春季降水少,夏季温度高且土壤蒸散发较多,所以干旱发生月份较多的集中在春季、夏季以及春夏交际的时节。

6　结论

本文通过构建新安江模型,输入淮河流域息县水文站1988~2005年共18年的水文资料,对新安江模型的参数进行率定,并对输出的结果进行检测。由新安江模型得出日土壤含水量和径流,结合蒸发、降水,利用主成分分析法计算综合干旱指数,划分干旱等级标准并对淮河流域干旱进行评价。

通过降水、径流量、蒸发、土壤相对湿度所构建的综合干旱指数在淮河流域干旱评价中的实际应用效果比较符合实际情况,具有一定的适用性。效果要明显优于由土壤相对湿度单一因素进行干旱评价时所得出的结果。

参考文献

[1] 刘新仁. 流域水文模型的研究途径[C]//张建云. 中国水文科学与技术研究进展. 全国水文学术讨论会论文集. 南京:河海大学出版社,2004.

[2] 傅春,张强. 流域水文模型综述[J]. 江西科学,2008(4):588-592.

[3] 翟丽妮,关洪林,张祖莲,等. 新安江模型在梁子湖入湖洪水计算中的应用[J]. 人民长江,2013(4):21-24.

[4] 王亚军,孙福全,尚杰. 淮河治理与流域的社会发展[J]. 河南水利与南水北调,2011(14):76-77.

作者简介:贺胜利,男,1994 年 2 月生,助理工程师,主要从事人事劳资管理工作。E-mail:hsl@ hrc. gov. cn.

安徽省江淮地区梅雨特性分析

罗　桃　李　庆　刘　双

（安徽淮河水资源科技有限公司　安徽蚌埠　233000）

摘　要：梅雨特性和地区旱涝情势密切相关。本文选取安徽江淮地区安庆、霍山、合肥、蚌埠、滁州5个气象站1954～2012年的逐日降雨资料，采用泰森多边形面积加权法、MESA周期分析和线性趋势法等方法，分析研究安徽江淮地区入出梅时间和时长、梅雨雨日和雨量、梅雨年际变化特征。结果表明：1954～2012年安徽江淮地区平均入梅日为6月16日，梅雨结束日为7月10日，平均梅雨期为25 d。各年梅雨量变化较大。梅雨空间分布不均，梅雨量由南向北呈递减趋势。梅雨是致使安徽江淮地区长期遭受涝灾的因素之一，因此对该地区的梅雨特性进行研究分析具有重要意义。

关键词：安徽江淮地区　梅雨特性　MESA　周期分析

1　引言

安徽省江淮地区指淮河以南、长江以北一带，主要由长江、淮河冲积而成。地势低洼，海拔一般在10 m以下，水网交织，湖泊众多。特殊的自然地理环境使得江淮地区长期遭受洪、涝、旱、渍等自然灾害，而梅雨是主要致害因素之一，因此对安徽江淮地区进行梅雨特性分析具有重要的意义。

本文以安徽省内淮河以南、长江以北的江淮地区为研究对象，选择安徽省气象局安庆（58424；沿江）、霍山（58314；大别山区）、合肥（58321；江淮之间）、蚌埠（58221；沿淮）和滁州（58236；江淮之间）五个国家气象观测一级站点作为分析研究对象。通过对安徽江淮地区近59年的降雨数据统计分析，采用泰森多边形面积加权法计算平均雨量，初步探讨了该区域的梅雨特性。

2　梅雨特性分析

2.1　入、出梅时间和梅长

安徽省江淮地区平均入梅日为6月16日，梅雨结束日为7月10日。入梅最早的是1991年5月18日，最晚的是1982年7月9日，前后相差53 d。梅雨结束最早的是1961年6月15日，其次是1984年6月16日；最晚的是1954年和1987年，均为7月31日，早晚相差46 d。梅雨期最长的是1991年，57 d；最短的是1981年，只有9 d。另外，安徽省淮河以南地区（历年平均）初夏开始于5月下旬，结束于7月上旬。以合肥站历年旬平均气温为代表，稳定>22 ℃的日期都在5月下旬，而梅雨开始的平均日期在6月中旬，这意味着梅雨的开始比季节转换迟。两站历年旬平均气温稳定≥28 ℃的日期在7月中旬，而梅雨结束在7月10日，就是说，梅雨结束立即进入盛夏高温季节。

2.2　梅雨雨日和雨量

安徽省江淮地区平均梅雨期为25 d，历年平均梅雨量266.6 mm，由于各年情况不同，梅雨差异较大。梅雨期长短也相差48 d，各年的梅雨量各不相同：江淮之间最多的是1991年，多达939.6 mm；其次是1980年，504.5 mm。以上这些年份由于降水集中，暴雨不断，引起大面积洪涝灾害，称之为丰梅年。而1958年、1965年、1978年，在整个初夏季节没有连阴雨，降水稀少，加之日照多，蒸发量大，造成严重旱灾，称为空梅年份。

安徽省江淮地区梅雨期多年平均暴雨日为1.3 d，梅雨强度指数为4.0，历年差异较大。梅期暴雨日数为0的除空梅年外，还有1959年、1964年、1976年和1988年等年份；暴雨日数在3 d以上的有1954年、1956年、1968年、1991年和2003年；最多为6 d（1991年），当年暴雨日均出现在梅雨期。

统计安庆、霍山、合肥、蚌埠、滁州五站的平均总降水量、梅雨日数以及梅雨期日降雨量，结果如表1所示。

表1　五站平均降水量及梅雨日数统计

入梅候	总降水量(mm)	梅雨日数(d)	日降水量(mm)
1	539.1	44.0	13.7
2	210.8	23.8	11.4
3	171.7	21.9	9.5
4	223.9	18.1	13.5
5	171.9	15.7	13.1
6	253.0	17.6	14.0

利用原始数据计算了梅雨日数和梅雨期总降水量的相关关系。利用最小二乘原理，求得两者相关关系为0.903，充分说明了梅雨期持续天数越长，总降水量就越多；反之亦然。由于入梅早的年份梅雨期偏长，入梅晚的年份梅雨期偏短，从统计的角度可以得出入梅早的年份总降水量偏多，入梅晚的年份总降水量偏少。

2.3　年际变化特征

2.3.1　周期分析

江淮地区梅雨量总体呈现南多北少的分布特征，即江南南部最多，沿江次之，江淮之间中部更少，沿淮最少；从年际变化来看，各年梅雨量相差极大，给分析时间序列带来困难。所以，常对时间序列进行分析。MESA是一种周期分析的方法，适用于时间尺度不够长的序列。

通过对梅雨量进行MESA分析，各地梅雨量的周期变化不一致，大多数气象站序列都有较为明显的周期变化。除了滁州站，其他4个站点都有至少一个周期（见表2）。最短周期3 d，最长周期4.8 d。结合其他站点分析可得，江南地区尽管多山地，梅雨量大，但历年梅雨量的震荡周期较为明显；江淮之间以丘陵为主，周期震荡较为复杂；江淮之间地区则要考虑多周期的变化特点。

表2　各站江淮梅雨MESA主要周期分析结果

地点	安庆	霍山	合肥	蚌埠	滁州
周期(年)	3	4.8,2.5	3.7,2.4	4	—

2.3.2　极差

安徽省江淮地区梅雨量历年相差极大，最大年梅雨量高达939.6 mm（1991年），最小年梅雨量为0（空梅年）。梅雨量的绝对极差为936.6 mm。

2.3.3　变差系数

安徽省江淮地区年梅雨量变差系数 C_V 值为0.85，比全年降雨量 C_V 值0.22大得多。

2.4　异常梅雨分析

在所选近59年资料中，梅雨正常的年份不超过40%。大部分年份不是偏旱就是偏涝。梅雨异常除了梅雨量异常，还表现在入梅时间和梅雨持续时间上，例如早梅、空梅。

梅雨异常原因主要与4个环流因子（副高、季风涌、来自北方的冷空气、来自高原东北侧的中尺度高原系统）异常时期、“锁相”的时期有密切联系。副高提早北跳，发生早梅；西风急流强，稳定抑制副高北抬，发生迟梅；副高位置较常年偏南，西风带通道上存在阻塞性高压控制副高北跳，发生长梅；副高与冷空气强弱悬殊，副高较强且提早北跳控制江淮地区，导致短梅和空梅。异常梅雨并非安徽江淮地区局部气候现象，常常与整个北半球甚至全球范围内大气环流异常有关。

3　结语

本文利用1954～2012年59年安徽省江淮地区梅雨期降雨资料,对江淮地区梅雨的特性进行统计分析,结果表明:

(1)入、出梅时间和时长:安徽省江淮地区平均入梅日在6月16日,梅雨结束日为7月10日。

(2)梅雨雨日和雨量:安徽省江淮地区平均梅雨期为25 d,历年平均梅雨量266.6 mm,由于各年情况不同,梅雨差异较大。梅雨期长短也相差48 d,各年的梅雨量各不相同,相差极大。

(3)年际变化特征:通过对梅雨量进行MESA周期分析,各地梅雨量的周期变化不一致,大多数气象站序列都有较为明显的周期变化。除了滁州站,其他4个站点都有至少一个周期。最短周期2.4 d,最长周期4.8 d。

(4)异常梅雨分析:在所选近59年资料中,梅雨正常的年份不超过40%。梅雨异常原因主要与4个环流因子(副高、季风涌、来自北方的冷空气、来自高原东北侧的中尺度高原系统)异常时期、"锁相"的时期有密切联系。

综上所述,安徽省江淮地区梅雨雨日、雨量、年际变化特征均变化较大。梅雨和地区的旱涝情势密切相关,所以,对安徽省江淮地区的梅雨特性进行分析很有必要。

参考文献

[1] 毛文书,王谦谦,李国平,等. 近50 a江淮梅雨的区域特征[J]. 气象科学,2008(01):68-73.

[2] 毛文书,王谦谦,葛旭明,等. 近116年江淮梅雨异常及其环流特征分析[J]. 气象,2006(06):84-90.

作者简介:罗桃,女,1994年2月生,河海大学研究生。E-mail:1187956995@qq.com.

新视角聚焦水工混凝土构筑物安全问题

——微生物群落及有害腐蚀菌群特征解析

蔡 玮 李 轶

（河海大学环境学院浅水湖泊综合治理与资源开发教育部重点实验室 江苏南京 210098）

摘 要：潮湿环境中的水工混凝土构筑物(HCS)表面和孔隙中易生长大量微生物，它们会通过不同途径对混凝土产生腐蚀，从而影响混凝土性能。本文选取长江流域四个典型水库中不同类型HCS中微生物为研究对象，运用16SrRNA Miseq高通量测序首次研究其微生物群落分布特征。研究发现HCS中微生物多样性较为丰富，闸墩、翼墙、护坡部位微生物群落存在显著差异。β—变形菌门和厚壁菌门在闸墩分布较多，蓝藻门和绿弯菌门则在翼墙与护坡分布较多。冗余分析表明溶解氧、氨氮和温度是造成菌群分布差异的主导驱动因子。METAGENassist分析显示具有生物腐蚀功能的菌群在闸墩部位分布最多(14.0%)，高于翼墙(11.5%)与护坡(10.2%)。结果表明闸墩最具腐蚀风险，特别是被硫酸盐还原菌腐蚀的风险，需要重点进行生物腐蚀预防。本项研究有助于优化水利工程中微生物控制和保障构筑物运行安全。

关键词：水工混凝土构筑物 微生物群落 功能菌群 生物腐蚀

1 引言

水利工程(WCP)是社会基础设施行业的重要组成部分，并在全球可持续发展中起着关键作用。水工混凝土构筑物(HCS)是水利工程的主要工程构筑物，其长期工作在潮湿条件下，生物膜因此易于附着在其水下表面。生物膜群落可驱动多种物质代谢和能量转换，在调节饮用水源地水库生态系统的水质健康方面发挥着基础性作用。环境因子如温度、pH、光照、水动力、营养物质和有机物，是生物膜中微生物动力学和群落组成的主要制约因素。HCS是典型的水利工程中的构筑物，一直受到变化的水力条件的作用，但目前对地球化学和水力条件对微生物群落结构的联合作用影响仍缺乏认知。

生物膜包含复杂的微生物群体且很容易附着在HCS表面。微生物会通过排泄有机酸与代谢产物来影响混凝土构件的结构完整性。在这种情况下，每年有大量资金需要花费在混凝土构筑物的修复与重建方面，且对公共健康安全带来风险。硫氧化细菌(SOB)(主要以硫杆菌属为主)和硫酸盐还原菌(SRB)(主要以脱硫弧菌为主)在水泥胶凝材料的破坏中起着重要作用。混凝土的生物腐蚀也可以通过产酸菌(APB)和硝化细菌(NB)分泌有机酸和硝酸引起。然而，即使混凝土腐蚀现象经常出现，目前还没有任何研究聚焦HCS表面的微生物群落。

中国在过去的几十年中沿着主要河流(如长江)已建成了很多水利工程。水利工程中包含不同功能类型的HCS，包括混凝土闸墩(CGP)、混凝土翼墙(CLW)、混凝土岸坡(CBS)、混凝土渠道、混凝土防渗墙等。在枯水期与丰水期交替下，HCS总是承受着周期性的水动力作用。作为承受结构压力的CGP和CLW，也是控制取水和流量调节的水工构筑物。而CBS不仅受到水流动力冲击的影响，还受到土壤侵蚀的破坏。本研究前期初步的实地调查发现这三种HCS上均存在腐蚀现象，因此附着在这些类型的HCS上的微生物群落应该被高度关注。

本文旨在确定附着在HCS上的生物膜微生物群落，解析与生物腐蚀相关的功能群落的结构组成和分布特征，识别影响微生物群落的主要环境驱动因子。本研究可为水污染控制、生态修复、微生物控制和HCS安全维护提供理论依据。

2　研究方法

2.1　样品采集

样品采集于2016年4月在长江中下游流域四个淡水水库进行，包括花凉亭水库(A)(30°29′37″N，130°29′37″E)、陆水水库(B)(29°39′11″N，114°01′18″E)、拓林水库(C)(29°15′47″N，115°27′11″E)、金牛山水库(D)(32°25′18″N，118°52′25″E)(见图1)。

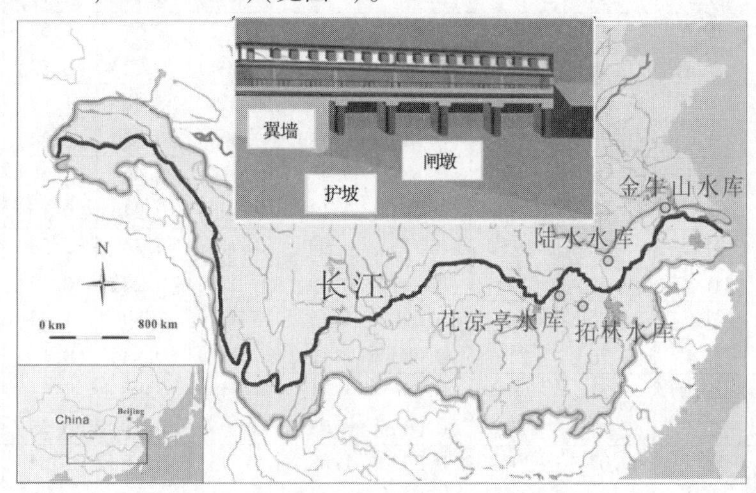

图1　采样点分布图

每个采样点分别采集三份水样混合并收集在1－L聚乙烯瓶中，随后经过滤保存在<4 ℃并在4 h完成水质测试。生物膜采样在每个水库的闸墩、翼墙和护坡三个部位进行(见图1)。生物膜样品用无菌铲从HCS水面下3～10 cm处刮取。从同一点收集的生物膜混合在50 mL无菌塑料管中，并保存于－20 ℃冰箱中直到DNA提取完成。

2.2　DNA提取、PCR扩增及序列分析

试验中根据文献[8]描述的方法用EZNA剂盒(Omega生物TEK公司，美国)从0.3 g生物膜样品中提取总DNA并取3 μL进行1%琼脂糖凝胶电泳检测。16SrRNA基因V1－V3区使用引物338f和806r进行克隆。PCR过程使用三份20－μL体系的反应物。DNA样品存放在10 ℃保鲜柜中进行Illumina Miseq测序。16SrRNA序列按照97%相似性被分成各个操作分类单元(OTU)。序列上传至NCBI数据库中并获得序列号SRP108452。

2.3　环境参数监测

水样的水地球化学参数，包括温度(T)、pH、溶解氧浓度、电导率(Cond)，使用哈希水质仪U－10原位测定。总氮(TN)、总磷(TP)、氨氮(NH_3—N)、化学需氧量(COD)、生化溶解氧(BOD_5)和叶绿素(Chl－a)根据先前的测量方法测量。所有测试参数均采用三次重复。

2.4　多元统计分析

采用SPSS 19.0软件计算物种多样性、丰富度和优势度。序列的分类任务是利用核糖体数据库项目(RDP)进行分类(80%可信度)。微生物细菌与相应的读数导入METAGENassist分析微生物功能。冗余分析(RDA)运用CANOCO 5.0通过蒙特卡罗排列测试来分析各种微生物群落和一系列环境参数之间的关系。$P<0.05$具有统计学意义。

3　结果与讨论

3.1　水环境的地球化学特征

表1显示了水样的地球化学参数特征。花凉亭水库拥有最好的水质，达到了国家地表水环境质量标准Ⅱ类地表水的要求(GB 3838—2002)。而陆水水库则具有最高营养水平，包括最高浓度的(±标准误差)TN((1.08±0.08)mg/L)、NH_3—N((0.32±0.08)mg/L)和TP((0.043±0.006)mg/L)，因此列

为Ⅳ类水。

表 1　采样点及相关水质指标

样品		pH	T（℃）	DO（mg/L）	Cond（μs/cm）	NH_3—N（mg/L）	TN（mg/L）	TP（mg/L）	COD_{Mn}（mg/L）	BOD_5（mg/L）	Chl - a（mg/m）	水质分类
花凉亭水库	A1	8.21 （0.46）	19.7 （0.2）	8.52 （0.85）	176 （18）	0.21 （0.09）	0.41 （0.08）	0.029 （0.002）	2.34 （0.18）	1.84 （0.11）	4.50 （0.48）	Ⅱ
	A2	8.37 （0.58）	19.6 （0.3）	9.43 （0.46）	178 （24）	0.07 （0.06）	0.51 （0.13）	0.017 （0.004）	2.57 （0.22）	1.64 （0.13）	3.39 （0.85）	
	A3	8.26 （0.31）	19.7 （0.4）	9.12 （0.79）	153 （31）	0.08 （0.14）	0.45 （0.18）	0.016 （0.008）	2.48 （0.31）	1.49 （0.24）	5.55 （1.03）	
	均值	8.28 （0.45）	19.7 （0.3）	9.02 （0.69）	169 （24）	0.12 （0.09）	0.46 （0.13）	0.024 （0.005）	2.46 （0.24）	1.66 （0.16）	4.48 （0.78）	
陆水水库	B1	7.91 （0.21）	21.5 （0.2）	8.95 （0.42）	195 （13）	0.31 （0.11）	0.98 （0.09）	0.043 （0.004）	3.24 （0.28）	1.58 （0.12）	10.91 （0.63）	Ⅳ
	B2	7.92 （0.34）	21.5 （0.4）	8.95 （0.76）	207 （21）	0.27 （0.08）	1.15 （0.12）	0.039 （0.007）	2.89 （0.33）	1.44 （0.18）	10.91 （1.04）	
	B3	8.13 （0.62）	22.0 （0.4）	9.31 （1.13）	210 （17）	0.38 （0.05）	1.11 （0.05）	0.048 （0.006）	3.33 （0.18）	1.61 （0.08）	11.13 （1.42）	
	均值	7.98 （0.39）	21.7 （0.3）	9.07 （0.77）	203 （17）	0.32 （0.08）	1.08 （0.08）	0.043 （0.006）	3.15 （0.26）	1.54 （0.12）	10.98 （1.03）	
拓林水库	C1	7.85 （0.18）	22.7 （0.3）	7.83 （0.75）	146 （27）	0.14 （0.06）	0.78 （0.08）	0.054 （0.012）	2.12 （0.21）	1.97 （0.09）	16.40 （0.88）	Ⅲ
	C2	8.01 （0.52）	23.4 （0.2）	8.28 （0.63）	90 （21）	0.05 （0.03）	0.59 （0.05）	0.031 （0.008）	2.91 （0.43）	2.11 （0.18）	11.60 （1.59）	
	C3	7.46 （0.33）	23.3 （0.5）	8.74 （0.56）	183 （14）	0.11 （0.05）	0.51 （0.09）	0.029 （0.007）	2.84 （0.18）	1.94 （0.23）	8.15 （0.93）	
	均值	7.77 （0.34）	23.1 （0.3）	8.28 （0.65）	140 （20）	0.10 （0.05）	0.63 （0.07）	0.038 （0.009）	2.62 （0.27）	2.01 （0.16）	12.05 （1.13）	
金牛山水库	D1	7.70 （0.65）	22.6 （0.1）	9.62 （0.41）	337 （23）	0.46 （0.09）	0.82 （0.11）	0.058 （0.006）	3.37 （0.28）	2.88 （0.31）	23.21 （1.33）	Ⅳ
	D2	7.80 （0.72）	22.1 （0.2）	10.14 （0.58）	358 （17）	0.27 （0.17）	0.79 （0.14）	0.061 （0.005）	3.01 （0.48）	1.95 （0.18）	31.03 （1.82）	
	D3	7.91 （0.26）	21.0 （0.5）	10.71 （1.35）	315 （19）	0.35 （0.06）	0.85 （0.08）	0.052 （0.009）	2.92 （0.41）	2.13 （0.14）	25.82 （1.12）	
	均值	7.80 （0.54）	21.9 （0.3）	10.16 （0.78）	337 （19）	0.36 （0.11）	0.82 （0.11）	0.057 （0.007）	3.10 （0.39）	2.32 （0.21）	26.69 （1.43）	

水质参数数值为平均值 ± 标准误差（$n=3$）。

A1、B1、C1 代表闸墩处生物膜样品，A2、B2、C2 代表翼墙处生物膜样品，A3、B3、C3 代表护坡处生物膜样品。

3.2　水工混凝土构筑物细菌群落组成特征

表 2 概述了从生物膜样品的测序数据中生成的 OTU（Operational Taxonomil units，OTU）数量和多样性指数。每个样品的序列数目范围从 1 121 到 1 509 不等，表明了这些样品中存在高度复杂的微生物群落。不同水库采集的微生物群落结构存在显著差异。陆水水库生物膜具有高数量的序列和 OTU，这有可能是由于其高营养化程度导致微生物生长繁殖。

表2　微生物样品OTU数和多样性指数数据

样品		Reads	OTU	S_{ACE}	Chao	Coverage	Shannon	Simpson
花凉亭水库	A1	22 886	1 121	1 346	1 329	0.988	5.55	0.011 4
	A2	31 091	1 493	1 734	1 753	0.989	5.84	0.008 6
	A3	32 503	1 230	1 469	1 483	0.991	5.71	0.007 6
	均值	28 827	1 281	1 516	1 522	0.989	5.70	0.009 2
陆水水库	B1	31 554	1 418	1 688	1 724	0.989	5.52	0.015 3
	B2	39 180	1 509	1 738	1 757	0.992	5.64	0.011 8
	B3	32 083	1 444	1 716	1 730	0.990	5.58	0.014 3
	均值	34 272	1 457	1 714	1 737	0.990	5.58	0.013 8
拓林水库	C1	21 928	1 343	1 596	1 586	0.982	5.25	0.038 9
	C2	36 697	1 443	1 742	1 801	0.990	5.89	0.006 2
	C3	35 940	1 321	1 700	1 716	0.992	5.63	0.008 4
	均值	31 522	1 369	1 679	1 701	0.988	5.59	0.017 8
金牛山水库	D1	24 360	1 317	1 670	1 694	0.985	5.03	0.059 2
	D2	30 593	1 345	1 702	1 749	0.987	4.51	0.106 0
	D3	39 909	1 427	1 745	1 767	0.993	5.56	0.012 3
	均值	31 621	1 363	1 706	1 737	0.988	5.03	0.059 2

数据库表明检测到的微生物属于34个门与618个属。每个样品的主要的门和属(超过10个序列)在图2中显示。结果显示HCS上具有高水平微生物多样性。生物膜细菌群落以变形菌(*Proteobacteria*)、蓝藻(*Cyanobacteria*)、绿弯菌(*Chloroflexi*)、杆菌(*Bacteroidetes*)为主,分别占据35.3%、25.4%、13%和7.8%的相对丰度,本结果与此前报道中长江地区水库中微生物情况类似。但水库中经常以高含量出现的放线菌在本研究中却并不丰富,低丰度的放线菌可能是由于放线菌吸附性较弱因此不易附着在HCS表面。在变形菌门中,β—变形菌占据主导地位(18.1%),其次是α—变形菌(10.9%)、γ—变形菌(5.4%)和δ—变形菌纲(1.1%)。在属水平,最丰富的三个属为蓝藻中的湖生蓝丝藻属(*Leptolyngbya*)、绿弯菌中的厌氧绳菌属(*Anaerolineaceae*)和*β*—变形菌中的*Polynucleobacter*,分别占据总序列数的8.4%,7.0%和4.4%。

β—变形菌、厚壁菌、绿弯菌和湖生蓝丝藻属、厌氧绳菌属、*Polynucleobacter*,属木洞菌属(*Woodsholea*)、绿屈挠菌属、鞘丝藻属(*Lyngbya*)、黄色单胞菌属和胶须藻属(*Rivularia*)是具有明显空间分布差异的主要微生物群体。闸墩的微生物群落以β—变形杆菌和厚壁菌门为丰度最高的主要特征菌群,而蓝藻和绿弯菌为丰度最低的菌门。虽然水质数据表明同一区域的不同HCS大致一致,闸墩处似乎具有较高的营养水平,包括更高浓度的TN、TP、COD_{Mn}和BOD。这可能导致β—变形杆菌和厚壁菌门在这些部位具有更高的丰度。在属水平,湖生蓝丝藻属、厌氧绳菌属和*Polynucleobacter*主导翼墙和护坡的微生物群落。丝状蓝藻也被确定为比其他形状的细菌更容易附着在物质表面的种群。

3.3　水工混凝土构筑物有害腐蚀菌群分布特征

微生物群落的功能研究为我们研究活性微生物系统提供了全面的了解。群落代谢功能由METAGENassist数据库检索提供,根据菌群潜在的功能,混凝土中腐蚀性细菌群体主要包括SRB(硫还原菌)、APB(产酸菌)、NB(硝化细菌)、NFB(硝酸盐固定菌)和NRB(硝酸盐还原菌)。在目前的研究中,在任何生物样品均无检测到NFB和NRB,因此可以得出在HCS中有害腐蚀菌群主要由SOB、SRB、APB、NB主导。图3显示样品中有害腐蚀菌群的平均比例为11.9%,其中腐蚀菌在A1中占据最大比例

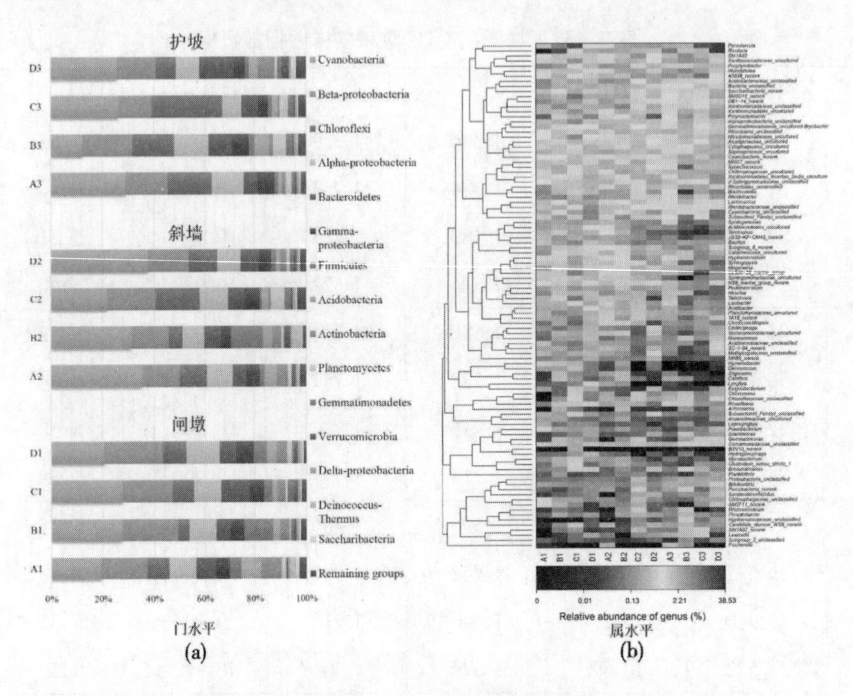

图 2　焦磷酸测序图谱显示微生物相对丰度

(17.2%),而在 D2 中占据最小比例(7.4%)。此外,还可发现腐蚀菌在闸墩处占据最大比例(14%),其次是翼墙(11.5%)和护坡(10.2%)。

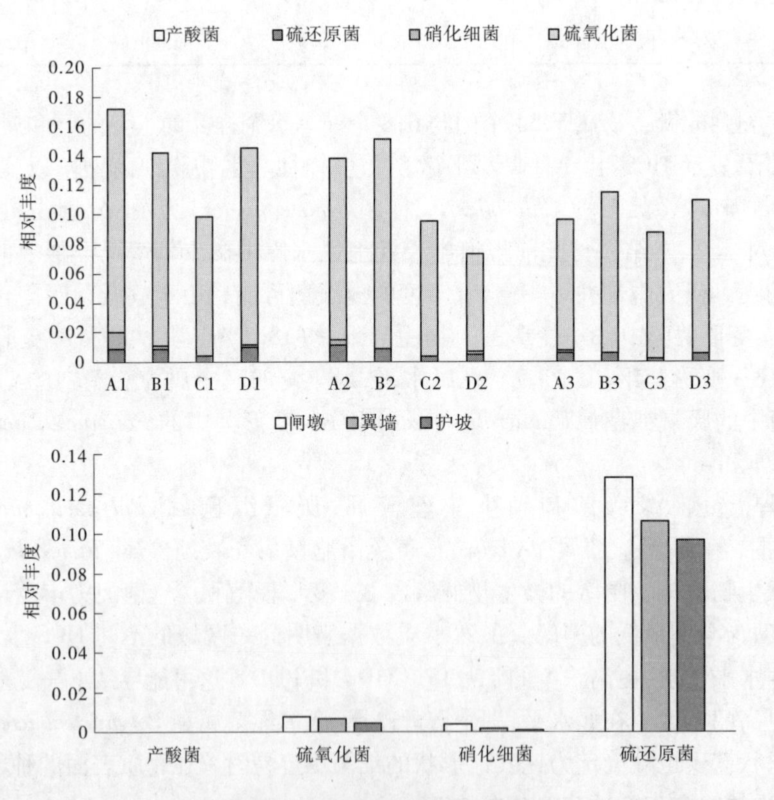

图 3　有害腐蚀菌群相对丰度

而在四种检测到的腐蚀菌群中,硫还原菌是占据明显优势的菌群(平均占据总序列的 11.1%),其次是硫氧化菌(0.64%)、硝化细菌(0.21%)和产酸菌(0.02%)。腐蚀的严重程度与硫还原菌的代谢活性与丰度之间的相关性已被确定,这表明腐蚀菌群的重要性和持久性。因此,高丰度的硫还原菌和总腐蚀菌群在本研究中以高丰度出现可能表明 HCS 受生物腐蚀的风险较高。因此,混凝土闸墩是最易遭受微生物腐蚀破坏的 HCS。

3.4 细菌总数和阴性细菌群落分布影响因素

研究采用冗余分析法测定了地球化学因子与有害腐蚀群落组成的关系。解释变量包括T,pH,DO,Cond,TN,NH_3—N、TP、BOD_5、COD_{Mn}、和Chl-a,高物种-环境相关系数表明物种组成与地球化学变量密切相关。此外,水的性质,包括DO(18.2%,$P<0.05$),NH_3—N(15.6%,$P<0.05$),T(13.7%,$P<0.05$),对微生物群落组成分布有显著的影响(见图2)。NH_3—N与第一轴呈正相关最大,而DO和T则呈负相关。DO是最显著相关的因子($r=0.5328$,$P<0.05$),其次是NH_3—N($r=0.2389$,$P<0.05$)和T($r=-0.2189$,$P<0.05$)。

全年多变的天然径流使得水库必须承担起调节径流的责任。水库在雨季储存多余的水,而在旱季则放水缓解缺水问题。因此,水库的水动力条件严重取决于其在流量调节中扮演的角色,HCS上生物膜细菌群落总是受到水库周期性放水蓄水的水动力作用。这可能是另一个造成微生物群落分布差异的重要因素。生物膜对水力条件差异有潜在反应。高剪切应力、阻力和磨损可能导致生物膜中微生物群落的低生物量和早期演替物种的患病率。闸墩表面长期水流的直接正面冲击会导致微生物附近水力条件的动荡,影响其生长(包括胞外聚合物),并为细菌定殖提供充足的机会,从而导致丰度的差异。在生物膜形成初期β—变形菌是比其他菌群更易附着在物体表面,通常由它主导微生物群落。还有报道说,在高流速条件下,黄杆菌属比*Pseudomonas aeruginosa*更能吸附于物体表面。目前的研究表明,闸墩处丰富的微生物群落,如厚壁菌和鞘丝藻属可能拥有在强烈水力作用下的强生存力。然而,对蓝藻门、绿弯菌门和湖生蓝丝藻属、厌氧绳菌属、*Polynucleobacter*、黄色单胞菌属和胶须藻属来说,似乎很难抵抗水流冲刷的攻击,这点可以用来说明这些物种在闸墩处的低丰度。目前,阐明水流在HCS上引起的微生物群落结构的变化机制是未来研究的一个重要目标。

4 结论

本研究首次研究了长江流域四个水库中HCS的微生物群落,表明不同类型HCS微生物群落具有差异。三个门类(β—变形菌、厚壁菌门、绿弯菌)和八个属(湖生蓝丝藻属、厌氧绳菌属、*Polynucleobacter*、木洞菌属、绿屈挠菌科、鞘丝藻属、黄色单胞菌属和胶须藻属)在不同HCS上均表现出明显分布差异。厚壁菌、β—变形菌属和鞘丝藻属在闸墩处具有高丰度,而蓝藻、绿弯菌、湖生蓝丝藻属、厌氧绳菌属和*Polynucleobacter*在翼墙处丰度高于护坡。DO、NH_3—N和T是影响细菌群落结构的主要因素。在对混凝土具有腐蚀潜力的菌群中,硫氧化菌、硫还原菌、产酸菌和硝化细菌作为主要代表菌群。研究表明,由于闸墩处腐蚀菌群丰度最高,因此闸墩最具生物腐蚀风险,特别是被硫还原菌腐蚀的风险,所以应给予闸墩针对腐蚀防护的特别关注。

参考文献

[1] 王浩, 王建华. 中国水资源与可持续发展[J]. 中国科学院院刊, 2012, 27:352-358.

[2] 尚倩倩, 方红卫, 何国建. 水利工程中的生物膜研究进展[J]. 中国科技论文, 2010, 5:563-568.

[3] Anderson-Glenna M J, Bakkestuen V, Clipson N J. Spatial and temporal variability in epilithic biofilm bacterial communities along an upland river gradient[J]. FEMS Microbiol. Ecol,2008,64 (3): 407-418.

[4] Newton R J, Jone S E, Eiler A,et al. A guide to the natural history of freshwater lake bacteria[J]. Microbiology and Molecular Biology Reviews,2001,75:14-49.

[5] 张玉宝, 高彦国. 微生物在大黑汀大坝坝基中的腐蚀作用[J]. 海河水利, 2000, 6:15-16.

[6] 韩博闻, 李娜, 曾春芬, 等. 大型水利工程对长江中下游水沙变化特征的影响分析[J]. 水资源与水工程学报, 2015: 139-144.

[7] Wikipedia S. Hydraulic Engineering[J]. National Conference on Hydraulic Engineering,2010,16:100.

[8] Niu L, Li Y, Wang P,et al. Understanding the Linkage between Elevation and the Activated-Sludge Bacterial Community along a 3 600-Meter Elevation Gradient in China[J]. Appl. Environ. Microbiol,2015,51:6568-6576.

[9] 马强, 刘理臣, 董晓峰, 等. 对兰州市榆中柳沟河流域水质检测与评价[J]. 甘肃科技, 2010, 26:77-78.

[10] Arndt D, Xia J G, Liu Y F,et al. METAGENassist: a comprehensive web server for comparative metagenomics[J]. Nu-

cleic Acids Res,2012.
[11] 宫月华. 长江及某些大型湖泊、水库地表水细菌指标的研究与分析[D]. 武汉:华中科技大学, 2011.
[12] 李小闯. 丝状蓝藻拟柱孢藻、尖头藻和拟圆孢藻的分类学和分子多样性研究[D]. 北京:中国科学院大学, 2016.
[13] 唐咸燕, 肖佳, 陈烽,等. 混凝土的细菌腐蚀[J]. 中国腐蚀与防护学报, 2007, 27:373-378.
[14] 陈伟民, 陈宇炜, 秦伯强,等. 模拟水动力对湖泊生物群落演替的实验[J]. 湖泊科学, 2000, 12:343-352.
[15] Zhang W, Sileika T, Packman A I. Effects of fluid flow conditions on interactions between species in biofilms[J]. FEMS Microbiol. Ecol,2013, 84: 344-354.

作者简介:蔡玮,女,1991 年 7 月生,河海大学环境学院在读博士。E-mail:122345378@ qq. com.

新沂河堤防隐患探测工作分析

高钟勇[1]　陈　虎[2]　王　君[3]

（1. 沭阳河道管理局　江苏宿迁　223600；
2. 骆马湖水利管理局　江苏宿迁　223800；
3. 嶂山闸管理局　江苏宿迁　223809）

摘　要：堤防工程是我国分布最广的水利工程之一，是防洪的重要屏障。新沂河为人工开挖的河道，因历史原因，新沂河堤防堤基条件差，填土质量不佳，加之随着运行年限的增加，土料裂缝、动物洞穴、植物根茎等不断发展，逐渐形成堤防隐患，在汛期高水位行洪时容易发生管涌、渗水、滑坡等险情，甚至可能造成堤防决口等严重后果。做好堤防隐患探测工作，对于做好防洪保安、水利管理等工作意义重大。新沂河堤防隐患探测应在当前工作的基础上，结合新技术的发展，提升探测水平和能力，更加准确地反映堤防状况，为防汛和水利管理工作提供更加科学的决策依据，提升水利现代化水平。

关键词：堤防　隐患探测　新沂河

堤防工程是沿河、渠、湖、海岸或行洪区、分洪区、围垦区的边缘修筑的挡水建筑物，是世界上最早广为采用的一种重要防洪工程，在防洪体系中发挥着重要作用。为了及时掌握堤防运行状况、探明工程隐患，有针对性地进行巡堤查险、防洪救灾、堤防加固等工作，开展堤防隐患探测工作是必要的。近年来，针对新沂河堤防实际情况，管理单位组织采用机械钻探、电法探测等多种方式探测、查找堤防隐患，深化了对堤防状况的了解程度，提高了水利工程管理工作的针对性，取得了良好的效果。

1　新沂河堤防基本情况

新沂河位于江苏省北部，东西流向，西起骆马湖嶂山闸，向东流经宿豫、新沂、沭阳、灌云、灌南5个县（市、区），至燕尾港灌河口入海，是沂沭泗水系主要入海通道，全长146 km。新沂河设计流量为口头以上7 500 m^3/s，口头以下7 800 m^3/s，堤防级别为一级。沭阳河道管理局（以下简称沭阳局）管理沭阳县境内新沂河河道长度60.5 km，两岸堤防长度110.7 km。

新沂河堤防多为复式断面，堤顶宽8.0 m左右，堤防高度4.5～7 m，边坡为1∶3。新沂河是1949年“导沂整沭”时开挖的排洪入海河道，其堤防经历多次整治，逐渐加高培厚。最近一次整治是2006年开工建设的新沂河整治工程，是治淮19项骨干工程之一、沂沭泗河洪水东调南下续建工程的重要组成部分，新沂河整治工程的实施，使新沂河的防洪标准由20年一遇提高到50年一遇，行洪能力大为提高。工程建设包括扩挖河道、堤后堆土结合加固堤防等内容，堤后进行了堆土压盖，延长了渗径，对堤防稳定起到了积极作用。

新沂河堤身土质主要有砂土、砂壤土、壤土、黏土等，局部筑堤土含砂量较高。因施工条件及技术局限等原因，部分堤段碾压密实度低，新老堤面结合不好而出现堤身裂缝；筑堤土级配较差，含砂量高形成松散土层或孔洞；筑堤时部分黏性土含水量偏高，后经风化干缩引起局部干缩裂缝；动物活动或植物根茎腐烂形成孔洞。这些问题隐藏在堤身或堤基之下，日常巡查中很难从外观发现。随着堤防运行年限的增加，堤防隐患可能逐渐发展，当河道高水位行洪时，可能在水压下发生渗漏、管涌、裂缝等险情，加大了防汛抢险工作的压力和难度。

2　新沂河堤防隐患探测开展情况

近年来，针对新沂河堤防隐患较多的情况，沭阳局在维修养护工作中逐年安排对重点险工险段进行隐患探测,主要目的是通过探测查明堤防隐患的性质、数量、大小及分布情况,重点探查堤防内部是否存在裂缝、空洞以及土质不密实等渗漏隐患,为新沂河汛期防守、堤防除险加固及维护管理提供依据。2014年对韩山险工段进行隐患探测,探测长度11.0 km,2015年对沙湾险工段进行隐患探测,探测长度15.0 km,2016年对大小陆湖险工段进行探测,探测长度5.4 km,2017年对七雄险工段进行探测,探测长度11.0 km。经过多年的探测,沭阳局直管新沂河堤防险工险段已全部进行了隐患探测,积累了技术资料,区分了不同的隐患程度,加深了对堤身内部情况的了解,给防汛巡查工作指明了重点,对日常工程管理、制订处理方案和今后堤防除险加固提供了一定的技术依据,取得了良好的应用效果。

3　隐患探测方法及分析

在新沂河堤防隐患探测中,根据《堤防隐患探测规程》(SL 436—2008)、维修养护工作要求,结合多年行洪时堤防渗水情况,沭阳局新沂河堤防隐患探测主要采用直流电阻率法和钻探分析法。

3.1　直流电阻率法

直流电阻率法是以介质的导电性差异为物质基础,通过观测和研究地下人工稳定电流场的空间分布规律,以达到勘查目的的电法勘探方法。

直流电阻率法使用的仪器为山东黄河河务局研制的FD－2000A型分布式智能堤坝隐患综合探测仪,数据分析处理采用ZWZ－2堤防隐患电法探测专用软件。根据堤防两侧的边界条件,针对堤身裂缝大多数是垂直于堤防轴线的横向裂缝,在堤顶迎水堤肩和背水堤肩各布置一条测线,测线平行于堤防轴线,距堤顶边沿0.2～0.5 m。每条测线先用对称四极剖面法进行普通探测,对普通探测中发现的突出异常点(段),采用高密度电阻率法进行详细探测。电极点距2.0 m。对称四极剖面法是用对称四极装置做剖面测量,供电电极AB和测量电极MN以测点O为中心,对称地布设在测线上,测得视电阻率ρ_s值。电阻率法探测的成果是以桩号或水平距离为横坐标,各点的ρ_s值为纵坐标的ρ_s值剖面图。异常系数是异常值与两侧正常值的比值,大于1.25时即认为存在隐患。

直流电阻率法操作简单易行,效率高,但隐患探测准确率相对较低。

3.2　钻探分析法

钻探分析法采用静力触探设备进行普通探测,汽车钻机进行详细探测,同时现场取样进行实验室分析,以确定隐患的性质、深度和范围。

为减少堤防钻孔数量,普通探测采用静力触探设备进行探查,探查点沿堤肩布设,根据新沂河堤防顺直均匀的特点,探查点间距取400～500 m。在普通探测的基础上,根据工程实际,选取其中10%的堤段进行详细探测,采用汽车钻机进行钻探,并取样送实验室检测。钻孔顺堤防轴线布置,孔距30～50 m。钻探采用回钻法钻进,回次进尺按规范要求不超过2 m。实验室分析为土的常规试验及颗粒分析试验、渗透试验。在内业和外业资料的基础上综合分析,形成报告。

钻探分析法准确率较高,效果直接,但工程量大、钻孔受限制,常用于渗水严重的堤段。

3.3　效果分析

在近几年的堤防隐患探测中,沭阳局采用不同方法进行探测。2015年对沙湾险工段新沂河左堤18＋000～33＋000进行直流电阻率法探测,探测堤防总长15 km,实际测距15 208 m,详测剖面总长1 638 m,探查出隐患发育段共有1 482 m,占堤段总长度的9.8%,质量相对较好段1 282 m,占比8.5%,其他堤段质量较好。

2016年对新沂河右堤72＋000～77＋383段堤防进行钻探分析法探查,探测堤防长度5.383 km,钻孔21个,钻孔深度224 m。结论是堤防填筑土料较均匀、密实,未发现堤身及堤基空洞、空隙等直接渗漏隐患,但堤身局部含有粉质黏土层,防渗性能不佳。

直流电阻率法是一种间接的隐患探测手段,电测数据是堤身总体电性的反映,影响因素较多:①堤身土料复杂,同类隐患在不同土质中表现有差异;②不同类型的隐患特征不同;③土壤含水量对隐患判定有影响,含水量低隐患反映明显,含水量高则异常系数减少,反映不明显。

4　堤防隐患探测工作建议

4.1　对直管堤防进行全线探测

新沂河堤防险工险段较多，隐患探测目前集中在各险工段，在今后工作中，建议将探测范围扩大至所有直管新沂河堤防，以便能及时发现和处理新形成的隐患。

4.2　改进隐患探测仪器

加快堤防隐患探测仪器的研发和升级，着重推进探测仪器的小型化、便携化，适应野外环境，提高隐患探测的工作效率。

4.3　多种方法共同探测

经过上述分析，现采用的探测方法各有优缺点。今后的堤防隐患探测可以综合多种探测方法，以电阻率法筛选范围，以钻探分析法重点勘查，各种方法互相印证，互为补充，提高探测的准确性。

4.4　引进和利用新技术

在当前堤防隐患探测的基础上，加大新技术的引进和利用程度，提高堤防隐患探测的科技水平，以更好地服务于防汛巡查值守、河道管理和堤防除险加固。

作者简介：高钟勇，男，1984年8月生，工程师，主要从事水利工程管理。E-mail：253943565@qq.com.

极端低水位下水库运行应急综合决策方法探讨

徐章耀

（河南省白龟山水库管理局　河南平顶山　467031）

摘　要：极端干旱天气导致水库水位多接近死水位或处于死水位以下，进而破坏大坝防渗体系的连续性和完整性，影响大坝运用和安全。同时，水库作为地表集中式饮用水水源地，承担着提供生活用水、工业用水及农业灌溉用水的任务。可见，极端干旱条件下水库大坝工程安全和供水矛盾十分突出，为此，提出应对持续干旱、低水位工况的水库运用综合决策方法，主要包括基于实测资料的大坝安全评判、确保大坝安全的对策措施及综合决策等，在2014年白龟山水库动用死库容应急供水中得到应用，取得较好的效果。

关键词：低水位　安全评判　对策措施　综合决策

1　概述

极端干旱天气导致水库水位多接近死水位或处于死水位以下，进而破坏大坝防渗体系的连续性和完整性，影响大坝运用和安全。同时，水库作为地表集中式饮用水水源地，承担着提供生活用水、工业用水及农业灌溉用水的任务。尤其是部分北方地区主要依赖于水库供水。可见，极端干旱条件下水库大坝工程安全和供水矛盾十分突出。然而，应对持续干旱、低水位的水库运用决策方法研究成果不多，已有研究主要集中在考虑库容供求平衡的旱限水位研究方面，国家防办制定了《旱限水位（流量）确定办法》，并出台文件要求具体实施，为抗旱决策提供了一定依据。然而，上述成果缺乏对工程安全本身的关注，亟待开展综合决策方法的研究。为此，提出应对持续干旱、低水位工况的水库运用综合决策方法，主要包括基于实测资料的大坝安全评判、确保大坝安全的对策措施及综合决策等。

2　综合决策方法

针对极端干旱、持续低水位下水库运行的综合调度方法，提出了基于实测资料的工程安全性态评判、基于数值分析的工程安全性态预测的综合决策方法（见图1），为持续低水位工况下水库综合调度决策提供参考。

3　应用实例——白龟山水库2014年动用死库容应急方案决策

3.1　动用死库容的必要性

白龟山水库是平顶山市城区唯一地表集中式饮用水水源，承担着向平顶山市居民提供生活用水、工业用水，沿线农业灌溉用水的任务，城市工业日用水40万 m^3，平顶山市区日用自来水量25万 m^3，而周庄水厂和光明路水厂等地下深井备用水源仅能提供每日4万 m^3水量，别无其他备用水源。因近年连续干旱，特别是2013年入库水量严重不足，仅仅来水1.74亿 m^3，为多年平均来水量的26%，2014年上半年更是干旱严重，5月底，水库水位接近死水位，平顶山市防汛抗旱指挥部启动应急供水预案，5月27日至6月3日凌晨紧急从上游昭平台水库调水2 000万 m^3入白龟山水库，6月10日水库水位曾达到了97.97 m，之后由于流域内一直没有有效降雨，水位持续下降，7月中旬水库水位接近死水位，为确保平顶山市近百万市民生活用水需要及社会经济稳定，根据平顶山市城市用水情况，当水库水位到死水位时，动用死库容紧急向平顶山市提供城市生活用水是必要的。

为确保水库安全运行，白龟山水库动用死库容，须对水库动用死库容应急方案决策。

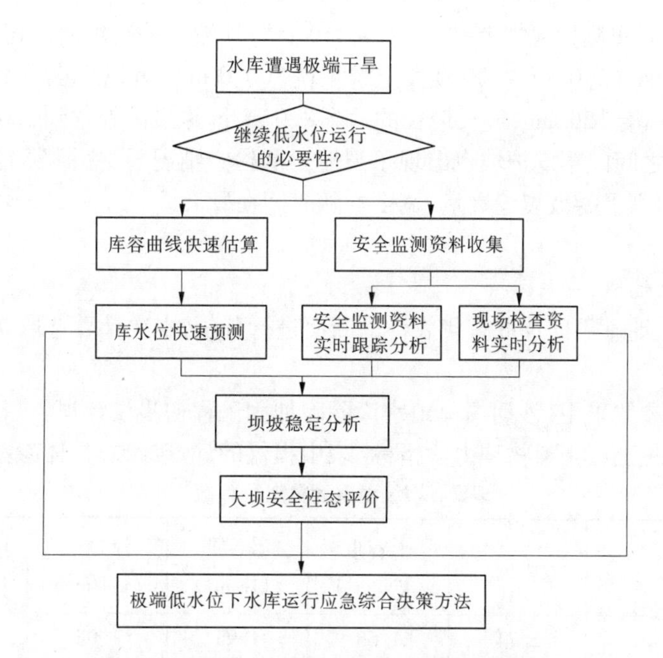

图 1　极端低水位下水库运行应急综合决策方法

3.2　死水位以下库容曲线

根据最近一次库容曲线测量成果，白龟山水库死水位以下的库容曲线如表 1 所示。

表 1　极端低水位下水库运行应急综合决策方法

水位(m)	库容(万 m^3)	水位(m)	库容(万 m^3)
96.0	3 632.5	97.1	5 719
96.5	4 508	97.2	5 938
96.6	4 698	97.3	6 161
96.7	4 892	97.4	6 390
96.8	5 092	97.5	6 624
96.9	5 297	98.0	7 870.5
97.0	5 506	100.0	14 173.0

3.3　监测资料分析

由于水库已经持续数月运行在较低水位，死水位以下土坝坝体长期浸泡，为了进一步了解坝体内水位与库水位下降关系对比，分析了拦河坝 LC1000X56 号测压管的观测资料，根据 LC1000X56 号测压管资料分析，2014 年 4 月 16 日至 5 月 14 日，库水位由 98.18 m 下降至 97.84 m，下降了 0.34 m；管水位由 89.60 m 下降至 89.56 m，下降了 0.04 m，根据测压管资料分析可知，坝体内水位下降速度小于库水位下降速度，因此当库水位下降时，坝体内土壤中孔隙水来不及随同库水位的降落而排出坝体之外，当库水位降落后，坝体仍维持较高的浸润面，这种情况不仅使坝体土料的容重发生变化，而且会产生对坝坡稳定不利的不稳定流，这种不稳定流所产生的渗流力，将使土粒之间的有效应力减小，从而降低了土的抗剪强度，进而危及坝坡的稳定性，有可能诱发滑坡；水库水位降落的速度越快，坝体内的浸润面位置越高，坝坡内所产生的不稳定渗流力越大，对坝体稳定性的影响越大，滑坡的风险相应增大。

当库水位继续下降时，为了确保工程安全，需要对坝坡稳定性进行复核，并根据复核结果和对黏土铺盖情况的分析，进一步确定库水位下降的极限水位。

3.4　现场检查情况

7 月 17 日 16:30 开始，拦河坝上游出现坝坡裸露和顺河坝上游坡出现裂缝情况，7 月 27 日上午

10:00,坝前水位 97.28 m,实测拦河坝 1+150~1+450 上游坝坡无护砌坝面裸露面积为 1 116 m^2,抛石面积约 1 554 m^2;顺河坝 4+500~7+500 坝段上游坝坡 100.0 m 高程以下至库水位 97.28 m 之间出现大面积裂缝,缝宽最宽的达到 30 mm,缝长最长的达到 3.0 m,缝深最深处达到 1.0 m,102.0 m 高程以上至 104.0 m 干砌石护坡之间的草皮护坡也出现了裂缝。从检查情况看,拦河坝上游坝坡裸露面积随水位下降将继续增加,顺河坝上游坡裂缝数量、宽度均随时间在发展。

3.5 坝坡稳定分析

3.5.1 断面选择和参数选取

根据拦河坝段坝身、地基不同选取有代表性的断面进行分析,本次计算选取 0+800 和 1+450 断面进行稳定计算分析。

坝体及坝基各土层参数采用《沙河白龟山水库除险加固工程初步设计报告》(修订本)中"白龟山水库大坝加高初设采用的各土层土料物理力学指标"表中提供的计算参数,具体参数值见表 2。

表 2 坝坡稳定计算土层参数

部位土料	比重	干容重 (kN/m^3)	湿容重 (kN/m^3)	浮容重 (kN/m^3)	黏聚力 (kPa)	Φ (°)
上游坝坡新填土料	2.74	1.65	1.95	1.05	21.9	1.3
下游坝坡新填煤矸石	2.44	1.83	1.97	1.08	26.7	1.0
坝身黏土干筑	2.7	1.68	1.98	1.05	21.9	1.3
下游坝坡石碴土回填	2.7	1.7	1.9	1.07	21.96	1.4
坝体排水砂带	2.7	1.5	1.62	0.9	0	27.5
坝基砂层	2.7	1.48	1.57	0.92	0	25.7

3.5.2 计算工况选取和成果

结合白龟山水库 2014 年的实际运行和调度情况,拟定的计算工况如下:

工况 1:汛限水位 101.0 m 降至 96.5 m;

工况 2:水位 97.5 m 降至 97.0 m;

工况 3:上游水位 97.5 m 降至 96.5 m。

为了与除险加固时坝坡稳定计算方法一致,采用瑞典圆弧法计算得到各工况计算结果见表 3。

表 3 0+800 和 1+450 断面坝坡稳定计算结果

断面	工况	上游坝坡稳定系数
0+800	汛限水位 101.0 m 降至 96.5 m	1.24
	上游水位 97.5 m 降至 97.0 m	1.36
	上游水位 97.5 m 降至 96.5 m	1.29
1+450	汛限水位 101.0 m 降至 96.5 m	1.21
	上游水位 97.5 m 降至 97.0 m	1.31
	上游水位 97.5 m 降至 96.5 m	1.24

计算结果显示,计算的 3 个工况的上游坝坡稳定系数值均大于规范规定值 1.20,虽然是稳定的,但是,已经接近于规范允许极限值。

3.6 大坝安全性态的综合评价

大坝上游采用黏土铺盖进行水平防渗,黏土铺盖分布均匀,无高差突变,虽然经过多年运行,黏土铺盖及坝基壤土的固结已基本完成,但是,如果库水位降低过低,将导致黏土铺盖和大坝上游无护砌坝坡裸露进而产生裂缝导致铺盖失效,直接影响坝基渗流安全。一旦突降大雨,当水库再次蓄水时,将出现坝基渗透压力升高,渗流量增大,坝后薄弱地带出现管涌等现象,甚至导致溃坝,将造成不可估量的灾难和损失。

经计算和综合分析,得出以下结论:

(1)当库水位降低至 96.5 m 时,上游坝坡稳定系数值均大于规范规定值 1.20,虽然是稳定的,但是已经接近于规范允许极限值。

(2)水库动用死库容,当库水位降低至 97.28 m,拦河坝上游坝坡出现一定面积的无护砌坝面和抛石,顺河坝 101.0 m 高程以下多处坝面多处出现裂缝,如果水位继续下降,拦河坝上游坝坡裸露面积将继续增加,顺河坝上游坡裂缝数量、宽度均会增多、变宽。

(3)大坝黏土铺盖顶高程为 93.5 ~ 94.5 m,主坝 0 + 800 ~ 1 + 200 段黏土铺盖顶高程为 95.5 m,但为了保证工程安全,库水位不能低于 96.5 m,否则将出现大面积坝面和黏土铺盖裸露,产生裂缝,形成渗漏通道,危及大坝工程安全。

3.7　综合决策

(1)根据平顶山市城市用水情况,当库水位到达 97.2 m,为维持平顶山市社会稳定,确保近百万市民生活用水需要,适当继续动用死库容是必要的。应根据平顶山市日供水量的需求有计划地降低水位,制订用水计划,避免水位下降过快对坝体安全产生影响。

(2)白龟山水库农业灌溉用水限制水位为 98.6 m,工业用水限制水位为 97.5 m,为了保证平顶山市民正常生活,建议停止工业级农业灌溉用水。

(3)当库水位降低至 96.5 m 时,上游坝坡稳定系数值均大于规范规定值 1.20,虽然是稳定的,但是已经接近于规范允许极限值。

(4)大坝黏土铺盖顶高程为 93.5 ~ 94.5 m,主坝 0 + 800 ~ 1 + 200 段黏土铺盖顶高程为 95.5 m,但为了保证工程安全,库水位不能低于 96.5 m,否则将出现大面积坝面和黏土铺盖裸露,产生裂缝,形成渗漏通道,危及大坝工程安全。

(5)加强安全监测。水库低水位运行时,每天定时对大坝进行拉网式巡查,密切监测上游坝坡有无裂缝、滑坡、塌坑及其他异常情况,并做好文字、影像记录,发现问题立即汇报,并及时安排处理。对巡查中发现的坝坡块石松动和塌坑,立即安排修复。如果发现防渗铺盖外露,应立即采取工程措施。

(6)低水位运行时应采取工程措施对大坝进行保护。对于无护砌坝坡,当库水位下降时,坝坡黏土层裸露,采用厚 200 mm 的石沫覆盖,并洒水保湿,局部采用土工膜覆盖,石沫盖压,防止土层干缩裂缝,导致坝体渗漏危险的发生。当黏土坝坡、铺盖已经出现裂缝时,若裂缝仍处于初级发展的阶段即较小的裂缝,采用洒水盖膜的方法保湿,避免裂缝进一步加大。当裂缝进一步发展超过 5 mm 时,立即进行黏土无压灌浆,临时覆膜,上松铺 400 mm 厚的黏土。若时间不允许时可采用较干的细土填缝,用水洇实,上松覆黏土。对于宽度、深度、长度走向明显危害工程安全的,必须采取开挖、回填、夯实、横墙隔断、封堵缝口的方法。

作者简介:徐章耀,男,1981 年 12 月生,工程师,主要从事水库运行调度工作。E-mail:xuzy1204@163.com.

动用死库容对土石坝的影响及抢护措施

张红旭

（河南省白龟山水库管理局　河南平顶山　467031）

摘　要：随着全球气候变暖，极端干旱和连续干旱发生的频率增加，动用死库容应急供水不可避免。2014年平顶山市遭遇了严重的大干旱，白龟山水库作为平顶山市唯一地表饮用水水源地，在库水位持续下降的情况下，3次动用死库容为平顶山市应急供水，水库在死水位以下运行59 d，共动用死库容1 532万 m^3。本文从白龟山水库3次动用死库容应急供水入手，分析了白龟山水库出现死库容成因和动用死库容对土石坝的影响，并提出了相应的抢护措施和建议，为土石坝的安全运行和科学抗旱提供一定参照。

关键词：死库容　土石坝　影响　抢护措施

1　工程概况

白龟山水库位于淮河流域沙颍河水系沙河干流上，水库于1958年12月开工兴建，1966年8月竣工，1998～2006年进行了除险加固，坝址位于平顶山市西南郊，因拦河坝和顺河坝（副坝）相接处在白龟山而得名，是一座以防洪、农业灌溉、工业和城市供水等综合利用的大（2）型年调节半平原水库。水库控制流域面积2 740 km^2，和上游51 km昭平台水库形成梯级水库，昭、白区间流域面积1 310 km^2，年平均降水量约900 mm，水库工程按百年一遇洪水设计，千年一遇洪水校核，校核水位109.56 m，相应库容9.22亿 m^3；设计洪水位106.19 m，相应库容5.54亿 m^3；兴利水位103.00 m，相应库容3.02亿 m^3；死水位97.50 m，相应库容0.66亿 m^3；设计汛限水位102.00 m，相应库容2.40亿 m^3，由于北副坝工程尚未完成，汛限水位较设计降低1.00 m运行，汛限水位为101.00 m，相应库容1.86亿 m^3。

水库枢纽工程主要有：拦河坝、顺河坝、北副坝（待建）、泄洪闸和南、北干渠渠首闸及导渗降压工程。其中，拦河坝（主坝）横卧沙河干流，均质土坝，坝长1 545.00 m，最大坝高24.00 m，坝顶宽7.00 m，其中0+600～1+132坝段为水中倒土筑坝，其余为干筑均质坝，下游护坡为块石护坡，上游护坡为混凝土预制块护坡，一级台地表面设人工水平铺盖，其厚度0.50～1.00 m，长度为上、下游水头差的5倍；顺河坝为均质土坝，坝长18 016.50 m，最大坝高16.26 m，坝顶宽6.00～4.00 m，其中0+060～0+800坝段为水中倒土筑坝，0+000～0+060坝段为黏土心墙坝，其余为干筑均质坝，上游护坡为干砌块石护坡，下游护坡为草皮护坡。

2　白龟山水库出现死库容成因分析

2012年白龟山水库全年来水5.75亿 m^3，为多年平均来水量的85%，多年平均来水量为6.66亿 m^3，全年工业生活用水1.39亿 m^3，农业灌溉用水4 610万 m^3，环境生态供水5 204万 m^3。2013年白龟山水库全年来水1.74亿 m^3，来水量仅为多年平均来水量的26%，全年降雨445 mm，汛期降雨367 mm，而多年全年平均降雨900 mm，多年汛期平均降雨511 mm，2013年汛末库水位为100.31 m，蓄水量15 419万 m^3，静态可供水量8 795万 m^3，比多年同期平均水位低1.60 m，静态可供水量减少8 101万 m^3，而全年工业生活用水1.43亿 m^3，农业灌溉用水4 790万 m^3，环境生态供水2 962万 m^3，全年没有弃水。2014年1～4月水库来水仅为2 390万 m^3，供水量则达到6 214万 m^3，因无有效降雨，2014年5月27日至6月2日紧急从上游昭平台水库调水2 000万 m^3，5月31日8时，库水位下降至97.53 m，离死水位仅0.03 m，此后因调水成功，库水位开始慢慢上升，6月1日8时库水位升至97.54 m，6月10日8时库水位达到调水最高水位97.97 m，经测算这次调水共受水约1 300万 m^3，在流域无有效降雨的情况下,可保证平顶山市供水到7月中旬。7月18日8时白龟山水库库水位降至死水位以下97.49 m,按照省水利厅批复正式启动《河南省白龟山水库死库容运用应急预案》,供水限制水位97.20 m,拉开了3次动用死库容应急供水的序幕。

3　动用死库容对土石坝的影响

3.1　裂缝险情的影响

白龟山水库自7月18日开始动用死库容应急供水,在库水位持续下降和高温日晒等条件下,拦河坝和顺河坝上游护坡部分坝段裸露出的铺盖开始出现裂缝险情,这些裂缝方向不定,数量较多,按走向可分为横向裂缝、纵向裂缝和龟纹裂缝。横向裂缝的出现可能会使有效防渗长度缩短,易形成集中渗漏的通道,纵向裂缝则可能是坝体滑坡的前兆。

3.2　白蚁隐患的影响

白龟山水库顺河坝自2000年发现白蚁危害以来,虽然经过有效治理,但顺河坝下游护坡依然存在白蚁危害。如果土石坝长期在低水位和干旱等情况下运行,白蚁在寻找水源、食物时,蚁巢和蚁道会向浸润线附件和上游坝坡移动,蚁道可能贯通上、下游护坡,当水位升高时,水体会通过蚁道及蚁巢浸入大坝内部造成管漏、渗漏、塌陷、散浸、滑坡等险情。

4　动用死库容抢护措施

4.1　工程措施

对裂缝进行抢护时,要从实际出发,根据裂缝具体位置、大小、走向,进行综合分析,对直接威胁工程安全的裂缝,一旦发现须及时处理,以免因外界因素导致进一步恶化,必要时采取临时防护措施进行处理。白龟山水库自发现裂缝险情后,先后采取了开挖回填、灌浆堵塞、黏土铺盖、综合铺盖、对裸露出的铺盖洒水等措施对裂缝进行有效抢护和养护。

4.1.1　开挖回填

开挖回填应用于裂缝深度不超过3.00 m的表面裂缝,在开挖前,可向缝内灌入少量石灰水,探清裂缝的范围和深度,然后沿缝开挖。开挖长宽视裂缝长短而定,一般挖到裂缝端部以外1.00~2.00 m,深度超过裂缝底0.30~0.50 m,开挖槽边坡应满足稳定和新老土结合的要求,并根据土质、夯实工具和开挖深度等综合因素确定边坡,对较深坑槽可挖成阶梯形,以便出土和安全施工,挖出的土料按土质分区存放,不能大量堆积在坑边。在开挖过程中和开挖结束后,要做好防雨、防晒等保护措施,以免影响回填质量。回填时坑槽壁土体的含水量如偏干,可在表面洒水湿润,如土体过湿应对湿土清除,对回填土料含水量偏低或偏高,可进行洒水或晾晒控制,回填时应根据坝体土料和裂缝性质选用合适土料,并采用分层压实来提高填土的密实度和均匀性,使填土具有足够的抗剪强度、抗渗性和抗压缩性,每层铺土厚度控制在0.20~0.50 m,压实参数通过现场压实试验确定,干容重不低于设计干容量的98%。回填中要将开挖坑槽的阶梯逐层削成斜坡,并铲毛,铲毛深度0.04~0.05 m,保证良好的结合,压实可采用人工夯实和机械夯实,回填中应注意坑槽边角部位的填土和压实质量。填土层填高应高于原坝面0.30~0.50 m,最后在填土层上砌筑与原坝面同一材料的保护层,以防干裂。

4.1.2　灌浆堵塞

对开挖回填困难,工程量大,影响大坝稳定,较深的裂缝,采取灌浆堵塞裂缝可起到良好效果。灌浆用的黏土应与坝体土料相同,或选取黏土粒含量20%~40%,粉粒含量30%~70%,沙粒含量5%~10%,塑性指数10~20的重壤土或粉质黏土,黏土要求遇水后吸水膨胀,能迅速崩解分散,具有一定的稳定性、可塑性和黏结力。灌浆时浓度要先稀后稠,稀浆流动性较好,宽细裂隙都能进浆,随着浆液稠度逐渐变浓,较宽的缝隙也能逐步得到填充。当采用机械压力灌浆时,压力要有控制,防止压力过强导致坝体变形。

4.1.3　黏土铺盖

对细小裂缝密集部位,根据具体情况,用黏土均匀的铺填在裸露出的人工铺盖和天然铺盖上,形成一层新的黏土铺盖,铺盖层不压实,利用松土内的空气隔热保温,形成隔热层。此法不仅能有效预防裂缝发生,而且还能减少铺盖渗漏变形破坏,铺盖层的厚度一般控制在0.25~0.30 m,对铺盖黏土超径土块要打碎,石块、杂物剔除。当覆盖的黏土含水量偏低时需洒水,含水量偏高时要晾晒,覆盖大小可根据裸露出的铺盖大小和可能出现的裂缝或渗漏范围而定。黏土覆盖法不仅施工容易,而且效果好,在这次白龟山水库顺河坝上游铺盖裂缝抢护中得到广泛应用,并取得了实际成效。

4.1.4　综合铺盖

在这次抢护中,对拦河坝上游裸露出的较大铺盖区域,采用了土工布覆盖后用石沫压盖方法进行处理。在铺设土工布时,先对坝坡进行平整,把覆盖土工布范围内的所有草皮、树木、乱石等清除掉,以免土工布被尖锐物体刺破或损坏。铺设时保持土工布松紧适度状态,搭接宽度0.30~0.50 m,铺放平顺后及时压盖石沫0.20~0.40 m,轻碾压实,土工布的大小可根据具体环境和所用土工布性能而定。

4.2　非工程措施

(1)编制抗旱预案和方案。白龟山水库先后组织专业技术人员编制了《河南省白龟山水库死库容运用应急预案》《河南省白龟山水库紧急情况下动用死库容部分水量保证城市供水初步方案》和《白龟山水库应急供水的水位运行坝坡保护临时处置方案》等。

(2)平顶山市政府先后印发了《平顶山市人民政府关于加强节约用水确保生活用水供给安全的通知》和《关于进一步加强白龟湖饮用水源地保护工作的通知》,倡导广大市民增强节水意识,杜绝一切污染饮用水源地的行为。同时,对平顶山市洗车、洗浴等行业停水停业,大型企业限水。并与7月9日根据《平顶山市抗旱减灾应急预案》,发布了全市Ⅲ级干旱预警公告,启动Ⅲ级抗旱应急响应,8月3日面对严峻的干旱形势,平顶山市政府又提升全市干旱预警等级为Ⅱ级,并启动Ⅱ级抗旱应急响应。

(3)为确保平顶山市城市生活和工业用水,先从昭平台水库引水2 000万m^3入白龟山水库,而后又从南水北调总干渠刁河渡槽引丹江口水库水5 000万m^3入白龟山水库应急供水。

(4)加强宣传,依法抗旱。通过广播、短信、张贴标语、发放宣传单等多种形式,广泛宣传《中华人民共和国水法》和《中华人民共和国防洪法》等水法知识,提高广大群众的法制观念和节水意识,严厉打击污染水源、违章采砂等各种违法行为。

5　建议

(1)科学调度,坚持防汛和抗旱两手抓,密切掌握水、雨情,认真分析天气变化形势,及时做出预测、预报、预警,在确保来水极端不利的情况下,妥善处理好工业用水、城市生活用水和农业用水,保证社会安定。

(2)加强大坝养护管理。本着"经常养护,随时维修,养重于修,修重于抢"的原则,对土石坝表面崩塌、裂缝、雨冲沟、隆起滑动或护坡破坏等及时进行养护修理,保持坝体轮廓点、线、面清楚明显,延缓大坝老化过程,提高抗风险能力。

(3)加快白龟山水库北副坝建设,提高汛限水位,减少弃水,提高枯水年供水保证率,兴利和除害相结合,充分发挥工程的综合效益。

(4)加大白蚁治理,应本着"以防为主,防治结合,综合治理"的方针,认真普查,积极治理,最终达到预防和控制的目的,确保工程设施的安全。

作者简介:张红旭,男,1984年2月生,工程师,主要从事水文预报与堤坝管理。E-mail:2664628384@qq.com.

基于极大熵的白龟山水库洪水预报误差规律研究

田　力

（河南省白龟山水库灌溉工程管理局　河南平顶山　467031）

摘　要：本文以淮河流域沙颍河水系上的大(2)型水库——白龟山水库为研究背景，针对当前洪水预报误差分布特性的研究不足的问题及利用常用分布描述洪水预报存在较大误差的问题，我们根据实际洪水预报误差出现在有限区域的特点，建立了洪水总量预报误差分布的极大熵模型。通过白龟山水库历史洪水的预报误差样本序列，计算了预报方案的极限误差，与常用指数分布进行了对比分析，并从防洪安全的角度对模型中的误差上限进行了初步确定，最终得到洪水预报误差分布规律函数。

关键词：极大熵　洪水预报误差　规律研究

1　流域概况及问题的提出

白龟山水库位于淮河流域沙颍河水系沙河本干上，是一座大(2)型水库，以防洪为主，兼顾灌溉、供水等综合利用，控制流域面积2 740 km^2，它与上游昭平台水库形成梯级水库，区间流域面积1 310 km^2。水库下游有平顶山、漯河、周口等重要城市和京珠高速、京广铁路及107国道。漯河以下为豫皖平原，地理位置极为重要。

目前，水库洪水预报模型和方法的研究已经比较成熟，预报方案的精度评定也有相应规范，但对洪水预报误差分布特性的研究不多，已有的方法主要是采用正态分布或对数正态分布来描述。对于一次降雨径流过程，在不发生决堤等灾害的情况下，模型预报误差是随着降雨增大而逐渐趋于稳定，控制在一个有限的区域内。因为当流域下垫面达到饱和后，所有降雨全部产流，预报净雨量与实际净雨量基本相等。而正态分布的两端是趋于无穷大的，在实际洪水预报操作中我们发现直接用其描述洪水预报误差分布规律是欠合理的。为此，本文建立了基于极大熵洪水预报误差分布的模型，通过白龟山水库历史洪水的预报误差样本序列，分析其模型预报误差的分布规律。

2　水库洪水预报误差分布的极大熵模型建立

熵增原理在信息熵领域则叫作“极大熵原理”。按照极大熵准则，在不确定性问题的所有可行解中，应该选择在一定约束下使得熵（或条件熵）能达到极大化的一个解，即对数据的内插或外推采取最客观的态度。而熵最大就意味着获得的总信息量最少，即所添加的信息量最少，因为数据不足而做的人为假定（人为添加信息）也最小，从而所获得的解是最合乎自然、偏差最小的。

水文水资源学科从本质上看，是一门有关水信息（采集、传输、整理、分析、应用）的学科，其中存在着许多不确定性问题。极大熵原理是一种有效的解决途径。国内外许多学者曾将极大熵原理应用到水文频率分析、径流对降雨的条件分布等问题中，但在预报误差分布规律方面研究的不多。

对于洪水总量的预报误差，其分布特性是与已知误差信息有关的。由于无法通过概率论理论直接推导出误差变量的先验分布，误差数据又十分有限，因此是一个典型的不确定性问题。只能依据有限的历史洪水预报误差序列，推求一种概率分布，使它和已有历史洪水预报误差的信息基本一致，并且没有太大误差，极大熵准则正好可以有效地解决这个问题。

就一场洪水而言，洪水总量预报误差或正或负，对多次洪水，则可以将模型的预报误差限定在一个有限区域$(-a,a)$内。设预报误差变量为x，其概率密度函数为$f(x)$，在区域$(-a,a)$内，误差分布应满足一般概率分布的约束式(2)。同时由于误差为确定数值，所以样本的各阶原点距也是存在的，即应当

满足约束式(3)。则最终建立的误差分布极大熵模型为:

$$\max H = -\max\int f(x)\ln f(x)\mathrm{d}x \tag{1}$$

$$\text{s.t}\quad \int_{-a}^{a} f(x)\mathrm{d}x = 1 \tag{2}$$

$$\int_{-a}^{a} x^i f(x)\mathrm{d}x = m_i, i = 1,2,\cdots,m \tag{3}$$

式中:m 为所用矩的阶数; m_i 为第 i 阶原点矩。

3 水库洪水预报误差分布的极大熵模型求解

水库洪水预报误差分布的极大熵模型的求解是一个泛函条件极值问题。为了求得 $f(x)$ 的表达式,根据变分法引入拉格朗日乘子 $\lambda_0,\lambda_1,\cdots,\lambda_m$,设 J 为拉格朗日函数,R 表示积分区域 $[-a,a]$,则

$$J = H(x) + (\lambda_0 + 1)\left[\int_R f(x)\mathrm{d}x - 1\right] + \sum_{i=1}^{m}\lambda_i\left[\int_R x^i f(x)\mathrm{d}x - m_i\right] \tag{4}$$

要使函数 J 达到极值,令导数 $\mathrm{d}J/\mathrm{d}f(x)$ 等于零,解之得

$$f(x) = \exp(\lambda_0 + \sum_{i=1}^{m}\lambda_i x^i) \tag{5}$$

式(5)即为洪水总量预报误差的概率密度函数解析形式,只要确定其中的参数 λ,就可以完全确定函数 $f(x)$,文献也给出了参数 λ 的具体求解方法。将式(5)代入约束条件式(2)中,可解得

$$\lambda_0 = -\ln\left(\int_R \exp\left(\sum_{i=1}^{m}\lambda_i x^i\right)\mathrm{d}x\right) \tag{6}$$

将式(6)对 λ_i 求导,得

$$\frac{\partial\lambda_0}{\partial\lambda_i} = \frac{\int_R x^i\exp\left(\sum_{i=1}^{m}\lambda_i x^i\right)\mathrm{d}x}{\int_R \exp\left(\sum_{i=1}^{m}\lambda_i x^i\right)\mathrm{d}x} = m_i \tag{7}$$

通过式(7)可建立求解 $\lambda_1,\lambda_2,\cdots,\lambda_m$ 的 m 个方程组,求出 $\lambda_1,\lambda_2,\cdots,\lambda_m$ 后,可根据式(6)求出 λ_0。但由于式(7)是一个二元非线性方程组,目前没有解析解法,而且存在多解现象,几何意义是几张曲面在空间相交的公共点。因此,将式(7)转换为一个非线性优化问题,令

$$R_i = \frac{\int_R x^i\exp\left(\sum_{i=1}^{m}\lambda_i x^i\right)\mathrm{d}x}{m_i\int_R \exp\left(\sum_{i=1}^{m}\lambda_i x^i\right)\mathrm{d}x} - 1 \tag{8}$$

式中: R_i 为残差。

为了求得全局最优解,本文另通过遗传算法求残差平方和 $R = \sum_{i=1}^{m} R_i^2$ 的最小值来求方程组的近似解。对大多数分布,利用上述极大熵模型,采用 4 阶或 5 阶矩就可以得到很好的密度函数。对于某些分布,例如正态分布、指数分布和均匀分布,采用 3 阶或 4 阶以上矩对精度也基本无改善。

4 计算结果

根据表 1 的模拟预报结果,计算产流预报误差序列的 1 阶、2 阶和 3 阶原点矩,分别为 m_1、m_2、m_3,将其代入式(8),得到 3 个残差方程

$$R_1 = \frac{\int_R x\exp(\lambda_1 x + \lambda_2 x^2 + \lambda_3 x^3)\mathrm{d}x}{m_1\int_R \exp(\lambda_1 x + \lambda_2 x^2 + \lambda_3 x^3)\mathrm{d}x} - 1 \tag{9}$$

$$R_2 = \frac{\int_R x^2 \exp(\lambda_1 x + \lambda_2 x^2 + \lambda_3 x^3)\,dx}{m_2 \int_R \exp(\lambda_1 x + \lambda_2 x^2 + \lambda_3 x^3)\,dx} - 1 \tag{10}$$

$$R_3 = \frac{\int_R x^3 \exp(\lambda_1 x + \lambda_2 x^2 + \lambda_3 x^3)\,dx}{m_3 \int_R \exp(\lambda_1 x + \lambda_2 x^2 + \lambda_3 x^3)\,dx} - 1 \tag{11}$$

给定不同误差上限 α 值，通过遗传算法求残差平方和 $R = R_1^2 + R_2^2 + R_3^2$ 的最小值，即可得到参数 λ_1、λ_2 和 λ_3 的值，代入式(6)求得参数 λ_0，将 4 个参数一并代入式(5)，则得到误差的概率密度函数。表 2 给出几个不同上限值 α 对应的误差分布函数、极大熵模型参数以及残差平方和的计算结果。从表 2 中可以看出，残差平方和的量级已经很小，能够满足防洪调度的精度要求。

表 1　白龟山水库场次洪水模拟结果

序号	年份	开始时间	结束时间	降雨量(mm)	预报净雨(mm)	实际净雨(mm)	绝对误差(mm)	相对误差(mm)
1	1967	07-09	07-12	173.54	103.45	92.50	13.45	0.15
2	1968	09-17	09-18	141.82	76.74	74.90	1.84	0.02
3	1969	09-20	09-26	158.72	53.66	51.00	2.66	0.05
4	1970	07-24	07-25	62.99	13.59	14.60	-1.01	-0.07
5	1970	07-28	07-29	49.60	15.80	17.70	-1.90	-0.11
6	1971	06-24	06-25	94.06	31.72	33.20	-1.48	-0.04
7	1971	06-28	06-29	178.67	136.93	145.80	-8.87	-0.06
8	1971	07-20	07-23	66.03	15.66	22.90	-7.24	-0.32
9	1973	07-05	07-06	107.72	57.02	54.90	2.12	0.04
10	1974	06-01	06-02	128.21	83.66	71.30	12.56	0.18
11	1975	07-25	07-25	66.29	12.57	14.80	-2.23	-0.15
12	1975	08-04	08-09	331.78	249.21	255.50	-6.29	-0.02
13	1976	07-17	07-20	120.44	52.99	53.00	0	0
14	1977	06-24	06-25	64.50	10.93	13.00	-2.07	-0.16
15	1977	07-07	07-07	46.49	9.26	11.11	-1.85	-0.16
16	1977	07-16	07-17	67.29	25.10	26.40	-1.30	-0.05
17	1977	07-25	07-25	48.95	18.86	18.20	0.66	0.04
18	1978	07-01	07-04	115.47	41.29	32.80	8.49	0.26
19	1979	07-11	07-11	91.12	38.82	38.30	0.52	0.01
20	1979	07-14	07-15	68.19	38.89	42.50	-3.61	-0.08
21	1980	06-15	06-16	84.97	24.16	25.50	-1.34	-0.05
22	1981	07-13	07-15	83.08	21.81	21.80	0	0
23	1982	07-27	08-04	232.0	143.95	129.00	14.95	0.12
24	1982	08-11	08-14	130.01	82.56	98.00	-15.44	-0.16
25	1983	08-09	08-12	173.98	86.73	93.60	-6.87	-0.07
26	1983	09-06	09-09	133.11	49.63	53.60	-3.97	-0.07

续表 1

序号	年份	开始时间	结束时间	降雨量（mm）	预报净雨（mm）	实际净雨（mm）	绝对误差（mm）	相对误差（mm）
27	1984	07-23	07-26	93.62	37.04	37.10	-0.06	0
28	1986	06-26	06-26	60.57	12.00	35.30	-23.30	-0.66
29	1986	08-14	08-14	71.25	17.31	19.30	-1.99	-0.10
30	1987	09-28	09-29	91.65	24.45	24.50	-0.05	0
31	1988	08-09	08-15	172.09	81.37	73.40	7.97	0.11
32	1989	07-10	07-10	40.10	9.91	11.00	-1.09	-0.10
33	1990	07-20	07-20	90.70	36.75	24.10	12.65	0.53
34	1990	07-26	07-26	47.80	26.71	25.91	0.80	0.03
35	1990	08-14	08-15	98.90	51.49	50.75	0.74	0.01
36	1991	07-16	07-16	143.60	71.92	86.00	-14.08	-0.16

表 2　白龟山水库不同预报误差上限对应结果

水库	项目	$\alpha=15$ mm	$\alpha=20$ mm	$\alpha=35\sim300$ mm
白龟山	λ_0	-3.142 4	-2.994 5	-2.958 9
	λ_1	-0.012 6	-0.012 6	-0.012 6
	λ_2	-0.004 0	-0.007 7	-0.008 5
	λ_3	0	0	0
	$f(x)$	$e^{-3.142\,4-0.012\,6x-0.004\,0x^2}$	$e^{-2.994\,5-0.012\,6x-0.007\,7x^2}$	$e^{-2.958\,9-0.012\,6x-0.008\,5x^2}$
	R	1.0×10^{-14}	1.5×10^{-14}	1.3×10^{-14}

另外，极大熵分布与指数的理论分布（以指数分布为例）概率密度函数曲线如图 1 所示，两者已基本重合。从图 1 中可以看出，极大熵分布已对理论分布做出了较好逼近。由此可以看出，根据样本数据，利用极大熵模型求解概率分布是可行的，精度也相对比较高。

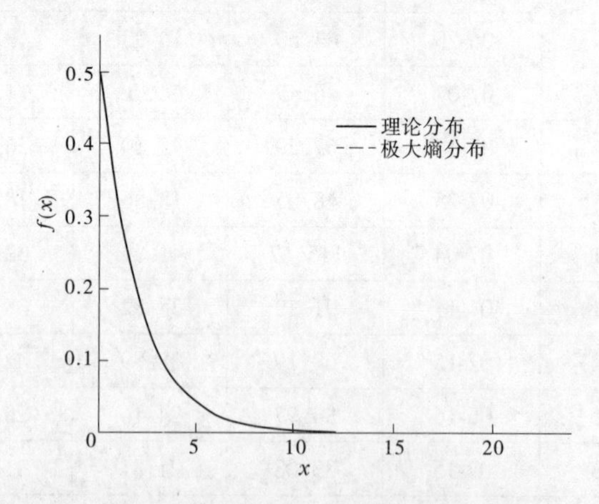

图 1　指数分布与极大熵分布概率密度曲线图

研究结果表明：

（1）当误差上限达到一定值时，误差分布则基本保持不变。

（2）极限误差的大小与水库产流模型的预报精度和误差系列有关。预报精度越高，误差就会越小。

(3)白龟山水库的产流方案预报误差极限值为 35 mm。从表 2 中还可以看出,残差平方和的量级已经很小,能够满足防洪调度的精度要求。

上述预报误差分布规律是通过有限的历史洪水数据分析得到的,反映的是流域实际已发生洪水的预报误差分布规律,对应的基本都是中小洪水。对流域从未发生的设计校核等大洪水,当实际降雨量级达到此标准时可能会发生决堤等情况,此时预报误差在趋于稳定后会再增大。但这类洪水多缺乏实际观测资料,因此本文暂不考虑这类情况。

参考文献

[1] 王栋, 朱元生. 最大熵原理在水文水资源科学中的应用[J]. 水科学进展, 2001, 12(3): 75-80.
[2] 李元章, 丛树铮. 熵及其在水文频率计算中的应用[J]. 水文, 1985(1): 22-26.
[3] Sonuga J O. Principle of maximum entropy in hydrologic frequency analysis[J]. J Hydrol, 1972, 17: 177-191.
[4] 李继清, 张玉山, 王丽萍, 等. 应用最大熵原理分析水利工程经济效益的风险[J]. 水科学进展, 2003, 14(5): 626-630.

作者简介:田力,男,1977 年 8 月生,工程师,主要从事水文学及水资源工作。E-mail:151766969@ qq. com.

毛家洼平原水库大坝安全隐患排查整治的探讨

张守国　王　振

（滨州市沾化区毛家洼平原水库供水中心　山东滨州　256800）

摘　要：汛期水库大坝安全隐患排查整治工作是水库安全工作的重中之重，为确保毛家洼水库安全度汛，防止各类责任事故发生，毛家洼水库供水中心成立了防汛安全隐患整治工作检查组，对水库进行了全面细致的检查。本文详细论述了大坝现状及排查出的主要问题，对大坝隐患进行了分析，最后提出整治措施。本文对于平原水库大坝安全隐患排查整治具有重要的借鉴和指导意义。

关键词：大坝安全　隐患　排查　整治

1　基本概况

1.1　毛家洼平原水库概况

毛家洼平原水库位于滨州市沾化城区西北部，东临胡营河，南北西三面被3万亩生态林场所包围，占地面积1.05万亩。水库以韩墩引黄过徒干渠引调黄河水为主要水源，以汛期拦蓄河道水和当地地表径流为辅助水源，蓄水能力5 160万m^3，年调蓄能力1.3亿m^3，是鲁北地区标准最高、规模最大的供水水源工程之一。自1995年建成以来，承担着沾化城区以及中西部8乡镇（街道办）345村13.2万人的生活供水任务，以及部分企业生产供水任务。建设初期，水库坝型为碾压式均质土坝，由围坝、入库泵站和放水涵洞等组成。1999年6月进行了水库增容工程建设，对大坝进行了加高和内坡护砌，内坡6.0 m（1956年黄海高程，下同）高程以上为1∶3，采用混凝土预制板护砌；6.0 m高程以下为1∶10；水库外坡为1∶3，自然草皮护坡。为满足城乡发展快速增长的用水需求，2010年实施了水库第二次增容工程，坝顶增设了防浪墙，墙高1.25 m，宽28 cm，基础为M10浆砌块石基础，埋深60 cm。现水库围坝长11 000 m，隔坝长2 380 m，坝顶高程8.5 m，坝顶宽9 m。

1.2　水库安全隐患排查整治概况

2017年入汛以来，沾化区遭受多次强降雨过程，水库虽未造成较大经济损失，但很多薄弱环节凸显。为确保水库安全度汛，毛家洼平原水库供水中心防汛安全隐患整治工作检查组对水库进行了全面细致的检查。检查组重点对水库大坝内坡、外坡防护及防浪墙情况进行了细致排查，对安全隐患整治工作计划和防汛措施落实情况进行了督察。根据检查情况，检查组对水库大坝重点部位的防汛准备和应急保障重新做了计划安排，制订了切实可行的防汛实施方案。

2　大坝现状排查及出现的问题

为了防止漏查，检查组由5人一组列队进行检查，采用眼看、耳听、手摸、脚踩等直观方法，辅以锤、钎、钢卷尺等简单工具对工程表面和异常现象进行检查量测。眼看主要是察看迎水面大坝附近水面是否有漩涡，衬砌板是否有移动、凹陷或突鼓现象，防浪墙、坝顶是否出现新的裂缝或原裂缝有无变化，背水坡坝面、坝脚是否出现渗漏突鼓现象等；耳听主要是听是否出现不正常水流声或振动声；脚踩主要是检查衬砌板损毁后下面的坝坡是否有土质松软、潮湿或渗水等；手摸主要是当眼看、耳听、脚踩中发现有异常情况时，则用手做进一步临时性检查。

2.1　大坝内坡

经检查，坝顶平整无裂缝、坝肩完好。坝坡高程6.0 m以上，桩号2+200～3+050段及4+720～5+500段内坡衬砌板多处出现了破损、裂碎；其他部位衬砌板护坡表面平整，未发现明显的坍塌破坏现象，只是在少量处出现混凝土预制板移位、勾缝脱落等现象。近坝水面无冒泡、变浑或漩涡等异常现象出现。

2.2　防浪墙

防浪墙体在波浪冲刷严重的南库区采用M10浆砌料石和钢筋混凝土结构，其他部位采用M10浆砌料石和素混凝土结构。防浪墙与围坝护缘之间为15 cm伸缩缝，伸缩缝表面为5 cm厚PT胶泥，其下用中砂填充，每隔10 m设一道四油三毡伸缩缝，并且与衬砌板伸缩缝对齐。经检查，未见异常变形及砂浆剥蚀现象。

2.3　大坝外坡

水库大坝外坡1∶3，为自然草皮护坡，经检查，坝顶及坝坡底脚至截渗沟杂草丛生，需要灭荒修整，坝体局部存在冲沟，坝后排渗沟出现衬砌坍塌现象。无兽洞、白蚁危害迹象。

3　大坝隐患分析

3.1　工程建设方面的隐患

毛家洼水库于1995年建成蓄水以来，至今已安全运行20多年。2008年滨州市水利局对毛家洼水库进行了安全鉴定，结论是：鉴于水库大坝存在的严重安全问题，建议对该水库尽快进行维修改造，其内容包括垂直铺塑截渗、增设防浪墙和附属建筑物维修等工程措施。并做到定期检查，以确保水库大坝安全运行，充分发挥工程效益。2010年水库坝顶增设了防浪墙，对附属建筑物进行了维修加固。由于供水需求及水下垂直铺塑工艺复杂等原因，未进行垂直铺塑，仅在渗漏较为严重的北库区进行了坝体灌浆处理。虽然在长期运行过程中得到了有效的管理和维护，但是由于用水量逐年增加，水库长期处于高水位运行状态，水库大坝土质以砂壤土为主，衬砌坝坡出现很小程度的损坏均能导致水库渗流，坝体沉陷、渗漏等问题，危及运行。另外，大坝外坡无排水设施，坝脚无反滤排水体，截渗沟无护砌，坍塌严重。

3.2　管理方面的隐患

由于毛家洼水库建设年代久远，水库缺少必要的水雨情测报及大坝安全监测等设施，检查手段落后，水库安全管理与信息化、现代化差距还较大。在水库运行管理上存在对水库运行管理认识不到位，重建轻管现象严重，没有形成统一指挥的管理机制。水库管理团队不专业，缺乏既精通水库专业知识又懂得运行管理的复合型人才，缺乏完善的专业化管理队伍；水库工程维修养护资金严重不足，融资渠道单一化，只能争取专项经费。

4　主要整治措施

4.1　建立健全组织机构，明确责任

防汛是季节性的安全工作，在此期间，成立了水库管理单位行政负责人为巡视检查总负责人，毛家洼平原水库供水中心总经理为组长，分管副经理为副组长，各科室主要负责人为成员的安全度汛巡视检查小组，并配备了专职安全生产管理人员，对水库汛期大坝安全工作做出统一的部署和指挥。检查组半数以上为专业性较强、水库管理经验丰富的人员。检查组根据水库的实际情况制定相应的工作程序，包括检查项目、检查方式、检查顺序、检查路线、记录表式、每次巡查的文字材料及检查人员的组成和职责等内容，水库大坝隐患排查及整治情况最后归入水库技术档案。

4.2　加大安全投入，确保生产安全

严格贯彻上级部门安全生产的指示精神，积极筹措安全生产资金投入，建立了安全投入管理制度、安全生产费用使用计划、台账等多项措施。严格执行安全投入审批程序，确保专款专用。每一笔安全费用支出，确保落实。毛家洼水库供水中心多渠道筹措资金100余万元，分别对坝内、外坡及防浪墙进行了维修养护，对坝坡处出现移位的混凝土预制板拆除，重新砌筑，对勾缝脱落处重新勾缝，均以达到安全生产为目标，确保安全度汛。

4.3　制定标准，建立长效机制

按照上级部门要求，积极开展水利安全生产标准化建设工作，严格推行标准化管理，实现岗位达标、

专业达标,进一步提高水利生产经营单位的安全生产管理水平和事故防范能力。通过开展达标考评验收,不断完善工作机制,将安全生产标准化建设纳入水利工程建设和运行管理的全过程,有效提高水利生产经营单位本质安全水平。

4.4 应急预案

根据水库安全运行管理工作实际,申请上级主管单位,组织力量编制并逐年完善《水库大坝安全管理应急预案》《水库防洪预案》等多种针对性预案,明确应急工作职责和分工,并成立由主要领导组成的应急领导小组及由15人参加培训后组成的专职应急救援队伍,定期举行不同类型的应急演习。为确保水库大坝安全管理落到实处,应急救援队必须针对水库易发生的各类险情每年进行抗洪抢险演习。

4.5 加强日常管理

根据水库《大坝安全巡查制度》《水工巡视检查制度》的要求,在汛前、汛后对大坝等水工建筑物进行巡检和详查,提出检查意见,做到早发现、早处置。汛期内专业技术人员坚持每日对大坝及附属设备巡查一次,确保汛期内大坝等水工建筑物处于正常运行状态。

5 结语

通过这次安全生产大检查活动,进一步强化了安全生产主体责任,确保了各项制度措施落实到位;深入排查治理隐患;进一步强化了安全保障能力建设,切实提高了应急救援能力,有效防范和坚决遏制重特大事故的发生。

作者简介:张守国,男,1975年11月生,工程师,主要研究方向为水库安全管理、水厂工程、供水及饮水安全等。E-mail:siyuanhu. cn@163. com.

暴雨推求洪水计算程序研发及应用

霍东亚　王建国　王　鑫

（菏泽市水文局　山东菏泽　274000）

摘　要：在防洪评价中，经常需要利用长系列的暴雨资料推求设计洪水。为提高效率，利用 vb 开发了暴雨设计洪水程序。在程序中输入流域的设计暴雨值、相应初始 *Pa*、暴雨径流关系、流域面积，程序自动查询净雨和分配雨型，判断并选取单位线，计算设计洪水过程、洪峰流量和洪水总量。该程序在菏泽市灌区防洪设计等项目中使用并验证，方便快捷，提高了洪水计算的时效性。

关键词：vb　单位线　设计洪水

1　引言

在 Excel 表中做设计洪水计算时，由设计暴雨查净雨，由“设计雨型”进行净雨的时段分配；由流域面积计算瞬时单位线参数 M1，由“M1 与单位线关系表”得到相应单位线；修改表中时段出流公式、计算设计洪水过程、洪峰流量和洪水总量，这些过程还是较多的，过程较多就有出错的可能。另外，在灌区设计洪水中，主要的排水干沟根据其控制的流域面积和不同保证率的设计暴雨推求设计洪水过程，进行上百条单位线的推流计算，工作量大且可能在计算过程中出错。

因此想到简化计算过程，首先将“暴雨径流关系”“设计雨型”“M1 与单位线关系”录入数据文件。再用 vb 调用相应数据文件实现瞬时单位线推算设计洪水过程。输入设计暴雨值、相应初始 *Pa*、暴雨径流关系、流域面积，程序自动查询净雨和分配雨型，判断并选取单位线，计算设计洪水过程、洪峰流量和洪水总量。

2　程序的工作内容

为保证程序使用的灵活性，“计算净雨”与“雨型分配”模块各自独立，即可以在相应文本框中手工输入 1 日净雨、2 日净雨、3 日净雨的值，运行“雨型分配”。根据流域面积“计算 M1”与“选择单位线”各自独立，即可以在相应文本框中手工输入 M1 的值，运行“选择单位线”。程序工作流程图如图 1 所示。

3　程序设计

3.1　暴雨查净雨

根据自然汇流关系和地形特征，划分项目所在流域范围。利用长系列水文降雨资料，对项目所在流域范围的当地暴雨洪水进行计算。暴雨历时采用最大 24 h、最大 3 d。按照《水利水电工程水文计算规范》（SL 278—2002）的规定，经频率分析计算，采用 P－Ⅲ型曲线适线，求得设计保证率的最大 24 h、最大 3 d 的设计暴雨量。根据暴雨点面系数求得设计面雨量。以往暴雨查净雨是查询在 CAD 中生成的暴雨径流关系样条曲线，或是在 Excel 中按多段线取两点之间进行直线插补。多段线是对样条曲线的简化，按多段线查询，相对于在 CAD 中的样条曲线的查询，因为 H_1+Pa_1、H_2+Pa_2 较小，点（R_1，H_1+Pa_1）附近类似于蓄满产流前期的局部产流，径流系数远小于 1，且 $H+Pa$ 与 R 不是线性关系，因此 H_1+Pa_1、H_2+Pa_2 查出的净雨误差大一些，从而影响 Pa_3 的值。而 H_3+Pa_3 较大，点（R_3，H_3+Pa_3）附近类似于全流域产流，径流系数接近 1 且不再变化，因此按多段线关系查取的净雨误差很小。

经分析，若洪峰流量主要产生在第 3 天（24 h 设计雨量）产生的洪水过程中，H_1+Pa_1、H_2+Pa_2 产生的单位线洪水过程对设计洪峰的影响很小，Pa_3 的计算误差对设计洪峰的影响也很小，但是 R_1、R_2、R_3 的

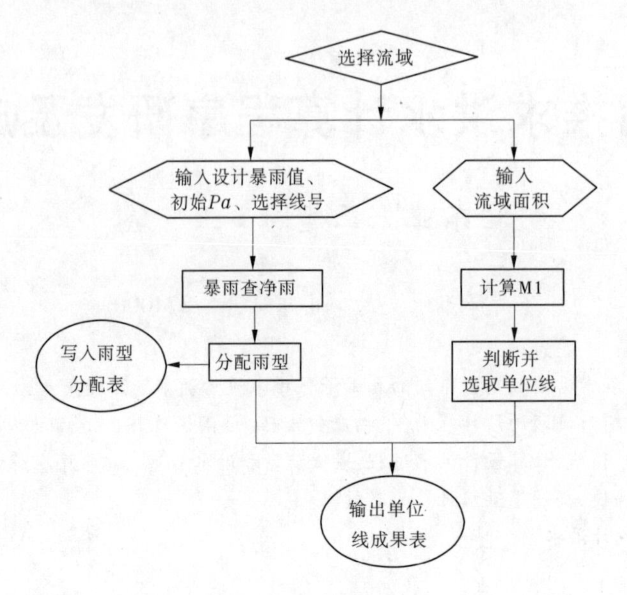

图1　程序工作流程图

计算误差对洪水总量还是有影响的。为了查询的精确，程序采用样条曲线的原理和公式由“暴雨径流相关表”中相应线号数据拟合成样条曲线进行查询，程序代码中样条曲线的计算公式不再详述。查询出的点(R_1,H_1+Pa_1)、(R_2,H_2+Pa_2)、(R_3,H_3+Pa_3)在样条曲线上以红点显示。暴雨查净雨运行界面如图2所示。其中调用12号线的“暴雨径流相关表”数据如图3所示，经检验，与人工在CAD软件中查样条曲线的结果一致。

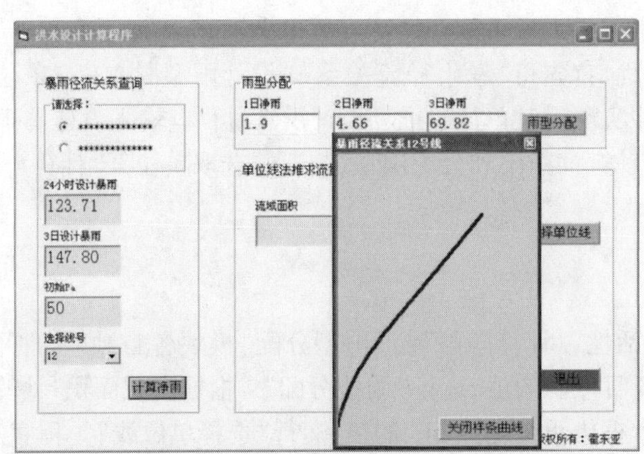

图2　暴雨查净雨运行界面图

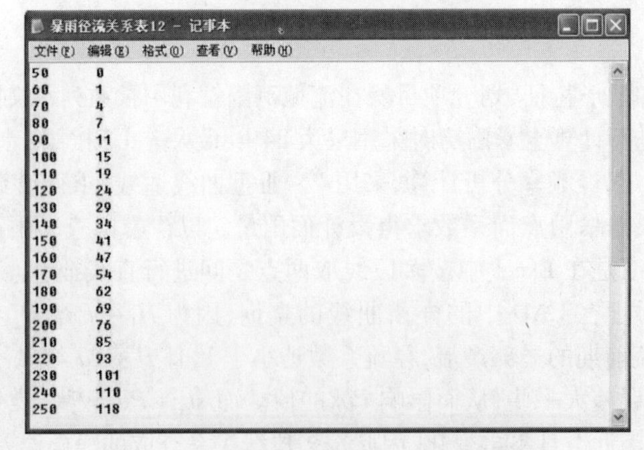
暴雨径流关系表12 - 记事本

文件(F)　编辑(E)　格式(O)　查看(V)　帮助(H)

50	0
60	1
70	4
80	7
90	11
100	15
110	19
120	24
130	29
140	34
150	41
160	47
170	54
180	62
190	69
200	76
210	85
220	93
230	101
240	110
250	118

图3　生成样条曲线的暴雨径流相关表数据

3.2　单位线推求设计洪水

根据自然汇流关系和地形特征，流域类型应为完整型小流域，即小流域面积大小符合要求，主沟道明显，分水线闭合，有一个出水口。在GIS软件中绘出流域范围图，测出流域面积。在程序中输入流域面积，计算出M_1，自动选取调用数组变量中最接近的M_1值，调用与M_1相对应的瞬时单位线数组变量，与净雨变量相乘错时段叠加计算出流过程、洪峰流量和洪水总量。其中，净雨变量相乘错时段叠加生成瞬时单位线的部分代码如下：

```
Dim n1, n2,n3
……
For i = 1 To n1
    For j = 1 To n2
  If 1 <= i - j + 1 And i - j + 1 <= n3 Then
    Qs1(i) = Qs1(i) + PP1(j) * F / 100 / 10 * U1(i - j + 1)
     End If
Next j
  Next i
```

单击“输出单位线成果表”按钮，在打开的“保存数据文件”对话框中选择文件保存路径及文件名，进行保存。

3.3　单位线成果分析

程序输出的单位线成果表内容包括净雨分配过程、选用的单位线过程、设计洪水的流量过程线、洪峰流量和洪水总量。程序运行结果如图4所示。

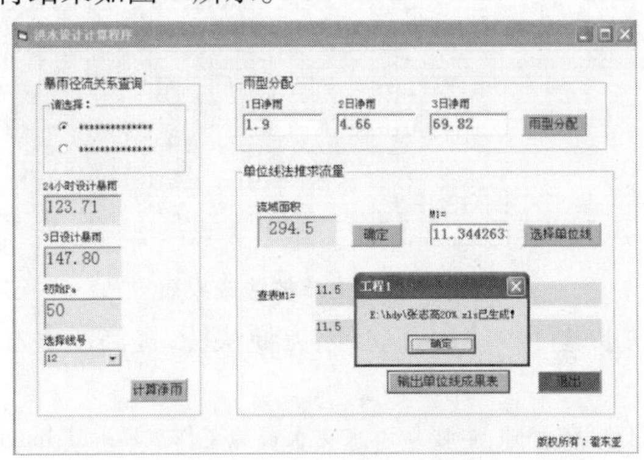

图4　单位线推求设计洪水程序运行界面

由于计算出的瞬时单位线参数M_1选用了2小时单位线、6小时单位线两条单位线，因此输出的单位线成果表分别给出了两种单位线的所有计算结果，如图5所示。

在Excel中用公式计算2小时单位线，其成果表如图6所示。其中，净雨为查算出日雨后输入Excel中经公式计算所得，再粘贴到该表的单元格中；单位线为人工查相应标准后手工录入Excel；Excel中其余单元格均插入相应公式，公式中要涉及流域面积、单位变换等。可以看出，Excel中的计算过程非常烦琐。

对比图5与图6流量过程，2小时单位线的计算结果完全一致。程序计算的最大洪峰流量为293.392 9 m^3/s，Excel中公式计算为293.4 m^3/s，误差为0。程序计算的洪水总量为2 249.461万m^3，Excel中公式计算为2 248.8 m^3/s，误差为0。说明程序计算结果正确。同样在Excel中6小时的单位线计算结果与程序结果完全一致，不再详述。

4　结论

该程序为利用vb开发设计洪水过程推算程序。输入设计暴雨值、相应初始Pa、暴雨径流关系、流域面积，程序自动查询净雨和分配雨型，根据流域面积判断并选取单位线，计算设计洪水过程、洪峰流量

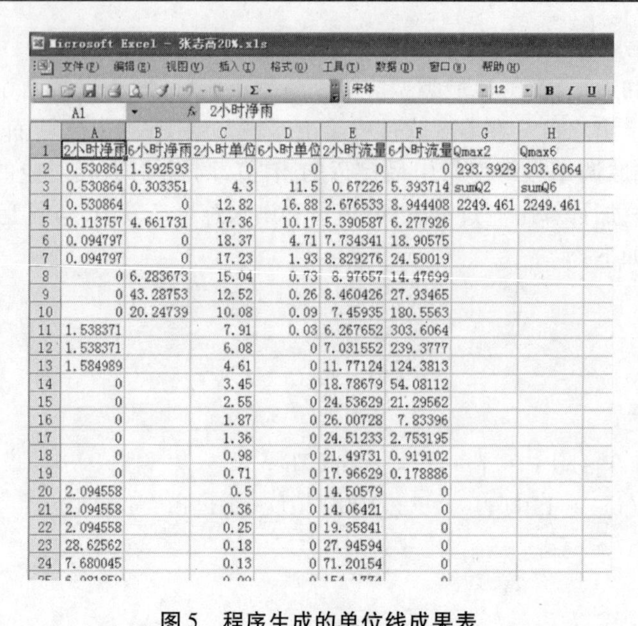

	A	B	C	D	E	F	G	H
1	2小时净雨	6小时净雨	2小时单位	6小时单位	2小时流量	6小时流量	Qmax2	Qmax6
2	0.530864	1.592593	0	0	0	0	293.3929	303.6064
3	0.530864	0.303351	4.3	11.5	0.67226	5.393714	sumQ2	sumQ6
4	0.530864	0	12.82	16.88	2.676533	8.944408	2249.461	2249.461
5	0.113757	4.661731	17.36	10.17	5.390587	6.277926		
6	0.094797	0	18.37	4.71	7.734341	18.90575		
7	0.094797	0	17.23	1.93	8.829276	24.50019		
8	0	6.283673	15.04	0.73	8.97657	14.47699		
9	0	43.28753	12.52	0.26	8.460426	27.93465		
10	0	20.24739	10.08	0.09	7.45935	180.5563		
11	1.538371		7.91	0.03	6.267652	303.6064		
12	1.538371		6.08	0	7.031552	239.3777		
13	1.584989		4.61	0	11.77124	124.3813		
14	0		3.45	0	18.78679	54.08112		
15	0		2.55	0	24.53629	21.29562		
16	0		1.87	0	26.00728	7.83396		
17	0		1.36	0	24.51233	2.753195		
18	0		0.98	0	21.49731	0.919102		
19	0		0.71	0	17.96629	0.178886		
20	2.094558		0.5	0	14.50579	0		
21	2.094558		0.36	0	14.06421	0		
22	2.094558		0.25	0	19.35841	0		
23	28.62562		0.18	0	27.94594	0		
24	7.680045		0.13	0	71.20154	0		

图5　程序生成的单位线成果表

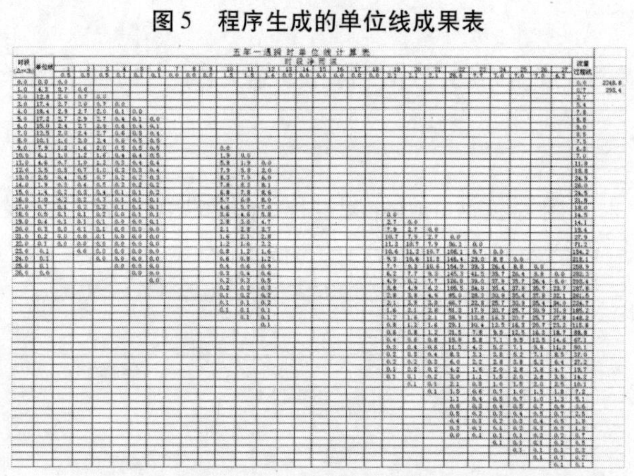

图6　Excel 中单位线成果表

和洪水总量。在菏泽市灌区洪水设计中使用并验证，方便快捷，提高了洪水计算的时效性。

作者简介：霍东亚，女，1976 年 11 月生，工程师，主要从事水文水资源工作。E-mail：huodongya@163.com.

渤海湾风暴潮分析和风暴潮预报及宏观建议

孔令太　郭卫华　卢光民　李本厚

（山东滨州水文局　山东滨州　256609）

摘　要：根据黄河三角洲海岸历史及实测潮水、气象、地理资料，分析产生风暴潮的原因，研究风暴潮规律；分析了东北大风与风暴潮增水、天文潮与风暴潮出现时间的关系；建立了流域内埕口站风暴潮预报方案，成功预报了渤海湾东南海岸埕口站附近海域1997年、2003年风暴潮，为渤海湾东南海岸防灾、减灾提供科学依据。

关键词：风暴潮　规律　东北大风　预报

1　基本情况

渤海湾滨州沿岸是指从河北省岐口至山东省老黄河入海口一带海岸，该区地势西南高东北低，为滨海平原，地势平坦，陆地一侧30 km范围内，海拔一般为1.0～4.0 m，坡度为1/10 000～1/20 000。该段海岸无明显的海岸线，岸坡平缓，平原泥沙质类型，滩涂为淤泥滩涂，宽度变化不大，一般宽5～10 km，易受季风影响，是东北风的迎风岸，是风暴潮发生最多的海岸线。沿岸有减河、宣惠河、漳卫新河、马颊河、德惠新河、徒骇河等河汇入。该区各月平均风力4、5月最大，年内出现6级以上大风日数在30 d左右，多集中在3～5月，7～9月较少。全年平均大风历时累计327 h。风向秋冬季以偏北风为主，春季以偏东风居多，夏季雷暴大风则方向不定。按影响本区大风的天气系统分析，有寒潮、台风、气旋、雷暴等，以寒潮大风为主。该区冬季常受寒潮大风侵袭，由于滩宽水浅，产生海冰后发展迅速，易形成较大范围的稳定冰区。根据1982～1986年度海冰实测资料分析统计，一般初冰日在12月上旬，盛冰日在12月下旬，融冰期在2月下旬，终冰期在3月上旬。总冰期91 d，盛冰期58 d。

该区自然条件虽然较差，但经济地位重要。有国家西煤东运第二条大通道神黄铁路，北煤南运的重点港口年煤炭吞吐量达6 000万t的黄骅港，集渔港、港口码头、大中小型船只制造、油盐化工多位一体的多功能综合型的现代化新港口滨州港；有国家大型企业胜利油田、鲁北企业集团、滨州北海开发新区，是河北省和山东省重要经济区，渤海湾东南海岸地理形势见图1。

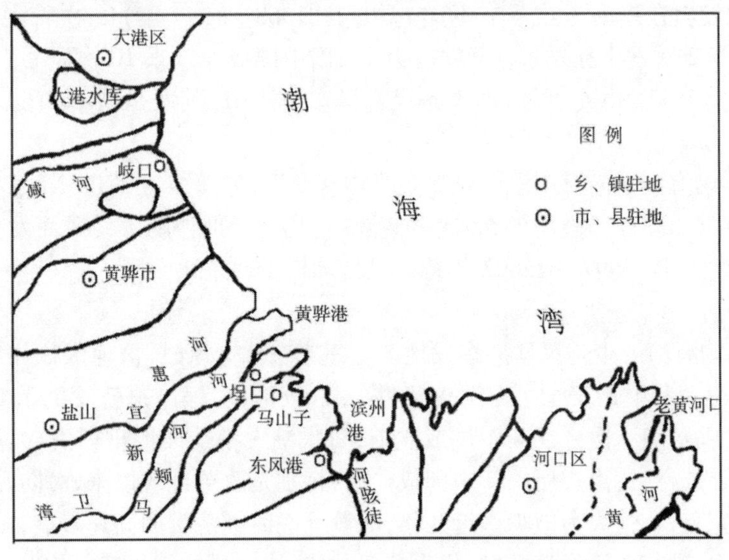

图1　渤海湾东南海岸地理形势图

2　风暴潮特点及危害

2.1　潮汐情况

受月球和太阳的引力作用,海水作周期性的升降运动,白天的涨落叫潮,晚上的涨落叫汐,合称潮汐。潮汐的涨落现象平均以24小时50分(天文学上称为一太阴日)为一周期。潮汐分为三种类型:半日潮、全日潮、混合潮。潮汐既有半日周期、全日周期,又有半月周期的变化,每月的初一(朔)、十五(望)的潮汐,其潮差最大,称为大潮;阴历的初八(上弦)、二十三(下弦)的潮差在半月中最小,称为小潮。

该海域潮汐规律为不正规半日潮,即一日内出现2次高潮和2次低潮,日潮差最大3.85 m,最小1.2 m,多年平均潮差为2.2 m,涨潮历时4~6 h,落潮历时6~10 h。涨潮流流向SW,平均流速0.45节,落潮流流向ENE,平均流速0.4节,该段海岸主要潮位站特征值见表1。

表1　主要潮位站潮汐特征值统计

站名	地理位置		资料年限(年)	实测极值潮位(m)				平均高潮位(m)	平均低潮位(m)	最大潮差(m)
	东经	北纬		最高	出现时间(年-月-日)	最低	出现时间(年-月-日)			
马棚口	117°31′	38°36′	20	3.38	1965-11-07	-1.84	1977-09-28	1.40	-0.11	3.85
黄骅港	117°46′	38°15′	2	4.47	1983-07-30	0.28	1983-03-18	3.59	1.27	3.44
埕口	117°44′	38°06′	46	4.56	1997-08-20	-2.08	1981-10-23	1.27	-0.53	2.20
东风港	118°01′	38°01′	7	2.31	1979-02-22	-1.86	1975-02-07	1.07	0.65	1.74
富国港	118°07′	37°43′	27	2.52	1964-04-06	-1.60	1981-10-24	1.01	-0.20	1.20

注:统计时,剔除了因雨洪而形成的高潮位。

2.2　风暴潮特点

(1)风暴潮发生频繁。渤海湾东南海岸风暴潮发生频繁,自清代至新中国成立前夕(1644~1949年),历时306年,文献记载风暴潮37次,其中清代历时268年,记载风暴潮30次,平均间隔8.9年;中华民国历时38年,发生风暴潮7次,平均间隔5.4年;新中国成立后至2000年,发生较大和特大风暴潮10次,平均间隔5.2年。自1644~2000年渤海湾东南海岸风暴潮平均间隔7.6年1次,发生频繁。

(2)季节性强。风暴潮不但受天文因素的影响,而且受气象因素影响,季节性强,多出现在春季和秋季,占风暴潮发生次数的80%左右。文献(1644~1949年)记载的37次风暴潮,16次发生在春季,4次发生在秋季,11次发生在夏季,6次季节不详;历史上(1368~1949年)12次特大风暴潮,6次发生在春季,3次发生在秋季,2次发生在夏季,1次季节不详;新中国成立以来10次风暴潮,春季发生5次,秋季发生3次,夏季发生2次。由此可见,春季是风暴潮多发季节,其次是秋季和夏季,冬季不发生风暴潮。

(3)暴风相伴。渤海湾东南海岸发生风暴潮时均有暴风,风向多为NNE、NE、ENE,最大风力在7~10级,暴风历时21~36 h。在已查明的52次风暴潮中,几乎全部伴随着暴风而发生,其中东北大风最多,占80%以上,如1992年、1997年、2003年特大风暴潮均出现东北大风。

2.3　风暴潮灾害

由于地形特点,渤海湾一带是风暴潮多发地区。每当东北大风时,该地区往往出现风暴潮,积水成灾,直接危害人民的生命和财产安全。据历史资料记载,仅清代,埕口镇就发生3.10 m以上风暴潮10次,3.60 m以上特大风暴潮4次。在新中国成立前,每次潮灾都造成惨重损失,大量人畜伤亡,大片良田被淹,沿海群众四处逃亡,流离失所。新中国成立后,特别是改革开放以来,海防建设快速发展,抗灾、防灾、救灾措施不断完善,灾情大为减少。近几年,随着环渤海经济带的高速发展,国家和地方投入了大量的人力、物力和财力,进行滩涂经济开发,仅山东省无棣、沾化两县就兴建了100万亩的养虾池、40余万亩盐田,沿岸还有黄骅港、滨洲港、胜利油田、鲁北企业集团等,一旦被淹,损失将十分惨重,如1992

年、1997年,2次特大风暴潮,仅山东滨州市直接经济损失就达15亿元。因此,搞好风暴潮的分析及预报,具有重要的意义。

3　风暴潮成因分析

风暴潮是一种自然现象,它的发生受天文、气象、地理因素的影响,因此从天文、气象、地理三个方面分析产生风暴潮的原因。

3.1　天文因素

日、月、地不同的运行规律,导致潮汐呈现不同的周期性,虽然多种周期因素巧合是稀遇的,但几种主要周期因素巧合或接近巧合是常遇的。当几种周期现象巧合时,会发生大的潮汐现象,引发天文大潮,当天文大潮与暴风等气象因素遭遇时,往往引发风暴潮或使风暴潮加强。

3.2　气象因素

气温、气压、风等是影响风暴潮的气象因素,诱发渤海湾东南海岸风暴潮的气象因素主要有台风和寒潮大风两类。

(1)台风。台风是诱发渤海湾沿岸风暴潮的重要原因,这类风暴潮发生在7、8月。台风沿海北上,穿过山东半岛,进入渤海,在其西岸登陆或在辽东半岛登陆时,影响渤海地区,造成东北大风,引起风暴潮。这种风暴潮发生概率虽小,但与天文大潮遭遇时,就会发生特大风暴潮,如1997年8月20日风暴潮,埕口站潮水位达4.56 m,是新中国成立以来最高的一次潮水位。

(2)寒潮大风。造成渤海湾沿岸的寒潮天气形势有两种,即气压为北高南低型和冷高压型。北高南低型多发生在春秋季,形成以渤海海峡为界的气压为北高南低的形势,冷峰呈东北—西南走向,偏东大风导致渤海湾沿岸发生风暴潮。冷高压型多发生在初冬、早春,由北方高压沿河套东移南下,当冷锋通过渤海时,海面出现东北偏东大风,造成渤海湾的风暴潮。寒潮大风诱发的风暴潮发生概率最多,占风暴潮次数的80%以上,潮位达3.0 m以上,如2003年10月11日风暴潮,最高潮位达4.20 m。

3.3　地理因素

地理因素主要是指海岸线形状、河口地形、地理位置等,在同一状况下,因地理上的差异导致风暴潮现象有很大的差别。渤海湾形状像肚大口小的葫芦,潮流经海峡进入海湾继续前进至湾底,潮波遇岸受阻产生反射波,导致湾底潮位急剧上升。渤海湾东南海岸位于葫芦的底部,海岸线与潮流基本垂直,为东北大风的迎风岸,便于潮波能量集中,具备了产生多潮灾的地理条件,当春、冬季盛行东风、东北风时,只要风力大、历时长,往往造成大风暴潮。另一方面,渤海湾东南海岸平坦,河流断面宽浅,河口呈喇叭状,易形成涌潮,海水往往沿河口上溯几十千米,甚至百余千米,构成了多潮灾的地理条件。

4　风暴潮预报

风暴潮预报采用"经验统计预报"法,主要用埕口站附近的马山子气象站的风速与埕口站风暴潮位之间的经验预报方程或相关图表,预报渤海湾东南海岸一带风暴潮水位及其出现时间。埕口站位于渤海湾东南海岸中部,是东北风的迎风岸,当风暴潮到来时,潮水位变化明显,且有长系列潮水观测资料,能够很好地反映渤海湾东南海岸一带潮水位的变化情况。

4.1　增水预报

风暴潮增水是指实测最高潮位与相应时间天文潮潮位之差,主要影响因素有风力、风向、大气静压效应及风浪引起海水向岸边输送量等,其中风力、风向是诸因素中的首要因素。据埕口水文站1954~1987年资料分析,当渤海海域出现东北大风时,就会造成渤海湾东南海岸一带出现较大增水。若东北大风正值天文潮涨潮,风推潮顺,将会出现更高的潮水位。依据埕口站潮水位资料与马山子气象站相应的气象资料,建立风暴潮增水关系,从而预报风暴潮水位及其出现时间。

选取埕口站1954~1987年超过2.0 m的31次潮位资料和马山子气象站相应的风速资料,建立埕口站东北大风时段平均风速(时段一般用5 h)—风暴潮增水关系线;再建立埕口东北大风最大风速—东北大风时段平均风速关系线,将上述两种关系线绘成一张合轴相关图,即为增水预报图,埕口站最大风速—时段平均风速—风暴潮增水合轴相关见图2。东北大风最大风速以最大逐时风速代替,东北大风时段平均风速是指最高水位出现以前东北大风逐时平均值,根据未来24 h或者72 h东北大风最大风速,由图2查得风暴潮增水,再从国家海洋局提供的天文潮查算表中查得(或用周期法推求)天文潮的高潮潮位,天文潮的高潮潮位加风暴潮增水即为预报海区的风暴潮最高潮位。

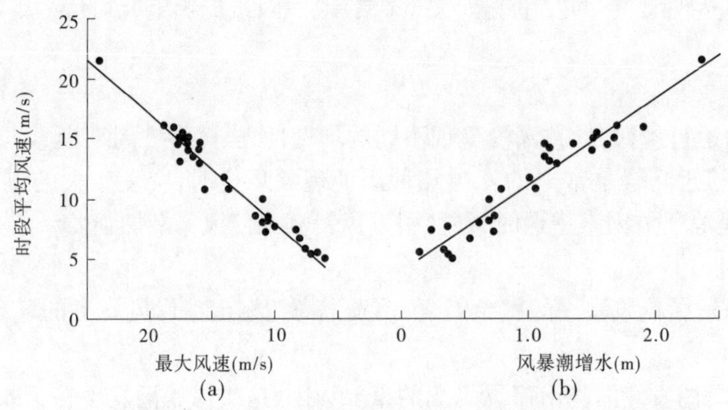

图2　埕口站最大风速—时段平均风速—风暴潮增水合轴相关图

4.2　发生时间预报

资料分析表明,埕口站一带的风暴潮均出现在天文潮的高潮附近,并且多数出现在天文潮高潮后1~3 h。点绘埕口站天文潮高潮位发生时间与风暴潮发生时间相关曲线(见图3),就可以预报风暴潮最高潮位出现时间。

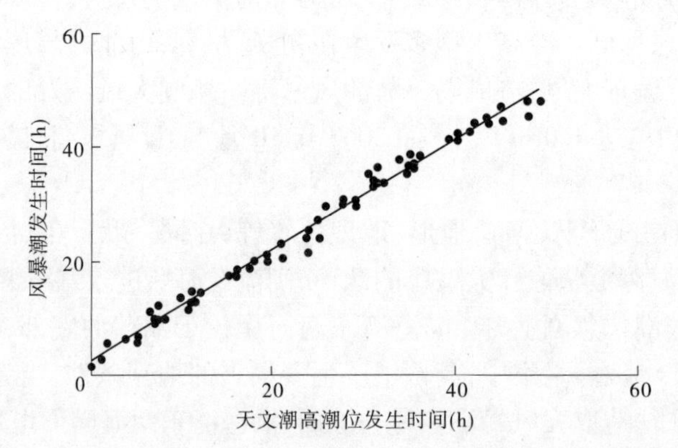

图3　埕口站天文潮高潮位发生时间与风暴潮发生时间相关曲线

4.3　预报方案的评定

预报方案评定按照《水文情报预报规范》(SL 250—2000)进行,风暴潮最高潮位的许可误差按式(1)计算,即

$$\delta = k\sqrt{\frac{\Delta t h_1}{12}} + h_2 \tag{1}$$

式中:δ为许可误差(取两位小数);Δt为预见期,h;h_1为实测最高潮位时增水,m;h_2为常数,取正常潮位预报许可误差的1/2,取0.15 m;k为系数,取0.20。

风暴潮最高潮位预报,31个实测点据,最大误差-0.34 m,最小误差0,合格率为100%;风暴潮最高潮位发生时间预报,最大允许误差为±1 h,经评定62个实测点据中合格点据52个,不合格点据10个,合格率为83.3%。预报方案为甲级方案。

5　风暴潮水位预报

利用风暴潮预报方案成功进行了埕口站1997年、2003年、2005年、2009年渤海湾东南海岸特大风暴潮预报,其预报成果见表2。预报过程如下:

表2　埕口增水风速经验分析法

发生日期（年-月-日）	风向	最大风速（m/s）	增水（m）	天文潮高潮位（m）	风暴潮位（m）				风暴潮发生时间		
					实测	预报	误差	许可误差	实测（时:分）	预报（时:分）	误差
1997-08-20	NE	25.8	2.54	2.30	4.56	4.84	-0.28	0.60	19:40	19:05	合格
2003-10-11	NE	24.2	2.32	1.40	4.20	3.72	0.48	0.58	03:10	03:54	合格

在风暴潮出现前24 h或更长的时间里，根据气象部门或海洋部门提供的天气形势或气象预报，用造成风暴潮的东北大风风速查图2第三象限，得东北大风的时段平均风速，再用该时段平均风速从图2第一象限查得风暴潮增水。将查得风暴潮增水与天文潮高潮水位相加，就是预报的风暴潮最高潮位。

渤海东南海岸在一个周期中有2次高潮和2次低潮，而风暴潮多数出现在天文潮高潮附近。根据预报的东北大风最大风速发生的日期和时间，用天文潮汐表（或用周期法推求天文潮）查出大风出现后的天文潮高潮位出现时间。用东北大风刮起第一个天文潮高潮位发生时间查图3，就查得风暴潮最高潮位出现的预报时间。如果东北大风继续刮，则可用第二个天文潮高潮位出现时间再查图3，就查得风暴潮在一个最高潮位出现的预报时间。

6　结语

（1）风暴潮与地震等自然灾害一样，人类目前还无法做到杜绝风暴潮的发生，但能研究其规律，提前预防，撤离人、财、物，减少灾害带来的损失。

（2）"经验统计预报"法，优点是简单、便利，对于某些单站预报能有较高精度，特别是预报中型风暴潮精度较高。但它依赖于充分序列的潮位监测资料和有关气象站的风和气压的历史资料，风暴潮预报准确度受天气预报的风力、风向、风速制约，在这方面尚待进一步研究。

（3）20世纪90年代以来，各地水文部门对潮水的监测有所放松，撤销（或停测）了大量潮水监测站，使黄河三角洲沿海风暴潮监测出现空白，随着经济的发展趋势，山东沿海应尽快恢复潮水位监测，加强对天文潮、风暴潮、赤潮的监测力度，为抵御潮水侵袭，减少潮灾、赤潮灾害损失，提供科学依据。

（4）宏观建议。

按照水文双重管理模式，国家、省、市政府应落实对水文事业的经费投入，成立黄河三角洲海洋潮汐研究机构，便于对海啸、赤潮、天文潮和风暴潮等自然灾害的研究，进一步明确水文的任务。

对于滨州市，已建成防潮堤295 km，其中临海防潮堤90 km，入海河流海口段防潮堤205 km。采取有效管理措施，成立沿海防潮堤管理机构，由国、省、市、县、沿海重点大型企业投资，沿海居民来管理。在管理目标上，实现从一般性生态护堤功能，向将来发生的海啸、赤潮和特大风暴潮性生态灾难在内的综合防护功能发展；在建设内容上，因沿海自然灾害是牵动大局的社会公益性事业，走全民和招商引资路子管理沿海防潮堤，实现政府引导、分级负担、多渠道、多元化发展机制。

参考文献

[1] 中华人民共和国质量监督检验检疫总局，中国国家标准化管理委员会. 水文情报预报规范：SL 250—2000[S]. 北京：中国水利电力出版社，2000.
[2] 何子正. 山东省惠民地区旱、涝、潮汐灾害统计分析[R]. 滨州：山东省惠民地区水利局，1981.
[3] 山东省水利厅. 山东水利年鉴（1998）[Z]. 北京：中国经济出版社，1998.
[4] 山东省水利厅. 山东水利年鉴（2004）[Z]. 北京：中国经济出版社，2004.
[5] 冯士筰，李凤歧，李少菁，等. 海洋科学导论[M]. 北京：高等教育出版社，1999.

作者简介：孔令太，男，1979年1月生，工程师，主要从事水文监测、工程建设工作。E-mail：273494169@ qq. com.

关于山东省河道防洪预案编制工作的几点建议

冯江波　窦俊伟　刘俊峰

（山东省淮河流域水利管理局　山东济南　250100）

摘　要：国家防汛抗旱总指挥部办公室《关于印发〈防洪预案编制要点（试行）〉的通知》和山东省人民政府防汛抗旱指挥部下发的《山东省骨干河道防洪调度预案编制大纲》等文件对防洪预案的结构与内容进行了总体的规定，但具体到某个河道，就需要针对具体河道的特点补充细化符合工程实际的内容，笔者从事山东省淮河流域防汛工作多年，结合防汛工作中遇到的问题，从补充数据资料、根据情况变化进行修订、完善防洪制度等方面对河道防洪预案的编制工作提出了几点建议。

关键词：河道　防洪预案　预案编制

2017年入汛以来，降水量较常年偏多，防汛形势较常年更加严峻，作为防汛工作的重要一环，做好防洪预案的编制与实施就变得尤为重要。河道防洪预案是由有防汛任务的县级以上人民政府及有关部门，根据已有的流域防洪规划、上级人民政府和防汛部门制订的防御洪水方案，在现有河道工程设施条件下，针对河道可能发生的洪水灾害预先制订的防御方案，作为各级防汛部门实施防汛调度、开展抗洪救灾工作的依据，是防止和减轻洪水灾害的重要措施。防洪预案主要包括河道基本情况、调洪及蓄水工程调度运用原则、防汛组织机构、物资储备、防洪措施方案等几部分。

山东省河道防洪预案的结构与内容主要根据国家防汛抗旱总指挥部办公室《关于印发〈防洪预案编制要点（试行）〉的通知》（简称《防洪预案编制要点》）和山东省人民政府防汛抗旱指挥部下发的《山东省骨干河道防洪调度预案编制大纲》（简称《防洪预案编制大纲》）的要求进行编制。《防洪预案编制要点》和《防洪预案编制大纲》都是指导性文件，站位高，要求全面，能够指导各种防洪预案的编制。但某个流域或某条河道，往往有自己的特点，只按照《防洪预案编制要点》和《防洪预案编制大纲》的要求，容易缺少一些细致的数据和资料，不足以说明防汛工程情况与措施，河道防洪预案实际操作起来存在困难。

笔者从事山东省淮河流域防汛工作多年，结合防汛工作中遇到的问题，对河道防洪预案的编制工作归纳整理，进行了简要分析，提出了几点建议，简述如下。

1　补充、完善有关数据、资料和表格

1.1　补充数据

河道技术指标表中，应标明河道中泓桩号。具体包括河道中泓桩号的起始位置、各河道建筑物的桩号、各险工段桩号，并在图纸上标注中泓桩号，使有关工程位置表述更清楚、直观。

各拦河闸坝技术指标表中，应标明各拦河闸坝相应的滩地高程、滩地宽度、堤顶高程，以及排涝水位。结合汛期河道水位，能及时判断河道水位情况。洪水漫滩或水位达到排涝水深，是防汛工作的一个重要标志。

拦河建筑物应说明防洪标准，防洪标准不满足河道设计行洪要求的，应编制防洪专项应急预案，并计划根据河道设计标准进行改、扩建。

1.2　补充资料

应简要说明警戒水位和保证水位的确定依据。警戒水位的确定没有统一标准，平原河道的警戒水位一般根据排涝水位或者滩地高程确定，保证水位一般采用河道设计水位或者历史上防御过的最高水位，山区河道的警戒水位和保证水位一般根据流量确定。明确警戒水位和保证水位的确定依据，能更深

入理解不同等级洪水与对应洪水防御措施之间的关系。

应补充汛期和汛后防汛检查计划，末尾应附汛前检查情况报告、防汛演练情况报告。

应附图说明防汛物资储备地点、防汛物资调拨路线。

1.3　补充表格

附件中应为每一个拦河建筑物单独列一个防汛技术指标简表，表中包含具体某个拦河建筑物的常用防汛指标，包括闸底板高程、闸门顶高程，相应不同洪水等级情况对应的河道流量、流域内降水量、闸前水位、主要应对措施等。在防汛调度工作中，根据河道拦河闸坝防汛技术指标简表，能尽快找到某个河道建筑物的常用防汛指标，及时做出正确判断，提高工作效率。

2　根据工程实际情况变化，修订防洪预案

2.1　结合有关规划

在编制过程中，应将河道防洪预案与流域、河道相关规划、设计文件进行对比，如有出入，应详细分析并修订。随着河长制的推进，很多河道将逐步进行治理，应及时根据相关规划、设计进行修订更新。

2.2　数据对比

河道防洪预案一般是在上一年的防洪预案基础上进行修订的，在修订过程中，应逐项对比各项数据，保证资料前后一致，如有指标个数上的增减，应进行说明，如在数据上有较大变化，应进行说明。

2.3　近期治理情况

如河道近期开展治理，可分四种情况修订防洪预案：①未完成河道内施工，且采用分段围堰法或全段围堰法导流，需要缩小或截断原行洪断面的情况，应采用河道原防洪标准，与工程建设单位一同针对工程施工段编制防洪专项应急预案，并督促工程建设单位做好工程度汛准备。②未完成施工，但不需要缩小或截断原行洪断面的情况，应按照河道原防洪标准来编制防洪预案，同时做好在建工程度汛准备。③已完成施工，但未经验收的情况，由于工程未经验收，不能确保工程质量符合设计要求，仍应按照河道治理前防洪标准来编制防洪预案。④已通过工程竣工验收并投入运行的河道治理工程，应按照河道治理后的防洪标准编制防洪预案。

2.4　符合实际

在防洪预案修订过程中，应重点实地复核河道堤防、沿河涵洞、泵站、拦河闸坝、蓄滞洪区等水利工程的基本情况，主要复核河道断面有无变化，堤防缺口、工程等级较低的河道配套建筑物等河道险工险段有无变化，河道管理范围内是否有违规取土的情况，河道堤防、沿河涵洞、泵站、拦河闸坝、蓄滞洪区等水利工程功能是否完好，并根据实际情况对防洪预案进行调整。另外，还应复核防汛物资运输交通线路的变化情况，并根据道路变化情况及时调整路线，确保防汛过程中道路畅通，防汛物资及时到位。

3　完善防洪制度

3.1　完善汛情通报制度

在河道防洪预案中，应将河道各拦河闸坝汛情与调度情况通报制度完善并细化到实际操作层面。河道防汛部门应将上游拦河闸坝的河道流量、开闸情况，及时通知到上级管理部门和下游拦河闸坝管理部门，并由上级管理部门安排下游拦河闸坝管理部门做好迎汛准备。尤其是跨地、市的河道，在地、市交界处两侧的拦河闸坝之间可能有沟通不及时的情况，应由上级河道防汛部门建立汛情调度情况通报制度，使下游拦河闸坝管理人员能够及时掌握上游汛情，提前做好准备。

3.2　细化人员名单，确保联系畅通

河道防洪预案中，应细化河道的各河段具体管理部门、负责人名单，明确联系方式。因河道防汛涉及单位较多，人员常有变化，应及时进行更新，确保有需要能联系到人。

4　跨地市河道防洪预案

《防洪预案编制要点》文件要求，“跨地、县、市的江河防洪预案，由省（自治区、直辖市）防汛抗旱指

挥部或其授权的单位组织制定,报省(自治区、直辖市)人民政府或其授权的部门批准”。在实际操作中,跨越地、市的河道防洪预案一般由各地、市防汛部门负责编制,再由省人民政府防汛抗旱总指挥部办公室或其授权的流域管理部门进行整合,形成完整的河道防洪预案。在进行预案整合的过程中,需要有关部门协调合作,才能做好跨越地市河道防洪预案的编制工作。

4.1 统一格式

跨地、市河道的防洪预案编制前,应由上级防汛部门在有关行业规定的基础上进行结构与格式上的统一,便于整合。由于河道的不同河段情况不同,可以允许在统一格式的基础上进行相应的增减,并对增减情况进行说明,使防洪预案能够符合河道实际情况,

4.2 集中办公

建议在预案编制后期,将同一河道不同地区的防洪预案编制人员召集到预案汇总单位进行集中编制,汇总单位进行总体掌控,便于沟通,确保预案编制的统一性。如果有难度,至少应通过网络会议等形式将汇总过程中的问题、意见和建议集中起来进行商议,形成统一意见,避免防洪预案实施过程中不同地区因对预案的理解不同产生分歧,降低防汛工作效率,使防洪预案能够顺利实施。

作者简介:冯江波,男,1984 年 10 月生,工程师,主要从事防汛抗旱工作。E-mail:chfjb@ 163. com.

溃坝最大流量计算方法分析比较

张　白[1]　张　莉[2]

(1. 淮河水利委员会水文局(信息中心)　安徽蚌埠　233001;
2. 山东省调水工程技术研究中心有限公司　山东济南　250000)

摘　要:溃坝计算是一个经典的水力学问题,对于溃坝最大流量的计算,国内外也提出了多种计算方法,但不同公式计算结果差异较大。本文对目前较为常用的几种溃坝最大流量计算公式进行了分析比较,采用 2017 年水利部淮河水利委员会防汛应急演练模拟溃坝险情下的溃口过程流量实测资料,对溃口最大流量进行分析验证。进一步梳理明确了各公式的适用范围,以便使用时参考。

关键词:溃坝　溃坝最大流量计算　公式适用范围

1　引言

据统计,截至 2011 年我国约有 87 000 座大坝,位居世界第一位。水库大坝在防洪、灌溉、发电、优化水资源配置、改善生态环境方面发挥了巨大作用。但是由于某些因素导致坝体溃决,形成骤发性洪水,也会给下游居民的生命财产和国民经济带来严重危害。溃坝洪水分析计算可以预估大坝失事后坝址上下游水流形态,为水库防汛抢险应急预案编制提供编制依据,为应急处置和科学减灾提供理论支撑,其中,溃坝洪水最大流量是分析计算的关键。

1871 年圣维南提出了明渠非恒定流偏微分方程组,为解决溃坝最大流量奠定了基础。1892 年里特尔首次提出了溃坝最大流量计算公式。1954 年阿尔汉盖里斯基给出了波额流量公式。1958 年斯托克考虑坝下游水流影响,对里特尔公式进行了扩展,1973 年辽宁省水文总站根据波额流量与堰流流量相交原理给出了波堰流相交公式,自 1978 年起铁道科学研究院开展溃坝流量计算研究,提出了适用各种溃决情况的经验公式。此后,我国相关研究人员在总结前人经验的基础上,陆续提出了多种新计算公式、修正方法等,在溃坝最大流量研究方面取得了长足发展。

一般来说,实测溃坝流量资料较难获取。在水利部淮河水利委员会防汛抗旱办公室组织的“2017 年防汛抢险联合演练”中,淮河水利委员会水文局应急监测队承担了溃坝险情下溃口断面流速、流量监测科目,获取了完整的溃口情况下的流量、流速过程,为溃口流量分析计算提供了基础资料。

2　溃坝最大流量计算公式参数说明

溃坝按照溃决形式可以分为全溃、横向局部溃决、垂向局部溃决、横向及垂向局部溃决,如图 1 所示,本次模拟溃坝形式为横向及垂向局部溃决。溃坝水流形态如图 2 所示,溃坝初瞬坝上游水位陡降,形成逆流负波向上游传播,相应水量下泄,波形随时间逐渐展平。坝下游水位陡涨,形成顺流正波,常出现立波(不连续波),洪水波向下游传播不断坦化。

图 2 中以 0—0 断面代表溃坝坝上游断面,1—1 断面代表溃坝坝址断面,2—2 断面代表溃坝坝下游断面。文中涉及的不同断面同一物理量通过下标断面号进行区分,如 h_0 表示坝上游平均水深、h_2 表示坝下游平均水深。流量计算公式使用的参数符号说明如下,参数取值采用防汛演练溃口流量监测实测成果:Q_m 为溃坝最大流量,m^3/s;b 为溃坝宽度,取 10.0 m;B 为坝体总宽度,取 58.0 m;m 为河槽形状指数,取 1.074;h_0 为坝上游平均水深,取 2.00 m;h_1 为坝址处平均水深,取 1.150 m;h_2 为坝下游平均水深,取 0.30 m;h 为残留坝高,取 0.80 m。

未作特殊说明符号的意义,详见其计算方法。

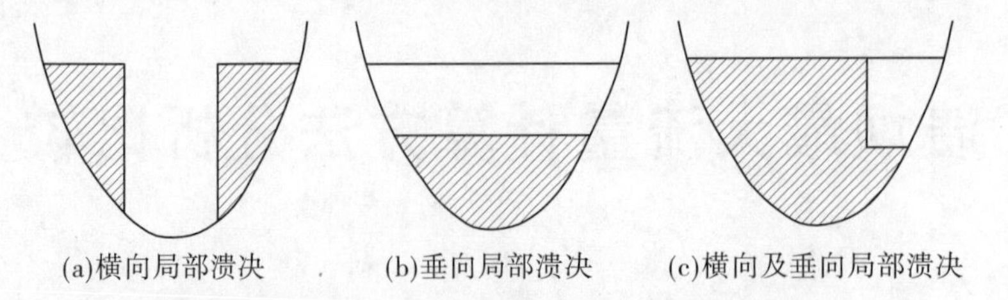

图1 大坝局部溃决类型示意图(阴影部分为未溃部分)

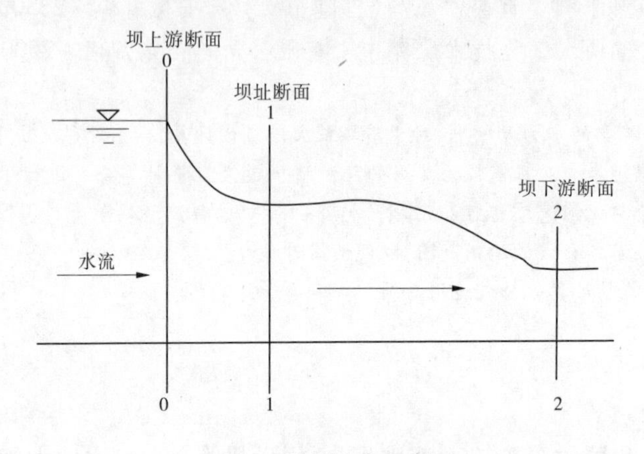

图2 溃坝流态示意图

3 计算方法

3.1 里特尔公式

里特尔公式假设河槽平底无阻力,河槽为规则的棱柱体河槽,水库无限长,坝下游干涸或 h_2/h_0 小于一定的阈值,忽略水流阻力,坝址流态不受下游水深影响。里特尔瞬间全溃最大流量计算公式为式(2),参数 λ 为与河槽形状指数 m 有关的变量,其中

$$\lambda = \left(\frac{2\sqrt{m}}{2m+1}\right)^3 \tag{1}$$

$$Q_m = \lambda b\sqrt{g}\, {h_0}^{3/2} \tag{2}$$

里特尔根据不同的河槽形式提出了式(2)的使用范围,如表1所示。

表1 不同河槽形式下里特尔公式适用范围

河槽形式	河槽形状指数m	λ	溃坝最大流量计算公式	适用范围
矩形	1	0.296	$0.296\, b\sqrt{g}\, {h_0}^{3/2}$	$h_2/h_0 \leqslant 0.138$
二次抛物线	1.5	0.230	$0.230\, b\sqrt{g}\, {h_0}^{3/2}$	$h_2/h_0 \leqslant 0.175$
等腰三角形	2	0.181	$0.181\, b\sqrt{g}\, {h_0}^{3/2}$	$h_2/h_0 \leqslant 0.199$
组合抛物线	3	0.121	$0.121\, b\sqrt{g}\, {h_0}^{3/2}$	$h_2/h_0 \leqslant 0.228$

由表1可知,里特尔公式的适用范围与 λ 有关,这里点绘 λ 与相应适用范围阈值的关系线(见图3),由图3分析可知,λ 与里特尔公式适用范围阈值呈线性关系,相关性达到0.999,其线性关系式为式(3)。

$$y = -0.512x + 0.291 \tag{3}$$

将相关参数代入计算得公式适用范围为 $h_2/h_0 \leqslant 0.145$,而实际模拟溃坝洪水 $h_2/h_0 = 0.15$,同时里特尔公式只适用瞬间全溃最大流量的计算,本次模拟溃坝为横向及垂向局部溃决,所以里特尔公式不适用本次模拟溃坝最大流量的推求。

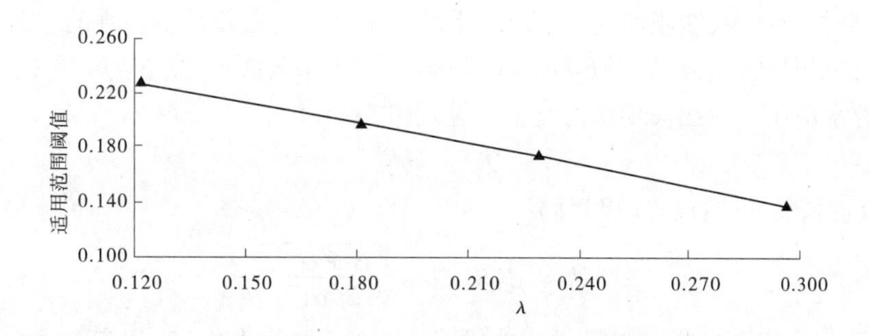

图3　λ—里特尔公式适用范围阈值关系曲线

3.2　肖克利奇公式

肖克利奇假设河槽平底无阻力,河槽形状为矩形,忽略水流阻力,根据试验资料提出了坝体全溃、横向局部溃决、垂向局部溃决最大流量计算公式:

(1)坝体全溃

$$Q_m = 8/27\sqrt{g}bh_0^{3/2} \tag{4}$$

(2)横向局部溃决

$$Q_m = 8/27b\sqrt{g}(B/b)^{1/4}h_0^{3/2} \tag{5}$$

(3)垂向局部溃决

$$Q_m = 8/27\sqrt{g}\left(\frac{h_0 - h}{h_0 - 0.827}\right)b(h_0 - h)\sqrt{h_0} \tag{6}$$

3.3　铁道科学研究院经验公式

设水库平面及断面均为矩形,库底水平,水深均匀,并忽略阻力影响。铁道科学研究院在大量的试验基础上提出了适用于计算各种溃决形式的溃坝最大流量经验公式:

$$Q_m = 0.27\sqrt{g}(L/B)^{1/10}(B/b)^{1/3}b(h_0 - Kh)^{3/2} \tag{7}$$

式中:L为库长,一般可采用坝址断面至库区上游端淹没宽度突然缩小处的距离,或近似的按$L = V/Bh_0$计算,根据实测资料,库长L取150 m;因L/B的指数为1/10,故当$L/B > 5$时,均按$L/B = 5$计算;K为修正系数,其近似计算公式为

$$K = 1.4(bh/Bh_0)^{1/3} \tag{8}$$

3.4　辽宁省水文总站公式

辽宁省水文总站通过对堰流与波流公式联立求解,忽略阻力影响及溃坝前库内流速与下泄流量,得出瞬间全溃溃坝最大流量计算公式:

$$Q_m = 0.206b\sqrt{2g}h_0^{3/2} \tag{9}$$

3.5　方崇惠瞬时溃坝最大流量计算新通式

我国方崇惠等全面考虑了堰坎形式与粗糙程度、下游淹没和侧向收缩等各方面的影响,依据水量平衡原理,基于堰流与波流流量相等的溃坝水流特性,建立了瞬时溃坝最大流量与溃坝全水头堰流量的关系,将溃口口门矩形化,按照水力学堰流公式,引入残坝堰流量$Q_{堰}$为参数,计算溃坝最大流量公式为式(10)。该公式可以计算全溃、横向局部溃决、垂向局部溃决、横向及垂向局部溃决的溃坝最大流量。

$$Q_{堰} = kb\sqrt{2g}(h_0 - h)^{3/2} \tag{10}$$

$$Q_m = \frac{\sqrt{2}}{3k\left(1 - \frac{h}{h_0}\right)^{3/2} + \sqrt{2}}Q_{堰} \tag{11}$$

式中:k为堰流流量系数,根据文献[6]并结合模拟溃坝实际情况,k取0.462(薄壁堰流量系数)。

3.6　斯托克公式

斯托克根据特征线理论,研究了在矩形河槽、下游有一定水深且忽略底坡与阻力的影响下的瞬间全溃水流流态。斯托克认为，溃坝形成的滚波与下游静止水面交汇处是不连续的，当 $h_2/h_0 \leq 0.138$ 时，坝下游为急流，可采用里特尔公式，当 $h_2/h_0 > 0.138$ 时，坝下游为缓流，令 $\beta = h_1/h_0$（坝址最大水深比），$\alpha = h_2/h_0$（上下游水深比），得出溃坝最大流量计算式(12)。

$$Q_m = kbh_0^{3/2} \tag{12}$$

其中，k 为流量系数，可通过式(13)计算：

$$k = \beta(\beta - \alpha)\sqrt{\frac{\beta + \alpha}{2\beta\alpha}g} \tag{13}$$

α、β 的取值可以直接通过表2查得，或内插取得，本文 α 取值为0.15，相应内插 $\beta = 0.469$。

表2 不同上下游水深比对应的坝址最大水深比

α	β	α	β
0.138	0.444	0.6	0.821
0.2	0.574	0.7	0.870
0.3	0.651	0.8	0.914
0.4	0.714	0.9	0.958
0.5	0.770	1.0	1.000

3.7 美国水道实验站公式

美国陆军工程兵团水道实验站(WES)假定槽底水平，底坡 $i \approx 0$，忽略水流阻力的影响，提出溃坝最大流量计算式(14)，该公式可适用全溃、横向局部溃决、垂向局部溃决、横向及垂向局部溃决的情况。

$$Q_m = \frac{8}{27}\sqrt{g}\left(\frac{B}{b}\frac{h_0}{h_1}\right)^{0.28} bh_1^{3/2} \tag{14}$$

3.8 矩形薄壁堰出流公式

本次模拟溃坝洪水可以理解为矩形薄壁堰出流，根据演练池相关参数及溃坝水流形态，按照《水工建筑物与堰槽测流规范》(SL 537—2011)中矩形薄壁堰流量计算式(15)计算得出溃坝最大流量，该公式仅适用于横向及垂向局部溃决形式的最大流量。

$$Q = \frac{2}{3}\sqrt{2g}\,C_D b_e h_e^{3/2} \tag{15}$$

其中：

$$b_e = b + k_b \tag{16}$$

$$h_e = (h_0 - h) + k_h \tag{17}$$

式中：C_D为流量系数（用于总水头或有效水深）；k_b为考虑黏滞力和表面张力影响对宽度 b 的改正值，k_b可由图4查得，文中 k_b取0.002 4 m；k_h为考虑黏滞力和表面张力影响对水头 h_1的改正值，k_h可取0.001 m。

对不同的 b/B 值的流量系数 C_D值，可按表3所列公式求得，对于 b/B 的中间值可内插确定，文中 C_D取0.587。

表3 矩形薄壁堰流量系数

b/B	C_D	b/B	C_D
1.0	$0.602 + 0.075(h_0 - h)/h$	0.6	$0.593 + 0.018(h_0 - h)/h$
0.9	$0.598 + 0.064(h_0 - h)/h$	0.4	$0.591 + 0.0058(h_0 - h)/h$
0.8	$0.596 + 0.045(h_0 - h)/h$	0.2	$0.589 - 0.0018(h_0 - h)/h$
0.7	$0.594 + 0.030(h_0 - h)/h$	0	$0.587 - 0.0023(h_0 - h)/h$

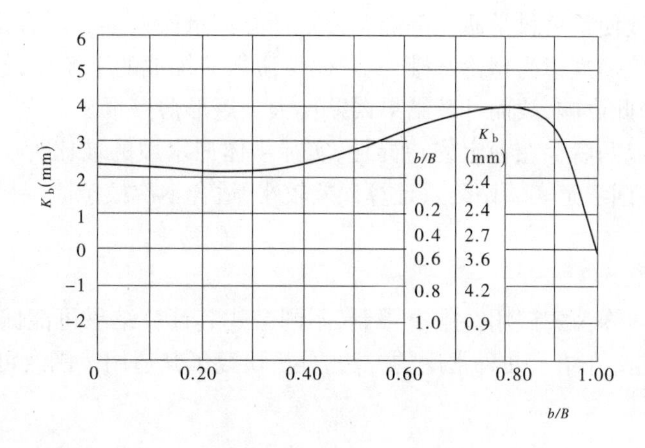

图 4　$k_b \sim b/B$ 关系图

4　实例分析

4.1　公式计算成果

上文已经介绍了几种常用的溃坝最大流量计算公式及其适用范围，这里将通过 2017 年防汛演练模拟溃坝情况下实测流量资料对各公式进行分析验证，筛选出适合横向及垂向局部溃决最大流量的计算方法。模拟溃坝实测最大流量为 20.9 m^3/s，各公式计算情况见表 4。

表 4　溃坝最大流量计算分析

序号	公式名称	计算最大流量（m^3/s）	实测最大流量（m^3/s）	绝对误差（m^3/s）	相对误差（%）	公式适用范围（××溃决形式）			
						全溃	横向	垂向	横向及垂向
1	里特尔公式	25.2	20.9	4.3	20.6	√			
2	肖克利奇公式	16.1	20.9	-4.8	-23.0	√	√	√	
3	铁道科学研究院经验公式	31.9	20.9	11	52.6	√	√	√	√
4	辽宁省水文总站公式	25.8	20.9	4.9	23.4	√			
5	方崇惠瞬时溃坝最大流量计算新通式	18.5	20.9	-2.4	-11.5	√	√	√	√
6	斯托克公式	27.8	20.9	6.9	33.0	√	√	√	√
7	美国水道实验站公式	20.7	20.9	-0.2	-1.0	√	√	√	√
8	矩形薄壁堰出流公式	22.7	20.9	1.8	8.6				√

注：1. “公式适用范围”栏目中标注“√”代表相应公式可以计算此类溃坝形式的最大流量。

2. 适用多种溃坝形式的公式，表中“计算最大流量”按照横向及垂向局部溃决形式计算，肖克利奇公式“计算最大流量”采用垂向局部溃决公式计算。

4.2　适用范围分析验证

由表 4 可知，里特尔公式、辽宁省水文总站公式只适用于全溃最大流量的推求，肖克利奇公式可以计算全溃、横向局部溃决、垂向局部溃决 3 种溃决形式的最大流量，矩形薄壁堰出流公式仅适用于横向及垂向局部溃决形式最大流量的计算，铁道科学研究院经验公式、方崇惠瞬时溃坝最大流量计算新通式、美国水道实验站公式适用所用溃决形式最大流量的计算。

4.3　误差分析

里特尔公式、辽宁省水文总站公式、肖克利奇公式不适用于本次模拟溃坝最大流量的推求，故计算误差偏大。由于模拟溃坝所用演练池河槽形状为非矩形断面（梯形断面），库长 L 由演练池尺寸参数计算所得存在一定的误差,致使铁道科学研究院经验公式计算流量误差偏大。方崇惠溃坝最大流量新通式、斯托克公式均以波的传播规律为理论基础,实际模拟溃坝演练池的下游段设有消能设施,当溃坝洪水波向下游传播时显然受此影响,故而计算结果误差偏大。矩形薄壁堰出流公式计算存在误差的原因在于:溃坝洪水与堰流出流两者存在一定的差异性,实际坝体迎水坡的坡比为1:2,矩形薄壁堰出流公式堰是垂直于底面的。美国水道实验站公式计算误差较小,适合本次模拟溃坝最大流量的推求。

5 结语

部分溃坝最大流量计算公式试用范围有限制,不同公式其计算结果可能偏差较大,科学合理地选择计算公式尤为关键。本文介绍了几种常用的方法,分析研究了其适用范围及可能造成误差的原因,供公式选用时参考。

参考文献

[1] 戴荣尧,王群. 溃坝最大流量的研究[J]. 水利学报,1983(2):14-20.
[2] 张润杰. 乌拉泊水库坝址溃坝最大流量计算初探[J]. 中国防汛抗旱,2008,5(10):61-63.
[3] 孙文初,刘霞,李伦. 溃坝洪水流量计算方法浅析[J]. 广东水利水电,1999(3):3-6.
[4] 赵明登,李靓亮,周湘灵. 溃坝最大流量计算公式的问题与修正[J]. 中国农村水利水电,2010(6):66-68.
[5] 李启龙,黄金池. 瞬间全溃流量常用公式试用范围的分析比较[J]. 人民长江,2011,42(1):54-58.
[6] 方崇惠,方堃. 瞬时溃坝最大流量计算新通式推导及论证[J]. 水利科学进展,2012,23(5):721-727.

作者简介:张白,男,1991年12月生,助理工程师,主要从事水文监测及水文资料整编工作。E-mail:zhangbai@hrc.gov.cn.

人机交互的骆马湖洪水预报调度系统

胡文才　王秀庆　李　斯

（沂沭泗水利管理局水文局　江苏徐州　221018）

摘　要：沂泗洪水东调南下二期工程完工后，沂沭河流域防洪工程情况发生了较大的变化，尤其近年来，沂河干流上新建了大量的拦河闸坝，各座水利工程的运行改变了沂沭河天然河道的行洪特性。沂沭河洪水预报系统是基于天然流域开发出来的，由于人工干扰因素的加入使得洪水预报成果的不确定性因素大大增加，沂沭河流域的洪水预报风险和难度受到了极大的挑战。为了解决工程对洪水预报结果的影响，沂沭泗水利管理局水文局开发研究了人机交互的骆马湖洪水预报调度系统，通过在骆马湖及沂河上应用，取得了良好的效果。为沂沭泗流域的洪水预报调度提供了技术支撑。

关键词：人机交互　洪水预报　调度

1　流域概况

沂河自跋山水库至骆马湖，流经沂水、沂南、兰山、罗庄、河东、苍山、郯城、邳州、新沂等县（市），长度233.5 km，其中山东境内188 km、江苏境内45.5 km；堤防长度323.2 km，其中山东境内236.3 km、江苏境内86.9 km。

沂河在上游山丘区修建了田庄、跋山、岸堤、唐村、许家崖等5座大型水库和18座中型水库，总库容22.17亿m^3。控制流域面积5 701 km^2，占沂沭河流域总流域面积的48.2%。中游在刘家道口辟有分泄沂入沭水道并建有彭家道口闸，分泄沂河洪水入沭河；在江风口辟有邳苍分洪道并建有江风口闸，分沂河洪水入中运河。

骆马湖区域位于沂沭泗流域下游东南部，地处黄淮之间南北气候交汇处，属暖温带半湿润季风气候区，具有大陆性气候特征。骆马湖区域多年平均降水量为854 mm，其年内分配很不均匀，汛期（6～9月）东南部雨量占全年的65%～70%，西部、北部达到70%～75%。

骆马湖区域多年平均径流深为132 mm，多年平均入湖径流量为67.2×10^8 m^3，年径流系数为0.17。年径流分布与降水量分布大体相似。

2　系统建设原因

近年来，沂河干流上新建了或改建了多座拦河闸坝。1997年，沂河干流建成了小埠东橡胶坝，之后，又相继建成了花园、桃园等10座，蓄水容积0.996亿m^3；拦河闸坝的建设，改变了河道行洪特性，对洪峰预报产生了很大的影响。由于拦河闸坝的运行产生的不确定因素直接影响到了沂沭泗流域的洪水预报精度，为了解决这一问题，沂沭泗水利管理局联合南京水利科学研究院研制了人机交互的骆马湖洪水预报调度系统。

3　模型方法

3.1　经验法

沂河临沂站以上区间产流方案采用降雨径流相关法（$P\sim Pa\sim R$）、中运河运河站以上区间产流方案采用降雨径流相关法（$P+Pa\sim R$），流域平均雨量采用以下16站算术平均计算：临沂、韩庄闸、台儿庄闸、峄城、苍山、会宝岭水库、五段、蔺家坝闸、徐州、解台闸、刘山庄、贾汪、四户、林子、滩上集、运河，汇流采用单位线进行计算。

3.2　马斯京根法

骆马湖沂河来水预报由沂河临沂站以上流域来水过程演算至骆马湖，分2段进行洪水演进：第一段由临沂站演算至港上站，第二段由港上站演算至骆马湖。2段的洪水演进方案均采用马斯京根法，即：

$$Q_{下2} = C_0 Q_{上2} + C_1 Q_{上1} + C_2 Q_{下1}$$

其中

$$C_0 = \frac{\frac{1}{2}\Delta t - kx}{k - kx + \frac{1}{2}\Delta t} \quad C_1 = \frac{\frac{1}{2}\Delta t + kx}{k - kx + \frac{1}{2}\Delta t} \quad C_2 = \frac{k - kx - \frac{1}{2}\Delta t}{k - kx + \frac{1}{2}\Delta t}$$

式中：k 为蓄量常数；x 为求槽蓄量 W 时，河段楔蓄量所占的权重；C_0、C_1、C_2 分别为河道演算系数。

本系统中率定的马斯京根法河段演算系数见表1。

表1　马斯京根法河段演算系数

起讫站名	传播时间（h）	河段长（km）	河段演算系数					
			k	x	Δt	C_0	C_1	C_2
临沂－港上	5～8	78	11	0.40	6	−0.146	0.771	0.375
港上—骆马湖	2～4	33	5	0.25	6	0.259	0.630	0.111
韩庄—运河镇	8～22	68	18	0.35	6	−0.223	0.632	0.591
运河镇—骆马湖	3～7	37	7	0.10	6	0.247	0.398	0.355

在进行临沂站至港上站洪水演进时，临沂站流量需扣除彭道口闸和江风口闸分洪流量，扣除方法采用直接从临沂站流量中减除彭道口闸和江风口闸分洪流量。

3.3　人机交互

由于工程变化使得当前的河道已经不再是天然河道特性，因此本系统中考虑到水利工程的建设运用对洪水特性的影响，在各个预报节点中加入了人工交互的功能。预报人员可以根据实时收集到的上游各个工程运用情况，对每一个节点的预报工程进行人机交互式预报，将上游工程的运用对洪水的影响尽可能降低。本系统开发考虑的是整个沂沭泗的预报，目前只开发了沂河及骆马湖部分，预报系统节点图见图1。

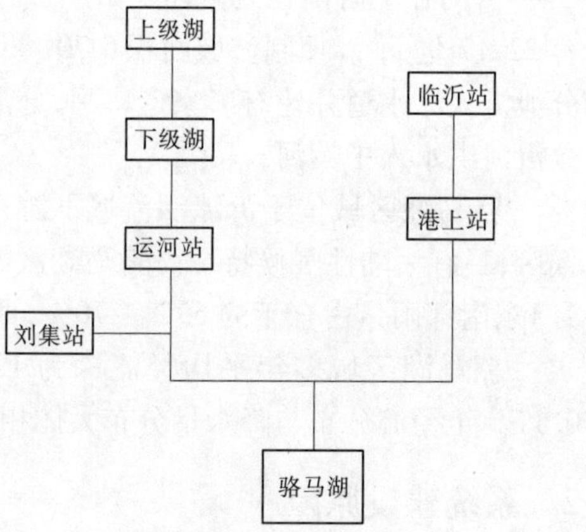

上级湖
下级湖
运河站
刘集站
临沂站
港上站
骆马湖

图1　预报系统节点图

4　系统运行效果

最近10年，沂沭泗流域没有出现大洪水，最大一次洪水出现在2012年7月10日，临沂站出现最大洪峰为8 100 m^3/s，就以本场次洪水作为校验。雨量提取时间为2012年7月9日08:00至2012年7月10日08:00，临沂断面以上累计降雨量为134 mm。经计算，本场降雨，临沂站产生的洪峰为7 411 m^3/s，峰现时间为2012年7月10日14:00。本文以临沂站为例，通过对近几年临沂站出现的洪水模拟来展示系统成果，见图2。

初始计算本系统预报只考虑本场次降雨产生的洪峰流量，没有考虑前期降水产生的退流过程，因此场次洪水预报是基于断面流量为0起算的。实际上2012年7月9日08:00，临沂站流量为760 m^3/s，这是上一场洪水的退水过程还没有结束，需要使用人机交互功能来解决这个问题，具体见图3～图5。

根据退水过程，将人工经验和实时洪水预报结合起来，经过计算，临沂站断面洪峰流量为8 010 m^3/s，峰现时间为2012年7月10日14:00；实测洪峰流量为8 100 m^3/s，峰现时间为2012年7月10日13:00，见表2。

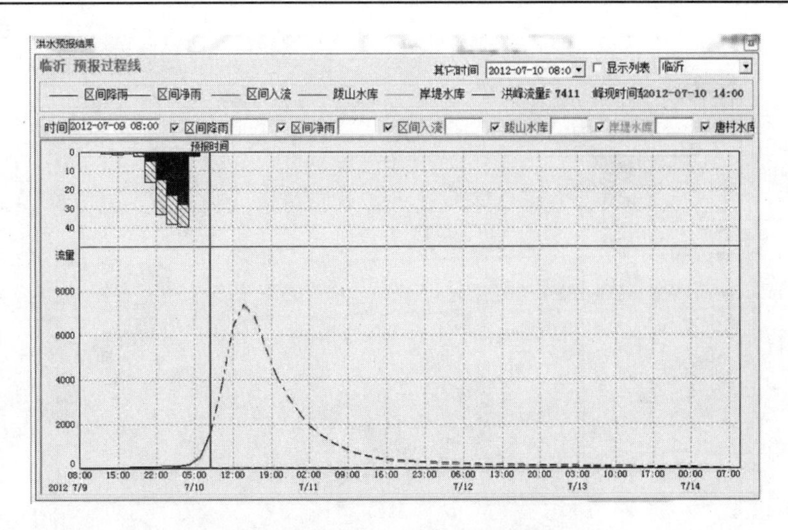

图 2　2012 年 7 月 10 日降雨预报

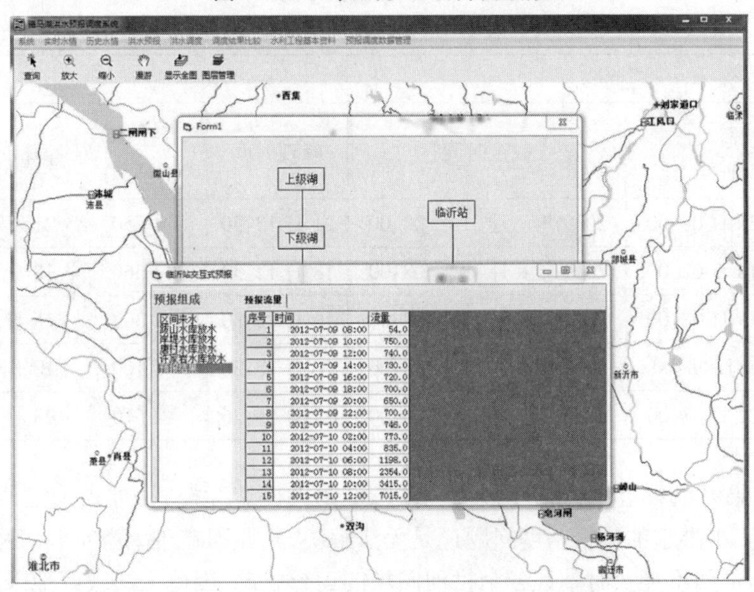

图 3　临沂站人机交互输入

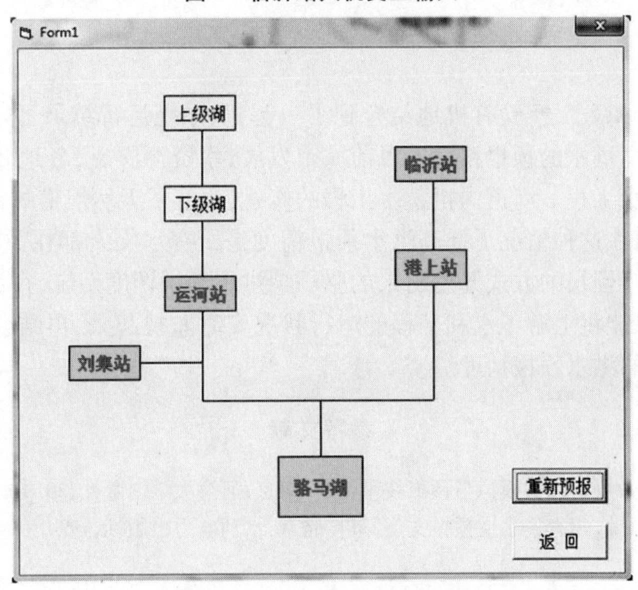

图 4　人机交互输入后重新预报

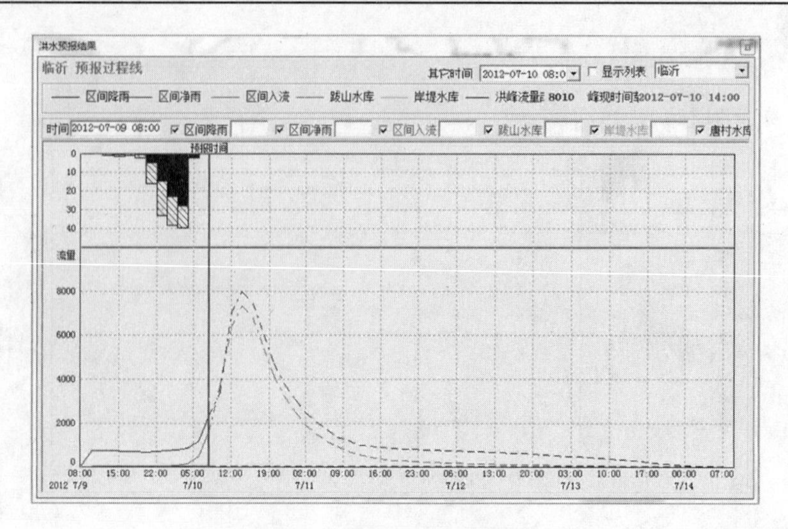

图5　人机交互预报成果

表2　预报系统测试成果

序号	时间		实测		系统预报	
	起始时间	截止时间	峰现时间	洪峰流量（m^3/s）	峰现时间	洪峰流量（m^3/s）
1	2009年7月20日08:00	2009年7月21日08:00	21日13:30	4 650	21日14:00	4 688
2	2009年8月18日02:00	2009年8月18日08:00	18日12:32	3 560	18日20:00	1 908
3	2011年9月14日08:00	2011年9月16日08:00	16日12:30	2 300	16日14:00	2 162
4	2012年7月9日08:00	2012年8月10日08:00	10日13:30	8 100	10日14:00	8 010
5	2012年7月22日08:00	2012年7月23日08:00	23日15:26	2 510	23日18:00	790

从上述测试成果可以看出，流域出现大洪水时，采用人机交互模式，加入人工经验，洪水预报精度得到大大提高；但是，小洪水的预报精度问题还是无法解决，其原因在于上游水利工程太多，并且受不同单位管理调度，防汛部门不能及时掌握各个拦河闸坝的运行状况，因此无法很好地采用人机交互的方法来进行校正。

5　结语

本系统将机器预报和人工经验有机地结合到了一起，从系统运行结果可以看出，人工经验结合到实时预报中能够大大提高洪水的预报精度。目前城市发展，水资源匮乏，各地政府为了发展，都在行洪河道内修建大量的拦蓄水工程。河道内拦蓄水工程的修建，改变了天然河道的行洪特征，对流域洪水预报带来很大的影响，如何在这种情况下提高洪水预报精度是所有水文人都在关心探讨的问题。沂沭泗水利管理局采用人机交互预报的方式开发出来的骆马湖洪水预报调度系统，在沂河上探索应用，取得了一定的效果，下一步如果能将上游各水利工程的运行状况实时监视起来，再结合人机交互预报系统，必将大大提高沂沭泗流域的洪水预报精度。

参考文献

[1] 李致家，孔凡哲，王栋，等. 现代水文模拟与预报技术[M]. 南京：河海大学出版社，2010.
[2] 刘光文，姜弘道，王厥谋，等. 赵人俊水文预报文集[M]. 北京：水利电力出版社，1994.

作者简介：胡文才，男，1975年12月生，高级工程师，主要从事水文水资源、洪水预报及水利信息化方面的工作。E-mail：ysshuwc@126.com.

橡胶坝在沂沭河流域水旱灾害防治中的应用

王秀玉　蔺中运　刘成立

（山东沂沭河水利工程有限公司　山东临沂　276000）

摘　要:橡胶坝是由高强度的织物合成纤维受力骨架与合成橡胶构成的,锚固在基础底板上,形成密封袋形,充入水或空气形成水坝。近几年来,随着水利事业的发展,由于橡胶坝造价低、施工期短、不阻水、节省三材、耐久性好、可靠性强、抗震性能好、造型优美等特点,在水利工程建设中得到了越来越广泛的应用,特别在沂沭河流域范围内,对水旱灾害防治越来越凸显出它的重要位置。本文重点针对橡胶坝的特点,针对在水旱灾害防治中的应用作重点分析。

关键词:橡胶坝　沂沭河流域　特点　水旱灾害　防治　应用

1　引言

近几年来,随着水利事业的不断发展,国家对水利事业的重视程度提到了空前的高度,特别是水旱灾害防治,将关系到千千万万劳动人民的生命财产安全,关系到国家经济的发展、社会的稳定,治理好水旱灾害成为国家第一要务。因此,各省、地区结合自己的实际情况制订出许多切实有效的水旱灾害防治措施,取得了十分显著的效果,水旱灾害基本上得到了遏制。沂沭河流域在水利部淮河水利委员会的直接领导下,结合自己的流域特点,制订许多切实可行的方案。其中,橡胶坝的建设应用就取得了十分显著的效果。

2　沂沭河流域水文特征及地形地貌

沂沭河流域是山洪性河道,夏秋两季山洪暴发,峰高流急。河道比降大,河道弯曲,堤防大部分为砂性土质,河道冲刷严重,塌岸险工多,堤防质量差。沂沭河流域毗邻黄海,受较强的海洋性气候影响,降雨很不稳定,年际间易发生连旱连涝,年内也有旱涝交替出现,易春旱秋涝。多年平均降雨量在850 mm左右,70%～80%集中在7～8月,降雨强度较大,一次降雨径流系数可达0.7～0.9,因此易形成洪峰暴涨暴落。一旦发生暴雨,河内洪水量大流急,对护岸冲刷严重。而其他月份降雨较少,很容易形成干旱。

沂沭河流域河系多处于断裂带上。临沂市地处山东东南,地势西北高东南低,高差达150 m左右,境内有沂山、蒙山、尼山三条主要山脉,控制着沂河、沭河上游,大中型水库,河流众多,洪水资源相当丰富,占全省的1/6,独特的地理位置非常适合建设橡胶坝。

3　沂沭河流域水文特征对沂沭河流域的影响

由于沂沭河流域独特的水文特征,在没修建橡胶坝前,仅依靠沂沭河闸、涵很难调节水位,沂沭河常年断水,随着地下水位的不断开采,水位持续下降,造成连年干旱,即使在7～8月降雨集中时期,也因山洪泄水较为集中,很容易形成洪峰,给两岸人民造成伤害,也给沂沭河上的闸、涵带来很大压力。但随着洪峰的下泄,沂沭河流域内又无积水、断流,造成了水源的极大浪费,水源得不到充分利用,造成了沂沭河流域新的干旱。

据调查:临沂市共拥有大小河流1 800余条,10 km以上的河流有251条,全市水资源总量55亿m^3。市区依河而建,沂河从北向南穿过市区,其最大支流祊河则从西向东穿过市区西北部,至市区中部汇入沂河。如此丰富的水资源是蕴藏在全市的巨大财富。但是,过去因长期投入不足,橡胶坝没有形成一定的规模,河道存在诸多问题,湿地面积小,蓄水能力小;河堤均为土堤,退化严重;堤坡和河滩上杂草丛生,坑洼不平,河道防洪抗旱能力极差,给两岸人民生活带来极大的不方便。

4 橡胶坝的主要特点及优势

4.1 特点

(1)造价低。橡胶坝的造价与同规模的常规闸相比,一般可以减少投资40% ~50%。

(2)施工期短。橡胶坝袋是先在工厂制造,然后现场安装,施工速度快,一般3 ~15 d即可安装完毕,整个工程结构简单,工期一般为3 ~6 个月。

(3)不阻水。橡胶坝袋内水泄空后,紧贴在底板上,不缩小原有河床断面,无须建闸墩、启闭机架等结构,基本上不阻水。止水效果好,坝袋锚固于底板和岸墙上,能达到基本不漏水的效果。

(4)节省三材。橡胶坝袋以合成纤维织物和橡胶制成的薄柔性结构:代替钢板钢筋砖结构,水下结构简单,因此三材用量显著减少,一般可节省钢材30% ~50%、水泥50%左右、木材60%以上。

(5)耐久性好。坝袋表面用氯磺酸化聚乙烯合成橡胶(氯锡酸盐聚乙烯橡胶)做涂层,可增强抵抗阳光照射的能力。大量科学试验表明,橡胶坝的设计年限至少有40 年。

(6)可靠性强。可靠的原因是装置的结构简单,充、放水装置的失灵率低,维修简单。

(7)抗震性能好。橡胶坝的坝体为柔性薄壳结构,富有弹性,抗冲击弹性40%左右,伸长率达60%,具有以柔克刚的性能,能抵抗强大的地震破坏和特大洪水的波浪冲击。橡胶坝属流线型,造型优美。

4.2 优势

橡胶坝主要适用于低水头、大跨度的闸坝工程,如用于水库溢洪道上作为闸门或活动溢流堰,以增加水库库容及发电水头;用于河道上作为低水头、大跨度的滚水坝或溢流堰,可以不用常规闸的启闭机、工作桥等;用于渠系上作为进水闸、分水闸、节制闸,能够方便地蓄水和调节水位及流量;用于沿海岸作防浪堤或挡潮闸,由于不受海水浸蚀和海生生物的影响,比金属闸门效果好;用于跨度较大的孔口船闸的上、下游闸门;用于施工围堰或活动围堰,橡胶活动围堰高度可升可降,并且可从堰顶溢流,无须取土筑堰可保持河道清洁,节省劳力并缩短工期;用于城区园林工程,采用彩色坝袋,造型优美,线条流畅,可为城市建设增添一道优美的风景。

5 橡胶坝在沂沭河流域内的发展建设情况

近几年,沂沭河流域依靠水利部淮河水利委员会总体规划,以沂沭河水利管理局所管辖的闸、涵、堤防及以地方政府水利建设为依托,为建设大美临沂,促进临沂地区经济发展,保证人民的生命和财产安全,橡胶坝起到了不可估量的作用。据不完全统计,临沂地区橡胶坝建筑物已达300多座,坐落在沂河上的大型橡胶坝就有小埠东橡胶坝、桃源橡胶坝、柳杭橡胶坝等10多座,其中,小埠东橡胶坝位于山东省临沂市沂河城区段,于1997年1月竣工,入选第四届吉尼斯世界纪录,是当今全球最长的橡胶坝。2001年9月,小埠东橡胶坝被水利部评为首批国家级水利风景区。2016年,小埠东橡胶坝被水利部评选为全国“十大最美水工程”之一。在随后的橡胶坝建筑中,沂沭泗流域的橡胶坝建筑如雨后春笋般装点着大美临沂。

6 橡胶坝在沂沭河流域内对水利灾害防治所起的作用

(1)解决了防汛抗旱问题。防汛抗旱是沂沭河流域任务的重中之重。橡胶坝给我们带来的一个好处便是防汛。这是因为橡胶坝的主要特点在于可以自如地进行升降。旱季时向橡胶坝内充水,这样坝体就会升高,可以拦蓄灌溉;到了汛期,可以抽空注水,使大坝平卧河底,让洪水顺利通过,这就比普通的平板水闸操作灵活多了。除了防汛,橡胶坝还能为下游的农业起到抗旱作用。如遇到旱灾,可以平坝放水,解决灌溉问题,彻底摆脱了沂沭河流域人民“靠天吃饭”的局面。

(2)俗话说“高峡出平湖”,万亩水面大坝拦出。

近几年,临沂市从全市发展的战略高度,提出加快构筑以沂、沭河为骨架的水网体系,优化水资源配置,把更多的水资源保护储备、开发利用起来,把临沂建成以水为魂的最佳宜居城市。沂蒙湖国家水利风景区是随着小埠东橡胶坝的建成而诞生的,主要指临沂城段沂河沿岸自然风光和人文景观,包括小埠东橡胶坝和滨河大道等景观。在临沂滨河景区的沂河边看到万亩水面碧波荡漾,站在河边,仿佛站在海边。而如今的万亩水面,就是橡胶坝的功劳。1997年,世界最长的小埠东橡胶坝在沂河建成,拦蓄1.6万亩景观水面形成沂蒙湖。2006年,沂河上第二座橡胶坝——桃源橡胶坝建成,和下游的小埠东橡胶坝在沂河上形成连绵十多千米的湖面。而柳杭橡胶坝的建成可一次性蓄水2 200万 m^3,又可在沂河上增加6.5 km^2 的水面,与下游的桃源橡胶坝、角沂橡胶坝、小埠东橡胶坝、刘家道口、李庄拦河闸等工程连成一体,回水总长度将达到72.3 km,形成47.11 km^2 的水面,蓄水总量达1.53亿 m^3。橡胶坝拦蓄的大量水源,不仅可以满足市区工业用水,还可以成为两岸人畜饮水的后备资源。此外,蓄水还将有效回补临沂的地下水。据了解,尽管极力控制、加强管理,但临沂的地下水位还是逐年下降。以前,河水顺流而下,根本无法回补地下水。而建起橡胶坝蓄水后,绵延近百里的水面像一座天然水库,有效地回补了地下水。

(3)橡胶坝拦出旅游景观。一道道橡胶坝不仅使临沂防洪标准由20年一遇提高到了50年一遇,而且它们给市民带来的最直观的好处便是因拦水而出现的新景观。在这些新景观的周围,形成了一大批供人们休闲旅行的旅游景点,如水利部淮河水利委员会直属的"刘家道口水利枢纽管理局"已成为国家水利风景区,"小埠东橡胶拦河坝"也成为外地游客欣赏世界最长拦河坝的最佳景点。沂河、沭河两岸也因橡胶坝的建设使两岸滩地草木茵茵,市民悠然自得,形成了临沂市独特的人文景观。橡胶坝像闪亮在沂河、沭河上的一颗颗明珠,点缀着沂蒙大地,向广大市民敞开了美丽的怀抱。

7　结语

临沂因橡胶坝而变得美丽,橡胶坝也因临沂而得以发展,如雨后春笋遍地发芽。正在沂河上建设的"沂河河湾取水源工程""沂河袁家口子取水源工程"正以更大的魅力展现橡胶坝为防治水利灾害所起的作用。在沂河、沭河的其他橡胶坝建设也正有条不紊地进行。愿橡胶坝佑护沂河、沭河两岸人民的生命和财产安全,在水旱灾害防治中发挥更大的作用。

作者简介:王秀玉,男,1975年12月生,技师,闸门运行工,主要从事闸门运行操作、检修、机械维护等工作。E-mail:792213601@qq.com.

淮南市洪涝灾害成因及对策研究

张金彪　刘　双

（安徽淮河水资源科技有限公司　安徽蚌埠　233000）

摘　要:淮南市地处淮河中游,洪涝灾害频发。本文主要对中华人民共和国成立以来淮南地区发生的洪涝灾害从气候因素、地形因素、工程因素和人类活动因素等几个方面对淮南市洪涝灾害成因进行分析,根据淮南市实际情况,提出相关防治洪涝灾害的相关对策。

关键词:淮南市　洪涝灾害　对策

1　引言

淮河流域的洪涝灾害居中国的七大江河之首。淮南市是一个洪涝灾害频发的地区,是全国25个重点防洪城市之一,是全国13个亿t煤炭基地和6个煤电基地之一,是淮河流域粮食生产主体功能区之一。淮南市的健康发展对安徽甚至华东地区的能源安全与发展起到了重要的作用。当前,在经济社会高速发展的重要时期,淮南市作为华东地区重要的能源城市,能否有效地解决淮南市洪涝灾害问题,关系到淮南、安徽甚至华东地区的健康可持续发展。

2　淮南市中华人民共和国成立以来发生的较大洪涝灾害

1950年7月因持续暴雨,淮南陆便段、禹山坝、石姚段等堤先后溢溃,超过80%乡镇被淹。主要因为淮河流域大面积强降雨、淮河淮南段分布着很多低洼易涝区、部分堤防低矮水位上涨过快等。1954年7月受淮河流域梅雨影响,淮南降雨量超过往年50%以上,水位以每昼夜0.7~1 m的速度上涨,市各堤坝漫堤行洪。1950年洪水后市(县)堤坝虽加高培厚,但由于水量太大,六坊堤、黑张段、石姚段、禹山坝、永安坝等先后溃堤,凤台县90%耕地受淹,倒塌房屋23.9万间。1954年洪水后堤顶高程加高到27~28 m,堤顶宽度加宽到10 m。由于新筑堤坝没有经过洪水浸实,汤渔湖遥堤和泥黑河闸未竣工。1956年由于汛期早、持续时间久和受台风影响,泥黑河闸拦河坝被冲决、六坊堤溃破行洪。1982年受淮河上游与淮南普降特大暴雨与大风影响,上六坊堤上口门穿孔破堤,除汤渔湖外有5个行洪区行洪。此次暴雨次数多,强度大,降雨时间长,高水位持续时间长。1991年受梅雨影响,淮南市域发生大洪水,由于市域内河流湖泊自流排水被堵死形成“关门淹”,全市六大行洪区先后行洪和滞洪。全市受灾人口111.3万人,82.5万亩耕地绝收。2003年受梅雨影响,沿淮淮北地区普降大到暴雨,淮河干线全线超警戒水位,全市沿淮生产圩堤全部超过行洪水位,六大行洪区接近或超过行洪水位。受淮河水位上涨顶托,淮南市内河和城市地下水系统完全不能自排,形成内洪外涝的态势。

淮南地区的健康发展对安徽甚至华东地区的发展有着重要的意义,因此对淮南地区的洪涝灾害进行分析并提出应对之策是非常有必要的。

3　淮南市洪涝灾害形成的主要原因

找到问题的关键才能更好地解决问题。通过对中华人民共和国成立以来淮南市发生的洪涝灾害进行分析研究,找出形成洪涝灾害的主要原因,有助于对淮南市以后的防洪工程建设及政策实施提供参考。

3.1　气候因素的影响

淮南市地处南北气候过渡带,淮河北部属于暖温带半湿润季风气候,淮河以南属于亚热带季风气候。当冷热空气在淮南地区上空交锋时,造成集中暴雨形成洪涝灾害。1954 年与 1991 年的梅雨期长达 57 d 与 56 d。淮南距离沿海较近,当台风过境时,又与北方南下的冷空气结合形成严重的台风暴雨灾害。1975 年 8 月淮南地区就出现了强度特大的台风暴雨。

3.2　地形因素的影响

淮南地处淮河中游,淮河横贯而过,在洪水期要承泄上游洪水,洪水位均高出地面,高时可达 6 m,淮河两岸均靠堤防防御洪水。1954 年淮河溃堤主要是因为洪水来的过快。淮南市 6 个行洪区除了汤渔湖行洪区,其他 5 个行洪区都是低标准的行洪区,这些堤防大都是堤身低矮单薄,有些行洪区外部无滩地,沿堤村庄多,汛期险情较多。淮河流域地形特殊,淮河上游河道比降比中游比降大得多,当洪水来时,上游来水较中游洪水下泄慢,因此造成洪水滞留中游形成洪涝灾害。淮河两岸是沿江圩区和沿淮洼地,这里地势低洼,汛期外河水位高,对支流河湖的排水有明显的顶托作用。

3.3　工程因素的影响

中华人民共和国成立以来,淮南市虽然进行了大规模的淮河干流整治和内河湖洼治理,防洪除涝能力不断提高,但长期以来,由于综合规划不到位、建设资金投入不足、工程管理不善等,使得该市整体防洪除涝标准偏低,抗灾能力相对薄弱。淮河河床窄,行洪区挤占河床,洪水滞留淮河淮南段时间长,近郊沿城市圈堤和淮北大堤分布着很多零星低洼易涝区,全市约 110 000 hm^2 耕地,其中低洼地约 40 000 hm^2,占 42%,汛期遇淮河高水位,很容易形成“关门淹”。淮南市有小(1)型水库 20 座、小(2)型水库 161 座,有一部分水库位于城区或者城郊,位置十分重要。大部分小型水库多建于 20 世纪五六十年代,其中大部分都存在不同程度的安全隐患。

3.4　人类活动因素的影响

人类活动对洪涝灾害形成的影响也很大。随着人口的急剧增加,在农村人口主要从依靠耕地为主的情况下,对耕地的需求量大增,然而城市、工矿、交通的发展又占用了大量耕地。为了扩大耕地面积,过度垦殖,围湖河滩造田,减少了洪水调蓄容量和河道泄洪能力。人为设障阻水,抬高了水位,延长了高水位持续时间。如淮河平圩大件码头,阻水挑流,壅高水位,影响流速等。有些地方为了夺取粮食高产,不顾水源的客观条件,盲目发展水稻种植面积。不少小城镇和城市为扩大市区范围不断向河滩进占,又不注意防洪建设。一些地方在山区毁林、开垦,造成严重水土流失。这些不科学的土地利用方式造成了洪涝灾害的扩大,在淮南城乡已经产生了不同程度的后果。

4　措施与对策

通过对淮南市洪涝灾害形成的原因进行分析与研究,有助于找到更适合淮南防洪现状的对策,提高防洪水平。主要的措施分为工程措施和非工程措施两个方面。

4.1　工程措施

淮南市实施泥河河道疏浚工程、淮河大堤加固工程、行蓄洪区及淮干滩地移民建房工程、行洪区泵站技改、小水库除险加固工程建设、瓦埠湖地区保庄圩建设等一批治淮项目,这些项目的实施,将进一步提高淮南市的综合防洪抗灾能力。

淮南市实施洛河洼、石姚湾行洪区退建加固工程。淮河干流洛河洼、石姚段行洪堤退建与加固工程是国务院确定的治淮 19 项骨干工程之一,也是淮河干流上中游河道整治及堤防加固补充工程的重要组成部分。石姚段行洪区自上口门以上实施行洪堤退建,并对未退建段堤防按新堤标准加高培厚。这项工程完成后不但可保两行洪区长期、安全、扩大淮河过流能力,而且为城市发展扩展了建设空间。为提高洼地排涝能力,全市共有五大排涝泵站列入全省大型泵站更新改造规划。全市按照《淮南市大型泵站更新改造规划》和《淮南市中小型泵站更新改造规划》及市水利“十三五”规划,进一步加快泵站更新改造步伐,排涝标准提高到 5 ~ 10 年一遇标准,解决目前泵站设备老化、运行效率低、能耗高的问题。瓦埠湖地区保庄圩建设项目,主要建设内容为新筑溃堤部分堤防,加固危险段堤防,重建、新建涵闸 4 座,拆除重建排涝站 2 座,新建部分堤顶防汛道路。项目建成后,将使谢家集区唐山镇瓦埠湖地区的防洪标准提升至 50 年一遇水平。保护唐山镇瓦埠湖蓄洪区低洼地 4 700 人及圩内重要基础设施防洪安全,对提高谢家集城区防洪抗灾能力,改善沿岸群众生产生活和生态环境,促进区域工农业发展和社会和谐稳定,保障周边地区经济社会可持续发展具有重要意义。

淮南市共有大、中、小水库184座,总库容达21 378万 m^3,受煤矿开采影响,境内形成了一定数量的采矿沉陷区,2015年沉陷区面积为171.02 km^2。针对淮南市的防洪工程现状,为了解决淮南市洪涝灾害,除以上措施外,还应该充分利用淮南市水库与采煤塌陷区,在汛期水库与采煤塌陷区具有很好的削峰分洪作用。

4.2 非工程措施

全面贯彻落实防汛抗洪行政首长负责制,大力宣传《中华人民共和国水法》、《中华人民共和国防洪法》,使防汛抗洪更加深入人心;做好《淮南市城市防洪规划》的修编,加快城市防洪除涝工程建设步伐,并落实到位;强化防汛物资储备;做好汛前检查,并将安全隐患及时处理到位。制订修订和完善《淮南市防洪除涝应急预案》《淮南市城市防洪预案》《淮南市行洪区运用预案》,结合防汛抗旱指挥信息化系统,建设完善的防洪除涝信息化系统。

洪涝灾害危害千家万户,要使洪涝灾害的损失减到最低限度,是全社会的共同事业,必须依靠全社会积极参与。历史的经验证明,遭遇同等的洪涝灾害时,抗灾意识强,有防灾准备的地方,灾害的损失较小;反之,则损失重大。提高全民的避灾、防灾、抗灾、减灾意识,不是权宜之计,而是一项基本任务,要居安思危,未雨绸缪,时刻警惕可能发生的洪涝灾害。提高全民防治洪涝灾害的意识,除采用各种行之有效的宣传手段外,建议将防治洪涝灾害的内容列入教育课本,使人们在青少年时期了解与洪涝灾害做斗争的重要性及方法。组织各类群众性、社会性和防洪抗旱救灾组织,既加强基层工作,也密切联系群众,组织群众,传授有关知识。在全市推广绘制洪水风险图,有利于提高全民的水患意识,促进防洪决策科学化,保障社会安定和国民经济的持续稳定发展。

尽快扭转治水思路,转变观念,将洪水变成财富和资源优势,在考虑防洪减灾的同时,也应充分利用雨、洪资源,结合防洪排涝,增加蓄水工程,形成可持续发展水利的思路,重视生态建设,保证大自然的生态平衡,在加强各项防洪工程措施建设的同时,必须同步建设和完善以通信设施、洪水预报与调度、洪水预警设施气象测报设施和水、雨情测报设施为主体的防洪决策支持,气象部门应进一步提高暴雨短期预报的准确性,充分利用乡镇自动雨量站为防汛部门提供水情、雨情信息,加强对雨情的关注,提高预测预警的时效和精度,扎实有效地解决气象信息传播“最后一千米的问题”。

人类活动对洪涝灾害的影响不容忽视,一些沿河居民在护坡、坡顶及河湖滩地种植农作物,造成严重的水土流失,对防洪造成很大压力。对沿河护坡及坡顶绿化保护河湖滩地,出台相关政策法规,禁止在河道护坡、坡顶及河湖滩地进行开垦。

5 结语

当前,淮南市的水利建设已经进入一个全新的时期,防洪体系建设已成为水利建设的重要组成部分。进一步完善升级防洪体系工程,全面提高区域综合防洪能力,对于促进淮南市、安徽省甚至华东地区经济社会和谐、健康可持续发展有着重要的意义。

参考文献

[1] 叶成林.安徽水旱灾害及减灾对策[A].中国灾害防御协会、中兴大学.海峡两岸减轻灾害与可持续发展论文专辑[C].中国灾害防御协会、中兴大学:,2000:4.
[2] 谢浩.淮南市防洪除涝存在问题与对策[J].治淮,2010(9):14-15.
[3] 陶春.淮南市洪涝灾害成因分析及对策[J].中国防汛抗旱,2008(3):44-45.
[4] 张中国,施继祥,任立峰,等.绥化市水旱灾害及其防治措施[J].黑龙江水利科技,2001(3):133-134.
[5] 张雅昕,王存真,白先达.广西漓江洪涝灾害及防御对策研究[J].灾害学,2015(1):82-86.

作者简介:张金彪,男,1990年12月生,硕士研究生,水文水资源专业。E-mail:897189248@ qq. com.

淮河流域涉水建设项目洪水影响评价类技术报告编制要点

张　鹏　季益柱

（中水淮河规划设计研究有限公司　安徽合肥　230601）

摘　要：依法治水是加快水利改革发展的重要保障，在当前行政审批制度不断创新的形势下，如何做好涉水建设项目的洪水影响评价类报告的编写工作，是摆在咨询工程师面前的新问题。本文结合有关文件、文献和作者自身的工作经验，提出了洪水影响评价类技术报告编制中需要重点关注的几个方面，供研究和探讨。

关键词：涉水建设项目　洪水影响评价　技术报告　编制要点

1　编制背景

依据国务院办公厅有关文件精神，为深化水利行政审批制度改革，进一步简化整合投资项目涉水行政审批事项，创新审批方式，优化审批流程，提高审批效率，水利部制定了《简化整合投资项目涉水行政审批实施办法（试行）》（水规计〔2016〕22号，简称《实施办法》）。按照《实施办法》的要求，将水工程建设规划同意书审核、河道管理范围内建设项目工程建设方案审批、非防洪建设项目洪水影响评价报告审批、国家基本水文测站上下游建设影响水文监测工程的审批归并为“洪水影响评价类审批”。

为贯彻落实《实施办法》的有关要求，结合淮河流域实际，淮河水利委员会研究制定了《淮河水利委员会简化整合投资项目涉水行政审批实施细则》（淮委规计〔2016〕115号，简称《实施细则》）。按照《实施细则》的要求，向淮河水利委员会申请办理的涉水建设项目洪水影响评价类行政许可审批时，应以项目法人为单位编制一份送审技术报告，即洪水影响评价类技术报告（简称技术报告），技术报告应包含涉及情形的相应内容，并符合原审批事项的有关技术要求。

2　编制范围

按照《实施细则》的要求，有下列情形之一或以上的，办理洪水影响评价类审批，应以项目法人为单位编制技术报告。①在江河、湖泊上新建、扩建及改建并调整原有功能的水工程；②在河道、湖泊管理范围内的建设项目；③在洪泛区、蓄滞洪区内建设非防洪建设项目；④在国家基本水文监测站上下游建设影响水文监测的工程。

3　编制要点

3.1　概述

概述一般应包括项目背景、评价依据、评价范围、技术路线及主要评价内容。其中评价依据目前采用的法律法规和规范性文件主要有：①《中华人民共和国水法》（2002年8月）；②《中华人民共和国防洪法》（1997年8月）；③《中华人民共和国水文条例》（国务院令第496号）；④《水文监测环境和设施保护办法》（水利部令第43号）；⑤《水工程建设规划同意书论证报告编制导则》（SL/Z 719—2015）；⑥《受工程影响水文测验方法导则》（SL 710—2015）；⑦《洪水影响评价报告编制导则》（SL 520—2014）；⑧《河道管理范围内建设项目防洪评价报告编制导则（试行）》（水利部办建管〔2004〕109号）。以上文件均是编写技术报告的重要指导性文件，报告编写者应深刻理解并灵活应用于实践当中。

3.2　工程所在区域情况

工程所在区域情况应包括自然、资源及经济社会概况、沿线涉及的现有水利工程及其他设施情况、水利规划及实施安排等。其中,水利规划主要包括综合利用规划、防洪规划和蓄滞洪区建设与管理规划等流域性规划及其他相关专项规划,在规划实施安排中应了解近期及远期安排,着重说明建设项目所处位置可能因水利规划的实施引起河势变化、防洪形势、标准及水利管理等变化情况。报告编写者必须弄清楚水利规划及实施安排情况,才能更好地避免建设项目对规划及实施产生的不利影响。

3.3 建设项目概况

建设项目概况主要包括项目建设必要性、主要成果审查审批情况、项目建设外部条件和主要设计成果。其中,主要设计成果是建设项目概况的重点,应说明工程任务与建设规模、工程等别及设计标准、工程设计方案和施工方案等,充分了解建设项目的基本情况后,便于分析建设项目可能对区内防洪工程的影响。

3.4 洪水影响分析计算

洪水影响分析计算一般包括水文分析计算、壅水分析计算、冲刷与淤积分析计算、河势影响分析计算、排涝分析计算和蓄滞洪区影响分析计算等,对于工程规模较大的或对河势可能产生较大影响、所在河段有重要防洪任务或重要防洪工程的建设项目,除需定性分析项目实施后对河势及防洪可能产生的影响外,必要时还应进行数学模型计算或物理模型试验研究。选用数学模型时,可根据实际情况,在满足工程实际需要的条件下,选用一维或二维数学模型,或者两者联合运用。选用物理模型时,模型设计及比尺的选取、模型沙的选取及水文系列的概化,应满足试验精度的要求。当建设项目位于蓄滞洪区时,按照《洪水影响评价报告编制导则》(SL 520—2014)要求,不仅要进行建设项目对防洪的影响分析计算,还要进行洪水对建设项目的影响分析计算。

3.5 规划符合性(规划专题)论证

由于《淮河流域综合规划(2012—2030年)》(国函〔2013〕35号)已经获得了国务院的批复,因此根据《水工程建设规划同意书论证报告编制导则》(SL/Z 719—2015)的要求,应按下述两种的规划条件分别进行规划符合性论证或规划专题论证。

(1)如流域综合规划对水工程建设项目任务、规模要求明确的,应主要就水工程建设是否符合流域综合规划要求进行规划符合性分析。

(2)如水工程建设项目虽列入流域综合规划,但具体任务或规模尚未明确的,应就水工程建设任务、规模是否符合流域综合规划要求进行专题论证。对于水工程建设项目未列入流域综合规划的,应阐述水工程未列入流域综合规划的缘由,论证水工程建设的必要性,并就水工程建设任务、规模能否符合流域综合规划要求进行专题论证。

3.6 洪水影响分析评价

洪水影响分析评价是技术报告编制的重点和难点。根据涉水建设项目的基本情况、所在河段的防洪任务和规划目标、防洪工程及其他设施情况等,以及河道演变趋势、水文分析成果和洪水影响分析计算结果,对建设项目进行洪水影响分析评价。洪水影响分析评价的主要内容有:①建设项目与相关规划的关系分析;②防洪标准符合性分析;③河道行洪及河势影响分析;④蓄洪区影响分析;⑤国家基本水文站的影响分析;⑥对现有水利工程及设施的影响分析;⑦对防汛抢险的影响分析;⑧对第三人合法水事权益的影响分析。

3.7 防治与补救措施

根据洪水影响分析计算成果,在工程建设前对可能产生的负面影响进行评估,及时采取防治与补救措施,避免对防洪工程造成不利影响,同时保证建设项目自身的安全,提出的补救措施应有一定的针对性和可操作性,便于建设单位顺利实施。采取的防治与补救措施,应对工程量和相应投资进行估算,并纳入主体工程设计中。

3.8 结论与建议

在上述章节的基础上,总结归纳洪水影响评价的主要结论,对存在的主要问题提出有关建议,评价结论应全面、明确,不能模棱两可或模糊不清,提出的建议应当切实可行。其主要内容应包括:①规划符合性论证(或专题论证)的主要结论;②建设项目洪水影响评价结论;③须采取的防治补救措施;④对存在的主要问题的有关建议。

3.9　附件及附图

附件及附图是技术报告不可或缺的组成部分,可以使审批专家尽快地了解和熟悉建设项目的工程特性、工程地理位置、所在流域水系情况、水文站网分布、工程总体设计方案、规划及相关审批意见及利益相关方的协调材料等,以便于对建设项目可能产生的不利影响进行正确、合理的预测和评估。

4　结语

随着我国社会经济的快速发展,基础设施建设投入的加大,涉水建设项目也随之增多,因此做好涉水建设项目的洪水影响评价工作,是保障河道行洪和堤防安全及涉水建筑物自身防洪安全的关键。

按照国务院精简审批事项的要求,水利部将水工程建设规划同意书审核、河道管理范围内建设项目工程建设方案审批、非防洪建设项目洪水影响评价报告审批、国家基本水文测站上下游建设影响水文监测工程的审批归并为“洪水影响评价类审批”,实行“四审合一”。在新的行政许可制度下,如何做好涉水建设项目的洪水影响评价类报告的编制工作,是摆在咨询工程师面前的新问题。本文结合有关文件、文献和作者自身的工作经验,提出了技术报告编制中需要重点关注的几个方面,供研究和探讨,科学、合理的技术报告是水行政主管部门实施行政许可决定的重要技术支撑。

参考文献

[1] 徐新华,夏云峰.防洪评价报告编制导则研究及解读[M].北京:中国水利水电出版社,2008.

作者简介:张鹏,男,1982年4月生,高级工程师,主要从事水利工程规划工作。E-mail:email0371@163.com.

黄河三角洲沿海防潮大堤高程警戒潮水位分析和宏观措施

孔令太　郭卫华　卢光民　李本厚

（滨州水文局　山东滨州　256609）

摘　要：本文根据埕口、东风港、富国三站潮水位频率分析，确定了黄河三角洲滨州入海口各地点的风暴潮警戒潮水位，对防潮大堤高程是否高于风暴潮警戒潮水位进行了验证，并提出采取的有效措施，以加强沿海地区防潮大堤的管理。

关键词：黄河三角洲　防潮大堤高程　警戒潮水位　措施

1　滨州市沿海地区概况及灾情

滨州市濒临渤海，地处沿海腹地，全市版图面积 9 600 km^2，滩涂面积 140 多万亩，拥有海岸线 240 km，－15 m 浅海 300 万亩，海洋经济对拉动全市经济增长起到了重要的作用。然而，滨州沿海历史上风暴潮灾害频繁，明代 276 年就有特大风暴潮灾 6 次，平均每次间隔 46 年，累计受灾县 14 次；清代 208 年风暴潮灾发生 39 次，平均间隔 5.4 年，累计受灾县 116 次；民国时期 38 年，受灾 7 次，平均每次间隔 5.4 年，累计受灾县 11 次。中华人民共和国成立以来，共发生大的风暴潮 14 次，平均 4 年发生一次。其中，1992 年直接经济损失 4.8 亿元，1997 年直接经济损失 9.5 亿元，2003 年直接经济损失 6.5 亿元。为抵御风暴潮灾害，滨州市从 2004 年开始建设了一定规模的防潮堤，整体防御功能得到了有效发挥。

2　沿海地区防潮大堤现状

无棣、沾化两县海岸线 240 km，现有防潮堤总长 275.8 km，其中临海防潮堤 62 km，临河防潮堤 201.8 km。

临海防潮堤：①大口河—德惠河口防潮堤，全长 12 km，结构形式为土质梯形断面，顶宽 10 m，堤顶高程为 4.5～4.7 m，内外边坡为 1∶5。②胜利油田防潮堤：全长 10 km，结构形式为土质梯形断面，堤顶高程 6.2 m，堤顶宽 8 m。临海面上部边坡为 1∶3.5，下部为 1∶6.5，背海面边坡为 1∶3.5。③无棣海化公司防潮堤：长 8 km，距海岸线 15 km，修建马颊河—套儿河临海堤后，此段堤不再发挥作用。④无棣第二养殖公司防潮堤：长 8 km，距海岸线 15 km，修建马颊河—套儿河临海堤后，此段堤将不再发挥作用。⑤埕口盐场防潮堤：全长 24 km，顶宽 6.0 m，顶高程 4.6 m，临水面边坡 1∶5～1∶8，背水面边坡 1∶3～1∶5。

临河防潮堤：①漳卫新河右岸防潮堤：上段 22 km 为漳卫新河治理时修建，堤顶高程为 5.7～10.7 m，顶宽 10 m，临水面边坡 1∶4，背水面边坡 1∶3；下段 12.5 km，堤顶高程为 4.5～4.7 m，堤顶宽 6 m，边坡1∶5。②马颊河防潮堤：左、右岸共计 32.3 km，堤顶高程为 4.5～4.7 m，边坡 1∶5，堤顶宽 6.0 m。③德惠新河防潮堤：左岸长 9 km，右岸长 7 km，堤顶高程为 3.6～7.1 m，堤顶宽 6 m，内外边坡均为 1∶3。④秦口河防潮堤：共长 61 km，为土坝，梯形断面，堤顶高程 4.8～6.4 m，堤顶宽 4 m，内外边坡均为 1∶3。⑤徒骇河防潮堤：两岸全长 58 km，堤顶高程 4.0～7.5 m，堤顶宽 6 m，边坡均为 1∶3。

3　沿海防潮大堤高程和警戒潮水位分析

沿海、河口堤防高程，入海河道泄洪排涝能力的计算，沿海居民农田引水灌溉的渠道和建筑物的设计，均与潮水位的高低有关。因此，必须对沿海河口的潮水位进行分析计算。滨州水文局根据市水利局的要求，于2007年10月开始对滨州市已建成的沿海防潮大堤进行勘察测量，经分析，发现防潮堤高程和沿海警戒潮水位的确定都与潮汐有着密切联系，而潮汐具有一定的规律性，但沿海和入海河口的潮汐还要受到沿海地形、河道特性（如河底坡降、河槽断面、河水深度、河道弯曲等）和上游来水及风的影响，使潮水位的变化具有一定的偶然性。经分析，黄河三角洲沿海河口各站同时出现最高或最低潮水位的年数是一致的。

4　各站潮位频率分析

4.1　潮位分析依据

黄河三角洲沿海河口潮水位警戒水位和堤防高程设计都要用多年高潮水位来设计，这些数据可以通过频率计算来推求。在进行频率计算前，先对埕口、东风港、富国三个潮位站的潮水位系列资料进行延长。富国、东风港两站都属徒骇河水系，建立上下游站关系插补，埕口站按《水文资料整编规范》（SL 247—2012）要求，则可采用相应段的历时关系式（1）和潮位涨落差关系式（2）：

$$\frac{t_i}{t} = \frac{t'_i}{t'} \tag{1}$$

$$\frac{\Delta Z_i}{\Delta Z} = \frac{\Delta Z'_i}{\Delta Z'} \tag{2}$$

式中：t 为相似潮的涨（落）潮历时，h；t'为需要插补潮的涨（落）潮历时，h；t_i 为相似潮的第 i 段历时，h；t'_i为需要插补潮的第 i 段历时，h；ΔZ 为相似潮的涨（落）潮潮差，m；$\Delta Z'$为需要插补潮的涨（落）潮潮差，m；ΔZ_i 为相似潮的第 i 段潮位涨（落）差，m；$\Delta Z'_i$为需要插补潮的第 i 段潮位涨（落）差，m。

4.2　埕口站频率分析

该站资料系列长，收集了1954～2007年逐年最高潮位，而且测到了1992年9月1日（16号台风影响）特大高潮位4.00 m、1997年8月20日特大高潮位4.56 m、2003年特大高潮位3.65 m、2005年特大高潮位3.35 m。通过频率分析计算，求得各个参数均值为4.10 m（黄海基面），变差系数 $C_V = 0.24$，$C_S = 2.5C_V$，在理论频率曲线图上查得频率，求得重现期。

4.3　东风港和富国港站频率分析

收集了东风港潮水位站1974～1985年实测最高潮潮位资料、富国港水文站潮水位站1957～1982年资料，展延了东风港站、富国港站1957～1973年、1982～2007年最高潮位资料系列，通过频率分析结算，求得东风港和富国港两站的均值分别为3.50 m、3.90 m（黄海基面），变差系数 $C_V = 0.25$，$C_S = 2.5C_V$，在理论频率曲线图上查得频率，求得重现期。

三站频率计算成果见表1。

表1　频率计算成果

站名	均值	变差系数 C_V	C_S/C_V
埕口	4.10	0.24	2.5
富国港	3.90	0.25	2.5
东风港	3.50	0.25	2.5

5　各港口警戒水位和沿海大堤高程分析验证

东风港警戒潮水位较埕口站处年最高潮水位多年平均值低0.65 m，富国港警戒潮水位较东风港处年最高潮水位多年平均值高0.05 m，见表2。滨州各沿海警戒潮水位重现期都在2～3年以上，各港口设置警戒潮水位标准不高。通过调查勘测分析，滨州市沿海各处防潮大堤都在50年一遇以上的标准，堤顶高程为5.0～8.0 m（黄海基面），假定减去风浪和安全超高1.50 m，则防潮堤设计潮位为3.50～6.5 m，它比埕口、东风港、富国港等处警戒潮水位都偏高，由此来看，防潮堤设计水位高于各沿海处警戒潮水位。而四次大潮水位都小于防潮设计水位,其重现期也小,因而防潮设计水位是合理的。

表 2 三站警戒潮水位、大坝高程、特大潮水位统计(基面:85 黄海) (单位:m)

站名	警戒潮水位	沿海大堤高程	特大潮水位
埕口	3.00	7.75	4.56
东风港	2.35	6.20	3.85
富国港	2.40	5.97	4.00

6 措施

(1)按照 2011 年中央 1 号文件《关于加快水利改革发展的决定》,各级政府按大水文的要求落实对水文事业的经费投入,成立省、市、海洋潮汐研究机构,便于对海啸、赤潮、天文潮和风暴潮等自然灾害的研究,进一步明确山东沿海潮汐的任务,增强用科学技术防御自然灾害是 21 世纪的当务之急。

(2)对于黄河三角洲防潮堤管理措施,把滨州和东营合并成立黄河三角洲市(或者是渤海市、东滨市),是中央直辖市,相应成立黄河三角洲防潮堤水利、水文管理机构。便于东营和滨州沿海海洋及河口水文监测管理,有统一的管理机构,从一般性生态护堤功能向将来发生的海啸、赤潮和特大风暴潮性生态灾难在内的综合防护功能发展;在建设内容上,沿海自然灾害是牵动大局的社会公益性事业,应尽快实现政府引导、沿海企业分级负担、多渠道、多元化投资对沿海开发新管理机制模式。

参考文献

[1] 冯士筰,李凤箐.海洋科学导论[M].北京:高等教育出版社,1999.

作者简介:孔令太,男,1979 年 1 月生,工程师,主要从事水文监测、工程建设等工作。E-mail:273494169@qq.com.

淮干临北段工程堤防雨淋沟的预防及处理措施

何　强　胡竹华

（中水淮河安徽恒信工程咨询有限公司　安徽合肥　230000）

摘　要:雨淋沟是堤防工程施工中的常见弊病,如不及时进行预防、处理,时间久了将严重影响堤防安全。本文结合堤防工程施工经验,论述雨淋沟的预防及处理措施。

关键词:堤防　雨淋沟　预防　处理措施

1　雨淋沟形成原因及分类

由于堤防坡面、堤顶不够平顺,排水不够分散,集中排水不顺畅,因此受到雨水汇流后形成了较强的集中冲刷能力,从而导致了堤防低洼处形成沟纹并渐渐扩大形成雨淋沟。

堤防雨淋沟主要分为堤顶雨淋沟、迎水侧雨淋沟和背水侧雨淋沟。

2　雨淋沟的预防措施

雨淋沟的预防是保证堤防工程安全运行最行之有效的措施。迎水侧雨淋沟的预防更是重中之重,因此减少迎水侧雨淋沟是我们预防堤防雨淋沟的主要任务。同时,应做好堤顶雨淋沟及背水侧雨淋沟的预防措施,保证堤防安全运行。

本工程预防雨淋沟的措施是:迎水侧草皮护坡,背水侧草种护坡,堤顶设置排水沟,采用小子堰方法进行人为引流将水引至背水侧排水沟。下文将详细阐述此种方法。

2.1　草皮施工

草皮护坡用在本工程堤防迎水侧。本项工作开始前,按施工图纸要求对坡面进行整平,按“高铲低填”原则整理,施工机械采用小型挖掘机,在不能机械作业的位置采用人工整理。

为使表土疏松,用耙子将土耙细、整平,然后铺植草皮,草皮铺设时采用自下向上铺设,草皮铺设间距控制在2 cm以内。铺植完成后及时进行喷灌浇水。

2.2　草种施工

草种护坡主要用在本工程堤防背水侧。草种施工区主要采用人工配合挖掘机作业,对播种坡面进行铺料、整平。草种施工时选择在天气良好的条件下进行,用人工播撒草种,从上至下,边撒边退,播种量控制在50 g/m^2,播种完成后24 h内进行浇水,随后定期浇水,防止草种缺水。

在施工完的坡面上,由人工自上而下铺设一层无纺布,保护草籽,以免被风、雨水冲毁,待草种平均生长高度达到4~5 cm时,揭开无纺布,对生长不均匀的地段要进行补种。

2.3　排水沟施工

坡面排水沟沿堤线每隔100 m在背水侧坡面设置一道,采用人工开挖,尺寸为50 cm×30 cm(宽×高),开挖完成后用塑料布进行覆盖,并用土袋压实塑料布,防止风吹及雨水从底部流出冲刷排水沟,排水沟下端设置防冲设施,避免排水沟集中流水冲刷堤防坡脚。

堤顶排水沟用人工开挖,按沿堤肩两侧平行于堤轴线开挖的原则,开挖尺寸为30 cm×20 cm(宽×高),排水沟两边用开挖土做成子堰进行围挡,沿堤防低洼处设置截水沟,把水引至堤顶排水沟,经坡面排水沟流出。

3　雨淋沟处理措施

小雨淋沟采用人工用铁锨把浸泡过的松散表土铲掉,然后用黏性土直接填垫低洼处,并整平夯实。

大雨淋沟采用机械挖除，开挖原则为清除雨淋沟松散土至原状基面，并开挖成台阶状，开挖完成后用黏性土按水平分层由低处开始逐层填筑，不得顺坡铺填，每层铺填完成后采用人工振动冲击夯进行逐层夯实。若发现局部有"弹簧土"或剪力破坏，及时换填新土，重新夯实。

雨淋沟修补完成后及时用草皮覆盖，因为草种生长周期较长，防止雨水再次冲刷裸露部位。平时要加强草皮管理，注意填垫低洼处，平顺堤坡，保证堤防顶面平整、平顺，雨天及时顺水、排水，圈挡低洼水引至背水侧坡面排水沟。

4 结语

雨淋沟一直困扰着堤防工程的安全运行，通过上述方法，本工程雨淋沟得到了有效的控制，确保了汛期的安全度汛。在以后的施工过程中将不断加以完善并摸索新方法。

参考文献

[1] 刘玉年. 堤防工程施工规范：SL 260—2014[S]. 北京：中国水利水电出版社，2014.

作者简介：何强，男，1989 年 3 月生，助理工程师，主要研究方向：水利工程施工、监理。E-mail：hqcool@ 126. com.

对城市“看海”现象的一点思考

江博君[1]　李　杰[2]　曲　静[2]

（1. 淮河水利委员会治淮档案馆（治淮宣传中心）　安徽蚌埠　233001；
2. 河南省桐柏县水利局　河南桐柏　474750）

摘　要：近年来我国城镇化进程加快，大量人口涌入城市，随着城市规模极速扩大，出现了一些“城市病”的现象，比如近几年各大城市频繁出现的“看海”奇观，给人民的生命和财产安全造成了巨大威胁。为了应对城市内涝频发的现象，笔者通过对近几年出现的城市“看海”现象的成因及处理方式进行分析，提出了解决城市内涝问题的建议，以期为我国新时期城市基础设施建设及规划提供参考。

关键词：城市　看海　内涝

暴雨季节年年有，城市看海岁岁见。近些年，“城市看海”一度成为网络热词。看海，本来是一件很浪漫的事情，不过对于居住在城市里的人们来说，经常因为一场大雨，就遭遇街道房屋内涝成“海”的窘境，却不是什么让人舒心的事情。泛滥的洪涝水威胁着城市的安全，也让我们看到了城市光鲜外表之外的脆弱一面。

1　案例

2012年7月21日，北京市普降大暴雨，局部地区发生特大暴雨。全市平均日降雨170 mm，为中华人民共和国成立以来同时段最大降雨。其中，城区平均215 mm，是1963年以来最大值；房山、平谷、顺义和城近郊区平均日雨量均在200 mm以上。暴雨中心位于房山区河北镇，为541 mm，达500年一遇。暴雨产生径流，古都北京中的凹式立交桥及低洼地区积水成“海”，交通大面积瘫痪。“7·21”暴雨造成北京市直接经济损失116.4亿元，并夺走77位同胞的生命，引起了强烈的社会反响。图1为2012年7月21日，被困立交桥下积水中的大客车。

图1　2012年7月21日，被困立交桥下积水中的大客车

2016年6月30日至7月2日，武汉降下22.5个东湖的水量及全年1/3的雨量，六个远城区均超过200 mm，部分地区甚至4 h降雨240 mm。5日晚到6日早晨，武汉再遭强降雨袭击。受江河湖库水位暴涨影响，武汉城区渍涝严重，全城百余处被淹，交通瘫痪，部分地区电力、通信中断，使武汉江城变“海城”。全市35万余人受灾，新洲区受灾人口20万余人。

2017年8月25日16时开始，合肥城区乌云密布，倾盆大雨伴随着滚滚雷声下个不停，主要雨区出现在合肥市西南部派河流域，暴雨中心烧脉站最大1 h、3 h降水量分别为99 mm、143 mm。合肥市内高新区、政务区、经开区、滨湖新区多处道路积水，部分路段积水深度达到人的胸部，连汽车都寸步难行。

当日 17 时合肥市气象台还将暴雨预警信号由橙色提升为红色。

2 成因分析

受全球气候变暖等多重因素影响,异常气候时有发生,城市大强度降雨经常出现,这是近年来城市洪涝灾害频发的背景基础,而造成城市“看海”的其他因素主要有以下几方面。

2.1 城市发展造成地表植被大量减少

由于城市的开发和建设,地表植被大量减少。根据有关专家的研究和分析,当地表植被减少时,地表的电导率下降,即表现为电阻加大,而充电功率即太阳辐射情况相对较稳定,根据焦耳定律,这在一定程度上使得地表的发热量增大,当潮湿的空气运动到这一地区时,由于雨水的湿润,大地又重新成为较好的导体,能量迅速释放,水汽凝结加快、雨强加大,因此极易产生局部的、小尺度的强降水。这使得城市在不长的时间段里,降水量很大,范围又集中,大大地超出其现有地下管网的排水能力,致使城市大量积水,内涝成灾。这是城市“看海”的重要原因之一。

2.2 城市盲目扩张造成水面减少和低洼地消失

由于种种因素,城市建设使得原本具有蓄水调洪功能的湖泊、洼地、河沟、水塘等被人为地填筑破坏移作他用,即出现了“人水争地”的不科学、不合理现象。有的填湖建城,有的在河道滩地上开发居民小区,有的利用滩涂建设公共设施,人为地破坏了天然河网水系,削弱了天然湖洼的调蓄容量和自然水网的行洪能力,使得城市原有的对雨水调蓄和分洪的功能降低或消失。这是近年来城市发展与建设的通病,也是城市“看海”的一个重要原因。

以“百湖之市”武汉为例,在中华人民共和国成立初武汉市城区登记在册的湖泊总数为 127 个,但最新的调查显示,全市中心城区现存的湖泊只有 38 个,湖泊总数已不及 20 世纪 50 年代初的 1/3。由于数十年持续不断的填湖,武汉湖泊面积大幅萎缩,被填湖泊 60% 以上转变成城市建设用地。填湖直接导致了湖泊等天然“蓄水池”容量的急剧减少,这正是武汉逢雨必内涝的重要原因之一。图 2 为 1987 ~ 2013 年武汉市湖泊面积变化图。

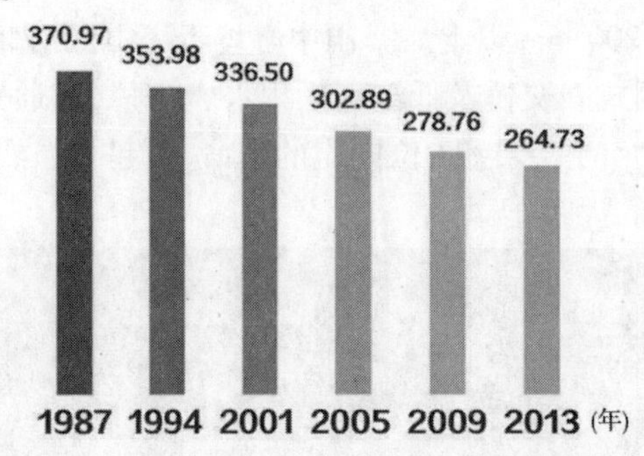

图 2 1987 ~ 2013 年武汉市湖泊面积变化图 (单位:km^2)

2.3 城市排水系统落后、老化问题突出

城市排水系统落后、老化也是城市“看海”的一个重要原因。城市地下管网是跟随着城市的建设逐步发展起来的,但过去一方面因国家财力不足,城市在水务投入上欠账较多,造成城市地下管网设计和建设先天不足,加上城市发展总是有一个从中心区向周边辐射的过程,城市管理部门既不可能、也不能够完全预料到城市发展的最终程度,因而导致排水系统建设不可能一步到位;另一方面也因地方领导不合理的政绩观导致重视地上的发展,而没有重视地下的建设;再一方面还因老城区的管道网络改造牵涉部门多、协调难度大,并且管道开挖会严重影响附近的居民生活,同时城市地下管网的建设投资巨大,并且这些投资并不能给所在地区带来后续的 GDP 增长。因此,这些重要的民生设施建设往往被各级政府忽视,从而导致了城市面对暴雨的袭击,时常出现排水排涝能力“捉襟见肘”的现象。

2.4 城市地面硬化率提高,雨水下渗减少

随着近年来城市基建力度加大,地面硬化率大幅度提高,导致了可渗水地面大量减少,地表径流系

数增大，汇集速度加快，从而让城市低洼地方极易积水成海。根据专家在我国北方某城市所做的试验，在1 h内沥青路面的降雨损失为草地的12%、裸露土地面的26%，并依此推算如果城市不透水面积达到城市面积的20%，只要遇到3年一遇以上降雨强度时，其产生的流量就可能相当于该地区原有流量的1.5～2倍。目前，为了解决城市交通问题，老城区改造都对马路进行拓宽，新城区建设道路宽又广，城区内地面硬化程度大幅度提高，加之老城区地下管网改造不及时，新城区地下管网设计不配套，必然出现雨水不能及时排出，这也是城市"看海"的一个重要原因。

此外，在城市建设中，人行道预制块铺设的技术方案有了新变化。过去人行道预制块铺设是在地面与预制块之间铺一层沙子，这样预制块之间的缝隙还可以下渗一部分雨水，现在改造人行道时，在铺设的预制块下面增铺一层混凝土，这样一来雨水也就不能再下渗了，这更加重了城市内涝的程度。

2.5　凹式立交桥是城市内涝的重灾区和悲剧的多发地

为了解决和改善城市交通状况，提高车辆通行的速度，近年来城区建设了大量立交工程，其中凹式立交桥是主流。凹式立交桥坦白说就是在城市市民活动频繁的地方人为地制造一处洼地。老话说"水往低处流"，这些地方一旦遇到大强度的降雨，其周边的雨水就迅速汇集到此，有时人员撤离不及时，车辆熄火，悲剧就在这些地方发生了。

3　解决城市"看海"问题的应对措施

3.1　积极推进海绵城市建设，有效降低市区径流系数

为落实习近平总书记关于"加强海绵城市建设"的讲话精神，2014年12月31日，财政部、住建部、水利部联合发出《关于开展中央财政支持海绵城市建设试点工作的通知》（财建〔2014〕838号）。通知要求"应将城市建设成具有吸水、蓄水、净水和释水功能的海绵体，提高城市防洪排涝减灾能力"。不论是否列入试点城市，今后建设和改造城市都要按照住房和城乡建设部颁发的《海绵城市建设技术指南》要求，优先利用自然排水系统，建设生态排水设施，充分发挥城市绿地、道路、水系等对雨水的吸纳、蓄渗和缓释作用，使城市开发建设后的水文特征接近开发前，有效缓解城市内涝、削减城市径流污染负荷、节约水资源、保护和改善城市生态环境，将城市建设成具有自然积存、自然渗透、自然净化功能的海绵城市，从而达到有效降低城市径流系数的目的。

3.2　加快排水系统升级改造，提高城市排涝能力

2015年7月28日，国务院总理李克强主持召开国务院常务会议，专题研究和部署推进城市地下综合管廊建设。会议指出，针对长期存在的城市地下基础设施落后的突出问题，要借鉴国际先进经验，在城市建造用于集中敷设电力、通信、广电、给排水、热力、燃气等市政管线的地下综合管廊，作为国家重点支持的民生工程，这可以逐步消除"马路拉链""空中蜘蛛网"等问题。这一创新之举标志着城市建设重心从地上设施建设向地下设施建设和地下空间开发利用的转移。各城市要抓住这个大好时机，认真规划好本城的排水基础设施体系，科学确定管网与管网、管网与河道的有机联通，构建综合泄洪排涝雨水利用工程系统。通过完善体制机制，调动各方的积极性，加快推进城市排水系统的升级改造工作。

3.3　倡导低碳生活理念，减少人类活动对气候环境的影响

一方面要积极响应国家号召，提倡低碳生活，出行多步行、多骑自行车、多坐公共交通，减少二氧化碳的排放；另一方面要多植树种草，提高城市绿化率，保护城市有一个良好的生态。从而逐步改善城市的小环境，减少人类活动对城市小气候的影响，实现城市文明的可持续发展。

3.4　加强天然水体保护，恢复城市水系原有状态

有天然河湖的城市，要通过立法明令禁止填湖（河）造地，并对违法者给予严厉惩罚。对过去城市发展已经占用的湖泊、洼地、河滩、水塘等，要有计划地逐步予以退还和恢复原状，或改造成公园等公共场所，给雨水以出路。

3.5　强力推进高架立交工程建设，减少城市悲剧的发生

经过40多年的改革开放，我国综合国力得到了极大提升。在未来城市基础设施建设中立交工程建设应该尽量采用高架方案，避免凹式立交桥的出现。凹式立交桥的建设给我们带来了血淋淋的教训，

在今后的城市建设中，决不能再人为地制造洼地，让这种悲剧重演。

此外，我们在城市建设中还要借鉴国外先进的管理和建设经验，在城市建立排水系统 GIS 数据库和预警预报系统，兴建滞洪和储蓄雨水的蓄洪池，同时在城市中广泛利用公共场所，甚至住宅院落、地下室、地下隧洞等一切可利用的空间调蓄雨洪，减免城市内涝灾害发生。

4　结语

一场大雨，检验出大城市的脆弱一面，其他城市在扩大规模的过程中要总结经验，吸取教训。要牢记没有一流的基础设施，就没有一流的城市，基础设施建设必须高屋建瓴，未雨绸缪，不然就是对子孙后代的不负责。每一场暴雨每一次"看海"都给我们敲响警钟：在注重城市华丽外表的同时，更要关注一个城市的内在品质。在未来几十年内，我国的城市化进程将保持高速发展的态势，大中城市的规模必将进一步扩大。我们要按照习近平总书记的要求，国务院常务会议统一部署，统筹考虑，科学决策，全面做好我们居住城市的各项基础建设工作。

参考文献

[1] 北京市水文总站，水情简报第 11 期[Z]，北京，2012.
[2] 财政部，住房和城乡建设部，水利部. 关于开展中央财政支持海绵城市建设试点工作的通知[Z]. 北京，2014.
[3] 住建部. 海绵城市建设技术指南[Z]. 北京，2014.

作者简介：江博君，男，1991 年 5 月生，助理工程师，主要从事水政执法、水利工程管理、水利信息期刊编辑等工作。E-mail：jiangbojun1991@hrc.gov.cn.

浅析拉萨市防洪工作面临的问题及洪水防御对策

张志滨

（骆马湖水利管理局　江苏宿迁　223800）

摘　要：拉萨市地处青藏高原内陆，整体为高原多山地貌，平均海拔为4 200 m，主城区海拔为3 650 m，市域年均降水量为515.7 mm，降水时空分布极不均匀，集中在每年的6～9月。拉萨市洪涝灾害呈现突发性强、防御难度大和山洪灾害易发多发、点多面广等特点，防洪难度大。同时，拉萨市主城区尚未建成封闭防洪体系；中小河流治理不全面；部分水库洪水调度能力差，县城、乡镇防洪能力薄弱。这些均是拉萨市防洪安全的重要缺陷。需要通过加强防洪工程建设及加强水库、水电站等工程调度管理和扎实开展防汛非工程措施落实等手段，提高防御能力，确保拉萨市防洪安全。

关键词：拉萨市　防洪安全

1　拉萨市防汛基本情况

1.1　拉萨市地理气候及洪水特性

拉萨市地处青藏高原内陆，全市行政区域总面积为2.95万km^2，整体为高原多山地貌，平均海拔为4 200 m；拉萨市主城区海拔为3 650 m，属山间河谷冲洪积平原，为河流堆积地貌类型。拉萨市域年均降水量为515.7 mm，降水时空分布极不均匀，集中在每年的6～9月，占全年降水量的80%；受高原气候影响，大面积强降雨过程极少，雨季局地强降水频发，极易引发山洪泥石流灾害。拉萨市河道径流以降雨补给为主，其次是融雪和地下水。拉萨河作为雅鲁藏布江的5大支流之一，自东向西横穿拉萨市，在拉萨市南郊汇入雅鲁藏布江，为拉萨市最主要的防洪河道。相关资料显示，拉萨河多年平均径流深为320 mm；河道径流的年内分配相对均匀，汛期（6～9月）约占年径流量的76%，非汛期（10至次年5月）占24%。根据历史水文资料分析，拉萨河洪水出现的时间一般在7月中旬至8月下旬，个别年份提前到6月中旬或推迟到9月上旬。每年汛期平均出现3～5次以上大于1 000 m^3/s的洪水。一般年份，唐加、拉萨水文站的洪峰流量分别在1 500 m^3/s、2 000 m^3/s左右。

1.2　历史洪水情况

根据历史资料，拉萨市在1461年、1761年、1902年、1917年、1927年、1954年、1962年、1998年等年份发生较大洪水过程；根据自治区水文局历史洪水调查成果，1917年洪水为可追溯的最大洪水，推测洪峰流量：拉萨站区间为3 690 m^3/s，唐加站区间为2 910 m^3/s。拉萨河流域自有水文实测资料记载以来（1954～2016年），分别在1962年和1998年发生过两次较大洪水。其中，1962年8月31日为有记载以来的最大洪水，拉萨站洪水水位达到6.18 m，洪峰流量为2 830 m^3/s；1998年6月下旬洪水，为有记录以来的第二大洪水，拉萨站洪水水位为5.61 m，洪峰流量为2 560 m^3/s。

1.3　防洪规划及现状防洪标准

拉萨市防洪减灾工程体系经多年来的不断建设，已经初具规模。拉萨城城区为流域特别重要防洪目标，主城区按100年一遇设防，拉萨河南岸城区及东、西部外延城区按50～100年一遇设防。沿河县城城区为重要防洪目标，达孜、墨竹、林周、堆龙、曲水和尼木的县城防洪堤相继建成，按20～50年一遇完成初步设防。沿河重要村镇、工农业集聚区为一般防洪保护目标，部分完成按10～20年一遇设防。拉萨河唐加水文站至雅江河口，为重点防洪河段，河段全长132 km，该河段除城区段外，现状防洪能力基本为10年一遇。

1.4 主要控制站及防洪特征值

拉萨市域共设有水文站 6 个,分别是位于拉萨河的热振站、旁多站、唐加站、拉萨站,堆龙曲上的羊八井站,乌龙曲上的乌鲁龙站。其中,拉萨水文站是拉萨河重要基本水文站,直接关系拉萨市城市防洪,是拉萨市防汛工作的重要基准站。根据《拉萨市防汛应急预案》,当拉萨站流量达到 2 270 m^3/s、2 580 m^3/s、3 200 m^3/s 时,应分别启动防汛Ⅲ、Ⅱ、Ⅰ级防汛应急响应,实施抗洪抢险,应急处置,尽最大可能减少灾害损失。根据 2008 年区水利厅、区水文局关于拉萨市城区防洪特征水位的论证结果,拉萨市城区警戒水位为 4.76 m,相应流量为 2 270 m^3/s;危险水位为 4.95 m,相应流量为 2 580 m^3/s。拉萨水文站 100 年一遇洪水标准为 3 660 m^3/s、50 年一遇洪水标准为 3 350 m^3/s。

2 拉萨市防洪工作面临的主要问题

2.1 洪涝灾害呈现突发易发等特点,防御难度大

受市域地理、气候及流域水文水系特性的共同影响,拉萨市洪涝灾害的主要形式是江河洪涝及山洪泥石流,突出表现在以下几个特点:一是突发性强,山区河流坡陡、流急,汇流快,又多短历时强降水,致使洪水暴涨暴落,具有较大的冲刷力、破坏性;二是河势不稳定,受特殊地质条件影响,河道多大粒径推移质,河床宽浅游荡,洪水到来时,推移质裹挟而下,对沿河岸线冲击巨大,易发冲刷塌岸险情;三是季节性显著,由持续降水造成的洪水多发生在 6 ~9 月,其中 7 ~8 月为洪涝灾害的多发期;四是山洪灾害易发多发,点多面广,受特殊地理及气候环境影响,泥石流、冲沟崩岸等山洪灾害易发多发,加之居民点分散,防御难度大。

2.2 防洪体系仍未完全建成,工程措施不完善

拉萨市防洪体系经多年建设,虽然取得很大进步,但还存在许多薄弱环节。一是拉萨城区及各县城均未形成封闭的防洪体系,拉萨市区仙足岛、太阳岛设防标准低,仅为 20 年一遇;拉萨河唐加水文站至雅江河口为重点防洪河段,全长 132 km,除城区段外,现状防洪能力基本为 10 年一遇,防洪标准低。二是城区中小河道、排洪渠未完成系统治理,城市防洪排涝基础设施与城市发展不同步,防洪排涝标准不够,同时县城、乡镇防洪能力薄弱。三是拉萨河上游旁多、直孔等大型水库、水电站虽已建成,但在防洪调度方面未能形成科学、系统的调度体系,洪水多发季节,尚未起到很好的削峰、调峰作用。四是拉萨市境内共有中小型水库 16 座,其中部分中小型水库管理措施不到位,存有安全隐患;全市目前有尾矿库 19 座,其中部分尾矿库存有度汛安全隐患,尚未予以处理,汛期需加强监管。

2.3 防汛非工程措施薄弱,市、县抢险应急能力不足

市、县两级防汛机构能力建设不足,防汛力量薄弱。一是市、县防汛机构专业人员少,防汛组织机构不完善。拉萨市防汛抗旱办公室与市水利局河管科合署办公,无专门人员编制,个别县区尚未设置专门的防汛部门;二是技术手段缺乏,监测预报能力不足,各级防汛机构缺少现代化的信息平台和技术手段,雨情、水情、工情及地质灾害等监测预报信息仍然靠传统的电话、传真等方式传递,信息采集多靠人工观测收集,信息采集与传递不准确、不及时,严重影响防汛工作的决策支持和调度指挥;三是应急响应能力不足,防汛机构在调度会商、监测预报、抢险处置、技术支持等方面应急响应能力不足,仍需进一步加强。

3 拉萨市洪水防御的对策

3.1 着力加强防洪工程建设

从近几年拉萨河行洪情况来看,拉萨河沿线部分县区防洪标准低的问题暴露明显,2016 年 7 月,达孜、曲水等县区拉萨河干流均曾出现堤防基础冲刷和堤防漫溢等险情。下一步需要继续抓住“十三五”期间国家投资的灾后薄弱环节建设契机,抓紧实施拉萨河干流治理、中小河流治理及中小水库、尾矿库治理与重点区域排涝能力建设等项目,尤其是通过防洪工程建设提高各县区拉萨河干流防洪标准,切实提高拉萨市主城区及各县区防御洪水的能力。

3.2　强化水库、水电站调度管理

目前,拉萨河已建成旁多水利枢纽、直孔水电站2座控制性工程,拉萨市主城区也陆续建设了2座拦河闸坝,但受各种因素影响,目前在拉萨河洪水调度方面尚未完全发挥作用。汛期防洪需要在加强洪水监测、科学预报的条件下,加强旁多、直孔水库及城区闸坝的联合调度运用工作,充分发挥旁多、直孔水库的削峰、调峰作用,有效控制拉萨河沿线尤其是主城区洪水,减小下游防洪压力。

3.3　不断完善防汛非工程措施建设

进一步加强市、县两级防汛机构能力建设,加大财政资金支持,抓紧建成拉萨市防汛抗旱指挥调度系统,通过会商调度、监测预报、技术培训等措施建设,进一步提高防汛指挥调度能力和应急处置能力。以全面推行河长制为契机,加强河道管理,强化执法监管,杜绝侵占河道、破坏防洪工程等违法行为,保证防洪工程安全。市、县两级根据工程变化和社会经济发展需求,及时修订完善各类防汛抗旱预案、应急预案,要切实提高预案的可操作性,对重点隐患要制订专门的措施方案,以备不时之需。

防洪工作事关人民群众的生命和财产安全,事关经济社会发展,面对拉萨市防洪面临的诸多困难和问题,需要继续加强防洪工程建设,积极探索水库联合统一调度的最佳方案,不断加强各项非工程措施建设,才能力保江河安澜,守护圣城安宁。

参考文献

[1] 西藏自治区水利厅.西藏水利概况[M].拉萨,2015.

作者简介:张志滨,男,1981年6月生,工程师,主要研究防汛、水资源管理等。E-mail:21503705@qq.com.

第 2 篇　生态流域与民生水利专题

趵突泉泉群流量研究

相　华[1]　封得华[2]　蒋国民[1]　仇东山[1]　于询鹏[1]

(1.济南市水文局　山东济南　250000;
2.山东省水文局　山东济南　250000)

摘　要:通过对济南趵突泉泉群6年的流量监测,收集了大量的水文监测资料,经过对监测资料的分析,初步掌握了泉水出流的规律。这些监测资料可以为有关部门提供可靠的泉流量变化过程,为保泉、泉水资源开发利用提供科学依据。

关键词:济南　趵突泉泉群　泉流量

为保障济南市防洪安全、供水安全、生态安全,保障市民的生活质量,水利部决定将济南定位为首个水生态文明建设试点城市。将通过试点为全国水生态文明建设积累经验,发挥示范引导作用。济南市水利局围绕"节水保泉"和"城市水生态"为切入点,部署开展了对趵突泉、黑虎泉、珍珠泉、五龙潭等趵突泉泉群流量实时监测项目。济南市水文局承担了2010年7月至2016年6月的泉群流量实时监测工作。经过六个水文年度的实时监测,收集了大量的水文监测资料,经过对监测资料的分析初步掌握了泉群流量的规律。

1　监测资料代表性分析

本次测流时段从2010年7月至2016年6月,该监测时段内,经历了2011年和2013年的丰水年份、2012年平水年份及2014年、2015年和2016年上半年的枯水期,降水年际变化较大,资料具有较好的代表性。

该监测期内,趵突泉地下水位日平均值为28.38 m。根据济南市水利局2005年7月至2016年6月的地下水位监测资料分析,最近11年趵突泉地下水位日平均值为28.39 m,与泉水监测期内监测的趵突泉地下水位基本一致。因此,2010年7月至2016年6月监测期内监测的资料具有较好的代表性。

2　降水对趵突泉地下水位的影响分析

降水是地下水的主要补给水源,也是趵突泉泉群的主要补给来源,降水通过下渗,补给地下水,趵突泉泉群地下水位相应抬高,泉水泉流量相应增大。根据降水情况及趵突泉地下水位的变化情况来分析趵突泉泉群监测资料的合理性。图1为趵突泉地下水位与降水量关系。

2010年7月,济南市区平均降水量为136 mm,8月降水量为418 mm,为有水文资料记载以来(60年系列)历年同期最大值,比历年同期偏多164.3%。雨水下渗有效补充了地下水,9月23日趵突泉地下水位突破30 m大关,创1966年以来最高值;2013年7月,济南市区平均降水量为366.3 mm,8月15日趵突泉地下水位达到年度最大值29.88 m;2013年8月至2016年6月,降水较历史同期偏少,开始进入枯水年份。趵突泉地下水位逐步下降,泉流量也逐渐减小。2015年6月21日、2016年6月14日分别达到年度最低水位27.16 m和27.17 m,黑虎泉停喷、趵突泉断流。随着汛期雨水增多,趵突泉地下水位逐步上升,黑虎泉复涌。

每年的4月左右,趵突泉地下水位会有小幅度的上升,说明济南市政府采取的一系列保泉措施有效发挥了作用。

综上所述,降水是泉水泉流量的主要补给来源,趵突泉地下水位与前期降水量有较大相关性、一致性。

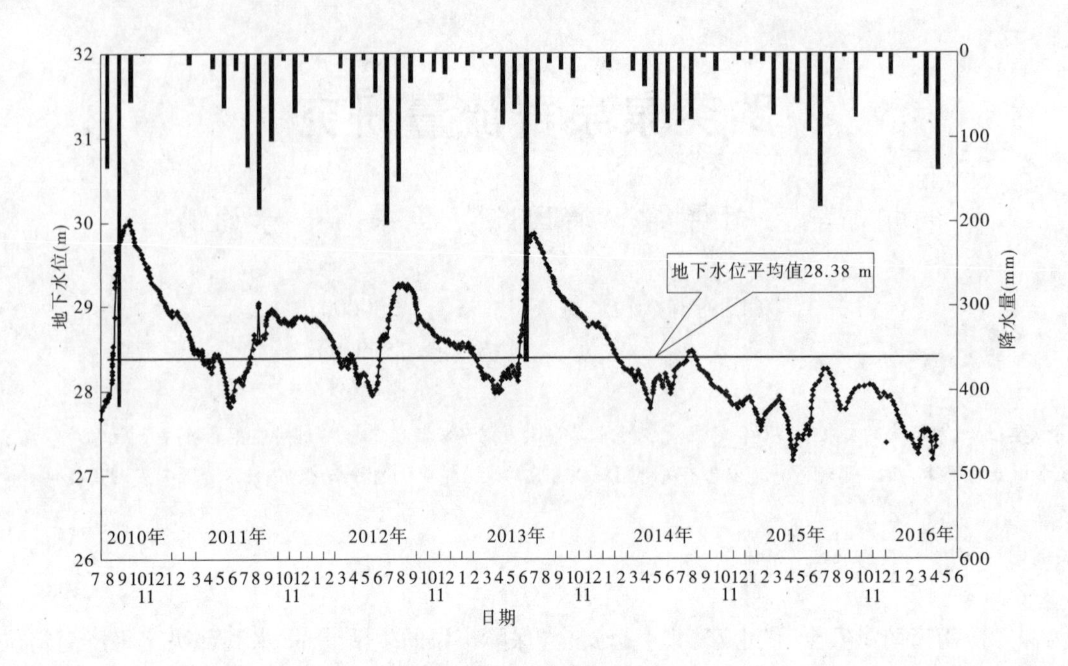

图 1　趵突泉地下水位与降水量关系图

3　泉水泉流量与地下水位的关系

趵突泉地下水位与趵突泉泉群泉流量有较好的相关性，地下水位升高，则泉水泉流量就大；地下水位下降，泉水泉流量就变小，泉水泉流量与趵突泉地下水位有较高的正相关性，变化一致。图 2 为趵突泉地下水位与趵突泉泉群泉流量过程线图。

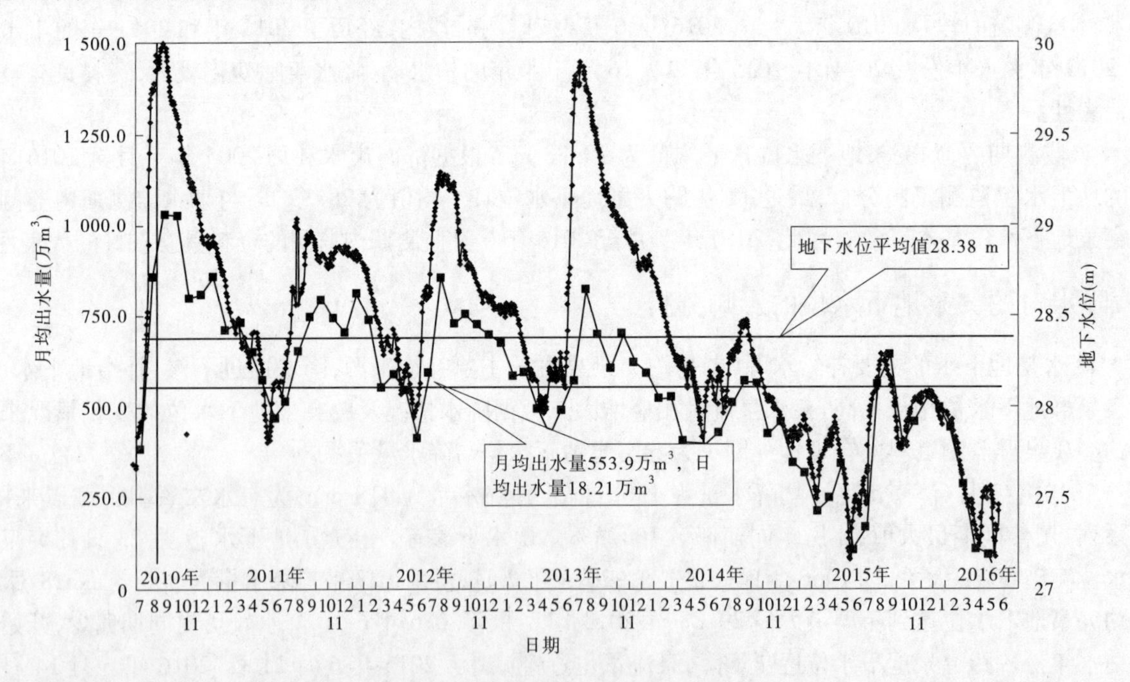

图 2　趵突泉地下水位与趵突泉泉群泉流量过程线图

2010 年 8 月，趵突泉地下水位由 27.87 m 上升到 29.75 m，9 月 27 日突破 30.01 m。受此影响，自 8 月起，泉群泉流量逐步增大，至 9 月 28 日达到最大值，为 3.61 m^3/s。10 月之后，济南市降水量很小，造成了严重的春旱，趵突泉地下水位也由 30.01 m 下降为 27.80 m，相继突破了黄色、橙色警戒线，保泉形势严峻。泉水泉流量也由3.61 m^3/s下降为1.59 m^3/s；2013年8月，趵突泉地下水位上升到当年最高水位，泉流量也相应增大，出现当年最大流量；每年最枯流量均发生在5、6月，也是每年地下水位最低时间。由此可见，趵突泉泉群出水量随着地下水位的变化而呈现正相关变化。

4　趵突泉泉群泉流量变化情况分析

对趵突泉泉群各监测断面的泉流量监测资料进行分析，依据实测流量采用连实测流量过程线法，推求各监测断面水量。图3为济南趵突泉泉群各泉群出流情况变化图。

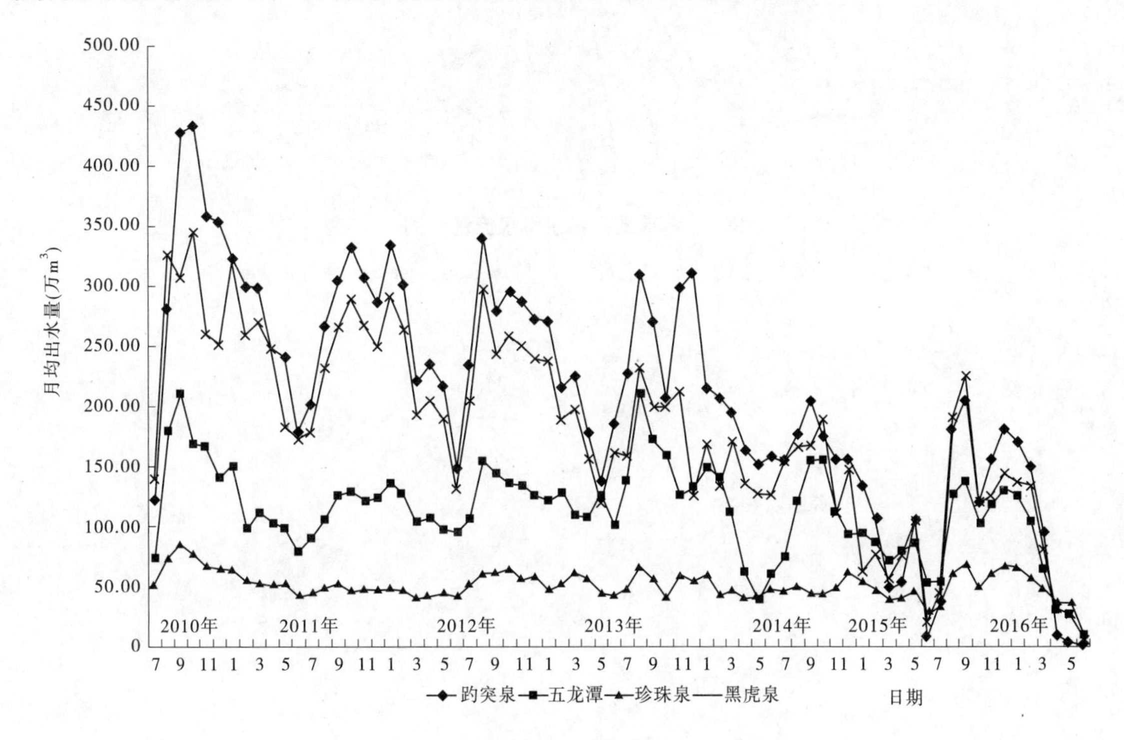

图3　济南趵突泉泉群各泉群出流情况变化图

从图3可以看出，珍珠泉泉群泉流量比较稳定，月均出水量为50万m^3，受外界影响较小；五龙潭月均出水量为113万m^3，变幅稍大，受外界因素影响较大；趵突泉和黑虎泉泉群受降水、地下水位、地下水开采等影响因素最大，流量变幅较大，趵突泉月均出水量为210万m^3，黑虎泉月均出水量为180万m^3。

5　各泉群泉流量所占比例情况

根据2010年7月至2016年6月流量实测资料，趵突泉泉群泉流量中，趵突泉泉流量占37.9%；黑虎泉泉流量占32.5%，低于趵突泉泉流量。五龙潭泉群占20.4%，珍珠泉泉群占9.2%。趵突泉与黑虎泉的出水量占趵突泉泉群出水量的70.4%，所占比例较大，这也与趵突泉“三股大泉，从池底冒出，翻上水面有二三尺高”及黑虎泉“水激柱石，声如虎啸”的威名相符。各泉群出流比例见图4。

6　结语

为做好水生态文明建设试点工作，应坚持泉水水质与水量同步监测。在济南趵突泉泉群监测范围内，布设水质水量监测站，在主要排污口设立进水退水水质监测站。监测项目由单一水位、水量增加到水位、水量和水质同步监测。通过监测分析，为水行政主管部门提供及时可靠的监测分析成果，为政府在泉水资源开发利用和保护决策中提供技术支撑。

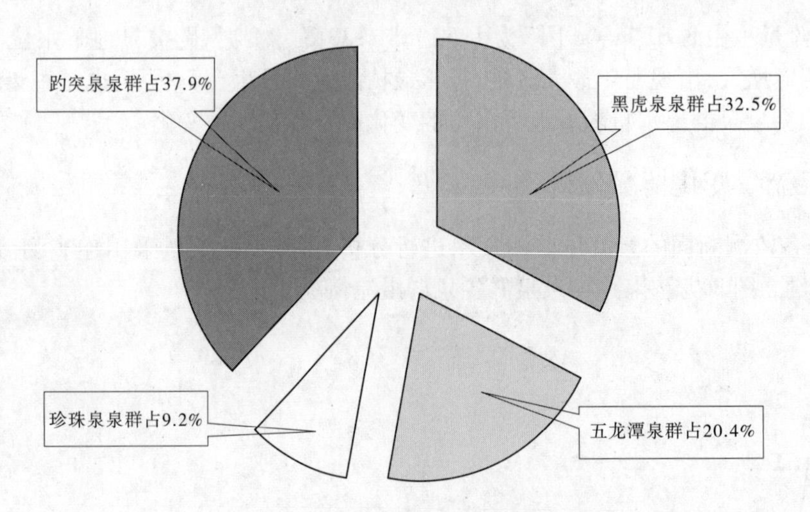

图4　济南趵突泉泉群泉流量比例

作者简介:相华,男,1973 年生,工程师,主要研究水文水资源方向。E-mail:sdswkjglk@ 163. com.

南四湖平原洼地局部土壤盐渍化趋势预测及防治对策浅析

侯祥东[1]　李玥璿[2]　王训诗[1]

（1.山东省淮河流域水利管理局　山东济南　250100；
2.济宁市洙赵新河管理处　山东济宁　272000）

摘　要：鉴于入南四湖大中型河道干流除涝标准相对较高，南四湖平原洼地治理工程的主要任务是提高入湖大中型河道二级、三级支流及入湖小型河道的除涝标准，从而整体提高洼地治理区除涝标准。鉴于工程点多面广，各治理河道地质条件差别相对较大，治理后会引起河段地下水位变化，容易引起土壤盐渍化。本文将洼地治理区内的水文地质条件分区概化并建立预测模型，对治理后的丰水期河水对地下水水位的影响、局部土壤盐渍化趋势进行定量预测分析，提出土壤盐渍化防治重点河段，对防治洼地治理范围内的局部土壤盐渍化有一定指导意义。

关键词：洼地治理　水位影响预测　土壤盐渍化预测

1　概述

1.1　区域土壤盐渍化的危害

土壤盐渍化指土壤中可溶性盐类随水向表层移动并积累下来，使可溶性盐含量超过0.1%或0.2%的过程。土壤盐渍化后，土壤溶液的渗透压增大，土体通气性、透水性变差，养分有效性降低，影响作物正常生长。明清时期南四湖流域排水不畅，流域内平原洼地特别是曹县、定陶、巨野、济宁等地，土壤盐渍化特别严重，整个湖西平原约有1/6以上的土地受到不同程度的盐渍化危害。

20世纪六十七年代湖西水系调整后，东鱼河、洙赵新河等大中型河道对地下水位起到了关键性调控作用，土壤盐渍化程度得到有效控制，但洼地治理范围内的局部地区仍存在以氯化物和硫酸盐为主的土壤盐渍化趋势，土壤盐渍化的治理与次生盐渍化的防治，是保障流域粮食生产安全必须考虑的重要因素。

根据调查点的浅层地下水水质分析资料，湖西平原浅层地下水中氯化物、硫酸盐浓度大部分地区较高，氯化物浓度为18.8～425 mg/L，硫酸盐浓度为38.4～720 mg/L，且沿黄地区浅层地下水相对埋藏较浅，由于长期蒸发作用，使土壤含盐量增高，部分地区土壤含盐量达0.1%～0.6%，整个湖西平原中度盐渍化面积约占2%。

1.2　南四湖洼地治理工程概况

南四湖洼地规划治理总面积为5 135 km^2，包括滨湖洼地和湖西洼地两部分，滨湖洼地位于南四湖周边济宁、枣庄两市36.79 m等高线以下的地区，面积为2 303 km^2；湖西洼地位于菏泽市36.79 m等高线以上的地区，面积为2 832 km^2。

工程规划的主要内容：对64条入湖大中型河道的二级、三级支流及入湖小型河道进行疏挖治理，提高除涝标准至5年一遇，同时分段复核堤防防洪标准，经复核计算有39条河道需要进行堤防加固或局部堵覆缺口，并治理沿河配套建筑物。南四湖洼地规划治理河道布置图见图1。

1.3　洼地治理区浅层地下水位现状分析

本次预测分析共收集治理区内364个地下水位检测点自2014年1月1日至12月26日全年的观测资料（其中菏泽市151个检测点、济宁市213个检测点），观测间隔时间一般为5 d，即每月的1日、6

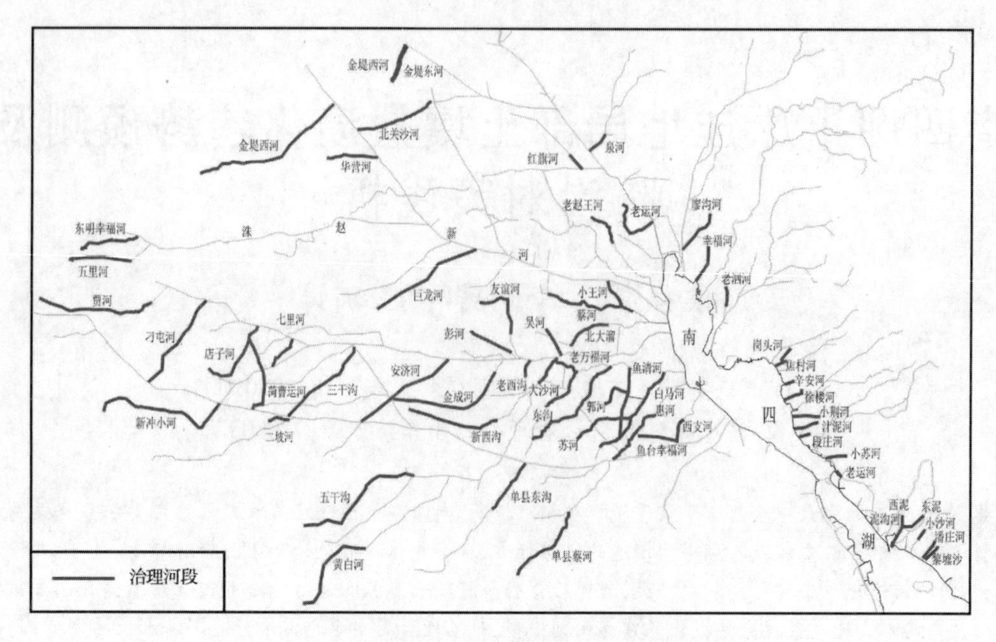

图1　南四湖洼地规划治理河道布置图

日、11 日、16 日、21 日、26 日观测，少量观测点为每天观测一次。通过代表性河道的河底高程、5 年一遇除涝水位与附近地下水位对比分析，滨湖洼地内地下水的年变幅相对较小，略低于治理河道 5 年一遇除涝水位，原因是河道水位常年受南四湖水位顶托，水位较高，河水常年补给地下水。湖西洼地内地下水的年变幅相对较大，大多数河道汛期及引黄灌溉期，地下水受补给后上升，高于河底高程，其余大部分时间低于河底高程。根据实地调查，湖西洼地治理河道内除汛期及引黄灌溉期外，大部分水量较小或处于干涸状态，河道水深一般小于 1 m。

2　地下水位影响及土壤盐渍化趋势预测

2.1　预测模型的建立

（1）河道水位突变时，地下水的非稳定运动数学模型为

$$\begin{cases} T\dfrac{\partial^2 s}{\partial x^2} = S\dfrac{\partial s}{\partial t}, t > 0, x > 0 \\ s(x,t) = 0, t = 0, x \geqslant 0 \\ s(x,t) = 0, t > 0, x \to \infty \\ s(x,t) = s_0, t > 0, x = 0 \end{cases} \tag{1}$$

河道水位突变时，地下水的非稳定运动数学模型解为

$$\begin{cases} s = s_0 \cdot \mathrm{erfc}(u_A) \\ u_A = \dfrac{x}{2}\sqrt{\dfrac{S}{Tt}} \end{cases} \tag{2}$$

式中：S 为地下水位变化值，m；s_0 为河渠水位瞬时突变的幅度，m；t 为从河渠水位瞬时突变时算起的时间，d；x 为过水断面到侧向边界断面的距离，m；$\mathrm{erfc}(u_A) = \dfrac{2}{\pi}\sum_{u_A}^{\infty} \mathrm{e}^{-y^2}\mathrm{d}y$ 为 μ_A 的余误差函数；e 为自然常数；μ_A 为与 x、t、S、T 相关的参变量；S 为含水层本身的贮水系数（指面积的一个单位，厚度为含水层全厚度 M 的含水层柱体中，当水头改变一个单位时弹性释放或贮存的水量，无量纲）；T 为含水层本身的导水系数，$\mathrm{m^2/d}$。

（2）预测河道单位长度的渗漏量模型为

$$\begin{cases} \left|\dfrac{\mathrm{d}H}{\mathrm{d}x}\right| = \left|\dfrac{\mathrm{d}s}{\mathrm{d}x}\right| = \dfrac{s_0}{\sqrt{\dfrac{\pi t T}{S}}} \mathrm{e}^{\frac{-x^2 S}{4Tt}} \\ |q(x,t)| = T\left|\dfrac{\mathrm{d}H}{\mathrm{d}x}\right| = \dfrac{s_0\sqrt{TS}}{\sqrt{t\pi}} \mathrm{e}^{\frac{-x^2 S}{4Tt}} \end{cases} \tag{3}$$

定解问题的解为

$$|q_{x=0}| = s_0\sqrt{\frac{TS}{\pi t}} \tag{4}$$

式中：H 为地下水位标高，m；S 为任一过水断面处地下水位值，m；s_0 为河渠水位变幅，m；t 为时间，d；x 为距离，m；S 为含水层的贮水系数，m^2/d；T 为含水层本身的导水系数，m^2/d；q 为单宽流量，m^2/d。

2.2　水文地质参数的确定

根据区域地质条件，将该研究区划分为 8 个小区，每个小区选典型县进行抽水试验，计算各土层渗透系数。由于洼地治理区面积大，在区域地下水位及其盐渍化影响时，一要充分考虑各典型抽水试验土层厚度权重，二要充分考虑渗透系数较大土层进行综合计算，确定各小区治理河段的 K 值。

抽水试验渗透系数计算公式为

$$K = \frac{0.732Q}{(2H-S)S}\lg\frac{R}{r};R = 2S\sqrt{HK} \tag{5}$$

式中：K 为渗透系数，m/d；Q 为涌水量，m^3/h；H 为含水层厚度，m；S 为抽水孔中水位降深，m；R 为影响半径；r 为抽水孔过滤器的半径，m。

2.2.1　市中区抽水试验区

在中水水库附近做抽水试验，勘察揭露土层自上而下有黏土、粉质黏土（分布中粗砂层）、黏土夹姜石（局部分布中粗砂层）、黏土共 4 层，代表红旗河、泉河、老运河、老赵王河、廖沟河、幸福河、老泗河、岗头引河、焦村引河、盖村引河、辛安引河、徐楼河、小荆河、汁泥河、段庄引河、小苏河、老运河、老运河分洪道、东泥河、西泥河、泥沟河、潘庄河、黎墟沙河的渗透参数，渗透系数取值：$K=4.25$ m/d。

2.2.2　定陶区抽水试验区

在菏曹运河附近做抽水试验，勘察揭露土层自上而下有粉质黏土、粉土、黏土、粉土共 4 层，代表刁屯河、新冲小河、店子河、菏曹运河、七里河、二坡河、三干沟的渗透参数，渗透系数取值：$K=1.305$ m/d。

2.2.3　单县抽水试验区

在胜利河附近做抽水试验，勘察揭露土层自上而下有粉土、粉质黏土、粉土共 3 层，代表黄白河、五干沟、东沟、蔡河的渗透参数，渗透系数取值：$K=5.94$ m/d。

2.2.4　金乡县抽水试验区

在老万福河附近做抽水试验，勘察揭露土层自上而下有粉土、粉土、粉质黏土、粉质黏土共 4 层，代表蔡河、小王河、吴河、北大溜河、老西沟、大沙河、老万福河、东沟河、苏河、俞河、鱼清河、白马河、惠河、幸福河、西支河的渗透参数，渗透系数取值：$K=4.24$ m/d。

2.2.5　巨野县抽水试验区

在巨龙河河段做抽水试验，勘察揭露土层自上而下有粉土、黏土、粉质黏土、黏土共 4 层，渗透系数取值：$K=1.57$ m/d。

2.2.6　鄄城县抽水试验区

在箕山河附近做抽水试验，勘察揭露土层自上而下有粉土、粉土、黏土、粉质黏土共 4 层，代表金堤东河、金堤西河、北关沙河、华营河的渗透参数，渗透系数取值：$K=1.85$ m/d。

2.2.7　东明县抽水试验区

在幸福河下游做抽水试验，该区地貌属于黄河冲积平原，勘察揭露土层自上而下有粉土、黏土、中细砂、粉质黏土共 4 层，代表幸福河、五里河、贾河的渗透参数，渗透系数取值：$K=11.23$ m/d。

2.2.8　成武抽水试验区

在安济河附近做抽水试验，勘察揭露土层自上而下有粉土、粉质黏土、黏土共3层，代表友谊河、彭河、安济河、金成河、新西沟的渗透参数，渗透系数取值：$K = 1.32$ m/d。

2.3　预测时段确定

南四湖洼地治理工程总施工期为36个月，跨4个年度，从第一年7月开始进行施工准备，至第四年6月底全面完成。根据该建设项目的规划目标及其要求，丰水期，地下水来源于河道渗漏补给，因此将研究区地下水环境预测时段确定为122 d。

3　预测结果分析

3.1　水位影响预测结果分析

水位影响预测结果如图2所示，由于篇幅限制，选择有代表性的治理河段进行地下水位、影响范围、单宽渗漏量预测结果分析：丰水期研究区西部，治理河段位于黄河、洙赵新河上游附近，地下水位受河水位变化影响范围最大为2 743 m，最小为1 884.46 m，平均为2 526 m（贾河）；西南地区地下水位受影响范围最大为1 926 m，最小为525 m，平均为1 683 m（黄白河）；南四湖周边地下水位受河水位变化影响范围最大为1 813 m，最小为1 053 m，平均为1 460 m（鱼台幸福河）；中西部地区地下水位受河水位影响范围最大为1 134 m，最小为577.8 m，平均为850 m（金城河）。

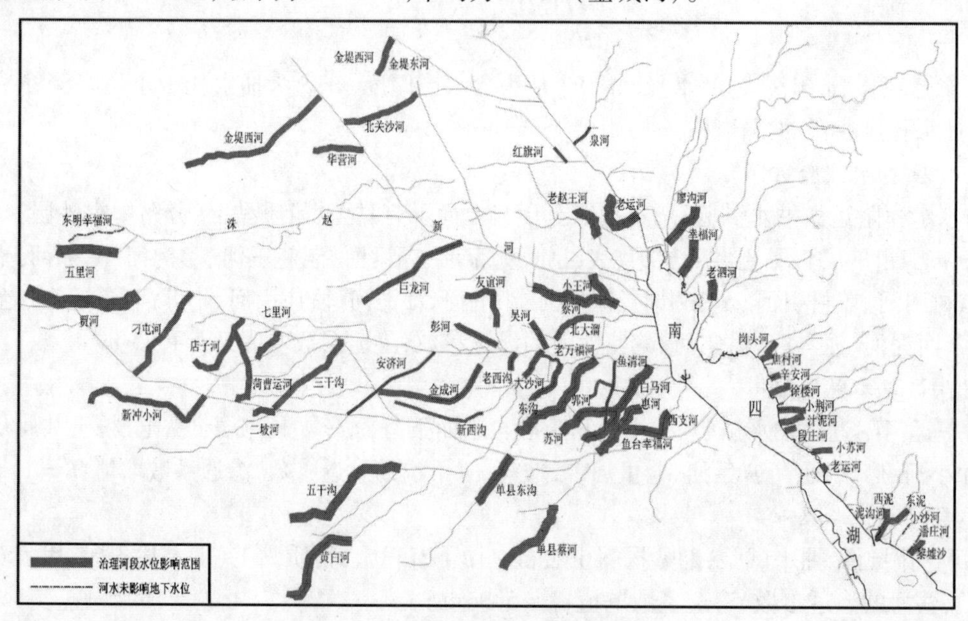

图2　治理河段水位影响范围预测图

通过河道对地下水补给量计算可知，贾河对地下水渗漏量最大，单宽渗漏量为0.98 $m^3/(d \cdot m)$；微山老运河对地下水渗漏量最小，单宽渗漏量为0.05 $m^3/(d \cdot m)$。

3.2　盐渍化趋势预测结果分析

盐渍化趋势预测结果如图3所示。根据研究区的水文地质特征，将地下水埋深小于3 m的区段作为考虑具有盐渍化趋势预测对象。丰水期，西部、东南部部分治理河段，地下水埋深平均在1.7 m左右，其中埋深最大为2.9 m，最小为0.2 m。由此推测位于黄河、南四湖附近，地下水埋深较浅，加之蒸发量大，土壤盐渍化趋势较大；丰水期，中西、西南部治理河段，地下水埋深平均在4.5 m左右，其中埋深最大为12 m，最小为3 m，土壤盐渍化趋势并不明显。

4　预测结论与防治对策

4.1　预测结论

河道治理后，丰水期对地下水渗漏暂时性增强，研究区西部、西南地区，治理河段两侧影响范围较

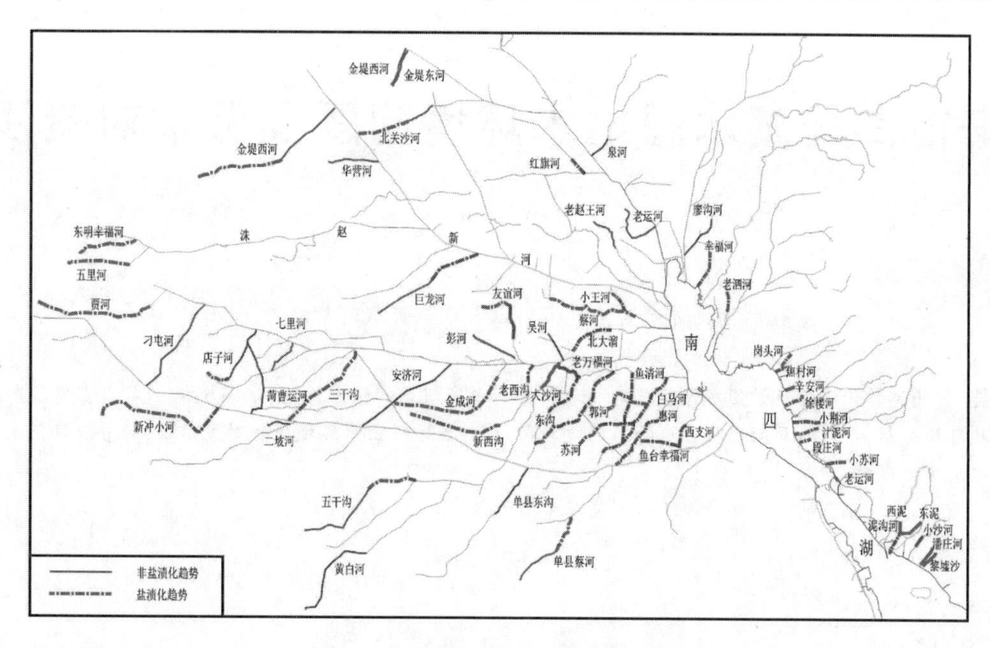

图 3　治理河段盐渍化趋势预测图

大,影响距离平均值为 1. 68 ~2. 53 km;南四湖周边、中西部地区,治理河段两侧影响范围相对较小,影响距离平均值为 0. 85 ~1. 05 km。河道治理后,黄河、南四湖附近,地下水埋深较浅,加之蒸发量大,土壤盐渍化趋势较大;中西、西南部,地下水埋深平均在 4. 5 m 左右,土壤盐渍化趋势不明显。

4.2　防治对策浅析

经过 20 世纪 60 ~70 年代湖西水系调整后,湖西平原的河网化有效控制了水灾、旱灾和土壤盐渍化的危害,但对局部盐渍化土地进行全面的利用改良,非短期局部的冲洗排水所能解决。建议采取以下防治对策:

(1)进一步加强河网化建设。通过河网以东鱼河、洙赵新河等大中型河道为骨干,将整个湖西平原的水库、洼地、坑塘、井渠等联系起来,将引水、蓄水、灌溉、排水四个方面配合起来,才能消除旱灾、涝灾、盐渍化的危害,达到根治局部土壤盐渍化的目的。

(2)加强中小河道管理。要保持治理段河道畅通,防止河道水位被人为抬高,特别要防止黄河、南四湖附近有盐渍化趋势的河段周围地下水位的升高,全面控制平原洼地水盐动态。

(3)建立湖西平原地下水长期监测系统。对湖西平原地下水位、水质进行系统监测,控制地下水位在临界深度以下,防止返盐,构建满足土壤改良和农业综合利用要求的地下水长期监测系统。

参考文献

[1] 薛禹群. 中国地下水数值模拟的现状与展望[J]. 高校地质学报,2010(1):1-6.
[2] 孙从军,韩振波,赵振,等. 地下水数值模拟的研究与应用进展[J]. 环境工程,2013,31(5):9-13.
[3] 唐甜,吴吉春,杨运. 含水介质非均质概化对地下水数值模拟的影响分析[J]. 工程勘察,2011,39(4):34-42.
[4] 伊燕平. 地下水数值模拟模型的替代模型研究[D]. 长春:吉林大学,2011.
[5] 冯斯美,宋进喜,来文立,等. 河流潜流带渗透系数变化研究进展[J]. 南水北调与水利科技,2013(3):123-126.

作者简介:侯祥东,男,1976 年 12 月生,工程师,主要从事水利工程建设管理、规划设计等方面的研究。E-mail:jsyglc@163. com.

淮安市白马湖水源地水环境问题及保护对策浅析

吴　漩　王敬磊

（安徽淮河水资源科技有限公司　安徽蚌埠　233000）

摘　要：白马湖作为淮安市饮用水源地及南水北调东线淮安四站的输水通道，水环境保护尤为重要。本文结合现状环境分析，针对白马湖现状存在的水环境问题，针对性地提出水环境保护对策建议，为管理部门改善水源地水质提供参考。

关键词：白马湖　水源地　水环境现状　污染源整治方案

1　引言

白马湖地处淮河流域下游，位于淮安市境东南边缘，分属淮安市金湖县、洪泽县、淮安区和扬州市宝应县。白马湖湖盆浅蝶形，人工湖岸，岸线规则，湖底平坦，南北长17.8 km，东西平均宽6.4 km，总面积113.4 km^2，是江苏省十大湖泊之一。近年来，随着白马湖作为南水北调东线淮安四站的输水通道及淮安市区第二水源地，水环境保护尤为重要。

本文通过实地查勘白马湖水源地周边现状，分析找出白马湖水源地可能存在的水质污染风险问题，提出保护对策建议，为水源地水质安全保障提供参考。

2　白马湖水源地现状水质

白马湖水源地现有五个水质监测断面，它们分别是张大门、白马湖区（中）、东堆、郑家大庄、唐圩，监测频次为月/次。

本文以张大门监测断面的水质监测数据为分析对象，根据2010～2014年共5年的逐月断面监测资料分析，张大门站历年60个月中水质维持在Ⅲ～Ⅳ类标准，其中有2个月水质为Ⅱ类水，在2014年的3、8月，这段时间水质较好；有24个月水质为Ⅳ类水，有7个月水质为Ⅴ类水，有27个月水质为Ⅲ类水，水质达标率为48.3%，未能达到水质管理目标的要求。张大门站断面主要超标指标有总磷、氨氮、高锰酸盐指数、五日生化需氧量、溶解氧等。张大门站2010～2014年水质变化趋势见图1，张大门站2010～2014年水质达标情况见表1。

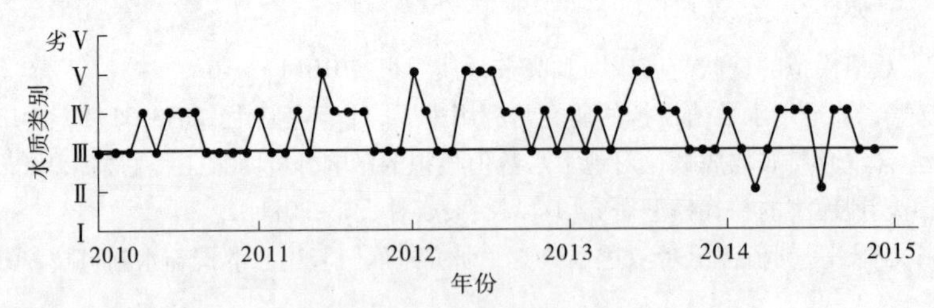

图1　张大门站2010～2014年水质变化趋势

表1 张大门站2010~2014年水质达标情况

月份	2010年		2011年		2012年		2013年		2014年	
	现状水质	超标项目	现状水质	超标项目	现状水质	超标项目	现状水质	超标项目	现状水质	超标项目
1	Ⅲ		Ⅳ	总磷	Ⅴ	五日生化需氧量、高锰酸盐指数	Ⅳ	总磷	Ⅳ	总磷
2	Ⅲ		Ⅲ		Ⅳ	五日生化需氧量、总磷	Ⅲ		Ⅲ	
3	Ⅲ		Ⅲ		Ⅲ		Ⅳ	总磷	Ⅱ	
4	Ⅳ	总磷	Ⅳ	总磷	Ⅲ		Ⅲ		Ⅲ	
5	Ⅲ		Ⅲ		Ⅴ	总磷	Ⅳ	总磷	Ⅳ	总磷
6	Ⅳ	总磷、高锰酸盐指数	Ⅴ	总磷	Ⅴ	总磷	Ⅴ	总磷	Ⅳ	总磷
7	Ⅳ	总磷	Ⅳ	总磷、溶解氧	Ⅴ	总磷、氨氮	Ⅴ	总磷、高锰酸盐指数	Ⅳ	总磷
8	Ⅳ	总磷、高锰酸盐指数	Ⅳ	总磷	Ⅳ	总磷	Ⅳ	溶解氧、总磷	Ⅱ	
9	Ⅲ		Ⅳ	总磷	Ⅳ	总磷	Ⅳ	总磷	Ⅳ	总磷
10	Ⅲ		Ⅲ		Ⅲ		Ⅲ		Ⅳ	总磷
11	Ⅲ		Ⅲ		Ⅳ	总磷	Ⅲ		Ⅲ	
12	Ⅲ		Ⅲ		Ⅲ		Ⅲ		Ⅲ	

3 水质超标原因分析

通过对白马湖东湖区(张大门水质监测断面)和主要入湖河道(花河、浔河、草泽河)水质分析可知,现状条件下白马湖水质仍处于Ⅲ~Ⅳ类,主要是受到东湖区面源污染、花河(承接盐化新材料产业园区退水)、浔河(沿线生活污废水)等因素的影响。

3.1 东湖区面源污染

白马湖地区的渔业开发主要是发展渔业养殖。由于缺乏科学规划和有效管理,湖泊资源出现无序和过度开发的局面。

渔业养殖过度开发,导致水草植被破坏,水生植物受到侵害,食物链被切断,水体生产力陡降。湖区污染加重,病害流行,大面积、高密度围养,必然投入大量外源性饲料,残渣剩饵腐败影响水质,滋生病虫害,增加了药物使用,最终导致白马湖水环境恶化。

南闸镇位于东湖区,农业面源污染和部分未接通污水管网的生活污水分散退水排入河沟,最终流入湖区,影响了白马湖水质。

白马湖东湖区主要种植、养殖范围分布示意图见图2,区域主要污染源分布示意图见图3。

3.2 浔河入湖污染

浔河位于洪泽县境内,白马湖西侧,自洪泽县砚台船闸起,至白马湖入湖口终,是白马湖上游的主要排涝河道之一,兼有通航功能。浔河上游位于洪泽县老城区,是城区唯一的纳污河道,涉及的范围包括砚台船闸引河以南、浔河路以北、洪泽湖大堤以东、砚临河以西区域,面积共计3.62 km^2,居民约有3万人,由于沿线居民生活污水大多未经管道收集,呈面流式排入浔河,导致河道水质恶化。

图 2　白马湖东湖区种植、养殖范围分布示意图

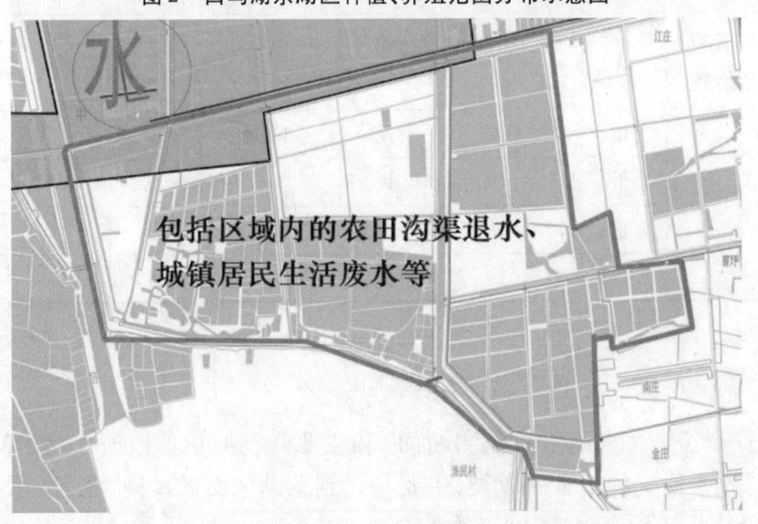

图 3　区域主要污染源分布示意图

3.3　花河入湖污染

花河是白马湖的入湖河道之一。淮南盐化新材料产业园区位于花河上游，受盐化产业园退水影响，花河水质较差，最终影响到白马湖湖体水质。

盐化工业园现共有 44 家生产企业，园区污水主要包括生产污水、清下水、雨水。企业生产废水均排向污水处理厂，其中洪泽片区排向洪泽清涧污水处理厂，开发区片区排向园区同方污水处理厂。清下水排放主要有两种方式：一是企业清下水排入雨水管网，进入排涝河道，最终汇入花河、白马湖；二是企业清下水与污水一起进入污水处理厂处理，如实联化工（江苏）有限公司。雨水主要排向园区内宁连路东河、安邦河、张玉河等几条排涝河道，其中主要收纳原洪泽片区雨水的宁连路东河污染较严重。

目前，产业园区绝大部分企业集中分布在宁连公路以东区域，以西区域暂未开发，以西区域三斗河、胜天河等水质与灌溉总渠水质相近，处于Ⅱ～Ⅲ类水平，因此宁连公路以西的花河上游水质较好。宁连公路以东区域的排涝河道有宁连东河、张玉河、张施沟等，目前张施沟、张玉河水质处于Ⅱ～Ⅲ类水平，宁连东河、安邦河下游及花河下游水质劣于Ⅴ类标准，其中尤其以宁连东河污染最为严重（其水质监测结果见表 2），推测原因可能是园区已建企业大部分集中在宁连东河东侧的洪泽片区，宁连东河作为企业的排涝河道已成为一条“纳污”河流，考虑安邦河暂不与花河相连，目前对花河水质影响最大的河流即为宁连路东河。

表2　产业园区主要排涝河道的水质监测结果

样品编号	1#	2#	3#	4#	5#	6#
取样点	灌溉总渠	张施沟	安邦河	张玉河	宁连东河	花河
pH	7.89	7.25	7.09	7.25	7.40	7.19
COD_{Cr}(mg/L)	6.66	6.66	21.30	15.81	65.23	17.97
TOC(mg/L)	5.15	8.28	9.11	5.51	16.08	11.14
NH_4^+—N(mg/L)	0.60	0.20	4.46	0.28	28.51	5.16
TP(mg/L)	0.12	0.17	0.20	0.09	0.30	0.25
水质	Ⅲ	除TP外Ⅱ类	劣Ⅴ	Ⅱ	劣Ⅴ	劣Ⅴ

4　水环境保护对策建议

4.1　东湖区面源污染整治

4.1.1　湖区种植、养殖污染治理

大力发展有机农业，调整优化种植结构，开展无公害农产品生产全程质量控制，全面推广农业清洁生产技术。加强对农药的管理，禁止销售和使用高毒、高残留的农药，开发生物农药，推广高效、低毒、低残留农药及其使用技术和病虫害的综合防治技术，减少用药次数和用药量。

加快采用生态田埂、生态沟渠、旱地系统生态隔离带、生态型湿地处理及农区自然塘池缓冲与截留等技术，利用现有农田沟渠塘生态化工程改造，建立新型的面源氮磷流失生态拦截系统，拦截吸附氮磷污染物，削减面源污染物对水体直接排放。

4.1.2　生活污染整治

区域生活污染源主要来自白马湖东湖区北岸南闸镇居民区及镇湖闸区域居民生活废水和生活垃圾，需要做好集中收集处理工作，禁止废污水、垃圾入白马湖及其出湖口至镇湖闸区间河道，破坏水源地水质。

(1)生活垃圾应分类回收处理，遵循减量化、无害化、资源化、节约资金、节约土地和居民满意等准则，按照生活垃圾处理的相关规范，对不可回收利用的垃圾进行填埋、焚烧或送至市区的垃圾处理厂处理，对可再利用的垃圾进行集中回收，合理回收利用。

(2)生活污水禁止随意排放，建议南闸镇建设污水处理厂，铺设污水管道，接纳南闸镇居民区的生活污水，处理后的中水可用于农田浇灌、卫生间冲水等，节约水资源，提高用水效率。如若不具备接管条件，可以建设人工湿地，处理生活污水，既有良好的景观价值，还能产生经济效益。

4.2　浔河污染整治

(1)将洪泽县天楹污水处理厂和清涧污水处理厂原来直接排入浔河的尾水全部收集处理，处理后的达标余水一部分回用，另一部分排入入海水道南泓。

(2)建设雨污分流管网，推进雨污分流工作。

(3)开展生态修复、生态清淤、河道疏浚、堤防加固、环境整治等河道整治工程。总的建设目标是使浔河入白马湖水质由Ⅳ类标准提升到Ⅲ类标准，保证入湖口处白马湖水质达到并高于Ⅲ类标准。工程计划构建生态浮岛10处，面积为2 141 m^2；新建人工生态湿地3处，面积为53 106 m^2；设置水体曝气装置14套，岸线绿化美化工程建设54.831 km，其中城区段建设4.953 km、乡村段建设49.878 km；疏浚河道26.33 km；加固堤防36.95 km；清除污染底泥259.96万 m^3；建设生态驳岸9.38 km。

4.3 花河污染整治

4.3.1 建设园区清下水排放系统

园区内企业雨水管网同时作为清下水、雨水的排放通道,可能存在部分企业初期雨水不经收集直接排放至雨水管网或是借官网偷排放废水的违法行为。这就导致部分企业存在“清水不清”的情形,进而使得花河、白马湖更易受到不清洁清下水的污染。即使是正常情况下的清下水排放,对于水质目标为Ⅲ类标准的花河及白马湖来说,也是较大的污染负荷。

园区管理部门应加快推进清下水排放系统规划、环评、方案设计工作,尽早启动建设。同时,建议园区管理部门根据需要增设污水处理厂,加强雨污水管网改造和维护,调整清下水、雨水退水方式,统一接管至污水处理厂处理后排放。

目前,园区已成立专职环境监管的环境监察中队,开展24小时环保值班巡查,实施了污水、雨水“两排口”规范化整治,同时建设园区环保视频监控系统,运用科技手段加强对企业排污的监管。

4.3.2 制定园区事故应急体系

盐化新区现状排水体制下缺乏有效的事故应急体系,当园区企业发生事故时,大量随之产生的消防废水可能会进入园区水系,对花河及白马湖的水质产生严重影响。建议园区管理部门及时制订事故应急预案,设置影响饮用水源地环境安全应急处置的专门章节,做到“一厂一案”,加强安全防范,把发生水污染的可能和危害降到最低程度。

4.3.3 组织实施洪泽片区污水改道工程

针对洪泽片区企业较多、污水管网老化较重、污染加剧这一现状,园区管理部门已重新规划建设管网,将该片区企业废污水统一排至园区同方污水处理厂处理。建议相关部门提高管网漏损污染检查,加大污染处罚力度,督促相关企业及时更换废旧管网。

4.3.4 花河污染源截流及监测

考虑到花河水质受盐化新材料产业园区退水影响较大,最终影响到白马湖湖体水质,建议在花河入湖口上游增设节制闸,在张玉河、张码西干渠、张码东干渠、张施沟入花河河道处,节制闸上下布设水质自动监测站,适时监测水质状况,当出现污染事故时,及时截断入湖水流等措施,保障花河入白马湖水质。

5 结语

通过周边污染源的整治,可以缓解白马湖水源地的水质污染风险,但在实际管理过程中,影响饮用水水源地安全的因素较多,涉及环保、水利、农业、住建、交通及各乡镇等众多部门和单位,各部门应加强管理,明确职责分工,共同开展水源地管理和保护工作,以保证水源地供水安全。

作者简介:吴漩,男,1984年3月生,主要研究方向:水资源保护。E-mail:wuxuan@hrc.gov.cn.

南四湖浮游藻类群落结构的组成变化及影响因素分析

张秀敏[1] 张 杨[2] 张 艳[3] 齐云婷[1] 宋秀真[1]

(1.济宁市水文局 山东济宁 272000;2.济宁市洙赵新河管理处 山东济宁 272000;
3.济南市水文局 山东济南 250000)

摘 要:本文以南四湖2009年4~12月水质及浮游藻类监测数据为依据,分析南四湖水体富营养化现状、影响南四湖浮游藻类组成的主要因子及南四湖浮游藻类组成及变化趋势。从时间上来看,南四湖各监测断面藻细胞密度在夏季达到一年中的最大值。水体的富营养化程度与浮游藻类的种类、数量密切相关,水体营养水平越低,藻类的种类越多,而数量越少;反之,营养水平越高的水体,藻类种类就越少,甚至单一,数量却越大。

关键词:浮游藻类 水质 富营养化 分析 南四湖

1 引言

南四湖流域属于淮河流域运河水系,它是由南阳湖、昭阳湖、独山湖和微山湖4个无明显分界的湖泊串联而成(由于微山湖面积比其他三湖较大,习惯上称为微山湖)的,是我国四大淡水湖之一,它通过河流汇集苏、鲁、豫、皖等4个省32个县(市、区)的来水。随着近几年国民经济的迅速发展,对水资源的需求越来越大,再加上大量的废污水未经任何处理,直接或间接排入河道,最后流入南四湖,造成湖泊的部分水质污染,特别是工农业生活污水的排放,使湖泊氮、磷等营养物质不断增加,造成整个南四湖流域的富营养化污染加重。本文以南四湖2009年4~12月水质及浮游藻类监测数据为依据,对南四湖水体富营养化现状、影响南四湖浮游藻类组成的主要因子及南四湖浮游藻类组成及变化趋势进行分析。

2 站点的布设、采样及监测依据

2.1 站点的布设

南四湖湖区南北长126 km,东西宽5~25 km,自西向东呈狭长状分布,除二级湖坝较为狭窄外,其上游、中游、下游均为湖面开阔的敞水区。在充分考虑南四湖水体的面积、形态特征、工作条件要求、浮游藻类生态分布特点等因素的情况下,根据尽可能与常规水质监测的采样点相一致,在易发生水华的水体内尽量多设置点的布设原则。从上游到下游采样点布设如下:南阳湖南阳岛、独山湖独山、昭阳湖二级湖(闸上)、微山湖微山岛和韩庄闸共5个监测站点。

2.2 样品的采集

藻类监测频率与采样时间和水质监测保持一致,采用垂线与水质监测的采用垂线(点)保持一致。其中,定性样品采集采用25号浮游生物网,定量样品采集采用有机玻璃采水器在设计水层进行采集,采水量为1~2 L。

2.3 监测项目及依据

监测项目包括水生物指标(叶绿素a、藻细胞密度和藻类优势种)、水质指标(水温、pH、溶解氧、透明度、高锰酸盐指数、总磷、总氮)和水文气象参数(蓄水量、风速、水位、气温、气压)。监测项目检测方法和依据见表1。

表1 监测项目检测方法和依据

参数	方法标准/依据	方法名称
pH	GB/T 6920—1986	玻璃电极法
水温	GB/T 13195—1991	温度计法
溶解氧	GB 7489—1987	碘量法
透明度	SL 87—1994	塞氏盘法
高锰酸盐指数	GB/T 11892—1989	酸性高锰酸钾法
总氮	HJ 668—2013	流动分析—钼酸铵分光光度法
总磷	HJ 671—2013	流动分析—钼酸铵分光光度法
叶绿素 a	SL 88—2012	分光光度法
藻类种群结构、藻细胞密度	—	《水生生物监测手册》

3 水质综合评价

依据《地表水环境质量标准》(GB 3838—2002),对南四湖水质进行综合评价,评价结果见表2。

表2 南四湖2009年水质综合评价结果

湖泊	监测断面	监测时间	水质类别	超标项目
南阳湖	南阳岛	汛期	Ⅴ	高锰酸盐指数、总氮、总磷
		非汛期	Ⅴ	高锰酸盐指数、总氮、总磷
昭阳湖	二级湖(闸上)	汛期	Ⅳ	高锰酸盐指数、总氮、总磷
		非汛期	Ⅴ	总氮、总磷
独山湖	独山	汛期	Ⅳ	总氮、总磷
		非汛期	Ⅴ	总氮、总磷
微山湖	微山岛	汛期	Ⅳ	总氮、总磷
		非汛期	Ⅴ	总氮、总磷
	韩庄闸	汛期	Ⅳ	总氮、总磷
		非汛期	Ⅴ	总氮、总磷

监测结果表明,南四湖总体上属Ⅴ类水质,汛期水质略好于非汛期,其主要污染物因子为总氮、总磷。其中,南阳湖污染较严重,全年水质为Ⅴ类,其主要污染因子为高锰酸盐指数、总氮、总磷;独山湖、昭阳湖、微山湖汛期水质为Ⅳ类,非汛期水质为Ⅴ类,主要污染因子为总氮、总磷。

4 富营养化评价

湖泊富营养化评价方法采用《地表水资源质量评价技术规程》(SL 395—2007)中"湖库营养状态评价"(指数法),先将总磷、总氮、叶绿素 a、高锰酸盐指数、透明度等指标的监测成果转化为评分值,然后计算出湖泊营养状态指数。其中,营养指数≤20 为贫营养,20 < 营养指数≤50 为中营养, 50 < 营养指数≤60 为轻度富营养,60 < 营养指数≤80 为中度富营养,80 < 营养指数≤100 为重度富营养。依据济宁水环境监测中心2009年水质监测资料,分别对南阳湖南阳岛、独山湖独山、昭阳湖二级湖(闸上)、微山湖微山岛和韩庄闸五个水质监测断面进行分析评价,评价结果和变化趋势见表3。

表 3　南四湖富营养化程度

湖库	监测断面	监测时间	指数值	富营养化类型
南阳湖	南阳岛	汛期	45.2	中营养
		非汛期	50.8	轻度富营养
昭阳湖	二级湖(闸上)	汛期	49.5	中营养
		非汛期	51.7	轻度富营养
独山湖	独山	汛期	48.9	中营养
		非汛期	52.7	轻度富营养
微山湖	微山岛	汛期	48.0	中营养
		非汛期	51.4	轻度富营养
	韩庄闸	汛期	46.6	中营养
		非汛期	47.3	中营养

监测结果表明,南四湖汛期水体富营养化程度处于中营养化状态,非汛期水体富营养化程度处于轻度富营养化状态,导致其水体富营养化的主要原因是总氮、总磷含量超标。

5　藻类监测结果及分析

5.1　监测结果

5.1.1　藻细胞密度

通过对南四湖各测点 2009 年 4～12 月藻细胞密度的定量分析,昭阳湖藻细胞密度最高,均值为 157×10^4个/L,南阳湖、独山湖、昭阳湖、微山湖测点 7～10 月藻细胞密度均较前几个月有所上升,而后逐月下降。2009 年 4～12 月南四湖藻细胞密度及其变化图见图 1。

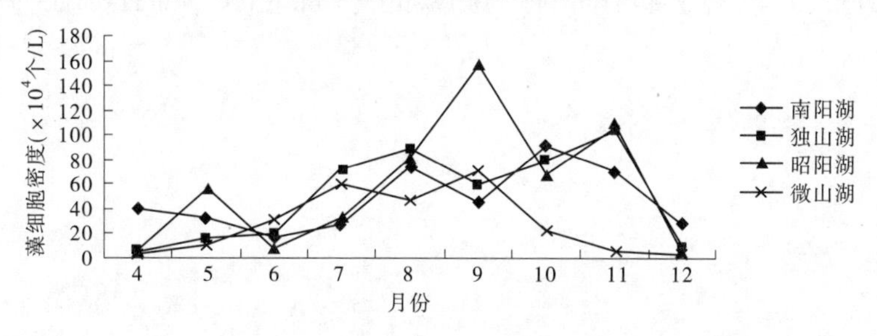

图 1　2009 年 4～12 月南四湖藻细胞密度及其变化图

由图 1 可知,藻细胞密度较大时段主要集中在 7～10 月。8 月是水生物生长的旺盛期,藻细胞密度最大,且含有藻门类较多。其中,昭阳湖藻细胞密度最大,达到了 157×10^4 个/L。7 月藻类组成相对较少,这可能与汛期降雨量逐渐增加有关,流量流速的增大,不利于藻类大量快速生长,藻类组成出现一定幅度的下降。汛期之后,随着温度的降低,藻细胞密度呈逐渐下降的趋势;至 12 月,藻细胞密度下降到最低,仅含有藻细胞密度 4.00×10^4 个/L。

5.1.2　藻类的种群组成与优势种

通过对 2009 年 4～12 月南四湖测点样品鉴定分析,共检测到藻类 5 个门 23 个属。其中,绿藻门有 12 个属,占总数的 52.1%;蓝藻门有 2 个属,占总数的 8.7%;硅藻门有 7 个属,占总数的 30.5%;隐藻门有 1 个属,占总数的 4.3%;裸藻门有 1 个属,占总数的 4.4%。

各测点的藻类群落和优势种各月存在一定变化,温度和光照变化对藻类的生长影响较大。其中,蓝藻数量暖季多冷季少,硅藻暖季少冷季多,这主要是因为蓝藻色素能耐高温,且适于生长在有机质丰富水体中,进入夏季以后,微山湖优势群落是蓝藻群落,优势种为颤藻。

5.2　分析

从时间上来看,南四湖各监测断面藻细胞密度在夏季达到一年中的最大值,这主要是因为藻类细胞的代谢过程在不同程度上受到温度的影响,在一定范围内,温度每升高 10 ℃,浮游植物的生长率就增加 1 倍多。通过以上监测数据可以看出,南四湖各监测断面藻细胞密度最大值集中在 7 ~ 10 月(8、9 月最多),此段时间为一年中气温最高的时段。在此时间内,各监测断面不仅藻细胞密度达到一年中的最高值,而且其藻类多样性也是一年中最为丰富的时候,检出藻的种类分别占全年全部检出种类的 50.3%、53.3%、53.1%、52.1%。从秋季开始,各断面藻细胞密度及多样性开始有所下降,并在冬季达到最低值。

已有研究指出,水体的营养程度与浮游藻类的种类、数量密切相关。水体营养水平越低,藻类的种类越多,而数量越少;反之,营养水平越高的水体,藻类种类就越少,甚至单一,数量却越大。从表 3 可以看出,南四湖各监测断面其富营养化值在汛期处于相对较低水平,在此期间,南四湖藻类组成也是复杂的时候,无论是藻细胞密度还是藻类多样性均处于一年中最为丰富的时候。

从藻类组成来看,南四湖全年共检出绿藻门、裸藻门、蓝藻门、硅藻门、隐藻门共 5 门藻类,各断面优势种主要以绿藻门为主。绿藻门形态丰富,广泛分布于湖泊、池塘、小的积水处及流动的河川中,富营养化的水体条件也有利于绿藻的生长,所以高密度的绿藻意味水体的富营养化。南四湖以绿藻门为主要优势种的水体进一步印证了其富营养化的水质现状。

6　总结

综上所述,南四湖藻类组成受温度及水体富营养化程度最为明显,藻类多样性偏低。全年任何季节均以绿藻门为主,这也与一般天然湖泊的情况相一致。南四湖水质目前处于轻度富营养水平,为保护水质,避免湖区水环境进一步富营养化,除防止含氮化合物的污染外,还应严格控制含磷工业废水和生活污水的排入。

作者简介:张秀敏,女,1980 年 7 月生。专业领域:环境科学与资源利用、水利水电工程。E-mail:zhangxiumin0714@163.com.

基于纳污红线的县域水污染物总量控制研究

丁艳霞　曹命凯　王　凯

（江苏省水利勘测设计研究院有限公司　江苏扬州　225127）

摘　要：为了科学合理地控制县域水污染，消除制约县域经济发展的瓶颈，在总结水污染物总量控制研究历程的基础上，本文结合当前水资源管理制度，采用基于纳污红线的水污染物总量控制思想，建立了水污染物总量控制体系。以泗洪县作为实例，计算出了该地区2020年基于纳污红线的污染物控制总量，为改善当地水环境提供了科学依据，同时为其他县域水污染防治提供了借鉴。

关键词：水污染物总量　纳污红线　县域　入河削减量

随着我国县域经济的快速增长，与日俱增的水环境问题已成为制约县域经济社会和水利现代化事业发展的一个重要因素。为了保障县域经济科学发展和加快县域水利现代化步伐，保护县域水环境越来越受到人们的重视。水污染物总量控制作为水环境保护的重要举措，如何对其进行合理控制已成为研究热点。本文结合当前水资源管理制度，采用基于纳污红线的水污染物总量控制思想，从宏观角度对县域的排污总量进行限制来改善水环境。统筹考虑水环境容量、经济社会发展和公平性，以乡镇为基本单元确定各乡镇的水污染物控制总量，为县域开展水污染防治提供科学依据。

1　我国水污染物总量控制研究历程

水污染物总量控制的概念最早是在20世纪60年代末由日本学者提出来的，其目的在于通过有效措施将一定区域内的水污染物总量控制在一定范围内，以改善水环境状况。我国的水污染物总量控制研究起步较晚。20世纪70年代末，以制定松花江BOD总量控制标准为先导，开始了水污染物总量控制最早的探索和实践。随着管理工作的深入和认识的加深，1988年国家环保局在第三次全国环境保护会议上提出了由排污口污染物浓度控制向污染物总量控制转变的思路，我国的水环境管理工作才由最开始的浓度控制进入总量控制阶段。在后面的实践和探索中，水污染物总量控制大致经历了三个阶段，即目标总量控制、容量总量控制和两者相嵌型控制。

目标总量控制阶段属于总量控制的初步阶段，其思想是根据环境目标来确定总量控制指标，将允许排放的污染物控制在管理目标范围内。目标总量控制避免了浓度控制可以通过稀释来达标排放的弊病，虽然也存在着一定的问题，但在当时水环境管理方面做出了巨大贡献，有效改善了流域和重点区域的水环境。20世纪90年代，由国家环保局编制的《跨世纪绿色工程计划》及《污染物总量控制方案》等，确定了中国水污染物总量控制方案，先按达标控制后按水质目标控制，由此开始了目标总量控制向容量总量控制的转型。我国的水污染物总量控制进入中级阶段，即容量总量控制阶段。容量总量控制主要是依据当地水环境容量确定总量控制指标，将允许排放的污染物控制在水环境容量范围内，以保证水功能区的正常功能。2001～2003年，我国在“三河三湖”先后进行了排污总量控制，强调了科学核算水环境容量的重要性，并建立了水环境容量与排污许可相结合的污染防治体制。2006年，国家环保局在《主要污染物总量分配指导意见》中提出，在总量分配时应综合考虑不同地区的环境状况、环境容量等，体现了总量控制中目标与容量相结合的思想，标志着水污染总量控制进入了比较完善的阶段。近年来，由于国家加大了污染控制力度，使得水污染物总量控制得到了更多的关注，其方法也在不断地发展和完善，如基于和谐论、基于公平性的水污染物总量控制研究等。

2　水污染物总量控制体系的建立

2011年中央1号文件提出了“三条红线”，其中第三条红线就是确立水功能区限制纳污红线，严控排污总量。基于纳污红线思想，结合县域特点，建立了水污染物总量控制体系，见图1。

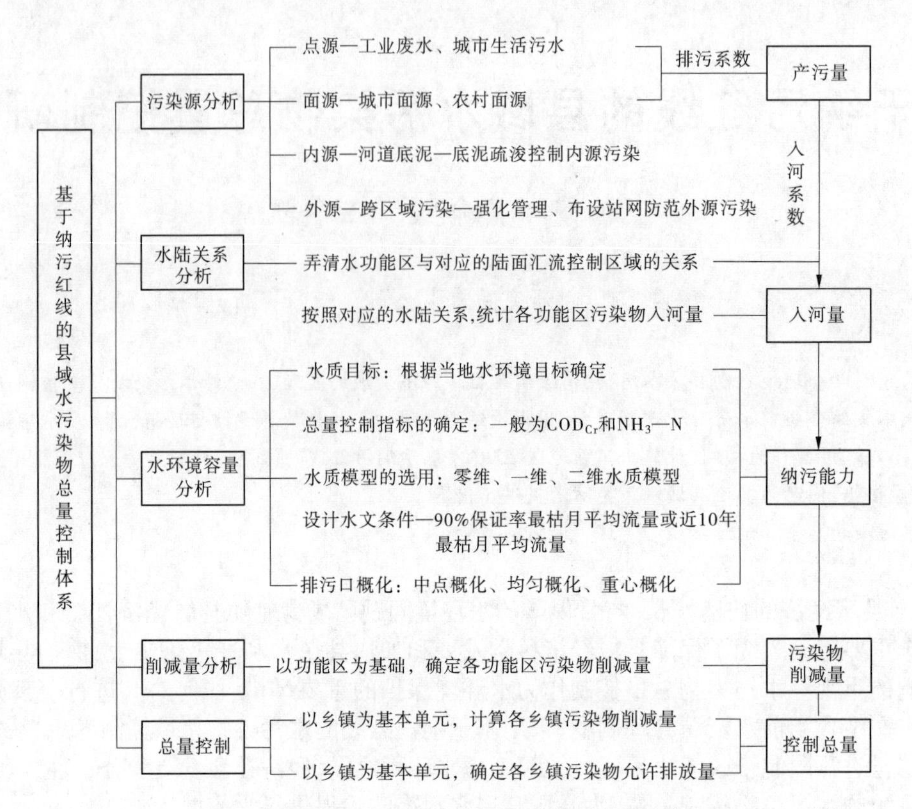

图 1　基于纳污红线的县域水污染物总量控制体系

污染源分析作为水污染物总量控制的基础,旨在摸清县域河流的污染源,以便合理计算产污量和加强源头控制。通常将污染源分为点源和面源,部分地区还存在内源和外来污染源。

水陆关系分析主要是以乡镇行政区划、河流水系、入河排污口分布、地形地势等确定水功能区与陆面汇流控制区域的对应关系,便于统计水功能区污染物入河量。

水环境容量分析是整个控制体系的核心,为总量控制提供科学依据。此处的水环境容量为理想水环境容量,即根据当地的水环境目标和水污染特点,通过选择合适的水质模型和排污口概化方式计算得到的水环境容量。

削减量分析是以水功能区为基础,根据各水功能区的污染物入河量和纳污能力确定相应水功能区的削减量。污染物削减量是污染物入河量与纳污能力的差值,见式(1)。污染物入河量指 COD_{Cr} 和 NH_3—N 的入河量,主要包括点源和面源两部分,见式(2)。

$$W_{削减1} = W_{入河} - W_{纳污} \tag{1}$$

$$W_{入河} = \alpha_{点} W_{点源} + \alpha_{面} W_{面源} \tag{2}$$

式中：$W_{削减1}$、$W_{入河}$、$W_{纳污}$ 分别为某水功能区污染物削减量、入河量和纳污能力；$W_{点源}$、$W_{面源}$ 为点源、面源排污量；$\alpha_{点}$、$\alpha_{面}$为点源、面源污染物入河系数。

总量控制即确定各乡镇允许排污量,以保证水资源的可持续利用。先按照功能区对应乡镇的排污量权重分配污染物削减量,再以乡镇为基本单元进行统计(见式(3)),确定削减目标。各乡镇允许排污量即排污量和削减目标差值,见式(4)。

$$W_{削减2} = \sum_{i=1}^{n} \alpha_i W_{削减1i} \tag{3}$$

$$W_{允许} = W_{排污} - W_{削减2} \tag{4}$$

式中：$W_{削减2}$、$W_{允许}$、$W_{排污}$ 分别为某乡镇污染物削减量、允许排污量和排污量；α_i 为该乡镇在某功能区上的排污权重；n 为该乡镇境内水功能区个数。

3　应用实例

选取泗洪县作为研究区域,以 2010 年为基准年,2020 年为规划水平年,按照建立的控制体系对该地区 2020 年水污染总量控制进行研究。

3.1　区域概况

泗洪县位于江苏省西部，淮河中游，洪泽湖西岸，辖 14 个镇、9 个乡，全县总面积 2 731.4 km^2。现有城南、城北、双沟三座污水处理厂，设计规模分别是 5 万 t/d、5 万 t/d、1.5 万 t/d。近年来，泗洪县坚持工业化、城市化、农业产业化三化并举，经济社会进入快速发展时期，城乡面貌日新月异。然而经济发展中的废污水排放却给水环境、水生态带来了较为严重的影响，境内多数河流均受到不同污染物不同程度的污染。2010 年全县范围内重要河流的 15 个水质断面中，未达标的断面有 12 个，占总断面数的 80%。水环境遭到破坏不仅影响经济发展，而且对人类的健康也构成了很大的危害。

3.2　纳污能力计算

纳污能力计算范围涉及境内 20 条河流和 1 个湖泊，包含 26 个功能区，其中保护区 2 个、缓冲区 5 个、保留区 2 个、二级功能区中农业用水区 14 个、过渡区 2 个、排污控制区 1 个。根据计算范围内河道的排污现状和水质状况，将 COD_{Cr} 和 NH_3—N 定为污染物总量控制指标。根据河流特点选取一维水质模型，并将排污口概化至计算河段中部，以出口断面控制，水功能区的纳污能力计算公式为

$$M = (C_S \exp \frac{kL}{2u} - C_0 \exp \frac{-kL}{2u}) Q \tag{5}$$

式中：M 为功能区纳污能力，t/年；Q 为计算河段设计流量，m^3/s；L 为计算河段长度，m。

3.2.1　模型参数的确定

水功能区水质目标 C_S：根据《江苏省地表水（环境）功能区划》确定的功能区水质目标，按《地表水环境质量标准》（GB 3838—2002）规定选取相应的目标值。

初始浓度值 C_0：取上游河段水质目标值，若计算河段为河源段，则取源头水水质浓度。

污染物综合衰减系数 k：参考《淮河流域纳污能力及限制排污总量意见》中的研究成果：$k_{COD_{Cr}} = 0.05 + 0.68u$（L/d）；$k_{NH_3—N} = 0.061 + 0.551u$（L/d）。式中 u 为设计流速，单位为 m/s。

设计流量 Q：由于资料原因，设计流量的计算分两部分考虑：有径流资料的河流通过查找资料，选用 90% 保证率最枯月平均流量；无径流资料的河流则采用泗洪站 1956～2010 年降水量资料，以年降水量进行排频，取 90% 保证率年降雨量相近的年份作为典型年进行降雨径流分析。先按照泗洪地区枯水期多年平均降雨量占年降雨量 40% 的比例确定枯水期的月平均径流深，然后根据河流的汇水面积求得枯水期的月平均流量，作为设计流量，具体见表 1。

设计流速 u：对有实测流速资料的断面，采用该断面的设计流速；对没有实测流速资料的断面，通过设计流量与过水断面面积的比值求得，具体见表 1。

3.2.2　计算结果

根据上述目标值及边界条件，利用选定的水质模型，计算各功能区纳污能力。其中，由于保护区和饮用水源区按规定不允许直接排污，因此纳污能力直接零处理。统计得出，2020 年泗洪县各水功能区 COD_{Cr} 和 NH_3—N 的纳污能力分别为 7 038 t/年和 486 t/年，具体见表 1。

3.3　排污总量计算

根据泗洪县水文局和环保监测站提供的污染源监测资料，该地区的污染源有点源、面源、内源和外来污染源。由于资料和技术原因，研究中仅考虑点源（工业废水、城市生活污水）和面源（农村生活污水、畜禽粪便、化肥农药污染），内源污染通过河道清淤加以控制，外来污染源则通过强化交接断面水质监督管理和布设水质监测站网来加以防范。点、面源污染物排放量计算公式如下：

工业废水污染物排放量 = 工业废水排放量 × 污染物浓度　(6)

城市生活污水污染物排放量 = 城市人口数 × 排污系数　(7)

农村生活污水污染物排污量 = 农村人口数 × 排污系数　(8)

畜禽粪便污染物排污量 = 饲养量 × 排污系数　(9)

化肥农药污染物排放量 = 耕地面积 × 排污系数　(10)

式中的相关参数见表 2、表 3，在考虑泗洪县产业结构基本不变的情况下，将 2020 年工业废水中污染物浓度按现状近似选取，COD_{Cr}、NH_3—N 浓度分别为 116 mg/L、25 mg/L，其他排污系数通过参考类似泗洪地区的文献[8～10]确定。由以上公式计算得出泗洪县 2020 年各乡镇排污情况，具体见图 2。

表 1　泗洪县 2020 年各水功能区纳污能力、入河量及削减量情况

河流名	水功能区名称	目标水质	流量 Q (m^3/s)	流速 u (m/s)	纳污能力(t/年)		入河量(t/年)		削减量(t/年)		削减率(%)	
					COD_{Cr}	NH_3—N	COD_{Cr}	NH_3—N	COD_{Cr}	NH_3—N	COD_{Cr}	NH_3—N
洪泽湖	洪泽湖调水保护区	Ⅲ	—	—	0	0	0	0	0	0	0	0
淮河	淮河缓冲区	Ⅲ	31.50	0.02	3 181	178	235.8	46	0	0	0	0
怀洪新河	怀洪新河缓冲区	Ⅲ	2.50	0.03	386	21	9.2	1.6	0	0	0	0
	怀洪新河保留区	Ⅲ	2.50	0.05	462	24	1 211.5	179.7	749.5	155.7	61.9	86.6
徐洪河	徐洪河调水保护区	Ⅲ	—	—	0	0	0	0	0	0	0	0
新汴河	新汴河缓冲区	Ⅲ	3.00	0.10	78	4	2.2	0.3	0	0	0	0
	新汴河保留区	Ⅲ	3.00	0.12	385	19	914.3	190.1	529.3	171.1	57.9	90
新濉河	新濉河缓冲区	Ⅲ	5.00	0.05	738	39	6.9	0.9	0	0	0	0
	新濉河农业用水区	Ⅲ	5.02	0.06	388	20	6	0.3	0	0	0	0
老濉河	老濉河缓冲区	Ⅲ	0.20	0.05	46	2	11	0.6	0	0	0	0
	老濉河饮水、农业用水区	Ⅲ	0.21	0.03	25	1	20.8	0.7	0	0	0	0
西民便河	西民便河农业用水区	Ⅲ	0.35	0.003	162	22	6.2	1.2	0	0	0	0
潼河	潼河农业用水区	Ⅲ	2.00	0.10	83	4	2.8	0.3	0	0	0	0
西沙河	西沙河农业用水区	Ⅲ	0.25	0.01	122	9	7.9	0.9	0	0	0	0
濉河	濉河排污控制区	Ⅳ	0.32	0.003	301	33	1 830.5	206.4	1 529.5	173.4	83.6	84
	濉河过渡区	Ⅲ	0.42	0.003	106	24	278.2	46	172.2	22	61.9	47.8
拦山河	拦山河农业用水区	Ⅲ	0.15	0.01	75	10	265.9	47.9	190.9	37.9	71.8	79.1
利民河	利民河农业用水区	Ⅲ	0.18	0.003	84	11	787.5	133.4	703.5	122.4	89.3	91.8
老汴河	老汴河过渡区	Ⅲ	0.45	0.005	119	26	2 519	329.3	2 400	303.3	95.3	92.1
安东河	安东河农业用水区	Ⅲ	0.30	0.003	141	19	364	59.7	223	40.7	61.3	68.2
王沟河	王沟河农业用水区	Ⅲ	0.05	0.001	22	3	11.5	1.6	0	0	0	0
豆怀新河	豆怀新河农业用水区	Ⅲ	0.02	0.001	9	1	2.2	0.3	0	0	0	0
高怀新河	高怀新河农业用水区	Ⅲ	0.03	0.001	14	2	6.9	0.9	0	0	0	0
濉北河	濉北河农业用水区	Ⅲ	0.07	0.003	33	4	6	0.3	0	0	0	0
早陈河	早陈河农业用水区	Ⅲ	0.10	0.004	47	6	42.2	1.9	0	0	0	0
芦沟河	芦沟河农业用水区	Ⅲ	0.07	0.002	31	4	7.1	1.2	0	0	0	0

表2　预测中相关参数取值

类别	2015年	2020年	说明
工业增加值增长率(%)	20	15	工业废水排放量取工业取水量的80%
万元工业增加值取水量(m^3/万元)	20	18	
人口增长率(‰)	2.5	2	2020年城镇化率为51.81%
牲畜增长率(%)	5.2	4.5	近似认为各种牲畜增长率相同
耕地面积(万亩)	与现状耕地面积浮动不大,取现状值		根据江苏省委省政府关于稳定农业生产面积的有关要求及省农业发展规划,未来20年耕地面积不会有大幅度下降

注:表中数据根据《泗洪县国民经济和社会发展第十二个五年规划纲要》《泗洪县城市总规划2011—2030年》和《江苏省宿迁市水资源综合规划》综合得出。

表3　泗洪县各污染源污染系数

污染因子	生活污水(g/(人·d))		畜禽粪便(kg/年)				化肥农药(mg/L)	
	城市	农村	牛	猪	羊	家禽	水田	水浇地
COD_{Cr}	50	40	91.25	18.25	6.08	0.293	30.3	58.12
NH_3—N	5	4	18.25	3.5	1.21	0.01	1.82	1.89

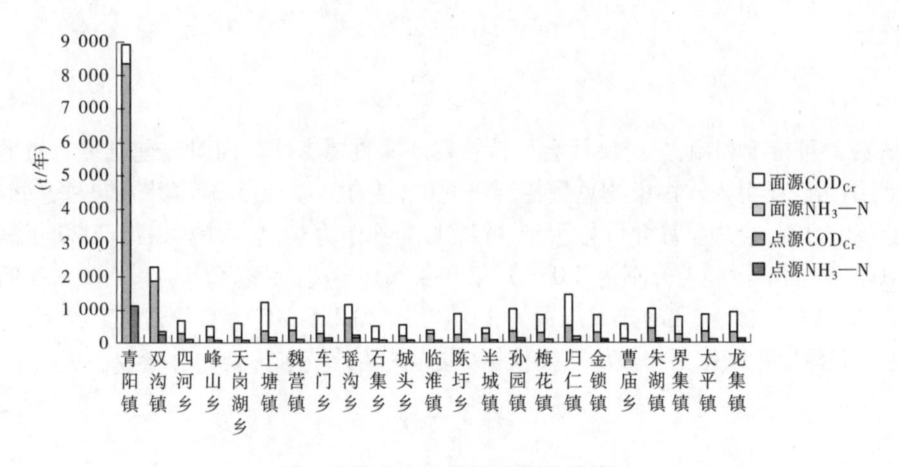

图2　泗洪县各乡镇污染物排放情况

3.4　入河量及削减量计算

按照水陆关系,将污染源排污量与水功能区对应。点源以其排污口位置为准,面源则以乡镇为单元,将面源入河量按照面积平均后再按汇水面积分解到相应水功能区。由于缺乏确定各污染源入河系数的相关资料,故用类似地区入河系数(见表4)的均值对2020年各功能区污染物入河量进行估算,入河量与纳污能力的差值即为各功能区的削减量。各功能区COD_{Cr}和NH_3—N的污染物入河总量分别为8 556 t/年和1 252 t/年,削减量分别为6 498 t/年和1 026 t/年。具体见表4。

表4　各污染源入河系数

污染源	污染物入河系数	
	COD_{Cr}	NH_3—N
工业废水	0.8~1.0	0.8~1.0
城市生活污水	0.6~0.9	0.6~0.9
农村生活污水	0.1~0.2	0.1~0.2
化肥农药	0.1~0.3	0.1~0.3
畜禽粪便	0.7~0.9	0.6~0.8

3.5　总量控制及对策

根据各水功能区的污染物削减情况及水陆关系,按照式(3)、式(4)求得2020年各乡镇污染物削减量和允许排放量，具体见图3。

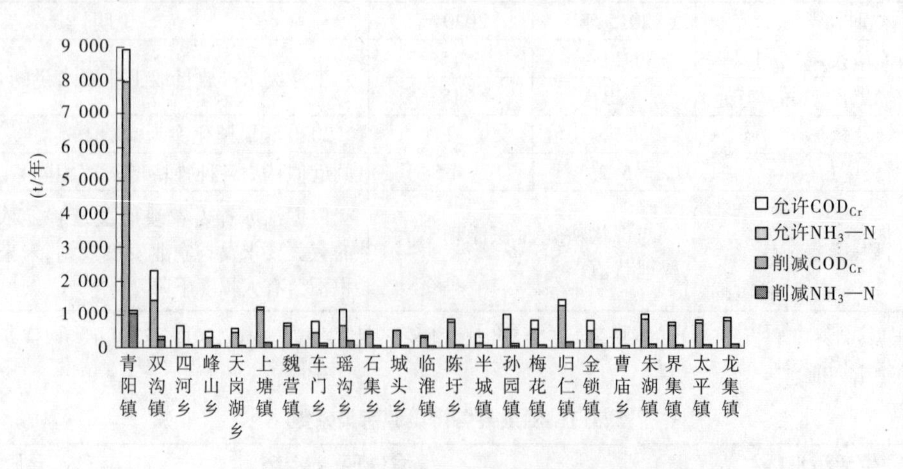

图3　泗洪县2020年各乡镇允许排污量及削减量

对于需要削减的污染物可分为点源污染物和面源污染物两类。点源污染物通过兴建污水处理厂，加大污水处理力度、提高中水回用率等方式来削减。面源污染物则通过加快生态型农业建设，优化畜牧业发展、完善农村清洁设施建设等措施来削减。点源削减为主，面源削减为辅，点面结合，共同有效控制污染物排放量。

4　结语

县域水资源的可持续利用，是经济社会可持续发展的重要支撑。面对当前县域水资源保护新形势的要求，本文将纳污红线引入水污染物总量控制研究中，结合县域特点，建立水污染物总量控制体系，细化水环境容量核定过程，合理反算允许排污量，并以泗洪县作为实例。计算得出2020年泗洪县各功能区COD_{Cr}和NH_3—N的纳污能力分别为7 038 t/年和486 t/年；各乡镇COD_{Cr}和NH_3—N的总削减量为21 361 t/年和3 019 t/年，允许入河排放总量为2 058 t/年和225 t/年。计算过程和结果合理，为当地各乡镇水污染防治和污染物减排工作提供重要依据，也为其他县域水污染物总量控制提供借鉴。

参考文献

[1] 刘文琨，肖伟华，黄介生，等. 水污染物总量控制研究进展及问题分析[J]. 中国农村水利水电，2011(8)：9-12.
[2] 宋国君. 论中国污染物排放总量控制和浓度控制[J]. 环境保护，2000(6)：11-13.
[3] 梁博，王晓燕. 我国水环境污染物总量控制研究的现状与展望[J]. 首都师范大学学报(自然科学版)，2005，26(1)：93-98.
[4] 左其亭，庞莹莹. 基于和谐论的水污染物总量控制问题研究[J]. 水利水电科技进展，2011，31(3)：1-5.
[5] 吴悦颖，李云生，刘伟江. 基于公平性的水污染物总量分配评估方法研究[J]. 环境科学研究，2006，19(2)：66-70.
[6] 毛媛媛，王锡冬. 江苏省淮河流域纳污能力浅析[J]. 水资源保护，2003(3)：13-15.
[7] 张炎斋，吴培任. 淮河流域限制排污总量意见及对策建议[J]. 治淮，2005(10)：6-7.
[8] 刘培芳，陈振楼，许世远，等. 长江三角洲城郊畜禽粪便的污染负荷及其防治对策[J]. 长江流域资源与环境，2002，11(5)：456-460.
[9] 周建仁. 张家港市饮长江水改善市区水环境研究[D]. 南京：河海大学，2003.
[10] 王飞. 江阴市水环境容量研究[D]. 南京：河海大学，2006.

作者简介：丁艳霞，女，1989年3月生，主要从事水利工程规划研究。E-mail：763864387@ qq. com.

精准扶贫背景下蒙洼蓄洪区移民贫困问题与对策

王　娜[1,2]

（1. 河海大学公共管理学院　江苏南京　211100；
2. 安徽财经大学工商管理学院　安徽蚌埠　233030）

摘　要：蓄滞洪区是我国重要的防洪工程，由于其特殊性，生活在蓄滞洪区的移民贫困现象较为普遍，民生问题突出。通过对蒙洼蓄洪区的实地调研，分析移民贫困的特点，并对造成贫困的原因进行分析，综合精准扶贫、教育扶贫、湿地旅游等手段，重建协调和谐的蓄滞洪区移民社会、经济及生态关系，提出蒙洼蓄洪区移民反贫困的对策，以切实推进安徽省淮河流域的精准扶贫工程。

关键词：精准扶贫　蒙洼蓄洪区　移民　贫困　对策

1　问题的提出

我国是一个洪涝灾害频发的国家，蓄滞洪区作为防洪减灾体系的重要组成部分，在防御洪水中起到了重要的作用。国外的蓄滞洪区是没有人居住的，而大量人口生活、生产在蓄滞洪区是我国的特色，人水共处是长期以来我国人口经济状况下的无奈选择。蓄滞洪区作为区内居民生存和发展的家园，存在建设与管理滞后、安全设施和工程设施不健全的问题，区内居民的生命及财产安全难以保障，因为屡次搬迁而长期生活在贫困之中。安徽省淮河流域以农业生产为主，工商业较为落后，城镇化水平偏低，农业人口占比达80%以上。沿淮的霍邱、颍上和阜南等县至今仍是国家级重点贫困县，由于淮河洪涝灾害频繁，在历年大洪水中屡次遭受重大损失，当地群众生活极为贫困，社会存在一定不安全因素。

精准扶贫是党和政府在新形势下提出的解决扶贫攻坚难题的新举措。淮河蓄滞洪区是安徽省最贫困的地区之一，加快这一地区的开发、建设，尽快实现蓄滞洪区群众的脱贫致富，是安徽省精准扶贫工程的战略性任务。2014年，蒙洼蓄洪区的国内生产总值为10.77亿元，人均年收入仅5 306元，不仅落后于安徽省的平均水平，也落后于阜南县的平均水平。蒙洼蓄洪区在建成以来的64年里15次开闸蓄洪，累计蓄滞洪水75亿 m^3，因分蓄洪造成的直接经济损失累计约35亿元。阜南县委书记崔黎说“不能发展，不敢发展，不愿发展，与周边乡镇有五到八年的发展差距”。自建成伊始，国家一直不允许蒙洼蓄洪区内兴办工业，规模企业不能引进，导致劳动力大量外流，高频率的分蓄洪使得基础设施建设滞后。

国际移民专家Michael M Cernea提出非自愿移民会导致移民面临失去土地、失去工作、失去家园、边缘化、食品无保障、健康水平下降、丧失共同物质财产及社会网络的破坏等风险，从而加大移民贫困的风险。移民风险中最常见的是贫困风险。有效解决贫困问题是实现淮河行蓄洪区130多万移民“整体迁得出、长期稳得住、逐步能致富”目标的基本前提，直接关系到淮河行蓄洪区的社会稳定和经济发展，关系到安徽省精准扶贫脱贫目标的实现。2016年7月5日，李克强总理视察蒙洼蓄洪区时强调“蓄洪洼地绝不能变成民生洼地”。然而，贫困依然是淮河蓄滞洪区移民工作面临的一个重要挑战。

2　蒙洼蓄洪区移民贫困特点

蓄滞洪区移民不同于一般的水库移民、生态移民等非自愿移民，它既有一般移民的共性，又有某些自身的特点。蓄滞洪区移民与一般移民的最大不同是正常年月仍可照常生活、生产，而蓄滞洪水时则需要临时撤离，形成所谓的“水进人退，水退人进”的现象，来回搬迁损失和洪水淹没损失，直接造成移民的贫困。经过实地的调研发现，蒙洼蓄洪区移民贫困集中呈现出以下特点。

2.1　政策性贫困导致蓄洪区经济社会发展水平落后于周边地区

蒙洼蓄洪区农业基础设施薄弱，农民的生产方式较为落后，土地产出率低。农民以种植小麦和旱稻为主，除去化肥、种子、农药等的投入成本，1 年下来，种地的收入很少。因为长期以来国家限制发展的政策，致使蒙洼蓄洪区经济社会发展水平整体落后于周边地区。杜霞(2011)认为蓄滞洪区为国家安全做出了巨大贡献，而限制发展使得蓄滞洪区目前经济发展缓慢，导致蓄滞洪区移民生活贫困。可见，蒙洼蓄洪区贫困最主要的原因不是自然贫困，而是人为的政策性贫困。

2.2　蓄洪期移民生活不便，恢复生产困难

蓄洪期移民生活不便，尤其是住在庄台上的居民，一座座庄台，犹如一个个孤岛，居民生产、生活极为不便，部分庄台还存在较大的安全隐患。房屋损毁，不能及时修缮，蓄洪时期生活物资匮乏，出行困难，给移民的生活带来很大不便。田里的农作物被洪水淹没后，大大减产，甚至完全没有产出，给恢复生产造成一定的困难。

2.3　移民家庭返贫现象严重

移民家庭抵御自然灾害的能力低，一遇洪水，已经解决温饱的贫困户又会返贫。调研中发现，土地对贫困移民家庭解决温饱具有决定性的作用，因移民而失去土地、土地减少或土地质量变差，耕种不便，贫困户的生活就失去重要支柱，起码的温饱问题就难以保证。移民普遍反映，搬迁到保庄圩后，收入减少了，而支出增加了，尤其一些低保家庭和老年移民户，政府每月发给的低保钱和老龄钱全都用来买药，但很多药品并不在报销范围内，看病成了家庭最大的支出，生活成本加大，返贫现象突出。

2.4　移民有较高的贫困脆弱性

贫困脆弱性体现个人或家庭应对风险的能力，用于衡量一个家庭或个人在未来陷入贫困的概率。离开原有的家园，丧失原来固定的社会关系网，土地耕种距离加大，部分生产技能丧失等，加上移民自身文化水平低等原因决定了其具有较高的贫困脆弱性，一旦陷入贫困，需要较长时间的脱贫过程。

3　蒙洼蓄洪区移民致贫因素分析

3.1　保庄圩基础设施不健全，难以满足群众生产、生活要求

保庄圩是将新建的圩堤和淮河大堤连接起来形成的圩区，淮河行蓄洪区一半以上的不安全人口采取保庄圩安置方式。在本次调研的蒙洼蓄洪区所在的 5 个乡镇，除王家坝保庄圩有一个休闲场所外，其余的 4 个保庄圩都没有休闲场所和文化娱乐设施。如曹集镇和安岗保庄圩近 35 000 人没有一个公园，老年人没有一个可以锻炼身体的场所。实地调研中，移民普遍反映的最大问题是保庄圩内道路和下水道的问题。当初在修建保庄圩时没有规划下水道，导致夏天移民家门口的臭水沟里有大量的蚊虫，味道难闻，移民怨气很大，只能靠每天喷农药缓解。移民的生活用水也因没有下水道胡乱排放，对居住环境造成很大影响。保庄圩内的道路是土路，一到下雨天就成泥巴路，还会出现内涝，出行困难问题。移民迁建中国家对基础设施的补助标准为每户 2 000 元，由于地方财政无力配套，群众自筹资金困难，国家补助仅能解决移民安置区的水电及内部道路等基础设施建设，安置区对外交通、医疗、教育及卫生等公共设施基本无法解决，难以满足群众生产、生活要求。

3.2　庄台上居住拥挤，部分庄台存在安全隐患

庄台是当地筑起地势较高的土台，是行蓄洪区的一种主要的防洪设施。行蓄洪区庄台很窄，面积小，人和家禽、家畜都住在庄台上，人均面积大约为 25 m^2，远远低于国家规定的人均 50 m^2 的居住标准。庄台上的农户几乎没有院子，不仅拥挤，而且环境脏乱，生活条件差。饮水安全问题突出，医疗卫生条件较差。一旦行洪，庄台四面环水，形同孤岛，与外界联系极为不便，对庄台群众的生产、生活造成严重影响，也严重制约了区内经济发展，造成群众生活水平低下。蒙洼蓄洪区所辖 5 个乡镇共有 131 个庄台，其中有一部分是大洪水来时仍然需要撤离的不安全庄台，给这部分群众的生产、生活造成极大的不便。

3.3　耕种半径延长，移民生产、生活难度加大

移民搬迁安置后，居住地相对集中，但搬迁户的土地还在原村庄，搬迁后土地都是依然保留并耕种。政府规定的符合条件的搬迁户因为搬迁距离太远，耕种半径普遍延长，近的二三里路，远的十几里

路,增加了劳动出行成本,给移民的生产积极性带来一定影响,加大了移民的生产、生活难度。

3.4　安置区缺乏后期扶持措施,移民增收困难

调研中发现,搬迁移民从未参加过工作技能方面的培训,政府亦没有给移民提供过工作岗位,在就业方面没有给予任何帮助,也从未领到后期扶持直补资金。移民迁建安置过程中,部分群众迁移距离远,收入渠道、途径单一,仅靠土地增收比较困难,迫切需要政策扶持和项目资金支持。

4　精准扶贫背景下蒙洼蓄洪区移民反贫困的对策

蓄滞洪区移民贫困问题,不是一般的农民贫困问题,用一般的扶贫办法难以奏效,蒙洼的移民反贫困工作必须针对区内移民贫困的特点和致贫因素,综合国家精准扶贫政策,重建协调和谐的蓄滞洪区移民社会、经济及生态关系,把蒙洼的反贫困工作提升到新高度。

4.1　严把精准识别关,精准识别移民贫困户

精准识别是精准扶贫的第一步,然而一方面由于扶贫主体与客体之间的信息不对称,贫困人口识别方法偏定性观察轻定量分析;另一方面,承担精准识别的村干部,出于私心优亲厚友,人为将贫困指标分配到户,该扶的不扶,不该扶的却进入精准扶贫名单,造成贫困户识别过程中的恶意排斥现象,从而影响精准扶贫的执行效果。移民对村干部颇有微词,不公允、不透明,和谁关系好就把贫困户给谁,更有村干部发贫困救济金的财,此类现象屡见不鲜,屡禁不止,这就需要政府下大力气严格规范精准识别的程序,谨防村干部个人私利行为的发生,在源头上修正移民精准扶贫。

4.2　精准扶持贫困移民,实行差异化扶持

移民贫困的原因多种多样,过去扶贫就是给钱给物的传统做法,容易使贫困户形成"等、靠、要"的依赖思想。精准扶贫理念下,应对症下药,实行差异化扶持,贫困户缺什么才给什么,不能一刀切。变单纯的帮钱帮物为扶持生产,变救济式扶贫为开发式扶贫,变帮"需要帮"的人为帮"值得帮"的人;否则,精准扶贫同样会陷入"扶贫陷阱",起不到应有的扶贫效果。

4.3　调整产业结构,发展湿地旅游业

彻底打破移民贫困的恶性循环,需要调整产业结构,促进区内生产发展,改善生态环境,实现安全行洪与区内人民脱贫致富的双赢模式。第一,延伸农业产业链,通过深加工使农副产品增值;第二,引入大型现代农业企业,增加对蓄滞洪区农田水利和道路基础设施的投入,大力发展现代化农业;第三,将蒙洼蓄洪区内的低洼地恢复为生态湿地,发展湿地水产养殖业、畜牧养殖业等高附加值的湿地产业;第四,结合王家坝国家水利风景区的发展契机,开发蒙洼湿地旅游、淮河民俗旅游、蒙洼庄台乡村旅游等项目,发展融旅游、休闲、度假功能和科普、教育功能于一体的蓄滞洪区特色旅游项目。将蓄滞洪区作为企业实行统一经营管理,兼营生态农业、旅游度假等项目,通过招商引资吸引外部资金,原有居民可以将土地入股,凭股权获得分红,还可从事旅游小商品经营、农家乐等,自主创业创收。蒙洼蓄洪区的湿地旅游开发将原来的农业调整为具有高附加价值的旅游业,增加了移民的创收渠道,有助于移民增收致富。

4.4　开展教育扶贫,增强移民创业、就业能力

打破贫困文化的代际传递,就要实施教育扶贫,开发移民的人力资源,增强蓄滞洪区移民创业、就业能力。习近平强调:"扶贫必扶智。"蓄滞洪区移民贫困,经济落后,而经济落后又导致移民受教育程度差,进一步影响当地经济发展的潜力。调研发现,蒙洼蓄洪区移民大多文化水平低,思想观念落后。科技扶贫和教育扶贫会提高劳动力素质,增强贫困地区的内生增长与可持续发展能力,有助于实现脱贫减贫成效的长期性和持续性,是贫困地区脱贫致富的根本途径。因此,应增加教育和科技投入,加大教育教学基础设施建设,全面提高移民的文化水平和文明素养。制定鼓励移民创业和就业的政策,需要政府对征迁补偿、土地管理、子女入学、社会保障、税收、工商、保险等制度或政策进行改革和完善。

参考文献

[1] 张行行. 洪水灾害避难行为避难路径选择研究[D]. 天津:天津大学,2011.

[2] 李珣. 淮河蒙洼蓄洪区求解发展:落后周边5至8年,年轻人开始外迁[EB/OL]. (2016-08-04)[2016-10-11].

http://www.thepaper.cn/newsDetail_forward_1508595.
[3] Michael M Cernea,郭建平,施国庆.风险、保障和重建：一种移民安置模型[J].河海大学学报(哲学社会科学版),2002,4(2):1-15.
[4] 陈绍军,施国庆.中国非自愿移民的贫困分析[J].甘肃社会科学,2003(5):113-117.
[5] 杜霞.蓄滞洪区生态补偿研究[J].人民黄河,2011(11):4-6.
[6] 邓维杰.精准扶贫的难点、对策与路径选择[J].农村经济,2014(6):78-81.
[7] 刘树坤,王兴勇.淮河流域未来情景描绘[J].水利水电科技进展,2005(1):6-8.
[8] 杨昆.蓄滞洪区公平发展问题探讨[J].中国水利,2007(17):47-49.
[9] 辜胜阻,杨艺贤,李睿.推进科教扶贫 增强脱贫内生动能[J].江淮论坛,2016(4):5-9.

作者简介:王娜,女,1982年4月生,河海大学公共管理学院博士研究生,安徽财经大学工商管理学院讲师,主要研究方向为移民科学与管理。E-mail:breeze317@126.com.

基金项目:中央高校基本科研业务费专项资金资助项目(2016B47714).

拉萨灌区水生态文明建设的思考

——以拉萨市彭波灌区为例

栾维祯[1]　尚春林[2]　徐　鹏[3]

（1. 拉萨市水利局　西藏拉萨　850000；
2. 淮河流域水资源保护局　安徽蚌埠　233001；
3. 沂沭泗水利管理局骆马湖局　江苏宿迁　233001）

摘　要：本文针对拉萨海拔高、温度低、温差大和紫外线强等特有的高原气候，以拉萨市彭波灌区为典型灌区，实地调研拉萨灌区建设现状，指出了拉萨灌区建设中存在的灌溉水利用率低、渠系布置不够科学、灌排渠道布置不尽合理和管理水平低下等主要问题，并相应地对拉萨灌区水生态文明建设提出了推广节水灌溉技术，提高水资源利用效率；优化渠系布局；优化水资源配置和强化管理的对策建议，对拉萨市今后灌区的建设及运行管护提供了参考依据。

关键词：灌区　水生态文明　建设

1　前言

拉萨地区为高原寒冷气候，平均海拔 3 650 m，全年日照时间在 3 000 h 以上，具有生态脆弱、高山峡谷、地广人稀、蒸发量大等特点，其现有灌区大多为老旧灌区，根据拉萨市政府及水行政主管部门的安排，“十三五”时期是已有灌区节水改造及新灌区建设的大力发展时期，值此时机，提出灌区水生态文明建设的理念，是非常重要和切合时宜的。

2　概况

拉萨市共有 8 个灌区，分别是林周县澎波灌区、堆龙德庆区达东灌区、达孜县唐嘎灌区、桑珠林灌区、曲水县色达灌区、尼木县幸福灌区、东风灌区和跨墨竹工卡县及达孜县的墨达灌区。8 个灌区均以地表水或地下水为灌溉水源，无污水灌溉情况，灌区内农药化肥的使用量约占全国平均用量的 10%。

澎波灌区是拉萨市最大的灌区，位于西藏自治区拉萨市林周县南部的澎波河谷，拉萨河右岸支流澎波曲上，处于藏中谷地与藏北高原的过渡地带，地域辽阔，资源丰富，是西藏农业开发条件较好的河谷地区之一，也是拉萨市重要的粮食基地。灌区总面积 36.67 万亩，占林周县土地总面积的 5.42%，覆盖林周县春堆乡、强嘎乡、松盘乡、卡孜乡、江热夏乡、边觉林乡和甘曲镇，涉及 6 乡 1 镇 32 个行政村。现状灌溉面积 18.73 万亩，规划灌溉面积 27.18 万亩。是一个水源以区内虎头山水库、卡孜水库、龙泉水库为蓄水枢纽，同时于松盘乡上游旁多水利枢纽隧洞引水及利用区内径流（有坝取水或无坝取水）、截潜流作为灌溉水源的中型灌区。

3　存在问题

3.1　灌溉水利用率低

澎波灌区现有干渠、分干渠 53 条，总长 267.68 km；支渠 66 条，总长 136.96 km。灌区总的灌溉渠系是历史遗留或灌溉习惯形成的，从 1994 年开始，通过扶贫、低产田改造及农发资金修建了部分渠道，改善了部分渠道的生产条件。目前，部分渠道年久失修，出现破损、裂缝、渗漏、淤堵等问题，自流灌区干渠输水损失量较大，骨干沟道的治理率较低，干、支、斗、农渠砌护率更低，受冻胀破坏和自然老化等因素影响，渠道、建筑物老化破损严重，输水能力下降，部分建筑物、机电设备带病、带险、超龄期运行，骨干渠道大多为土渠，渠道断面不规则，各干渠多以老渠道为主，渠基主要坐在较强、强透水层上。渠道无防渗措施，渗漏、淤积和坍塌现象严重。水量损失较大，水资源开发利用率和灌溉保证率低，灌溉水利用率仅为0.33。

3.2　部分渠系布置紊乱

灌区总的灌溉体系没有改造，渠系缺乏科学统一规划。部分渠系布置紊乱，在渠系布置、水量分配和进水口设置等方面，出现相互干扰的现象。部分干渠为灌、排两用，造成灌排矛盾。取水口多数为个别农户随意扒口，引水口众多、布局凌乱，用水矛盾突出。灌溉期采取分乡轮灌，保灌面积较小，大部分农田只能"靠天吃饭"。

3.3　排水沟不畅

排水沟大多为区内天然冲沟或田间排水、雨水长期冲刷而成，少部分人为开挖，且均没衬砌，长期雨水冲刷，易导致土壤肥力下降。排水系统不健全，排涝标准低，排涝渠系混乱，灌排交叉，有的渠道上游灌溉、下游排水，有的灌片根本无排水出路。

3.4　管理水平较低

灌溉管理水平低，大水漫灌、串灌、扒渠放水现象普遍存在，灌溉水浪费严重，灌溉设施破坏严重，从根本上制约了灌区工程效益的发挥，阻碍了当地农牧业的健康发展。

4　对策与建议

针对以上存在问题，通过实地调查，从节水、渠系优化、灌区水资源优化配置及管理方面提出以下对策措施和建议。

4.1　推广节水灌溉技术，提高水资源利用效率

4.1.1　加强渠系节水工程建设

灌溉渠道在输水过程中只有一部分水量通过各级渠道输送到田间被作物利用。彭波灌区目前的渠系水利用系数仅为0.5左右，有一半以上的水量在渠道输水过程中就损失掉了。因此，提高渠系节水的潜力非常大。老灌区节水改造和新灌区建设必须抓住这一主要节水环节，通过实施渠道防渗和管道输水建设等实用高效的渠系输水工程，达到输水损失小、速度快、效率高的目的，提高渠系水的利用率。

(1)加大渠道衬砌的抗冻防渗。渠道衬砌的抗冻防渗，是彭波灌区必须解决的问题。拉萨地处高寒地区，年平均温度约为7.5 ℃，最低温度可达 -25 ℃，日、夜温差可达45 ℃。大量的工程实践证明，不采用防渗衬砌的渠道，渗漏率可达70% ~90%，衬砌不采用抗冻技术，一个冬天后，渠道因冻蚀而剥脱，同样起不到应有的作用。

(2)积极推广管道输水工程。管道输水是以管道代替明渠进行输水灌溉的一种工程形式，它与明渠输水相比有明显的优点，管道埋在冻土层以下，既能减少输水渗漏又能抗冻，管道灌溉技术已在我国推广多年，设计、施工积累了丰富的经验，技术已成熟，适合在拉萨这种地形起伏较大的区域施行。管道输水比渠道输水快，供水及时，可缩短轮灌周期，从而及时有效地满足作物的需水要求，达到节水增产的目的。

(3)探索新型输水材料的运用。积极探索玻璃钢渠道、不锈钢水槽等新型输水材料在拉萨强紫外线、冻胀破坏地区的应用，研究新型材料在该地区的实用性、耐久性和节水性。

4.1.2　改进地面灌溉方式

目前，拉萨的地面灌溉仍采用传统的沟畦灌水方法，由于畦块大，灌水沟畦过长，灌水量很难控制，节水潜力很大，应尝试改进的地面灌溉、沟灌技术、畦灌技术和膜上灌技术。西藏地区以种植大田作物为主，青稞、小麦占了90%，农耕粗放，比较适合改进的畦灌技术，在平整土地的基础上，利用土埂将田块分成小块。同时应发展喷、微灌，对目前研制出的控制灌溉、波涌灌、地面浸润灌溉等新方法、新技术进行研究，找出适合西藏地区的新的灌溉技术。

4.1.3　强化农艺节水

拉萨地区多年平均蒸发量约为 1 393.5 mm,降雨量约为 500 mm,但年度间和年度内分布不均，而且降雨时段集中，由于水利设施建设滞后，土壤贫瘠、保水蓄水能力差,应加强农业技术的节水作用,如①大力推广土壤改良，改土蓄水。西藏的耕地土壤主要是沙土，土壤贫瘠，跑水、跑肥。通过改良土壤，减少跑水、跑肥，蓄积降水，保墒，促苗。②利用覆盖保水。覆盖能有效地减少土壤水分蒸发，延长土壤抗旱能力。拉萨农区具有冬暖、春干的特点，冬春季节降雨少，土壤墒情差，因此在西藏地区应大力推广地膜覆盖和秸秆覆盖技术,大力发展玻璃温室、塑料大棚、地膜覆盖等栽培技术,减少蒸发量。③推行旱作节水农耕农艺技术,播种期选在拔节期能接上雨季，成熟期在雨季末，较为合适。

4.2　渠系优化

在彭波灌区的灌溉系统中，渠道和建筑物的数量多、涉及面广，规划布置是否合理、实用，将直接影响到灌区的工程投资，同时影响到建后管理维护的难易和工程效益的发挥。为此，应从以下 4 个方面考虑。

4.2.1　在规划中渠道尽量布置在较高地带，扩大自流灌溉覆盖面

在灌区的渠系规划中,根据灌区地势走向特点,布置干、支渠的走向和数量,且使支渠与干渠垂直,使整个渠系与园田化格局相结合，同时达到控制最大的有效灌溉面积。渠道布置达到灌水到每块田块的要求，不仅使灌溉面积大大增加，而且又可避免渠道布置过高造成的工程量、工程投资过大，并利于建后管护。

4.2.2　在规划布置主要渠道的同时考虑排水沟的位置

由于开垦造田项目一般都以坡地为主,因此在设置排水沟时一般可采用下列三种方法:一是充分利用天然排水沟。二是利用田块落差按田块分级排水。在实际中将比较低畦处采用修筑堤坝的方式,改造为山塘,在雨季进行蓄水,以方便枯水期生产、生活用水,提高项目区防洪能力。三是利用田块之间的落差通过工程措施,按田块分级排至山塘或山脚的防洪沟,使灌区内灌排系统各成体系,灌排互不干扰,避免灌溉渠道与排水沟的交叉。

4.2.3　灌排渠道与渠系建筑物优化配置

灌排渠道与建筑物的配置既要满足灌排需要,又要减少建筑物的数量,为达到总的工程量和工程费用最小,压废耕地最少,土地利用率最高,主要采取的措施: 一是充分利用灌区内河沟;二是使渠线顺直，力求达到渠网的总长度最短;三是避免渠道深挖高填; 四是相近建筑物联合修建,以达到经济合理。

4.2.4　布置渠系与行政区划相结合

在渠系的布置上,应尽可能与行政区划相结合,使每个用水单位(村) 有独立的引水口,既解决了灌区内用水矛盾，又方便建后运行管护。

4.3　认真做好灌区水资源优化配置

4.3.1　井渠结合灌溉，优化调度水资源

随着拉萨现代化进程的推进,灌区生活、生产、环境用水必将逐步增加,合理利用地下水是大势所趋,因此灌区应建设地下水观测网,便于掌握地下水位,研究不同地下水位和地表水的合理调度。

4.3.2　调整农业种植结构，高效使用水资源

根据不同作物的不同需水量和需水规律，进行作物合理搭配，优化配置水资源。在充分灌溉区，水源条件较好，应以青稞、小麦、经济作物、蔬菜为主;在非充分灌溉区，水源条件较差，应以牧业为主。总之，作物的布局应和水资源相一致。

4.3.3　确立合理的水价机制，促使水资源优化配置

合理的水价应包括资源水价、工程水价、环境水价。灌区目前实行的是决策水价，即政策性水价。拉萨应根据社会和市场的承受能力逐渐向成本水价过渡,以经济手段促使水资源的合理配置。

4.4 加强管理

4.4.1 提高对建设生态文明灌区的认识

建设生态文明灌区是时代的要求,应当成为新时期水利建设,特别是农田水利建设的特点,不能仅仅满足于引水浇地,抗旱保守,而是要坚持民生优先,统筹兼顾,兴利与除害相结合,城乡协调发展;还要做到人水和谐、社会和谐,把水利事业从单纯的"引水浇地"中解放出来,使农田水利成为广大农村生态环境改善的保障系统,成为建设社会主义新农村的坚强支撑。

4.4.2 加大对建设生态文明灌区的科研支撑力度

生态文明灌区建设应当被视作新兴事业,加大科学研究的支撑力度。如渠、路、树、电、井、库、塘、站、寺、村、屋最佳布设模式的研究与选择;节水养水最佳模式及主要措施研究;因地制宜选用不同灌溉制度、多种灌溉技术,促使节水、节能、节钱,优化生态,提高灌区水资源综合利用效益研究;不同类型灌区社会主义新农村建设的试验示范区建设研究等。

5 结语

通过对彭波灌区水生态建设的分析,拉萨建设生态灌区必须关注以下问题:①根据拉萨地区日照时间长的特点,充分利用绿色植物光合作用,因地制宜建立立体作物结构,山、水、林、田、寺、路连成一个整体;②搞好水土保持基础设施建设,蓄养水分,发展节水灌溉技术;③保护和推行秸秆还田及再利用,开发研制秸秆还田和再利用的新型机具;④防治环境污染,改善生态环境的质量;⑤根据拉萨地区生态脆弱,旅游资源丰富的特点,协调农、林、牧、旅游四大产业间的生产关系。

参考文献

[1] 詹卫华,邵志忠,汪升华.生态文明视角下的水生态文明建设[J].中国水利,2013(4):7-9.
[2] 詹卫华,汪升华,李玮,等.水生态文明建设"五位一体"及路径探讨[J].中国水利,2013(9):4-6.
[3] 邓建明,周萍.推进水生态文明理念融入经济建设的几点思考[J].水利发展研究,2014(1):84-88.
[4] 左其亭,罗增良,赵钟楠.水生态文明建设的发展思路研究框架[J].人民黄河,2014(9):4-7.

作者简介:栾维祯,男,1989年12月生,工程师,主要研究方向为农田水利工程建设与管理,农村饮水工程建设与管理及饮用水水质检测。E-mail:ssljnsk@ sina. com.

淮河与洪泽湖关系的认识和思考

陈 娥

(水利部淮河水利委员会 安徽蚌埠 233001)

摘 要:洪泽湖承泄淮河上中游 15.8 万 km^2 的来水,其命脉与淮河紧密交织在一起,在淮河防洪减灾体系中发挥着不可替代的作用。同时,洪泽湖也是淮河流域水资源调蓄和开发利用、水生态文明建设的重要载体,是南水北调东线工程调蓄湖泊之一,在淮河流域经济社会发展中占有极其重要的战略地位。近年来,有关地方对淮干中游"关门淹"、淮河与洪泽湖倒比降等问题反响强烈,有关专家学者多次提出通过"河湖分离"消除洪泽湖对淮河中游的顶托,解决淮河中游洪涝问题。本文结合工作实际,结合现有规划和研究成果,浅谈了对现阶段治淮思路和方案、现阶段实施河湖分离的可行性、洪泽湖重点研究方向、淮河远期治理研究方向等问题的认识和思考。

关键词:淮河 洪泽湖 认识 思考

1 基本情况

1.1 淮河水系变迁及洪泽湖的形成

淮河在 12 世纪以前,独流入海,尾闾通畅,水旱灾害比较少,古淮河干流在洪泽湖以西大致与今淮河相似,古代没有洪泽湖,淮河干流经盱眙后折向东北,经淮阴向东在今涟水云梯关附近入海。1194 ~ 1855 年黄河夺淮 661 年期间,黄水挟带的泥沙把淮阴以下淮河淤成"地上河",同时大量泥沙排入黄海,使河口海岸向外延伸了 70 多 km,在江苏省盱眙县和淮阴之间的低洼地带,逐渐形成了洪泽湖。由于"黄强淮弱",每逢黄、淮并涨,黄河往往倒灌洪泽湖,至湖底日益淤垫,高家堰(今洪泽湖大堤)也因之越筑越高,其湖底高程比堤东的里下河地区高出 5 ~ 8 m,也高出淮干中游河底高程数米,洪泽湖遂成为著名的"悬湖"。"倒了高家堰,淮扬二府不见面",这一民谚正反映了洪泽湖的这段肆虐的历史。

1851 年,淮河出路改由三河入高邮湖,经邵伯湖及里运河入长江,从此淮河干流由独流入海改道经长江入海。淮河支流也承受黄河泥沙的淤积,沂沭泗河失去入海通道,废黄河故道将整个淮河流域分割为淮河水系和沂沭泗河水系,使淮河失去了原本的面貌。

1.2 洪泽湖重要的战略地位

洪泽湖是我国的第四大淡水湖,位于淮河中下游结合部,蓄水面积为 2 070 km^2,承泄淮河上中游 15.8 万 km^2 的来水,通过洪泽湖入江入海,其命脉与淮河紧密交织在一起;洪泽湖大堤保护区面积为 2.7 万 km^2,耕地 129.6 万 hm^2,人口 1 800 万人,并有扬州、淮安、盐城、泰州等大中型城市,在淮河防洪减灾体系中发挥着不可替代的作用。同时,洪泽湖是淮河流域水资源调蓄和开发利用、水生态文明建设的重要载体,也是南水北调东线工程调蓄湖泊之一,在淮河流域经济社会发展中占有极其重要的战略地位。

2 淮河与洪泽湖关系现有研究成果简述

1991 年、2003 年、2007 年淮河流域发生了较大洪水,淮河干流河道长时间持续高水位,支流排水受到顶托、面上涝灾损失严重,行蓄洪区运用困难、淮河下游洪水出路不足等问题依然显现。这些问题引起了社会各界的高度关注,有部分人认为产生涝灾的主要原因是洪泽湖水位的顶托造成的,通过淮河与洪泽湖分离降低淮干中下游水位可彻底解决淮河中游洪涝问题。

2007 年大水后,淮委组织、钱正英等 7 位专家参与指导开展了淮河与洪泽湖关系研究,主要研究了洪泽湖水位对淮河中游洪涝的影响，分析了一头两尾、盱眙新河等河湖分离方案对降低淮干沿程水位的作用，研究了瀏湖冲刷恢复淮河深水河床的可能性及效果。研究结果表明，淮河中游洪涝问题固然有洪泽湖“悬湖”的影响，但主要因素是淮河流域特殊的地形地貌与河道特性造成的。淮河中游是黄淮平原的排水系统与淮南大别山区的山洪系统共同组合而成的水系，暴雨时淮河上游及右岸山区洪水汹涌而下，快速抢占河槽，河道水位迅速抬高，左岸平原支流及洼地受干流顶托排水不畅，造成淮北和沿淮“关门淹”的严重涝灾。研究认为，“河湖分离”对淮河干流浮山以下河段降低河道水位、缩短顶托时长有一定作用，但该效果至蚌埠河段已接近消失，而淮河主要行蓄洪区及易涝洼地均在蚌埠以上河段，遇中等以上洪水时“关门淹”问题仍然存在。

3　有关专家学者提出的河湖分离方案

近年来，有关各方提出的“河湖分离”方案主要有：一是按淮干100年一遇洪水过流，从湖内南边分离出淮河河道，河道出口水位100年一遇13.31 m，中等洪水11 m以下。二是在洪泽湖中人工修筑河堤，将洪泽湖分为南、北两湖或南湖部分还陆，同时在河湖之间设闸，起连通、调控之用。淮河来水不入湖而直接下泄，消除洪泽湖“悬湖”对淮河中游洪水的顶托作用，将扁担型、倒比降的淮河河道塑造成正常河道形态，降低淮河水位、减少洪涝灾害损失。

4　认识和思考

4.1　“蓄泄兼筹”的治淮思路是正确的、经得起历史检验的

中华人民共和国成立以来，在对各种典型治淮思路深入比选论证的基础上，确定了“蓄泄兼筹”的治淮方针并贯彻至今。该方针立足于淮河河湖水系现状，通过在上游兴建水库拦蓄洪水，中游利用湖泊洼地拦蓄洪水并整治河道承泄洪水，下游扩大入江入海泄洪能力等措施，多措并举治理淮河。此后，在“蓄泄兼筹”的治淮方针引领下，开展了大规模治淮建设，基本形成了较为完整的防洪除涝减灾体系，在抗御2003年和2007年淮河大水中发挥了巨大的作用。60多年的治淮实践证明，“蓄泄兼筹”的治淮方针总体上是正确的，是经得起历史检验的。

4.2　现阶段治淮规划方案能够较好地实现流域防洪除涝减灾目标

针对2003年、2007年大水中反映出的淮河上游拦蓄能力不足，中游行洪能力不足，行蓄洪区数量多、启用困难，沿淮及淮北因洪致涝、涝灾损失大，下游洪水出路不足等问题，2010年国务院决定进一步治理淮河，部署开展了淮河行蓄洪区调整和建设、堤防达标建设和河道治理、重点平原洼地治理等7大类38项工程。工程建成后，淮河上游拦蓄能力将有较大提高，中游行蓄洪区启用标准提高到10～50年一遇，下游洪泽湖防洪标准达到300年一遇，防御100年一遇洪水时水位有效降低。现有治淮规划方案对淮河中游“关门淹”问题也采取了一系列的组合措施：一是扩大淮河中游河道，为沿淮及淮北平原洼地排涝创造条件；二是实施平原洼地治理，通过疏挖排水河道、增设抽排泵站等措施，沿淮及淮北平原洼地排涝标准达到5年一遇，部分达到10年一遇；三是通过调整和建设行蓄洪区，一部分调整为防洪保护区，一部分提高启用标准，为提高洼地排涝标准创造了条件；四是通过实施入海水道二期工程，遇淮河中等洪水，洪泽湖水位降低0.65 m，洪泽湖13.0 m以上水位持续时间减少10～30 d，减轻了洪泽湖对淮河中游的顶托作用，加快了淮河中等洪水的下泄，进一步改善了淮河行洪时沿淮及淮北平原洼地排涝条件。

4.3　现阶段实施“河湖分离”可行性还有待进一步论证

根据淮委组织、钱正英等7位专家参与指导形成的《淮河中游洪涝问题与对策研究》等研究成果，淮河中游的洪涝问题固然有洪泽湖的影响，但主要是由淮河流域特殊的地形地貌与河道特性造成的；“河湖分离”对淮河干流浮山以下河段降低河道水位、缩短顶托时长有一定作用，但该效果至蚌埠河段已接近消失，而淮河主要行蓄洪区及易涝洼地均在蚌埠以上河段，遇中等以上洪水时“关门淹”问题仍然存在。从现阶段研究成果来看，在淮河防洪工程体系已经基本成型的情况下，即便花费巨资实施“河湖分离”，对淮河流域防洪除涝减灾能力的提升有限。另外，实施“河湖分离”将大幅减少入湖水量，分

割生态空间,破坏生态系统,工程实施生态风险很高。同时,“河湖分离”将对现有水资源开发利用和经济社会发展等造成重大影响,相应处理工程布局和建设投资难以估量。因此,从现阶段研究成果来看,在现阶段治淮规划已经能够较好地实现防洪除涝减灾目标的情况下,实施“河湖分离”的可行性还需进一步论证。

4.4　在水资源开发利用方面,进一步研究洪泽湖

洪泽湖除了扮演承泄淮河上中游洪水的角色,也是淮河洪水资源利用及南水北调东线天然的调蓄池和中转站,现阶段已经为淮河中下游地区工农业生产发挥了不可替代的作用。国家“十三五”期间还要推进南水北调东线二期工程建设,洪泽湖仍将是南水北调东线二期工程的重要调蓄场所,利用其调蓄可以减小东线二期工程规模,节省工程投资和运行成本。另外,还应充分发挥洪泽湖洪水资源调蓄作用,可以通过洪泽湖将淮河汛期弃水调往沂沭泗地区及北方地区,进一步提高淮河上中游洪水资源的利用效率。因此,对洪泽湖的研究,下一步要从侧重防洪向水资源开发利用转变,一是在不影响淮河防洪的前提下,研究抬高洪泽湖蓄水位,充分发挥其水资源调蓄功能;二是研究通过洪泽湖、南水北调东线现有工程体系,北调淮河汛期弃水的调度管理措施,形成向沂沭泗地区常态化的调水机制。

4.5　继续开展淮河治理研究

随着流域经济社会的快速发展,特别是在流域经济社会发展的新形势和新要求下,有关地方对淮干中游“关门淹”、淮河与洪泽湖倒比降等问题反响强烈,对淮河的认识是一个长期的和逐步深入的过程,在按照既定规划推进淮河治理的基础上,根据流域经济社会发展的新形势和新要求,继续开展相关问题研究十分必要。下一步,一是在充分协商有关省意见的基础上,研究制定大洪水、中小洪水不同洪水级别淮干水位,研究淮干中游河槽进一步扩大的经济技术可行性,为解决淮干中游“关门淹”问题创造条件;二是根据经济社会发展需要,统筹考虑淮河上、中、下游关系,兼顾不同区域的利用诉求,统筹考虑防洪除涝、水资源配置、航运、生态环境、经济社会影响等各方因素,继续开展河湖分离、淮河下游综合整治等重大问题研究。

参考文献

[1] 淮委科学技术委员会. 淮河中游洪涝问题与对策研究综合报告[Z]. 2011.

作者简介:陈娥,女,1980 年 7 月生,高工,主要从事水利规划计划管理工作。E-mail:ce@hrc.gov.cn.

陶瓷膜超滤技术在农村饮水安全工程中的应用

黄浩浩[1]　黄少白[2]　李　梅[3]

(1. 盱眙县水利设计室　江苏盱眙　211700;
2. 淮安市河海水利水电建筑安装工程有限公司　江苏盱眙　211700;
3. 盱眙县水务局仓库　江苏盱眙　211700)

摘　要:农村饮水安全是广大群众最关心的民生问题之一,随着农村饮水安全工程的实施和农村生活条件的提高,广大群众对供水的水质提出了更高的要求。近年来,各种制水新工艺不断出现,陶瓷膜超滤技术作为一项新兴的节能环保技术,在食品工业、生物工程、环境保护、化工等行业早有应用,但应用于自来水处理才刚刚起步。本文就是结合陶瓷膜超滤自来水处理新技术在盱眙县农村饮水安全工程中的运用,通过与传统自来水处理工艺在水质处理、建设占地、运行管理、吨水处理成本等方面的比较,体现出陶瓷膜超滤自来水处理技术具有设备运行可靠、出水水质优于传统工艺、水处理成本与传统工艺相当、相同规模占地面积较小但是一次性投资较大等特点。可为今后农村饮水安全工程及其他同类型项目建设提供借鉴作用。

关键词:陶瓷膜超滤　农村饮用水安全　对比　应用

1　引言

随着饮用水标准的提高,以及水源污染的加剧,获得安全可靠的饮用水急需开发新技术、新工艺。特别是对于农村小型供水设施,需要开发出既安全又可靠的供水设备。陶瓷膜超滤技术作为一项新兴的节能环保技术,在食品工业、生物工程、环境工程、化学工业、石油化工、冶金工业等领域得到了广泛的应用。陶瓷膜超滤技术在净水领域的应用研究较多,但我国陶瓷膜超滤技术在清洁饮用水生产的工程应用才刚刚起步。

2　工程概况

盱眙县地处淮河下游,总面积为2 497 km^2,辖14镇5乡,总人口75.84万人,其中农村人口66.15万人,境内东部平原、南部丘陵山区、西部湖滩水面,由于特殊的地理地形条件,以及农村居民居住分散、地下水资源缺乏等,导致我县农村饮水不安全问题突出,严重影响人民群众的生活质量,威胁人民群众的身体健康,制约了农村社会经济发展。

为了解决盱眙县河桥镇农村饮水不安全问题,根据《盱眙县“十一五”农村饮水安全工程规划报告》,以河桥水库为水源新建了一座供水规模1 500 m^3/d 的河桥水厂,主要建设内容为:源水泵房,水处理设备,加药间,清水池,清水泵房、办公用房及附属设施等,其中水处理设备采用江苏久吾高科技股份有限公司生产的“陶瓷膜超滤自来水处理系统”,该水厂于2014年2月开始试运行,4月正式投入使用,水厂运行良好。

3　设计标准与方案

针对地表水的特点,江苏久吾高科技股份有限公司开发出适合于饮用水生产的多通道陶瓷膜,该型陶瓷膜具有防腐蚀、耐磨损、装填面积大、出水水质稳定等优点。针对农村供水不同时段用水量差别较大的特点,膜设备还可以根据供水的需求量对膜设备的运行条件进行调整,满足了农村不同时段的供水需求。

3.1　设计标准

根据《村镇供水工程技术规范》(SL 310—2004)的有关规定和《江苏省农村饮水安全工程项目初步

设计编制提纲》的规定，人均综合用水量指标为人均 77 L/d。河桥镇近期、远期居民生活需水量预测结果见表 1。

表 1　河桥镇近期、远期居民生活需水量预测结果

供水范围	近期		远期	
	人口(人)	需水量(m^3/d)	人口(人)	需水量(m^3/d)
河桥镇	37 728	2 905	40 054	3 084

河桥镇原有一座茅湖地面水厂，设计供水规模为 2 000 m^3/d，与河桥水厂联网供水，根据需水预测结果，新建的河桥水厂膜处理规模只需 1 084 m^3/d，但考虑水厂制造水效率和满足农村供水错峰的要求，确定河桥水厂膜处理设计规模为 1 500 m^3/d。

3.2　水源可靠性分析

河桥水厂以河桥水库为水源，经计算，远期年取水量约为 40 万 m^3。河桥水库属小(1)型水库，集水面积为 14.86 km^2（上游曹港水库为其梯级库，集水面积为 7.46 km^2，区间集水面积为 7.4 km^2），河桥水厂总库容为 148.35 万 m^3，兴利库容为 70.9 万 m^3（曹港水库总库容为 247.46 万 m^3，兴利库容为 140.96 万 m^3）。水库水主要为区间降雨径流，采用 1956～2007 年盱眙县面平均降雨量资料进行频率分析。计算结果见表 2 和表 3。

表 2　河桥水库不同保值率水资源分析计算结果

保值率	降雨量(mm)	径流深(mm)	径流量(万 m^3)
50%	991.0	245.0	181.3
75%	840.0	145.0	107.3
95%	646.0	55.2	40.8

表 3　曹港水库不同保值率水资源分析计算结果

保值率	降雨量(mm)	径流深(mm)	径流量(万 m^3)
50%	991.0	245.0	182.8
75%	840.0	145.0	108.2
95%	646.0	55.2	41.2

由表 2 和表 3 可以看出，河桥水库 95% 保值率年降雨径流量为 40.8 万 m^3，其梯级库曹港水库为 41.2 万 m^3，在 95% 保值率年型下，能够满足河桥水厂生活取水需要。

3.3　处理工艺

采用混凝与陶瓷膜耦合处理工艺，工艺流程图如图 1 所示。陶瓷膜设备产水量为 70 m^3/h。膜组件采用江苏久吾高科技股份有限公司制造的 61 芯陶瓷膜组件，单支膜组件装填面积为 28.8 m^2，设备总装填面积为 576 m^2，设计运行通量为 120 L/(m^2 · h)。设备采用 PLC 控制，实现设备的全自动运行，减少人工成本。

陶瓷膜设备采用连续过滤的操作方式，对膜设备进行周期性反冲，反冲周期根据季节的变化设置在 30～40 min，混凝剂用量为 25～35 mg/L，杀菌剂用量为 4～6 mg/L。运行压力为 0.05～0.15 MPa，采用微错流的过滤方式，浓水流量为 6 m^3/h，其中浓水回流至絮凝罐流量为 3 m^3/h，外排流量为 3 m^3/h，水回收率高于 90%。

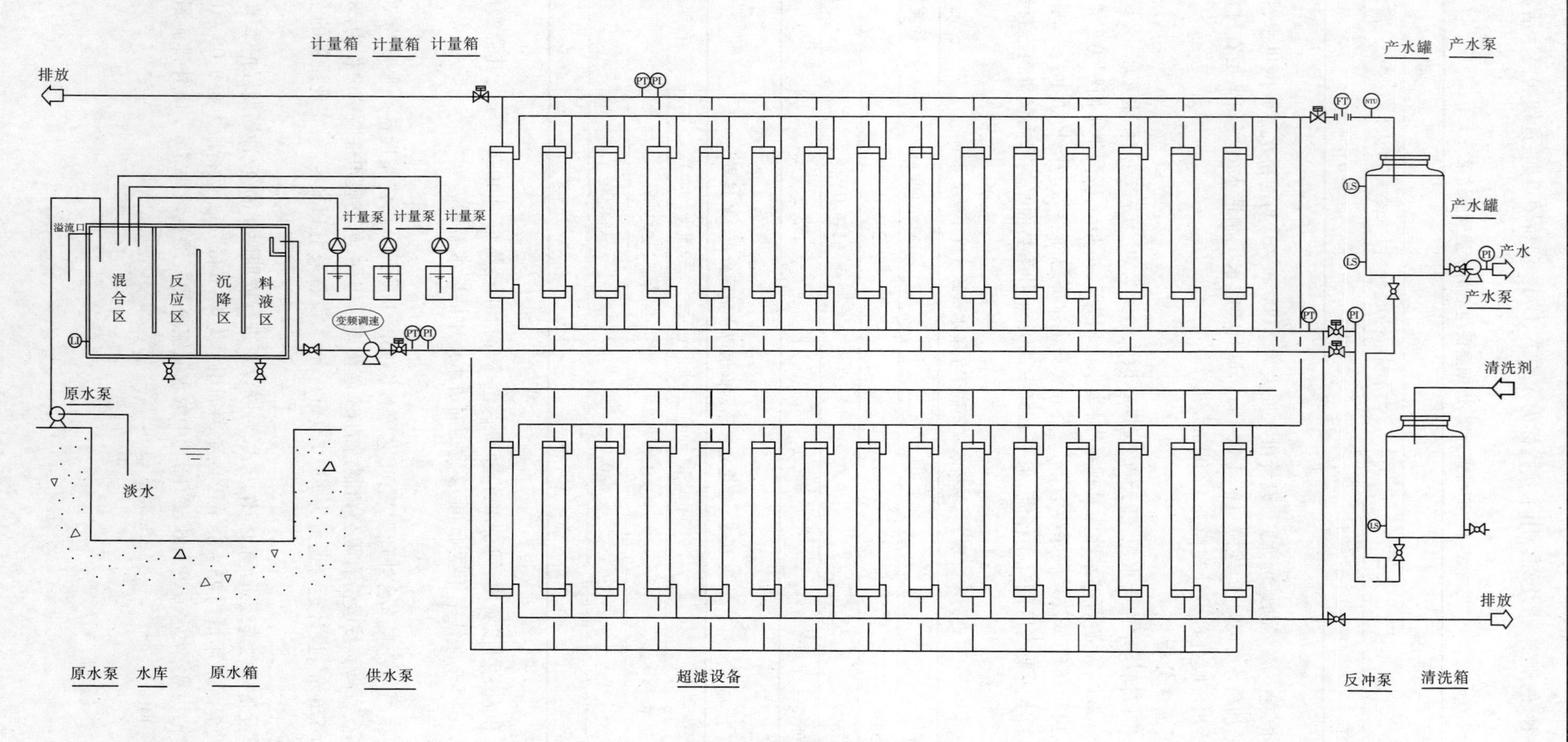

图1 陶瓷膜设备工艺流程图

4　陶瓷膜工艺与常规自来水生产工艺的对比

4.1　产水水质

根据《生活饮用水标准检验方法》(GB/T 5750—2006)的分析方法对盱眙县城自来水厂及河桥水厂陶瓷膜产水进行了分析。陶瓷膜工艺的产水浊度及部分金属离子指标均优于传统工艺。混凝耦合陶瓷膜工艺产水检测的 33 项指标均达到或优于《生活饮用水卫生标准》(GB 5749—2006)的要求。具体分析结果见表 4。

表 4　陶瓷膜产水与传统水处理工艺水质对比

序号	检测项目	单位	GB 5749—2006 限值	分析结果		备注
				传统工艺(盱眙县城自来水厂)	陶瓷膜超滤(河桥水厂)	
1	色度	度	15	<5	<5	
2	浑浊度	NTU	1	0.34	0.14	
3	臭和味		无异臭异味	0	无	
4	肉眼可见度		无	无	无	
5	pH		>6.5 且 <8.5	7.54	8.33	
6	总硬度(以碳酸钙计)	mg/L	450	87	91	
7	铝	mg/L	0.2	0.005	0.05	
8	铁	mg/L	0.3	<0.01	0.007	
9	锰	mg/L	0.1	<0.01	0.002	
10	铜	mg/L	1	<0.20	0.002	
11	锌	mg/L	1	<0.05	0.063	
12	挥发酚类(以苯酚计)	mg/L	0.002	<0.002	<0.002	
13	阴离子合成洗涤剂	mg/L	0.3	<0.1	<0.03	
14	硫酸盐	mg/L	250	14	13	
15	氯化物	mg/L	250	22.7	14.7	
16	溶解性总固体	mg/L	1 000	135	132	
17	耗氧量	mg/L	3	2.73	1.0	
18	氟化物	mg/L	1	0.48	0.25	
19	氰化物	mg/L	0.05	<0.002	<0.002	
20	砷	mg/L	0.05	<0.001	<0.001	
21	硒	mg/L	0.01	<0.000 4	<0.000 1	
22	汞	mg/L	0.001	<0.000 1	<0.000 1	
23	镉	mg/L	0.005	<0.001	<0.001	

续表 4

序号	检测项目	单位	GB 5749—2006 限值	分析结果		备注
				传统工艺(盱眙县城自来水厂)	陶瓷膜超滤(河桥水厂)	
24	铬(六价)	mg/L	0.05	<0.004	<0.004	
25	铅	mg/L	0.01	<0.005	<0.005	
26	硝酸盐(以氮计)	mg/L	10	<0.5	0.41	
27	三氯甲烷	mg/L	0.06	0.035 3	0.031 3	
28	四氯化碳	mg/L	0.002	<0.000 1	0.000 26	
29	细菌总数	CFU/mL	≤100	7	1	
30	总大肠杆菌群	MPN/100 mL	不得检出	未检出	未检出	
31	耐热大肠杆菌群	MPN/100 mL	不得检出	未检出	未检出	
32	游离氯	mg/L	≥0.05	0.2	0.6	管网水
33	总 α 放射性	Bq/L	0.5	0.089	0.085	

4.2 运行费用

系统的运行采用了自动化控制系统，运行成本主要包括动力消耗和药剂费用。动力消耗主要来源于泵、电气设备及照明等。其中，泵的额定功率约为 23 kW，电气设备及照明等额定功率约为 5 kW，合计每小时额定功率为 28 kW，取功率因子为 0.75，吨水电耗为 0.28 kWh，能耗低于有机膜装置(电耗约为 0.36 kWh 左右)。每千瓦时电费按 0.90 元计，则吨水电费为 0.252 元。

膜运行过程中主要药剂为絮凝剂、杀菌剂及清洗药剂(氢氧化钠与盐酸)絮凝剂聚合氯化铁和杀菌消毒剂 NaClO，药剂费用为 5 952 元，吨水预处理药剂费用为 0.132 元。膜清洗剂月药剂费用为 1 792.5 元，膜清洗的吨水药剂费用为 0.040 元。因此，吨水总药剂费用为 0.172 元。

综上所述，陶瓷膜法自来水生产工艺吨水运行成本费用(约为 0.424 元)与现有的自来水处理工艺吨水成本费用基本持平。

4.3 建设占地

膜法自来水处理工艺与传统的自来水生产工艺相比具有占地面积小的特点。该设备总占地面积为 120 m^2，系统平面布置图如图 2 所示。主要包括预处理区、膜设备区、膜清洗设备区及加药间等，设备布置紧凑，占地面积较传统工艺大幅下降。

5 结论

针对河桥镇地表水的特点，选用了陶瓷膜超滤技术用于自来水的生产。详细地分析了设计的标准及水源的可靠性，对陶瓷膜产水与常规自来水工艺产水水质、运行费用及占地面积等进行了比较，得出的主要结论如下：一是陶瓷膜超滤技术在河桥镇自来水生产工艺中具有技术可行性，水源可靠，设计产水量合理；二是根据 GB 5749—2006，陶瓷产水的浊度、耗氧量等指标均优于常规的自来水生产工艺；三是陶瓷膜设备的运行费用与常规自来水生产工艺相当，占地面积远小于常规工艺，但一次性投资较大。

综合考虑，该系统在经济基础较好、土地指标紧缺和源水水质较差且对供水水质要求较高的地区具有一定的推广价值。

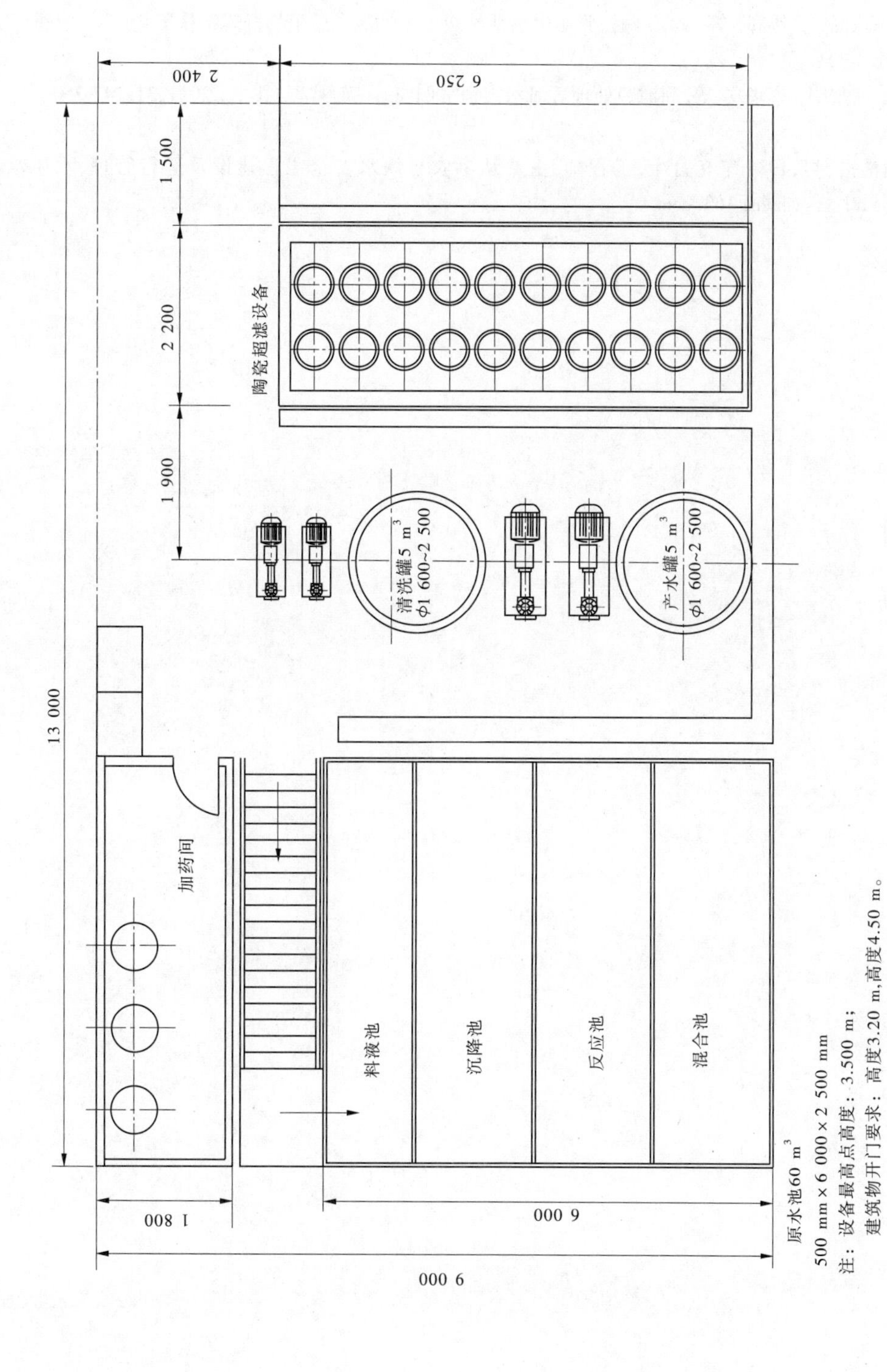
2 400
6 250
1 500
2 200
1 900
13 000
陶瓷超滤设备
清洗罐 5 m³
φ1 600~2 500
产水罐 5 m³
φ1 600~2 500
加药间
料液池
沉降池
反应池
混合池
1 800
6 000
9 000
原水池60 m³
500 mm×6 000×2 500 mm
注：设备最高点高度：3.500 m；
建筑物开门要求：高度3.20 m,高度4.50 m。

图 2　系统平面布置图

参考文献

[1] 曹义鸣，徐恒泳，王金渠. 我国无机陶瓷膜发展现状及展望[J]. 膜科学与技术，2013,33(2):1-5.
[2] 张荟钦，周利跃，刘飞，等. 陶瓷膜处理地表水的工艺[J]. 南京工业大学学报(自然科学版)，2011,33(4):20-23.
[3] 崔佳，王鹤立，龙佳. 无机陶瓷膜在水处理中的研究进展[J]. 工业水处理，2011,31(2):13-16.
[4] 郭建宁，陈磊，张锡辉，等. 臭氧/陶瓷膜对生物活性炭工艺性能和微生物群落结构影响[J]. 中国环境科学，2014，34(3):697-704.
[5] 孟广祯，王黎明，李华友，等. 超滤膜处理黄河水工程实例[J]. 膜科学与技术，2011,31:247-250.

作者简介：黄浩浩，男，1984 年 9 月生，工程师，主要从事农村饮水安全工程建设及运行管理、水质水源地保护等。E-mail：xyswjhhh@163.com.

水利工程中河流流域生态系统服务价值评价
——以韩庄运河为例

陈冠宇

（南四湖水利管理局韩庄运河水利管理局　山东枣庄　255095）

摘　要：生态系统服务是当前国际研究的热点问题，生态系统服务价值是衡量一个地区生态系统可持续发展水平的重要指标。本文阐述了生态系统服务功能的内涵，分析了国内外河流生态系统服务的研究现状和趋势，总结了河流生态系统价值评价的研究方法。将水利工程中河流生态系统功能分为基本功能、支持功能和文化功能三类，并在此基础上建立科学的评价指标体系，提出系统的评价方法，核算了其相应的生态价值。本研究对今后水利工程中的生态服务价值评价及生态影响评价提供新的方法和思路，对水利工程建设与河流生态系统的可持续发展规划具有一定的参考价值。

关键词：水利　河流　生态系统服务　生态价值

1　河流生态系统服务价值研究相关进展

生态系统服务是指在生态系统中，人类直接或间接谋取的所有福利（Assessment, 2005）。随着我国生态文明建设的不断推进，越来越多的学者开始关注自然系统的生态服务功能，近几年来成为生态学研究的热点问题。

河流是人类赖以生存的栖息地，一直以来都被用作灌溉、饮食、交通、发电等水力资源来源及休闲娱乐的场所。河流生态系统服务功能是指河流生态系统与河流生态过程所形成及所维持的人类赖以生存的自然环境条件，包括对人类生存、生活质量有贡献的河流生态系统产品和河流生态系统功能（Cairns, 1997）。河流在城市环境中具有特殊的意义，提供休闲娱乐、净化空气、防洪排涝、提供野生生物生存环境等生态系统服务（阎水玉，王祥荣，1999）。环境经济学认为，自然资源和生态系统服务都具有巨大的经济价值，如何评估环境、生态系统的经济价值是一个非常重要的课题（Harris and Roach, 2013）。

生态系统服务的研究始于20世纪70年代，随着我国学者逐渐认识到生态系统生态价值的重要性，相关研究在国内开始慢慢发展（Guo et al., 2001）。关于河流的生态系统服务的研究，国内外学者取得了一些研究进展（Kozak et al., 2011; Loomis et al., 2000）。我国的学者也主要对河流流域的湿地生态系统服务价值（辛琨，肖笃宁，2002）、生态系统服务支付意愿（赵军等，2005），水利工程对河流生态系统的影响（肖建红等，2006）等各个方面进行了系统研究。但是目前阶段，对河流生态系统服务的类型和功能划分还不够完善，尤其是关于水利工程影响下的河流服务功能的定量分析缺乏足够的实证研究。

本文首先明确了生态系统服务的概念、分类、评价指标体系，分析了当前河流生态系统服务的国内外发展现状和趋势；其次总结了国内外现有的评价生态系统服务的研究方法；再次在识别河流生态服务功能和载体，总结既有研究的基础上，提出了河流生态系统服务评价的指标体系；最后，以韩庄运河为案例区，基于其相应的市场经济价值，核算了韩庄运河流域的河流生态系统服务价值。

2　河流生态系统服务价值的研究方法

随着国内外研究的不断深入，河流生态系统服务评价的研究已经取得了很大进展。在具体的评价方法上，主要采用各种方法对自然资本的边际服务价值进行估计，评估的方法大都直接或间接地基于对生态系统服务的个人偿付意愿进行计量（谢高地等，2001）。主要研究方法分为以下几种：

(1)市场价值法。是指运用生态系统有价值的产品乘以相应的市场价格,对生态系统服务进行评价。具体又分为:直接利用价值用生态系统产品的市场价格估计;间接利用价值和存在价值用替代市场法如旅行费用法、防护费用法等进行评估。这种方法因为可操作性高、简洁明了,因而被广泛采用。

(2)支付意愿法。将 Pearl 的生长曲线和社会发展水平及人们的生活水平相结合,根据人们对某种生态功能的实际支付来估算生态服务价值的方法(李金昌,1992)。这种方法主要用于无法用市场价值衡量的隐含服务中。

(3)系统模型法。利用生态系统模型对全球生态系统对人类福利的贡献进行价值评估,主要有基于全球静态总平衡输入输出模型和基于全球静态部分平衡模型的两种评估方法(谢高地等,2001)。

3　水利工程中河流的生态价值分类和评价指标的提出

河流生态系统服务与其他部分是相互关联的,不能孤立地看待,因此在评价过程中应该全面、综合评价。对河流生态系统服务进行评价,首先要识别河流生态服务功能和载体。本文将河流的生态系统服务划分为三个类别,即基本功能、支持功能和文化功能。

基本功能是指河流的自然服务功能,主要包括调蓄洪水、供水和航运。河流最基本的功能就是蓄水和补水功能,在洪水期可以蓄积洪水水量、调节洪峰,缓解洪峰造成的损失。同时可以储备丰富的水资源,为居民生活和工业生产提供用水。支持功能是指河流对当地生态系统的支持作用,具体包括净化环境、维持生物多样性、土壤持留和提供水产品。这些功能可以为动、植物提供栖息地,保护区域生态系统多样性,降低区域的水污染,净化空气,为居民提供水产品等自然资源。文化功能是指生态系统或者景观为人类提供观赏、娱乐、旅游的场所。

本文在总结既有研究的基础上,提出了综合的评价指标体系。具体见表1。

表1　河流生态服务价值评价指标体系

生态系统服务	序号	功能	载体
基本功能	1	调蓄洪水	河流/水库
	2	供水	河流/水库
	3	航运	河流
支持功能	4	净化环境	河流/水库
	5	维持生物多样性	河流/水库
	6	土壤持留	河流/水库
	7	提供水产品	河流/水库
文化功能	8	休闲娱乐	河流/水库
	9	旅游	河流

4　案例区选择

韩庄运河位于中国山东省西南部,是京杭大运河所经的南四湖的湖东段出口(湖西段出口为不牢河)。其前身是明代后期开挖的泇河,经历代治理,今韩庄运河西起山东省微山县韩庄镇西南湖口,向东南流经枣庄市峄城区、台儿庄区,在台儿庄东南,山东、江苏两省交界处左纳陶沟河后,下接中运河。全长 42.5 km,流域面积 1 996 km^2。

韩庄运河、伊家河流域属暖温带亚湿润区,大陆性气候,具有黄河和淮河流域的过渡性气候特点,四季分明。夏季受亚热带季风的影响,流域多年平均降水量为 826.7 mm,降水主要发生在年内的 6~9 月,6~9 月多年平均降水量为 608.9 mm,占年降水量的 74%,冬季在蒙古高气压控制下,空气寒冷,雨雪稀少,降水量仅占年降水量的 9%。流域多年平均气温为 14 ℃,历年最高气温为 39.6 ℃(1966 年 7

月19日)，最低气温为 -19.20 ℃(1969年1月31日)。月平均最高气温一般在28 ℃左右，月平均最低气温为 -3.5 ℃，气温年差一般在30 ℃左右。日平均气温大于或等于零度的时间为265 ~ 315 d。因受季风影响，春季多东南风，夏季多南风，秋季多西风，冬季多东北风，风级最大八级，最大风速为18 m/s。年平均出现大风(8级)的日数为9 d，最多为24 d。年平均蒸发量在1 320 mm左右。冬季最大冻土深度为26 cm，最大岸冰厚度为20 cm，积雪厚度在15 cm左右。年平均相对湿度为60% ~70%，最大相对湿度在7 ~8月。本流域主要为山前冲积、洪积平原。沿河两岸均为第四纪松散岩层覆盖，地表由亚黏土、亚砂土组成。地层土中夹有砂姜石，局部地方砂姜石高度集中，胶结成砂姜盘。

5　结果和讨论

本文以2013年为评价基准年，收集韩庄运河段河流流域面积、蓄洪、内陆航运、供水、水产品生产、旅游等各种统计数据，根据市场价值法，对河流的生态系统服务价值进行定量核算，结果见表2。

表2　韩庄运河河流生态服务价值

服务功能类型	总量/年[1]	单位价值[2]	年总价值(元)
调蓄洪水	1 996 km^2	5 532.90 CNY/hm^2	1.10×10^7
供水	2.31亿 m^3	1 CNY/t	2.31×10^8
航运（人）	80万人	0.24 CNY/(人·km)	8.16×10^6
航运（货）	6 000万t	0.06 CNY/(t·km)	1.53×10^8
净化功能(森林)	1.34万亩	1 187.16 CNY/hm^2	6.76×10^8
净化功能(草原)	0	778.04 CNY/hm^2	0
净化功能(湿地)	0.38万亩	35 673.87 CNY/hm^2	9.04×10^6
提供生境(森林)	1.34万亩	132.43 CNY/hm^2	1.18×10^5
提供生境(湿地)	0.38万亩	2 516.21 CNY/hm^2	6.37×10^5
土壤保持(森林)	1.34万亩	794.59 CNY/hm^2	7.10×10^5
土壤保持(草原)	0	240.03 CNY/hm^2	0
水产品	0.97万t	7 000 CNY/t	6.79×10^7
旅游	30万人	—	1.20×10^8

注：1. 1 km^2 = 100 hm^2。

2. 数据来源：肖建红等，2006。

(1)基本功能价值。结果显示，韩庄运河总调蓄洪水能力为1 996 km^2，其生态经济价值采用替代工程法进行估算，则调蓄洪水的价值为1.10×10^7元。韩庄运河在南水北调东线一期工程完成后，可以向山东省净供水2.31亿 m^3，由上述计算结果得出其市场价值为2.31×10^8元。

(2)支持功能价值。韩庄运河2013年万年闸船闸的货运总量接近6 000万t。不仅给当地船民带来可观的收益，也直接带动了航运企业、港口企业乃至周边腹地的经济发展。运河航运包括通行和通货两部分，结果显示，其经济价值为每年1.61×10^8元，其中货物的航运收入贡献了绝大部分。

河流、湖泊是流动的，都有一定的自净能力，在一定程度上可以降低水域污染物浓度，减轻区域水污染。本文通过替代市场价值，核算了韩庄运河的水体净化功能和价值。结果显示，韩庄运河净化功能的价值为每年6.85×10^8元，在缓解区域水污染的过程中，起到了积极有效的作用。

河流与湿地是各种野生动、植物的栖息地或避难所。除了河流的净化功能，维持物种多样性功能和土壤保持功能也是河流支持功能的重要组成部分。结果显示，韩庄运河提供动物、植物栖息地的价值为每年7.56×10^5元，土壤保持的价值为每年7.10×10^5元。

河流、水库是各种水产品的天然养殖基地，韩庄运河有可养殖水域面积巨大，大中型水库渔业平均年产量为0.97万t,每年可以创收6.79×10^7元。

(3)文化功能价值。为了弘扬运河文化和湿地资源的价值,韩庄运河沿线投资近3 000万元,开展了湿地旅游和招商引资的系列活动。旅游部门数据显示,2013年,来韩庄运河沿线旅游的国内外游客达30万人,旅游总收入达1.2亿元。

6　结论

综合上文的研究结果,得到韩庄运河河流的各项功能总价值为23.67亿元,各个服务功能的具体价值见图1,所占比例见图2。结果显示,调蓄洪水和净化功能是韩庄运河河流生态系统服务的主要功能,市场价值分别为11亿元和6.76亿元。其次为供水和航运功能,市场价值分别为2.31亿元和1.61亿元。

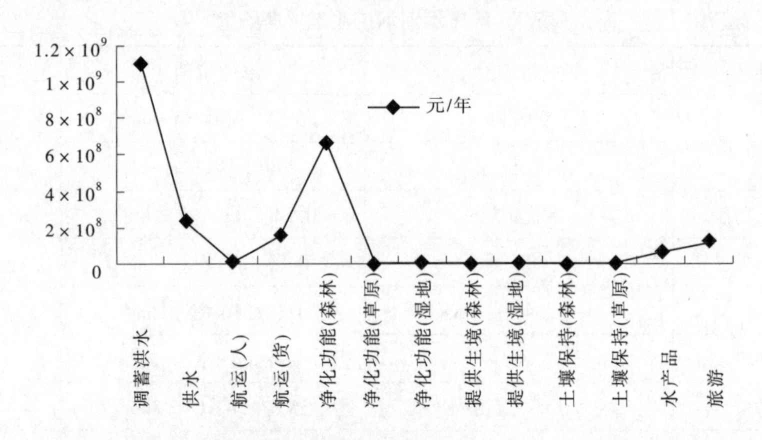

图1　韩庄运河生态系统服务价值　(单位:元/年)

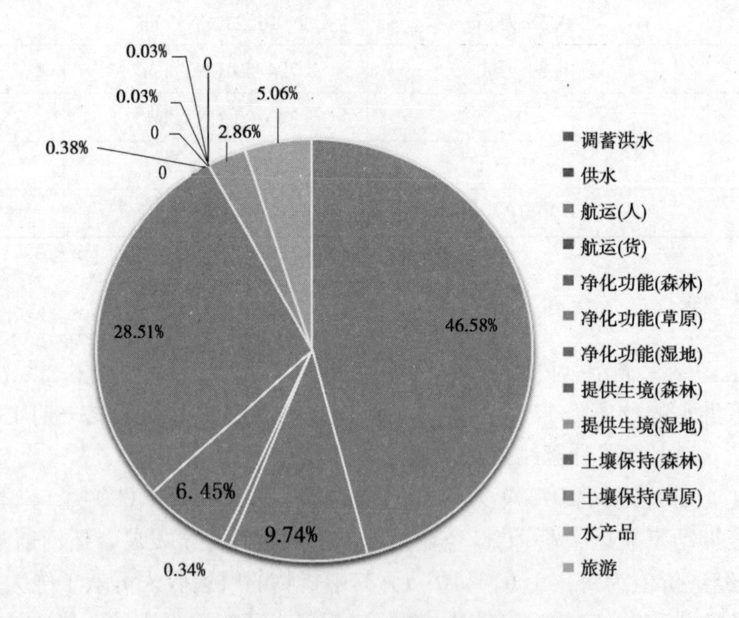

图2　韩庄运河生态系统服务价值所占比例

河流的生态系统服务功能与区域生态系统结构和生态过程具有紧密的关联性,因此在选择流域规划方案时必须充分重视,综合考虑区域内各项生态系统服务功能。科学研究水利工程中的生态影响,促进水利工程建设与河流生态系统的可持续发展,可以加快自然生态系统评价和生态补偿体系建设,是积极应对气候变化、维护生态安全的必然选择,符合我国推进生态文明建设的内在要求。

参考文献

[1] 李金昌. 关于自然资源的几个问题[J]. 自然资源学报,1992(3):193-207.
[2] 肖建红，施国庆，毛春梅. 三峡工程对河流生态系统服务功能影响预评价[J]. 自然资源学报,2006,21(3):424-431.
[3] 谢高地，鲁春霞，成升魁. 全球生态系统服务价值评估研究进展[J]. 资源科学,2001,23(6):5-9.
[4] 辛琨，肖笃宁. 盘锦地区湿地生态系统服务功能价值估算[J]. 生态学报,2002,22(8):1345-1349.
[5] 阎水玉，王祥荣. 城市河流在城市生态建设中的意义和应用方法[J]. 城市环境与城市生态,1999,12(6):36-38.
[6] 赵军，杨凯，邰俊,等. 上海城市河流生态系统服务的支付意愿[J]. 环境科学,2005,26(2):5-10.

作者简介:陈冠宇,男,1990 年 6 月生,助理工程师,主要从事工程运行管理及防汛相关工作。E-mail:928350895@ qq. com.

济南市重点湖库浮游植物调查及水质评价

朱中竹[1] 王帅帅[1] 商书芹[1] 郭 伟[1] 谭 璐[2]

(1.济南市水文局 山东济南 250000;
2.莱芜市水文局 山东莱芜 271103)

摘 要:作者于2014年8月对济南市4个重点湖库进行浮游植物水生态调查,并利用浮游植物香农维纳指数、均匀度指数对其水质进行评价。结果表明,济南市4个重点湖库共鉴定出浮游植物种类5门18科19属63种,其中以硅藻门和绿藻门为主。浮游植物密度范围为$298.7\times10^4\sim3\ 861.9\times10^4$个/L,根据浮游植物密度评价湖库富营养化程度,4个重点湖库均为富营养。济南市重点湖库浮游植物香农维纳指数范围为0.611~3.448,均匀度指数范围为0.203~0.717,均相对较低。对济南4个重点湖库的水质进行评价时,用生物多样性指标综合评价得到的结果与单纯的水化学指标评价结果差别较大。

关键词:浮游植物 济南市重点湖库 多样性

根据《山东省水功能区划》,济南市有5个湖库被划归省级水功能区,分别为大明湖(大明湖景观娱乐用水区)、大站水库(绣江河章丘农业用水区)、白云湖(白云湖章丘渔业用水区)、锦绣川水库(玉符河济南源头水保护区)、卧虎山水库(玉符河济南饮用水源区)。浮游植物是生态系统中物质循环、能量流动和信息传递的初级生产者,在水域生态系统中起着举足轻重的作用。浮游植物个体较小,对环境变化的响应十分迅速,已被广泛地应用于浮游植物生态学研究和水质评价中,能更好地解释自然水体中浮游植物群落的规律。作者于2014年8月对济南市大明湖等4个(大站水库施工未调查)重点湖库进行了浮游植物水生态调查,根据调查结果分析了浮游植物生物量和种属组成的时空分布特征,并基于生物多样性指数对湖库水质进行了评价。

1 材料和方法

1.1 采样点设置

2014年8月在卧虎山水库(J1)、锦绣川水库(J2)、大明湖(J3)、白云湖(J4)各设置1个采样点,进行浮游植物采样调查。图1为浮游植物采样点示意图。

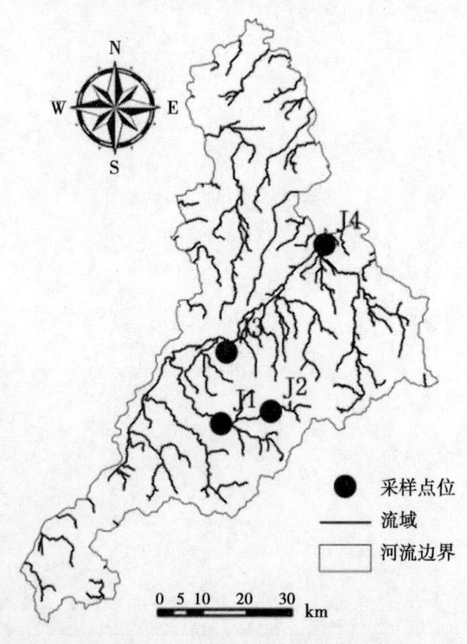

图1 浮游植物采样点示意图

1.2 样品采集、鉴定

在各采样点距水面以下0.5 m左右水层取水样2 L,加10 mL鲁哥试液固定。在实验室静置24 h后浓缩至100 mL,取0.1 mL于浮游植物计数框内,在400倍OLYMPUS显微镜下进行物种鉴定和计数,物种鉴定参照相关文献。

1.3 数据分析和处理

采用Biodiversity Profession 2.0计算Shannon - Weaner多样性指数(H)和Lloyd - Ghelardi均匀度指数(E)。水质评价标准:$H>3$为寡污带,$2<H\leqslant3$为β中污带,$1<H\leqslant2$为α中污带,$0\leqslant H\leqslant1$为多污带;$E>0.5$为清洁,$0.4<E\leqslant0.5$为β中污带,$0.3<E\leqslant0.4$为α中污带,$0\leqslant E\leqslant0.3$为多污带。

2　结果

2.1　种类组成及分布特征

调查期间共鉴定出浮游植物63种，隶属于5个门，18个科，19个属。其中，硅藻门种数最多，分为7属28种，占总数的44.4%，绿藻门8属18种，裸藻门1属3种，隐藻门1属3种，蓝藻门2属11种，见图2。在鉴定出的浮游植物中，分布最广的是小环藻（*Cyclotella* sp.）、肘状针杆藻（*Synedra ulna*）和中华尖头藻（*Raphidiopsissinensia*），4个水库均存在。密度最大的是小席藻（*Phormidium - tenus*）。从浮游植物各个门的种数组成（见图2）来看，硅藻门的种类最多。从各门的密度来看，蓝藻门的密度最高。

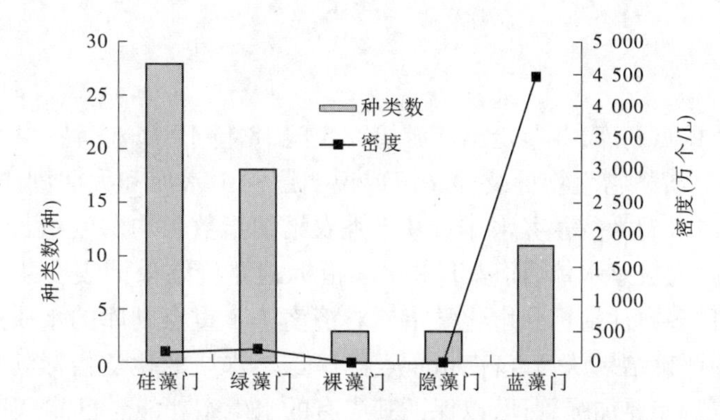

图2　济南市重点湖库浮游植物物种组成和密度

2.2　种群空间分布特征

4个重点湖库浮游植物生物量分布不均匀，变化范围为298.7×10^4^～3 861.9×10^4^个/L，其中白云湖浮游植物生物量最低，为298.7×10^4^个/L（见图3），而大明湖的浮游植物生物量最高，为3 861.9×10^4^个/L。浮游植物种属数目变化范围为8～47，其中锦绣川水库的浮游植物种类最少，仅8种，而大明湖出现的浮游植物种类最多，达47种。

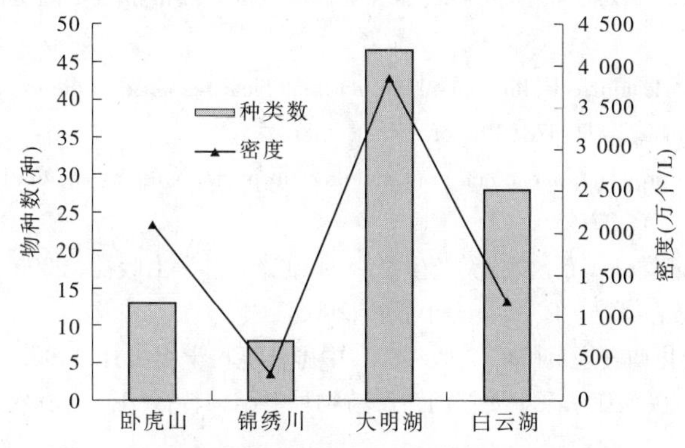

图3　济南市重点湖库浮游植物物种/密度空间分布

2.3　济南市重点湖库水体富营养化程度评价

根据国内湖泊富营养化与藻类数量的评价标准：小于3×10^5个/L为贫营养，3×10^5～10×10^5个/L为中营养，大于10×10^5个/L为富营养，此次调查的4个湖库浮游植物密度均大于10×10^5个/L，均为富营养。

2.4　基于多样性指数的水质评价

有研究表明，香农维纳指数和均匀度指数在一定程度上反映了水质好坏状况，数值越大，浮游植物群落结构越趋于稳定，水质相对较好，反之则相对较差。从表1可以看出，香农维纳指数最小的是锦绣川水库，为0.611；最大的是白云湖，为3.448。均匀度指数最小的为锦绣川水库，为0.203；最大的是白云湖，为0.717。基于香农维纳指数评价水质，则白云湖为健康水体，大明湖为一般水体，卧虎山水库为较差水体，锦绣川水库为极差水体；基于均匀度指数评价水质，则白云湖为健康水体，大明湖和卧虎山水库为一般水体,锦绣川水库为极差水体。而以《地表水环境质量标准》(GB 3838—2002)中20个基本项目为评价标准来评价,2014年8月白云湖为Ⅲ类水质,大明湖为Ⅳ类水质,卧虎山水库为Ⅲ类水质,锦绣川水库为Ⅱ类水质,均达到《山东省水功能区划》中要求的水质目标,水质较好。

表1　济南市重点湖库浮游植物香农维纳指数、均匀度指数

指标	卧虎山水库	锦绣川水库	大明湖	白云湖
香农维纳指数(H)	1.644	0.611	2.560	3.448
均匀度指数(E)	0.444	0.203	0.421	0.717

3　结论

本次调查济南市4个重点湖库,共鉴定出浮游植物5门18科19属63种。4个重点湖库的藻类细胞密度均大于10^6个/L。浮游植物生物量及种属组成说明卧虎山水库和大明湖属于富营养化水体,锦绣川水库为中营养水体,白云湖为贫营养水体。基于香农维纳指数和均匀度指数的评价结果显示白云湖为健康水体,锦绣川水库为极差水体,而基于水化学指标的评价结果则表明4个重点湖库水质均达标。本次调查表明,以生物多样性指标和水化学指标对济南4个重点湖库的水质进行评价时结果的一致性程度不高。综合两种评价结果认为,济南市重点湖库虽然水质的化学指标满足水功能区的功能要求,但生态质量情况不乐观,需要加强管理,以保证其应有的水生态功能。目前,现有的水质评价标准主要以理化指标为主,缺少生物学评价的内容,不能完全反映水体的状况,建议适当增加生态指标的评价,以便与理化指标评价结果补充参考。

参考文献

[1] 杨浩,曾波,孙晓燕,等. 蓄水对三峡库区重庆段长江干流浮游植物群落结构的影响[J]. 水生生物学报,2012,36(4):715-723.

[2] Lean D,Pick F R. Photosynthetic response of lake plankton to nutrient enrichment: a test for nutrient limitation[J]. Limnology,1981,26(6):1001-1019.

[3] O'Farrell I,de Tezanos Pinto P,Izaguirre I. Phytoplankton morphological response to the underwater light conditions in avegetated wetland[J]. Hydrobiologia,2007,578(1):65-77.

[4] Reynolds C. Variability in the provision and function of mucilage in phytoplankton: facultative responses to the environment[J]. Hydrobiologia,2007,578(1):37-45.

[5] 胡鸿均,魏印心. 中国淡水藻类——系统、分类及生态[M]. 北京:科学出版社,2006.

[6] 毕列爵,胡征宇. 中国淡水藻志[M]. 北京:科学出版社,2005.

[7] 金相灿,屠清瑛. 湖泊富营养化调查规范[M]. 2版. 北京:中国环境科学出版社,1990.

[8] 姜作发,唐富江,董崇智,等. 黑龙江水系主要江河浮游植物种群结构特征[J]. 吉林农业大学学报,2007,29(1):53-57.

作者简介:朱中竹,女,1986年3月生,工程师,水环境、水生态监测与评价。E-mail:zheda2012@126.com.

定远县江巷水库工程水环境问题初探

杜鹏程　王　成　娄　云

（淮河流域水资源保护局淮河水资源保护科学研究所　安徽蚌埠　233001）

摘　要：根据现状监测和评价，拟建安徽省定远县江巷水库上游来水水质不能达到功能区划要求，存在库区污染和富营养化风险。同时，新增生产、生活供水和灌溉供水尾水排放对受水区河流水质也将产生不利影响，需进行水环境综合整治。本文分析研究了江巷水库及其下游池河水环境状况和污染源排放状况，运用《全国水环境容量核定技术指南》推荐的一维模型水环境容量的计算公式、沃伦威德尔模型和狄龙模型等水环境容量计算方法，对江巷水库及池河 COD、NH_3—N、TN、TP 的水环境容量进行了计算，识别出主要污染物，进行了环境问题诊断。结果表明，江巷水库所在水域主要污染因子为 TP、NH_3—N 和 TN，按控制目标江巷水库 NH_3—N、TN、TP 的超标率分别为 17%、15% 和 135%。在此基础上，分析了江巷水库及池河水质不达标的原因，提出了水污染控制方案。

关键词：江巷水库　水质　水环境容量　水污染控制

拟建的江巷水库位于江淮分水岭北部，滁州市定远县西南部约 30 km 连江镇境内；坝址位于淮河南岸支流池河上游的陈集河、储城河及青龙河汇合处。水库控制流域面积为 735 km^2，为池河干流上游控制性蓄水工程。工程主要建设内容包括拦河大坝、溢洪道和灌溉涵等建筑物。水库为不完全年调节水库，工程规模为大(2)型水库，总库容为 1.30 亿 m^3，其中防洪库容为 0.30 亿 m^3，兴利库容为 0.34 亿 m^3。正常蓄水位为 43 m，相应库容为 0.425 亿 m^3，水库面积为 20.02 km^2，计划 2018 年建成。工程实施后，利用驷马山引江灌溉工程，可向定远县城、盐化工业园、炉桥等乡镇生活和工业多年平均供水量 1.44 亿 m^3，灌区多年平均补水 0.97 亿 m^3，通过水库控泄调度，使坝址至石角桥的池河上游防洪标准提高到 20 年一遇。

1　江巷水库工程地表水环境状况

根据《安徽省定远县江巷水库工程环境影响报告书》（简称《环评报告书》），青龙河、储城河、陈集河上游来水的 COD 和氨氮不能满足Ⅲ类水质目标；根据驷马山引江灌溉工程引江口断面 2014 ~ 2015 年 24 个月总磷平均值为 0.21 mg/L、总氮平均值为 2.22 mg/L，也达不到湖库Ⅲ类水质目标。监测结果见表 1。因此，江巷水库建成后存在水质不达标和富营养化风险，需调查库区范围污染源排放状况和计算江巷水库水环境容量，从而采取相应的预防和控制措施，确保江巷水库水质达标。

表 1　江巷水库所在区域地表水环境质量现状监测结果　（单位：mg/L）

断面	DO	BOD_5	COD	氨氮	TN	TP
青龙河	4.4	4.3	22.2	1.50	—	0.038
储城河	5.8	4.2	21.6	0.52	—	0.030
陈集河	5.1	4.7	24.0	1.90	—	0.037
池河石角桥	4.1	4.3	21.9	0.90	—	0.095
长江引江口	7.1	2.5	5.35	0.14	2.22	0.21

根据《定远县池河流域水污染防治方案（2016—2020 年）》（简称《治污方案》），将定远县池河流域划分为 4 个控制单元，见表 2。现状基准年 2013 年定远县池河流域主要污染物入河量、环境容量（计算

公式和参数选取见下文）及其利用率见表2。现状水平年江巷水库控制单元及池河闸以上控制单元污染物排放已经超过河道的环境容量，造成现状水质不达标。

表2　定远县池河流域2013年主要污染物入河量　　（单位：t/年）

控制单元	环境容量		入河量		利用率	
	COD	氨氮	COD	氨氮	COD	氨氮
江巷水库控制单元	395	32	1 405	225	356%	715%
江巷水库至石角桥控制单元	845	74	2 856	432	338%	581%
石角桥至池河闸控制单元	2 784	245	1 612	280	58%	114%
池河闸至梅市村控制单元	3 518	309	1 208	202	34%	65%
合计	7 542	660	7 081	1 139	94%	173%

2　江巷水库工程各控制单元水环境容量

2.1　河流水环境容量模型

一维模型水环境容量的计算公式为

$$W_i = 31.54\left(C\exp\frac{Kx}{86.4u} - C_i\right)(Q_i + Q_j) \tag{1}$$

式中：W_i为第i个排污口允许排放量，t/年；C_i为河段第i个节点处的水质本底浓度，mg/L，取Ⅰ类标准值；C为沿程浓度，mg/L；Q_i为河道节点后流量，m^3/s，90%保证率下断面流量；Q_j为第j节点处废水入河量，m^3/s；K为污染物降解系数，1/d；u为第i个河段的设计流速，m/s；x为计算点到第i节点的距离，km，其中$x/(86.4u) \leqslant 5$。

河段内部的平均流速u是一个重要的参数。采用计算摩阻流速的公式，即

$$u = \sqrt{ghI} \tag{2}$$

式中：g为重力加速度；I为水力坡降；h为全段面平均水深。

2.2　水库有机物水环境容量模型

经分析，水库COD、氨氮水环境容量可采用沃伦威德尔模型进行计算，即

$$W = C_s \times (Q_{out} + KV) \times 10^{-6} \tag{3}$$

式中：W为水库环境容量，t/年；C_s为水库功能区目标值，mg/L；Q_{out}为水库的流出水量，m^3/a；K为综合降解系数，1/d；V为水库的库容，m^3。

2.3　水库总磷、总氮的水环境容量模型

经分析，水库总氮、总磷的水环境容量可采用狄龙（Dillon）模型进行计算，即

$$W = L_s \times A \tag{4}$$

$$L_s = \frac{C_s h Q_{out}}{(1 - R_p)V} \tag{5}$$

$$R_p = 0.426 \times e^{-0.271Q_i} + 0.571 \times e^{-0.009\,49Q_i} \tag{6}$$

式中：W为水库环境容量，t/年；C_s为水库功能区目标值，mg/L；Q_{out}为水库的流出水量，m^3/年；R_p为氮、磷在水库中的滞留系数；V为水库的库容，m^3；h为水库平均水深；A为水库面积，km^2；Q_i为水力负荷，m/年，Q_{out}/A。

2.4　模型参数的选取

根据《环评报告书》，江巷水库和池河的水质标准为Ⅲ类，COD为20 mg/L、氨氮为1 mg/L、总氮为1 mg/L、总磷为0.05 mg/L；出库流量为2.51亿m^3/年、水库水深为3 m。

本次计算的综合降解系数K值采用《淮河流域及山东半岛水资源保护规划》分析成果，即COD的K

值：$K=0.050+0.68u$，NH_3—N 的 K 值：$K=0.061+0.551u$。参照上述公式，江巷水库的污染物降解系数按照流速为0计，$K_{COD}=0.05$，$K_{NH_3-N}=0.061$。

2.5　各控制单元水环境容量计算

通过计算，可以得出江巷水库所在水域各控制单元规划水平年2020年COD、氨氮、总氮、总磷的水环境容量值，见表3。根据《治污方案》，预测水平年2020年定远县池河流域主要污染物入库和入河量见表3。

表3　江巷水库水环境容量、水平年污染物入库入河量计算结果　（单位：t/年）

控制单元	环境容量				2020年入河量				年需削减量			
	COD	氨氮	总氮	总磷	COD	氨氮	总氮	总磷	COD	氨氮	总氮	总磷
江巷水库控制单元	5 063	254	739	37	2 842	297	848	87	0	43	109	50
江巷水库至石角桥控制单元	920	81	—	—	3 682	537	—	—	2 762	456	—	—
石角桥至池河闸控制单元	2 792	246	—	—	1 974	331	—	—	0	85	—	—
池河闸至梅市村控制单元	3 525	310	—	—	1 513	244	—	—	0	0	—	—
合计	12 300	891	739	37	10 011	1 409	848	87	2 762	584	109	50

2.6　计算结果分析

由以上结果可以看出，按Ⅲ类水标准来计算，江巷水库控制单元2020年的水环境容量分别为：COD为5 063 t/年、氨氮为254 t/年、总氮为739 t/年、总磷为37 t/年；江巷水库2020年建成后治污前污染物入河量各项指标分别为：COD为2 842/年、氨氮为297 t/年、总氮为848 t/年、总磷为87 t/年，氨氮、总氮、总磷均超过了水环境容量，超标率分别为17%、15%和135%，表明江巷水库入库的污染物量将超出其自净能力；为保证水库满足水质目标，可计算出需年削减氨氮43 t/年、总氮109 t/年、总磷50 t/年。

按Ⅲ类水标准来计算，江巷水库至石角桥控制单元2020年的水环境容量分别为：COD为920 t/年、氨氮为81 t/年；2020年治污前污染物入河量分别为：COD为3 682/年、氨氮为537 t/年，COD、氨氮均超过了Ⅲ类控制水环境容量，超标率分别为300%、563%，表明池河下游入河的污染物量将超出其自净能力；为保证池河满足水质目标，可计算出需年削减COD为2 762 t/年、氨氮456 t/年。

3　库区及池河地表水水质不达标原因分析

根据《环评报告书》和《治污方案》，定远县江巷水库库区及池河地表水水质不达标原因主要有以下几个方面：

（1）驷马山灌渠来水总氮和总磷水质较差，不能满足湖库Ⅲ类水体要求；由于引江水占江巷水库供水量的89.6%，因此引江水水质好坏对江巷水库水质起决定作用。

（2）江巷水库汇水范围湾孙水库存在炉桥镇盐化工业园区入河排污口。

（3）污水处理设施建设滞后，目前，定远县全域内现建成运行的城镇污水处理厂仅有一座——定远县国清污水处理有限公司，已建成运行污水处理规模为3万t/d，出水水质标准达到《城镇污水处理厂污染物排放标准》（GB 18918—2002）一级A标准，收水范围包括县城城区和经济开发区。大量的生活污水、工业污水未经处理通过河流沿岸排污口直排入河，成为流域水体污染的主要来源。

（4）江巷水库及下游池河汇水范围存在众多乡镇村庄，大量生活废水未经处理直接或间接排入库区和池河，加重了当地水污染。

（5）库区农村畜禽养殖业较为发达，养殖过程中畜禽产生的粪便排入水库，造成水体污染。

(6)库区耕地较多,化肥农药施用量较大,且降雨量较大,营养物质伴随地表径流进入水库,形成面源污染。

4　江巷水库及池河污染控制方案

根据《环评报告书》和《治污方案》,定远县池河流域水污染的控制方案主要有以下几个方面:

(1)在生活供水取水口上下游划分饮用水源一、二级保护区,强化分区保护。利用水生生物的食物链转移和营养级串联效应,可以有效控制江巷水库水质富营养化趋势。

(2)引江水水质要求。在建设驷马山四级干渠时采取地表水生态修复措施对TN、TP进行降解,控制入库污染物量,TN、TP浓度要求必须达到湖库Ⅲ类标准要求,即TN为1.0 mg/L、TP为0.05 mg/L。

(3)工业污染控制。为保护江巷水库库区水质,需将原排入库区汇水范围内湾孙水库的炉桥镇盐化工业园区污水通过专用管道调整延伸建设到平塘水库(江巷水库汇水区外),然后排入到马桥河再进入池河,同时对平塘水库和马桥河进行综合整治及生态化改造。

(4)生活污水处理。加快建设乡镇污水处理厂及管网,江巷水库蓄水前建成蒋集乡污水处理厂;建设村庄污水处理站;建设乡(镇)垃圾收储系统,包括大型中转站及各类收集、运输、转运车辆。

(5)农业面源控制。包括推广生态农业模式,建成绿色有机食品生产加工基地;推进畜禽养殖污染治理:沼气池,干清粪+废弃物储存设施,粪便污水农业利用;推广低毒、低残留农药使用补助试点经验,开展农作物病虫害绿色防控和统防统治,实行测土配方施肥,推广精准施肥技术和机具。

(6)流域综合管理。加强环境流域监测;加强环境监察与监管;建设环境预警应急体系;加强产业源头调控;重视环境卫生管理。

5　目标可达性分析

《治污方案》的核心目标是将污染综合整治与流域生态恢复相结合,通过工业污染控制、生活污水处理、生活垃圾处理处置、农业面源控制、河流治理与生态恢复,流域综合管理类等措施,分阶段减少流域内生态系统所承受的污染负荷。确保到2018年(江巷水库蓄水)前,完成江巷水库上游水源地的治理任务,保证支流入库水质达到Ⅲ类水质标准;到2020年,进一步削减污染物入河量,增强河流生态修复和自净能力,促进全流域水质稳定达标,即江巷水库、池河闸断面(出境断面)水质达到GB 3838—2002的Ⅲ类水质标准。

根据规划水平年2020年各类治理项目设计的COD、氨氮、总磷、总氮的削减能力,结合污染源2020年预测结果,计算得出定远县池河各个控制单元的目标削减量和设计削减量,如表4所示。

表4　定远县池河流域2020年基于水环境容量的污染物削减情况

控制单元	COD(t/年)		氨氮(t/年)		总氮		总磷	
	目标削减	设计削减	目标削减	设计削减	目标削减	设计削减	目标削减	设计削减
江巷水库控制单元	0	385.1	43	72.5	109	377	50	56.4
江巷水库至石角桥控制单元	2 762	2 939.6	456	474.7	—	—	—	—
石角桥至池河闸控制单元	0	493.5	85	87.4	—	—	—	—
池河闸至梅市村控制单元	0	403.8	0	54.7	—	—	—	—
合计	2 762	4 222	584	689.3	109	377	50	56.4

6　结语

基于江巷水库及坝址以下河流及引江水水质水量资料，得出江巷水库来水及池河水质不达标；利用河流一维模型水环境容量计算公式、沃伦威德尔模型和狄龙模型计算出其水环境容量，分析库区及池河水质不达标原因；进而提出水库及池河水污染控制方案；最后对削减目标进行了可达性分析。结果可知拟建江巷水库和池河水质不达标的原因有内在原因也有外部原因，均需进行治理，方能落实调水工程"三先三后"原则和执行最严格的水资源管理制度，确保江巷水库建成后水质安全和改善当地水环境。

参考文献

[1] 王成，娄云，杜鹏程. 安徽省定远县江巷水库工程环境影响报告书[R]. 2016.
[2] 王成，杜鹏程，张克全. 定远县池河流域水污染防治方案(2016—2020 年)[R]. 2016.
[3] 莫明浩，李宁，涂安国，等. 石溪水库水环境容量研究[J]. 环境保护科学，2014，40(4)：15-18.
[4] 樊华，陈然，刘志刚，等. 柘林水库水环境容量及水污染控制措施研究[J]. 人民长江，2009，40(24)：39-40.
[5] 中国环境科学研究院. 地表水环境质量标准：GB 3838—2002[S]. 北京：中国环境科学出版社，2002.

作者简介：杜鹏程，男，1974 年 9 月生，高级工程师，主要从事水资源保护和水污染防治及环境影响评价方面的工作。E-mail：dpc@ hrc. gov. cn.

东至县农村饮用水安全工程管理中存在的问题与思考

刘　双　张金彪　罗　桃

（安徽淮河水资源科技有限公司　安徽蚌埠　233000）

摘　要：农村饮用水安全工程是一项系统工程，建设是基础，管理是关键，充分发挥工程效益是目的。目前在工程运行管理中，普遍存在重建轻管的现象，本文通过研究东至县农村饮用水安全工程运行管理现状，分析工程管理中存在的管理机制不健全、收费不合理、技术服务不过关、水质检测不到位、水源保护较粗放等问题，并针对存在的问题，从建立管理制度、合理制定水价、定期培训人员、加强水质监测、强化水源保护等方面提出解决饮用水安全的相关对策，以进一步加强农村饮用水安全。

关键词：农村饮用水安全　工程管理　水质监测　水源保护

1　引言

解决农民饮水问题、保证农民饮水安全性是当前我国正在实行的一项民生水利工程。近几年，为了改善农民的饮水安全，东至县增修了许多必要的农村饮用水安全工程。目前在工程运行管理中，普遍存在重建轻管的现象，致使一些农村饮用水安全工程难以达到预期的建设目标，后期供水问题不断出现。自农村饮用水安全工程建设项目实施以来，针对工程的运行管理工作，国家陆续出台了相关政策、管理办法和标准等，对规范农村饮用水安全工程运行管理起到了积极的作用；东至县人民政府和相关负责人也对工程的运行管理工作进行了总结、探索，并取得了一定成效；但问题依然存在，严重影响了工程的正常运行。为了保障当地居民的健康生活以及更好地落实国家饮水安全战略，必须进一步加强农村饮用水安全工程的建后管理，使其持续发挥效益。

2　农村饮用水安全工程运行管理现状

东至县农村饮用水安全工程数量多、分散、规模小，集中供水的普及率低，主要以单村供水为主，大部分以乡村为服务对象，群众承受能力有限，水费标准低，给工程维护管理和经营带来了困难。东至县的供水设施主要有两种：集中式供水及分散式供水，经正规自来水厂供水的水质满足国标要求，但是工程规模小，不能为全县居民平均提供饮用水；直接引用山泉水的集中供水工程，无净水处理设施，水质季节性不能满足要求，主要是细菌或浑浊度等超标；有净水处理设施的，使用年限已久，损坏后没有及时得到维修，因此正常运行功能得不到保证。无供水设施的分散式供水人口各乡镇均有分布，主要分散在靠近小河流的区域以及山区，该部分农村人口直接取用河水或山泉水，水源未经任何处理，人畜常常混用，不仅水质差，而且多是远距离取水，极不方便，到了秋冬季降水少，饮用水更为困难。当前虽然政府有针对性地对农村安全饮用水工程投入了大量的人力与物力，但是由于受到基础较为薄弱等问题的影响，农村安全饮用水工程在管理方面仍存在较多的问题。

3　农村饮用水安全工程管理中存在的主要问题

对农村饮用水安全工程管理中存在的问题进行分析与论述，寻找问题的根源，有助于从本质上提高农村饮用水安全工程管理水平。管理中存在的问题主要包含以下五个方面。

3.1　管理机制及管理机构不健全

当前东至县农村饮用水安全工程数量多、分散、规模小，集中供水的普及率低，各个供水网点没有构建出统一的运作流程,缺乏切实可行的管理机制,管理松懈、执行力度不够;供水工程管理机构不健全,政府及水利管理单位对供水工程缺乏监管。由于工程设施运行过程缺乏管理和维护保养,从而影响到整个农村饮用水安全工程的正常运行,甚至导致一部分安全饮用水工程处于瘫痪状态,造成部分农民再次出现吃水困难的状况。

3.2 收费不合理

东至县已修建完毕的饮用水安全工程中,以国家投资为主修建的大部分跨乡跨村集中供水工程,由于其本身带着一种公益事业的性质,未采用市场化和竞争化的发展模式,在运营过程中多是依赖国家的相关政策进行,因此供水收益满足不了供水工程的各项支出。东至县农村安全供水与城市相比,存在着管道线路长、用户较分散、后期维修管理困难等问题,造成东至县农村饮用水安全工程的服务设施盈利微薄甚至入不敷出。再加之一些农村地区由于经济困难,当前采用的水价根本不足成本价,导致更新改造资金以及工程折旧费用等严重不足,致使工程无法持续良性运行。

3.3 技术服务不过关

东至县绝大部分农村饮用水安全工程建在经济基础相对薄弱的农村地区,经济物质条件差,工资福利待遇低,难以吸引到专业的技术管理人才;由于工程本身的经费有限,因此无法配备较多的专职管理人员。特别是单村的供水工程,一般是由村委会选定的村民兼任,工资低、杂事多、缺乏专业的管理、检修、维修、养护等方面的知识,工程在运行过程中一旦出现破管漏水、机电故障等问题,往往得不到及时维修,久而久之,机电设备、管道受损程度加大,维修资金投入随之增加,当地居民的饮用水安全也得不到保障。有些配套维修频繁的饮用水安全工程,为了令其再次发挥工程效益,出现重复建设现象,造成了较大的资源浪费。此外,供水单位为了节约经费及管理层缺乏管理意识,从而忽视了对管理技术人员定期培训和再教育这一必要环节。

3.4 供水水质检测不到位

水质检测是农村饮用水安全的重要保障措施,供水工程中水质检测不到位是影响农村饮用水安全工程的重要因素。一部分集中供水工程、单村集水工程的基层水利部门可持续发展理念不强,往往偏向于保供水,重工程建设,轻视水质检验,饮用水安全工程运行后,才意识到缺乏必要的水质检测设备。有检测设备和人员的,检测人员缺乏积极性及检测费用较高等原因,致使水质检测的频率极少,因而检测结果不精确,导致部分工程供水水质难以达到规定的标准。

3.5 水源保护较粗放

部分水源地附近的农村居民缺乏环境保护意识,将日常生活中产生的固体垃圾随地堆放,生活污水、禽畜粪便随意排放,严重影响了水源地的水质。为了争取作物的收成,盲目使用大量的农药化肥,造成水源的水体污染;由于当地居民的水资源节约意识薄弱,浪费水资源的现象在农村也非常常见。当地政府针对水源污染问题,采取了一些措施并进行宣传,但是执行力度不够,并没有引起群众的广泛重视,水污染现象依然存在。

4 加强农村饮用水安全工程管理的对策

建设是基础,管理是关键。通过对工程管理中存在问题进行分析与论述,有助于制定一些针对性的解决措施,以提高工程管理的水平,主要的措施包含以下几个方面。

4.1 健全管理制度、落实管理责任,建立管理机构、落实管理主体

工程管理不善,最主要的原因是权责不明。搞好农村饮用水安全工程管理,关键是要明确管理责任,并且要把责任落实到人,再由管理者商量制定切实可行的管理制度,否则很可能会出现工程有人用、无人管或管理不尽心、不到位的现象。同时在管理中,要结合管理责任,根据投资和工程规模的实际情况来确定。以国家投资为主兴建的跨乡跨村集中供水工程,应实行统一集中管理和分级负责经营相结合的管理模式,并由受益乡村代表和水利部门共同组成供水管理委员会,行使权力,履行职责。对于集体和群众投资为主、国家给予补助的工程,应成立用水户协会来履行管理职责,包括核定水价、监督水量水质、监督水费收支等,保障农村饮用水安全工程在建后管理方面有条不紊地进行。

4.2　合理确定水价

水价是否合理，水费回收率的高低，将直接影响农村饮用水安全工程的运行管理及可持续发展。县物价局在制定合理水价的过程中，要结合以下几个方面综合考虑。其一，农村供水厂和管网的建设、运行费用应纳入供水成本中，在水价中解决；其二，利用水价的调节作用，解决农民安全用水意识薄弱的问题，逐步推行两部制水价、用水定额管理（超定额累进加价）等制度，来提高农民的安全用水和节约用水意识；其三，农村自来水价格要实行公告制度，把水作为商品，像用电一样，先购买后使用，村村户户装水表，按方收水费，杜绝喝“大锅水”的现象。供水单位应推行水价、水量、水费“三公开”制度，提高水价政策的透明度。确定合理水价后，还要以动态的眼光来看待水价问题，根据供水成本、费用及市场供求变化情况，适时调整，实行水价听证会和公示制度，及时核定合理水价，使水费收缴合法有据。在经济困难的部分农村地区，政府应加大投资力度，以确保工程的良性运行，让农民群众吃上安全水、放心水。

4.3　加强业务培训，提高管理人员的知识水平和管理技能

为了适应农村饮用水安全工程管理工作的不断发展，针对当前东至县农村供水工程普遍存在的现象（缺乏专业技术管理人才、管理水平较低），首先，应从专业化管理需求出发，定期组织管理人员学习有关农村饮用水安全工程技术方面的专业知识，提高管理人员的知识水平和管理技能。其次，管理技术人员需不断在实际操作中总结经验得失，并及时记录下来，以供大家交流学习。为了强化管理和有效地利用资源，供水单位在培训及招聘相关管理技术人员时，应本着精简高效的原则，因事设岗，以岗定员，培训考核，持证上岗。工程管理人员应充分了解自身的权利和义务，增强参与意识，从而积极、有效地参与到工程管理中去，为农村饮用水安全工程长期良性运行打下扎实的基础。

4.4　配备水质监测设备，加强水质检测

东至县农村饮用水安全工程建设的水源地水质一般较好，但由于人们的不合理开发和使用，水源水质不同程度地受到污染，为了给人们提供优质的水源，水质检测设备必不可少。政府、相关负责人及其受益村民应增加资金投入力度，为缺少检测设备的水厂配备水质监测设备，对质量不满足现今检测要求的设备要及时检修或者更换，以确保水厂水质检测设备的正常使用。针对水质检测频率极少的现象，各相关负责人及其单位要承担起相应的执行及监督任务，做好本职工作。农村供水管理委员会在工程日常运行中，要负责供水水源的检验检测、监督指导；农民用水协会及运行管理人员要对净水消毒设备定期进行维护；各级卫生部门要加快建立和完善农村饮用水水质监测网络，加强对农村饮用水工程供水水质的检测及监测，优化检测指标及监测频率。通过加强对水质的管理，提高对供水水质的评价，进一步保证供水的安全。

4.5　加强水源地保护和宣传，确保供水水源安全

充分利用电视、报纸，召开座谈会和印发宣传材料等形式，向群众进行宣传，提高群众的思想认识，为水源保护奠定好思想基础。广泛开展农村饮用水安全科普知识宣传教育，通过宣传教育唤起农民对农村饮用水安全问题的重视，提高全民对水资源的节约和保护意识。按照《饮用水水源保护区污染防治管理规定》的要求，划定供水水源保护区，制定保护办法，特别是要加强对水源地周边设置排污口的管理，限制和禁止有害化肥的使用，杜绝垃圾和有害物品的堆放，防止供水水源受到污染。还应加强水质检测体系建设，加强水源、出厂水和管网末梢水的水质检验和检测，以保证饮用水水质。

5　结语

农村饮用水安全工程是一项利国利民的民生工程，工程本身的特点、性质和所服务的对象，决定了工程建后管理的复杂性。本文主要是在东至县农村饮用水安全工程管理问题的基础上，分析问题并以此为依据而采取针对性的解决措施，以达到更好提升农村饮用水安全工程管理的效果和全面提升农村安全供水保证率的目的。

参考文献

[1] 魏向辉,单军,刘海波. 农村饮水安全工程运行管理浅析[J]. 中国农村水利水电,2012,(06):104-105,109.
[2] 施元吉. 农村饮用水安全工程长效管理机制探索[J]. 水利经济,2009,(05):65-67,78.
[3] 李仰斌. 农村饮水安全工程建设存在的问题及对策[J]. 中国水利,2009,(01):32-33,38.
[4] 唐兴佳. 农村饮水安全工程建设存在的问题及对策研究[J]. 河南水利与南水北调,2012,(15):63-64.
[5] 陶全芝. 探讨农村饮用水安全问题与对策[J]. 价值工程,2010,(18):163.
[6] 雷刚,崔彩贤,田义文. 农村饮用水安全问题研究[J]. 安徽农业科学,2007,(05):1481-1482.

作者简介:刘双,女,1992 年 7 月生,硕士研究生,主要从事水文水资源工作。E-mail:525910857@ qq. com.

生态护坡在前坪水库的应用

朱歧春　刘征西　杨相宜

（中科华水工程管理有限公司　河南郑州　450000）

摘　要：生态护坡是综合工程力学、土壤学、生态学和植物学等学科的基本知识，对斜坡或边坡进行支护，形成由植物或工程和植物组成综合护坡系统的护坡技术。前坪水库工程开挖边坡形成以后，通过种植植物，利用植物与岩、土体相互利用，对表层进行防护、加固，使之既满足边坡稳定，又恢复了被破坏的自然生态环境，对水土保持也起到很好的保护作用。

关键词：前坪水库　水土保持　生态护坡

1　概况

前坪水库是国务院批准的172项重大水利工程之一，位于淮河流域沙颍河主要支流北汝河上游洛阳市汝阳县，是一座以防洪为主，结合供水、灌溉，兼顾发电的大（2）型水利枢纽工程。主要建筑物包括主坝、副坝、溢洪道、输水洞、泄洪洞、电站等。2015年10月，前坪水库开工以来，对外交通道路路堑边坡的开挖、导流洞的开挖、溢洪道左岸边坡的爆破开挖，对当地的原生态环境造成了破坏。若采用传统护坡形式对这些边坡进行防护，虽然护坡能力比较强，但也存在缺点：一是一次性投资比较大，而且通常都以安全、经济为优先，忽视了生态的修复，难以恢复自然植被，不利于生态环境的保护和水土保持；二是在外观上较为单调生硬，与周边的景观不协调。前坪水库开挖边坡生态护坡新技术的应用，修复了被破坏的生态环境，打造了人、水、环境相和谐的生态前坪工程。

2　生态护坡在前坪水库的应用

2.1　导流洞出口仰坡362 m平台以上边坡生态护坡工程

2.1.1　导流洞出口开挖岩石概况

导流洞出口开挖岩石为安山玢岩具斑状结构，块状构造，大部分已经风化成乳白色，少量为肉红色正长石。基质为隐晶质或玻璃质，并见有辉石、角闪石等暗色矿物，裂隙发育，裂隙面见有黄色铁锰质浸染及少量的钙质、锰质薄膜。质坚性脆，多呈弱风化状。开挖坡度为1∶0.75，属岩石陡坡。

2.1.2　护坡形式

导流洞出口仰坡362 m平台以上边坡生态护坡工程，采用“团粒喷播（高次团粒）植被恢复技术”，该技术能快速恢复或重建植被环境，主要应用于裸露边坡的植被恢复与绿化、水土保持、工业尾矿治理、地质灾害治理、石漠化和荒漠化地区造林、斜坡屋面绿化、城市立体绿化和区域内的生态环境建设等领域。团粒技术是将特殊生产加工制造的有机质和黏土与有机添加料、肥料、土壤稳定剂、土壤活性剂、植物种子、清水及其他添加材料，严格按照规定配比混合成泥浆状混合料，然后与团粒剂溶液进行混合，发生团粒化反应，制备出一种特殊的“人工土壤”，称之为“团粒土壤”。

土壤稳定剂对团粒土壤的结构稳定性有重要的促进作用，其特殊性能可保证在团粒土壤表面形成一层不可水解的保护膜，促使团粒土壤表面“结壳”，从而抑制土壤内水分的蒸发，大大提高土壤的保水性能。团粒土壤中的大量有机质材料，必须经过高温腐熟过程，除考虑营养成分的因素外，更为了杀除其中大量的有害病菌、虫卵、杂草种子和非目标植物，以便快速形成目标植物群落。团粒土壤还具有自然界土壤不具备的结构性能，有极强的抵抗雨蚀、风蚀能力。

2.1.3　应用效果

试验数据表明,团粒土壤的黏聚力达到57 kPa,而普通土壤的黏聚力小于25 kPa,团粒土壤的黏聚力远大于普通土壤,所以团粒土壤具有极强的耐冲蚀性和水土保持能力。喷播24 h后,团粒土壤对大雨以下等级的降雨产生耐冲刷能力,3 d后,可抵抗暴雨的冲刷。团粒土壤具有类似"蜂巢"构造的团粒结构,像海绵一样具有超强的吸水性。经检测得知,容重为0.49 g/cm^3的团粒土壤,其最大持水量达到了134.6%,而普通土壤的容重一般为1~1.3 g/cm^3,最大持水量小于60%。所以,团粒土壤的最大蓄水量至少是普通土壤的2.5倍以上,而容重仅为普通土壤的40%。因此,团粒土壤能够最大限度地储存水资源,大大节省养护用水,极大减少成本。

导流洞出口区域狭小,生态护坡高度落差15 m左右,采用人工喷洒养护,经过一年的观察发现,由于缺少自动养护系统,并且在人工养护比较困难的情况下,植物的生长态势受外界因素影响比较大,对后期的运营管理不利。

2.2　对外交通道路路堑边坡复合式生态植被护坡工程

2.2.1　对外交通道路路堑开挖岩石概况

对外交通道路长3.5 km,坡度在1:3~1:0.5,有缓坡也有陡坡。路堑山体属于砾岩,强风化,砾石含量约60%,成分以玄武岩为主,安山玢岩次之。胶结成岩程度差,泥质弱胶结为主,次为钙质胶结。岩体在地表0.5~2.0 m范围内坡积、风化形成较为松散的覆盖层,强—全风化,半岩半土状,土夹碎石状。

2.2.2　护坡形式

目前,国内对路堑的防护已经有干喷植草防护、客土喷播植草防护、混喷植草防护、高次团粒喷播植草防护等多种有效的防护措施。对外交通道路路堑山体属于砾岩,为不良地质山体,容易造成次生灾害。若采用单一的生态植被混凝土植草方案,存在如下缺陷:由于草种属浅根性植物,其根系一般只能分布于建植层的表层,对边坡恶劣环境的抗逆性弱,后期经过雨水冲刷及风蚀作用侵蚀后,防护基层容易脱落,且生物群落稳定性差,往往在3~5年植被就出现退化,达不到防护预期效果。为了有效恢复生态环境,使之达到与周围环境相协调及长效防护的目的,对外交通道路路堑边坡采用复合式生态植被支护方案恢复山体的原始地理地貌,达到与周围环境相协调,取得较好的环境景观效果、兼顾长效防护、避免发生次生灾害。

复合式生态植被支护方案是集岩石工程力学、生物学、土壤学、肥料学、园艺学、环境生态学等学科于一体的综合环保技术。该技术遵循"生态防护和美化兼顾"的原则,采用镀锌铁丝网草纤维客土混喷植生护坡+植物纤维毯护坡+裸根栽植落叶灌木护坡,由特殊工艺制造而成的客土材料,加入植物种子,并添加许多必要的其他材料,采用喷播机械作业的方式进行植草防护,然后在坡面间隔50 cm间距栽植灌木,形成灌草结合的稳定立体复合生态体系,能有效解决单一草本植物群落易退化的问题,既具有保水性,又有透水性、透气性,适于植物生长,同时有效抵抗雨蚀和风蚀,防止水土流失,达到既能防水固坡,减噪降尘,又能四季常绿,与周围环境相协调,形成自然美。同时达到经济效益、社会效益和生态效益并重的目的。

镀锌铁丝网草纤维客土混喷植生护坡+植物纤维毯护坡+裸根栽植落叶灌木护坡复合式生态植被支护是以工程力学和生物学理论为依据,利用客土(基质)和锚杆加固铁丝网技术,运用特制喷混机械将土壤、肥料、有机物质、保水剂、黏合剂、土壤固化剂等混合干料加水后喷射到岩面上,形成近5~6 cm厚具有连续空隙的硬化体,在硬化体上铺设植物纤维毯,然后栽植灌木的施工方案。

2.2.3　应用效果

该生态护坡形式,在增强坡体稳定能力的同时,所构建的稳定立体复合生态体系,很好地解决了单一草本植物群落易退化的问题,在短期取得绿化效果的同时兼顾长效防护,有效地避免次生灾害发生,最大限度地防止水土流失和坡面垮塌,取得了良好的工程效果及生态效果。

该生态护坡形式仍然存在一些问题,如植物纤维毯固定以后,表层的混合料及草种喷射与中层基材容易形成架空,一旦形成架空,对草种及灌木的生长非常不利。采用混喷植生客土机喷水养护,线路较长,喷洒不均匀,对表层泥土冲击较大。

2.3　溢洪道进口段左岸 423.5 m 高程以上边坡生态护坡工程

2.3.1　溢洪道进口段左岸 423.5 m 高程以上边坡开挖岩石概况

溢洪道左岸 423.5 m 高程以上边坡坡度为 1∶0.5，除 468.5 m 马道以上，各级边坡高度均为 15 m，该边坡为高陡边坡。主要岩性为安山玢岩，基质为隐晶质或玻璃质，并见有辉石、角闪石等暗色矿物，裂隙发育，裂隙面见有黄色铁锰质浸染及少量的钙质、锰质薄膜。质坚性脆，岩芯破碎，多呈碎块状。取芯率低，一般呈弱风化状。

2.3.2　护坡形式

由于目前边坡已基本开挖完成，为避免边坡长时间裸露，加重风化，决定选择工艺简单、速度快、工期短、植被防护效果好且经济的钩花镀锌铁丝网 + 植被基材喷附材料的客土喷播方法。

溢洪道客土喷播生态护坡是先将镀锌铁丝网自上而下固定在边坡上，然后将客土（植物生存的基本材料）、纤维、长效缓释性肥料和种子等按一定比例配合，加入专用设备中充分混合搅拌后，通过空气压缩机压缩空气喷射到坡面上形成所需要的生长基础。施土工艺流程图见图 1。

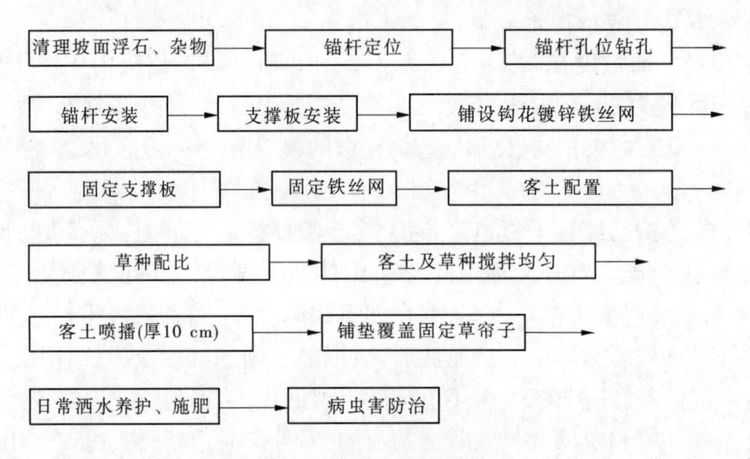

图 1　施土工艺流程图

客土喷播生态护坡，通过挂网，可以增加客土的抗冲刷能力，同时大大地改善了客土在边坡上的附着条件，对边坡高度、坡率的适应性较强，在高陡岩质边坡上可以成功地覆盖植被。可以达到既稳固又经济、既环保又美观的良好效果。另外，所需的机械设备比较简单，施工人员投入少，施工效率高。

2.3.3　应用效果

由于溢洪道边坡是高边坡，每一级马道较窄，没有机械养护的条件，并且人工养护存在较大的困难，为解决这一难题，安装了自动喷洒养护系统，大大减轻了护坡养护的工作量，均匀洒水，减轻了对泥土的冲刷，取得了比较好的效果。

3　生态护坡展望

随着我国经济建设步伐的加大，基础建设的投入增大，社会的飞速发展，各类工程的不断扩张，边坡工程规模越来越大、越来越复杂化，科学发展观的贯彻执行，生态危机的觉醒，环保意识的增强，边坡治理也从过去的仅注重安全、经济的治理模式向保持边坡的自然特征的生态模式转变。在重视边坡稳定与维护功能的同时，越来越强调生态护坡的生态环境效益与景观改善功能，形成既具有护坡功能，又具有优美价值的坡面生态景观。生态型护坡的出现顺应了人与自然共生的要求，不仅是护坡工程建设的一大进步，也将成为今后护坡工程的主流。

参考文献

[1] 叶建军，许文年，马金亚，等. 我国边坡生物治理回顾与展望[D]. 三峡大学土木水电工程学院，2004，8.
[2] 周德培，张俊云. 植被护坡工程技术[M]. 北京：人民交通出版社，2003.

作者简介：朱歧春，男，1969 年生，高级工程师，主要从事水利工程监理工作。E-mail：88408271@ qq. com.

浅析涉河桥梁建设对沭新渠供水的影响

徐正飞[1]　王　君[2]　李德利[3]

（1.连云港市水利局　江苏连云港　222006；2.淮委嶂山闸管理局　江苏宿迁　223809；
3.本溪市水利工程质量与安全监督站　辽宁本溪　117020）

摘　要：沭新渠是连云港市饮用水供水专用河道，河道能否正常供水关系全市饮用水安全。本文通过对沭新渠渠道水利用系数、水头损失及沿线5个河道断面测量数据分析涉河桥梁建设对河道供水的影响，供水对渠道冲淤进行分析，为渠道引水控制管理提供科学依据。

关键词：沭新渠　涉河桥梁建设　水头损失

随着经济社会的快速发展，饮用水的安全越来越受社会关注，成为民生重大工程之一。连云港市位于沂沭泗水系的最下游，沂沭泗诸水主要通过新沂河、新沭河入海，是著名的“洪水走廊”，下游河道水质较差，特别是连云港“母亲河”蔷薇河沿线点源和面源污染得不到根本解决致使饮用水水质得不到保障。2013年6月28日沭新渠送清水工程开工，作为连云港市饮用水保障工程，水源源头为淮沭河，通过蔷北地涵引水至加压泵站，通过加压泵站送水至市区自来水厂，渠道沿线切断点面源污染，极大提高了城市供水水质，保障饮用水质量。

1　工程情况

沭新渠从白塔地涵至增压泵站段渠道总长14.55 km，设计引水流量10.61 m^3/s，输水损失按20%扣除，设计净流量为8.84 m^3/s。渠道断面分两段，第一段为白塔地涵—岗埠农场石河村，该段长4.116 km，该段渠道设计断面为梯形，渠底宽10 m，渠道边坡坡度1∶2，河底高程为3～2.73 m，左堤与淮沭新河共用堤防，右堤新筑堤防，堤高4.0 m，堤顶宽3.0 m。第二段为岗埠农场石河村—张湾四营村，该段长10.434 km，该段渠道断面也为梯形，渠底宽10 m，渠道左侧边坡坡度1∶2，右侧边坡坡度1∶1.5，河底高程为2.73～2.03 m，左堤与淮沭新河共用，基本维持现状，右侧新筑堤防，堤高4.0 m，堤宽3.0 m。

2　渠道沿线水利用系数及水头损失变化图

渠道水利用系数是反映河道的运行状况和管理水平的综合指标。沭新渠设计渠系水利用系数为80%，通过分析渠道水利用系数看是否满足设计要求。全天不同时段渠道水头损失变化图可以直接反映时段水头损失情况。表1为2017年4月22日全天不同时段水位表及水头利用系数，由此可以看出，白塔进水闸水头控制在5.27～5.25 m，加压泵站前水位在4.24～3.90 m，水利用系数均值为77.5%，小于渠道水利用系数设计值80%。

图1为2017年4月22日全天不同时段沿线水头损失，00∶00至07∶00沿程水头损失变化较小水头保持相稳定，07∶00至24∶00沿程水头损失量成增加趋势，应在该时段加大供水流量确保市区用水。综上可以看出渠道水利用系数低于设计值，需要分时段加大供水量满足城市供水需求。

表 1　4 月 22 日上下游水位表及水利用系数

时间	加压泵站前水位(m)	白塔进水闸水位(m)	利用系数(%)	时间	加压泵站前水位(m)	白塔进水闸水位(m)	利用系数(%)
00:00	4.19	5.27	79.5	13:00	4.02	5.27	76.3
01:00	4.21	5.27	79.9	14:00	4.01	5.27	76.1
02:00	4.21	5.27	79.9	15:00	4.04	5.26	76.8
03:00	4.22	5.27	80.1	16:00	4.04	5.26	76.8
04:00	4.23	5.27	80.3	17:00	4.01	5.26	76.2
05:00	4.24	5.27	80.5	18:00	3.94	5.26	74.9
06:00	4.22	5.26	80.2	19:00	3.94	5.25	75.0
07:00	4.18	5.26	79.5	20:00	3.9	5.25	74.3
08:00	4.16	5.26	79.1	21:00	3.92	5.25	74.7
09:00	4.13	5.27	78.4	22:00	3.95	5.25	75.2
10:00	4.10	5.27	77.8	23:00	3.97	5.25	75.6
11:00	4.07	5.27	77.2	24:00	4.00	5.25	76.2
12:00	4.04	5.26	76.8				

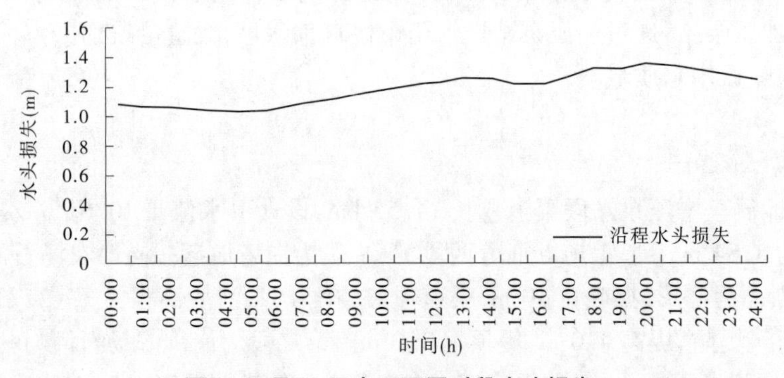

图 1　4 月 22 日全天不同时段水头损失

3　涉河建设对渠道断面面积的影响

3.1　渠道断面对供水影响

根据现场勘测情况，沿线选取 5 个断面进行了大断面测量，断面分别为连盐铁路跨沭新渠处断面图(距地涵 10.8 km，见图 2)、204 国道桥跨沭新渠处断面图(距地涵 12 km，见图 3)、铁路支线桥跨沭新渠处断面图(距地涵 13.2 km，见图 4)、距地涵 9.8 km 处断面图(见图 5)、距地涵 4.774 km 处断面图(见图 6)。

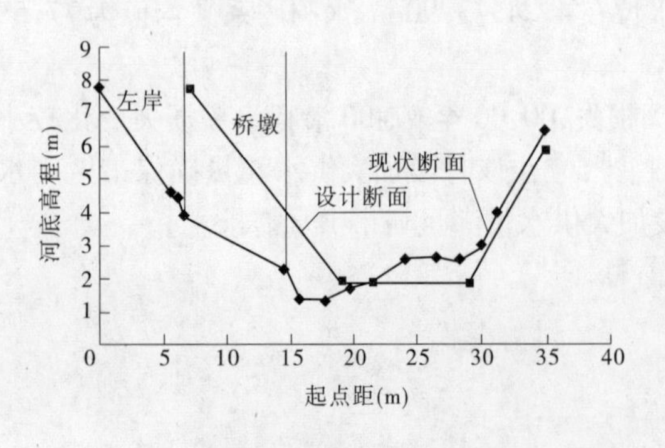

图 2　连盐铁路主线桥跨沭新渠处断面图

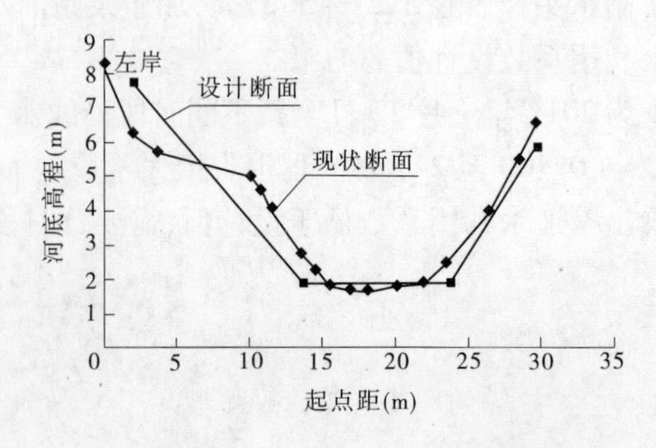

图 3　204 国道桥跨沭新渠处断面图

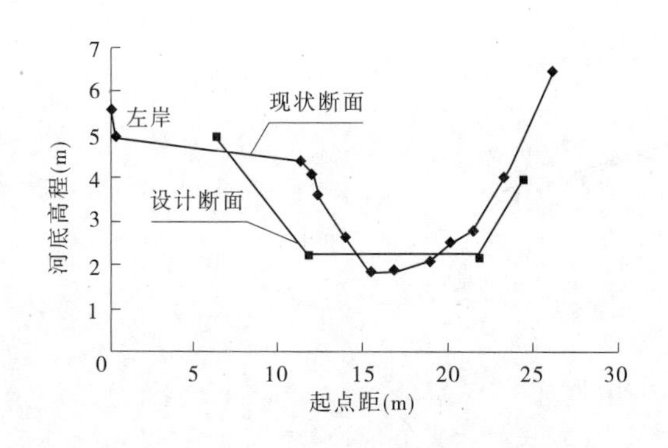

图4　连盐铁路支线桥跨沭新渠处断面图

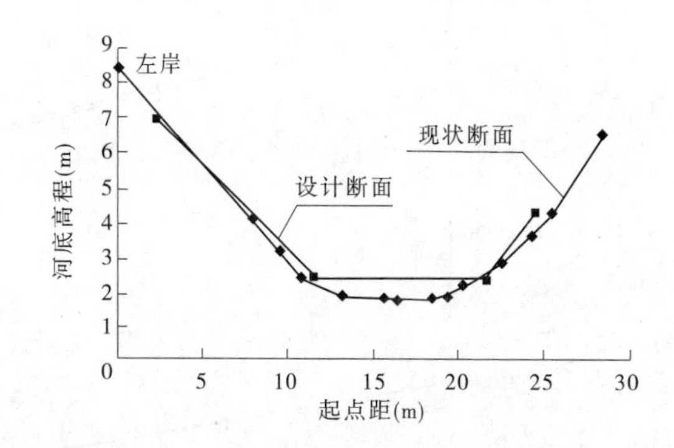

图5　距地涵9.8 km处断面图

由图2连盐铁路主线桥跨沭新渠处断面图,按原设计断面计算铁路桥梁断面阻水率为0.36,施工后拓挖断面阻水率为0.25,和补偿设计方案对比发现施工单位没有按照补偿设计要求向右堤拓过水断面,需要施工单位进一步做好渠道断面补偿工程,满足过水断面要求;图3为204国道桥跨沭新渠处断面图,可以看出渠道左堤明显填堵,将原过水断面减小,断面阻水率为0.21,该处桥梁建设对渠道阻水较大,需要施工单位进一步做好渠道断面补偿工程,满足过水断面要求;图4为连盐铁路支线桥跨沭新渠处断面图,按设计断面计算桥梁阻水率为0.38,测量断面发现施工单位未按照补偿设计要求对渠道进行断面补偿,致使该处过水断面较小,需要施工单位进一步做好渠道补偿工程,满足现有过水要求。

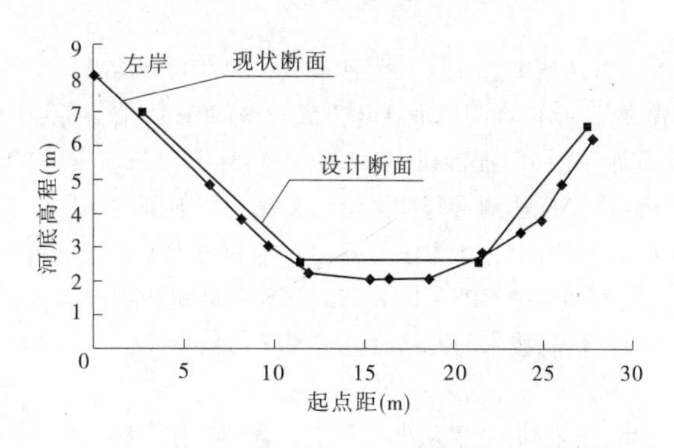

图6　距地涵4.774 km处断面图

由图5和图6可以看出现状断面面积大于原设计断面面积,渠道底有显著冲刷现象。综上所述,涉河建设对沭新渠渠道过水有显著影响,需要进一步实施对渠道断面补偿工程,减少对过水渠道的影响,并合理调度,降低引水流速,减少渠地冲刷。

3.2　涉河桥梁建设对水位的影响

由图7可以看出沭新渠沿线渠道设计底坡线以1:15 000即万分之0.667坡度斜直线。以4月22日和23日沿线21处水尺断面数据绘制水位线,可以看出水位线总趋势与设计渠道底坡线趋势一致,但由连盐铁路支线跨渠桥梁,204国道跨渠桥梁,连盐铁路主线跨渠桥梁三处水位线显著变化点,可以看出涉河桥梁建设对渠道供水有显著影响。

4　结论

(1)水利用系数均值为77.5%,小于渠道水利用系数设计值80%,不同时段沿程水头损失不同,需要分时段加大供水量满足城市供水需求。

(2)涉河建设对沭新渠供水影响显著,涉河建设处水位线短暂上升出现涌水现象,需要进一步强化涉河建设监管工作,对涉河建设补偿工程要求做到“三同时”。

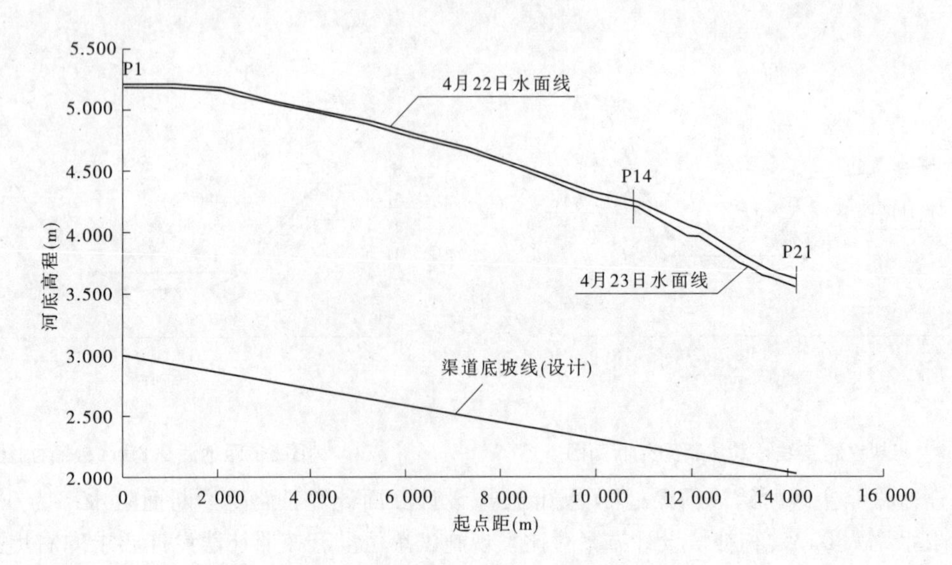

图7　沭新渠沿线水面线及渠道底坡线

(3)分析现状断面可以看出,涉河建设处河道补偿工程未做到位,需要进一步实施跨渠桥梁处断面补偿,减少对过水渠道的影响。

(4)沭新渠现状断面,有冲刷存在,合理调度降低引水流速,减少渠道渠底的冲刷。

参考文献

[1] 舒彩文,谈广鸣.河道冲淤量计算方法研究进展[J].泥沙研究,2009(4):68-72.

[2] 中华人民共和国住房和城乡建设部.水位观测标准:GB/T 50138—2010[S].北京:中国计划出版社,2010.

[3] 牛占,庞慧,王雄世,等."断面间距"论[J].泥沙研究,2006,(1):51-57.

[4] 牛占,田水利,王丙轩,等.河床断面坐标法测量与冲淤量计算算法基础研究[C]//江河泥沙测量文集.2006,6.

[5] 李晓敏,丁贤荣.基于GIS的河道冲淤时空分析方法研究[J].水利与建筑工程学2008,(6):44-46.

[6] 高振斌,李小娟,安鹏,等.河道断面测量中GPS-RTK与测深仪的联机应用[J].人民黄河2011,(12):24-26.

[7] 李莉.数据挖掘分类算法刍议[J].信息技术与网络服务,2006(13):41-42.

作者简介:徐正飞,男,1983年12月生,工程师,主要从事水利工程管理工作。E-mail:xuzhengfei2006@126.com.

淮安市黄河故道地区水土流失现状调查及对策研究

贾　璐　李　辉　蒋　力

（淮安市水利局　江苏淮安　223005）

摘　要：本文从淮安市黄河故道地区的水土流失现状入手，分析了该流域的水土流失类型与危害，以及流域水土流失的主要成因。分析指出淮安市黄河故道沿线径流区多分布粉、细砂土，抗蚀能力弱，且现状林分单一，林下草本植物覆盖率不高，水源涵养能力差，导致水土流失严重，针对此现状，提出了对黄河故道两岸实施水保林草措施及水保工程的具体措施。

关键词：水土流失　黄河故道　治理方案

1　研究背景

黄河故道（也称古黄河、古淮河、废黄河）西起河南兰考东坝头，东至江苏滨海套子口入海。淮安市境内黄河故道长114.2 km，两堤之间集水面积138.8 km^2。以二河为界分为上、下两段，上段起于淮泗交界，止于张福河，河长15.5 km，汇水面积23 km^2，为原泗水故道；下段原为淮河下游故道，起于杨庄闸，至套子口入海，全长165.6 km，淮安市境内河长98.7 km，两堤间集水面积115.8 km^2。黄河夺淮后，河床淤积抬高，该河道成为淮安市境内沂淮两水系的分水岭，境内宽度一般在800～2 000 m，沿河道的自然地形比降1/4 000～1/20 000。

黄河故道地区是指两大堤防之间的滩地与泓道，是一个蜿蜒曲折，宽窄不一的独立的条形地带，地势西北高，东南低，区域面积179.7 km^2。现状泓深滩高，滩面与河槽坡降陡，加速径流流动，使水流挟沙能力增大；区域土壤砂性大，粗粉砂和细砂的含量一般占60%～70%，有的甚至高达90%，加之林木、草地植被防护不足，导致河岸和滩地存在冲刷、倒塌、雨淋侵蚀等问题，局部滩地雨淋沟深达几米，地面裸露；滩面耕种存在顺坡种植、人为破坏等现象，进一步加剧了水土流失。

2　黄河故道地区水文地质概况

黄河故道自成独立水系，原仅黄河故道首尾杨庄闸与中山河闸（滨海闸）设有水文观测站，沿线无固定水文站点。2004年苏北供水局在涟水与滨海交界处设关滩（距杨庄闸98.5 km）临时观测站点进行水位、流量观测。

1978年以前淮水丰富，上游来水较多，黄河故道沿线水位较高。1978年以后，受淮水北调影响，黄河故道杨庄闸下水情变化较大。

淮安市境内黄河故道沿线土层分布不尽相同，但土体类别相差不大，多以砂壤土及粉砂土为主，局部有黏土分布。

3　黄河故道地区水土流失现状及原因分析

3.1　水土流失现状

3.1.1　水土流失治理现状

淮安市境内的黄河故道地区，根据《全国水土保持规划国家级水土流失重点预防区和重点治理区复核划分成果》《省水利厅关于发布〈江苏省省级水土流失重点预防区和重点治理区的公告〉》（苏水农〔2014〕48号），项目区属江苏省省级水土流失重点预防区。

近些年来，各级政府对水土流失带来的严重后果十分重视，特别是《中华人民共和国水土保持法》

颁布后,江苏省的水土保持工作走向了法制化、制度化、规范化的轨道,群众的水土保持意识不断提高。黄河故道沿线,城区段河岸两侧通过生态公园建设,植被覆盖率较高,水土保持治理较好,但位于郊区和农区段河道,水土流失严重,久未治理。

3.1.2 主要水土流失类型与程度

黄河故道流域内土壤侵蚀类型主要为水力侵蚀,坡面以面蚀为主,沟道及冲沟以沟蚀为主。目前淮安市境内的黄河故道沿线堤防陡立及雨淋冲沟险工段众多,堤身陡立、雨淋冲沟水土流失严重,危及堤身安全。多处主泓迫近堤脚,堤身单薄,堤顶窄,与外滩地高差大,堤外坡比多数只有1:1.5~1:1.2,土方流失严重,影响防洪防汛安全;多处雨淋沟冲刷严重,深度多达7~8 m,且发展迅速,与堤后居民房屋越来越近,威胁沿线居民房屋安全;多处转弯段中泓两侧摆动,紧逼堤脚,严重影响堤身安全。

3.1.3 水土流失危害

(1)土层减薄肥力下降。

由于水土流失,耕作层中有机质得不到有效积累,土壤肥力下降,裸露坡地一经暴雨冲刷,就会使含腐殖质多的表层土壤流失,造成土壤肥力下降,破坏土壤结构,造成耕地表层结皮,抑制了微生物活动,影响作物生长发育和有效供水,降低了作物产量和质量。

(2)淤积河道。

面蚀、沟蚀等造成的水土流失随着径流汇入河道,造成河道淤积,河底抬升,缩小过洪断面,更严重的是极大地威胁防洪防汛安全。

(3)加剧环境污染的程度。

随着水土流失的加重,大量的泥沙进入河道,而泥沙本身携带的营养盐也随之进入河道,加剧了水体污染的程度。

3.2 水土流失原因分析

3.2.1 自然因素

影响黄河故道水土流失状况的自然因素有气候、地形、地质、土壤、植被等。

(1)气候:所有的气候因子都会对水土流失产生影响,其中暴雨是造成严重水土流失的直接动力和主要气候因子。黄河故道地处暖温带与亚热带交汇处,降雨量年际变化幅度较大,年内分布不均,降雨量大而集中,地表径流大,暴雨频繁,为土壤侵蚀提供了原动力。

(2)地形:地面坡度、坡长、坡型等对水土流失的产生有重要影响。黄河故道两堤之间自然地形呈不规则的浅盘状,滩地与泓底高差3~6 m,滩地横向比降1/15~1/30,滩高泓深,加剧了径流对地表土壤的冲刷侵蚀作用。

(3)地质:黄河故道沿线土层分布不尽相同,但土体类别相差不大,多以砂壤土及粉砂土为主,局部有黏土分布。沿线边坡为1层素填土和2层砂壤土或粉砂,总体上透水性较强,边坡稳定性较差,冲沟发育明显。

(4)土壤:黄河故道沿线地面覆盖着5~10 m厚的黄泛沉积物,流域内土质大部分是粉、细砂土,具有“湿则板、水则淌、风则扬”的特性,极易造成水土流失,沿线雨淋冲沟遍布。

(5)植被:植被是控制水土流失的主要因素之一,几乎在任何条件下植被都有阻缓水蚀和风蚀的作用。良好的植被能够覆盖地面、截持降雨、减缓流速、分散流量、过滤淤泥、固结土壤和改良土壤,能减少或防治水土流失,而植被一旦遭到破坏,水土流失就会产生和发展。黄河故道沿线植被多为百姓栽种的意大利杨树,该树种树冠大、透光率低,根系发达、争肥能力强,致使沿线地表植被覆盖率很低,植被的水土保持功能较差。

3.2.2 人为因素

自然因素是水土流失发生的潜在因素,而不合理的人为活动则是产生水土流失的主导因素。人为破坏植被、陡坡开荒、基础设施建设等破坏水土资源的行为,都是造成水土流失的主要原因,而且呈现出随着人口不断增强的趋势。长期以来,人为违背自然规律的不合理活动是诱发和加速水土流失的主要因素,黄河故道沿线土地多被沿线百姓开垦耕种,无水土保持措施的顺坡耕作、林种单一,过度利用自然资源,不合理土地利用方式进一步加剧了沿线的水土流失。

4 黄河故道地区水土保持设想治理方案

4.1 总体布局

黄河故道沿线现状林分较为单一,主要为人工种植乔木林,林下草本植物覆盖率不高,植被多样性程度较低,水源涵养能力差,且径流区多分布粉、细砂土,抗蚀能力弱,水土流失严重。

因此,拟对黄河故道两岸实施水土保持林草措施及水土保持工程措施,使其起到调节径流、平衡水量、涵养水源、提高水资源利用率以及减少水土流失的作用,同时改善流域的生态环境。

4.2 水土保持林草措施

由于乔灌草对于土壤结构的改善以及树木根系的特殊作用,使得水土保持林草措施不但可以调节坡面径流和地下径流,削减河川汛期径流量,增加枯水期流量,从而均匀分配枯水期和丰水期的水量,提高水资源的利用效率。此外,水土保持林草措施对坡面径流还具有分散、阻滞和过滤等作用,而树木的根系对土壤具有很强的网结和固持作用。从而,可以减少径流泥沙含量,减少水土流失量,防止河道产生淤积。

可在河岸边营造多层次的河岸防护林带,一方面可以固定岸坡,防止面蚀、沟蚀,拦截并减少进入河道的泥沙;另一方面,人们可利用河岸防护林带作为休憩场所。河岸防护林林种配置的总体原则:沿等高线布设,乔、灌、草混交,河岸已有人工林以意大利杨树为主,槐树、桑树等零星分布,可利用已有乔木林,林下布置灌木林及草本植物。物种优先选择耐水淹、生命力强、景观效果好的品种,分别为:野蔷薇、金钟、黄馨、迎春、紫穗槐、胡枝子。乔灌草有机结合,在空间布置上错落有致,生态效益和工程效益相互补充、相得益彰,从整体上形成一个因害设防、因地制宜的综合体。

4.3 水土保持工程措施

4.3.1 岸坡防护工程

黄河故道沿线城区段河岸两侧通过生态公园建设,植被覆盖率较高,水土保持治理效果较好,但是岸坡缺少防护,河边树木出现倒伏、歪斜等情况,可采用木桩护岸形式对城区段河岸加强防护,稳坡固土,木桩后铺设一层土工布,减少水土流失,并与生态公园有机结合,共同发挥水土保持效益。

郊区和农区段河道,水土流失严重,久未治理,岸坡冲刷严重,雨淋冲沟纵横。可采用板桩或模袋混凝土护岸形式,能有效地防止水流对边坡的冲刷,防止中泓摇摆不定,并对沿线雨淋冲沟进行治理,采用溢流堰结合上下游护坡形式,利用溢流堰蓄水阻沙,防止水土受雨水冲刷流失,让冲沟自然淤积填平,对周边环境影响较小。

4.3.2 截水沟工程

黄河故道沿线泓深滩高,坡面比降陡,暴雨形成的地表径流较大。为降低地表径流对坡面的冲刷,减少水土流失,可在河口及滩面布置 1~2 条纵向截水沟,平均每 100 m 设置 1 条横向截水沟,收集面水集中排入河道。

4.3.3 框格护坡工程

黄河故道沿线裸露坡面较多,坡比多为 1:1.5~1:1.2,坡面陡峭,易发生塌方、滑坡等危险,可对裸露坡面采用混凝土框格护坡形式治理,用混凝土或者钢筋混凝土,以梁的形式将土质边坡表面做成花格,格子中间种植草皮,以保证边坡的稳定性,稳土固坡。

4.3.4 水土保持试验段

黄河故道两岸土壤以砂壤土及粉砂土为主,局部有黏土分布,坡面以面蚀为主,局部河段沟蚀较为严重,容易造成局部河岸下切、崩岸的发生。为进一步研究黄河故道砂土地区乔、灌、草不同配置模式下的面蚀、沟蚀影响因子及形成机制,为今后的水土保持工作积累经验,可选取水土流失严重的涟水县城区至古黄河枢纽之间段长约 1 km、淮阴区城区长约 1 km 作为水土保持试验段,结合岸坡防护措施,分别于河口向外 30~100 m 范围的滩地铺设草皮及栽种林木等水保措施。

4.4 管理措施

多年来,黄河故道没有统一的专管机构,目前由所在各县区水利局及河道管理所(站)共同管理。由于管理不到位,河道两侧堤防多被沿线百姓占用;居民对滩地任意开发,毁林种粮,加剧了河道沿线的水土流失,削弱了河道的防洪排涝能力。在资金投入上,仅每年有一点维修经费,没有进行系统的规划和整治,管理人员不足、管理设施缺乏、管理水平低、经费没有全部纳入财政预算,管理不到位。

建议淮安市成立新的河道主管机关,即黄河故道水利工程管理处,与古黄河水利枢纽合署办公,协助淮安市水行政主管部门组织实施黄河故道的开发利用与管理保护。同时,成立黄河故道保护协调委员会,由市人民政府设立,是保护和管理黄河故道的议事协调机构,由市水利、环保、住建、国土、发改、规划、市政、城市管理、农业、交通、公安、卫生、旅游等行政主管部门以及黄河故道流经的区县人民政府组成,主任由市人民政府负责人担任。黄河故道沿岸的乡镇人民政府、街道办事处应当协助市(区)县人民政府及其有关行政主管部门做好本辖区内水资源管理、水污染防治、河道建设、防洪安全、生态保护等有关工作。

5 结语

黄河故道是淮安市的“母亲河”,承担着泄洪、排涝、灌溉及供水等多重功能。黄河故道地区的水土流失问题,使农作物产量低下,严重制约区域经济的发展,阻碍苏北中心城市的建设。本课题研究在分析淮安市黄河故道地区水土流失现状的基础上,对黄河故道地区的水土保持工作提出了初步解决方案,在一定程度上可为正在开展的黄河故道水土流失治理提供有力的数据支撑。

参考文献

[1] 淮安市发展和改革委员会. 淮安市黄河故道综合开发规划(2015—2020)[R]. 2014.
[2] 淮安市水利勘测设计研究院有限公司. 淮安市黄河故道干河下段(二河至涟水石湖段)治理工程可行性研究报告[R]. 2015.
[3] 淮安市水利勘测设计研究院有限公司. 淮安市黄河故道干河下段(二河至涟水石湖段)治理工程初步设计报告[R]. 2015.

作者简介:贾璐,女,1987 年生,工程师,主要从事水利工程建设管理工作。E-mail:jialu_68@126.com.

簸箕李引黄灌区水沙区域分布特征

姚庆锋

（滨州市簸箕李引黄灌溉管理局　山东滨州　251700）

摘　要：采用实测资料分析方法，研究了簸箕李引黄灌区水沙区域分布特征，研究结果表明，簸箕李灌区水量区域分布比较均匀，沙量区域分布并不均匀，水沙区域分布的不协调性十分突出；灌区春灌分水比例自渠道上游至下游呈减少的趋势，夏秋灌和冬灌分水比例自渠道上游至下游呈增大的趋势；灌区上游沉沙条渠春灌滞沙比例大于夏秋灌滞沙比例，自总干往下，夏秋灌滞沙比例大于春灌滞沙比例。灌区上游泥沙淤积最严重，下游泥沙淤积明显减轻；上游至下游淤积量夏秋灌最大，春灌次之，冬灌最小。悬沙颗粒组成与床沙粒径自灌区上游至下游呈细化的规律；灌区干支渠以上床沙大都是粒径大于0.05 mm的砂质土，送至田间的几乎全都是小于0.04 mm的泥类土。

关键词：水沙分布　年际变化　年内分配　泥沙淤积　输水输沙

1　簸箕李引黄灌区基本情况

簸箕李引黄灌区运行40余年，为黄河三角洲的发展发挥了巨大作用，但是灌区也存在一些问题，主要是渠道的泥沙淤积问题。每年平均清淤127.78万t，占总引沙量的28.02%。受渠道沉沙条件的限制，灌区采用以挖待沉的方式来处理泥沙。造成的结果是渠道两侧泥沙堆积如山，形成人造沙漠，给灌区周边人民群众生活带来了很大的损害，灌区管理部门重视科学，在渠道泥沙治理方面作了大量工作。

簸箕李灌区骨干渠道主要由沉沙条渠、总干渠、二干渠、一干渠组成。总干渠1993年进行了全渠段边坡衬砌，设计流量55 m^3/s，设计底宽23 m，设计边坡1∶2。二干渠采用地上渠与地下渠相结合的形式，于1990年秋后进行扩建，底宽从10 m增至14～15 m，底坡从1/7 000增至1/6 000～1/7 000。一干渠始建于20世纪50年代末，该渠逆地势西行并与沙河紧靠并行，全长27 km，设计底宽6 m，设计水深1.8 m，设计边坡1∶1.5，底坡1/7 000，设计输水能力10 m^3/s。

2　灌区水沙区域分布年际变化特征

首先选择两个特征量代表簸箕李灌区水沙区域分布量，其一为各个渠段分水量，是指从该渠段两侧分走（或引走）的水量，对于下游没有测站的渠段，比如说一干以下分水量就是指进入一干的全部水量。其二为各个渠段滞沙量，是指停留在该渠段的泥沙量，滞沙量包括两部分，一部分是通过渠段两侧引水同时引走的沙量，另一部分是淤积在该渠段的泥沙量，同样对于下游没有测站的渠段，滞沙量就是指进入该渠段的全部沙量。表1为簸箕李灌区沿程分水特征，表2为簸箕李灌区沿程滞沙特征。由表1、表2可见，从多年平均统计情况看，1985～2012年簸箕李灌区水沙区域分布特征如下：

（1）簸箕李灌区水量区域分布比较均匀。灌区各个渠段分水量所占总引水量的比例差距不大，说明水量区域分布比较均匀，以此可基本反映出两个问题，一是整个灌区面上需水情况基本均匀，二是灌区整个渠道系统比较成熟，能够将引进来的水量按需求实现整个灌区面上的均匀分布。

（2）簸箕李灌区水量、沙量区域分布的不协调性。与灌区水量区域分布比较均匀的情况相反，簸箕李灌区各渠段的滞沙量表现出明显的不均匀性，沉沙条渠年均分水比例仅为16.67%，滞沙比例却高达27.59%，总干渠年均分水比例仅为12.09%，滞沙比例却高达16.82%，因为灌区上游滞沙量较大，灌区下游相对滞沙量较小，比如二干白杨段以下年均分水比例为30.58%，滞沙比例却仅为21.51%，所以灌区沙量区域分布的特征是上游尤其是灌区进口条渠段滞沙量较大，区域分布并不均匀，与水量区域分布较均匀对比,水沙区域分布的不协调性十分突出。

表1　簸箕李灌区沿程分水特征

灌区部位	条渠	总干	二干沙陈段	二干陈白段	二干白杨段以下	一干以下
年均分水量(亿 m^3)	0.79	0.57	0.48	0.78	1.45	0.63
占总引水量(%)	16.67	12.09	10.13	16.34	30.58	13.35

表2　簸箕李灌区沿程滞沙特征

灌区部位	条渠	总干	二干沙陈段	二干陈白段	二干白杨段以下	一干以下
年均滞沙量(万 t)	110.51	67.39	42.22	56.63	86.18	37.81
占总引沙量(%)	27.59	16.82	10.54	14.14	21.51	9.44

3　灌区水沙区域分布年内分配特征

图1为簸箕李灌区水量区域分布年内分配特征,由图1可见,簸箕李灌区水量区域分布年内分配特征为:多年平均情况下,灌区渠道春灌分水量占全年分水量的比例自渠道上游至下游呈逐渐减少的趋势,与此相应,夏秋灌和冬灌分水量占全年分水量的比例自渠道上游至下游呈逐渐增大的趋势。灌区上游沉沙条渠春灌分水量占全年分水量的比例为69.19%,自上而下逐渐减少,至下游二干白杨段以下,春灌分水量占全年分水量的比例减少至47.59%,与此相应,灌区上游沉沙条渠夏秋灌和冬灌分水量占全年分水量的比例为30.81%,自上而下逐渐增加,至下游二干白杨段以下,夏秋灌和冬灌分水量占全年分水量的比例增加至52.41%。造成这种现象的主要原因是在大量需水的春灌期,引水量难于满足下游特别是无棣县的灌溉生活用水要求,灌区下游不得不采取加大汛期灌溉引水和加大冬季引水蓄水,以缓解春季生产生活供水的相对不足,所以簸箕李灌区水量区域分布存在着上游用水超量,下游用水不足的不平衡矛盾,出现这一矛盾的原因包括两方面,一是灌区位置的影响,上游用水优先于下游;二是灌溉方式的影响,灌区上游为自流灌溉,用水难以管理和控制,用水较多;下游为提水灌溉,用水易于管理和控制,用水比较节省。

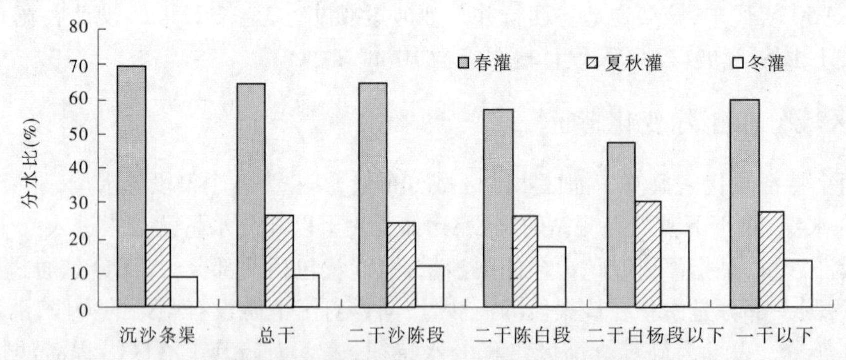

图1　簸箕李灌区水量区域分布年内分配特征

图2为簸箕李灌区沙量区域分布年内分配特征,由图2可见,簸箕李灌区沙量区域分布年内分配特征为:多年平均情况下,灌区上游沉沙条渠春灌滞沙比例大于夏秋灌滞沙比例,自总干往下,夏秋灌滞沙比例大于春灌滞沙比例,而且越往渠道下游,夏秋灌滞沙比例越大,春灌滞沙比例越小。灌区区域滞沙比例的数据能充分反映出上述特征,沉沙条渠春灌滞沙比例为46.34%,大于夏秋灌滞沙比例42.6%,总干春灌滞沙比例为44.12%,小于夏秋灌滞沙比例48.75%,自总干往下至二干的白杨段以下,春灌滞沙比例减少为37.28%,而夏秋灌滞沙比例增大为51.06%。灌区沙量区域分布年内分配形成上述特征的主要原因是,春灌期间灌区引水流量相对较小,尽管含沙量不高,但泥沙滞留于灌区上游的比例较大,而夏秋灌期间,尽管引水含沙量较高,但由于引水流量较大,输送至灌区渠道下游的泥沙比例明显大于

春灌期间输送至下游的泥沙比例。

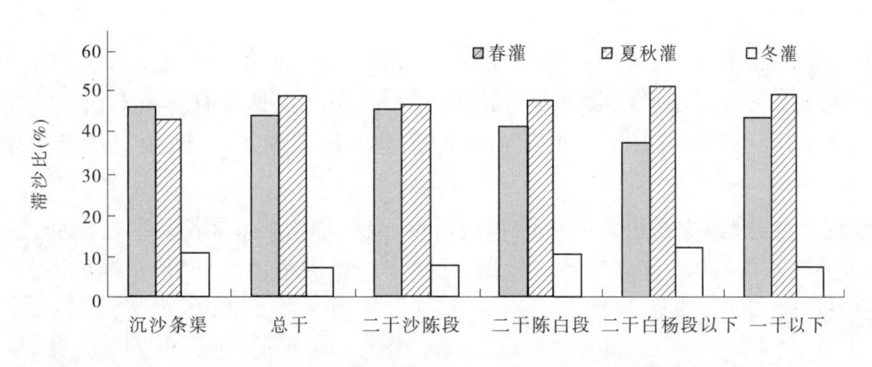

图2　簸箕李灌区沙量区域分布年内分配特征

4　灌区泥沙淤积区域分布特征

表3为簸箕李灌区泥沙淤积区域分布特征，由表3可见，1985～2012年，簸箕李灌区泥沙淤积区域分布的主要特征是上游进口段淤积最严重，下游淤积明显减轻。具体表现为：位于灌区上游进口段的沉沙条渠淤积较为严重，淤积比高达15.15%；之后的总干渠段、二干沙陈段淤积明显减轻，淤积比分别为3.79%、2.61%；进入二干陈白段，淤积又略有加重，淤积比为3.42%；二干白杨段以下淤积又有所加重，淤积比为4.18%；一干淤积相对较轻，淤积比为3.69%。沉沙条渠的淤积严重，一方面是沉沙条渠正常功能的发挥，另一方面也反映出，在灌区进口段，由于引水流量相对于黄河流量大幅度减小，灌区进口段水流挟沙力大幅度减小，而引入的黄河水流含沙量又较高，大部分粗颗粒泥沙由于渠道水流难以挟带而淤积于沉沙条渠，水流流出条渠后，由于泥沙的大量淤积，进入总干以后的水流含沙量相对较低，淤积必然大大减轻。由于总干渠段、二干沙陈段不仅进口水沙条件好，而且由于实施了渠道改建、衬砌等工程措施，该段渠道边界条件相对较好，水流挟沙力较大，所以淤积最轻，进入二干陈白段以下渠段，尽管进口水沙条件好，但由于边界条件相对较差，水流挟沙力较低，所以淤积又有所加重，尤其是二干白杨段以下渠段，纵比降仅为1/10 000，淤积相对较重。一干比二干淤积相对较轻的主要原因是一干的引水任务明显低于二干，引沙量也就少于二干引沙量，在渠道水流挟沙力差距不大的情况下，淤积必然较少。

表3　簸箕李灌区泥沙淤积区域分布特征

灌区部位	条渠	总干	二干沙陈段	二干陈白段	二干白杨段以下	一干以下
年均淤积量(万t)	61.6	15.4	10.63	13.89	17	15
占总引沙量(%)	15.15	3.79	2.61	3.42	4.18	3.69

表4为簸箕李灌区泥沙淤积区域分布年内分配特征，由表4可见，1985～2012年，簸箕李灌区泥沙淤积区域分布的年内分配的主要特征表现为：

表4　簸箕李灌区泥沙淤积区域分布年内分配特征

灌区部位	春灌			夏秋灌			冬灌		
	淤积量(万t)	年内分配比(%)	淤积比(%)	淤积量(万t)	年内分配比(%)	淤积比(%)	淤积量(万t)	年内分配比(%)	淤积比(%)
条渠	25.49	40.38	13.6	28.05	44.44	15.43	9.58	15.18	25.41
总干	3.56	23.15	1.9	10.01	65.08	5.51	1.81	11.77	4.8
沙陈段	4.38	42.4	2.34	4.94	47.82	2.72	1.01	9.78	2.68
陈白段	4.12	29.37	2.2	9.25	65.93	5.09	0.66	4.7	1.75

(1)从淤积量上看，灌区渠道上游至下游淤积量年内分配的特征均为夏秋灌最大，春灌次之，冬灌

最小,因为渠道夏秋灌引沙最多,春灌次之,冬灌最小,上述淤积量年内分配特征遵循渠道多来多淤的基本规律。

(2)从年内分配比上看,灌区上游沉沙条渠段夏秋灌略大于春灌,至总干段夏秋灌有所增大,春灌有所减少,二干沙陈段又恢复至夏秋灌略大于春灌,二干陈白段夏秋灌有所增大,春灌有所减少,反映出渠道淤积年内分配的沿程调整作用。冬灌年内分配比呈沿程减少的趋势,由沉沙条渠段15.2%,降低至二干陈白段4.7%。

(3)从淤积比上看,灌区上游渠道冬灌淤积最严重,夏秋灌次之,春灌又次之,至灌区下游渠道各引水季节淤积比数值大幅度减小,且差距越来越小,反映出经过沿程冲淤调整,至灌区下游,各引水季节的水沙条件逐渐相近,淤积程度基本相当。

5 灌区泥沙粒径区域分布特征

簸箕李灌区悬沙组成的区域分布与渠道的冲淤特性密切相关。由于渠道在不同的水沙条件与边界条件的作用下,有时冲刷,有时淤积。渠道淤积时,含沙量自渠道上游至渠道下游沿程降低,悬沙颗粒组成变细;渠道冲刷时,含沙量自渠道上游至渠道下游沿程增加,悬沙颗粒组成变粗。由分析实测资料可知,就多年平均情况而言,簸箕李灌区渠道自上而下,均表现为淤积状态,只是淤积程度差距较大,所以大多数时间,簸箕李灌区悬沙颗粒组成表现出自渠道上游至渠道下游呈逐渐细化的规律。与悬沙组成的区域分布类似,簸箕李灌区床沙粒径区域分布特征也与渠道的冲淤特性相联系,表5为簸箕李灌区床沙中值粒径区域分布特征,由表5可见,簸箕李灌区床沙中值粒径沿渠道明显由大变小,同样表现出沿渠道自上而下逐渐细化的规律。由表5还可看出,簸箕李灌区干支渠以上床沙大都是粒径大于0.05 mm的沙质土,送至田间的几乎全都是粒径小于0.04 mm的泥类土。通过分析簸箕李灌区床沙粒配曲线得出,簸箕李灌区床沙占粒径比重绝大部分的曲线中间段较陡,占粒径比重微小的曲线首尾段较平直,反映出灌区床沙颗粒小于某一粒径和大于某一粒径的比重较小,集中分布在这两个粒径之间的较窄的范围内。

表5 簸箕李灌区床沙中值粒径区域分布特征

灌区部位	沉沙条渠	总干渠	二干渠	一干渠	支渠	田间
d_{50}(mm)	0.078	0.069	0.06	0.055	0.035	0.02

6 结论

(1)簸箕李灌区水量区域分布比较均匀,沙量区域分布并不均匀,水沙区域分布的不协调性十分突出。灌区春灌分水量占全年分水量的比例自渠道上游至下游呈逐渐减少的趋势,与此相应,夏秋灌和冬灌分水量占全年分水量的比例自渠道上游至下游呈逐渐增大的趋势。灌区上游沉沙条渠春灌滞沙比例大于夏秋灌滞沙比例,自总干往下,夏秋灌滞沙比例大于春灌滞沙比例,而且越往渠道下游,夏秋灌滞沙比例越大,春灌滞沙比例越小。

(2)簸箕李灌区泥沙淤积区域分布年际变化特征是上游淤积最严重,下游淤积明显减轻。年内分配特征为:从淤积量上看,灌区上游至下游夏秋灌最大,春灌次之,冬灌最小;从年内分配比上看,灌区上游沉沙条渠段夏秋灌略大于春灌,至总干段夏秋灌有所增大,春灌有所减少,二干渠夏秋灌有所增大,春灌有所减少;从淤积比上看,灌区上游冬灌淤积最严重,夏秋灌次之,春灌次之,至灌区下游各引水季节淤积比大幅度减小。

(3)簸箕李灌区泥沙组成的区域分布与渠道的冲淤特性密切相关。就多年平均情况而言,簸箕李灌区自上而下,均表现为淤积状态,所以大多数时间,簸箕李灌区悬沙颗粒组成表现出自渠道上游至渠道下游呈逐渐细化的规律。与悬沙组成的区域分布类似,簸箕李灌区床沙粒径区域分布同样表现出沿渠道自上而下逐渐细化的规律。簸箕李灌区干支渠以上床沙大都是粒径大于0.05 mm的沙质土,送至田间的几乎全都是粒径小于 0.04 mm 的泥类土。

参考文献

[1] 张治昊,姜海波,孙庆锋,等. 位山灌区渠系泥沙淤积的主要问题与治理措施[J]. 水利经济,2009,27(3):59-60.
[2] 张治昊,赵连军,杨明,等. 黄河口水下地形等深线的提取及其演变分析[J]. 泥沙研究,2011(6):17-21.
[3] 戴清,张治昊,胡健,等. 黄河下游引黄灌区渠系工程技术问题及解决对策[J]. 中国水利,2008(13):10-11.
[4] 杨明,张治昊,杨晓阳. 黄河口新口门水下三角洲演变特征[J]. 南水北调与水利科技,2011,9(3):43-45.
[5] 张治昊,曹文洪,周景新,等. 黄河下游引黄灌区风沙运动对环境的危害与防治[J]. 泥沙研究,2008(3):57-62.

作者简介:姚庆锋,男,1980 年 1 月生,工程师,主要从事灌区工程建设与管理工作。E-mail:406844535@ qq. com.

小开河沉沙湿地水环境保护与修复探讨

任建锋

（滨州市水利局　山东滨州　256600）

摘　要：引黄沉沙是小开河沉沙区湿地形成的主要因素。文章在对小开河沉沙湿地概况、水资源状况、水环境现状进行分析的基础上，探讨了小开河沉沙湿地水环境保护与修复的诸多措施，为引黄灌区湿地生态保护提供可借鉴的经验。

关键词：湿地　水环境保护　沉沙池　小开河

1　小开河沉沙湿地概况

小开河引黄灌区纵贯滨州市中部，位于黄河左岸，南起黄河大坝，北至无棣县德惠新河，东以秦口河、新立河为界，西与簸箕李、白龙湾、大崔灌区为邻。小开河沉沙湿地以灌渠沉沙区为主体，包括周边部分洼地、河流及其水系绿化带。引黄必引沙，尽管引黄灌区泥沙一直是制约灌区效益发挥和可持续性发展的重要问题，但是引黄沉沙是沉沙区湿地形成和演替的主要因素。引黄水进入沉沙池区域后，随着河面变宽，流速减弱，泥沙逐渐沉积下来，形成了沉沙池内的盆景式沙洲。在保证沉沙池内清淤区面积、保证沉沙正常功能的前提下，部分沉沙区能够生长水生植物、底栖动物和浮游生物，以相对较短的食物链支撑水鸟的栖息。目前，小开河省级湿地公园正在建设，规划小开河沉沙湿地面积 170 hm^2，其中河流湿地、沼泽湿地、人工湿地的面积分别为 10.5 hm^2、28.2 hm^2、131.3 hm^2。

2　小开河沉沙湿地水资源状况

湿地水源以灌渠引来的黄河水为主，地表水、地下水资源为辅。小开河引黄灌区是经国家发展和改革委、水利部和省发展和改革委批复建设的大型引黄灌区，涉及滨城、开发区、惠民、阳信、沾化、无棣、北海新区 7 县区的 42 万人口。干渠全长 96.5 km，设计灌溉面积 110 万亩，设计引水流量 60 m^3/s，年设计引水 3.93 亿 m^3。灌区每年 2 月进入引水期，引水时间 130 d 左右，保证了新鲜充足的黄河水注入生态湿地；汛期，大量雨洪水通过田间工程进入支渠，流入干渠，然后流入沉沙湿地；在非引水期和非汛期，有灌溉尾水、地下水渗入渠道和沉沙池，对其水量进行补充。

3　小开河沉沙湿地水环境现状

小开河湿地水源主要为小开河引来的黄河水及流域内天然降水和地下水。沉沙池以内水质潜在威胁取决于上游黄河水水质的好坏，但是经过芦苇湿地的净化，目前水质较好。沉沙池以外湿地水质潜在威胁仍然表现在周边区域的农业面源污染、流经灌区南北的清波河、白杨河流域的城市废弃物污染、企业排污、富营养化、重金属积累等方面。

4　水环境保护措施

4.1　湿地水质净化的生物措施

（1）食物链控制。

通过生物控制，合适的鱼类、合理的放养密度就能对水质的净化起到积极的促进作用。为确保湿地的生态多样化和稳定性，鱼种的选择上尽可能以当地鱼类为主。

（2）水生植物配置。

沉沙池内的水生植物可以吸收水中重金属、吸收大量营养物，可以降低水中重金属含量。水生植物对重金属富集能力顺序一般是：沉水植物＞浮水植物＞挺水植物。挺水植物如芦苇、菖蒲等通过对水流的阻尼和减小风浪扰动使悬浮物质沉降，并通过与其共生的生物群落相互作用，发挥净化水质的功能。沉沙区出口处的COD_{Mn}、硫酸盐、氯化物指标均有所降低（对比情况见表1）。

表1　小开河灌区沉沙区入、出口水质对比表

取样地点	取样时间（年-月-日）	COD_{Mn}	pH	硫酸盐（mg/L）	氯化物（mg/L）	铁（mg/L）
沉沙池入口	2013-03-26	5.56	8.56	159.37	117.5	≤0.3
沉沙池出口	2013-03-26	2.96	8.53	148.6	115	≤0.3
沉沙池入口	2013-04-25	5.23	8.18	157.4	108	0.13
沉沙池出口	2013-04-25	2.9	7.98	139	101	0.17
评价指标		3	6.5～8.5	≤250	≤250	≤0.3

4.2　湿地水质净化的工程措施

通过对沉沙池的清淤、疏浚，对沉沙池外部水系的沟通、拓宽和疏浚，使得水面加宽，水容量加大；对驳岸形式的自然生态化建设有利于生物生长栖息和水陆交流；弯曲的水岸线创造不同光照强度的植物生长区域；起伏的河底为水生植物提供各异的水深条件。

4.3　加强湿地资源动态监测

建立健全湿地资源监测网络，加强湿地动植物资源、湿地生态系统、水土流失等方面的动态监测，委托有监测资质的单位进行监测，对项目区进行布点监测，以掌握湿地资源动态状况，为湿地资源保护与恢复的决策提供依据。

4.4　水质日常管理

组织专门的队伍定期对水面及周边区域的废弃物进行清理和集中处理，减少固体污染物对水体的破坏，以保持良好的水体景观。湿地主体景观以水上游览为最佳方式，要求游览船只以电瓶、船手划船为主，同时控制船体结构和大小，船体应以浅水、小型为主，船速应以低速为主，尽量减少人为影响，给湿地生物一个良好的栖息空间。

5　沉沙湿地水环境修复

5.1　水循环

湿地水源以灌渠引来的黄河水为主，而且有秦口河支流白杨河、清波河等流域天然降水的补充，能够充分保障湿地水源。湿地周边有很多分割成块状的沙洲、坑塘，依照地貌特点将它们破除围堰，实现湿地周边区域水系的贯通，水系沟通时破除围堰长度为2 km，营造较为自然、蜿蜒曲折的水系，勾画出零散分布的沙洲片林。

5.2　水质净化

为了保证湿地水质良好，流来的生产生活污水必须经过处理才能进入湿地。雨水和洪水经过收集并引到湿地，然后通过湿地的生物措施、工程措施等净化措施，再经过水循环，最后流入藕池和鱼塘。

5.3　生态护岸

生态护岸是指恢复后的自然河岸或具有自然河岸“可渗透性”的人工护岸，它可以充分保证河岸与河流水体之间的水分交换和调节。现有小开河河段硬质水岸，实施“软化水岸”改造，在岸顶栽植悬垂植物以遮挡硬质水岸，实现水岸软化，兼顾绿化美化。对西侧改建荷塘的岸线，主要采用缓坡型自然原型河岸类型，主要采用树桩护岸，旱柳、垂柳、竹柳插条护岸，灌木护岸，湿生、水生植物护岸等护岸形式。对北侧鱼塘的岸线，主要采用自然型河岸带建设。这种河岸带以种植植被为主，并需乔灌草相结合种植。

6　结语

总之,湿地水环境保护与修复有许多管理模式、工程措施还需要在实践中逐渐探索和总结。目前湿地保护已经引起了政府和民众的高度重视,特别是湿地水环境问题,更是人们关注的焦点。小开河沉沙湿地通过水环境保护与修复,保障了湿地良好的水质,改善区域生态环境条件,从而保护小开河湿地生态系统、生物多样性和珍稀濒危鸟类,促进人与自然和谐发展。

参考文献

[1] 李艳君,赵倩. 朝阳市顾洞河河口湿地生态修复技术与实践[J]. 水土保持应用技术,2013(4):10-11.

[2] 李晓华,马吉明,李贵宝,等. 湿地水环境存在的问题及其保护措施研究[J]. 南水北调与水利科技,2009,7(4):50-53.

作者简介:任建锋,男,1973 年 4 月生,工程师,主要从事水土保持和水生态研究工作。E-mail:dayan0408@163. com.

高锰酸盐指数测定样品考核中注意事项及解决措施

张秀敏[1]　张　杨[2]　张　艳[3]

(1. 济宁市水文局　山东济宁　272000;2. 济宁市洙赵新河管理处　山东济宁　272000;
3. 山东省济南市水文局　山东济南　250014)

摘　要:高锰酸盐指数,是反映水体中有机及无机可氧化物的常用指标,是测定地下水、较清洁地表水等务必做的项目,也是每次盲样考核的必考项目。但在该项目考核中常常存在按考核样常规取样后测定结果偏高的问题。本文就根据存在的问题,找出原因,总结注意事项,提出解决措施。

关键词:高锰酸盐指数　样品考核　存在问题　注意事项　解决措施

1　前言

在以往的质控考核中,高锰酸盐指数考核结果相对偏差较大,合格率较低。分析人员普遍感到:该项目的质控样难考,环境标样不易做好。为提高该项目的准确性,在该项目的质控考核和密码样检查中,组织进行了该项目的条件影响试验,总结出该项目考核中存在的问题、注意事项及解决措施。

2　试验部分

2.1　方法原理

样品中加入已知量的高锰酸钾和硫酸在沸水浴热30 min,高锰酸钾将样品中的某些有机物和无机还原性物质氧化,反应后加入过量的草酸钠还原剩余的高锰酸钾,再用高锰酸钾标准溶液回滴过量的草酸钠。通过计算得到样品中高锰酸盐指数。

2.2　试验用水

实验室选用去还原物质水和去离子水两种试验用水进行试验,测定结果见表1。

表1　不同试验用水测定结果统计表

试验用水	空白(mg/L)		质控样测定结果(mg/L)				密码样测定值(mg/L)			
	范围	平均值	控1	控2	控3	平均值	样1	样2	样3	平均值
去离子水	0.30~1.05	0.70	4.72	4.68	4.75	4.72	4.40	4.39	4.36	4.38
去还原物质水	0.30~0.50	0.40	4.09	4.35	4.65	4.36	4.42	4.30	4.36	4.36
	0.20~0.30	0.25	4.35	4.36	4.40	4.37	4.34	4.36	4.36	4.35

注:质控样真值为:(4.39±0.31)mg/L。

从高锰酸盐指数质控考核和密码样检查的试验用水统计来看,去还原物质水空白值平均为0.25 mg/L,控制样测定值为4.37 mg/L,去离子水空白值平均为0.70 mg/L,控制样测定值为4.75 mg/L,如不考虑其他因素的影响,使用去离子水测定结果显然高出合格范围。因此,做好高锰酸盐指数控制样的首要条件是:必须使用不含还原物质的水。去还原物质水空白值平均为0.25 mg/L,测定结果相对偏差较大。去还原物质水空白值平均为0.40 mg/L,测定结果相对偏差较小,当然两者测定结果均在真值范围之内。

从高锰酸盐指数质控考核和密码样检查的试验用水统计来看,如果用去离子水测定高锰酸盐指数,带来的问题是空白偏高,空白高对环境水样的测定没有影响,对质控样的测定影响就比较大。其原因是:测定环境水样时,去离子水空白值高所产生的影响,在用标准分析方法给出的公式计算时,可全部扣除。而高锰酸盐指数质控样一般为安培瓶装 20 mL 液体标液,取 10 mL 稀释定容后到 250.0 mL 后才为待测样,如测定该样品时,所用的水含还原性物质,而使空白偏高所产生的影响,用同样的公式计算就不能完全扣除,因为该公式所消除的空白影响不包括质控待测样从 10.00 mL 稀释到 250.0 mL 时所用的水对测定结果带来的正误差影响。

2.3　加热方式

加热方式有两种:一是直火加热 10 min,二是采用沸水浴加热 30 min。按照标准分析方法测定高锰酸盐指数质控样,采用沸水浴加热 30 min,有时会出现结果精密度不好的现象,这是沸水浴加热温度不均造成的。经调查研究,加热温度不均匀确实是造成结果精密度不好的主要原因,但加热温度不均匀却不是沸水浴加热方式造成的,而常常是下列两种因素引起的:一是分析者为防止置于水浴锅内加热的锥形瓶漂浮,未按方法要求,使沸水浴的水面低于锥形瓶的液面;二是目前所用的多孔水浴锅,有的各孔水温高低不等,靠近加热管的水温度较高,明显沸腾,远离加热管的水温度较低,几乎看不出沸腾。不同加热方式,对测定结果的影响详见表 2。由不同加热方式测定结果统计表可看出,沸水浴水面高于锥形瓶的液面时测定结果的相对偏差为 2.28%。所以,测定时必须严格按照方法要求,使沸水浴面高于锥形瓶的液面,并从锥形瓶放入沸水浴后重新沸腾开始计时,同时尽可能保证各样品的加热温度一致。

表 2　不同加热方式测定结果统计表($v_0=0.25, k=0.998$)

控制样	真值范围(mg/L)	加热方式	测定结果(mL)			相对偏差(%)
			1	2	平均值	
203162	4.39 ±0.31	直火	4.62	4.70	4.66	6.15
		沸水浴水面低于锥形瓶的液面	4.12	4.08	4.10	6.61
		沸水浴水面高于锥形瓶的液面	4.50	4.46	4.48	2.28

2.4　温度

标准分析方法规定:测定高锰酸盐指数的沸水浴温度为 98 ~ 100 ℃,如果沸水浴温度难以达到 98 ℃以上,从理论上讲,在此情况下,测定结果会偏低,但从密码样测定结果来看,沸水浴温度高低对测定结果没影响,但测定时的环境温度却对测定结果有一定的影响,以测定的 10 个密码样为例,气温在 25 ℃以上(含 25 ℃),测定的样品有 10 个,5 个合格,合格率为 50.0%;气温在 25 ℃以下测定的样品 10 个,9 个合格,合格率为 90.0%,气温高时测定合格率低,说明气温高会导致滴定用高锰酸钾溶液消耗量增加,使测定结果产生误差。滴定样品时,锥形瓶内样品温度很重要。室温虽然在 25 ℃以下,但滴定时间较长,以至于锥形瓶内样品温度明显下降,使滴定终点延长,结果偏大。如果出现滴定时间较长,锥形瓶内样品温度下降,可再升温继续滴定。

2.5　取样量

取样量的大小对高锰酸盐指数测定结果有一定的影响,取样量过小,氧化剂量相对比较大,结果会偏高;而取样量过大时,消耗了一定量的氧化剂,使其氧化能力减弱,结果又会偏低,取样量最好保持在使反应后滴定所消耗的高锰酸钾量为加入量的 1/5 ~ 1/2 范围内。因此,做高锰酸盐指数质控样时,取样量的多少,同样是影响测定结果的一个主要因素。试验表明,含量在 4 ~ 8 mg/L 的标样以取 50 mL 为宜,2 ~ 4 mg/L 的标样以取 100 mL 为宜。

2.6　高锰酸钾溶液

高锰酸钾溶液必须放置一段时间后才能使用,否则其浓度偏高。在做质控样之前,标定高锰酸钾浓度,其浓度最好在 0.998 ~ 1.000 mg/L,也就是高锰酸钾消耗量最好控制在 9.98 ~ 10 mL。如果滴定样品时消耗高锰酸钾量大于滴定管最大值10 mL时,加大了读数误差。

3　小结

综上所述,测定高锰酸盐指数质控样和环境水样时,必须把握好以下关键因素,才能保证测定结果的准确性。

3.1　试验用水

测定质控样时,严格按照标准分析方法规定的试验条件和操作步骤,制备去还原性物质水,测定环境水样时,可用一次蒸馏水或去离子水,但空白和样品的测定必须使用同一批水。

3.2　加热方式

测定质控时,在加热反应过程中,沸水浴的水面应超过锥形瓶的液面而且要重新沸腾时再计时,并保持反应过程中沸水浴的水始终处于沸腾状态。

3.3　温度

测定控制样时,尽可能在环境温度低于25 ℃的条件下测定。

3.4　取样量

选择合适的样品量,使用100 mL移液管取样。

3.5　高锰酸钾溶液

切忌使用新配高锰酸钾溶液,该溶液应该放置较长一段时间后才能使用。

参考文献

[1] 水和废水监测分析方法编委会. 水和废水监测分析方法[M]. 4版. 北京:中国环境科学出版社,2012.
[2] 金中华. 不同加热法对地表水中高锰酸盐指数测定影响的探讨[J]. 环境污染与防治,1996(1):42-43.
[3] 同怀东,段英,郝红. 水质标准分析方法汇编[R]. 水利部水文司环资处,水利部水质试验研究中心,1995.
[4] 金传良,郑连生. 水质技术工作手册[M]. 北京:能源出版社,1989.
[5] 中国环境监测总站,环境水质监测质量保证手册编写组. 环境水质监测质量保证手册[M]. 北京:化学工业出版社,1984.

作者简介:张秀敏,女,1980年7月生,工程师,主要从事水质监测与评价工作。E-mail:zhangxiumin0714@163.com.

生态清洁小流域建设模式的探讨

——以合肥市庐阳区生态清洁小流域建设为例

张 瑞 李东生

（安徽淮河水资源科技有限公司 安徽蚌埠 233000）

摘 要：生态清洁小流域是水生态可持续发展中的重要一环，是将小流域作为一个系统单元，从源头上对涉水问题进行系统布局，从根本上解决河流的水质污染问题。本文针对庐阳区董大水库入库支流小流域治理实际中遇到的问题进行分析，在此基础上对开展该区域生态清洁小流域的相关治理进行探讨。

关键词：生态清洁小流域 水生态 庐阳区

1 引言

小流域治理大体经过了3个阶段，由最初的灾害防治、水土流失综合治理，发展到目前的小流域生态经济系统可持续经营管理。近年来，随着全球经济的发展，人类对环境的要求有了新的转变，小流域综合治理也将人与环境协调发展、人与自然和谐相处作为其进一步发展的指导思想，在传统小流域治理的基础上，小流域内的水生态环境、村落环境及景观建设纳入小流域综合治理之中，提出生态清洁小流域的概念。小流域作为水源汇集的最小单元，是保护水源的根本着手点，只有把小流域保护好，治理好，入河、入库水质才能得到基本保证。随着合肥市经济社会的快速发展、自然条件的变化，水资源的短缺、水污染和水土流失等问题的日趋严重，庐阳区作为合肥市主要水源地，保障全市饮水安全，建设生态清洁小流域保护饮用水源地迫在眉睫。

2 国内外研究进展

近年来，国内外对小流域治理的研究日益增多，由于治理重点不同，小流域治理的起源等相关前期问题的研究和积累可以追溯到几百年前，但具体起始时间应该是20世纪初期。由于山区土地生产力低下，水土流失问题严重，山洪灾害频发，西方发达国家在发展过程中越来越重视环境保护问题，对小流域的治理工作逐步开始进行。15世纪，由于山区山地灾害频发，迫使早期先驱者对山区小流域治理问题进行摸索。欧洲开始研究泥石流山洪治理措施，但当时由于小流域的局限作用，效果不明显。19世纪40年代，西方科学家提出以整治山地来恢复植被的小流域治理技术方案。以河流系统整体性为基础，从土壤学、水文学、各种力学等学科的不同角度，对水土流失开展定量研究。通过最新的通用土壤流失方程等模型，探索山区小流域不同植被与减少径流和土壤侵蚀状况的关系。

中华人民共和国成立以来，我国在流域治理工作上进行了大量的实践摸索，并累积了丰厚的经验，1956年，提出了"以支毛沟为单元综合治理"为代表的推广实践。进入20世纪60年代，以基本农田作为水土保持工作治理的基本目标，应用梯田、滩地、坝等措施增产增收，但由于没能建立科学的治理措施体系，整体的治理效益并不明显。70年代中期，通过不断的实践摸索，逐步认识到以小流域为单元综合治理效果突出。改革开放后，水利部颁发了《水土保持小流域治理办法（草案）》，"小流域综合治理"开始广泛推广，这标志着以小流域为计量基础的防治模式正式形成。小流域综合治理措施体系逐步形成。整体的相关工作在我国六大流域和八个水土流失极其严重的区域同时展开，小流域治理工作进入快车道。1991年，《中华人民共和国水土保持法》颁布，相关工作进入新的时期。1993年国务院将水土保持确立为一项基本国策。1997年4月召开的全国水土保持第六次会议，对新时期新阶段的水土保持工作进行了总体把握。新时期，随着我国生态建设的力度和广度加大，各级水保部门将水土保持生态建设纳入规模化、完整化防治体系中。小流域治理工作不断与各学科和各技术进行良好的融合。党的第十八次代表大会首次将“生态文明建设”放在极其重要的地位。当前小流域治理的核心理念是将人为因素与可持续发展原则结合起来，融合了生态水文、景观生态、生态经济等多个学科的观点，并融入管理学的思想，提出了“近自然治理”，各项措施遵循自然规律和生态法则，实现地方与当地景观相协调，通过小流域清洁治理基本实现山青、水秀、人富。

生态清洁型小流域治理是对传统小流域治理更高层次的发展和提高，是满足不同时期社会经济发展要求的产物。2006 年水利部在全国 30 个省(区、市)的 81 条小流域开展了生态清洁型小流域试点工程建设。随着对生态清洁型小流域的认识在不断提高，共识在不断扩大，措施在不断创新，实践在不断丰富。

3　研究区概况

庐阳区位于合肥市区西北部，全区总面积 139.32 km^2，下辖 1 个乡、1 个镇、9 个街道、1 个工业区。境内主要有董铺水库、大房郢水库、东瞿河、汪堰河、王大塘冲心河、明星水库下游河道、瞿嘴支渠、谢岗河、四里河、板桥河、南淝河。气候属北亚热带季风湿润气候区，气候温和，四季分明，雨量适中、春温多变、秋高气爽、梅雨显著、夏雨集中，多年平均降雨量 995.5 mm，其中汛期(6～9 月)占 52.1%；最大年降水量为 1 554.9 mm(1991 年)，最大月降雨量为 415.3 mm(1980 年 7 月)，最大日降雨量为 168.0 mm(1980 年 7 月 17 日)，最小年降雨量为 498 mm(1978 年)。2016 年实现地区生产总值 680 亿元，增长 10% 以上，城镇、农村常住居民人均可支配收入分别达到 39 680 元和 22 997 元。

4　庐阳区生态清洁小流域治理面临的难题

4.1　水土流失难题

庐阳区植被整体各方面状况良好，植被覆盖度高，植被种类丰富，但部分侵蚀较大，水土流失仍较为严重。

4.2　非点源污染治理难题

4.2.1　农村生活非点源污染治理难题

农村污水总量不大，但治理难度较大，一直以来是生态清洁小流域在实践中的一个治理难题。由于村庄数量多且现状村庄布局较分散、经济条件较差等，造成污水不易收集，给集中处理增加了难度。受传统生活习惯影响，一些沿河、沿沟村庄将沟道、水渠等流水通道作为垃圾及固体废弃物的消纳场所及堆积场，依靠雨水清理，会给下游水域水生态环境造成污染。

4.2.2　农业面源污染治理难题

农业生产不可避免地会使用化肥、农药，对水环境污染较为严重，一直以来作为区域水环境的主要污染源，难以控制和从根本上解决。

4.2.3　旅游业发展的面源污染治理难题

旅游餐饮污水对水体威胁日益加大。近年来庐阳区大力打造旅游业，休闲旅游业发展迅速，但在旅游业促进农村经济发展的同时，也给农村水环境带来了很大压力，许多旅游餐饮点沿河依沟而建，产生的污水直接入河(沟)，造成了严重的地表水污染，加之旅游点抢占水资源，致使部分沟道被拦截，造成下游断流，自净能力减弱。

5　庐阳区清洁小流域治理模式探讨

5.1　庐阳区清洁小流域建设模式的基础理论

在庐阳区清洁小流域建设中，应充分认识区域特点，以生态平衡为基础，以总效益最大为核心，把单纯防护型治理转化为开发性治理，坚持人工治理与自然修复相结合的原则，依据区域小流域内地形、地貌，坚持生物措施与工程措施相结合，生态效益与经济效益相结合，眼前利益与长远利益相结合的原则,按照先坡面后沟道，先毛支后干沟，先上游后下游的治理顺序进行治理建设。在规划上,以水源保护为中心,以小流域为单元,将其作为一个“社会—经济—环境”的复合生态系统,“山水田林路村”统一规划,“拦蓄灌排节”综合治理,改善当地生态环境和基础设施条件;在实施上,建立政府主导、农民参与的互动机制,按照“统一规划、分步实施、稳步推进”的原则和构建“生态修复、生态治理、生态保护”三道水土保持防线的思路进行建设;在效果上,流域内自然资源得到合理开发与利用,对自然的改造和扰动限制在能为生态系统所承受、吸收、降解和恢复的范围内。

5.2　庐阳区水土流失治理

庐阳区地形坡度在25°以上的,对坡耕地一律退耕,发展生态林草;对荒山进行封禁治理,加强养护,实现研究区生态环境的自然恢复。地形坡度25°以下的,主要为经济林带来的水土流失,由于林下植被覆盖度不足,在地表径流的冲刷下产生了土壤侵蚀,因此水土保持工作需要在经济林下修建树盘,或实施林下覆盖。庐阳区生态小流域内浅山以上和主沟沟沿以下区域，坡度不小于25°,土壤侵蚀以溅蚀和面蚀为主。该区以林地为主，采取自然修复，部分林草破坏严重、植被状况差的地区实施严格的封山禁牧、设置护栏围网减少人为干扰。控制坡面土壤侵蚀，减少入库的泥沙，保护水资源，改善生态环境。

5.3　庐阳区非点源污染防治

5.3.1　农村非点源污染治理

笔者认为,在今后相当长的一段时间内,农村非点源污染是生态清洁小流域社会实践中的一个重要难题,随着新农村建设,农户集中居住区,生活污水集中收集和处理,农村非点源污染才能从根本上得以有效控制。现阶段农村生产生活污水以分散处理为主、集中处理为辅的方式进行治理，其他洗涤废水通过路边沟排入土地处理系统或人工湿地处理;农村垃圾分类处理,可回收垃圾(如炉渣、厨房垃圾等)进行好氧堆肥施用于农田、果园，不可回收垃圾集中收集后外运实施无害化处理。

5.3.2　农业面源污染治理

在生态清洁小流域建设中建立农民全程参与机制，积极调动农民参与的积极性，制定乡规民约和小流域管理职责，落实设施的管护责任,并将生态清洁小流域建设与美丽乡村建设紧密结合，注重农村生产生活条件的改善，引导和培育特色主导产业，提高农民经济收入，实现生态清洁与生产发展统筹协调。庐阳区已经退出传统农业的种植结构,由原来高耗水的水稻农作物转变为主要以蔬菜瓜果为主的种植结构。实施坡改梯和梯田整修工程，使农田、果园实现梯田化，在靠近河(沟)道、地坎边坡不稳定的地段建造护地坝;5°以上、地形破碎、地块较小的经济林地修建树盘。沿坡向建设田间生产道路,在农田与道路之间种树、种草，构筑坡地等高缓冲带，控制面源污染。推广使用有机肥,减少化肥使用量;提倡使用高效低毒低残留易降解的农药,推广应用生物防虫技术。

5.3.3　旅游业面源污染治理

按照生态理念，采取近自然治理方式实施沟道清理及河岸治理工程，保留河流自然特性;采用的林草措施和工程措施不仅要考虑水土保持功能，而且要把生态与美化周边环境结合起来，在此基础上合理布置园区垃圾桶,以满足游憩之余垃圾的收集,同时爱护环境宣传工作,可以宣传牌的方式提示爱护生态环境。

5.4　重点水源保护区保护措施

庐阳区作为合肥市重要的水源地,水源保护是清洁小流域建设的重要内容,主要有以下几方面组成:

(1)在水源地上游以封育为主,在出入路口设置封禁标牌，加强现有林草植被保护,根据不同类型现有植被的恢复演替阶段，在不破坏天然植被分布格局和生境的条件下，适度借助于人力干扰(定向恢复)和自然力促进其自然生长、更新、繁殖、演替，在林草破坏严重、植被状况较差地区,因地制宜地采取林草补植措施,提高水源涵养能力。

(2)在流域中、下游加强生活污染和农业面源污染治理,对农村生产生活污水采取分散与集中相结合的方式治理，可集中收集的，铺设污水管网收集处理;不宜集中收集的，建造化粪池收集后堆肥或定期抽出送至污水处理厂处理；畜禽养殖场全部迁出，禁止排放污水。农村垃圾全部采用村收集、镇运输、区县处理的方式实施无害化处理。在农田果园推广使用有机肥，提倡生物防虫，禁用高毒、高残留农药。对 15°以下坡耕地全面实施坡改梯工程，通过梯田建设减少化肥、农药流失造成的面源污染；将 15°以上坡耕地退耕还林还草。

(3)在清洁生态小流域下游，对沟(河)道进行清理整治，河道、沟渠的水生态治理主要对部分未达到水文标准的沟段，进行清理整治，清除固体垃圾，修建生态边坡，同时在沟道入河、入库平缓地段建设复合沸石床等水质净化工程，对雨水和微污染河水进行处理。

(4)水源地(水库)周边按照“乔木林—灌丛—草地—挺水植物—沉水植物”格局建设岸边植被拦污缓冲带，同时在入库口建设湿地工程，强化水质净化能力。

6　结语

本文在对庐阳区清洁小流域建设难点问题分析的基础上，针对建设过程中遇到的难点问题进行探讨分析，提出了庐阳生态清洁小流域的治理模式，由于生态清洁小流域建设具有长期性和复杂性，因此在今后的规划和工程实施过程中还需要做更深入细致的工作，且生态清洁流域治理措施的配置应适时进行调整，与时俱进才能更好地指导生态清洁小流域建设工程的实施。

参考文献

[1] 刘大根，姚羽中，李世荣. 北京市生态清洁小流域建设与管理[J]. 中国水土保持，2008(8)：15-17.

[2] 吴紫星. 在山外山建设清洁小流域的构思[J]. 福建农业科技，2007(6)：88-89.

[3] 穆希华，朱国平，于占成. 生态清洁小流域建设中植物措施的作用及建议[J]. 中国水土保持，2007(9)：19-20.

作者简介：张瑞，男，1988 年 8 月生，助理工程师，主要从事水资源方面工作。E-mail：1145028071@ qq. com.

小清河流域济南段轮虫群落结构研究

王帅帅[1] 于志强[2] 郭 伟[1] 朱中竹[1] 李 萌[3]

(1.济南市水文局 山东济南 250014;2.山东省水文局 山东济南 250002;
3.枣庄市水文局 山东枣庄 277000)

摘 要:于2014年5月(春季)对小清河流域济南段15个站点进行采样调查,应用典范对应分析法判定影响轮虫群落结构的主要环境因子,并分析轮虫群落结构的分布特征,应用轮虫香农维纳指数、均匀度指数评价小清河流域济南段水生态系统健康状况。结果表明:小清河流域济南段共鉴定出轮虫种类31种,以龟甲轮属和臂尾轮属为主。轮虫种类数平均值为7种,轮虫密度平均值为68.9 ind./L。香农维纳指数平均值为3.09;均匀度指数平均值为0.744。从轮虫群落结构生物多样性指数分析,小清河流域济南段水体为寡污型水体。以水化指标评价水质结果表明,整体水质较差。

关键词:小清河流域 轮虫 群落结构 环境因子 健康评价

轮虫是水生态系统的重要组成部分,有着分布广泛等特点。轮虫群落在水生态系统信息传递中起着重要作用。轮虫群落是水生态系统中污染的指示物种,在水环境监测中得到广泛应用。水生态系统中水环境因素对轮虫群落的分布有着重要的影响。

小清河是山东省的主要河流之一,位于黄河之南,发源于济南市西郊的睦里村,向东北径流,至寿光县羊角沟入莱州湾,全长232 km。其中,济南市辖段小清河长70.3 km,流域面积2 792 km^2。小清河(济南段)北靠黄河,无大支流汇入。而南侧支流众多,形成半羽毛状水系。小清河是济南市主要排污河道,市区各污水经暗渠或明渠大部分汇于小清河。由于近年来工业污水和生活污水排放,小清河流域环境污染日趋严重,水生态系统健康情况堪忧。为此于2014年春季对小清河流域济南段进行了水生态调查,对轮虫群落结构进行研究,并对其水质进行评价,希望可以为小清河流域水环境污染治理提供可靠依据。

1 材料与方法

1.1 点位设置

根据小清河流域在济南市辖区的分布特征,结合济南市自然地理特征,在济南市区及流域流经各区县的代表性区域,共设置15个采样点位(如图1所示),于2014年春季对小清河流域济南段进行水生态监测取样调查,并同期进行水质监测。

1.2 样品采集与处理

轮虫样品用25号浮游生物网(64 μm)于水平及垂直方向拖网,或用5 L有机玻璃采水器每隔0.5 m或1 m分4层进行采集,共采水50 L并混合均匀后经孔径为30 μm的筛选过滤收集,用5%的福尔马林溶液固定,放在实验室内静置沉淀48 h后,收集沉淀物并浓缩至30 mL。根据相关文献在Olympus - BX43生物显微镜下鉴定轮虫种类和密度计算。

1.3 数据分析和处理

计算轮虫群落的Shannon - Wiener指数、Pielou均匀度来研究轮虫群落多样性。

(1)Shannon - Wiener - 多样性指数(H'):

$$H' = -\sum (n_i/N) \times \log_2(n_i/N)$$

(2)Pielou均匀度指数(J):

$$J = H'/\ln S$$

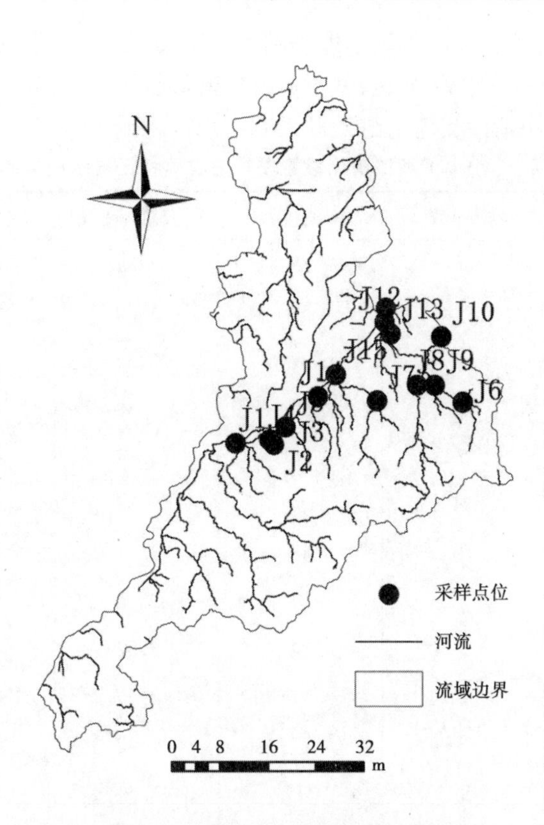

图 1　小清河流域济南段采样点分布图

式中：n_i 为第 i 个种的个体数目；N 为群落中所有种的个体总数；S 为轮虫种类数。

轮虫群落的 Shannon - Wiener 指数评价水质标准均分为 5 个等级：0 ~ 1 为多污型，1 ~ 2 为 α - 中污型，2 ~ 3 为 β - 中污型，3 ~ 4 为寡污型，大于 4 为清洁水体。

1.4　水体理化性质的测定

采集轮虫样品同时采集水质样品，并在 24 h 内送回实验室进行检测，评价水质状况。水质评价项目为《地表水环境质量标准》（GB 3838—2002）中的 pH、溶解氧、高锰酸盐指数、化学需氧量（COD）、生化需氧量（BOD）、氨氮、总磷、铜、锌、氟化物、硒、砷、汞、镉、六价铬、铅、氰化物、挥发酚、阴离子表面活性剂和硫化物共 20 项参数。除评价项目外，还加测水温、电导率、硬度、碱度、总氮等项目。水质样品在山东省水环境监测中心济南分中心实验室进行检测，并选择水温、pH 值、溶解氧、电导率、硬度、碱度、氨氮、总磷、总氮和高锰酸钾指数等环境因子，进行与轮虫群落的相关性分析。

1.5　数据统计分析

在 SPSS16.0 上进行数据的相关性分析，香农维纳指数、均匀度指数计算用 Biodiversity Profession 2.0 完成，在 Canoco 4.5 上进行 PCA 和 CCA 的分析，在进行 CCA 分析之前，除 pH 以外，所有水体环境数据和轮虫密度数据均进行数据对数转换[$\lg(x+1)$]，采样点位图在 ArcMap 10.2 上完成。

2　结果与分析

2.1　轮虫群落组成与水质状况

2014 年春季小清河流域济南地区共鉴定出轮虫 31 种。以萼花臂尾轮虫（*Brachionus calyciflorus*）、曲腿龟甲轮虫（*Keratella valga*）、角突臂尾轮虫（*Brachionus angularis*）和长肢多肢轮虫（*Polyarthra dolichopteria*）为主。轮虫的密度范围在 6 ~ 271 ind./L，轮虫密度平均值为 68.9 ind./L，张家林轮虫密度最高，为 271 ind./L，梁府庄轮虫密度最低，为 6 ind./L，香农维纳指数平均值为 3.09，杏林水库轮虫香农维纳指数最高，为 3.83，朱各务水库香农维纳指数低，为 2.06。均匀度指数平均值为 0.744，杏林水库轮虫均匀度指数最高，为 0.922，朱各务水库均匀度指数低，为 0.497。

由表 1 可知，小清河流域济南段，有接近一半的监测点位水质为劣 V，总体水质情况较差。水质较好的点位以位于小清河支流的大明湖、大站水库等湖库为主，其干流及支流入小清河口附近的点位水质较差。原因是：小清河为济南主要排污河道，其干流及支流接纳了大量污水，导致其水质变差，且越在下游地区纳污量越大。湖库及小清河支流上游地区没有污水汇入或汇入极少，故水质情况较好。

表1 小清河流域济南段春季轮虫群落特征与水质类别

采样点位	编号	物种数	密度	香农维纳指数	均匀度指数	水质类别
吴家铺	J1	5	15	2.87	0.690	劣Ⅴ
大明湖	J2	8	53	3.40	0.819	Ⅳ
梁府庄	J3	3	6	2.32	0.559	劣Ⅴ
五柳闸	J4	9	35	3.38	0.814	劣Ⅴ
黄台桥	J5	5	25	3.14	0.757	Ⅳ
杏林水库	J6	14	158	3.83	0.922	Ⅴ
杜张水库	J7	10	88	3.71	0.894	Ⅳ
朱各务水库	J8	5	14	2.06	0.497	Ⅱ
相公庄	J9	5	14	3.52	0.847	劣Ⅴ
浒山闸	J10	8	71	2.47	0.595	劣Ⅴ
五龙堂	J11	5	27	2.42	0.583	劣Ⅴ
张家林	J12	9	271	3.51	0.844	Ⅴ
白云湖	J13	12	216	3.78	0.909	Ⅴ
石河	J14	7	31	3.38	0.814	劣Ⅴ
巨野河	J15	5	10	2.56	0.615	Ⅳ

由图2可知，水质较好的点位如大明湖、杏林水库、杜张水库、白云湖等点位，其物种数、密度、香农维纳指数、均匀度指数都明显比小清河干流区域高。说明小清河流域济南地区小清河干流区域水质较差，水生态系统健康状况不佳。小清河支流及其上游区域，水质较好，其水生态系统也更健康。

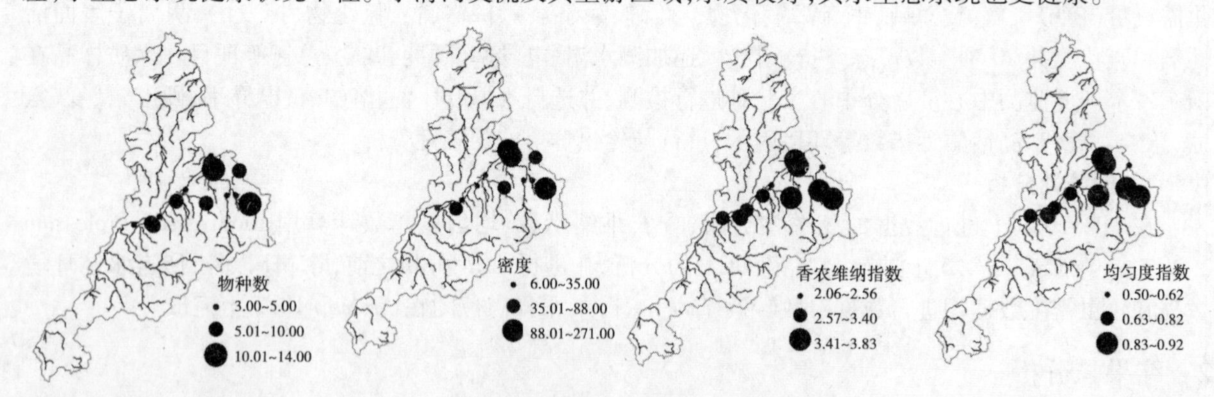

图2 小清河流域济南段春季轮虫群落特征

2.2 轮虫污染指示种

调查期间共发现轮虫污染指示种15种（见表2），其中寡污带3种，占总物种数的9.68%；寡污至β中污型3种，占总物种数的9.68%；β中污型5种，占总物种数的16.13%；α中污型2种，占总物种数的6.45%；β-α中污型2种，占总物种数的6.45%。污染指示物种类占轮虫物种种类数的48.39%；污染指示种数量占轮虫总数的83.27%。

表2　采样点出现的污染指示种

轮虫种类	污染等级
角突臂尾轮虫 *Brachionus angularis*	β－α
萼花臂尾轮虫 *B. calyciflorus*	β－α
矩形臂尾轮虫 *B. leydigii*	β
螺形龟甲轮虫 *Keratella cochlearis*	β
曲腿龟甲轮虫 *K. valga*	o－β
卜氏晶囊轮虫 *Asplanchna brightwel*	β
前节晶囊轮虫 *A. priodonta*	β
长三肢轮虫 *Filinia longiseta*	α
迈氏三肢轮虫 *F. maior*	β
长肢多肢轮虫 *Polyarthra dolichopteria*	o－β
舞跃无柄轮虫 *Ascomorpha. saltans*	o
独角聚花轮虫 *Conochilus unicornis*	o
团状聚花轮虫 *Conochilus hippocrepis*	o
月形腔轮虫 *Lecane luna*	o－β
椎尾水轮虫 *Epiphanes senta*	α

注：o为寡污型，o－β为寡污至β中污型，β－o为β中污至寡污型，α为α中污型，β为β中污型，β－α为β－α中污型。

2.3　轮虫群落与水环境因子的相关性

选择水温、pH、溶解氧、电导率、硬度、碱度、氨氮、总磷、总氮和高锰酸钾指数进行水环境因子分析。小清河流域济南段春季采样点水体理化因子比较见表3。春季水温平均值为22.2 ℃，水体中pH平均值为7.81，为弱碱性水体，溶解氧含量平均值为7.36 mg/L，总氮和高锰酸钾平均值含量较高，分别为5.99 mg/L和6.20 mg/L。

表3　小清河流域济南段春季采样点水体理化因子比较（平均值±标准差）

环境因子	春季	环境因子	春季
Temp（℃）	22.21±3.44	DO（mg/L）	7.36±2.91
pH	7.81±0.34	TN（mg/L）	5.99±5.31
Cond（ms/m）	1 188.41±780.40	NH_3—N（mg/L）	2.54±2.89
ALK（mg/L）	222.63±59.41	COD_{Mn}（mg/L）	6.20±3.43
TD（mg/L）	428.09±193.99	TP（mg/L）	0.45±0.42

通过对济南地区春季水文环境因子主成分分析（PCA），春季筛选出两主轴变化分数大于0.7的六个环境因子为总氮、溶解氧、总磷、总硬度和电导率（见图3）。

选择轮虫密度和环境因子做CCA分析，结果（见图4）显示，溶解氧和电导率是主要影响轮虫群落的环境因子，电导率在第一轴上对轮虫群落影响最大，与第一轴呈正相关性，溶解氧在第二轴上对轮虫群落影响最大，与第二轴呈负相关性。

3　讨论

3.1　小清河流域济南段轮虫群落特征

小清河流域济南段共调查鉴定出轮虫种类31种，轮虫体型相对较小，这可能是由于春季万物复苏，

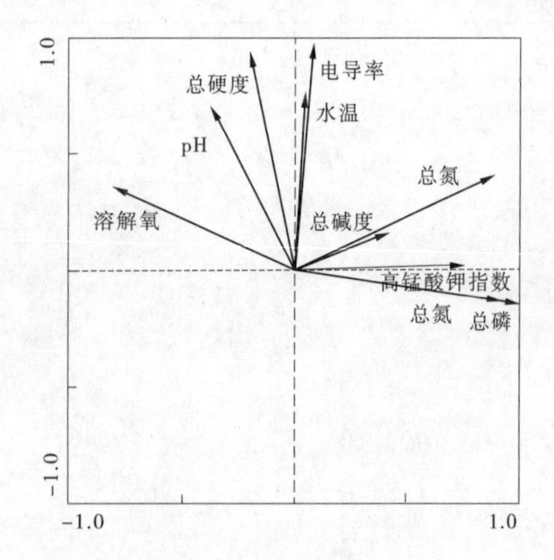

图3　小清河流域济南段春季水文环境因子主成分分析(PCA)

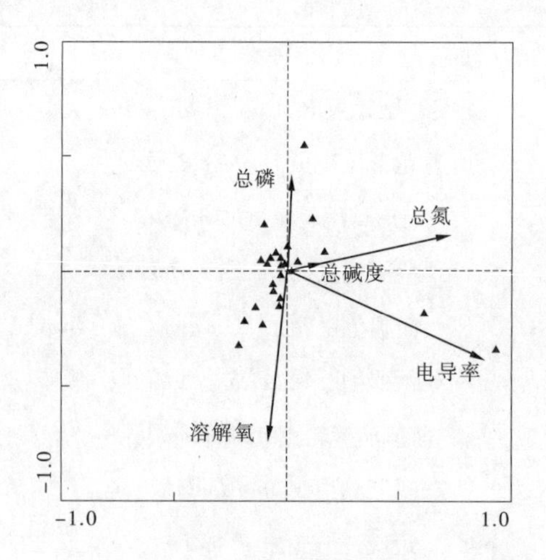

图4　小清河流域济南段春季轮虫群落典范对应性分析(CCA)

浮游植物大量繁殖,为轮虫提供了大量的食物和极佳的生活条件,使轮虫迅速繁殖。

轮虫种类主要以臂尾轮虫、龟甲轮虫为主,这些物种是典型的中污型水体的指示种,说明济南部分区域已经呈现富营养化状态。

轮虫群落多样性是判断群落重要性的基础。当轮虫群落的种类越多,各物种分布越均匀,物种的多样性指数就越大。轮虫群落香农维纳指数多用于评价水体的富营养状态。国内外研究表明轮虫种类随水体富营养化程度的增加而减少。单从香农维纳指数分析轮虫群落结构分析,小清河干流区域为中污染状态,小清河支流上游及流域内湖库为寡污型水体。用轮虫群落结构特征,可以在一定程度上反映小清河流域济南段水生态系统健康状况及水质状况。

3.2　小清河流域济南段轮虫群落主要影响水环境因子

在小清河流域济南段水体中电导率和溶解氧是主要影响轮虫群落结构的水环境因子。电导率可以反映出水体中离子的浓度,即可以反映出水体的营养状况,对轮虫群落的分布起到影响作用;溶解氧是影响轮虫群落的因素之一,溶解氧不足会导致轮虫群落大量死亡,济南春季水体溶解氧含量相对较大,为轮虫群落提供了很好的生活条件。

3.3　小清河流域水生态健康状况

根据水化指标水质评价结果,小清河干流区域水质较差,小清河支流及湖库水质较好,总体水质情况较差。从轮虫生物多样性指数分析小清河流域,小清河干流区域为中污染状态,小清河支流及湖库为寡污型水体。从本次调查结论可知,由于污水排放,小清河流域水质受到一定影响,小清河流域济南段水生态系统多样性遭到一定破坏,水生态系统健康状况不佳。

参考文献

[1] 钱方平,席贻龙,温新利,等.湖泊富营养化对轮虫群落结构物种多样性的影响[J].生物多样性,2007,15(4):344-355.

[2] May L . Rotifer occurance in relation to water temperature in Loch Leven Scotland[J] . Hydrobiologia,1983,104:311-315.

[3] 周淑婵,黄祥飞,唐涛,等.香溪河库湾轮虫现状及水质评价初探[J].水生生物学报,2006,30(1):2-57.

[4] Angeler D G,Alvarez-Cobelas M,Sánchez-Carrillo S. Evaluating environmental conditions of a temporary pond complexusing rotifer emergence from dry soils [J]. Ecological Indicators,2010,10(2) :545-549.

[5] Devetter M. Influence of environmental factors on the rotifer assemblages in an artificial lake[J]. Hydrobiologia,1998,387-388:171-178.

[6] Duggan IC,Green JD,Shiel RJ. D is tribution of rotifer assemble ages in North Island,New Zealand,lakes relationships to environmental and historical factors. Freshwater Biology,2002,47: 195-206.

[7] 杨同春,孙清明, 等. 小清河济南段评价及保护对策[B]. 山东水利, 2011,10:23-24.
[8] 温新利, 席贻龙, 张雷, 等. 青弋江芜湖段轮虫群落结构和物种多样性的初步研究[J]. 生物多样性, 2004, 12(4): 387-395.
[9] 王家楫. 中国淡水轮虫志[M]. 北京:科学出版社,1961.
[10] 蒋燮治, 堵南山. 中国动物志——淡水枝角类[M]. 北京: 科学出版社, 1979.
[11] 徐兆礼,王云龙,陈亚瞿,等. 长江口最大浑浊带区浮游动物的生态研究[J]. 中国水产科学,1995,2(1):39-48.
[12] 殷旭旺,徐宗学,高欣,等. 渭河流域大型底栖动物群落结构及其环境因子的关系[J]. 应用生态学报,2013,24(1): 218-226.
[13] 国家环境保护总局. 水和废水监测分析方法[M]. 4 版. 北京:中国环境科学出版社,2002.
[14] 白海锋,赵乃锡,殷旭旺,等. 渭河流域浮游动物的群落结构及其与环境因子的关系[J]. 大连海洋大学学报,2014, 29(3):260-266.
[15] Mäemets A. Rotifers as indicators of lake types in Estonia[J]. Hydrobiologia,1983,104:357-361.
[16] 杨广,杨干荣,刘金兰. 丹江口水库浮游生物资源调查[J]. 湖北农学院学报,1996,16 (1):38-42.
[17] 王凤娟. 巢湖东半湖浮游生物与水质状况及营养类型评价[D]. 合肥:安徽农业大学,2007.
[18] 都雪,王齐东,张超文,等. 洪泽湖轮虫群落结构及其与环境因子的关系[J] . 湖泊科学,2014,26(2):269-276.

作者简介:王帅帅,男,1989 年生,助理工程师,主要从事水环境监测工作。E-mail:shuihuoyouqing@ 126. com.

污水注水井对地下水的潜在污染分析

胡　星　邵志恒　齐云婷　徐银凤　胡灿华

（济宁市水文局　山东济宁　272000）

摘　要：随着我国现代化、工业化的发展，生活垃圾产量及工业污废水排放增多，水污染问题已成为制约我国经济发展和人民生活健康的主要问题。而其中，地下水污染更为严重。为研究地下水受污染情况，保证水源地水质安全，本文主要研究了污水注水井对地下水的潜在污染，为防治地下水污染提供科学依据。

本论文以数值模拟为手段，重点研究了污水注水井对地下水的潜在污染情形分析。通过数值模型对污染物溶质迁移进行模拟研究，得到了研究区的地下水流场图及污水注水井中污染物溶质迁移过程模型，利用建立的模型模拟预测研究区的地下水污染发展趋势。

结果表明模拟区域的地下水环境将会受到污染，但污染范围及程度有限。模拟区浅层地下水环境将形成以污水注水井为中心的污染羽，本模型中污染羽主要位于注水井东南方向，对其南面的井造成较大影响。随着注水井运行时间的延长，注水井中污水对周围浅层地下水环境的影响范围及程度还有待于进一步研究。由此得到的预测结果可以为污水排放地区水污染控制与保护及取水方案提供必要的资料。

关键词：注水井　地下水污染　溶质迁移　数值模拟

1　溶质迁移概念模型

地下水水质模型是建立在地下水流模型基础之上的。研究区含水层的概化与地下水流的数值模拟一样，概化为均质、各向同性、空间二维结构、稳定的潜水含水层。注水井距北部边界300 m，自注水井模拟污染物的注入，以一定的速度向潜水层注入污水（该污染物 $Q=0.001\ m^3/s, c=57.87\ mg/L$）。由于本软件模拟时需将水量的补给化为多少毫米/年的类似于降水补给的形式，故在此假设，以注水井为中心，东西南北各50 m的区域化为污水渗漏区。换算得到的结果为，每年该区域污水补给为3 153.6 mm/年，其他地方补给假设为降水补给10 mm/年。污水自注水井向南流动，经过三个污水浓度观测井，最后流经抽水井。

2　溶质迁移数学模型

地下水中有机污染物的迁移转化是综合物理、化学及生物作用的过程，其中包括对流与扩散、吸附与解吸、衰减及生物降解过程等。关于有机污染物迁移机制模拟，有机污染物迁移和分布受很多因素的控制，如它本身的物理化学性质、土的性质等。

地下水溶质迁移模拟使用MT3D模块进行计算，MT3D是基于有限差分法的污染物迁移模拟软件。MT3D采用了对流—弥散方程来描述污染物在地下水中的迁移

$$\frac{\partial}{\partial c_i}\left[\theta D_{ij}\frac{\partial C}{\partial x_j}\right]-\frac{\partial}{\partial x_j}(Cq_i)-q_s C_s=\frac{\partial(\theta C)}{\partial t}$$

初始和边界条件：

$$C(x,y,z,t)=f(x,y,z),\ t=0,\ (x,y,z)\in\Omega$$

$$C(x,y,z,t)=C_0(x,y,z,t),\ t>0,\ (x,y,z)\in\Gamma$$

式中：C 为污染物在地下水中的浓度，mg/L；θ 为土层的体积含水率，无量纲；q_i 为 x_i 方向的达西流速；x_i 为迁移的距离，m；D_{ij} 为弥散系数张量，m^2/d；C_s 为源或汇的污染物质浓度；q_s 为单位体积的源或汇的体积流率。

3　溶质迁移模型的求解

MT3DMS 是模拟地下水系统中对流、弥散和化学反应的三维溶质迁移模型。模拟计算时，MT3DMS 需和 MODFLOW 一起使用。

此次模拟是分析垃圾填埋场渗滤液对抽水井的潜在影响，在此模拟污染物在对流和离散情况下的迁移情况。由于 MT3DMS 要求在流畅模拟的基础上进行，所以利用已经完成的该区域的 MODFLOW 渗流场模拟计算。完成此次模拟需要用到 3Dgrid、MAP、MODFLOW 和 MT3DMS 模块。选定 kg 为质量单位，mg/L 为浓度单位。其孔隙度为 0.3。模拟时段长度为 1 年(365 天)，输出步长为 50 天。

3.1　污染物迁移特征

应用 MT3DMS 进行污染物溶质迁移模拟，可以得到各个时段的污染物浓度分布情况，从而可以分析出注水井对地下水的污染状况。

前 50 天污染物溶质开始不断进入地下水中，并向东面不断扩散，最远可以扩散到距注水井 150 m 的地方。影响的范围约为 42 500 m^2。但由于时间较短，整个污染羽的污染物浓度并不高。

注水井注入污水 100 天后，污染物溶质到达了 1 号观测井，开始对其产生影响。与前 50 天相比，污染羽明显扩大，污染物迁移到了距注水井 400 m 的地方，到达了 1 号水井，其污染范围约为 80 000 m^2。污染羽的中心位置浓度明显地增大达到 4.0 mg/L，高浓度地区的面积约为 17 500 m^2。

注水井注入污水 150 天后，整个污染羽的范围随着时间的变化明显，污染羽内浓度随时间的推移没有明显变化，污染羽从东面绕过低渗透区向南发展。污染羽内最高浓度达到了 4.5 mg/L。且其范围扩大为约 122 500 m^2。对地下水的污染进一步加剧。

注水井注入污水 200 天后，污染物溶质到达了 2 号观测井，开始对其产生影响。与前 50 天相比，污染羽明显扩大，污水已完全绕过低渗透区，并到达了 2 号水井，其范围扩大为约 122 500 m^2。污染羽的中心位置浓度基本不变，高浓度地区面积继续扩大。

注水井注入污水 250 天后，污染羽继续扩大，其范围扩展到 245 000 m^2，已接近抽水井，即将对抽水井产生污染。

注水井注入污水 300 天后，污染羽明显扩大，污染范围达到 300 000 m^2，污水已到达抽水井，若该抽水井为供水井，则人们生产或生活则要受到影响。

注水井注入污水 365 天后，污染羽达到模拟期限最大值，浓度也达到最大值，最终污染范围为 312 500 m^2，三个观测井均观测到不同数值的污染物浓度，抽水井也被覆盖，水质受到明显影响，3 个观测井浓度变化不大，故注水井污染物对各观测井的影响趋于稳定。

本次对注水井中污染物溶质在含水层中的迁移进行了 1 年(每隔 50 天)的模拟预测，由预测出的污染情况可知，随着时间的推移，地下水中污染物的迁移范围也逐渐增大，污染程度随着时间的增加逐渐加重，污染路径呈带状，由东部绕过低渗透区向南发展，污染物进入地下水之后，在 50 天后，污染羽的纵向迁移距离扩大为 150 m 左右，在此后污染物的迁移速度加快，但污染羽内的污染浓度只略有增高，对地下水造成危害。1 年后，污染物的扩散范围变化很大，加重了对地下水的污染。

3.2　点的污染物浓度变化

Visual Modflow 可以在模型中布设几个观测点来观测不同时间、不同地点地下水污染物的浓度，运用绘图模板可以做出某点污染物浓度随时间的变化图。图 1 为观测井 1、2、3 在整个时间序列上的浓度值变化图。

由图 1 可以看到，污水在第 13 天的时候进入观测井 1，在第 39 天的时候进入观测井 2，在第 80 天的时候进入观测井 3。这似乎与前面得到的结论相矛盾，这是因为 Visual Modflow 中在对污水扩展进行颜色处理时，有一个限制性的标签 Cut off Levels 下的 Lower Level，如果 Lower Level 赋值为 0.000 5，则会得到污水范围如图 2 所示。

而图 1 中，第 80 天到达观测井 3 时的污水浓度为 0.000 1，确实是在 0.000 5 以下的，这就不难理解了。但是在实际操作中，如果对于水中的某些污染物，浓度在 0.5 mg/L 以下，不具有任何危害性，我们

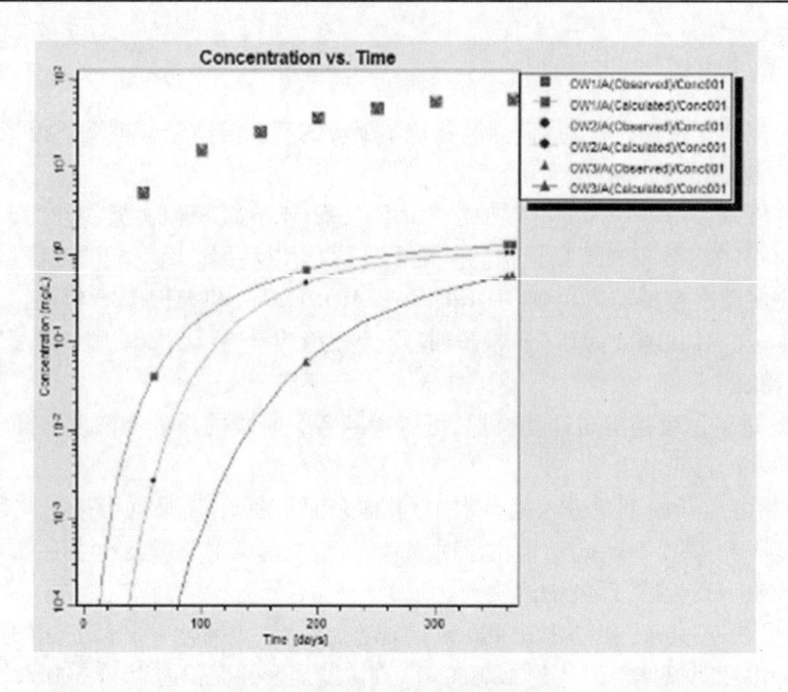

图 1　三个观测井污水浓度变化图

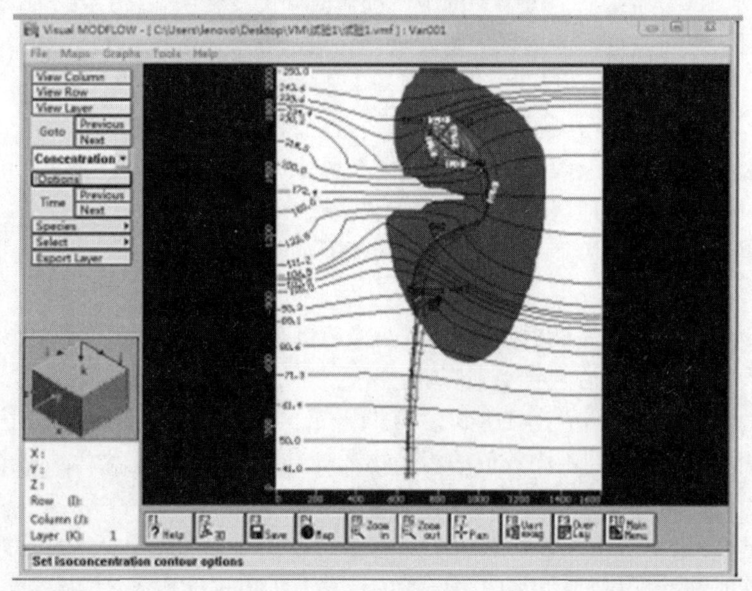

图 2　软件截图

就可以将浓度要求定在 0.5 mg/L。

回到图 1，该图显示出，1 号井在第 59 天左右污染物浓度由 0 迅速上升到 0.04 mg/L，在第 59 天后曲线平缓，最高浓度达到 1.30 mg/L。2 号井在第 130 天时迅速达到 0.16 mg/L，之后曲线平缓，最高浓度达到 1.05 mg/L，3 号井在第 180 天时浓度达到 0.06 mg/L，最高浓度达到 0.59 mg/L。

此次模拟结果表明该污水注水井已经对周围小范围地下水环境造成了一定污染。一般而言，污水中污染物浓度越高，影响范围越大，且由于地下水流动非常缓慢，污染要持续很长时间，所以治理是十分困难的。

3.3　地下水污染物的消退模拟

另外，我们还可以模拟出地下水自然流动状态下，污染物的消退过程。假设，该模型在第一年一直注入污水，在第二年停止注入污水，那么可用 Visual Modflow 模拟出其第二年污染物的消退过程，并由此得出，在第二年中污染物逐渐消退，在第二年末只有部分地区还存有污染物，前半部分基本清理干净。

3.4　地下水污染物的防治

第一,如果仅从供水角度考虑(不考虑地下水治理),在提前知道某处有污水向地下补给的话,应先用VM模拟出该区域未来一定时间内的污染物迁移规律,然后,在污染物接触不到的地方进行打井供水,可有效避免井水被污染。

第二,对于地下水污染的检测,政府部门应加强监督管理工作,定期进行不同位置的地下水监测分析,密切关注地下水污染物质的动态变化。

4　研究展望

本文只是从小区域入手,模拟了简单地质条件下的污水渗漏对地下水的影响,其中还存在着许多不足,以下问题值得继续深入研究:

(1)区域大尺度条件下的模拟。本文只是研究了一个3.2 km^2 的区域,而实际情况下污水的影响要远远大于这个范围,因此地下水对大范围区域的地下水影响状况值得进一步的研究。

(2)复杂水文地质情况下的研究。实际的地质情况远远要比本文中的二维稳定浅水层情况复杂,因此今后须对非均质、各向异性、三维非稳定流的情况进行研究,同时本文在进行污染物溶质迁移模拟时,忽略了自然界的吸附和分解作用。吸附过程可以延迟污染物的迁移,分解(如生物降解)过程可以降低污染物的浓度。若模拟中考虑吸附和分解作用,模拟的效果将更加符合实际情况,此类问题值得深入探究。

(3)复杂化学污染物条件下的模拟研究。本次对污染物的模拟只是单一污染物迁移的模拟,而实际情况的污染物远比该模型要复杂得多。所以要实地调查,针对各种具体情况,模拟多种污染物的复杂情况,进一步加强该软件的模拟范围和应用能力。

(4)加强类比和学习。从地下水污染物迁移模拟及防治方面来讲,有多种软件可以实现类似的模拟,如GMS、FEFLOW、Visual Groundwater等。要多学习此类地下水模拟软件,并与该Visual Modflow软件进行类比,这样才能充分对比其优缺点和模拟性能,以便选择适当的软件进行适当的模拟。

参考文献

[1] 李俊亭. 地下水数值模拟[M]. 北京:地质出版社,1989.

[2] 周志芳. 岩体地下水运动模拟的理论与应用研究[D]. 南京大学,1998.

[3] 陈泽昂,谢水波,等. 浅层地下水中污染物迁移模拟技术研究现状与发展趋势[J]. 南京大学学报(自然科学版),2005,19(1):6-10.

[4] 马腾,王焰新. U(VI)在浅层地下水系统中迁移的反应-运输耦合模拟——以我国南方核工业某尾矿库为例[J]. 地球科学-中国地质大学学报,2000,25(5):456-460.

[5] 吕俊文,周星火,等. 某铀矿地浸采区的水动力场三维模拟[J]. 铀矿冶,2003,22(4):188-192.

[6] 周念清,朱蓉,等. Modflow在宿迁市地下水资源评价中的应用[J]. 水文地质工程地质,2001,(6):9-13.

[7] 王金生,王澎,等. 划分地下水源地保护区的数值模拟方法[J]. 水文地质工程地质,2004,4:83-86.

作者简介:胡星,女,1990年4月生,助理工程师,现从事水环境监测及相关工作。E-mail:huxiying000@sina.cn.

威海市浅层地下水超采区综合整治措施及成效

王尚玉　吴　英

（威海市水文局　山东威海　264209）

摘　要：威海市文登区浅层地下水超采区是威海市唯一一处地下水超采区，形成于20世纪90年代初，主要是沿海经济发展过程中过量开采地下水所致。特别是1999～2001年的三年连续干旱，超采区面积快速扩大，地下水位持续下降，地下水质随之变差。为改善超采区地下水环境状况，当地政府采取了一系列行之有效的整治措施，通过控采压减、水源置换、修复补源等举措，有效地减少了地下水开采量，保护了地下水资源，同时超采区范围有了一定程度的缩减。

关键词：地下水资源　现状　超采区治理　整治措施

威海市地处山东半岛最东端，三面环海，区域面积5 797 km²，内无大江，地表水资源主要来源于大气降水。由于海岸线长，滩涂和岛屿面积大，且区域内河流水系分散，均属季节性河流，因而地表水资源开发难度大，利用率较低。在枯水年份，水资源短缺已成为当地经济发展的主要瓶颈，特别是1999～2001年的三年连续干旱，当时胶东调水工程尚未完成，大量开采地下水是保持城市生活及经济发展的唯一选择。由于威海市三面环海的特殊地理环境，大量开采地下水无疑会破坏沿海地区海水与地下淡水之间的平衡，引发海水入侵，造成地下水环境的恶化。

1　威海市文登区浅层地下水超采区概况

威海市文登区浅层地下水超采区是威海市唯一一处超采区，位于威海市文登区南部沿海，形成于20世纪90年代初，主要因沿海经济发展过量开采地下水所致。2013年底统计文登区浅层地下水超采区面积为105.4 km²。

文登区浅层地下水超采区位于威海市文登区南海新区境内，具体涉及威海市文登区宋村镇、泽头镇、侯家镇、小观镇4个镇，高岛盐场1个企业，46个自然村，人口37 231人，其中，宋村镇8个村；泽头镇7个村；侯家镇10个村；小观镇21个村。

文登超采区毗邻黄海，地形较平坦，属海岸平原地貌单元。地下水类型主要为第四系孔隙水潜水，局部地段地下水受潮汐影响较大。

超采区内目前没有大、中、小型水库，主要河流有母猪河、昌阳河、黄垒河（文登区与乳山市界河）三条过境河流，均属半岛边沿水系，为季风区雨源型河流，河床比降大，源短流急，暴涨暴落，径流量受季节影响差异较大。

根据1992年威海市第一次海水入侵普查结果，文登超采区面积86.9 km²，2003年第二次海水入侵普查结果显示文登超采区面积150.0 km²，超采区面积的快速增加引起了威海市市委、市政府及水行政主管部门的高度重视，采取了一系列整治措施，制定了严格限制地下水开采的相关法规、政策，建设了地下水位自动监测系统，编制了威海市地下水超采区综合整治实施方案。经过多方面共同努力，2013年调查结果显示文登区超采区面积缩减至105.4 km²，地下水环境得到较大程度的提升。

超采区范围及周边海水入侵站网分布图见图1。

2　超采区水资源特点及开发利用现状

2.1　地表水资源特点

（1）年际变幅大，丰枯悬殊。在1953～2012年的60年间，最大年降水量为1 167.8 mm（1964年），

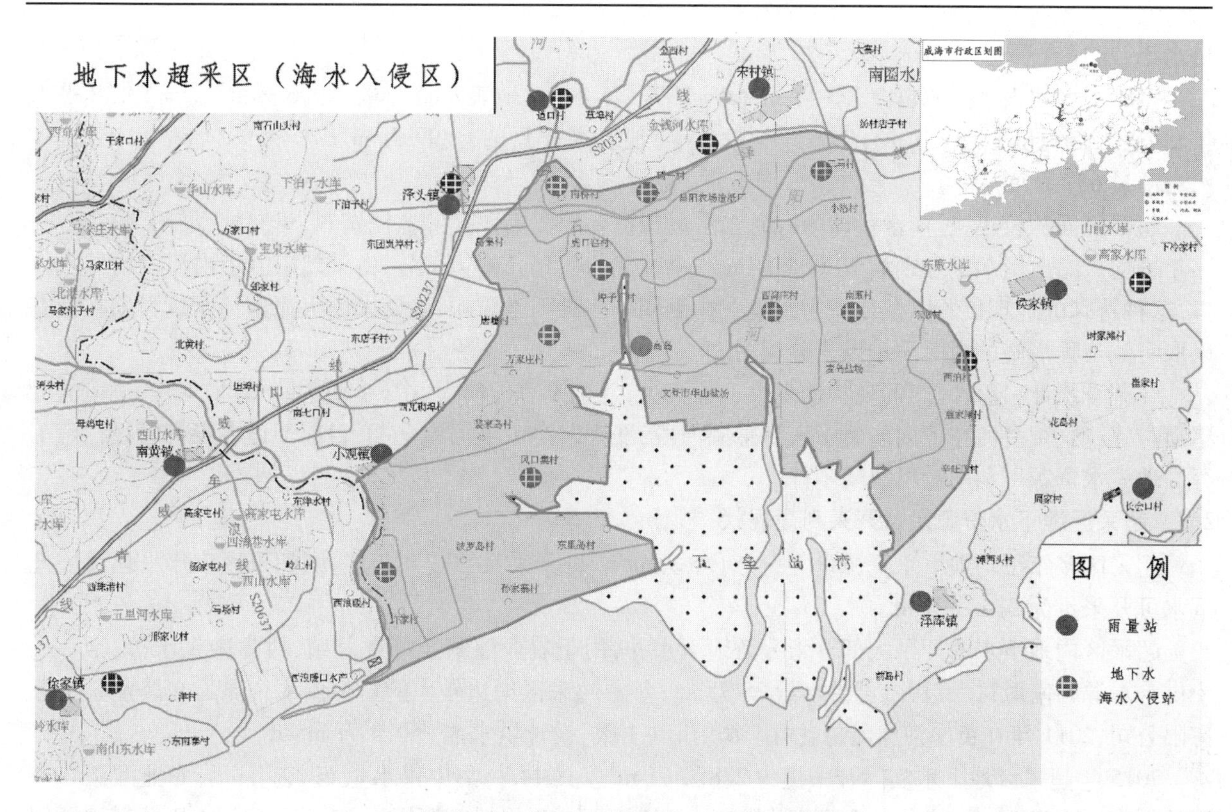

图 1　超采区范围及周边海水入侵站网分布图

比多年平均值偏大 52.5%；最小年降水量 368.0 mm(1999 年)，比多年平均值偏小 51.9%，最大值为最小值的 3.2 倍。年径流的 C_v 值为 0.62，而年降水量 C_v 值为 0.27，可见年径流量的年际变化明显大于年降水量的年际变化。

（2）年内分配不均，旱涝并存。由于受季风影响，降水季节性变化大，年内分配极不均匀。根据 1953～2012 年多年平均降水量年内分配统计结果，汛期 6～9 月降水量为 557.6 mm，占多年平均年降水量的 72.8%，7～8 月降水量 384.8 mm，占多年平均年降水量的 50.2%，当地主要农业作物冬小麦的需水高峰期(3～5 月)内降水量仅为 113.4 mm，占多年平均降水量的 14.8%，春旱明显，汛期降水一般集中于几场大暴雨。

（3）开发难度大，利用率低。文登超采区水资源主要为大气降水形成的河川径流，即地表水资源，约占水资源总量的 78%，开发利用水资源的形式主要为兴建塘坝等拦蓄水工程。由于本区的地形地貌特点主要是滨海平原、滩涂及盐碱地，径流分散且多集中在汛期，兴建蓄水工程难度很大，除此，还有域内地质构造复杂、河谷平原相对开阔等情况，进一步增加了开发利用难度。另外，由于海岸线长，滨海平原、滩涂面积大，独立入海的零星水系多，大量的水资源无开发利用价值，使水资源的可利用率大大降低。

（4）过境水量大，调配困难。区境内共有昌阳河、母猪河、黄垒河三条主要河流穿境而过。多年平均总入海出境水量 53 757 万 m^3，其中汛期(6～9 月)出境入海水量 41 469 万 m^3，占全年的 77%。这部分过境水量主要包括超出上游工程最大调蓄能力和供水能力的洪水量，目前受种种因素和条件的限制基本无法利用，调配困难，并且超采区范围内河段无拦蓄工程，汛期大部分径流因未能利用而入海。

（5）氯离子含量高，水质较差。超采区毗邻黄海，位于沿海滩涂地区、河口三角洲地区，地形较平坦，是典型的滩涂潮间带地貌。由于昌阳河、母猪河、黄垒河在区域内均处于过境入海口河段，受海水感潮顶托现象影响严重，水质常年为混合型海咸水，氯离子含量高，水质较差。

2.2　地表水资源量及可利用量

根据 2015 年最新评价成果，区域内多年平均年径流深 261.2 mm，$P=20\%$（丰水年）年径流深 379.1 mm；$P=50\%$（平水年）年径流深 228.7 mm；$P=75\%$（枯水年）年径流深 142.2 mm；$P=95\%$（特

枯水年）年径流深62.3 mm。

多年平均地表水资源量2 753万m^3；$P=20\%$（丰水年）地表水资源量3 996万m^3；$P=50\%$（平水年）地表水资源量2 410万m^3；$P=75\%$（枯水年）地表水资源量1 499万m^3；$P=95\%$（特枯水年）地表水资源量657万m^3。

超采区面积较小，过境水量即为入海水量。根据各监测断面实测监测资料，母猪河、昌阳河、黄垒河多年平均入海出境水量分别为30 064万m^3、2 414万m^3、15 728万m^3。由于超采区境内河段均靠入海口，这种特殊的地理位置以及径流主要集中在汛期等多种因素影响，致使区内入海出境水量目前在没有采取有效工程措施的情况下难以充分利用。

经调查统计，超采区内的现状地表水工程较少，并且没有任何大、中、小型水库、塘坝工程，过境的母猪河、昌阳河、黄垒河在境内均属于入海感潮河段，涨潮时海水沿河道上朔，目前河道内没有建设拦水工程。地表水资源可利用量可忽略不计。

2.3 超采区地下水资源量及开采利用现状

超采区多年平均地下水资源量为1 381.6万m^3。可开采系数按0.2计，则超采区多年平均浅层地下水可开采量为276.3万m^3。

超采区内地下水的开采大部分为分散地下水井，用于农业灌溉及牲畜养殖、村集中供水等，唯一集中供水水源为南廒村大口井，可供水量25万m^3/年。超采区周边较大的集中供水企业为文登宝泉水务有限公司，2011年在黄垒河河滩打花井7眼、沉井1眼，设计供水能力0.4万m^3/d。

2015年超采区地下水实际开采量为278.2万m^3。其中，村集中供水量69.9万m^3；农业灌溉年取用地下水194.7万m^3，其中大棚蔬菜灌溉用水127.5万m^3，果树灌溉用水37.5万m^3，大田蔬菜灌溉用水29.7万m^3；牲畜用水12.5万m^3；高岛盐场开采地下水1.1万m^3。2015年文登区年降水量577.3 mm，属干旱年份，农业灌溉需水量较大，超采区内地下水实际开采量略超可开采量，在正常年份情况下超采区的地下水开采量基本趋于采补平衡。2015年威海市超采区地下水开采量统计表见表1。

表1 2015年威海市超采区地下水开采量统计表（单位：万m^3）

类别	大棚蔬菜种植	果树种植	大田蔬菜	牲畜用水	高岛盐场开采	生活饮用水
开采量	127.5	37.5	29.7	12.5	1.1	69.9

3 超采区综合整治措施

文登区浅层地下水超采区综合整治的措施主要包括控采压减、水源置换、修复补源三个方面。

3.1 多方并举，控采压减地下水开采量

结合南海新区的开发建设，扩大地表水集中供水管网的覆盖范围，将超采区内的18个村及周边区域108个村纳入了地表水集中供水范畴，大大减少了超采区内及周边区域地下水开采量。同时，在集中供水管网范围内有计划、有重点地逐步实现封填、封存地下水开采井，利用经济杠杆减少超采区内及周边地区的地下水开采量。在农业方面，积极发展节水灌溉，加快调整农业种植结构与布局，适当减少用水量较大的农作物种植面积，鼓励改种耐旱作物，达到减采地下水的目的。

3.2 引入外来水源，实现水源置换

综合考虑超采区周边水源地，因地制宜地引入外部水源，置换当地地下水开采量，引入水源主要为宝泉水库、黄垒河水源和米山水库。

（1）宝泉水库。宝泉水库位于小观镇万家口村东1 km，黄垒河下游支流上。水库总库容为376万m^3，兴利库容246万m^3，宝泉水库于1993年起开始向小观镇自来水厂供水，设计供水能力0.4万m^3/d。

（2）黄垒河水源工程。黄垒河发源于昆嵛山西麓，干流全长71 km，流域面积635 km^2。文登宝泉水务有限公司于2011年在小观镇驻地西面（超采区的北外缘）的黄垒河打花井7眼，直径6 m的沉井1眼，设计供水能力0.4万m^3/d。

(3)米山水库。米山水库位于文登区米山镇米山村北,文登区城西 7 km,西母猪河中游,控制流域面积 440 km^2。水库进行增容影响工程后总库容为 29 841 万 m^3,兴利库容 14 390 万 m^3,为威海市主要供水水源地,同时是南水北调东线工程胶东引水工程的末端调蓄水库。

2010 年 5 月,文登宝泉水务有限公司自来水管网与文登米山水库供水管网实现并网,现状设计供水能力 4 万 m^3/d。

3.3　修建挡潮闸,进行修复补源

2015 年底在母猪河口开工建设挡潮闸,设计洪水标准为 50 年一遇设计,100 年一遇校核,挡潮闸闸宽 408.8 m,闸门总净宽 364.0 m,共 14 孔,最高挡潮水位 2.97 m,设计蓄水位 1.6 m,对应河段槽蓄库容 709 万 m^3。

挡潮闸建成运行后,可以提高当地防风暴潮灾害水平,在防治海水入侵的同时可适当拦蓄上游雨洪资源,提高地下水位,增加地下水补给量,改善地下水生态环境。

4　整治成果

通过上述各项综合治理措施,近年来文登超采区的综合治理取得了明显的成效,10 年内超采区面积由 2003 年的 150 km^2缩减至 105.4 km^2,缩减速度呈逐年递增的趋势,充分说明了严格限制地下水开采的相关法规、政策及地下水超采区综合整治实施方案得到了有力的执行,取得了实际成效。

作者简介:王尚玉,女,1982 年 1 月生,工程师,主要从事水文水资源、生态水文学等方面的工作。E-mail:15166136126@163.com.

淮安市白马湖区域水环境综合治理方案研究

皇甫全欢[1] 陆丽莉[2]

(1.淮安市水利规划办公室 江苏淮安 223005;2.淮安市水利局 江苏淮安 223005)

摘 要:江苏省白马湖是国家南水北调东线上游重要的过境湖泊,也是淮安市中心城区备用水源地。2013年白马湖入围国家江河湖泊生态环境保护竞争立项重点支持湖泊,加上淮河生态经济带及江淮生态大走廊上升为国家战略,对湖泊水环境质量提出了更高要求。淮安市委市政府高度重视湖泊水环境保护,于2016年提出对白马湖区域水环境进行综合治理。本文旨在通过总结近年来白马湖保护的经验,分析白马湖区域水系现状,提出对湖泊治理的初步方案,为下一步编制治理规划提出总体思路。

关键词:白马湖 水环境 综合 治理

1 区域概况

1.1 自然地理

江苏省白马湖地区位于洪泽湖下游,东至里运河,西依洪泽湖大堤,南以白马湖隔堤、老三河与宝应湖地区分界,北靠苏北灌溉总渠,总面积1 045.0 km^2。其中,淮安境内面积898.6 km^2,分属该市的淮安、洪泽、金湖三县(区);扬州市宝应境内面积146.4 km^2,位于湖区东部。

区域东北部为淮安渠南运西灌区,地势由西北部高程7.5 m向南缓降至6.0 m;南部为白马湖湖区和沿湖洼地圩区,地面高程一般在5.5~6.0 m;西部主要为洪泽县周桥灌区全部及洪金灌区的一部分,地势平坦,西高东低,地面高程洪泽湖边10.8~10.5 m。

1.2 社会经济概况

白马湖流域涉及淮安市15个乡镇,区域内耕地面积约51万亩,人口约50万人,国内生产总值约81亿元。区域内物产资源丰富,自然环境优越,水陆交通发达;涉及扬州市宝应县山阳镇,耕地6.5万亩,人口5.5万人,国内生产总值约22亿元。

1.3 水系概况

白马湖地区位于洪泽湖大堤以东,灌溉水源为洪泽湖,涝水主要排入里运河。内部排水经白马湖调蓄后,分别向东排入里运河、向南排入宝应湖、向北由淮安站抽排入苏北灌溉总渠。淮安市境内主要通湖河道共17条,入湖河道分布于湖西岸的洪泽区和湖北岸的淮安区,主要有花河、草泽河、浔河、永济河、运西河等;出湖河道位于湖泊的北岸和南岸,主要有新河、阮桥河等。宝应境内通湖河道4条,分别是山阳大沟、大寨河、南北闸河、张港河。

1.4 现状水利能力

(1)防洪除涝。白马湖地区外围防洪主要依靠洪泽湖大堤、苏北灌溉总渠南堤、京杭运河西堤、淮河入江水道北堤等流域性堤防。通过近年来的除险加固,目前白马湖区域外围防洪标准基本达到100年一遇。区域防洪除涝通过白马湖退圩还湖工程和骨干河道工程治理,区域防洪标准基本达到20年一遇。排涝标准基本达到10年一遇。

(2)区域供水。供水水源主要是通过洪泽湖和苏北灌溉总渠自流引水,其中引自洪泽湖的洪金洞设计流量40 m^3/s,周桥洞设计流量28.0 m^3/s;引自苏北灌溉总渠的黄集洞设计流量3 m^3/s、新河洞24.9 m^3/s、永济洞8.2 m^3/s、张码洞15 m^3/s,合计总供水能力为119.1 m^3/s。白马湖地区内部河网较为畅通,水源较为充沛,基本能够满足工农业用水需求。

(3)水生态保护。2010年以来,白马湖先后实施以退渔还湖、退圩(围)还湖、生态清淤为重点的白马湖生态保护工程，蓄水面积已由原 42.1 km^2 恢复到 82.68 km^2，2015 年白马湖总体水质达到Ⅳ类水质标准，主要污染物为总氮和总磷，其他水质参数满足Ⅲ类水质标准，水体富营养化趋势得到有效遏制，水质逐渐改善，水生态保护能力得到有效提升。

2　近期水系治理情况

2.1　白马湖治理情况

白马湖现状湖面面积 82.68 km^2，其中宝应县境面积约 18 km^2。岸线总长约 76 km（宝应县境内约 15 km）。自 2010 年以来，淮安市先后实施退圩（围）面积 10.8 万亩，清淤土方 2 300 万 m^3，增加库容约 3 000 万 m^3。宝应县境内圈圩面积 8.27 km^2 未进行退圩还湖。现状总体水质达到Ⅳ类水质标准，主要污染物为总氮和总磷，其他水质参数满足Ⅲ类水质标准。

2.2　运西河—新河治理情况

运西河—新河位于淮安区和宝应县境内，起于运河边上的北运西闸，止于总渠边的淮安四站，为南水北调东线工程运西线调水线路，河道全长 29.8 km，输水流量为 100 m^3/s，河底宽 70～80 m。河道工程于 2006 年开工建设，至 2009 年建成通水。

2.3　主要通湖河道近期规划及治理情况

自 2016 年初，淮安市先后启动白马湖上游花河、龙须岗、往良河、浔河等 10 条中小河道整治及生态修复工程，主要工程内容为对河道周边污废水进行收集拦截，排入市政管网，最大程度消除影响河道水质主要污染源；对河道沿线水生态环境进行修复，通过水体曝气微生物净化及生态护岸等治理技术，降低点源、面源污染对河道水质的影响；对河道进行清淤疏浚，消除底泥这一常期影响水质的污染源，提高河道排涝能力至 10 年一遇；利用弃土加固堤防，使河道防洪能力达到 20 年一遇标准；通过沿线绿化美化，涵养水土，提高河道沿线的生态环境质量。

2.4　现状排水和尾水排放情况

洪泽县污、废水大部分经过污水处理厂处理后，通过尾水管网和生态湿地排入入海水道；盐化新材料产业园区的生活污水和生产废水规划经过污水处理厂处理后，通过管网排放至清安河进入入海水道南泓。农业排水一般经过河道或泵站进入白马湖，另有部分生活污水、少量企业偷排工业废水和初期雨水会夹带一定量的污染物，就近排入附近河道，通过花河、浔河等流入白马湖，对其水质存在一定影响。

3　存在问题

（1）区域除涝标准仍然不足。白马湖区域除标准基本达到 10 年一遇外。主要区域内骨干排涝河道及排水干沟大部分为 5～10 年一遇，但河道淤积严重，排水不畅，无法满足排涝要求；盐化新区建成后，增大了地表径流，使得区域外排出路严重不足。

（2）区域水环境有恶化趋势。白马湖水域水质基本达到Ⅳ类水标准，主要是总氮、总磷超标，通湖河道如花河、浔河等水质污染较重。主要原因：一是工业集中区废水未能得到有效处理便直排入河；二是农业面源污染未能有效控制，流域超过 80% 的总氮、总磷来源于农业源和生活源。

（3）区域管理未能实现统一。白马湖地区分属淮安和扬州两市，白马湖地区水利工程管理为省总渠管理处，淮安市境内白马湖分属市白马湖规划建设管理办公室、市白马湖渔业管理委员会、市湖泊管理处履行相关职能管理，缺乏有效、统一的区域综合管理机构进行调度和管护。

4　治理初步方案

本方案拟订的区域水环境综合整治总体思路为“控源截污，提升水体水质；循环水系，改善生态环境；上抽下排，保证排涝安全”。

4.1　初步规划方案

（1）控源截污。铺设雨污水干管约 40 km，截流通湖河道的污废水进入市政管网，经污水处理厂处理后达标排放。对苏淮高新区、洪泽工业园区的企业实施“一企一管”和“一企一池”工程，并设置实时监控系统，监督企业污水及初期雨水达标排放。

(2)水系循环。水系循环拟订为小循环及大循环两套方案。小循环即区域内部水系沟通，大循环为区域外部水系沟通。

①小循环方案为：实施泵站引河北延工程，在渠南干渠上建闸连通泵站引河；在张码西干渠上建闸连通张玉河、安邦河，在张码东干渠上建闸连通张施河。在非汛期，通过水闸调度，改善河道内部水质，完善内部调度运行体系。拓浚延伸淮洪河分别沟通北郭泵站引河、张玉河、安邦河、张施河等4条南北向河道，加强水系连通；在泵站引河、张玉河、安邦河、张施河与淮洪路交汇处分别建退水闸进行调度，在淮洪河与张施河交汇处，新建活水泵站一座，以增加河道水动力，控制区域内水体流向，完善内部循环体系。在水质较好时，可以分别开启相关退水闸，排水入花河；遇水体质量下降时，关闭退水闸，开启补水闸及活水泵站，促使各河道水体进行内循环，改善水环境质量。

②大循环方案为：通过现有的周桥洞及其下游的一分干渠、浔北干渠、浔南干渠、砚临支渠等，分别连通花河、浔河、桃园河、草泽河等4条河道，实施河湖连通工程，连通洪泽湖与白马湖。在洪泽湖丰水期间，对白马湖进行换水活水，保证湖泊的生态水位。湖泊退水向南通过阮桥河，向东通过运西河分别进入宝应湖和里运河。设计引水流量约35 m^3/s，2周左右可以将白马湖水体置换一次。

(3)排水体系建设。将区域防洪除涝、水系连通与水环境治理相结合，扩大外排出路，疏通区域水系，改善生态环境。治理思路为在防洪除涝方面考虑“南下北上”，在水环境处置方面考虑“西引东排”。

疏浚区域内花河、浔河、草泽河等17条通湖河道，清除河道底泥，建设生态河床和植被恢复工程，增设曝气设备。扩大河道过水能力，改善河道水质。在苏淮高新区新建一期排涝工程张施河排涝一站(中期建设张施河排涝二站，站前建设尾水调节池)，规模约为30 m^3/s，以解决园区排水问题。泵站抽排区域涝水，通过顶管穿越总渠和入海水道，将雨水送至淮河入海水道。

5 建议

(1)成立专门水环境协调机构。为更好地对白马湖区域防洪排涝、水环境和水资源进行管理调度，建议市政府成立水环境协调机构，统筹水利、环境、农业、建设等部门，齐抓共管，协同推进，保证区域水安全。

(2)调整农业种植结构，优化畜禽养殖布局。打造生态农业示范区，建设高标准农田，实施农药化肥零增长试验基地；强化畜禽养殖分区管理，划定禁养区和限养区，以减少农业面源污染。鼓励农产品绿色认证，利用品牌效应和价格优势，带动农民主动采用环境友好型农业生产技术。

(3)两市联动，协同推进区域整体治理。因白马湖区域分属淮安、扬州两市，为确保白马湖水质有效提升，建议扬州市尽快启动宝应境内白马湖退圩还湖、退渔还湖、通湖河道治理及产业结构调整工作，共同推进白马湖区域全面治理。

(4)提高入驻园区企业的质量和标准。建议园区引进低能耗、低污染、低排放的工业企业，大力发展低碳经济、循环经济、绿色经济，少排或不排尾水，以减轻水环境压力。

参考文献

[1] 陆桂华，张建华. 太湖水环境综合治理的现状、问题及对策[J]. 水资源保护，2014(02)：67-69.

[2] 朱喜，胡明明，朱金华，等. 巢湖水环境综合治理思路和措施[J]. 水资源保护，2016(01)：120-124.

[3] 郝达平，鞠伟，张新星. 白马湖周边农作物面源污染控制技术研究[J]. 安徽农业科学，2014(03)：856-859.

作者简介：皇甫全欢，男，1982年11月生，工程师，主要从事水利规划设计工作。E-mail：huangfu02@126.com.

关于龙口市王屋水库生态流域建设的探讨

张茂海　李高杰

（王屋水库管理局　山东龙口　265721）

摘　要：王屋水库作为全国重要饮用水水源地，生态流域建设是一项重要工作。随着社会的发展，环境保护与经济增长之间的矛盾日益突出，我们必须高度重视在发展经济过程中，保护好自然环境和社会环境，特别是胶东地区日益短缺的水资源。王屋水库通过采取“上游防治、库区改善”的生态流域建设方式，较好地保障了水库水质，为经济发展与环境保护提供了可靠保障。

关键词：生态流域　以渔保水　综合治理　可持续利用

1　水库概况

王屋水库位于黄水河中上游，控制流域面积320 km^2；总库容1.21亿 m^3，兴利库容7 250万 m^3，是兼具防洪、供水、灌溉、景观等多种功能的大(2)型水库，也是我市最大的工业水源、唯一的城市水源。

王屋水库流域地处胶东半岛北部，属于暖湿带湿润季风型大陆性气候，四季分明。水库的径流由大气降水补给，径流在时间上的变化特点与降水相似，但年际、年内变化更大。据资料统计，多年平均天然年径流深为211.7 mm，多年平均陆上水面蒸发深1 227 mm。

特别是近几年我市受气候影响，严重干旱缺水，已多次启动应急调水，更加突出生态流域建设及水质保障的重要性。

2　存在问题

王屋水库于2016年列入全国重要饮用水水源地，肩负着近30万城市居民饮水安全的重要使命，是龙口市经济可持续发展的稳固基础。而随着工农业生产的不断发展，水库的水质保障面临严峻的考验。水库上游存在农村种植业大量使用化肥、农药、畜禽养殖衍生物、村镇生活污水排放、非法采砂等破坏水质行为。大量污染物随地表径流进入水库，造成长期的水体富营养化，导致水体中溶解氧下降、透明度降低、水质恶化等不良后果。水库中水体的富营养化不仅影响库区的生态系统平衡，还将严重威胁饮用水源的供水安全。

3　生态流域建设的建议和措施

3.1　控制农业面源污染

加大宣传力度，引导农民合理利用农药和化肥，大力发展生态农业，推广有机农业种植技术及生物肥料的使用，改变水库上游村民传统的灌溉和施肥方式，减少肥料流失，减轻各类农药、化肥对库区水体的污染。各镇、村成立了以葡萄、苹果、长把梨等为主的协会、合作社等组织，有序引导农民科学种植，采用良种，施用有机肥，合理轮作和间作，套种、复种，病虫害的生物防治，农林牧渔相结合等方式，走出一条有利于环境保护、节约能源、低耗水、高效益的农业现代化道路来。

3.2　严防畜禽养殖污染

对分布在距离河道近、无法完成达标治理的养殖场进行关闭，近3年共关闭7处，按照棚舍面积、养殖数量、配套设施对关闭养殖场适当予以补偿；对禁养区外的养殖场进行合理规划、科学布局，并同步建设废水处理和粪便处理等治理措施，废水经处理达标后方可外排，粪便经处理后实行综合循环利用。

3.3　做好库区垃圾处置工作

结合我市农村人居环境整治活动的开展，实行“村收集、镇清运、市处理”的方式，逐步完善城乡垃圾一体化建设，同时，设立垃圾处置举报电话，并向全市进行公布，群众可对库区内乱堆、乱倒生活垃圾现象进行监督举报，充分调动社会力量参与到城乡垃圾一体化处理。

3.4　全面根治采砂污染

水库库区水面主要在我市境内（约 10 km^2），上游约 1 km^2 水面在栖霞境内，在栖霞境内至两市交界处，采砂现象比较严重，非法采砂船严重破坏上游河道生态环境，对水库水体造成污染。从最近几年我市的执法情况来看，效果并不明显，政府协调时限长、部门协作机制不完善、执法成果得不到巩固，都造成了大量人力、财力的浪费。2017 年王屋水库管理局抓住河长制推行的契机，推动非法采砂综合治理活动，市委书记任水库河道河长，实行“领导挂帅、部门联动、乡镇负责、村级管护”的措施，在市委、市政府的督导下，组织水利、环保、公安、电业、交通、乡镇机关等单位联合开展了王屋水库河道非法采砂集中整治行动，先后出动执法人员 500 余人次，端掉非法采砂点 10 余个，拆除非法建筑物 24 处，破解非法采砂船 4 只，清理非法采砂船舶 21 艘，扣押装载机等设备 26 台（套），彻底遏制了非法采砂现象，并对破坏的库区及河道进行生态恢复。

3.5　加大联合执法力度

设立专职水利公安，开展水利、国土、公安、环保等部门联合执法，对非法侵占库区土地、违章建筑等违法行为进行严厉打击。加强水源保护宣传，增强周边村民的法律意识，发动群众力量共同抵制破坏水源地水质的违法行为。加强科技防控，在水源区主要部位安装监控设备，在水源取水口处安装水质自动监测系统，对水质实现 24 h 实时监控。

3.6　实施以渔保水

由于水库流域内化肥、动物粪便、污水等大量污染物的流入，导致库水氮、磷含量大大超标，N、P 比最高达到 92.83∶1，氮磷比例严重失调，大量氮不能被浮游植物利用而形成“富氮”，磷成为氮转化为浮游植物的主要限制因素。针对这种状况，从 2013 年开始，王屋水库管理局成立科研小组，在西库湾开辟试验区进行王屋库湾以渔保水工作。通过放养浮游生物食性的鲢、鳙鱼类和软体动物直接控制藻类，抑制水体富营养化的进程，扩大消落区湿地水陆植物种群数量，利用附着藻类吸收氮、磷，最终以鱼类和其他水生动植物为最终产品，将过剩的氮转移出水库，以达到治理和控制水库富营养化的目的，形成以渔养水，鱼水共拥的良性生态系统。经过一年多的试验，从市自来水公司、龙口市环保监测站、山东省水环境监测中心烟台分中心对水样检验的平均数据来看，总氮由试验初期的 14 mg/L 最低降至 0.98 mg/L（国家Ⅲ类标准为 1 mg/L），硝酸氮由试验初期的 15.7 mg/L 最低降至 0.76 mg/L（国家Ⅲ类标准为 10 mg/L），降氮效果非常明显，远远超过预期水平，达到国家Ⅲ类地表水标准。近几年在大水面进一步进行以渔保水围隔试验，试验成功后，将试验成果及早在大库内推广应用。

3.7　促进休闲渔业工作

随着国内休闲渔业的兴起，作为“海上粮仓”的一个组成部分，王屋水库管理局结合水库实际，积极探索适合自身发展的道路。王屋水库管理局与烟台大学现代渔业研究所紧密联系、长期合作，在王屋水库成立科研基地，在渔业生产、水质改善等方面获得了先进的技术支持，对水库渔业科研起到推动、促进作用。近几年在烟台市海洋与渔业局的大力支持下，每年在王屋水库进行增殖放流，通过连续四年的增殖放流，鱼苗总量已达到 100 万尾，水库的水质明显得到改善。2012 年王屋水库被水利部评为国家水利风景区，王屋水库管理局积极倡导生态旅游和水源保护有机结合，不断加强生态环境建设和水源保护力度。2013 年申报了省级休闲渔业园区，2015 年申报了烟台市级休闲垂钓钓场，旨在克服水源地保护与生态旅游开发矛盾，进一步整合旅游资源，加强规范化管理，通过划定垂钓区域，集中管理垂钓行为，既可减少执法管理成本，又可减少非法垂钓对水库水质产生的污染行为。

3.8　生态流域综合建设

王屋水库通过“上游防治、库区改善”的方式，进行全方位生态流域建设。在采取以上各种专项措施的同时，还建议上级部门在水源地保护区内禁止审批污染性企业。宣传方面，管理局组织志愿者，在集市、村庄等公开场合，进行水源地保护宣传，促进社会公众更清楚地了解水源的环境状况，增强保护水源生态环境的责任心和紧迫感，动员社会公众更加积极地抵制污染和破坏生态环境的行为，形成全社会共同保护水资源、保护生态环境的良好氛围。

河水在水库上游区域经过湿生植物进一步吸收利用，再进入水库是消除氮含量的有效途径。我们利用水库消落区发展湿生植物，主要种类为芦苇(*Phragmites communis Trirn*)、荷花(*Nelumbo nucifera*)、睡莲(*Nymphaea tetragona*)、芦竹(*Arundo donaxl*)、浮萍(*Lemna minor Linn*)等。湿地植物可以显著提高富营养化水体的水质，对有毒的有机污染也有明显的净化作用，利用湿生植物进行水库生态系统的修复和重建具有重要意义。因此，在水库消落区的湿地禁止放牧，禁止打捞水草，以保护消落区的湿地和水中植被，一方面可以净化水质，同时又为草食性鱼类提供饵料，并为产黏性卵的鱼类提供产卵附着物，有利于这些鱼类的资源增殖。通过底栖生物及鱼类的引进和水生植物的保护，王屋水库的生物多样性有所增加，生物的立体效应得以显现。

4　结论

王屋水库管理局长期以来重视水源保护及水库水资源的可持续利用工作，大力倡导发展绿色工业，无公害产业，通过“加强监管、引导推广、生物改善、综合治理”等措施，基本实现了王屋水库水源的可持续利用，在发展经济过程中保护环境，为子孙后代留下美好的生活空间。

作者简介：张茂海，男，1975 年 12 月生，工程师，主要从事水库综合管理工作。E-mail：maohai_123@ 163. com.

探析沾化区徒骇河生态旅游与水利风景区创建之路

王立双

（滨州市沾化区水务局　山东滨州　256800）

摘　要：徒骇河纵贯沾化南北，是从城区通往渤海的千年潮汐古河道，也是一条生态旅游资源异常丰富的“黄金水道”。近几年，沾化区按照“以河为脉，以水为魂，人水相亲，生态和谐”的理念，建成了国家级水利风景区和现代化城区公园，极大地提升了沾化作为滨州城市副中心的档次和品位。文章论述了徒骇河生态旅游与水利风景区创建背景及建设内容，分析存在问题，提出了下一步创建设想。

关键词：徒骇河　水利风景区　生态旅游

1　徒骇河生态旅游与水利风景区创建背景

1.1　创建背景

徒骇河是海河流域的一条大型防洪排涝河道，起源于河南省南乐县，自山东省莘县文明寨村东入山东省境内，流经聊城、德州、济南及滨州四市13县区，由滨州市沾化区大高镇进入沾化区境内，在沾化区注入渤海。河道全长436 km，流域总面积13 902 km^2。沾化境内长49.8 km，流域面积533.5 km^2，沾化建有大型拦河闸坝上闸，最大泄洪量1 441 m^3/s。

沾化区位于山东省北部，渤海湾南岸，徒骇河、潮河、秦口河等河道最下游，是全国著名的“中国冬枣之乡”，也是全省有名的“水利大县”。徒骇河沾化段地处徒骇河最下游，纵贯县境南北，境内长49.8 km，流域面积533.5 km^2，在沾化富国街道坝上村373 +707处建有大型拦河闸1座，最大泄洪量1 441 m^3/s，在城区北379 +110处建有橡胶坝1座，是沾化区38万群众世代生存的“母亲河”和区域经济社会发展的“命脉河”。其中4.2 km的河段从县城中部穿城而过，将县城分为东西两区，使徒骇河成为名副其实的沾化城市之魂。

1.2　创建思路

1.2.1　指导思想

徒骇河纵贯沾化南北，是从城区通往渤海的千年潮汐古河道，也是一条生态旅游资源异常丰富的“黄金水道”。徒骇河流域生态旅游与水利风景区开发本着“保护为主，永续利用，合理开发，综合发展”的十六字方针，以确保水工程安全运行和生态优化、景观优化，集传统文化精华，配套服务设施优化为目标，科学划定核心景区，建立景区完整的保护、管理和经营体系，保证景区内水体不受污染，达到社会效益、经济效益和环境效益同步发展，以“人水相亲、生态和谐、冬枣之乡、滨海绿城”为景区未来发展主题，创建国内一流水利风景区和规模适度的生态型旅游休闲养生胜地。

1.2.2　指导原则

（1）立足现实、着眼未来：立足于沾化水资源缺乏、河道淤塞、河水断流等现状，着眼于创造一个水源丰富、河道通畅、自然景观与人文景观并举的水环境。

（2）尊重传统文脉：在徒骇河水环境的规划建设中，保护和延续沾化的历史文化风貌特色，继承发扬传统特色文化特征。

（3）可持续发展原则：确定规划建设控制指标，制定规划管理措施，建设并保持沾化“冬枣之乡、滨海绿城、和谐宜居、创业天堂”的城市空间形态，促进经济和社会的协调发展，满足当地居民对环境的需要。

（4）高起点、高标准原则：规划区的各项建设活动要充分满足未来城市发展的需求，基础设施配置要全面,景观和建筑设计起点要高,要进行统一规划、设计、建设和管理。

(5)与城区建设相协调的原则:注重与周边城区建设的协调和统一,包括用地功能布局,道路交通联系以及景观风貌建设等方面,使其成为城市的有机组成部分。

(6)以人为本,人水相亲的原则:规划在满足河道防洪、蓄水、供水功能的前提下,营造人与自然和谐的氛围,达到“依水而居、掬水而用、嬉水而乐、傍水而憩、临水而渔、沿水而步”的目的。

2　沾化区徒骇河生态旅游与水利风景区具体建设内容

2.1　总体布局

2.1.1　坝上闸特色旅游区

景观格局分为三个片区,分别为沿河万亩冬枣采摘区,以冬枣产业与沿岸村落环境建设为主;水上垂钓娱乐区,以休闲娱乐服务接待为主;中心接待服务区,着重以水产品特色餐饮服务为主。

2.1.2　徒骇河水利风景区

徒骇河水利风景区为从坝上闸至橡胶坝的工程景观区。分为水上娱乐区、郊野生态休闲区、城市江滨公园、城市滨河景观带。

水上娱乐区设置了四个园区:管理服务区、亲水休闲区、戏水体验区、生态林区。

郊野生态休闲区:郊野生态休闲区毗邻城区,通过对河道现状的分析,以现有地形为依托,设计河中的岛屿以及半岛,形成复合多变的空间,营造具有鲜明特性的地形地貌和景观骨架。规划动物、植物景观及休闲游憩设施,开展一系列以郊野生态为主题的休闲、游憩、科普等活动。

城市江滨公园:以开放的公众活动为主,适当安排商业与文化设施,以营造浓郁繁荣的水岸景色、聚集人气。河堤内侧设置观景广场及亲水平台,同时结合广场及平台设置渔港及渔人码头;河内建设小岛为姜太公钓鱼岛,内置游船、喷泉,供游人垂钓观鱼,滨水休憩。

城市滨河景观带:规划确定“追溯城市历史、展示城市辉煌、建设生态城市”三个主题,通过濒水空间共享性和渗透性、历史文化的保留、民族风情的再现、现代城市建设的辉煌展望城市未来,营造具有滨河景观风格,体现城市的现代活力与景观形象的景观休闲带,为大众提供一个休闲、娱乐的场所,提升城市的生态品位。

2.1.3　徒骇河左岸23 km慢游绿道区

位于徒骇河花家岛至流钟桥段,构筑沿河旅游路与周边环境和谐统一美景,营造“车在路上走,人在画中游”的感官体验。一是依水带路、依势造路。道路近水布设,栈台水上搭建,营造亲水和谐空间。二是沿路布景、景临村设,提升沿河村居生活环境。三是游玩休憩、采摘助兴。

景观格局分为教育体验区、休闲度假区、生态观光区和国际盐文化康养中心四个核心区域。主要建设旅游路23.53 km、建设休闲景点9处、修建配套建筑物35座。

2.2　景区特征

2.2.1　规模宏大、壮观美丽的水利工程景观

徒骇河橡胶坝位于徒骇河中泓桩号378+830处,坝长186.4 m,垂直水流方向为5孔,每跨坝袋长36 m,采用直墙式堵头结构,设计最大坝高3.5 m,最大蓄水位2.7 m。顺水流方向由上游段、坝身段和下游段三部分组成,建坝同时对橡胶坝场区进行了绿化。提水泵站布置在橡胶坝下游100 m处的左岸,泵站主要包括进水池、泵房、出水池,出水池通过120 m长2.0 m×2.0 m箱涵与橡胶坝上游河道连接。橡胶坝建成后使徒骇河的水域面积扩大,增加了河道蓄水量,减少河滩裸露面积,防止二次淤积,抑制市区扬沙现象的发生,改善区域小气候。增加水体在城区河段的滞留时间,加强河流的光照作用,延长河水净化时间,从而改善了城区河段的水环境,美化城区风景、改善生态环境,提升沾化区的城市品位。

徒骇河山东省沾化段治理工程总投资1.9亿元,是沾化区重大民生水利工程,按照环境就是民生的生态治水理念,本着“先清淤治理,确保防汛安全,再配套水土保持和环境保护等水生态文明建设,打造现代生态河道”的原则,主要建设内容包括五部分:一是南延北展,即对坝上闸向南延伸至泊头桥以上300 m,对橡胶坝向北拓展至荣乌高速路以北500 m,长度12.62 km的河段进行清淤疏浚;二是对原衬

砌南端至坝上闸段长度 2.11 km 的河段进行衬砌；三是对沿岸的刚家、朱圈、花家、电厂 4 座涵闸进行维修加固；四是复堤 5.5 km，建设防汛管理道路 10.9 km；五是水土保持和环境保护工程。对靠近村庄环境脏乱差的朱圈村段、坝上村段、月亮岛段河段重点进行了绿化、硬化、美化和景观工程建设。进一步提升徒骇河沾化段的行洪排涝能力，改善了河道生态自然环境。

2.2.2 四季分明、北方风貌的自然生态景观

冬枣文化是景区重要元素，风景区建有枣林入口、生态枣林、展览长廊等景点，每年春季枣花飘香，蜜蜂飞舞，金秋时节，枣果累累，挂满枝头，游人行走其中，一睹支柱产业风采，品尝冬枣珍果美味，感受枣乡文化风貌。绿化美化是景区的主题，风景区建有广场绿带、密林漫步、生态植物园、密林野趣、自然区岸、绿荫台地等景点景带，共栽植国槐、黑松、白蜡、毛白杨、桃树、梨树、千头椿等 30 余种乔灌木，仅城区河道两岸绿化面积就达 38 万 m^2，漫步其中，如临江南之境，深享自然生态之景色。

2.2.3 历史悠久、文化底蕴浓厚的人文景观

水是景区之魂，徒骇河水利风景区建有大禹广场、大禹雕塑、滨水漫步带、亲水休闲区、水上观景台、水畔观景和姜太公钓鱼岛等人文工程，突出沾化大禹文化和传统文化的深厚底蕴，使人抚今追昔，浮想联翩，油然起敬。其中大禹塑像高 9.9 m，重 9.9 t，大禹文化广场总面积 5 000 余 m^2，是整个水利风景区的标志性景观，直观展示了沾化区与徒骇河的历史文化。位于风景区北部的姜太公钓鱼岛，再现了姜太公钓鱼的动人历史传说，展现了沾化深厚的文化底蕴。

2.2.4 丰富多彩、各具特色的现代旅游景观

休闲旅游是景区的重要功能，风景区建有休闲廊道、景观亭、桥头广场、儿童广场、文化广场、市民健身广场、钓鱼台等广场景点，为广大游客提供了丰富多彩的活动场所，使人流连忘返，尽享健身娱乐之趣。水上旅游是景区重要特色，风景区以徒骇河为脉，建有人工岛、水上游艇、戏水冲浪等景点项目，使人亲身感受徒骇河的秀美景色与生态魅力，2012 年 10 月，中美澳三国划水友谊比赛在这里成功举行，吸引了县内外 3 万多人前来观看，宽阔的水面，优美的景色，也赢得了比赛举办单位和参赛运动员的一致好评。

2.3 景区运行管理

安全管理是景区运行的基础，风景区建有沾化县徒骇河水利风景区管理处，配备专门的安全生产管理人员和安全保障设施，为风景区提供精心管护；制定了游乐设施安全管理制度，并配备专人定期、不定期对设施进行检查、维护；景区内存在安全隐患或危险的地点，设有安全标识牌或警示牌，设置合理，标示醒目；景区从业人员上岗前均接受了专业消防培训，并配备专业消防人员，消防设施齐全、有效；制订了多项应急预案，加强游客安全、急救管理，保障旅客生命财产安全。

3 存在问题及下一步创建设想

3.1 存在的问题

沾化区徒骇河生态旅游与水利风景区依河而建，因河而美，徒骇河是风景区的灵魂，也是沾化历史文明的承载者。但自 20 世纪六七十年代扩大治理以来已运行 40 余年，未曾进行较全面系统的治理，河道淤积、堤防、建筑物年久失修、险工险段等突出问题和安全隐患依然存在，对已建成的生态旅游区和水利风景区构成一定程度的威胁。

3.2 下一步创建设想

沾化区徒骇河生态旅游与水利风景区是生态水利建设的集中体现，是现代水利建设的丰硕成果。建议在现已建成的成果基础上，尽快启动河道的全面治理工作，对河道进行系统的治理，较全面地解决河道存在的问题，消除安全隐患，以充分发挥徒骇河在景区的灵魂作用。

作者简介：王立双，女，1984 年 12 月生，工程师，主要从事水利工程规划设计工作。E-mial：155323578@ qq. com.

液压启闭系统液压油污染的成因分析及解决对策

董　超

(刘家道口水利枢纽管理局　山东临沂　276000)

摘　要:刘家道口节制闸是沂沭泗河东调南下工程中关键工程之一,现有闸门 36 孔,采用液压启闭方式。本文分析液压启闭系统液压油污染成因,并找到了解决对策。

关键词:液压启闭系统　液压油污染　成因分析及解决对策

刘家道口节制闸于 2005 年 12 月开工,2010 年 4 月通过竣工验收。设计流量 12 000 m^3/s,校核流量 14 000 m^3/s。刘家道口节制闸 36 扇露顶式弧形工作闸门,由 QHLY2×1000－6.2m－Ⅱ液压启闭机操作运行,设置有 18 套液压泵站总成和电气控制系统,采用一控二的控制方式,即一套液压泵站和电气控制系统控制两扇闸门,液压泵站设在闸墩上的泵房内。

在 6 年多的运行过程中,我局每年均对液压油进行过滤,并于 2016 年 5 月对液压油进行了全部更换,通过对更换后的液压油全面检查分析,找出液压启闭系统液压油的污染源并加以防范,对于液压系统的安全运用具有十分重要的意义。

1　固体颗粒对液压油的污染及对策

1.1　污染分析

固体颗粒主要包括沙粒、绣片、焊渣、切削、灰尘、纤维等杂质。这部分污染与初始设备安装、日常维修养护等有着直接的关系,危害性也最大。它可以使油缸、油泵及阀件的金属部分加剧磨损,使密封元件漏油、造成各种阀芯移动困难或卡阻而出现故障,同时能够造成元件的磨损和漏油后进一步加剧油液的污染,形成恶性循环。

1.2　解决对策

要控制好这方面的污染,除了系统中要有良好的过滤装置外,重要的是在设备的使用过程中采取防污措施。

1.2.1　加(补)油前后

液压油注入油箱前必须经过彻底的过滤,其精度不低于 10 μm,杜绝新油“不干净”;加油的器具(如加油管、软管、油抽等)必须经过彻底的清理,干净后再使用,防止杂质由此被带入;启闭机油箱内的颗粒物在注油前或者在更新油前应彻底清理干净,清理的方法是用和好的面团进行粘贴,绝对不允许用带有纤维的抹布进行擦拭,防止二次污染;加油时要清理、擦干净油箱及加油口附件的污物,防止加油时由此进入油箱内。

1.2.2　工作及维护环境

液压启闭机的工作环境要保持清洁卫生,防止灰尘和风沙的污染;油缸和活塞杆处必须加装防护罩;更换“O”形圈时,必须选择无风沙、无尘土、干净的环境进行,在拆除旧密封圈的部位以及新换的密封圈都要用干净的液压油进行彻底的清洗,再进行安装,防止尘土及旧密封圈的残物进入油路;定期清理液压启闭机的过滤网,及时清理启闭机在工作时油泵、油缸及各种阀件磨损所留下的各种粉末杂质物,并定期对液压油进行过滤和抽样化验,把杂质控制在规定的范围内。

2 胶质黏物对液压油的污染及对策

2.1 污染分析

胶质黏物的污染源来自溶解于油液的密封物、油漆、油液本身变质或者工作时高温高压而形成的不溶解性氧化物、沥青沉积物等。

胶质黏物形成后,会作用于各种阀件及节流油口,不仅影响阀件的动作而且还可能堵塞节流油口,使之不能正常工作。而且,溶解于油液中的胶质黏物在管路高压的作用下,会黏附于整个管路的内壁或死角处,当部分油路中有气蚀现象的发生并冲击管路内壁时,会使一部分沉积物直接脱落,并随油液一起流动,在管路的狭窄处或阀件节流口处直接堵塞,直接影响液压启闭机的正常工作。

2.2 解决对策

要控制好这方面的污染主要注意以下几个方面:

2.2.1 选择质量较好并且氧化稳定性强的液压油

首先要根据液压启闭机工作性能、系统的效率、功率的损耗、温度和磨损等情况选择合适黏度的液压油,使用时才不容易发生变质。

2.2.2 选择质量较好的密封圈及橡胶软管

密封圈及软管应具备以下质量要求:在工作压力和温度范围内具有较好的密封性;密封圈的摩擦系数小,摩擦力稳定,运动时不会引起爬行或卡死现象;耐磨性好,使用寿命长,在一定程度上能自动补偿磨损和几何精度误差;耐磨性和抗腐蚀性好,不易老化;耐高温,因高温升高不会使一些橡胶密封元件及软管软化而形成胶状物。

2.2.3 尽量减少液压油和各种油漆的接触

尽量减少被油漆漆过的各种盛油的油桶、油箱等与液压油接触。

3 空气对液压油的污染

3.1 污染分析

液压油本身就具有溶解空气的性质,当溶解一定量的空气后,只要它不从油液中分离出来,对液压系统不会造成危害。然而整个液压系统分为高压区和低压区,当压力降低到空气分离压力以下时,溶解于油液中的空气会从油液中分离出来产生气泡,形成空穴现象,特别是空穴引起的气蚀现象对液压系统的危害更大。当它作用于液体内部时,会产生振动和噪声,并使液压油颜色变深,酸度变大,油液迅速氧化变质。空气的污染主要由如下几个方面引起:吸、回油管的各个接头处密封不严,出现渗漏油或者异常声音;液压油泵的转动部位密封不严;油活塞杆密封处不严;在补、加油时或者回油口处空气的误入;油液的质量问题。

3.2 解决对策

要防止空气对油液的污染应做到:经常性检查,特别在运行前要全面细致检查一遍,发现有渗、漏油现象要及时进行紧固或更换密封圈;在启闭机运行时,特别是油泵等转动部位,如有渗、漏油或者异常声音要及时停车检查;在向油箱内加油或者补油时,油管口和回油管的管口要始终处于油液面以下的位置;更换液压油时,要求选用质量高且消泡效果好的油液。

4 水对液压油的污染

4.1 污染分析

当油液中混入一定量的水分后,会使液压油乳化,降低油的润滑性能,增加油的酸性,缩短油的使用寿命,并引起油液变质,严重时会散发出恶臭的气味,受水分污染后的油液在工作时不仅会引起整个液压系统的不稳定,而且水油乳化液温度高时会分解而失去正常的工作能力。水分的污染主要由以下方面引起:空气湿度较大,由空气过滤器进入;由于使用维护不当,由油箱加油口进入;由水管式冷却器的损坏部位进入。

4.2　解决对策

加强责任心,对可能引起水污染的部位进行细心检查,发现问题及时处理;定期更换油箱顶部的吸潮剂;由于水的比重较油大,在必要的情况下,打开油箱底部的放油口排放部分水分。

液压启闭系统液压油污染主要由以上四个方面的原因引起,因此在液压启闭机的使用、维护和检修的过程中要引起高度的重视,防止引起对液压油的污染。即使在正常使用的情况下,也要保持至少每两年对液压油进行过滤一次,每一年对液压油进行抽样化验一次,使液压启闭机始终保持良好的工作状态。

参考文献

[1] 梁妙金.浅议水闸启闭机液压系统漏油的防治[J].2007(4):86-87.

作者简介:董超,男,1978年4月生,高级工程师,主要从事工程建设及运行管理工作。E-mail:16348864@qq.com.

第3篇　流域水资源优化管理专题

淮河流域典型区地下水同位素特征分析

杨　运[1]　万燕军[1]　孙晓敏[2]

（1. 水利部淮河水利委员会　安徽蚌埠　233001；
2. 南京水利科学研究院　江苏南京　210029）

摘　要：地下水是淮河流域水资源优化配置的重要组成部分。随着人为活动对地下水系统影响的加剧，流域内地下水的补径排条件也会发生变化。本文在淮北平原区选择“一横三纵”四个剖面采集大量地下水样，通过同位素方法进行测试分析，初步摸清研究区沙颍河水系、涡河水系、古黄河水系地下水系统特征及其补给情况。研究结果为更为合理地开发利用流域地下水资源提供了基础支撑。

关键词：地下水　同位素分析　降水线　降雨补给　蒸发分馏

地下水是淮河流域特别是淮河以北地区生活、农田灌溉、工业生产、生态环境等用水的重要供水水源。20 世纪 70 年代以来，随着社会经济的快速发展，水资源需求量不断增大，流域内地下水受到大规模开采。不合理的地下水开采使得流域地下水系统的补径排条件发生变化，也带来地面沉降、地面塌陷、海水入侵等一系列环境地质问题。目前，同位素方法在研究地下水循环过程、识别污染物来源、判断地下水补给来源、确定不同含水层之间水力联系等方面发挥越来越重要的作用，成为研究地下水补给来源与揭示地下水演化规律的有效方法，已在黑河流域、塔里木盆地、内蒙古佘太盆地、北京平原区、蒲阳河流域等区域得到研究应用，取得一系列成果。本文在淮河流域选择“一横三纵”四个剖面采集地下水样，开展同位素特征分析，初步识别了研究区不同地下水系统的分异性及其补给情况，为更合理地开发利用流域地下水资源提供了基础支撑。

1　流域地下水概况

淮河流域总的地形为由西北向东南倾斜，山区占流域总面积的 1/3，其余为平原、湖泊和洼地。淮河流域地下水可分为平原区土壤孔隙水、山丘区基岩断裂构造裂隙水和灰岩裂隙溶洞水三种类型。平原区土壤孔隙水是淮河流域地下水资源的主体。流域西部为古淮水系堆积区，厚度在 10 ~ 60 m，地下水埋深一般在 2 ~ 6 m；东部为黄河冲积平原的一部分，砂层厚度一般为 10 ~ 35 m，自西向东渐减，地下水埋深 1 ~ 5 m。苏北淮安、兴化一带冲积湖积平原区，大部分为淤泥质、砂质黏土，间有沙土地层，地下水埋深一般为 1 ~ 2 m。苏鲁滨海平原地区在沿海 5 ~ 22 km 范围内属海相沉积区，岩性为亚沙土，地下水埋深 1 ~ 2 m。平原区大部分属矿化度小于 2 g/L 的 $HCO_3-Ca \cdot Na \cdot Mg$ 型淡水，小部分区域为 $HCO_3 \cdot Cl-Ca \cdot Na \cdot Mg$ 型淡水。淮河流域多年平均浅层地下水资源量 338 亿 m^3，多年平均地下水资源可开采量为 190.4 亿 m^3，2015 年淮河流域地下水资源量 335 亿 m^3，其中开发利用量 132.2 亿 m^3，占 2015 年流域总供水量的 24.5%。

2　样品采集与测试

本次研究在淮北平原区选择“一横三纵”四个剖面，通过水文监测井、地质勘探井、供水井等水井进行地下水采样，共采集地下水样 388 个，具体位置如图 1 所示。其中，“一横”路线为阜阳太和边界至利辛、蒙城、宿州、灵璧、宿迁市泗洪县范围，总长度约 270 km；“三纵“路线为：沙颍河剖面，由许昌起经临颍县、漯河市、驻马店市至阜阳太和边界，总长度约 370 km；涡河剖面，由开封起经柘城县、涡阳县、蒙城至蚌埠市怀远县，总长度约 320 km；古黄河剖面，由菏泽起，经曹县、单县、丰县、徐州、睢宁、泗洪至淮安、盐城射阳县剖面，总长度约 520 km。鉴于淮河流域平原区在地表以下 30 ~ 55 m，区域上广泛分布有一层 14 ~ 20 m 厚的黏性土层，同时为研究需要，本文以地表以下 50 m 为界，将含水岩组划分为浅层含水岩组和深层含水岩组，对应的水井区分为浅层井和深层井，在取样时基本上确保一个浅层水样点对应一个深层水样点。

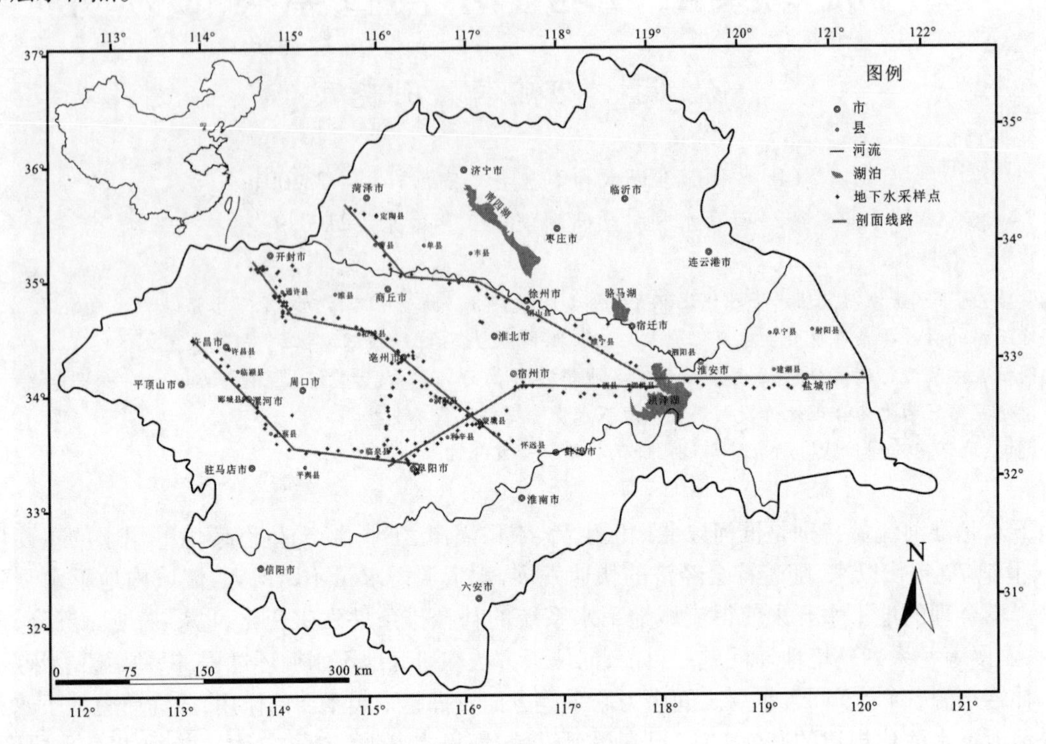

图1　地下水采样点位置

地下水样的氢氧稳定同位素指标均采用美国 LGR 产品液态水同位素激光质谱进行测定，其标样均来源于该公司，对每个水样自动测 6 次后取其中部 4 次平均值。

3　同位素分析方法简介

同位素指原子核中质子数相同但中子数不同的同一类原子，由于同一元素不同的同位素质量不同，从而可以根据同位素信息开展相关研究。水中常用的稳定同位素是^{2}H、^{18}O，由于同位素的相对丰度很高而难以直接测定，因此使用样品丰度比相对于标准物质丰度比之间的偏差 δ 来表示。不同元素的同位素采用不同的标准，氢、氧稳定同位素的标准物质是标准平均海水或维也纳标准平均海水。例如 $\delta^{18}O$ 被定义为：

$$\delta^{18}O = \frac{(^{18}O/^{16}O)_{样品} - (^{18}O/^{16}O)_{标准}}{(^{18}O/^{16}O)_{标准}} \times 1\,000 \tag{1}$$

氢氧同位素的 δ 值为正值表示样品含有比标准多的重同位素，负值则表示样品含有比标准少的重同位素，在氢氧稳定同位素中，作为参考标准的海水在自然界一般可认为具有最富的重同位素，因此自然水样测得的氢氧同位素 δ 值通常为负数。

4　结果讨论

4.1　研究区氢氧稳定同位素降水线

顾慰祖等曾于 2003 ~ 2004 年在皖北、豫东平原 8 个水文站按 IAEA 降水同位素测站的要求采集了降水^{18}O 和^{2}H 资料，大部分为 5 ~ 12 月的数据，包含了^{18}O 和^{2}H 变化最剧烈的季节，代表了足够大的^{18}O 和^{2}H 变幅。本次研究新收集 10 个水文站降水同位素资料，对比发现本次研究数据正落在 2003 ~ 2004 年数据线上，因此将两次调查数据结合，近似得到淮北平原区降水线（LMWL），与全球降水线（GMWL）比较如下：

淮北平原区降水线：

$$\delta^2H = 7.92\delta^{18}O + 10.6 \tag{2}$$

全球降水线：

$$\delta^2H = 8\delta^{18}O + 10 \tag{3}$$

结合式(2)、(3)及图 2，可以看出淮北平原区降水线与全球降水线很接近，由于一般地区性的LMWL应该有较长时间采样才能认定，因此在两者很接近的情况下，可以使用 GMWL 来代替地区降水线。

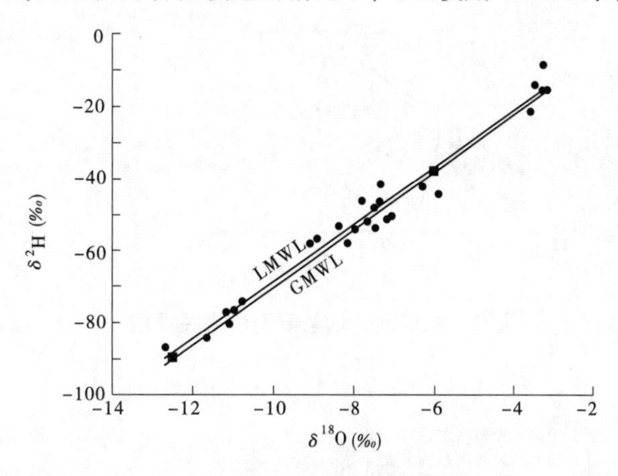

图 2　降水氢氧稳定同位素关系

4.2　研究区地下水同位素特征分析

根据调查路线，将地下水采样点归为以下 6 组：①沙颍河水系深层地下水组：包括许昌市、上蔡县、平舆县、临泉县所有井深大于 50 m 的深层地下水；②沙颍河水系浅层地下水组：包括许昌市、上蔡县、平舆县、临泉县所有井深小于 50 m 的浅层地下水；③涡河水系深层地下水组：包括开封市、通许县、睢阳县、睢县、柘城县、涡阳县、蒙城县、怀远县所有井深大于 50 m 的深层地下水；④涡河水系浅层地下水组：包括开封市、通许县、睢阳县、睢县、柘城县、涡阳县、蒙城县、怀远县所有井深小于 50 m 的浅层地下水；⑤古黄河水系深层地下水组：包括菏泽、徐州、宿迁、淮安、盐城所有井深大于 50 m 的深层地下水；⑥古黄河水系浅层地下水组：包括菏泽、徐州、宿迁、淮安、盐城至盐城射阳县所有井深小于 50 m 的浅层地下水。6 组地下水的同位素分布如图 3、图 4、图 5 所示，可以看出：

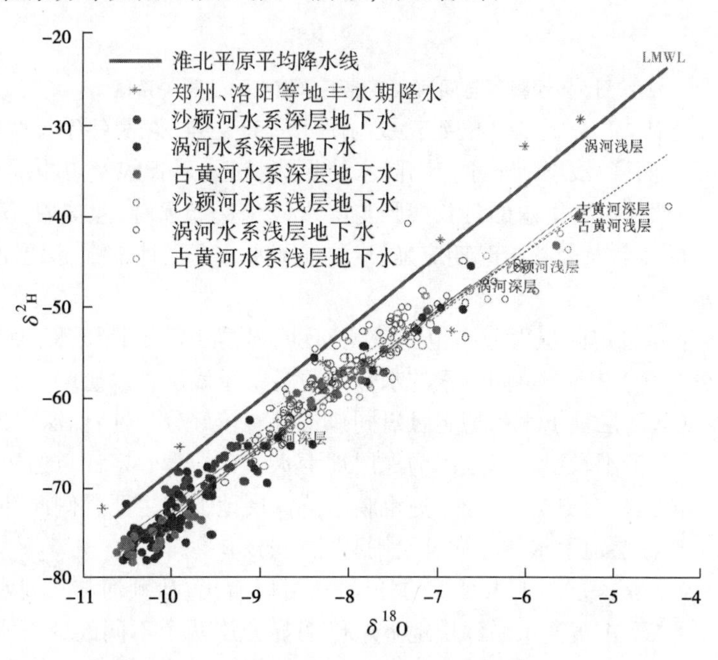

图 3　地下水氢氧同位素关系图

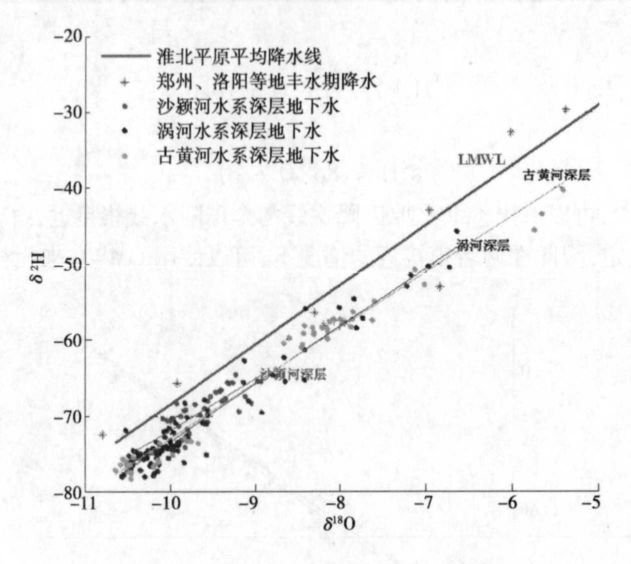

图 4　深层地下水氢氧同位素关系图

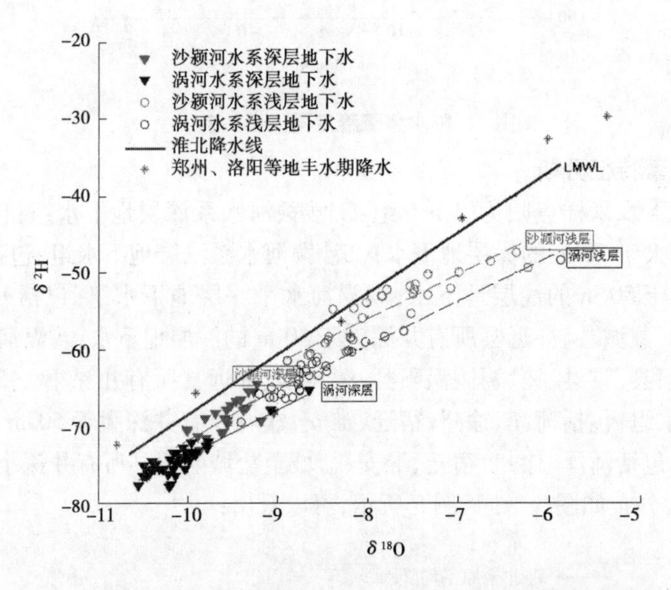

图 5　沙颍河与涡河水系地下水氢氧同位素关系图

(1)各系统地下水氢氧同位素趋势线的延长线与降水线有交点，说明各系统浅层地下水、深层地下水都源于降水补给。相比而言，浅层地下水点与降水线更为接近，延长线交点更靠上，部分浅层地下水点甚至位于降水线之上；而深层地下水的延长线则与降水线相交于远端，意味着浅层地下水、深层地下水降水同位素可能组成的年龄及其补给时期应是：浅层地下水 < 深层地下水，深层地下水可能包括历史时期和地质时期的降水。

(2)各系统浅层地下水稳定同位素分布范围较宽，且明显富于深层地下水，原因主要包括两方面：一是因为现代的蒸发分馏，使得含有重同位素的水分子更易留于浅层含水层中，而不同地区的降水和蒸发均有所差异，使得各地区浅层地下水的稳定氢氧同位素具有较好分异性；而深层地下水则几乎不受蒸发分馏的影响，同位素分布范围较窄。二是因为深层地下水中存在着一定比重的历史时期降水，而历史时期降水的氢氧稳定同位素相对更贫。同时，这也暗示着深层地下水主要受侧向补给的影响，而具有区域差异的降水和浅层水对深层地下水的垂向补给则必然较弱。

(3)结合图 4 进一步分析深层地下水系统的分异性，可以看出，沙颍河与涡河水系深层地下水氢氧同位素具有较好的分异性，而古黄河水系深层地下水则明显分属两个不同的地下水系统。对比沙颍河和涡河两个水系中地下水的趋势线与降水线的位置关系，沙颍河显然与降水的关系更为密切，加之两水系地下水的平均取样深度相差不大,可以推断涡河水系的上覆弱透水层更厚或连续性更好。同时,涡河水系深层地下水同位素分布范围相对较宽,但多数局限于左下部,说明涡河水系深层地下水在部分地区能够接受浅层地下水的补给,但绝大部分地区不能获得浅层地下水的有效补给,主要接受侧向补给。

5 结论

本文在淮河流域平原区开展了地下水同位素分析,通过大量实测的地下水同位素数据,初步探明淮北平原涡河、沙颍河、古黄河水系地下水系统特征,分析了降水、浅层地下水、深层地下水间的关系。研究表明地下水都源于降水补给;而浅层地下水受到蒸发分馏的影响,深层地下水主要受侧向补给的影响,可能包括历史时期和地质时期的降水;具有区域差异的降水和浅层水对深层地下水的垂向补给较弱。本项研究为今后淮河流域地下水系统可更新能力的量化表示提供了基础。

参考文献

[1] 徐学选.黄土丘陵区降水-土壤水-地下水转化实验研究[J].水科学进展,2010,21(1):16-22.
[2] 张应华.环境同位素在水循环研究中的应用[J].水科学进展,2006,17(5):738-747.
[3] 钱云平.同位素水文技术在黑河流域水循环研究中的应用[M].郑州:黄河水利出版社,2008.
[4] 邓启军.蒲阳河流域地下水水化学及同位素特征[J].水文地质工程地质,2017,44(2):8-14.
[5] 阮云峰.黑河流域地下水同位素年龄及可更新能力研究[J].冰川冻土,2015,37(3):767-782.
[6] 张人权.同位素方法在水文地质中的应用[M].武汉:地质出版社,1983.

作者简介:杨运,男,1986年2月生,工程师,主要从事水资源优化管理工作。E-mail:yangy@ hrc. gov. cn.

山东省主要河流径流量变化情况分析

封得华[1] 相 华[2] 徐效涛[3]

(1. 山东省水文局 山东济南 250002;
2. 济南市水文局 山东济南 250014;3. 潍坊市水文局 山东潍坊 261000)

摘 要:本文基于实测径流量资料,以山东省海河流域、淮河流域、黄河流域径流主要河流为研究对象,对1950~2009年三个流域主要河流变化特征进行研究。研究表明:①山东省主要河流在1950~1969年径流量充沛,1970~1979年径流量逐渐减少,1980~1989年径流量达到最低点,1990~2009年径流量缓慢增加,但增加幅度不大。②1950~1989年主要河流为天然河道,受水利工程影响较小,径流量呈现有规律递减。1990~2009年受水利工程拦蓄影响,河道径流量变化规律比较复杂。

关键词:年径流量 年际变化 分析

1 引言

在水文系统中,水文时间序列变化常常具有趋势特征。受自然条件及人类活动影响,流域水文特征时间序列的演变特征将发生变化。径流的变化直接关系着水资源的变化,分析径流的变化趋势对水资源可持续利用具有十分重要的现实意义。本文基于实测径流量资料,以山东省海河流域、淮河流域、黄河流域径流主要河流为研究对象,对1950~2009年三个流域主要河流变化特征进行研究。此研究对指导山东省水资源的规划和利用起到一定的指导作用。对于水资源匮乏的省份的水资源研究具有十分重要的现实意义,可为区域水资源管理提供理论依据。

2 山东省河流概况

山东省河流均为季风区雨源型河流,分属黄河、淮河、海河流域。境内主要河道除黄河横贯东西、京杭运河纵穿南北外,其他中小河流密布全省。干流长度大于10 km的河流,共计1 552条,流域面积超过1 000 km^2的河流有46条,300~1 000 km^2的河流有107条,河网密度为0.24 km/km^2。全省河流按地形条件可分为山溪性河流和平原坡水河流两大类。

山溪性河流主要分布在鲁中南山区和胶东半岛地区。较大河流有沂河、沭河、潍河、弥河、白浪河、小清河、大汶河、泗河、大沽夹河、大沽河、五龙河、母猪河、乳山河、南胶莱河、北胶莱河等。

平原坡水河流主要分布在鲁北平原区及鲁西平原区,较大河流主要有漳卫新河、徒骇河、马颊河、德惠新河、洙赵新河、万福河和东鱼河等。

3 水利工程建设情况

3.1 水库工程

中华人民共和国成立前,山东省只有小(2)型水库两座。1958年在山丘地区掀起了修建水库、塘坝等蓄水工程的高潮,到1963年全省建成大型水库31座,中型水库84座,数千座小型水库和数万座塘坝。20世纪60年代中后期和70年代,又修建一批新水库。至2000年底,全省共建成大型水库32座,中型水库152座,防洪总库容达67.39亿m^3。

3.2 河道治理

(1)漳卫河:1949年前只能防御400 m^3/s的洪水,1957~1958年经治理临清和四女寺站的保证流量分别提高到1 820 m^3/s、1 520 m^3/s;1971~1974年临清站安全行洪流量提高到3 500 m^3/s。

(2)徒骇河、马颊河:1949年前徒骇河在苇河入口处只能通过30 m^3/s,马颊河大道王安全行洪流量50 m^3/s。经过治理,马颊河大道王可达1 004 m^3/s。为了根治徒骇河、马颊河的洪涝灾害,1968~1969年在两河之间新开德惠新河,可增加排涝流量259 m^3/s。

(3)沂河、沭河:沂河安全行洪能力由1949年的4 500 m^3/s提高到现在的15 400 m^3/s;沭河安全行洪能力由2 000 m^3/s提高到现在的5 170 m^3/s;1998年又实施了分沂入沭工程,沂河、沭河防洪能力达到了20年一遇洪水标准。

(4)小清河:1977~1978年,河道行洪能力由过去不足100 m^3/s增加到303 m^3/s;1996年按除涝标准5年一遇,防洪标准济南市区段按50年一遇,其他河段按20年一遇洪水进行了全河综合治理。

(5)潍河:经过治理现在行洪能力达到了5 000 m^3/s。

(6)大沽河:中华人民共和国成立前,大沽河行洪能力不到2 000 m^3/s,现在南村站安全行洪流量达到3 800 m^3/s。

4　代表站选择

山东省河流分属海河、黄河、淮河流域,各流域主要河流径流量采用分布于各主要河流上的水文站1960~2009年的流量观测资料。海河流域选择漳卫新河、马颊河、德惠新河、徒骇河;黄河流域选择大汶河;淮河流域选择小清河、弥河、潍河、大沽河、大沽夹河、东五龙河、沂河、沭河、泗河、洙赵新河、东鱼河。各时间序列变化趋势的显著性采用Mann-Kendall方法检验(M-K检验)。

5　径流量的年际变化分析

5.1　海河流域

海河流域临清站具有1950年以来的长系列资料,四女寺闸站具有1962年以来的资料,其他站的资料起始于20世纪70年代。临清站上游建有岳城水库,1960年拦洪,1961年蓄水,1970年全部建成。如图1所示,1950~1959年临清站平均径流量为41.73亿m^3,比系列平均径流量20.29亿m^3偏大106%,比1960~2009年平均径流量16.01亿m^3偏大161%。另外系列中1960~1969年平均径流量较大,为37.38亿m^3,因为海河流域1961年、1964年发生历史性暴雨洪水,导致系列均值明显偏大。从1950~1959年和1960~1969年的资料系列来看,水利工程对河道的径流影响明显。从70年代以后,临清站径流量逐渐减少,但其下游四女寺闸站、庆云闸站变化趋势与临清站并不同步,且下游站的径流量较上游站历史同期逐渐减少,原因是鲁北河流径流除受降雨影响外,另外的主要影响因素是河道拦河闸拦蓄利用。由于河道引水以及引黄因素的增加,导致了径流量的变化趋势比较复杂,但总的趋势是同时期从上游到下游变大。

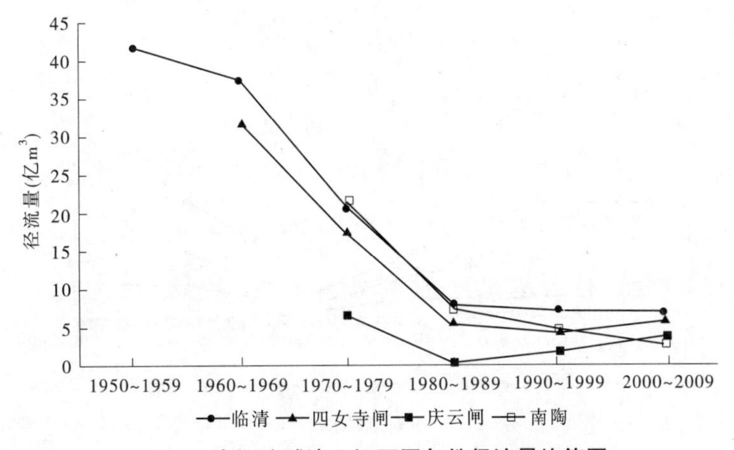

图1　海河流域漳卫河不同年份径流量均值图

5.2　黄河流域

黄河流域大汶河代表站中北望、大汶口、戴村坝站具有1956年以来的水文资料,其他站大部分起始于20世纪60年代中期。大汶河支流上建有2座大型水库，即雪野水库和光明水库，分别于1959年及1958年开工建设。从莱芜、北望、大汶口、戴村坝等河道站资料来看，如图2所示，大汶河建大型水库前即1950～1959年平均径流量偏大，1960～1969年平均径流量也偏大，因为大汶河1957年和1964年分别发生历史性暴雨洪水；1980～1989年平均径流量较多年平均值明显偏小，其中莱芜、北望、大汶口、戴村坝站分别偏小41%、50%、56%、63%，即相对于各站本身而言从上游到下游径流量逐渐减少，从侧面反映了水利工程对河道来水的拦蓄影响；其他年代的平均径流量与系列的多年平均值比较变化幅度不是很大，在16%以内。

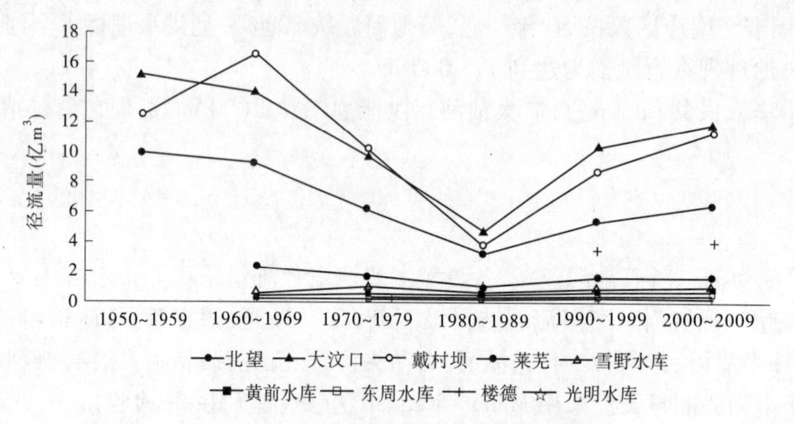

图2 黄河流域大汶河不同年份径流量图

从莱芜、北望、大汶口、戴村坝等河道站资料来看，大汶河建大型水库前即1950～1959年平均径流量偏大，1960～1969年平均径流量也偏大，因为大汶河1957年和1964年分别发生历史性暴雨洪水；1980～1989年平均径流量较多年平均值明显偏小，其中莱芜、北望、大汶口、戴村坝站分别偏小41%、50%、56%、63%，即相对于各站本身而言从上游到下游径流量逐渐减少，从侧面反映了水利工程对河道来水的拦蓄影响。

5.3 淮河流域

淮河流域可划分为沂沭河水系、南四湖水系及山东半岛水系，由于下垫面的差异，导致各河同时段的径流量相比变化并不一致。

5.3.1 沂沭河水系

沂沭河水系上共建有大型水库9座，其中沂河5座，沭河4座，均集中在1958～1960年建设完成。该水系历史上发生较大洪水的年份为1957年、1964年、1974年、2003年，其中以1957年最大。如图3所示，该水系径流量变化总体规律是从20世纪60年代逐渐减少，到20世纪80年代达到最低值，以后又逐渐增加。

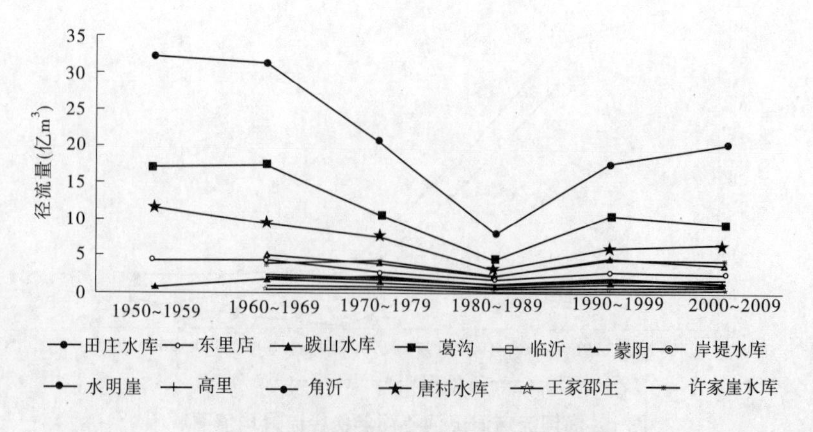

图3 淮河流域沂河不同年份径流量图

沭河上没有能基本反映自然条件下的测站，沂河的二级支流温凉河上有王家邵庄站，基本能反映自然条件下的水流情况，如图4所示，该站为小河站，上游水利工程很少。王家邵庄站2000~2009年平均径流量比1970~1979年值偏大13%，比1980~1989年值偏大160%，比1990~1999年值偏大46%，而临沂站同等条件下分别偏小1%，偏大154%、15%，反映出了水利工程对河道的拦蓄作用明显。

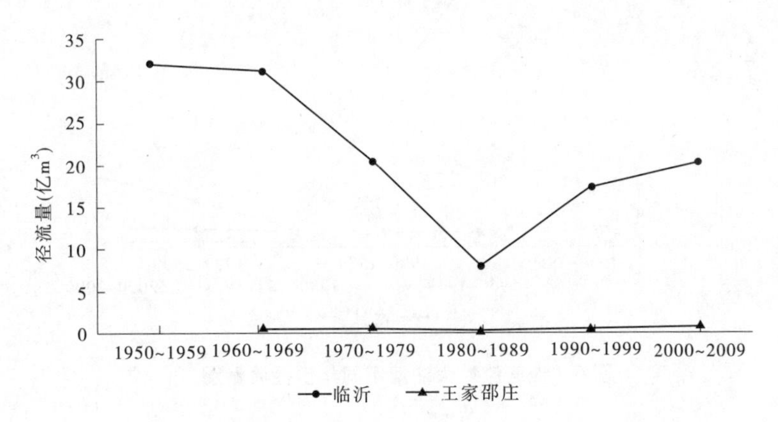

图4　淮河流域沭河王家邵庄与临沂站径流量对比图

5.3.2　洙赵新河水系

东鱼河、洙赵新河属于湖西平原河流，河道上建立了很多拦河闸，极大地改变了河道的天然状况，从而径流量的变化规律很难寻求。以洙赵新河为例，如图5所示，上游魏楼闸站2000~2009年平均径流量比1980~1989年值偏大6%，比1990~1999年值偏大19%，而下游梁山闸站同等条件下分别偏小57%和38%，从而反映出拦河闸对河道的拦蓄利用作用明显。

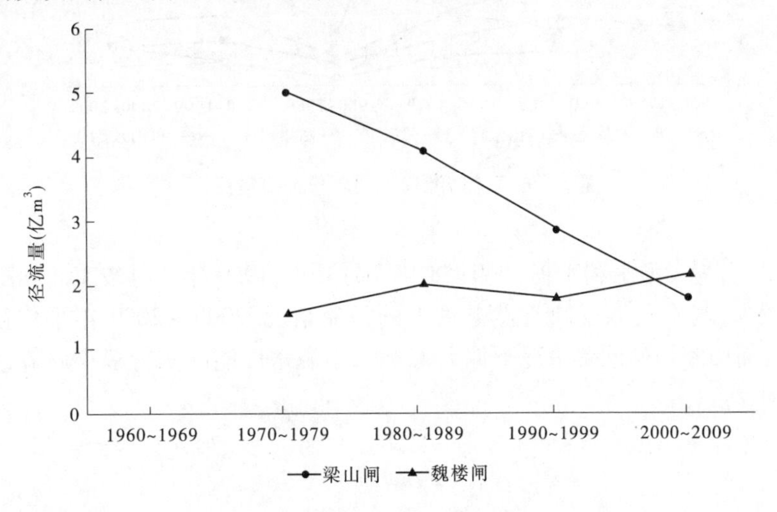

图5　淮河流域洙赵新河不同年份径流量图

5.3.3　山东半岛水系

山东半岛水系以大沽河为例，上游建有2座大型水库，即产芝水库和尹府水库。如图6所示，历史上较大洪水年份为1955年，从而1950~1959年平均径流量较大，另外1970~1979年值也较大，从20世纪80年代以来，径流量逐渐增大，但均在系列均值以下。

5.3.4　潍河水系

潍河上建有4座大型水库，分别为墙夼水库、峡山水库、高崖水库、牟山水库，均于1960年竣工。1974年发生历史性暴雨洪水，从而导致1970~1979年平均径流量偏大。如图7所示，只有郭家屯站为河道站，由于大型水库的多年调节作用，极大地改变了河道的天然状态，导致各控制站变化方向不一致，如郭家屯2000~2009年平均径流量比1990~1999年值偏小15%，而峡山水库站同等条件下偏大52%。

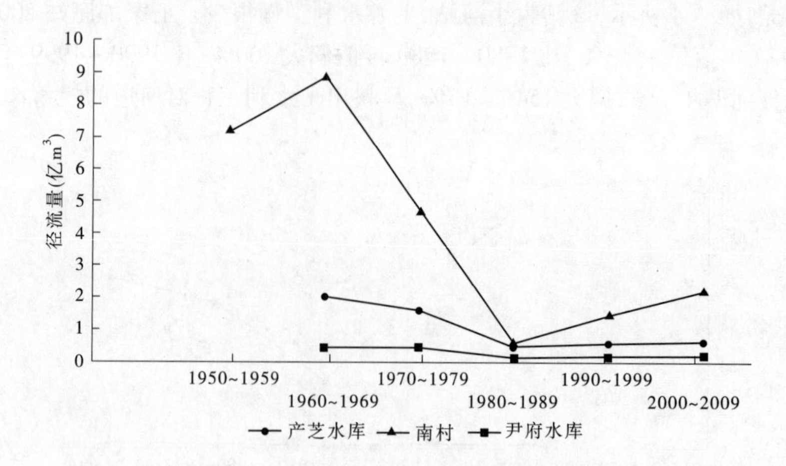

图6　淮河流域大沽河不同年份径流量图

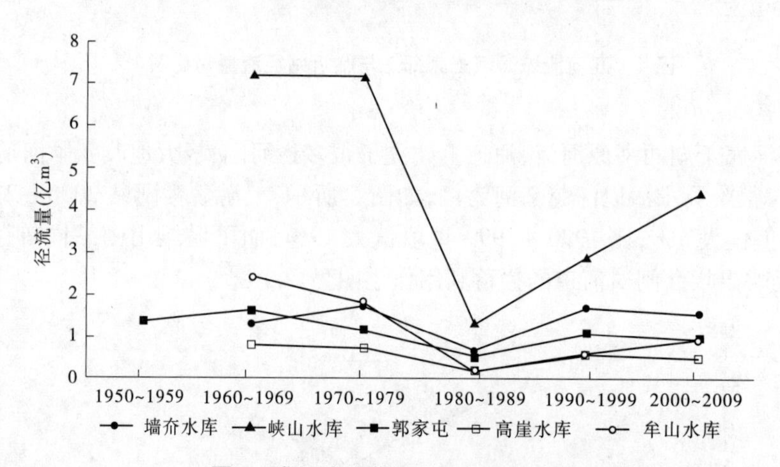

图7　淮河流域潍河不同年份径流量图

5.3.5　弥河水系

弥河建有冶源水库，为大型水利工程，于1958年5月开工，1959年9月竣工。如图8所示，上游黄山站以上水利工程较少，基本上能反映自然条件下的径流情况，2000～2009年平均径流量较1980～1989年值偏大85%，而谭家坊站同等情况下偏大354%，冶源水库能够实行多年调节，从侧面反映出水利工程的拦蓄作用明显。

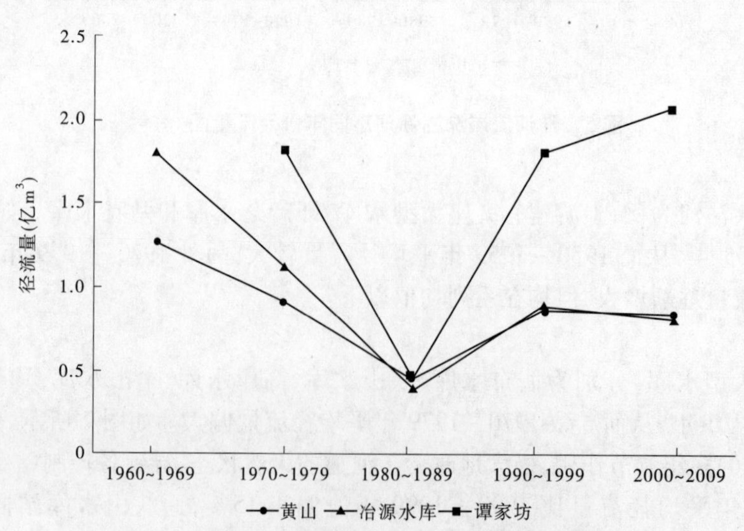

图8　淮河流域弥河不同年份径流量图

6　结论

本文利用水文测站实测流量资料,分析了1950～2009年山东省海河流域、黄河流域、淮河流域主要河流径流变化特征,得到了如下结论:

(1)山东省主要河流在1950～1969年径流量充沛,1970～1979年径流量逐渐减少,1980～1989年径流量达到最低点,1990～2009年径流量缓慢增加,但增加幅度不大。

(2)1950～1989年主要河流为天然河道,受水利工程影响较小,径流量呈现有规律递减。1990～2009年由于受水利工程拦蓄影响,河道径流量变化规律比较复杂。水利工程的开发建设,极大地改变了河道的天然径流情况,在拦蓄利用水资源的同时,应注意对河道生态环境的保护,不能仅注重眼前利益,更立足于长远发展。

作者简介:封得华,男,1976年生,工程师,主要从事水文水资源方面的工作。E-mail:sdswkjglk@163.com.

淮安市重点区域河湖水系连通研究

谢亚军　赵　伟　刘　帅　马　楠

（淮安市水利局　江苏淮安　223005）

摘　要：淮安市地处淮河流域下游，苏北平原中部，境内河湖众多，水网密布。近年来，随着城市化的发展，围绕水资源调配、水生态建设、水利保障能力建设等方面，淮安开展了一系列的河湖水系连通建设。本文围绕水利分区，分析了各个区域水利治理的重点和难点，提出区域河湖水系连通架构方案，完善水系格局，并对河湖水系连通建设和发展提出建议，供相关工程参考。

关键词：河湖水系　连通　区域　水生态

1　引言

河湖水系是水资源的载体，是生态环境的重要组成部分，是经济社会发展的重要支撑。人类文明的出现、人类社会的进步和经济的发展，都与河湖水系及其连通状况的变化密不可分。河湖水系的格局及其连通状况不仅影响水土资源匹配的格局、水资源承载能力和环境容量、水旱灾害的风险状况，而且对生态环境状况和水资源可持续利用产生重要影响。淮安市地处淮河流域中下游，苏北平原东部，境内河网密布，河流湖泊众多，历史上素有“洪水走廊”之称。特殊的地理位置，让淮安与水密不可分，水成为淮安历史发展中最为显著的一个特征。依托丰富的水系条件，淮安围绕防洪排涝、水资源调配、水生态建设、水利保障能力建设等方面开展了一系列的河湖水系连通实践，特别是2013年水利部关于推进江河湖库水系连通工作的指导意见为淮安水系连通明确了目标，指明了方向。

2　淮安水系概况

淮安市地处江苏省北部中心地域，北接连云港市，东毗盐城市，南连扬州市和安徽省滁州市、西邻宿迁市，面积1.01万km^2。下辖清江浦、淮阴、淮安、洪泽四区和涟水、金湖、盱眙三县，以及淮安经济技术开发区、淮安盐化新区、淮安生态新城、淮安工业园区，总人口约560万人。

淮安属黄淮平原与江淮平原的接合部，以黄河故道为界，以南属淮河水系，以北属沂沭泗水系。上游近15.8万km^2的来水进入洪泽湖后，南下入江、北上入沂、东分入海。淮安市目前已初步建成河湖相连、脉络相通、水多能排、水少能蓄、干旱能调、能初步控制调度的防洪和水资源格局。境内南有淮河入江水道，中有苏北灌溉总渠、淮河入海水道，北有黄河故道、盐河，西有淮河干流；二河—淮沭河贯穿南北，京杭大运河将苏北灌溉总渠、黄河故道、二河—淮沭河联系在一起，沟通了江、淮、沂三大水系；位于境内西南部的全国五大淡水湖之一的洪泽湖与宿迁市共享，还有高邮湖、白马湖、宝应湖、里下河湖区镶嵌于市境东南部。境内河湖密布，水面积占整个陆域面积的26%左右，为淮安的经济社会发展提供了良好的水资源保障和水生态环境。

3　淮安水系存在问题

江苏省河道名录中，淮河流域25条流域性河中有11条经过淮安，为淮安流域防洪奠定了坚实基础。经过多年的水利建设，淮安流域性防洪体系已经建立，但区域治理还是短板，区域性洪涝灾害、干旱缺水、水环境污染等三大问题的存在依然是制约地方国民经济和社会发展的“瓶颈”。突出表现在水资源的优化配置和管理能力不强，除涝减灾体系不完善，应对水环境污染、水源地破坏等突发性事件准备不足，水利社会管理和行业管理水平不高等问题。

3.1　河湖水系及水资源分布与经济社会发展格局不匹配，水资源承载和配置能力偏低

主要反映在：一是水资源调配能力不足，缺乏必要的河湖水系连通工程，经济社会与水资源格局不匹配。二是供水保障体系不完善，供水能力不足，城市水源单一，备用水源建设需加快建设。三是城乡排水矛盾突出，水系布局不够完善。城市化加速将显著改变人口和资产的集聚程度，原以农村水利为服务对象的排涝河道将难以满足城市化的要求，防洪除涝压力将显著增大。如淮安市主城区所在的渠北地区，现有排水出路就严重不足，城市范围扩大后，汇流量和汇流速度都显著增加，排水矛盾将更加突出，为此，必须寻找新的排水出路。

3.2　部分区域河湖洪涝水宣泄不畅，抵御洪涝灾害的能力明显不足

主要反映在：一是河流横向连通受阻。由于城区扩张、围湖造田、侵占河道滩涂等土地利用与开发，人为占用河道，以及筑堤建闸等活动，削弱了河道与两岸低洼地、湖泊湿地的连通性，洪涝水蓄泄空间与河湖连通通道受阻，洪水归槽明显，洪水位抬升，加大了河流的行泄洪压力。二是河道淤积、萎缩严重，难以承蓄涝水。淮安市的排涝骨干河道都是六七十年代按五年一遇标准开挖和疏浚的，经过多年运行，加之缺乏维修养护，致使河道淤积严重，水草丛生，另外随意向河道内倾倒垃圾、侵占河道等现象时有发生，加剧了河道的淤积，排涝能力锐减，除涝标准降低。三是防洪体系不完善，防洪能力不足。

3.3　部分河湖湿地萎缩严重，水体循环明显减弱，水生态环境承载能力降低

主要反映在：一是河湖湿地大量被挤占。挤占河湖湿地，河湖面积下降，水生态系统的完整性遭到破坏，河湖生态功能退化。二是水体纳污能力降低。由于一些河流与湖泊湿地的天然水力联系被阻断、水量减少，河湖的水循环动力不足，自净能力降低，加上入河污染物排放量增加，水质恶化，湖库富营养化加剧，部分水体功能丧失。

3.4　水系的各功能间不够协调，影响了河道的综合效益

河道的综合功能较多，不同水体担负的主要功能也有所不同。目前，部分河道的主次功能没有明确，在经济的发展过程中，出现顾此失彼或矛盾激化的现象。一般来说，主功能根据河道的服务对象及范围综合分析确定，辅功能必须服从于主功能，经营性开发项目服从于公益性功能，兼顾上下游、左右岸相互关系，统筹协调各项功能，避免功能间的矛盾。

4　重点区域水系连通的思考

淮安地理位置特殊，全市被流域性河道、湖泊分隔成多个区域，形成5个水利分区。按照问题导向，突出重点；统筹协调，分区治理；因地制宜，注重生态；建管并重，健全机制等原则，围绕5个重点区域开展水系连通研究。

4.1　里下河地区

里下河地区西起里运河，东至海堤，北自苏北灌溉总渠，南抵新通扬运河，总面积13 500 km²。这个区域治理基本思路是“上抽（抽水入长江、运河）、中滞（蓄滞涝水）、下泄（下排入海）”。对于整个里下河地区，最关键的是下泄问题，主要是打通射阳河、新洋港、斗龙港、黄沙港及川东港。上抽问题，在宝应县和淮安区之间建设泵站，直接抽排上部涝水入大运河。淮安里下河地区位于市域东南部，在里运河以东、苏北灌溉总渠以南、东至阜宁县，东南临射阳湖之马家荡，南靠宝应，为淮安区的一部分，区域面积731 km²。

淮安境内里下河近年来主要是次高地受灾问题，由于没有抽排动力，下游高水位顶托，涝水下不去，容易受涝成灾。次高地的问题，其实最根本的还是下泄的问题，该地区主要的排水河道头溪河，已经安排疏浚，因此关键还是要呼吁加快射阳河的治理，尤其是射阳河上游戛粮河的治理。此外，淮安当前要做的就是里下河地区退圩还湖问题，也就是解决“中滞”的问题。白马湖退圩还湖的实施，为里下河湖区的治理起了个很好的示范作用，应加大向上争取力度实施里下河退圩还湖。

4.2　沂南地区

位于废黄河以北，市域北部，属沂沭泗水系。西、北与宿迁市的泗阳和沭阳相邻，东北与连云港市的灌南县接壤，与废黄河地区以废黄河北堤为界，分属淮阴区和涟水县，区域面积2 610 km²。

区域内的渠西河、公兴河、民便河、孙大泓、一帆河、唐响河等主要的骨干河道应该基本得到治理,剩下的主要是一些县乡河道的沟通治理。沂南地区存在问题比较突出的是淮阴区淮西洼地和涟水县的佃湖荡地区。淮西洼地随着近几年排涝泵站的建设,问题得到有效缓解。现在最为突出的还是佃湖荡地区。1965 年实施的"三河三闸",也就是佃响河、唐响河、一帆河,按高低水分别经灌河外排入海。佃湖荡地区其实就是一个缩小版的里下河地区,因此可以借鉴里下河的"上抽、中滞、下泄"的治理思路,如在唐松河尾部建抽排泵站,直接抽水入古黄河,缩短排水线路,实现"上抽";利用现在的塘坝或在最低洼处新开挖塘坝,沟通水系,实现"中滞";拓浚唐响河,打通佃响河,加快"下泄"等,切实解决佃湖荡地区这些区域排涝的"老大难"。

4.3　渠北地区

位于市域东部,苏北灌溉总渠以北、废黄河以南,西自二河,东与盐城市阜宁县接壤,分属清浦区、清河区、开发区和淮安区,区域面积 852 km^2。大运河将我市渠北地区分成运东、运西两片。

渠北地区应在加强外排能力的基础上注重生态建设,在排涝上关键要突出一个"快"字,因为淮安主城区都在渠北,城市扩张排涝流量加大;生活水平的提高,排涝要求提高。要实现快,首先要加强河道连通,遇涝水时合理调度,优先保证重点地区排涝,尽可能缩短排水线路。运东片加快实施南北向与入海水道沟通的东环城河;运西片在充分利用古盐河排涝的同时,建设一批直接入大运河、入海水道的泵站,提高排水效率。

该区域属淮安主城区所在地,致力构造"三横、四纵"防洪排涝总体格局和"三城两片"水系连通体系。"三横"指的是北部的黄河故道,南部的淮河入海水道和苏北灌溉总渠。"四纵"指的是西部的二河,中部的大运河、里运河,东部规划建设的东环城河。"三城"一是指围绕楚秀园、清晏园、石塔湖等水体沟通联系的清浦老城水系连通,二是指围绕钵池山公园、山阳湖等水体沟通联系的新城水系连通,三是指围绕萧湖、勺湖、月湖等水体沟通的古城水系连通。两片分别指运西片和运东片区域水网建设。

4.4　洪泽湖周边

位于市域西南部,北至废黄河,东以洪泽湖大堤、二河为界,东南与高宝湖地区相接,西与宿迁市及安徽省接壤,涉及我市盱眙、洪泽、淮阴等三县区,区域面积 2 642 km^2。大致范围为沿湖周边高程 12.5 ~ 17.0 m 圩区和坡地。其中地面高程在 15.0 m 以下的低洼地称为"洪泽湖周边洼地",大部分地区已圈圩封闭,高程 15.0 m 以上地区为岗、坡地,基本未封闭圈圩。

在入海水道二期工程规划阶段,提出在远期通过建设三河越闸等工程,保证淮河发生 100 年一遇洪水时,控制洪泽湖水位不超过 14.5 m(洪泽湖周边滞洪圩区不破圩)。但近阶段实现很困难,所以洪泽湖周边还是要立足保安全。完善防汛撤退道路,建设一定数量的避洪楼,建立洪水预警预报系统,逐步建立洪水保险、减轻灾害损失。充分利用淮安市洪泽湖周边及以上地区河湖资源,在现有水系格局基础上,通过工程措施引水、活水,促进河河连通、河湖连通、河库连通、湖库连通、库库连通,推进水系连通建设,提高环境用水保证率,改善水环境,恢复水生态。根据盱眙片区水系地形特点,充分利用现有河道,主要对项目区的重要水库进行连通。规划利用维桥河,将龙王山水库与洪泽湖连通;利用桂五涧,将桂五水库与龙王山水库进行连通;利用山洪水库溢洪道,将山洪水库与龙王山水库进行连通;对项目区内其余有条件的小型水库、塘坝进行"长藤结瓜"式的水系连通建设,充分发挥水库综合效益,改善库区、河道及周边地区的生态环境。同时,河道连接处建闸控制,在合适位置做跌水生态景观。

4.5　白宝湖地区

位于市域南部,东至里运河,南至高邮湖、北至苏北灌溉总渠,西以洪泽湖大堤和向西南延伸的流域分界线为界,区域面积 3 078 km^2。

随着淮安四站、金湖站以及花河站、石港站的建设,该地区的外排出路问题,基本得以解决。近几年已安排或正在安排治理洪泽的草泽河、浔河,金湖老三河、利农河,淮安区新河、温山河、白马湖上游引河等,骨干排水河道基本治理。几年来建设了一大批圩区小型排涝泵站、涵闸,圩内排涝问题将会得到缓解。因此,该地区一是"蓄",白马湖已实施退圩还湖,宝应湖的问题还没解决。二是"畅",也就是排水沟渠和骨干河道的沟通问题(水葫芦、水花生),如果排水畅了,该地区 5 年一遇抽排、10 年一遇自排的标准就能基本实现了。在区域内部水系连通上,通过现有的周桥洞、洪金洞及其下游的渠南干渠、二分干渠、浔北干渠、浔南干渠、洪金北干渠等,分别连通花河、往良河、浔河、桃园河、草泽河等5条河道,实施河湖连通工程,连通洪泽湖与白马湖。在洪泽湖丰水期间,对白马湖进行换水活水,保证湖泊水体水质。

5　有关建议

5.1　规划控制

两个层次,一是注重规划引领、加强顶层设计。淮安河湖众多,水系复杂,水系连通是系统工程,涉及水量、水质、水位等要素以及空间约束,需要制订涵盖规划、水利、环保、城建、交通、文化、旅游等多方面在内的具有统领性和全局性的水系连通总体规划,规划应尊重水系自然规律,突出生态理念,在保障水系安全的同时,坚持生态优先的原则,保持河道的自然属性和生态功能。二是强化规划的刚性约束,实行水工程规划同意书制度。通过对水工程的规划符合性审查,规范控制各行业水事活动,有效避免侵占、填埋沟塘,破坏水系及水工程的行为。

5.2　控源截污

加强污染源控制与治理,围绕截污管网建设和污染源治理,制订出重点区域的截污治污方案,并加速实施。完善城市管网,对河湖沿线排污口门进行全面截流封堵,将污水纳入城市管网,全面实现污、雨水彻底分流,杜绝污水通过雨水管道入河,实现河湖水系彻底截污。

5.3　调度管理

水系连通可能将不同的行政区域的水体联系起来,这就需要加强管理调度运行,保证水系的连通性和流动性。水系连通的同时也将污染源的扩散成为一种影响因素,为此要加强监控管理,防止污染扩散。

参考文献

[1] 李原园,郦建强,李宗礼,等.河湖水系连通研究的若干重大问题与挑战[J].资源科学,2011,33(3):386-391.
[2] 李原园,李宗礼,等.水资源可持续利用与河湖水系连通[C]//中国水利学会2012学术年会特邀报告汇告.2012.
[3] 水利部.关于推进江河湖库水系连通工作的指导意见[R].2013.
[4] 淮安市水利局.淮安市“十三五”水利发展规划报告[R].2015.

作者简介:谢亚军,男,1977年2月生,高级工程师,主要从事水利规划与建设管理工作。E-mail:247730314@qq.com.

淮河流域最严格水资源管理制度保障体系研究

马天儒[1]　张　慧[2]

(1. 水利部淮河水利委员会　安徽蚌埠　233001;
2. 蚌埠市水利局　安徽蚌埠　233000)

摘　要:淮河流域最严格水资源管理任务重、难度大、面临情况复杂,需要建立相应的保障体系来防范风险、破解难题。通过深入分析当前淮河流域最严格水资源管理制度面临的挑战,从政策法规、科技支撑、资金保障、责任考核、风险管理等10个方面提出了一套框架合理、内容全面的保障体系。该保障体系贴近淮河流域实际情况与水资源管理最新政策,具有较强的适应性、系统性、科学性、可行性,能够为淮河流域最严格水资源管理制度的落实提供可靠保障,同时为其他流域建立最严格水资源管理制度保障体系提供有效参考。

关键词:淮河流域　最严格水资源管理制度　保障体系

1　引言

淮河流域水资源短缺,水生态脆弱,用水方式粗放,水资源供需矛盾较为突出。落实最严格水资源管理制度是解决当前矛盾、促进长远发展的根本途径。然而,淮河流域水资源情势复杂,管理遗留问题较多,随着淮河流域经济发展进程不断加快、社会用水需求再创新高,推进最严格水资源管理制度面临诸多严峻挑战。为此,亟须建立一套较为完善的保障体系以促进淮河流域最严格水资源管理制度的落实。

2　淮河流域最严格水资源管理制度面临的挑战

2.1　产业布局不尽合理

淮河流域是保障国家粮食安全的核心区域,然而域内耕地分布与水资源禀赋极不协调。淮河以南以及淮河上游地区,耕地面积少,人口密度小,水资源丰富;而占流域面积2/3的平原地区,拥有全流域80%以上耕地和人口,水资源量却不到全流域的50%。此外,淮河流域也是国家重要的能源支撑区域,火电装机容量大,但如淮北等煤炭富集区域的水资源却十分匮乏。

2.2　用水方式十分粗放

长期以来由于农业比重大、收益率不高且政府资金不足,淮河流域农田灌溉节水设施较少,灌溉方式粗放,用水效率较低。2015年淮河流域农田灌溉用水343.2亿m^3,占总用水量的63.5%,亩均灌溉用水高达248.4 m^3。同时,淮河流域工业用水增长迅速,高耗水行业占比较大,万元工业增加值用水量较高,企业节水设施亟待更换,节水水平亟待提升。

2.3　省际矛盾较为突出

淮河流域地跨五省,人口稠密,经济发展快,用水强度高,水资源分布不均,极易出现省际矛盾。以南水北调东线工程沿线为例,该区域降水量由南向北逐步递减且差距较大,年际间降水丰枯悬殊,在干旱年份,苏鲁两省易发生用水争抢以及违反调度计划等情况。由于淮河流域水系复杂、水功能区标准高,各个省界断面的水量下泄情况与水质情况也较易引发矛盾。

2.4　权属责任模糊不清

尽管国务院明确划定了淮河干流、沂沭河、南四湖、骆马湖等水体属淮河水利委员会直接管辖、统一管理,并设置了相应管理机构,但地方政府从本区域利益出发,模糊水流产权归属、设立职能重叠机构以争取利益,导致权属责任模糊不清。同时,地方政府凭借区域内水利工程控制权各行其是、无序取水,违反流域统一管理，致使区域水事矛盾频发。

2.5　基础设施较为落后

淮河流域水资源调配工程多建于20世纪60年代和70年代，经过多年运行，大多工程存在老化失修、管理不足等问题，其输水、调水能力都受到不同程度的破坏。随着淮河流域水量分配体系不断完善、水资源供给要求不断提高，现有基础设施越来越难以满足最严格水资源管理需求，亟待建立更加完善的工程配套措施以保障淮河流域供水安全，逐步实现水资源空间均衡。

2.6　监控能力亟待提升

水情监测与数据分析是最严格水资源管理的重要抓手。淮河流域重要江河水量控制断面监测站点不足，水质与水量监测不同步，水质自动监测站点建设滞后，取水口、排污口计量设施覆盖不全，地下水监测能力较弱，水质、水量应急监测能力与水资源管理工作要求还有较大差距。同时，地方水资源监控信息平台数据共享能力差、技术标准不统一，亟待整合资源、统一标准，实现互联互通。

2.7　政策法规仍不完善

当前，中央与地方都制定了一系列政策法规以保障最严格水资源管理制度落实，但是这些政策法规仍不完善。一是覆盖范围不全，二是监管力度不够，三是管理手段不足，四是执行效率不高，五是适应能力不强。此外，地方法规之间尚不协调、社会责任意识仍然较弱、各地实际情况差异较大等因素也极大地制约了现有政策法规发挥作用。因此，亟须建立更加完善的政策法规体系。

2.8　风险管控能力滞后

淮河流域地处气候南北分界线，水资源条件对气候变化较为敏感，需要定期开展风险评估，加强水资源配置与调度以避免供水安全遭到破坏。随着淮河流域经济社会快速发展，各地经济开发区及工业园区迅速增多，水资源承载负荷持续加重，水污染突发风险急剧增高，需要定期核算水资源承载能力，对各类风险因素进行分析与评价以增强风险管控，保障生态安全。

3　淮河流域最严格水资源管理制度保障体系构建

构建淮河流域最严格水资源管理保障体系就是要应对挑战、防范风险、对症下药、破解难题，牢牢把握节水优先、空间均衡、系统治理、两手发力，让最严格水资源管理制度落地生根，让绿色经济体系发展萌芽，让生态文明建设再添新枝。

3.1　保障体系基本框架

为应对不同挑战、解决复杂问题，淮河流域最严格水资源管理制度保障体系由若干子体系共同组成，具体包括政策法规体系、规划调度体系、工程配套体系、水资源监控体系、技术标准体系、风险管理体系、科技支撑体系、资金保障体系、责任考核体系以及宣传教育体系。各个子体系既指向明确，又联系密切。子体系之间相辅相成，紧紧围绕最严格水资源管理核心要求，从顶层设计、能力提升、基础支撑三个层面搭建出一个基础牢靠、结构合理、整体协调的框架结构(见图1)。

3.2　保障体系建设内容

3.2.1　政策法规体系

第一，完善水资源法规体系。加快出台水流产权保护、生态环境补偿、节约用水管理、地下水管理、水权交易管理等法律法规；依据水资源情势及社会发展现状，抓紧修订《中华人民共和国水法》等法律法规，完善行政执法与刑事司法衔接。第二，制定法律法规实施细则。持续推进减政放权、放管结合、优化服务，进一步明确管理权限与责任清单，根据最新管理需求，制定法律法规实施细则。第三，构建立法评估与协商机制。从法律法规执行效率、监管力度、措施成效等方面进行全面评估，为后期修订工作提供有效依据；广泛征求各方意见，积极开展协调工作，极力避免管理重叠与法规矛盾。

3.2.2　规划调度体系

一是要规划好水资源配置与调度。切实加强流域水资源统一规划、统一调度和统一管理，全面协调好上下游、左右岸、干支流的关系，强化水资源承载能力刚性约束。二是要规划好工程建设总体布局。科学规划调水工程，重点建设调蓄工程，进一步完善农田节水灌溉工程，全面保障供水安全，稳步提升供

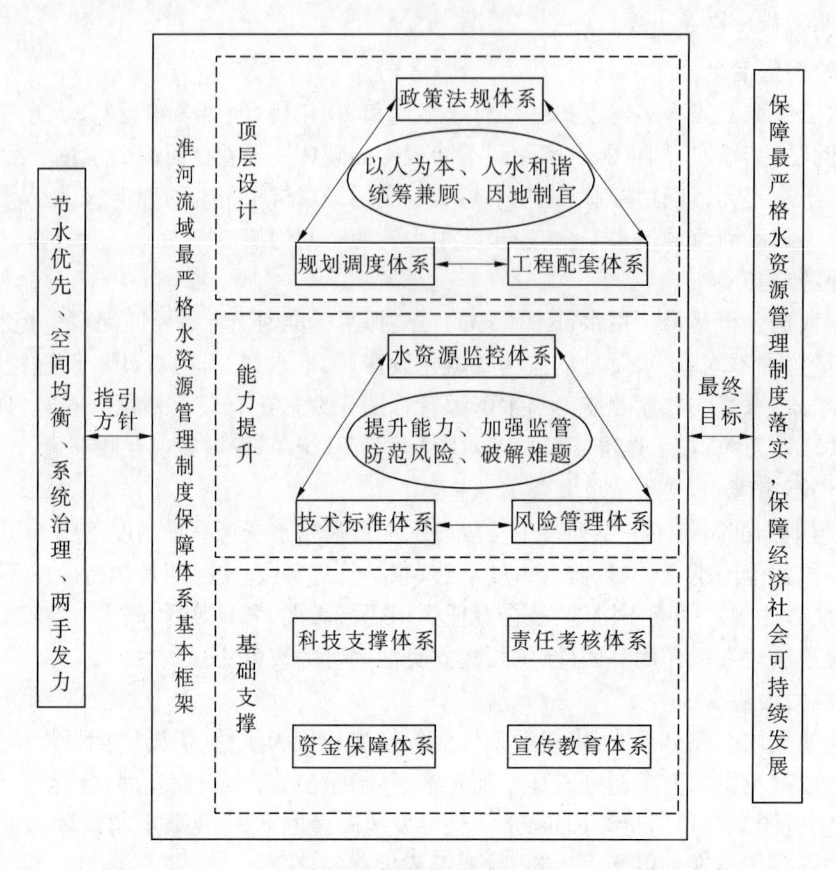

图1 保障体系基本框架

水效益。三是要规划分区管理目标及方案。针对不同区域水文条件、经济条件、生态条件以及区域功能定位设置相应的管理目标和管理方案，严控开发总量与开发强度。四是要规划好产业结构调整。加强产业布局与水资源禀赋协调性，促进水资源高效利用与经济社会可持续发展。

3.2.3 工程配套体系

第一，加快建设重点水源工程。提升调蓄能力，打造供给支点，确保供水安全，控制下泄流量，为落实河湖水量分配方案提供硬件支撑。第二，稳步实施重大调水工程。全面疏通水资源调控动脉，努力实现水资源空间均衡，有效缓解水资源争抢矛盾，充分发挥水资源经济效益。第三，大力发展节水灌溉工程。做好渠道防渗，铺设灌溉管网，扩大节水灌溉规模，提高有效利用系数。第四，积极完善非常规水源利用设施。建设海绵城市，吸纳雨水资源，加强污水处理，促进循环利用。

3.2.4 水资源监控体系

一是要完善监测网络。合理增设监测断面与点位，优化站网布局，扩大覆盖范围；全面安装计量监控设施，完善工业取水、退水监测，加强农业取用水计量。二是要优化监测项目。扎实做好水量、水质同步检测，积极开展饮用水水源地水质全指标监测以及地下水超采区和禁采区水位、水质监测。三是要建立协作机制。流域上下游各级政府以及不同部门之间要密切配合、形成合力，组织联合监测、相互校对数据、加强应急能力。四是要搭建信息平台。全面整合资源，统一技术标准，加强数据共享，实现互联互通，提升数据准确性、完整性，强化考核科学性、客观性。

3.2.5 技术标准体系

第一，加快编制和修订技术导则及规程规范。围绕工作实践需求，进一步引导工作规范化、程序化、标准化，统一相关技术标准，全面提升工作质量与工作效率。第二，加快研究和制定设施及产品技术标准。根据市场承受能力，进一步提高节水设施、计量设施、监测设施以及相关产品准入门槛。第三，加快明确和细化管理及考核相关标准。针对各地实际情况，进一步细化行政处罚标准、最严格水资源管理绩效评价标准、资源环境承载能力预警标准等具有较大自由的裁量标准。

3.2.6　风险管理体系

一是要建立好风险评估机制。每年定期开展淮河流域供水安全风险分析以及水功能区和重要饮用水水源地水质安全风险分析,对不安全因素以及可能出现的危害进行全面的风险评估。二是要建立好监测预警机制。定期核算水资源承载能力,对水资源负荷超载或接近超载的区域实行预警提醒和限制措施,加强水源涵养与节约保护。三是要建立好应急响应机制。对不同类型的风险因素以及危害情况进行等级划分,针对不同级别,完善相应的风险防控措施和应急响应预案。

3.2.7　科技支撑体系

第一,加强基础理论研究。积极开展变化环境下水资源演变机制与规律、河湖水体动力学特征与环境演变过程等重大项目,深入研究水资源系统多目标智能调度、非常规水资源利用等前沿技术。第二,推进研发平台建设。积极组建水资源科学重点实验室以及水资源科技研究中心等自主研发平台;与知名院校、科研院所、科技公司形成协同创新科技平台。第三,加快科技成果转化。完善成果转化机制,推广示范应用技术,将最新研究成果运用到最严格水资源管理当中。第四,抓好科技人才培养。高度重视科技人才的服务支撑作用,进一步完善人才培养机制,扩充科技人才队伍。

3.2.8　资金保障体系

一是要加大财政支持。确保中央资金落实到位,全面保障水资源监督管理与基础工作经费,重点投入水资源配置与调度项目,大力支持节水型社会建设。二是要拓宽融资渠道。不断完善投资补助、财政补贴、贷款贴息等优惠政策;充分发挥各类金融机构作用,推广绿色信贷业务,设立绿色发展基金,拓展绿色投资产品。三是要鼓励市场投资。借助以税代补等宏观调控政策,积极吸进社会资金投入,使政府有形之手与市场无形之手同时发力、同向发力。

3.2.9　责任考核体系

第一,落实管理责任。进一步理清权属、划清职责,着力解决管理边界模糊、部分区域无人管护的问题;进一步明确要求、强化措施,科学分解“三条红线”至各个县区,积极确保管控指标严格落实。第二,完善考核体系。综合考虑多方面因素,遵循代表性、通用性、可比性、操作性、效率性的选取原则,健全考核指标;认真分析各地实际情况,坚持客观公正、科学合理、求真务实的评价原则,细化考核标准。第三,实行追究制度。在落实管理责任的同时,将领导干部自然资源资产离任审计结果及整改情况作为考核的重要参考,实行资源环境损害责任终生追究制。

3.2.10　宣传教育体系

一是要做好宣传舆论引导。主动回应群众关切的水资源问题,正确解读制度内涵和改革方向,深入宣传最严格水资源管理制度的具体举措和显著成效。二是要提高社会责任意识。广泛开展基本水情宣传教育、持续加强水利法制宣传力度,强化亲水、护水意识,树立节水、洁水观念。三是要构建全面行动格局。积极拓展公众参与渠道,定期组织志愿服务活动,全面支持民间节水组织。四是要推动消费模式转变。鼓励群众购买节水器具、优先选择低耗水产品及服务,倡导绿色生活方式。

4　结语

淮河流域最严格水资源管理制度保障体系是以当前社会发展形势与水资源管理面临挑战为切入点,以解决问题为导向,以切实可行为标准,以党中央、国务院最新方针政策为依据,从水资源管理不同需求层面进行设计。所构建的政策法规、规划调度、工程配套、水资源监控、技术标准、风险管理、科技支撑、资金保障、责任考核以及宣传教育十大子体系指向明确、覆盖全面、联系密切、措施具体,既能单独发挥作用应对单方面管理挑战,又能整体发挥功效系统推进最严格水资源管理制度稳步落实。与前人研究成果相比,该保障体系具有更强的适应性、系统性、科学性、可行性,指导作用显著,保障能力较强,具有较高的参考价值。

作者简介:马天儒,男,1991年生,助理工程师,主要从事水资源管理相关研究。E-mail:mtr@ hrc. gov. cn.

临淮岗工程综合利用对淮河干流水资源的影响分析

陈富川

（安徽省临淮岗洪水控制工程管理局　安徽合肥　230088）

摘　要：临淮岗洪水控制工程（简称临淮岗工程）是控制淮河干流洪水的关键工程和提高淮河中游防洪标准的战略工程，主要任务是防御淮河大洪水，运用概率低。另一方面，该工程具有蓄水、灌溉、航运、供水及生态等综合利用效益。本文探讨了临淮岗工程综合利用调度方案，阐述了综合利用对淮河干流水资源调控的关键作用，通过综合利用对临淮岗工程坝上和蚌埠闸供水量、水位、下泄流量等水资源的影响分析，提出了建立完善的兴利调度协调机制，实施临淮岗工程与蚌埠闸水量联合调度的方案。

关键词：淮河　临淮岗工程　综合利用　水资源　蚌埠闸　影响分析

1　临淮岗工程概况

淮河临淮岗洪水控制工程是淮河中游最大的水利枢纽，是控制淮河干流洪水的关键工程和提高淮河中游防洪标准的战略工程。临淮岗工程主要包括主坝、南北副坝及其穿坝建筑物、城西湖船闸、临淮岗船闸、深孔闸、浅孔闸、姜唐湖进洪闸、上下游引河等。工程为Ⅰ等大(1)型工程，100年一遇坝上设计洪水位为28.51 m（废黄高程，下同），相应滞蓄库容为85.6亿m^3，1 000年一遇坝上校核洪水位为29.59 m，相应滞蓄库容为121.3亿m^3。

2　工程综合利用分析

临淮岗工程主要任务是防御淮河大洪水，一般不运用，维持河道自然泄流，作为防洪工程，运用概率低。另一方面，该工程具有蓄水、灌溉、航运、养殖及生态等潜在的功能。目前淮河流域水资源短缺，临淮岗工程具备适度蓄水条件。根据对临淮岗工程以上河道来水分析，多年平均实测来水量113亿m^3，其中汛期来水70亿m^3，尚有近30亿m^3洪水可以利用，临淮岗蓄水有水源保障。近期可通过控制临淮岗坝上蓄水位，增加蓄水调节库容2亿～3亿m^3，年均可增加供水量1亿～2亿m^3。利用临淮岗工程调度灵活的特点，在保障工程防洪安全前提下，通过水文气象预报，优化工程调度，大洪水时期，保证安全泄洪；在中小洪水下，不失时机地充分蓄水，做好滩地淹没、洼地排涝和河道通航、灌溉影响处理措施工程，发挥工程综合效益，对合理利用淮河洪水资源，增强淮河流域水资源调配能力具有现实意义。

3　综合利用调度方案分析

3.1　调度原则

以“不影响下游用水为前提，科学调度，统筹兼顾”为原则进行工程优化调度，安全、稳妥和渐进地逐步抬升蓄水位。根据工程运行条件及水资源需求，蓄水方式为来水大时多蓄，来水小时少蓄，蓄水期间最小下泄流量要求主要考虑河道生态流量的需要，同时兼顾下游其他用水要求，使蓄水期间较蓄水前下泄流量变化均匀。蓄水调度综合考虑流域水资源配置，确保工程运行安全。

3.2　蓄水方案

从地形条件和工程现状，综合考虑滩地淹没、洼地排涝影响和河道通航、灌溉提水等因素，拟定临淮岗坝上主汛期、非主汛期、非汛期不同时段动态蓄水位，制订临淮岗工程蓄水调度方案如下：①主汛期按水位20.5～21.0 m控制，蓄水量1.7亿～2.0亿m^3。②汛初（5月1日至6月15日）、汛末（8月15日至9月30日）蓄水位按21.5～22.0 m控制，蓄水量2.3亿～2.6亿m^3。③非汛期正常蓄水位按

22.5~23.0 m 控制，蓄水量3.0亿~3.4亿 m^3。

3.3　调度方案

当坝前水位低于正常蓄水位时，浅孔闸关闭，开启深孔闸按河道内最小生态需水流量26.8 m^3/s 要求控制下泄水量；当坝前水位高于正常蓄水位且上游来水流量不大于深孔闸泄流能力时，开启深孔闸按正常蓄水位控制下泄水量；当坝前水位高于正常蓄水位且上游来水流量大于深孔闸泄流能力时，从深孔闸侧开始逐孔开启浅孔闸，加大临淮岗泄量，按正常蓄水位控制坝前水位。

3.4　动态蓄水分析

临淮岗工程适度蓄水，主要是利用临淮岗以上淮河河槽及滩地蓄水，近期最高蓄水位按23.00 m 控制，待蓄水影响处理完成并经进一步研究后，最高蓄水位可调高至24.00~24.50 m。临淮岗工程质量高，滞洪库容大，调度灵活，蓄水位在工程设计水位以下4~5.5 m，占用工程防洪库容4亿~5亿 m^3，为工程设计滞蓄库容的5%~6%，若遇洪水，可提前快速预泄，对防洪不构成影响或影响很小，对工程本身安全几乎没有影响。

4　综合利用对淮河干流水资源影响的分析

沿淮淮北地区水资源紧缺，为适应社会经济可持续发展的需求，引江济淮、引淮济阜、引淮济亳、淮水北调跨区域骨干调水工程是解决沿淮淮北地区水资源供需矛盾的根本途径。形成淮河干流以临淮岗工程、蚌埠闸和洪泽湖工程为控制的水资源配置主线、以引江济淮为补充水源的水资源配置体系。临淮岗和蚌埠闸是淮河干流控制性工程，实施临淮岗工程综合利用，抬高蚌埠闸上蓄水位，充分利用洪水资源，是关系到淮河水资源可持续发展的全局性问题。临淮岗抬高蓄水位，改变了工程的下泄流量，在丰水年份，临淮岗下泄流量及蚌埠闸区间来水能满足蚌埠闸的供水需求，临淮岗坝上抬高蓄水对蚌埠闸的供水影响较小。临淮岗坝上抬高蓄水增供作用主要反映在干旱年份，由于临淮岗工程蓄水与下游蚌埠闸蓄水有一定的互补关系，临淮岗工程抬高蓄水位后，可提高临淮岗坝上和蚌埠闸上综合供水保证率，增加枯水年份的供水量，尤其是在特枯年份增供效果明显，在一定程度上缓解沿淮地区用水供需矛盾。

临淮岗工程抬高蓄水位后增加了对淮河上游来水的调蓄，改善了临淮岗坝上的用水条件，坝上用水会相应增加。但蓄水后将导致蚌埠闸部分年份来水量的减少，在丰水年临淮岗抬高水蓄水位对下游蚌埠闸的供水影响较小，在枯水年份会对蚌埠闸的来水造成一定的影响。

4.1　对临淮岗坝上水资源的影响分析

临淮岗工程蓄水后，由于工程的拦蓄作用，工程以上河道非汛期水位将会较天然状态有一定的抬高。根据水文分析计算成果，工程蓄水后，按正常蓄水位22.0 m 计算，在淮河枯水期其回水末端可影响到河南省淮滨县，影响范围较大。由于河道水位抬高后，河道蓄水量将增加，对其引提水条件将有较大改善，部分地区甚至可实现自流引水，且供水保障程度将会大幅提高。由此可见，工程蓄水后，总体来说对上游河道供水条件的影响是利大于弊，供水条件将会改善，在一定程度上缓解沿淮地区供需矛盾。

4.2　对蚌埠闸上水资源的影响分析

4.2.1　蓄水对水位的影响

在洪水来临时，临淮岗适当抬高蓄水位，减小一定的流量，对工程下游的各观测断面水位没有较大的影响。通过预留最低生态水位(临淮岗20.0 m、蚌埠闸16.5 m)以下的蓄水作为城镇生活、工业和生态应急库容，限制枯水时段农业用水，蓄水方案临淮岗坝上城镇生活及工业用水保证率均可达到90%以上，蚌埠闸上城市生活及工业用水保证率也有所提高。

4.2.2　蓄水后临淮岗下泄量的变化

临淮岗工程现状多年平均下泄量为113.6亿 m^3，2020、2030水平年临淮岗抬高蓄水位后多年平均下泄量分别为100.03亿 m^3、96.99亿 m^3。下泄量随着临淮岗坝上需水量的增加总体上有减少的趋势，但是在同一水平年下不同蓄水位方案多年平均和典型干旱年份的下泄量变化很小。

4.2.3　蓄水后对蚌埠闸供水量的影响

临淮岗工程抬高蓄水位后将导致蚌埠闸部分年份来水量减少，同时由于临淮岗的调蓄作用，抬高水位存蓄的水量在部分年份又可增加蚌埠闸的供水量。通过对临淮岗抬高蓄水位及维持现状情况、各水平年蚌埠闸上多年调节计算结果分析,适当抬高临淮岗蓄水位,蚌埠闸上供水量有增有减,但总体是增加了供水。

4.2.4 蓄水后对蚌埠闸下泄量的影响

临淮岗抬高蓄水位后，蚌埠闸的下泄量在大部分年份会减少,但是减少水量有限,通过科学合理调度可维持最小生态下泄流量需要,对蚌埠闸下游的工农业用水及水环境影响较小。

4.3 不同保证率来水量对水资源的影响分析

王家坝水文站控制面积 30 630 km^2,是淮河干流上游进入安徽的控制站,其年径流量呈丰枯交替变化,参考 2010 水平年王家坝入流成果,王家坝站不同保证率来水量见表 1。

表 1 王家坝站不同保证率来水量

项目	多年平均	50%	75%	85%	90%	95%
来水量(亿 m^3)	102.6	94.1	60.6	45.6	40.5	25.4

除淮河干流外,王家坝至临淮岗之间还有部分区间径流。经分析,临淮岗坝上支流及区间,多年平均来水量 7.33 亿 m^3,各保证率来水量见表 2。

表 2 临淮岗坝上区间支流不同保证率来水量

项目	多年平均	50%	75%	85%	90%	95%
来水量(亿 m^3)	7.33	5.88	3.52	2.57	2.40	2.18

临淮岗—蚌埠闸区间多年平均来水量 109.8 亿 m^3,各保证率来水量见表 3。

表 3 临淮岗—蚌埠闸区间不同保证率来水量

项目	多年平均	50%	75%	85%	90%	95%
来水量(亿 m^3)	109.8	95.6	59.1	47.0	37.5	32.2

以临淮岗工程现状控制运用水位和用水水平,2015 年临淮岗坝上、蚌埠闸上现状综合供水保证率分别为 83.3% 和 66.7%。至 2020 水平年,若不提高临淮岗坝上蓄水位,临淮岗坝上、蚌埠闸上供水保证率下降到 77.8% 和 61.1%。若临淮岗非汛期蓄水位提高到 24.0 m,临淮岗坝上、蚌埠闸上供水保证率达到 88.9% 和 66.7%,干旱年份较现状增供水量 3.6 亿~7.8 亿 m^3,其中临淮岗坝上一般为 2.2 亿~3.2 亿 m^3。

5 临淮岗工程与蚌埠闸水量联合调度

临淮岗工程蓄水兴利有利于提高淮河中上游水资源利用水平,优化淮河水资源配置,缓解淮北地区水资源供需矛盾;有利于改善淮河干流生态环境,为保障水环境安全创造了条件。工程蓄水兴利对工程以上及以下河道供水条件会产生一定的影响,但影响有限。由于临淮岗与蚌埠闸来水、用水存在水量及时段差异,加之临淮岗工程对淮河来水的拦蓄导致两个蓄水工程丰枯状况不一致,为了发挥工程最大效益,应对临淮岗工程与蚌埠闸进行水量联合调度。

5.1 在蚌埠闸不缺水的时段

临淮岗工程在保证生态流量 26.8 m^3/s 下泄的基础上尽量拦蓄,当坝前水位高于蓄水位且上游来水流量大于深孔闸泄流能力时,开启深孔闸,同时开启浅孔闸,加大临淮岗下泄水量,按蓄水位控制坝前水位。

5.2 在蚌埠闸缺水时段

临淮岗工程加大下泄流量缓解下游旱情,为保障临淮岗供水范围内城市生活及工业用水安全,其蓄水位不低于最低生态保证水位20.0 m。

5.3 在临淮岗工程缺水时段

当临淮岗蓄水位低于20.0 m时,停止农业用水,减少生态基流下泄,其存蓄水量仅供城市生活及工业用水。

5.4 保障淮河干流生态基流

要通过准确及时的水文、气象预报,应用科学手段,实施工程的"抢蓄巧泄",合理地减轻防洪与兴利要求的矛盾,发挥综合效益。在满足淮河干流控制节点的生态基流的要求下,临淮岗坝下、蚌埠闸下生态流量分别为26.8 m^3/s、48.35 m^3/s。

为了提高城镇生活及工业供水保证率,在临淮岗坝上与蚌埠闸上均设有最低生态保证水位,临淮岗坝上为20.0 m(相应的有效蓄水量约为0.66亿m^3),蚌埠闸为16.5 m(相应的有效蓄水量约为0.61亿m^3),最低生态保证水位以下部分蓄水可作为城市生活及工业用水应急库容。

6 结语

针对淮河流域气候丰枯交替、旱涝频发并重的特点,在经济社会发展新形势下,为挖掘洪水资源利用潜力,缓解干旱缺水压力,改善干流生态环境和航运条件,促进城镇化、工业化与农业现代化的同步推进,实施工程综合利用十分必要和迫切。通过临淮岗工程综合利用,增强区域水资源和水环境承载能力。

临淮岗工程综合利用后,会对淮河干流径流过程产生一定的影响,特别是枯水年份会对下游取用水造成较大的影响,为确保本工程兴利调度的顺利实施,应做好蓄水影响处理,建立完善的兴利调度协调机制,对工程兴利潜在的影响对象进行协调,实施临淮岗工程与蚌埠闸水量联合调度。

参考文献

[1] 徐良金,陈富川.临淮岗工程与淮河洪水资源化[J].中国防汛抗旱,2007,6:49-52.
[2] 西汝泽,高月霞.合理调度运行 发挥临淮岗工程综合效益[J].治淮,2004,9:15-17.
[3] 杨付军,徐良金.临淮岗工程试验性蓄水效果初探[J].江淮水利科技,2011,5:41-44.
[4] 国家发展和改革委员会,水利部.关于淮河水量分配方案的批复,发改农经〔2017〕1131号,2017.6.13.

作者简介:陈富川,男,1972年11月生,水利水电高级工程师,主要从事水利工程及信息化管理工作。E-mail:cfc3923@sohu.com.

月尺度天然径流量还原计算模型研究

刘开磊[1]　王敬磊[2]　祝得领[3]

(1. 淮河水利委员会水文局(信息中心)　安徽蚌埠　233000;
2. 安徽淮河水资源科技有限公司　安徽蚌埠　233000;
3. 山东水之源水利规划设计有限公司　山东济南　250013)

摘　要:随着水资源供需矛盾的不断凸显,水资源业务逐渐获得来自国家、社会、学术领域的更多的关注,然而,传统水文物理过程模拟方法,在时间尺度、功能要求等方面一直难以满足水资源业务的要求。在借鉴降雨径流相关法的基础上,将流域产流量划分为快速、慢速径流两种类型,提出月尺度天然径流量还原计算模型。选择青峰岭水库流域作为试验流域,采用1978~2015年降雨及径流资料,用于天然径流还原计算的模拟研究。依据当地水资源量调研成果进行模型验证,结果表明该模型具备一定精度,可靠性较高,适合于青峰岭水库流域应用,亦具备进一步深入研究的价值。

关键词:月尺度　产流　降雨径流相关　径流划分

1　概述

水资源是与经济、社会发展密切相关的重要战略资源,水资源的开发利用程度反映着地区生产力发展水平。由于区域水资源量十分有限,水资源可利用量在相当大程度上制约着分区域社会经济的发展。因此,科学地开展区域水资源量的调查研究,对于水资源可持续利用,以支撑区域社会、经济、建设的健康可持续发展,具有举足轻重的意义。

我国在20世纪便已把水资源领域业务提到国家战略的高度。1980年3月水利部下达《全国水资源调查评价工作重点》,部署开展全国第一次水资源调查评价工作;2002年水利部、国家计委颁发《关于开展全国水资源综合规划编制工作的通知》,要求在全国范围内开展水资源调查评价工作;2017年4月,水利部召开第三次全国水资源调查评价工作启动会议,依照水利部、国家发展和改革委员会的《关于开展第三次全国水资源调查评价工作的通知》,全面启动和部署第三次全国水资源调查评价工作。

在以往的水资源调查评价工作中,1985年郑濯清提出的分项调查法是其中应用较为广泛的一种,张佑民(1991)、陆中央(2000)等均曾采用该方法对天然径流量进行还原计算。然而,在实际工作中,该方法所依赖的调查数据量较大、参数多,径流还原实现难度较大。由于人类活动对降雨径流过程影响复杂,各地采用的径流还原方法均存在一定局限。考虑到传统的降雨径流相关法在描述流域降雨径流相关关系时,在全国范围内均具有良好的应用效果,本研究尝试借鉴该方法的产流计算原理,依据水资源工作的要求进行改造,以构建适合于径流还原计算的模型。

2　模型介绍

2.1　模型概述

大尺度降雨径流模型研究是在传统日尺度、次洪水文模型基础上发展演变而来的。刘新仁自1993年便针对淮河流域月尺度降雨径流模型开展相关研究,并基于新安江模型的基本架构,提出月模型的参数规律与概化方法。研究中提出的月尺度天然径流还原计算模型(简称月径流模型)以传统的经验水文模型(API:Antecedent Precipitation Index Method)为基础,参考流域特点,拟在考虑流域滞蓄以及下垫面水源涵养等因素的前提下,提出改进的月尺度天然径流量模拟方法,以用于逐月水文过程及水资源量模拟。该方法认为,上一月的产流量一部分作为快速径流在当月全部流出;慢速部分(河网地下水)通过流域内水库等水利工程设施调蓄以及下垫面蓄滞作用影响下，在下一个月全部流出。月尺度降雨径流模型流程图见图 1。

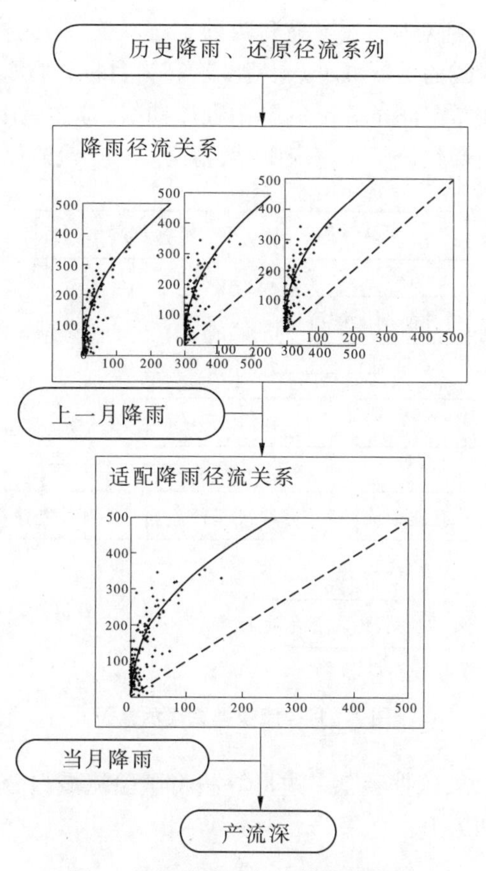

图 1　月尺度降雨径流模型流程图

以月为计算步长，依据上一个月降水量所在区间，分别进行月径流模拟计算。由于计算过程不考虑蒸发、水库塘坝调蓄、工农业取用水等因素，因此模型所提供径流模拟结果即可视作是天然径流还原量。月径流模型以传统降雨径流相关法（API）为基础，在模型构建过程中需要考虑时间尺度变化所带来的描述对象改变，同时也要保证实际使用中的可操作性，因此模型在继承 API 模型的基本原理的同时，在如下方面进行了改造：

（1）以上一个月降水量而非前期影响雨量作为衡量流域湿润程度的指标。API 模型一般要求以日为计算步长，提前 15 d 开始递推估算前期雨量值。API 运算过程中所要求的计算步长与本模型差别较大，且逐日降雨数据相对逐月降雨更难以获得。因此，本模型考虑采用上一个月的降水量代替 API 中的前期雨量值，并根据降水量所在区间范围适配不同的降雨径流曲线。

（2）仅考虑两种不同湿润程度下的降雨径流曲线。降雨径流曲线本身即是基于统计方法的，原始数据的可靠性程度越高，该曲线所反映的水文物理过程的细节越多；反之，当原始数据可靠性程度较低时，该曲线并不能够从细节上描述对应的产流过程。例如在天然径流还原过程中，待分析的天然径流量往往缺乏实测数据验证，因此在研究中我们仅考虑干旱、湿润两种土壤状态下的降雨径流关系。

（3）以两段式的分段曲线描述降雨径流关系。区分未蓄满、蓄满产流两部分进行降雨径流模拟，在未蓄满状态下，降雨量越大，径流深增加的幅度变大，$P—R$ 曲线斜率越大；当流域蓄满时，所有降雨可以转换成流域径流深，此时降雨径流关系曲线的斜率稳定为 1。

（4）不考虑汇流过程。API 模型中，产流与汇流过程是分离开的，在计算出产流量之后需要配合采用单位线模拟流域汇流过程，以获得流域出口断面位置流量。在月尺度天然径流还原工作中，我们所关注的并非流域出口位置流量，并且由于流域内闸坝调蓄、工农业取水等数据难以精确获得，因此只需关注降雨及对应产流深的关系即可。

2.2　模型的构建

搜集历史记录中月降雨量、还原径流量序列,依据上月降雨量从小到大排序,认为上月降雨的概率分布小于、不小于10%的数据分别对应干旱、湿润两种土壤状态,据此构建两种土壤湿润程度下的降雨、径流数据集合。分别以两段式的函数,以拟合精度最高为目标,对以上两组数据进行拟合适线。本模型的构建思路见图2,对于任意湿润条件下的降雨径流曲线,都尝试以两段式的分段函数进行描述,根据产流过程进行划分,各分段函数分别对应未蓄满、蓄满两个产流阶段。

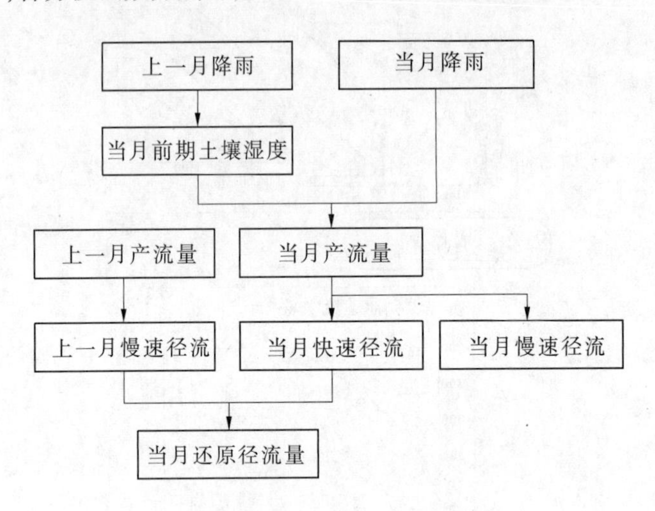

图2　月径流模型原理示意图

假设试验流域有 N 个雨量站,依据泰森多边形算法将试验流域划分为 N 个子流域,每个子流域与唯一的雨量站对应,且权重值和为1。

$$p = \sum_{i=1}^{N} w_i p_i \tag{1}$$

式中:p、p_i为月降水量,mm;w_i为权重项,取值范围[0,1];i 用于指示雨量站或子流域序号。

在已知降雨量 p 之后,便需要以拟合精度最高为优化目标,构建合适的降雨径流曲线模拟产流深。基于前人研究成果,未蓄满状态下各子流域还原径流量可以用以下形式的方程估算。

$$\begin{cases} S_i = (1-t)R_i + tR_{i-1} \\ R_i = a_i p_i^{b_i} + c_i p_i + d_i \end{cases} \tag{2}$$

式中:R 为产流深;S 为还原径流量;t 为权重值,代表滞留于流域内的上月径流量所占比例。

将上月的慢速径流量及当月快速径流量之和视作当月还原净流量 S。在确定计算公式的形式之后,需要通过参数优化或参照参数的物理意义进行参数求解,本研究基于各参数物理、统计意义,采用SCE-UA算法进行参数优化,寻找各参数的最优解。对于蓄满状态下流域产流量的计算,需要考虑与未蓄满状态下降雨径流关系曲线光滑连接,即拐点处斜率均为1;拐点处产流量相等。

2.3　参数特征讨论

在参数寻优过程中,首先需要确定各参数的取值范围。d 与 R 的量级相近,当月降水为零时,流域内径流深仅包括以往月份来得及排出的部分,因此 d 应当为正值。由于 R—P 显然呈正相关关系,因此我们人为地设定 p 的系数 a、b 均大于零。一般来讲降雨量越大,产流深越大,因此式(2)中 R 对 p 的一阶偏导应当始终不小于零,即:

$$R'_i = a_i b_i p_i^{b_i-1} + c_i \geqslant 0 \tag{3}$$

参照流域内其他相关工作可知,a 值一般在(0,1),b 值一般不大于4,c 值与 R'量级相近。另外,根据蓄满产流原理,刚开始产流时降雨与其所产径流深的比值较小,并随着降雨的进行而逐渐增大,并且仅当流域完全蓄满之后,降雨能够全部转化为径流,R'接近最大值1。因此,R'应当满足:①在未蓄满时,$R' \leqslant 1$,由于函数第一、二段函数之间需要衔接平滑的特性及第二段函数的单调特性,这一项对于 R

是始终满足的;②R'的值应当随着 p 值增大而增大,R 对 p 的二阶偏导数应当满足如下条件:

$$R''_i = a_i b_i (b_i - 1) p_i^{b_i - 2} \geqslant 0 \tag{4}$$

式(4)中,$p>0$,则 p 的乘幂必定满足不小于零的条件;a、b 均大于零,则 $b>1$。根据以上条件,考虑到流域内还原径流量的实际情况,可知各参数满足如下条件:

$$\begin{cases} 0 < a_i < 1 \\ 1 \leqslant b_i \leqslant 4 \\ 0 < t < 1 \\ 0 \leqslant d_i \leqslant 999 \\ -999 \leqslant c_i \leqslant 999 \end{cases} \tag{5}$$

在已知参数取值范围之后,即可以依据 SCE－UA 工具进行参数寻优,获取两段式函数的参数值。SCE－UA 算法是一种全局优化算法,这种方法以信息共享和自然界生物演化规律的概念为基础,是段青云等在亚利桑那州大学发展的一种基于非线性单纯形法的混合方法。SCE－UA 算法被认为是流域水文模型参数优选中最有效的方法,在流域水文模型参数优选中应用十分广泛。

3　试验流域介绍

在日照市22个主要河流中,选取典型试验流域进行模拟试验。青峰岭水库位于沭河干流上游、日照市莒县城西北30 km处(见图3),坝址在棋山、洛河、茅埠三乡交界处的棋山乡芦家岔河村。流域面积770 km²,现状总库容4.101亿m³,兴利库容2.687亿m³。青峰岭水库流域属暖温带季风区大陆性气候。多年平均气温12.1 ℃,多年平均年降水量754.2 mm,其中汛期(6～9月)多年平均降水量557.1 mm,占多年平均年降水量的74%。

青峰岭水库流域内的雨量站点既有汛期站点也有常设站点,且各站点雨量观测年限长度差异较大。为保证建模所用资料的一致性,本研究剔除汛期雨量站,仅选用辉泉、马站、沙沟水库、陈家庄、青峰岭水库五处常设雨量站的资料作为降雨输入,资料年限为1978～2015年。

还原径流量成果基于分项调查评价法获得,由于分项调查法已经在全国范围的水资源调查评价业务中获得了广泛应用,其计算结果是合理的;并且某地区的天然径流量难以获得实测观测数据,因此本研究将该还原径流量视作参考依据,用于模型及其参数的可靠性评价。为区分采用分项调查法及本研究所用模型计算获得的还原径流量,将分项调查法结果称为还原径流量,本研究的计算结果称为计算径流量。

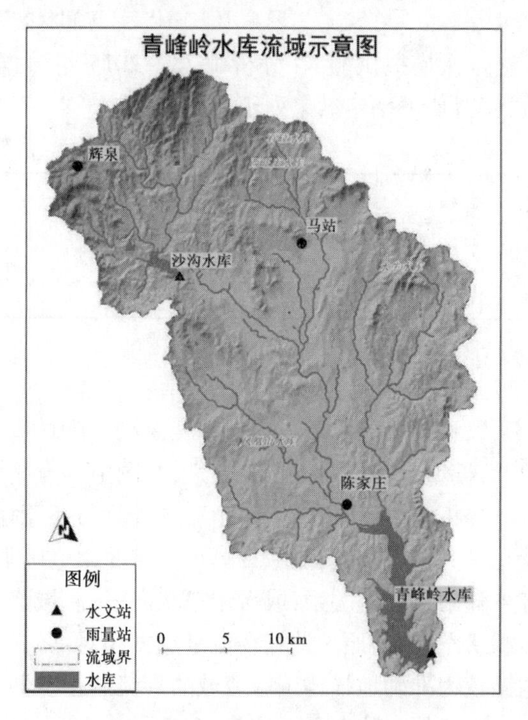

图3　试验流域概化图

4　模拟结果讨论

4.1　参数优化结果

应用 SCE－UA 算法,分别对前期干旱、湿润两种情况的月降雨—径流数据进行模型参数拟合。优化所选目标函数为确定性系数(*NSE*),*NSE* 取值范围在$(-\infty, 1]$,其取值越大则表明模拟精度越高。以青峰岭流域湿润状态下月降雨—径流模型的参数率定过程为例,SCE－UA算法的参数设定及收敛过程示意见表1和图4。

表 1　SCE－UA 算法的参数设定表

SCE－UA 参数		推荐值	参数值
参与进化的复合型个数		2～20	15
目标函数	最大调用次数	1×10^5	1×10^5
	改进失败容许次数	10	10
	最小改进率	0.001	0.001
参数收敛的目标区间		0.000 1	0.000 1
是否包含初始点		否	否

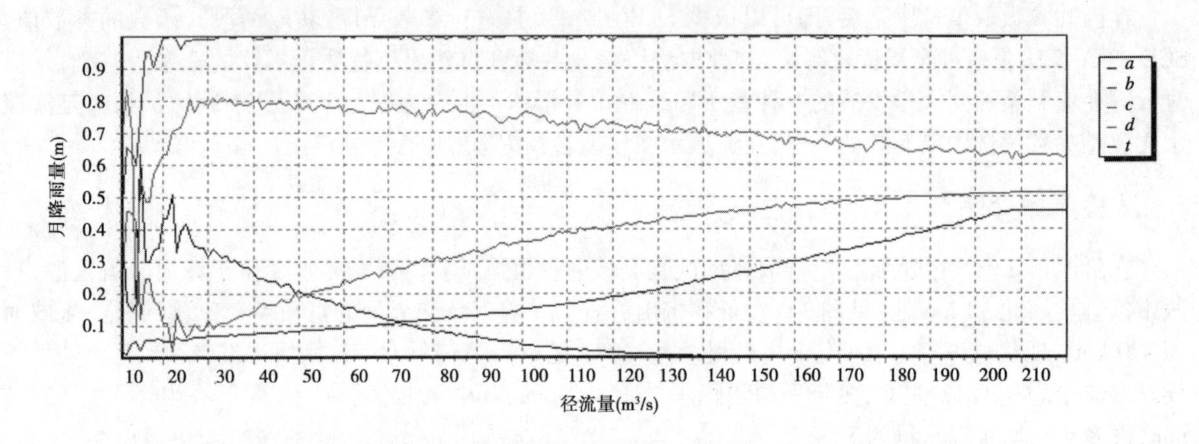

图 4　(归一化后)湿润状态下月降雨径流模型参数优化过程示意图

本次模拟试验，在分析 1978～2015 年数据的基础上，基于 SCE－UA 算法优化公式(2)中各项参数，获得如下率定结果列于表 2。

表 2　月降雨径流模型参数表

参数	*a*	*b*	*c*	*d*	*t*	*NSE*
干旱	—	—	0.041 300	2.946 800	0	0.011 5
湿润	0.000 101	2.371 357	0.026 717	2.599 522	0.37	0.804 6

4.2　模拟结果分析

以相关图展示还原与计算径流深之间的差异性，各点距离 45°线越远、点据越分散，表明模拟精度越差，模型、参数越不可靠；反之，当图中各点集中分布在 45°线两侧时，模拟结果越好。

分析图中干旱状态下，由流域计算与还原径流量的关系可知，干旱状态土壤条件下，流域计算径流量几乎为水平直线，流域计算径流量变化范围很窄，说明所采用模型基本上不能够准确反映出干旱状态流域降雨—径流关系，或者干旱状态下，流域降雨径流关系难以用单一的降雨径流曲线进行精确描述。湿润状态下，还原—计算径流量点据相对均匀地分布在 45°线的两侧，反映出月模型在湿润土壤状态下能够较为准确地描述试验流域的产流过程。两种前期土壤状态下的降雨径流相关关系如图 6 所示。

图中拐点位置以上均为 45°直线，即当月降雨超过拐点时，降雨可全部转化为径流深。对于青峰岭区间流域来说，所用资料中，各年份的月降雨量均未达到拐点处降雨量。如图 7 所示，将逐年降雨及对应的还原、模拟径流量绘制在同一幅图中，前期土壤状态为干旱、湿润的两种情况均包含在内。限于篇幅，我们仅摘取 2005～2015 年期间降雨、径流过程进行展示。

如图 7 所示，月降雨与还原、模拟径流量的相关性强，月径流模型模拟结果与还原径流量结果较为一致，说明以式(2)为核心的月径流模型能够较为准确地反映流域降雨、径流关系，对于天然径流量的还原计算具备参考价值。

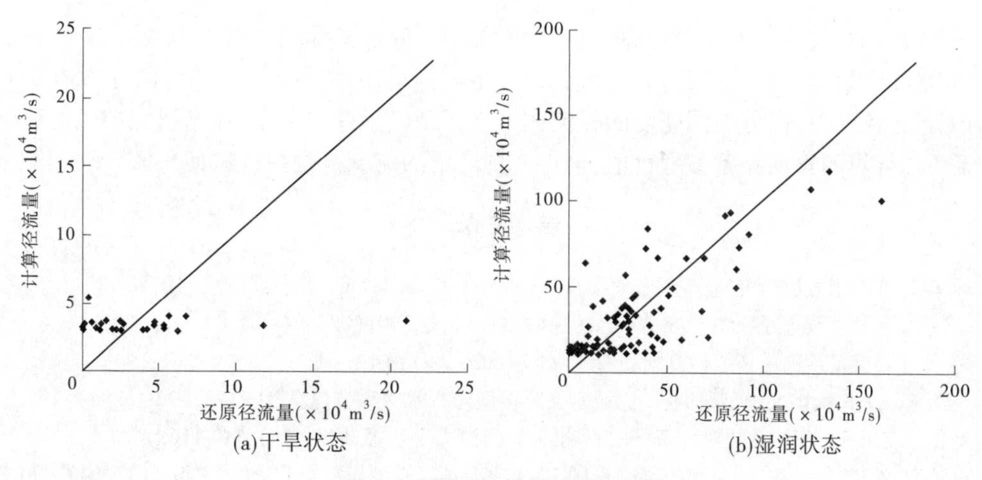

图5　还原—计算径流量相关图

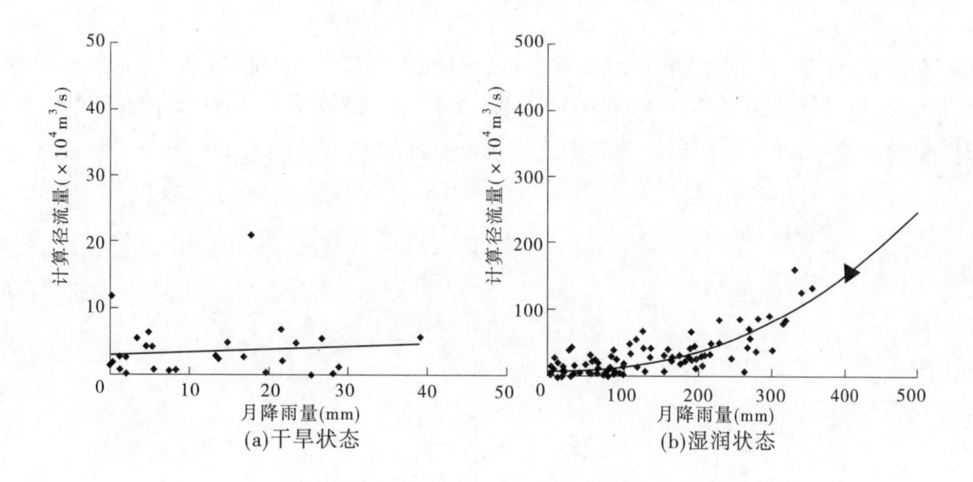

图6　降雨径流关系图

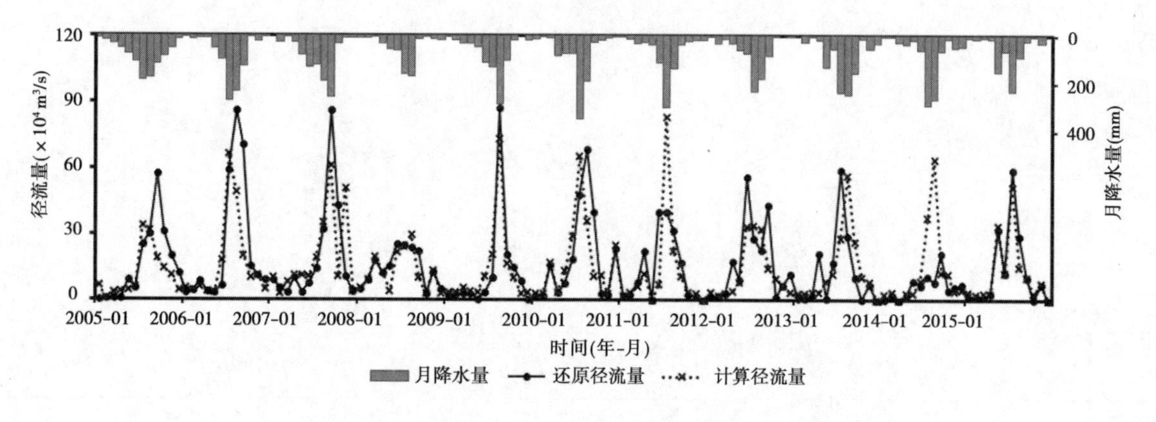

图7　2005～2015年逐月降雨、还原及计算径流过程图

5　结论

由以上模拟结果可知：

(1)不同的土壤状态下，流域降雨径流模拟结果差异明显，因此根据流域前一月的干旱状态，区分干旱、湿润两种情况，分别采用不同的降雨径流关系曲线进行天然径流模拟计算的做法，是合理的。

(2)基于传统API模型改进而来的月尺度天然径流还原模型，其计算成果与常规的分项调查法所得到计算结果基本一致，该模型适用于青峰岭水库流域的天然径流量还原的计算。

本研究所提出的月尺度天然径流还原计算模型，无须探究水资源利用过程中各分项水量，依赖于已经搜集到的大量水文数据进行建模计算，即可获得具备较高可靠性的模拟结果。区分不同前期土壤湿润程度分别进行径流还原、区分不同速度的径流成分进行合成运算的思路，在本研究中已被证明是可靠的，以上径流还原计算的思路具备参考价值，值得在更广泛的流域范围内推广使用。

参考文献

[1] 金新芽．径流还原实用方法研究[D]．河海大学，2006.

[2] 张佑民．河川径流分项调查还原法中若干问题的探讨[J]．水文，1991(02)：24-28.

[3] 陆中央．关于年径流量系列的还原计算问题[J]．水文，2000(06)：9-12.

[4] 刘新仁．淮河流域大尺度水文模型研究：1．流域水文月模型[J]．水文科技信息，1993(3)：36-42.

[5] 陈英，刘新仁．淮河流域气候变化对水资源的影响[J]．河海大学学报，1996(05)：113-116.

[6] 刘开磊，李致家，姚成，等．基于 k - 最近邻筛选的 BMA 集合预报模型研究[J]．水利学报，2017(04)：390-397，407.

[7] 水利部水利信息中心．中小河流洪水预警指标确定与预报技术研究[M]．北京：科学出版社，2016.

作者简介：刘开磊，男，1988 年 12 月生，工程师，主要从事水文物理过程模拟及规律研究工作。E-mail：bbqx88@126.com.

基金项目：国家重点研发计划项目（2016YFC0400909）；水利部公益性行业科研专项经费项目（201301066）。

菏泽市地下水资源质量分析及保护措施研究

周　庆　周　静　侯士锋　严芳芳

（菏泽市水文局　山东菏泽　274000）

摘　要：本文介绍了菏泽市的水资源状况及水文地质条件，分析了地下水资源开发利用情况，并依据实际监测资料对菏泽市的地下水质量现状进行了分析评价，提出了关于地下水污染防治的措施，为菏泽市地下水资源合理开发利用和地下水水质保护提供依据，有利于加强区域生态文明建设和地下水资源的可持续利用。

关键词：菏泽市　地下水　水质现状　保护措施

1　水资源状况及水文地质

菏泽市多年平均降水量656.7 mm(1953～2015年)，由于受地理位置、大气环流等因素影响，菏泽市的降水区域分布不均，降水量在地区上的分布总体是南部大于北部，东部大于西部。菏泽市降水年内分布不均，主要集中在夏季，汛期、非汛期差异明显，汛期集中了全年降水量的70.2%。年际变化较大，最大年均降水量为1 054.0 mm，出现在1964年，最小年均降水量为372.0 mm，出现在1988年，倍比为2.83。菏泽市水面蒸发年内、年际变化虽不如降水剧烈，但同样存在着分配不均的问题，据统计，全市多年平均水面蒸发量为907.2 mm，是平均降水量的1.38倍。根据山东省水资源调查评价成果，菏泽市多年平均地表径流深50.8 mm，径流量6.21亿m^3，地下水资源量16.7亿m^3，扣除重复计算量后，水资源总量20.61亿m^3，地下水可开采模数为12.5万m^3/(年·km^2)，人均水资源占有量243 m^3，属严重缺水地区。

菏泽市属华北平原新沉降盆地的一部分，除孤山丘陵区有少量寒武系、奥陶系地层出露外，其他地域均为第四系地层所覆盖。第四系地层在山麓地带较薄，厚数十米，离山体越远越厚，一般为200～400 m，最厚达1 000 m，下伏第三系地层。第四系地层的成因，一般为湖河相沉积(多为黄河冲积物)，少数与风成有关。岩性主要为黏土、壤土、砂壤土、粉细砂，也有少数中细砂。菏泽市地下水分布广泛，浅层淡水底界面埋藏深度为30～60 m，含水层岩性以细砂、中砂为主，粉细砂次之，砂层厚10～30 m。含水砂层最厚地段为古河道带，砂层累计厚度一般为15～20 m，局部达25～30 m，单层厚度3～10 m，富水性强，单井出水量1 000～3 000 m^3/d，局部为500～1 000 m^3/d。浅层地下水埋深一般为3～6 m，矿化度1～2 g/L，适于农业灌溉。

2　地下水资源开发利用状况

菏泽市除黄河滩区379 km^2为黄河流域外，其余11 774 km^2为淮河流域。大气降雨是全市水资源中最基本的要素，也是地下水资源的主要补给来源。地下水是工农业生产、居民生活用水的主要来源。因菏泽市是黄泛平原，缺乏修建水库拦截地面径流的条件，所以地表水可利用量很小。随着社会的进步和工农业的发展，地下水成为主要供水水源，开采量大幅增加，在国民经济建设中被大面积开发利用。全市平均地下水水位埋深已由1975年的2.80 m增加到2002年的6.61 m，地下水每年下降0.14 m。到1990年菏泽城区、单县城区、巨野营里、郓城黄安四个浅层地下水漏斗区面积已达727 km^2，漏斗区中心地下水埋深13.76 m。地下水供需平衡被打破，水资源紧缺问题日益凸显。进入21世纪，机井增长速度放缓。截止到2013年底，全市共有机井137 907眼，其中已配套机电井110 825眼。据统计，2002～2015年，全市多年平均浅层地下水开采量为98 226万m^3，其中2013年浅层地下水开采量最大，为114 598万m^3；2005年浅层地下水开采量最小，为79 772万m^3。浅层地下水供水占全市总供水量的

50%左右,在国民经济建设和社会发展中占据举足轻重的作用。

3 地下水水质现状分析与评价

3.1 资料来源及参数选取

本次分析评价采用2015年监测的24眼浅井及10眼深井地下水监测井资料。参数选用色度、臭和味、浑浊度、肉眼可见物、pH、总硬度、溶解性总固体、硫酸盐、氯化物、铁、锰、铜、锌、高锰酸盐指数、氨氮、硝酸盐氮、亚硝酸盐氮、氟化物、氰化物、硒、砷、汞、镉、铬(六价)、铅、铍、钡、镍等共28个项目。

3.2 评价标准及方法

评价标准和方法采用《地下水质量标准》(GB/T 14848—2017),以地下水水质监测资料为基础,分别进行单项组分评价和综合评价。

地下水单项组分评价,按该标准所列分类指标,划分为五类,不同类别标准值相同时,从优不从劣。

地下水质量综合评价采用加附注的评价方法,步骤如下:

首先进行各单项组分评价,划分组分所属单项类别。

对各类别按表1规定分别确定单项组分评价分值 F_i。

表1 单项组分评价分值

类别	Ⅰ	Ⅱ	Ⅲ	Ⅳ	Ⅴ
F_i	0	1	3	6	10

按下式计算综合评价分值 F。

$$F = \sqrt{\frac{\overline{F}^2 + F_{max}^2}{2}}$$

$$\overline{F} = \frac{1}{n}\sum_{i=1}^{n} F_i$$

式中:$\overline{F}$ 为各单项组分评分值 F_i 的平均值;F_{max} 为单项组分评价分值 F_i 中的最大值;n 为项数。

根据 F 值,按表2划分地下水质量级别,再将细菌学指标评价类别注在级别定名之后。(因本次未进行细菌学监测,故此项目不在这次评价之列)。

表2 地下水质量级别划分

级别	优良	良好	较好	较差	极差
F	<0.80	0.80~2.50	2.50~4.25	4.25~7.20	>7.20

3.3 评价结果分析

根据2015年监测的24眼浅水井及10眼深水井的监测资料,根据以上评价方法,分别对各井进行单项组分评分及综合评价,评价结果为:24眼浅井单项组分评价有5眼单项目组分评价最高类别为Ⅳ类,其余19眼单项目组分评价最高类别均为Ⅴ类;综合评价24眼浅井有4眼综合评价分值大于7.20,为极差;其余综合评价分值均在4.25~7.20,为较差。10眼深井单项组分评价有1眼单项目组分评价最高类别为Ⅳ类,其余9眼单项目组分评价最高类别均为Ⅴ类;综合评价10眼深井综合评价分值均在4.25~7.20,为较差。

区内浅层地下水水质较差,评价结果是:小面积范围为Ⅳ类水,适用于农业和部分工业用水,适当处理后可用于生活饮用水;其余大部分区域地下水水质均为Ⅴ类,不宜饮用。从各单项评价看,主要影响单项为:总硬度、氟化物、硫酸盐、氯化物,小部分地方还存在锰、铁含量较高的情况,由此可知浅层地下水水质较差,主要是区域内的地质条件造成的,不存在浅层地下水污染的情况。区域内深层地下水水质较差,评价结果均为Ⅴ类,主要是氟化物严重超标,其余单项均好,经除氟处理后可作为饮用水。目前,菏泽市农村及部分县城区均以此层水为生活饮用水水源。从现状监测分析情况看,菏泽市无论是浅层地下水还是深层地下水均未发现被污染的情况,菏泽市地下水水质主要受当地地质状况影响。

4 地下水污染防治措施

4.1 加强补给区的污染防治

地下水补给区污染防治措施主要包括关闭补给区域内的排污口、削减污染物排放量,控制补给区范围内禽畜养殖、治理和控制补给区范围内的面污染源等。在地下水补给区范围内,对污染严重的企业要坚决取缔。对企业排出的污水要定期进行检测,对于超标厂家处以经济上和行政上的处罚,并因地制宜地建设污水处理设施和垃圾处理设施,实行污染源的集中控制。在地下水的上游补给区建立水源保护区,限制化肥农药的施用量,禁止污水灌溉,积极引导农民因地制宜、合理开发利用农业资源,大力发展生态农业和绿色农业,减少农药化肥等对地下水的污染。

4.2 建立科学完善的地下水监控体系

目前,人工监测满足不了地下水监测的需求,一方面要加强人工观测的频率和精度,更新观测设备;另一方面亟待建立自动监测设备,实现对整个地区地下水信息的实时监测,自动实时采集计量点的地下水位数据,实现数据采集的准确性、完整性、及时性和可靠性。只有系统掌握地下水的动态,才能做到决策及时、治理及时。

4.3 加强分散式地下水开采区的水质保护

分散式地下水开采区主要污染源为农村面源污染,包括农村生活垃圾及生活污水对地下水的污染。农药及化肥的大量使用也会随雨水、农灌退水下渗污染地下水水质。水质保护应把面污染源的治理、控制纳入水污染防治与水资源保护的监控体系,对农村生活垃圾和污水采取集中堆放、收集和处理,结合新农村建设,建设小型污水净化处理设施和农村生活垃圾集中处理场。采取得力措施,科学施用化肥农药,减少由于粗放型的农业耕作模式造成农灌退水中化肥农药残留量对地下水的污染。加大面污染源的治理和控制力度。

4.4 加强地下水管理制度建设

根据地下水管理的需求,建立地下水开发利用和保护修复方面的法规体系建设框架。在政策方面制定有利于节约用水、地下水回灌与涵养水源等方面的政策。根据区域地下水开发利用和保护的目标要求,针对当前地下水开发利用中存在的问题,因地制宜地提出加强地下水管理的措施。包括总量控制制度、地下水水位控制管理、取水许可等。要严格控制开采地下水,遏制超采势头,在区域水资源优化配置和调整用水结构的基础上,提出限制超采地下水的实施计划;坚决执行凿井审批制度,超采区不再批准新凿机井,原有机井要严格控制开采量,严重超采区要采取逐步封井的措施;提高城镇工业和生活自备井水资源费,收费标准应与自来水供水价格持平。确立保护水资源的政策,农业要确定生产安全规范,减少化肥和农药使用量,严禁使用有公害农药。

4.5 加强地下水开采总量控制管理

菏泽市地势西南高、东部低;自然降水由于受季风影响,呈东多西少、南多北少的趋势,年均降水量东西、东北均相差 50 mm 左右,中东部地区大量抽取地下水,加剧了该区水资源的紧缺,地下水位明显下降。要采取有力措施,控制超采区地下水开采,地下水资源采补平衡。合理控制地下水开采,划定地下水禁采区,清理不合理的抽水设施,尤其要限量开采深层地下水,做到采补平衡,防止地下水漏斗面积扩大和地表塌陷。建立缺水地区高耗水项目管理制度,逐步调整用水紧缺地区的高耗水产业,禁止新上高耗水项目,减轻地下水压力。

参考文献

[1] 菏泽市水文局. 菏泽市水资源保护规划[R]. 2016.

作者简介:周庆,男,1979 年 6 月生,工程师,主要从事水文水资源监测、水资源调查评价等方面的工作。E-mail:408075976@qq.com.

基于突变理论的水资源开发利用风险评价研究

王德维　朱振华　程建敏　聂其勇

（江苏省水文水资源勘测局连云港分局　江苏连云港　222004）

摘　要：随着“一带一路”和沿海开发建设，连云港市水资源开发利用问题变得越来越突出。为了探究连云港市水资源开发利用风险现状，合理开发、利用和保护水资源，开展了基于突变理论的水资源开发利用风险评价研究。以水资源现状、开发利用状况、社会经济水平等方面作为准则层构建了水资源开发利用风险评价指标体系。选择突变类型，计算各指标的风险值。参照洪灾等级标准划分出微度、轻度、中度、高度、极度5个水资源开发利用风险等级。最后，根据风险值和风险等级进行评价。全市水资源开发利用风险现状属于高度风险水平，与全市水资源开发利用实际状况相符，可以为连云港市水资源管理和开发利用提供风险决策依据。

关键词：突变理论　风险评价　水资源　开发利用　连云港

1　引言

全球气候异常和人类对水资源过度开发、浪费和破坏，导致了部分地区发生水资源短缺，所以水资源开发利用风险评价工作刻不容缓。针对水资源开发利用风险评价，国内已经有多位学者进行了研究。王颖等对水资源风险的定义进行归类总结，给出了初步数学化的定义；韩宇平等对区域供水系统供水短缺建立了风险分析模型，利用优化调配水数学模型和水资源系统模拟技术对河北省各市供水短缺风险进行了评价；周璞等基于协调度指数和模糊综合评判法，构建了水资源开发利用合理性评价的指标体系和模型，并对我国各省（区、市）开展了实践研究；张建龙等以事例推理理论为基本思想，采用B/S系统架构，通过构建事例推理网和信息实体集合，进行了矿井水资源开发利用的风险管理研究，凌子燕等开展了基于主成分分析的广东省区域水资源紧缺风险评价。

本文利用突变理论，构建评价指标体系，进行水资源开发利用风险评价研究。基于突变理论的水资源评价方法并不采取指标权重计算，而是依据各指标在归一化公式中的作用、影响和机制来确定各指标的重要性，并采取定性与定量相结合的方法，进而减少主观性，评价结果更加客观、科学、准确，计算简便且不需要样本数大于变量数。

2　研究区域概况

连云港市总面积7 615 km^2，常住总人口449.6万人，多年平均降雨量904.2 mm，多年水面平均蒸发量为855.1 mm。本地水资源短缺，主要依靠调引江淮水。人口密集，耕地占总土地面积的比率很高，农业发达，工业稳步增长，供用水量大，水资源开发利用问题较为突出。

3　突变理论评价方法简介

3.1　突变理论

1972年，法国数学家勒内·托姆发表了《结构稳定性和形态发生学》，标志着突变论的诞生。勒内·托姆把系统内部状态的整体性突跃称为突变，它具有过程连续而结果不连续的特点。

突变理论主要研究的是从一种稳定组态跃迁到另一种稳定组态的现象与规律，可以应用此理论来认识和预测复杂的系统行为。该理论指出自然界或人类社会中的任何一种运动状态，都可以分成稳定状态和非稳定状态。在微小的偶然扰动因素作用下，仍然能够保持原来状态的称为稳定状态；而只要受到微小干扰就快速变化的则称为非稳定状态，稳定状态与非稳定状态是互相包含、交织在一起的。非线性系统是以突变形式从某一个稳定态(平衡态)向另一个稳定态转化的。突变评价方法并不采取指标权重计算,是依据各指标在归一化公式中的作用、地位和机制来确定各指标的重要性,并采取定性与定量相结合的方法,进而减少主观性,变得更加科学合理,评价结果更加客观、准确、计算简便,不需要样本数大于变量数,其应用十分广泛。

3.2　常用的突变理论基本模型

在实际评价中,最常用的初等突变类型是尖点型、燕尾型和蝴蝶型。尖点突变型控制变量个数为2个,势函数和分歧方程分别为

$$\frac{1}{4}x^4 + \frac{1}{2}ax^2 + b \tag{1}$$

$$a = -6x^2, b = 8x^3 \tag{2}$$

燕尾突变型控制变量个数为3个,势函数和分歧方程分别为

$$\frac{1}{5}x^5 + \frac{1}{3}ax^3 + \frac{1}{2}bx^2 + c \tag{3}$$

$$a = -6x^2, b = 8x^3, c = -3x^4 \tag{4}$$

蝴蝶突变型控制变量个数为4个,势函数和分歧方程分别为

$$\frac{1}{6}x^6 + \frac{1}{4}ax^4 + \frac{1}{3}bx^3 + \frac{1}{2}cx^2 + dx \tag{5}$$

$$a = -10x^2, b = 20x^3, c = -15x^4, d = 4x^5 \tag{6}$$

根据分歧方程推导出对应的归一化公式,通过归一化公式,可以推求出系统状态特征的突变隶属函数值。

尖点突变归一化为

$$x_a = \sqrt{a}, x_b = \sqrt[3]{b} \tag{7}$$

燕尾型突变类型归一公式为

$$x_a = \sqrt{a}, x_b = \sqrt[3]{b}, x_c = \sqrt[4]{c} \tag{8}$$

蝴蝶型突变类型归一公式为

$$x_a = \sqrt{a}, x_b = \sqrt[3]{b}, x_c = \sqrt[4]{c}, x_d = \sqrt[5]{d} \tag{9}$$

经过归一化处理后,状态变量与控制变量均取0~1范围的值,称为突变模糊隶属度函数。突变模型中各控制变量对状态变量的作用是由模型本身确定的,主要由突变模型内在的矛盾对立统一关系决定,各控制变量对状态变量的影响作用有主次之分,主要控制变量要排在前,次要控制变量要排在后。依据评价内容和指标选择要求,可以对控制变量维数进行一定的扩展,以满足其评价需要。

3.3　突变理论评价准则

应用突变理论作综合分析与评价时,根据实际问题不同的性质而采取3种相应的评价准则:

(1)互补准则。如果系统的各控制变量之间可相互弥补不足,可以让 x 值达到较大的平均值,即取控制变量(a,b,c,d)所对应的 x_a, x_b, x_c, x_d 的平均值。

(2)非互补准则。如果系统控制变量之间的作用不可相互替代、不可相互弥补其不足时,则按照“大中取小”原则取值,即从诸控制变量(a,b,c,d)相应的突变级数值中选取最小值作为系统的 x 值,即 $x = \min(x_a, x_b, x_c, x_d)$。

(3)过阈互补准则。只有系统的各控制变量达到某一阈值后才能互补。

4　水资源开发利用风险现状评价

4.1　水资源开发利用风险概念与评价指标体系

由于社会经济发展的需求,大规模开采水资源,引发了一系列的水资源和生态问题。另外,在水资源开发利用规划和管理活动中,由于监测不到位、认识不科学及管理措施不当等,影响到供水水量和水质,有可能导致缺水、断流和水源污染等水安全事故。这些影响因素和不利后果在开发利用过程中具有

不确定性,需要对其进行风险研究。由于水资源系统不仅涉及系统本身,还涉及社会、经济、生态系统,这些系统相互作用、相互耦合构成具有一定结构和功能的开放性复杂系统,系统内部各要素之间、要素与外部环境之间不断地进行着物质交换、能量传输和信息传递,所以水资源开发利用风险概念是非常丰富的和复杂的。从风险内涵和构成要素的角度考虑,认为水资源开发利用风险是指特定时空环境条件下,在水资源开发利用过程中,受各种不确定性因素影响,水资源系统可能产生不利事件,造成不确定程度的增大。其研究对象是风险事件成因和风险事故概率以及事故对环境、生态、经济和社会构成的不利影响和危害。这些不利事件有水资源枯竭、地下水位下降、水污染、生态功能退化、水土流失、土地荒漠化等。

水资源开发利用受到各种不确定因素的干扰,可概括为:自然不确定性因素和人类活动不确定性因素。自然不确定性因素主要指水资源系统外部环境变化(如气候变化、太阳活动)以及系统内部结构变化所引起的人类无法控制的自然现象给系统带来的不确定性;人类活动不确定性因素主要指社会发展和人类认识的局限性导致人类认识和解决问题的能力受到约束或者导致人类无法把握和有效控制人类社会的发展所引起的社会、经济、政治的变化对水资源开发利用造成的影响。不确定性因素较难考虑,然而可以从水资源开发利用的脆弱性、开发利用现状和开发利用导致的经济生态环境等方面来考虑水资源开发利用风险水平。因此,水资源开发利用风险评价从可操作角度考虑,一般可以根据水资源的禀赋条件状况、水资源开发利用状况、社会经济水平等进行指标体系构建和指标选取,然后选取综合评价方法对其计算并进行结果分析。

根据连云港市水资源开发利用存在的问题,从水资源现状、开发利用状况、社会经济水平等方面作为准则层来构建连云港市水资源开发利用风险评价指标体系。指标层选择具有代表性和易于收集统计的指标。水资源现状选择年均降水量、人均水资源量和水资源量模数等3个评价指标;水资源开发利用水平、水资源开发利用程度人均用水量、农田亩均灌溉用水量和万元地区生产总值用水量等4个评价指标;社会经济水平选择地区生产总值增长率和人口增长率2个评价指标。目标层中有1个指标,准则层中有3个指标,指标层中有9个指标,形成了金字塔式的指标体系,如表1所示。选取2016年为现状年,全市水资源开发利用风险指标值如表2所示。

表1　连云港市水资源开发利用风险评价指标体系

目标层	准则层	指标层	正负性
水资源开发利用风险状况(T)	水资源现状(C_1)	I_{11}年均降水量(mm)	+
		I_{12}人均水资源量(m^3/人)	+
		I_{13}水资源量模数(m^3/m^2)	+
	水资源开发利用水平(C_2)	I_{21}水资源开发利用程度(%)	-
		I_{22}人均用水量(m^3/人)	-
		I_{23}农田均亩灌溉用水量(m^3/亩)	-
		I_{24}万元地区生产总值用水量(m^3/万元)	-
	社会经济水平(C_3)	I_{31}地区生产总值增长率(%)	-
		I_{32}人口增长率(‰)	-

4.2　指标的突变级数转换

有些指标是正向性的,也有些指标是负向性的。如人均水资源量,其值越大,风险就会越小;如人均用水量,其值越小,风险就会越小。为了让各种指标可以适合突变评价方法,同时也为了让评价结果具有比较性,在应用突变归一化公式之前,依据综合判别的要求,应用模糊数学的方法产生一种多维的、取值在[0,1]之间的模糊隶属函数值。

表 2　连云港市水资源开发利用风险评价指标值

指标	灌南县	灌云县	市区	东海县	赣榆区	全市
I_{11}	920.6	907	899.6	883.9	889.6	897.8
I_{12}	577	541	382	718	536	543
I_{13}	0.35	0.28	0.28	0.34	0.34	0.32
I_{21}	116	123	134	103	96	112
I_{22}	670	666	513	738	512	611
I_{23}	422	436	479	427	459	430
I_{24}	0.26	0.20	1.21	0.25	0.57	0.50
I_{31}	150	178	84	181	104	126
I_{32}	12.48	13.01	8.63	10.45	10.02	10.99

对于正向指标，其值越大越好，那么指标值的模糊隶属度为

$$Y = \frac{a_2 - X}{a_2 - a_1}, a_1 < X < a_2 \tag{10}$$

对于负向指标，其值越小越好，那么指标值的模糊隶属度为

$$Y = \frac{X - a_1}{a_2 - a_1}, a_1 < X < a_2 \tag{11}$$

式中，a_1，a_2 为上下界范围，上下界数值的确定会直接影响评价的结果，但实际操作中，指标值也不是非常精准，很多是采用近似估算的，具有一定的模糊性。本次评价中，在各指标最大(小)值的基础上增减其 10% 后的值作为该指标的上(下)界范围。

本次评价利用公式(4)和公式(5)对各指标值进行转换，转换后的隶属度见表 3。

表 3　连云港市水资源开发利用风险评价指标隶属度转换值

指标	灌南县	灌云县	市区	东海县	赣榆区	全市
I_{11}	0.424	0.487	0.521	0.593	0.567	0.529
I_{12}	0.477	0.558	0.914	0.161	0.569	0.553
I_{13}	0.263	0.789	0.789	0.338	0.338	0.489
I_{21}	0.485	0.600	0.780	0.272	0.157	0.420
I_{22}	0.596	0.585	0.149	0.790	0.146	0.428
I_{23}	0.287	0.382	0.674	0.321	0.538	0.341
I_{24}	0.602	0.829	0.068	0.853	0.230	0.408
I_{31}	0.288	0.558	0.673	0.596	0.558	0.404
I_{33}	0.720	0.801	0.132	0.410	0.344	0.493

4.3　评价指标风险值计算

依据每层指标数，来确定其所属哪种突变类型，然后根据对应突变类型的归一公式计算其突变隶属度。最后根据每个指标间的互相作用和关系，确定其风险评价准则，逐步朝上递归计算，直至目标层，得到该评价体系的结果，见表 4。

表 4　连云港市水资源开发利用风险值成果

指标	灌南县	灌云县	市区	东海县	赣榆区	全市
I_{11}	0.651	0.698	0.722	0.770	0.753	0.727
I_{12}	0.781	0.823	0.971	0.544	0.829	0.821
I_{13}	0.716	0.943	0.943	0.763	0.763	0.836
I_{21}	0.697	0.775	0.883	0.522	0.397	0.648
I_{22}	0.842	0.836	0.530	0.924	0.526	0.754
I_{23}	0.732	0.786	0.906	0.753	0.857	0.764
I_{24}	0.904	0.963	0.584	0.969	0.745	0.836
I_{31}	0.537	0.747	0.820	0.772	0.747	0.635
I_{32}	0.896	0.929	0.509	0.743	0.701	0.790
C_1	0.716	0.821	0.878	0.692	0.781	0.795
C_2	0.793	0.840	0.726	0.792	0.631	0.750
C_3	0.717	0.838	0.665	0.758	0.724	0.713
T	0.897	0.935	0.913	0.897	0.888	0.906

4.4　开发利用风险等级划分

目前,水资源开发利用风险评价还处于初期探索阶段,水资源开发利用风险评价还没有等级和划分标准。冯利华、任鲁川等已经对洪水灾情等级划分进行了深入的探索,提出了洪水灾情等级划分公式,而且适用范围很广,可以作为水资源开发利用风险等级的划分标准,见表 5。

表 5　水资源开发利用风险评价等级

风险等级	1	2	3	4	5
风险水平	微度风险	轻度风险	中度风险	高度风险	极度风险
综合评价值	$R<0.30$	$0.30\leqslant R<0.50$	$0.50\leqslant R<0.85$	$0.85\leqslant R<0.95$	$R\geqslant 0.95$

4.5　评价结果分析

(1)指标层评价结果分析。由表 4 可看出,对于评价指标 I_{11},全市及各县(区)风险值在 0.65 ~ 0.80,属于中度风险。对于评价指标 I_{12},市区风险值大于 0.95,属于极度风险,表明人均资源量极少;而其他各县(区)风险值在 0.5 ~ 0.85,属于中度风险。对于评价 I_{13},灌云县和市区风险值在 0.85 ~ 0.95,属于高度风险区,因为这些地区降水量较少;全市及其他各县(区)风险值在 0.70 ~ 0.85,属于中度风险。

对于评价指标 I_{21},水资源开发利用程度达到了 134%,市区属于高度风险水平;赣榆区水资源开发利用程度为 96%,而其他各县(区)也都超过了 100%,全部超过了国外水资源开发利用警戒值(40%)。

对于评价指标 I_{22},东海县灌溉用水较多,风险值在 0.85 ~ 0.95,东海县属于高度风险水平。其他各县(区)风险值在 0.5 ~ 0.85,属于中度风险。

对于评价指标 I_{23},市区主要为水稻和经济作物,单位农田灌溉用水量相对很大,市区属于高度风险水平;灌南风险值最小。

对于评价指标 I_{24},灌云、东海风险值在 0.95 以上,属于极度风险水平;全市经济增长较为粗放,生产用水效率一般,全市综合风险值为 0.836,属于中度风险水平。

对于评价指标 I_{31},全市及各县(区)风险值在 0.5 ~ 0.85,属于中度风险,表明经济增长速度一般。对于评价指标 I_{32},灌云、灌南属于高度风险水平,表明人口增长速率较高;全市及其他各县(区)属于中度风险水平,人口增长速率一般。

(2)准则层评价结果分析。对于评价指标 C_1,市区风险值最大为0.878,属于高度风险水平,这是因为市区人口集中,人均水资源量较小。对于评价指标 C_2,全市及各县(区)均属于中度风险水平,表明水资源开发利用强度较高,开发潜力较小。对于评价指标 C_3,全市及各县(区)均属于中度风险水平,其中市区最小,因为连云港市地处苏北地区,社会经济发展水平和人口增长率一般。

(3)目标层评价结果分析。全市各县区水资源开发利用综合风险值为0.88~0.94,均属于高度风险水平,从小到大排序为:赣榆、灌南、东海、市区、灌云。其中,灌云风险值最高达0.935,说明其水资源开发利用问题较突出。全市风险值为0.906,属于高度风险水平,说明连云港市水资源开发利用综合风险较高。

5　结论

(1)本文将突变理论应用于连云港市水资源开发利用风险现状评价中,全市风险值为0.906,属于高度风险水平。评价结果与实际情况基本吻合,可作为连云港市水资源开发利用和管理风险决策依据。

(2)突变理论具有以下优点:①指标先后排序是根据各指标重要性来确定的;②计算方法和过程简单方便;③比较客观。

(3)应用此方法要注意:①指标体系中同一层指标的重要性判别和排序,会影响最后评价结果,必须结合当地水资源开发利用状况;②有些指标不能单一依靠其风险值进行比较,还应结合相应评价指标值进行综合评价。例如 I_{21}(水资源开发利用程度),赣榆区风险值为0.39,属于轻度风险水平,而赣榆区水资源开发利用程度达到96%,远高于40%,实际上是高于轻度风险水平的。今后,还需要进一步完善判别标准。

参考文献

[1] 王颖, 马莉媛, 郁尧, 等. 关于水资源风险评价数学模型的讨论[J]. 南水北调与水利科技, 2010, 8(2): 69-72.
[2] 韩宇平, 阮本清. 区域供水系统供水短缺的风险分析[J]. 宁夏大学学报(自然科学版), 2003, 24(2): 129-133.
[3] 周璞, 侯华丽, 安翠娟, 等. 水资源开发利用合理性评价模型构建及应用[J]. 东北师大学报(自然科学版), 2014(2): 125-131.
[4] 张建龙, 解建仓. 矿井水资源开发利用风险管理平台研究[J]. 水利信息化, 2013(2): 11-14.
[5] 凌子燕,刘锐. 基于主成分分析的广东省区域水资源紧缺风险评价[J]. 资源科学,2010,32(12):2324-2328.
[6] 杜朝阳,于静洁. 西部水资源开发利用风险现状评价[J]. 中国人口资源与环境,2013,23(10):59-66.
[7] 冶雪艳,赵坤,杜新强,等. 突变理论在地下水开发风险评价中的应用研究[J]. 人民黄河,2007,29(10):47-48.
[8] 刘聚涛,高俊峰,姜加虎,等. 基于突变理论的太湖蓝藻水华危险性分区评价[J]. 湖泊科学,2010,22(4):488-494.
[9] 王富强,刘中培,杨松林. 基于突变理论的灌区水资源开发利用状况综合评价[J]. 中国农村水利水电,2011(12):19-21.
[10] 王天平,解建仓,张建龙,等. 基于突变理论的西王寨矿区矿井疏干水开发利用风险评价[J]. 西安理工大学学报,2010,26(4):417-423.
[11] 朱燕飞,陈智和,金远征. 金华市水资源利用效率评价研究[J]. 人民长江,2016,47(21):43-47.
[12] 韩晓军,肖琳,邱林. 基于突变理论的灌区地下水资源承载力评价方法[J]. 灌溉排水学报,2011,30(1):113-116.
[13] 俞永梅,张怀春. 上海市水资源生态风险评价及驱动因素分析[J]. 人民长江,2013,44(15):86-89.
[14] 秦晋,刘树峰. 吉林省水资源短缺风险等级评价及预测[J]. 人民长江,2016,47(21):39-42.
[15] 施玉群,刘亚莲,何金平. 关于突变评价法几个问题的进一步研究[J]. 武汉大学学报(工学版),2003,36(4):132-136.
[16] 任鲁川. 灾害损失等级划分的模糊灾度判别法[J]. 自然灾害学报,1996,5(3):13-17.
[17] 冯利华. 洪水等级和灾情划分问题[J]. 自然灾害学报,1996,5(3):89-92.
[18] 许武成. 再谈洪水等级的划分问题[J]. 西华师范大学学报(自然科学版), 2004, 25(3):317-319.

作者简介:王德维,男,1987年11月生,工程师,主要从事水文水资源管理与研究工作。E-mail:805969882@ qq. com.

淮安市南水北调清水廊道建设实践与成效初探

谢亚军　陆丽莉　张　佳　赵　伟

（淮安市水利局　江苏淮安　223005）

摘　要：淮安处于南水北调东线输水干线的上游，境内运河与淮河交汇，在保障输水干线水质达标方面具有十分重要地位。不管是从保障南水北调调水水质要求角度，还是从城市发展角度考虑，淮安都必须对境内水环境进行综合整治。近年来，淮安抢抓南水北调工程建设机遇，贯彻生态文明与绿色发展理念，把生态文明特别是清水廊道建设摆在重中之重的位置。文章围绕点源治理、污水截流、河流湖泊生态治理等一系列综合措施，分析了南水北调东线淮安境内清水廊道建设的成效，为效益的长期发挥提出建议。

关键词：南水北调　清水廊道　生态　建设

1　引言

淮安位于江苏省北部中心、淮河流域中下游，江淮水系交汇点，承接下泄淮河上中游16.8万km^2来水，也承担着南水北调和江水北调重要的输配水任务。淮安境内河湖交错，水网纵横，水利工程众多，生态资源丰富、生态基础条件良好，文化底蕴深厚，丘陵、平原、圩区等地貌特征明显，属于平原水网地区。经过多年的建设，已基本形成河湖相连、脉络相通、排蓄兼顾、调度灵活的防洪和水资源配置格局。作为南水北调东线主通道，淮安抢抓机遇，深入贯彻习总书记关于生态文明建设的重要思想，切实践行绿色发展理念，把生态文明特别是清水廊道建设摆在重中之重的位置。

2　淮安南水北调工程概况

南水北调东线工程是解决我国北方地区水资源严重短缺问题的重大战略性举措，是举世瞩目的世纪工程之一。工程是利用江苏省江水北调工程进行的扩大和延伸，途经淮安市的输水线路有两条：一条是通过大运河（淮安枢纽以南）与新河至淮安枢纽，由淮安一、二、三、四站抽水入苏北灌溉总渠和大运河、里运河（淮安枢纽以北），再由淮阴一、二、三站抽水入二河，经淮阴枢纽控制调节入中运河北送；另一条是通过金宝航道、三河输水，经金湖站、洪泽站入洪泽湖，通过洪泽湖调节后北送。

南水北调东线一期工程在淮安境内的主要项目包括：淮阴三站、淮安四站及输水河道、金湖站、洪泽站、金宝航道扩浚、淮安市区截污导流、洪泽湖抬高蓄水位影响处理工程、沿运闸洞堵漏及里下河水源调整工程等。自2013年11月15日东线一期工程正式通水以来，已累计调水入山东省19.8亿m^3。调水期间，工程运行平稳，水质稳定达标，有效缓解了供水沿线城市缺水状况，发挥了显著的经济、生态、社会综合效益。

3　淮安南水北调清水廊道建设实践

为保证南水北调的调水水质，同时改善淮安水环境，促进城市经济社会发展，近年来围绕南水北调调水线路进行了一系列的水环境治理，努力建设南水北调清水廊道。

3.1　积极开展截污导流工程建设

针对影响最严重的城区段里运河水质问题，实施截污导流工程。工程围绕“一管两河”进行，“一管”是指污水收集管网，“两河”分别是指城区段里运河及清安河。对淮安市城区排入里运河、大运河的生活污水、工业废水实施截流，通过铺设的污水管道收集后送入污水处理厂集中处理，此为“一管”；清除里运河污染底泥、拆迁河两岸居民及赔建护岸，此为“一河”；疏浚清安河作为污水处理厂的尾水导流通道，并结合城区排涝，此为另一河。通过治理输水干线本身的污染源，截住进入输水干线的外来污染源,清安河尾水导流不进入输水干线等一系列综合整治措施,有效改善输水河道的水质及水环境,实现南水北调东线工程治污单元控制中关于大运河污水零排入的目标。工程的实施,加快了淮安治污进程,极大地改善了水质状况,里运河作为调水保护区,水质呈逐年好转趋势,城区里运河水质由实施前的Ⅴ类~劣Ⅴ类提高到目前的Ⅲ类,城市整体水环境得到了较大改善。

3.2　全力实施城区运河水环境整治

淮安在保障输水干线水质达标方面具有十分重要的地位,我们依托国家重点工程,将南水北调工程建设与地方水环境整治紧密结合,把节水、治污、生态环境保护与调水工程建设有机结合,实施清水廊道工程,确保输水水质持续稳定达到地表水Ⅲ类标准。以南水北调东线输水干线里运河为例,我们将里运河水环境整治与里运河文化长廊建设有机结合,投入近18亿元着力提升打造水清、岸绿、生态、靓丽的秀美水环境。一是防洪保安。在里运河堂子巷、北门桥兴建防洪控制工程,汛期御淮河洪水于主城区之外,降低城区里运河汛期水位;同时在非汛期,保证城区段里运河有一定的景观水位,使城市与水亲密结合,打造生态水韵城市。二是降堤造景。配合里运河文化长廊项目整体建设,将里运河堤顶高程降低,实施里运河景观提升,迎水面护岸,桥梁、中洲岛景观提升、清淤及生态提升等一系列工程,将南水北调输水线路打造为集生态、景观、人文为一体的清水廊道,为淮安里运河文化长廊景区建设创造了坚实的水利基础。三是活水贯通。先后实施里运河与钵池山公园活水贯通、生态新城水系调整、楚秀园补水活水、清晏园活水、石塔湖里运河贯通等工程,使里运河与公园周边水体融为一体,实现水少可补、水多可排、水脏可换的活水目标,为构筑生态水城提供优质水源保障。

3.3　积极探索湖泊生态治理新模式

淮安境内河湖众多,湖泊保护是水生态保护、建设清水廊道的重要内容之一。洪泽湖、白马湖等湖泊也是南水北调东线输水的重要调蓄湖泊。我们以境内湖泊功能萎缩最严重的白马湖为突破口,相继启动实施了白马湖保护与开发、退渔还湖、退圩还湖、环湖基础设施与生态修复等工程,累计投入治理资金30多亿元,白马湖正常的蓄水面积增加了一倍,达到了82.6 km^2,排涝调蓄库容增加3倍达8 952万m^3,防洪调蓄库容增加1.6倍达到1.443亿m^3;湖区水质得到极大改善,根据近几年监测,水质均能保持在Ⅲ类水标准,部分区域已接近Ⅱ类水标准;湖区交通状况得到极大改善,同时近1.15万亩的弃土区为白马湖今后打造生态休闲区域增加新的发展空间。2013年成功入选国家支持的15个生态保护重点支持湖泊。目前,退圩(围)还湖和清淤工程基本完成,投资3.1亿元的白马湖湿地公园、投资1.9亿元的森林公园核心区、投资1.1亿元的弃土区生态防护工程、投资6.9亿元的上游9条中小河道整治及生态修复工程等有序推进。白马湖按照“生态休闲、养生养老、文化创意、低碳经济”的基本定位,正在积极打造成旅游、商务、居住、文化创意的综合体和集聚区,彰显生态与经济价值功能。

3.4　持续美化优化城乡水环境

南水北调水质的保护不仅仅局限于输水干线本身,要由线扩展到带再到面,需要整个区域面上水质的提升和保障。近年来,紧紧围绕市委市政府“绿水生态城市”发展定位,先后投入25亿余元,对主城区26座排涝泵站进行改扩建,排涝流量由原来的57 m^3/s扩大到193.8 m^3/s;对41条长334 km河道进行整治,保证整个城市排涝“主动脉”畅通、“毛细血管”发挥正常功能。围绕“水系的完整性、水体的流动性、水质的良好性、生物的多样性、文化的传承性”要求,加强城区河道水系沟通与轮浚,结合里运河防洪控制、黄河故道水利枢纽及水土保持、小盐河疏浚整治等工程,重点实施关城大沟及周边整治、宁淮高速南出入口下游河道整治、古黄河水利枢纽等一批城市水利工程,完善主城区水循环体系,提高区域河网连通能力,盘活水系,增加水体自净能力,着力建设活力绕城、清水润城的美好淮安。

3.5　扎实推进国家级水生态文明城市建设

2014年5月,淮安市被确定为第二批国家级水生态文明城市建设试点;2015年3月,《淮安市水生态文明城市建设试点实施方案》通过省政府批复实施,计划通过2015~2017年三年试点期建设,实现“河清湖晏、淮水安澜、生态水城、水美淮安”的美好愿景。方案根据淮安市水系特点和城市发展布局,提出建设高标准的水安全保障体系、集约高效的水节约体系、碧水畅流的水环境体系、健康优美的水生态体系、彰显特色的水文化体系、严格规范的水管理体系六大建设任务及八大建设内容、十项示范工程,建设总投资估算为99.55亿元,到2017年,淮安水生态文明实现程度达到90%以上,走出一条具有淮安特色的水生态文明建设道路。为此,市政府专门成立领导小组,下设办公室,负责创建的各项具体工作。为确保水生态文明城市建设各项工作有效落实,淮安市制定了《淮安市2015~2017年水生态文明城市建设试点三年行动方案》,分解落实目标任务,将水生态文明城市建设工作纳入各部门、各单位日常管理和工作考核之中,共同推进水生态文明城市建设试点工作有序开展。

4 初步成效

一是城市整体水环境得到了改善。南水北调工程的建设,促进了淮安治污进程,极大地改善了水质状况。里运河作为调水保护区,水质呈逐年好转趋势。工程实施前,2006年所监测的断面处水质只有11月达标,其余皆不达标,为Ⅴ类~劣Ⅴ类;从2010年起,根据市环保局公布的环境状况公报,里运河水质开始达Ⅲ类,符合水质功能区划要求,总体水质状况良好,城市整体水环境得到了较大改善。

二是增强了城市发展环境容量。南水北调工程的实施,提高了城市水网的环境容量。一方面使因缺水等原因受限的工业得以发展,同时城区截污干管建设工程及清安河尾水排放工程,极大降低了高耗水工业的发展对水污染的影响,恢复河道的基本功能,同时大大地增加了水环境容量和水环境的承载能力,将进一步加快我市的工业化、城市化发展进程,促进我市经济社会的发展。

三是改善了水利基础设施。在实施南水北调主体工程的同时,也实施了一系列配套工程,整治了河道,更新了老化的水利设施,提高了引排水能力,解决了一定标准下的排水出路问题,减轻了地方防汛压力,给人民生活带来方便的同时,美化了环境。

5 有关建议

5.1 结合南水北调后续工程,进一步深化治污工程建设

根据东线治污规划,淮安实施了截污导流、城市污水处理、流域综合整治、工业综合治理等一系列的清水廊道工程,保障了调水水质。但清安河作为淮安城区唯一的城市尾水通道,水环境压力很大,我市计划在清安河沿线实施生物—生态处理工程,改善排入淮河入海水道的水质。同时考虑金湖、洪泽及盱眙等县尾水处理及导流问题。根据东线二、三期工程布局安排,主要增加运西线输水能力,线路将涉及我市金湖、洪泽及盱眙三县(区)。现状盱眙县尾水经清水坝引河入淮河,金湖县经利农河入高邮湖,洪泽县经浔河入白马湖,对河湖水质影响均较大。需提前考虑三个县(区)的城市污废水处理以及尾水导流等问题。

5.2 依据淮安生态红线,严格蓝线管理,坚守保护范围,防止侵占河道滨水空间

河岸带是水陆生态系统的过渡带,滨水生态建设能够很好地促进经济发展与环境保护。然而,随着社会经济的快速发展,城市化进程的加快,淮安城市框架不断扩展,城区河道两岸众多违章建筑,严重侵占河道使用空间,必须加强规划的控制和引导,依据生态红线,严格蓝线管理,坚守保护范围,构筑滨水生态空间。

5.3 成立统一机构、联合巡查,控制风险、保障沿线水质安全

南水北调东线工程输水线路涉及苏、皖、鲁三省,具有防洪排涝、供水输水、航运旅游等综合功能。淮安段调水干线穿越主城区,线路长,在调水运行过程中,必须考虑可能的突发性水环境风险,诸如自然灾害、船舶溢油事件、有毒化学品的泄漏以及污水的非正常大量排放等。建议成立由苏、皖、鲁三省组成的管理机构,设立联合巡查总队,制订应急处置预案,提高控制风险管理水平,保证沿线水质安全。

参考文献

[1] 储德义,周结斌.关于淮河流域水生态文明城市建设的几点思考[J].水利发展研究,2015,15(10):6-8,24.
[2] 王道虎,吴昌新,谢亚军,等.南水北调东线工程淮安段水质保证措施及实施效果[J].中国水利,2013:45-46,48.
[3] 水利部.南水北调东线工程治污规划[R].2001.

作者简介:谢亚军,男,1977年2月生,高级工程师,主要从事水利规划与建设管理工作。E-mail:247730314@qq.com.

石拉渊灌区农田灌溉水有效利用系数测试实践及探索

杜庆顺　王秀庆　李　斯

（沂沭泗水利管理局水文局（信息中心）　江苏徐州　221018）

摘　要：科学核定流域内农田灌溉水利用系数，是落实最严格水资源管理制度中用水效率控制制度的重要基础工作，选择具有代表性的灌区开展农田灌溉水有效利用系数测试，为流域农田灌溉水利用系数核算提供参考依据是非常必要的。石拉渊灌区地处鲁东南，临沂市河东区境内，是引沭河水自流灌溉的中型灌区，为加强流域水资源优化管理，2016年度，在该灌区选取12块典型田块，对灌区农田灌溉用水有效利用系数进行了测算。灌区毛灌溉水量采用灌区渠首闸取水量扣除各退水口门退水量，净灌溉水量以各典型田块历次灌溉前后土壤水深及不同深度土壤含水率变化情况为代表进行推求，经测算2016年度灌区毛灌溉用水量为444万m^3，净灌溉用水量为207万m^3，该年度农田灌溉水有效利用系数为0.467，本文结合测算过程浅谈经验体会。

关键词：水资源管理　石拉渊灌区　农田灌溉水　有效利用系数测算

根据《淮河流域综合规划》要求，到2020年流域内农业灌溉用水有效利用系数提高到0.57，2030年为0.61。科学核定流域内农田灌溉水利用系数，是落实最严格水资源管理制度用水效率控制制度的重要基础工作。选择具有代表性的灌区开展农田灌溉水有效利用系数测试，为流域农田灌溉水利用系数核算提供参考依据是非常必要的。

1　灌区基本情况

石拉渊灌区地处鲁东南，临沂市河东区境内。该灌区东靠沭河，西与河东区葛沟灌区接壤，南至彭白排水沟，北抵莒南县。灌溉面积主要分布在河东区刘店子、郑旺、相公、汤河、凤凰岭河重沟六个乡镇（街道），160个自然村。灌区内人口密集，土地肥沃，占河东区总耕地面积的24%。

灌区所辖区域有人口25.18万人，耕地面积25万亩，灌区设计范围16万亩，有效灌溉面积8.6万亩，直接管理单位为河东水利局石拉渊灌区管理处，历年最大灌溉面积10万亩，近10年实际平均计收水费面积每年4.31万亩。

该灌区是引沭河水自流灌溉的中型灌区，取水口门及退水口门易于监测，封闭条件良好，具有较好的代表性、稳定性和一致性，因此选定石拉渊灌区作为农田灌溉用水有效利用系数的测试灌区。

1.1　灌区工况

灌区渠首取水口门处沭河河道内建有石拉渊拦河坝，全长248.4 m，坝高2.4 m。灌区建设有进水闸5孔，干渠一条，长42 km，设计支渠17条，长144 km，现有106 km；斗渠52条，长89 km，设计渠系建筑物2 033座，现有848座，并于1964年10月至1970年先后在刘店子乡、郑旺乡建成机电灌站6处，装机18台套，972 kW。

1.2　灌区水文气象条件

石拉渊灌区位于山东省临沂市，地处淮河流域沂沭泗水系，属暖温带半湿润季风气候区，具有大陆性气候特征。四季变化分明，适应各种作物生长，光照充足，雨量集中。春季干燥少雨多风；夏季高温多雨，偶有伏旱；秋季气温下降迅速，雨量骤减，秋高气爽；冬季干冷，雨雪稀少。气温、降水和蒸发等气象因素年际变化显著，多年平均水面蒸发量为1 180～1 320 mm。

沭河水系暴雨成因主要是黄淮气旋、台风及南北切变。长历时降雨多数由切变线和低涡接连出现造成。暴雨移动方向由西向东较多。降雨一般自南向北递减,沿海多于内陆,山地多于平原;年际变化较大,最大年降水量和最小年降水量相差达4.5倍。

2　技术路线及典型田块选择

2.1　技术路线

依照有关细则及规范的规定,首先选取典型田块,之后测算分析典型田块年亩均净灌溉用水量,进而分析计算石拉渊灌区年净灌溉用水量,最后以石拉渊灌区年净灌溉用水量、年毛灌溉用水量为基础,分析计算该灌区灌溉水有效利用系数。技术路线如图1所示。

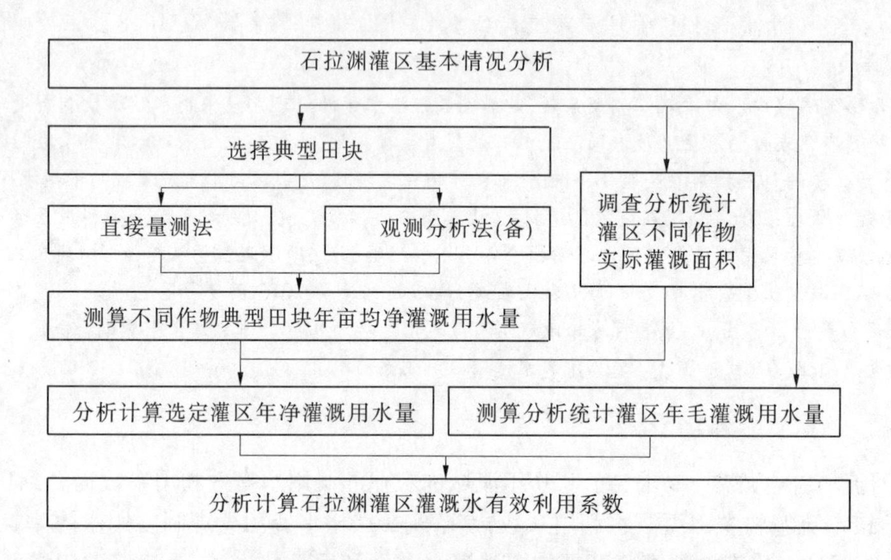

图1　石拉渊灌区农田灌溉水有效利用系数测试技术路线

2.2　主要实施过程

(1)实时监测渠首闸门变动情况,发现水位变化及时联系有关人员,确认闸门启闭情况。

(2)确认闸门开启进行引水时,由技术人员携带专业设备及时赶赴灌区,进行引水流量的观测,观测过程必须控制住各主要控制闸启闭情况发生变化时各干支渠取水及各退水口门退水流量情况,并做好监测情况记录工作及闸门启闭记录。

(3)灌溉前后及时有序开展典型田块土样灌溉后水深测量、土壤取样及送检工作,及时开展土样土壤含水率变化试验工作以及灌溉前后水深变化记录工作。

2.3　典型田块选择

经调查统计,该灌区春季和冬季均未引水,渠首闸未开启,因此本文只针对夏季和秋季引水情况进行测算。2016年度石拉渊灌区夏季作物种植以夏玉米、水稻和花生大豆类植物为主,其中夏玉米种植比例最高约为60%,为2.4万亩;其次为水稻,种植比例约为28%,为1.1万亩;其他作物种植比例约为12%。综合考虑工程设施状况、管理水平、灌溉条件、作物种类、种植结构、观测条件的因素,经现场勘察,石拉渊灌区上下游水稻和旱作物各选取不少于3块典型田块,共计选取12个典型田块,后续测算过程中根据灌溉情况等实际需要进行调整。典型田块选择如表1所示。

3　年毛灌溉水量确定

根据灌区渠首引水流量观测点和四个退水口监测点(梁子沟、宋沟、柳沟和倒虹吸闸退水口监测点)的灌溉窗口期引退水量汇总计算得到灌区毛灌溉用水总量。根据石拉渊渠首启闭记录和流量测验情况分析,石拉渊灌区2016年度农田灌溉引水天数49天。石拉渊渠首闸年取水流量为710.81万m^3,梁子沟退水口、宋沟退水口、柳沟退水口及倒虹吸闸上退水流量年度累计为266.37万m^3,因此石拉渊灌区2016年度毛灌溉用水总量为444.44万m^3(见表2)。

表1　石拉渊灌区农田灌溉水有效利用系数测试选取典型田块

渠系	渠首位置	典型田块	行政村属	面积(亩)
二支渠	5+034	1	朱家郑旺村	0.53
		2	朱家郑旺村	0.56
		3	朱家郑旺村	0.86
干斗二	5+024	4	前新庄村	2.30
		5	前新庄村	0.65
		6	前新庄村	1.20
八支渠	9+972	7	前宋庄村	1.30
		8	前宋庄村	1.30
		9	前宋庄村	1.20
总干渠	11+600	10	郭湾沟南村	1.97
		11	郭湾沟南村	1.89
		12	郭湾沟南村	2.83

表2　石拉渊灌区2016年度毛灌溉水量统计

开闸日期(月-日)	关闸日期(月-日)	取水天数(d)	引水水量(万 m^3)	退水水量(万 m^3)	毛灌溉水量(万 m^3)
06-20	06-30	10	133.06	45.79	87.26
07-09	07-15	5	75.60	27.22	48.38
07-26	08-01	6	78.80	26.44	52.36
08-19	09-16	28	423.36	166.92	256.44
合计		49	710.82	266.37	444.44

4　年净灌溉水量确定

根据观测与分析得出的二支渠、干斗二、八支渠和总干渠旱作物与水稻作物典型田块的年亩均净灌溉用水量，再根据灌区内不同分区不同作物种类灌溉面积，结合不同作物在不同分区的年亩均净灌溉用水量，计算得出石拉渊灌区年净灌溉用水总量，根据典型田块灌溉前后土壤含水率试验结果分析，石拉渊灌区2016年度年净灌溉总量为206.89万 m^3。历次灌溉过程中详细测算结果见表3和表4。

5　测算结果

根据定义，灌区灌溉用水有效利用系数即为某时段灌区田间净灌溉用水总量与从灌溉系统取用的毛灌溉用水总量的比值。计算公式如下：

$$\eta_w = \frac{W_j}{W_a}$$

式中：η_w 为灌区灌溉用水有效利用系数；W_j 为灌区净灌溉用水总量，m^3；W_a 为灌区毛灌溉用水总量，m^3。

表 3　各次水稻实测田间灌溉水深统计

所属田块	次灌入渗（m^3/亩）	次灌水深（mm）	次均水量（m^3/亩）	灌溉水量（含泡田）（m^3/亩）
郭湾（沟角）站	19.08	20	13.32	172.3
郭湾（沟角）站	6.15	20	13.32	
郭湾（沟角）站	11.70	50	33.3	
郭湾（沟角）站	0	20	13.32	
朱家郑旺村站	5.80	40	26.64	178.05
朱家郑旺村站	6.50	50	33.3	
朱家郑旺村站	3.70	60	39.96	
前新庄站	12.30	25	16.65	115.16
前新庄站	4.07	30	19.98	

表 4　石拉渊灌区年净灌溉用水总量

作物种类	亩均次净灌溉水量（m^3）	亩均总水量（m^3）	灌溉面积（万亩）	灌溉总水量（m^3）
旱作物	10.4	10.4	2.9	30.16
水稻	48.2	160.67	1.1	176.73

结合本项目实际情况，石拉渊灌区 2016 年度毛灌溉用水总量为 444.44 万 m^3，田间净灌溉用水总量为 206.89 万 m^3。由于本年 6 月之前灌区渠首闸门未开启，灌区没有引水，因此 2016 年度石拉渊灌区灌溉用水有效利用系数为 0.467（见表 5）。

表 5　石拉渊灌区农田灌溉用水有效利用系数测算成果

石拉渊灌区	毛灌溉用水总量（万 m^3）	净灌溉用水总量（万 m^3）	有效利用系数
农田灌溉用水	444.44	206.89	0.467

6　实践有关误差分析及实践心得体会

根据 2016 年度灌区农田灌溉水有效利用系数测算过程，结合有关规范进行本项目试验结果的误差分析，得到以下几点结论：

（1）灌区选择要有足够的代表性。本灌区地处鲁东南地区，为取沭河水自流灌溉的中型灌区，取水口门及退水口门易于监测，封闭条件良好，具有较好的代表性、稳定性和一致性。不足之处在于本灌区的灌溉水源为沭河来水，由于上游陡山水库 2014 年起进行除险加固，至 2016 年尚未完成。结合实际情况，石拉渊灌区管理处于 2016 年初对灌区各乡镇及行政村下达了限制供水通知书。因此，为防止大流量引水对部分自流灌区的农作物造成影响，2016 年的灌区渠首闸引水流量较正常年份有较大程度的下降。

（2）典型田块选择要充分考虑各方面因素。本项目中选定的典型田块结合该灌区历年进行相关试验时所选田块，进行连续观测，尽可能减少了各种因素困扰，典型田块大多灌溉条件便利，交通方便，能有效代表整个灌区的实际灌溉情况，保障测试结果具有代表性。

（3）尽量避免土壤取样工作时间节点存在随机偏差，以及土壤灌溉取样过程中存在的偶然偏差。2016 年度灌区引水时，灌溉顺序由上而下，灌溉节点难以实时掌握，为保证试验的及时性和准确性，本次测算过程采用一次灌溉多次观测、多次取样，充分避免了随机和偶然偏差。

(4)毛灌溉水量与净灌溉水量的分析中,要充分考虑降水与蒸发等影响因素。本报告测算过程中,由于降水量较大的天数大多不在灌溉窗口,因此未考虑降水的因素。实际情况中,即使少量降水产生的径流也将导致灌溉过程退水量存在一定的偏差,对灌溉水量可能存在一定影响。

(5)灌区观测数量及频次需保持连续性。2016年度,石拉渊灌区的灌溉方案较往年略有不同,之前年份多采用"大流量,高水位"的大水漫灌方式对稻田进行灌溉,今年由于水利工程条件限制,采用的"小流量,低水位"的方式进行,即保证干渠及主要支渠的水量,部分农田由种植用户自己抽水灌溉方案,因此相同种植作物的灌溉各不相同,对实际测算工作造成了一定的困难。因此,若要保证测算结果更加准确,建议对该灌区进行多年连续观测。

(6)计算方法的实用性。本次试验采取方法为首尾分析法,"首"中渠首的引水量及退水口门的退水量数据均通过多次渠道现场流量测验取得,"尾"中的灌溉数据是历次灌溉前后水深变化及土壤取样及时进行烘干称重试验取得。该试验方法充分保证了数据的准确性和可靠性,为有关计算打下了良好的基础,该计算方法可以适用于流域内大多数灌区的系数测定工作,能够较好地保证测算结果的准确性。

(7)测算结果的代表性。结合流域内的水文气象因素以及灌区工况等条件,作为自流引水、灌溉方式单一的灌区,本系数在沂沭泗水系的相似灌区中有一定的代表性。

参考文献

[1] 中华人民共和国水利部. 灌溉水利用率测定技术导则:SL/Z 699—2015[S]. 北京:中国水利水电出版社,2015.
[2] 中华人民共和国水利部. 灌溉试验规范:SL 13—2015[S]. 北京:中国水利水电出版社,2015.

作者简介:杜庆顺,男,1982年1月生,工程师,主要从事水文水资源方面的工作。E-mail:duqingshun@ 126. com.

新时期治水思路下的节水型社会建设探讨

——以涡阳县节水型社会建设为例

李东生[1] 王艺晗[2]

(1. 安徽淮河水资源科技有限公司 安徽蚌埠 233000;
2. 河海大学水文水资源学院 江苏南京 210098)

摘 要:"节水优先、空间均衡、系统治理、两手发力"是新时期治水方针,在过去一段时期内节水是通过科技和社会性的手段来减少水资源量的使用,新时期节水型社会建设需要在传统节水的基础上更加深入地理解节水内涵。本文以涡阳县节水为例,通过对涡阳县节水型社会实践中存在的问题进行探讨,在此基础上提出涡阳县节水型社会建设方案,为涡阳节水型社会建设提供参考。

关键词:新时期 节水 节水型社会 涡阳县

传统的节水是通过科技或社会性的手段来减少水资源量的使用,在当前人与水的矛盾日益尖锐的时代背景下,仅靠节水技术手段已不能解决日益严峻的水资源短缺问题。为此,国家明确提出节水型社会建设。本文围绕节水型社会建设这一主题,依据涡阳县节水型社会建设的内容、范围与层次,系统探讨了涡阳县节水型社会的基础框架,紧扣可持续发展的核心理念,在通过技术和社会性手段节水的同时,积极开辟新水源、合理配置现有水资源,构建与水资源承载力相适应的经济结构体系,形成以经济调控手段为主的节约用水机制,提高水资源的利用效率。

1 研究进展

1.1 国内研究进展

1983 年全国开展了第一次城市节约用水会议,成为了我国强化节水管理的重要标志;国家"七五"计划更是把有效保护和节约使用水资源作为长期坚持的基本国策,并在 1988 年颁布的《中华人民共和国水法》中以法律形式固定化。1990 年全国第二次城市节约用水会议提出创建"节水型城市"要求;1997 年国务院审议通过《水利产业政策》,规定各行业、各地区应大力普及节水技术,全面节约各类用水;2000 年首次提出"建设节水型社会";2002 年 8 月修订的《新水法》规定:"要发展节水型工业、农业和服务业,建立节水型社会";2015 年 2 月,习总书记主持召开中央财经领导小组第九次会议时指出:保障水安全,关键要转变治水思路,按照'节水优先、空间均衡、系统治理、两手发力'的方针治水,统筹做好水灾害防治、水资源节约、水生态保护修复、水环境治理。

我国学者李佩成早在 1982 年就已经提出了"节水型社会"的概念,他认为:节水型社会是社会成员深刻认识到水的重要性和珍贵性,认识到水资源并非取之不尽用之不竭的,进而改变了不珍惜水的传统观念,改变了浪费水的行为。"节水型社会"这一概念提出后,国内外学者从不同的角度对其进行了更为深入的理论探讨。王浩等认为:所谓节水型社会,是指人们在生产、生活过程中,在水资源开发利用的各个环节,始终贯穿对水资源的节约和保护意识,以完备的管理体制、运行机制和法律体系为保障,在政府、用水单位和公众的共同参与下,通过法律、行政、经济、技术和工程等措施,结合社会经济结构调整,实现全社会用水在生产和消费上的高效合理,保持区域经济社会的可持续发展。程国栋院士在《承载力概念的演变及西北水资源承载力应用框架》一文中指出:节水型社会是在明晰水权的前提下,通过调整水价、发展水市场等手段,建立以水权为中心的管理体系,量水而行的经济体系,最终实现水资源集约高效利用、社会经济又好又快发展、人与自然和谐相处的一种社会形态。新时期一些研究者认为:节水型社会建设是一项系统性、综合性很强的复杂系统工程，应构建能使水资源得到优化配置的相应体系，即构建与水资源优化配置相适应的节水防污工程技术体系，与水资源和水环境承载力相协调的经济结构体系，与水资源价值相匹配的社会意识和文化体系，以及以水权管理为核心的水资源与水环境管理体系。当前，国内关于节水型社会建设的定性研究主要集中在水权、水价和水市场，以及节水型社会建设模式等方面。

1.2 国外研究进展

国外关于节水工作的起步较早。早在1965年，美国国会就通过《水资源规划法》加强水资源的综合管理，控制用水量的过快增长；1990年，美国召开了由各州主要供水公司参加的“CON SERV 90”的节水会议，通过此次会议让供水管理成为一个可行的和永久性的组成部分；美国水资源委员会将节水定义为：“减少选定用途上的用水量，使之供给替代用途的用水；改变现行的水开发管理方法，开辟获得水的其他途径；提高地表径流及其流量的管理，适当改变水资源的数量和时空分布。Jordan J L 等认为：“节水就是通过从经济、社会利益方面减少取水量、用水量和水的浪费而提高水的使用效率。”

2 研究区概况

涡阳县位于淮北平原中部，安徽省西北部，地处亳州市中心地带，与豫、鲁、苏三省毗邻，行政区面积2 107 km^2，县域82.4%的面积为早期河间平原，土地利用类型以耕地为主。市区建成区面积45 km^2，下辖4个街道、20个镇、1个林场、1个经济开发区。境内主要河流有涡河、包河、西淝河、茨河、北淝河等，淮河水系境内流域面积500 km^{2}以上的河流4条，总流域面积2 100 km^2。气候属于暖温带半湿润大陆性季风气候，光照充足，气候温和，雨量适中，四季分明，无霜期较长。据统计，涡阳县年平均温度14.6 ℃，年极端最高温度41.2 ℃，出现在1974年7月9日；年极端最低温度－24 ℃，出现在1969年，极端温差为温度65.2 ℃。多年平均降水量818.6 mm，年最大降水量为1 342.9 mm，出现于1954年，年最小降水量为517.7 mm，出现于1976年。最长连续降雨日数10 d，出现于1971年6月9日至18日；最长连续无降水日数64 d，出现在1975年12月9日至1976年2月10日。

3 涡阳县水资源开发利用现状

涡阳县多年平均降水量为818.6 mm，多年平均地表水资源量为3.2亿m^3。依据2015年涡阳县统计数据，涡阳县当年天然径流量为2.85亿m^3，折合径流深135.3 mm；供水总量2.51亿m^3，其中，地表水为0.67亿m^3，占供水总量的26.6%；地下水为1.84亿m^3，占供水总量的73.4%；浅层地下水为1.34亿m^3，占供水总量的53.5%；中、深层地下水为0.50亿m^3，占供水总量的19.9%，主要供给区在涡阳县城。

从表1中可以看出，涡阳县现状主要以开采地下水为主，地表水开发利用潜力较大；城区供水主要依靠地下水，水源单一，造成了涡阳县城区域深层地下水严重超采，涡阳县城区已经面临无好水可用的尴尬局面，供水矛盾加剧，需要量水而行的节水型社会建设迫在眉睫。

表1　涡阳县2013～2015年供水结构

年份	地表水源供水量（亿m^3）	浅层（亿m^3）	中深层及以下（亿m^3）	总供水量（亿m^3）	地表水供水比例（%）	浅层（%）	中深层及以下（%）
2013年	0.74	1.38	0.54	2.66	28.0	51.7	20.3
2014年	0.64	1.35	0.50	2.49	25.6	54.3	20.1
2015年	0.67	1.34	0.50	2.51	26.6	53.5	19.9

4 涡阳县节水型社会建设探讨

涡阳县水资源严重短缺，供需矛盾尖锐，县城主要表现为水质性缺水，取用水全部来自地下水，用水矛盾突出，节水型社会建设对涡阳水资源开发利用具有重大意义。本文从新时期节水主要手段入手，对涡阳县节水型社会建设进行探讨，认为涡阳节水型社会建设主要分为以下几方面内容。

4.1 强化管理

节水管理是节水型社会建设最为主要的手段，美国、以色列和澳大利亚等节水型社会建设较为成功的国家，主要依靠节水法律等正式制度的建设。在我国，节水型社会建设依托最严格水资源管理制度，严格执行强制性节水标准，以"节水优先、空间均衡、系统治理、两手发力"作为新时期治水方针，以提高用水效率为节水型社会核心，以节水优先为水资源可持续利用的根本，通过用水效率控制红线强制节水改造，提高工业、农业和生活的用水效率，进而达到水资源高效利用的目标。

4.2 公众参与

节水型社会是全民资源价值观普遍确立，节水活动普遍参与的社会，是水资源工程由"工程水利"向"资源水利"、由"劣治"向"良治"的根本转变过程，是实现由"要我节水"到"我要节水"的根本性转变。在美国、以色列和澳大利亚等节水型社会建设较为成功的国家，一方面依靠节水法律等正式制度的建立，是一种"要我节水"的强制性约束；另一方面是节水文化的宣传，通过宣传增强全民节水意识，培养"我要节水"的意识。涡阳县节水型社会的建立，节水宣传增强全民节水意识必不可少，如在"世界水日"及"中国水周"集中宣传，推广节水产品，促进自觉节水的机制，结合"最严格水资源管理制度"的强制约束，进而完成涡阳节水型社会建设。

4.3 以水定产

涡阳县属水质型缺水县城，水资源承载能力决定了其配置应从"以需定供"到"量水而行，以水定产"转变，建立与区域水资源和水环境承载能力相适应的经济结构体系。尤其是在国民经济和社会发展规划、城市总体规划及重大建设项目布局时，应进行科学论证，使区域发展战略和经济布局与当地水资源条件相适应。经济结构建设应依据涡阳县水资源现状条件，对已经入驻投产的产业，产业结构本身难以进行大规模调整，经济结构调整的主要方向是通过产品升级换代带动产业结构调整；在企业引进时，应鼓励引进对水质要求不高的企业，限制引进高耗水型或对水质要求较高的企业，禁止高耗水型高污染企业，有选择性、有重点地发展高新技术产业；可以积极发展第三产业，发展特色农业、生态农业。对于涡阳现阶段工业园区煤炭和化工等优势产业的发展，考虑到历史和现实的因素，目前不宜限制这些产业的发展，但必须在产业发展规划时，进行严格的建设项目水资源论证，原则上不再占用原水资源配置方案中的资源量，通过使用非常规水源解决此类产业的发展用水问题。

4.4 分质供水

依据美国水资源委员会的节水定义："减少选定用途上的用水量，使之供给替代用途的用水，改变现行的水开发管理方法，开辟获得水的其他途径。"多水源联合供水是分质供水的基础，是城市供水的保障，符合水资源可持续利用的核心理念。根据涡阳城区现状水资源开发利用分析可知，涡阳县城区供水水源单一，地表水开发利用率较低，用水主要依赖地下水，地下水开发利用程度较高，县城区域已经严重超采。本文认为涡阳县节水亟待开辟新水源，进而实施多水源联合供水，在此基础上开展"分质供水"。开辟新水源，如开发利用涡河地表水、涡阳县污水处理厂再生水及雨水资源，在涡阳县集中用水区域实施多水源联合供水，在此基础上进行"分质供水"，是解决涡阳县缺水问题的重要途径。

当前涡河主要功能定位为城市纳污河道，涡河过境水量开发利用程度低，涡河水未能被较好的利用，开发利用涡河水供给对水质要求不高的工业使用可以减少涡阳县地下水新鲜水的取用量。根据最严格水资源管理红线，现状涡阳县还剩余1 000万m^3总量控制指标，在不考虑置换地下水资源量的条件下，还可以开发利用地表水1 000万m^3，减少了地下水开采量。随着污水处理技术的日趋成熟，以水质和水量相对稳定的城市污水和工业废水为水源，通过污水处理厂处理再生后回用于城区对水质要求不高的用水户，一方面可以减少污水排放量，降低对涡河水体的污染；另一方面基建投资比远距离引水经济。根据涡阳县污水处理厂的实地调研可知，现状年涡阳县污水实际处理量在5万t/d左右，预测2030年污水处理量达到16万t/d，开发利用潜力巨大。

4.5 水权转换

水权转换是以水价为杠杆，通过水价调节水资源的供求关系，最终发挥水权在水资源配置中的基础性作用。水权是依靠市场配置水资源的基础,在明晰水权的基础上,市场主体交易,形成水价,通过调整水价、发展水市场等手段,建立以水权为中心的管理体系和量水而行的经济体系。当前涡阳县城区已经划为限采区,地下水开发利用程度较高,水权的确立是涡阳节水型社会建设极为关键的一步,以水价的方式发展市场,以水价引导水生产者和消费者调整生产和消费行为,从而实现资源的重新配置,进而实现水资源集约高效利用、社会经济又好又快发展、人与自然和谐相处的一种社会形态。现阶段水权转换仍未有成熟的方案,涡阳节水型社会建设中"水权转换"需在涡阳县政府的指导下进行,因此需要建立一套完善的水权交易规则和交易程序,本着公平、公开和自愿交易的原则,实现水权的顺利交易,进而达到水资源的优化配置。

5　展望

水资源是在一定经济、技术条件下可被人类开发利用再生的那部分水量,水资源定义决定着其内涵和范畴,而节水型社会建设作为一项全新的探索,是一项触及社会各个层面的复杂系统工程,更是一个长期的动态过程。随着水资源管理制度体系的不断完善和人们认识水平的不断提高,节水型社会建设理论有待实践中进一步完善和发展。

参考文献

[1] 李佩成.认识规律、科学治水[J].山东水利科技,1982,(1):18-21.

[2] 王浩,王建华,陈明.我国北方干旱地区节水型社会建设的实践探索——张掖市首个试点城市的经验[J].中国水利,2002,(10):140-144.

[3] 程国栋.承载力概念的演变及西北水资源承载力应用框架[J].冰川冻土,2002,24(4):361-367.

[4] 杜祥琬.33位院士谈"建设节约型社会"刻不容缓[N].光明日报,2006-07-06.

[5] 褚俊英,王浩,秦大勇,等.我国节水型社会建设的主要经验、问题与发展方向[J].中国农村水利水电,2007(1):11-16.

[6] 吴季松.分配初始水权,建立水权制度[N].中国水利报,2003-3-11.

[7] 蔡守秋,蔡文灿.水权制度再思考[J].北方环境,2004(5):21-27.

[8] 康洁.美国节水的历史、现状及趋势[J].海河水利,2005(6):65-66.

[9] Jordan J L. Incorporating Externalities in Conservation Programs [J]. AWWA, 1995, 86(6): 49-56.

作者简介:李东生,男,1987年6月生,硕士,工程师,主要从事水资源方面工作。E-mail:812039751@qq.com.

淮安市高铁新区水系优化调整及站前广场竖向设计方案研究

孟佳佳[1]　王道虎[1]　皇甫全欢[1]　黄苏宁[2]

(1. 淮安市水利规划办公室　江苏淮安　223005;
2. 江苏省水利工程科技咨询股份有限公司　江苏南京　210029)

摘　要:高铁新区是淮安市委市政府近年来打造的重点区域之一。目前,高铁站及区域内部衔接道路等前期工作快速推进,水系调整工程也已完成可研报告,但在相关道路、水系及高铁站房等设计衔接过程中,仍存在一些交叉问题,如高铁站站房室外高程确定、站前道路跨河桥梁设计标高、河道实施范围等。本文主要开展高铁新区水系优化调整及站前广场竖向设计方案研究,以更好地规划与优化调整高铁新区水系,在保证水系连续畅通的基础上,确保高铁站及其周边范围防洪及排水等安全,以期达到经济、社会与生态环境三者综合效益的最大化,更好地为地区经济发展服务。

关键词:高铁新区　水系优化　竖向设计　方案研究

近年来,随着经济社会的发展,城市化进程也逐步加快,城市范围不断扩张,开发区、产业园区等新兴园区不断出现,下垫面条件发生了极大改变,城市基础设施尤其是河道及管网不配套,国内一些城市频频出现"看海"现象,灾害给城市带来的损失逐年加大。水利作为国民经济的基础产业,其与城市发展的协调性也越来越得到重视。新兴城区在编制控规时也逐步将该区域的水系规划纳入其通盘考虑,甚至编制水系调整专项规划。在考虑水利基本功能的基础上,又加入了生态、景观、文化等综合功能的统一规划。淮安市高铁新区位于淮安生态新城范围内,该区域以高铁站场为动力源,打造以淮安高铁东站为核心,集交通枢纽、商务办公、星级宾馆、商业购物、文化休闲、生态居住等功能于一体的城市新片区,因此编制其水系调整规划方案时应统筹考虑其区域功能,进行极具水生态文化特色的水利设施配套。本文即围绕淮安市高铁新区内部茭陵一站引河线路优化调整方案及站前广场竖向设计开展研究。

1　项目概况

淮安市高铁新区位于渠北地区,淮安生态文旅区范围内。根据《淮安生态新城高铁新区控制性详细规划》,其四至范围为:东至京沪高速,西至新长铁路,南至广州路,北至徐杨路,面积约为 11.29 km^2。区域内部水系主要包括茭陵一站引河、乌沙干渠、三支沟、四支沟及南支河,其中茭陵一站引河、乌沙干渠沿对角线方向从西南向东北方向穿越高铁新区。

规划沿茭陵一站引河塑造一条连续的,集生态、景观和休闲活动于一体的滨水风光带,优化茭陵一站引河—乌沙干渠生态景观带内的堆岛形状与建筑布局,整合形成两个相对集中的片区,并与淮安森林公园旅游区沟通,形成一条城市级滨水生态带、景观带、湿地旅游带。

规划从乌沙干渠规划区上游侧建引水闸用于景区补水活水,在规划区下游侧乌沙干渠建蓄水闸,站前景观水域正常控制蓄水位建议为 7.5 m(废黄河高程系,下同),最高蓄水位控制在 8.0 m 以下。河道沿岸设置河滨缓冲带,净化入河水质;滨水岸线做自然或半自然化处理,采用植被和低影响开发措施,形成一些能提供生物多样性所必需的河漫滩等软质生态护坡,创造可持续的河堤生态系统。

2　区域河道现状

区内主要灌排水系有乌沙干渠、茭陵一站引河、南支河、四支沟等。

2.1　乌沙干渠

乌沙干渠为渠北灌区的主要灌溉渠道,灌溉面积13.48万亩,渠首设计流量28 m^3/s,规划高铁核心区范围位于广州路与京沪高速之间,桩号5+523-8+597,长度约3.1 km,渠底宽为10 m左右,渠底高程5.5 m左右,渠顶高程9.5~10.0 m,渠道边坡1:2。

2.2　茭陵一站引河

茭陵一站引河为淮安市城区、经济开发区以及农区的主要骨干排涝河道,对整个渠北高片排涝起到举足轻重的作用。河道起于翔宇大道,讫于茭陵一站,河道总长28.5 km,规划高铁新区范围位于广州路与京沪高速之间,桩号4+100~7+750,长度约3.65 km,河底宽15~20 m,河底高程为3.0 m,河口宽50~60 m,堤顶高程8.0~9.5 m。

2.3　南支河

南支河起于茭陵一站引河南支河节制闸,讫于入海水道南支河涵洞,河道总长20.6 km,规划高铁核心区范围位于鸿海路与京沪高速之间,桩号0+000~3+000,长度约3.0 km,河底宽8~10 m,河底高程为3.5 m左右,地面高程为8.0~9.5 m。

2.4　四支沟

四支沟为茭陵一站引河支流,位于茭陵一站引河北侧,规划区范围内长度约1.2 km。

3　茭陵一站引河线路规划方案

3.1　茭陵一站引河概况

茭陵一站引河位于淮安市渠北地区运东高片,是该片区的主要排涝河道之一,排水范围208.61 km^2,主要为黄河故道以南、承德北路以东、茭陵一站引河以北区域。现状该范围的涝水一部分靠泵站抽排入黄河故道及里运河,另一部分汇至茭陵一站引河,通过茭陵一站抽排至黄河故道或通过衡河涵洞自排至淮河入海水道。在淮河入海水道行洪时期,则关闭衡河涵洞闸门,涝水全部依靠泵站抽排。

为减少城区排涝泵站开机时间,降低运行费用,入海水道不行洪期间,清江浦区承德路以东片涝水全部经茭陵一站引河下泄,河道治理规模按远期2030年考虑。根据水文分析计算,茭陵一站引河治理远期流域总排涝流量500.12 m^3/s,四支沟至京沪高速段排涝流量为227.62 m^3/s。经对茭陵一站引河全线进行水力计算,确定四支沟至京沪高速段茭陵一站引河20年一遇排涝水位为7.21~7.02 m,设计河底高程为2.45~2.36 m。

3.2　方案比选

为完善高铁新区控制规划,更好地营造高铁站前水景观及滨水生态带,提高区域排涝标准,推进高铁新区建设,对规划区段茭陵一站引河线路进行方案比选,以确定最优线路。线路规划方案采用站前广场水域全结合排涝、部分结合排涝及不结合排涝三种方案进行比选,具体方案如下:

3.2.1　方案一:站前水域全结合排涝方案

四支沟至京沪高速西侧段茭陵一站引河南移,新开河道与改道的乌沙干渠并行,原河道填埋。为便于打造水景观,新开河道采用梯形断面形式,河底高程为2.45~2.36 m,边坡1:3.0,河底宽47 m,河口宽86 m(见图1)。站前广场水域景观结合茭陵一站引河水面打造,可扩大水面及堆岛等布置,但必须保证河道输水断面。乌沙干渠规划区上游侧新建引水涵洞向茭陵一站引河补水,用于景区补水活水,同时新建茭陵一站引河及乌沙干渠蓄水闸,蓄水闸位置由原规划建于规划区下游的规划道路处调整至规划区内京沪高速西侧。引河改道段新建、拆建桥梁5座。

3.2.2　方案二:站前水域部分结合排涝方案

四支沟至京沪高速西侧段茭陵一站引河北调,沿四支沟、达方路新开河道,原河道填埋。新开河道采用复合断面形式,排涝水位至河底采用矩形断面,底宽43 m、底高程2.45~2.36 m、河口宽65 m,采用挡墙防护,挡墙顶同排涝水位,两侧各设5 m宽平台;平台至地面采用梯形断面,边坡1:3,河道过流能力为165 m^3/s(可满足15年一遇排涝要求)(见图2)。站前新开水域用于水景观打造,同时作为汛期应急排涝通道,与茭陵一站引河改道段共同调度排涝,要求河道高程不高于4.5 m、底宽不小于35 m、河

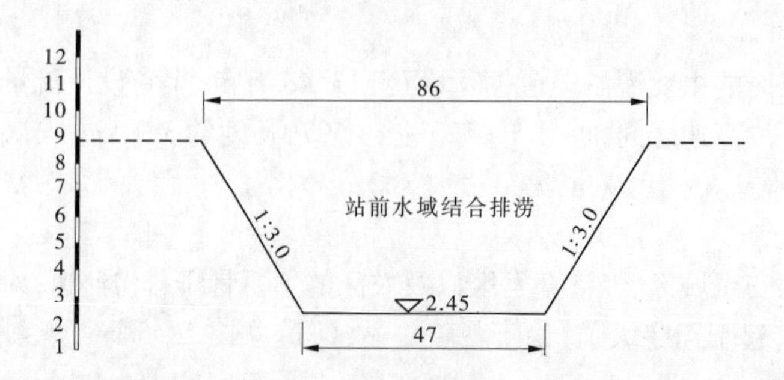

图 1　方案一:站前水域全结合排涝——茭陵一站引河典型断面　(单位:m)

口宽不小于 65 m、边坡 1:3,过流能力为 65 m^3/s(见图 3)。乌沙干渠规划区上游侧新建引水涵洞向站前水域补水,站前水域上下游新建进退水控制闸,同时新建乌沙干渠蓄水闸,蓄水闸位置由原规划建于规划区下游的规划道路处调整至规划区内京沪高速西侧。引河改道段新建、拆建桥梁 4 座。

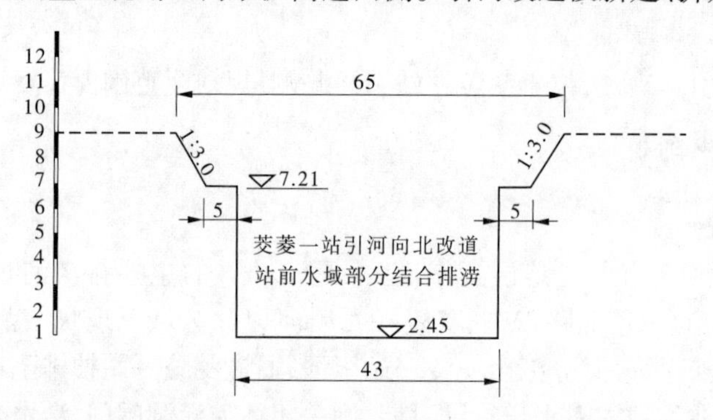

图 2　方案二:站前水域部分结合排涝——茭陵一站引河典型断面　(单位:m)

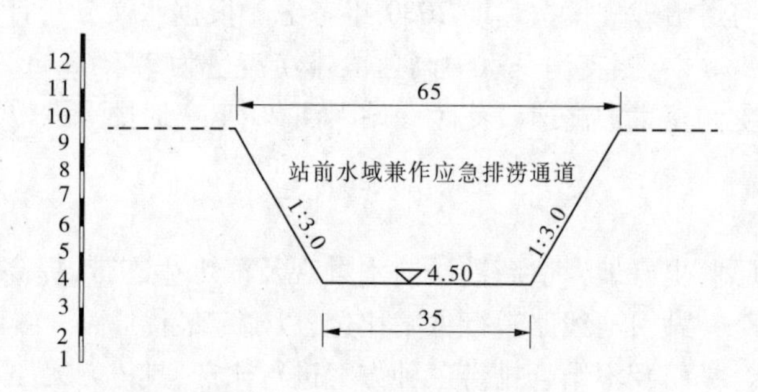

图 3　方案二:站前水域分流断面　(单位:m)

3.2.3　方案三:站前水域不结合排涝方案

四支沟至京沪高速西侧段茭陵一站引河北调,沿四支沟、达方路新开河道,原河道填埋。新开河道采用复合断面形式,排涝水位至河底采用矩形断面,底宽 60 m、底高程 2.45 ~ 2.36 m、河口宽 80 m,采用挡墙防护,挡墙顶同排涝水位,两侧各设 5 m 宽平台;平台至地面采用梯形断面,边坡 1:3(见图 4)。站前水域不结合排涝,仅用于水景观打造。乌沙干渠规划区上游侧新建引水涵洞向站前水域补水,站前水域下游新建退水涵洞,保证景区补水活水,同时新建乌沙干渠蓄水闸,蓄水闸位置由原规划建于规划区下游的规划道路处调整至规划区内京沪高速西侧。引河改道段新建、拆建桥梁 4 座。

对上述三种方案从排涝、景观、施工、工程造价及对规划区远期发展的影响等多方面综合比选,方案三站前水域不结合排涝方案站前广场变为独立水域,水质、水位有保证,有利于充分发挥水景观效益,对区域排涝影响较小,总体效益显著,故推荐方案三:茭陵一站引河四支沟至京沪高速西侧段北移改道,沿四支沟、达方路新开河道;站前水域不结合排涝,仅用于水景观打造。

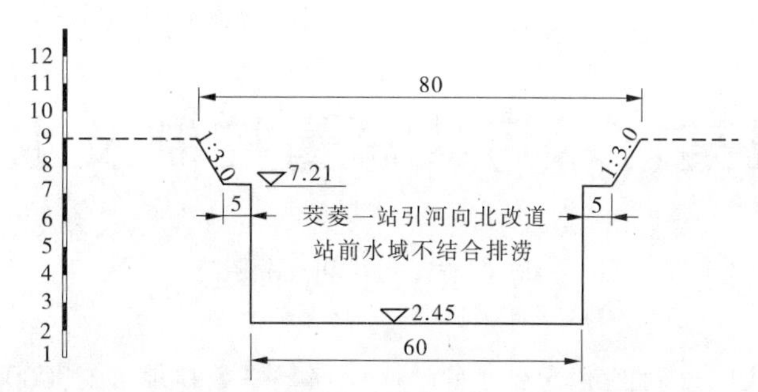

图 4　方案三:站前水域不结合排涝——茭陵一站引河典型断面　(单位:m)

4　站前广场竖向标高设计

高铁新区站前广场为整个区域的核心区,其生态、商务、景观、文化等综合效益显著。但为保证区域防洪、排涝的基本功能,其周边道路、桥梁等交通基础设施应服从区域内部河道的水位需求,根据水位确定站前广场范围内的竖向标高。根据《淮安市渠北地区防洪排涝规划》《淮安市城市防洪排涝规划》等有关规划,高铁新区核心区所涉及的骨干河道主要控制标高说明如下:茭陵一站引河项目区河段设计流量 227.62 m^3/s,设计控制水位 7.5 m;南支河项目区河段设计流量 80 m^3/s,设计控制水位 7.0 m;乌沙干渠项目区河段设计流量 22 m^3/s,设计控制水位 9.0 m。为保证高铁站房自身防洪排涝安全,建议其室外地面标高设计控制在 85 高程 10.0 m 以上。

5　结语

本文在分析高铁新区规划需求及水系现状的基础上,开展茭陵一站引河线路优化调整及站前广场竖向标高设计方案研究,参考有关规划,通过方案比选,推荐站前水域不结合排涝方案,将站前广场变为独立水域,并提出了站前广场涉水工程竖向控制标高。区域范围内所涉及的相关工程须服从上述要求,建议统一编制高铁新区范围内跨河桥梁洪水影响评价报告,内部跨乌沙干渠桥梁建议采用一跨过河方案。该研究可为城市发展过程中不断出现的兼具综合功能的生态新区范围内水系调整方案提供参考,其研究的可行性还将在实际工程建设中予以进一步检验。

参考文献

[1] 郝洪喜. 浅谈城市水利工程特点及设计理念[J]. 中国水利,2015(12):43-44,54.
[2] 潘光杰,吕强,高小琴,等. 新形势下淮安城市水利工作的思考[J]. 治淮,2015(2):50-51.
[3] 高中卫,俞晓春,赵伟. 淮安城市防洪排涝对策探索[J]. 中国水利,2013(9):52-54.
[4] 孟佳佳,王道虎,岳晓红,等. 淮安市城市防洪排涝方案研究[C]. //第八届江苏水论坛论文集. 2016.

作者简介:孟佳佳,女,1984 年生,高级工程师,主要从事水利规划研究工作。E-mail:mengjj198410@163.com.

淮河流域某市水污染总量控制及水生态修复

冯　露[1]　刘锦雯[2]

（1. 水利部淮委水利科学研究院　安徽蚌埠　233000；
2. 南水北调东线江苏水源有限责任公司　江苏南京　210009）

摘　要：根据淮河流域某市水功能区划分和主要河流的特征建立一维水质模型，计算各条河流不同水量条件下的动态纳污能力，并与现状排污量进行对比，给出规划水平年污染总量控制和水环境保护方案，提出利用湿地和土壤渗滤功能进行水生态修复技术措施。

关键词：淮河流域某市　水生态修复　纳污能力　削减量　水功能区

1　淮河流域某市水环境状况

淮河流域某市地处安徽省北部，是黄淮海平原上最具特色的区域。根据2008年水质监测评价，区域内达到Ⅲ类水以上的河段占35.7%，能满足生活饮用水源标准；Ⅳ类水的河段占28.6%；Ⅴ类水的河段占14.3%；劣Ⅴ类水的河段占21.4%。35.8%以上的地表水为污染水，只能适用于农业和一般景观用水。废水大量排放，造成河流水资源质量严重不足。监测结果表明，萧濉新河水质已超过《地表水环境质量标准》Ⅴ类水体标准，水质处于重污染状况；沱河、浍河为Ⅳ类水体，也受到一定污染。

2　水功能区划分

地表水水功能区划采用二级体系，即一级区划（流域级）、二级区划（省级、市级）。淮河流域某境内主要萧濉新河、沱河、浍河3个水系16条主要河流与人工沟渠，总长度402.6 km，共划分为19个一级区，其中16个开发利用区，3个缓冲区。区域内主要河流、水库及采煤塌陷区水功能二级区在一级区划22个开发利用区内进行，共划分为26个水功能二级区，其中10个工业用水区，9个农业用水区，1个渔业用水区，3个景观娱乐用水区，3个过渡区。

3　主要河流纳污能力计算

3.1　模型选择

淮河流域某市主要河流属底坡缓的长河道型河流，且河宽水浅，降水季节，在闸门开启水体流动情况下，污染物在垂直水流方向很快掺混均匀，故可以采用一维模型。

每个功能区纳污能力为

$$W = \int_0^L \mathrm{d}w = \int_0^L \mathrm{d}C_w Q = [C_s - C_0 \exp(-\frac{kl}{u})]\exp(\frac{kl}{2u})Q \tag{1}$$

该模型是一种理想化的一维模型，不考虑混合过程，并且认为纳污能力在计算河段内均匀分布，利用该模型计算出的纳污能力反映的是河段的一种自然属性。

3.2　k 值的确定

k 值常用实测资料率定法求取。实测资料率定法常用二断面法，即选择稳定均匀混合并且无支流口和排污口的河段，测得上下两断面污染物的浓度、流速和长度，即可求出 k 值。

$$k = \frac{u}{x}\ln\frac{C_1}{C_2} \tag{2}$$

淮河水利委员会对淮河流域50个河段的 k 值进行试验，通过对 k 值的分析，得到对 k 值影响最大的因素是河段的平均流速，其次是水温，由相关性分析得到 COD 和氨氮的综合衰减系数可用下面的关系表示：

$$k_{COD} = 0.025 + 0.66u \tag{3}$$

$$k_{NH_3-N} = 0.8k_{COD} \tag{4}$$

综合各种影响因素，确定各条河流 k 值的取值，计算结果如表 1 所示。

表 1　综合降解系数 k

河名	综合降解系数 k	
	COD	氨氮
萧濉新河	0.873 1	0.698 5
龙 河	0.873 6	0.698 9
岱 河	0.892 4	0.713 9
沱 河	0.537 1	0.429 7
闸 河	1.785 0	1.428 0
浍 河	0.835 0	0.668 0

3.3　纳污能力计算成果

为了全面反映不同水量条件下河流纳污能力的变化，本项目的计算区间涵盖河道丰水期和枯水期的各种保证率的水量。其计算成果可为实施人工调节流水量的非工程措施来控制污染浓度提供技术支持。

根据上述模型选择、参数的确定，计算出淮河流域某市主要河流在不同流量下的纳污能力，见表 2 和图 1。

表 2　不同设计流量下各河流纳污能力

河名	不同设计流量下各河的纳污能力(t/a)									
	5%		50%		75%		90%		95%	
	COD	氨氮	COD	氨氮	COD	氨氮	COD	氨氮	COD	氨氮
萧濉新河	3 373.3	181.7	1 605.3	58.6	1 524.6	56.4	1 381.3	51.7	1 312.5	49.2
龙 河	1 315.4	132.7	634.9	44.9	632.2	26.9	577.8	12.1	554.5	11.7
岱 河	3 502.2	217.2	1 690.3	71.4	1 507.6	63.3	1 259.1	52.4	1 184.1	49.1
沱 河	5 306.1	320.2	2 614.4	104.2	2 002.6	80	1 567.6	62.3	1 418.1	56.3
闸 河	2 113.5	110.4	1 034.4	35.4	815.5	31.5	787.9	28.1	728.1	26.3
浍 河	7 006.9	343.1	3 491.1	113.7	2 795.1	94.7	2 500.8	75.1	2 250.7	69.5

4　地表水污染总量控制方案

根据淮河流域某市的经济技术发展水平和治污规划，制定淮河流域某市各功能区水质目标值，从而确定规划水平年削减量 = 污染物排放量 - 最大允许排放量。现状排污量小于功能区最大允许纳污能力，控制排放量按现状排放量控制，不计算削减量。

淮河流域某市各功能区不同流量下污染物入河控制量及削减量计算成果见表 3 ~ 表 6。

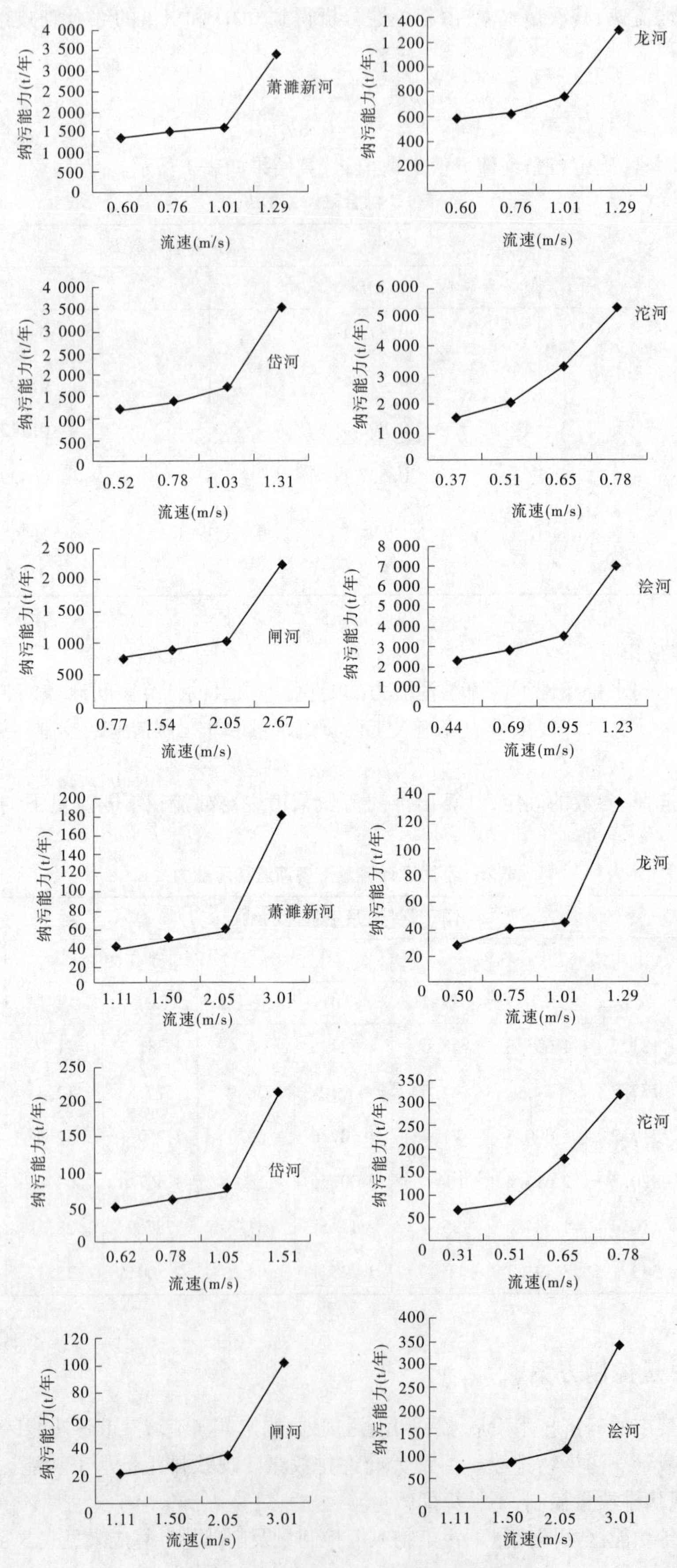

图1　河流不同流量COD、氨氮纳污能力

表3　50%设计流量下各河入河控制量和削减量

功能区名称	纳污能力(t/年)		入河排放量(mg/L)		入河控制量(mg/L)		削减量(mg/L)	
	COD	氨氮	COD	氨氮	COD	氨氮	COD	氨氮
闸河保护区	117.3	4.2	281.4	19.8	117.3	4.2	164.1	15.6
闸河开发利用区	1 034.4	35.4	588.9	41.1	588.9	35.4	0	5.7
龙岱河开发1	643.9	14.9	974.5	66.8	643.9	14.9	330.6	51.9
龙岱河开发2	1 690.3	71.4	2 567.2	156.3	1 690.3	71.4	876.9	84.9
萧濉新河	1 605.3	58.6	2 141.1	168.9	1 605.3	58.6	535.8	110.3
南沱河缓冲区	226.5	23.4	146.4	16.6	146.4	16.6	0	0
南沱河开发区	2 614.4	104.2	2 176.1	90	2 176.1	90	0	0
浍河缓冲区	878.3	8.3	363.8	10.5	363.8	8.3	0	2.2
浍河开发区1	1 795.8	45.4	1 113.6	15.6	1 113.6	15.6	0	0
浍河开发区2	3 491.1	113.7	3 052.4	127.8	3 052.4	113.7	0	14.1

表4　75%设计流量下各河入河控制量和削减量

功能区名称	纳污能力(t/年)		入河排放量(mg/L)		入河控制量(mg/L)		削减量(mg/L)	
	COD	氨氮	COD	氨氮	COD	氨氮	COD	氨氮
闸河保护区	141.3	5.3	281.4	19.8	141.3	5.3	140.1	14.5
闸河开发利用区	815.5	31.5	588.9	41.1	588.9	31.5	0	9.6
龙岱河开发1	632.2	6.9	974.5	66.8	632.2	6.9	342.3	59.9
龙岱河开发2	1 507.6	63.3	2 567.2	156.3	1 507.6	63.3	1 059.6	93
萧濉新河	1 524.6	56.4	2 141.1	168.9	1 524.6	56.4	616.5	112.5
南沱河缓冲区	178.3	8.3	146.4	16.6	146.4	8.3	0	8.3
南沱河开发区	2 002.6	80	2 176.1	90	2 002.6	80	173.5	10
浍河缓冲区	805.5	14.6	363.8	10.5	363.8	10.5	0	0
浍河开发区1	1 502.6	42.8	1 113.6	15.6	1 113.6	15.6	0	0
浍河开发区2	2 795.1	94.7	3 052.4	127.8	2 795.1	94.7	257.3	33.1

表5　90%设计流量下各河入河控制量和削减量

功能区名称	纳污能力(t/年)		入河排放量(mg/L)		入河控制量(mg/L)		削减量(mg/L)	
	COD	氨氮	COD	氨氮	COD	氨氮	COD	氨氮
闸河保护区	152.8	5.8	281.4	19.8	152.8	5.8	128.6	14
闸河开发利用区	787.9	28.1	588.9	41.1	588.9	28.1	0	13
龙岱河开发1	577.8	12.1	974.5	66.8	577.8	12.1	396.7	54.7
龙岱河开发2	1 259.1	52.4	2 567.2	156.3	1 259.1	52.4	1 308.1	103.9
萧濉新河	1381.3	51.7	2 141.1	168.9	1 381.3	51.7	759.8	117.2
南沱河缓冲区	119.5	3.8	146.4	16.6	119.5	3.8	26.9	12.8
南沱河开发区	1 567.6	62.3	2 176.1	90	1 567.6	62.3	608.5	27.7
浍河缓冲区	696.6	17.7	363.8	10.5	363.8	10.5	0	0
浍河开发区1	1 195.9	37.8	1 113.6	15.6	1 113.6	15.6	0	0
浍河开发区2	2 500.8	75.1	3 052.4	127.8	2 500.8	75.1	551.6	52.7

表6　95%设计流量下各河入河控制量和削减量

功能区名称	纳污能力(t/年)		入河排放量(mg/L)		入河控制量(mg/L)		削减量(mg/L)	
	COD	氨氮	COD	氨氮	COD	氨氮	COD	氨氮
闸河保护区	155.5	5.9	281.4	19.8	155.5	5.9	125.9	13.9
闸河开发利用区	728.1	26.3	588.9	41.1	588.9	28.1	0	13
龙岱河开发1	554.5	11.7	974.5	66.8	554.5	11.7	420	55.1
龙岱河开发2	1 184.1	49.1	2 567.2	156.3	1 184.1	49.1	1 383.1	107.2
萧濉新河	1 312.5	49.2	2 141.1	168.9	1 312.5	49.2	828.6	119.7
南沱河缓冲区	104.1	2.6	146.4	16.6	104.1	2.6	42.3	14
南沱河开发区	1 418.1	56.3	2 176.1	90	1 418.1	56.3	758	33.7
浍河缓冲区	659.3	17.9	363.8	10.5	363.8	10.5	0	0
浍河开发区1	1 108.1	36	1 113.6	15.6	1 108.1	15.6	5.5	0
浍河开发区2	2 250.7	69.5	3 052.4	127.8	2 250.7	69.5	801.7	58.3

5　水生态修复

近年来,基于水体生态修复与生物治理技术为主的城市河道水环境治理及改善工作越来越受到地方及流域主管部门的重视,通过富有成效的水生态修复技术,不仅为河道水环境治理提供了可靠的依据,同时也为同类河道治理的工艺设计及运行提供了参考。

5.1　水生态修复内容

5.1.1　保持水量改善水质

水量水质是维持河流湖泊健康生态的基本条件,应通过水资源的合理配置和水利工程优化调度来维持枯水季节河流湖泊的最小生态需水量。

5.1.2　构建滨湖湿地

根据当地的自然环境、水系特点和水体深度,将水浅面小的塌陷区连接到水深面大的塌陷区,或开挖疏浚加大湖水深度,弃土回填湖滨成浅水湿地,建设改造成平原湿地蓄水湖泊复合体。

5.1.3　控制河湖水体富营养化

控制措施主要有:

(1)水质控制措施。

(2)水体流动和曝气措施。

(3)生物措施:建立水生生态系统。

5.2　水生态修复技术

5.2.1　湿地技术

湿地技术是由土壤基质及其浅水潮湿环境和水生植物、微生物、鱼虾类等水中栖息的动物共同组成的生态系统,它通过物理、化学、生物作用的优化组合起到污水处理净化环境的作用。

5.2.2　水生动植物生态控制技术

根据水质水量等实际情况,对河道适宜投放动植物,通过食物链等生态自然规律,组合形成动态的生态控制技术。

5.2.3　微生物控制技术

近年来通过研究表明,向水体中投放适当的生物菌种能显著改善水体环境,同时有效降低水体中COD、氨氮、总磷等污染物指标。净水菌群的投放能有效地将一些污染物吸收和转化,变成无毒害或者毒害化较低的无机营养元素,可以避免水生生物带来的二次污染。

5.2.4　土壤渗滤技术

土壤渗滤技术是一种以土壤为介质的净化处理污水的方法,通过农田、林地、草地、芦苇等土壤－微生物－系统过滤、物理吸附、化学反应、离子交换、生物氧化和植物吸收等综合作用,固定与降解污水中各种污染物,使水质得到不同程度的改善,同时通过不同营养物质和水分的生物地球化学循环,促进绿色植物生长,实现污水资源化与无害化。

6　结论和建议

通过对淮河流域某市水环境历史和现状的调查,获得 2006 年以来的最新水量水质和主要河流污水排放资料。据此对主要河流不同流量条件下的动态纳污能力及污染物入河控制量及削减量进行计算,得出以下结论建议:

(1)水资源总量不足,用水矛盾突出。

(2)水环境形势严峻,水生态亟须改善。

(3)强化水功能区管理,控制入河排污量,建立优美水环境保障体系。

(4)加强生态环境修复与改善,实现人与自然和谐共处。

参考文献

[1] 钱嫦萍,等.生物修复技术在黑臭河道治理中的应用[J].水处理技术,2009(03):13-16.

[2] 李炜.环境水力学进展[M].武汉:武汉水利电力大学出版社,1999.

[3] 金光炎.水文水资源随机分析[M].北京:中国科学技术出版社,1992.

[4] 夏继红,严忠民.生态河岸带综合评价理论与修复技术[M].北京:中国水利水电出版社,2009.

[5] 董志勇.环境水力学[M].北京:科学出版社,2006.

作者简介:冯露,女,1986 年 11 月生,工程师,主要研究方向为水利、水生态等。E-mail:fenglu8534@163.com.

南水北调东线淮安段里运河输水水质风险控制机制研究与应用

皇甫全欢[1]　王道虎[1]　谢亚军[2]

(1.淮安市水利规划办公室　江苏淮安　223005；
2.淮安市水利局　江苏淮安　223005)

摘　要:南水北调东线工程实施后,自2013年正式通水,近4年的运行,目前已为山东调水近19亿 m^3,工程始终处于安全稳定状态,输水干线水质按规定稳定达到地表水三类标准,13个设区市的规划供水范围目标全部实现。但淮安段里运河穿越城区,河道沿线情况复杂,存在水质污染的风险。本文旨在通过对里运河沿线风险源进行分析研究,并对各风险源提出相应的可能解决方案,以保证调水水质稳定达标。

关键词:南水北调　东线　里运河　风险控制

南水北调东线一期工程起点位于江苏扬州江都抽水站,经江苏淮安、宿迁、徐州向北至山东等地。其中,淮安段里运河穿越主城区,长27.7 km,属南水北调东线工程第二个梯级输水河道,具有防洪排涝、灌溉输水、航运旅游等综合功能。河道沿线建有中石化的石桥油库1座,码头数十座、桥梁20余座,堤顶兼有交通功能。

2007年以来,淮安市实施了截污导流、城市污水处理、流域综合整治、工业综合治理等一系列的清水廊道工程,有效保障了淮安段调水干线水质。但因南水北调调水时间长、距离远,长期运行过程中可能存在突发性水环境风险,诸如船舶溢油事件,有毒、有害物质的车船运输事故等。需要考虑一系列的工程和非工程措施,对风险源进行控制管理,及时应对,保障南水北调东线运行安全。

1　风险源分析

1.1　突发性水环境污染

水环境污染具有发生的突然性、影响的严重性、处理的艰巨性等特征。一般由自然或人为因素引起,会对环境造成突然性影响。根据污染物的性质及污染发生的方式,突发性水环境污染事故可分为溢油事故,有毒化学品的泄漏、爆炸、扩散污染事故,非正常排放的废水造成的污染事故等。船舶溢油事故,主要风险来源是里运河区间内油库、码头、船舶等事故引起的污染物排放;有毒化学品泄漏事故,主要是运输车辆在输水线路上的交通桥梁,以及堤顶公路发生事故,引起有毒化学品泄漏进入输水干渠中;非正常排放的污废水造成的污染事故,主要是污水处理厂及配套管网运行事故、个别企业偷排污水等导致污水排入输水河道。

1.2　污水处理厂尾水

污水处理在长期运行和管理中可能会出现一些问题,有些问题会导致其出现突发性事故,造成污水处理厂尾水排放不达标,对清安河水体产生一定的环境风险,影响导流工程沿线的水质达标,造成环境恶化和社会不稳定风险。

1.3　城市径流污染

近年来,淮安城市化迅速发展,城市地表不透水面积较大,导致降雨后迅速形成径流,冲刷并挟带地表污染物形成城市径流污染,汇入城市内部沟河。两淮段里运河穿越城区,承担着一定的城市排涝任务,沿线有十几座排涝泵站,排涝过程中,尤其是长期干旱后的初期排涝时,城市降雨径流污染物较多,成为影响里运河调水水质的一个不可忽视的风险因素。为此需要寻求一定的技术措施,对此类城市径流污染进行控制。

1.4　重点码头

据统计，里运河沿线共有码头约 100 处，占据沿线河岸长约 13.9 km，货场面积约 34.8 万 m^2，涉及单位 90 余家。这些码头货场等多为 20 世纪六七十年代沿线所在单位修建，缺乏统一规划，标准不一，设施老化，普遍存在小、散、乱等问题，不利于管理控制，存在污染里运河水质、影响生态环境的风险。

2　解决方案

(1)建闸控制。

淮安城区段里运河上下游均与大运河交汇，任一河道发生水污染事件必将影响另一条河道的水质，为降低调水线路发生突发性水污染事故污染河道的概率，项目组提出在里运河两端兴建节制闸方案，对区间突发性水污染风险进行控制，并与城市防洪及水环境建设相结合。根据城市防洪及水环境建设需要，在北门桥附近建设北门桥控制工程，在淮安区人民桥以南 1 km 处附近建设堂子巷控制工程，两闸相距 16.8 km。工程位置见图 1。

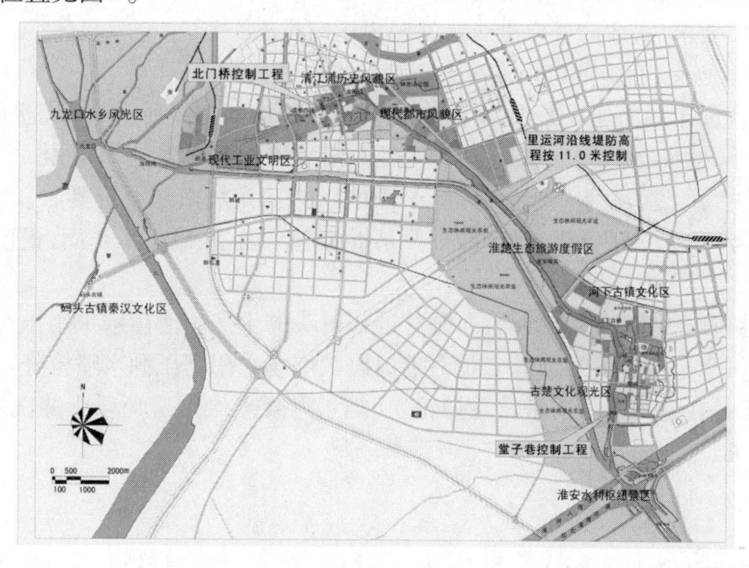

图 1　里运河控制工程平面位置示意图

北门桥控制工程为一座闸桥结合建筑物，节制闸为一孔，宽 30 m，闸上交通桥宽 25 m。堂子巷控制工程为闸站桥三结合建筑物，包含一座孔径 30 m 的节制闸，流量为 70 m^3/s 的泵站和桥宽 34 m 的交通桥。双闸结合既可满足防洪排涝、生态补水、城市景观和水运交通等要求，又能达到控制区间突发性水污染风险的需要，最大限度发挥了工程的综合效益。工程建成后，如区间内发生突发性水污染事件，即可迅速关闭两闸，切断污染源向调水干线扩散，为控制和处理污染物创造了条件，赢得了时间。

由于是南水北调东线调水干线，平时两座控制闸闸门均为开启状态，只有在发生以上突发性水污染或需要补水及排涝时关闭。

当双闸区间内有突发性水污染事件发生时，可关闭两闸闸门，对污染物进行生化处理，也可通过泵站和内部河道调水入淮河入海水道南泓。

在苏北灌溉总渠行洪期间，当里运河水位超过 10.0 m，并预报有继续加大行洪的要求时，关闭双闸闸门，拒洪水于城外；当同时遭遇外洪内涝时，关闭双闸闸门，同时开启泵站排涝，降低区间水位以利城市排涝。

当发生严重干旱、区间水位低于历史最低水位时，关闭闸门，开启泵站向封闭区间里运河补水，以满足水生态和水环境需要。

(2)完善管网收集系统，逐步实施雨污分流及污水处理厂提标改造工程。

市政管网建设要跟上城市化步伐，逐步实施雨污分流改造，污水接入管网送至污水处理厂处理后排放入清安河。逐步实施污水处理厂改扩建项目增加处理能力，同时进行提标改造，尾水深度处理，采用具有脱氮功能的处理工艺，达到一级 A 排放标准。提高应对进水水质变动的能力，及时对污水处理内部工艺参数进行相应调整，尽量使出水水质达标排放，减少污水对环境造成的影响，从而减小出水的环境风险。

(3)清安河沿线建设补水闸站，尾部出口建设生物 - 生态处理工程。

在清安河上、中、下段分别建设运河泵站、西小闸泵站、东风泵站等排水换水设施，汛期排涝，一旦发生污水处理厂尾水严重超标时，利用大里运河水体及水位对清安河及其支流进行补水活水，改善水质，达到水功能区划要求。为进一步提升清河出口进入淮河入海水道的水质，应在清安河尾部约 1 km^2 范围建设生物 - 生态处理工程，达到淮河入海水道二期工程水质要求。

(4)径流控制。

一是初期径流控制。充分利用城区水系特点，通过工程调度对此类风险进行转移控制。当预报有较大降雨时，应开启排涝涵闸闸门预降城区河道水位，一般预降水位 0.3 ~ 0.6 m，对于城市初期径流，应利用水系及控制工程合理调度，排入下游地区进入淮河入海水道南泓。二是后期径流控制。在降雨后期，城市即将发生内涝时，应首先开启清安河下游清安河泵站向入海水道进行抽排，同时加强水质水量监测，满足排放水质要求后，才能开启沿线泵站向里运河排涝。

(5)整合撤并零散码头，实施港口码头污染防治技术改造。

按照科学规划、合理布局的建设要求，对南水北调东线里运河岸线码头资源进行撤并整合、搬迁改造，拆除一批规模较小、污染重的码头作业点共 91 处。沿线仅保留淮阴电厂、电化厂、热电厂、磷肥厂等 10 家码头，加强管理控制。新建淮阴新港、东港公用码头，以满足城市建设需要。

对撤并后的沿线港口码头进行生态处理，主要是拆除起吊设备、码头工作面、置换土壤，进行生态绿化处理等。

对保留的沿线港口码头进行污染防治：一是对港口码头的生产生活污水采用排水沟、沉淀池等方式进行收集处理，杜绝污水直接排入运河。二是对港口码头堆场采用高压洒水喷枪降尘，并设置配套高压给水泵房和管网。三是在港口码头前沿设置护轮坎（挡水混凝土坎），避免码头冲洗水或降雨时污水直流排河，造成河道污染。

3　建议

3.1　成立专门运行调度机构

淮安市截污导流工程建成投入运行后，按照政府机构职能部门职责，截污导流工程管网、污水提升泵站属建设部门管理，水质监测工作由市环保部门负责，河道及涵闸属水利部门管理，不增加新的管理机构和人员。管理运行机构职责见图 2。

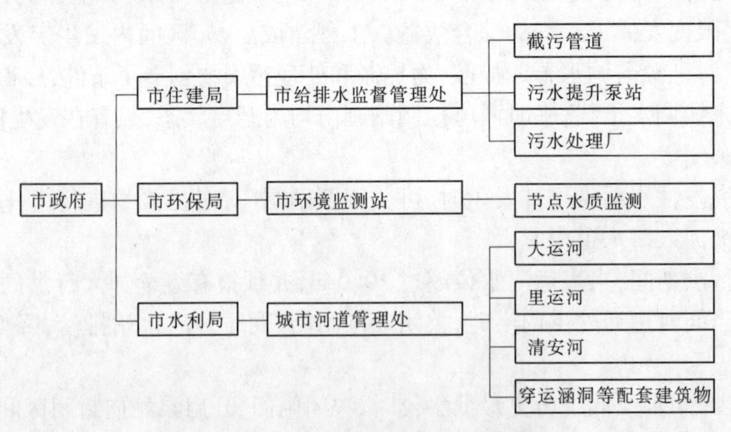

图 2　管理运行机构职责示意图

具体管理部门及职责：

市给排水监督管理处负责截污导流工程污水管网和提升泵站的调度运行、管理、检测、维修、养护和应急处理等。

市环境监测站负责南水北调截污导流工程重要节点水质监管工作。

市中、里运河管理处负责截污导流工程南水北调输水河道大运河及里运河调度运行、管理、排水口门监管、违章查处、工程维修养护;尾水导流河道清安河、穿运涵洞分属清浦、淮安区水利部门管理。

3.2 科学运行调度管理

南水北调截污导流工程管网和污水提升泵站工程并入市污水管网系统,由建设部门进行日常管理。调度指令由市给排水监督管理处根据运行调度方案发布到具体站点,调度管理污水提升泵站和污水处理厂运行。

市环境监测站对各污水处理厂尾水出口设置监测点,进行24小时动态监测,发生水质异常情况时及时采取相关措施应对。

输水河道大运河、里运河及其控制工程由市中里运河管理处进行日常管理;清安河及穿运涵洞按照分级管理原则,分别由清江浦、淮安区水利部门进行日常管理。各管理部门根据运行调度方案,结合雨情、工情、水情等情况,将调度指令发布到具体站点。汛期,由城市防汛防旱指挥部负责城区管网及河道调度管理。

参考文献

[1] 水利部淮河水利委员会,水利部海河水利委员会.南水北调东线工程规划(2001年版)[R].2001.
[2] 淮安市水利勘测设计研究院有限公司.南水北调东线一期工程淮安市截污导流工程可行性研究报告[R].2006.

作者简介:皇甫全欢,男,1982年11月生,工程师,主要研究方向为水利规划设计。E-mail:huangfu02@126.com.

皖北地区地下水安全开采浅析

李 瑞[1,2] 刘 猛[1,2] 胡 军[1,2]

（1. 水利水资源安徽省重点实验室 安徽蚌埠 233000；
2. 安徽省水利部淮河水利委员会水利科学研究院 安徽蚌埠 233000）

摘 要：地下水是皖北地区重要的供水水源，在保障当地城乡居民生活、支撑经济社会发展和维护生态平衡等方面具有十分重要的作用，因此地下水资源的安全合理开发利用是非常必要的。本文拟对皖北地区地下水安全开采展开研究，以期能为该区地下水资源的合理可持续开发和地下水资源保护管理方案的科学合理制定提供一定的参考，推进实施最严格的水资源管理制度。

关键词：皖北地区 地下水 安全开采 潜力

1 引言

皖北平原是我国重要的煤炭基地和能源基地，也是全国重要的农业经济区和粮棉油产区，在区域社会经济发展中具有重要的战略地位。该区地表水源相对不足且污染严重，地下水是该区重要的供水水源，也是维系区域生态环境和地质环境的要素之一，在保障城乡居民生活、支撑经济社会发展和维护生态平衡等方面具有十分重要的作用。

近20年来，由于不合理、大规模开发利用地下水以及地下水精细化管理不到位，地下水循环条件发生了较大变化，地下水超采严重，整个皖北平原超采面积达到4 240.4 km²，超采导致地下水总量减少，引发了水质恶化和部分城市出现大范围的降落漏斗和地面沉降等环境地质问题，已经严重影响到城乡供水安全和社会经济的可持续发展。

2 地下水开采区划分

2.1 地下水开采区划分标准

根据地下水开采潜力指数定义地下水安全开采潜力指数，并将其作为判别标准，对皖北地区地下水水资源可利用能力进行综合判别，计算公式为

$$P = Q_{安} / Q_{采} \tag{1}$$

式中：P为地下水安全开采潜力指数；$Q_{安}$为地下水安全开采量，m^3/a；$Q_{采}$为地下水已开采量，m^3/a。P值判别标准见表1。

表1 开采潜力指数判断标准

$P>1.2$	$0.8 \le P \le 1.2$	$P<0.8$（安全开采潜力不足，已超采）		
		$0.6 \le P < 0.8$	$0.4 \le P < 0.6$	$P<0.4$
有开采潜力 可适当扩大开采	采补基本平衡 需控制开采	潜力轻度不足	潜力中度不足	潜力严重不足

依据安全开采潜力指数，遵照综合开发、合理利用、积极保护、科学管理和具有可操作性的原则，主要按行政区划，对区内主要开采层进行扩大开采区、控制开采区和调减开采区划分：

（1）扩大开采区（$P>1.2$）。

扩大的开采量都以增加开采井来实现，对孔隙水而言，布井宜相对均匀，井间距以大于1 000 m为

宜;对裂隙水而言,应沿有利的构造富水部位增加开采井,井距宜为200~500 m。

(2)控制开采区($0.8 \leqslant P \leqslant 1.2$)。

地下水安全开采潜力不足已处于采补基本平衡状态,按目前的安全开采量可持续开采。

(3)调减开采区($P < 0.8$)。

已处于超采状态,应按安全开采量逐步调整减少开采量的地区,调减方法主要是减少开采井,以使地下水位降深过大或存在环境地质问题的地区地下水位恢复到合理的降深水平,以避免环境地质问题再度发生。

2.2　地下水开采区划分

根据上述地下水安全开采区划分指标及划分原则,分别计算浅层地下水、岩溶裂隙水的安全开采潜力指数,得到的地下水安全开采区划分如下。

2.2.1　浅层地下水安全开采区划分

皖北地区浅层地下水的安全开采潜力指数为0.917,属控制开采区。亳州、阜阳、淮南和宿州为控制开采区,其他区域均为扩大开采区,具体见表2。皖北地区各县的安全开采潜力指数分布不均,有15个县的安全开采潜力指数小于1.2,属控制开采区;仅8个县的安全开采潜力指数大于1.2,属控制开采区。15个控制开采区中,2个区安全开采潜力严重不足,5个区安全开采潜力轻度不足,1个区安全开采潜力中度不足,7个区采补基本平衡需控制开采。

表2　皖北地区浅层地下水开采区划分成果

行政分区	安全开采量（亿 m^3）	现状开发利用量（亿 m^3）	开采潜力指数	开采区类型
蚌埠	2.181	1.114	1.957	扩大开采区
亳州	6.821	7.622	0.895	控制开采区
阜阳	8.230	10.659	0.772	控制开采区
淮北	2.663	1.399	1.904	扩大开采区
淮南	0.519	0.527	0.984	控制开采区
宿州	6.598	8.121	0.812	控制开采区
皖北地区	27.011	29.442	0.917	控制开采区

注:考虑到地下水位下降,已开采量按现状开采的1.2倍计算。

2.2.2　岩溶水安全开采区划分

皖北地区岩溶裂隙水的开采潜力指数为2.56,属扩大开采区。淮北市的开采潜力指数为1.12,属控制开采区,其中西部岩溶水系统即相山濉溪徐楼水源地的开采潜力指数仅为0.84,实际开采量超过安全开采量,要严格控制岩溶水的开采。宿州市的开采潜力指数为7.27,属扩大开采区,且宿州市内有关县的开采潜力指数均大于1.2,均属扩大开采区(见表3)。

3　地下水资源安全开采潜力研究

3.1　浅层地下水安全开采潜力

3.1.1　现状潜力

根据前述,分别计算各行政区及皖北地区地下水剩余资源量、剩余程度、剩余模数,见表4。

表 3　皖北地区岩溶水开采潜力划分成果

地级市	水源地名称	安全开采量（万 m^3）	实际开采量（万 m^3）	开采潜力指数	开采区类型
淮北市	相山濉溪徐楼	3 005.24	3 592.35	0.84	控制开采区
	二电厂	4 133.96	2 807.25	1.47	扩大开采区
	小计	7 139.20	6 399.60	1.12	控制开采区
宿州市	符离集	1 982.58	138.08	14.36	扩大开采区
	夹沟	3 592.31	322.18	11.15	扩大开采区
	灵璧泗县	2 645.32	790.32	3.35	扩大开采区
	萧县	6 099.12	720.15	8.47	扩大开采区
	小计	14 319.33	1 970.72	7.27	扩大开采区
皖北地区		21 458.53	8 370.32	2.56	扩大开采区

表 4　皖北地区浅层地下水安全开采潜力成果

行政分区	平原面积（km^2）	剩余量（亿 m^3）	剩余程度（%）	剩余模数（万 m^3/km^2）
蚌埠	5 267	1.120	51.37	2.127
亳州	8 374	0.144	2.11	0.172
阜阳	9 852	0.002	0.03	0.002
淮北	2 613	1.289	48.42	4.935
淮南	1 350	0.054	10.33	0.397
宿州	9 238	0.400	6.07	0.433
皖北地区	36 694	3.010	11.14	0.820

由表 4 可知现状条件下，皖北地区安全开采量的剩余量为 3.010 亿 m^3，其中淮北市的剩余量最大为 1.289 亿 m^3，占剩余总量的 48.42%；阜阳市剩余总量最小为 0.002 亿 m^3，仅占剩余总量的 0.03%；其余的亳州市、淮南市、蚌埠市及宿州市分别占剩余总量的 2.11%、10.33%、51.37% 和 6.07%，如图 1 所示。各县剩余量最大的是淮北市的濉溪县，为 1.289 亿 m^3；最小的是阜阳市的颍上县，为 0.002 亿 m^3。

整个皖北地区浅层地下水安全开采量剩余程度为 11.14%；各行政区中，阜阳市的剩余程度最低仅为 0.03%，蚌埠市的剩余程度最大为 51.37%；各县中，蚌埠市怀远县剩余程度最高为 64.58%，阜阳市颍上县剩余程度最低仅为 0.15%。

整个皖北地区浅层地下水剩余模数为 0.820 万 m^3/km^2；各行政区中，淮北市最大为 4.935 万 m^3/km^2，阜阳市最小为 0.002 万 m^3/km^2；各县中，淮北市濉溪县最大为 5.33 万 m^3/km^2，阜阳市颍上剩余模数最小为 0.01 万 m^3/km^2。

以 1980 年时的地下水埋深为基准，至 2015 年皖北地区地下水埋深加大测站占的比例为 35.21%，埋深变浅和埋深基本不变的分别占 45.07%、19.72%，总体上讲，浅层地下水开采潜力基本持平；从地区分布上来看，除亳州市和淮北市的浅层地下水埋深加大测站所占的比例超过 50%，地下水开采潜力缩小，其他行政区地下水埋深加大测站所占的比例均在 50% 及以内，地下水开采潜力有所增加。以

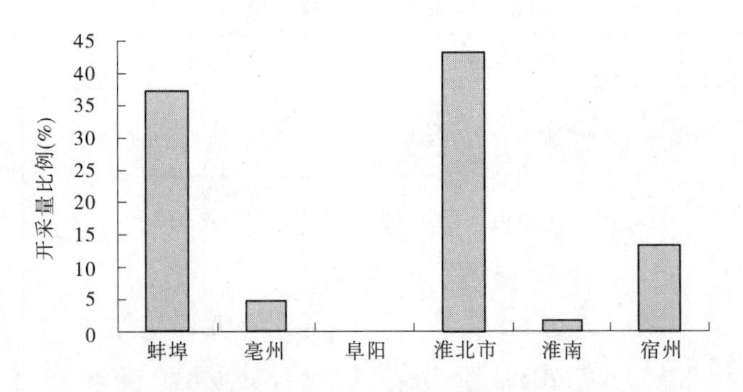

图1　皖北地区各行政区浅层地下水剩余地下水安全开采量比例示意图

1990年时的地下水埋深为基准,至2015年皖北地区地下水埋深加大测站占的比例为14.08%,埋深变浅和埋深基本不变的分别占60.56%、25.35%,总体上讲浅层地下水开采潜力略微缩小;从地区分布上来看,蚌埠的浅层地下水开采潜力缩小较大,地下水埋深加大测站占的比例约为36.36%,而淮北市和宿州市的浅层地下水则有较大的开采潜力。不论怎样,今后应通过引水、调水、优化配置等来增加地下水的补给,涵养地下水资源,增大地下水开采潜力,保障经济社会的可持续发展。

3.1.2　未来潜力

根据皖北地区各行政分区长远总体发展规划纲要确定的国民经济发展目标,结合皖北地区地下水现状浅层地下水开发利用趋势分析,皖北平原区不同年型、不同规划水平年的浅层地下水可开采量与预测需水量成果见表5～表7。

表5　皖北地区浅层地下水需水预测($P=50\%$)　(单位:亿 m^3)

行政区划	安全开采量	2020年	2030年
蚌埠	2.181	1.022	1.083
亳州	6.821	6.989	7.405
阜阳	8.230	9.774	10.356
淮北	2.663	1.282	1.359
淮南	0.519	0.484	0.512
宿州	6.598	7.446	7.890
皖北地区	27.011	26.997	28.605

表6　皖北地区浅层地下水需水预测($P=75\%$)　(单位:亿 m^3)

行政区划	安全开采量	2020年	2030年
蚌埠	2.181	1.192	1.263
亳州	6.821	8.281	8.774
阜阳	8.230	11.328	12.003
淮北	2.663	1.430	1.516
淮南	0.519	0.593	0.628
宿州	6.598	8.357	8.855
皖北地区	27.011	31.182	33.039

表7　皖北地区浅层地下水需水预测($P=95\%$)　（单位:亿 m^3）

行政区划	安全开采量	2020年	2030年
蚌埠	2.181	1.477	1.565
亳州	6.821	10.683	11.319
阜阳	8.230	13.816	14.639
淮北	2.663	1.631	1.728
淮南	0.519	0.807	0.855
宿州	6.598	9.653	10.228
皖北地区	27.011	38.066	40.333

对皖北地区而言,只要未来不出现特枯年份($P=95\%$),其浅层地下水资源既能满足需水要求,又能达到安全开采的目标。若遭遇特枯($P=95\%$)年份,皖北地区的需水量得不到满足,从地区分布上来看,主要缺水的市在亳州市、阜阳市和宿州市,主要缺水的县也是该三市所属的县。对于其余年份($P=50\%$和$P=75\%$),主要缺水市为阜阳和亳州。

皖北地区蚌埠市、淮南市和淮北市各县为扩大开采区,亳州、萧县和灵璧为控制开采区,阜阳市各县、涡阳、蒙城、利辛、宿州、砀山和泗县为调减开采区。调减开采区中除蒙城、阜阳、宿州、砀山和泗县为轻度不足区,其他区域均为中度不足区。由上述分析,皖北地区浅层地下水资源的开发利用前景清楚可见。

3.2　岩溶水安全开采潜力

3.2.1　现状潜力

皖北地区岩溶裂隙水剩余量、剩余程度、剩余模数见表8。

表8　皖北地区裂隙岩溶水开采潜力结果

行政分区	水源地名称	面积(km^2)	安全开采量(万 m^3)	现状开采量(万 m^3)	剩余量(万 m^3)	剩余程度	剩余模数(万 m^3/km^2)
淮北市	相山濉溪	278.03	3 005.24	3 592.35	-587.11	0.00	0.00
	二电厂	241.40	4 133.96	2 807.25	1 326.71	0.32	5.50
	小计	519.43	7 139.20	6 399.60	739.60	0.10	1.42
宿州市	符离集	109.22	1 982.58	138.08	1 844.51	0.93	16.89
	夹沟	346.00	3 592.31	322.18	3 270.14	0.91	9.45
	灵璧泗县	380.00	2 645.32	790.32	1 855.00	0.70	4.88
	萧县	870.00	6 099.12	720.15	5 378.97	0.88	6.18
	小计	1 705.22	14 319.33	1 970.72	12 348.61	0.86	7.24
皖北地区		2 224.65	21 458.53	8 370.32	13 088.21	0.61	5.88

皖北地区岩溶裂隙水剩余量为1.3亿 m^3,其中淮北市占5.6%、宿州市占94.4%。淮北市剩余资源量少主要是相山濉溪水源地的超采造成的,淮北市西部的相山濉溪徐楼水源地现状年岩溶水超采量为587.11万 m^3,并且其超采主要集中在北部城区,南部的徐楼区岩溶水开采则较少。

宿州市剩余量为1.2亿 m^3,剩余模数为7.24万 m^3/km^2;皖北地区的岩溶水整体来看不超采,但局部地区超采现象严重,如淮北市区的岩溶水超采,引起水位持续下降,该地区的岩溶水要注意水资源的涵养保护。

皖北地区岩溶裂隙水的剩余程度为61%,其中符离集的剩余程度最高为93%,皖北地区即淮北市城区的超采程度为120%，可见此处的超采相当严重。

皖北地区岩溶裂隙水的剩余模数为5.88万m^3/km^2，其中宿州市的符离集最高为16.89万m^3/km^2，灵璧泗县最低为4.88万m^3/km^2；淮北市的剩余模数较低，相山濉溪剩余量为0，而二电厂水源地剩余模数为5.5万m^3/km^2。

3.2.2　未来潜力

皖北地区东北部岩溶区，在大面积的碳酸盐岩裸露于低山丘陵区或隐伏于平原松散层之下，在碳酸盐岩岩溶裂隙网络系统中贮存和运移的岩溶裂隙水，水质好、水量大，是有远景的大中型工业供水水源，对该区域的供水具有十分重要的意义。根据多年的勘察资料，地矿部门近来圈定的岩溶水远景水源地有淮北二电厂水源地、符离集夹沟水源地、灵璧泗县水源地、萧县水源地，这些水源地均具有一定的开采利用潜力。

皖北地区岩溶裂隙水的安全开采量为2.146亿m^3，目前已开采0.837亿m^3。按照水资源可持续利用的原则，以及到2030年各水源地的开采量控制在地下水开采区标准划分中控制开采区的范围内，预测2030年皖北地区岩深水的开采量为2.004亿m^3，比现状存在超采情况下多开采近1.2亿m^3。其中对淮北市而言，要压缩开采0.058亿m^3，主要是压缩淮北市区的开采量，二电厂可以适当增大开采量；宿州市可增加开采1.107亿m^3，宿州市的符离集、夹沟、灵璧、泗县、萧县可增加的开采量分别占宿州市总量的15.63%、25.75%、14.81%、43.81%。皖北地区规划水平年岩溶水预测开采量成果见表9。

表9　皖北地区岩溶水安全开采量预测开采量成果　（单位：亿m^3）

区域		安全开采量	2020年	2030年
淮北市	相山濉溪	0.301	0.290	0.290
	二电厂	0.413	0.325	0.410
	小计	0.714	0.615	0.700
宿州市	符离集	0.198	0.143	0.187
	夹沟	0.359	0.235	0.317
	灵璧泗县	0.265	0.174	0.243
	萧县	0.610	0.355	0.557
	小计	1.432	0.907	1.304
合计		2.146	1.522	2.004

4　结语

皖北地区广泛分布着地下水资源，但是不同地区间存在开采资源和开发利用潜力的差异，大量存在孔隙水水量丰富但水质状况不一，优质裂隙、岩溶水的开发利用还有待于进一步勘查和深入研究，对于不同地区的地下水开发利用要依具体情况而定。要实现皖北地区地下水资源的可持续开发与利用，应根据各区的开采潜力，依法加强对地下水资源的管理和保护，落实最严格的水资源管理制度，严格实施“三条红线”制度。

参考文献

[1] 陈小凤. 安徽省淮北地区岩溶水资源分布及开发利用浅析[J]. 地下水，2013(1)：45-47.
[2] 王兵. 淮南市凤台县地下水资源调查评价[J]. 地下水，2011，33(5)：39-41.
[3] 姬宏，王振龙，李瑞. 淮北平原地下水资源动态演变情势研究[J]. 水文，2009，29(1)：25-28.
[4] 王振龙. 安徽淮北地区地下水资源开发利用潜力分析评价[J]. 地下水，2008，30(4)：34-37.
[5] 王式成，孔令志. 安徽淮北地区水资源形势展望与对策研究[J]. 水利水电快报，2008(S1)：42-45.
[6] 王式成. 淮北地区中深层地下水开发利用及地质环境问题[J]. 水资源研究，2002(3)：13-14.

[7] 王式成. 淮北地区城市地下水资源开发利用的变化趋势[J]. 治淮, 2000(1):32-33.
[8] 张人权. 地下水资源特性及其合理开发利用[J]. 水文地质工程地质, 2003(6): 1-5.
[9] 张光辉, 严明疆, 杨丽芝, 等. 地下水可持续开采量与地下水功能评价的关系[J]. 地质通报, 2008, 27(6): 875-881.

作者简介:李瑞,女,1981 年 12 月生,高级工程师,主要从事水资源规划与科研管理工作。E-mail:53520188@qq.com.

浅谈淮南市城镇再生水利用系统规划

王向东[1]　王艺晗[2]　王小平[3]

(1.安徽淮河水资源科技有限公司　安徽蚌埠　233000;
2.河海大学　江苏南京　210000;3.蚌埠学院　安徽蚌埠　233000)

摘　要:再生水是国际公认的"城市第二水源",加强城市再生水利用,是"五水共治"的一项重要内容,也是建设生态文明的重要举措。当前国家、安徽省陆续出台了相关文件,对城市污水处理再生利用做了一系列要求。淮南因煤设市,是中原经济区重要的煤电化和矿山机械制造基地,是合肥经济圈的重要节点,由于紧邻淮河,境内火电、化工企业年消耗新鲜地表水量大。在调查分析淮南市供水、排水、再生水利用现状情况及存在的主要问题上,提出再生水利用的优势,确定淮南市两片七区再生水利用方案,并对再生水利用实施效果进行分析,为类似地区利用城市再生水提供借鉴和参考。

关键词:淮南市　再生水回用　优势　系统规划　实施效果

1　研究区概况

淮南市位于安徽省中北部,淮河之滨,是一个以煤、电、化工业为主体的综合性工业城市,是全国大型煤电能源生产基地,是中原经济区重要的煤电化和矿山机械制造基地,是安徽省北部重要的中心城市,是合肥经济圈的重要节点。

淮南市多年平均水资源总量16.53亿m^3,其中地表水资源量14.06亿m^3,地下水资源量5.75亿m^3,重复计算量2.47亿m^3,人均水资源占有量481.80 m^3。淮南市在1992年被列为重点缺水城市,属于水资源型缺水、工程型缺水和水质型缺水兼有的城市之一。近年来,随着《中原经济区规划》和皖北协同发展等一系列战略的实施,淮南市依托丰富的煤炭、耕地、劳动力资源和紧邻长三角优越的区位优势,社会经济发展迅速,城镇化和新型工业化进程加快,水资源供需矛盾凸显。

2015年淮南市供水总量15.52亿m^3,其中再生水供水量0.18亿m^3,仅占供水总量的1.20%。因此,加强再生水利用,推进污水处理资源化进程,对缓解淮南市供需矛盾,推进节水型社会建设,保障社会经济的可持续发展,改善水生态环境,具有十分重要的作用。

2　区域再生水利用现状与存在的主要问题

全市共有6座污水处理厂,分别为淮南首创第一污水处理厂、淮南市八公山污水处理厂、山南新区污水处理厂、潘集污水处理厂、凤台县美庐污水处理厂、寿县污水处理厂、毛集污水处理厂(调试阶段)。现状污水处理量总计25.9万m^3/d,2015年淮南市再生水供水量0.18亿m^3,再生水回用率1.90%。现状再生水回用率远远没有达到《安徽省人民政府关于实行最严格水资源管理制度的意见》(皖政〔2013〕15号)、《安徽省水污染防治工作方案》等文件要求。

从技术上讲,目前的技术水平可把污水处理成满足任何用户的水质要求。但污水的再生回用主要受以下几个方面的制约:

(1)缺乏必要的法规、条令强制进行污水回用,特别是缺乏鼓励污水回用的政策。

(2)再生水价格形成机制不明确。目前,淮南市再生水的价格是由企业与污水厂自行商量决定,但是该价格的合理性尚待时间考验,如果不尽合理,将会导致污水再生水生产者不能保证经济效益。确定合理的污水回用价格,是保证污水再生水生产者与受纳者的责、权、利,是促进污水回用的重要前提。

(3)再生水的水质和环境质量要求始终是再生水处理技术和处理成本的核心问题。再生水的回用是一个比较复杂的系统工程问题，应根据不同的回用用途，对可行方案进行多方案比选，寻求最佳技术经济方案。

3 再生水利用的优势

3.1 新时期下的政策引导

随着我国社会经济的发展，再生水回用率这项指标逐渐纳入到环保、水务、水资源等规划的目标之中，显示出各级政府对再生水回用的日益重视。

根据《"十三五"全国城镇污水处理及再生利用设施建设规划》，"十三五"期间全国新增再生水利用设施规模 1 505 万 m^3/d，其中，设市城市 1 214 万 m^3/d，县城 291 万 m^3/d。规划安徽省新增再生水利用设施规模 63 万 m^3/d，总投资 6 亿元。

2015 年国务院印发《水污染防治行动计划》，2016 年国家发展改革委、水利部等 9 部委联合下发《关于印发〈全民节水行动计划〉的通知》（发改环资〔2016〕2259 号），要求积极利用非常规水源，到 2020 年缺水城市再生水利用率达到 20% 以上，京津冀区域达到 30% 以上。

安徽省积极推进非常规水源利用，把非常规水源开发利用纳入区域水资源统一配置。《安徽省城镇供水条例》《安徽省人民政府关于实行最严格水资源管理制度的意见》《安徽省节约用水条例》《安徽省水污染防治工作方案》等相关文件先后出台，要求建立健全污水再生利用产业政策，火力发电、钢铁等工业企业应当优先使用再生水，鼓励园林绿化、环境卫生、建筑施工、洗车等使用雨水、再生水。到 2020 年，合肥、淮北、亳州、宿州、蚌埠、淮南、阜阳、滁州等缺水城市再生水利用率达 20% 以上。

3.2 城市污水处理设施完善

目前，淮南市城镇污水处理厂共有 7 座，总设计处理规模达 37.5 万 m^3/d，现状实际污水处理量达 26.3 万 m^3/d。规划至 2020 年污水处理厂总设计处理规模将达到 44.5 万 m^3/d，2030 年将达到 77.0 万 m^3/d。污水处理厂出水水质均以一级 A 排放标准作为控制目标，是再生水回用的稳定水源。

3.3 工业回用再生水需求大

淮南因煤设市，煤炭远景储量占华东地区储量的 50%，是华东最大的坑口电站。到 2015 年末，全市火电总装机容量 1 169 万 kW，约占全省总装机容量的 26.7%，约占全省淮河流域总装机容量的 63.4%。2015 年全市工业总用水量 7.71 亿 m^3，其中火电行业用水 6.61 亿 m^3，占工业用水总量的 85.73%。现有大型火电厂田家庵发电厂、洛河电厂、平圩电厂、新庄孜电厂、凤台电厂等，由于紧靠淮河，均以地表水作为取水水源。可见，以再生水作为电厂工业取水替代新鲜地表水，其发展潜力巨大。

3.4 城市绿化回用再生水需求大

淮南是一座山水林城融为一体的美丽城市，先后荣获国家绿化模范城市、中国优秀旅游城市、国家园林城市、全国平原绿化先进城市、中国节能减排二十佳城市等殊荣，是国家首批"智慧城市"试点市。全市城区绿化和道路广场面积较大，绿化浇洒等城市杂用水量十分可观，能为污水的再生利用提供良好的出路。

4 再生水系统规划

4.1 再生水利用模式

再生水利用模式有集中再生水处理、分散再生水处理两种。集中模式是将各区内所有污水通过市政污水管道排放至相应的污水处理厂，污水二级出水经深度处理后，通过市政统一敷设的再生水管道送至利用地点，满足工业企业、市政绿化、道路浇洒等方面使用。分散模式是指居住小区、大型公共建筑、学校、宾馆等大型场所实行污水就地收集、就地利用，满足绿化、冲厕的用水需求。结合淮南市实际情况，就淮南市两种再生水利用模式加以方案比较，见表 1。

表1　淮南市再生水利用模式比较

项目	集中模式	分散模式
模式简述	政府统一规划建设污水收集及处理厂站,污水统一收集至污水厂,统一利用	污水分散收集至再生水站,分散利用
适用条件	淮南市排水管网覆盖整个淮南市远期规划范围,具备集中利用模式条件	污水管网及再生水管网未覆盖的孤立区域;新建小区,建筑面积2万 m^2 以上的用水部门,如大中专院校等;水量超过一定数量的独立工业企业及成片开发的工业小区
投资	污水厂投资 + 再生水厂投资 + 污水收集管道建设费 + 再生水供水管道建设费,政府一次性投资大	再生水站投资 + 小区内污水收集管道建设费 + 再生水供水管道建设费,资金转移至开发商,一次性投资小
运行管理	集中统一管理,效率高	分散管理,效率低
安全卫生	水质等有保障	卫生保障低,有安全风险

结合淮南市实际情况,确定淮南市再生水利用采用集中用水方式,随着城市发展具备条件的区域可以采用分散用水模式。

4.2　再生水厂规划

淮南市污水再生利用工程基本上为:在现有污水处理厂处理工艺的基础上,直接利用或进行进一步的深度处理后利用,同时因服务范围内污水再生利用用途的不同,按需利用现有或者新建污水再生利用泵站。因此,淮南市各污水再生利用系统中规划的再生水处理厂尽量与现有污水处理厂相结合,污水处理厂厂内有建设条件的,优先选择建设在污水处理厂厂内;厂内没有用地条件的,考虑在紧靠污水处理厂的区域建设,适当征地,以节省建设投资,方便管理。

规划建设7座再生水处理厂,分别为第一再生水处理厂、八公山再生水处理厂、山南新区再生水处理厂、潘集再生水处理厂、凤台再生水处理厂、寿县再生水处理厂及毛集再生水处理厂,见表2。

表2　淮南市再生水处理系统规划情况　(单位:万 m^3/d)

分片区	再生水处理厂	规模		近期重点落实任务
		近期	远期	
东城区	第一再生水处理厂	6	16	田家庵电厂、德邦化工生产用水全部置换为再生水(3.75万 m^3/d、0.68万 m^3/d);部分市政杂用
西城区	八公山再生水处理厂	6	8	新庄孜电厂生产用水全部置换为再生水(1.64万 m^3/d),八公山风景区绿化用水1万 m^3/d,部分市政杂用
潘集区	潘集再生水处理厂	2	3.5	铺设再生水回用管道至皖能煤制气项目
毛集区	毛集再生水处理厂	0	0.5	—
山南新区	山南新区再生水处理厂		3	—
凤台	凤台再生水处理厂	2.5	8	凤台电厂城市杂用、永幸河等水系生态补水
寿县	寿县再生水处理厂	0.5	1.5	城市杂用、环城河生态河道补水
合计		17	40.5	—

4.3　再生水配置方案

再生水主要回用于工业用水、城市杂用水、生态环境补水等,根据各分片区的需水量与再生水处理系统规划情况,各分片区再生水配置量见表3。

表 3　淮南市再生水利用结构统计　　（单位：万 m^3/d）

分片区	再生水处理厂	工业		城市杂用		生态补水		合计	
		近期	远期	近期	远期	近期	远期	近期	远期
东城区	第一再生水处理厂	4.43	13.75	1.57	2.25			6.00	16.00
西城区	八公山再生水处理厂	1.64	5.48	1.36	1.50		1.00	3.00	7.98
潘集区	潘集再生水处理厂	2.00	2.71		0.49			2.00	3.20
毛集区	毛集再生水处理厂				0.30				0.30
山南新区	山南新区再生水处理厂				2.47		0.72		3.19
凤台	凤台再生水处理厂	2.50	6.38		1.22		0.40	2.50	8.00
寿县	寿县再生水处理厂			0.40	1.13	0.10	0.15	0.50	1.28
合计		10.57	28.32	3.33	9.36	0.10	2.27	14.00	39.95

根据再生水配置方案，近期淮南市再生水利用量为 14 万 m^3/d，再生水利用率为 36.1%，工业、市政杂用及生态环境补水利用量分别占利用总量的比例为 75%、24% 及 1%；远期淮南市再生水利用量为 39.95 万 m^3/d，再生水利用率为 53.1%，工业、市政杂用及生态环境补水利用量分别占利用总量的比例为 66%、25% 及 9%。

4.4　再生水处理厂出水水质

为保证供水安全，淮南市再生水利用标准执行《城镇污水处理厂污染物排放标准》一级 A 标准，各工业企业根据生产工艺用水水质要求自行进行深度处理。

淮南市现有及规划新建污水处理厂出水水质均达到《城镇污水处理厂污染物排放标准》一级 A 标准，污水处理厂出水后，只需再经消毒，就能满足城市再生水的要求。为保证再生水处理厂出水余氯，再生水处理厂需新建二氧化氯消毒设施，建设加氯间、清水池、吸水井、再生水外输泵房及变配电室。

4.5　再生水供水方案

4.5.1　工业

由于工业用水保证率较高，因此工业用户按照需水流量单独铺设供水管道。

4.5.2　城市杂用再生水

（1）道路浇洒用水。敷设在道路绿化带内，路口附近处均设置取水点，保证 1.5 km 内至少一处取水点，并配有水表等计量装置，便于洒水车刷卡取水。

城市绿化用水。敷设在道路绿化带内，一片绿地开一个支管，并配有水表等计量装置，刷卡取水。公园、广场用水，再生水管网敷设至公园的周围，再生水管网上开一个支管，采用洒水喷头形式计量取水。

（2）生活杂用水。从市政管网接至小区内，在小区内敷设再生水管网，设置取水点，绿化等杂用水计量刷卡取水。工业企业绿化用水：再生水管网敷设至工业的周围，再生水水管网上开一个支管，采用洒水喷头形式计量取水。

（3）景观环境用水。再生水管网敷设至河道附近，再生水水管网上开若干支管，用闸门控制河道补水量。

5　建设成效

再生水为城市用水提供了“第二水源”，污水再生利用降低城市自来水供水量，其直接的经济效益是供给工业用水和城市杂用水所征收的再生水水费，间接的经济效益是节约城市给水基础设施建设费和节约城市用水的水费，减少排入河道污染物总量，改善城市生态和投资环境。

再生水利用工程实施后，根据再生水利用量分析，近期淮南市再生水利用率将达到 36.1%，远期再生水利用率将达到53.1%。

合理开辟与配置城市再生水资源,为推动淮南市经济社会长期平稳较快发展提供可靠的水资源保障。

6　结论与建议

淮南市污水再生利用系统的建设与实施是一项长期、艰巨的工作,需要全社会的共同推动,且要有相关政策支持和法律保障。由于污水再生利用的复杂性,建议由政府成立专门工作领导和协调机构,出台政策措施、改革经济政策、创新运行管理,全面推进污水再生利用工作。

参考文献

[1] 司渭滨. 中国北方城市污水再生利用系统建设管理模式研究[D]. 西安建筑科技大学,2013.
[2] 李梅. 城市污水再生回用系统分析及模拟预测[D]. 西安建筑科技大学,2003.
[3] 王中华. 城市污水再生回用优化研究[D]. 合肥工业大学,2012.
[4] 柏蔚,高菲. 对再生水利用的分析及思考[J]. 环境科学与管理,2015(10):188-191.
[5] 王中华,徐得潜,周慧,等. 合肥市滨湖新区污水再生利用规划研究[J]. 城镇供水,2012(03):70-73.
[6] 熊家晴, 王晓昌. 关于城市污水再生利用规划的几个问题[J]. 西安建筑科技大学学报,2004,36(1):66-69.
[7] 刘雪红,蒋岚岚,范学军. 无锡新区再生水回用规划要点[J]. 中国给水排水(S0),2010,26(36):109-112.
[8] 王强, 廖昭华. 北京大兴新城污水再生利用规划探讨[J]. 城乡建设,2010(6):26-28.

作者简介:王向东,男,1990 年 5 月生,助理工程师,主要从事水资源规划、水资源论证、防洪评价等工作。E-mail:1219948835@ qq. com.

威海南海新区水资源优化管理研究

蔡海涛[1] 张明芳[2]

(1. 乳山市水资源管理办公室 山东威海 264500;
2. 威海市水文局 山东威海 264209)

摘 要:威海南海新区于2007年3月启动开发,是国家战略山东半岛蓝色经济区重点建设的海洋经济新区之一,现行政上属于威海市委、市政府的派出单位,被列为威海市重点发展区域。国家新时期的治水方略要求量水而行,在制定产业发展、生产力布局、城镇建设规划时,充分考虑水资源、水环境承载能力,因水制宜、以供定需。南海新区地处沿海景观带,境内水源地不足,时空分布不均,开发利用难度大,水资源供需矛盾突出是该区可持续发展的主要瓶颈,对其实现水资源优化管理研究是贯彻落实实行最严格水资源管理制度的重要内容,是从区域层面协调规划与水资源条件适应性的重要手段。本文结合南海新区实际,对其境内水资源进行综合评价,并从科学的角度分析探讨其规划水资源需水规模、水资源配置及影响分析等内容,提出相应的水资源保护措施,为实现水资源优化管理等决策提供科学依据。

关键词:最严格水资源管理 南海新区 水资源优化管理 研究

威海南海新区于2013年正式成为山东省威海市委、市政府的派出单位,被列为威海市重点发展区域,同时也是国家战略山东半岛蓝色经济区重点建设的海洋经济新区之一。但由于南海新区地处沿海景观带,境内水源地不足,时空分布不均,开发利用难度大,水资源供需矛盾突出,本文结合威海南海新区实际,对其境内水资源进行综合评价,并从科学的角度进行最严格水资源管理制度下水资源的优化配置和管理研究,为南海新区的水资源规划和保护、优化管理决策等提供科学依据。

1 基本概况

威海南海新区位于胶东半岛东部、文登南部沿海,北纬36°56′,东经122°03′。本次研究南海新区范围东起泽库镇,西至黄垒河,北到环海路,南到五垒岛湾,另外还单独包括小观镇区,规划总面积232.88 km^2,海岸线长155.88 km,南海新区与韩国、日本隔海相望,处于“中日韩自由贸易区”内,青(岛)烟(台)威(海)1小时经济圈,区域经济战略地位突出,功能定位是山东半岛蓝色产业新城和旅游度假胜地,分为旅游度假区、商务休闲区、临港产业区三大功能区,将建设具有较强国际竞争力的现代海洋产业聚集区和现代化、国际化、生态化的副中心城区。结合《南海新区总体规划》(规划期限为2020年),本次综合确定其水资源优化管理规划水平年为2020年。

2 水资源评价

2.1 降水量与水资源量

经分析评价,南海新区1953~2012年(60年)长系列多年平均降水量765.8 mm,汛期(6~9月)降水量557.6 mm,丰枯比为3.2。南海新区多年平均地表水资源量6 083万 m^3,地下水资源量1 718万 m^3,水资源总量为7 801万 m^3。南海新区过境的昌阳河、母猪河、黄垒河(界河)三条主要河流,多年平均入海出境水量53 757万 m^3,其中汛期(6~9月)入海出境水量41 469万 m^3,占全年的77%。

2.2 水资源可利用量

南海新区境内的现状地表水工程较少,没有任何大、中、小型水库。另外,过境的昌阳河、母猪河、黄垒河(界河)在南海新区境内均属于入海感潮河段,潮水顶托现象严重,故目前不存在河道引提水工程。经分析计算,南海新区境内地表水多年平均可利用量为25.8万 m^3,多年平均浅层地下水可开采量为343.6万 m^3。南海新区当地多年平均水资源可利用总量为368.7万 m^3。不同频率水资源可利用总量成果见表 1。

表 1　南海新区境内不同频率水资源可利用总量成果　（单位：万 m^3）

行政区	不同保证率水资源可利用总量			
	50%	75%	95%	多年平均
南海新区	366.2	359.3	350.3	368.7

2.3　用水总量控制指标

根据《威海市人民政府办公室关于印发〈威海市实行最严格水资源管理制度考核办法〉的通知》中各区市“三条红线”控制目标及后期分解，2020 年，威海市多年平均降水条件下，用水总量控制指标为 6.52 亿 m^3，南海新区用水总量控制指标为 4 000 万 m^3。

3　水资源规划分析

3.1　规划需水预测

本次对南海新区规划水平年的需水预测主要采用山东省常用的通过对国民经济社会发展指标及其用水定额分别进行预测的方法。另外，本次还采用根据文登宝泉水务有限公司最近几年的供水变化情况，对规划年需水情况进行预测，将两种方法进行对比分析，综合选定南海新区规划水平年需水量，见表 2。

表 2　南海新区不同水平年国民经济各部门毛需水量预测成果

指标		现状年	2020 年
城市居民生活需水量（万 m^3）		10.540	882
农村居民生活需水量（万 m^3）		100.518	0
牲畜（万 m^3）	大牲畜	0.0741	0.07
	小牲畜	8.435	8.4
	裘皮动物	48.300	48.3
	规模化养鸡	2.4220	2.4
工业需水量（万 m^3）		150.099	664
建筑业需水量（万 m^3）		56.636	252
第三产业需水量（万 m^3）		45.693	306
农业需水量（万 m^3）	50%	70.858	26.4
	75%（95%）	92.571	37
生态环境需水量（万 m^3）		44.600	310
总需水量（万 m^3）	50%	538.18	2 500
	75%（95%）	559.89	2 510

3.2　规划需水合理性分析

通过南海新区规划水平年的部分用水指标值，可以看出各项指标均相对比较先进。其中城市人均生活净用水指标为 85 L/（人·d），毛用水指标为 97 L/（人·d），均符合《山东省资源节约标准》（2004）要求的山东省城市居民生活用水量 85 ~ 120 L/（人·d）的定额标准；由于当地农田灌溉方式基本均为通过小型油泵直接从水源地短距离抽水灌溉，从而灌溉水利用系数可达 0.90，远远高于灌区水利用系数；万元工业增加值用水指标为 3.5 m^3/万元，其用水水平较高，且接近国内先进水平；城市管网水利用系数达到 0.88，满足节水型社会建设规划相应要求。

4　水资源优化管理分析

4.1　南海新区可配置水源分析

南海新区可配置的水源优先考虑境内已有可供水源的基础上，再考虑规划水平年境外周边已有及规划的水源工程。南海新区境内的现状地表水工程较少，没有任何大、中、小型水库，只有塘坝工程 18 座，蓄水总库容 24.55 万 m^3；境内地下水源工程主要指大口井(1 眼)及地下水井，其中较大规模的主要包括南廒村大口井及泽库镇自来水公司地下井；境内非常规水源主要是南海新区污水处理厂，现状已建成规模为 2.5 万 m^3/d，设计至 2020 年为 10 万 m^3/d，中水利用量可达 1.5 万 m^3/d 以上，年可供水量 548 万 m^3/年。

至规划水平年，南海新区境外已有可考虑利用的水源主要包括米山水库(大型)、南圈水库(中型)、宝泉水库(小(1)型)、黄垒河地下水井四处。其中，米山水库、宝泉水库、黄垒河地下水井为南海新区现状年已启用的境外水源。境外可考虑利用的规划水源主要包括黄垒河地下水库、老母猪河地下水库、长会口水库三处，并且均已取得相关批复。南海新区境内外不同水源可供水总量可达 5 631 万 m^3，可供水源及可供水量(95%)见表 3。

表 3　南海新区境内外可供水源及可供水量成果

市区		城市供水水源地	95%(50%)保证率 可供水量(万 m^3)	供水对象
威海南海新区	境内	塘坝地表水	23.3	农业(保证率 50%)
		分散地下水井	343.6	农业及生活、生产等
		再生水	548	城市生产及生态
	境外	米山水库	2 260	城市生活及生产
		宝泉水库	42	城市生活及生产
		黄垒河地下水井	44	城市生活及生产
		南圈水库	353	城市生活及生产
		黄垒河地下水库(规划拟建)	2 017	城市生活及生产
境内外合计			5 631	

4.2　水源优化配置方案

(1)农业灌溉水源配置方案：根据前面的分析至 2020 年，南海新区只有泽库镇北部约 13 个村的耕地可能保留，而南海新区境内塘坝全位于泽库镇境内，基本可以满足灌溉用水需求。

(2)牲畜养殖水源配置方案：至 2020 年，牲畜养殖需水量约 59.2 万 m^3，根据当地养殖方式调查，现状基本采用分散地下水井抽水方式解决，且能够满足其供水要求。

(3)生态环境水源配置方案：至 2020 年，河道外城市生态环境需水量约 310 万 m^3，主要拟采用再生水方式解决，再生水年可供水量 548 万 m^3，能够满足需水。南海新区境内的母猪河、昌阳河、黄垒河三条河流的入海水量远远超过其最小生态环境需水量，南海新区境内河流径流量能够保证其河道内生态环境水量需求。

(4)城市生活和生产水源配置方案：至 2020 年城市生活和生产需水总量约 2 104 万 m^3，可供水源有泽库自来水公司 2 眼地下井、南廒村大口井、米山水库、宝泉水库、黄垒河地下水井、南圈水库、黄垒河地下水库或老母猪河地下水库(规划拟建)及部分再生水等。优先考虑南海新区境内外的泽库自来水公司 2 眼地下井、南廒村大口井、宝泉水库、黄垒河地下水井及部分再生水，其年可供水量 389 万 m^3，尚缺水 1 715 万 m^3，即 4.7 万 m^3/d，需考虑从米山水库、南圈水库及规划拟建的黄垒河地下水库调水。

根据调算，95%保证率情况下，米山水库(考虑胶东调水 5 200 万 m^3)可供水量为 11 883 万 m^3/年，扣除威海市区及文登区供水后，余下可供水量为2 260万 m^3/年，但由于米山水库是威海市区及文登区的最主要供水水源地，为实现威海市域一体化城市供水，合理调配水资源，因此推荐南海新区优先将南圈水库作为取水水源，不足部分近期将米山水库作为补充水源，待黄垒河或老母猪河地下水水库建成后将黄垒河地下水水库作为补充水源。同时，黄垒河地下水水库余水还可作为南海新区应急备用水源地。南海新区城市生活及生产用水有保障。南海新区优化配置成果见表4。

表4　南海新区2020年用水总量控制指标下的优化配置成果　（单位：万 m^3）

指标	2020年总需水量	供水水源及供水量		
		总供水量	各水源供水量	供水水源
农业	26.4	26.4	26.4	境内塘坝及分散地下井
牲畜	59.2	59.2	59.2	境内分散地下井
生态环境	310	310	310	境内再生水
城市生活及生产	2 104	2 104	40	泽库自来水公司2眼地下井
			25	南廒村大口井
			238	再生水
			42	宝泉水库
			44	黄垒河地下水水井
			280	南圈水库
			1 435	米山水库/拟建黄垒河地下水水库
总水量	2 500	2 500	2 500	—

4.3　优化方案影响分析

(1)对水资源影响。南海新区的规划供水拟采用多水源联合调度供水的方式，实施水资源统一调度，可以解决当地及区域防洪、兴利和生态等问题，实现区域水资源的可持续利用，对当地水资源影响较小。规划年南海新区城市生活及生产用水除保留原来黄垒河地下水源地、泽库镇地下水源地和南廒村地下水源地三处水源外，对原来零散12处村级地下水水源进行压采，统一采用城市管网供水，符合威海市地下水管理区划的规定，有利于保护地下水资源。

(2)对水功能区影响。至规划年，南海新区污水处理厂处理能力将至少达到5万 m^3/d以上，处理达标的再生水除回用外多余水量将会通过湿地净化后全部排入近海。对当地水功能区影响较小。

(3)对利益相关方影响。南海新区取水水源主要通过多库联合调度，通过水库兴利调节计算和水资源优化配置方案分析，能够保障文登区及南海新区的城市现有及规划水平年用水需求，南海新区取水对其他利益相关用水户产生的影响较小。

5　水资源保护管理对策措施

水资源保护管理措施首先要加强饮用水水源地保护区范围及保护措施。根据《威海市饮用水水源地保护办法》，对水库饮用水水源保护区内实施禁止一切破坏水环境生态平衡的活动，以及破坏与水源保护相关植被的活动；禁止向水域倾倒工业废渣、城市垃圾、粪便及其他废弃物；禁止使用剧毒和高残留农药，不得使用炸药、毒品捕杀鱼类；禁止设置排污口等水资源保护措施。同时，加强库区水源地和上游生态环境建设；严格执行“三条红线”，落实最严格水资源管理制度；严肃查处水环境违法行为，狠抓排污企业的废水治理；加快中水回用工程建设，尽可能减少地下水的开采；加强区域水资源的统一管理，跟踪监测，科学利用水资源；加强计量设施建设工程，加强水文基础设施建设等。

6 结论

在实行最严格水资源管理制度情况下,本文对威海南海新区开展了水资源评价及水资源的规划及优化管理研究,从宏观层面考虑当地水资源条件的制约作用,将被动管理提前到主动介入,从区域层面协调规划与水资源条件相适应。本文从科学的角度根据南海新区水资源评价结论,分析研究最严格水资源管理制度下南海新区规划水资源需水规模、水资源配置,以及实施影响分析等内容,提出有关的水资源保护措施。为南海新区快速合理的建设提供技术基础和科学决策,对促进经济社会发展与水资源承载能力相适应、加快推进经济增长方式转变和经济结构调整具有十分重要的作用。

作者简介:蔡海涛,男,1971 年 3 月生,工程师,主要从事水资源管理方面工作。E-mail:36963129@ qq. com.

苏北供水沿线淮安站—皂河站段供水损失及用水效率分析

黄　炜[1]　赵永俊[1]　陈家大[2]　顾春锋[3]

（1.江苏省水文水资源勘测局　江苏南京　210029；
2.江苏省水文水资源勘测局淮安分局　江苏淮安　223005；
3.江苏省水文水资源勘测局扬州分局　江苏扬州　225001）

摘　要：通过对苏北供水沿线淮安—皂河段的供水现场测验，采用水量平衡计算方法，确定了供水河段沿线高、中两种水位工况下的供水损失量，与2000年供水损失测验成果进行比较，分析了流量、水位、蒸发、河床地质变化等方面对供水损失量变化的影响。结合实地调查，对沿线用水组成和用水效率进行了分析。结果表明，该河段高、中供水损失值成果合理，符合河段的实际情况，可为沿线用水管理、用水调度和水量核定提供技术支撑。

关键词：供水损失　水量平衡　现场测验　苏北供水

苏北供水起于20世纪五六十年代的淮、江水北调工程。淮水北调工程从1957年盐河朱码节制闸兴建开始，到1973年淮沭新河开挖完成，实现了洪泽湖与京杭运河、废黄河、盐河、新沂河及其沂北水系的沟通；江水北调工程自1961年兴建江都一站开始到1996年刘老涧一站建成，串联了洪泽湖、骆马湖、微山湖，沟通了长江、淮河、沂沭泗水系，并与淮水北调工程一起组成苏北供水工程体系。苏北供水立足江水，充分利用淮水，较好地解决了苏北地区水资源不足问题，有力地促进了苏北地区经济、社会的发展。

供水过程中用水量主要为农业、工业、城镇居民生活、航运用水等，还有涵闸在关闭状态下的漏水，这些水量都可以直接测定，而供水河道的自然损耗却由于包含河道蒸发量和渗漏量难以直接确定。为了探索苏北供水沿线供水、用水、耗水的实际情况，优化水资源调度和用水计划管理，有必要合理确定供水河道的损失情况。本文通过对苏北供水沿线淮安—皂河段的供水损失现场测验，采用水量平衡计算方法，确定了该河段高、中两种水位工况下的供水损失量，并对沿线用水效率进行了分析，成果可为供水计量、调水管理提供技术支撑。

1　供水损失计算方法

供水过程的损失量确定是沿线行政区域用水量核定的基础，也是强化沿线用水管理和调度的保证，其主要为供水过程中水量的自然损耗，包括水面蒸发和河床渗漏。供水损失量一般可采用渗流理论计算或水量平衡公式计算。渗流理论计算主要是求解各种初始、边界条件下的渠道的渗流基本方程，从损失机制、结果表达方面是相对精确的，但对于初始、边界条件要求较严，操作上较为复杂，生产上应用不多。水量平衡公式计算是指依据水量平衡的原理，通过对现场实测资料的统计分析，分析计算河道在某一时段内水量的自然损耗。该方法具有原理清晰、方法简单、可操作性强等优点。基于水量平衡的供水损失计算公式如下所示：

$$Q_{入} + P_{降} = Q_{出} + q_{用} + q_{损} - \Delta W_{蓄} \tag{1}$$

式中：$P_{降}$为区域降水量，mm，转化为流量；$Q_{入}$为河段入口断面流量，m^3/s；$Q_{出}$为河段出口断面流量，m^3/s；$q_{用}$为河段用漏水量，m^3/s，包括出水口门涵闸漏水量、船闸用水量、取水口水量等；$q_{损}$为河段损失水量，m^3/s，包括河段渗漏量、蒸发量等；$W_{蓄}$为河段槽蓄量（有正有负），m^3/s。

2　供水损失测验及成果

2.1　现场测验河段和测验时机

供水损失与气温、湿度、风力，以及河床地质、水位等有关，而且这些因素随时间、河长变化而变化，因此测验河段和测验时间的选择十分重要。苏北供水淮安至皂河段共分4个梯级河段，分别为里运河淮安抽水站—淮阴抽水站（简称两淮段）、中运河淮阴抽水站—泗阳抽水站（简称淮泗段）、泗阳抽水站—刘老涧抽水站（简称泗阳段）、刘老涧抽水站—皂河抽水站（简称宿城段）。两淮段测验河段包括里运河淮安城区段新老两条河、苏北灌溉总渠运西段，淮泗段包括中运河淮泗段、淮沭新河二河段，泗阳段和宿城段为单一河段。

测验时间选择在11月下旬，主要是因为测验前期降水、蒸发与同期相比正常，且这一时期沿运河两侧灌溉需水量极少，沿运涵闸处于非运行状态，船闸、涵闸漏水、取水相对平稳，可以尽可能减少测验误差，保证水量损失成果的准确性和可靠性。

2.2　工程调度

测验采用高、中水两种工况。高水时，实行梯级调水。淮安抽水一站、淮安抽水三站抽江水入里运河两淮段，淮阴抽水一站从灌溉总渠抽水入中运河淮泗段（含二河段），泗阳一站从淮泗段抽水入中运河泗阳段，刘老涧抽水一站从泗阳段抽水入中运河宿城段，皂河抽水一站从宿城段抽水入骆马湖。中水时，里运河两淮段和中运河淮泗段放洪泽湖水，中运河泗阳段和宿城段同高水调度模式。

2.3　测验断面设置

沿线共布设流量控制断面12处，水位观测断面20处，沿线漏水涵闸断面94处。流量测验均采用走航式ADCP测量，每两小时监测1次，两种工况各连续监测72 h；水位观测频次与流量观测同步，采用人工与遥测水位数据；沿线漏水涵闸，采用低速流速仪监测其闸门关闭时的漏水流量，每天2次。

水面宽测量采用GPS（江苏CORS网）RTK模式测量测验河段水边线，测算河段水面面积、河段长度和平均水面宽。测量水边线以能控制水边线变化转折点为原则，高、中水两种工况各测1次。

测验河段周边布设有7个雨量站分别为运东闸（含蒸发）、高良涧闸、淮阴闸、泗阳闸、刘老涧闸、宿迁闸（蒸发）、皂河闸，其中降水量采用遥测数据，蒸发量监测采用人工观测。

2.4　现场调查

按高、中水位两种水情工况，现场调查沿线26个船闸，23处工业民用取水口的用水情况，其中船闸要求24 h全时段调查，其他用水量的调查频次均为一天一次。

2.5　供水损失成果

根据测流断面流量资料，结合区间降水量、涵闸漏水、冲污用水、船（套）闸通航放水、水厂用水和调查成果，运用始末水位推算河道蓄水变量后，按水量平衡方程式（1）计算河道供水损失量，成果见表1。

表1　供水干线沿线梯级河段供水损失成果

序号	河段	淮安—淮阴		淮阴—泗阳		泗阳—刘老涧		刘老涧—皂河	
		高水	中水	高水	中水	高水	中水	高水	中水
1	河段长度（km）	83.0	83.0	60.0	60.0	32.3	32.3	47.5	47.5
2	河段入流量（m^3/s）	131.28	66.04	670.88	680.87	94.1	92.48	85.31	85.15
3	河段出流量（m^3/s）	93.05	30.50	666.8	642.7	83.2	82.1	73.49	75.69
4	涵闸（支流河道）出入水量（m^3/s）	24.2	21.93	3.71	3.22	2.1	2.12	3.75	3.15
5	船闸放水量（m^3/s）	−3.52	−2.49	−1.63	−4.17	4.7	2.5	−2.5	−2.0
6	工农业用水量（m^3/s）	0.752	0.737	1.80	1.8	0	0	0.607	0.70

续表 1

序号	河段	淮安—淮阴		淮阴—泗阳		泗阳—刘老涧		刘老涧—皂河	
		高水	中水	高水	中水	高水	中水	高水	中水
7	河道蓄水量(m^3/s)	1.91	1.86	-14.2	24.92	-2.18	1.37	1.51	0.167
8	总损失量(m^3/s)	14.9	13.5	14.4	12.4	6.24	4.39	8.45	7.44
9	每公里供水损失($m^3/(s·km)$)	0.180	0.162	0.240	0.206	0.193	0.136	0.178	0.157

3　供水损失测验成果分析

3.1　影响因素分析

3.1.1　流量、水位影响因素

供水水量损失与供水流量、水位有很大的关系。本文以分析计算河段为单元，点绘主要高、中水工况下各进出水控制断面流量过程线，如图 1 ~ 图 4 所示。

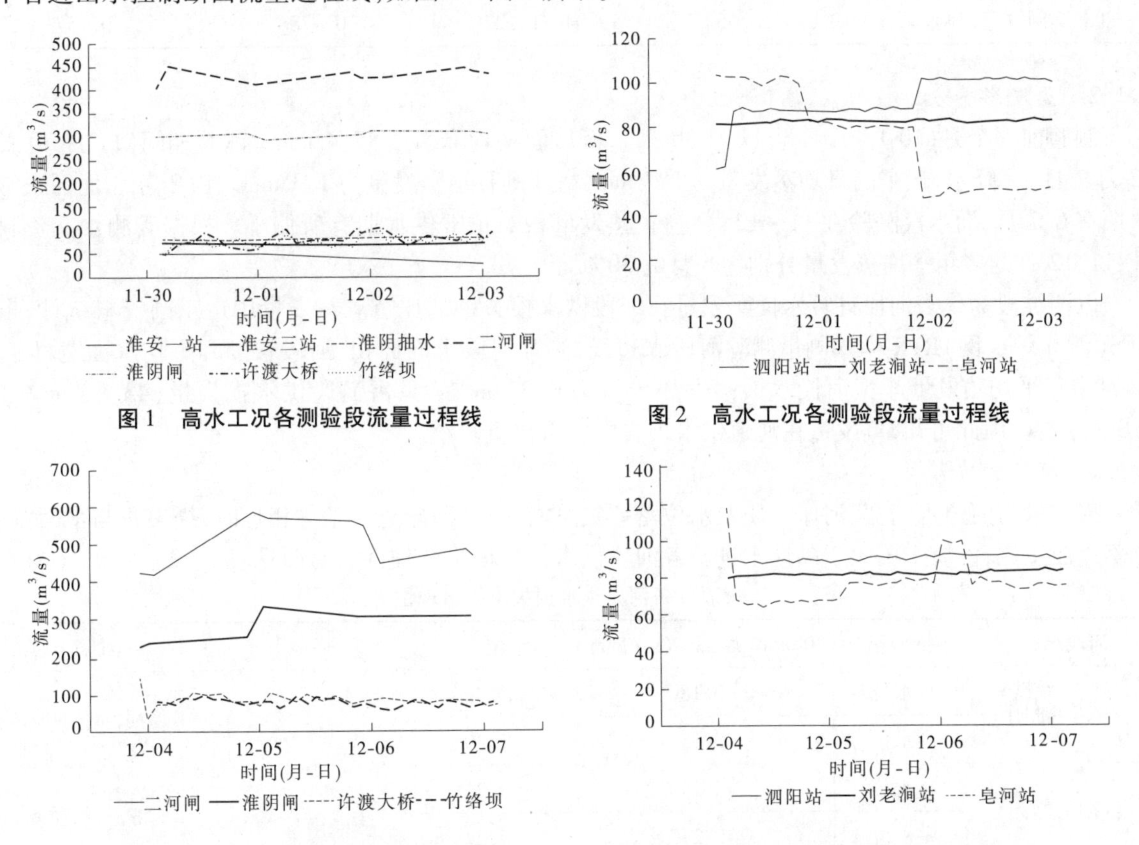

图 1　高水工况各测验段流量过程线

图 2　高水工况各测验段流量过程线

图 3　中水工况各测验段流量过程线

图 4　中水工况各测验段流量过程线

高水位工况时，由于里运河两淮段主要进出水控制断面都在总渠运西段，该测验河段水位较为平稳；二河段进水控制断面为二河闸、淮阴一站，出水控制断面为许渡大桥、淮阴闸，测验时段为抽江调水和洪泽湖放水工况，测验河段水位也较为平稳；自许渡大桥断面起进入中运河，河段较为单一，没有分水河段或较大分水口门，除许渡大桥—竹络坝段流量测验受船闸和船行影响较大，泗阳段、宿城段都是梯级河段，流量测验条件较好。

中水位工况时，测验时段采取洪泽湖放水，因高良涧闸在改造施工，由高良涧水电站发电供水，主要出水为运东、头闸水电站，流量过程变化较大。二河段中水位时段完全由洪泽湖放水，流量与高水时基本接近，但流量过程变化较大，河段水位稳定调节也没有高水时好。许渡大桥—竹络坝段流量测验受船

闸和船行影响较大，造成高流量变化幅度较大，瞬时出现上游小于下游的情况，但上下游之间的量差及对应过程总体较为明显。

流量变化将影响水位变化，水位高低将影响供水损失大小。表2给出了各河段各工况下的水位情况和每千米供水损失值。由表2可知，每千米供水损失值在高水工况下均大于中水工况情况，从理论上来说是合理的。

表2　各河段高中水工况下水位及每千米供水损失成果

河段	水位(m)		供水损失(m^3/(s·km))	
	高水	中水	高水	中水
淮安枢纽—淮阴	9.85 ~ 9.62	9.59 ~ 9.24	0.180	0.159
二河闸—淮阴闸	12.69 ~ 11.37	11.84 ~ 11.30	0.314	0.256
许渡大桥—竹络坝	12.59 ~ 12.36	11.75 ~ 11.24	0.163	0.156
竹络坝—泗阳闸	12.55 ~ 12.36	11.68 ~ 11.24	0.155	0.147
泗阳闸—刘老涧闸	16.58 ~ 16.34	15.73 ~ 15.38	0.193	0.136
刘老涧闸—皂河闸	19.03 ~ 18.66	19.04 ~ 18.22	0.178	0.157

3.1.2　*蒸发影响分析*

测验前一个月(10月30日至11月30日)，区域面平均降水量47.4 mm。测验期间(11月30日至12月7日)无降水，运东闸日均蒸发量为1.7 mm，宿迁闸日均蒸发量为1.3 mm。由于苏北地区正常供水期在6、7月，而本次测验在11 ~ 12月进行，蒸发量相对正常供水期有所偏小。根据实测水文资料统计，11、12月的多年平均蒸发量分别为6月的30%。

以两淮段为代表河段计算水面蒸发量在河段供水损失中的比重。蒸发量用运东闸资料统计，根据GPS(江苏cors网)RTK模式测量测验河段水边线，测算河段水面面积、河段长度和平均水面宽，以11、12月多年平均蒸发量计算河段水面蒸发损失量为0.32 m^3/s，只占河段供水损失量(43.99 m^3/s)的2.0%左右。由此可知，蒸发量在河道供水损失中所占比重较小。

3.1.3　*河床土质影响*

损失量与河道水面宽、河床土质及水位落差关系密切，在河床土质条件相近时，损失量与水面宽、水位落差成正比，沙质土壤大于黏性土壤。各河段供水损失成果合理性表对照见表3。

表3　各河段供水损失成果合理性

河段名称	测验工况	供水损失(m^3/(s·km))	水位(m)	地面高程(m)	河床土质
淮安—淮阴	高水位	0.180	8.22	总渠南侧为6 ~ 8 m、北侧为7 ~ 9 m，运河两侧为8 ~ 10 m	粉质黏土护坡翻砌
	中水位	0.159	7.29		
淮阴—泗阳	高水位	0.240	8.21		粉土、粉质黏土
	中水位	0.210	7.27		
泗阳—刘老涧	高水位	0.193	8.18		粉土、粉质黏土
	中水位	0.136	7.21		
刘老涧—皂河	高水位	0.178	8.06		粉土、粉质黏土
	中水位	0.157	7.03		

如二河段损失量较大，不仅因水面宽较大，而且河水位高出东侧堤外地面3 ~ 4 m；运东闸至二河段虽然水面宽和水位差也相对较大，但土质较好，黏性土质渗透系数较小；中运河四个河段损失量较为接近，总体上较为合理，宿城段损失偏大，该段宿迁闸以上较长一部分河段与骆马湖只一堤之隔，骆马湖水位与中运河水位差达3 ~ 4 m，对中运河不可能没有补给。本次损失测验分高、中水位两种工况，先高后

低,从测算成果看,高水位工况全部比中水位工况大,理论上是合理的,但高、中工况差异不应有这么大,这主要是先高水堤防渗漏的水量在中水时反补河道的原因。

通过对各测验河段供水损失成果的对照分析,可知测验成果总体上符合测验河段的实际情况,具有较好的合理性和较高的精度。

3.2　与往年测验成果比较分析

为进一步论述供水损失成果的合理性,将本次测验成果与往年成果进行比较分析。2000 年 4 月23 ~ 26 日该河段曾进行了一次供水损失测验。两次测验情况对比见表 4。

表 4　两次测验情况对比

比较内容	2014 年情况	2000 年情况
测验时间	2014 年 11 月 20 ~ 28 日	2000 年 1 月 19 ~ 21 日
测验工况	高水工况:运东闸、二河闸、泗阳闸、刘老涧闸、皂河闸平均水位分别为 9.82 m、12.63 m、12.43 m、18.94 m、18.79 m; 中水工况:运东闸、二河闸、泗阳闸、刘老涧闸、皂河闸平均水位分别为 9.47 m、11.72 m、11.49 m、18.46 m、18.32 m	淮安—淮阴段水位稳定在 5.10 m; 泗阳水位控制在 15.77 ~ 15.76 m,刘老涧水位控制在 18.43 ~ 18.46 m,皂河水位控制在 18.34 ~ 18.37 m。 测验期间骆马湖水位高于中运河
降雨情况	测验前一个月(10 月 30 日至 11 月 30 日),受水区各站降水 6 ~ 7 天,面平均降水量 47.4 mm。测验期无降雨	测验前一个月(2000 年 3 月 23 日至 4 月 23 日),受水区降雨 2 ~ 3 天,面平均降雨量 3.2 mm。测验期无降雨
日平均蒸发量	1.7 mm	3.8 mm
平均地下水埋深	2 ~ 4 m	小于 2 m
淮安站—淮阴站	高水 14.9 m^3/s,中水 13.5 m^3/s	18.3 m^3/s
淮阴站—泗阳站	高水 14.4 m^3/s,中水 12.4 m^3/s	17.5 m^3/s
泗阳站—刘老涧站	高水 6.24 m^3/s,中水 4.39 m^3/s	4.63 m^3/s
刘老涧站—皂河站	高水 8.45 m^3/s,中水 7.44 m^3/s	5.79 m^3/s
全河段供水损失	高水 43.99 m^3/s,中水 37.73 m^3/s	46.22 m^3/s

由表 3 可知,本次供水损失明显小于 2000 年的损失值。通过对测验河段现场调查分析,发现这与沿线部分河段今年来采取堤防防渗加固及护坡砌岸等工程措施有关。经防渗和护坡措施处理后的河段供水损失明显小于未处理前。两淮段(淮安站—淮阴站)、二河段明显偏小,与河道工程整治有一定关系。两淮段地处淮安市城区,古、里运河已被打造为风光带,河道两岸硬化已达 70%,加上南水北调对沿线涵闸工程进行了更新改造;二河段在淮沭新河整治工程中,河道堤防、涵闸工程都得到了加固、改造,运行管理水平也有较大提升。

4　沿线用水效率分析

为了便于分析沿线用水效率,根据水量平衡原理,将沿线涵闸渗漏、船闸用水、工农业取用水等归为耗用水量,将河道渗漏和蒸发量归为河道供水损失量,将河道供水损失量与耗用水量合并归为耗损水量,并按高中水、不同测验段等对沿线用水效率进行分析。见表 5。

表 5　各测验河段耗损和耗用水量分析

河段	河段起迄名称	耗损水量(m^3/s)		耗用水量(m^3/s)		用水效率(%)	
		高水	中水	高水	中水	高水	中水
两淮段	淮安枢纽—淮阴枢纽	36.4	33.1	21.43	20.18	58.9	61.0
淮泗段	淮阴枢纽—泗阳闸	15.6	8.15	3.881	0.851	24.9	10.4
泗阳段	泗阳闸—刘老涧闸	11.5	6.63	6.80	4.62	59.1	69.7
宿城段	刘老涧闸—皂河闸	6.79	5.63	1.864	1.85	27.5	32.9
全河段	淮安枢纽—皂河闸	70.3	53.5	33.97	27.49	48.3	51.4

河段耗用水量主要与河段内取用水程度及出水涵闸数量关系密切。两淮段地处淮安市城区工业、生活取用水量较大，出水涵闸也较多，耗用水量占全河段耗用水量比重较大，中水达 73.4%，高水达 63%；宿城段也经过宿迁市区，但出水口门少，还有船闸、进口涵闸补水，故耗用水量占比相对较小。

耗用量包括涵闸漏水量、船闸用水量、工农业取用水量等，各河段差异较大。其中，两淮段涵闸漏水量较大；淮泗段水厂用水量较大，二河是淮安市饮用水水源地；船闸用水量上下游河段之间进出互补，总体用水量较小。

5　结论与建议

供水是一个动态的过程，供水损失亦非定值。在影响供水损失量大小的诸多因素中，只有河床地质组成是稳定的，其他诸如天气、河道水位、水面宽度等是随时在变化的。本文采用水量平衡法研究供水损失，通过测验时间、测次安排同步，测验方法、手段统一，测验精度、技术标准同一等保证了测验成果的准确性，经对照分析，认为测验河段供水损失量合理性较好。但是由于测验河段水位工况与实际用水期工况有较大差别，且测验期间的调度从高水到中水工况，使得堤防浸泡后处于饱和状态，降低了后期河道渗漏量，故高水与中水工况供水损失结果相差较大。因此，建议在以后的供水损失河段的选取应尽量减少控制断面测验误差的影响，可选择在翻水站机组停运时机选择前期降水量少，农灌用水为零，外因影响小的河段进行试验。

参 考 文 献

[1] 王万科. 大运河淮安—江都段输水损失初步分析[J]. 江苏水利, 1999(2): 39-40.
[2] 雷声隆. 防渗渠道输水损失的估算[J]. 灌溉排水学报, 2003,22(3):7-10.
[3] 于维丽, 周黎明, 张建泽. 引黄济青输水河工程输水损失分析[J]. 人民黄河, 2003,25(2):34-35.
[4] 丁建国, 陈家大, 寇军. 苏北供水干河输水损失测验与分析[J]. 治淮, 2011(6): 13-15.

作者简介：黄炜，男，1981 年 7 月生，工作于江苏省水文水资源勘测局，工程师，主要从事水文测验及站网管理研究。
E-mail:664054945@ qq. com.

沂南县某工厂雨水回收利用的实例探究

李　庆[1,2]　罗　桃[1,2]

(1.安徽淮河水资源科技有限公司　安徽蚌埠　233001;
2.河海大学水文水资源学院　江苏南京　210000)

摘　要:工厂雨水的回收利用可以降低城市污水处理压力、减少工厂生产成本、减轻洪涝灾害,是城市雨洪控制利用的组成部分。本文通过雨水回收利用现状分析,结合雨水回收利用的相关实例,结合初期雨水回收利用规范,指出在初期雨水回收利用设计中存在的问题,并针对初期雨水回收利用中遇到的问题进行分析,得出初期雨水利用较为合理的设计频率,为工厂初期雨水回收利用设计提供参考。

关键词:雨水　回收利用　沂南

我国是一个水资源紧缺的国家,全国600多座大中城市中,有400多座缺水,其中100多座城市严重缺水,严重影响经济社会的可持续发展。此外,城市对生产和生活污水的不合理排放导致供水水源被污染,使城市水资源更加短缺。面对有限的水资源及其严重的缺水形势,开发利用雨水资源成为城市水资源发展战略的新途径。

我国具有丰富的雨水资源,多年平均降水总量为6.2万亿 m^3,可利用的雨水资源量巨大,但目前来看,雨水利用率还是偏低的。雨水回用不仅是水资源开源、节流的一条有效途径,而且对生态环境的改善、水污染的控制等方面都具有重大意义。

1　研究背景

1.1　雨水回收利用现状

雨水是一种重要的淡水资源,现代大城市市区面积很大,大部分地面为不透水层覆盖,遇到暴雨可能会形成内涝灾害。但将雨水部分蓄积起来并加以处理,则可获得可观的可利用水资源。

我国城市雨水利用起步晚,技术还较落后,缺乏系统性。雨水回收利用主要有绿化截流雨水和修建雨水调蓄系统两种途径。绿化截流雨水是利用城市绿地、草坪消纳雨水,从而减少洪峰流量。这不仅能降低汛期城市内涝的可能,还可大大减少雨水的流失量,对地下水形成了很好的补充。而修建雨水调蓄系统则是利用城市建筑屋顶、庭院、道路等不透水面收集雨水,要根据当地降雨情况,综合技术、经济等各方面因素合理确定蓄水构筑物的容积来修建雨水蓄水设施,汇集储存城市雨水,经过简单处理作为城市非饮用水的直接水源。

在现有的生产规范中,对于生产单位,要求采取工程措施将经过初雨弃流的雨水吸收和利用降雨后产生的雨水径流,减少雨水流失量,使径流雨水蓄积起来并作为一种可用水源,既可以减少厂区内涝,降低非生活用水的成本,也能减少水体污染。

1.2　地区介绍

淮河流域属于水资源短缺地区,供需矛盾较为突出。随着流域经济的快速发展和城市化的加快,水问题已成为流域经济社会可持续发展的瓶颈,有限的水资源难以满足日益增长的用水需要。目前,淮河流域内的一些缺水城市已进行雨水利用的探索和实践。

沂南县位于暖温带季风区,半湿润过渡性气候,四季分明,变化显著。春季气温回升快,风多雨少,气候干燥;夏季高温暴雨集中,易造成短时内涝;秋高气爽,易成干旱;冬季干冷,雨雪稀少。多年平均降水量为923 mm,最大年降水量为1 414.1 mm,最小年降水量为452.8 mm,丰枯比3.12,降水主要集中在6~9月。

沂南县降水量时空分布不均，年内、年际变化大，洪、涝、旱灾害频繁，水资源时空分布不均，常常是汛期水多为患，非汛期干旱成灾。径流年内分配很不均匀，与降水的年内分配类相同，且分配的不均匀性更甚于降水，年径流主要集中在6～9月，占全年径流量的66%～80%。综合来看，沂南县多年平均水资源可利用总量约为1.55亿m^3。

2015年沂南县总量控制指标为1.720 8亿m^3，实际用水量1.166亿m^3，未超出当地用水总量控制指标。但是水资源开发利用程度一般，如果厂区可以回收利用雨水，用来作为道路洒扫或绿地浇灌，将可以有效缓解水资源矛盾。

2　雨水回收利用中出现的问题

目前，初期雨水产生量的计算方法有很多，尚不统一，有些城市对初期雨水产生量的计算还不够科学，尚未制定科学统一的计算方法和标准。例如目前对于重现期没有灵活且规范的选择，这里将结合实例对初期雨水产生量计算时选择的重现期进行简单探讨。

3　实例分析

某厂位于沂南县，汇水面积约为100 hm^2。初期雨水产生量根据《室外排水设计规范》(GB 50014—2006)中初期雨水暴雨强度计算方法，重现期分别取1年、2年、5年。

初期雨水收集池：

$$V = Qt \tag{1}$$

雨水设计流量：

$$Q = F\psi q \tag{2}$$

式中：V为初期雨水收集池计算最大容积，m^3，F为汇水面积，hm^2；t为降雨历时，min，$t = t_1 + m \cdot t_2$；t_1为地面汇水时间，min；m为折减系数，取2；t_2为管内雨水流行时间，min，取10 min；ψ为径流系数，根据GB 50014—2006推荐值选取，取综合径流系数城市建筑较密集区中的0.45～0.6。

根据式(1)计算厂区不同重现期和降雨历时所对应的雨水设计流量，见表1。

表1　暴雨强度和雨水设计流量

重现期 T(a)	地面汇水时间 t(min)	暴雨强度 q(L/(s·hm^2))	雨水设计流量 Q(L/s)
1	5	211	10 857
	10	187	9 634
	15	169	8 703
2	5	252	12 949
	10	223	11 490
	15	202	10 380
5	5	305	15 714
	10	271	13 943
	15	245	12 597

根据式(2)计算并绘制出不同重现期和降雨历时所对应的蓄水池容积曲线，见图1。

计算结果表明，当地面积水时间为5 min时，重现期为2年的初期雨水收集池容积比重现期1年时增加了19.3%，重现期为5年的初期雨水收集池容积则增加了44.7%。

从图1中可以看出：

(1)在降雨历时一定的条件下，随着重现期的增加，蓄水池的设计容积呈对数趋势增长。

(2)在重现期一定的情况下，随着降雨历时的增加，蓄水池设计容积呈增长趋势。

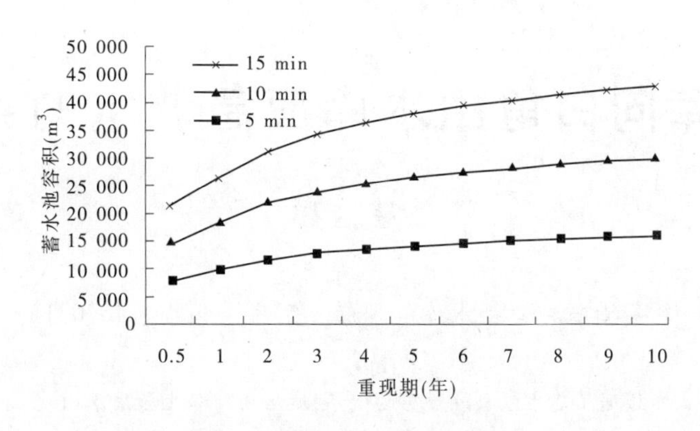

图1　初期雨水收集池容积

考虑到经济成本和整体性的问题,初期雨水收集池的容积不应盲目增大,大容积的初期雨水收集池意味着经济成本的增加。无论是前期造价,还是后期水质处理以及清淤工作,都会增加运营成本。结合沂南县当地的降雨条件(降雨集中在6~9月),大部分的时间雨水收集池将处于闲置的状态,造成资源的浪费。

结合此厂现有初期雨水收集池及厂区排水设施的现状,建议选取重现期1年、地面汇水时间5min情况下的初期雨水收集池容积。

4　结语

随着城市化进程的日益加快,城市用水及水污染问题日趋严峻,城市雨水处理是解决水资源短缺、减少城市洪涝灾害的有效途径,同时城市雨水径流污染控制也可以改善城市生态环境。与此同时,进行雨水回收利用应结合实际,兼顾经济、环境效益,缓解城市化进程中的水矛盾,使城市又好又快地可持续发展。

参考文献

[1] 陈思光,王劲松,周志武,等. 城市雨水处理研究现状与进展[J]. 南华大学学报(自然科学版),2010(03):103-106.
[2] 吕玲,吴普特,赵西宁,等. 城市雨水利用研究进展与发展趋势[J]. 中国水土保持科学,2009(01):118-123.
[3] 刘琳琳,何俊仕. 城市雨水资源化的实例分析[J]. 水资源保护,2007(06):52-55,65.
[4] 李俊奇,车武,孟光辉,等. 城市雨水利用方案设计与技术经济分析[J]. 给水排水,2001(12):25-28.

作者简介:李庆,女,1994年10月生,研究生,主要从事水文水资源工作。E-mail:1248081879@qq.com.

丹江口水库向白龟山水库应急调水的实践与认识

杜玉娟

（河南省白龟山水库管理局　河南平顶山　467031）

摘　要:2014年,平顶山市遭遇了建市以来最严重的干旱,城区生产和生活用水出现了紧张局面,平顶山市唯一地表水源水库白龟山水库蓄水一直偏少,水库低于死水位向城区供水59天,国家防总紧急实施丹江口水库向白龟山水库应急调水,大大缓解了城区供水紧张局面,在大旱之年,这次应急调水对于白龟山水库补充水源的作用是巨大的。这也是首次从长江流域向淮河流域调水,充分展示了南水北调中线工程在连通水系、水资源跨区域调度上的重大作用。本文分析了本次应急调水的原因、过程及效果,并对这一应急调水实践进行了认真思考,从中得到了几点认识和体会。

关键词:丹江口水库　白龟山水库　应急调水　认识

1　丹江口水库和白龟山水库概况

丹江口水库位于汉江中上游,分布于湖北省丹江口市和河南省南阳市淅川县,水域横跨鄂、豫两省。它是亚洲第一大人工淡水湖、国家南水北调中线工程水源地。水库多年平均入库水量为394.8亿m^3,水源来自于汉江及其支流丹江。水库多年平均面积为700多km^2,2012年丹江口大坝加高后,丹江口水库水域面积将达1 022.75 km^2,蓄水量达290.5亿m^3。水库水质连续25年稳定在国家二类以上标准,水质保持优良。2014年12月12日14时32分开始向南水北调中线工程沿线地区的北京、天津、河南、河北4个省市的20多座大中城市提供生活和生产用水。

白龟山水库是平顶山市城区的唯一一个地表集中式饮用水水源地,担负着为市区居民生活、工业生产、农业灌溉和河道生态供水的重要任务。水库位于淮河流域沙颍河水系沙河干流上。它和上游昭平台水库形成梯级水库,是一座以防洪为主,兼顾灌溉、供水等综合利用的大(2)型水库。水库控制流域面积2 740 km^2,其中昭平台水库1 430 km^2,昭白区间1 310 km^2。总库容为9.22亿m^3,兴利库容为2.36亿m^3,死水位为97.50 m,死库容为6 624万m^3,规划工业生活年供水量为1.06亿m^3,供水保证率为95%。水库下游有平顶山、漯河、周口等重要城市及平舞、焦枝、京广铁路,107国道和京港澳、南洛、许平南高速公路等国家交通要道和国家重要粮棉产区——豫皖平原。水库工程地理位置极为重要,对下游地区防洪、供水、生态环境修复具有重要作用。

2　调水原因、过程及效果

2.1　调水原因

2014年,河南省遭遇严重夏旱(自1951年以来6月至8月降水量最少),其中平顶山的形势尤为严峻,143座水库98座干涸、49条河流44条断流,城区供水频频告急。而且2014年的干旱是在多年干旱叠加基础上发生的(2010年以来平顶山全市汛期降水量持续偏少,且偏少值呈逐年扩大趋势,2013年偏少达42%)。由于持续干旱少雨,地表水严重短缺,致使河道径流锐减,水库蓄水不足。作为平顶山市城区主要水源地的白龟山水库蓄水持续减少,在接受上游水库昭平台水库调水2 062万m^3后,白龟山水库又低于死水位三次动用水库部分死库容(1 532万m^3)向城区供水59 d。据气象部门预测,短期内平顶山市仍无大的有效降水过程,旱情依旧严峻,百万市区人口面临用水危机。2014年7月9日,平顶山市启动Ⅲ级抗旱应急响应,8月3日升至Ⅱ级。市区对洗车等特殊行业停止供水,园林绿化全部改用中水,工业大户限水、居民小区错峰供水等。

2.2　调水过程

2014 年 7 月 26 日，河南省防汛抗旱指挥部紧急请求国家防总，从丹江口水库向白龟山水库应急调水。国家防总 7 月 30 日组织国务院南水北调办、长江防总、河南省防指等紧急会商讨论研究调水方案，专家组会后立即赶赴河南实地论证调水方案。

2014 年 8 月 4 日，国家防总副总指挥、水利部部长陈雷召开专题会议，研究丹江口水库向平顶山市白龟山水库应急调水方案，决定从丹江口水库通过南水北调中线总干渠向白龟山水库实施应急调水。国家防总立即下发了《关于实施从丹江口水库向平顶山市应急调水的通知》，根据国家防总组织制定的应急调水方案，调水路线从南水北调中线陶岔枢纽自流引水至刁河渡槽闸前，再从刁河渡槽闸临时泵站抽水，经南水北调中线总干渠，由澎河退水闸进入澎河，输水至白龟山水库。调水从 8 月 6 日开闸，初步确定调水规模 2 400 万 m^3，调水流量 10 m^3/s，后期视旱情发展和丹江口水库来水情况再做调整。8 月 7 日 10 时，陶岔枢纽开启三孔闸门，刁河渡槽过水流量近 8 m^3/s。

2014 年 8 月 18 日 22 时，丹江水经过 220 km 的南水北调总干渠和 14 km 的澎河河道，终于抵达了白龟山水库。为确保应急调水工作顺利实施，长江防总下发了《长江防总关于实施从丹江口水库向平顶山市应急调水的通知》，并派出工作组进行现场检查指导。为保证此次调水水质，长江委设置了十几个监测点，每天监测 3 ～ 5 次，水质监测指标达 32 项。监测结果表明，由于原来渠道内存有积水，渠底有藻类青苔，最初监测的水质是Ⅱ类，调水一个星期后水质达到Ⅰ类。

截至 2014 年 9 月 14 日 8 时，已完成应急调水 2 487 万 m^3，国家防总下达的初期应急调水任务顺利完成。但鉴于平顶山市城市生活用水形势依然严峻，经河南省防汛抗旱指挥部请示，国家防总决定在前期批准调水 2 400 万 m^3 的基础上，再增加 2 600 万 m^3，将平顶山调水总量调整为 5 000 万 m^3，并要求 9 月 20 日前后完成上述应急调水任务。随后，长江防总按照国家防总通知要求有序组织实施第二阶段应急调水工作。

2014 年 9 月 20 日 16 时，随着南水北调中线工程澎河渡槽（位于鲁山县张良镇）的退水闸门缓缓落下，丹江口水库向白龟山水库应急调水圆满结束，白龟山水库已畅饮 5 011 万 m^3 丹江水。

2.3　调水效果

本次应急调水总历时 46 d，总调水量 5 011 万 m^3，圆满完成了预期的调水目标，有效缓解了平顶山市城区 100 多万人的供水紧张状况。在丹江口水库向白龟山水库应急调水及 9 月 9 日至 17 日白龟山水库流域内连续降雨的共同作用下，9 月 22 日平顶山市的旱情已彻底解除。

受丹江口水库持续来水影响，白龟山水库库水位从 2014 年 8 月 28 日由 96.80 m 开始持续回升，于 9 月 15 日超过了 97.50 m 的死水位，动用水库死库容应急供水结束。在大旱之年，这次应急调水对于白龟山水库补充水源的作用是巨大的。

3　丹江口水库向白龟山水库应急调水的认识和思考

丹江口水库累计向白龟山水库应急调水 5 011 万 m^3，有效缓解了平顶山市城区 100 多万人的供水紧张状况，发挥了巨大的社会效益，积累了工作经验，值得我们共同探讨和研究。

3.1　充分发挥南水北调战略性工程的重要作用

8 月 6 日至 9 月 20 日，由丹江口水库向平顶山市应急调水 5 011 万 m^3 注入白龟山水库。这是南水北调中线工程正式通水前，河南省首次利用总干渠实施调水，平顶山成为南水北调中线工程的首个受益城市，有效缓解了平顶山市百万居民的供水紧张状况。这也是河南省首次从长江流域向淮河流域调水，充分展示了南水北调中线工程在连通水系、水资源跨区域调度上的重大作用。

3.2　多部门协同攻坚，为民解困

跨越 220 余 km，首次从长江流域向淮河流域调水，工程涉及国家多个部门，湖北省、河南省内也要多地多部门合作，大量的沟通协调工作实属不易。河南省委省政府高度关注、科学谋划，国家防总、水利部、国务院南水北调办、长江水利委员会、淮河水利委员会、南水北调中线建管局等鼎力支持、积极协调，河南省水利厅、南水北调部门及平顶山市、南阳市、邓州市协同攻坚，在短时间内实施了丹江口水库向平

顶山应急调水工程。为了保证应急调水的顺利实施,国家防总密切监视调水动态,多次会商研究部署调水工作,并派出多个工作组加强检查指导,及时协调解决调水中出现的困难和问题。长江防总及时启动抗旱Ⅱ级应急响应,切实加强统一调度、总体协调和监督管理工作。国务院南水北调办公室、南水北调中线建管局、淮委南水北调中线一期陶岔渠首枢纽工程建设管理局、河南省防指及平顶山市等有关单位按照国家防总批准的应急调水方案,各负其责、各司其职,团结协作、密切配合,全力做好了相关调水工作。

3.3　开展水库优化调度,提高雨洪资源利用率

利用先进的气象预报、雨水情测报及计算机快速处理数据等科技手段,通过昭平台水库和白龟山水库的优化调度和水库风险调度,根据白龟山水库近几年来水情况(如表1所示),可采用预蓄预泄的方式,提高白龟山水库供水保证率,增加水库可供水量。当预报无雨时,在有效预见期内,水库有多大泄流能力,就将汛限水位上浮多少,且留一定余地;当预报有雨或有较大降雨时,在有效预见期内的退水过程有多大的富余水量,便将汛限水位下调多少,预留一定的余地。

表1　白龟山水库近10年逐月水库来水量统计　　(单位:万 m^3)

年份	月份												合计
	1	2	3	4	5	6	7	8	9	10	11	12	
2007年	1 320	1 851	4 291	4 339	2 205	2 820	20 733	12 010	6 381	4 661	2 942	2 096	65 649
2008年	3 916	2 277	1 121	881	2 994	838	5 885	6 238	4 111	2 993	2 051	2 064	34 869
2009年	1 002	684	599	856	1 672	655	13 413	10 864	7 859	3 682	4 724	6 417	52 425
2010年	2 085	613	2 952	6 976	10 047	7 466	49 435	36 247	34 436	11 467	7 945	1 412	171 082
2011年	1 311	1 469	4 900	1 553	2 655	1 836	1 634	5 886	20 755	11 292	9 957	10 773	74 022
2012年	7 419	5 201	6 146	5 685	5 995	2 457	9 300	4 987	6 840	1 321	1 969	510	57 829
2013年	1 448	739	677	984	4 314	3 397	3 050	1 106	571	332	337	395	17 350
2014年	449	752	336	567	286	2 066	0	326	5 956	5 225	947	2 252	19 163
2015年	2 832	889	533	4 453	5 940	2 217	2 150	951	660	695	972	675	22 967
2016年	449	730	4 407	947	774	933	1 534	2 786	3 394	757	804	522	18 037

注:2014年白龟山水库入库水量为1.916 3亿 m^3,其中包括通过昭平台水库、澎河水库、南水北调中线工程调水补水1.157 9亿 m^3,水库实际天然来水仅0.758 4亿 m^3。

3.4　加强澎河河道疏浚能力

从丹江口水库向白龟山水库应急调来的水,都要从南水北调干渠澎河渡槽分水口进入澎河河道,然后注入白龟山水库。澎河河道宽的地方有1 km,且河道内坑洼不平,还有大量的泥沙、沙石淤积。平顶山市水利局和鲁山县水利局、河务局组织的澎河疏浚清淤整修工程,使河道的过流断面水流更顺畅,尽量减少调水过程中河道渗漏等自然损耗。

3.5　河湖连通是提高水资源配置能力的重要途径

2011年中央1号文件提出,完善优化水资源战略配置格局,在保护生态前提下,通过骨干水源工程和河湖水系连通工程,提高水资源调控水平和供水保障能力。河湖水系连通成为解决水资源问题的一个重要途径。它以实现水资源可持续利用、人水和谐为目标,以改善水生态环境状况、提高水资源统筹调配能力和抗御水旱灾害能力为重点,借助各种人工措施,利用自然水循环的更新能力等举措,构建布局合理、生态良好,引排得当、循环通畅,蓄泄兼筹、丰枯调剂,多源互补、调控自如的现代化水网格局,可通过水利工程实现直接连通,也可通过区域水资源配置网络实现间接连通。虽然国内外河湖水系连通实践工程较多,但相关理论和技术却尚处探索阶段,而此次应急调水的实践正丰富了这一方面的经验。

4　结语

2014年,在各级领导和水利专家的关心下,丹江口水库向白龟山水库的应急调水任务顺利完成,在大旱之年为保障平顶山城区百万居民的用水发挥了重要作用,取得了应急调水的经验。近年来,我国降水量时空分布不均,受全球气候变化影响,极端天气灾害明显增多,平顶山市连续几年在冬春季节遭遇干旱,尤其是2014年遇到平顶山建市以来最严重夏季干旱,实施丹江口水库向白龟山水库应急调水,充分展示了南水北调中线工程在连通水系、水资源跨区域调度上的重大作用,这也是首次从长江流域向淮河流域调水,提高了水资源统筹调配能力,改善了水环境状况,抵御了干旱灾害。2014年12月12日14时32分,南水北调中线工程正式通水,向沿线19个大中城市及100多个县(县级市)提供生活、工业用水,兼顾农业用水,有效缓解4省市的水资源短缺状况。2014年12月23日至2015年2月9日,白龟山水库作为南水北调中线工程的受水水库开始接受补水4 400万m^3,进一步提高了白龟山水库作为城市水源地的保障能力。下一步需要我们继续用科学的态度去思考和研究,统筹全局,和谐发展,如何构建适合经济社会可持续发展和生态文明建设需要的河湖连通网络体系,以实现水资源可持续利用、人水和谐。

作者简介:杜玉娟,女,1982年4月生,工程师,主要从事水库调度研究与管理工作。E-mail:duyujuan_2004@163.com.

龙王山水库调整蓄水位可行性研究

时训利 宗陈陈

（淮安市盱眙县水务局 江苏淮安 211700）

摘 要：盱眙县龙王山水库经除险加固后防洪能力得到很大提高，其功能由原来的“以防洪及灌溉为主”转变为“以防洪及城区生活供水为主，以灌溉、水产养殖、生态供水为辅”。随着盱眙经济社会的不断发展，城区范围的不断扩大，水库年供水量正逐步提高。该水库作为县级水源地其供水保障能力日趋不足，供需矛盾在涝旱急转年份尤为凸显。研究在保障龙王山水库防洪安全的前提下，充分发挥其汛期蓄水保水能力，优化该水库水资源管理和调度，变汛期弃水为资源是十分必要的。本文提出调整龙王山水库汛限水位的可行性方案，充分探究方案执行的可行性和综合效益，以期更好地发挥工程效益，提高水资源综合利用能力，为下一步抬高水库蓄水位奠定基础。

关键词：龙王山水库 调整蓄水位 可行性 研究

1 概述

龙王山水库于1973年11月兴建，1976年5月建成，位于盱眙县中部丘陵山区，维桥河中游，集水面积196.6 km^2（其中上游桂五、山洪二座中型水库，集水面积分别为36.2 km^2 和15.4 km^2，区间145.0 km^2），干流长 $L=21.4$ km，干流比降 $J=0.001\ 5$，总库容9 099万 m^3，兴利水位32.50 m，兴利库容3 748万 m^3，是一座以防洪、灌溉、城镇供水为主，结合水产养殖等综合利用的中型水库，2005年被国家防总确定为全国防洪重点水库，也是淮安市最大的一座水库。水库设计灌溉农田13.4万亩，实际灌溉面积为10万亩。由于淮河污染，龙王山水库成为盱眙城区主要集中供水水源地，水库日供水能力12.5万t。

水库主要枢纽工程有：均质土坝1座、泄洪闸1座、输水涵洞2座、城区生活供水泵站1座。其中，水库大坝长2 650 m，坝顶宽7.0 m，最大坝高18.0 m；泄洪闸3孔，每孔净宽8.0 m，设计最大泄洪流量为553 m^3/s，控制下泄流量为430 m^3/s；东、西两座输水涵洞断面均为1.5×1.5 m，设计流量各为6.0 m^3/s；设计提水流量3.32 m^3/s。

水库2003年实施了泄洪闸拆建工程，2009年1月至2011年3月对龙王山水库大坝进行了除险加固。工程实施后，大大提高了水库的防洪能力，更加有力地保障了下游人民群众的生命财产安全，同时也提高了盱眙城区供水保证率，社会效益、经济效益十分显著。2011年，为保证水库大坝安全运行，淮安市水利局组织对龙王山水库大坝进行了蓄水安全鉴定，为枢纽安全运行提供了科学依据。

根据江苏省防汛抗旱指挥部苏防〔2003〕35号文批准，龙王山水库汛限水位执行分期控制，汛限水位为：初汛期（5月1日至6月30日）32.50 m，主汛期（7月1日至8月15日）32.00 m；末汛期（8月16日至9月30日）32.50 m。

水库除险加固工程完成后，建立了较完备的运行管理体系，近期水库运行良好，未出现重大险情，在城市防洪、城镇供水、蓄水灌溉、水利风景等方面发挥了巨大作用。

2006年以来非汛期期间水库最低水位29.51 m（2014年1月），最高水位33.12 m（2006年4月7日）。目前，龙王山水库水位主要控制在32.00～32.50 m运行。

2 龙王山水库正常蓄水位调整的必要性

随着盱眙经济社会的发展，对龙王山水库防洪与兴利的要求越来越高，除了要确保水库和上下游的防洪安全，还要满足供水、灌溉等水资源供给要求，同时要在优化环境、恢复生态等方面发挥作用。1994

年以来由于淮河污染,龙王山水库成为盱眙城区唯一供水水源。自1995年盱眙第二水厂建成后,水库由原来的"以防洪及灌溉为主"转变为"以防洪及城区生活供水为主,以灌溉及水产养殖为辅"。根据近年来龙王山水库实际供水情况分析,由于城镇供水范围日益扩大,城镇用水量逐年增加。2015年龙王山水库供水28万人,日供水量9.3万t,年供水量3 400万 m^3,已接近兴利库容3 748万 m^3。

近年来,由于库容有限,城镇供水对农业用水占用严重,龙王山水库农业灌溉范围逐渐萎缩,原设计灌溉面积10万亩,现状缩小至不足4万亩。以2016年为例,龙王山水库按照汛限水位开闸泄洪后,库区持续高温少雨,水库水位持续低于32.00 m,9月2日龙王山水库全面停止农灌并紧急启用清水坝电灌站向龙王山水库补水600.5万 m^3,优先保障城区供水,给水库灌区农业生产带来严重损害。

结合除险加固竣工以来的运行工况,我们认为在保障安全的前提下,适度调整蓄水位,充分拦蓄丰水期水源是必要的。

3　龙王山水库蓄水位调整的可行性方案

通过对龙王山水库蓄水位调整进行论证,初步确定的可行性方案是将龙王山水库主汛期(7月1日至8月15日)调整为汛期(5月1日至9月30日),蓄水位均为32.50 m。

4　龙王山水库正常蓄水位调整的可行性

4.1　龙王山水库及周边水利工程建设为调整蓄水位奠定了基础

2003年实施了泄洪闸拆建工程,2009年1月至2011年3月对龙王山水库大坝进行除险加固,2014年完成水库泄洪通道——维桥河的疏浚治理工程,2014年配套实施了维桥河控制性工程——皮湾闸的拆建项目。

维桥河为区域性行洪排涝河,是龙王山水库的溢洪通道,发源于上游桂五、山洪两座水库,至四十里桥汇合进入龙王山水库,再经维桥、三河农场流入洪泽湖,总长约21.4 km,流域面积约344 km^2。维桥河保护人口3.1万人,保护农田6.5万亩,排涝受益面积6.0万亩。2014年盱眙县水务局对维桥河进行了整治、疏浚,河道按20年一遇防洪标准设计,皮湾闸以上段按照5年一遇排涝标准设计,皮湾闸以下段按照10年一遇排涝标准设计,安全泄洪流量430 m^3/s,能够满足行洪要求。

皮湾闸共5孔,每孔净宽6 m。按20年一遇设计泄洪流量为576 m^3/s,50年一遇校核泄洪流量为693 m^3/s。能够满足行洪要求。

可以说,无论是水库自身安全建设还是下游行洪通道的配套建设,都为调整水库蓄水位提高水库防洪能力奠定了坚实基础。

4.2　非工程措施为实施龙王山水库调整蓄水位提供了技术支撑

2015年,盱眙县水务局委托河海大学编制龙王山等5座中型水库调度规程;河海大学开发的龙王山水库群洪水预报系统等非工程措施正逐步完善到位。结合现有的大坝安全监测系统、水雨情遥测系统等,为水库精准化调度提供了技术支撑,水库调度的实效性大大提升。

4.3　规范化管理水平的不断提高有利于实施龙王山水库调整蓄水位

2013年龙王山水库管理所创建省级达标库,规范化管理水平不断提高,日常管理养护经验丰富,建有一支30余人的专业管理队伍,为水库调整蓄水位后的常态化运行管理提供了人力保障和智力支持。水库除险加固工程竣工以来的运行资料相对齐全,整理较为规范,为实施龙王山水库调整蓄水位提供了数据支撑。根据近10年水位统计,非汛期水位超过32.50 m月份数为19,约为30%;最高试运行水位33.12 m时,大坝各项指标正常,库区运行平稳。

4.4　龙王山水库蓄水位调整对库区淹没的影响可控

龙王山水库在现有主汛期蓄水位32.00 m情况下,水库蓄水面积13.707 km^2。主汛期蓄水位调整为32.50 m以后,水库蓄水面积15.388 km^2,蓄水面积增加了约1.681 km^2。

根据对水库区的勘测(见表1),主汛期蓄水位及正常蓄水位提高后,增加的库区淹没区域主要为山坡杂草地,对库区现有道路及设施等基本没有影响。

表1 库区淹没勘测调查

地点	高程(m)	地点	高程(m)
龙泉湖渔村	35.0	周边农田	35.0~35.5

4.5 龙王山水库蓄水位调整经科学论证后具备可实施性

龙王山水库蓄水位调整论证,利用实测暴雨资料分析及2005版《江苏省暴雨参数图集》,进行了水库水文分析及调洪演算,并按照原设计水位、校核水位基本不突破,防洪余度尽量不动的原则,对防洪调度方案进行细化和调整。

经论证,龙王山水库主汛期汛限水位抬高至32.50 m后,遭遇50年一遇洪水时,提前3 h预降水位,且涨水阶段水位高于32.00 m时敞泄,此时设计水位与原除险加固设计水位相同;遭遇1 000年一遇洪水时,通过预报提前3 h预降,且涨水阶段水库水位高于32.00 m均考虑敞泄,水位可控制在原校核水位34.92 m以下。

通过科学合理地提前预降水库水位,加强下游防洪河道及工程的巡查、调度运用措施等,在充分发挥水库防洪效益保障下游设计标准内防洪安全的前提下,最大下泄流量不突破原方案下泄流量,保障了水库下游河道设计标准内的防洪安全(10年一遇排涝设计、20年一遇防洪设计),基本没有增加下游河道原设计标准内的防洪压力。

4.6 龙王山水库蓄水位调整效益

龙王山水库调整正常蓄水位(兴利水位)以后,兴利库容由3 748万 m^3 增加到4 200万 m^3,兴利库容增加了456万 m^3。一方面,水库库容和蓄水量的增加可以解决城区供水不足的问题,改善民生,营造一个良好的生活环境,缓解城市用水矛盾,提高人民群众的生活质量,改善投资环境,特别是蓄水面积增加改善了周边水景观、水环境,有利于水生态环境的改善;另一方面,水库正常蓄水面积增加约1.681 km^2,促使水库综合经济效益、景观及生态效益明显提高。两方面共同促进经济的可持续发展。

5 结论

龙王山水库在确保防洪安全的前提下适度提高蓄水位,是实现水库功能转变,充分发挥水库综合效益,同时也符合新时期下水库与时俱进的发展战略。通过以上分析,足以说明龙王山水库已经具备调整蓄水位的条件。未来,我们在各项措施更为完备的时候,或考虑进一步抬高水库蓄水位。

参考文献

[1] 李池清,王蔚然,李秀斌.红石水电站调整正常蓄水位可行性研究[C]//全国水库汛限水位动态控制研讨会.2006.
[2] 落全富,刘国华.青山水库提高蓄水位研究[J].浙江水利水电学院学报,2010,22(1):4-6;
[3] 蒋思军,冯伟荣.长潭水库调整蓄水位的可行性分析[J].浙江水利水电学院学报,2013(3):19-22.
[4] 王东坡.探讨水库提高正常蓄水位的安全与效益[J].科技资讯,2012(22):64-64.

作者简介:时训利,男,1987年6月生,助理工程师,主要从事防汛抗旱与水利工程管理工作。E-mail:584794348@qq.com.

龙口市王屋水库水资源利用现状分析建议

王庆信[1]　韩茂琦[2]　李文峰[3]

（1. 龙口市王屋水库管理局　山东龙口　265700；
2. 龙口市钻探安装公司　山东龙口　265700；
3. 龙口市北邢家水库管理所　山东龙口　265700）

摘　要：随着经济社会的不断发展，水资源供需矛盾更加尖锐，龙口市近几年用水量不断加大，王屋水库作为龙口市唯一的大型水库，是龙口市境内重要的水源地，水资源的合理科学利用，直接影响龙口市经济发展，影响社会秩序的正常运行，为此，研究王屋水库水资源的合理利用，具有十分现实的意义，也为同类水库水资源的利用，起到指导借鉴作用。

关键词：水库　水资源　利用

1　概况

1.1　水库工程概况

龙口市王屋水库位于龙口市黄水河中上游，1958年动工兴建，1959年基本建成，控制流域面积320 km^2，总库容1.21亿 m^3，其中兴利库容7 250万 m^3，死库容600万 m^3。枢纽工程由大坝、溢洪道、放水洞等部分组成。大坝坝型为黏土心墙砂壳坝，坝顶高程79.8 m，最大坝高28.3 m，坝长761 m，坝顶宽8 m。溢洪道宽117 m，设有7孔15 m×3.5 m平面钢闸门，2016年除险加固后改为9孔10 m×4.5 m平面钢闸门。最大泄洪量为3 170 m^3/s。王屋水库运行近60年来，在防洪、灌溉、水产养殖、城市供水、工业用水等方面为龙口市创造了巨大的社会经济效益。

1.2　水库农业供水工程现状

王屋水库建有东西干渠2条，长38 km；支渠13条，长42 km；斗渠136条，长60 km。有各种建筑物858座，有效灌溉面积达到6 000 hm^2。1999年又开始对王屋灌区进行节水改造。节水改造工程于2001年正式开工，至2006年底先后完成五期工程，并于2003年、2004年实施了王屋灌区抗旱应急工程。这一系列节水改造工程共完成西干渠防渗衬砌24.451 km，维修渠道4 999 m，新建西干五支渠调水支线600 m，维修、改建配套渠系建筑物353座，并完善了灌区信息中心建设、灌溉试验站建设、东西干渠渠旁绿化、管理设施建设。

1.3　工业供水工程现状

1992年，龙口市政府决定在王屋水库西放水洞（高程60.2 m）至黄城城区修建地下供水管道，实施由王屋水库向龙口市城区供水工程。1996年，王屋水库开始向龙口市城区供水。2006年，新增南山供水管道一条，直径80 cm，全长25 km；2009年，在原有管道基础上，增设供水管道至东海工业园区，长约20 km；2015年，根据龙口市规划，增设供水管道一条，直径120 cm，全长约40 km。至此，供水管网覆盖整个龙口市区和南山集团。

2　王屋水库水资源利用分析

2.1　水库来水量分析

水库来水主要由降水形成，利用降水量分析，受地表附属物的影响，精度不很准确，根据水库50多年的来水量，确定95%、75%、50%典型年来水量（见表1）。

经计算分析，王屋水库多年来水量4 957.4万 m^3，特干旱年来水量仅有469.5万 m^3，中等干旱年来水量 1 403.8 万 m^3，平水年来水量 3 874.9 万 m^3。

表 1　王屋水库多年平均及不同水文年份来水量

频率	典型年	来水量(万 m^3)
95%	2002 年	469.5
75%	1986 年	1 403.8
50%	2016 年	3 874.9
多年平均		4 957.4

2.2　水库用水量分析

根据水库多年用水量资料(见表 2)进行分析，在建库初期，水库供水主要以农业供水为主；1992 年，王屋水库开始铺设城区供水管道以后，用水量开始增加；2006 年，随着龙口市经济的快速发展，用水量也急剧增加，从中也看出，王屋水库为整个龙口经济的发展提供了可靠的供水保障和支撑。

表 2　王屋水库多年平均及不同水文年份用水量表

频率	典型年	用水量(万 m^3)
95%	2002 年	1 300
75%	1986 年	1 860
50%	2016 年	2 650
多年平均		2 720

2.3　水库缺水量分析

根据水库频率分析计算，王屋水库特枯年缺水 830.5 万 m^3，枯水年缺水 456.2 万 m^3，平水年余水 2 307.4万 m^3。由于水库是多年调节水库，平水年的余水会为下一年的用水提供支撑，在保证安全的前提下，水库经过科学调度，合理蓄泄，完全可以做到防汛与兴利并重，能够在汛期多蓄水量，为来年的用水打下基础。

3　水库水资源利用建议

从以上分析可知，由于王屋水库在特枯年份缺水 830.5 万 m^3，枯水年缺水 456.2 万 m^3，虽然平水年有余水，但是近几年特殊天气频现，如遇有连续干旱，王屋水库的用水量将严重不足，譬如 2016 年，水库蓄水不足 1 300 万 m^3，严重缺水。为缓解水资源供需矛盾，更好地促进水资源合理利用，建议采取以下措施。

3.1　工程措施

(1)2016 年，为缓解龙口市水资源供需矛盾，将东西放水洞采用管道连接，利用东西放水洞的高程差(东放水洞 60.2 m，西放水洞 62.2 m)，可有效增加供出水量 450 万 m^3，如遇特干旱年，效益非常巨大。

(2)王屋水库建库以来，运行 50 多年，水库淤积量较大。根据水库三查三定，1960～1981 年 21 年间，水库兴利水位 73.5 m 高程以下淤积量为 532 万 m^3，随着近几年水库上游水土保持的实施，淤积量逐年下降，但据估算，水库淤积量仍在 800 万 m^3 以上。近几年，胶东地区持续干旱，水库蓄水量大大减少，为清淤工程的实施提供了便利条件，通过清淤至少可清除淤泥 500 万 m^3，增加兴利库容 500 万 m^3。目前，该工程措施正在筹划实施之中。

3.2　引黄调水

龙口市原先规划的引黄调水储蓄库是迟家沟水库，受迟家沟水库库容小的影响，年调水量仅为 600 万 m^3，远远满足不了龙口市用水量的需求，遇有特殊干旱或持续干旱，将严重影响龙口市工农业发展和社会稳定。王屋水库库容大，承载能力强，为储蓄水提供了有利条件，管道工程的铺设又为水库调水提供了工程条件。为此，在特殊干旱年份、连续干旱年份，可考虑向王屋水库调水，增加可调水量，缓解紧张局面。2016年，水库接纳引黄调水847万m^3。

3.3　非工程措施

水库水资源的利用，节水意识必须跟上。目前，龙口市正建设节水型城市，在节水宣传上还要加大力度，让整个社会形成节水惜水的氛围，在重大项目审批上，严重浪费水资源的项目坚决不批，严格控制水资源利用的“三条红线”。把水资源利用掌握在可控范围之内，继续挖掘其他节水潜力，降低水资源利用量，提高水资源利用效率。缓解水资源紧缺局面，更好地维护社会和谐稳定，为龙口市经济社会发展提供坚强的支撑保护。

4　结语

龙口市王屋水库作为龙口市境内最大的地表蓄水工程，是龙口市最重要的水源地之一，水资源利用的合理与否将直接影响龙口市经济发展和社会稳定，水库采取的工程措施和非工程措施积极有效，为缓解水资源紧缺提供了有力条件，也为同类水库的水资源利用提供了借鉴。

作者简介：王庆信，男，1969年7月生，工程师，主要从事水资源保护和水生态修复方面的工作。E-mail：wqx8751123@126.com.

南四湖流域洪水资源利用的必要性分析

李玥璿[1]　侯祥东[2]　刘韩英[1]

(1. 济宁市洙赵新河管理处　山东济宁　272000；
2. 山东省淮河流域水利管理局　山东济南　250100)

摘　要：随着治水观念的转变，兴利与除害结合、防洪与抗旱并举的理念在新时期日益巩固，且北方地区年内年际水量严重不平衡，涝、旱灾害频发，水资源供需矛盾等一系列问题值得我们去认真思考。同时，洪水作为一种特殊的地表水资源具有特殊的资源效应，从资源利用的角度对南四湖流域洪水资源进行分析评估十分必要。本文对洪水资源利用的定义和内涵进行了阐述，从治水观念转变、湿地保护、水资源持续利用、防洪除涝减灾等四个方面，对南四湖流域洪水资源利用的必要性进行了分析，对流域内洪水资源开发利用、水资源的可持续发展具有一定的指导意义。

关键词：洪水　必要性　资源利用　南四湖

1　流域概况

南四湖流域属淮河流域沂沭泗水系，流域面积 3.17 万 km^2。包括山东省菏泽市、济宁市、枣庄市，以及泰安市、临沂市的一部分面积，以及河南、江苏、安徽三省的部分面积。湖西地区为黄泛平原，湖东地区为山丘区及冲积平原。流域来水经南四湖调蓄后，在微山湖分别经韩庄运河和不牢河下泄入中运河，再南下排入骆马湖。

南四湖是一个狭长宽浅型湖泊，南北长约 125 km，东西宽 5 ~ 25 km，湖面面积为 1 266 km^2（见图 1）。汇集入湖的大小河流共有 53 条。近年来，随着南四湖地区经济的不断发展，南四湖已成为行洪、供水、蓄水、航运、水产、旅游等综合性利用湖泊。

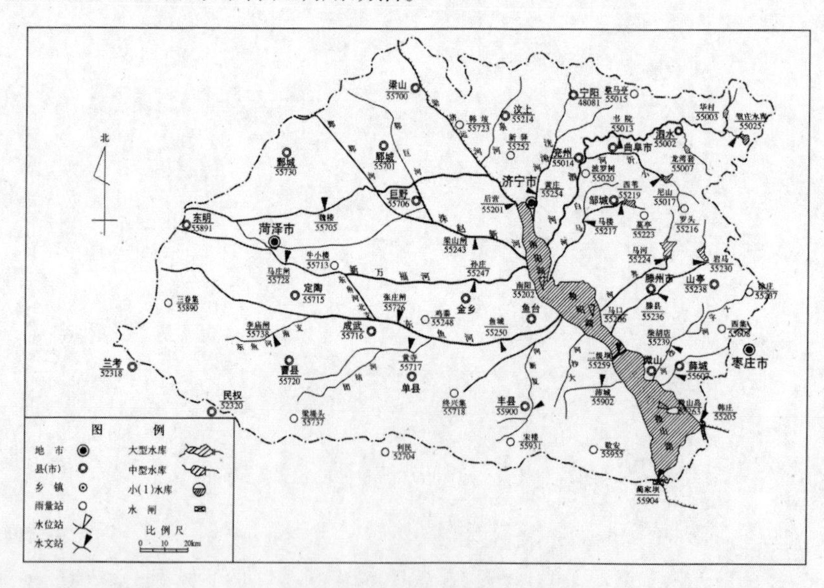

图 1　南四湖流域水系图

2　洪水资源利用的定义和内涵

近年来，"洪水资源"和"洪水资源利用"概念的明确提出，表明人们开始越来越重视洪水作为一种特殊的地表水资源所具有的资源效应,从资源利用的角度对洪水进行评估有了必要。首先对洪水资源利用在概念上进行严格界定,明确其内涵,提出比较完善的定义。

(1)洪水资源利用的目标是增加可供利用的水资源量。

洪水资源利用根本目的在于通过水利工程和调度管理措施,对洪水进行主动的蓄集、控制和调度,直接或间接的使用,使洪水资源转化为可供人类使用的水资源量,使洪水潜在的资源效应得到开发。

(2)洪水资源利用是一种传统而特殊的水资源利用方式。

洪水资源是地表水资源的重要组成部分,人类利用洪水具有很长的历史,洪水资源利用并非一种新思想或一种新的水资源开发利用方式,而是一项广泛存在的传统技术。另外,洪水资源利用与其他水资源利用方式之间具有明显的差异,因而是一种特殊的水资源开发利用方式。

(3)洪水资源利用是主动的水资源利用。

在洪水预报预警的基础上,人们通过水利工程和调度管理措施,对洪水进行主动调控和利用,体现了在人与洪水的关系方面追求一种更主动的状态。

综合上述三个方面的认识,总结提出洪水资源利用的定义为:洪水资源利用是依赖于流域水利工程和洪水调度管理措施,在基本保证防洪安全的前提下,对汛期洪水径流进行主动的蓄集、调节和控制,使之转化为可供利用的水资源量的过程。

3　南四湖洪水资源利用的必要性

21世纪被称为水的世纪,随着人口的增长和经济社会的发展,水资源不足已为世界所关注。我国是一个人均水资源严重短缺的国家,城市、农业用水快速增长,而水源工程建设又没有及时跟上,致使工程性缺水问题较严重。特殊的国情和水资源时空分布的不均匀性,使水资源在规划、开发、利用和管理等方面,存在着复杂性和诸多争论。

南四湖流域的降水主要受季风环流的影响,随季节变化明显,夏季降水显著增多,地域分配上呈由东南至西北递减的特点,多年平均降水量695.2 mm,历年最大年降水量为1 191 mm,出现在1964年;最小年降水量为356 mm,出现在1988年。年内降水72%的降水量集中在6~9月。降水年际变化大,常引起连涝连旱;年内变率大,往往造成流域内春旱夏涝,秋后又旱的灾害规律;因此,在防洪安全的基础上,在该流域积极研究洪水资源化的问题,丰为枯用,是水资源可持续利用的重要内容。

3.1　治水观念转变的需要

洪水资源化就是从我国实际情况出发,按照新时期治水思路和理念,全过程、全方位、多角度地转变"入海为安"的思想,统筹防洪减灾和兴利,综合运用系统论、风险管理、信息技术等现代理论、管理方法、科技手段和工程措施,实施有效洪水管理,对洪水资源进行合理配置,在保障防洪安全的同时,努力增加水资源的有效供给,维系良好生态,为经济社会的发展提供有力防洪抗旱支撑。提出洪水资源化不是偶然的,有其历史的必然性。

一是干旱缺水十分严重,据统计我国年缺水量300亿~400亿 m^3,每年农田受旱面积2 000万 hm^2,全国668座城市中有400座供水不足,110座严重缺水,2 000多万农村人口饮水困难。干旱缺水不仅影响农业工业、生产生活,甚至造成河道断流、湖泊干涸、地面沉降,一些地区生态环境的恶化,威胁人类生存,已成为国民经济发展和社会进步的重要制约因素。

二是经济社会可持续发展对水的需求是全面的提升,不仅是量的增加,更是供水保证率、均衡性以及符合要求的水质提高。经济社会与生态环境要协调发展。供需矛盾突出并将长期存在,传统的思路、办法很难解决我国水资源短缺问题。

三是开发利用洪水资源是有潜力的,据统计分析,全国江河平均每年入海水量约为16 000亿 m^3,1998年全国入海水量为21 321亿 m^3,且主要集中在汛期以洪水形式入海,如1998年长江大通站最大30 d洪水量2 231亿 m^3流入东海。

四是经济实力的增强、科学技术的进步、人员素质的提高、治水理念的变化等,使洪水资源化成为可能。

总之，洪水资源化是经济社会发展所需要的，也是有潜力的、可能的，从这个角度看，洪水资源化比洪水资源利用更确切。要通过开展洪水资源化，把理论意义上的资源更多地变为实际可利用的资源。

3.2　湿地保护的需要

南四湖是中国北方最大的淡水湖泊，物种资源十分丰富，已形成一个宠大的、多样复杂的湿地生态系统。1982年微山县人民政府批准成立"南四湖鸟类自然保护区"，以水生环境生存的鸟类为主要保护对象；1996年济宁市人民政府批准建立"济宁市南四湖自然保护区"，以保护湿地生态系统和珍稀、濒危鸟类为对象。2003年，南四湖又被山东省人民政府批准为省级自然保护区，具有湿地生态系统典型、生物多样性丰富的特性，是鸟类重要的栖息地和迁徙驿站。目前，正在申报国家级自然保护区。

历史上，南四湖水面宽广，生物区系复杂，物种多样，湖区渔民以捕捞收获野生资源为主，水量较为丰富，湖水清澈，水质良好，湖内小航道星罗棋布，湖东湖西可直航。从中华人民共和国成立初期至20世纪70年代，国家投入大量资金、人力和物力，兴建各种水利工程，辅以湖内庄台建设等多项措施，形成了较为完整的防洪除涝体系和水资源利用体系。

然而，进入20世纪80年代以后，由于经济的快速发展和人口的急剧增加，流域内用水量大幅度增加，加之流域上游水资源开发利用水平不断提高，降水量又明显减少，天然径流严重衰退，导致湖水位急剧降低，出现连续多年湖水位长时间低于死水位的情况。蓄水量的减少加上水质污染，使得南四湖自然资源遭到严重破坏，鱼类、鸟类栖息地、产卵地、育肥地严重萎缩，生态功能严重退化。

如1988～1990年，上级湖连续3年发生干湖；2002年南四湖地区遭遇了百年不遇的特大干旱，年降水量比常年偏少48%，汛期降水量比常年偏少56%，周边入湖的53条河道全部断流，上级湖基本干涸，下级湖蓄水量仅为0.1亿m^3（2002年8月25日）。湖底干涸，航道断流，水生生物几乎丧失殆尽，生态及工农业生产遭到严重损失。为拯救南四湖生态与环境，在水利部和淮委的大力支持下，山东省水利部门联合多个部门，实施了从长江向南四湖应急生态补水，2002年12月8日至2003年3月4日，历时86 d，紧急从下游调水1.1亿m^3，补水后湖面面积增加了150 km^2，缓解了南四湖的生态危机。流域洪水资源化可以增强南四湖湿地生态环境的抗干旱风险能力，对南四湖的生态环境保护及工农业生产具有重要作用。

3.3　水资源持续利用的需要

根据相关研究，南四湖流域平水年缺水量约2.72亿m^3，干旱年缺水约14亿m^3。南四湖流域多年平均弃水量为15.5亿m^3，占多年平均天然径流量的比重较大，其中上级湖通过二级坝闸弃水量为9.88亿m^3，汛期（6～9月）弃水8.39亿m^3，占全年弃水量的85%。

根据山东省水资源规划报告，人均水资源占有量不足300 m^3，不到全国人均占有量的1/6，仅为世界人均占有量的1/25。按国际公认的M.富肯玛克的水紧缺指标标准，水资源量远远小于维持一个地区经济社会发展所必需的1 000 m^3临界值，属于人均占有量小于500 m^3的严重缺水地区。近年来，由于水资源量严重不足，地下水资源利用率呈逐年增长趋势。地下水资源的开发利用率过高，已造成了严重的生态环境问题。水资源总量不足，人均、亩均水资源占有量偏低，水少人多地多，水资源与人口、耕地资源严重失衡，供需矛盾十分突出。因此，合理开发利用，有效保护和节约使用水资源，对于国民经济和社会的可持续发展具有十分重要的意义。

另外，从南四湖历史形成与变迁中可以看出，南四湖是南北大运河开发运用及历史上黄河泛滥决口影响作用的结果，也就是运河开发运用及黄河决口推动了南四湖的形成及延续。分析现状及展望未来，大运河运用之高潮及黄河泛滥决口均将成为历史中的一页，这样的历史将不会再重现。这就意味着，南四湖的水源地将不会像历史中那样丰富、广大，而将以相对固定的范围延续着，且面临着逐渐缩小的危险，所以南四湖生命的延续应当引起我们的高度重视。如何充分利用流域内水资源，使其可持续利用，也就成为南四湖生命延续的保障条件。

可见，水资源持续利用的不仅是社会经济发展的需要，也是湖泊生命本身延续的需要。通过提高湖泊正常蓄水位等措施，南四湖拦蓄能力将增加1.8亿m^3。即通过采取提高上级湖正常蓄水位的措施，提高拦蓄能力，社会、生态和经济效益是显著的，约增加经济效益6亿元。

3.4 防洪除涝减灾需要

传统水利,往往是哪条河有危险,就治理哪条河,修库建坝,并各自为战,不能实施河渠库联合调度,未能充分发挥流域内水利工程的整体防洪除涝能力,易造成“小雨小灾,大雨大灾”的现象。现代水利,可以利用先进的科学理论及手段,以系统科学为基础,以流域为单元,从整体出发,以工程和非工程措施结合,以达标本兼治的目的。

针对南四湖流域,每年汛期,滨湖区及湖西平原区几乎都将成为涝灾受害区。每年都要投入大量的人力物力抢险救灾。原因在哪里呢?两句话可简述之:滨湖区。南四湖是 3.17 万 km^2 汇水面积的承泄区,汛期湖水位升高,滨湖区自然受害;湖西平原区,属黄河冲积平原,分布着众多的洼地,汛期降水集中,来不及排出,即形成涝灾。2003 年,从全年入湖水量计算,洪水重现期不足 5 年一遇,从降水量看,洪水重现期不足 10 年一遇,但却给南四湖流域济宁、菏泽、枣庄三地市造成 35.24 亿元的经济损失。单考虑流域内骨干河道,均能达到 10 年一遇防洪标准,就南四湖本身防洪标准也达到 20 年一遇标准以上,可为什么 2003 年洪水还是造成如此大的损失呢?再回思 2002 年的湖区大旱,湖底干裂,供水遭严重破坏,经济遭巨大损失,不得不耗巨资从下游调水,以解决基本的湖区生态需水问题。相邻两年,大旱大涝均给南四湖流域造成严重的经济损失。

4 结论

综上所述,随着治水观念的转变,兴利与除害结合、防洪与抗旱并举的理念在新时期日益得以巩固;南四湖是中国第六大淡水湖泊,物种资源十分丰富,已形成一个宠大的、多样复杂的湿地生态系统,保证水源水量对南四湖来说尤其重要;另外,北方地区年内年际水量的严重不平衡,涝、旱频发,水资源供需矛盾等一系列问题值得我们去认真思考。洪水作为一种特殊的水资源,对其的开发利用必将促进南四湖流域水资源的可持续发展。

参考文献

[1] 刘友春. 提高南四湖上级湖正常蓄水位的可行性研究[J]. 中国农村水利水电,2011(6):11-13.

[2] 侯效敏. 山东南四湖流域生态经济与可持续发展研究[J]. 生态经济,2009(3):151-155.

[3] 张先军. 南水北调东线南四湖人工湿地建设与规划[J]. 南水北调与水利科技,2010(3):21-24.

[4] 孙娟. 南四湖湿地功能变化及评价分析研究[D]. 济南:山东师范大学,2002.

作者简介:李玥璿,女,1982 年 11 月生,工程师,主要从事水利工程规划、管理、设计等方面的工作。E-mail:10409310@qq.com.

淮河流域跨省河流省界断面水量监测必要性探究

夏 冬[1] 梁丹丹[2] 杨 培[3]

(1. 淮河水利委员会水文局(信息中心) 安徽蚌埠 233001;
2. 淮河水利委员会水利水电技术研究中心 安徽蚌埠 233001;
3. 河南省桐柏县水利局 河南桐柏 474750)

摘 要:实行最严格水资源管理制度要求对水资源进行定量化、科学化、精细化管理,其关键是建立水资源管理考核制度,对用水总量、用水效率、水功能区限制纳污3项控制目标完成情况进行定量考核。目前,淮河流域水资源总量不足,分布不均,跨省河湖多,重要江河水量控制断面监测站点不足,省际水资源矛盾突出。2011年,淮委启动了主要跨省河流水量分配工作。2016年,沂河、沭河水量分配方案已获正式批复,淮河水量分配方案也已获批。基于此,对淮河流域主要跨省河流省界控制断面水资源信息进行监测,这对于提高流域水量分配的公平性、促进区域及流域水资源可持续利用、加强流域用水总量控制具有重要意义,同时也是落实最严格水资源管理制度的重要支撑。

关键词:淮河流域 省界断面 监测 水量分配

1 前言

淮河是我国的第三大河,发源于河南省桐柏山区,全长1 000 km,流域范围地跨湖北、河南、安徽、江苏、山东5省,流域面积27万km^2。自古以来,淮河洪水泛滥严重,历史上多次发生洪涝灾害,给沿淮人民生活带来极大不便。同时,淮河流域水资源总量严重不足,加之跨省河湖较多,重要江河流域省界水量控制断面监测站点不足,导致省际水资源矛盾突出,水事频发。为解决此类问题,淮委启动了主要跨省河流水量分配工作,先期进行淮河、沂河、沭河、洪汝河、沙颍河、涡河、史灌河7条河流的水量分配方案制订,确定跨省河流的省界控制断面,对其进行水量信息监测,对于加强流域用水总量控制具有重要意义,同时也是落实最严格水资源管理制度的重要支撑。

2 淮河流域省界断面基本情况

淮河流域地跨5省,包括淮河水系和沂沭泗水系,总流域面积27万km^2。其中,淮河水系包括淮河干流、洪汝河、沙颍河等主要支流,沂沭泗水系包括沂河、沭河等。

根据淮河流域河湖普查名录,淮河流域中流域面积大于50 km^2以上的河流2 007条,其中省际河流158条。在158条省际河流中,流域面积大于1 000 km^2的河流共有31条,包括进行水量分配的7条主要河流;500~1 000 km^2的河流有21条,300~500 km^2的河流有19条,300 km^2以下的河流共87条。

根据《水利部关于印发〈全国省际河流省界水资源监测断面名录〉的通知》(水资源〔2014〕286号),在第一批、第二批进行水量分配的7条河流基础上,共确定了淮河流域83处省界水资源监测站点。其中,现有站点32处,拟新建站点51处。按照所在河流所跨省界划分,豫鄂省界4处(新建),鄂豫省界4处(新建),豫皖省界27处(现状15处,新建12处),皖豫省界4处(现状2处,新建2处),皖苏省界17处(现状7处,新建10处),苏皖省界5处(新建),鲁苏省界22处(现状8处,新建14处)。

3 省界断面水量监测现存问题

3.1 主要河流省界断面控制站点数量不足

目前,淮河流域进行水量分配的7条主要河流现有省界断面32处,且分布不均。河南、安徽省界处共有17处,占了50%以上;山东、江苏省界8处,安徽、江苏省界7处,分别占25%和22%;湖北与河南省界则暂无监测站点。具体到各级支流,多数均无控制站点。控制站点数量偏少,无法实现对省界断面的全控制,进而无法对河流的水量信息进行有效采集,对制订河流及城市的防洪、调度等方案会产生一定影响。

3.2　监测信息资料不全,不满足水资源管理要求

根据淮委水文局水信息系统,淮河流域现有各水文站点流量、水位等信息均按时上报本系统中。而目前,32 处现有的省界断面监测站点中,部分站点监测资料不齐全,流量资料缺失严重,如堠上、新安、林子等站,全年非汛期不上报流量资料,汛期时只有当流量达到某一特定值时上报。由于这几个站流量非常小,因此全年有流量的资料很少,无法保证日流量的连续性,需要通过上游闸坝的来水量进行推算。考虑到来水的坦化作用,推算结果与实际结果会存在一定差异,资料准确性有待研究。另外,部分站点虽有数据,但监测频次较少,非汛期每个月对水量信息监测 3 次,即上、中、下旬各一次。根据水资源管理要求,省界水量监测必须有连续水量过程,因此监测频次无法满足最严格水资源管理制度的实行及考核要求。

3.3　协调难度大,信息无法及时获取

淮委目前仅管理重沟水文站,不属于省界监测站点。对于省界处的水量信息获取,还需要通过流域各省有关部门进行沟通、协调方能得到。根据现有省界站点布设,省界处两省均设立省界断面监测站点,各省负责对本省省界处的水量监测信息进行统计。由于管理机构不同,在水量监测及统计方面采用的方法会存在差异,导致数据汇总时出现不一致的问题,对淮河流域的水资源管理也造成一定困难。

4　省界断面水量监测的建议

4.1　完善淮河流域省界监测站网

(1)进一步推进省界新建站网前期工作。由于淮河流域内省界断面众多,拟新建站点 51 处,任务量较大,建议逐步开展省界断面的新建工作。

(2)加快现有省界站点改建工作。根据《淮河流域 7 条水量分配省际河流省界水资源监测站点名录》,目前共有 24 处现有站点需要进行改造,包括监测设备的更新、监测方法的变更等。应进一步加快改造站点的改建工作,及时为淮河流域的防洪、调度等规划提供技术支撑。

4.2　统一省界监测站点水量信息上报机制

针对各省对本省内省界处监测站点信息报送机制不同的问题,由淮委牵头,及时与流域各省进行沟通,达成水量信息互通有无,并按时上报至淮委水信息系统,对于流域的总体规划以及落实最严水资源管理制度具有重要意义。

4.3　加快编制省界断面水量监测信息简报

省界水文监测信息涉及省际河流所在行政区核心利益,监测信息的公开有利于了解各行政区取用水、排污等情况,有利于提高民众对水资源状况的知情权,有利于水资源管理部门及时做出科学决策。

目前,淮委已着手组织编制《淮河流域跨省河湖省界断面水量监测信息简报》(简称《简报》),计划按月向社会发布。《简报》根据《水利部关于印发〈全国省际河流省界水资源监测断面名录〉的通知》(水资源〔2014〕286 号),结合淮河、沂河、沭河等主要江河水量分配方案,选择了包含 7 条已进行水量分配的河流在内的 16 条省际河流省界控制断面进行水量监测信息的统计,包括月流量、水位、最小生态流量等信息。同时,将淮河区所有大型水库、重要湖泊以及南水北调省际段调水信息纳入《简报》中,扩大了《简报》覆盖范围,有助于社会公众更加直观地了解淮河流域有关水情信息。

作者简介:夏冬,男,1991 年 8 月生,助理工程师,主要从事水文水资源方面工作。E-mail:419118110@ qq. com.

新形势下淮安地下水管理思路与对策

陈　姝　李含章

（淮安市水利局　江苏淮安　223001）

摘　要：本文介绍了淮安市近年来地下水管理与保护工作的一些做法与取得的成效，分析了当前全市地下水资源开发利用和管理面临的主要问题，并提出相应的对策建议，为实现新形势下全市地下水资源可持续利用和生态环境的有效保护提供理论和技术参考。

关键词：地下水　管理　保护　对策

地下水资源是水资源的重要组成部分，对保障供水安全、支撑经济社会可持续发展和维持生态环境平衡具有不可替代的作用。江苏省淮安市境内以平原为主，西南部为丘陵山区。平原中大部分为冲积平原，表层为黄泛冲积物，主要分布于淮安市的南部，少部分为湖积平原，主要分布于洪泽湖、高邮湖、宝应湖、白马湖的湖滨地区，全市地下水资源贮量丰富，水质较好。

1　地下水资源基本情况

根据《淮安市水资源公报》和《淮安市水资源调查评价》，淮安市2016年地下水资源量为15.06亿m^3，其中平原区地下水资源量为14.02亿m^3，占地下水资源总量的93%，全市地下水供水量为0.59亿m^3，占总供水量的2%，多年来淮安市浅层地下水利用率较低，浅层地下水水位基本平稳，年际变化不是很大，主要受降雨丰沛的影响。浅层地下水pH常年介于7.2~7.7，深层地下水介于7.0~7.7，水质较好，除个别站点外，其余站点水质均为Ⅰ~Ⅲ类水质，达良好以上。

2　地下水管理现状

2.1　地下水双控行动

近年来，淮安市严格地下水用水总量控制，每年年初制订用水总量控制计划并下达到用水户，落实地下水取水总量与水位双控管理，按年度制订并下达地下水压采计划，在控制取用水总量的基础上，确定并严格执行地下水位控制红线，小于限采水位埋深的区域，按照规划实行科学有序的开采，对已经接近或者达到限采水位埋深的区域，严格控制新凿井和地下水开采。2015年，淮安市水利局组织编制了《淮安市地下水压采方案》并于同年开始实施。通过地下水压采，力争到2020年全市地下水超采区总压采水量1 341.0万m^3，全面达到地下水用水总量控制和水位控制红线要求。2016全市地下水用水量年度目标5 050万m^3，实际完成4 858万m^3。

2.2　地下水监控系统

定期监测地下水水位、水质，按季编制地下水动态监测报告；同时，发现地下水位异常变动的，及时查明原因、分类处理和交办。2016年，全市开展水质监测的地下水监测井42眼，其中浅层24眼，深层18眼。近5年的地下水水质监测显示，淮安市地下水除个别站点水质较差外，全市其余水质均基本稳定并保持在良好等级以上。

2.3　地下水超采治理工程

2.3.1　替代水源工程

淮安市80%以上的地下水开采量用于提供居民生活用水，因此替代水源工程以地表水区域供水工程为主，逐步替代地下水源供水，截至2016年共计12个地下水水源被地表水区域供水工程所取代。

2.3.2　开采井封填工程

按照地下水井位置、取水用途、成井工艺、后备用途不同，淮安市封井工程分3种，分别是永久封填工程、封存备用工程和停用改建监测井工程。2016年封填122眼地下井,计划到2020年,完成封井843眼。

2.3.3　人工回灌工程

淮安市共有3个孔隙承压水超采区,为有效保护地下水资源、防止地面沉降,淮安市对主要开采层地下水进行回灌,每年回灌自来水25万~40万 m^3,有效控制了漏斗区地下水位的下降趋势。

2.3.4　推广农业节水灌溉技术

淮安市从1999年开始大型灌区的续建配套及节水改造工程。全市8个大型灌区续建配套与节水改造工程已实施完成66期,总投资达22.49亿元。灌区改造工程的实施,有效提高了灌区的灌溉保证率和灌溉水利用系数,改善了项目区农业生产灌排条件,增加灌溉面积30.46万亩,改善灌溉面积279.25万亩,新增年节水能力49 615万 m^3,增加粮食生产能力24 919万kg,产生较好的经济、社会和生态效益。

2.4　地下水保护法规体系

对2004年度出台的《淮安市地下水资源管理暂行办法》组织修订,通过法律手段,强化对地下水资源的管理与保护,加强地下水管理的政策标准建设,规范地下水开发、利用、保护等行为。目前,《淮安市地下水资源管理办法》草案已完成。

3　地下水资源开发利用和管理中面临的形势

3.1　超采形势比较严峻

2005年省政府公布的淮安市地下水超采区面积为598 km^2,2013年全市超采区面积已扩大到1 149.1 km^2。虽然全市开展了一系列地下水开采专项整治活动,采取了封井等措施,遏制了主城区地下水超采现象,但不少农村地区仍然普遍取用深层地下水作为集中供水水源。同时,主城区部分地下水用水企业向经济开发区转移,加上快速发展的县区乡镇工业集中区企业生产取用地下水,导致淮安市地下水开采井布局发生变化,超采形势比较严峻。

3.2　浅层地下水开采缺乏有效监管

淮安市浅层地下水在相当长的时间内处于无政府状态,随着最严格水资源管理制度的落实,逐渐引起政府重视,开始规范化管理浅层地下水,但仍然存在一些问题,如很多地区开发浅层地下水缺乏长远规划,对浅层地下水可开采资源量也未经严格的核定,缺乏科学的开发依据。此外,不少农村供水井因开发利用规模不大,没有纳入水资源管理部门的常规工作范围,监管比较粗放。

3.3　地下水监测能力比较薄弱

淮安市目前设置40多个地下水监测站,但由于地下水类型多,不同含水层的地下水监测井密度不足,同时在经费投入、监测手段、人员配备、信息传输等方面存在不足,难以满足地下水水质项目全覆盖监测的需要。

3.4　保护地下水资源法律意识有待提高

《淮安市地下水资源管理暂行办法》明确规定直接取用地下水资源的单位和个人,须向水行政主管部门提出取水许可申请,地下水应当分层开采,禁止潜水和承压水以及承压水之间混合开采。但在实际管理中仍然发现一些用水单位或个人在无取水许可证情况下,私自凿井取用地下水、部分供水井混层开采等,甚至出现以浅水井名义开凿深层井现象。

4　加强地下水管理与保护的建议

4.1　健全地下水保护机制

落实地下水"四个一"管理制度,建立健全地下水管理台账,严格取用地下水建设项目水资源论证、取水许可审批、取水许可证发放、取水工程竣工验收等制度,进一步规范机井运行登记、报废处置管理,从严把关,规范地下水资源开发利用行为。完善相关法律法规,做到有法可依,有法必依,对企业、个人私自违法凿井的行为给予严厉的行政处罚。

4.2 推进地下水超采治理

一是严格划定禁限采区。在完成地下水资源调查评价的基础上，严格划定全市地下水禁采区和限采区，合理配置地表水、地下水和外调水源，推进地下水压采工作。二是推进农村区域供水工程。加快推进农村三级管网建设，关闭地下水饮用水源，明确自来水管网到达地区、地下水超采区不得增加新井。三是加大超采治理资金投入。编制地下水超采区治理方案，通过采取工程措施和非工程措施遏制地下水水位下降，将地下水超采区治理纳入国民经济和社会发展规划，加大资金投入，确保资金落实。

4.3 加强地下水管理能力建设

一是加强地下水开采计量管理。目前，不少地区都采用估算的方式来统计地下水开采量，数据缺乏准确性，当务之急是要实现机井安装取水计量设施全部到位，对于没有安装合格取水计量设施的机井，水行政主管部门不予核发取水许可证，同时要做好对地下井计量设施的升级改造。二是完善地下水监测体系，优化地下水监测布设点位，研究和制订水资源管理地下水位红线控制专用站网布设方案，部分超采严重区应该进一步加密水质监测网，以便准确地了解地下水水量、水质状况。对重点区域，包括人口密集区、重点工业园区、主要水源地和地下水重点污染源区等区域增加监测频次和水质监测项目。三是加强人才队伍建设。加强基层地下水管理专业人才队伍建设，加强地下水管理知识的普及和培训，积极引进专业人才，努力提高管理队伍专业素养。

4.4 完善地下水管理考核体系

建立完善水资源管理责任和考核制度，根据最严格水资源管理制度要求，结合“三条红线”制定年度压采目标，将地下水取水总量控制、水位控制和地下水超采治理纳入水资源管理责任和考核内容，实行行政首长负责制，强化考核监督。

5 结语

地下水资源是人类重要的水资源，随着社会经济的快速发展，地下水开发利用程度越来越高，迎面而来的地下水保护和水环境问题也越来越突出，新形势下面临的地下水问题要求我们必须加大地下水管理和保护力度，以落实最严格水资源管理制度为抓手，从工作制度、基础设施建设、能力建设等方面出发，有效解决地下水资源问题，从而实现地水资源开发利用和保护的可持续、协调发展。

参考文献

[1] 寇建辉，郝丽. 淮安市浅层地下水开发利用与管理探析[J]. 治淮，2007(06)：14-15.

[2] 陈飞，侯杰，于丽丽，等. 全国地下水超采治理分析[J]. 水利规划与设计，2016(11)：3-7.

[3] 陈昌华，张鑫. 城市地下水环境保护与管理措施[J]. 低碳世界，2016(35)：2-3.

[4] 李春雨. 沈阳市城区地下水管理存在问题及管理对策[J]. 水利规划与设计，2016(12)：16-18.

作者简介：陈姝，女，1989 年 12 月生，工程师，主要从事水资源管理、水污染防治方面的研究。E-mail：chenshu1216@126.com.

浅议淮河流域的水环境和水资源问题与对策

蒋　鹏[1]　蒋其峰[2]　杨燕丽[2]　蒋其广[3]

(1. 淮安市水利勘测设计研究院有限公司　江苏淮安　223005;
2. 淮安市山河园林绿化工程股份有限公司　江苏淮安　223001;
3. 淮安生态新城开发控股有限公司　江苏淮安　223001)

摘　要:本文通过分析淮河流域水环境污染严重、水资源紧张和地下水过度开采的问题,提出了增加水资源调蓄库容合理分配水资源、加强水环境和水资源问题研究和控制地下水开采的对策。

关键词:水资源　水环境　淮河　问题

淮河流域地处中国南北气候过渡带,属暖温带半湿润季风气候区。其特点是:冬春干旱少雨,夏秋闷热多雨,冷暖和旱涝转变急剧。淮河流域人口密集居我国各大流域之首,水资源紧张,属于我国严重缺水地区。特别是我国实施中部发展战略之后淮河流域经济发展迅猛,使淮河流域水环境、水资源问题更加突出。

1　淮河流域水资源和水环境问题

1.1　水环境污染严重

淮河被称为"中国最难治理的河流",河道污染严重,部分地区的淮河干道成了污水沟,河道两边的部分企业偷排污水现象严重,虽然经过10年来"抓大关小",调整产业结构,但部分工业企业为降低生产成本,追求利润最大化,常常擅自关闭污水处理设施,偷排污水;随着城市化的不断加快,城市生活污水的排放量正在逐年增加,成为影响淮河流域水质安全的重要因素。同时,淮河流域是我国的主要产粮区,流域内农业生产中农药、化肥的使用量很大,污染较重。

我国实施中部发展策略之后,淮河流域地方政府为了落实中央的发展政策,加快了发展淮河流域的经济建设。虽然经济发展有所进步,但是不合理的经济活动和对淮河流域过度的水资源、土资源开发导致淮河流域水资源严重污染,水污染和生态环境的矛盾更加突出,流域内大部分支流不是长年断流就是污染严重,绝大多数支流水功能区不达标,水环境的生态功能日渐退化。特别是豫东平原、皖北地区、苏北地区基本是有河皆污,甚至连一些城乡的小水沟都黑臭难闻。水环境污染严重的原因有以下几点:一是淮河流域水资源紧张,大多数支流来水量少,生态水环境自净化能力弱,导致河流原有生态功能降低或者丧失。二是工业污染,工业污染是淮河流域水环境污染的主要原因。因为淮河流域工业不发达,技术和产业层次相对较低,但是又过度追求GDP增长,导致中、小工厂和养殖业排污达标失控,最终致使水环境污染严重。三是缺乏污水处理体系,淮河流域缺乏工业污水处理工程,污水处理技术落后,体系不健全,污水处理体系运行滞后,导致工业污水处理率低。四是农业面源污染严重,近年来淮河流域由于虫害频繁,农户不断加重农药用量,导致淮河流域水环境农业面源污染严重。

1.2　水资源紧张

淮河流域水资源约占我国水资源总量的2.7%,但它的人口和耕地面积却分别约占我国的13%和11.7%,粮食产量约占我国的17.4%,这种人多、水少、地少的局面导致淮河流域水资源紧张。加上淮河流域水资源分布不均,加剧了水资源紧张问题。在夏秋季节,淮河流域雨水充足但是调蓄水库仍然不足,这不但无法减轻洪涝灾害,还使大量水资源流入长江、黄海,不利于当地水资源的利用。在春冬季节,淮河流域雨水少水资源供应紧张,极容易出现旱灾。这时淮河流域上游、中游、下游的湖北、河南、安徽、江苏四省缺水形势非常严峻,尤其碰上枯水旱灾年,水资源紧张的问题更加突出。比如在2011~

2016 年,淮河流域上游由于降水量突然减少,致使河南豫东平原周口、商丘、信阳、许昌等主要城市缺水问题突出。在 2013 年河南周口的扶沟县由于连续 3 个月未落一场甘霖,当地百姓连吃水都成问题。

1.3　过度开采地下水

随着淮河流域社会经济的迅速发展,城市规模越来越大,河南、山东、江苏、安徽四省的大、中城市用水更加短缺。淮河流域地表水资源紧张和日益严重的污染,更加大了当地人们对地下水的过度开采。目前,除了淮北的信阳、蚌埠、淮南、淮安等大、中城市主要使用地表水外,淮北的周口、驻马店、许昌、开封、商丘等大、中城市的生活用水、工业用水大多是地下水。目前,我国淮北地区地下水超采面积已经大于 7 500 km^2,特别是安徽阜阳市地下水过度开采已经导致地面沉降量至 1.568 m,沉降面积达 410 km^2。而且淮河流域不断加重的工业污染和面源污染已经渗入地下水,开始污染地下中深层水源。淮河流域过度开采地下水和地下水环境不断恶化,给我国社会经济和居民生活带来了重大损失。

2　淮河流域水资源和水环境问题的对策

2.1　增加水资源调蓄库容合理分配水资源

若想提高淮河流域地表水利用率,首先要提高的是夏秋季节洪水资源的利用率,实现淮河流域各地区水资源的合理配置。提高洪水资源利用率就必须增加水资源调蓄库容。其具体做法是利用原有的水资源工程,增建维修大量蓄水、引水、提水、调水工程和机电井工程,形成综合水资源工程体系。在夏秋季节淮河流域出现洪涝灾害时,利用建成的水资源工程体系将洪水引入洪灾地区水库储蓄起来,留待枯水季节利用。水库溢出的水引往附近地区的水库,缓解其他地区水资源供求不足的矛盾。比如河南省东部山区大小水库比较多,调蓄库容大,这个地区主要是加快南水北调中线调水工程建设。淮河流域中游,利用蚌埠闸、采煤沉陷区和临淮岗工程进行蓄水,增加洪水利用率,合理调配水资源。淮河流域下游地区,可抬高洪泽湖蓄水位,扩大引江供水系统,增加下游地区大、中城市的供水量。充分利用现有的水资源调蓄库容,合理调配各大城市用水,提高水资源利用率。

2.2　加强水资源和水环境问题研究

针对淮河流域水资源与水环境存在的问题,除了增加调水蓄容、合理分配水资源,还需相关部门加强水资源、水环境的研究,尽快解决淮河流域水资源和水环境问题。加强水资源和水环境研究的具体做法是加强淮河流域水资源和水环境问题的规划研究,加强水资源和水环境问题与社会经济协调发展的重点技术研究,加强水资源利用率的研究,加强防洪安全调度工程管理系统研究和建设,加强淮河流域污水处理技术研究,加强工业污染和农业面源污染控制研究,加强水资源和水环境污染治理研究等。针对水环境污染问题,必须加大排污工厂和养殖场的排污控制力度,核定水域纳污能力,建立健全排污监督管理机制,细化排污考核制度。

2.3　控制地下水开采

针对地下水过度开采和地下水污染问题,淮河流域政府应控制地下水的开采,其主要是控制淮北的信阳、蚌埠、淮南、淮安等大、中城市对地下水的过度开采。针对淮北过度开采地下水的情况,政府应加紧淮北南水北调工程建设,尽快让淮北大、中城市脱离地下水源,强制淮北各地区城市用政府调度来的地表水。此外,加强淮河流域水资源统一配置,制定严格地下水开采制度和水资源管理制度。控制淮河流域工业用水和居民用水量,加快推进淮河流域取用水总量控制、定额管理的制度。通过控制淮河流域的用水量和提高地表水资源利用率,减少地下水的开采。

3　结语

我国实施中部发展战略之后,淮河流域的经济得到迅速发展,这导致淮河流域的水资源和水环境问题更加严重。面对淮河流域水资源紧张,分配不合理、水环境污染、生态功能退化和地下水过度开采的问题,政府应加快淮河流域水资源和水环境问题的研究,增加水资源调蓄库容,合理分配水资源,严格控制淮北地区的地下水开采,尽快解决淮河流域水资源和水环境的问题。

参考文献

[1] 杨安邦,费永法,智天翼,等.淮河流域水利工程水环境问题及对策措施[J].水生态文明建设,2013(12):31-35.
[2] 张慧,于鲁冀,梁静.基于改进 TOPSIS 模型的淮河流域社会经济水资源水环境协调发展问题识别研究[J].创新科技,2016(7):26-29.

作者简介:蒋鹏,男,1981 年生,高级工程师,主要从事水利规划设计方面的工作。E-mail:12360180@qq.com.

菏泽市需水量预测

赵晓旭 徐银凤 李 栋

（济宁市水文局 山东济宁 272000）

摘 要：菏泽市作为全国重点缺水城市之一，水资源短缺成为制约菏泽市经济社会可持续发展的瓶颈因素。水资源优化配置作为解决城市水资源短缺的重要手段，它的实施对保证整个菏泽市国民经济的可持续发展起着重要的支撑作用。

本文主要运用水资源系统分析理论与现代方法对菏泽市需水状况进行分析，从而提出合理的配置方案。

关键词：水资源短缺 优化配置 需水状况 可持续发展

1 经济社会发展指标分析

经济社会发展指标预测是需水预测和水资源合理配置的基础。经济社会发展指标预测包括人口与城镇化进程、国民经济发展指标预测（农田灌溉面积、林牧渔畜、第二产业、第三产业及生态环境）等。预测的基础为《菏泽市水资源综合规划》、2010 年菏泽市统计年鉴、《菏泽市节水型社会建设“十二五”规划》及其他有关资料等。

1.1 人口变化

现状年（2010 年）菏泽市全市总人口为 9 588 009 人，城镇人口为 2 037 932 万人，农村人口为 7 550 077人。依据《菏泽市水资源综合规划》，全市各县市区人口自然增长率有所差异，经济相对发达的地区，如牡丹区、开发区、郓城县、曹县等增长率会低一些；经济欠发达地区，如定陶县、鄄城县、成武县等增长率可能会稍高些。流动人口的流入地区主要是经济相对发达的地区，而经济落后地区流动人口较少。考虑到以上因素以及条件限制，预测各县市区总人口采用相同的增长率 0.5%。在此基础上参考《菏泽市节水型社会建设“十二五”规划》，预测 2020 年全市人口增加到 877.33 万人，城镇化率达到 60.0%，其中城镇人口为 214.22 万人，农村人口为 793.62 万人。

1.2 国民经济发展指标

依据《菏泽市水资源综合规划》，2010 ~ 2020 年，全市农田灌溉面积中，水田、水浇地面积未增加，而菜田的面积有所增加，年均增长率为 5.394%；林果地灌溉、草场灌溉、鱼塘补水面积的年均增长率分别为 0.973%、0、0.100%，大、小牲畜数目的年均增长率分别为 0.500% 和 0.999%；2010 年第二产业和第三产业产值分别为 611.41 亿元和 353.56 亿元，2010 ~ 2020 年，年均增长率分别为 9.09% 和 12.12%；城镇生态环境需水面积中，绿化、河湖需水和环境卫生的年均增长率分别为 3.75%、1.64% 和 1.87%。

2 需水预测

2.1 生活需水预测

根据菏泽市的社会经济发展水平、人均收入水平、水价水平、结合生活用水习惯，参照《菏泽市水资源综合规划》和《菏泽市节水型社会建设“十二五”规划》中的城镇和农村生活用水定额及国民经济发展指标，确定 2010 年和 2015 年的城镇与农村居民生活用水定额及人口数量，计算生活需水量。

居民日常生活需水包括饮用、洗涤、冲厕和洗澡等。生活需水分城镇居民和农村居民两类，采用人均日用水量方法进行预测，计算公式如下：

$$Q = Nq$$

式中：Q 为居民生活需水量；N 为人口数；q 为生活用水定额。

按上述方法计算得到菏泽市 2010 年和 2020 年的生活需水量。由此可知,随着经济的发展,城镇和农村人口用水需求增加,在未考虑节水的前提下,2020 年城镇和农村生活需水定额较 2010 年均有增加,城镇需水定额从 115 L/(人·d)增长为 125 L/(人·d),农村需水定额从 70 L/(人·d)增长为 90 L/(人·d),全市生活需水量从 28 391.94 万 m^3 增长为 36 431.17 万 m^3,增加了 28.3%。

2.2　生产需水预测

2.2.1　第一产业需水量

第一产业需水量包括农田灌溉需水量和林牧渔业需水量。

农田灌溉需水量主要取决于来水情况、灌溉工程的节水水平、种植结构,以及用水管理水平、用水水价。菏泽市林牧渔业需水包括林果地灌溉、草场灌溉、鱼塘补水和牲畜用水。牲畜用水采用定额法推算,分大、小牲畜分别计算。鱼塘补水需水量主要根据养殖面积和用水定额计算。以《菏泽市水资源综合规划》和《菏泽市节水型社会建设"十二五"规划》中的有关数据为基础,参考 2010 年菏泽市水资源公报的实际用水指标确定各相关参数。

经计算,2010 年各县市区水田的灌溉定额均大于 580 m^3/亩,水浇地的灌溉定额均大于 245 m^3/亩,菜田的灌溉定额均大于 385 m^3/亩。参考《菏泽市水资源综合规划》,考虑到节水措施的改进,2020 年农田灌溉定额小于 2010 年的灌溉定额,各县市区不同类型的农田,其灌溉定额减小幅度不同,其中水田、水浇地和菜田灌溉定额分别减小了 70 ~ 78 m^3/亩、40 ~ 46 m^3/亩、52 ~ 56 m^3/亩。

2010 年全市大部分县市区林果地、草场灌溉定额、鱼塘补水需水定额分别为 125 m^3/亩、87 m^3/亩和 1 010 m^3/亩。随着节水意识的增强和节水技术的提高,2020 年的需水定额均有所减小,林果地、草场灌溉定额、鱼塘补水需水定额分别减小了 8 m^3/亩、6 m^3/亩和 64 m^3/亩,其中单县林果地、草场灌溉定额、鱼塘补水需水定额小于其他县市区的需水定额;东明县和甄城县的鱼塘补水需水定额要小于其他县市区;郓城县的鱼塘补水需水定额也较小。2010 年和 2020 年牲畜需水定额相同,大、小牲畜需水定额分别为 35 L/(日·头)和 15 L/(日·头)。

由以上数据可得菏泽市第一产业需水量,由此可知,2020 年的第一产业需水量较 2010 年增加了 1 403.63万 m^3。2020 年农田灌溉需水量较 2010 年有所减小,而林牧渔业需水量略有增加。这是由于尽管菜田面积有小幅度增加,但其灌溉面积变化不大,而农田灌溉需水定额减小,使得 2020 年农田灌溉需水量有所减小;尽管林牧渔业的需水定额有所减小,但林果地、草场灌溉面、鱼塘补水面积,以及大、小牲畜的数量增加幅度较大,因而 2020 年林牧渔业需水量略有增加。

2.2.2　第二产业需水量

第二产业需水量包括工业需水量和建筑业需水量。本次计算中把工业需水和建筑业需水综合考虑。结合《菏泽市水资源综合规划》和菏泽市水资源公报确定 2010 年和 2020 年全市各县市区的第二产业需水定额及 2020 年第二产业产值。

结果表明,全市各县市区的第二产业产值和需水定额不同,这主要取决于各自的经济发展水平和节水水平不同。2020 年的需水定额小于 2010 年的需水定额,但因其产值增长的幅度较大,所以 2020 年需水量有所增加,2020 年全市第二产业需水量为 25 899.32 万 m^3,较 2010 年的 20 196.01 万 m^3 增长 28.2%。

2.2.3　第三产业需水量

第三产业需水量包括商饮业需水量和服务业需水量。菏泽市第三产业发展速度较快,用水需求增加,随着产业技术的进步、生产效率和服务水平的提高,第三产业需水定额会有较大幅度的减小。结合《菏泽市水资源综合规划》和《菏泽市水资源公报》确定 2010 年和 2020 年全市各县市区的第三产业需水定额及 2020 年第三产业的产值。

结果表明,全市各县市区 2020 年的第三产业需水定额均小于 2010 年的需水定额,但因产值增长的幅度相对较大,所以 2020 年需水量较 2010 年有所增加,2020 年全市第三产业需水量为 2 336.86 万 m^3,较 2010 年的 2 041.38 万 m^3 增长 14.5%。

2.2.4 生产需水总量

菏泽市各县市区现状水平年(2010 年)和近期规划水平年(2020 年)的生产需水量见表 1、表 2。从中可知,全市各县市区 2020 年的生产需水量普遍大于 2010 年的生产需水量,但各县市区的增幅不同,其中单县的增长幅度最大,达 2 025.09 万 m^3。2020 年全市生产需水量为 213 363.2 万 m^3,较 2010 年的 205 960.7 万 m^3增加 3.6%。

表 1　2010 年菏泽市生产需水量

行政区	2010 年(m^3/万元)			合计(万 m^3)
	第一产业需水	第二产业需水	第三产业需水	
牡丹区	9 597.51	4 021.67	644.77	14 263.95
开发区	15 254.53	632.43	110.00	15 996.96
单县	15 896.00	2 594.76	225.89	18 716.65
曹县	31 303.93	2 301.84	198.22	33 803.99
成武县	24 875.22	1 552.28	125.73	26 553.23
定陶县	16 946.19	1 049.89	102.69	18 098.77
郓城县	16 051.06	2 828.28	204.44	19 083.78
甄城县	12 377.98	1 336.56	138.38	13 852.92
巨野县	26 087.72	1 868.11	163.44	28 119.27
东明县	15 333.21	2 010.19	127.82	17 471.22
合计	183 723.35	20 196.01	2 041.38	205 960.7

表 2　2020 年菏泽市生产需水量

行政区	2020 年(m^3/万元)			合计(万 m^3)
	第一产业需水	第二产业需水	第三产业需水	
牡丹区	9 207.24	4 399.07	703.38	14 309.69
开发区	16 058.89	646.67	200.00	16 905.56
单县	16 641.35	3 853.97	246.42	20 741.74
曹县	30 526.57	2 695.86	216.24	33 438.67
成武县	26 263.78	2 042.45	182.88	28 489.11
定陶县	18 985.47	1 366.34	112.02	20 463.83
郓城县	17 201.06	3 619.80	215.80	21 036.66
甄城县	12 720.77	2 075.75	150.96	14 947.48
巨野县	25 888.54	2 348.91	169.72	28 407.17
东明县	16 633.31	2 850.50	139.44	19 623.25
合计	185 126.98	25 899.32	2 336.86	213 363.2

2.3 生态需水预测

生态环境需水是指为维持生态与环境功能和进行生态环境建设所需要的最小需水量,是特定区域内生态需水的总称,包括生物体自身的需水和生物体赖以生存的环境需水。因为用水总量控制指标中已把河道内生态环境需水量扣除,所以本次生态环境需水仅按河道外生态环境需水进行计算,一般指城镇公共绿地及环境卫生用水等。

河道外生态环境需水指保护、修复或建设给定区域的生态环境需要人为补充的水量,分为城镇生态环境需水和农村生态环境需水。城镇生态环境需水量指为保持城镇良好的生态环境所需要的水量，主要包括城镇绿地建设需水量、城镇河湖补水量和城镇环境卫生需水量。农村生态环境需水包括湖泊和沼泽湿地生态环境补水、林草植被建设需水和地下水回灌补水等。各项的需水定额均依据《菏泽市水资源综合规划》和《菏泽市水资源公报》来确定。

2010 年和 2020 年菏泽市河道外生态环境各项需水定额保持不变，2020 年的城镇绿化、河湖补水、环境卫生面积较 2010 年均有所增加，城镇生态环境需水增加 23.5%。农村生态环境需水量从 2010 年的295.18 万 m^3增长为 2020 年的 395.47 万 m^3，增加了 34.0%。全市 2020 年的生态环境需水量较 2010 年的生态环境需水量增加了 27.2%。全市各县市区 2020 年的生态环境需水量较 2010 年均有不同程度的增加。

2.4　需水总量

菏泽市需水总量包括生活需水量、生产需水量和生态环境需水量。2010 年和 2020 年需水量如表 3 和表 4 所示。2020 年全市的生活、生产和生态环境需水量相比于 2010 年均有所增加，但增长率不同。较 2010 年，2020 年的生活需水量、生产需水量和生态环境需水量分别增长 28.3%、3.6% 和 27.2%，全市总的需水量从 2010 年的 23.52 亿 m^3增长为 2020 年的 25.09 亿 m^3，增加了 6.68%。

表 3　2010 年菏泽市需水总量　（单位：万 m^3）

行政区	需水量			合计
	生活	生产	生态环境	
牡丹区	5 085.36	14 263.95	16.80	19 366.11
开发区	547.50	15 996.96	52.41	16 596.87
单县	3 524.94	18 716.65	260.35	22 501.94
曹县	4 342.92	33 803.99	78.84	38 225.75
成武县	1 949.99	26 553.23	45.04	28 548.26
定陶县	1 912.98	18 098.77	54.18	20 065.93
郓城县	3 392.13	19 083.78	98.73	22 574.64
甄城县	2 380.72	13 852.92	89.91	16 323.55
巨野县	2 982.14	28 119.27	66.08	31 167.49
东明县	2 273.26	17 471.22	67.00	19 811.48
合计	28 391.94	205 960.70	831.48	235 184.12

表 4　2020 年菏泽市需水总量　（单位：万 m^3）

行政区	需水量			合计
	生活	生产	生态环境	
牡丹区	6 241.21	14 309.69	21.29	20 572.19
开发区	620.50	16 905.56	76.43	17 602.49
单县	4 552.10	20 741.74	339.29	25 633.13
曹县	5 681.28	33 438.67	89.74	39 209.69
成武县	2 535.11	28 489.11	62.2	31 086.42
定陶县	2 481.69	20 463.83	69.84	23 015.36
郓城县	4 407.02	21 036.66	121.41	25 565.09
甄城县	3 124.91	14 947.48	113.33	18 185.72
巨野县	3 820.62	28 407.17	81.29	32 309.08
东明县	2 966.73	19 623.25	82.74	22 672.72
合计	36 431.17	213 363.20	1 057.56	250 851.93

3　供需平衡分析

2020 年菏泽市缺水量见表 5。

表 5　2020 年菏泽市缺水量　　（单位：万 m^3）

行政区	2020 年需水量	2010 年供水量	缺水量（需水量 - 供水量）
牡丹区	20 572.19	19 366.11	1 206.08
开发区	17 602.49	16 596.87	1 005.62
单县	25 633.13	22 501.94	3 131.19
曹县	39 209.69	38 225.75	983.94
成武县	31 086.42	28 548.26	2 538.16
定陶县	23 015.36	20 065.93	2 949.43
郓城县	25 565.09	22 574.64	2 990.45
甄城县	18 185.72	16 323.55	1 862.17
巨野县	32 309.08	31 167.49	1 141.59
东明县	22 672.72	19 811.48	2 861.24
合计	255 851.93	235 184.12	20 669.87

综上所述，依据现状年菏泽市各区县 2010 年的供水量，和对菏泽市各区县 2020 年进行合理的需水预测，不难得出随着人口增长、经济增加、产业扩大，至 2020 年菏泽市的缺水量约为 2.07 亿 m^3。

4　结论与建议

菏泽市当地水资源总量少，要解决水资源对经济、社会发展的“瓶颈”作用，要用足用好黄河水和长江水等客水资源，要坚持科学发展观，大力开发地表水资源，同时要加强水资源的优化配置，最大程度地发挥水资源的效益。

（1）健全水资源管理体制，提高执法力度。菏泽市政府部门要依法建立权威、高效、集中、统一的水资源管理体制，对城市用水和农村用水、地表水和地下水、客水和当地水，使有限的水资源发挥最大效益。

（2）大力加强节约用水。采取行政、法律、经济、技术和宣传教育等综合手段，在不断增强全社会节水意识的同时，发展节水型工业、节水型农业、节水型服务业，全面建立节水型社会。

（3）加快平原水库建设。对列入规划的魏楼、刘楼、戴老家、菜园集 4 座中型水库进行建设，同时做好杨庄集、韩铺、巨城、八里湾等 10 座平原水库的除险加固工程，实现水资源保有量的持续增加，解决菏泽市工程蓄水严重不足问题。

（4）制订切实可行的供水调度方案。各类水源按照用足用好黄河水、积极调引长江水、尽量利用地表水、加大非常规水源的利用、适当开采地下水、严禁超采深层水的供水原则，根据不同供水年份的水源情况和用水年份的需水要求，制订切实可行的调度方案和供水计划。

（5）坚持科学发展观，确定用水时序。对各用水户，按照首先保证城乡生活用水、满足工业水、农业节约用水、兼顾生态用水的原则，科学确定生活、生产、生态的用水规模和时序。水资源的优化配置增加了有效供水，改善了供用水结构，实现了水资源的可持续利用，支持经济社会的可持续发展。

参考文献

[1] 邓坤，张璇，等. 多目标规划法在南四湖流域水资源优化配置中的应用[J]. 水科学与工程技术，2010(5)：11-15.
[2] 刘红玲，韩美，等. 关于济南市水资源优化配置的初步探讨[J]. 菏泽学院学报，2006，28(5)：125-128.

[3] 桂发亮.萍乡市水资源优化配置研究[J]. 南昌理工学院学报,2012,31(1):74-78.
[4] 冯庆彬,孟昭强.浅析南四湖流域主要工程地质、环境地质问题[J].山东水利,2002(1):41-47.
[5] 赵莉莉,彭慧.浅议水资源优化配置[J].海河水利,2007(6):11-12.
[6] 党水平,郭玉山,等.山东省菏泽市水资源优化配置研究[J].治淮,2005(11):10-11.

作者简介:赵晓旭,男,1984年1月生,助理工程师,现从事水资源调查评价相关工作。E-mail:xiaozhaoyun2002@163.cn.

第 4 篇　水利改革与能力建设专题

江宁区农田水利设施产权制度改革和创新运行管护机制的实践与思考

郑卫东　林　洁　章二子

（南京市江宁区水务局　江苏南京　211112）

摘　要:农田水利设施是整个水利工程体系的“神经末梢”和“毛细血管”,在防汛防旱、城乡供、排水等方面发挥着重要作用,为农村经济社会发展提供着重要支撑和保障。近年来,江宁农田水利设施年久失修损毁的事件时有发生,部分设施面临着“有人用、无人管、无钱修”的尴尬境地。推行农田水利设施产权制度改革和创新运行管护机制工作势在必行。江宁区为江苏省农田水利设施产权制度改革和创新运行管护机制试点县。通过本次农田水利工程产权制度改革,带动农村水利全方位的管护机制落实,方案实施后,落实了管理主体,明确了管理责任,强化了工程管理,提高了工程经济寿命,促进了工程良性运行,小型水利工程面貌有了明显改观。

关键词:农田水利设施　产权制度改革　运行管护机制

1　项目背景

江宁区位于江苏省西南部,境内有秦淮河、长江、石臼湖三大水系,土地总面积1 558 km^2。全区总耕地面积81.34万亩,有效灌溉面积达到80.5万亩,节水灌溉面积54万亩,高效节水灌溉面积21.78万亩。经过60多年的努力,全区共建各类小型水利工程34 760处。这些工程,成为农业增产、农民增收、农村发展的重要基础设施。但是由于受客观条件制约,农田水利设施产权不明晰、管护主体、责任和经费不落实等问题仍未得到有效解决,作为整个水利工程体系的“神经末梢”和“毛细血管”的农田水利设施仍是农业发展的短板,迫切需要深化改革,创新建设和管理体制机制。自2015年7月,江宁区被确定为省级农田水利设施产权制度改革和创新运行管护机制试点县(区)以来,江宁区精心组织,科学谋划,试点引领,扎实推进改革,目前改革任务已基本完成,改革成效初显。

2　主要做法和成效

2.1　主要做法

2.1.1　强化组织领导,营造改革氛围,保障改革开展

2015年底,江宁区政府办印发了《江宁区农田水利设施产权制度改革和创新运行管护机制实施方案》(江宁政办发〔2015〕193号),成立了改革工作领导小组,由区长任组长,分管区长任副组长,由区水务局牵头,具体负责改革领导小组办公室的日常工作,并把本次改革工作列入区政府2016年度市级以上重要改革任务之一,纳入政府年度目标考核,并分解落实部门和街道的主体责任,统筹协调建立定期困难问题会商制度。区水务局也及时成立了相应的工作领导小组和专门的工作班子,于2016年1月出台了《关于加快推进农田水利设施产权制度改革和创新运行管护机制省级试点工作的意见》(江宁水改字〔2016〕1号),明确主要领导亲自负责,分管领导具体抓落实。各街道作为改革实施的责任主体,也于2016年4月前都成立了相应领导机构和工作班子,确保改革工作在区委改革办的统一领导和监督下,有条不紊地开展。

充分发挥政府主导作用,区领导小组连续多次召开部署会议和工作推进会,共发改革文件7个,为改革“保驾护航”,提供政策和技术保障。区水务局作为牵头实施部门和技术指导部门,负责编印了12种培训材料,并起草了《致农民朋友的一封信》和《致农民用水户的一封信》,分发到基层一线工作人员

和广大农民群众、用水户手中,确保改革声音传递到改革的每个角落。此外,区水务局和各街道水利站还充分利用报纸、广播、电视、网络等新闻媒体平台以及简报和室外悬挂横幅、书写标语、竖立宣传牌等多种形式,广泛宣传改革工作的重要意义、政策法规依据、措施方案,并及时总结推广试点典型经验,主动接受社会监督,为本次改革努力营造真抓实干的舆论环境和凝心聚力的社会氛围。

2.1.2　多方学习调研,精心组织谋划,科学制订实施方案

为制订出既符合本次改革要求,又切合江宁实际、可操作性强的实施方案,区水务局组织相关人员到靖江、洪泽、高淳等改革先行区县调研取经,通过现场察看交流、座谈讨论、观看宣传片、走访受益户等多种形式,查找差距、思考对策;并在广泛听取改革相关各方意见和诉求的基础上,起草了《江宁区农田水利设施产权制度改革和创新运行管护机制实施方案(送审稿)》,在草案送批前,还多次征求领导小组成员部门的合理意见,并送区法制办、改革办合法合规性审查。另外,我们还联合河海大学开展了一系列课题研究,完成了《江宁区农田水利工程管理制度研究》《江宁区农村小型水利工程管理体制改革研究》以及《江宁区农业水价综合改革研究》3 个课题,为改革奠定了坚实的理论基础。

围绕农田水利设施"产权明晰、权责落实、经费保障、管用得当、持续发展"的改革总目标和核心要求,江宁区实事求是地确定了本次改革任务,即完成 6 项任务,达 14 个预期效果。具体讲,就是要"找准三种人,实现四种模式"。改革重点是:通过改革,使农田水利工程"有人建,有人管,有钱管,管用得当"。方案得到及时批复后,江宁区水务局又对加快推进实施方案的落实提出了指导意见,对改革任务、责任和时限进行了详细分配。

2.1.3　全面调查摸底,强化典型引领和考核奖惩,扎实完成改革任务

结合江宁区农田水利设施建设和管理的现状,区水务局积极组织集中培训和人员力量全面调查摸底、整理筛选、分类汇总农田水利工程建管情况,确保全区 3 万余处小型水利工程都在计划时间内完成了建档和信息系统建设,使所有权归属和管辖权明确。

为了厘清思路、准确把握改革重点和突破口,我们强化了典型示范和引领作用,把本次改革任务紧紧同各街道农田水利工程建设与管理的现状相结合,因地制宜打造有区域特色的亮点和典型,为全区小型水利工程管理水平的提高和改革任务的完成做出了有益的试点探索。江宁街道结合小型水库管护的成功经验,强化村庄河塘、蓄水塘坝的达标管理试点和示范;湖熟街道结合农田重点片区建设和管理的成果,并结合水利工程维修养护项目的实施和专业化、市场化维修养护机制的探索,提炼经验,形成模式,供本区其他圩区片学习、借鉴;横溪街道结合自身有山有圩,以丘陵山区为主的区域特色,发挥统筹兼顾的成功示范作用。另外,区局直属水管单位深化内部管理改革、真正实行社会化、市场化、规范化专业维修养护机制试点,也为小农水项目管理改革总结制定了项目管理规范和流程等。

为确保改革的成效,区委区政府建立了改革绩效考核奖惩机制,实行平时督察和年度考核评比制度相结合的管理,本次改革是区委区政府 2016 年度市级以上 17 件改革重点任务之一,区改革办进行跟踪督察,同时结合"河长制""美丽乡村"和"黑臭河道整治""两减六治三提升"等环境检查考核要求,将日常检查考核制度化、常态化、精细化,做到月月报进度,季季有检查,年终综合评比。对考核结果实行奖优罚劣,直接同政府绩效、项目资金和管护经费挂钩,并通报批评,限期整改。

2.2　主要成效

2.2.1　产权有归属

通过本次改革,首先摸清了家底,建立了小型农田水利工程普查登记电子台账和信息系统;其次,理清了产权、事权划分事宜,明晰了各类工程归属和管理事权,为管理责任落实奠定了坚实基础。

我区本次改革范围涉及的各类农田水利设施共有 34 653 处,其中区政府发放工程所有权证 1 522 份,街道同社区签订产权协议书 158 份,并按照《南京市江宁区农田水利设施产权制度改革实施办法(试行)》的要求,严格做好产权区级确权登记、产权移交和责任转移管理等工作。各街道在街道网站、社区公示栏分别对产权调查划分情况进行了 7 天公示,并举行仪式进行所有权证移交、签订移交协议,同时建立了区、街道、社区三级农水工程管护名录,全区农村泵站都悬挂了产权公示牌。签订了区局同街道水利站、水利站同社区、社区同管护公司以及用水户协会、专业合作社或管护人员的各类管护责任

状或协议书180份左右。区财政发挥主导作用,在2015年度落实850万元区级以上农水管护经费的基础上,2016年度增加到1 630万元,确保每亩农田管护经费20元左右,超过省规定的15元/亩的标准。改革实现了找准产权人、出资人、管护人"三种人"的目标,并形成了各司其职,管护工作不再扯皮、推诿的良性局面。

2.2.2 管理有载体

通过改革,建立健全了江宁区基层水利服务组织。江宁区156个涉农社区均有了自己的村级水管员,具体管理社区涉水事务,承担政府与基层农户、用水户的联系纽带作用。截止目前,全区9个中型灌区均在民政注册成立了用水户协会,谷里街道全部11个社区,横溪、禄口、秣陵、湖熟、汤山等街道部分社区也在工商局注册成立了农民用水专业合作社,注册率达到56%。为鼓励和支持农民用水合作组织大力发展、规范化运作,搭建好农业供水、用水、管水的民主决策、自主运营、规范管理的节水平台或载体,江宁区水利、财政还联合出台了《关于鼓励和支持农民用水合作组织规范建设和创新发展的奖补办法(试行)》。对符合本办法要求的单位进行经济奖补,每个4万元。目前,江宁区专业合作社的建立呈现蓬勃发展的势头,另外,江宁区现有各类小型水利工程专业管护公司15个,基本实现了农水工程管护专群结合的目标。

2.2.3 运行有机制

通过区和街道两级的共同努力,以政府绩效考核为基本依据的农田水利工程建设和管理的政策性文件密集出台。在改革项目实施方面,区级出台了《南京市江宁区农田水利工程建设项目管理办法(试行)》《南京市江宁区小型农田水利设施建设和水土保持重点建设工程补助专项资金管理办法(试行)》和《南京市江宁区农田水利设施产权制度改革实施办法(试行)》。

在改革创新运行管护模式方面,区级出台了《南京市江宁区小型水利工程管理考核办法(试行)》《南京市江宁区小型水利工程管理资金管理办法(试行)》《南京市江宁区农村水利工程管理养护资金管理办法》《南京市江宁区小型农田水利工程管理办法(修订)》和《江宁区村级水管员选聘和管理考核办法(试行)》《关于鼓励和支持农民用水合作组织规范建设和创新发展的奖补办法(试行)》以及《江宁区农业用水价格核定管理试行办法》等。同时,各街道也出台了相应或更加详细的改革配套实施细则,如湖熟街道有《湖熟街道水利工程管理考核实施细则(试行)》《湖熟街道水利工程管理资金管理实施细则(试行)》《湖熟街道堤防长效管护考核办法(试行)》《湖熟街道机电排灌设施长效管护考核办法(试行)》《湖熟街道小型农田水利田间工程管护考核办法(试行)》《湖熟街道村级水管员选聘和管理考核办法(试行)》等。另外,针对灌区用水户协会和用水专业合作社也建立了系统的管理制度,有《用水户协会章程》《用水户协会工程管理制度》《用水户协会灌溉管理制度》《用水户协会水费征收、使用管理制度》《用水户协会奖惩管理办法》等。

这些制度的建立健全,为改革起到了"保驾护航"和政策先行的作用,是政府发挥改革主导作用的重要体现,也是管护长效运行机制建立的重要条件。

2.2.4 工程有效益

不论是工程建设还是管理,稳定的经费投入是工程效益发挥的关键。小型农田水利工程公益性的特点,决定了无论是建设还是管护必须以各级财政资金投入为主导,通过改革,江宁区无论是区级水利建设配比资金到位,还是管护资金财政支出额度都有了大幅提高。

因地制宜,不搞"一刀切",目前实行的四种管护模式,即社区片长模式、管养分离模式、委托管理模式和农业专业服务队管理模式,是在确保农村小型水利工程安全和效益充分发挥的前提下,充分尊重当地成功的经验和农民的意愿,实行民主决策,自主选定的模式,因此成效较明显,地方愿意改革。

改革还鼓励和支持农民用水合作组织和村级水管员等基层水利服务组织的能力建设,大大地调动了基层和农民用水户参与农田水利工程建管体制机制改革的积极性和主动性,并为下一步农业水价综合改革奠定了坚实基础。另外,借助中央统筹资金农田水利维修养护项目的实施全面探索政府购买服务的改革试点内容,以管养分离模式实施项目管理,通过项目负责制、工程监理制、开工备案制和完工、竣工验收制加强监督和管理,确保了工程实施质量和效益的发挥,并带动全区注册成立了15家水利工程养护公司，提升了江宁区小型水利工程管护的整体水平，基本实现了农田水利工程"有人建、有人管、有钱管、管用得当"的目标。

3 存在的问题和相应的对策措施

3.1 检查考核和奖补制度有待改善

农田水利设施产权明晰和移交改革，使每个农水工程都有"户主"和"家长责任"。但目前还存在责任主体(或"家长")不能正确履职或没能力履职的问题。我们需从监督和主管部门入手，一方面加强检查和监督及指导力度，科学制定考核体系和奖补办法，以真抓实查、责任追究为突破口；另一方面，分清情况，区别对待，对确实没有能力履职的扶一把，在资金补助上重点支持。同时，我们要加强区级以上管护资金的科学分配和财务审计，实行"因素分配法"和引入第三方审计，实行经费集中支付到施工单位或打卡到人，把好财政管护资金的合理分配、专款专用关口。

3.2 管护经费递增机制有待落实

通过改革，江宁区农水管护经费有了大幅提高，这是保证本次改革成功的一大关键因素。但是改革验收过后，经费的递增机制能否得到及时落实，以及街道、社区投入能否跟上，还需进一步明确，完善制度建设和有待督察部门、上一级主管部门的监督和协调，使投入的递增机制不折不扣地实现，跟上社会经济发展的步伐。

3.3 基层水利服务组织能力建设有待加强

街道水利站、水利工程养护公司、用水户协会、农民用水专业合作社、抗旱排涝专业服务队以及村级水管员组成了江宁区基层水利服务组织体系，基本建立了专管和群管相结合的管理架构，但目前，组织体系还不完善、发挥的效益还不明显，管理的制度体系还不健全，经费保障的渠道还不够畅通，生存的能力还很差等问题，已直接影响服务组织的作用发挥。政府主导、出台鼓励和扶持政策将改革进一步深化等，是基层水利服务组织建设的一项长期任务，也是下一步水价综合改革需解决的重点任务之一。

3.4 深化改革有待务实创新

要克服不讲实际、不讲实效、"一刀切""死板硬套"的做法，一方面要实事求是，因地制宜，坚持问题导向、需求导向、效果导向；另一方面，改革步入深水区，要迎难而上，主要领导抓改革，做好改革要啃硬骨头、改革争在朝夕、落实在方寸的思想准备。同时，切实解决好部门间协作，形成合力。确保改革不断深化，改出决心和信心。

4 结语

本研究主要是在实践基础上的总结，以及对今后工作的思考，其长效性及实际效果还需在今后的实际工作中进一步检验。

作者简介：郑卫东，男，1966 年生，高级工程师，主要从事水利工程管理和改革研究、水土保持监督管理方面的工作。

E-mail：3069891566@ qq. com.

浅议内在薪酬在水利基层事业单位的应用

刘　芳

（淮河水利委员会通信总站　安徽蚌埠　233001）

摘　要：内在薪酬指员工直接从组织劳动或工作过程本身所获得的好处，与外在薪酬互为补充、共同发挥激励作用。长期以来，水利基层事业单位一直将外在薪酬作为主要激励手段，存有外在薪酬水平不高、内在薪酬开发不足、薪酬激励功能较弱的问题。要强化基层单位薪酬的激励功能，从外在薪酬着手，空间小、难度大，内在薪酬为优先选择。内在薪酬中的工作价值是最直接、最重要的激励因素，其设计项目符合基层单位员工的需求层次，其低成本、多元化等特征也符合基层单位实际，在基层单位开发应用内在薪酬具备现实可行性。基层单位可通过工作丰富化、任务完整化等措施，提高工作的内涵性、主体性、职业性和社会性意义，进行工作价值的设计；可通过构建以人为本、和谐宽松的组织环境，进行工作条件的设计；可通过强化沟通、引导，努力实现内外薪酬的平衡。因此，在水利基层事业单位开发应用内在薪酬，具有必要性、可行性和可操作性，内在薪酬适合在水利基层事业单位推广应用。

关键词：内在薪酬　水利基层事业单位　应用　激励

1　引言

薪酬是员工向所供职的组织提供劳务而获得的各种形式的酬劳。在现代社会组织中，薪酬概念寓意丰富。按照最广义的理解，凡是员工从组织中得到的一切收益性要素，包括直接的和间接的、内在的和外在的、货币的和非货币的，所有形态的正面报偿都属于薪酬范畴。在广义薪酬中，外在薪酬是传统薪酬管理的主要内容，指员工从组织劳动或工作以外所获得的货币和物质性报酬，如组织支付给员工的工资、奖金、津贴、福利等各种形式的收入。内在薪酬则是指员工从组织劳动或工作过程本身所获得的心理收入，如基于工作内在的激励性特征而获得的满足感、成就感，由工作潜在的隐含性条件带来的舒适感、自豪感等。内在薪酬主要分为两类，一类为由工作价值激发而来的心理收入，为内在的直接薪酬；另一类是从工作条件中获得的心理收入，为内在的间接薪酬。内在薪酬与外在薪酬在激励方面各自具有不同的功能，并与外在薪酬互为补充，必不可少。但在目前绝大多数社会组织的薪酬管理实践中，内在薪酬的应用却远不如外在薪酬广泛。

2　水利基层事业单位薪酬管理现状及存在的问题

2.1　水利基层事业单位薪酬管理现状

同绝大多数社会组织一样，水利基层事业单位一直将外在薪酬作为主要激励手段，内在薪酬虽然广泛存在，但长期缺乏系统管理。水利基层事业单位的外在薪酬主要有工资性收入和福利两大类，其中工资性收入包含岗位工资、薪级工资、绩效工资和津贴补贴四项内容，福利则包含法定的五险一金、带薪休假，以及工会方面的慰问、休养、奖励等。水利基层事业单位的内在薪酬，主要体现在工作条件和工作价值两方面，近年来很多基层单位在改善工作环境、推行民主决策方面下了不少功夫，通过提高工作舒适度和员工自主性，在实质上增加了员工的心理收入。

2.2　水利基层事业单位薪酬管理存在的问题

2.2.1　外在薪酬竞争力较弱

水利基层事业单位的外在薪酬水平不高，相较于其他行业、企业，缺乏竞争力。首先，外在薪酬中的岗位和薪级工资近年来虽随政策标准上调在不断增长，但由于基层单位高级岗位少，其员工增长后的基本工资也并不高；其次，外在薪酬中的绩效工资因单位分类不同，有不高于公务员绩效水平一倍或两倍的总量限制，但是在一些基层单位，由于财政支持有限、创收能力不足，欲发足总量水平尚存有资金缺口；最后，是外在薪酬中的福利，由于近年来工会和福利费管理的日渐规范，项目精简、数额限定的福利支出，也并不能为基层单位的薪酬增加吸引力。

2.2.2 内在薪酬开发不足

水利基层事业单位的内在薪酬，在环境、设施、交通等方面存在着天然不足，但并非无一利处。水利基层事业单位内在薪酬的主要问题在于开发不足。很多基层单位长期以来单纯依靠外在薪酬的激励作用，对内在薪酬缺乏系统认知，忽视了内在薪酬的客观存在及其所发挥的重要作用。一些单位即使有内在薪酬的管理活动，也大都未将其纳入薪酬层面进行系统管理，规范化、制度化程度不高，内在薪酬管理尚处于起步阶段。在改善工作条件、提高工作的舒适度之外，在深挖工作价值、提高工作意义上下功夫，基层单位尚有较大的可为空间。

2.2.3 薪酬的激励功能不足

薪酬的激励功能不足，主要由以下三方面原因引起：一是水利基层事业单位普遍存在固定薪酬比例偏高、可变薪酬比例偏低的问题。在水利基层事业单位，岗位工资、薪级工资、津贴补贴皆由国家或地方标准统一规定。绩效工资中体现地区差异、物价水平、岗位职责的基础性绩效工资，也由基层单位的上级主管部门具体确定。唯有仅占绩效工资总量40%左右的奖励性绩效工资可由事业单位根据绩效考核结果自行分配，但很多基层单位却因简化考核、维护稳定等种种原因，将其中的绝大部分也变成了固定薪酬，无法体现绩效、实现激励。二是基层单位员工间的薪酬差异主要挂钩于岗位和职位，但基层单位高级岗位和高级职位本就稀少，在岗位和职位晋升上还普遍存在“只上不下”或“难上难下”的现象，这便使得后进者难以通过岗位或职位晋升实现薪资增长，更无法通过薪资增长预期实现有效激励。三是水利基层事业单位的薪酬体系鲜少考虑个体差异，在单纯依靠外在薪酬满足了员工的生理和安全需求后，未能就员工的社交、尊重和自我实现需求进行薪酬方面的深度开发，也未能结合薪酬期望进行薪酬设计以提高薪酬满意度。

3 内在薪酬在水利基层事业单位应用的必要性分析

水利基层事业单位现有薪酬体系的激励功能不足，加之基层单位大多身处小城镇、单位层级低、工作条件差、发展前景有限，近年来，人员流失现象在基层单位时有发生。提高基层单位薪酬的激励水平，对于基层单位的人员稳定大有裨益，也能够起到搞活氛围、提高员工积极性、提高单位整体绩效的作用，在事业单位改革不断深入推进的背景下，不断提高单位的公益服务水平。

要提高基层单位薪酬的激励水平，从外部薪酬着手，不仅空间有限而且难度较大。这一方面是由外部政策引起的，工资政策对岗位、薪级和津贴标准的规定，对绩效工资总量以及基础性绩效工资的规定，将基层单位外在薪酬设计的自主权限限定在绩效工资总量的40%左右，基层单位进行外部薪酬设计的空间极其有限。另一方面是考虑基层单位自身的财力状况，以及内部诸多的传统承袭和稳定的需要，在事业单位改革的很多配套措施并未完全到位或未完全明确的背景下，从外部薪酬着手去提高激励水平，其难度和风险都较大。

因此，强化内在薪酬在水利基层事业单位的开发应用，应当为现阶段提高基层单位薪酬激励水平的优先选择。

4 内在薪酬在水利基层事业单位应用的可行性分析

4.1 工作本身的内在价值是最直接、最重要的激励因素

从人类学及社会心理学意义上看，劳动创造了人本身，工作是人类实现自我价值和自我潜能的基本途径。美国组织行为学家弗雷德里克·赫兹伯格在1959年从3 000多个案例中总结提出双因素理论，将人们的工作动机区分为激励因素和保健因素，其中激励因素是能够使员工感到满意、且不会引起员工不满的因素，保健因素则是能够消除员工不满、却并不能使员工感到满意的因素。根据双因素理论对诸多因素的剖析和划分，对照内在薪酬和外在薪酬的概念，内在薪酬中的间接薪酬和外在薪酬中的固定薪

酬当为保健因素,外在薪酬中的可变薪酬需要根据其使用范围和量的不同再行细分,而内在薪酬中的直接薪酬当为激励因素。内在薪酬中的直接薪酬是由工作价值激发而来的心理收入,是通过工作本身和工作过程中人与人的关系得到的,能够使员工产生兴趣和热情,具有光荣感、责任心和成就感,可以充分激发出员工的工作积极性,是最直接和最重要的激励因素。

4.2　内在薪酬的设计项目符合水利基层事业单位的员工需求

美国心理学家亚伯拉罕·马斯洛在1943年提出需求层次理论,认为人类自低向高同时存在生理、安全、社交、尊重和自我实现这五种需求,一般来说,某一层次的需求相对满足后,追求更高一层次的需求就会成为驱使行为的动力,而已获得基本满足的需求对行为影响的程度将大大减小,不再能发挥激励作用。在水利基层事业单位,员工普遍拥有稳定的收入,并能维持中等及以上的生活水平,在生理和安全需求方面能得到较大保障。相形之下,基层单位员工对于社交、尊重和自我实现的需求则更为突出,更能影响员工的行为并发挥激励作用。而社交需求表现为对友谊、爱情以及隶属关系的需求;尊重需求包括对成就或自我价值的他人认可和自我认同;自我实现需求包括个人理想、抱负和潜能的发挥等。在内在薪酬的设计项目中,关于工作价值重要性、工作成就感、工作挑战性、工作群体凝聚性、职业生涯等诸多设计要点,恰恰契合了这三类需求,也契合了基层单位员工的行为驱动所在。

4.3　内在薪酬的自身特征符合水利基层事业单位的实际

内在薪酬的特点之一是财务支出成本小,除改善工作环境和工作设施需要一定支出外,在工作价值的设计上,其财务支出基本可为零,即使有支出也消耗极小,对于财力不丰的水利基层事业单位,应用内在薪酬提高激励水平不会存在成本压力。内在薪酬的特点之二是多元化,内在薪酬的设计项目较多,可根据员工不同需求、不同喜好选择不同项目进行具体设计,通过与职工的反复沟通进行量身打造,能够适应水利基层事业单位内不同人群对薪酬需求的差异。内在薪酬的特点之三是不可量性,内在薪酬的项目设计需要反复沟通,人性化的内在薪酬可以起到"四两拨千斤"的作用,而项目形式因人而异,其结果又是员工主观的心理收入,难以测量,可以在很大程度上避免员工因对比而产生的不公平感,适合基层单位长久形成的复杂环境,并维护单位稳定。

5　水利基层事业单位应用内在薪酬的具体措施

5.1　由工作价值设计提高内在直接薪酬水平

工作的内在激励性特征有四个层面的意义:一是内涵性意义,即对员工个体来说工作本身是否富有意义;二是主体性意义,即从事具体工作的员工能够发挥主观能动性的程度;三是职业性意义,即工作能够为员工提供的成长机会和职业空间大小;四是社会性意义,即工作给予员工的群体凝聚性和团队精神性。

具体到水利基层事业单位,要结合员工不同的需求特征,各有侧重地进行内在薪酬的组合设计,设计项目众多、设计方法灵活、可为空间较大。在内涵性意义方面,可将工作成果及其产生作用向员工进行直接反馈,提高员工对工作价值重要性的自我认定;对成长期员工可进行学习培训、轮岗锻炼,提高工作内容的丰富性,提升员工的工作兴趣;对骨干员工可赋予其全程参与工作任务并进行系统整合的权利,提高任务的完整性,激发员工的工作热情。在主体性意义方面,可在具体工作中多尊重员工的独立性、判断力和自由度,提高员工的决策自主性,调动员工的主观能动性;可设置具有一定难度,但并非遥不可及的工作目标,提高工作的挑战性,鼓励员工追求卓越、完成挑战,并赢得自尊、自豪;可加强工作过程中的经常性沟通,并对员工的工作成绩和日常进步及时认可,提高员工的成就感。在职业性意义方面,关注员工的自我目标、发展潜力和提升空间,通过持续进行职业生涯辅导、给予成长机会,帮助员工最大限度实现自己的职业生涯目标,增加其对单位使命的认同感和对单位的忠诚度。在社会性意义方面,通过明确组织目标,开展团队建设、文化建设,构筑单位内部的共同价值观,提高员工之间的相互认同度,提高群体凝聚力,赋予员工更深层次的安全感、自尊感和满足感。

5.2　由工作条件设计提高内在间接薪酬水平

内在间接薪酬,主要有组织环境、办公设施、交通通信、工作时间弹性、头衔尊严和荣誉等内容。在内在间接薪酬上,水利基层事业单位虽有着天然劣势,但近年来在交通通信、办公设施的改善上都有所进益。除办公条件外,基层单位还可在尊严和荣誉、组织环境等方面进行设计。尊重员工、赋予员工荣誉,不可停留在口头,也不可过于重视物质激励,要做到长期化、细微化,才能形成强大的精神激励。组织环境不同于工作环境,包括组织的文化氛围和组织内的人际关系,综合平衡员工需求与单位发展目标,打造以人为本、和谐宽松的组织环境,对提升员工工作满意度将有着潜移默化的重要影响。

5.3 做好内外薪酬的平衡设计

内在薪酬是非货币化且难以量化的,但是在现实中却有着可替代外在薪酬的作用。而外在薪酬如果能强化其信号功能,激发员工产生成就感、挑战感等内在的心理强化作用,也可以转化为内在薪酬,发挥激励效用。因此,内外薪酬设计还需进行综合平衡。一方面要注重与员工的沟通,给予员工参与薪酬设计的机会,在尊重和理解的基础上,深入了解员工的需求,以定制最符合员工需求的薪酬套餐。另一方面要做好薪酬激励的引导工作,在薪酬发放之后要做好沟通,引导员工对自己的薪酬进行正确归因,向员工传播薪酬制度的导向性,以产生预期的激励效果。

6 结论

综上所述,在水利基层事业单位开发应用内在薪酬,具有必要性、可行性和可操作性,内在薪酬适合在水利基层事业单位进行推广应用。

参考文献

[1] 李宝元. 人力资源管理学[M]. 北京:北京师范大学出版社,2008.
[2] 董北松. 传统薪酬与内在薪酬的对比分析[J]. 人力资源开发,2017(02).
[3] 李宝元,王长城. 现代组织薪酬管理学[M]. 北京:北京师范大学出版社,2012.
[4] 李晓琳,张西. 论内在薪酬的特点及其设计方案[J]. 经营与管理,2011,18(7):394-396.

作者简介:刘芳,女,1983 年 2 月生,经济师,主要从事管理工作。E-mail:liu_fang@ hrc. gov. cn.

浅议水行政执法中减轻行政处罚的法律适用

宋京鸿

（淮委沂沭泗水利管理局 江苏徐州 221018）

摘　要：水行政执法中正确适用法律对具有法定减轻情形的违法行为人减轻行政处罚，既是行政处罚公正性的需要，也是保护违法行为人合法权益的需要。但从执法实践看，水行政执法人员在认识上和实践中对减轻处罚的理解和执行尚存在偏差。本文结合工作实践，基于有关减轻行政处罚的法律规范，分析减轻行政处罚的法律适用问题，以期裨益于水行政处罚的理论和实践。

关键词：减轻行政处罚　水行政执法　适用

减轻行政处罚是指行政机关依法在行政处罚的法定最低限度以下适用处罚。在水行政执法中，办案人员对于减轻行政处罚往往存在“不敢用”和“随意用”两种情况，前者存在法定减轻情节而不适用减轻处罚，后者无法定减轻情节但减轻处罚。两种情况均源自于对减轻行政处罚规则和适用的理解有失偏颇。

案例：2015年7月，水行政执法人员在巡查中发现某处河道内出现新建砖混结构房屋三间，经执法人员调查，系村民王某在河道管理范围内建房，该行为妨碍行洪，违反了《中华人民共和国水法》第三十七条第二款“禁止在河道管理范围内建设妨碍行洪的建筑物、构筑物以及从事影响河势稳定、危害河岸堤防安全和其他妨碍河道行洪的活动”之规定。

对该行为人处以何种处罚，产生了以下不同意见。

第一种意见认为：为保障河道管理秩序，打击妨碍河道行洪的水事违法行为，根据《中华人民共和国水法》第六十五条第一款“限期拆除违法建筑物、构筑物……并处一万元以上十万元以下的罚款”之规定，应当限期拆除违法建筑物，并在一万元以上十万元以下的幅度内处以罚款。

第二种意见认为：王某在河道内建房实为看守果园用，当事人配合执法，且家庭经济状况困难，处以一万元以上罚款较重，当事人无力承担且难以执行，可以减轻处罚。

以上两种意见分歧的实质在于如何正确适用减轻行政处罚自由裁量权。本文从以下方面论述该问题。

1　减轻行政处罚的法律依据

1.1　减轻行政处罚的含义

《行政处罚法》第二十七条第一款规定：“当事人有下列情形之一的，应当依法从轻或者减轻行政处罚：（一）主动消除或者减轻违法行为危害后果的；（二）受他人胁迫有违法行为的；（三）配合行政机关查处违法行为有立功表现的；（四）其他依法从轻或者减轻行政处罚的。”《水行政处罚实施办法》第五条第一款同样做出以上规定。法律明确规定了四种“应当从轻或者减轻”的情形，意味着当事人具有以上四种情形之一的，水行政处罚机关可以自由裁量适用从轻处罚，也可以适用减轻处罚。

《行政处罚法》《水行政处罚实施办法》对如何“减轻处罚”及减轻的程度并未作出明确规定，但借鉴《刑法修正案（八）》的规定：“犯罪分子具有本法规定的减轻处罚情节的，应当在法定刑以下判处刑罚；本法规定有数个量刑幅度的，应当在法定量刑幅度的下一个量刑幅度内判处刑罚。”我们可以认为：行政处罚当事人具有法定的减轻处罚情节的，应当在法定最低限度以下适用处罚；法律规定有数个处罚幅度的，应当在法定处罚幅度的下一个处罚幅度内适用处罚。

1.2　减轻行政处罚的适用

具体而言，减轻行政处罚包含两种情形：一种是在该违法行为应当受到的处罚种类以外选择更轻的行政处罚种类进行处罚;另一种是在行政处罚所规定处罚幅度的最低限以下予以处罚。

水行政处罚的种类包括警告、罚款、吊销许可证、没收非法所得以及法律、法规规定的其他水行政处罚,按其性质可以分为申诫罚、财产罚、资格罚三类。警告作为一项申诫罚,无法减轻。没收非法所得和罚款虽均为财产罚,但没收是对非法所得的追缴,罚款是对合法财产施加处罚,两者之间不存在孰轻孰重之分,故没收非法所得不能改变为罚款,罚款也不能改变为没收非法所得,罚款可在法定处罚幅度之下予以减轻,没收则无法减轻。吊销许可证是剥夺行为人从事某项生产经营活动的权利,作为水行政处罚规定的唯一资格罚,无法减轻。

因此,水行政处罚中涉及的减轻处罚,仅存在处罚幅度的减轻一种情形,即在法定处罚幅度之下处以罚款(见表1)。如《中华人民共和国水法》第六十九条规定"未经批准擅自取水的行为,处二万元以上十万元以下的罚款;情节严重的,吊销其取水许可证。"对该法条规定的情节一般的取水行为实施减轻处罚,就是在二万元以下处以罚款;对该法条规定的情节严重的取水行为,吊销其取水许可证则无法减轻。

表1　水行政处罚减轻处罚方式

水行政处罚种类	减轻处罚方式
警告	无法减轻
吊销许可证	无法减轻
没收非法所得	无法减轻
罚款	法定幅度以下

1.3　对"其他依法从轻或者减轻行政处罚情形"的理解

《行政处罚法》和《水行政处罚实施办法》规定了主动消除或减轻危害后果的、受他人胁迫的、有立功表现的、其他依法从轻或减轻的四种情形应当从轻或减轻行政处罚。明确提出了三种适用情形,而将第四项"其他依法从轻或者减轻的"情形作为一个兜底条款。

对"其他依法从轻或者减轻的"理解,在执法工作中常有两种不同观点。一种观点认为:该条款未明确规定具体情节,只要是行政机关认为需要从轻、减轻行政处罚的,除前三项中明确的适用情节外的情节,均可表述为"其他依法从轻或者减轻"情节。另一种观点认为:该条款所指其他情节,是指除《行政处罚法》第二十七条第一款前三项中明确提出的三种适用情节外,其他法律中规定的应当从轻、减轻的情节。

笔者认同第二种观点,此处"依法"是依据其他法律的相关条款。从轻或者减轻行政处罚的情节不可能在《行政处罚法》中详尽罗列,其他特殊情节可由相应的部门法、下位法规定。所以,《行政处罚法》使用"其他情形"条款,与部门法、下位法建立了一个衔接。

因此,法律法规没有明文规定其他情形的,执法人员不能单独依据《行政处罚法》第二十七条第一款第四项行使行政处罚的自由裁量权。具体到水行政执法中,该条款必须与水事法律法规衔接使用,只有水事法律法规对其他何种情节可以从轻或者减轻处罚有明确规定,才可依据规定减轻处罚。

本文所述案例中,当事人王某"经济困难"并非立法所明示的减轻情节,行政机关不能依据该情节对当事人减轻处罚。但如果当事人主动采取措施消除或者减轻其违法行为危害后果,则具备《行政处罚法》第二十七条第一款第一项规定的应当依法从轻或者减轻行政处罚情节。

2　减轻行政处罚适用不当的表现与成因

2.1　减轻行政处罚适用不当的表现

减轻行政处罚是水行政处罚裁量的一项重要内容。在水行政处罚实践中,违法行为的差异和行政执法人员对减轻行政处罚认识上的偏差,往往导致减轻行政处罚适用不当。减轻行政处罚适用不当常见形式有以下三种:一是无法定减轻情节而减轻行政处罚。如在河道管理范围内建设妨碍行洪的建筑物、构筑物的行为,《中华人民共和国水法》第六十五条第一款规定“并处一万元以上十万元以下的罚款”,在其无任何法定减轻情节的情况下,低于 10 000 元最低限,处 5 000 元的罚款。二是违法行为人具有法定减轻情节,但水行政执法部门却未依法对其减轻行政处罚。如行为人主动消除或减轻危害后果的,未考虑其减轻情节做出行政处罚。三是违法行为人有法定减轻情节,水行政机关做出了减轻行政处罚决定,但减轻幅度不恰当。如依据《山东省实施〈中华人民共和国水法〉办法》第三十七条第一项,未取得河道采砂许可证采砂的,没收违法所得,并可处以 5 万元以上 10 万元以下的罚款。行政机关对有法定减轻情节的行为人处以 5 万元以下罚款,但是未没收违法所得。

2.2 减轻行政处罚适用不当的成因

导致减轻行政处罚适用不当的原因主要有以下三种:一是行政执法人员自身素质的因素。水行政执法人员既要具备一定的法学理论基础,又要注重案件事实的调查,才能对案件的违法事实、案件性质和危害结果做出正确判断,做到行政处罚的正确裁量。二是外部因素的影响。水行政处罚不可能脱离社会现实而存在,这就决定了减轻行政处罚必然受到各种外部因素的影响。地方保护主义、说情、违法行为人的威胁和利诱等都可能导致减轻行政处罚滥用。三是减轻行政处罚法律条文可操作性不强。《行政处罚法》规定的减轻行政处罚情形与从轻处罚情形相同,《水行政处罚实施办法》对此无具体规定。水事法律法规未对《行政处罚法》第二十七条第一款第四项“其他情形”进行规定,因此行政执法人员在案件裁量过程中,对当事人行为是否属于《行政处罚法》第二十七条规定的“其他依法减轻行政处罚情形”存在分歧。如对经济确有困难的违法当事人能否给予减轻处罚,“经济困难”并非立法所明示的减轻情节,适用不当将埋下违法隐患或导致失职。

3 减轻行政处罚的法律适用完善建议

3.1 完善法律对减轻行政处罚的规定

减轻行政处罚是行政机关办案过程中的重要程序之一。完善减轻行政处罚法律体系是提高行政处罚案件公平、公正和合法性的必然要求,是保护违法行为人合法权益的需要。“行政机关对于不确定法律概念的判断作为对立法者意志的一种揣测,应当以认识之方法认定,不能以意志之运用来探求。”也就是说,对不确定法律概念的判断解释不能由个案的执法者自由心证,而应由法律进行定义。目前,《行政处罚法》《水行政处罚实施办法》对减轻行政处罚的适用条件、范围规定尚不够明确,法律依据应明确违法行为人的哪些情节应当减轻行政处罚、哪些情节可以减轻行政处罚。如当事人的生活状况能否作为减轻处罚的裁量情节,“经济困难”或“缺乏履行能力”能否作为《行政处罚法》第二十七条第一款第四项“其他减轻行政处罚情形”之一。同时,改变当前减轻、从轻处罚情节在同一条款并列规定的局面,以免水行政执法人员在适用时混淆。

3.2 制定标准规范自由裁量权

减轻处罚在理论上被认为是一种“二次量罚”,在法定处罚起点以下有着较大的选择空间。倘若缺乏必要规制,易引发滥用职权问题。目前,各级水行政执法机关都在不断建立健全行政裁量权基准制度,细化、量化水行政处罚裁量标准,规范裁量范围、种类、幅度。但执法实践中主要关注的是一般行政处罚的裁量标准,对减轻处罚的裁量标准罕有涉及,减轻行政处罚裁量标准仍是水行政执法过程的一个薄弱环节。水行政机关可以对减轻行政处罚适用条件及裁量程序进行解释,对裁量标准进行细化、量化,增强减轻行政处罚条文在水行政处罚中的可操作性,减少实践中的滥用。

3.3 严格减轻行政处罚的法律适用操作

行政机关适用减轻行政处罚,一是要有必要的证据予以证明;二是应在行政处罚决定书中明确表述。在案件调查过程中,行政执法人员对当事人可能存在的减轻行政处罚事实,应当按照法定程序进行调查取证,确保证据的真实性、合法性、关联性。能否对当事人减轻行政处罚,其依据便是证据所证明的事实是否属于法定的减轻处罚情节。行政处罚决定书中应当对减轻行政处罚情节及理由进行专门表述,阐明减轻行政处罚的事实、证据、减轻情节的认定及依据的法律条文。

3.4　加强对减轻行政处罚裁量的监督

拟做出减轻行政处罚决定的,应经水行政机关的案件审查机构集体讨论,提高自由裁量的规范性和决定的合法性。加强责任追究力度,对因减轻行政处罚裁量不当导致行政处罚案件被司法机关撤销、变更或确认违法的,依照有关规定追究有过错责任人的责任,倒逼行政处罚裁量权的规范适用。

综上所述,减轻行政处罚秉承过罚相当的原则,在确保行政行为合法性的前提下,有利于实现其正当性和合理性,达到惩罚和教育违法行为人的目的且不挫伤行为人纠正违法行为的积极性。需要注意的是,减轻行政处罚必须严格依照法律规定,水行政执法中减轻行政处罚的适用,应建立在解决依据不足的合法性问题和行政恣意的合理性问题基础之上。

参考文献

[1] 熊樟林. 行政处罚上的空白要件及其补充规则[J]. 法学研究,2012(6).
[2] 翟翌. 比例原则的正当性拷问及其“比例技术”的重新定位——基于“无人有义务做不可能之事”的正义原则[J]. 法学论坛,2012(6):122-128.
[3] 刘军. 减轻处罚的功能定位与立法模式探析[J]. 法学论坛,2015(3):119-126.
[4] 谭冰霖. 论行政法上的减轻处罚裁量基准[J]. 法学评论,2016(5):178-190.
[5] 王旭. 行政法解释学研究:基本原理、实践技术与中国问题[M]. 北京:中国法制出版社,2010.

作者简介:宋京鸿,男,1988 年 9 月生,工程师,法律硕士。E-mail:262262429@ qq. com.

探析盱眙县农业水价综合改革的影响因素

李志勇　时训利

（淮安市盱眙县水务局　江苏淮安　211700）

摘　要：推进农业水价综合改革，对促进农业节水、提高用水效率、优化资源配置、实现农业现代化，具有十分重要的意义。农业水价综合改革工作是农业可持续发展的重要举措，也是今后一个时期农业水价综合改革工作的基本遵循。根据农业水价改革目标，结合本地农田水利工程设施建设和用水管理等情况，合理制订价格调整计划。根据调研情况，充分听取各方面意见，把握调价尺度，确保调整后的农业水价可接受、可实施。

关键词：农业水价综合改革　调研思考　因素分析

盱眙县农业水价综合改革是保障农田水利工程良性运行的重要措施，是改善农田水利工程健康状况的重要途径，也是增加农民收入的重要手段，更是维护粮食安全的"稳定器"。

盱眙县农业水价综合改革实施规划与试点方案出台于2016年10月，"实施方案"是一个结构体系，它包含"实施规划"和"试点方案"，"实施规划"是2016～2020年的五年规划，而"试点方案"主要是选择一个试点区作为农业水价综合改革的先行者，对农业水价综合改革工作不断完善，形成一套成熟的运行管理体制。方案以"实施规划"和"试点方案"为双重目标，将时间跨度定位在2016～2020年，方案详细阐述了农业水价改革指导思想、基本原则和目标任务，分述了盱眙县经济社会与生产力发展、农田水利建管改革问题、水土资源供需平衡分析等内容。从实施的过程中，有几点因素影响着改革工作的推进。

1　供水成本与水价估算

1.1　成本估算方法选择

水利工程供水是一个复杂的体系，一方面，由于水利工程资产功能的多样性，且缺乏成熟的、可操作的功能分解方法，使得供水资产的划分具有不确定性，供水资产折旧成本可得较差；另一方面，供水量随水文年份的不同而变化，降低了成本测算的匹配程度；此外，运行维护成本项目的定量分析由于受管理体制的影响，完整的运行维护支出很难准确获取。农业水价综合改革制度的设计又不能回避这一关键约束因素。为解决这些问题，以盱眙县行政区域为分析范围，根据定量数据的可得性程度进行成本估算，形成农业水价综合改革制度设计的要素体系。

（1）供水固定资产可得分析。根据近6年（2010～2015）盱眙县农田水利续建项目总投资，按一定比例折算（即固定资产形成率）出固定资产总量。固定资产形成率参照水利基本建设固定资产形成率（平均为79%～85%）取上限调整到85%比例进行折算，估算出宏观供水资产量。

（2）运行维护项目费用分析。根据盱眙县经济社会发展的总体物价指数水平、分管护内容、工程实体、区域位置确定小型水利工程管护运行费用标准，进行运行维护项目费用汇总估算。

（3）提水电费估算分析。根据盱眙县物价局核定的泵站定额（1.09元/kW）标准，结合水泵出流能力（提水量）、灌溉时间进行推算。

（4）供水量确定。由于供水量随水文年份不同而变化，实际供水量又是根据取水许可证确定的，因此，为简便分析，直接以取水许可证确定量作为原始水权，即供水量进行分析。

（5）分类成本项目结构分析。参照《水利工程供水价格管理办法》（2004）、《水利工程供水定价成本监审办法》（2005）的规定，运行维护成本项目包括工资及其附加、政策性"五险"、电费、低值易耗品、中小维修费、待摊费用、水资源费（由于农业暂不征收水资源费，此项暂不列入）等；全成本项目＝运行

维护成本 + 供水资产折旧。

1.2 供水成本估算过程

供水固定资产。2010 ~ 2015 年水利部门统计投入农田水利建设资金达 10.92 亿元，固定资产形成率按 85% 进行估算，全部供水资产 9.31 亿元；省级以上投资 6.19 亿元，按 85% 的固定资产形成率进行估算，其中省级以上投资形成供水资产 5.26 亿元。

折旧成本计算。根据《水利工程管理单位财会制度》(1996) 规定，供水固定资产采用分类折旧年限，其中通用设备部分 10 ~ 15 年，水电专用设备部分 15 ~ 25 年，建筑构筑物部分 45 ~ 55 年，干支渠系建筑物 15 ~ 25 年。根据盱眙县水利工程使用年限及其固定资产取值选择，为简化计算，采取综合折旧年限估算，按 20 年无残值，按直线法计提折旧。计算结果为：全部供水资产年折旧 4 655 万元，其中省级以上供水资产年折旧 2 630 万元。

供水量确定。根据盱眙县取水许可证确定的初始水权量和水土资源供需平衡分析结果，在保证率 50%、75%、85%、95% 四种典型水文年条件下，过境水可利用量分别为 198 234 万 m^3、205 165 万 m^3、147 287 万 m^3、89 408 万 m^3。

根据盱眙沿淮沿湖周边基本是提水灌区的实际情况，按灌溉泵站提水能力进行测算，不同年型提水能力取决于不同的抗旱天数（50%、70% 和 95% 的年型分别取 35 d、45 d 和 60 d）。当提水能力小于过境水可利用量，以提水能力作为供水量，否则以过境水可利用量为供水量。据此，以灌溉泵站提水能力（固定小型机电排灌站 672 座，总装机 68 994 kW）测算。不同水文年份供水量如表 1 所示。

表 1　典型水文年份供水量估算表

供水量分析	典型水文年份			备注
	50%	70%	95%	
总装机容量(kW)	68 994			根据调研材料汇总计算
平均出流(m^3/(s · kW))	0.008 727			按 55 kW 出流量 0.48 m^3/s 计算
供水天数(d)	35	45	60	按每天 8 h 开机时间估算
供水量(万 m^3)	60 692.75	78 033.53	89 408 (104 044.72)	95% 年型下实际分配的取水许可量为 89 408 万 m^3，括号中数据为估算量

运行维护成本测算。日常维护标准：根据盱眙县经济社会发展的总体物价指数水平，测算小型水利工程管护运行费用标准、直属灌区水利工程管护运行费用标准如表 2、表 3 所示。

表 2　小型水利工程管护运行费用标准测算表

序号	工程名称	管护运行费用标准	备注
一	沟渠工程		
1	大沟	1 500 元/(km · 年)	
2	中沟	1 000 元/(km · 年)	
3	小沟	800 元/(km · 年)	
4	支渠	1 000 元/(km · 年)	
5	斗渠	800 元/(km · 年)	
6	农渠	400 元/(km · 年)	
二	建筑物工程		
1	排涝泵站	3 000 元/(座 · 年)	管护员工资 2 400 元/年，养护 600 元/年
2	灌溉泵站	3000 元/(座 · 年)	管护员工资 2 400 元/年，养护 600 元/年

续表2

序号	工程名称	管护运行费用标准	备注
3	生产桥	100元/(座·年)	管护员工资100元/年
4	水闸	240元/(座·年)	管护员工资200元/年,养护50元/年
5	小型涵闸、涵洞	20元/(座·年)	管护员工资20元/年
6	渡槽、倒虹吸	100元/(座·年)	管护员工资100元/年
三	塘坝	200元/(面·年)	
四	输水管道	600元/(km·年)	管护员工资550元/年,养护50元/年
五	圩堤	500元/(km·年)	

表3　直属灌区水利工程管护运行费用标准测算表

序号	工程名称	管护运行费用标准	备注
1	大沟	2 000元/(km·年)	引河
2	干渠	1 500元/(km·年)	汇总表中在支渠一栏
3	支渠	1 000元/(km·年)	汇总表中在斗渠一栏
4	泵站	77 000元/(座·年)	综合
5	箱涵	600元/(km·年)	汇总表中在灌溉管道一栏
6	水闸等建筑物	250元/(座·年)	管护员工资200元/年,养护员工资50元/年

日常维护范围。主要包括涵闸、机电排灌站等建筑物以及灌排沟渠。2016年盱眙县农田水利维修养护资金涉及全县有水利工程的20个乡镇、街道办事处,241个村(居)总人口78.01万人。根据国土部门最新数字,涉及总面积2 291.75 km^2,总耕地面积155.7万亩。

日常维护内容。对管护范围内的大、中、小沟,支、斗、农渠(包括防渗渠道、固定灌溉管道);灌排泵站;圩堤、圩口闸;小沟及以上配套建筑物(桥、涵、闸、渡槽等)等进行日常维护。维护沟渠5 035.092 km、泵站780座、水闸1 616座、各类小型农田水利配套建筑物9 892座、塘坝3 772座、输水管道23.3 km、圩堤372.96 km。经测算,2016年盱眙县农田水利维修养护资金为1 089.55万元。

泵站电费。按物价局核定的标准1.09元/(kW·h)进行估算。估算结果如表4所示。

表4　盱眙县泵站工程年电费支出估算表

供水量分析	典型水文年份			备注
	50%	70%	95%	
总装机容量(kW)	68 994			根据调研材料汇总计算
计算标准(元/(kW·h))	1.09			按物价局核定标准1.09估算
供水天数(d)	35	45	60	按每天8 h开机时间估算
电费支出(万元)	2 105.70	2 707.32	3 101.97	当95%年型时,以70%和95%两种年型供水量加权计算

1.3　供水成本估算结果

折旧成本:全部供水资产年折旧4 655万元,其中省级以上供水资产年折旧2 630万元。

供水量:典型水文年型(50%、70%、95%)供水量分别为60 692万m^3、78 033万m^3、89 408万m^3。电费支出:典型水文年型(50%、70%、95%)电费支出分别为2 105.70万元、2 707.32万元、3 101.97万元。

养护费用:1 089.55 万元。

根据以上参数,计算求得分类供水成本如表 5 所示。

表 5　盱眙县农田水利工程分类供水成本计算表

<table>
<tr><th colspan="2" rowspan="2">项目分类</th><th colspan="3">水文年型</th><th rowspan="2">备注</th></tr>
<tr><th>50%</th><th>70%</th><th>95%</th></tr>
<tr><td colspan="2">供水量(万 m³)</td><td>60 692</td><td>78 033</td><td>89 408</td><td></td></tr>
<tr><td rowspan="2">固定资产折旧(万元)</td><td>折旧 1</td><td colspan="3">4 655</td><td>全部供水资产年折旧</td></tr>
<tr><td>折旧 2</td><td colspan="3">2 630</td><td>省级以上资产年折旧</td></tr>
<tr><td colspan="2">运维费用(万元)</td><td colspan="3">1 089.55</td><td></td></tr>
<tr><td colspan="2">电费支出(万元)</td><td>2 105.70</td><td>2 707.32</td><td>3 101.97</td><td></td></tr>
<tr><td colspan="2">运维成本(元/m³)</td><td>0.052 65</td><td>0.048 66</td><td>0.046 88</td><td></td></tr>
<tr><td rowspan="2">全成本(元/m³)</td><td>成本 1</td><td>0.129 3</td><td>0.108 3</td><td>0.098 94</td><td>据折旧 1 计算</td></tr>
<tr><td>成本 2</td><td>0.073 1</td><td>0.061 2</td><td>0.055 9</td><td>据折旧 2 计算</td></tr>
</table>

1.4　供水价格选择论证

根据农业水价综合改革有关政策规定,改革初期执行的水价应不低于运维成本,农业水价综合改革制度建设成熟后应执行全成本水价,并逐步过渡到微利、盈利水价。

为便于分析说明,取 3 种水文年型加权平均,计算出运行维护水价为 0.055 20 元/m³;全成本 1 未考虑市县财政配套和群众投劳折资(或其他形式),仅是省级以上投资形成的全成本,结合实际情况分析,市县财政配套和群众投劳折资(或其他形式)形成的投资(投入)也应该计算进入成本;为便于进行整体分析说明和方案设计,取 3 种水文年型加权平均,并以全成本 1 作为分析论证依据,计算出成本水价为 0.113 60 元/m³。

2　水权分配与用水定额确定

2.1　初期水权分配依据

《江苏省灌溉用水定额》(省水利厅苏水农〔2015〕6 号文件发布)规定的徐淮片($P=80\%$)水稻用水定额为:基本用水定额 467 m³/亩、附加用水定额 143 m³/亩,即初始水权为 610 m³/亩;淮安市进行区域用水再平衡,分配盱眙县(50%、70%、85%、95%)4 种水年型条件下可供水量分别为 198 234 万 m³、205 165 万 m³、147 287 万 m³、89 408 万 m³,当提水能力小于过境水可利用量时,以提水能力作为供水量,否则以过境水可利用量为供水量。

经实际调研和分析测算,在 95% 水文年型下,供水时间以 60 d 测算,实际供水量为 104 044 万 m³,依次确定本方案初始水权为 104 044 万 m³。

盱眙县国土面积 2 497 km²,耕地面积 179.6 万亩,有效灌溉面积 153 万亩,旱涝保收田 132.8 万亩,节水灌溉面积 75.3 万亩。按有效灌溉面积 153 万亩测算,亩均初始水权为 680 m³/亩,按旱涝保收田 132.8 万亩测算,亩均初始水权为 783 m³/亩,按耕地 179.6 万亩测算,亩均初始水权为 579 m³/亩。

根据农业水价综合改革有关政策规定,结合盱眙县农业用水的实际情况,应以实有耕地 179.6 万亩测算亩均初始水权,即亩均用水按 579 m³/亩进行定额设计。

结合盱眙县种植结构,灌溉农作物主要为水稻,其他如小麦、玉米、油料、大豆、蔬菜等农作物较少灌溉。为便于分析简化计算,仅以水稻用水量进行定额设计。

2.2　用水定额标准制定

根据水土资源供需平衡分析结果,结合农业水价综合改革试点成果的节水效益,设计的水稻用水定额标准及其节水比较结果如表 6 所示。

表6　水稻用水定额标准及其节水比较结果　（单位：m³/亩）

年型	水稻用水定额	年型平均定额	初始水权	节水效率(%)	备注
50%	435	455	579	21	参照供需平衡结果
75%	445				参照供需平衡结果
85%	465				参照供需平衡结果
95%	475				参照供需平衡结果

2.3　水费占农业成本比重

根据盱眙县实际情况看，水田的亩均收入最高，加大灌区的扩容改造，保证粮食安全，实施“旱改水”项目事关农业发展全局。农业用水成本占种植农业的亩均收益比例并不算太高（水田为8.9%，旱田平均为2.8%），提高农业水价有一定的空间。但由于农业种植收益与其他产业性收益相比还是较低的，如果提高水价，只能是依靠“旱改水”扩容，促进农业节约用水。为此，对农业灌区实施用水定额管理势在必行。

定额内用水可以由国家财政直接进行分级补贴，超定额用水可适当提价并由农户承担，最终达到节水的目的是可行的，同时，也利于灌区的良性运行。

2.4　农户对提高农业水价的认知

农民对用水成本的构成及其承担义务也是明确的，干支渠系筹资建设费、排涝补偿费两项费用，农民是不愿意承担的；斗农渠系筹资建设费却随农户收入由高到低认知度渐弱，说明农民在现状收入水平下是无力承担的。

水利工程水费、灌区水价两项费用，各个收入层次的农户是有离散性理解的，这一收缴方式不仅仅反映农民承受能力问题，更反映出农民对用水交费后水费使用方向的关心。

农民对提高水价（用水成本）是存在疑虑的，对由乡镇代为收取的“水利工程水费”认同度较低，对提高“灌区水价”存在一定的认同度，但幅度认定不高。这一方面反映出农户的承受能力要求，但更多地反映出农民要求扩种水田的强烈愿望，国家财政加大灌区改造力度仍是当务之急。

3　农民用水协会运行管理分析

农业水价综合改革导向的思路之一是完善灌区引水工程和计量设施建设，辅以农民用水合作组织的自律管理，创设农业水价的形成、考核、调整与控制制度，从而依靠提高农业定额外用水价格，依靠价格杠杆促进农业节水。因此，成立农民用水协会，实行参与式灌溉管理是农业节水的需要，是水资源量“以农补工”的必然产物，构成水利发展新常态背景下农村水利改革的关键内容。

农业水价改革的核心是农民用水合作组织建设，通过农民用水合作组织运行管理系列问题分析，针对合作组织管理中存在的缺点进行有针对性的改进，调动广大群众的积极性，逐步完善制度建设，为农业水价综合改革工作奠定坚实基础。加强农民用水合作组织建设是解决用水管理上的“缺位”问题，对培育和提高农民自主管理意识和水平、明晰农村水利设施所有权、建立现代高效的管理体制和运行机制，具有十分重要的意义。农业水价综合改革工作在改善农业生产条件、提高农业综合生产能力、促进农民增收、发展农村经济中发挥着十分重要的作用。

盱眙县部分灌区或乡镇已经组建了农民用水协会试点，已经成立的农民用水协会在持续运行、推广应用方面还存在一些突出问题需要及时化解。

3.1　协会社会治理结构存在问题

法人治理结构不完善。首先是法人自治形式表面化，虽然设置了会员代表大会、执委会和监事会，但协会在实际运行中，往往是法人代表，即协会主席一人说了算，虚化了民主管理的实质内容，会员代表大会只不过充当陪衬而已；其次是弱化了法人自治的职能，特别是监事会几乎等于虚设，没有起到对执委会经营决策和行为进行监督的作用。

3.2 激励缺失引致参与意识淡漠

农民用水协会是农民自主、自治、自我管理和自我服务的组织,农民的广泛认同和积极参与是协会存在发展的社会基础和基本条件。但是,由于农民思想观念落后、科技文化素质低、经济势力薄弱,农民对用水协会的参与积极性不高。许多农民对待发展用水协会的心态是矛盾的,一方面感觉自己独立面对市场,承担市场责任、市场风险的力量薄弱,希望能够成立一种组织,减轻其压力;另一方面又认为自己单干很好,免除了与别人合作产生的矛盾,同时担心协会徒有形式,只是政府的政绩行为,而且认为协会有很多繁杂而又无实际意义的活动,对农户没有实质意义,所以不愿意参加。

3.3 缺乏利益补偿机制激励

保障农民利益,尤其是保障工业欠发达地区农民利益的核心机制是财政"精准补贴"机制,通过财政"精准补贴"实现农业节水激励。

作为理性的经济主体,农民是否参与某种组织最根本的还是取决于该组织能否为其带来相应的利益,特别是现实利益,而仅仅对农民承诺参加用水协会的长期利益并不能对他们形成有效的激励。与原来的多用水相比,如果农户节水不但能弥补少用水的损失和水价提高付出的成本,同时还能获得更大的收益,势必会达到节水农业和农户受益的双重目的。如果这样的利益补偿机制不存在,农民就缺乏加入协会的动力,即使加入了协会也不会为其发展做出贡献。

参考文献

[1] 崔延松, 荣迎春, 崔鹏. 基于农业用水转移背景下的水价改革[J]. 中国水利, 2013(4):56-58.

[2] 张允良,等. 宿迁市宿豫区农业水价综合改革实施路径分析[J]. 中国水利, 2015(6):21-23.

[3] 柳长顺. 关于新时期我国农业水价综合改革的思考[J]. 水利发展研究, 2010, 10(12):16-20.

[4] 崔延松. 实施终端水价的难点和对策分析[J]. 中国水利, 2006(16):27-29.

[5] 易斌. 关于推进农业水价综合改革试点工作的措施与方法的思考[J]. 农家科技旬刊, 2012(4):8.

作者简介:李志勇,男,1975 年 11 月生,助理工程师,主要从事农村水利工程规划与管理。E-mail:1564374226@ qq. com.

江苏省“十三五”水利基建投资结构调整测算及资金筹集建议

赵一晗　陈长奇　董正兴

（江苏省水利厅　江苏南京　210029）

摘　要：江苏省“十三五”水利基建投资原依据2006年投资政策测算，2016年底新政策出台后，省以上、市县投资分摊比例有所调整，原测算成果已不适应“十三五”期间项目投资管理。本文运用水利投资分析理论，立足于江苏水利基建项目投资管理实际，分析了新老政策的变化情况，对“十三五”全省水利基建项目投资结构重新测算分析，并据此提出了未来五年水利基建资金筹措建议。

关键词：江苏水利　基建项目　投资结构　“十三五”

水利基建是通过投资建设形成水利固定资产并发挥社会效益、经济效益的建设活动，基建投资筹集是项目建设的关键。2015年，省水利厅在《江苏省水利发展“十三五”规划》编制中，曾依据当时执行的2006年水利基建投资政策（以下简称“2006年政策”）对“十三五”全省水利基建投资需求、投资结构进行了测算。“十三五”以来，江苏水利改革发展不断深入，国家、省水利投入规模不断扩大，投入重点及事权财权界定也逐步调整。2016年底，按照“突出问题导向，瞄准薄弱环节，全面深化水利改革发展，着力完善水利基础设施网络”的要求，省财政厅、发展和改革委员会、水利厅研究出台了新的水利基建投资政策（以下简称“2016年政策”），对部分重点项目省、市县投资比例进行了调整。为此，重新测算分析全省水利基建投资结构，及早研究资金筹集落实问题，对实现“十三五”江苏省水利基本建设目标和任务具有重大意义。

1　“十三五”原投资结构情况

2011年中央一号文件出台，水利投资建设被放到了更加重要的位置。“十二五”时期，一批重点水利工程相继建成并发挥效益，水安全保障基础不断夯实，对江苏省社会经济发展起到基础保障性作用。为及早明确“十三五”水利基建项目安排、落实项目实施预算资金，2015年，省水利厅依据“2006年政策”对未来五年全省水利基建投资规模需求及省、市、县各级分摊安排进行了分析测算。

1.1　“2006年政策”情况

2006年，省财政厅会同省水利厅、发展和改革委员会研究提出了《关于省水利重点工程省以上财政投资比例的意见》，一直执行至“十二五”期末。“2006年政策”主要是依据事权划分、按受益分摊投资的原则，对不同类别的水利工程按地区提出了省以上财政投资比例。流域性工程防洪减灾效益在全流域，事权及投资以中央及省为主；区域性工程防洪减灾效益在省内某个区域范围内，一般跨市、跨县，事权及投资由省及市县共同承担；水资源水环境、城市防洪主要为当地受益，事权及投资则以市县为主。按照上述项目分类以及省财政厅当年划定的地方可用财力分档，给予不同比例的省以上补助。具体为：流域工程，长江治理省以上补助40%～50%；淮河治理骨干工程省以上补助90%，其他工程60%～70%；海堤达标等工程省以上补助55%～70%。区域工程，工程效益跨市项目省以上补助35%～70%；一市跨县项目省以上补助20%～60%；一县范围内项目原则上由地方自办，省仅对建筑物部分给予补助，一般为10%～35%。水环境水资源工程，对主体工程省以上补助不超过10%。城市防洪工程，省级财政主要对经济薄弱和建设任务重的城市适当补助。

1.2　“十三五”原投资结构及需求

依据省水利厅印发的《全省“十三五”水利重点工程建设前期工作实施方案》，“十三五”期间全省将以节水供水重大项目为重点、区域骨干水利治理项目为支撑，共拟安排实施4大类262项水利基建项目。按照“2006年政策”，对全省水利基建项目投资规模、省及以上、市县投资分摊情况进行测算，“十三五”规划安排水利基建投资共741亿元，其中，需中央投资195亿元、省级投资285亿元、市县配套261亿元。具体包括：节水供水重大项目23项，其中，长江治理6项、规划投资50.3亿元；淮河治理8项、规划投资126.1亿元；太湖治理9项、规划投资191.4亿元。沿海水利、黄河故道、病险水闸泵站加固改造等国家、省专项规划或其他综合建设项目125项、规划投资252.3亿元。区域骨干水利治理59项、规划投资84.9亿元。涉及水资源、水环境、城市防洪除涝等省级奖补项目66项、规划投资36亿元。

2　政策调整分析及投资结构重新测算

“十三五”时期，江苏省全面贯彻落实“四个全面”战略布局，着力提高“两个率先”发展质量水平，对水利保障能力提出了新的更高的要求。随着国家、省水利投入规模不断扩大、投入重点逐步调整，加之省以下财政管理体制改革、市县财政保障能力分类分档调整等新政策、新要求的相继出台，原2006年投资政策已不再适用。2016年底，省财政厅、发展和改革委员会、水利厅研究出台了新的水利基建投资政策，主要是对省及以上、市县之间的投资分摊比例进行了调整。为此，依据调整后政策重新测算全省“十三五”投资结构及需求。

2.1　“2016年政策”调整情况

基建投资政策是引导水利基本建设投资方向的基本原则，应和一定时期水利基本建设相协调一致。“2016年政策”按照全省“十三五”水利改革发展确定的事权、财权对等和集中财力解决重大水利问题等原则，对部分投资政策不尽合理的项目进行了适当调整。主要包括：

(1)提高流域骨干工程标准。长江治理事关流域防洪安全和全省经济社会发展大局，将长江治理骨干工程省以上补助比例调增至70%。淮河流域多为我省欠发达地区，将淮河行蓄洪区、洼地治理等支流建设标准调整为60%～80%，大体上提高10%。

(2)提高区域性工程补助标准。区域性工程效益一般均跨省辖市，事权以省以上为主。将区域性工程省补助标准调整至在50%以上，其中，五、六类地区(多为苏南地区)50%，三、四类地区(多为苏中地区)60%，一、二类地区70%(多为苏北地区)。

(3)调整一县范围内省级奖补项目补助标准。主要为一县范围内受益(主要包括地方基建、水资源水环境项目等)，属地方事权，统一实行以奖代补，省级奖补比例调整为不超过10%。

(4)统一区域治理跨市和跨县的项目标准。省直管县财政体制实行后，市级财政对县基本没有支持，不再区分跨市项目和一市范围内跨县项目，统一补助标准。调整后，原一市范围内跨县项目补助比例提高约10%。省水利基建工程省及以上补助标准对比情况见表1。

表1　省水利基建工程省及以上补助标准对比情况(仅列补助标准变化项目)

项目类型	事权划分	2006年政策	调整方案			备注
			一、二类	三、四类	五、六类	
流域骨干工程						
长江治理工程	中央	40%～50%	70%	70%	60%	本次拟提高
主要支流治理						
淮河流域	中央及省	60%～70%	80%	70%	60%	本次拟提高
区域治理						
跨市、跨县水利治理项目	省为主	20%～70%	70%	60%	50%	本次拟提高
省级奖补						
地方基建	市县	10%～35%	不超过工程投资的10%			本次拟降低
水资源水环境等	市县	不超过10%				

注：表中所列数字为省级及以上补助投资占工程总投资的比例。

2.2　投资结构调整的必要性及重点内容分析

基本建设投资政策是调整水利基本建设结构的财政手段,是引导水利基本建设投资方向的基本原则,也是水利基本建设投资资金筹集的依据。水利投资结构系统是具有多层次、相互反馈特点的复杂系统,新的水利基建投资政策出台后,其政策调整实质是各类基建项目投资结构和地域投资结构的调整,涉及全省以及各地方社会经济发展。为此,有必要依据新政策对投资结构进行分析调整,以期从全局和协调发展的角度正确把握水利投资的方向,实现水利建设的经济效益、社会效益、生态效益的最大化。

相比原政策,“2016 年政策”主要变化在省级及以上事权的流域性重大水利工程、区域性骨干水利工程投资补助标准,以及地方事权的省级奖补项目投资补助标准。为此,投资结构调整测算应突出这三方面重点内容。其中,重大水利工程,主要测算长江治理骨干工程、淮河支流治理标准调整后,流域性工程投资需求增加情况;区域骨干水利工程,主要测算投资标准提高至 50% 以上后,区域治理工程骨干工程投资需求增加情况;城市防洪、水资源等省级奖补工程,主要测算投资标准由原最高 35% 统一调整至 10% 后,省级奖补投资节余情况。

2.3　投资需求重新测算

按照调整后的新政策重新测算,需中央投资 195 亿、省级投资 298 亿、市县配套 248 亿元。调整后省级投资增加 13 亿元,市县配套相应减少 13 亿元(鉴于中央尚无新投资补助政策,测算中央投资不变)。主要投资变化情况如下:

(1)长江治理工程。“十三五”期间拟继续实施干流堤防加固、南京新济州河道整治等结转工程,开工建设镇扬河段三期河道整治、崩岸应急治理、八卦洲左汊整治等工程。涉及投资政策变化的主要为“十三五”新开工工程。规划总投资 50.3 亿元,按“2006 年政策”测算,省级投资 9.0 亿元;投资比例调整后,省级投资 12.6 亿元,增加 3.6 亿元。

(2)淮河治理工程。“十三五”期间拟实施完成淮河入江水道、分淮入沂等结转工程,开工建设黄墩湖滞洪区调整与建设、洪泽湖周边滞洪区建设、重点平原洼地等工程。涉及投资政策变化的主要为行蓄洪区建设和重点平原洼地治理工程。规划总投资 126.1 亿元,按“2006 年政策”测算,省级投资 29.9 亿元;投资比例调整后,省级投资 32.7 亿元,增加 2.8 亿元。

(3)区域治理工程。主要为跨市、一市跨县区域治理项目。规划总投资 84.9 亿元,按“2006 年政策”测算,省级投资 22.3 亿元;投资比例调整后,省级投资 32.5 亿元,增加 10.2 亿元。

(4)城市防洪、水资源等省级奖补工程。主要为各市城市防洪除涝、水资源水环境、水生态治理等工程。规划总投资 36 亿元,按“2006 年政策”测算,省级投资 7.2 亿元;投资比例调整后,省级投资 3.6 亿元,减少 3.6 亿元。“十三五”全省水利基建工程投资测算对比情况见表 2。

表 2　“十三五”全省水利基建工程投资测算对比情况　(单位:万元)

项目名称	总投资	省级投资(原政策)	省级投资(调整后)	省级投资增减
全省水利基建工程	7 410 054	2 847 715	2 977 415	129 700
主要投资变化如下:				
长江治理	502 662	89 750	126 250	36 500
淮河治理	1 261 306	298 906	326 706	27 800
区域治理工程	849 000	223 200	324 600	101 400
城市防洪、水资源等奖补工程	360 000	72 000	36 000	-36 000

3　“十三五”期间资金筹集建议

资金是推动水利基建的重要动力,水利基建资金的及早落实对江苏省水利基建目标和任务的完成起到决定性作用。调整测算后,“十三五”省级投资共约增加 13 亿元,投资增幅 5% 左右,对省级财政总体上影响不大。但部分单项工程投资变化幅度较大,仍需及早研究资金筹集落实问题。基于此,提出几点建议：

（1）尽可能争取中央投资补助。调整政策仅明确了省以上投资比例，并未区分中央和省级各自比例，故如能多争取到中央资金，将减轻省级财政压力。2013年，国家提出"一带一路"建设及淮河生态经济带发展的战略以来，对于水利基建项目尚无相关具体政策支持，故测算中，长江、淮河治理因补助标准提高而增加的6.4亿元考虑暂由省级财政承担。流域性工程属中央事权，投资应以中央为主。加之，江苏地处长江、淮河流域下游，为上游洪水做出了较大牺牲，为此，建议积极向中央争取，提高中央资金补助比例，适当减轻省级财政压力。

（2）积极落实省级投资。区域性工程补助标准调整后，省级投资增加约10亿元，是增幅最大的单项工程。区域性工程以省级事权为主，一般难以争取中央资金。为此，建议：一方面，及早与省财政、发展和改革委员会等部门沟通协调，加大公共财政对水利的投入，完善水利投入稳定增长机制；另一方面，积极向省政府报告，争取落实水利建设基金、土地出让收益10%用于水利建设等水利专项资金政策，并参照南水北调基金研究建设区域重点水利工程建设基金。

（3）多渠道筹措水利建设资金。省级奖补工程比例下降后，市县财政压力有所增加。另外，"十三五"期间拟安排水利基建投资741亿元，较"十二五"增加了55亿元，特别是"十三五"重点向区域性工程倾斜后，省级、市县配套均有所增加。为此，多渠道筹措水利建设资金显得尤为重要。建议"十三五"期间省、市、县三级进一步推动金融支持水利，充分利用好水利建设项目专项过桥贷款等金融支持政策，逐步建立和完善贴息政策。同时，尝试引导社会资本参与水利工程投资、建设和运营，完善政府与社会资本的合作机制。

4　结语

"十三五"是江苏全面建成小康社会、建设"强富美高"新江苏的重要时期，也是推进水利现代化建设、构建水安全保障体系的关键阶段。在新的水利基建投资政策框架下，及时调整测算全省水利基建投资结构和需求，有利于省市县各级结合地区财力和项目管理实际情况，及早研究提出本地区水利基建投资计划，并向同级财政部门落实预算资金，对于加快推进全省"十三五"水利重点工程建设、进一步提高水利保障能力和服务能力具有十分重要的意义。

参考文献

[1] 季倩，谷文林. 江苏省水利投资现状分析与对策研究[J]. 水利经济，2012，30(6)：48-50.

[2] 江苏省水利厅. 江苏省"十三五"水利发展规划[R]. 南京：江苏省水利厅，2016.

[3] 江苏省水利厅. 全省"十三五"水利重点工程项目前期工作实施方案[R]. 南京：江苏省水利厅，2016.

[4] 江苏省国民经济和社会发展第十三个五年规划纲要[R]. 南京：江苏省发展和改革委，2016.

[5] 江苏省财政厅. 关于省水利重点工程省以上财政投资比例的意见[R]. 南京：江苏省财政厅，2006.

[6] 江苏省财政厅. 江苏省水利基本建设项目投资省以上投资补助政策[R]. 南京：江苏省财政厅，2016.

[7] 方国华，庄钧惠，谈为雄. 江苏省"十一五"期间水利投资合理性分析[J]. 水电能源科学，2012，30(8)：119-121.

[8] 中国政府门户网站. 中共中央 国务院关于加快水利改革发展的决定[EB/OL]. [2011-01-29]. http://www.gov.cn/jrzg/2011-01/29/content_1795188.html.

作者简介：赵一晗，男，1982年10月生，江苏淮安人，高工，硕士，主要从事水利投资管理及项目规划设计研究。E-mail：cat00044105@163.com.

湖西大型河道滨湖区抽水试验数值模拟研究

李玥璿[1]　侯祥东[2]　刘韩英[1]

(1.济宁市洙赵新河管理处　山东济宁　272000;2.山东省淮河流域水利管理局　山东济南　250100)

摘　要:洙赵新河是湖西地区20世纪60~70年代新开挖的排水骨干河道,干流起源于东明县宋砦村,流经菏泽和济宁市的7个县(区),于刘官屯村东入南阳湖,全长145.05 km,总流域面积4 206 km^2。本文以洙赵新河滨湖区为研究段,在分布最广的地质单元中,布设水文地质探采结合孔,获取典型地层断面的地质条件,进行单井抽水试验,采用非稳定流抽水试验公式计算典型研究区地层的渗透系数,采用地下水数值模拟软件GMS构建地质模型和水文地质模型,使用MODFLOW模块对野外抽水试验进行模拟研究,研究成果可用于群井抽水试验数值模拟,优化湖西滨湖区河道施工降排水方案。

关键词:大型河道　滨湖区　数值模拟

1　概述

1.1　洙赵新河概况

洙赵新河流域西靠黄河,东临南阳湖,北接梁济运河流域,南与万福河和东鱼河搭界,干流起源于东明县宋砦村,向东流经菏泽市东明县、牡丹区、郓城县、巨野县、济宁市嘉祥县、任城区、微山县7个县(区)于刘官屯村东入南阳湖,全长145.05 km,流域面积4 206 km^2。该流域属黄泛冲积平原,地势西高东低,西部地面高程57.40 m左右,东部滨湖地面高程为34.00 m左右,地面坡度在1/5 000至1/12 000之间。洙赵新河的支流较多,其中流域面积50~100 km^2的河道有10条,流域面积100 km^2以上的河道有17条。汇入干流的主要一级支流有友谊河、邱公岔、郓巨河、巨龙河、洙水河、鄄郓河、太平溜、赵王河、徐河、韩楼沟等。

2010年洙赵新河列入沂沭泗水系重要支流治理规划,滨湖区(梁山闸桩号24+383以下)于2014年4月开工治理,2016年9月治理完成,治理标准为除涝5年一遇,防洪50年一遇。根据实测资料,现状河底宽在122~175 m,河口宽在147~225 m,两岸滩地宽12~65 m,河底高程30.73~32.37 m,河型较规则,堤身断面较为完好。

1.2　区域地质条件

洙赵新河流域第四纪全新世地层自下而上划分为5个组:下部为黑土湖组,中部为同期异相的巨野组、单县组、鱼台组,上部为黄河组。洙赵新河流域内除嘉祥境内几处残丘有少量寒武系、奥陶系地层出露外,其他地区均为第四系地层所覆盖,主要为黄泛冲积物及河湖相沉积物,厚度一般在150 m左右。根据山东省地质调查院的研究成果,南四湖流域的菏泽—济宁地区第四纪全新世地层剖面见图1。

(1)第四系全新统(Q_4)地层主要为鱼台组、巨野组及单县组。

鱼台组(Q_{hyt}):为棕红色黏土、亚黏土,偶夹亚砂土棕黄色亚黏土、黏土夹少量粉砂土。主要分布在洙赵新河桩号39+000以下。巨野组(Q_{hj}):为褐黄色粉砂夹薄层棕红色黏土,灰黄色粉砂土、亚砂土夹粉土,黏质粉砂土与棕红色粉砂质黏土互层。主要分布在洙赵新河桩号39+000以上,分布范围较广。单县组(Q_{hs}):为灰黄色细-粉砂土夹褐黄色黏质粉砂土及少量棕色黏土。主要分布在洙赵新河桩号54+000以上的古河道中。

(2)第四系上更新统(Q_3)地层主要为大站组。

大站组(Q_{pd}):为褐黄色粉砂质黏土,局部夹棕红色土壤层及少量砾石层,一般含较多姜石,可见铁锰质结核及其氧化物。钻探深度内,洙赵新河桩号39+500以下均有揭露。

河湖相沉积平原主要分布有全新统鱼台组、上更新统大站组地层,部分地段分布全新统巨野组地层；黄泛冲积平原主要分布有全新统鱼台组、巨野组地层。

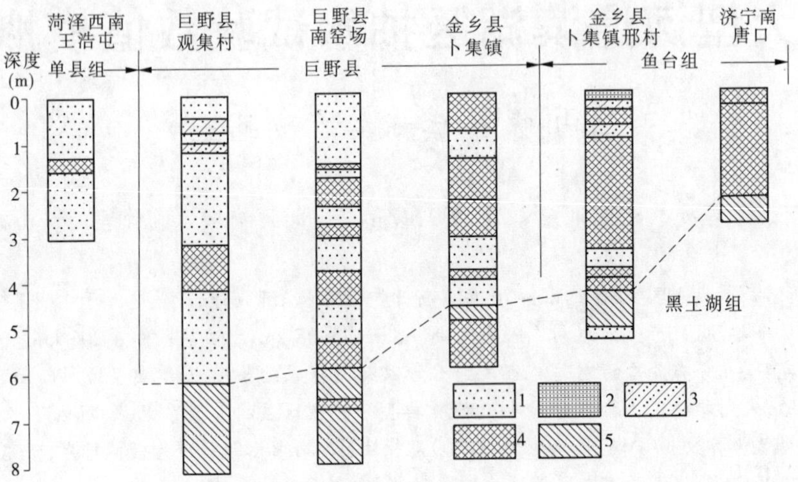

1—粉砂；2—黏质砂土；3—砂质黏土；4—棕红色黏土；5—黑灰色黏土

图1　菏泽—济宁地区第四纪全新世地层剖面图

2　水文地质研究

从地质单元来看，洙赵新河滨湖区分布最广泛的是第四系鱼台组。经过资料对比分析和野外勘察，决定在G105洙赵新河桥（桩号14+200）下游右岸布设水文地质探采结合孔（钻孔编号为ZK01和ZK02）进行典型地层断面的水文地质研究。具体勘测过程分为两个部分：首先在典型地层断面先进行钻探取芯，然后在原地进行扩孔成井。

2.1　典型地层断面情况

主要通过水文地质探采结合孔来揭示洙赵新河在该段的地层情况。ZK01钻孔和ZK02钻孔的基本情况见表1。

表1　水文地质探采结合钻孔情况表

编号	坐标E	坐标N	井深	与主井距离(m)	井径(mm)
ZK01	116°27′8.6″	35°16′4.3″	20	0	400
ZK02	116°27′8.1″	35°16′2.7″	20	30	400

（1）钻孔地理位置及坐标。

（2）钻孔岩芯柱状图见图2、图3。

（3）岩性分析。ZK01和ZK02岩性基本完全相同，这表明洙赵新河滨湖区的地层岩性相对均一，地层可概化为各向同性。岩芯总长为20 m，主要岩体为粉质黏土，总长度为15.4 m，所占比为77%；其次为淤泥质黏土，总长度为2 m，所占比为10%；再次为粉细砂，总长度为1.7 m，所占比为8.5%；黏土总长度为0.9 m，所占比重最少，为4.5%。其岩性描述与第四系鱼台组地层相吻合。

2.2　断面补给与排泄条件

G105洙赵新河桥断面地处湖西黄泛冲积平原，沿线地势较低，沿岸地下水属第四系孔隙潜水或弱承压水，主要储藏于粉细砂、砂壤土及黏土层中。浅层地下水主要补给来源为大气降水，其次为灌溉回渗、地下径流等。

2.3　断面抽水试验

主井及观测孔基本情况如表2所示，以ZK01钻孔为主井，ZK02钻孔为观测井，设计井深均为20 m，成井扩孔孔径为600 mm，成井管材为水泥管，下置深度为20 m，水泥管周围由砾砂填护，填砾深度为0～20 m，滤管长度为20 m。成井完成之后洗井，直至达到抽水试验要求。待水位稳定后进行抽水试

深度(m)	地质时代	层底标高(m)	层底深度(m)	地层厚度(m)	含水层划分	地层柱状图(1:500)	地质-水文地质描述
			3.00	3.00			粉质黏土:棕黄色、黄褐色,软塑—可塑。局部含植物根系
			8.00	5.00			粉质黏土:黄褐色,软塑—可塑,稍湿。粉质含量较重
			9.00	1.00			淤泥质黏土:褐灰色,可塑—硬塑,切面光滑,断面粗糙含有细小姜石
			15.00	6.00			粉质黏土:棕黄色,可塑,夹有薄层砂层
			16.00	1.00			淤泥质黏土:褐灰色,可塑—硬塑,切面光滑,断面粗糙含有细小姜石
			16.80	0.80			粉细砂:褐黄色,致密,湿,主要成分石英、长石
			17.70	0.90			黏土:褐红色,硬塑,含少量砂姜石结核干强度及韧性中等,具光泽
			18.6	0.90			粉细砂:褐黄色,致密,湿,主要成分石英、长石
-50			20.00	1.40			粉质黏土:黄褐色,软塑—可塑,湿。粉质含量较重

图2 ZK01 探采结合钻孔岩芯柱状图

深度(m)	地质时代	层底标高(m)	层底深度(m)	地层厚度(m)	含水层划分	地层柱状图(1:500)	地质-水文地质描述
			3.00	3.00			粉质黏土:棕黄色、黄褐色,软塑—可塑。局部含植物根系
			8.00	5.00			粉质黏土:黄褐色,软塑—可塑,稍湿。粉质含量较重
			9.00	1.00			淤泥质黏土:褐灰色,可塑—硬塑,切面光滑,断面粗糙含有细小姜石
			15.00	6.00			粉质黏土:棕黄色,可塑,夹有薄层砂层
			16.00	1.00			淤泥质黏土:褐灰色,可塑—硬塑,切面光滑,断面粗糙含有细小姜石
			16.80	0.80			粉细砂:褐黄色,致密,湿,主要成分石英、长石
			17.70	0.90			黏土:褐红色,硬塑,含少量砂姜石结核干强度及韧性中等,具光泽
			18.60	0.90			粉细砂:褐黄色,致密,湿,主要成分石英、长石
-20			20.00	1.40			粉质黏土:黄褐色,软塑—可塑,湿。粉质含量较重

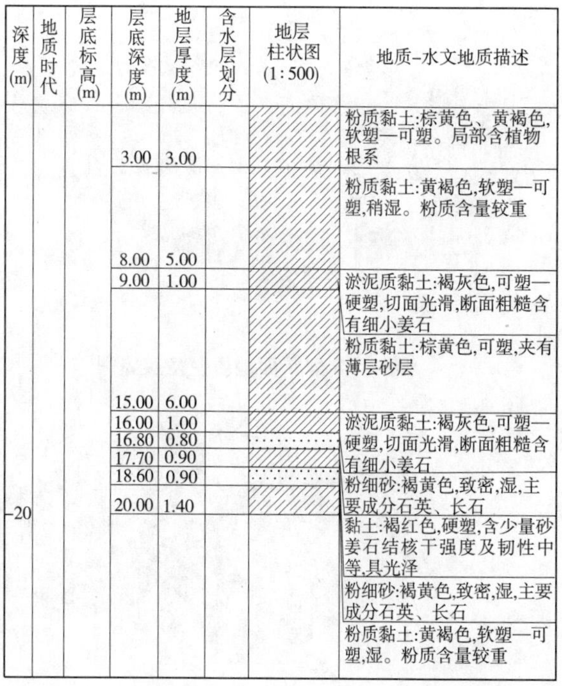

图3 ZK02 探采结合钻孔岩芯柱状图

验,稳定水位在地表以下7.007 m。

表2 抽水试验主井及观测孔情况

编号	性质	静止水位(m)	水位埋深(m)	取水层段(m)	距主井(m)
ZK01	主井	-7.007	-7.357	7.007~20.000	0
ZK02	观测孔	-7.135	-7.035	无	30

本次抽水试验为1个抽水井和1个观测井的1个落程的潜水含水层完整井定流量非稳定流抽水试验。同时,抽水试验时间和降深达到了稳定流抽水试验对稳定延续时间的要求,所以可以根据稳定流试验参数计算方法计算渗透系数 $K=8.753$ m/d、影响半径 $R=76.296$ m,本次试验主要数据见表3。

表3 抽水试验数据

编号	含水层厚度(m)	稳定水位(m)	涌水量(m^3/d)	水位降深(m)	距主井距离(m)	静止水位(m)	滤水管半径(m)
ZK01	12.993	-11.985	435.2	4.978	0	-7.007	0.15
ZK02	12.955	-7.679		0.544	30	-7.135	0.15

3 抽水试验数值模拟

3.1 构建典型断面地质模型

采用GMS构建地质模型时技术路线为:采用Boreholes输入钻孔的勘测地层数据和指标→用TINs规整构建地质模型的图层→导入散点或地面高程以提高地层表层的精度→用Horizons - Solids生成可视化效果Solids地质模型。构建典型断面(桩号14+200)地质模型见图4,地质模型侧视图见图5。

3.2 构建典型断面水文地质模型

采用GMS构建水文地质模型时技术路线为:采用Solids - MODFLOW将三维地质实体整体转化为MODFLOW模型→将岩性的水文地质参数赋予MODFLOW模型→完成水文地质模型建模。构建典型断面(桩号14+200)水文地质模型见图6,水文地质模型侧视图见图7。

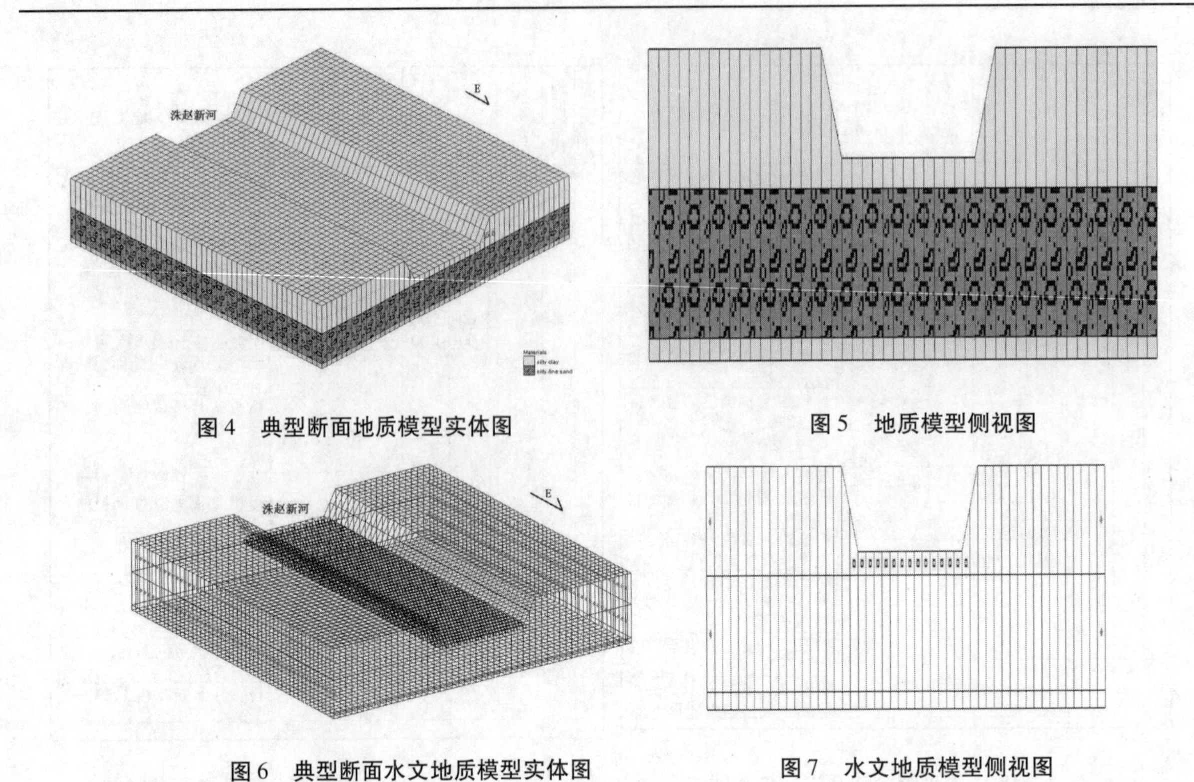

图4　典型断面地质模型实体图

图5　地质模型侧视图

图6　典型断面水文地质模型实体图

图7　水文地质模型侧视图

3.3　边界条件和补给排泄条件

在研究中,将底边界处理为隔水边界,上边界作为开放边界;将河道上下两侧侧向边界概化为定水头边界,即侧向边界为补给河道的影响边界。通过给概化的模型高程赋值,使模型底边界有一个1/5 000～1/10 000的水力坡度。

3.4　抽水试验数值模拟及精度分析

通过对典型断面实地钻探勘测,沭赵新河滨湖区的含水层厚度不一,普遍为潜水,一般为5～10 m,主要含水层为7.0～12.5 m的薄层砂层,具中等透水性,综合渗透系数为8.753 m/d。滩地高程与河底高程的垂直距离为7.0 m。

将数值模拟结果与实际抽水试验相对比,检验数值模拟结果的精度是否与实际水文地质条件相符合,检验建立的水文地质模型能否满足进行群井降水排水数值模拟试验。主要进行抽水井中心水位降深、影响半径以及观测井降深方面的精度分析。数值模拟和抽水试验对比结果见表4。抽水试验数值模拟结果见图8。

表4　典型断面数值模拟和抽水试验对比结果　　(单位:m)

编号	中心降深	影响半径
数值模拟	10.840	79.000
抽水试验	10.895	76.296

由于受河道存在的影响,数值模拟中抽水井的影响半径并不是一个均匀的圆形,在此处抽水井影响半径取在河滩地的影响半径值。中心降深的误差率为－0.51%,影响半径误差率为3.54%,均在数值模拟允许的误差范围内,所概化水文地质模型可用于群井数值模拟。

4　结论

在GMS中采用MODFLOW模块对G105沭赵新河桥断面的抽水试验进行了模拟。模拟试验表明,数值模拟结果与抽水试验结果存在一定的误差,但是在数值模拟允许的误差范围内,因此所建立的数值模型可用于群井抽水试验数值模拟,优化湖西滨湖河道施工降排水方案。

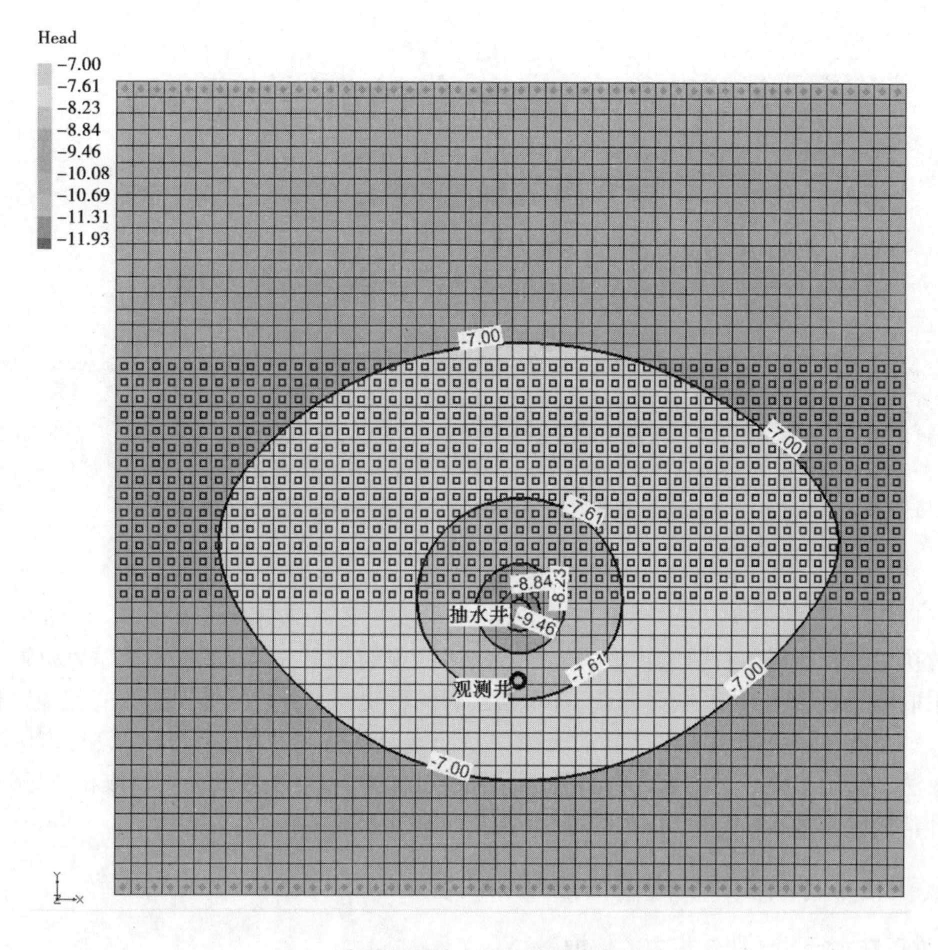

图8　典型断面抽水试验数值模拟结果

参考文献

[1] 段青梅. 西辽河平原三维地质建模及地下水数值模拟研究[D]. 北京:中国地质大学,2006.

[2] 沈媛媛. 地下水数值模拟中人为边界的处理方法研究[J]. 水文地质工程地质,2008(6):12-15.

[3] 潘国营. 地下水数值模拟模型拟合效果的评价[J]. 焦作矿业学院学报,1994(02):52-56.

[4] 路瑞利. 基于 Modflow 的某水源区地下水开采三维数值模拟[J]. 武汉大学学报(工学版),2011,44(5):618-623.

作者简介:李玥璿,女,1982年11月生,工程师,主要从事水利工程规划、管理、设计等方面的研究。E-mail:10409310@qq. com.

水行政执法责令改正的研究

季洁莉

（沂沭河水利管理局郯城河道管理局　山东临沂　276100）

摘　要：我国《行政处罚法》第23条的规定："行政机关实施行政处罚时，应当责令当事人改正或者限期改正违法行为。"对于国内目前实施的法律法规进行分析能够得出，基本上均具有限期改正以及责令改正的相关要求和规定，并且这种具体行政行为有着极为普遍的运用，诸多行政主体及其工作人员对于责令改正行为的使用也十分的了解。然而，在实际运用过程中执法人员对于责令改正的观点和看法难以实现统一，使得一系列后续问题相继出现。本文通过对水行政执法中责令改正实践操作适用、存在问题原因等的初步探讨，提出了责令改正在具体水行政执法过程中的完善建议。

关键词：水行政执法　责令改正　完善建议

水行政执法是指各级水行政主管部门依照水法律法规的规定，在社会水事管理活动中对水行政管理相对人采取的直接影响其权利、义务，或者对其权利的行使或义务履行情况进行直接监督检查的具体行政行为。水行政执法是围绕调整社会水法律关系而实施的行政执法，是行政执法的有效组成部分。作为行政执法中行政机关管理国家公共事务，实现行政目的的重要手段——责令改正，自然也是水行政执法中一种常见的具体行政行为，在水行政执法中有着广泛的适用。

1　责令改正在水行政法律法规中的依据和内容

1.1　责令改正在水行政法律法规中的依据

在目前的水行政执法实务中，水行政主管机关作出责令改正类行为的常用主要法律依据包括《中华人民共和国水法》（以下简称《水法》）、《中华人民共和国防洪法》（以下简称《防洪法》）、《中华人民共和国水土保持法》（以下简称《水土保持法》）、《中华人民共和国水污染防治法》（以下简称《水污染防治法》）、《中华人民共和国河道管理条例》（以下简称《河道管理条例》），以及《中华人民共和国取水许可和水资源征收管理条例》（以下简称《取水许可条例》）等法律法规。

1.2　水行政法律法规中责令改正的具体内容

开展水行政事务处理工作的过程当中，相关的法律法规对于责令改正的基本情况进行了明确具体的界定，从其具体表现形式上来讲，责令改正的内容主要有：责令停止，责令纠正，责令改正违法行为，责令限期拆除，责令限期更换，责令限期改建或拆除，责令限期清除，责令消除危险或重建，责令限期补缴，责令停止生产、销售或使用等。

从适用方式的角度来讲，水法律法规中的责令改正可分为四种具体适用形态：一是责令改正单独适用，不伴随行政处罚。经水行政主管机关责令改正后，行政相对人如不改正违法行为或履行相应义务，也没有相应的行政处罚，如《防洪法》第26条[1]。二是责令改正作为行政处罚的构成要件之一，是行政处罚实施的必要环节，同时适用。行政相对人拒不履行责令改正义务的，是水行政主管机关给予其行政处罚的构成要件之一，如《水法》第65条第三款规定[2]。三是水行政主管机关可根据自由裁量权决定是

---

[1] 《中华人民共和国防洪法》第26条：对壅水、阻水严重的桥梁、引道、码头和其他跨河工程设施，根据防洪标准，有关水行政主管部门可以报请县级以上人民政府按照国务院规定的权限责令建设单位限期改建或者拆除。

[2] 《中华人民共和国水法》第65条第三款：虽经水行政主管部门或者流域管理机构同意，但未按照要求修建前款所列工程设施的，由县级以上人民政府水行政主管部门或者流域管理机构依据职权，责令限期改正，按照情节轻重，处一万元以上十万元以下的罚款。

否在责令改正时进行行政处罚，即与行政处罚选择适用，如《河道管理条例》第 45 条规定❶。四是责令改正后才能适用行政处罚，亦即责令改正前置，对逾期不改正的违法行为进行行政处罚，如《水污染防治法》第 72 条规定❷。

2　责令改正在执法实践中的应用

责令改正是水行政主管机关日常管理事务中的一种常用的具体行政行为，但是由于理论上未就其法律属性有明确的定论，加之其在水行政执法中的适用散见于各种水法律法规中，且适用情形分类多，因此在水行政执法实践中也出现了诸多的问题，择其要者简述如下。

2.1　法律属性不明确

目前，行政法学理论界、实务界对责令改正的法律属性观点各异，大相径庭。而之所以观点之间会有如此大的差异，缺乏法律的明确规定是一个很重要的原因。缺乏法律的明确规定所带来的直接后果是不同的执法人员对于责令改正的理解也不同，导致案情相同或相近的案子法律文书下达程序和内容却大不相同。有的甚至是同一案件两个承办人员间对于责令改正的理解都不一致，给案件的处理带来不利影响。

2.2　缺乏统一的适用规则与程序规定

水行政执法实践中责令改正行为大量存在，责令改正所要求的内容又随着违法行为的不同而不同，这些责令改正的规定散见于各个法律、法规甚至规范性法律文件之中。每个法律（法规、规范性文件）对于责令改正所适用的情形又做了不同的规定。如在《水法》中除第六十五条外，其余责令改正类行为与行政处罚之间基本是同时适用的；《防洪法》《河道管理条例》中责令改正的同时是否进行行政处罚由行政机关根据案情行使自由裁量权而决定；而《水污染防治法》中既有责令改正单独适用的情形又有与行政处罚同时适用的情形，还有责令改正前置的情形。有的甚至是针对同一违法行为，不同的法律之间的规定也不同。如针对在河道管理范围内建设妨碍行洪的建筑物的行为，《水法》第六十五条规定："责令停止违法行为……逾期不拆除、不恢复原状的，强行拆除……并处一万元以上十万元以下的罚款"即此种责令改正的适用情形属于上文所述的"责令改正后才能适用行政处罚"。而《防洪法》第五十五条则规定："责令停止违法行为……可以处五万元以下的罚款。"即此种责令改正的适用情形属于上文所述的"责令改正的同时是否进行行政处罚由行政机关根据案情行使自由裁量权而决定"。从法的位阶的角度来讲，《水法》和《防洪法》同属法律，二者之间亦不存在特别法与一般法的问题。因此，在实践中，对于同一类型的案件，不同的单位不同的承办人员会适用不同的法律来处理，所做出的案件处理程序与处理结果也可能大不相同，长此以往将大大影响行政执法的权威性。因此，无论是从行政公开的角度，还是从保障行政相对人合法权益的角度出发，我们都应该对水行政执法中的责令改正行为做出统一的程序性规范。

2.3　缺乏有效的后续监督措施

在"责令改正单独适用"的情形中，由于法条仅仅规定了责令改正，而未对不履行"责令改正"要求的行为规定相应的制裁措施，使得责令改正形同虚设。行政相对人抱着"不改正也不能拿我怎么样"的心态，视"责令改正"文书如同白纸。而水行政主管机关也会在履行下达"责令改正"文书的职责后，对后续监管采取消极的态度，因为相对人是否履行、履行是否到位、不履行会承担哪些不利后果都没有法律规定，执法人员无法对后续行为采取有效的、"名正言顺"的手段进行管理。

在"责令改正的同时是否进行行政处罚由行政机关根据案情行使自由裁量权而决定"的情形中，则

---

❶ 《中华人民共和国河道管理条例》第 45 条：违反本条例规定，有下列行为之一的，县级以上地方人民政府河道主管机关除责令其纠正违法行为、赔偿损失、采取补救措施外，可以并处警告、罚款；应当给予治安管理处罚的，按照《中华人民共和国治安管理处罚条例》的规定处罚；构成犯罪的，依法追究刑事责任：(一)损毁堤防、护岸、闸坝、水工程建筑物……

❷ 《中华人民共和国水污染防治法》第 72 条：违反本法规定，有下列行为之一的，由县级以上人民政府环境保护主管部门责令限期改正；逾期不改正的，处一万元以上十万元以下的罚款：(一)拒报或者谎报国务院环境保护主管部门规定的有关水污染物排放申报登记事项的……

存在水行政主管机关滥用自由裁量权的现象。在这种情形下,行政处罚不是必须的,而是可以选择的,这就给水行政主管机关留有了极大的自由裁量权。目前,行政机关执法受到地方政府及其他行政机关干预的现象依然很严重,水行政主管机关在日常执法中也面临这样的难题。在水行政主管机关中,水利部直属的流域管理机构由于人、财、物均由中央直接管理,而驻地又在地方,尤其是其基层管理单位,驻地多在偏远的县区,在行使流域水行政管理职权的时候,受地方干扰更多。而一旦某种水事违法行为责令改正的同时"可以"进行行政处罚,也"可以不"进行行政处罚,那么就会有一小部分相对人利用这一点找各种各样的关系来阻止水行政主管机关进行下一步的行政处罚,由此造成执法不公。

另外,在个别水事违法案件中,尤其是违法涉河建设项目案件,建设项目的建设方(甲方)往往是地方政府,水行政主管部门作为其下属的机关,无法对这种违法行为进行实质有效的查处,大多数情况只能象征性地进行一些程序性的文书送达,而文书的程序也一般只能进行到"责令改正",如果改正,则皆大欢喜。如果不改正,也不能采取其他制裁措施与政府抗衡。

3　水行政执法中责令改正的完善建议

责令改正作为水行政执法实践中经常做出的具体行政行为,对行政相对人的权利、义务等都将产生直接影响,因此应当有相关的要求。特别是在责令改正作为行政处罚或者其他行政制裁性行为的前置性程序的时候,就要遵循相关的原则。笔者认为在水行政执法中以下几方面亟待完善。

3.1　明确责令改正的启动条件和时间

在我们水行政执法实践中,只有在确定相对人存在违法行为时,才能进行责令改正行为。何时能够确定相对人存在违法行为?笔者认为,一是完成整个案件的调查程序的时候;二是根据现有掌握的证据能够明显证明存在违法行为。如果具备这两项条件之一,就要下达责令改正文书。另外,一个水事违法案件的整个案卷中能否存在两份以上的责令改正文书,相关法律法规没有规定,但是笔者认为当第一份责令改正文书送达以后,此时如果出现的违法行为又同时满足两个条件,就可以作出第二份。如在河道内建设房屋,水行政主管机关在相对人打房屋基础的时候发现了该违法行为,即进行立案调查,随后下达了责令停止违法行为通知,相对人在签收该文书后,不仅没有停止该违法行为,而且继续建设房屋主体结构,此时行政处罚尚未作出,那么水行政主管机关就可以针对相对人继续建设房屋的行为再下达新的责令停止违法行为通知。

3.2　规范责令改正作出程序

正常情况下,行政处罚、行政强制措施等行政决定,需要在经历调查、立案等程序后才能作出,因为这些决定涉及行政相对人的实际权利义务。而责令改正虽然也是在一定程度上对行政相对人的权利义务产生了影响,但这种影响仅仅是针对其违法行为的,是要求其改正错误或履行法定义务。因此,在执法实践中,只要有充分的证据可以证明相对人违法行为的存在,就可以对该行为下达责令改正类文书,而并不必然要求立案,有些违法行为如果是在巡查过程中发现的,巡查结束后或者当场下达责令改正通知,当事人立即履行了通知规定的改正内容的,即违法行为的结果已经不存在的,也就没有必要再经历立案、审批等程序。当然这种"不以立案为前提"是建立在有充分证据证明违法行为确实存在、无异议的前提条件下的,因此需要格外注意前期违法行为证据的收集。在水行政执法中,一般如违法涉河建设项目、河道内违法建筑、非法设置排污口、取水口等施工建设行为比较容易固定证据,因为此种类型的行为将产生既定的结果——建筑物、构筑物的存在。而对于非法采挖河道内砂土、盗伐护堤护岸林木等可以瞬间结束的行为,必须在执法时及时进行证据的固定,否则一旦相对人逃离现场又没有及时拍照摄像,后续将无法对该行为进行处理。这也提醒我们应当注意另一个角度的问题,即应当将执法记录仪等设备逐步在水行政主管机关中进行普及。

3.3　责令改正决定应书面作出

口头形式不利用证据的固定保存,容易引起争议,采用书面形式更有助于充分告知当事人事实、理由、依据,保障当事人合法权益,同时形成确定的证据,为事务的进一步处理提供依据。在责令改正前置的适用情形中,责令改正以书面的形式作出则显得更为重要,否则就极易出现后续的行政处罚因为证据不足而使行政主体陷入被动境地。

3.4　责令改正后续监管应及时

如果采取了责令改正的措施，水行政执法人员就要做好跟踪以及各种调查工作，监督当事人是否按照责令改正文书要求的期限落实了改正的具体要求，如果相对人不能自觉按时按要求履行责令改正的要求，水行政主管机关就不能结案，对于没有立案而直接下达责令改正文书的，水行政执法人员需要将案件转入立案程序，补充调查、完善笔录等，以便下一步行政处罚、行政强制或者其他行政制裁性措施的开展。如果后续监管措施不及时、不到位，将影响责令改正工作的执行力度。责令改正的监管措施到位了，相对人不履行改正要求怎么办？因此，应当为水行政主管机关提供责令改正的保障措施。

3.5　责令改正应及时告知相对人程序救济权利

水行政执法中的责令改正行为，毫无疑问是一项具体行政行为，当责令改正行为不当或者侵害了公民、法人或者其他组织的合法权益时，行政相对人就有权采取行政救济措施。现行水法律法规中虽然存在大量的责令改正行为，但是并没有就责令改正的救济措施作出相应规定。那么如果水行政主管机关在责令改正时侵害了相对人的合法权益或者相对人对水行政主管机关作出的责令改正有异议时，相对人可以采取哪些救济措施来维护自己的权益呢？所以，水行政主管机关应当以《全面推进依法行政实施纲要》为指导，坚持程序正当原则，从听取陈述、申辩、行政复议、行政诉讼等方面完善责令改正行为的救济措施，避免出现行政侵权行为，这样才能积极地维护公民的权益。

参考文献

[1] 姜明安. 行政法与行政诉讼法[M].4版. 北京：北京大学出版社，高等教育出版社. 2011.

[2] 戢浩飞. 治理视角下行政执法方式变革研究[M]. 北京：中国政法大学出版社，2015.

[3] 刘平. 行政执法原理与技巧[M]. 上海：世纪出版集团上海人民出版社，2015.

[4] 朱锦杰. 海洋行政执法中“责令停止违法行为”的法律属性及其适用[J]. 海洋开发与管理，2012(06).

[5] 胡建森. 关于《行政强制法》意义上的“行政强制措施”之认定——对20种特殊行为是否属于“行政强制措施”的评判与甄别[J]. 政治与法律，2012(12)：2-13.

[6] 陈和平. “责令改正”在水上安全监管中适用的思考[J]. 中国水运月刊，2009，9(5)：103-104.

[7] 沈卫东，周洁，吕斌. 水行政执法中部分具体行政行为的法律性质探析[J]. 江淮水利科技，2008(4)：36-37.

[8] 李霞. 责令改正的性质及其适用[J]. 工商行政管理，2004(19)：43-44.

[9] 左顺荣，等. 建立水行政执法联合运行机制的法律思考——以江苏省水行政执法实践为例[J]. 水利发展研究，2012(07).

[10] 耿吟秋. 劳动保障监察中责令改正行为简析[D]. 上海：复旦大学，2010.

作者简介：季洁莉，女，1983年10月生，工程师，法律硕士，主要从事水行政管理与执法等相关方向研究。E-mail：50969066@163.com.

沂沭泗直管河湖河长制工作思考

李飞宇[1]　黄　洁[2]　葛　蕴[3]

(1. 淮委沂沭泗水利管理局　江苏徐州　221018;2. 沛县水利局　江苏徐州　221600;
3. 南四湖局蔺家坝水利枢纽管理局　江苏徐州　221000)

摘　要:全面推行河长制是解决复杂水问题、维护河湖健康生命、推进水生态文明建设的有效举措。文中介绍了沂沭泗直管河湖基本情况以及河长制工作开展情况,分析了当前工作中存在的困难和问题,探索构建流域管理与区域管理结合下的河长制组织领导机构体系,提出了沂沭泗直管河湖推行河长制下一步工作措施和建议。

关键词:河长制　河湖管理　流域管理　沂沭泗

沂沭泗流域内河湖交错、水道复杂,省际间水事矛盾突出,管理压力大。沂沭泗直管河湖主要包括大型湖泊2座(南四湖和骆马湖),沂河、沭河、分沂入沭、韩庄运河等956 km河道,共涉及2省、7市、30县区。沂沭泗局实行"沂沭泗局—直属局—基层局"三级管理体制,下设3个直属局(南四湖局、沂沭河局、骆马湖局);3个直属局共下设19个基层局(水管单位),基层局负责承担河湖管理具体工作。当前,推行直管河湖河长制是沂沭泗局所属各级管理单位的一项重要工作。

1　沂沭泗局推行直管河湖河长制工作概述

1.1　领导高度重视

沂沭泗局领导高度重视河长制的推行,认真贯彻落实党中央、国务院关于河长制推进工作的决策部署,深刻领会中央有关会议文件精神,充分认识推行河长制的重大意义,准确把握河长制的工作任务要求,履职尽责、主动作为,成立了河长制工作领导小组,积极组织各单位部门结合实际开展深入研讨,制定了《沂沭泗局推动直管河湖落实河长制工作方案》,明确了工作目标、任务和要求。

1.2　积极组织学习

中共中央办公厅 国务院办公厅《关于全面推行河长制的意见》(以下简称《意见》)出台后,沂沭泗局迅速组织各部门、单位集中观看推行河长制工作视频,专题学习《意见》《水利部、环境保护部贯彻落实〈关于全面推行河长制的意见〉实施方案》、陈雷部长人民日报署名文章《落实绿色发展理念,全面推行河长制河湖管理模式》等文件,准确把握河长制的工作任务要求,根据职责在直管范围内认真落实好《意见》主要工作任务。

1.3　开展讨论研究

组织沂沭泗局属相关部门和单位召开专题讨论会议,积极围绕《意见》出台重大意义、河长制主要任务要求,结合沂沭泗地区水利管理实际,从贯彻落实河长制、切实履行管理职责、加强水生态文明建设、维护河湖健康生命等方面进行了专题讨论,统一了思想,明确了工作任务,为切实做好河长制的推进工作奠定基础。

1.4　扎实开展推进

在开展学习讨论的基础上,沂沭泗局还组织向实施河长制经验丰富的单位实地开展调研,同时组织开展河湖调查,全面掌握直管河湖情况,并结合直管河湖特点,积极与地方政府沟通协调,建言献策,参与河长制有关方案和制度的制定;组织所属各单位作为地方河长办组成单位,密切配合河长制工作开展,促进流域与区域协力推进河长制。

2　直管河湖河长制组织领导机构体系构建

组织领导是全面推行河长制的关键环节。《意见》要求全面建立省、市、县、乡四级河长体系。沂沭泗直管河湖全面推行河长制，要结合沂沭泗流域与所在行政区域管理实际，科学合理的构建直管河湖河长制组织领导机构体系。一是沂沭泗直管的沂沭河、南四湖、韩庄运河、邳苍分洪道等跨省河湖以及骆马湖、新沂河等跨市河湖，宜在省一级层面上实施领导、指导、协调与监督，由流经省份设立省级河长，成立省级河长办，沂沭泗局应为省级河长办成员单位。二是沂沭泗直管河流一般都是流经的市县区规模和等级较大的河流，宜分河分段设立市、县级河长，沂沭泗局所属直属局应作为市级河长办成员单位，各基层局作为县级河长办成员单位。同时由于直管河湖河长工作与直管单位关系更为直接和密切，为有利于工作开展与衔接，可探索试点设立副河长，且可由沂沭泗局所属直属局或基层局领导担任。三是乡级河长宜按河湖段设立。由于直管工程管理和维护由水管单位统一实施，实行制度化、日常化管理，因此可因需设立村级河长，亦可不设。四是若省、市针对直管河湖打捆或分片设立办事机构，沂沭泗局和相关直属局可作为其成员单位并可会同牵头单位承担组织协调工作。

3　直管河湖推行河长制工作存在的困难和问题

全面推行河长制是一项复杂的系统工程，目前，地方各级河长制推进工作有了很大进展，沂沭泗局及所属各级管理单位积极参与、沟通、协作，在推进直管河湖推行河长制中做了大量工作。但是，由于流域与区域职责定位差异、河长制推行配套政策尚未完全建立、水管单位本身问题等原因，在沂沭泗直管河湖河长制推行工作中还存在着一些困难和问题。

3.1　河长制模式下管理单位职责界定不明晰

河长制核心是地方行政领导负责制，地方政府是主导者与组织者。地方政府职能部门根据河长的安排牵头或负责相关任务的实施与执行。沂沭泗局及所属各级单位是直管河湖管理单位，按照职责分工承担相应任务，在河长制事务中发挥参与、参谋和配合作用。但是由于流域与区域职责定位的分歧、理解认识的差异等原因，当前，推行河长制工作中各管理单位职责界定尚不明晰，一是部分地方政府及部门认为，根据河道管理权限，中央直管河湖的各项河长制基础工作均应由流域机构负责，并要求流域机构组织实施开展所在区域的直管河湖问题排查、编制综合整治方案和河道岸线利用规划等具体工作，且其所要求排查问题涉及水资源、河湖工程、水域岸线、水污染、水环境、水生态、执法监管等方方面面，时间要求紧，加之部分工作情况流域管理单位日常工作并不掌握，完成任务难度大。二是部分县级河长制办公室将本应由河长或者政府有关部门牵头负责的各项事务都交由沂沭泗局所属基层局承担、负责，加重了基层局负担。三是极少县级河长办尚未将沂沭泗局所属基层局纳入河长制工作体系，不利于直管河湖河长制工作的协调、推进。例如，宿城区未将宿迁水利枢纽管理局纳入河长办成员单位。

3.2　直管河湖推行河长制经费保障尚未到位

目前处于全面推行河长制的基础阶段，水管单位需要组织对直管河湖开展全面排查，准确地掌握河湖存在的问题，形成“一河一档”成果资料；需委托具有资质的单位编制综合整治方案和河道岸线利用规划；需制作安装直管河湖河长公示牌，召开河长制推进工作会议安排部署河长制有关工作；完成河长办安排的经常性具体工作等。这些具体工作任务均需要一定的经费支持才能实施完成或顺利推进。为此，部分省市地方财政专门追加了河长制专项经费用于部分河湖（不包括中央直管河湖）问题排查、编制综合整治方案和河道岸线利用规划等河长制基础工作实施。但是，直管河湖管理单位本身没有专项经费，中央财政也未追加相应经费，管理单位只能在向上级呼吁经费支持的同时尽力完成比较紧急的工作任务，工作质量和成效难以充分保障，一定程度上制约了直管河湖河长制工作推进。

3.3　河长制推行工作机构不健全、人员不足

随着河长制的全面推行，为直管河湖管理工作带来了新的机遇，同样也带来了大量与之相关的内外部业务工作，如组织开展沂沭泗直管河湖问题排查、编制综合整治方案和河湖岸线管理规划、制作安装河长公示牌、协助地方编制“一河一策”、组织召开直管河湖推行河长制内部工作会议、参加地方河长制

工作会议、提供各类有关材料、参加河长巡河检查、开展专项整治活动等工作任务。部分地方拟设立负责河湖工程保洁的河管员岗位,并拟交由沂沭泗局负责组织安排。沂沭泗局所属各基层局本身长期存在工作任务重、管理人员不足、管理压力大的问题。在直管河湖推行河长制工作中,沂沭泗局并未组建专门工作机构,也未增加专门工作人员,而是由各水管单位的水利工程管理部门负责牵头实施,由各水管单位的水利工程管理人员兼职做好河长制具体业务工作,这些部门和人员在负责河长制各项工作的同时还承担着原有水利工程管理、防汛抗旱、建设项目管理、维修养护、水资源管理等本职工作,任务极为繁重。且随着直管河湖河长制的深入推进,工作任务将会越来越多,当前的机构和人员难以满足实际工作需要。

3.4　部分基层局河湖管理工作尚未完全规范

水管体制改革以来,沂沭泗局水利工程管理工作不断规范,直管水利工程面貌显著改善、管理水平大大提升,但是个别基层局还存在河湖巡查不全面、发现问题不及时、制度执行效果不够、履行职责不完全到位等管理欠规范的问题,随着直管河湖河长制工作逐步推进,这些问题在一定程度上影响着工作开展效果,亦存在被河长追责的风险。

4　沂沭泗直管河湖推行河长制的措施和建议

在沂沭泗直管河湖推行河长制,应在河长制的制度框架下,深化流域与区域联合管理的直管河湖管理保护模式,强化部门联动,充分发挥各方优势,构建责任明确、协调有序的河湖管理保护机制,促使有效解决河湖管理中一些涉及面广、影响大、协调难的问题。

4.1　明晰直管河湖河长制管理模式下工作职责

职责明晰是流域与区域协作推进直管河湖河长制工作的关键。当前工作中,流域机构与地方政府需进行协调,归整梳理推进河长制各项工作任务,由流域机构和地方政府协商出台有关文件,进一步明晰直管河湖河长制模式下流域与区域各级管理单位具体工作职责,合理细化任务分工,提高协作推进效率。

4.2　落实直管河湖推行河长制工作保障措施

一是经费保障。将河长制工作经费纳入预算安排,确保河长制推进工作中有关会议、差旅、设备购置、直管河湖问题排查、综合整治方案和河道岸线利用规划编制等经费保障到位。

二是机构和人员保障。建议上级出台政策,由直管河湖各管理单位参照地方河长办专职化、专门化的方式,组建河长制推进工作专门机构,增设专门工作人员,专职负责河长制工作。

三是信息保障。推动并组织建立沂沭泗直管河湖河长制工作信息共享平台,经常开展交流研讨活动,及时总结河湖管理保护工作情况,汇报河长工作动态。

4.3　加强直管河湖规范化管理等基础工作

结合河长制工作要求,组织对直管河湖进行全面、系统、细致、准确的问题排查,摸清历史与现状,分类分析、整理,形成完整科学的数据资料和报告,建立“一河一档”。大力清查涉河湖违法违章行为,做好备案留底,制订整治方案和整改措施,并及时将有关情况向河长和河长办汇报。结合政府需求、社会共识和自身实际,加强直管工程维修养护,保证直管工程安全、整洁,提升直管工程面貌形象,展现直管河湖河长制工作成果。

4.4　建立直管河湖推行河长制长效工作机制

在直管河湖河长制的推行中,流域机构要与地方主动对接,积极参与其中并承担相应任务,推动建立流域与区域联络协调和联合执行等长效机制。

一是应在全流域层面建立由流域机构牵头,沂沭泗局各级管理单位和地方有关部门参加的直管河湖河长联络协调小组或联席会议制度,及时沟通协调省际河湖管理与保护相关工作。

二是沂沭泗局各级管理单位提早介入,参与地方河长制推进有关工作方案、规划、考核奖惩与问责机制等政策的制定,结合流域管理单位和直管河湖实际,积极向地方政府建言献策,确保政策的制定充分考虑直管河湖的特点,体现管理的要求和意图。

三是河长制办公室应组织加强区域之间、部门之间涉水事务统筹协调，组织建立综合执法队伍，落实执法人员、设备和经费，对发现和通报的问题，开展联合执法，形成长效机制。

4.5　着力解决直管河湖管理中的重点难点问题

解决直管河湖重点难点问题是沂沭泗局推进河长制工作的一项重要目标。沂沭泗局应以全面推行直管河湖河长制为契机，以河湖岸线管理与保护为切入点，充分运用河长制政策，逐步解决涉河湖建设项目管理难度大、河湖管理与保护范围划界难度大、打击非法采砂任务重、水行政执法力量薄弱等重点难点问题，提高直管河湖管理水平。

5　结语

全面推行河长制是贯彻新发展理念、建设美丽中国的重大战略，也是加强河湖管理保护、保障国家水安全的重要举措。工作任重而道远，沂沭泗局应继续全面落实党中央、国务院以及水利部、淮委工作部署，以保护水资源、防治水污染、改善水环境、修复水生态、规范河湖管理为主要任务，将流域综合管理与推行直管河湖河长制工作紧密结合、协同推进，促进解决流域河湖管理保护的突出问题，实现河湖功能永续利用，保障流域经济社会可持续发展。

参考文献

[1] 郑大鹏，等. 沂沭泗防汛手册[M]. 徐州：中国矿业大学出版社，2003.

作者简介：李飞宇，男，1986年12月生，工程师，主要从事水利工程管理与防汛抗旱工作。E-mail：305900064@ qq. com.

重沟水文站糙率推求流量初探

王 建[1] 郭宇锋[1] 杜庆顺[2] 邱岳阳[1] 王秀庆[2]

(1. 沂沭河水利管理局沭河水利管理局 山东临沂 276700;
2. 沂沭泗水利管理局水文局 江苏徐州 221009)

摘 要:本文以沭河重沟段(K18+660~K20)为例,选取“120723”洪水过程,以1 h为时段插补水位、流量,绘制水位—断面面积关系曲线、水位—湿周关系曲线,以重沟上、重沟站作为上、下断面,采用曼宁公式推求糙率,将所求糙率代入曼宁公式反推流量,得出反推流量相对误差在4%以内,证明用曼宁公式在重沟站河段推求糙率反推流量的方法是可行的。

关键词:重沟站 曼宁公式 糙率 流量

1 概述

1.1 沭河基本情况

沭河发源于山东沂山南麓,南流经临沂的沂水、莒县、莒南、临沭、郯城和江苏的新沂6个县(市),于新沂的口头入新沂河,全长约300 km,流域面积6 400 km^2。沭河是山溪性河道,冬、春两季少水,夏秋两季往往山洪暴发,峰高流急。

1.2 重沟水文站基本情况

重沟水文站位于山东省临沭县郑山街道,沭河中泓桩号18+660(东经118°32′,北纬34°57′),控制流域面积4 511 km^2,为国家基本水文站。重沟水文站于2011年6月开始运行,测验项目主要有降水、蒸发、水位、流量等,主要测流设备为跨河缆道,长660 m,双跨;使用流速仪或牵引ADCP进行测流。辅助测流措施有G327国道沭河大桥桥测、电波流速仪测量等。基本水尺断面兼作比降下断面,其上游1 340 m处为比降上断面,比降上、下断面之间无支流和分流。测验河段基本顺直,断面稳定。

1.3 橡胶坝基本情况

重沟水文站上断面和重沟站断面之间,建设有华山橡胶坝。华山橡胶坝建设于2008年,设计底板高程53.00 m,最高蓄水位58.00 m,坝长457.6 m,分5节,最大蓄水库容1 516万 m^3,水面面积5.3 km^2,回水长度11.37 km。工程于2008年2月开工,6月中旬橡胶坝安装结束开始注水试运行。

1.4 糙率分析缘由

重沟站水位陡涨陡落,河道变化明显,水位流量关系不稳定,本文试图寻找一种方法,通过上下断面水位、断面流量、比降、断面面积、糙率等运用曼宁公式来计算河道的流量,而这些变量中最难确定的就是河道糙率,因此有必要对河道糙率值进行分析,通过率定糙率值反推流量。

2 糙率推求方法及资料选用

河道糙率是衡量壁面粗糙情况的一个综合性系数,影响因素复杂,主要受河道河床组成、床面特征、平面形态、水流特征及岸壁特征等河段特征要素控制。山区天然河道稳定状态河段的流态主要有近似恒定均匀流和恒定非均匀渐变流。当流态按恒定均匀流处理时,可据河道实测或调查资料用曼宁公式推算糙率。

如果为某一典型河段,根据实测的水位Z、流量Q、断面面积A、湿周χ等,应用谢才公式及曼宁公式可得:

$$n = \frac{R^{\frac{2}{3}} J^{\frac{1}{2}} A}{Q}$$

$$R = \frac{A}{\chi}$$

式中:n 为河床糙率,无量纲;R 为水力半径,m;J 为水面比降,无量纲;A 为断面面积,m^2;Q 为断面流量,m^3/s;χ 为湿周,m(重沟站河段是宽浅河道,湿周可由水面宽代替)。

曼宁公式的适用条件:①恒定、均匀流;②紊流、阻力平方区;③水力半径 R 的单位一定要用 m。

重沟站河段满足曼宁公式的条件:①重沟站河段洪峰前后属于恒定均匀流;②重沟站河段的水流是阻力平方区的紊流;③重沟站断面的水力半径的单位用 m 表示。

重沟站河段满足曼宁公式的适用条件,因此可以用曼宁公式推求重沟站河段的流量。

由于重沟站上游华山橡胶坝的原因,需要选择塌坝时的资料进行分析,因此本次研究选择"120723"洪水过程,选取时间段为 2012 年 7 月 23 日 11 时至 25 日 0 时,选用重沟上的水位、重沟站的水位、流量以及 6 月 26 日施测的大断面为研究资料。

3　糙率分析计算

根据 2012 年 6 月 26 日大断面图绘制重沟站水位—断面面积关系曲线及水位—湿周关系曲线图(见图 1)。

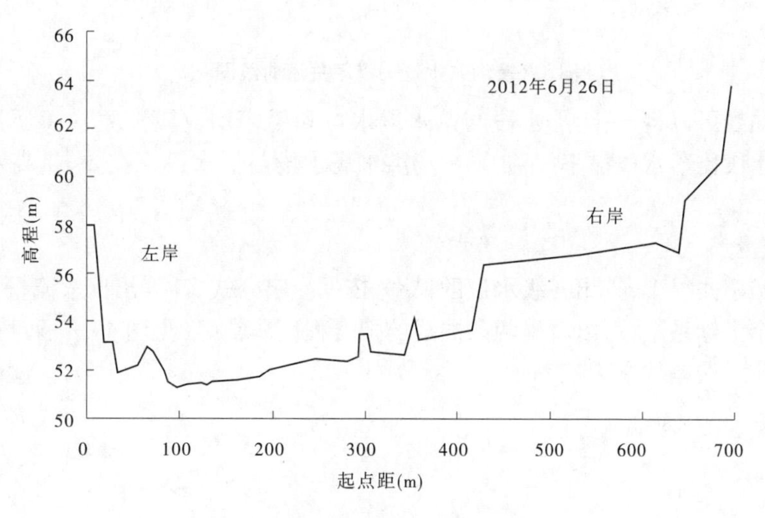

图 1　重沟站大断面图

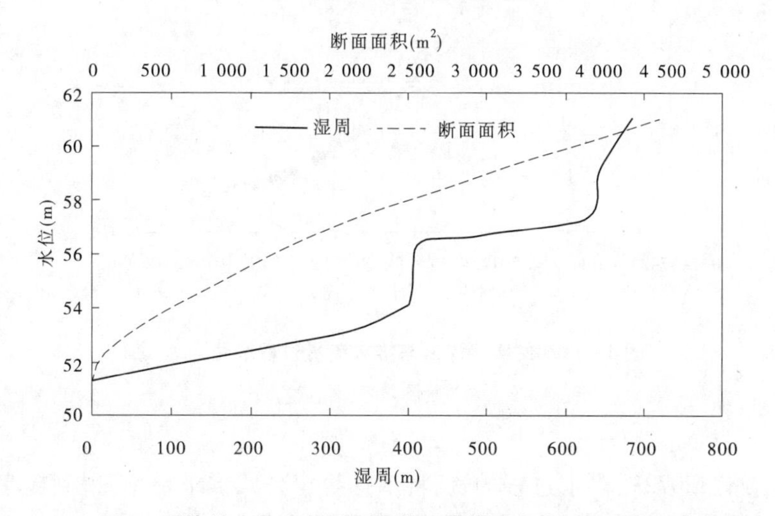

图 2　重沟站水位—断面面积关系曲线及水位—湿周关系曲线图

3.1　"120723"洪水糙率计算

将沭河重沟站洪水过程的水位和流量按 1 h 为时段进行插补,在水位—断面面积曲线图上查出水位对应的断面面积,通过水位—湿周关系曲线图查出水位对应的湿周,可以得到相应水位的水力半径;

以重沟上为上断面，重沟站为下断面，可以得到重沟站的断面比降；通过曼宁公式求出糙率，重沟站的河道糙率值在0.039～0.069，水位关系点绘在坐标系上，洪水过程分为涨水段与落水段，定出两条光滑的曲线，分别为涨水和落水时的水位—糙率关系曲线（见图3），可以看出点子均匀地分布在曲线的两侧，水位糙率曲线关系良好，且水位与糙率呈反比关系。

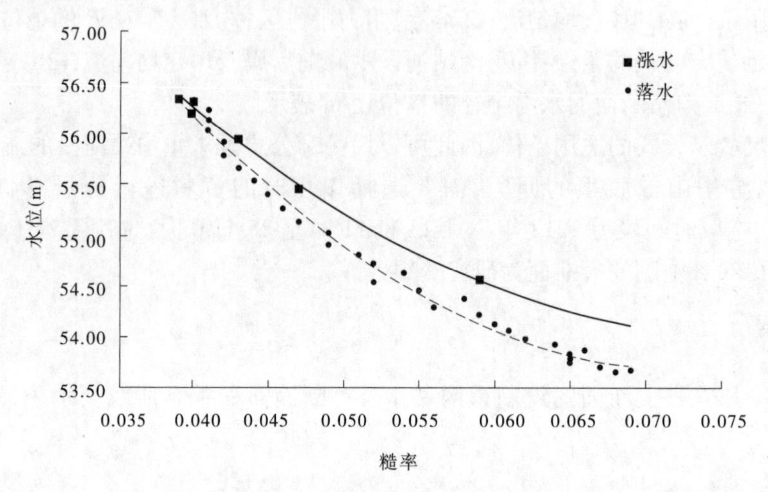

图3　重沟站水位—糙率关系曲线图

根据水位糙率曲线可以得出：①涨水段与落水段水位和糙率均成线性关系；②同一场洪水存在差异，同等水位下，涨水段比落水段糙率大；③同一场洪水高水段与低水段存在差异，高水段糙率小，低水段糙率大。

3.2　由糙率反推流量

从所定水位—糙率曲线上，查出各级水位的糙率，依据曼宁公式，计算出推求流量，将实测流量与推求流量绘制到同一个坐标系上，可以看出两条曲线的拟合程度非常好（见图4）。通过计算可以得出，推求流量与实测流量相对误差均在4%以内。

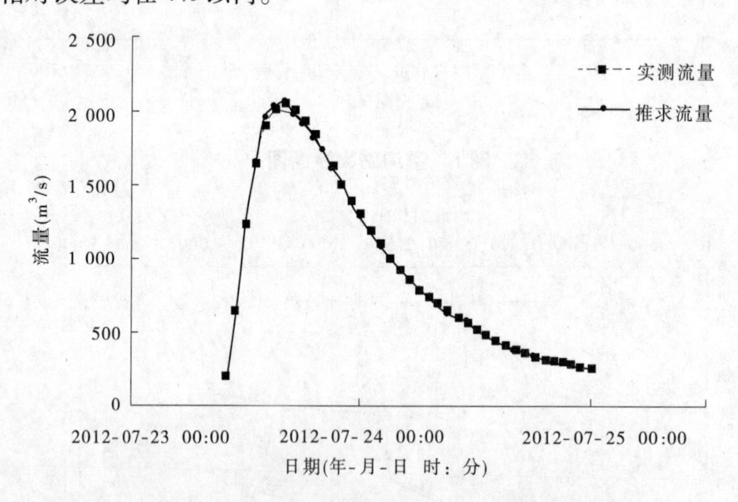

图4　重沟站实测流量与推求流量过程线图

4　结论

本文采用沭河重沟站“120723”洪水过程的资料，依据曼宁公式推求糙率，得到糙率值在0.039～0.069，代入曼宁公式反推流量，与实测流量成果对照，得到相对误差均在4%以内，反推流量过程线与实测流量过程线拟合较好，证明用曼宁公式在重沟站河段推求糙率反推流量的方法是可行的。

参考文献

[1] 沭河 重沟站 2004 ~ 2010 年水文资料汇编[R],2015.
[2] 李家星, 赵振兴. 水力学. 上册[M]. 2 版. 南京:河海大学出版社, 2001.
[3] 梁凤玲, 郑庆涛, 黎万安. 高要站河道糙率分析[J]. 肇庆学院学报, 2005, 26(2):21-24.

作者简介:王建,男,1992 年 9 月生,助理工程师,主要从事水文测报工作。E-mail:937564122@ qq. com.

DAMS－Ⅳ型智能安全监测系统在前坪水库的应用

李召阳[1]　刘武斌[1]　皇甫泽华[2]　皇甫明夏[3]

（1. 南京南瑞集团公司　江苏南京　210003；2. 河南省前坪水库建设管理局　河南郑州　450000；3. 河南省豫东水利工程管理局　河南开封　475000）

摘　要：本文介绍了水库大坝安全监测自动化系统的总体结构，着重论述了 DAMS－Ⅳ型智能分布式安全监测系统的现场监测网络结构和系统的功能与性能，为大坝及水工建筑物安全监测自动化系统提供一个方案参考。

关键词：前坪水库　安全监测　智能分布式　应用

0　引言

前坪水库是国务院批准的 172 项重大水利工程之一，位于淮河流域沙颍河支流北汝河上游，坝址以上控制流域面积 1 325 km^2，水库总库容 5.84 亿 m^3，主要建筑物包括主坝、副坝、溢洪道、输水洞、泄洪洞、电站等。前坪水库建筑物群数量众多，安全监测项目多、分布范围广，工程施工周期长，施工期监测工作难度大，运行期管理要求高。为了加强施工期安全监测管理及运行管理需要，该工程采用南京南瑞集团公司研制的 DAMS－Ⅳ型智能分布式工程安全监测系统（以下简称 DAMS－Ⅳ监测系统）对监测工作进行有效管理，该系统技术成熟可靠、功能强大、兼容性强，可全面应用于水库大坝和各建筑物施工期、特殊工况及运行期。

1　DAMS－Ⅳ系统组成及网络结构

1.1　系统组成

DAMS－Ⅳ监测系统由 DAU2000 数据采集单元、通信网络、管理计算机、DSIMS 大坝安全信息管理网络系统软件 V4.0（以下简称 DSIMS4.0 软件）等构成。DAU2000 采集单元负责对现场所有传感器进行数据采集，DSIMS4.0 软件作为整个监测系统的信息处理中心，承担对系统的所有功能操作。

DAU2000 数据采集单元由 NDA 系列数据采集智能模块、电源、防雷、防潮等部件组成，各种数据采集智能模块均有 CPU、时钟、数据存储、数据通信等功能。

1.2　系统网络结构

DAMS－Ⅳ监测系统典型网络结构如图 1 所示。

现场通信可以采用光纤、通信线、无线等多种方式，数据采集计算机和客户端计算机的数量根据实际需要进行配置，DAU2000 采集单元的数量根据现场传感器的数量灵活增减，该系统既可以满足小型工程的需要，又可以满足大型流域工程监测的要求。

2　系统功能及性能

2.1　系统功能

DAMS－Ⅳ系统功能强大，主要功能如下：

（1）数据采集单元具有定时自动测量、巡测、选测、单点复测以及自检功能。

（2）系统具有中央控制方式和自动控制方式。各 DAU2000 采集单元的 NDA 系列数据采集智能模块可被动进行巡测、单点测量或按照设定的周期进行数据巡测、自动存储，并定时将所测数据传送到采集计算机并存入数据库。

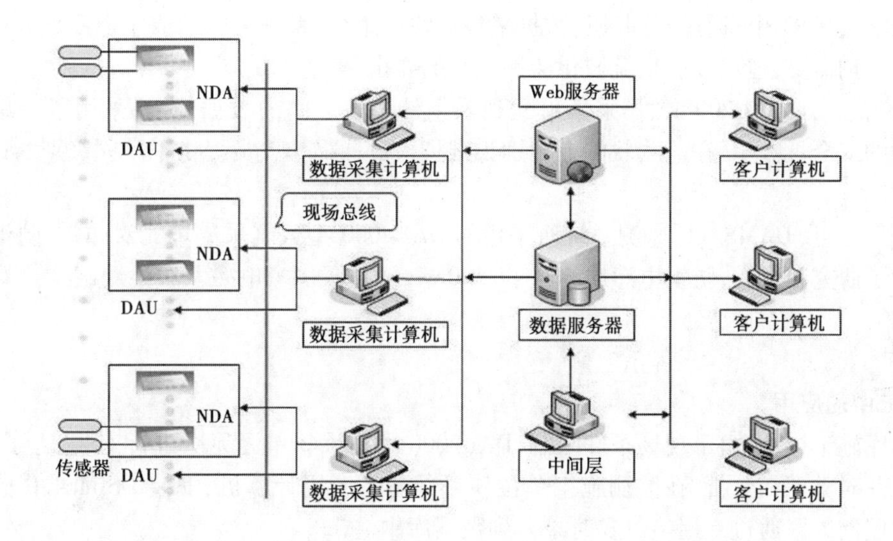

图1　DAMS－Ⅳ监测系统网络结构示意图

(3)采集模块自带实时时钟,自动存储,测量时间和测量周期由操作人员自由设置。

(4)参数及数据掉电保护。所有设置参数及测量数据都存储于专用的存储器中,可实现断电后的可靠保存。

(5)自带备用电源。无论何时发生停电,本系统采集模块自动切换至备用电池供电,可保证系统连续工作7天以上。

(6)具有人工观测数据和历史测量数据录入接口。

(7)系统具备测值预警和系统故障报警功能以及远程信息浏览、信息发布功能。

(8)系统具备对外通信接口和信息交换功能。通过接口设置,该系统可以将监测数据传输到其他管理系统中进行存储,同时可以将第三方监测系统中的数据导入到DSIMS4.0软件中进行统一分析处理。

(9)DSIMS4.0软件系统功能强大、界面友好、操作方便。该软件包括在线监控、离线分析、安全管理、数据库管理、网络系统管理、远程监测及辅助服务等部分。包括数据的人工/自动采集、在线快速安全评估、测值的离线性态分析、监控模型/分析模型/预报模型管理、工程文档资料、测值及图形图像管理、报表制作、图形制作、辅助工具、帮助系统、演示学习系统等日常工程安全管理的全部内容。

(10)在现场监控主机或管理计算机上可实现监视操作、输入/输出、显示打印、报告现在测值状态、调用历史数据、评估运行状态;整个系统的运行管理(包括系统调度、过程信息文件的形成、进库、通信等一系列管理功能,利用键盘调度各级显示画面及修改相应的参数等);修改系统配置、系统测试、系统维护等。

2.2　系统性能

DAMS－Ⅳ监测系统关键性能介绍如下:

(1)分布式结构。系统采用的DAU2000系列数据采集单元采用了高集成度智能模块化结构,由数据采集智能模块、通信模块和电源模块组成。各数据采集智能模块独立运行,互不干扰,采集模块数量根据工程需要灵活增减。

(2)兼容性强。通过各类不同模块任意组合,一台DAU2000可接入多种不同类型的仪器。

(3)开放性体系结构。按开放式体系结构设计的DAMS－Ⅳ监测系统支持多种数据库平台及与其他数据库连接,可以与各局域网和广域网互联;DAU2000之间及DAU2000与监控计算机之间的现场网络通信为标准RS－485或TCP/IP,支持屏蔽双绞线、光纤、无线等通信媒介,用户可根据实际情况任选;系统功能扩充方便。

(4)扩展能力强。DAMS－Ⅳ监测系统本身就是采取模块化、分布式体系结构,系统内每种数据采集模块数量可配置 9999 个,通过不同种类数据采集模块的组合,系统可容纳成千上万个测点,既可以满足单个工程的监测需要,也可以满足流域化监测系统的要求。

(5)安全性高。从 DAU2000 数据采集单元到采集计算机之间的数据传输,采用了专用加密算法,保证数据传输的安全、稳定。在监测软件上分别为维护人员和操作人员提供了不同级别的口令,对应不同的操作权限。

(6)抗干扰性强。DAMS－Ⅳ监测系统所采用的 DAU2000 型数据采集单元对防雷、防浪涌、防电磁干扰专门进行了研究和设计,防雷电感应 500～1 500 W,通过了国家电磁兼容性测试。

3　应用情况

3.1　建设施工中的应用

在前坪水库施工初期,由于现场条件限制,DAU2000 数据采集单元无法进行安装,为了对已安装传感器数据进行及时整理和分析,在监测施工单位项目部配备专用计算机,安装 DSIMS4.0 监测软件,将现场采集到的监测数据通过专用接口及时录入到数据库中。

通过 DSIMS4.0 软件强大的数据整理分析功能,实现了施工过程中所有监测数据的整理整编、过程线及报表制作,且保证了数据的连续性,有效避免了将数据先行输入到数据文件后期再输入自动化系统中的问题。

实践证明,DSIMS4.0 软件在施工过程中的应用,有效地保证了数据的准确性和连续性,有助于对监测数据的分析、决策和反馈,有利于资料的存档和传播,及时发现施工过程中存在的安全隐患,为土建施工提供参考依据。

3.2　特殊工况的应用

水工建筑物在特殊工况下,例如连续暴雨、地震、大坝蓄水期等,需要快速、连续地进行变形监测,才能及时了解建筑物的变形情况,及时发现安全隐患并指导下一步工作。如果采用人工测量的方法,需要投入大量的人员,且不能保证数据采集的准确性和时间一致性,人工输入数据需要大量的时间,造成无法及时进行计算和整编分析,不能满足建筑物安全运行的需要。

DAMS－Ⅳ监测系统具有强大的灵活性,可以随意配置 DAU2000 数据采集单元的数量,可以在监控机房进行数据采集,也可以在施工现场采用笔记本电脑进行数据采集。在各种特殊工况下,根据现场施工需要,还可在现场临时安装 DAU2000 数据采集单元,通过自动化的形式,快速、高频地对各种传感器进行自动监测,取得监测数据,及时反映水工建筑物的变形情况,为建筑物特殊工况下的安全运行提供数据支撑。

4　结语

本文介绍了 DAMS－Ⅳ监测系统的组成、功能及性能,通过在前坪水库建设过程中的应用情况,论证了自动化监测系统在工程建设中的作用,该系统在设备选型、系统集成、网络建设等关键技术采取了恰当灵活的措施,可以为工程安全监测系统建设提供可靠的系统平台,为前坪水库在建设过程中的安全施工、稳定运行提供依据。

参考文献

[1] 彭虹,刘果,邓检华,等. 智能分布式大坝安全监测系统及其应用[C]//中国水力发电工程学会,国家电力公司水电与新能源发展部. 21 世纪水力发电工程科学技术发展战略研讨会论文集. 北京:中国电力出版社,1999.

[2] 郑建兵,向南,周锡琅. 分布式工程安全监测采集通信软件的功能及实现[J]. 水电自动化与大坝监测,2010(03).

作者简介:李召阳,男,1983 年 1 月生,工程师,主要从事工程监测工作。E-mail:99461268@qq.com.

关于淮委学术技术带头人队伍建设的实践与思考

张彦奇　贺胜利

（水利部淮河水利委员会　安徽蚌埠　233001）

摘　要：1999 年，淮委启动学术技术带头人培养试点工作。2005 年，正式启动淮委学术技术带头人选拔培养工作，截至目前已完成两批共 16 名学术技术带头人、19 名学术技术带头人后备人选的选拔培养工作。先后出台《关于淮委学术技术带头人及其后备人选培养保障措施的意见》等一系列规章制度，淮委学术技术带头人培养成绩斐然。笔者作为淮委学术技术带头人队伍建设的组织者、参与者，拟从两批学术技术带头人培养成果、制度实施效果等入手，通过数据分析、文献分析等方法，分析存在的问题，并对淮委学术技术带头人队伍建设提出可行性建议。

关键词：淮委学术技术带头人　制度　培养

1　前言

淮委党组始终高度重视高层次人才培养，1999 年启动学术技术带头人培养试点工作，到目前已完成两批共 16 名学术技术带头人、19 名学术技术带头人后备人选的选拔培养工作，成果丰硕。第一批淮委学术技术带头人及其后备人选共取得省部级以上奖励 12 项，发表学术论文 60 多篇，出版或参与编著专著 30 册。入选水利部 5151 人才工程部级人选 2 人、水利青年科技英才 1 人、享受国务院特殊津贴 1 人、多人次获得省部级先进个人称号；第二批到培养中期时（截止到 2015 年底）共获得各类省部级奖项 16 项、地市级奖项 19 项，取得国家实用新型专利 2 项、软件著作权 8 项，完成技术标准、法规、发展规划等共 34 项，解决了 16 个关键性的复杂技术难题并取得重大技术革新，编写完成各类著作 29 部，译著 1 部，在各类期刊发表论文 116 篇，其中 7 篇被 SCI 收录。从取得的成绩可以看到，淮委学术技术带头人队伍在治淮事业全面可持续发展中已占据了重要的战略地位，已经成为治淮事业发展进入新常态后有力的智力支撑和人才保障。

2　主要做法

2.1　加强制度建设，不断完善培养制度体系

淮委目前已基本建立了学术技术带头人培养制度体系，研究制定《淮河水利委员会学术技术带头人选拔培养和管理办法》，对选拔对象和专业范围、选拔条件、选拔程序、培养目标与措施和管理等做出进一步规范；研究制定《关于淮委学术技术带头人及其后备人选培养保障措施的意见》，明确资金资助、优先安排重大项目或课题、考察、研修、定期疗休养等保障措施；成立淮委人才工作领导小组，研究制定《关于进一步加强高层次人才培养的意见》；研究制定《淮委学术技术带头人培养期内考核细则（试行）》，对学术技术带头人的业绩贡献和科研学术成果进行量化评价，考核结果作为奖励和推优的重要依据。

2.2　领导重视，为学术技术带头人的培养搭建平台

（1）定期组织召开座谈会。领导重视是培养工作得到顺利进行的重要保证。淮委先后在 2007 年 2 月、2009 年 6 月、2012 年 10 月召开培养工作座谈会，委副主任主持会议，委主任出席会议并做重要讲话，有关职能部门和学术技术带头人及其后备人选所在单位领导参加会议。及时了解培养工作进展情况的同时，多项制度、培养措施、激励政策在会议上得到明确并严格执行。

（2）优先安排承担重点项目和重点课题。据统计，第一轮学术技术带头人承担的各类项目达 200 多项，第二轮学术技术带头人中期考核时参与或主持完成各类大中型项目已达到 111 项。所承担的项目大多是立足治淮实践、围绕治淮中心任务展开，从实践中探索新方法、新技术、新理论，并应用于治淮

实践,最终的工作成果服务于治淮事业。

(3)加强对外的学术交流与考察。先后组织学术技术带头人赴长江委、太湖局、小浪底、三门峡、西霞院等开展学术技术交流与考察活动。第一批学术技术带头人及其后备人选参加国内外学术会议近40人次,其中国际学术会议11人次。第二轮学术技术带头人中期考核时参加各类学术会议41次。通过学术交流和考察,可以开阔眼界、视野,了解最新的行业动态、学习借鉴先进经验。

2.3 多方努力,完善激励措施

(1)建立津贴奖励制度。第一批淮委学术技术带头人,每人每月享受200元津贴,后备人选每人每月100元津贴,经费由所在单位统筹解决,按月发放;第二批采用一次性奖励,淮委学术技术带头人每人8 000元,后备人选5 000元。

(2)设立专项资金,资助重点项目。对学术技术带头人及其后备人选开展课题研究和技术攻关予以重点资助。第一批学术技术带头人培养时确定5个项目予以资助,每个项目资助10万元。

(3)优化考核结果使用。从第二批开始,5年的培养期进行中期、终期两次考核,学术技术带头人考核优秀的,一次性发放考核优秀奖5 000元/人,后备人选考核优秀的,一次性发放考核优秀奖3 000元/人;优先推荐参加国家百千万人才工程人选、水利青年科技英才、水利部5151人才工程部级人选等省部级及以上人才称号的评选;可破格申报有关专业技术职称任职资格;同等条件下优先聘用专业技术岗位;学术技术带头人后备人选优先推荐为下一批学术技术带头人。考核合格的,一次性发放考核合格奖2 000元/人。考核基本合格的,由所在单位领导对其进行诫勉谈话。考核不合格的,取消其学术技术带头人或学术技术带头人后备人选称号。

3 存在的问题

3.1 宏观管理水平有待提高

制度建设有待突破。受单位性质限制,现行的培养政策可以明确的规定和保障性措施相对有限,培养特色不突出,培养目标不具体,也不能完全满足培养对象的需要。尽管政策达到了统一平衡,但吸引力、激励性不够,影响了培养工作的整体效应。

管理机制有待加强。与所在单位的协调沟通不够,不能很好地体现综合性管理需求,凸显培养对象的价值,促进队伍的建设和发展;缺乏对培养对象的日常管理,尤其是对培养对象重点参与的重点项目和课题没有跟进,不能全面掌握培养对象在实践工作中的表现。

3.2 协同创新、深化研究有待加强

专业间的横向联合不够。淮委学术技术带头人涵盖工程建设、水文水资源等领域,在各自的领域都取得了一定的成绩,但跨单位、跨专业的横向协同还不够,相同或相近方向领域的人才聚合效应还未实现,后备青年人才的梯队建设效果还不明显。

科研成果深度广度有待提升。培养对象在防洪减灾、水资源保护、工程建设等领域取得了一些重要的研究成果。但由于研究经费、研究力量等制约因素,研究深度与广度不够,已有的科研成果集成和转化不足,涵盖面不全,对新时期、新要求、新条件下进一步治淮发展等重大问题的综合性高水平的科研成果还不多,缺乏系统的成果。

3.3 评价激励机制有待完善

《淮委学术技术带头人培养期内考核细则(试行)》有待完善。考核细则尽管采用定量与定性相结合的评价方式,但是在定量评价过程中仍存在不足:对参与的建设项目的区分不够完善,现行的赋分规则只对被考核人在项目中担任角色的重要性做了赋分系数的区分,但是在项目本身的规模、建设难度等项目本身存在的区分因素没有考虑;完成技术标准等项目考核赋分不够完善,现行的赋分规则只对被考核人在编写过程中所担任角色重要性的不同做了赋分系数的区分,但是对于技术标准等本身的级别、编写难度没有做出区分。不能充分体现被评价者的实际业绩和才能。

激励机制有待完善。当前的分配激励机制受体制的限制较多,尽管物质激励与精神激励相结,但以精神奖励为主,不能最大限度地调动培养对象的积极性;人才流动性不强,为培养对象提供的发展平台不够广阔,需要营造“人尽其才、人岗相适”的成长发展氛围。

4 对策建议

4.1 观念创新

进一步强化人才资源是第一资源的观念,切实把人才发展战略定位为治淮事业发展的重要战略内容。全委上下,特别是各级领导干部要进一步解放思想、更新观念,不断增强为高层次创新人才服务和做好高层次人才工作的自觉性和积极性。要坚持不懈地开展"尊重劳动、尊重知识、尊重人才、尊重创造"宣传活动,探索有效方法和途径,对学术技术带头人制度、业绩成果进行大力宣传,营造良好的学术氛围。

4.2 管理创新

管理体制创新,探索建立创新团队。打破传统的培养体制,探索建立突破个人知识与技能的局限,各部门协同攻关,产生协同效应的创新团队。一是有利于促进协同攻关。由个体单独作战模式转变为团队协同攻关模式,提高研究的深度与广度,提高研究的集成度,并有效拓宽现有的研究领域;二是有利于跟踪前沿问题。创新团队可以作为科技基础平台,通过这个平台加强对水利行业的最新动态的关注;三是有利于培育行业拔尖人才。创新团队建设可以使管理科技力量得以集中,有助于进一步培养他们的科研能力和创新能力,在关键技术上实现突破性创新,提升科研成果的数量和质量及成果转化率,培养行业内的拔尖人才;四是有利于形成人才集聚。根据不同研究方向、科研方向或工作任务组建的创新团队,可以把优秀人才聚集在一起,通过学术技术带头人的"传帮带",可以加快人才队伍的梯队化建设。

管理机制创新。一是坚持党管人才,注重管宏观、管政策、管协调、管服务。坚定管好用活人才思想,做好培养统筹规划,明确发展目标,对从关键岗位、重要项目上表现出能力卓越、业绩突出的学术技术带头人,要委以重任,提拔重用,为人才发展开辟快车道;二是牵头管理单位加强与培养人所在单位的协调沟通,及时听取培养人的意见建议,通盘考虑培养措施,体现培养对象的价值;三是加强对培养对象的日常管理,对培养对象重点参与的重点项目和课题要及时跟进,通过实地座谈、电话咨询、资料收集分析等方式,全面掌握培养对象在工作中的表现,把平时表现列入考核内容。

4.3 绩效评价创新

进一步健全考核制度。抓住高层次人才培养这个关键,抓住学术技术带头人这个重点,有效杜绝制度因素对人才培养的负面影响,着力解决学术技术带头人考核中存在的制度缺陷和内容缺失,紧抓公平主线、扎实推进指标量化,建立健全既利当前又惠长远的考核制度。从制度层面保障考核工作的规范性、长效性。

不断完善考核内容。必须杜绝考核工作中可能会影响学术技术带头人工作积极性的因素,细化赋分层级,让考核最终结果能够全面、客观、具体地体现考核期内被考核人取得的各项成果,考核工作才能真正得到学术技术人带头人的认可,起到帮助学术技术带头人对工作进行阶段性总结,并对下一时期的自身发展和相关培养工作提供可行意见的作用。

改进完善科技奖励办法。重奖有突出贡献的科技人员和管理人员。建立协调、多元的人才奖励体系,鼓励申请国家重大科研项目,参加重大建设项目,鼓励对淮委以及治淮工作急需解决的重大技术和科学前沿问题的研究,对取得重大科研成果及科技成果转化中做出重大贡献的给予重奖。对在治淮建设中做出突出贡献的人才给予与贡献相匹配的物质奖励和精神奖励,满足个人对发展的需要。

5 结论

治淮的发展离不开科技的进步,科技的进步离不开高层次人才的支撑,淮委学术技术带头人队伍在治淮发展中起着举足轻重的作用。要推动治淮事业持续快速健康发展,就必须大力实施"人才强委"战略,通过完善培养制度、搭建培养平台、创建创新团队、健全激励评价机制等,培养好、建设好一批掌握前沿科学技术、具有过硬专业技术知识并具有创造性思维的学术技术带头人队伍。

作者简介:张彦奇,男,1984年3月生,水利部淮河水利委员会人事处综合与人才开发科科长(高级经济师),主要研究方向为人才开发、职工教育培训等。E-mail:zyq@ hrc. gov. cn.

沂沭泗基层水行政执法能力建设的思考

仇小霖[1]　黄　洁[2]

(1.沂沭泗水利管理局　江苏徐州　221018;2.沛县水利局　江苏徐州　221600)

摘　要:多年来,沂沭泗局水行政执法工作在维护流域正常的水事秩序、促进流域经济社会发展和和谐边界建设中发挥了不可替代的重要作用。特别是基层水行政执法工作人员处在水事管理和水行政执法第一线,是贯彻执行各项水行政管理法律、法规和维护良好水事秩序的排头兵和践行者。基层水行政执法工作也是水利改革的一项重要内容,更是水利改革的出发点和落脚点。本文结合沂沭泗基层水行政执法工作改革发展面临的困境,结合水利改革大发展的机遇,按照"完善法律法规、改革体制机制、加强执法监督、规范执行行为、提高执法效能",从体制、机制、职能职责、基础设施能力建设和队伍管理等方面进行探讨,大胆设计基层水政执法架构。

关键词:依法治水　沂沭泗　基层　水行政执法能力建设　服务

为政之道,民生为本。改革,一头连着"政",一头连着"民",但归根到底是为了老百姓的福祉。水是生命之源、生产之要、生态之基,水利作为国民经济和社会可持续发展的重要支撑,直接关系着人民群众的切身利益,解决好水资源问题是关系民族生存和发展的长远大计。

当前,水利改革发展正迈向新的历史阶段,水行政执法是水利改革和发展的基础性、保障性工作,面临着新的机遇和挑战。加强基层行政执法职能,实现执法重心下移,提高基层水行政执法能力建设是落实中央改革精神,促进水利持续快速发展的重要前提,是维护正常水事秩序的核心,也是水利改革的出发点和落脚点之一。要取得全面深化改革的重大突破,就要着力强化改革基层队伍,不断增强基层一线执法能力和水平,确保用真本事干实事、抓改革、促落实。

1　基层水行政执法肩负着依法治水、管水先锋的责任

基层水行政执法工作,是流域水行政执法工作的基础,既是做好水行政执法工作的主力军,更是支撑和保障水利事业发展的重要力量。因此,加强基层水行政执法能力建设意义重大。

1.1　贯彻依法治国,推进法治进程

依法治国是党领导人民治理国家的基本方略,水行政执法是依法治国在水利工作中的具体体现,是依法治国的一项重要内容,也是推进依法治国方略正确贯彻实施的保障。基层水行政执法是全面推进依法治国工作的关键所在。基层水行政执法作为社会水利事务的具体管理者,作为国家政策的执行者,与群众的联系最密切,在开展的各项工作中,更应该养成依法办事的行动自觉,严格依照法定权限和程序行使权力、履行职责,确保执法办案的圆满完成,把更多的公平正义送到人民群众手上,用依法办事实际行动推进依法治国进程。

1.2　践行依法治水,呵护生命之源

水行政执法是贯彻执行国家水事法律法规和规章的重要手段之一,是水行政主管部门的法定职责,直接关系到法律的尊严、政府的权威和水利部门的社会形象,对于维护正常的水事秩序,保护水、水域和水工程具有重要的意义。尤其是基层水行政执法工作处于整个水行政管理的基础和前沿,是依法治水的践行者,直接面对行政管理相对人,与人民群众有着密切的联系和最"亲密"的接触,是水利部门与社会联系的重要桥梁和纽带。强化基层水行政执法,才能协调各方利益关系,监督和保护公共权益,保护群众合法权益,推进依法治水管水走上法治轨道,才能维护水资源的合理配置和有效管理。

1.3　借力"河长制"管理,提升流域综合管理

全面推行河长制是党中央、国务院做出的重大决策部署,是落实绿色发展理念、推进生态文明建设

的内在要求，是完善当前水治理体系、保障国家水安全的制度创新，对保护水资源、防治水污染、改善水环境、修复水生态具有重要作用，对流域水行政执法工作提供了难得的动力与机遇，也相应提出了新的重大任务与挑战。基层水行政执法要紧密结合流域管理实际，主动适应河长制，充分利用河长制，不断调整工作思路和工作方式、方法，积极与地方河长制办公室联系沟通，履行好流域机构检查、监督、协调、管理等职能，并以此为契机，全面提升流域综合管理，为流域经济社会发展打造优良的水环境。

1.4　发挥流域机构职能，服务地方经济发展

习近平总书记指出，“既要金山银山，也要绿水青山”，“绿水青山就是金山银山”。沂沭泗流域内人口密集，经济发达，坐拥大量优质生态资源，南水北调东线工程和京杭大运河纵贯南北，条件得天独厚。翻看流域内各地“十三五”规划，“淮海经济区”“江淮生态大走廊”“京杭大运河经济带”“南四湖大生态带”“打造南水北调东线‘清水走廊’‘绿色走廊’”“淮海经济区中心城市目标”都是“关键词”，流域内各地推进生态文明建设如火如荼，积极推进以生态经济为特色区域规划建设，而这些目标的建设都和沂沭泗流域综合治理密不可分，流域水行政执法工作必须充分发挥流域水行政管理职能，在服务流域统一管理和促进地方经济发展中发挥更加重要的作用，为流域地区经济的腾飞做出水利人更大的贡献。

2　流域基层水行政执法面临发展中的困境

流域基层水行政执法任重道远，而且随着体制机制改革和社会经济发展还存在诸多问题。

2.1　流域管理理念依然薄弱

流域管理是当今世界各国实施水资源管理的一种重要管理模式之一，而且已被我国《水法》确立为水资源管理的主要模式。我国在多年的具体实践中已经建立了自身特色的流域管理体制。但是在现有的行政管理的体制环境下，受长期以来“分割管理，各自为政”思想的影响，流域管理的理念尚未被完全接受，区域行政管理依然坚持强调地方利益，具有行政职能的事业单位——流域管理机构在法律地位、监督措施等方面尚不足够引起社会的重视，流域管理和区域管理相结合的管理体制不够完善。

2.2　流域管理法规未成体系

以《水法》为基础的法律法规体系构建了我国的流域管理体系，确定了流域管理与区域管理相结合的管理模式。这些法律法规明确了流域管理机构的地位并赋予了流域管理职能。但是，这些职能却没有得到具体的法律保障，而一些地方法规较为具体，存在行政管理和行业管理的交叉，流域管理无法依据法律调整各方面的利益和水资源可持续利用的问题。

2.3　流域水行政执法机构设置尚待改革

流域管理机构作为国务院水行政主管部门在重要江河、湖泊设立的管理机构，在国家行政序列上，不是行政机关，而是具有行政职能的事业单位。其监管执法权力，是通过授权才具有水行政执法的法定职权，往往滞后于流域管理的具体需要。同时作为流域管理机构的执法部门，水政监察队伍没有独立的建制。淮委按业务管理职能设置主管部门(单位)，水政监察队伍建设也是以管理部门和单位为依托，按专业设置水政监察机构，而沂沭泗局及所属直属局、基层局按照管理单位级别设置了水政监察总队、支队和大队，履行各单位所有的水行政执法事项，水政监察队伍执法人员以兼职为主，机构、职能不专，致使水政执法水平和执法要求不适应，有待进一步改革。

2.4　流域基层水行政执法的社会认知度仍需加强

长期以来，受机构、编制、人员、职能、依据等诸多因素的影响和制约，导致流域基层水行政执法监督工作的社会认知度不够高，加之统一着装取消后，使原本就力显单薄的水政执法监督难度增加，暴力抗法时有发生，执法人员人身安全受到较大威胁、执法监督工作受到严重影响，监督作用发挥不够到位。

2.5　流域基层执法主体软弱

作为水行政执法活动的承担者，执法主体水平的高低直接决定了执法的效果，然而沂沭泗局所属各执法大队所处环境较差，有在县城的，有在乡镇的，还有在农村的，招录学生不愿来，来了留不住，近年来跳槽现象经常发生，导致既懂法律又从事水行政执法工作的复合型人才少之又少。当前的执法队伍中，一些偏远的管理所出现无人可用的现象，人员编制与所承担的任务不相适应，由于现状缺人员、缺编制、

缺装备、缺手段等问题，已不能满足水行政执法工作的要求，影响法律法规的执行。

2.6 基层水行政执法工作缺少激励约束机制

水行政执法工作有一定的特殊性和危险性，沂沭泗局基层水行政执法队伍缺少出行工具和保护设备，现状是很多基层执法车辆运行超过 40 万 km，基层水政执法具体执行人员多数为事业编制，工资待遇、职称晋升问题得不到解决，水行政执法同时面临着执法法律风险，极大地影响执法人员的工作积极性，导致执法人员心理问题严重，容易产生消极心态，影响水政执法工作的顺利开展，也影响水行政执法工作的执法效果。

2.7 基层水行政执法缺少监督，公众参与少

水行政执法监督不到位，其一是监督手段单一，多是相关部门接到举报后，通过谈话、查阅资料等方式获取证据，属于事后监督，监督质量和效果均不理想，而且容易给单位带来被动局面。二是监督缺少一套行之有效的监督制度和措施，日常监督不到位，留有大量的“空白”，使权力运行过程不能受到有效监督，没有确保权力运行在阳光下。三是水行政执法公开过程少、接受群众参与和监督的机会少，难以形成公众参与监督的氛围。

2.8 基层水行政执法信息化建设滞后

“十三五”时期是国家信息化建设的加速期，也是实现水行政执法转型升级发展的关键期。近年来，沂沭泗局水政执法工作逐步推进信息化建设，2000 ~ 2016 年通过“水政监察基础设施建设项目”加强各级水政监察队伍调查取证执法装备，并实施了水政执法巡查监控工程和重点区域远程监控工程等项目，但覆盖面少、信息化水平不高，行政执法信息公开中缺少互动，满足不了“微时代”信息服务，同时信息公开中监督主体、救济措施不明，执法依据的索引、执法裁量权的判定、执法过程的监督等自我利用的信息化应用程度不高，信息查询、案件查询、服务指南等服务管理对象的信息程度较低，由此造成的管理效率低下带来了合法性危机。

3 推进基层水行政执法改革的设想和展望

3.1 建立健全流域管理的相关法规

“一个大河流域一部法律”，这是近现代国际河川立法留下的箴言。流域立法是流域管理的基础和前提。通过立法，将流域管理的性质、职责、组织、运作程序等法律化，不但流域管理机构通过立法程序确立，而且还应该制定专门法规，将流域管理工作法制化。在我国法制建设逐步完善的情况下，长远规划应尽快建立流域水法体系，加快《流域管理法》《流域水资源管理法》等法律法规的立法进程，近期规划在借鉴《太湖流域管理条例》的基础上，应尽快制定出台《淮河流域管理条例》《南四湖管理条例》或者《南四湖水资源管理条例》等，形成一个包括法律、行政法规、部门规章等法律制度相结合的流域水事法制体系，以完善流域水行政执法的法律依据，使流域管理真正做到“依法治水”“依法管水”，进一步提高流域管理的法律地位，提高人们对流域管理的重视，从根本上解决流域水资源管理中存在的问题。

3.2 规范和加强流域基层水行政执法机构建设

加强水政执法，建立健全水政执法机构，是做好水利工作的必然要求。在 2012 年全国水政工作会议上，陈雷部长提出：“要按照中央关于分类推进事业单位改革的指导意见，进一步加大专职水政监察队伍建设力度，继续推动将水政监察队伍纳入公务员队伍或者参照公务员法管理。”2015 年 7 月，水利部印发《关于全面加强依法治水管水的实施意见》再次提出“加强水法治队伍建设，加强水利法制工作机构和水政监察队伍建设，使机构设施、人员配备与其承担的职责和任务相适应。”改革现行水政执法监督管理体制，优化流域行政执法机构职能，推进管理和执法分开，依法规范和加强水行政执法监督。

3.2.1 健全和完善专职水政监察执法队伍，实现水利法制机构和水政监察队伍分离

《水政监察工作章程》明确定位水政监察于法规监督检查、行政处罚和行使其他行政措施范畴，因此成立独立的专职水政监察队伍是将水政监察归回原位。树立水政监察就是水行政执法的观念，重组水政监察队伍，全面实现沂沭泗局水政监察总队、沂沭泗直属水政监察支队、直属局直属水政监察大队独立运行、独立办公，配足配强水政监察人员。

3.2.2　建立健全水政监察体系,强化水政监察执法职能

理顺沂沭泗流域水政监察监督管理机制,实行垂直管理,强化水政监察执法监管职能,使权责相符。按照队伍名称实际,调整队伍机构隶属关系,比如淮河水利委员会直属沂沭泗水政监察总队,应该隶属于淮河水利委员会,沂沭泗水利管理局直属南四湖(骆马湖、沂沭河)水政监察支队应该隶属于沂沭泗水利管理局,南四湖水利管理局直属上级湖水政监察大队等19个基层大队应该隶属于直属局,下级水政监察机构实行以上级水政监察机构为主的双重管理,水政监察队伍要配强水政监察总队(支队、大队)专职负责水政监察执法的领导,结合工作需要,强化水政监察工作职能,加强水政监察总队内设机构建设,探索建立水政监察专员制度。

3.2.3　理顺水行政执法队伍的编制体制,建立激励机制

为使水政监察队伍的性质、编制与我们所担负的职责相适应,结合体制改革和事业单位分类改革,将水政监察队伍人员全部纳入行政编制,确保全额财政拨款,从而解决执法人员的编制和身份问题,并积极推进流域水行政执法人员职称和职级改革,争取按照行政执法类公务员管理,提高基层执法人员的积极性。

3.2.4　提升执法能力建设

推进执法能力建设是改革水政执法机构的重中之重,也是推进水政执法现代化的重要内容。要加强执法装备配置,落实执法经费的保障,用制度规范执法行为,探索创新水行政执法手段、水行政执法中的应用,提升新形势下水行政执法工作的水平。

3.3　进一步优化水行政执法内外部环境

在加强流域水政执法的同时,借助于"河长制"契机,发挥"河长制"行政管理优势,积极参与主动作为,提高流域水行政执法工作的影响力;加强和有关部门建立起协商会商机制,把水事违法行为事前预防落到实处;建立和完善联合执法机制,减少水事违法行为处罚难度;探索信息共享机制,推动水行政执法与刑事司法衔接工作;在全面推进政务公开的同时,提高执法效率,提升服务水平。

3.4　构建执法监督网络

国务院《全面推进依法行政实施纲要》提出要"完善行政执法的内部监督约束机制",党的十八届四中全会提出"严格公正文明规范执法",水行政执法必须拓宽渠道和方法,加强监督管理,实现监督法治化。一是完善水行政执法队伍内部监督制度,依靠程序性、规范性的制约和约束,规范水行政执法运行程序;二是推行行政执法公示制度、执法全过程记录制度、重大执法决定法制审核制度工作;三是建设水行政执法网上运行平台,保证行政许可、行政处罚、行政征收、行政强制、行政确认、行政监督及其他水行政执法权网上规范运行;四是扩大监督范围,通过各种途径,全方位、全过程、动态自觉接受政协民主监督、人民群众监督和新闻舆论监督。

3.5　推进流域水行政执法信息化建设

"十三五"时期是国家信息化建设的加速期,也是实现水行政执法转型升级发展的关键期。加强信息化建设是解决执法突出问题的必然要求,是提高水行政执法队伍建设水平的必然要求,是更好地服务人民群众的必然要求,水行政执法应紧紧抓住"互联网+"带来的发展机遇,充分依托科技信息化手段,探索建立以流程管理为主线,以监督制约为手段,以能力、效率、公正、公开为目标的信息化管理新模式,推动信息化建设与执法办案监督管理深度融合,运用信息技术对执法流程进行实时监控、在线监察,规范执法行为,强化内外监督,建立开放、透明、便民的执法机制。

参考文献

[1] 魏显栋.长江流域水行政执法监督的实践与思考[J].人民长江,2014,45(23):14-17.
[2] 王海妮.中国基层水行政执法问题的研究[D].西安:西北大学,2013.
[3] 林晓暐.基层水政执法问题研究[D].济南:山东师范大学,2015.
[4] 成冰.水利综合执法理念认识与实践思考[J].水利发展研究,2009,9(1):45-51.
[5] 李亚平.全面推进水利综合执法,努力提高依法治水能力[J].江苏水利,2014(10):1-2,6.

作者简介:仇小霖,男,1979年4月生,工程师,主要从事水行政执法工作。E-mail:yssqxl@126.com.

淮安市中心城区推进“河长制”工作探究

陆　旭　陈亚飞　姜凌云

（淮安市水利局　江苏淮安　223001）

摘　要:淮安,一座漂浮在水上的城市,中心城区水网密布,河道众多,城区河道环境直接关系到上百万人民群众生产生活,对城市经济社会发展具有重要作用。2016 年 12 月以来,中央、省、市先后出台了“河长制”工作相关文件,为进一步推进淮安市河长制落实提供了保障。本论文根据淮安城区推进河长制工作实践,分析工作中遇到的困难和问题,提炼总结城区推进河长制工作建议,对做好城区河道长效管理、充分发挥城区河道综合效益具有借鉴意义。

关键词:中心城区　河长制　探究

城区河道作为城区公共环境的重要组成部分,为城市生产、生活提供灌溉用水、饮用水、工业用水,为水上交通运输提供通道,也是城区防洪安全的坚实屏障,作用突出,地位重要,在一定程度上影响和制约着城市发展。随着社会发展和人民生活水平提高,城市水环境已经愈来愈被社会各界重视,河道传统的防洪、排涝功能也渐渐增加了景观、生态和休憩等要求。与此相应,传统的、单一的水利等部门的河道管理模式也日渐满足不了社会的发展需要,逐渐暴露出一些问题。河长制的推广是一次制度革新,也为新形势下的河道管理提供了有效方法。

1　淮安城区河道基本情况

淮安地处淮河下游,作为一座因水而名、依水而兴的城市,境内河湖纵横、水网密布,洪泽湖、白马湖、宝应湖、高邮湖、里下河湖荡等 5 个省管湖泊镶嵌其中,京杭大运河、苏北灌溉总渠、淮河入江水道、淮河入海水道、分淮入沂等 61 条省骨干河道纵横其间。淮安市中心城区包括清江浦区、生态文旅区、经济开发区、工业园区和苏淮高新区,介于东经 118°54′~119°11′、北纬 33°21′~33°36′,南北长 33.9 km,东西宽 33.2 km。中心城区处于淮河流域北部,北临废黄河,废黄河以北即为沂沭泗流域。本区流域性河道有苏北灌溉总渠、淮河入海水道、京杭大运河、里运河、废黄河、二河等 6 条,骨干性河道有古盐河、清安河、文渠河、内城河、外城河、柴米河、大治河、团结河、关城大沟、红旗河、大寨河、小盐河、苏州河、三大沟、四大沟等 15 条。可以说,守护城区河湖生态环境,就是守护城区发展的重要资源,就是守护市民群众的美好未来。

2　城区河长制开展情况

2008 年,江苏省政府在太湖流域借鉴和推广无锡太湖蓝藻事件首创的“河长制”。2009 年,为应对二河水污染事件,淮安市委市政府在全市实施“河长制”。随后,淮河流域、滇池流域的一些省市也纷纷效仿,推广“河长制”。习近平总书记强调,“绿水青山就是金山银山”。2016 年底,中共中央办公厅、国务院办公厅印发《关于全面推行河长制的意见》,要求在全国江河湖泊全面推行河长制,标志着“河长制”从当年应对水危机的应急之策,正式上升为国家意志。2017 年 3 月,省委办公厅、省政府办公厅印发《关于在全省全面推行河长制的实施意见》。4 月,淮安市委办公室、市政府办公室印发《淮安市全面推行河长制实施方案》,提出在全市范围内建立市、县、乡、村四级河长体系,实现河湖水库等各类水域河长制管理全覆盖,落实 16 位市党政领导分别担任全市 10 条流域性河道、5 个省管湖泊、4 条重要区域性骨干河道、8 条城区骨干河道及有国家地表水考核断面任务的河道河长,河湖所在行政区域县(区)党政负责同志担任所属区域河段河长。

目前,河长制推进工作在市级层面已经进入日常运转阶段,市委市政府各位领导对担任河长的河道全部进行了认领、巡查,对存在问题进行了交办。城区河长制工作积极推进,城区涉及流域性和跨区性河道都已落实市级河长,部分区域内河道也在本级政府范围内逐步落实河长制相关要求。将河长制工作经费纳入区财政预算,每年落实专项经费保障河长办工作有序运行;将河长制办公室、"五位一体"办公室和"263"办公室合并办公,合力提升河湖管护效率;推进区、街道、社区三级河长全面落实到位。

3　城区河长制存在问题

总体上,城区河湖管护水平和健康状况良好,河长制工作推进效果较好,但还存在以下共性问题:一是河道污染依然存在。部分河道沿线企业、居民生产生活污水直排入河,污染河道水体,破坏岸坡环境。二是与河争利现象较为普遍。不少河湖管理范围存在违章搭建、垦种,影响河道安全运行,同时城市开发过程中,建设主体往往考虑眼前利益,随意侵占城市河道,缩减过水断面,生活、建筑垃圾填埋河道现象严重,局部河道段被垃圾填埋成了断头河。三是管理体制机制不够健全。河湖管理机构人员、经费不足,河湖管理范围确权划界不到位。四是部分涉河项目未批先建。不履行水行政审批手续,随意侵占河湖岸线,影响河湖功能发挥。

4　相关建议和思考

一是广泛宣传,加强培训教育。河长制工作涉及河道管护、整治和水环境保护等多方面内容,是一项涉及面广、综合性强的工作。需要各部门充分认识水环境保护的重要性、紧迫性。河道水环境与人们的生活休戚相关,应通过广播、报纸、电视、网络等媒介宣传河道水环境保护知识。争取各部门和老百姓的理解、关心、支持和配合,加大对沿岸居民和企业的教育力度,大力宣传河道保护法规和制度,在全社会范围内形成爱水、护水的良好风气和环保意识。而在这一过程中,由于河道涉及专业多、知识多,对如何全面分析问题、快速找准问题原因、统筹推进工作开展等能力有较高要求,河长和一线巡查管理人员起到至关重要的作用,一是决定了工作推进的方向、方法和力度,二是决定了工作落实难易、速度和效果,因此务必上层决策和基础落实两手都要抓,两手都要硬。

二是科学规划,细化一河一策。针对以往河道整治中存在的问题,在新的规划设计中应克服单一的防洪排涝的传统观念,考虑到城镇整体建设总体规划,坚持以人为本、人与自然和谐共生的原则,以生态型、高起点、前瞻性为目标,达到安全、资源、环境的有机结合,标本兼治,形成相互沟通、流动畅通的河网水系,从而营造优美和谐的城市水环境,最大程度地发挥河道的环境、经济和社会的综合效益。特别是在进行一河一策方案编制过程中,由于城区河道范围广、涉及矛盾主体多、历史遗留问题多,必须要花时间花精力调查清楚河道基本情况,不仅做到一河一策,必要时还要细化到一问一策和一点一策,这样为科学制订规划和策略提供依据,才能避免纸上谈兵。

三是联动齐管,落实问题整改。针对城区河道存在的问题,相应河长办公室要全面掌握,河长要切实履行职责,时时紧盯、常常过问,经常性地到实地开展河湖巡查,对所负责的每一条河湖,坚持以问题为导向,列出问题清单,实行销号管理。在落实整改措施的过程中,要注重把握轻重缓急,统筹解决问题矛盾。面对城区水行政执法涉及矛盾主体多、利益纠纷多、执法难度大以及行政处罚周期长等不利因素,积极推行"说理式"柔性化执法方式,对违法当事人做到晓之以理、警之以法、动之以情,将和谐理念贯穿于整个执法过程中。针对一些企业擅自填堵河道、偷排泥浆、排放污水等违法行为,水利和环保部门要加大执法力度,切实提高违法成本。相关部门和区政府应加大资金投入力度,将沿岸直排河道的生活污水截流,统一接入市政污水管网系统,排入污水处理厂处理,达到排放标准后再进行排放。加强畜禽养殖污染和企业污染排放控制,强行关闭一些污染严重的作坊和企业厂矿。同时,积极推广种植水生植物、建设生态护坡、人工曝气等河道生态化整治技术。

四是立足长效,完善体制机制。以党政领导负责制为核心,各级党政部门"一把手"要切实看护好人民群众的"水缸子",做到每一条河、每一个湖都有专人负责,明确成员单位相关职责,避免"九龙治水""踢皮球"等问题的发生。落实河长制办公室机构是保障河长制正常运转的基本条件,河长办既是河长的总参谋,也是各成员单位的牵头人,必须落实机构编制、人员、经费等基本保障。在工作开展过程中,要加强督促考核,加强问责追究,严肃处理不作为、慢作为等行为。同时不断总结,逐步将河长例会、城市内部河道轮浚等好经验制度固定下来,逐步形成河长制长效、常态管理的机制。

作者简介:陆旭,男,1983 年 10 月生,工程师,主要从事城区河道管理和城区防汛排涝工作。E-mail:huaianluxu@163.com.

山东省水文监测站网规划研究

封得华　李　鹏　李德刚　张佳宁

（山东省水文局　山东济南　250002）

摘　要：近年来山东水文事业经过全面快速发展，基本形成了项目齐全、布局合理、功能较为完备的水文站网格局。"十三五"时期要进一步加强水文建设与管理，逐步完善水文监测站网，着力提高水文监测能力，加快推进水文业务系统建设，提升水文现代化水平，增强水文服务功能，努力推进传统水文向现代水文的新跨越。

关键词：水文　监测站网　"十三五"规划

水文工作为国民经济建设和社会发展提供了宝贵的公共信息资源，在编制各类规划设计、防汛减灾、建设涉水工程、加强水资源管理与保护等方面发挥了重要作用。近年来山东水文事业经过全面快速发展，基本形成了项目齐全、布局合理、功能较为完备的水文站网格局。为防汛抗旱、水利工程规划建设与运行管理、水资源开发利用与节约保护、水生态保护以及其他各类涉水事务提供了大量科学的水文监测信息及成果，取得了巨大的社会效益和经济效益。"十三五"时期要进一步加强水文建设与管理，逐步完善水文监测站网，着力提高水文监测能力，加快推进水文业务系统建设，提升水文现代化水平，增强水文服务功能，努力推进传统水文向现代水文的新跨越。

1　山东省水文监测站网现状

山东省水文事业有着悠久的历史。1886 年我省就在沿海的长岛县、猴矶岛设立了雨量站。新中国成立以来，经过 1964 年、1975 年、1985 年三次大规模的调整，我省已基本建成了种类较为齐全、功能较为完备、布局较为合理的水文站网体系。目前已建有 150 处国家基本水文站、68 处中型水库专用站、181 处辅助站、803 处雨量站、17 处水位站、570 多处水质监测站点、155 处墒情监测站、2 670 处地下水监测站，中小河流水文监测系统新建雨量站 1 224 处、新建水位站 193 处、新建水文站 335 处。全省站网监测体系初具规模，基本能够控制全省河流湖库大尺度水文基本特性的要求，在多年的防汛抗旱、水工程设计与运行调度，以及水资源利用等方面都发挥了巨大的作用，为国民经济和社会发展做出了重要贡献。

2　水文监测站网存在的问题

"十二五"期间，我省地表水监测站网覆盖率大幅增加，有效提高了水文信息采集及预报预警精度。但现有的监测站网体系仍存在不足，站网布局不尽合理，远不能满足监测的需求。一是地下水监测工作薄弱，地下水超（限）采区、地面沉降区、城市和重要地下水水源地等监测站点相对不足，不能全面准确地反映地下水动态变化规律；二是土壤墒情监测站点少，布局不合理，旱情监测站网不足，难以满足抗旱工作需要；三是城市水文站网相对不足，现有监测能力无法适应新时期城市防洪排涝需要；四是现有水文实验站少，实验手段落后，实验项目单一，不能适应水文规律基础研究的需要；五是水土保持监测站网建设薄弱，现有监测站点数量太少，覆盖不足，造成监测资料的代表性、可靠性和实用性较差，不能真实反映一个地区的水土流失现状；六是河流水质监测代表断面布设不够合理，未考虑城市发展建设的影响及河流自然要素变化，湖泊水库断面一般都在水文站水尺附近，很少去监测湖库中的水质状况，造成监测数据的代表性不足；七是缺乏生态薄弱区域的水生态监测专用站网，如湖库富营养化和藻类监测站、海水入侵专用站、地下漏斗区监测站等。

3　水文监测站网建设指导思想与规划目标

紧紧围绕经济社会发展和水利中心工作需求，立足水利，面向全社会服务，加强水文基础设施建设，加快推进水文现代化发展，以充实优化水文站网布局和功能为基础，以加强水文水资源监测能力建设为重点，以提升水文信息服务水平为目标，统筹规划、突出重点、适度超前、全面发展，建立与经济社会发展相适应的水文测报服务体系，不断增强水文工作的基础支撑作用。

以满足构建山东特色水安全保障体系为总体目标，以提供更全面、更准确、更快捷、更科学的水文信息服务为宗旨，针对山东经济社会发展实际，构建相对完善的六大水文监测站网体系（以防汛抗旱为主要内容的水情旱情监测站网体系、以用水总量控制为目标的区域水资源监测站网体系、以反映地下水超采区和动态变化为重点的地下水监测站网体系、以水功能区监督管理为核心的水质监测站网体系、以水土保持和生态修复为目标的水土保持监测站网体系、以城市防洪为重点的城市水文监测站网体系）。

4　水文监测站网规划布局

按照全省区域发展总体战略，针对区域实际，水库河网分布、面临的水形势，将我省按东、中、西（北）、南进行合理布局，针对区域内的水文发展需求。

4.1　区域布局

鲁北地区（聊城、德州、滨州、东营）：加快水文基础设施和测报能力建设，建立和完善平原水网、水资源配置、风暴潮、地下水、土壤墒情监测体系，着力提高水文服务防汛抗旱、水资源管理和保护的能力，为山东黄河三角洲高效生态经济区开发建设提供有力支撑。

鲁南地区（日照、临沂、枣庄、济宁、菏泽）：在继续加强淮河流域南四湖、沂沭河防洪安全站网体系建设的同时，着眼于南水北调东线工程给山东省带来的水资源条件的变化，加强山东省在淮河流域支流水资源利用率，调整补充水资源监测站网，提升水资源监测能力，进一步加大泰沂山区中小河流山洪灾害监测力度，完善河道、水库、湖泊监测体系，重点强化区域重要水源地、水功能区的水质监测，保障用水安全。

鲁中地区（济南、淄博、泰安、莱芜）：补充完善大汶河、泰沂山区黄河支流防洪安全站网体系建设，建设完善济南、淄博城市防洪预测预警体系，依托小清河治理、泰沂山区防洪体系建设，加强水文水资源监测体系的建设与管理，为省会城市群经济圈又快又好发展提供基础保障。

鲁东地区（青岛、烟台、威海、潍坊）：以实施山东半岛蓝色经济区、胶东半岛高端产业聚集区对水文水资源的监测需求为目标，以山东试点最严格的水资源管理制度为依托，切实加强区域年度水资源监测；结合胶东半岛地区沿海城市工业区密集、县域经济发达、沿海风暴潮多发的特点，切实加强城乡供水监测体系、水生态环境监测体系，加强洪涝干旱、沿海风暴潮监测预警，强化重要水源地水质监测，抓好水生态、地下水监测，提高应急监测和快速反应能力，率先实现水文现代化。

4.2　流域布局

黄河流域：补充和完善大汶河、泰沂山区黄河支流的防洪监测体系，加大流域内中小河流、中小水库和山区山洪灾害监测力度；补充墒情监测、注重泥沙监测，加强黄河沿线引黄灌溉、引黄蓄水等区域外调水工程的监测力度；完善黄河三角洲地区沿海防潮、水功能区水质、地下水等监测站网；建立健全区域水资源监测体系。

淮河流域：针对目前山东沂沭泗水系水旱渍涝灾害频繁的现象，进一步加强防洪除涝监测预警体系建设，充实完善湖洼地区、蓄滞洪区水文监测站网，进一步加大沂蒙山区中小河流山洪灾害监测力度；面对流域水系复杂，取水口门、闸坝不断增多的问题，增设水量水质监测站点。做好南水北调工程沿线及南四湖周边水质水量动态监测，重点强化区域重要水源地、水功能区的水质监测，保障用水安全；提升突发性水污染事故应急监测能力。

海河流域：针对山东海河流域水资源短缺、污染严重、地下水超采等问题，完善旱情监测体系，加强墒情监测和水源监测力度，尽快建立旱情和可供水量联动的监测预警体系；加强水质监测站网体系建设,提高供水安全和水生态监测能力;建立地下水自动监测系统和预测预报系统。针对平原水网河湖串联、水网交错、闸坝不断增多的问题,进一步完善水资源监测体系。

山东半岛流域:根据大规模河道治理带来的水文、水资源形势变化,进一步完善小清河、潍河、胶莱河等沿海诸河的防洪和水资源监测体系;结合胶东半岛沿海城市工业区密集、县域经济发达、沿海风暴潮多发的特点,切实加强城乡供水监测体系、水生态环境监测体系,加强洪涝干旱、沿海风暴潮监测预警,强化重要水源地水质监测,抓好水生态、地下水监测,提高应急监测和快速反应能力。

5　效益评价

规划实施后,我省水文站网布局和整体功能也将日趋完善,可以为防汛抗旱提供更加准确、全面、便捷的信息支撑,为最严格水资源管理制度的实施提供科学依据,在防汛抗旱减灾、水资源管理和保护、生态环境修复、饮水安全保障、水土流失治理和突发性水事件应急处理等方面的服务能力将显著增强,为水资源可持续利用、国民经济建设和社会可持续发展提供了重要的基础支撑,具有十分显著的社会效益、经济效益和生态效益。

作者简介:封得华,男,1976 年 5 月生,工程师,主要从事水文水资源方向研究工作。E-mail:sdswkjglk@ 163. com.

浅谈沂沭泗水利工程管理中的科技应用与创新

葛　蕴[1]　李飞宇[2]

(1. 南四湖局蔺家坝水利枢纽管理局　江苏徐州　221000;
2. 淮委沂沭泗水利管理局　江苏徐州　221000)

摘　要:在不断推进水利现代化管理进程中,沂沭泗局在实践中不断摸索创新,健全水利科技创新体系,强化基础条件平台建设,加大技术引进和推广应用力度,持续提升沂沭泗水利管理现代化水平,在一定程度上解决了工作中出现的多项实际问题,对工程建设管理和施工的自动化、信息化具有很好的推动作用。

关键词:科技　沂沭泗　水利管理　现代化

近年来,沂沭泗局贯彻落实十八大精神,研究制定相关制度规定,着力加强技术创新与推广应用,推动科技工作再上新台阶,取得了中国水利优质工程(大禹)奖、淮委科学技术奖、国家发明专利等多项荣誉。同时这些科技成果的运用,在一定程度上解决了工作中出现的多项实际问题,对工程建设管理和施工的自动化、信息化具有很好的推动作用。

1　沂沭泗概况

沂沭泗水系位于淮河流域东北部,北起沂蒙山,东临黄海,西至黄河右堤,南以废黄河与淮河水系为界。流域面积约8万km^2,涉及江苏、山东、河南、安徽四省15个地(市),共79县(市、区)。沂沭泗水利管理局是沂沭泗流域的水行政主管部门,对沂沭泗流域的主要河道、湖泊、控制性枢纽工程及水资源实行统一管理和调度运用。沂沭泗局实行"沂沭泗局—直属局—基层局"三级管理体制,沂沭泗局下设3个直属局(南四湖局、沂沭河局、骆马湖局);3个直属局共下设19个基层局(水管单位),直管的水利工程主要有大型湖泊2座(南四湖和骆马湖)、河道长度956 km,堤防长度1 692 km(其中一级堤防长度401 km,二级堤防长度890 km);水闸26座(其中大型12座,中型6座)、中型泵站1座。

2　科学技术应用现状

为做到直管工程的规范化和精细化管理,沂沭泗局积极引进现代技术,研发先进平台;组织编制管理现代化规划和实施计划,构建建设项目监管信息系统、护堤护岸林工程信息管理系统、水情信息网络、工程管理信息网络平台,实现各部门之间以及与上级之间的信息共享;接入了水利信息广域网络,实现了防汛会商、视频会议和自动监视监控4G网络传输视频系统等,不断提升水利管理现代化水平。

2.1　在工程日常管理中的应用

一是建立了水利工程管理信息系统(WMIS),包括工程运行状况、值班管理、组织管理、安全管理、工程管理、维修养护、防护林木管理、资料库等8个主要模块,实现对工程管理、组织管理、安全管理等管理内容的全面综合管理,提供了立体化的一站式管理信息平台;二是利用4G多媒体集群技术组建水利监控专网,利用分流、桥接和信道复用技术,创建了水利信息资源整合技术体系,研发了水面漂浮物高清动态图像识别与报警、防盗报警系统,解决了沂沭泗局管理单位分散、位置偏僻、公网传输不易到达以及"信息孤岛"等问题,并且为工程运行安全提供了技术保障。

2.2　在堤防工程管理中的应用

为更好地保证堤防工程安全,当利用宽度限行存在困难时,技术人员考虑通过限行高度来达到限制重型车辆通行的目的,从而研发了一种新型可调式限高路障。该新型限高路障结构中左右立柱内设计有液压千斤顶,通过液压千斤顶可以控制路障限行高度,科学合理地限制载重汽车在堤防行驶,而且改善了过去需要人员值守和固定限宽路障等限行措施的弊端。

为更好地检查发现堤防安全隐患，引进了探地雷达技术，利用 HGH－Ⅱ系统实施堤防内部隐患排查，及时发现安全隐患；在护坡养护过程中，沂沭泗局水管单位结合工程实际采用生态护岸技术实施护岸保护；在护堤护岸林栽植及管理方面，还尝试了树木无根栽植新技术、3 种草履蚧防治等新技术，均取得了一定的管理成效。

2.3 在水闸工程管理中的应用

水闸工程是沂沭泗直管工程的重要组成部分。水闸工程管理中发现，卷扬式启闭机闸门现地控制单元的电气元件、遥测设备、监控设备等精密仪器，极易受到温度、湿度和鸟虫粪便的影响，引发线路短路、设备失效和金属结构锈蚀等问题，影响启闭机的正常运行和维护。为妥善解决该问题，技术人员结合多年工作实践，根据卷扬启闭机的构造和实际工作环境，仔细设计和选材，通过对设计、材料和可行性进行反复试验、改进和论证，研制出卷扬启闭机提升孔多层滑动式密封装置。该装置既可以实现适应任意开度要求，又能满足可视、可控、可调，并且具有密封性好、无损伤等特点，还具有安全可靠、适应性强、实用性强和性价比高等良好技术特征。该技术被国家知识产权局授予实用新型专利证书，并获得 2015 年淮委科学技术奖二等奖，并且已经在沂沭泗直管水闸工程中推广应用。

水闸工程养护中，技术人员发明了一种节省人力物力的新型钢丝绳悬空养护机，克服了固定卷扬式闸门钢丝绳悬空养护难度大的缺点，该技术节能、环保、安全、高效，且自动化程度较高，被国家知识产权局授予发明专利证书和实用新型专利证书，并获得 2014 年淮委科学技术奖二等奖。

测压管堵塞是水闸工程观测设施面临的经常性问题，一旦堵塞就会造成观测数据异常，一定程度上影响到水闸工程的安全监测工作，急需及时进行疏通。由于传统疏通设备效果较差，因此技术人员研发了水闸测压管反向高压水流旋转疏通设备，即依靠高压供水设备产生高压水流，经溢流水压调节装置调压推动钻头前进，同时带动分水器旋转，利用钻头钻力，钻、磨测压管内沉淀物，并经反向高压水流将沉淀物带出测压管。该技术已实际推广应用于直管水闸测压管堵塞的疏通中，且已被国家知识产权局授予实用新型专利证书，并获得 2016 年淮委科学技术奖二等奖。

针对水闸检修门启闭设备有线操控不便的现象，技术人员研发了一种启闭设备无线遥控装置，实现了无线操作和单吊点微调，装置已经在部分直管水闸中安装使用，方便操作，也保证了检修门平稳准确就位；部分水管单位安装了发电机自启动控制系统，实现断电时发电机自动送电功能，同时外卷帘门、排气扇、照明及警示装置自动开启，整体实现无人操作，提高了应急处理能力。

2.4 在河道采砂管理中的应用

采砂管理是河湖管理的一项重要工作，为有效地对采砂行为进行监控，从而严厉打击非法采砂行为，维护河道安全。沂沭泗局水管单位与电子科技公司共同研制开发了河道堤防、砂场远程监控监视系统，实现对所辖范围内砂场、堤防实行全面实时监控，且可将视频、音频、数据采集单元有效地整合，可实时、准确、直接地查询砂场采砂、运砂信息。同时，在该监控系统基础上，结合近年的实践经验及最新科技，研发了新式智能分析型采砂计量监控系统，可实现对采砂现场的全方位监控和计量收费的自动化、智能化、高效化。以上系统的实施，极大地减轻了水利管理人员的工作强度，提高了水行政管理工作效率，实现粗放式管理向精细化管理的转变，展现了科技对水利管理的促进作用。

在采砂管理巡查方面，水管单位还引入了无人机到一些偏僻地带或人工难以到达的盲区开展远程巡查，并协助执法、搜集证据，实时掌握动态信息，有效解决执法人员不足及取证困难等问题。

2.5 在工程施工管理中的应用

在河道堤防除险加固施工工程中，针对现有的链条式（即挖斗式）和锯齿式（即往复式）开槽铺塑机，并不适宜在大深度粗砂土或含粗砂量很大的土层中实施垂直铺塑截渗的情况，技术人员结合施工实际，发明了大深度粗砂土堤基垂直铺塑截渗开槽机具，通过该机具大臂上的切削土锯齿往复切削、磨压砂土，使砂土沸腾，然后启动抽砂泵并排于沉砂池，随着开槽的进度，槽腔达到一定长度，即可铺塑。当铺塑达到一定段长后，用人工回填一定厚度的黏土，将塑膜底部压住，防止塑膜漂浮，回填黏土达到一定长度后，即可启动排砂泵，将沉砂池里的砂土排入已铺好塑膜的槽腔，施工效果良好，且该发明已于

2013年获得由国家知识产权局颁发的实用新型专利证书。

3　推进科学技术应用的建议

科学技术在沂沭泗水利管理中的推广与应用，推动了沂沭泗水利现代化的发展。但是在科技应用与创新工作中依然还存在着薄弱环节，如科技成果总体水平不高、科学研究保障措施不全、科技创新平台建设不够、科技人才的培养欠缺等。随着时代的发展，新时期治水新思路，对沂沭泗局的科技创新与推广应用等工作提出了更高的要求，在今后的水利管理中还应继续从顶层设计与实际管理、科技人才与技能人才培养、科技应用与科技创新等多方面采取措施，不断推进科学技术在水利管理中的应用。

3.1　落实完善科研保障措施

落实完善科研保障措施，进一步加强对科技创新的领导，是推进科学技术在水利管理中应用的先决条件。一是建立健全有关制度，合理引导技术人员进行科技研究与创新。二是在管理范围内营造科技创新与应用氛围，多开展各种形式的学术研究和交流活动，鼓励科技创新，尊重知识和人才。三是完善科技工作投入机制，合理申报科学研究项目资金，寻求多元化投入渠道，为科技人员创造良好的科研条件，增加科学研究投资，充分释放创新潜力。

3.2　开展科技创新平台建设

开展科技创新平台建设，充分发挥其科技创新与支撑服务作用，是进一步加强科技创新的重要环节。一是理顺科技创新与应用体制机制，建立科技引进与创新共享平台。二是探讨寻求专门经费来源，推进专门的水利科技实验室建设。三是调整优化科技创新资源配置，集聚人才和先进仪器设备。四是结合实际强化创新能力建设，解决水利管理中面临的实际问题。五是充分利用平台，加强与大学等社会科研机构部门的合作，积极参与科技活动。

3.3　加强科技人才队伍建设

加强科技人才队伍建设，加大人才培养力度，培养适应新发展的高技能人才，是推动科技创新与应用的关键因素。近年来，沂沭泗局招录了一批理论素养相对丰富的本科、硕士毕业生，所属维修养护企业也招聘培养了一批实践操作经验强的技能人才。但是整体上对科技人才队伍的建设还不够，需要进一步加强对科技人才队伍的建设。一是分别有针对性地在管理以及施工方面进行培训和培养，鼓励指导其在各自擅长的领域取得科技成果。二是进一步加强技术人才的沟通交流，相互弥补实践经验不够和理论素养缺乏等不足之处。三是建立科技人才培养交流机制，加大与专业院校的合作，建立专门人才培养基地，加强对技术人才的专门锻炼。

3.4　推进科技成果转化共享

推进科技成果的转化和共享，将工作中研发、创造的科技成果最终转化为生产力，实际运用到水利工程管理中去，才能真正发挥出科技成果的效用。一是继续结合水利管理工作实际，不断研究切合工程管理实际的新成果，并在日常管理中大力推广应用。二是制定落实科技成果转化激励措施，进一步调动创新积极性。三是加强与相关技术部门的信息资源共享，形成用科技推动发展的合力。四是积极引进先进技术，将新技术应用到水利工程管理中去，不断提高现代化管理水平。

4　结语

随着时代的发展，水利管理现代化对科技创新和推广应用的要求不断提升，新时期，沂沭泗局继续结合实际，坚持治水新思路，继续推进科学技术在水利管理各项工作中的应用，勇于创新，探索实践，进一步加大科技创新和推广力度，不断推进加强水利管理现代化建设。

参考文献

[1] 郑大鹏，等. 沂沭泗防汛手册[M]. 徐州：中国矿业大学出版社，2003.

[2] 胡影. 基层水管单位科技应用与创新工作思考[J]. 治淮，2015(10)：71-72.

作者简介：葛蕴，女，1989年11月生，助理工程师，主要从事水利工程管理与防汛抗旱工作。E-mail：907633671@qq.com.

滨州市沾化区现代水网建设成效及问题探讨

常艳丽　贾俊霞

(滨州市沾化区水务局　山东滨州　256800)

摘　要:现代水网是指在现有水利工程架构的基础上,以现代治水理念为指导,通过建设一批控制性枢纽工程和河湖连通工程,将水资源调配网络、防洪调度网络和水系生态保护网络"三网"有机融合,使之形成集供水、防洪、生态等多功能于一体的复合型水利工程网络体系。本文从水资源调配网、防洪调度网及水系生态保护网三个方面列述了"十二五"期间沾化区现代水网建设成果,分析了现代水网建设中存在的问题和不足,最后提出了完善现代水网建设的下一步设想,对于全区现代水利建设具有重要的借鉴和指导意义。

关键词:现代水网　水资源　防洪　生态

1　现代水网建设成果

1.1　水资源调配网建设

沾化是一个资源型缺水的地区,地下淡水资源稀少,赖依生存的黄河来水又逐年减少,水资源匮缺一直是制约社会经济可持续发展的关键因素。近年来,沾化举全区之力将水利建设列入各级党委、政府重要议事议程,不断提升水利基础支撑作用和保障能力,坚持引蓄节供并举、旱涝潮碱荒综合治理的原则,实施了多处水系串联、河湖连接工程,雨洪资源利用工程,逐步完善了水资源调配网络建设,确保了水资源供需平衡。

1.1.1　引、蓄、节、供重点水利工程建设

改造配套完善了小开河、韩墩两大引黄灌区,实现了全区引黄调水工程"南北贯通、东西衔接、科学配套、覆盖全区",引黄、引河与拦蓄利用地表水源多措并举;建设、改建了思源湖、清风湖、恒业湖等9座大中型平原水库,修建了流杨闸、朝阳闸、褚官河节制闸、白杨河节制闸等河道联合建闸蓄水工程,总蓄水能力达1.5亿 m^3,列全省平原县区之首,构建了"水库为主、建闸拦蓄"相结合的蓄水工程体系,从根本上缓解了全区用水矛盾;建设了13.85万亩节水灌溉工程,其中高效节水面积达11.35万亩,年节水达3 400万 m^3,成为沾化冬枣等高效特色产业发展的重要基地;以平原水库为依托,在全省率先实施了农村户户通自来水工程,成为全国"农村供水城市化、城乡供水一体化"第一县区,实施城乡水厂升级改造工程、农村饮水安全工程对供水水厂、管网、水质化验检验等设施进行升级改造,逐步实现全区39万人饮水安全。

1.1.2　雨洪资源利用工程建设

"十二五"期间,沾化区雨洪资源利用建设工程有金沙水库工程和徒骇河橡胶坝工程2项。

金沙水库工程。工程位于沾化北部沿海的滨海镇境内,西邻江河,东靠潮河和潮河干渠,库区面积约12 000亩,总库容3 000万 m^3。水库水源为引黄尾水及徒骇河汛期淡水资源,供水范围为滨海镇8万亩耕地及2.66万人安全饮水。水库的实施,进一步扩大了沾化蓄水供水优势条件,为沾化沿海区域工农业生产和临港产业园开发建设提供了可靠的水源保障。

徒骇河橡胶坝工程。为满足城区段河道景观水需求,提高河道蓄水水位,于徒骇河中泓桩号378 + 830处建橡胶坝1座,橡胶坝长为186.4 m,5孔,采用直墙式堵头结构,每跨坝袋长36 m,挡水高度3.5 m。

1.2　防洪调度网建设

近年来,沾化区立足实际,围绕"河闸配套、净污分流、定期清淤、重点治理",先后对境内5条总长82.3 km的大中型河道进行堤防加固,新建防潮堤3.8 km,9条河道总长166.16 km进行了疏浚治理,

共计除涝面积108 km^2,构建完善了全区防洪调度网,确保了防洪除涝安全。

1.2.1　河流水网工程治理

沾化区主要排水河道有徒骇河、秦口河、潮河3大排涝水系及其支流,排涝标准为5年一遇,防洪标准为非城区河道20年一遇,城市防洪50年一遇,且确保日降雨150 mm不成灾,200 mm无大灾。分为徒骇河、秦口河、潮河、马新河等排水区,共有排水面积30 km^2 以上的干、支流河沟20条。主要排涝河道有潮河、付家河、胡营河、江河和马新河5条;中型排水沟有谢麻干、黄杨干、杨营干、三里干、北关河、曹坨干和郝家干7条,总长度296.6 km,干支河网密度为0.14 km/km^2,总排涝流量为569 m^3/s。排涝工程建设主要实施了徒骇河城区段及城区上下游河段综合治理工程,河道清淤疏浚12.62 km、护岸工程2.11 km;潮河、秦口河堤防加固工程,总长度达62.44 km;马新河、付家河及白杨河治理工程,共计治理河道31.99 km。

1.2.2　防潮堤建设工程

沾化区已建防潮堤标准为50年一遇,有秦徒防潮堤、徒骇河右岸防潮堤、秦口河左岸防潮堤、套儿河—潮河封闭圈防潮堤、海防防潮堤,总长度197.83 km。“十二五”期间沾化防潮堤新建3.8 km,位于沾化大义路现有防潮堤以北,套儿河以东,南接沾化区原有防潮堤,以原有防潮堤为起点,向北延伸,建设内容主要包括抛石、砌石护坡、土方填筑。

1.3　水系生态保护网建设

1.3.1　生态河道综合治理

生态河道以徒骇河、江河及胡营河3条河流水系为主,辅以城市公园水系建设,总长度6.5 km,河面面积1.18 km^2。徒骇河公园生态水系100%治理,水域面积1 280亩,绿化面积1 050亩,绿化覆盖率达到58%,河道集景观、市民休闲、城区防汛于一身,是城市景观和基础设施的重要组成部分。江河、胡营河作为城市东西两条环城河道,通过近几年的清淤综合治理、河岸绿化美化,与城内公园水系串联,建成环、线、片结合,水、绿、景相融的水系绿化格局,环城水系及周边自然环境优美、人文特色显著,整体景观效果良好,充分展现水清景美的灵秀风貌。

1.3.2　水利风景区建设

按照“以河为脉,以水为魂,人水相亲,生态和谐”的理念,沾化斥资10.8亿元,自2010年3月起实施了徒骇河思源湖水利风景区建设工程。风景区以徒骇河城区段河道水系为主线,上自徒骇河坝上闸,下至城区橡胶坝,西北至思源湖3万亩生态林场风景区,总面积30.8 km^2。按照“先清淤治理,确保行洪安全,再配套建设绿化美化景观工程,打造现代生态水系景区”的原则压茬推进,首先对总长5.6 km的城区段河道进行拓宽清淤治理,对思源湖实施除险加固,使河道水库达到50年一遇防洪标准;随后实施了水系融合、绿化美化、水体景观、文化景点和管理机构设施工程建设,使其充分体现了生态保护优先、滨水亲水和谐、功能齐全完善的水利风景区特色。

1.3.3　水土保持治理

沾化区水土流失区位于利国乡全部,泊头镇、富国街道、下河乡滨孤路以东的部分地区,面积为320 km^2。风沙区主要分布在东部潮河流域以及中北部,面积为143.4 km^2。以因地制宜为原则,采用土地平整、开挖沟渠、整修田间道等工程措施,结合种植水保林、生态林网等综合治理措施,截至2016年底,有效治理水土流失风沙片累计治理面积203.7 km^2。

2　现代水网建设存在的问题

2.1　水资源调配网建设方面

沾化区水资源开发利用控制性工程不足,大量雨洪资源难以控制利用,河道上游淡水资源利用不足,抗旱应急水源工程少,引水泵站、电灌站建设年代久远,大部分基本废弃。虽然韩墩和小开河两大引黄灌区渠系基本配套,但引黄渠道连年淤积,灌溉水利用系数低。已建成平原水库自运行以来,有些工程不能及时彻底维修加固,渗漏、蒸发比较严重。虽然思源湖、清风湖、恒业湖采取了混凝土衬砌板护坡,但局部有损坏,需及时进行维修;其他全为均质土坝,渗漏相当严重;水库泵站也有待于更新改造。

已建成河道拦蓄工程——徒骇河坝上闸、秦口河下洼闸、勾盘河大范闸、付家河前孙闸各类中小型水闸共计31座，绝大部分已运行近30年，年久失修，完全不能满足设计能力，急需维修加固，改建或新建。

2.2　防洪调度网建设方面

2.2.1　排涝河网治理工程

沾化地处流域下游，承接上游洪水，下游受潮水顶托，防洪、排涝、防潮形势严峻。由于河道治理资金不足等一系列原因，主要排水河道仅部分进行治理，一直未进行统一治理，沾化境内徒骇河上下游未得到系统治理，形成河道卡口，严重阻碍了洪水下泄，造成沿岸农田多次受灾，潮河出现了新的淤积情况，且污染严重。通过实地调研勘察，存在防洪薄弱环节的中小河流还有胡营河、谢麻干、黄杨干、杨营干4条。

2.2.2　重点海堤建设工程

防潮堤建设初步布局已基本形成，但未完全形成闭合圈，工程发挥效益低。已建防潮堤建设标准低，为50年一遇，且堤型不一，大都为梯形土堤，抗冲刷能力较弱，长久以来缺乏有效的管理维护，部分堤段存在堤防冲刷严重，残缺破损，边坡坍塌、损坏，堤顶达不到设计高程，配套建筑物排涝过流能力达不到设计要求等问题。

2.3　水系生态保护网建设方面

生态水系治理工程仅局限在骨干河道绿化治理上，尚未对全区的灌排水系进行全面的治理，乡村环境受影响较大。沾化地处渤海边缘，为黄河冲积平原，年降雨量少，且分布不均匀，年蒸发量大，地下基本无淡水资源，水资源异常匮乏，受沿海气候影响，风速大，土地盐碱化严重，这些自然现象增加了水生态修复与保护工程的难度。因此，开展水生态修复与保护的经济能力十分有限，综合治理缓慢。水生态修复与保护事业必须要有科学技术，由于我区科研经费不足，水生态修复与保护科技含量较低。另外，由于资金缺乏，水生态宣传力度不够，缺乏全民保护观念意识。

2.4　水网建设管理方面

一是在工程建设管理中片面注重眼前局部利益的现象比较突出，从而给工程长期正常运行埋下了潜在隐患。二是管理经费严重不足，管理设施不配套，管理单位技术力量匮乏，特别是随着工程项目的不断增加，这一问题日益明显，如不及时加以解决，将严重影响工程效益的发挥，缩短工程使用年限。三是计划经济条件下单靠政府管理投入的水利工程建设管理机制还未从根本上得到改变，必须按照市场经济运行规律，尽快步入谁受益谁负担的工程管理体制和多渠道社会化投入的工程建设机制。水利工程面广量大，水利社会管理和行业管理亟待加强，水利发展的体制性障碍还有待进一步改革。

3　现代水网建设下一步打算

3.1　大力推进水系连通工程，完善水资源调配网

以恢复自然河系连通为主，人工河渠连通为辅，进一步沟通连接各个水系和各类水利工程，加快构建库河相联、蓄排兼筹、余缺互补、丰枯调剂、优化配置、高效利用的水资源配置网络。结合沾化区水系需继续连通的实际，近期重点规划实施水利连通工程包括胡付调度沟扩大治理工程、八支干沟扩大治理工程、王家干沟扩大治理工程、房岭干扩大治理工程、八一干沟畅通治理工程、太平河畅通治理工程6项，共计扩大治理沟渠43.2 km，配套完善建筑物39座。远期实施路域水系畅通工程，完成境内滨孤路路域水系畅通工程，配套完善建筑物工程等。

3.2　大力推进河道治理及海堤工程，完善防洪调度网

3.2.1　河道治理工程

坚持上下游、左右岸、干支流统筹兼顾，防洪、蓄水、生态多措并举，突出重点河段、重点区域，进一步推进河道综合治理工程。以流域为单元，流域面积200 km^2以上河道重点河段达到国家规定防洪标准，跨城区、经济区和旅游区河段实现生态整治，保持河道的自然性、蜿蜒性和断面多样性。200 km^2以下支流进行清淤治理，配套完善建筑物等工程。近期重点治理徒骇河、秦口河、潮河和江河4条河道。远期治理杨营干、谢麻干、黄杨干。共计清淤治理河道242.12 km，加固堤防55 km，配套完善各类建筑物125座。

3.2.2　海堤建设工程

按照“防潮为主,先堤后路,路堤结合,长久见效”的原则,标准为100年一遇,规划建设套儿河—潮河封闭圈海堤工程、秦口河—徒骇河封闭圈海堤工程和海防封闭圈建设,总长度260.12 km。套儿河—潮河封闭圈海堤工程,自套儿河东风港闸沿套儿河右岸至套儿河入海口北延伸5 km,后向东延伸至潮河入海口,顺潮河左岸堤防向南至十字河村东,总长度66.92 km,新建河口海堤长51.54 km,临海段海堤长15.38 km,建排涝挡潮闸15座。“秦口河—徒骇河封闭圈”海堤工程包括徒骇河右岸防潮堤45.5 km,秦徒防潮堤71 km和秦口河左岸防潮堤11.5 km,总长128 km,均为维修加固,包括堤防加高,增设堤顶防浪墙(护轮带),堤顶硬化、管理道路建设、堤防绿化及配套建筑物等。“海防封闭圈”海堤工程包括马新河—沾利河、沾利河—草桥沟和草桥沟—挑河防潮堤3段,总长度65.2 km,新建河口海堤长38.1 km,临海段海堤长27.1 km,建排涝挡潮闸33座,公路桥2座。

3.3　大力推进水系生态保护工程

水生态修复与保护工程在重要节点处先行治理,然后逐步推进,逐步构建起完善的水系生态保护体系,规划近期实施徒骇河生态水系工程,对境内马新河、潮河、杨营干、黄杨干、三里干及北关河穿永馆路、滨孤路、新海路等主要道路处进行生态护坡综合整治;远期逐步进行两岸植被绿化保护,逐步构建起完善的水系生态保护体系。规划实施内容为徒骇河生态水系工程、马新河穿路生态水系工程、潮河穿路生态水系工程、杨营干穿路综合整治工程、黄杨干穿路综合整治工程、三里干穿路综合整治工程、北关河穿路综合整治工程,共计7项,河道生态护坡建设长度43 km。

参考文献

[1] 郑良勇,齐春三,宋炜. 潍坊市现代水网构建研究[J]. 水利规划与设计,2015(11):3-5.

作者简介:常艳丽,女,1978年6月生,高级工程师,主要从事水利工程规划设计方面的研究。E-mail:453135088@qq. com.

新形势下流域基层水管单位提高河道堤防管理水平的对策

杜红磊　苏　轶

（骆马湖水利管理局新沂河道管理局　江苏新沂　221400）

随着社会经济的快速发展，以及工业化、城镇化的不断加快，非法侵占河湖和非法采砂等人为活动影响日益增多，严重影响了河湖功能的正常发挥，加强河湖管理与保护工作越来越迫切。近年来，中央提出了全面推行河长制河湖管理新模式，为构建责任明确、协调有序、监管严格、保护有力的河湖管理保护机制提供了制度保障。本文以新沂河道管理局直管沭河为例，分析了直管河湖存在的问题，提出了解决对策，对新形势下加强河湖管理工作有较好的借鉴作用。

1　新沂局直管河湖基本情况

新沂河道管理局隶属骆马湖水利管理局，直管沂沭泗水系下游江苏省新沂市境内的“四河一湖”——沭河、沂河、中运河、新沂河、骆马湖河湖堤防等流域性控制工程，河道长度101.8 km，堤防长度217.6 km，湖泊水域面积126.1 km^2。

沭河源于沂山南麓，流经苏鲁两省，于新沂市口头入新沂河，全长300 km，流域面积6 400 km^2。沭河与分沂入沭水道在大官庄枢纽汇合后分为两支，向东为新沭河，向南为沭河（亦称总沭河）。新沂境内沭河为总沭河，河道长47 km，堤防长103.36 km。沭河主要功能为防洪、排涝、灌溉。沭河防洪标准为50年一遇，省界至塔山闸段设计流量为2 500 m^3/s，塔山闸以下为3 000 m^3/s。

2　管理中存在的主要问题

近年来，新沂局不断加大涉河事务管理力度，保证了工程安全运行，但管理中仍存在一些问题，如违章利用岸线、非法采砂、水体污染严重等问题仍较为突出。

2.1　违章利用岸线行为时有发生

沭河岸线利用缺乏专项规划，岸线利用不够系统，开发利用效率低，导致沿河群众在河道管理范围内违规利用岸线进行乱搭乱建、乱堆乱放、养殖种植等水事违法行为，影响岸线稳定和河道行洪安全。

2.2　非法采砂未根本消除

近年来，新沂局直管河湖全面禁止采砂，受禁采影响，砂价由原来的十几元每吨，上涨至近百元每吨，受利益驱使，少数非法采砂人员一有可乘之机就铤而走险，趁机偷采，非法采砂未根本消除。采砂造成河床严重下切，河岸坍塌陡立、河势改变，形成安全隐患，一旦河道行洪，将造成滩地大面积坍塌，危及堤防安全。

2.3　水污染问题突出，水生态问题突出

水质污染主要原因包括：入河污染物未得到有效控制，其支河新墨河、新戴河等水体污染较重，为劣Ⅴ类水质，且多为化工污染；沿线面源污染严重，沿河乡镇、农村生活污水处理设施不到位，大量污水直接入河，农药、化肥使用基本处于无监管状态，农业面源污染未进行有效管控；沿河群众违规利用河流进行网箱养鱼，饵料残渣和鱼类粪便污染水体。大量污染物进入河道，导致氮磷等元素严重超标，水体富营养化，水生植物疯生，水生鱼类因缺氧死亡，水生态平衡被打破，形成恶性循环，带来越来越严重的水生态问题。

2.4　涉河建设项目监管困难

随着经济的快速发展，桥梁、跨堤线路、码头等涉河建设项目日益增多，未批先建，未按批复要求实

施等违章建设行为时有发生，如一些跨汛期施工项目，大都不能按照批复要求在汛前清除施工便桥、围堰等行洪障碍。

2.5　未建立有效联合执法机制

河道管理涉及水利、环保、城建及渔业等诸多行政主管部门和沿河乡镇政府，职能交叉，多部门联合执法机制不够健全，多部门执法资源整合不够。

2.6　管理现代化水平低

河道水环境网格化、信息化建设尚未起步，各种高新科技如实时监控、卫星定位等应用十分有限，河道堤防管理的信息化、数字化管理还任重而道远。

3　加强河湖管理与保护的对策及措施

3.1　全面推行河长制河湖管理新模式

建立以行政首长负责制为核心的“河长制”，从根本上解决河道管理多部门职能交叉、各自为政的混乱局面。全面落实各级河长管护责任，切实加强各项管护制度建设，明确管护单位及其职责、绩效评估机制等。加强日常巡查制度，落实巡查责任制，及时发现和制止违法行为。

3.2　加强岸线管理保护

岸线的开发利用遵循“保护优先、从严控制、科学规划、适度开发、有效利用、协调有序”的原则。首先，根据河道管理综合规划，结合河道管理实际，编制岸线利用专项规划；其次对现有岸线开发利用项目进行核查，对不符合岸线利用规划的项目逐步进行清除；对新增项目，充分发挥规划的指导和约束作用，规范岸线利用，提高岸线利用效率，促进岸线有效保护和有序利用。

3.3　水污染防治

水污染来源广泛，有来自工矿企业的污染，也有畜禽养殖、农业面源、城乡生活等污染。治理好这些问题，必须形成“政府主导、属地管理、分级负责、部门协作、社会共同参与”的良性工作机制。首先，严格控制水功能区排污总量，加强入河排污口管理，全面清理各类污染源，开展新墨河、臧圩河等主要支流的截污、清淤等综合整治工作，封堵非法排污口。其次，加强生活污水收集、处理，督促沭河沿线新沂市区、马陵山镇、邵店镇开展城乡生活垃圾分类收集、处理，推进城镇雨污分流管网、污水处理设施建设和提标改造。再次，控制农业面源污染，从源头控制种植业污染。

3.4　加强执法能力建设，加大执法力度

河长制全面推行后，新沂河道管理局充实了水行政执法队伍，加强了执法装备、执法基地建设，建立了联合执法机制。加大监管力度，主动组织开展河道管理范围内违章行为摸底排查，全面梳理河道管理范围内存在网箱养鱼、违章建房等重点难点问题，并主动向河长制办公室进行汇报。在河长统一领导下，积极协调水利、公安、环保等部门和沿河乡镇政府开展联合执法行动，依法清除养鱼网箱，拆除违章建房，维护河湖管理秩序。

3.5　大力开展河道禁采工作

开展常态化执法巡查工作，发现河道管理范围内非法采砂行为，及时采取行政强制措施，拆解采砂机具，切割采砂船只，督促采砂人将船只撤离河道，并对岸上的洗砂设备进行拆解，对砂场进行清理。为从根源上制止非法采砂行为，还对河道内涉砂房屋进行拆除，对运砂上堤道路进行封堵，在堤顶防汛道路上设置限行设施，并认真落实《最高人民法院、最高人民检察院关于办理非法采砂、破坏性采砂刑事案件适用法律若干问题的解释》，对涉嫌犯罪的及时移送司法机关。

3.6　落实涉河建设项目管理

加强管理和服务，协助和督促建设单位按照涉河建设项目管理有关规定履行审批手续，强化日常巡查，落实巡查责任制，严厉查处未批先建和未按批复要求实施等违法行为。

3.7　全面提高河湖管理信息化水平

利用先进的计算机网络、信息化和数字化等技术手段，对重点河湖、水域岸线、河道采砂等进行动态监控，强化空间管控，实行网格化管理，对违法信息进行共享。

4　保障措施

4.1　加强河长制组织体系建设

充分认识河湖管理的重要性，加强组织领导，坚持“政府主导、属地管理、部门协同、社会参与”的河长制原则，建立政府主导、水利部门牵头、相关部门配合的良性管护机制。水管单位牵头负责河道日常管护工作，环保部门负责河道及周边环境整治，组织入河污染源治理，保护河道水质。公安部门负责依法打击破坏河道资源、影响社会公共安全的非法行为。林业部门负责加强河道湿地和堤防绿化管理。渔业部门加强河道养殖管理。各有关部门按照职责分工，密切配合，形成合力，共同加强河道管理与保护。

4.2　建立联席工作制度，合力解决重点问题

以日常巡查为基础，定期通报河道管理与保护工作情况，若发现重大违法违章问题，及时向河长和河长办公室汇报。在各级河长统一领导下，新沂河道管理局联合公安、水利、环保等有关部门，开展有针对性的联合执法行动，解决重点、难点问题。如重点水域非法采砂现场监管，违章建房拆除、网箱清除等都需要采取联合执法行动。

4.3　加强监督考核

建立健全河道管理“河长制”绩效考核评价体系，制定“河长制”考核办法，规范河道管理行为，量化“河长”管理绩效，对成绩突出的予以表彰奖励，对因失职、渎职导致河道资源环境遭受严重破坏，甚至造成严重灾害事故的，要依照有关规定调查处理，追究相关人员责任。

4.4　注重舆论宣传，引导公众参与

加大宣传和舆论引导，提高社会公众对河湖保护工作的责任意识和参与意识，营造全社会关爱河湖、珍惜河湖、保护河湖的浓厚氛围。主要在工程日常管理中和水法宣传活动中，加大河湖管理保护重要意义和相关法规宣传力度；在河道管理范围内设置水法规宣传牌，让大家了解在河道内圈圩养鱼、网箱养鱼、违章建房等行为均属违法行为；在河道管理范围内公告违法行为举报电话，拓宽公众参与河湖管理渠道。

作者简介：杜红磊，男，1978 年 7 月生，工程师，主要从事水利工程管理方向的研究。E-mail：279639932@ qq. com.

山东省“十三五”水利工程管理面临形势浅析

侯祥东[1]　李玥璐[2]　王训诗[1]

(1.山东省淮河流域水利管理局　山东济南　250100;2.济宁市洙赵新河管理处　山东济宁　272000)

摘　要:“十二五”是山东省水利事业全面快速发展的五年,对水利工程管理工作来说,也是真抓实干、攻坚克难、成效显著的五年。“十三五”期间,更是山东省深化水利改革、加强水利管理的攻坚时期,随着经济社会的发展,也对水利工程管理提出了更高的要求。本文结合“十二五”期间我省水利工程管理方面取得的工作成绩及下一步的发展目标,从大中型水利工程管理体制、运行管理机制、水利工程信息化管理、人才队伍等四方面,提出现状水利工程管理方面存在的问题,并对“十三五”期间水利工程管理面临的形势进行了分析,对今后我省提高水利工程管理水平具有一定指导意义。

关键词:水利工程　工程管理　“十三五”　形势

1　水利工程管理“十二五”期间工作回顾

“十二五”是山东省水利事业全面快速发展的五年,对水利工程管理工作来说,也是真抓实干、攻坚克难、成效显著的五年。回顾“十二五”期间水利工程管理工作,主要有以下几方面成绩:国有大中型水利工程管理体制改革任务基本完成,水利工程规范化管理效果显著,水利工程安全管理更加完善,水利工程依法管理力度不断增强,小型水库除险加固和管理稳步推进,水利工程管理工作成绩斐然,本文不再详述。

“十三五”期间更是我省深化水利改革、加强水利管理的攻坚时期,随着经济社会的发展,特别是水利改革发展的新形势和河长制管理的需要,对水利工程管理提出了更高的要求。从我省水利发展未来需要看,水利工程管理工作还有许多问题要解决。

2　“十三五”期间水利工程管理面临的形势

2.1　大中型水利工程管理体制方面

2.1.1　水利工程管理体制尚未根本理顺

目前,山东省、市、县水利工程管理体制未根本理顺,各级水行政主管部门工程管理机构设置复杂,单独设立管理机构的大多是事业单位,单位长期行使行政职能;有的与防汛抗旱总指挥部办公室合并设立,工程管理职能被弱化;有的仅设立河道管理机构,对辖区内所有水利工程没有实行统管。这些问题都影响了水行政主管部门对水利工程管理的指导和监督作用。

2.1.2　改革的广度、深度不够

由于前期各地对改革认识不足、地方财力有限等原因,部分市的改革工作仍处于政策落实阶段,部分水管单位出台的政策文件中存在消极应付现象,对改革中单位定性、人员定编、经费落实等改革关键环节未做出明确规定,水管单位体制机制并未实现根本转变,改革效果有限。少部分水管单位因水费收入和其他经营性收入情况较好,对单位未来发展和改革认识不足,存在不愿改革的情况。

2.1.3　“两费”(公益性人员基本支出和工程公益性维修养护经费)尚未足额到位

全省水管单位公益性人员基本支出和工程公益性维修养护经费落实比例分别为92%和61%,大部分工程的维修养护经费不能足额到位,致使日常管理和工程维修等工作滞后,造成工程管理水平较低,直接影响水利工程的运行安全和综合效益的发挥。部分市县对两项经费的“落实承诺”并未兑现,特别是对公益性工程的运行管理和维修养护经费,未建立起相对稳定的财政投入渠道,仅靠采取“一事一议”的方式来解决,经费来源严重不足。

2.1.4 内部改革、管养分离等工作进展缓慢

长期以来水管单位普遍存在“吃大锅饭”的现象,单位内部竞争机制不健全,水管单位职工对改革认知程度不足,积极性不高。改革涉及职工切身利益,水管单位职工普遍对分离后企事业身份、养老保险等问题心存疑虑,内部经营单位的经营效益、工资水平等直接影响了管养分离、人员分流等工作的开展。

2.1.5 农业水价改革难,水价形成和管理机制不健全

水费是水管单位的主要收入来源之一,近两年积极推行农业水价综合改革、实行终端水价,但是由于时间短,尚未全面推开,目前农业水价一直执行1987年的标准,标准低、水费征收困难,且存在挪用现象;水管单位承担着防洪排涝、生态环境供水等社会公益任务,却没有得到应有的财政补偿;工业供水虽然供水价格较高、水费征收相对容易,但工业供水占水管单位供水的比例小,且供水价格调整不及时,仅能达到保本状态;城镇居民生活用水价格各地高低不一,但水管单位对城镇供水企业的水价普遍偏低,且受行政干预水价调整困难。科学的水价形成和管理机制尚未建立,水管单位政策性亏损大,直接影响到工程的日常管护。

2.2 运行管理机制方面

2.2.1 部分工程产权不清、权责不明

物业化管理是由工程的管理主体按照市场规则委托社会企业对工程进行维修养护的一种管理方式。但是长期以来,受经济发展水平和传统管理方式的影响,部分水利工程特别是一些中小型水利工程往往还存在着工程产权模糊、管理主体不清的现象,甚至有些小型水利工程处于无人管理的状态。由于权属不清,物业化管理缺少明确的法定管理主体来开展相关工作,而且工程的安全管理责任也难以得到有效落实,容易出现相关群体利益共享、责任不共担的现象,同时还影响到工程管理日常监督考核、管护经费筹措、安全责任落实等方方面面工作的开展。

2.2.2 维修养护市场不成熟,市场准入机制不健全

一方面,水利工程的物业化管理还处于起步阶段,参与维修养护的企业大部分都依托于工程施工单位,相对于不同的水利工程类型,企业内部专业化的管护人员、管护设备和管理经验都比较欠缺,优秀的维修养护企业相对较少。另一方面,参与物业化管理的工程也大都处于试点阶段,现有的资源难以满足市场发展的要求,不利于发展壮大维修养护市场。同时,目前国家对于物业服务企业的资质认定主要是针对住宅、厂房、办公楼等设施的管理和维护,由建设主管部门进行认定。对于水利工程设施的物业管理资质认定缺少相关法律法规作为支撑,在具体的实施过程中,水利部门难以依法对参与维修养护的企业进行有效管理,不利于物业管理市场的长期发展。

2.2.3 维修养护定额标准偏低,经费投入不足

目前,水利工程维修养护定额仍然是采用水利部和财政部2004年颁布实施的《水利工程维修养护定额标准(试点)》,随着近年来人工费、材料费、设备费等价格的不断上涨,当时设定的标准显然已满足不了水利工程日常维修养护的需要,与实际实施存在偏差,出现严重偏低的情况。与此同时,虽然定额标准存在偏低的情况,但大部分水利工程落实的维修养护资金仍然无法达到定额标准的要求,公益性工程日常维修养护经费在各级财政水利投入中的比例偏低,没有建立起财政经费投入的保障机制,直接导致物业化管理缺少强有力的资金保障,难以有效开展。

2.3 水利工程信息化管理方面

目前为止,山东省“调水”运行管理系统与“防汛”运行管理系统为两套独立的体系。汛期时,“调水”系统不能及时启用分担防汛压力,“防汛”系统也不能充分调度利用洪水资源。两系统分离运行容易造成信息传递不及时、不对称,为决策管理带来一定的困难。部分工程监测手段和调度方式落后,与水利工程运行管理现代化要求还存在一定差距。另外,已经建立的工程信息化管理系统,存在产品规格不统一、性能不稳定、系统性不强、共享性较差、信息平台不兼容等问题,难以发挥规模效益。

2.4 人才队伍方面

从山东水利工程管理人员现状情况可以看出,全省水利工程管理人员存在两大突出问题:一是人员

年龄结构不合理,2011年底35岁以下人员仅占到总人数的24%,年轻人员总比例偏低,45岁以上人员比例达到了36.5%,水利工程管理人员结构趋于老龄化;二是人员知识水平整体偏低,中专及以下学历人员比例为54.8%,大中专以上人员比例偏低,尤其是硕士以上学历不足0.6%,博士学历更无一人,整体学历水平难以适应水利工作现代化的要求。基层水利工作具有一定艰苦性,难以吸引高学历人才,现有的事业单位人员考录政策设置门槛较高,低学历的来不了,高学历的不愿来;高中级专业技术人员数量少,技术力量不精;同时水管单位从业人员专业背景过于单一,管理与专业、现代与传统兼备的复合型人才严重匮乏,多数单位激励性政策力度小,无法挽留和吸引一些专业性强的技术人才。

3　结语

综上所述,“十二五”期间,我省在国有大中型水利工程管理体制改革、水利工程规范化管理、水利工程安全管理、小型水库除险加固和管理等方面取得了显著成绩,但根据水利改革发展的新形势,结合河长制管理需要,我省水利工程管理在“十三五”期间需加大改革力度、加强制度建设、理顺管理体系、加强信息化管理、加强人才队伍建设,才能不断完善提升综合管理水平,更好地适应形势发展的需要。

作者简介:侯祥东,男,1976年12月生,工程师,主要从事水利工程建设管理、规划设计等方面的研究。E-mail:jsyglc@163.com.

实行施工标准化管理，提高治淮工程施工管理水平

王怀冲　李彩琴

（淮河工程集团有限公司　江苏徐州　221000）

摘　要：在新时期的治淮工程建设热潮中，参与治淮工程建设的水利工程施工企业要以工程施工项目管理为中心，通过不断提高工程项目管理水平，提高工程质量，保证施工安全，优化施工进度。提高工程项目管理水平，要以施工管理标准化建设为基础，通过制度化、流程化、手册化、网络信息化管理等方式，不断建立和完善安全生产标准化、质量管理标准化、施工现场标准化、成本管理标准化、作业人员管理标准化等，形成一套完善的施工标准化管理体系，使整个工程项目施工在标准化体系下有序、健康地运行，为新时期治淮事业贡献力量。

关键词：治淮工程　施工　标准化管理

1　背景

2011年1月26日，国务院召开常务会议，研究部署进一步治理淮河工作。3月28日，国务院办公厅转发国家发展和改革委员会、水利部《关于切实做好进一步治理淮河工作的指导意见》，要求继续把治淮作为全国水利建设的重点，用5~10年基本完成38项进一步治理淮河的主要任务。自此，新一轮的治淮工程建设热潮拉开了序幕。

在新时期的治淮工程建设热潮中，进一步提高治淮工程建设管理水平，加强监督检查，强化水利工程质量、安全和验收监管，确保“四个安全”是对工程建设管理工作提出的新要求。参与治淮工程建设的水利工程施工单位作为建设的主要力量，要以具体的工程施工项目管理工作为中心，通过不断提高工程项目管理水平，来提高治淮工程质量，保证施工安全，优化施工进度。提高工程项目管理水平，要以实行施工标准化管理为基础，不断建立和完善安全生产标准化、质量管理标准化、施工现场标准化、成本管理标准化、作业人员管理标准化等，形成一套完善的施工标准化管理体系，使整个工程项目施工在标准化体系下有序、健康地运行。

2　实行标准化管理的必要性

工程项目管理是以具体的建设项目或施工项目为对象、目标、内容，不断优化目标的全过程的一次性综合管理与控制活动。工程项目管理以施工现场作为运行平台和载体，既是矛盾的集中点，又是工作的着力点。实行施工管理标准化既是水利行业发展的关键点，又是新时期施工管理的基本要求，这对转变施工现场管理、提升行业形象、增强企业竞争力、提高企业管理和政府监管水平，具有深远的社会意义和现实意义。

2.1　实行标准化管理是适应社会经济发展的需要

长期以来，多数施工企业的施工管理实行的是传统的粗放式管理、经验式管理，管理理念落后、管理方式陈旧、管理方法简单、机械，管理体系和机制有明显的缺陷和漏洞，对质量和安全控制力较低。

随着我国社会经济的不断发展，国家对工程质量和安全有了更高的要求。通过实行标准化管理，把施工现场各类相关要素最大限度地整合，使其系统化、规范化、信息化、精细化，更大程度地加强对质量和安全的控制宽度和深度，最大限度地减少甚至消除质量安全隐患和事故，为保持社会稳定、构建和谐社会做贡献。

2.2　实行标准化管理是适应建设文明社会的需要

长期以来，由于施工现场露天施工、农民工高度集中等自身特点，行业的社会形象与其社会贡献极

不对称。建筑工地给人们留下了“脏、乱、差”的印象，甚至“工地”“农民工”等成了不雅的名词。通过实行标准化管理，可以进一步强化文明施工、标准施工，通过改变场容、场貌秩序化，并不断增强农民工的技术水平和文明意识，逐步使农民工向技术工人、文明工人过渡，从而全方位地提高行业文明程度，提升行业新形象。

2.3　实行标准化管理是施工企业提高效益的需要

长期以来，许多建筑施工现场实行的是粗放式管理模式，许多施工现场人工、材料、机械等存在着不同程度的浪费，生产成本高，经济效益低，能源消耗和发展效率极不匹配。同时，随着水利工程建设市场竞争加剧，投标竞争日趋激烈，利润空间不断压缩。

通过实行施工标准化管理，把科学管理落实到工地的每个细节、每个过程、每个岗位，使各项管理流程程序化，实现对现场成本精准、快速、全过程的监管，有利于现有施工规范条件下的生产节约、降低成本、提高效益，是施工企业所追求的目标。

2.4　实行标准化建设是提高企业管理和政府监管水平的需要

实行标准化管理适应了时代发展的需要，提高了企业管理水平和政府监管水平。管理标准把原来比较分散的质量、安全、队伍管理等各项重点管理要求有机地整合串联起来，形成一个清晰、明确的链条，有利于企业学习掌握和在实践中有效贯彻。同时，标准化管理有利于行业主管部门对企业的行业管理，促使企业不断查找管理缺陷，堵塞管理漏洞，实现政府监管方式从运动突击式和重审批、重处罚向长效的管理服务型转变。

3　施工标准化管理的主要内容

3.1　安全生产标准化

安全生产标准化体现了“安全第一、预防为主、综合治理”的方针和“以人为本”的科学发展观，强调企业安全生产工作的规范化、科学化、系统化和法制化，强化风险管理和过程控制，注重绩效管理和持续改进，符合安全管理的基本规律，代表了现代安全管理的发展方向，是先进安全管理思想与我国传统安全管理方法、企业具体实际的有机结合，有效提高企业安全生产水平。

现场安全生产标准化包含制定安全目标，建立组织机构和职责，保障安全生产投入，制定法律法规与安全管理制度，开展安全教育培训，保证生产设备设施和作业安全，开展隐患排查和治理，重大危险监控，职业健康，应急救援，事故报告、调查和处理，绩效评定和持续改进等方面。

3.2　质量管理标准化

全面质量管理是运用一整套质量管理体系、手段和方法所进行的系统管理活动，通过 PDCA，即计划、实施、检查和处理4个阶段循环的工作方式运行。

质量管理标准化是运用全面质量管理的理念，明确质量管理流程，确定质量管理标准，达到全面质量控制的目的。质量管理标准化工作首先要从组织编制工程的施工工艺、工法开始，然后通过建立健全施工日常质量管理、施工现场质量过程控制等在内的每个环节、每个流程、每道工序的责任制度、工作标准和操作规程，及质量控制标准，实现施工现场的质量行为规范化、质量管理程序化和质量控制标准化，建立完善自我约束、持续改进的工程质量管理长效机制，促进质量管理体系运转有效的目的。

3.3　施工现场标准化

施工现场标准化是为了加强施工现场的管理工作，使施工现场安全、文明工作体现标准化、科学化和规范化，展现良好的施工企业形象，以现场管理推进整个工程项目的管理水平。施工现场标准化建设以企业形象设计为基础，针对施工现场情况，制定出一套符合本工程的标准化方案。例如临时设施的建设，从项目部大门的尺寸、样式，到卫生间的布置都要形成一套标准；在施工现场，哪些地方需要设置标志标牌，设置什么样的标志标牌，尺寸、样式、内容都要有明确的规定。真正做到现场管理无死角，在全面可控的状态中。

3.4　成本管理标准化

成本管理是施工企业追求的主要目标之一，是企业生存发展的基础性工作，所以施工项目管理必须采取各项措施，降低成本，堵住成本流失漏洞。成本管理要从组织上建立由项目经理、各专业施工队队长组成的成本管理标准体系，落实责任，确定成本目标。

项目实施过程中，从市场的调研、合同的签订到材料、设备的采购和租赁均需制定详细的管理制度和操作流程，真正做到规范化、制度化和透明化。同时，材料设备进场后，要建立出入库等制度和流程，在人员投入、材料领用、机械使用上明确责任，确定标准，达到降低成本的目的。

3.5 作业人员管理标准化

标准化工作实施的主体是作业人员，要把作业人员放在标准化管理的重要一环。人员管理体现"以人为本"的管理理念，把对作业人员的职业技能、职业素养、行为规范的要求贯穿于标准化的全过程，建立对作业人员和执业行为的自律约束机制，促进从业人员素质的快速提升。

施工要制定岗位规范、操作规程，对所有作业人员进行岗前培训教育和考核，合格后方能进入工地施工。通过学习教育使进入工地的员工对施工现场有一个新的认识、新的了解，这样就会不断提高安全和质量意识。施工过程中，要对作业人员进行必要的施工技能培训和安全技术交底，提高自我防护意识，进而建立标准化岗位、标准化班组，达到使人员管理处于全面控制状态的目的。

除以上几方面的标准化建设外，还可以针对施工进度控制、工程材料设备管理、合同管理、资料管理等各方面进行标准化建设，在此不再赘述。

4 标准化管理建设的主要措施

4.1 制度建设是实行标准化管理的基础

实行标准化管理首先要从建章立制入手，建立科学合理、操作性强的规章制度是基础性的工作。制度要系统化制定，要分类、分层次制定，横向到边、纵向到底，先后制定框架性制度、完善细化制度，确实做到施工生产、项目管理有章可循。制度的落实是实现项目管理目标的保障因素，根据各工程的特点，结合实际，明确对各部门、各岗位的职责划分，完善各岗位责任制，确保项目规章制度得到落实。

4.2 工作流程化是标准化管理的主要方式

标准化管理要使工作流程化，把所有涉及管理内容的东西都做成流程。控制流程最重要的是层层审批，因此流程要表单化，也就是要用表单跟流程配套。例如，施工质量三级检测、检验制度，从作业班组初检、施工队复检、项目部专职质检员终检三级质量检测、检验均要制定详细的工作流程，每道流程制定详细、合适的表单去执行，每道流程均有相应责任人。流程履行了，责任落实了，工程质量检测、检验制度也就落实了，对工程质量的控制就更加有力了。

4.3 标准化建设要建立作业手册化、图册化

在施工现场的每一个岗位，均要制定作业手册。例如，钢筋绑扎工序生产作业里，制定钢筋工操作手册，细化到如何进行钢筋绑扎、如何进行钢筋下料，钢筋制作和安装要达到什么样的标准；同样在生产管理方面，要制订安全生产的手册，例如对于高空作业，如何系安全带，何时系安全带，系安全带的作用是什么等，均应体现在安全作业手册里。总之，每个岗位、每项作业都可以做作业手册。

同时，除作业手册化外，针对现场农民工文化水平较低的现状，可将作业手册图片化，图文并茂，使信息的传达更加形象生动。这样既提升了效率，降低了对人员的要求，又能控制风险。

4.4 标准化建设要依托网络信息化平台

如果一个工程项目里完全都靠纸制表单去实行，操作人员的工作量会比较大，无形中就降低了工作效率，增加了成本，同时也会增加风险。随着"互联网+"技术的逐渐成熟，依托网络信息平台进行标准化建设，能大大提升工作效率，将会取得事半功倍的效果。

需要指出的一点是，网络信息化的运用必须在流程化建立的基础上，没有流程化的建立和框架的搭设，网络信息化也将无法发挥其作用。

5 结语

施工标准化管理的实现是一项系统的工程，不是一蹴而就的，可以采取"整体规划、分步实施"的原

则，从一个方面、局部领域的标准化做起，进行试点推行，进而积累经验逐步推广。参与治淮工程建设的施工企业应当具备很强的标准化意识，接受和推行标准化管理，认识到标准化管理是企业提高项目管理水平的必由之路，也是企业理念、行业准则、企业精神的集中展示平台。通过建立健全标准化管理体系和管理机制，将创建目标层层分解，层层落实，把标准化管理的要求传递到每个岗位、每个员工，落实在每个环节、每个过程，实现在每个项目、每个工地，通过狠抓施工现场管理，带动企业管理体系、质量安全保证体系、施工现场监督体系不断完善，提高施工企业的整体管理水平和核心竞争力，为新时期治淮事业贡献力量。

参考文献

[1] 王莉. 浅谈工程施工标准化管理[C]//石油工业标准化技术委员秘书处第十二届石油工业标准化论坛论文集. 北京：石油工业出版社，2009.

作者简介：王怀冲，男，1982 年 10 月生，淮河工程集团有限公司副总工程师，主要从事水利工程施工管理工作。E-mail：wanghc82@163.com.

浅谈沂沭泗局基础设施建设现状及发展对策

辛京伟

（淮河水利委员会沂沭泗水利管理局　江苏徐州　221018）

摘　要：近年来，随着经济社会的发展和水利事业的推进，对流域水利基础设施建设也提出了新的更高的要求。本文介绍了沂沭泗局基础设施建设现状，针对当前存在的一些问题，根据沂沭泗局发展规划和能力建设要求，提出进一步加强防汛仓库建设、防汛抢险能力及信息化建设、通信系统扩容及应急通信系统建设、水政水资源基础设施及装备建设等对策，以提高沂沭泗局水利管理能力和水平，促进流域社会经济可持续发展。

关键词：沂沭泗局　基础设施建设　现状　存在问题　发展对策

沂沭泗局基础设施建设对提高沂沭泗局水利管理能力和水平、促进沂沭泗局水利事业发展具有很大的积极作用。近年来，沂沭泗局基础设施建设稳步发展，但由于过去的基础设施薄弱，加之地方经济发展迅速，现有的基础设施仍不能满足经济社会快速发展的需求。为更好、更全面地履行流域管理职能，服务于流域社会经济可持续发展，适应规范管理与现代化管理需要，亟须加大基础设施建设投入和力度，保障沂沭泗水利管理和防汛安全。

1　基础设施建设现状

1.1　沂沭泗局防汛仓库

沂沭泗局现有防汛物资储备仓库25处，总面积5 810 m^2。其中，中央防汛抗旱物资储备仓库1处（位于薛城）；其余24处储备仓库为沂沭泗局自储仓库，分布在各基层局。沂沭泗局防汛物资储备主要有国家防总代储和沂沭泗局自储两种形式，国家防总代储的防汛抗旱物资储存在国家防办定点防汛抗旱物资储备库薛城仓库。

1.2　通信系统

沂沭泗防汛通信系统由宽带数字微波（光纤）通信主干网络、无线接入通信系统、有线通信系统组成，形成了一个以数字微波传输、程控交换为主，辅以光纤电路、无线接入、智能复用设备、计算机网络等多种信息通信手段相结合的现代化信息通信专用网，覆盖了全流域基层水利管理单位，已成为沂沭泗防汛抗旱指挥系统的重要组成部分，为流域雨情、水情、工情信息的传输，召开防汛异地会商会，防汛抢险，防汛调度命令的下达提供了可靠高效的通信保障。

1.3　计算机网络系统

沂沭泗局现已具有较为完备的以防汛通信网络系统和防汛计算机网络系统为支撑，以电子政务系统、防汛决策支持系统、异地会商系统、重点工程监控及自动控制系统和水情信息服务系统为主要应用系统的水利信息系统。沂沭泗局直管重点工程监控及自动控制系统项目，使沂沭泗局水利信息化水平大幅度上升，从而提高了水利管理手段和防汛调度水平，实现了对重点水利枢纽的视频监视、部分河道重点部位的视频监视和三个水闸的自动化控制。

1.4　沂沭泗防汛机动抢险队设施设备

沂沭泗局防汛抢险队伍由沂沭泗局防汛抢险大队、南四湖局防汛抢险中队、沂沭河局防汛抢险中队和骆马湖局防汛抢险中队组成。沂沭泗局抢险大队和三个抢险中队均已建设设备物资存储库房和维修车间用房，配备抢险、通信、运输、保障等设施设备，提升了沂沭泗局防汛抢险队伍抢险能力，但设施设备配备尚未达到《水利部流域管理机构防汛抢险队伍建设指导意见》要求，现有的少量抢险设备设施损坏严重，年限较长，基本处于待报废状态。沂沭泗局抢险大队及三个中队均无专门防汛抢险演练和培训基地。

1.5 沂沭泗水政水资源基础设施

沂沭泗局水政监察基础设施建设结合流域管理工作的实际，充分考虑总队、支队、大队工作的重点和任务不同，着重将基础设施建设向基层倾斜。先后建设了一批水政监察车、水政监察船、水政执法码头、远程监控系统、调查取证设备、执法信息处理设备和听证复议设备等，改善了水政监察装备条件，提高了水行政执法能力。

水资源管理基础设施较为薄弱，监控手段较为缺乏，基层管理执法装备配备不足，国家水资源监控能力建设的实施，一定程度上提高了南四湖周边水量在线监测能力和沂沭泗直管区水资源管理信息化水平。

2 基础设施建设存在的问题

由于基础设施投资量偏小、覆盖面较大，目前水管单位，特别是基层水管单位的基础设施不能满足社会经济发展对流域水管单位的要求，基础设施建设仍存在一些问题。

2.1 亟须改善防汛物资仓库管理设施

目前，防汛仓库及防汛物资储备存在的主要问题：一是现有防汛仓库面积远达不到物资储备要求；由于仓库面积少，导致多数物资只能堆放在一起，空间拥挤，缺乏通道，使防汛物资不能按照相关要求分门别类地进行存放。二是我局自备防汛物资主要储备在下属 19 个基层局仓库和沿河仓库中，物资储备分散不利于统一管理。三是现有防汛仓库多为非专业库房，基本无仓储配套设施，仓储条件极差，不利于防汛物资安全储存。四是防汛物资储备缺额较大，物资购置经费渠道不畅。为确保防汛物资的安全和完整、充分发挥防汛物资的应急保障作用、提高流域防洪管理水平和防洪抢险能力，亟须改善防汛物资的储备和管理条件，改善仓库管理设施。

2.2 通信系统扩容及应急通信系统亟须建设

随着重点工程监控和水行政执法监控等视频系统的建设，原来用于语音和计算机网络的防汛通信系统不能满足视频信息传递的需要。带宽不足的问题十分突出。沂沭泗局防汛通信系统为“树枝状”结构，抗风险能力较低，当主干传输信道出现故障时，易造成大面积的通信中断，数字微波受城市建设影响大，通信铁塔建设时间久，搭载能力不足，缺乏应急通信设施。

2.3 防汛抢险队伍能力建设不能满足防汛抢险要求

由于沂沭泗险情具有突发性、突变性以及时效性强等特点，险情发展迅速，抢险准备的时间短，这就要求抢险队需具备快速反应、及时到位、迅速控制险情的能力，并能处理技术复杂、条件困难、处置难度大的重特大险情。目前，沂沭泗防汛抢险队伍抢险设备缺乏且不配套，设备老化，离“具备同时抢护两处险情，具有处理技术复杂、条件困难、处置难度大的重特大险情的技术能力”的目标要求有较大差距，应急抢险能力不足；缺乏必要的通信设备和交通设施，不能满足“全天候、快速、高效”的要求；各抢险队均缺乏演练基地和训练场所。

2.4 信息化建设不能适应水利管理和社会发展需求

计算机网络系统方面：沂沭泗局信息系统网络设备管理手段单一，缺乏数据中心及容灾备份系统，网络机房等基础设施标准偏低，网络平台需要扩展，网络通道带宽不足等；堤防大重点部位均未设置视频监视监控设备，各基层水管单位人员少、管理线长，及时掌握堤防重点部位的雨情、水情、工情、险情，人力物力消耗很大，管理难度较大。

水文自动测报系统方面：沂沭泗水文自动测报系统设备运行时间较长，老化问题较为严重，测站出现故障情况在逐年增加。

2.5 水政水资源基础设施及装备需加大配置力度

水政监察基础设施仍难以满足当前水行政执法工作的需要。水上执法装备配置不足，不能做到远距离、大范围、集中执法；现场执法能力不足，信息化、现代化执法设施建设滞后，特别是在水事纠纷敏感地区和重点河段，缺乏先进的高科技设备，无法实现实时动态监控水事活动，不利于及时发现与查处水事违法案件；水政监察设备老化严重，急需更新换代。

水资源管理缺乏共建共享的信息平台和用水监控设施设备，不利于流域水量分配及调度工作的推进，也给取水口的日常监督管理工作带来很大困难。各基层单位专项执法装备配备不足，影响日常巡查及执法。

2.6 水利管理及防汛基础工作需要加强

近年来，国家先后实施了沂沭泗河洪水东调南下工程，骨干河道均进行了治理和除险加固，河道工程实际情况发生了显著变化，原有河道断面资料已不能满足流域防汛抗旱和防洪工程管理工作的需要，有必要对沂沭泗直管河道进行断面布设及面测量；沂沭泗洪水由于流域地理位置特殊，洪涝灾害多发易发，具有来骤去缓的特性，需要建设沂沭泗流域防洪沙盘系统，主要用于防汛抗旱会商时的汇报演示、平时的查询办公，以及防汛值班与指挥调度等。

3 基础设施建设发展对策

3.1 建设防汛抢险仓库等管理设施

根据《国家防总关于印发〈水利部流域管理机构防汛抢险队伍和防汛物资仓库建设指导意见〉的通知》(国汛〔2013〕8号)有关规定，结合实际情况，我局组织编制了《沂沭泗局防汛仓库建设及物资储备规划》并上报淮委。规划建设沂沭泗局防汛仓库共计45 000 m^2，其中南四湖局、骆马湖局和沂沭河局分别建设15 000 m^2。南四湖局和沂沭河局的防汛仓库分别建设在薛城和江风口闸管理局，骆马湖局的防汛仓库建设在嶂山闸管理区和沭阳。

进行南四湖局韩庄枢纽管理区基础设施及防汛抢险能力建设，进一步保障韩庄枢纽防洪工程安全，使南四湖洪水安全下泄，保障防汛抢险畅通，同时改善项目区生态环境，为建设水利风景区和区域经济发展打下良好的基础。

进行沂沭泗局基层管理单位业务用房及配套设施建设，包括刘家道口局管理区配套设施建设、蔺家坝局办公及管理用房、二级坝局管理设施改造、韩庄运河局危房改造、新沂局管理设施室外配套工程，使沂沭泗局有关基层管理单位办公及管理设施得到改善，有利于改善职工办公生活条件，改变基层管理单位面貌，加强工程管理及防洪安保，不断提高工程管理水平和工程维修养护水平。

3.2 提高防汛抢险队伍能力

配备抢险、通信、运输、监测、保障等设施设备，提高应急抢险能力；建设中央防汛抗旱物资储备(薛城)仓库和骆马湖防汛抗旱物资储备仓库，进一步改善防汛物料存放条件，使防汛物料储备更加集中，各防汛物料存放网点分布更加合理，管理、调运更加方便，保证防汛抢险工作顺利开展；建设防汛抢险演练、培训基地，配备必要的险情模拟和训练用功能设施，提高防汛抢险队的抢险设备操作水平和抢险技能。

3.3 通信系统扩容及应急通信系统建设

项目建设主要包括沂沭泗局通信系统扩容，扩建6条微波电路及扩容17条光纤电路，提高通道带宽并优化沂沭泗局防汛通信网结构；沂沭泗局应急通信系统建设，在沂沭泗局及下属三个直属局分别部署卫星地面站和移动卫星通信设施。

3.4 提高水利管理信息化水平

沂沭泗局直管重点工程监控及自动控制系统二期建设，升级完善监视监控综合管理软件，整合采砂管理、水资源管理和工程管理新增监控点；增设基层局无线多媒体集群系统和监控点，完善监控信息传输线路，新建多媒体集群调度指挥系统，满足沂沭泗水利管理局防汛调度、水资源管理和工程管理对视频监视的需求。

沂沭泗直管重点工程数据中心建设，升级改造各直属局防汛计算机网络系统；对现有水利数据进行优化整合，建设统一数据库系统，建设沂沭泗局直管重点工程数据灾备中心；新建多媒体宣传教育展示中心；将海量信息进行及时分析与处理，直观展示工程现状，以更加精细和动态的方式进行水利工程管理。

沂沭泗局直管工程管理信息系统建设，搭建计算机网络基础环境、防汛综合信息管理平台，建成具有一定实用性、先进性、可靠性的现代化、信息化工程管理体系。建设水利数据中心和监控监视平台,通过各管理应用系统的开发利用,实现各种资源的有效共享和快速准确查询,以及信息的快捷上传下达,进一步提高沂沭泗防灾减灾信息化技术水平。

3.5　加大水政水资源基础设施及装备配置力度

淮委水政监察基础设施建设项目(二期)建设,完善水政执法监控工程,完成中远期直管河道重点区域实时监控点建设;建设二级坝执法码头配套工程,建设淮河方邱湖水政执法码头;更新购置执法设备、水政监察执法车、大型执法船只等,提升省际边界地区监管能力,提升流域水行政执法保障水平。

水资源基础设施逐步配备基本装备,建设直管区水资源监控体系,实现与国家、淮委水资源监控管理平台互连互通,对流域主要用水户和用水口门的取用水过程全程实时监控。

4　结语

根据沂沭泗局发展规划和能力建设要求,按照统一规划、合理布局、突出重点、分期实施、逐步完善的原则,加强基础设施建设,使沂沭泗局基础设施条件得到明显改善,水行政管理能力、管理设施及设备基本满足流域水管理的需要,水利管理信息化与现代化水平逐步提升,逐渐适应经济社会快速发展和环境改善等各方面发展要求,树立流域水管单位的形象,促进流域经济与资源、环境的协调发展。

作者简介:辛京伟,女,1987年11月生,工程师,主要从事工程建设管理工作。E-mail:285366998@qq.com.

淮安黄河故道治理工程建管机制探索与创新

贾　璐　李　辉

（淮安市水利局　江苏淮安　223001）

摘　要:黄河故道是淮安人民的母亲河,不仅是二级饮用水源地保护区,也承担着灌溉、泄洪、排涝、发电等任务。根据《江苏省黄河故道地区水利建设专项规划(2012—2020年)》,淮安市黄河故道干河下段治理工程于2015年9月经省发展和改革委员会批复实施。通过河道岸坡防护、险工患段治理,稳定堤防及河势,消除险工,提高河道防洪排涝能力;通过沿线雨淋冲沟治理,新建水土保持设施,涵养水土,减少沿线岸坡及滩地水土流失,为黄河故道综合治理和脱贫致富奔小康创造条件。本文作者根据工程建设过程中所遇到的瓶颈制约和矛盾问题,以及为解决问题所采取的一系列探索与创新,对淮安市黄河故道干河下段治理工程的建管机制做出经验总结。

关键词:黄河故道　建管机制　融资　绩效考评

1　工程概况

黄河故道又称废黄河(淮安境内并称古黄河、古淮河),西起河南兰考东坝头,东至江苏滨海套子口入海,全长728.3 km。江苏境内黄河故道自丰县二坝,流经徐州、宿迁、淮安、盐城四市14个县(市、区),全长496 km,以杨庄为界分为上、下独立两段。2013年7月,省水利厅组织编制了《江苏省黄河故道地区水利建设专项规划(2012—2020年)》,对淮安市境内黄河故道提出分段治理、分期实施的总体安排。

淮安市境内黄河故道流经淮阴区、清江浦区、经济技术开发区、淮安区和涟水县“四区一县”,总长117.5 km,其中下段西起二河,东止涟水石湖镇,总长102 km,承担泄洪、排涝、灌溉及供水等多重功能。2015年9月8日,省发展和改革委员会批复实施淮安市黄河故道下段治理工程,概算总投资3.25亿元。主要内容有:新建7处护岸、19处险工、32处雨淋沟、2处河槽切滩、104万 m^2 水保及涟水大关防洪闸站、引黄干渠渠首闸改造,淮安区李码引水闸、调度闸等。工程旨在通过河道岸坡防护、险工及雨淋冲沟治理、水土保持等措施,稳定河势,消除险工,减少水土流失,提高防洪排涝能力,为黄河故道地区综合开发提供水利基础支撑,促进区域经济社会发展,加快脱贫致富奔小康进程。

2　建管方面的实践与探索

2.1　打破惯例,重新构建组织架构

以往淮安市境内的水利重点工程建设,通常由市水利局设建设处统筹建设管理,县(区)水利局设项目部负责征地拆迁工作。对于黄河故道水利治理工程,市水利局打破以往惯例,与涟水县、淮阴区、淮安区各自成立工程建设处,作为项目法人,分别负责各自标段的工程进度、质量、安全等方面建设工作。各建设处分别充实人员机构,抽调精干力量,由各级政府牵头,部门协同分工,合力推进工程建设。市建设处直接负责工程中的清河区(市淮扬菜文化产业园)、经济技术开发区境内及市管工程建设工作,并负责指导与统筹全线的工程建设。其他三县区工程,由所在县区作为责任主体,分别组织实施。

2.2　破解难题,解决融资配套资金

“配套资金落实不足”作为淮安市水利工程建设“老大难”问题,直接影响到工程效益发挥,也影响到社会稳定,成为我市水利发展改革的瓶颈。一是直接造成了一批“半拉子”工程;二是工程建设任务无法完成,无法竣工验收,施工单位质量保证金和部分工程款无法支付。淮安市黄河故道干河下段治理工程需地方配套投资总额的30%,达9 763万元,市建设处积极谋划,创新提出用融资贷款方式解决地

方配套到位难问题，经市政府专题会办，决定将淮安市黄河故道干河下段（二河至涟水石湖段）治理工程四个施工标段集中打包，向农行淮安市分行申请融资贷款。2016年6月，9 763万元配套资金全额到账，全力保障了工程建设的资金需求。

2.3　强化考核，以绩效促工程推进

为了强化参建各方的责任感、使命感，建设处结合工程招标文件，制定了《淮安市黄河故道水利治理工程设计（监理、施工）绩效考核办法》，将设计费的10%、监理费的30%纳入绩效考核，凡考核得分在85分以下的均处以不同程度的罚金；施工单位重点考核项目经理、技术负责人、质检负责人等，违反规定，每次将处以不同程度的罚金。并且每月召开一次联席会议，采用PPT方式，汇报上阶段工作及工程进展，并通报各标段施工中存在的问题、考核得分及赏罚金额。通过赏罚分明的考核措施，有效地提高了各参建单位的积极性。

2.4　注重生态，重建人水合一的自然河道

黄河故道是原生态保护较好的河道，也是饮用水源地保护区。众所周知，传统硬质护岸多为混凝土封砌，截断水陆之间的过渡区域，打断了自然河流的原生态体系。黄河故道工程采用木桩、生态挡墙等多种形式的护岸，将生态理念充分推介应用。木桩型护岸是实践中使用最为广泛的一种生态护岸方法，在黄河故道工程中被大范围应用，多采用4~11 m长松木桩，通过木桩在水下、坡角的设置，可以很好地起到固土护坡的作用，而且同时兼顾生态功能和景观功能。同时在城区试点生态挡墙，采用抗震式、鱼巢式两种，虽然生态挡墙本质仍为混凝土预制块，但是外部设置填土空间，可种植水草，在挡墙外部形成水陆生态通道。鱼巢式生态护坡框格为敞开式内部空间设计，为鱼类及两栖动物提供觅食、栖息场所，同时也利于水生植被的生长，有利于自然的协调和平衡。在黄河故道工程中，生态护岸取代传统护岸将滨水区植被与堤内植被连成一体，构成一个完整的河流生态系统，还城市一道自然河流。

2.5　打造亮点，提升城市水文化建设

黄河故道城区段沿线分布柳树湾、桃花坞、南北地理分界线、樱花园、古淮河民众生态园、西游记文化园等风景区，工程建设势必与之相适应和衔接，需要在满足水利功能前提下，尽可能服务于广大人民群众。黄河故道穿城而过，河道有约一半经过市县城区，面对的服务对象具有人口多、人员密集、人员素质相对较高等特点，城市居民不仅希望水利工程能够满足基本洪涝排除、供水保障等人类基本生存的保障功能，还要具有精神、心理的愉悦功能，由此水文化建设日益得到人们的广泛关注。黄河故道工程在前期设计中提前考虑城市水文化建设，河道沿线布置3 m宽亲水平台，方便附近居民闲暇之余来此散步。在工程建设过程中，摒弃了原设计仿木栏杆，采用同等价格更美观、耐用的大理石栏杆，以“阳雕”手法刻上中国水利的标志，有效提升了水利工程的文化底蕴、改善城市形象，一定程度上满足城市居民的文化需求，促进人们爱水意识的提高。

3　社会效益

3.1　工程效益

工程虽初建成，社会效益已经初现。淮安市黄河故道干河下段治理工程完成后，对沿线64.069 km岸坡、险工段及雨淋冲沟进行了处理，对阻水严重的2处3.69 km高滩进行切除，稳定了河岸，巩固了堤防的防洪及河道行洪能力；新建大关防洪闸，提高了涟水县城的防洪能力，防洪除涝效益十分显著。对引黄干渠渠首进行改造，新建李码引水闸，改善了引黄干渠及板闸干渠下游近13.5万亩耕地的灌溉条件，提高了粮食产量。

3.2　经济效益

通过项目的实施，将黄河故道打造成为生态绿化走廊，有效改善区内及周边水生态环境，推动沿河生态文明建设。黄河故道穿越淮安市“四区一县”，沿河两岸居民区众多，对外交通路网发达，以河道治理成效为依托，将成为宣传河道功能、知识、文化，价值的重要平台，有利于进一步开发城市水系的娱乐休闲功能，建设生态旅游项目。

3.3 环境效益

淮安市黄河故道干河下段治理工程共建设护岸、险工及雨淋冲沟处理 64.069 km，铺设草皮及草籽 96.8 万 m^2，栽种林木 0.7 万棵、灌木 15.3 万 m^2，河道沿线设置截水沟。经过治理后的河道，有效地改善水土流失的状况，改变河道沿线沟壑纵横、水淌土走、风起沙扬的面貌，使河道生态系统的功能得到有效发挥。工程的实施，极大地改善了河道沿线的生态环境，美化了沿河两岸的生态环境，同时改善了沿线群众的生产生活条件，环境效益显著。

4 经验总结及几点思考

淮安市黄河故道干河下段治理工程建设成果斐然，工程建设进度始终赶超序时进度，上级领导及社会评价也较高，且工程无一起质量安全事故。但是仍遗留些许问题值得思考，建议在下一步淮安市黄河故道后续工程的建设中采取措施以解决问题。

4.1 初步设计深度不足

由于初步设计深度不够导致设计变更较多。淮安市黄河故道工程上报省厅的重大设计变更共 12 项，包括护岸结构形式、木桩护岸顶高程和桩长及水保工程等调整，设计变更的护岸长度占初步设计批复长度的 30%，工程造价大幅度的升高，变更后工程投资增加 1 500 万元。加大了工程建设的难度及工作量。河道治理工程的设计并非是图纸上简单的画几条线，应在满足水利功能的前提下，更好地与地方经济社会发展及城市建设相契合。

4.2 堤防权责划分不明

工程实施过程中，屡屡遇到农民集体阻工，申称征地补偿费用未到位。事实上工程红线位于堤防管理范围内，省发展和改革委员会也是据此在项目批复中定性工程占地为国有水利用地，核减了永久征地费用。但是仍有部分农民提供了土地经营权承包协议，要求按永久用地补偿，涉及责任田 286.4 亩。建议利用全市河湖和水利工程管理范围划定及全面推行河长制等重点工作的机会，理清黄河故道两岸堤防占用情况，清除河岸违章。

4.3 管理机构未成立

多年来，黄河故道没有统一的专管机构。由于管理不到位，河道两侧堤防多被沿线百姓占用；居民对滩地任意开发，毁林种粮，加剧了河道沿线的水土流失，削弱了河道的防洪排涝能力。黄河故道工程建设过程中，“切滩弃土区挖鱼塘”“破坏草皮护坡种植粮食”等问题比比皆是，可以预见到工程竣工后，若无专管机构，不仅工程效益难以发挥，工程本身也将遭到破坏。建议在后续工程实施时，应“一竿子到底”完善组织架构，成立新的河道主管机关，即黄河故道水利工程管理处，协助市水行政主管部门组织实施黄河故道的开发利用与管理保护。

作者简介：贾璐，女，1987 年 8 月生，工程师，主要从事水利工程建设管理工作。E-mail：jialu_68@126.com.

莱西市农业示范区水文监测系统的设计与实施

李 磊 于新好 李 红

（青岛水文水资源勘测局莱西分局 山东青岛 266071）

摘 要：本文通过在农业示范园区设计建设五类水文监测系统及信息中心软件接收处理系统，实现降水、蒸发、土壤墒情、地下水、气象等水文要素的实时监测与发送，在户外设计大屏幕实时显示水文信息，在信息中心设计接收展示软件一套，分析处理水文监测信息，同时开发手机App软件，便于用户下载查询，系统建成可指导农业示范区的农作物种植与管理，体现水文精准服务农业、服务民生的要求。

关键词：农业示范区 水文监测系统 设计与实施

0 前言

近年来，半岛地区持续受厄尔尼诺现象影响，降雨量持续减少，2016年莱西市全年平均降水量519.7 mm，比常年平均偏少116.1 mm，局部甚至出现严重干旱，对农业生产造成影响。降雨是目前半岛地区唯一的地表水、地下水补给源，通过监测降水的现状以及温度、湿度、蒸发、地下水位等水文气象因素对土壤墒情的影响，分析土壤墒情的变化趋势，对最终实现高产、高效、优质农业具有重要意义，为保护生态环境、提高农牧业生产提供重要决策依据。土地墒情对于农作物的出苗和生长有着十分重要的影响，关系到农田的抗旱和施肥，是农业生产中不可或缺的基础性工作，是农情动态监测的重要内容之一。不同降雨、不同降雨强度对土壤墒情影响有所不同。地下水位的变化直接影响当地农业的灌溉及水肥效果，其他气象水文要素也对农作物生长起着重要作用，作为农业高效示范区，监测水文气象数据更有利于在现有气象水文要素条件下指导农作物种植和生产，达到高效增产的目的。

1 区域概况

莱西市境内流域面积10 km^{2}以上的河流共54条，主属大沽河水系。大沽河纵贯市中部南流，小沽河沿市西境南流，潴河沿市东部南流，五沽河沿市南境西流。潴河、小沽河、五沽河分别于水集街道北张家庄村西南、院上镇大里村前、店埠镇韩家汇村西汇入大沽河，然后南流注入胶州湾。其中，大沽河一级支流14条，二级支流30条，三级支流6条。

莱西市气候为温带季风型大陆性气候，四季变化和季风进退都比较明显。空气湿润，气候温和，四季分明。春季雨少、风大、多干旱；夏季高温多雨、湿度大；秋季多晴干旱；冬季漫长干冷。年平均气温11.7 ℃，极端最高气温39.8 ℃（2005年6月24日），极端最低气温-21.1 ℃（1981年1月27日）。全年7月最热，平均气温25.3 ℃；1月最冷，平均气温-3.3 ℃。降水量年平均为635.8 mm，降水最多为1 420.4 mm（1964年），最少仅377.0 mm（1981年）。一日最大降水量为172.7 mm（1997年8月20日）。主要风向为东南风和西北风，东南风出现在4~8月，西北风出现在9月至翌年3月，年平均风速为3.6 m/s。日平均气压为1 007.6 hPa。年平均日照时数为2 656.3 h，年平均蒸发量为1 629.0 mm。历年初霜出现日期为10月18日，最早为10月2日，最晚为11月2日；终霜结束日期为4月18日，最早为3月30日，最晚为5月14日，无霜期183 d。最大冻土深度为51 cm（1968年2月），共有3 d。

莱西市地形总趋势是北高南低。北部为低山丘陵，中部为缓岗平原，南部为碟形洼地。地势由西北边境向南逐步降低，经蓝烟铁路后逐步向西南倾斜。地貌类型可分为低山、丘陵、平原、洼地4种。其中，低山占总面积的2.4%，丘陵占42.4%，平原占40.6%，洼地占14.6%。

莱西市处华北断块区的东部，位于鲁东断块之中。根据区域构造运动的时代、地质特征大体上分为三个部分，自西向东依次为鲁西断块、鲁东断块和扬子断块，其中扬子断块在本工程区域部分主要涉及南黄海北部坳陷。区域范围主要涉及鲁东断块，基底由太古界、下元古界中深变质岩系组成，古生代时，构造变形和岩浆活动均较弱，无古生界沉积盖层，而鲁西地区则发育广泛的古生代陆表海灰岩地层。中生代时期构造活动比较强烈，郯庐断裂带发生了强烈的差异断陷活动，鲁东断块中部也发生了强烈的断陷活动，形成了广泛的白垩系火山及碎屑岩堆积。新生代以来，新构造运动十分明显，鲁西块体差异升降活动明显，古断块遭受进一步解体，块体内发生明显的差异运动，形成了下降接受沉积的断陷和相对上升的隆起，而鲁东断块构造活动相对较弱。

2　系统设计及建设内容

在农业示范区内，建设 20 m×20 m 大小的观测场地，场内设置降水（雨、雪）监测系统、蒸发监测系统、移动式墒情监测系统、地下水位监测系统、气象要素（温度、湿度、风速、风向、气压）监测系统等五大系统，同时所有水文气象要素实现现场 LED 显示并传输至信息中心数据库，由监测软件进行进一步分析报送相关部门，同时在手机 App 上实时显示，为各级决策机构提供优质的水文信息服务。

2.1　降水监测系统设计

设计建设降水监测系统 1 处；配备 Pluvio2 型雨雪量计，监测项目包括雨量、雪量等。Pluvio2 型雨雪量计使用高精度的电子称重原理进行全类型降水量测量。高精度的重量传感器可同时计量降水强度，内部的电子平衡系统也可高精度地计量出雨水的蒸发量（0.01 mm）。配有倒虹吸式自动排水系统和加热装置，不受外部天气变化的影响。低功耗智能输出，太阳能供电或 12 V 电池供电即可正常工作。

冬天可在雨量桶中添加防冻液以测量降雪，雪落在雨量桶中直接融化，不会堆积及结冰。仪器自带风力补偿及降水侦测功能，即使在强风地区也可正常使用，另有防风盾配件可更好地适应西北等风沙较大的地区。

2.2　移动式墒情监测系统

由于万亩示范园地域宽广，农作物种植种类繁多，固定式监测设施只能局限于一类地块，不能全面掌握不同地块、不同种植作物的土壤墒情信息，因此设计建设移动测墒系统 1 套，主要仪器为移动式土壤墒情速测仪，监测项目主要为土壤含水率。体积小巧、美观、便于携带的 TZS－2Y 土壤墒情速测仪由手持采集器、土壤水分传感器等部件组成，可以用来测量土壤不同深度剖面含水量。

2.3　自动蒸发监测系统

设计建设自动蒸发监测系统 1 处。配备 E601 蒸发器、高清摄像机、数据传输模块、后台软件等，监测项目主要为陆地水面蒸发量。蒸发系统以蒸发器、溢流桶为基本观测工具，通过采集器自动采集监测数据，包括蒸发、降水、溢流等数据信息，根据信息自动控制蒸发桶加水、排水过程。采集器通过 RS485/232 通信接口分别与上位机系统、数传通信机（RTU）连接，利用系统配套的应用软件可以实现水面蒸发过程信息的远程监测及资料整编入库。投入运行的蒸发系统蒸发桶水位高度应保持在水位标志线上。无降水日时，采集器自动采集蒸发桶内水面高度变化计算蒸发量。每当蒸发桶内水面高度降至约定值（水位标志线以下 10 mm）时，采集器在观测日分界时刻（水文分界日为 08:00，气象分界日为 20:00）控制补水泵工作，给蒸发桶、水圈自动补水，使桶中水位恢复至水位标志线高度，然后以补水后稳定水面的高度作为起测点，测量下一时段的蒸发量。在降水日，当蒸发桶水位升高至约定值（水位标志线以上 10 mm）时，采集器驱动电磁阀门关闭，记录此时的水面高度，溢流泵工作排出测井中的水，当测井中的水面下降到一定高度时，溢流泵停止工作，采集器记录此时的水面高度，此时记录器计算此次排水的高度差，从而根据测井的横截面面积计算出此次的溢流量，记录器再打开电磁阀，等待下次溢流。

2.4　气象监测系统

设计建设自动气象监测系统 1 处。配备自动气象监测站、数据传输模块、百叶箱等。监测项目为风速、风向、温度、湿度、气压等。OTT WS500－UMB 小型气象监测站是新一代集成化气象监测设备，将多种监测指标如温度、相对湿度、风速、风向和大气压置于一个紧凑而坚固的元件中。OTT WS500－UMB 采用了一种特有的折叠式的多传感器设计，低功耗的带有多元件温度传感器的超声波风速计、快速响应的电容式相对湿度传感器、当前的大气压传感器,以及带有内部的磁通量阀门用于快速校对磁极(用户通过软件指令调整真/磁北的补偿),以便于自动对准风向,是一个可靠、持久、专业级的复合多功能气象传感器,安装操控十分方便。

2.5　地下水监测系统

设计建设地下水位监测系统1处。成井直径20 cm,进深25 m,加装浮子式水位计及远程传输设备,使地下水位及埋深数据及时传输至信息中心数据库。

2.6　户外显示大屏幕建设

设计建设8 m^2 带音响彩色LED大屏幕,大屏幕位置根据现场安排,保证显示效果,实时显示监测的水文要素。显示屏与信息中心通过光纤网络相连接,接收指挥中心的指令,可实时显示监测的雨情、墒情、蒸发等信息,也可根据信息中心调度发布其他农业信息。

3　数据传输接收系统及软件建设

设计开发数据接收、分析程序1套,安装于指挥中心服务器上,建设一套水文信息展示系统,要求GIS图实时接收水文气象数据,并有相应的比较、查询、分析等,要有预警信息。整合莱西水文局原有的雨水情、墒情、地下水、用水总量、城市水文、自动蒸发等原有监测系统,形成要素齐全、功能完善的水文信息查询展示系统。同时开发与系统同步的手机App客户端1套,任意外网用户可下载并实时查看水文气象信息。系统结构图详见图1。

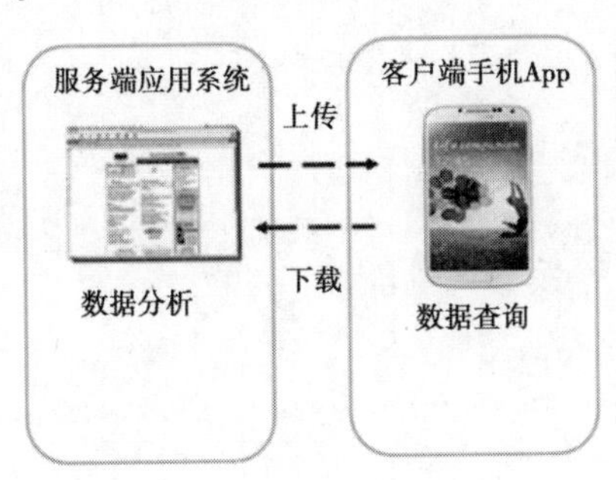

图1　系统结构图

App系统包含汛情摘要、雨情信息、水情信息、地下水、气象雷达、信息简报等应用模块,具有信息浏览、数据统计、超限水雨情预警等功能。该系统将水雨情信息快速通过手机应用系统进行发布,为农业示范区管理提供技术保障。软件设计要求见表1。

表1　软件技术要求

项目	描述
开发标准	应用软件的开发必须遵循J2EE架构、JAVA技术、B/S模式以及XML技术标准
应用架构	应实现数据标准化、模块细化,用户能按需要及经营管理变化进行流程的灵活配置
数据标准化	指信息(数据)元格式、属性标准,接口标准,通信标准,信息目录标准等
模块细化	要求系统按照系统—子系统、功能—子功能等逐步细化,直到单一功能模块
安全	系统应有一定的系统安全和数据安全手段(防宕、防丢、防误、防攻击、防篡改、防病毒、防泄密)

4　主要结论

(1)系统建成后,通过监测该区域的温度、湿度、地下水等水文气象实况,为示范区实时监测、积累各类水文气象要素提供连续性观测数据资料,有利于在现有气象水文要素条件下指导农作物的种植和生产,开展农业科学试验,达到高效增产的目的。同时各项监测系统也可为应对各类气象灾害提供预测数据,具有保护农业示范区的作用。

（2）水文监测站能促进区域水土保持生态环境的改善，为合理开发利用区域水资源提供数据资料，掌握区域地下水位、埋深的实时变化情况，对提高该区域的水资源利用水平有极大的促进作用。

参考文献

[1] 胡健伟，刘志雨. 中小河流山洪预警预报系统开发设计及应用[J]. 水文，2011，31（3）：45-46.
[2] 葛东良. 多信道水文数据采集处理系统[J]. 计算机应用与软件，2003，20（11）：66-67.

作者简介：李磊，男，1980 年 10 月生，工程师，主要从事水文监测方向的研究。E-mail：13953249551@163.com.

滨州市水利工程质量监督中存在问题及对策浅析

郝玉伟[1]　梅震伟[1]　成良春[2]

（1.滨州市水利局　山东滨州　256600；2.滨州市水利勘测设计研究院　山东滨州　256600）

摘　要：作为工程最基本的保证，工程质量一直是水利工程建设中的重心。近年来，水利工程建设质量明显提高，但工程质量问题、质量事故仍时有发生，特别是一些中小型水利工程问题突出，部分问题的出现与质量监督工作不到位有着密不可分的联系。滨州市水利工程建设涉及中小型水利工程数量众多，质量管理隐患日益凸显，鉴于此，本文分析了滨州市水利工程质量监督工作中存在的问题，并提出了拓宽质量监管渠道、细化专业分工、加强基础建设、创新监督管理模式等针对性的管理措施，以提升滨州市的质量监督管理水平，文中提出的措施方法对其他地区提升工程质量监督管理水平、提高工程质量有借鉴意义。

关键词：滨州市　质量监督　问题　对策　质量风险分级管控

滨州市地处黄河三角洲高效生态经济区、山东半岛蓝色经济区和环渤海经济圈、济南省会城市群经济圈“两区两圈”叠加地带，被水利部列为“全国水生态文明城市建设试点”市。近几年经济社会快速发展，对自然资源和农业生产的需求越来越强烈。自进入“十三五”以来，滨州市农业生产和水利生产的投入力度不断加大，民生水利工程建设大规模展开，项目多、任务重、投资大、社会关注度高。随着水利工程建设项目增多，水利工程建设质量问题逐渐显露，对水利工程质量监督工作提出了更高要求。

1　水利工程质量监督的责任义务

按照国家和省有关法律、法规及行业标准，水利工程质量监督机构负责宣传贯彻有关水利工程建设质量管理的方针、政策、法律、法规，并代表政府对水利建设项目实行强制性监督。质量监督机构在项目实施全过程对工程质量行为和实体质量开展全面监督，并依照《水利水电工程施工质量评定规程》，对工程质量评定的相关内容进行核定核备，在工程验收时要签署整个工程项目实施的质量评定意见和建议。

2　滨州市水利工程质量监督程序内容

滨州市水利工程质量监督按照“归口管理、合理分工、分级实施、各负其责”的总体思路进行，明确划分了县市级质量监督事权，确定了水利工程质量监督的主要工作内容程序，完善制订了质量监督流程图，见图1。

2.1　开工准备阶段主要工作

及时与工程项目法人协商，完善质量监督书签署等质量手续，并对工程项目划分进行确认；协商项目法人确定质量检测单位，审批经项目法人备案的质量检测方案；对各参建单位的质量承诺书进行备案，同时根据工程规模设立项目站，编制具有针对性的质量监督计划和实施细则，以指导整个工程的质量监督工作。

2.2　工程实施过程主要工作

在工程建设中及时开展质量监督检查，以巡查抽查为主，对工程的实体质量开展检查。滨州市的质量管理相关规定明确质量监督人员自工程开工至完工至少到工地现场监督检查4次，并及时出具《质量监督检查书》，对整改情况进行跟踪。检查内容涵盖工程建设初期的各参建单位资质、人员复核，各参建单位的质量管理体系建立情况；工程建设中后期各参建单位质量管理体系运行情况，技术规程、规范和质量标准执行情况，质量检验评定情况等。在工程实施过程中也要根据工程进度，对重要部位和隐蔽单元工程验收、分部工程、单位工程的质量评定情况及时进行核定核备。

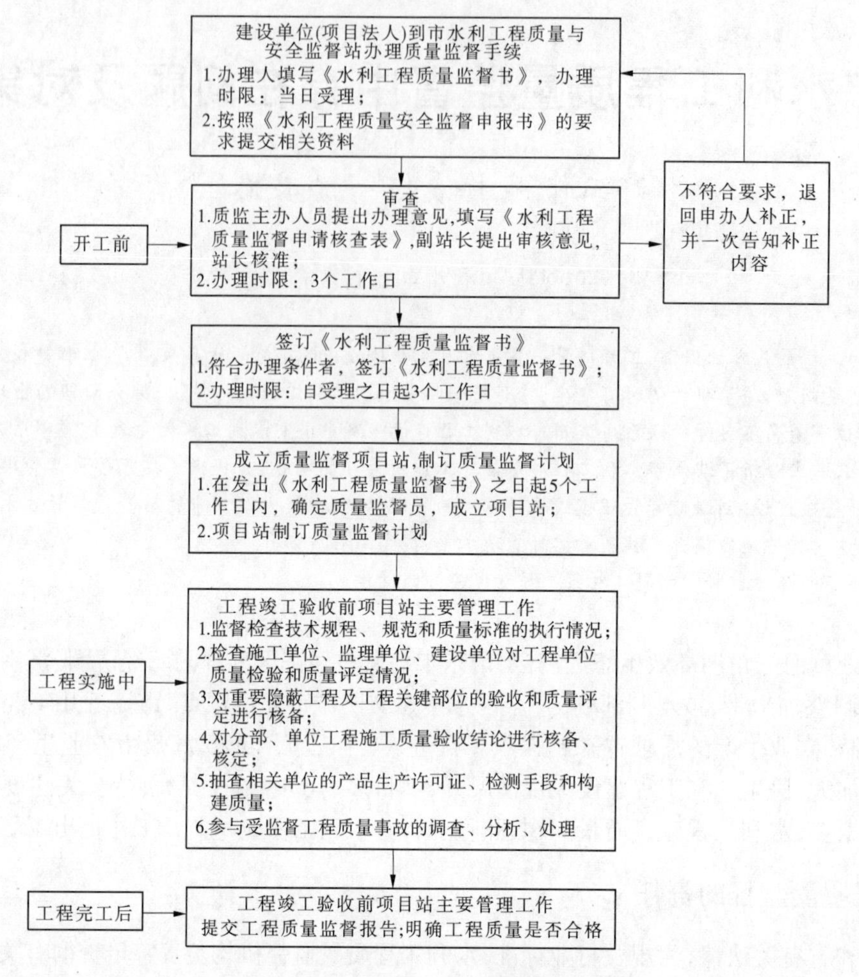

图1　滨州市水利工程质量监督流程图

2.3　工程验收阶段主要工作

根据工程情况,要列席工程验收会议,及时核定项目法人验收质量结论,并在工程竣工验收时提出工程质量等级的建议。在工程验收阶段,亦要对工程实体质量、外观质量、工程资料情况进行相应的符合检查,若发现问题及时反馈。

3　滨州市水利工程质量监督中存在的问题

滨州市水利工程质量监督管理工作虽然建立起了相对完善的质量监督体系,但在实际工作中仍然存在着不少阻碍工程质量监督效力成效发挥的问题,严重影响了全市的水利工程质量监督管理水平。

3.1　工程实体质量监督乏力

由于滨州市各级水利质量监督机构均属于管理机构,不具备相应的质量检测机构,亦未配备相应的质量检测设备和专业人员,往往导致在工程质量监督检查时无法对工程实体质量形成有效监督。现行各监督机构的主要质量监督检查方法往往以行为检查为主,涉及工程实体质量部分,简单依靠项目法人委托的质量检测机构出具的检测数据进行判断,缺乏公正性和独立性。质量监督机构出具的质量监督检查和质量评定意见缺乏有力的基础支持,降低了质量监督效力,无法引起工程各参建单位对水利工程建设质量的重视。

3.2　质量监督专业性不够

滨州市水利工程建设的质量监督工作,往往是由负责建设管理的工作人员负责,面对基本的水利工程建设,能够运用相关知识开展质量监督工作。但一旦遇到涉及水土保持、农村饮水、防汛等专业性较强的水利工程建设,由于自身的专业知识不足,往往无法准确把握工程质量监督管理的重点,增加了工程质量监督的工作量,同时也对工程的建设质量无法形成有效监督,极易导致工程建设中质量隐患的产生。

3.3　质量监督基础薄弱

虽然滨州市境内各县区均设立了质量监督机构,实现了质量机构全覆盖,但大部分质量监督机构均非专职,人员相对较少,且缺乏专业技术人才,质量监督工作很难达到预期的深度和广度。同时由于滨州市属于"吃饭财政",财政配套压力大,导致水利工程质量监督经费较少,以市级质量监督机构为例,2016 年人均质量监督经费尚不足 1 万元,远远无法满足质量监督工作的正常需要,影响了质量监督工作的正常开展。

4　完善质量监督工作对策分析

4.1　多方式拓宽质量监管渠道

水利工程质量监督要落实到位,必须对工程的质量行为和实体质量形成有效监督。在实际的质量监督检查等活动中,不能简单依靠现场质量行为检查和质量检测等参建单位提供的现成工程资料给出相关检查和评定结论,要深入挖掘多种切实有效的质量监督手段。滨州市质量监督工作可以采取以下两种措施:一是构建全市水利质量管理专家库,形成专业技术人才力量储备,在日常的质量监督检查、质量评定等环节,随机抽取相关专家开展有关工作,提升质量监督工作的专业水平;二是采用聘请第三方机构的方式进行实体质量检查,具有相应检测资质的第三方机构在设备和人员上具有明显的专业优势,在质量监督过程中,特别是竣工验收前,通过聘请第三方机构随质量监督单位一起开展质量监督检查,可以形成对工程实体质量的有效监督,提升工程质量等级核定核备工作的准确性。

4.2　细化质量监督专业分工

质量监督工作不能简单依靠建设管理人员开展监督,必须根据不同的工程类型,适用于不同的监督机构和监督人员。应逐步完善水土保持、农村饮水、防汛等质量监督专业分站,明确落实质量监督责任到人。针对于不同的工程类型,明确由相应的质量监督专业分站和责任人负责具体项目监督,抽调相关人员组建质量监督项目站,及时开展质量监督专业监管。通过项目的分类管理,充分发挥各专业分站专业技术特长,推进项目按照相应工程分类的技术标准及有关规定开展建设,更有利于项目的质量管理和相关工作衔接,增强了质量监督工作的针对性。

4.3　加强质量监督基础建设

提升工程质量意识,提高各相关单位对水利工程质量监督工作的重视程度。一方面,通过质量评估考核制度形成倒逼机制,将考核结果及时公布通报,引起各单位对质量监督工作的重视;另一方面,通过报刊、网站等多种媒体加大对水利工程质量的宣传力度,提升公众的质量意识,形成有效社会监督。通过质量意识的提升,促使各相关单位及时健全完善质量监督机构,配套相应的专业技术人才和专门质量监督工作经费,为质量监督工作的开展打下良好的基础。

4.4　创新质量监督管理模式

水利质量监督机构需要在管理手段、工作方式等方面有所创新,有效使用飞行检查、质量风险分级管控等质量监督管理新模式,通过多种方式提升水利工程质量管理工作的信息化、规范化、动态化管理,为水利工程质量监督管理工作开展提供源源不断的动力。

滨州市水利工程质量监督工作,应积极采取质量风险分级管控新型管理模式,提升质量管理的水平。

(1)进一步提升风险评价的科学性,完善质量风险分级评价体系,参见图 2。

(2)提升质量风险分级管控的约束力,将相关要求写入质量监督书等协议文件,推动新型管理模式落实。

(3)合理划分风险评价时段,根据工程建设进度,分时段进行质量风险评价,实现质量风险分级管控的动态管理。

(4)针对不同评级的工程采取相应的质量监管措施,有针对性地开展相关质量监督检查行为。

(5)结合"山东水利工程建设项目管理信息系统"等项目管理平台,对质量风险评价情况及时录入标记,提高水利工程质量管理的信息化水平。

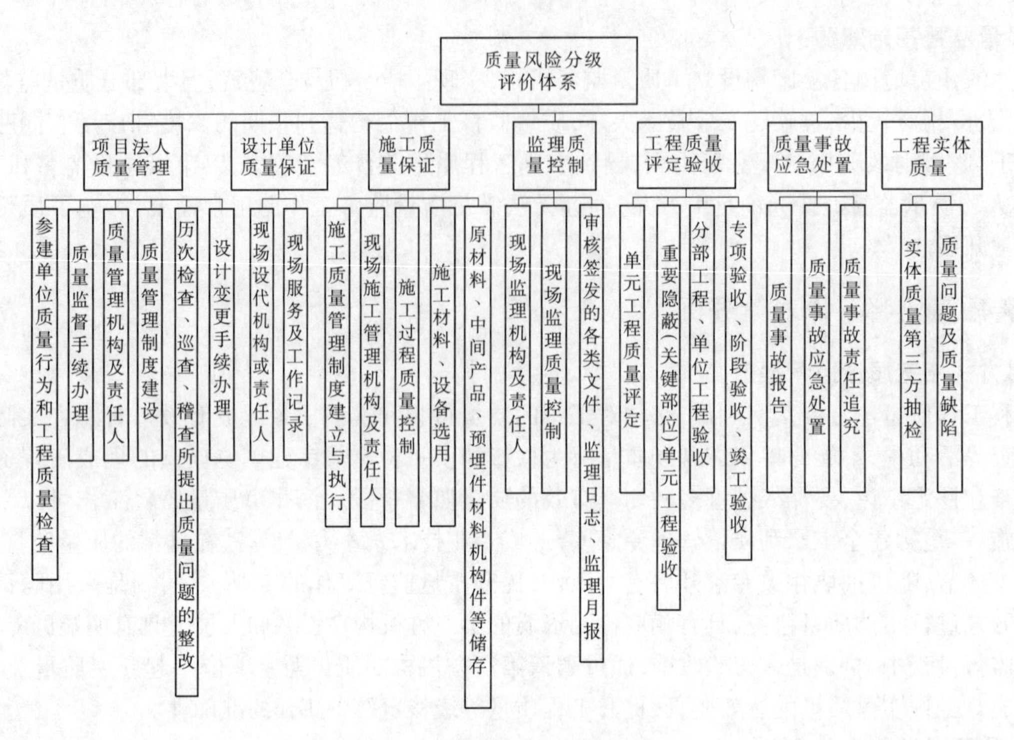

图2 质量风险分级评价体系

5 结语

水利工程质量是衡量工程优劣的决定性条件,确保人民群众生命财产安全首要前提,水利现代化建设的重要保障。提升质量监督管理水平有利于打造质量优良的水利工程,对社会经济的发展有其极为重要的作用。滨州市质量监督工作应通过充分发挥专业机构和专业技术人员的作用,深化质量监督工作力度;进一步细化项目分类管理,加强机构设置和资金保障,强化质量监督基础建设;积极探索采用质量风险分级管控等先进的质量管理方法,提升水利工程质量管理水平。通过采取以上措施充分发挥质量监督工作效力,有利于提高水利工程建设质量,打造优质水利工程,促进水利事业的蓬勃发展。

参考文献

[1] 张大强. 滨州市水利风景区建设存在的问题及建议[J]. 山东水利,2016(08):57-58.

[2] 徐球,李大峰. 浅谈基层水利工程质量监督机构的工作创新[J]. 水利建设与管理,2015(02):75-77.

[3] 刘小芳. 飞行检查在水利工程质量监督中的实践[J]. 广东水利水电,2017(06):55-57,61.

作者简介:郝玉伟,男,1986年5月生,工程师,主要从事水利工程建设管理工作。E-mail:haoyuwei123@ gmail. com.

浅析水利档案的信息化管理与档案利用

郑文涛

(骆马湖水利管理局　江苏宿迁　223800)

摘　要:水利档案是水利管理工作的重要组成部分,是发展水利事业和进行水利建设的必要条件和依据,是水利事业发展的一项宝贵财富,具有很高的开发和利用价值。数据库与网络技术的发展,为水利档案的信息化管理提供了有效助力,档案信息化建设已经成为水利行业电子政务建设的重要组成部分。当前,诸多水利部门已着手开展水利档案的信息化建设,但是在水利档案信息化建设过程中仍存在一些问题。笔者结合多年从事档案管理及档案信息化建设工作的一些经验,分析了档案信息化建设中易产生的问题及原因,提出了一些应对的策略,供大家参考。

关键词:档案　信息化

1　当前水利档案的两种管理方式及各自的优缺点

水利档案具有较强的专业性、使用性,在分类归档工作中,按档案介质、载体,可分为纸质类、实物档案、照片档案、录音带、录像、幻灯片、光盘等(以下简称传统载体档案)。另一类为数字信息化的电子档案,按照数据库模式录入,简称数字化档案。

传统载体档案采用传统的档案管理方式,它的优势是最大限度地保障了水利档案的原始性、真实性、完整性、安全性。但在管理使用中也存在着诸多问题,主要是:检索速度慢、提取手续复杂,不利于档案的及时利用;档案原件容易氧化、磨损,不利于永久保存;对档案库房的硬件设施要求很高,管理费用较大等。

数字化档案即数字信息化的电子档案,它的优势在于开发利用方面,有效地解决了传统载体档案管理中存在的一些问题。数字信息化电子档案的优势主要是:不再受"孤本"限制,可以快速方便复制;检索速度很快,可以通过网络远距离传输,异地使用;可以重复、交互使用,档案信息可以根据需要加工处理。

综上,随着水利档案的管理措施和技术措施的不断发展,数字信息化的电子档案已成为发展趋势,为用户的日常检索、查阅带来了方便、快捷的服务,档案的信息化管理已逐渐成为现代水利档案的主流管理模式。

2　水利档案信息化建设存在的问题和困难

当前,水利系统档案信息化建设工作得到了有力推进,运用计算机进行档案信息的存储和检索,极大地提高了档案利用的效率,水利档案信息化建设工作迎来了快速蓬勃发展的好时期,从全局上来看,水利档案信息化建设工作进展较快。但在水利档案信息化建设的具体实施过程中,仍然存在一些亟待解决的问题:

(1)重视力度仍需进一步加强。各水利系统内部偏重于防汛防旱、工程建设、资源管理等业务的信息化建设,对支持和服务于全局的综合档案管理信息化建设重视不够,推进力度不强,减弱了档案信息化建设推进全局工作的功能和贡献。

(2)档案人员缺乏现代化档案管理技能。在办公自动化普及过程中,档案计算机应用仅限于目录级检索,因未进行系统的培训和学习,一些水利系统档案管理人员尚未完全掌握电子档案归档管理、室藏档案数字化等方面的专业知识和操作技能。

(3)档案信息资源建设重点不够突出,造成档案检索时,一是查不到,相关档案未能全部实现数字化，仍需要检索传统介质档案；二是查不全，未能在关键字检索的基础上，建立、健全和完善横向到边、纵向到底的档案信息采集工作模糊查询系统和搜索引擎，造成信息搜索不全或排序紊乱；三是查不准，数字化的档案在形式上和信息内容上尚不能够完全满足用户需求，不能保证发挥信息集合效应，档案信息的检索成功率包括模糊查找所获档案信息的准确度仍需提高。以上因素造成了信息化档案利用效率整体不高。

(4)缺乏统一规划和技术支持，开发一些专业应用软件时，没有同步建设综合档案管理系统，信息化建设各自为政，未形成统筹安排、全面协调、整体推进的局面。水利档案信息化建设的长远规划和近期目标不够明确，尚未确定数据的统一格式和标准。

3　解决水利档案信息化建设存在问题的对策

一是更新水利档案管理观念，提高水利档案服务水平。在水利档案管理信息化建设中，各级领导需要更新管理观念，提高档案信息化建设意识。只有加强领导的档案管理信息化建设意识，才能使档案管理工作提高到应有的水平，档案服务从设施上、制度上或者管理上都能得到保证，使档案管理工作发挥其作用，能为水利工程项目建设服务。因此，各级领导要认真学习档案管理的法律法规，以及上级档案管理部门对档案管理要求，提升自己的档案管理信息化建设的意识，增强档案管理的服务观念，担当起档案管理信息化的责任，并且组织档案管理人员学习相关的法律法规，同时结合部门水利档案管理工作，开展专项研究，理清水利档案管理信息化的发展思路，协同档案管理人员制订档案管理信息化建设方案，以使信息化建设工作沿着科学的道路推进。

二是以人为本，注重培训，促进档案队伍建设。档案信息化管理是以计算机技术应用为载体，这就要求档案工作者不仅要具备图书、情报、档案学的专业知识，还需具备现代信息技术应用能力和信息加工处理能力。加快培养和构建一支档案信息化建设的复合型多层次的人才队伍是当务之急。目前可以从以下几个方面入手：第一，要制订切实可行的培养计划，鼓励专职、兼职档案人员通过在职培训、业余进修等多种形式，根据缺什么补什么的原则，提高档案工作者掌握和运用信息技术的技能。第二，要注意引进信息技术、计算机、数据库、网络技术等方面的专业人才，优化人员结构，以适应档案工作现代化的需要。第三，加强对档案工作者信息意识培养，改变传统档案“重藏轻用”的局面，使档案人员充分运用信息资源管理理论和信息技术手段，对档案信息资源实施科学管理与有效开发利用。第四，建立必要的激励机制，充分发挥档案管理人员爱岗敬业、积极进取的工作热情和主观能动作用，提高工作效率和质量，从而增强档案管理改革和发展的动力。

三是建立水利档案管理信息化运行机制，提高档案服务水平。水利档案的真正价值在于利用。要科学地发挥水利档案资源的价值，就要建立起科学的运行机制。首先要完善水利档案管理的规章制度。依据相关法律法规，结合实际的情况进行制定档案管理制度。其次要完善水利档案管理信息化的统一工作。要建立一套水利档案资源的数据库，以完成水利档案资源的收集与整理，以利开发利用，为水利建设与管理工作提供最方便、最快捷、最高效的服务。

作者简介：郑文涛，男，1981 年 10 月生，经济师，主要从事文秘及档案管理工作。E-mail：yzzwt@ 163. com.

关于五河县怀洪新河工程管理的现代化研究

徐艳举[1]　陈飞虎[2]

(1. 安徽省怀洪新河河道管理局　安徽蚌埠　233000;
2. 安徽怀洪新河五河县河道管理局　安徽蚌埠　233000)

摘　要:本文根据怀洪新河五河县管理局具体工作情况的缺陷及不足,提出了现时基层水管单位的现代化概念,认为水利工程管理现代化是为适应水利现代化需求而创建的一流、先进、科学的水利工程管理体系,其不仅是硬件的现代化,也是软件的现代化、人的思想观念及行为的现代化,主要内容包括与市场经济体制相适应的管理体制、科学合理的管理标准和管理制度、高标准的现代化管理设施和先进的调度监控手段、掌握先进管理理念和管理技术并能够快速反应高水平地处理各项问题的管理队伍、可以稳定健康持续发展的水利经济等,同时提出通过互联网络及信息传输智能设备,做到各个要素的自动采集、整理、分类、归编、建立数据库,为各项管理及决策提供数据与技术支撑,它是一个动态的过程。

关键词:工程管理　现代化　研究

1　工程概况

怀洪新河是淮河中游一项治淮战略性骨干工程,主要任务是分泄淮河干流洪水,同时兼顾灌溉、排涝、航运、养殖、生态、供水等综合效益。五河县境内河道位于怀洪新河下游,接续江苏境内河道,河道长60 km,管理范围包括堤防长150 km、大型闸2座、中型闸2座、小型穿堤涵60座。

2　目前管理现状

2.1　机构设置和人员配备

安徽怀洪新河五河县河道管理局作为省局的下属单位,全额事业编制。编制20人,内设综合办公室、工程管理股、水政水资源股,下设4个堤防管理段和2个闸管所,现有在岗职工18人。

2.2　管理体制和运行机制

五河局作为省怀洪新河河道管理局下属正科级建制单位,负责做好本局的组织管理、工程管理、安全管理、经济管理等方面工作,确保各项组织关系顺畅、工程管理安全有效、工作安全保障有力、水利经济发展稳定持续,管理体制上采用行政任命与竞聘上岗相结合、编制内人员与承包管理人相补充、垂直管理与横向管理相对应的管理方式,运行机制采用党委领导下的行政首长负责制、行政命令与规章制度相互作用的约束监督机制、奖优促劣奖励先进鞭策后进的奖惩机制、以我为主加部分社会购买服务的管护机制及上级财政事业费拨款为主、自筹资金为辅的财务机制,目前的各项管护体制机制运转正常、运行顺畅,基本可以满足各项管理工作的需要。

2.3　工程现代化管理现状

2.3.1　大中型水闸管理

目前我们在两座大型水闸采用了计算机集控技术,该套系统主要包括集中自动化闸门操作系统、水情数据自动采集系统、集中监视系统及图像远程传输系统四个子系统,可以把水闸上下游的实时画面、闸门开度流量等各项水情数据即时传输到县局及省怀洪新河管理局。在局工程股设立自动化信息处理工作站,系统运行良好。

渗压观测由闸管人员人工手动操作完成,自动化观测水平较低。

2.3.2　小型涵闸管理

小型涵闸日常维护由堤段管理人负责技术指导、堤防承包户负责具体管理维护,闸门主要是利用柴油机或发电机启闭,无监控图像远程传输系统,不能满足现代化管理需求。

2.3.3 堤防工程管理

堤防分4个管理段,防汛道路主要为砂石路,小部分为水泥路面,路面状况不一。在其中两个堤段选取了部分堤防作为标准化示范段,其余主要采用粗放的堤防承包户管理。

2.4 水利经济情况

我局经济基础比较薄弱,缺乏经营性管理人才,河道的水土资源利用率较低,目前水土资源的利用主要是对堤防护堤地采用个人承包的方式,种植了杨树林木,还没有进入大规模的采伐期,其他的经济收入来源主要是固定资产的出租收益。但总的来看,经营粗放的现状已经大大落后于当前国民经济建设的快速发展,经济现状赶不上国民经济的发展速度及领导职工的期望。

3 水利工程管理现代化概念

水利工程管理现代化是为适应水利现代化需求而创建的一流、先进、科学的水利工程管理体系,其不仅是硬件的现代化,也是软件的现代化、人的思想观念及行为的现代化,主要包括与市场经济体制相适应的管理体制、科学合理的管理标准和管理制度、高标准的现代化管理设施和先进的调度监控手段、掌握先进管理理念和管理技术并能够快速反应高水平地处理各项问题的管理队伍、可以稳定健康持续发展的水利经济等,同时可以通过互联网络及信息传输智能设备,做到各个要素的自动采集、整理、分类、归编、建立数据库,为各项管理及决策提供数据与技术支撑,它是一个动态的过程。

4 五河局在现代化管理方面存在的不足及问题

五河局虽然已经按照水利管理单位的要求进行了两轮的人事制度改革及努力推进工程的精细化管理,但在水利工程及管理设施建设、设施设备配备、工程运行管理的自动化操控等硬件方面及人员组织、管理体制机制运行、管理维护方面的规范化、软件资料的标准化、水利经济的发展持续稳定性、各项规章制度的一以贯之等软件方面都有一定的不足及缺陷,具体如防汛道路的路面硬化率太低、部分小型涵闸缺乏改造资金、堤防没有设立监控、堤防管护人运行机制不顺畅、水利维护资金自主投入性缺乏、水利经济发展难以快速持续、分段河道及小型涵闸水情资料没有自动化采集等问题,应该在以后的工作中尽力强化及大力补充。

5 推进怀洪新河河道管理现代化的几点建议

随着国民经济的快速发展和社会各项事业现代化程度的不断进步,作为国民经济重要支撑之一的水利工作没有理由不实现管理的现代化,要在经济条件充裕的情况下,实现组织管理、安全管理、工程管理、经济管理的现代化,能够运用现代化的设施设备及科学调度运用,把各项工作互联互通、互相支持以至相辅相成、相得益彰,最终实现用最小的财力物力人力,来达成最大的经济及社会生态综合效益,这就是我们水利现代化的目标及根本。

5.1 深化改革,实现组织管理的现代化

河道现代化管理是推广和应用现代化技术专业性较强的工作,需要具有一定专业知识的人员来完成。因此,人员编成精干及职工素养的高超是达成其他项目现代化的基础及前提,精干的组织及精练的人才也是实现现代化的最有效捷径。水利现代化首先应该是组织及人员的现代化,必须建立人才工程系统,该系统要能够实现良性循环,要确保人才新老交替有条不紊,避免出现断层现象。该系统一方面要引进、调配、选拔具有一定业务素质和事业心强的管理人员,另一方面要通过培训活动和工作实践提高管理人员综合素质。就五河局目前的人员编制及实际职员来看,加上堤防承包管理人员及临时聘用人员,就算是一个比较庞大的队伍了,另外我局人员的业务组成也不够合理。因此,在以后招聘职工时,既要着眼于职工的技能特长,也要着眼于单位内部的业务机构的调整,要使职工的专业特长能够覆盖并圆满完成单位所需要的技术类别,如工程管理、工程维护、文秘、自动化、经营管理、档案管理、机械操作、交通驾驶等,当然由于人员编制的限制,不可能完全按照单位所需业务的要求选聘各有特长的所有职

工,这就要求应加强职工的在职培训教育,使所有职工都成为多面手、一职多能,都能成为复合型交叉型人才,这样注重初始引进、着重后期培训的加法效应,就能够达到用较少的编制,包容下更多类别的技能职工,并达到精干高效、现代多能的组织机构及队伍组成。

5.2　一以贯之,实现制度管理的现代化

在以往的工作中,上级下发了很多规章制度文件,我们自己也制定了不少制度规章,但在实践过程中,依然出现一些违法乱纪、不遵守规章的现象,究其原因,一方面是制度的设置不合理、不具体,没有可以相对应的可行性,另一方面是制度的执行力不强大,存在不负责、不彻底、不落实的问题,没有发挥好制度的约束力、监督力、促进力,却反倒成了墙上的壁画、纸上的摆设、职工的嘲讽。因此,要实现制度管理的现代化、实现由人治向法治的转变、实现把各项事物的处理融进制度的规范里,首先要做到制度制定的完善与科学,制度的制定要在遵守上级有关制度的基础上,加以细化及完备,使之具有更强的操作性、实用性,要在工程管理、组织管理、安全管理、经济管理、精神文明创建等方面都有可赖以实施的详细科学的规章制度,使各项工作都能做到有法可依、有章可循;其次要敢于担承、一力贯之,有了好的制度,如果不能贯彻到底、落实到位,相关人员不敢承担责任、不能攻坚克难,仍然体现不出制度的科学性及优越性,只有所有员工都能有法必依、都能遵法守纪,各项工作就会按照制度的规划运转顺畅、大显成效、不留遗患。因此,组织机构现代化与规章制度现代化的结合才能发挥更大的效益、更强的威力,比如前文所列的工程维护过程中存在的承包维护人员过于臃肿的问题,如果自身人员组织精干及管理制度科学,就可以大大压缩人员的数量;改革过时的管理体制,就可以起到经费不涨而效率大大提高的效果;而其他所列的种种不足,也可以做到迎刃而解。

5.3　加大资金投入力度,实现工程设施的现代化

随着社会经济的快速发展,外观破败、内部凌乱、信息不畅、动作迟缓等硬件水平及管理方式,显然难以匹配现时的社会经济发展模式。因此,一方面上级主管水利部门应该加大基础建设的资金投入,没有大量资金的投入,就不会有工程面貌的改观;另一方面基层单位在上级的维修费用拨款额度不足的情况下,应该加大水利经济发展力度,结余部分资金以用于工程建设,以有效补充上级专项费用不足的缺失,在资金到位的情况下,基层管理单位要加大堤防、涵闸、管理设施设备的现代化改造、提升现代化水平。对于大中小型涵闸而言,首先要进行设施设备的改造,对启闭机房、机电设备、金属结构进行适当的整修及装饰,以达到内外观整洁端正、便于卫生保洁、利于安全操作运用的要求,(目前我们的大型水闸已经部分进行了适度改造,但大部分小型涵闸基本还保持着十几年前的原有面貌,因此进行改造既是必须的,也是恰当其时的);其次是安装现代化的操控系统,目前我们仅仅是大型涵闸初步具备了自动化操作能力,基本实现了远程操控、视频远程传输、水情数据自动采集、远程监视等功能,但在运用的过程中,依然没有做到收放自如、娴熟运用的程度。而小型涵闸由于各种不利条件的限制,不仅没有安装自动化的操作系统,有的甚至还没有电力配置,只靠柴油机进行启闭,距离现代化水平差之千里。因此,在集中做好大型水闸的现代化改造后,循序渐进实现中小型涵闸的现代化功能,实现大型水闸上述一样的自动化能力并熟练操作运用,是题中应有之义。对于堤防管理,第一应硬化堤顶防汛路面,改砂石路面为柏油或者混凝土路面,以改善汛期及恶劣天气环境下的交通状况,提高不利路况下的机动能力,为防洪度汛、抢险抗灾提供更安全的条件;第二要完善公里百米桩、警示宣传牌、堤防保护划界线等设施,整治堤防外观,使之堤线顺直、坡面平整、草坪整齐、林木茂密、生态良好,杜绝违法违章设施及行为的发生,保持堤防的尺寸规范、管理精细;第三要等距离间隔接续、在紧要节点堤段设置监视装置,在需要的河道设置观测装置,自动采集需要数据,并能够进行远距离视频传输,以达到远距离监视、实时观察堤防及河道管理动态的要求,对于重点堤段、紧要节点,可以密布监控装置,以便进行重点监控。通过对堤防涵闸河道的现代化改造,就基本实现了涵闸堤防河道工程的全方位、全天候、全时段的实时监控,可以实时监控所有堤防河段及建筑物的状况,可以动态监视水质状况,即时发现出现的不良问题并做出及时反映,实现了各项水情数据自动采集(如可以自动采集需要点的水位、流速、即时及累积流量、闸门启闭情况、水闸扬压力数据、水资源数据等)、自动传输及在全局互联网平台的数据共享,更显著地改变了过去小型涵闸的外观陈旧、缺乏水情数据支撑、操作困难的局面,同时也改变了过去人工操作方面的独立分

散、手动操作、人工测量的繁冗管理模式，代之以集中控制、电脑操作、数据自动采集、图象即时传输的简洁型现代化管理模式，能够给上级领导科学决策提供即时、准确的各类数据，并节省了大量人力，极大地提高了工作效率。

5.4 深化改革，实现工程管理维护的现代化

优秀的日常管理维护是保持工程良好外观、安全运用、运行顺畅、发挥效益的重要保障，以前实行过的承包管理、内部竞争上岗、估工验收等制度，都没能从根本上解决机制和体制问题。而目前实行的完全"管养分离"管理方式，虽然达到了提高效率、减轻管理单位维护压力及降低养护成本的作用，但也存在行业外维护单位对水利业务不专业、对于防洪抢险工作无法顾及、对于安全管理工作不能参与的矛盾，因此继续深化改革，探索管理维护的新方式，势在必行。而以"管养分离"方式为基础、以上一级单位为统领、以各个基层单位为班底、以技术或人才参与入股统筹组建股份制的专业性维护单位，在市场化的平台上，公平合理的竞争管理业务的方式不失为一个更具竞争力的探索方式，这样既继承了"管养分离"公平性、高效性、节约性的特点，也融合了基层单位的技术性、积极性、快反能力及利益需求性，同时，成立的维护队伍可以结合水行政执法、防汛抢险、安全管理的综合特点，有对应地组建相应的专业人员及特殊设备，利用多家基层单位组合的资金优势，购置工程维护、防汛抢险、水政执法等方面所需的特种设施设备，如挖掘机、装载机、机动发电机、巡防船只、冲锋舟等，发挥能够快速反应的特点，以更好地完成突发的安全事故、防汛抢险任务、技术性较强的建筑物堤防安全问题及日常的工程精细化管理维护工作，为实现工程管理维护、水行政执法、防汛抢险等方面的现代化提供重要物质支撑；在技术能力提高的情况下，也可以参与社会化的市场竞争，作为水利经济发展的有效补充，也能进一步提高基层单位的人员主观能动性及经济实力。

5.5 统筹各项资源，创新发展方式，实现水利经济的现代化

在上级部门关于水管单位财政改革的最终意向没有明确的情况下，水利经济的发展是推动各项管理现代化的经济基础，是最终实现自我造血功能的必由之路，因此统筹好土地、水资源、固定资产、人才等各项资源，按照"盘活固定资产、发展林木经济、创新综合经营、全面持续发展"的思路，在善于经营、理念创新的人才引领下，首先做好诸如房产门面、土地出租、水面出租、水资源利用等固定资产的效益最大化工作，其次是做好林业经济的更替发展及土地开发项目的多向化发展工作，林木定时更新才能产生效益，林木采伐后的土地既可以继续种植经济林木，也可以因地适宜、引进其他高效开发项目，达到最高的土地收益，这两项收益是经济发展的根据地，应该长期稳定固守、持续向好。同时通过上述所说的组建股份制公司的形式，发挥整体的集中人才、智力、设施设备等的优势，参与工程维护管理、工程建设、投身社会化服务项目（如住宿、餐饮、产品加工、苗木花卉经营、工程建设监理、水工程一体化管理等项目），使经济发展工作全面推进，为单位财政补足、资金缺口补充、职工福利提升奠定经济基础。

5.6 建立完善信息网络及决策系统

有了上述各个子系统的现代化基础，可以利用计算机实现各类信息（如自动采集的各河段各建筑物水位、流量、渗压、水资源数据、气温变化等有关信息）及管理资料（工程建设维护资料、经济资料、防汛抢险资料、各类文件资料等）的自动输入、建库、整编、检索、归档等烦琐工作的处理，实现用计算机进行资料统计整理、编制打印各类管理报表；利用计算机进行模拟运算，开展渗压变化分析、水费成本分析等资料分析工作；及时准确地提供各类管理信息，为正确决策、科学调配、科研及生产服务，并最终实现工程管理、组织管理、安全管理、经济管理、办公及内务管理等方面的自动化。

作者简介：徐艳举，男，1968 年 11 月生，高级工程师，主要从事水利工程管理及水行政执法管理等方面的工作。E-mail：1012182254@ qq. com.

嶂山闸液压启闭机开度仪的应用

王　君[1]　高钟勇[2]　陈　虎[3]

(1.嶂山闸管理局　江苏宿迁　223809;2.沭阳河道管理局　江苏宿迁　223600;
3.骆马湖水利管理局　江苏宿迁　223800)

摘　要:嶂山闸为国家大(1)型水闸,设计流量8 000 m^3/s,校核流量10 000 m^3/s。嶂山闸设9套液压泵站及其相应的管路及附件,液压泵站设备将作为36孔弧形闸门液压启闭机的动力站。每套泵站主要包括油泵-电动机组2套、控制阀组8套、溢流阀组1套、开度仪8套、油箱1套及管路附件等。自2009年嶂山闸除险加固结束后,该工程交由嶂山闸管理局进行管理运行。根据工程多年的实际运行和嶂山局近几年维护情况,重点介绍嶂山闸现采用的液压启闭机内外置开度仪结构特点及工作原理,存在的主要问题及解决措施。

关键词:嶂山闸液压启闭机开度仪　结构特点　工作原理　存在问题　解决措施

1　工程概况

嶂山闸是沂沭泗洪水经骆马湖入海的主要泄洪口门,建于1959年10月,1961年4月竣工。嶂山闸为国家大(1)型水闸,采用钢筋混凝土结构。闸身总宽428.9 m,共36孔(每孔净宽10 m),闸底板高程15.5 m,闸门顶高程23.0 m,设计流量8 000 m^3/s,校核流量10 000 m^3/s。

嶂山闸采用液压启闭机控制,采用一控四电控系统和液压泵站控制。启闭机型号为QHLY-2×500 kN-3.66 m,启门力×500 kN,油缸工作行程3.66 m,最大启门高度7.5 m,启门速度0.5 m/min。

嶂山闸液压启闭机开度仪主要采用德国进口ASM内置式PCST25-M18-3710-420T-KAB非接触式磁致伸缩位移开度仪;部分采用国产外置式T-8系列弹拉传感器,配型号为CPA425REI0LB绝对值编码器。

2　嶂山闸闸门开度仪特点简介

2.1　PCST25-M18-3710-420T-KAB型开度仪

非接触式磁致伸缩位移开度仪是利用活塞杆伸缩运动达到测量线性或者非线性位移的装置,是液压启闭机中重要的零部件之一。非接触式磁致伸缩位移开度仪采用的是磁致伸缩原理,利用2个不同磁场相交时产生应变脉冲信号,然后计算这个信号被探测所需时间周期,从而换算出准确位置。开度仪主要由电子舱、测量杆(内含玻导管)、磁环、通信电缆、电源等原件组成。

2.1.1　结构特点

PCST25-M18-3710-420T-KAB型开度仪技术指标如表1所示,其结构特点:①内置开度仪安装在液压油缸顶部端盖上,通过测杆底部螺纹与活塞杆底部相连接。②磁致伸缩位移传感器为非接触式,不磨损,具有高分辨率、高精度、高稳定性、高可靠性、响应时间快、工作寿命长等优点。③由于敏感元件是非接触的,即使多次检测,也不会对传感器造成任何磨损,可以大大地提高检测的可靠性和使用寿命。④传感器输出信号为绝对位移值,即使电源中断、重接,数据也不会丢失,更无须重新归零。⑤可应用在自然恶劣的环境中,不易受油渍、溶液、尘埃或其他自然环境因素的影响。

2.1.2　工作原理

开度仪安装在液压油缸上吊头与油缸端盖之间,开度仪由测量杆、电子舱、通信电缆等组成,通过开度仪联结螺纹与油缸上端盖相连接,在油缸的上端盖端面有一个磁环,测量杆穿过磁环,当测量杆上有24 V DC电压通过时就会产生电流。液压油缸的活塞杆处在上限位时,启动油泵电动机组,压力油经整流板、调速阀调整后,测杆随活塞杆进入液压缸有杆腔;当电气系统的24 V DC电源通过时,磁致伸缩位

表 1　PCST25 – M18 – 3710 – 420T – KAB 型开度仪技术指标

开度仪型号	量程范围	供电电压	输出	测杆材料	安装方式
PCST25 – M18 – 3710 – 420T – KAB	0 ~ 3 710 mm	24 V DC ± 10%	4 ~ 20 mA DC	0Cr18Ni9	螺纹式

移传感器会产生 4 ~ 20 mA 电流脉冲信号(模拟量),通过通信电缆将 4 ~ 20 mA 电流脉冲信号传送给开度仪,开度仪将脉冲信号转换成数字信号,处理转化为闸门高度显示,同时开度仪再输出模拟量信号给 PLC 控制使用。这样就将油缸的直线运动信号转化为可读信号。

2.2　T – 8 系列弹拉传感器配 CPA425REI0LB 绝对值编码器型开度仪

2.2.1　结构特点

T – 8 系列弹拉传感器配 CPA425REI0LB 绝对值编码器型开度仪技术指标如表 2 所示,其结构特点:①体积小巧、安装调试方便,有多种输出形式,性能可靠、测量精度较高。②采用高精度储线式测量轮,不锈钢钢丝绳在卷筒表面缠绕,杜绝打滑现象。③设断绳保护机构,可在发生异常的断绳事故时对设备进行自动保护。

表 2　T – 8 系列弹拉传感器配 CPA425REI0LB 绝对值编码器型开度仪技术指标

绝对值编码器型号	量程范围	供电电压	输出	线性分辨度	允许转速
CPA425REI0LB	0 ~ 3 710 mm	10 ~ 30 V DC	4 ~ 20 mA DC	1/4 096	3 000 r/min

2.2.2　工作原理

系统得电,开度仪电源模块 L. N 端输入 220 V 交流电,变压输出直流 12 V 和 5 V,供开度仪主板其他器件使用。微处理器是闸门开度仪的主要芯片,包括程序存储器、数据存储器、ROM 存储器、运算器、通信口、I/O 口。系统工作时,编码器输入信号通过端子传送给电压跟随器,然后送到 A/D 转换器转换,微处理器每 10 ms 处理一次 A/D 转换值,经过特定的算法把转换值通过显示屏显示。PLC 可以通过模拟量口采集开度值,用于系统控制闸位的开度测量使用绝对编码传感器,将开度转变为绝对数字编码后,输入到测控仪,经 CPU 处理后,按照不同的设定值控制继电器触点输出状态,提供控制信号及 4 ~ 20 mA 标准模拟量输出,同时以数字显示开度值。

3　开度仪常见问题及处理措施

3.1　PCST25 – M18 – 3710 – 420T – KAB 型开度仪

3.1.1　信号无变化

可能原因:机械损坏,磁环脱落;未正确接线导致传感器烧坏。

解决方法:由于非接触式磁致伸缩位移开度仪是无接触、无磨损的,所以从机械上讲,出现故障的机会较少,只能由于纯机械故障,磁环突然脱落,显示数值将无变化。检查接线方式是否正确,检验供电电压是否过大,观察传感器电子舱接线外部是否有烧黑现象,若看不见电子舱部分可闻下是否有焦味从而做出判断。一般重新更换开度仪,并进行重新核准使用。

解决方法:重新更换开度仪,并进行重新校准使用。

3.1.2　信号跳变,有规则跳

可能原因:位移传感器本身没有校准好;磁环消磁或者有导磁元器件存在;传感器精度不够。

解决方法:重新校准位移传感器,装隔磁元件;校准传感器精度,检验其是否达标。

3.1.3　连接 PLC 后信号跳动且波动不大

可能原因:磁致伸缩位移传感器或者机器未接地;供给电压不稳定。

解决方法:检查供电电压是否稳定,若不稳定则换电压并使位移传感器与机器良好地接地。

3.1.4　信号无规则乱跳

可能原因:有干扰源存在;传感器本身电路设计有问题。

解决方法:优化传感器现有电路。

3.2 T-8系列弹拉传感器配CPA425REI0LB绝对值编码器型开度仪

3.2.1 无信号

可能原因:钢丝绳断线,编码器损坏(由于风吹日晒,不可抗拒外力等);传感器信号断线。

解决方法:定期检查,若发现问题及时处理更换。

3.2.2 信号失真、信号跳变

可能原因:钢丝绳变形、锈蚀,编码器短路;信号线松动、老化。

解决方法:定期检查、测试,对发现损坏的编码器、钢丝绳及时更换,对松动、老化的信号线进行紧固、更换等,若发现问题及时处理更换。

4 结语

通过对嶂山闸两种不同开度仪指标、结构特点、工作原理及常见问题及处理措施的研究,需要注意首次安装、更换开度仪时,全开度及全关位必须确保准确,这将直接影响到液压启闭机的正常工作及工作人员对设备的状态准确把握;同时,在日常巡查过程中,着重检查钢丝绳是否断裂变形,闸门启闭过程中开度信号是否正常;重点注意开度值是否在允许范围内,试车过程中两只油缸超差是否符合规范要求等。

作者简介:王君,男,1984年9月生,工程师,主要从事水闸技术管理方面的工作。E-mail:287639367@qq.com.

山东省水文监测能力建设规划研究

李　鹏　封得华　李德刚　张佳宁

（山东省水文局　山东济南　250002）

摘　要：近年来山东水文事业经过全面快速发展，水文服务水平和监测能力不断增强，取得了巨大的社会效益和经济效益。但我省水文监测能力还存在不足，“十三五”期间还需在水文测报能力、水环境监测整体实力和现代化水平、水文在防汛抗旱减灾等方面提升，以提高我省水文现代化水平。

关键词：水文　监测能力　“十三五”规划

近年来，山东省水文事业全面快速发展，“十一五”“十二五”时期，各类水文监测工程相继实施，水文监测站点成倍增加，水文服务水平和监测能力不断增强，为防汛抗旱、水利工程规划建设与运行管理、水资源开发利用与节约保护、水生态保护以及其他各类涉水事务提供了大量科学的水文监测信息及成果，取得了巨大的社会效益和经济效益。但我省水文监测能力还存在不足，“十三五”期间还需在水文测报能力、水环境监测整体实力和现代化水平、水文在防汛抗旱减灾、水资源管理和保护、生态环境修复、饮水安全保障、水土流失治理和应对突发性水事件应急处理等方面提升，以提高我省水文现代化水平。

1　水文监测能力现状

随着我省水文监测体系的不断完善，我省的水文监测能力进一步增强，可以及时为上级主管部门提供雨水情信息、洪水预报以及调度建议，为防汛指挥决策和洪水管理提供科学依据。水生态监测、地下水监测、墒情监测等提供了大量的基础资料和分析评价成果，为水资源调度、管理和保护以及实施最严格水资源管理制度提供了有力支持。

2　水文监测能力存在的问题

一是部分测站自“十五”以来一直未得到有效改造，未经改造的水文测报基础设施建设标准低，监测设备更新慢且老化严重，不能满足防洪测洪和安全生产的要求；二是水文测报手段和技术水平落后，先进仪器设备在水文测报中的推广有待增强，仍有大量水文测站以人工观测为主，现代化水平较低；三是水质监测中心的布局和能力不能满足日益增加的水质监测任务的需要，仪器设备配置不够完善，水生态监测指标覆盖不足，不能满足水资源保护和管理的需要；四是地下水、土壤墒情等的信息采集、传输、处理手段落后，时效性差，地下水监测中心设备配置不完善，不能有效地接收、处理和分析土壤墒情和地下水信息，信息应用服务水平低；五是水文仪器检定工作薄弱，场地不足，建设标准和装备水平低。

3　水文监测能力建设目标

以满足构建山东特色水安全保障体系为总体目标，以提供更全面、更准确、更快捷、更科学的水文信息服务为宗旨，增强水文水资源监测能力，形成常规监测、应急机动监测、自动监测相结合的水文监测体系。近期重点完成水质监测站网建设和现有中心实验室的改造，水环境监测中心建设全部达到《水文基础设施建设及技术装备标准》要求，中远期重点完成分中心实验室和自动监测站建设，全面开展水生态监测。根据巡测业务管理需要，完善现有巡测基地，适当新建巡测基地，构建应急监测队伍与加强应急机动反应能力建设。

4　水文监测能力建设规划

4.1　水质监测能力建设规划

根据《全国水文基础设施建设规划(2013—2020 年)》,我省近期安排实施水资源监测能力建设项目,对五处水质监测中心实验室及配套设施进行改造,在现有仪器设备的基础上对仪器设备升级完善,提高有机物监测能力,尽可能扩大监测项目范围,提高实验室自动化程度、定性定量监测能力和移动应急监测能力。另外,新建东营、莱芜、日照三处水质监测中心。远期将进一步优化水资源监测站网,做好仪器设备的维护管理和水质监测队伍建设,规划实施后,将解决已有水质监测(分)中心实验室面积不足、监测能力薄弱的问题,满足日益增加的水质监测任务的需要,为水资源管理保护和水生态监测等提供科学依据。

4.2　饮用水安全应急监测建设规划

重点做好重要城市饮用水源地和重要农村饮用水源地饮用水安全应急监测工作,建立健全饮用水安全应急监测网络体系,有效弥补各级水质监测机构现有应急监测能力的不足,使各级机构的监测能力与其工作职责相适应,保障饮用水应急监测工作有效、有序开展,切实维护人民群众饮水安全。根据《全国水文基础设施建设规划(2013—2020)》,对山东省应用水安全应急监测体系更新完善,配置移动应急监测设备,全面增强饮水安全应急监测能力。

4.3　地下水监测能力建设规划

规划建立地下水监测中心,开发建立完善的地下水信息采集传输、分析应用、预测预报和信息发布系统,有效地采集、储存、管理和使用地下水监测信息,实现对地下水动态的有效监控,为进一步提高我省地下水监测、分析、预报和管理能力,提升地下水管理的现代化水平,优化配置、科学管理地下水资源,保护生态环境,以及水资源可持续利用和经济社会可持续发展提供基础支撑。依据国家发展和改革委员会批复的国家地下水监测工程初步设计报告,确定近期规划建设任务为 17 个地市级分中心及巡测设备、1 个省级监测中心。远期将做好地下水监测站网优化和维护工作。

4.4　墒情监测能力建设规划

通过新建墒情监测中心,建设较完善的墒情监测系统,采用先进的墒情监测仪器,提高墒情监测的时效性,以实现墒情信息自动采集、传输、存储与查询服务的需要,以适应抗旱减灾、水资源管理工作发展的新趋势。规划建设 16 处墒情监测中心,各墒情监测中心配备信息接收、传输、处理设备和软件。建立完善墒情信息服务平台,市县对墒情信息的自动采集、传输、存储与查询服务,基本满足抗旱减灾、水资源管理工作对墒情监测信息的需要。

4.5　水文仪器检定中心建设规划

根据《全国水文基础设施建设规划(2013—2020 年)》,山东省水文仪器检定中心项目计列于我省大江大河水文监测系统项目中,规划定于 2016—2018 年实施,力争在"十三五"期间,逐步建设完成流速、降水量、水位等主要水文参数水文仪器的计量检定实验室,并建立相关的计量标准,建成集各水文参数、各类型水文仪器检定于一体的水文仪器检定中心,为依法开展水文计量工作提供技术支撑。

4.6　水文应急监测建设规划

随着我国经济发展、城市建设、气候变化等因素的影响,与水有关的成灾事件频发,涉水突发事件具有随机性、突发性、破坏性强、监测复杂、危险性大、社会影响重大等特点,对社会的影响也越来越大,各级政府部门也越来越重视此类突发事件的处置,对事件中水文应急监测越来越重视,要求也越来越高。规划建立一支综合素质高、专业性强的应急监测队伍,加强应急监测培训,提高人员操作技能和水准,完善应急监测预案,健全应急监测制度,配备必要的监测设备,为我省水资源安全保护奠基坚实的基础,为水各类突发事件应急处理提供可靠的技术支持。

5　水文监测能力建设效益评价

规划实施后,我省水文测报能力、水环境监测整体实力和现代化水平将明显提升,水文在防汛抗旱减灾、水资源管理和保护、生态环境修复、饮水安全保障、水土流失治理和应对突发性水事件应急处理等方面的服务能力将显著增强,可以提升我省水文现代化水平,增强水文服务功能,努力推进传统水文向现代水文的新跨越。

作者简介:李鹏,男,1980 年 1 月生,工程师,主要研究水文水资源方向。E-mail:sdswkjglk@ 163.com.

浅谈水利施工企业水利安全生产标准化建设之安全生产目标管理

单建军 吴书培

(淮河工程集团有限公司 江苏徐州 221000)

摘 要:水利安全生产标准化建设工作是贯彻落实《中华人民共和国安全生产法》以及国务院有关要求的重要举措,对落实水利生产经营单位安全生产主体责任,提升安全生产管理水平,实现安全生产管理的法制化、规范化和现代化具有重要意义。对于企业来说,安全生产管理标准化是企业规范管理、提高市场竞争力的一种表现,也是企业创造效益、安全发展的一种保障。水利施工企业安全生产标准化建设工作包括安全生产目标管理、安全生产组织机构、安全生产费用管理等十三个一级要素。本文主要阐述了水利施工企业在安全生产标准化管理工作中,如何做好安全生产目标管理工作。

关键词:安全生产 标准化 目标管理

安全生产目标管理在安全生产管理工作中起指导性作用,能够使水利施工企业各级领导及从业人员明确要重点防范的安全生产事故或安全生产工作的努力方向,有利于统一思想、统一调动企业的管理和技术资源。为了使安全生产目标管理工作有章可循,水利施工企业应根据自身的实际情况,制定安全生产目标管理制度,并以正式文件颁发。安全生产目标管理制度应明确目标的制定、分解、实施、考核等环节的实际内容。

1 安全生产目标制定

目标是企业管理的方向,也是对社会和从业人员的一种承诺,是履行社会责任的一种重要行为。是方向就必须得正确,是承诺就必须得兑现,所以水利施工企业制定安全生产目标一定要以国家的相关法律法规为依据,从企业的自身实际出发,做到安全生产管理目标科学合理、切实可行。安全生产管理目标应包括安全生产中长期目标和年度安全生产目标。

安全生产目标的制定应尽量量化,以便于分解落实、检查与考核;应具有明确性、可操作性和实用性等特点;应符合或严于相关法律法规要求。安全生产目标原则上应包括以下几方面指标:

(1)安全生产事故控制目标;

(2)安全生产投入目标;

(3)安全生产教育培训目标;

(4)安全生产事故隐患排查治理目标;

(5)重大危险源监控目标;

(6)应急管理目标;

(7)文明施工管理目标;

(8)人员、机械、设备、交通、消防、环境和职业健康等方面的安全管理控制指标等。

安全生产目标制定后应经企业主要负责人审批,并以文件形式发布。

2 安全生产目标的分解与落实

年度安全生产目标是施工企业当年各项安全生产工作的总体控制指标,应覆盖施工企业各部门、项目及各施工生产环节。为保证年度安全生产控制指标得到有效的控制,进一步细化企业各部门、项目的安全生产目标与责任,实现安全生产目标分级管理,水利施工企业应按照企业组织结构模式及各部门、项目在安全生产中的职能,可能面临的风险大小等,将年度安全生产目标逐级分解到部门、项目、班组和岗位,形成层级安全生产控制指标,作为企业年度安全生产目标实现的必要保证。

安全生产目标的分解应围绕企业年度总体目标进行,分解的目标应有可操作性,做到上下贯通,相互协调。企业应将分解后的目标以目标责任书的形式与各部门、项目、班组和岗位等负责人层层签订。各部门、项目等应根据签订的安全生产目标责任书,对照各自的安全生产职责,制定可以实现目标的组织、技术等保证措施,共同保证年度安全生产目标的实现。

3 安全生产目标的落实、监控与考核

水利施工企业安全生产主管部门应按照制度要求,组织企业安全生产领导小组和相关部门,根据企业工程特点,结合安全生产检查活动,对安全生产目标完成情况进行定期检查和年度考核,从而实现对安全生产目标落实情况的跟踪、检查和监督。

施工企业安全生产主管部门应定期在安全检查工作中对各部门、项目上阶段安全生产目标完成情况进行检查,并对目标实施过程进行监控,协调解决出现的矛盾和问题,评价目标保证措施的执行效果,实现对安全生产目标的动态管理。

安全生产目标检查应覆盖企业所有施工生产环节,检查结果要及时向安全生产领导小组报告。在检查过程中如发现目标偏离,应及时采取纠偏措施,并对纠偏效果进行检查验收;如发现目标与企业实际情况严重不符,经企业安全生产领导小组审核批准后,可以调整安全生产目标实施计划,保证安全生产目标能够正确指导自身安全生产管理工作。

每年年终,施工企业安全生产主管部门应组织安全生产领导小组对企业各部门、项目安全生产目标完成情况进行考核。考核工作应结合当年安全生产目标检查情况,核实各部门、项目年度安全生产目标的完成程度及目标保证措施落实效果等。同时考核应统计核查是否存在与企业实际情况不符合的目标等,根据考核情况对下年度安全生产目标进行调整。

施工企业应按照客观公正、求真务实的原则开展考核工作,考核方式包括听取汇报、查看现场和查阅资料等形式。考核完成后企业应根据考核情况对相关部门、项目进行通报、奖惩,通过通报、奖惩等措施有效调动职工参加安全生产管理工作的积极性,保证安全生产目标管理的落实。

安全生产目标管理工作克服了安全生产管理的盲目性和阶段性;通过目标的分解使企业相关部门和人员清楚地明白自己安全生产的职责和目标,有利于强化责任落实;对安全生产目标的检查考核,及时发现问题,解决问题,能有效地预防生产安全事故的发生和持续改进安全生产工作。水利施工企业务必要强化责任,抓好安全生产目标的管理工作,做到安全生产,安全发展。

作者简介:单建军,男,1982 年 12 月生,工程师,主要从事施工管理工作。E-mail:2161129@ qq.com.

临清市河道及水利工程用地确权工作探析

马　琳　张　金　曹　欢

（临清市水务局　山东临清　252600）

摘　要：河道及水利工程的确权工作是保护水生态环境、水利工程和水资源的重要措施，也是加强水利管理的一项基础性工作。通过对确权标准的界定，分析了临清市确权工作存在的问题，提出了河道及水利工程确权工作的实施安排和保障措施，为临清市河道及水利工程确权工作提供指导意见。

关键词：河道　水利工程　确权　临清市

河道及水利工程确权是依法保护水生态环境、水利工程和水资源的重要措施，是水行政主管部门的重要职责，也是加强水利管理的一项基础性工作。水法及有关法律法规明确规定，河道及水利工程管理范围的土地属国家所有，由水行政主管部门或水利工程管理单位使用管理。

由于历史原因，临清市一些河道及水利工程管理和保护范围边界不清、水土资源产权不明，导致一些开发建设项目、生产经营活动随意侵占河道及水利工程管理范围，违法建设、违法耕种、违法设障等现象时有发生，影响水利工程安全，破坏河湖水生态环境。通过确权划界，明确河道及水利工程管理和保护范围，有利于河道及水利工程的安全管理和运行。

1　确权范围及标准

确权的范围是河道、堤防和水闸等水利工程。其管理和保护范围标准分别如下。

1.1　河道

管理范围：有堤防的河道，其管理范围为两岸堤防之间的水域、滩地（包括可耕地）、行洪区，两岸堤防及护堤地，护堤地按照河道等级自河堤背水坡脚起 5 m 至 10 m 宽度标准划定。无堤防的河道，其管理范围为历史最高洪水位或者设计洪水位之间的水域、滩地和行洪区。

保护范围：根据堤防的重要性、堤基土质条件等因素，河道主管机关报经县级以上人民政府批准，可以在河道管理范围的相连地域划定 50 m 至 200 m 的堤防安全保护区。

1.2　水闸

管理范围：水闸管理单位直接管理和使用的范围，包括水闸工程各组成部分的覆盖范围。包括上游引水渠、闸室、下游消能防冲工程和两岸连接建筑物。

保护范围：为保证工程安全，在工程管理范围以外划定一定的宽度，可根据工程的具体情况确定。

临清市在 1992 年开展过河道划界工作，确定了河道占地面积，但均未办理土地证。因资金短缺、单位的人力不足、设备落后、征地拆迁、当地土地纠纷和当地居民的阻挠等种种原因，未进行过河道及水利工程的确权工作。

2　确权工作的实施安排

2.1　加强宣传

由临清市水务局牵头，有关镇（办）配合，按照工作计划和要求，认真开展相关法律、法规和河道及水利工程确权方面政策的宣传，为确权工作实施营造良好的社会氛围。

2.2　明确划界对象、任务、目标

河道管理范围是河道安全行洪的范围，堤防及水利工程管理范围则是工程自身建设用地以及工程安全、管理、观测等用地总面积。

2.3 编制合适的工作计划

结合临清市实际情况，编制合适的工作计划，要求计划方案能够科学合理并且具有相当的灵活性和可调整性，采取由点到面的工作方式，选择合适的突破口，取得一定的工作经验之后积极推广。

2.4 做好相关群众的思想工作

确权工作与两岸群众的生产生活直接相关，关系到群众切身利益，需要尽可能地赢得群众的支持和帮助。例如，开展测量和埋桩工作时，如果涉及政策处理问题，就应该在埋设界桩之前考虑是否会影响群众的生产生活。

2.5 合理确定管理范围

正视现实，正确地确定河道、堤防和水利工程管理范围，要求河道既能够行洪，又便于管理，无堤防河段管理范围应该兼顾历史最高水位和河道设计水位进行综合考虑，结合河道实际情况，合理地确定河道管理范围。水利工程管理范围和保护范围应以水利工程能正常发挥效益为标准。

3 确权工作面临的问题

由于水利主管部门建在河滩地、护堤地等地方的水利工程设施多年以来一直由当地村民占有使用，虽已经确权，但没有任何标志物，土地权属意识更是无从谈起。

3.1 缺乏确权的资金

临清市在 1992 年开展了河道及水利工程确权登记工作，对河道范围内土地进行了划界，但由于缺乏资金支持，仅仅用行政干预手段获得当地有关部门的认可，并未设立界桩等明显标志物。

3.2 技术力量弱，进展不平衡

参加调查工作的人员文化素质层次不齐，尽管经过多次培训，但对河道及水利工程确权的理解和政策把握还是不能完全到位，即便是参加的乡镇干部相对文化水平要高一些，但专业知识和相关经验缺乏，意识不到河道范围内土地的重要性。虽然也投入了大量的精力和人员力量，但单靠水务局自身技术力量很是有限，无法完全满足河道及水利工程确权工作的技术需求。

3.3 经费十分紧缺

充足的经费是保证各项工作顺利开展的前提。按照上级部门相关规定，根据临清市目前的财政形势，经费严重不足，很难保证河道及水利工程确权各项工作的顺利进行。由于水利主管部门硬件技术设备落后和工作经费紧缺等原因，只能用传统方法进行宗地测量，然后进行制图工作。同时也存在调查不细、划界不准等问题。所需人员和设备经费不足，开展工作受到影响。

3.4 历史遗留问题多

大量已占用的河道土地无法收回。由于确权范围内的土地管理存在多年空缺，未落实征地补偿费，存在农民在河道范围内建房、种植农作物等实际问题。此外，农民多年来一直使用建在河道确权范围内土地上的水利建筑物，对这些建筑物的权属性没有概念，责任意识不强，影响了河道及水利工程确权工作的进行。

4 下步打算

第一，积极争取上级资金补助，完善工作思路和方法，落实工作人员，按照上级要求，进一步细化确权工作，加大确权工作力度，尽快完成河道及水利工程界桩制作埋设工作，尽早完成确权工作。

第二，加强工作人员培训，使工作人员明确河道及水利工程管理范围，明晰确权工作管理职责，从而推进河道现代管理体系建设，保障河道及水利工程正常运行和安全行洪。

第三，从方案编制、人员培训、部门协调、经费落实、现场勘测、成果验收、报告提交等 7 个方面开展确权工作，完善工作步骤，确保确权工作质量。

第四，结合土地主管部门，进行确权范围内土地的测量工作，尽快办理土地证。

5 保障措施

河道及水利工程确权工作是时代的要求，是完善和规范河道及水利工程管理工作的需要。开展确权工作既要求各级水利部门的领导和工作人员认真学习,提高认识,开拓创新,努力工作,不断提高自身素质和管理能力,又需要各级政府及土地、规划、城建等部门的理解和支持,是一项艰巨和繁杂的工作。为确保确权工作顺利开展和实施,必须采取切实可行的措施。

5.1 把握好确权的原则

河道及水利工程确权工作中要牢牢把握住确权的基本原则:尊重历史、依法划界、依据确权。同时,要本着有利于工程设施的正常运行,有利于执法管理和工程效益发挥,有利于工程保护区内人民群众的生产、生活的原则,结合实际情况,与时俱进、开拓创新,扎实做好确权工作。

5.2 制订切实可行的工作计划

应根据实际情况,制订切合临清市实际的工作计划,计划方案应体现科学合理性和灵活创造性,按照“全面开展、确保重点、量力而行、先易后难、划界确权”的总要求,全面推进确权工作的开展。

5.3 成立确权工作领导小组,加强组织领导

河道及水利工程确权调查是深化水利改革、加强河道及水利工程管理的重要工作内容,是推进建立确权范围的基础性工作,要强化组织领导,落实任务分工。临清市人民政府成立以水务局局长为组长的河道及水利工程确权工作领导小组,负责指挥、组织、协调全市河道及水利工程确权工作;领导小组下设办公室,负责河道及水利工程确权工作的具体组织实施、日常调度、督导检查等工作。

5.4 成立确权工作组,确保工作顺利开展

确权领导小组要抽调一批有工作能力、责任心强、比较熟悉确权工作的同志。组成专门的工作组,具体负责确权工作,确保工作顺利开展。确权工作组应积极主动向确权工作领导小组汇报工作进展情况,与各乡镇村、各有关部门单位密切配合,确保河道及水利工程确权工作顺利进行。

5.5 开展培训,明确要求

为保证河道及水利工程确权与登记发证工作的顺利开展,组织相关工作人员对《中华人民共和国水法》《中华人民共和国土地管理法》《中华人民共和国河道管理条例》等相关法律法规进行认真学习,加强对有关确权工作知识的培训,使其掌握法律政策标准,明确目的、要求和方法步骤。同时,针对工作中遇到的难题,组织相关工作人员采取走出去的方法进行调研,学习先进经验,宣传、推广成功做法,结合临清市实际制订实施计划,确保河道及水利工程土地确权与登记发证工作依法有序开展。

5.6 大力做好宣传工作

河道及水利工程确权工作是一项政策性强、涉及面广的工作,要认真组织学习有关法律法规,掌握原则,了解工作步骤和方法。同时要充分利用电视、报刊、网络、宣传单、宣传车等方式,积极向当地群众广泛宣传国家法律法规,宣传河道及水利工程确权的重要性和必要性,争取有关部门和群众对该项工作的理解和支持,为确权工作的顺利开展营造一个良好的社会氛围。

5.7 确权经费

开展确权工作,关键要解决工作经费,主要从以下几个方面考虑:

第一,各级政府要合理减免确权过程中发生的各类经费。

第二,确权中土地的登记、确权、取证及确权宣传等费用,由上级部门给予支持。

第三,今后凡新建、续建、更新改造河道及水利工程管理范围内土地的征用,要按照国家有关法律规定,水利工程用地及管理范围确权所需经费列入概算投资,管理范围确权必须与工程同步实施。只有完成河道及水利工程确权工作的工程,才具备验收条件。

6 结语

必须充分认识河道及水利工程确权工作的重要性、紧迫性和艰巨性,解放思想、抓住机遇、开拓创新、扎实工作,实现河道及水利工程管理工作的规范化、法制化、现代化,提升河道及水利工程管理水平,为全面建设小康社会做出重要贡献。

作者简介:马琳,女,1982年8月生,工程师,主要从事水利工程建设管理及水土保持工作。E-mail:mlsdau@163.com.

第 5 篇　互联网+流域大数据战略专题

多源数据协同在南四湖生态应急调水中的应用分析

李凤生　马泽生　郑　建

(淮河水利委员会水文局(信息中心)　安徽蚌埠　233001)

摘　要:以 2014 年南四湖生态应急调水为例,综合运用气象、水文、调水水量、遥感影像、水位面积关系等多源数据资料,建立多源数据协同应用与分析方法,借助于遥感影像技术,提取生态应急调水期间几个关键水位控制时点的湖区水体系列数据,计算调水前后水体的面积变化情况,并结合相关资料进行比对分析。结果表明,基于多源数据的协同应用,客观地反映了调水前后湖区水体的变化情况,通过生态应急调水有效扩大了南四湖湖区水面面积。

关键词:多源数据　协同应用　遥感影像　水体提取　应急调水

1　引言

2013 年 10 月至 2014 年 8 月,受多种气候因素的影响,南四湖地区降水持续偏少,致使南四湖出现继 2002 年之后最严重的干旱年。针对南四湖的旱情,2014 年 8 月 1 日国家防总在北京召集淮河防总、山东省防汛抗旱总指挥部、江苏省防汛抗旱指挥部、国务院南水北调办公室等单位应急会商,讨论形成了 2014 年南四湖生态应急调水方案,决定启用新建成的南水北调东线工程从长江向南四湖实施生态应急调水。通过计量分析,2014 年南四湖生态应急调水水量为 8 069 万 m^3,有效缓解了南四湖地区的严重旱情。本文针对南四湖生态应急调水专题分析的需要,提出多源数据协同的应用与分析方法,综合利用多种来源的基础资料,以遥感影像为主,通过遥感手段精确提取关键水位时期湖区内的主要水体,并结合相关资料联合分析,比较调水前后水体的变化情况,从宏观层面直观地反映生态应急调水的效果。

2　研究区概况

南四湖位于山东省西南部济宁市,邻接江苏省徐州市,由西北向东南延伸,形如长带,湖盆浅平,北高南低,自北向南由南阳湖、独山湖、昭阳湖和微山湖串连组成,为淮河流域第二大淡水湖,湖面面积 1 280 km^2。湖腰最窄处(昭阳湖中部)修建了二级坝枢纽工程,将南四湖一分为二,坝上为上级湖,坝下为下级湖。湖区内地形复杂,微山、独山、南阳等主要岛屿以及其他零星小岛坐落其中,入湖河道在湖口段因泥沙淤积形成许多浅滩,此外湖内还综合交错、不规则地分布着航道、船沟及埝埂等。

3　多源数据协同的分析方法

针对专题分析的需要,提出基于多源数据协同应用的分析方法,其流程如图 1 所示。以遥感影像分析技术为主线,首先利用气象、水文资料和遥感影像存档数据,查找并筛选出调水期间关键时点可用的遥感影像数据;在此基础上开展影像研判工作,初步分析调水前后的水体变化情况;根据影像类型,通过水体提取实验,选取合适的水体提取方法,提取出调水期间湖区内水体系列数据;进一步结合调水水量、水文、水位面积关系等资料分析水体提取的合理性,客观地评价调水效果。

4　数据收集与初步分析

4.1　数据资料收集

收集南四湖地区的气象、水文、调水量、遥感影像、水位面积关系等资料。其中,遥感影像作为主要的应用数据,将收集调水期间的系列遥感影像和历史遥感影像,以雷达卫星数据为主,以中高分辨率的

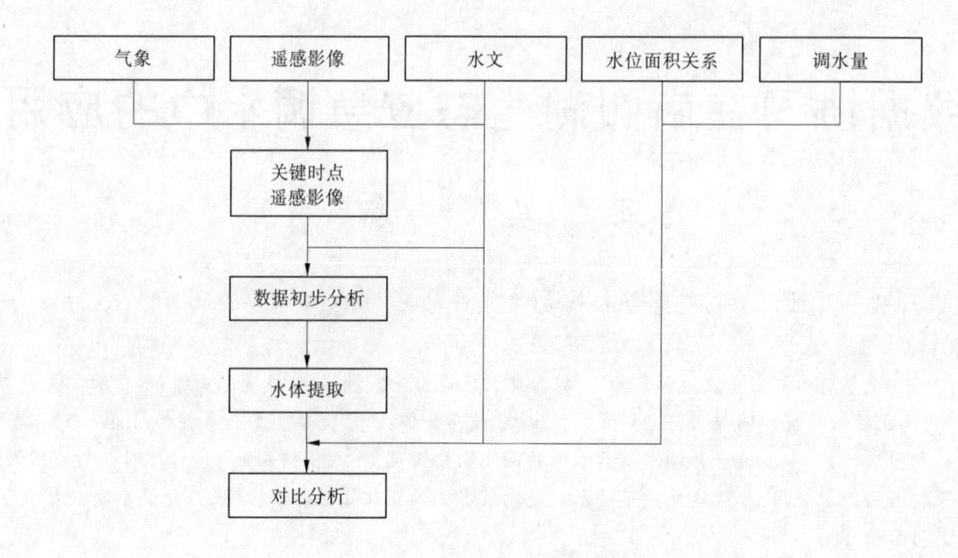

图1　南四湖生态应急调水多源数据协同分析流程图

光学卫星数据作为补充。选择雷达卫星数据作为主要数据源,因为其采用主动微波遥感方式获取数据,具有全天候、全天时的探测能力,对水体较为敏感,有利于在云雨天气的不利天气条件下进行大范围的水体监测。

根据调水期间的天气情况,按照最低生态水位、最低水位和调水前后等关键水位控制时点的要求,经过查找和筛选,最低水位选用7月26日加拿大RADARSAT-2雷达卫星数据,并选用该卫星8月28日的影像作为调水结束后的数据;最低生态水位选用8月15日中国高分一号卫星遥感数据;历史遥感影像采用法国SPOT5卫星遥感数据。各类遥感影像数据的基本情况见表1,表中水位均为下级湖微山站水位。

表1　遥感影像数据基本情况

影像类别	关键水位点/水位(m)	数据类型	分辨率(m)	成像日期/对应水位(m)	水位差(m)
调水期间系列影像	最低生态水位/31.05	高分一号	16	2014-08-15/31.09	+0.04
	最低水位/30.75	RADARSAT-2	5	2014-07-26/30.77	+0.02
	调水结束水位/31.21	RADARSAT-2	5	2014-08-28/31.22	+0.01
历史影像	—	SPOT5	2.5	2003-10-28/33.73	—

4.2　数据初步分析

4.2.1　高分一号

下级湖的最低生态水位为31.05 m,出现在水位下降过程中的7月13~14日,以及水位上涨过程中的8月12~14日。最低生态水位选用8月15日的高分一号WFV2光学遥感影像数据,分辨率16 m,对应下级湖水位为31.09 m,高出最低生态水位0.04 m。

但该影像受天气影响很大,云层多且厚,对下垫面遮挡严重,透过云层仍能看到南四湖湖水面的基本情况。相对于雷达卫星数据,高分一号数据对于水体的敏感性较弱,分辨率较低,难以清晰地区分水体与非水体,湖中细窄的隔堤、埝埂等无法辨识,影像上都表现为水体,导致湖面水体面积偏大,无法与高分辨率的雷达数据叠合分析。

4.2.2　RADARSAT-2数据

RADARSAT-2具有合成孔径雷达的特性,粗糙的陆地表面反射回波较强,影像上表现为较高的亮度,而相对光滑的水体表面反射回波较少,在影像上亮度较低,表现为暗黑色。考虑南四湖地区地势较为平坦,因而可忽略地形因素影响。利用RADARSAT-2卫星影像可以方便地辨别水体和非水体,进而提取出水体的分布范围。

本次收集的 RADARSAT-2 数据采用 extra-fine 单极化模式,空间分辨率 5 m,幅宽 125 km×125 km。7 月 26 日影像(见图 2(a))对应下级湖水位为 30.77 m,比最低水位高 0.02 m,可作为最低水位时点的参照数据;8 月 28 日影像(见图 2(b))对应下级湖水位 31.22 m,较 8 月 25 日调水结束时上涨 0.01 m,可作为调水结束时点的参照数据。

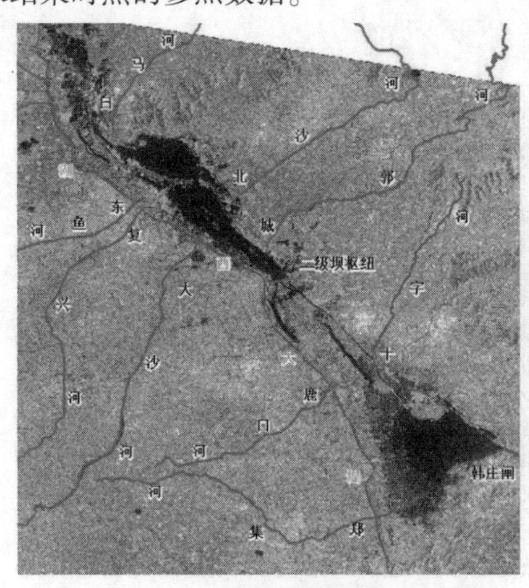

(a) 最低水位时期

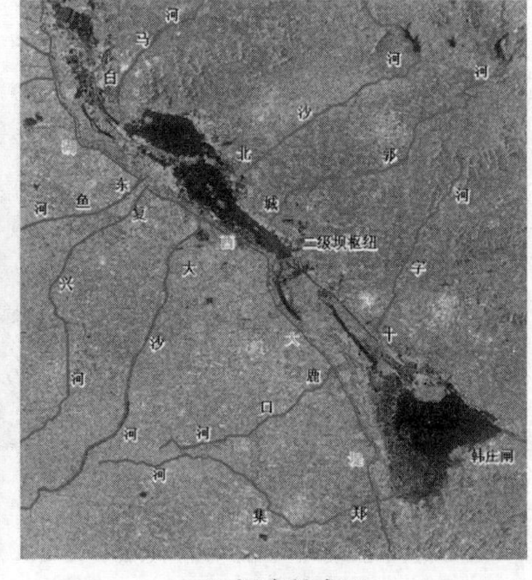

(b) 调水结束后

图 2 调水期间 RADARSAT-2 系列影像图

两景 RADARSAT-2 影像都成像于南四湖水位相对较低的时期,水体中孤岛较多,加之图像分辨率较高,受到一定噪声影响,黑色水体中表现出许多白色斑点。从两景数据的初步对比来看,水位相差 0.45 m,水体分布的边界总体上未发生显著变化。但在细节部位,由于水位上涨,下级湖湖心区高程较低的隔堤被淹没,原来独立水体连入湖区,湖心水体面积有所增大,如图 3 所示;湖区内的部分航道河段,则由原来低水位时近干涸断流的状态,变为清晰的连通水体。

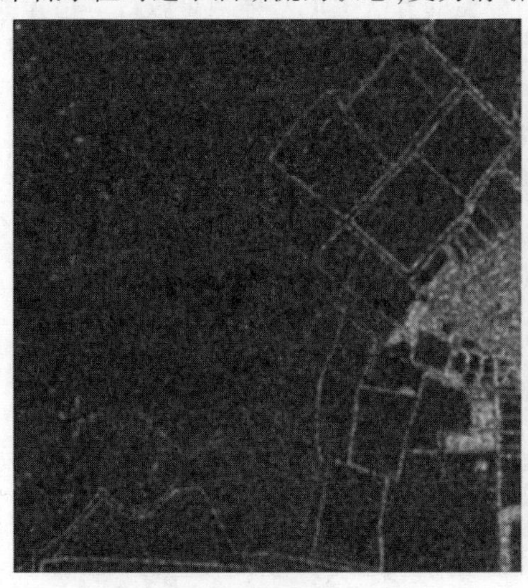
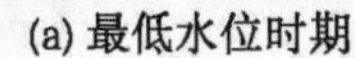
(a) 最低水位时期

(b) 调水结束后

图 3 最低水位时期和调水结束后 RADARSAT-2 对比图

4.2.3 SPOT5 数据

SPOT5 历史影像作为几何校正和对比分析的参照,如图 4 所示,它是经处理的近自然色影像,空间分辨率 2.5 m,成像日期为 2013 年 10 月 23 日,对应下级湖水位 33.73 m,比调水前最低水位高出近 3 m,水体(影像中为深蓝色)表现较为清晰,其分布范围也比调水期间明显大出很多。

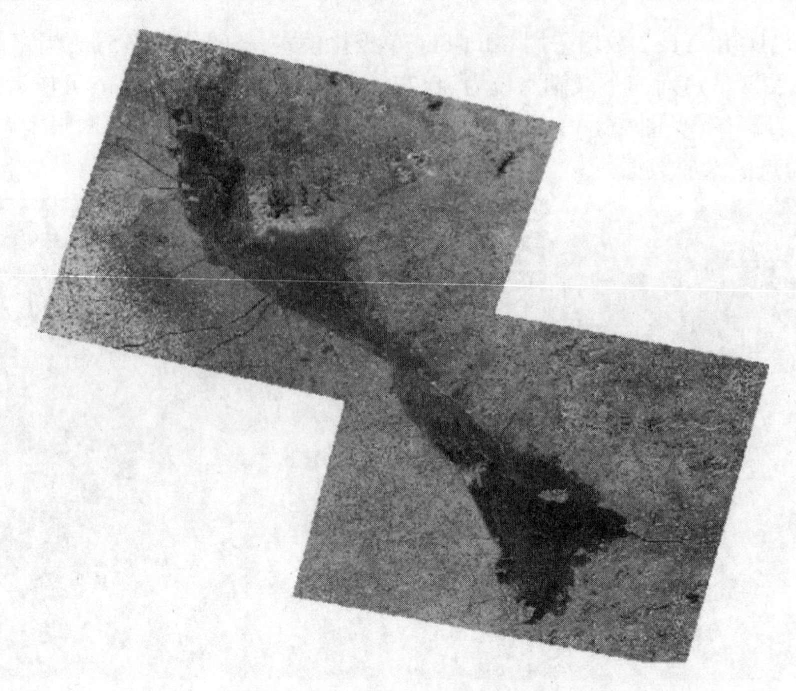

图4　南四湖 SPOT5 历史数据

5　水体提取及分析

湖区内的特殊地形导致水体分布极为复杂。结合本次调水工作实际,主要提取湖心、湖内航道和京杭大运河等连通水体;隔堤及湖区内其他独立封闭的水体,受调水影响小,不参与提取分析计算。

目前,水体提取方法主要有水体指数法、谱间关系法、决策树法、密度分割法、图像分类法、比值法、阈值法及差值法等,其中采用水体指数法、谱间关系法与决策树法等应用较为成熟。

经多次试验,发现采用单波段阈值与构建二叉决策树的方法提取水体效果较好。首先利用遥感软件进行滤波运算,选择增强型 Lee 滤波器(Enhance Lee Filter)消除影像上噪声斑点,增强图像;然后参照 SPOT5 影像进行几何校正,使两景 RADARSAT-2 影像精确地配准到一起,以便叠加比对;选择水体样本训练区,统计获取水体与非水体的分界阈值,利用二叉决策树分类方法提取出水体范围;最后在软件提取结果的基础上,结合人工选取和修正,确认最终的湖心水体,其分布情况见图 5。

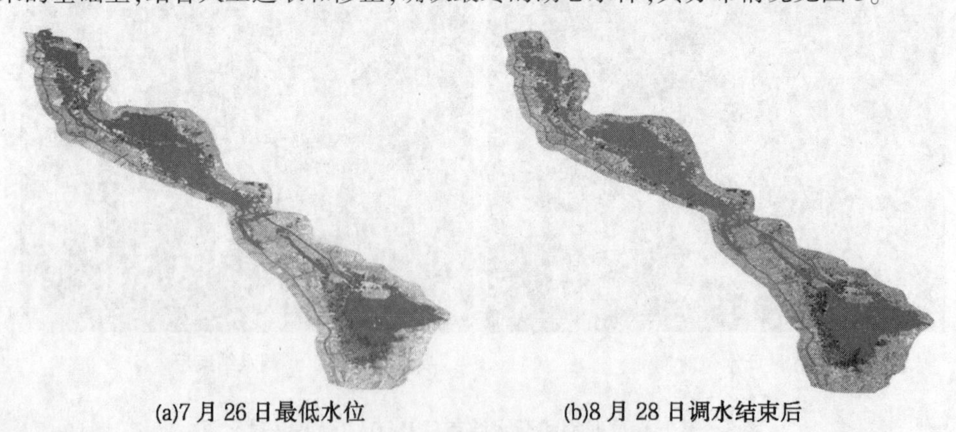

(a)7 月 26 日最低水位　　(b)8 月 28 日调水结束后

图5　湖心主要水体分布对比图

在遥感影像提取的水体成果基础上,进一步利用 GIS 软件分别计算出上级湖和下级湖的水体面积,结果如表 2 所示。将该计算结果与 2014 年版《淮河流域沂沭泗水系实用水文预报方案》中南四湖水位—面积曲线的查算面积进行比对,分析遥感影像提取结果的合理性,以客观地反映调水效果。

表 2　南四湖生态应急调水水体提取成果对比分析

	日　期	水位(m)	提取面积(km^2)	查算面积(km^2)	结果比较(km^2)
上级湖	7 月 26 日	32.74	269	341	−72
	8 月 28 日	32.73	259	332	−73
下级湖	7 月 26 日	30.77	182	212	−30
	8 月 28 日	31.22	212	298	−86

从表 2 中可以看出,提取面积均比预报方案中查算面积值偏小,主要因为本次影像分析仅提取了湖心及相关河道内的连通水体,从而导致提取结果整体偏小。

上级湖 7 月 26 日水体提取面积为 269 km^2,比查算面积少 72 km^2,偏少 21.1%;8 月 28 日提取结果为 259 km^2,较查算面积少 73 km^2,偏少 21.9%。前后两期数据的面积差值及偏差率都比较接近。

下级湖 7 月 26 日水体提取面积为 182 km^2,比查算面积小 30 km^2,偏少 14.2%;8 月 28 日提取结果为 212 km^2,较查算面积少 86 km^2,偏少 28.9%。前后两期数据的面积差值和偏差率相对较大。对比下级湖调水前后的水体空间分布情况,在 7 月 26 日(见图 6(a))和 8 月 28 日(见图 6(b))两个不同水位时,下级湖内水体分布并未发生显著变化,但水位上涨 0.45 m 后,湖心主要水体发生变化,面积从 182 km^2 增加至 212 km^2,扩大 30 km^2。

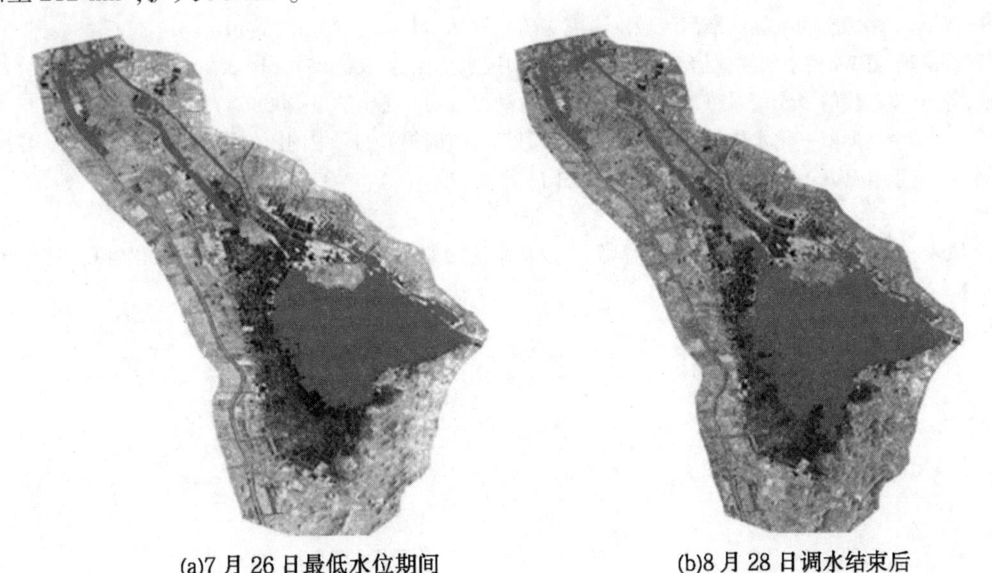

(a)7 月 26 日最低水位期间　　(b)8 月 28 日调水结束后

图 6　南四湖下级湖调水前后湖心水体分布情况对比图

从数据对比分析的偏差情况来看,结合调水水量跟水位、面积变化之间的关系,水体提取的结果比较客观合理。但跟预报方案中查算面积相比,本次遥感影像提取结果整体偏小,主要有以下三方面原因:

(1)本次水体提取的特殊性,未包含湖区内独立封闭水体,导致整体结果偏小;

(2)遥感影像基于 2014 年现状成像拍摄,而预报方案中水位—库容、面积关系曲线为 20 世纪 70 年代初的水下地形测绘成果编制,其相关关系已很难反映当前下垫面的情况,尤其随着经济社会的快速发展,人类活动干预限制了湖心水体的范围,下级湖尤为明显,这是造成偏差的主要原因;

(3)遥感影像的数据质量、提取方法和水体分界阈值等诸多因素,也对遥感影像水体的提取结果产生一定影响。

6 结论与展望

通过多源数据的协同应用,提取关键时点的水体,对调水前后、最低水位、最低生态水位等不同时间节点进行分析计算,能够客观地反映调水前后湖区水体分布的真实情况。结果表明,调水结束后南四湖下级湖水面面积比最低水位时的面积增加 30 km^2,通过生态应急调水,在较短时间内抬升了湖区水位,有效扩大了湖区水面面积。

2014 年南四湖生态应急调水计量与分析工作,未能准确获取关键水位时刻点遥感影像,而采用了最近时点的存档数据,对于大范围的宏观评价可以忽略影像资料时相上的差异,但对于局部地区精细化的评估应用,将很难满足精度要求。在今后类似的工作中应尽早部署,及时获取准确时点的系列数据,以便更好地开展动态跟踪监测和精确评估分析。另外,本次分析工作主要采用了雷达卫星数据,随着国产高分数据的广泛应用,未来工作中基于国产高分的光学遥感影像,结合面向对象的信息提取方法将值得探索和尝试。

基于多源数据的协同应用与分析,在南四湖生态应急调水计量工作中取得良好成效。综合利用多种类型的基础数据,通过水体系列资料的对比分析,不仅适用于类似应急管理与响应工作,也可进行大范围全过程的动态跟踪监测、事中预评估和事后精细评估,其数据协作与分析机制可为应急或常态化应用提供客观真实的依据。

参考文献

[1] 钱名开,等.基于多源空间数据的淮河流域洪涝灾害监测评估[J].水文,2013(2):19-24.
[2] 马延辉,等.基于 CIWI 模型的水体信息提取研究[J].中国水土保持,2009(5):41-43.
[3] 骆剑承,等.分步迭代的多光谱遥感水体信息高精度自动提取[J].遥感学报,2009(4):610-615.
[4] 沈占锋,等.采用高斯归一化水体指数实现遥感影像河流的精确提取[J].中国图像图形学报,2013(4):421-428.
[5] 彭顺风,等.基于 Radarsat-1 影像的洪涝评估方法[J].水文,2008(2):34-37.

作者简介:李凤生,男,1981 年 11 月生,高级工程师,主要从事流域管理数字化应用研究和信息化管理工作。E-mail:lifs@hrc.gov.cn.

基于改进的随机 Hough 变换在水利遥感影像线性特征提取中的应用

王春林　孙金彦　钱海明

（安徽省·水利部淮河水利委员会水利科学研究院　安徽合肥　230088）

摘　要：水利遥感影像中的边缘点较为密集或者边缘有些弯曲时，直接应用 Hough 变换或其改进算法提取边缘线将会面临两个困难：一是虚假的峰值很多；二是边缘线提取不完整。这两个问题往往会导致边缘提取的失败。针对这种情形，提出一种改进的随机 Hough 变换新方法，首先对分块遥感影像类的边缘点进行 Radon 变换并延伸以获取局部线性特征，在此基础上根据局部线性段的斜率、截距进行随机 Hough 变换，连接近似位于一条线性上的边缘点。试验证明新方法具有很好的效果。

关键词：边缘提取　随机 Hough 变换　Radon 变换　遥感图像分块

1　引言

在卫星遥感影像上，大多数物体都是由线性组成，同样在水利遥感影像中，河流、堤岸和水工建筑等多为线性结构，因此线性结构提取成为水利遥感解译不可缺少的一环。Hough 变换作为一种经典的线性提取方法在图像处理和模式识别等领域得到了广泛的应用。由于其计算耗时和内存占用较大，提出改进随机 Hough 变换方法，但是在获取局部信息时易受噪声和断裂的影响，导致复杂场景中的线性提取效果不理想。

针对随机 Hough 变换在处理局部信息时易受噪声和断裂的影响，导致复杂场景中的线性提取效果不理想等问题，本文拟提出一种基于 Radon 变换的随机 Hough 变换线性检测算法：首先采用 Radon 变换获取稳健的局部信息，然后运用随机 Hough 变换处理已经提取的局部线性，保证随机 Hough 变换能够高效准确地提取出各类遥感影像中的线性。结果证明此方法降低了随机 Hough 变换在处理局部信息时所受到噪声及断裂的影响。

2　线性提取算法

2.1　图像分块

为了便于使用 Radon 变换检测局部线性特征，需要对图像分为 11×11，17×17 等奇数×奇数个子块。试验中将图像分成多个 11×11 的子块。

2.2　局部线性边缘的检测和延伸

根据线性特点，即线性方向的投影值最大，采用 Radon 变换来检测局部线性。沿着线性方向对图像进行 Radon 变换所得峰值最大，同时峰值持续宽度最窄，其他方向形成峰值偏小，且峰值持续宽度较大。

应用 Radon 变换检测局部线性边缘时，子图中的边缘本身就不是严格的线性，通过峰值可以发现线段的存在，但是不能查找得到其上的所有点，且图像分块也会导致部分边缘点未被查找，为了提取出局部边缘线段上的所有点，需要对每条 Radon 变换得到的线段进行在全局范围延伸。如图 1 所示，Radon 所提取的边缘不完全，其周围还存在其他边缘点，通过对边缘进行延伸，可以得到比较好的边缘。

2.3　随机 Hough 变换

随机 Hough 变换是由 Xu Lei 等提出的一种改进的 Hough 变换方法。随机 Hough 变换采用多对一

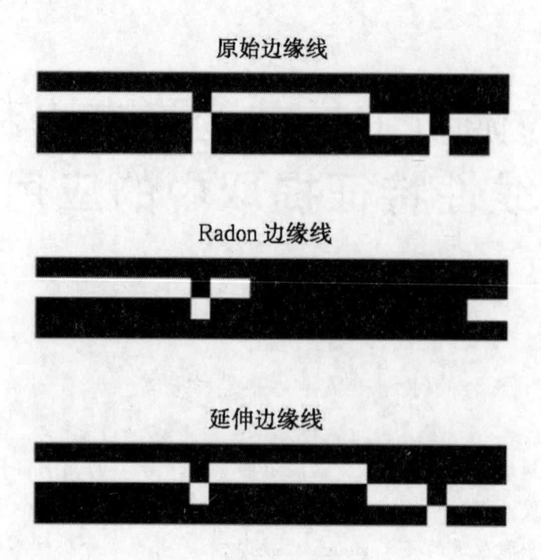

图 1　线性短延伸

的映射，避免了传统 Hough 变换一到多映射的庞大计算量；采用动态链表结构，只对多到一映射所得到的参数分配单元进行累积，从而降低了内存需求，同时使得 RHT 具有参数空间无限大、参数精度任意高等优点。当用 RHT 处理简单图像时，它表现出相当优异的性能，但在处理复杂图像时，由于随机采样会引入大量的无效采样和累积，使算法的性能下降，且易受周围噪声和断裂的影响。

霍夫变换参数公式，也就是直线的标准式：

$$\rho = x\cos\theta + y\sin\theta \tag{1}$$

计算公式：

$$\rho_i = \frac{\rho_i \times (k-1) + \rho_j}{k}, \theta_i = \frac{\theta_i \times (k-1) + \theta_j}{k} \tag{2}$$

k 为直线的数目，即第几条直线，$k=1,2,3,\cdots,N$。

RHT 检测线性具体步骤如下：

(1) 读取图像。扫描边缘图像，获得边缘点集 R，R 中的像素数目为 number。

(2) 定义参数空间 P 为空，并对累加器置零，迭代步骤数 $K=0$。

(3) 从 R 中随机选取两点 (X_1,Y_1) 和 (X_2,Y_2) 将其代入公式(1)中，联立解得参数空间中一点 $P_j(\rho_j,\theta_j)$。

(4) 在参数空间 P 中，如果存在 P_c：$|P_c-P_i|<\varepsilon$（ε 为一个给定的很小的阈值），则对应的累加器计数加 1，并根据公式(2)重新计算 (ρ_i,θ_i)；如果不存在，把 P_i 插入到参数空间 P 中，$K=K+1$。

(5) 当 $K>K_{MAX}$，即达到指定最大阈值时，结束，否则继续下一步。

(6) 输出对应的线性参数 (ρ_i,θ_i)，将 R 中对应于线性上的点抹掉。初始化参数空间，转到步骤(2)，再次开始。

2.4　改进的 RHT 线性检测算法

针对 RHT 对局部信息获取局部信息时易受噪声和断裂的影响，我们引入 Radon 变换。本文主要思想是将随机 Hough 变换中点点获取线性投票，改为直接用局部线性投票。这样可以减少局部噪声、局部断裂的影响，同时避免了 Hough 变换丢失线性的端点及长度信息。本文首先对图像采用 canny 算子对图像提取边缘，然后对图像进行分块（注意分成的子块最好为 9×9，11×11，13×13 等子块行列值最好为奇数），对于每一个子块使用 Radon 变换，通过 Radon 峰值获得可能线性所在的位置 T，对 $(T-1,T+1)$ 区域内所有点采用最小二乘拟合出线性的斜率与截距（注意点数必须达到阈值，才可以拟合线性）。最后采用随机 Hough 变换的原理在全局范围内对获得的线性特征进行处理，从而获得比较准确的线性特征。

本文中改进的 RHT 线性检测算法具体步骤如下：

(1) 先将图像进行分割成 11×11 的小方块区域，而后针对每一个子块进行处理。

(2)对每个子块采用 Radon 变换向四个方向进行投影,对投影结果卷积(卷积算子[1 1 1],[0.5 1 0.5]),寻找其峰值。

(3)针对峰值所对应的线性,寻找峰值区域内可能位于线性上的点,对获得点采用最小二乘拟合,从而获取线性的斜率及截距(a,b),将投影方向,线性的斜率、截距、线性的起始点、终止点存储到数组中。

(4)对所有区域计算结束后,再采用随机 Hough 变换的方法对获得的线性信息进行处理。首先对获得的局部线性作线性延伸,然后对所有线性按照投影方向进行投票,投票过程中,将斜率、截距都相近地线性合并,斜率、截距计算公式为

$$y = kx + b \tag{3}$$

$$k_i = [k_i(n-1) + k_j]/n, d_i = [d_i(n-1) + d_j]/n \tag{4}$$

k 为斜率,b 为截距。

3　试验结果

如图2所示,(a)为原始影像,(b)为自(a)中提取的边缘影像。可看出试验中(b)边缘点非常密集,倘若对(b)直接采用经典的 Hough 变换提取直线特征,不仅计算量大且效果很不理想,如图2(f)所示。(c)是采用 Radon 变换提取(b)中局部边缘线并延伸的结果,与(b)相比,去除了大量的噪声点及不重要的短边缘。(d)是在(c)的基础上,利用随机 Hough 变换提取的边缘且去除毛刺等的最终结果。线性边缘长度至少为30,端点间隔最大不超过3,分类时线性间距离最大为1。(e)是令(d)边缘点像素值为0叠加原图显示。从试验中可看出,对比标准 Hough 变换提取结果,新方法在提取边缘点较为密集的遥感影像边缘线时具有很好的效果,克服了随机 Hough 变换在复杂场景中线性提取效果不理想的问题。

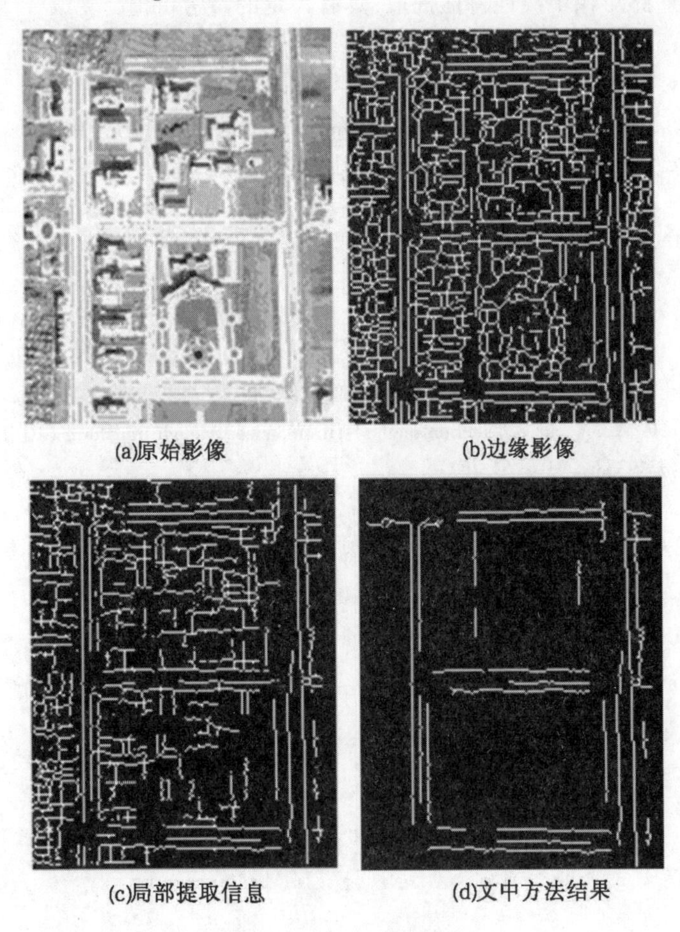

图2　试验1流程结果

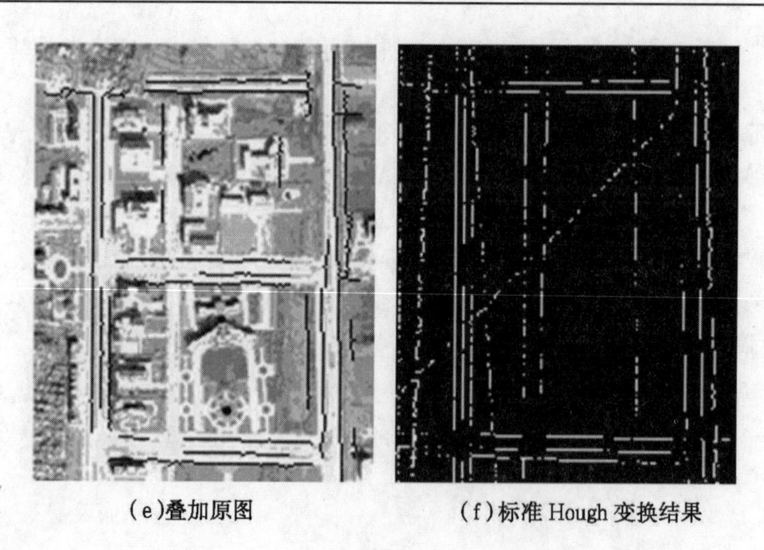

(e)叠加原图　　(f)标准 Hough 变换结果

续图 2

4 结语

本文方法主要针对复杂场景中随机 Hough 变换在处理局部信息时易受噪声和断裂的影响导致局部信息丢失的情况,引入 Radon 变换可以很好地降低噪声、断裂的影响,维护局部信息的完整性,保证随机 Hough 变换高效准确地提取出各类遥感影像中的线性。同时,避免了 Hough 变换在处理图像时丢失线性起止点信息的情况发生,且算法并没有降低计算速度,增加内存消耗。可用于提取线性弯曲度不强的线性信息,对于水利遥感影像中线性特征提取,具有一定的参考价值。

参考文献

[1] Hough V P C. Method and means for recognizing complex patterns:US3069654[P]. 1962.

[2] 刘桂雄, 申柏华, 冯云庆, 等. 基于改进的 Hough 变换图像分割方法[J]. 光学精密工程, 2002, 10(3):257-260.

[3] 韩秋蕾, 朱明, 姚志军. 基于改进 Hough 变换的图像线段特征提取[J]. 仪器仪表学报, 2004, 25(3):436-439.

[4] 段汝娇, 赵伟, 黄松岭, 等. 一种基于改进 Hough 变换的直线快速检测算法[J]. 仪器仪表学报, 2010, 31(12):2774-2780.

[5] 于莉娜, 胡正平, 练秋生. 基于改进随机 Hough 变换的混合圆/椭圆快速检测方法[J]. 电子测量与仪器学报, 2004, 18(2):92-97.

[6] 孙金彦, 周绍光, 陈超. 基于改进的 Hough 变换提取影像边缘[J]. 计算机与数字工程, 2013, 41(9):1501-1504.

[7] Xu L, Oja E, Kultanen P. A new curve detection method: Randomized Hough transform (RHT) [J]. Pattern Recognition Letters, 1990, 11(5):331-338.

作者简介:王春林,男,1987 年 10 月生,安徽省·水利部淮河水利委员会水利科学研究院,工程师,主要从事水利遥感研究与应用工作。E-mail:522101313@ qq.com.

基于大数据与B/S结构的淮河流域防洪调度系统研究及应用

赵梦杰　胡友兵　王　凯　陈红雨

（淮河水利委员会水文局信息中心　安徽蚌埠　233001）

摘　要：基于“两台一库”技术架构，采用WebGIS技术与B/S结构，利用水雨情、工情、旱情、灾情、天气雷达、社会经济等大数据信息，本研究在淮河流域防洪调度系统一期工程的基础上，建设范围增加了淮河蚌埠至洪泽湖、沂沭泗水系，构建了丰富的模型库、方法库，提高和完善了系统整体功能，与防洪调度系统一期工程整体集成，建立了全面覆盖淮河流域重点防洪地区、功能较完善的防洪调度系统，实现了防洪形势分析、调度方案生成、调度方案评价比较、调度成果可视化、调度专用数据库管理等功能。基于防洪形势分析，读取洪水预报系统结果进行方案制订，根据智能化的调度模式生成多种调度方案，综合比较调度方案并进行成果仿真，从而为淮河流域的防洪调度及水资源管理提供科学的技术支撑与决策依据，基本实现了淮河流域防洪调度的实时化、智能化、可视化。

关键词：大数据　B/S结构　防洪调度系统　WebGIS技术　智能化

1　引言

淮河流域地处我国南北过渡带，易发生受梅雨影响而产生持续性时间长、范围大、洪水总量大的暴雨洪水，如1954年、1991年、2003年、2007年。自2007年流域大洪水后，已近十年没有发生流域性大洪水，而近些年极端天气频发，洪涝造成的损失惨重，淮河流域发生大洪水的概率也在逐渐增加，随着水雨情自动测报系统的建设和计算机网络技术的迅速发展，对于新形势下的防洪调度，加强大数据与互联网技术在防汛中的应用非常必要，一旦发生流域性大洪水，防汛部门能够及时对流域的实时雨水情、工情信息进行分析，这对于流域的防汛调度与社会稳定意义重大。纵观国内防洪调度系统的研究及应用，很多专家学者在这方面做了很多探索与实践，王鹏生等进行了B/S模式的长江流域防洪调度WebGIS系统设计与实现，赵旭升等构建了B/S模式的珠江防洪调度系统，彭勇等基于Web Service构建了丰满水库防洪调度系统，王洪等进行了防洪决策支持系统调度体系自动构建技术研究，李宁宁等尝试了开源框架在水库防洪调度系统中的应用研究。从中不难看出，采用B/S结构的可交互式防洪调度系统正逐渐成为研究与应用的热点。防洪调度技术是一项重要的防洪非工程措施，在防汛工作中占有十分重要的地位，利用现代化信息技术，研究并建立现代化的防汛指挥系统，对于提高应急指挥能力，科学合理地实施防汛抢险和指挥调度、有效地减轻洪涝灾害损失。

2　淮河流域防洪调度系统建设目标及任务

2.1　防洪调度系统建设目标

以防洪调度和管理为核心，针对淮河流域的工程调度及智慧水利的需要，根据防洪调度系统的总体设计思路，构建从防洪形势分析到调度成果评价的可交互式的应用决策支持系统。基于大数据信息，应用水文及水力学模型、智能算法、洪水预报与防洪调度技术，开发淮河流域防洪调度系统，实现人机交互控制、调度方案自动生成、方案模拟仿真等功能，最终实现淮河流域防汛抗旱指挥的实时化、智能化、可视化。

2.2　防洪调度系统建设任务

淮河流域防洪调度系统一期工程是在淮河上中游调度系统的基础上，建设了淮河水系蚌埠以上大型水库、分洪河道、闸坝和行蓄洪区等水利工程的洪水调度,与支流河道洪水演进、干流王家坝至正阳关二维动态洪水演进相结合,并与洪水预报系统进行耦合,建成了蚌埠以上地区防洪调度系统。

在一期工程已建系统基础上,淮河流域防洪调度系统二期工程对现有防洪调度系统进行完善,建设范围增加淮河蚌埠至洪泽湖、沂沭泗水系,提高和完善系统整体功能,与一期工程整体集成,建立全面覆盖淮河流域重点防洪地区、功能较完善的防洪调度系统。在洪水预报模型等基础上,建设流域新增区域的防洪调度方案,建立河库联合调度模型方案,完善调度模型功能,增强调度模型的适应性,同时进一步完善调度系统软件功能,重点建设防洪形势分析、调度成果制定与管理、调度成果可视化、调度成果评价比较等功能模块。制作精确的研究区域地形图,基于 WebGIS 和 WebService 技术,利用数据库充分的还原研究区域的水利工程及地形地貌情况,以"一张图"为背景,增加调度方案所涉及的各类气象、水雨情、工情、灾情等信息的集中展示,形象生动地将调度成果可视化,实现防洪调度成果的静态和动态显示。结合流域实际需求,并通过对流域上报调度方案的模拟仿真,实现调度成果在时空上的动态二维演示。

3 防洪调度系统总体设计

3.1 防洪调度系统总体框架

淮河流域防洪调度系统严格按照国家防汛抗旱指挥系统"两台一库"的框架体系,采用 WebGIS 技术、B/S 结构,基于"一张图"地图背景,以调度对象为主体,基于防洪调度主线,实现降雨影响范围自动分析、防洪工程提示预警、防洪工程关联资料多方式综合展示。总体上以需求为导向、应用为目的、强化资源整合、促进信息共享,提升防汛指挥信息化管理效率与水平。淮河流域防洪调度系统中各类功能模块归入"两台一库"体系,主要包括数据支撑层、应用支撑层、业务应用层三层体系架构,系统总体框架如图 1 所示。

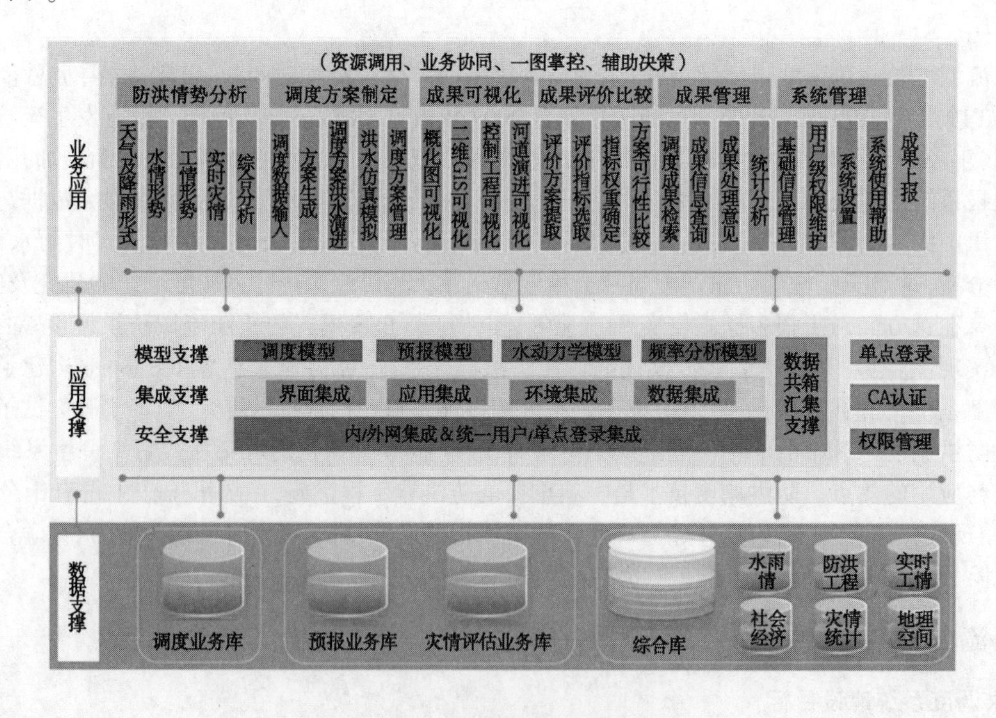

图 1 淮河流域防洪调度系统总体框架

(1)数据支撑层。这层主要包含各种信息成果数据库服务,包括大数据综合库、调度业务库、预报业务库、灾情评估业务库等,其中大数据综合库包括水雨情库、防洪工程库、实时工情库、社会经济资料库、灾情统计库、空间地理数据库等;根据防洪调度系统对数据信息的实际需求,数据支撑层可对现有数据资料进行可拓展的补充完善。

(2)应用支撑层。应用支撑层的建设是对平台业务服务层的开发和完善,主要包括模型支撑(调度模型、预报模型、水动力学模型、频率分析模型等)、集成支撑(界面集成、应用集成、环境集成、数据集成)、安全支撑,实现对流域运行调度管理过程中各专项服务之间的相互调用、触发及数据交换,实现对各种专题服务的总体集成。

(3)业务应用层。建立基于 Web Services 服务架构的人机交互应用层,主要包括防洪形势分析、调度方案制定、成果可视化、成果评价比较、成果上传等应用,将流域运行调度管理过程涉及的众多分析方法、表现手段通过数据输出与界面表现。既可以以图表界面方式直接面向用户直观展示,也可以通过统一接口访问标准体系,为抗旱业务、灾害评估、洪水预报、综合服务等外部系统提供预警监视、模拟仿真、评估评价等信息访问与交互响应服务,并由这些外部系统自主决定数据的界面表现形式。

3.2　防洪调度系统技术支撑

淮河流域防洪调度系统采用的技术路线中的核心技术包括 Java Spring MVC 技术、Web API 技术、ArcGIS API for JavaScript 技术、Dojo 框架、JSON 技术、MyBatis 技术、Tomcat 等。后台服务以 Java Spring MVC 技术为核心,都基于 Java MVC 构建,部署在 Tomcat MVC 运行环境中运行,并通过 B/S 模式为用户提供服务。系统采用的地图使用 ArcGIS API for JavaScript 技术实现,系统配置、项目管理信息的传递和处理都采用流行的数据格式 JSON 实现,并提供 JSON、XML、二进制文件格式的数据访问接口,可提供分布式部署。使用 Echarts 和 Esayui 实现图表的展示功能,使用 JavaScript 实现界面之间的交互,使用 CSS 和 HTML 实现界面样式的动态控制,SVG 工具矢量图实现概画图的动态控制,Dojo 框架使各个控件之间灵活调用,使用 Bootstrap 来布局整个界面,GIS 作为地图展示与处理工具。

3.3　"一张图"应用设计

二期建设基于"一张图"地图背景,在一期防洪调度系统软件的基础上,结合防洪调度的实际需求,利用大数据、智能化等新技术,实现二期需要扩充功能的完善。通过二期的建设,实现防汛抗旱"一张图"宏观应用及防洪调度"一张图"微观应用。

3.3.1　防汛抗旱"一张图"宏观应用

宏观应用即"一张图"应用于防汛抗旱指挥系统中。在宏观层面上,防汛抗旱"一张图"面向全国防汛与抗旱服务目标,基于统一基础地理空间参考,对全国水雨情、工情、旱情、灾情等各类防汛抗旱专业信息进行综合集成与展示,实现水雨情业务应用、防汛业务应用、抗旱业务应用和综合信息服务,是全国展示防汛抗旱状况的"电子沙盘",真正实现大数据的综合应用,如图2所示。

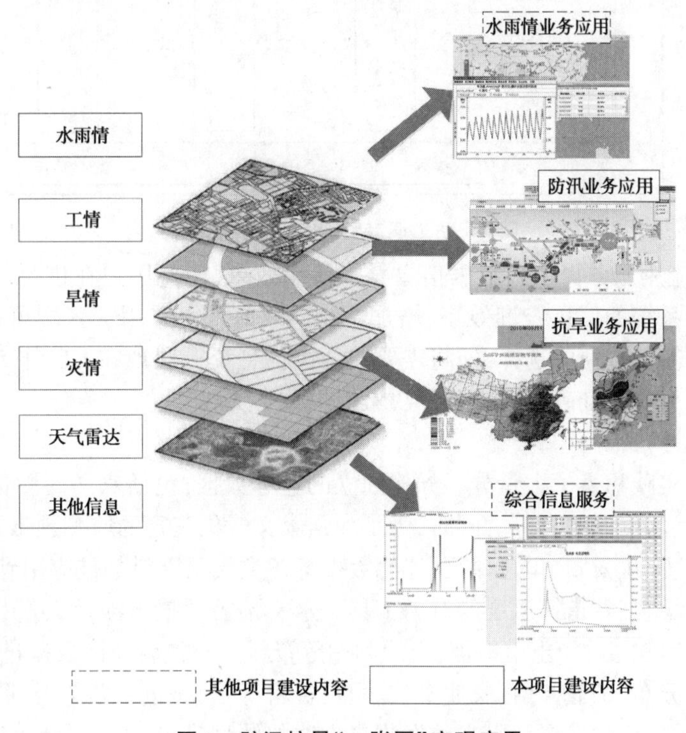

图2　防汛抗旱"一张图"宏观应用

3.3.2 防洪调度“一张图”微观应用

微观应用即“一张图”应用于淮河流域防洪调度系统。在微观层面上，防洪调度“一张图”面向全国防洪调度目标，基于统一基础地理空间参考，对全国雨情、水情、工情、实时灾情、历史洪水等各类防洪调度信息进行综合集成与展示，实现防洪形势分析、调度成果管理、调度成果可视化、调度成果评价比较、调度专用数据库的管理等功能，如图 3 所示。

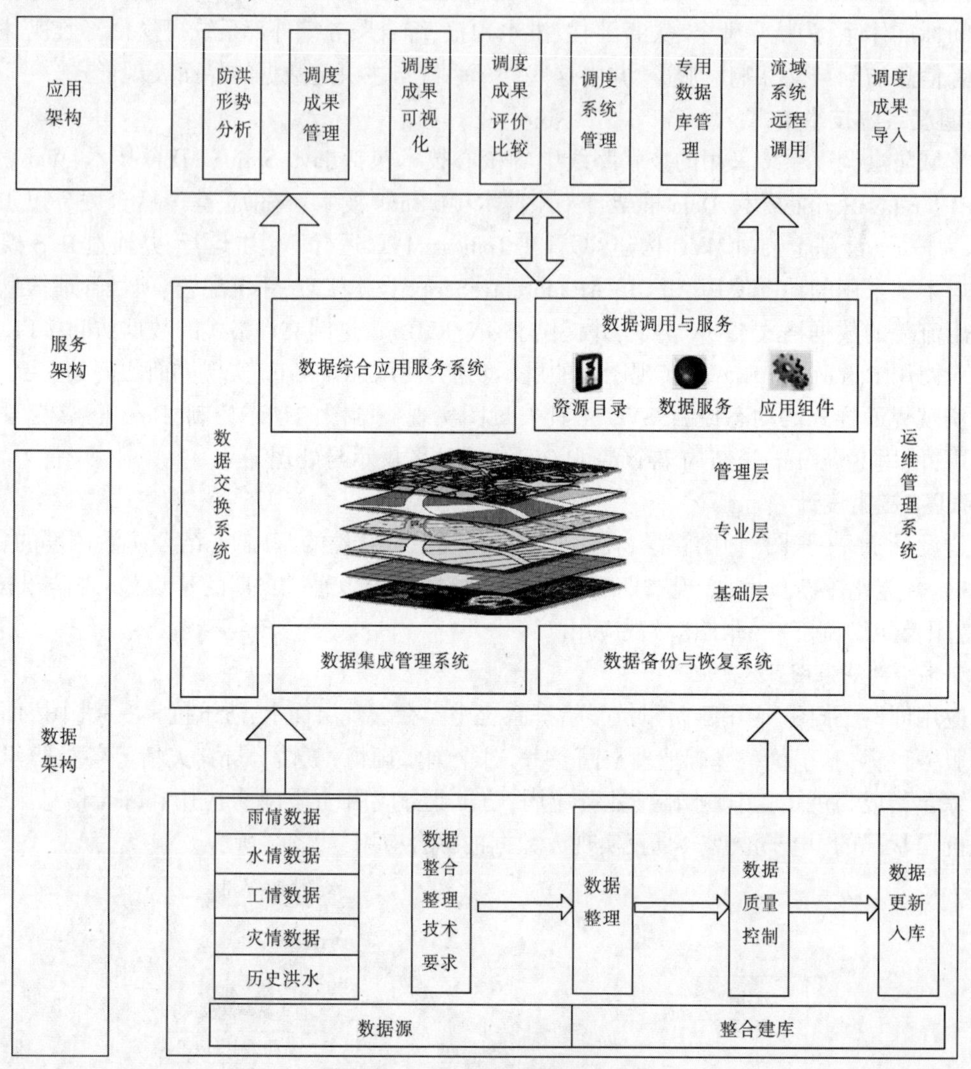

图 3 防洪调度“一张图”微观应用

“一张图”可视化应用服务提供多数据信息叠加展示效果，避免用户在进行数据比对时，多个功能间不断切换，从而提升系统的信息查询效率，增加系统的友好度。采用一张图可视化应用服务，在 GIS 展现平台里，用户只需简单方便的选择，便将需要的各类信息统一展现在 GIS 平台上，用户可以全面了解各类防汛信息，从而为快速准确地做出防汛决策提供技术支撑。

3.4 “大数据”应用设计

多年来，水利业务实践积累了大量分布异构独立的业务数据，包括水文观测信息、地表地下水量水质信息、水利工程信息、水资源信息等。同时，为了加强水文气象灾害的监测预报预警能力，延长防灾减灾的预见期，降雨观测、卫星云图、雷达探测、遥感数据等各类气象资料都被应用到防汛抗旱减灾业务工作中，成为防汛工作科学、高效指挥调度的有力工具。水文预警预报还涉及大量相关空间地理资料，例如基础地理信息资料、DEM 数据、土壤植被、土地利用等资料。对社会经济数据进行普查和汇总形成的普查成果数据，如人口分布、工业产值、农业畜牧、固定资料等信息，进一步丰富了水利大数据集。随着水文水资源监测手段的现代化发展和水文数据收集方法的转型升级，以及水利信息服务需求的扩大和水利服务能力的提升，各种数据在时间和空间维度上呈现指数级的增长，水利大数据集已经逐渐形成。充分利用数据资源，运用大数据创新的思维和技术，可使得新研制的防洪调度系统性能和先进性得到极大提升。

水利作为国民经济和社会发展的基础产业，也是大数据应用的重要领域之一。通过收集大数据，进行大数据分析，将水文水利信息、天气雷达信息、空间地理信息、社会经济信息等海量数据进行整合，建立综合性的大数据库，并在此基础上建立各种模型，如洪旱灾害预测模型、洪水调度管理模型、水资源优化调度模型等，从而使得水利管理部门能够有效地预测洪水流量，提前优化水库蓄水，合理进行洪水调度与管理。针对旱灾，在对旱情预测的基础上，增加引水调水工程的建设投入，加强水资源优化调度，加大节水宣传等，降低旱灾发生的可能性，减轻旱灾损失，防洪调度"大数据"应用框架如图 4 所示。

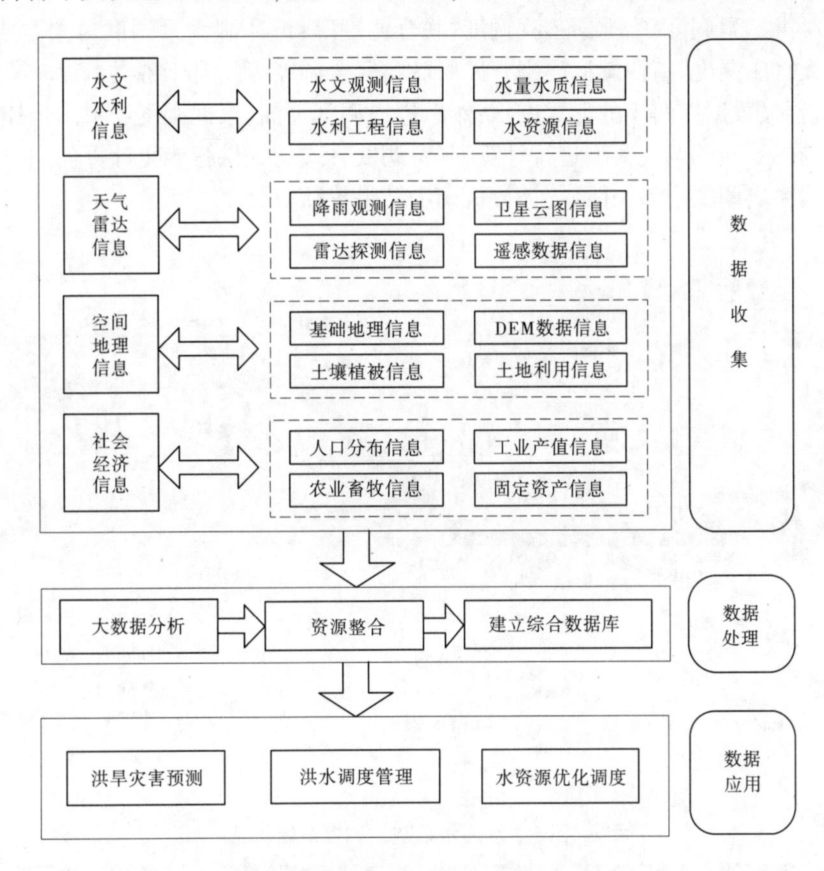

图 4　防洪调度"大数据"应用框架

4　防洪调度系统开发及应用

防洪调度是一个非常复杂的过程，首先需要进行信息的收集处理，包括雨情、水情、工情、社会经济信息等，掌握防洪形势的发展变化，然后预测工情、险情，制订防洪调度方案，实施调度方案以及防洪组织管理等工作。在实时防洪调度时，不但要用科学有效的模型对确定性问题求解，还要根据防洪调度方案和防洪专家的经验，解决决策中不确定性问题，迅速、灵活、智能地制订各种可行的方案和应急措施，使决策者能结合历史经验，选择最佳调度方案，充分发挥现状防洪工程的效益，尽可能使洪灾损失降到最低。

淮河流域防洪调度系统针对流域防洪调度工作的现状与实际需求，充分研究了淮河流域调度方案，以现行的防洪调度工作流程、组织分工为基础，建立覆盖流域重点防洪地区的实时防洪调度决策支持系统。基于防洪调度决策的流程分析和业务要求，淮河流域防洪调度系统软件由防洪形势分析、调度方案制订、调度成果展示、调度方案评价比较、调度成果上报、系统管理等功能模块组成。

4.1　防洪形势分析

防洪形势分析主要包括防洪形势总览、雨情分析、水情分析、工情分析、综合分析。防洪形势总览主要从整个流域层面了解降雨情况、水情告警信息、灾情信息等;雨情分析提供降雨等值面图、卫星云图等信息;水情分析主要关注河道、闸坝、水库超警或者超汛限情况;工情分析可以查询流域内工程的基础信息及灾情信息;综合分析是根据前面的各项分析成果形成综合防洪形势报告。

4.2　调度方案制订

调度方案制订是整个防洪调度系统的核心部分,主要包括淮河水系调度、沂沭泗水系调度,涉及丰富的模型库、方法库及较为复杂的调度逻辑图,如淮河水系防洪调度逻辑(见图5)、淮河水系联合调度结果展示(见图6)。淮河水系调度对象主要分为水库单库调度、库群联合调度、行蓄洪区调度、分洪河道调度、水闸调度、洪泽湖调度、临淮岗工程调度、联合调度等;沂沭泗水系调度对象主要分为水库单库调度、临沂调度、大官庄调度、南四湖调度、骆马湖调度、联合调度等。对于各类调度对象的计算逻辑,首先读取预报数据,预报数据以图表的形式展示;然后进入调度页面,根据调度逻辑图选择调度节点,根据不同的调度对象选择不同的调度模型进行计算,其中调度方式均提供智能化计算模型与人机交互模型;最后以图表的形式输出调度成果,并且统计分析调度结果特征值。

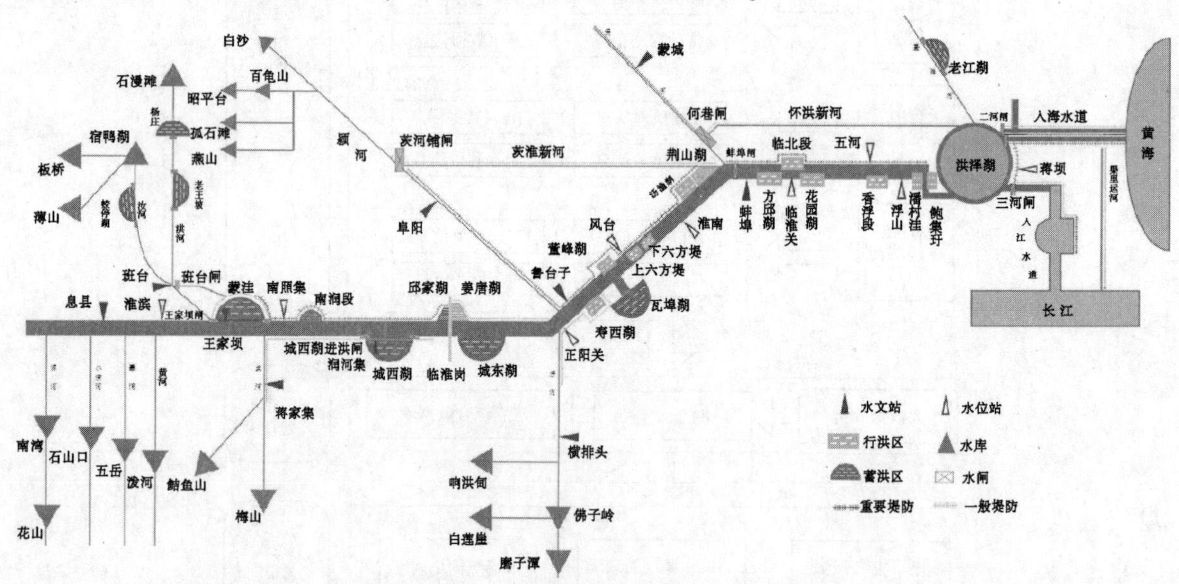

图5　淮河水系防洪调度逻辑

淮河流域防洪调度系统V2.0　防洪形势分析　方案制定　成果展示　评价比较　成果管理　成果上报　系统管理

导航

淮河水系调度

沂沭泗水系调度

调度对象

单库调度

蓄洪区调度

行洪区调度

水闸调度

分洪河道调度

洪泽湖调度

临淮岗工程调度

临淮岗

库群调度

宿鸭湖-板桥-薄山联合调度

鲇鱼山-梅山联合调度

响洪甸-佛子岭-白莲崖-磨子潭联合调度

九大型水库联合调度

淮河水系联合调度

淮河水系联合调度

智能计算　人机交互

前置条件

使用默认前置条件　编辑前置条件

特征值

王家坝水位	王家坝流量	班台分洪闸	蒙洼分洪	地理城流量	蒋家集流量
峰值:29.59 m 峰现时间:07-11 04:00:0	8095 m³/s 07-11 02:00:0	670 m³/s 07-09 12:00:0	1619 m³/s 07-11 02:00:0	670 m³/s 07-09 16:00:0	3150 m³/s 07-10 08:00:0

	时间	王家坝水位	王家坝流量	班台分洪闸	蒙洼分洪	地理城流量	蒋家集流量
69	2007-07-07 00:00:00	28.29	4155	244	0	237	198
70	2007-07-07 02:00:00	28.27	4110	248	0	240	191
71	2007-07-07 04:00:00	28.26	4079	287	0	244	184
72	2007-07-07 06:00:00	28.25	4065	325	0	248	177
73	2007-07-07 08:00:00	28.23	4020	384	0	287	170
74	2007-07-07 10:00:00	28.21	3957	414	0	325	168
75	2007-07-07 12:00:00	28.21	3920	448	0	384	166
76	2007-07-07 14:00:00	28.2	3910	470	0	414	164
77	2007-07-07 16:00:00	28.18	3908	486	0	448	162
78	2007-07-07 18:00:00	28.18	3907	502	0	470	161
79	2007-07-07 20:00:00	28.17	3905	508	0	486	159
80	2007-07-07 22:00:00	28.17	3900	517	0	502	157
81	2007-07-08 00:00:00	28.16	3915	524	0	508	155

图6　淮河水系联合调度结果展示

4.3 系统其他部分

系统其他部分还有调度成果展示、调度方案评价比较、调度成果上报、系统管理。调度成果展示主要将调度结果形象生动地展示出来,包括 3D 仿真与概化图仿真;调度方案评价比较主要是将不同的调度方案进行综合比较,从而为决策者提供推荐的调度方案;调度成果上报主要是将淮河流域防洪调度系统调度成果上传到水利部防洪调度系统,为上级部门的决策部署提供技术支撑;系统管理主要包括流域相关调度文件、工程概化图、系统配置、权限管理等。

5 结语与展望

本文针对淮河流域防洪调度的现状与实际需求,基于“两台一库”技术架构,采用 WebGIS 技术与 B/S 结构,充分利用大数据信息,建立了全面覆盖淮河流域重点防洪地区、功能较完善的防洪调度系统,初步实现了淮河流域防洪调度的实时化、智能化、可视化。随着人工智能技术与大数据的进一步发展,历史洪水再现、专家经验计算机化、虚拟现实技术等将成为防洪调度系统进一步发展的研究方向。此外,对于大数据的快速查询访问、高效运行处理、数据科学整合等还需要进一步研究与探索。

参考文献

[1] 王鹏生,邹峥嵘,翁玉坤.基于 WebGIS 长江流域防洪调度系统的研究与实现[J].测绘与空间地理信息,2009,32(5):118-120.
[2] 赵旭升,孙倩文,范光伟.珠江防洪调度系统建设[J].人民珠江,2007(6):95-97.
[3] 彭勇,韩永日,李文龙,等.基于 Web Service 的丰满水库防洪调度系统[J].水电能源科学,2009,27(4):46-49.
[4] 王洪,周惠成,彭勇.防洪决策支持系统调度体系自动构建技术研究[J].水电能源科学,2017,35(1):57-60.
[5] 李宁宁,唐国磊,盛雯雯,等.开源框架在水库防洪调度系统中的应用研究[J].中国农村水利水电,2010(1):56-58.
[6] 李振海,刘婕,董波,等.无锡新区防洪调度系统的设计与实现[J].水利信息化,2015(3):56-61.
[7] 陈军飞,邓梦华,王慧敏.水利大数据研究综述[J].水科学进展,2017(4):1-10.

作者简介:赵梦杰,男,1990 年 5 月生,工程师,主要从事水文水资源等方面的研究工作。E-mail:zhaomj@ hrc.gov.cn.

视频大数据在水利信息化建设中的应用与挑战

李维纯　马艳冰

（淮河水利委员会通信总站　安徽蚌埠　233001）

摘　要：本文简要描述视频大数据技术，分析视频大数据在水利行业的应用需求，探讨搭建水利视频大数据平台，并结合分析淮河流域视频业务的现状及其标准制式不统一、整合共享难度大、应用与业务耦合度不深等问题，提出了在资源融合和大数据的新时代下水利视频业务如何发展的建议，以更好地推动水利信息化的进程。

关键词：水利信息化　视频大数据　整合共享　应用探讨

1　前言

"十二五"以来，水利信息化建设始终坚持"以水利信息化带动水利现代化"的发展思路，紧紧围绕水利中心工作，积极推进水利信息化建设，建成了较为完善的信息化体系。但水利信息化在积极推进的同时，受各项目投资来源不同、建设管理各异、运行维护分散等制约，互联互通、信息共享和应用协同问题显得越来越突出，严重影响了水利信息化整体效益的发挥。为此，水利部及淮河水利委员会先后印发了信息化顶层设计及资源整合共享等相关文件，指导"十三五"期间水利信息化的建设。视频监控和异地会商作为水利信息化的重要组成部分，标准制式不统一，建设阶段跨度长，整合共享难等问题始终制约着其发展。而在新的技术条件和应用需求的推动下，视频资源必将迎来系统融合和大数据的新时代，其产生的数据将会迅速地增长，如何从这些数据中获得有效的信息和服务，合理利用视频大数据技术也许将是水利视频业务发展的关键。

2　视频大数据技术简介

2.1　视频大数据的定义

维基百科全书的定义："大数据是飞速增长的，用现有数据库管理工具难以管理的数据集合。"这些数据包括社交媒体、移动设备、科学计算和城市中部署的各类传感器等，其中视频又是构成数据体量最大的一部分，在视频监控大联网、高清化推动下，视频监控业务步入数据的井喷时代。

2.2　视频大数据的特点

"大数据或称巨量数据、海量数据、大资料，指的是所涉及的数据量规模巨大到无法通过人工，在合理时间内达到截取、管理、处理，并整理成为人类所能解读的信息。"维基百科对大数据的定义将大数据的特点阐释得非常清晰："海量"和"非结构化"。通常大数据具有四个特点，即数据量大、需要快速响应、数据类型多样和价值密度低。视频大数据同样具有以上特点，但其特殊性在于数据冗余更大，需要进行高效的压缩编码与分析处理。

2.3　大数据关键技术

大数据的关键技术涵盖了数据采集、传输、存储、处理、应用等各个环节，传统的数据处理方法是以处理器为中心，而大数据具有海量和分布性的特点，需要采取以数据为中心的模式，将计算任务分配到数据所在的节点中执行，减少数据移动带来的庞大开销。云计算是大数据处理的核心技术，是大数据挖掘的主流方式。

视频大数据的研究内容包括视频数据表示、智能视频分析、视频压缩与传输、视频显示与评价等方面。在发展趋势上，视频数据的表示将向真实感与智能化两个方向发展；智能视频分析技术将会借助深度神经网络获得更准确的识别分类结果；视频压缩技术在提升压缩效率的同时也会探索降低编码复杂度的方法，并通过结合人眼视觉感知特性的编码算法来减少视频大数据的视觉冗余；视频显示设备将伴随着视频数据表示形式的改变而进行相应的升级换代；视频质量的评价准则将由单一的图像质量评价向更加综合全面的用户体验质量评价发展。

3　视频大数据在水利行业的应用需求分析

现阶段水利行业已经建成了各类视频监控系统，形成了一定量的视频资源，为水利行业各类业务提供技术支持。未来在此基础上，视频大数据技术的应用将会为水利业务带来更多技术支持。视频业务不仅为水利各类业务提供了实时直观的视频资料，使我们身在异处能够更好地感受和认知水利工程，庞大的视频资料中还埋藏着大量有价值的信息等待去挖掘利用。可以预见，未来水利视频大数据的应用将会带来以下应用需求：

（1）视频数据智能检索需求。以往录像检索等工作是通过时间检索，此种方式搜索时所花时间往往很长，为确定某个场景需要进行多次检索，给工作人员带来较多的工作负担。未来在水利行业中将以事件检索为主的检索模式，如对一些专用水利事件（开关闸门等）进行分类检索并连动回放。这些事件信息可存放在专门的数据库文件中，并与视频信息关联，也可作为附加信息或用户信息嵌在视频流中，通过数据库检索或视频流搜索获得事件信息。该事件信息也可通过智能视频检测获得，从而实现更为有效和智能化的事件记录和检索模式。

（2）视频智能检测需求。智能视频检测技术近几年逐渐从理论阶段走向实用并成为未来视频监控系统的核心技术，视频检测已经在很多行业中获得了应用，对于水利行业而言，可在闸门开闭检测、决堤和漫溢检测、人体检测、水文监测等方面发挥重要的作用。

4　水利视频大数据平台探讨

4.1　总体技术架构设计

总体技术架构主要由以下部分组成：

（1）前端。各类监控接入源，包括闸坝运行、水质监测、视频会议、突发事件现场等。

（2）存储。存储前端视频数据、录像数据以及其他厂家平台数据，提供设备管理、录像管理、域管理等管理服务，并能够进行信令控制和流媒体转发。

（3）基础支撑服务。搭建大数据系统对视频数据进行存储，利用大数据组件对该数据进行分析，并在此技术上，搭建搜索引擎平台，供视频智能分析使用。搭建云计算处理平台，构建底层运行环境。在此基础上，进行智能化部署智能分析算法，对智能分析后图片、视频片段进行存储。

（4）接口服务。提供多种智能分析接口，包括集群配置、视频调阅、设备管理、视频浓缩、以图搜图、以图搜视频、云管理服务等接口。

（5）应用服务。提供多种应用系统，为科学决策提供更为直观有效的技术支持。

4.2　关键技术挑战

未来大数据在应用和推广过程中不可避免地会面临着关键技术的攻克和体制体系的建立。最为关注的有以下几点：

（1）流域分布式服务器部署。水利行业各部门建设的视频监控往往以满足自身需求为主，甚至以单个水利工程设施监控为主，往往附属在闸门控制系统中，为本地工作人员服务。随着视频监控系统在水利行业的进一步推广与应用，此系统将逐渐在水利部门的日常管理中发挥积极的作用，为遏制各自为政的现象，实现资源整合共享，从技术的角度来说，流域分布式服务器部署功能更加全面、系统结构更加完善，实现服务器分布式部署，服务器级联和备份等可以实现有效的控制，提高服务器的转发效率以满足大流量视频数据的转发和分发，并确保不堵塞现有水利专网的正常运行。

（2）水利特色的智能视频检测技术。水利行业中未来视频检测能够更加地准确并且有效，针对检测结果提出具体的改善措施，其核心技术就是水利特色的智能视频检测技术。一是区域入侵检测，如当人员违规进入库区、坝区时，一旦有满足预设条件的目标进入警戒区域，则自动产生告警，并用告警框标识出进入警戒区域的目标,同时标识出其运动轨迹,提醒相关人员注意有移动目标入侵。二是视频图像中运动目标的检测追踪,智能视频检测常以检测图像内容的变化为主,对于水利监控而言,视频画面一般都包含动态变化的水面,在图像智能检测时,会产生时刻图像变化干扰,提高了视频检测的难度。在设计时要结合考虑水面波形形状不固定、相邻帧运动方向连续、纹理特殊等特点,在预先设定可考虑波纹干扰排除。三是水利视频监控系统在夜间的应用较频繁,因而智能视频检测应针对光线条件不是很好的状况进行特别设计,同时考虑在前端部分采用激光红外技术。

(3)视频检索技术。主要是利用图像处理(包括视频浓缩、摘要、复原等)、模式识别、海量数据分类存储以及搜索等技术,对海量的存储录像等原始信息进行分析和挖掘,将工程图片、工程信息等基础数据进行统计分析,寻找水利工程的各自特征及共同属性,进行特征识别,形成各种分类的特征信息库、元数据和索引等,并提供统一接口供外部应用进行搜索,以期通过有限的线索,达到事件快速关联和定位。

(4)海量数据的处理分析技术。将海量的视频数据进行浓缩、提取特征摘要、减少了存储空间。通过数据的多个副本分布式保存方式,可以有效节约存储空间,关键数据的二次备份,使系统架构更加稳定和可扩展。

5　淮河流域视频大数据技术的应用与挑战

5.1　淮河流域视频业务简介

淮河流域视频业务主要由远程视频监视、防汛异地会商两部分组成,另有安防监控、通信网管等。

5.1.1　远程视频监视系统

淮河流域远程视频监视系统主要由淮河水利委员会、国家防汛抗旱指挥系统、沂沭泗局及流域四省的各自系统组成。淮河水利委员会远程视频监视系统采用的是科达接入平台,实现了对相关重点水利工程的远程视频监视。该平台还接入了淮河水系重要省界断面水质监测、水利部建设的水库卫星小站、防汛应急卫星通信系统等视频资源;国家防汛抗旱指挥系统视频监视系统在淮河水利委员会及流域四省部署了接口平台,与淮河水利委员会及流域四省的视频监视平台实现了对接,水利部整合共享了淮河水利委员会及流域四省的相关监视点资源;沂沭泗局及流域四省自建视频监视系统,通过技术攻关,已将相关监视点纳入淮河水利委员会科达接入平台,不能纳入的通过安装客户端及网页方式进行浏览。

5.1.2　防汛异地会商系统

淮河流域防汛会商系统主要由淮河水利委员会、国家防汛抗旱指挥系统、沂沭泗局及流域四省等系统组成。淮河水利委员会视频会商系统核心设备 MCU 为科达高清系统,设淮河防总(淮河水利委员会防办)、四省水利厅、沂沭泗局、合肥淮河科研基地、淮河防汛调度设施五楼多功能会议厅、应急卫星通信车等会场;国家防汛抗旱指挥系统高清视频会议系统建设了国家防总至流域机构、各省的 AVAYA 高清视频会商系统。通过水利专网,实现了国家防总与淮河水利委员会、淮河流域四省的视频会商;沂沭泗局及流域四省水利厅也各自建设了至市、县的视频会商系统。

5.2　应用与挑战

淮河流域视频业务经过多年的建设与发展,已经初具规模。随着新时期治淮工作要求的不断提高以及新技术的不断发展,系统在资源整合和数据管理等方面还存在一些问题,适应不了新时期水利管理工作的需要。如何将各个系统的视频资源进行整合共享以及如何利用大数据、云计算等相关技术进行数据管理,已经是一个亟待解决的问题。

(1)制定流域层面的统一规划。由于水利各部门在系统建设时,缺乏流域层面的统一规划,系统组网及视频监视点布设存在不合理现象,导致部分摄像头、服务器等资源闲置或者紧缺的现象,造成资源配置不合理,这属于一个类似体制上的挑战,流域层面应牵头制订一个流域一盘棋的方案。

(2)建设高效的处理分析系统,搭建水利视频大数据平台。随着水利信息化的推进,各系统建设的摄像头数目日趋庞大,视频的数据量仅靠纯人工监控已经变得不现实,同时,也给数据存储和网络传输等方面带来很大的压力。同时,随着智能视频检测、视频检索等业务的开展,现代化的大规模视频监控系统势必要引入一个高效的处理分析系统,搭建一个水利视频大数据平台。

(3)继续推进资源整合共享,实现流域分布式服务器部署。各种监控系统在项目前期阶段应将系统兼容和共享作为主要审查内容,从源头上控制系统建设各自为政,标准协议不一,缺乏有效整合资源的能力的问题。实现服务器分布式部署,在流域传输专网通道容量不足的现状下以满足大流量视频数据的转发和分发。

6　结语

随着水利信息化事业的不断推进和新时期水利业务的新需求,在视频业务高清化、网络化和智能化的现状下,积极推进大数据技术在水利视频业务发展中的应用,相信未来流域水利视频业务可以更加经济地进行系统建设,更加高效地进行数据分析,更加有力地推动治淮事业的进步和发展。

参考文献

[1] 陈雷.明确目标注重实效全面提升水利信息化水平[J].信息化建设,2009(7):6-9.
[2] 水利部信息化工作领导办公室.水利信息化资源整合共享顶层设计[R].水利部信息中心,2015.
[3] 刘祥凯,张云,张欢,等.视频大数据研究综述[J].集成技术,2016,5(2):41-56.
[4] 马晶,马欣.水利行业视频监控系统研究与应用[J].商品与质量,2015(35):130.
[5] 余保华,王磊.视频大数据总体架构设计与研究[J].电子技术与软件工程,2016(2):187.

作者简介:李维纯,男,1981 年 7 月生,高级工程师,主要从事水利信息化系统的规划、科研、设计、建设与管理等工作。E-mail:lwc@ hrc.gov.cn.

基于物联网技术的济宁市防洪应急指挥决策系统

舒博宁　李　栋　郑喜东

（济宁市水文局　山东济宁　272019）

摘　要：济宁市城市防洪应急指挥决策系统，在充分分析济宁市城市防洪现状及问题、预报现状及问题、重点难点的基础上采用物联网技术并结合数据挖掘分析，通过物联网采集单元和物联网感知智慧单元实现济宁市城市水文信息的采集和监测；基于数据分析构建时空一体预测模型，实现城市内涝的预报；通过物联网发布单元，实现多渠道的预警预报信息发布。该系统是城市非工程措施的重要举措，为济宁市防汛安全提供决策支持。

关键词：城市防洪　物联网　预报模型　决策支持

1　引言

近年来，随着城市化进程的加快，城市防洪安全隐患成为制约城市生存和发展的重要因素，我国许多城市都存在着不同程度的防洪安全隐患。很多城市尝试通过整治河道、改造地下管网、增设排涝设施等工程措施解决内涝问题，但由于降雨强度大、范围集中，加之受城市地域、低洼道路及建筑群的影响和限制，仅仅依靠工程措施不能完全解决，也是不科学和不经济的。因此，需要工程措施与非工程措施并举，在做好排水设施规划、设计、改造与实施的前提下，亟须一套完整的城市防洪应急指挥决策系统，及时对内涝情况监测预测并发布给公众，引导社会人员和车辆疏散。

济宁市位于鲁西南腹地，辖任城、兖州两区，邹城、曲阜、泗水、微山、鱼台、金乡、嘉祥、汶上、梁山9县市，总人口800余万，是山东省重要的工业中心城市之一，也是鲁西南经济带的中心城市。济宁市地处南四湖的中心地带，属于鲁南泰沂山低山丘陵与鲁西南黄泛平原交接地带，全市地形以低山丘陵和平原洼地为主，地势东高西低，地貌较为复杂。市区内河道众多，东靠泗河，西依京杭大运河，素有“江北小苏州”之称。市区多年平均降雨700 mm，降雨多集中在6~9月，局部暴雨频繁，尤其是夏季，常发生暴雨或连阴雨，造成道路持续积水，给城市交通、居民出行带来了很大困难，甚至部分路段交通瘫痪。为此，济宁市建立了一套完整高效的城市防洪应急指挥决策系统，以信息化手段实现城市水文监测、预警和预报，通过高精度的城市水文监测，实时采集城市低洼地段的降雨与积水点水位信息，结合天气预报信息和历史同期信息，在大面积积水发生之前提前预警，在积水发生时快速报警并向公众推送信息，将极大提高城市内涝的管理水平，为有效减少城市内涝灾害损失提供可靠的技术保障。

2　建设目标

济宁市防洪应急指挥决策系统的建设目标是基于物联网技术结合数据挖掘分析，实现对济宁市常规水文信息，城市积水信息的实时监测、实时预报、实时预警、实时信息发布，全面提高城市防洪的现代化程度和服务水平，为城市社会经济可持续发展提供强大的技术支撑。济宁市防洪水文监测预警系统登陆界面见图1。

3　总体架构

济宁市城市防洪应急指挥决策系统采用物联网技术建设，以实现“信息采集感知化、数据处理智能化、现场处置自动化”的目标，借助物联网协议开放、标准的特性，实现水文信息交互和共享。本系统分为感知层、传输层和应用层。本系统框架见图2。

图1　济宁城市防洪水文监测预警系统登陆界面

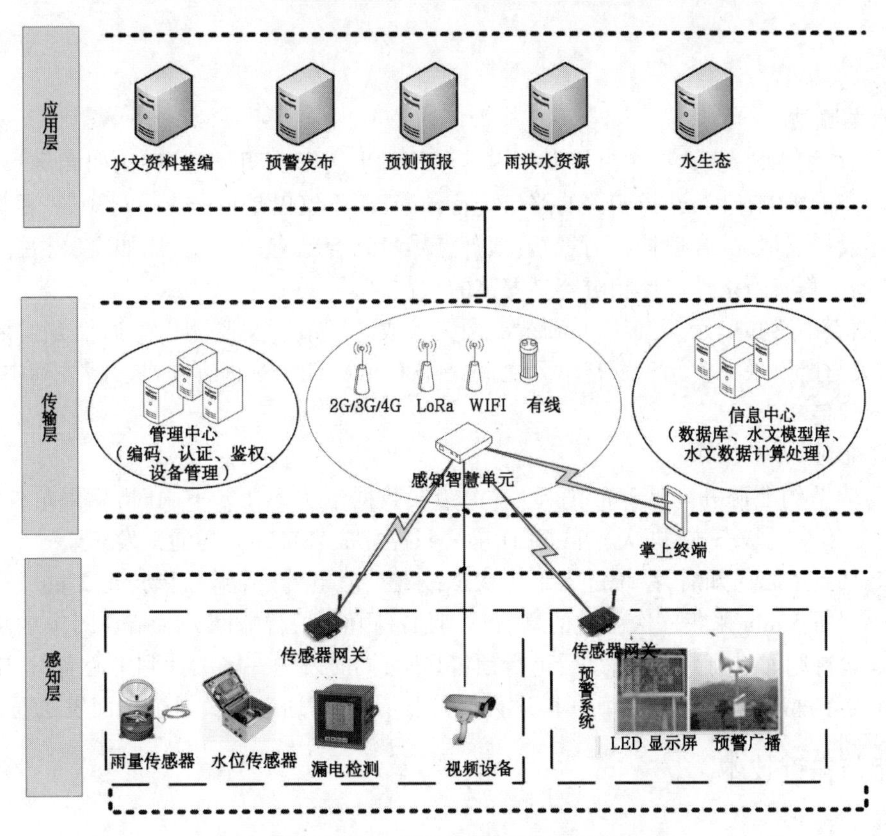

图2　济宁市城市防洪应急指挥决策系统框架

3.1　感知层

感知层作用是感知数据，包括数据采集的传感器单元及告警发布单元；实现在积水点的信息采集和告警信息发布。感知层主要包括积水点的水文信息采集和预警信息发布两个体系的建设，具备水文信息在线监测,预警信息现地发布等功能。

信息采集系统是城市防洪应急指挥决策系统的重要基础,该系统将各类水文信息(雨量、水位、水质等)传送至物联网感知智慧单元,物联网感知智慧单元在逻辑上属于水文信息采集系统的一部分,取代了原有的监控服务器;物联网感知智慧单元随时接收各个水文信息采集点发来的数据,同时把收到数据的时间及合理性的结果存入数据库。

各积水点设置的 LED 屏幕和声光电告警装置共同构成了预警信息发布终端,当达到预警级别时物联网感知智慧单元、中心及具有权限的移动终端均能下达指令,发布告警信息。

3.2 传输层

传输层是物联网对数据进行传输、存储与管理的体系,主要包括通信网络、数据存储管理、设备管理、通信协议管理等部分。

通信网络可以采用 LORA、GPRS/GSM、ZIGBEE 等通信方式。

数据管理主要包括建库管理、数据输入、数据查询输出、数据维护管理、数据库安全管理、数据库备份恢复、数据库外部接口等功能。

设备管理主要是对所有系统建设相关设备编码、认证、鉴权以及工况管理等。

3.3 应用层

应用层分为应用支撑层和业务应用层。

应用支撑层提供统一的技术架构和运行环境,为应用系统建设提供通用应用和集成服务,为资源整合和信息共享提供运行平台,主要由各类商用支撑软件和开发类通用支撑软件共同组成。

业务应用层是本次建设的主要系统,涵盖城市防洪应急指挥决策系统,包含"信息采集、信息入库、信息发布、预报预警、预案管理"等功能。

4 硬件系统

4.1 城市积水监测站

根据城市以往洪水情况,选择城市易发生内涝点及对生活影响明显的点,比如涵洞、易积水十字路口等;根据易涝点的影响范围,选择相关的路口进行预警,而不仅仅是易涝点进行预警;根据城区地理分布,结合前期建设站点情况,合理补充雨量站;预警点尽量结合已有的系统,比如交警指挥系统、调频电台等。根据现场工程实施条件选择相对容易安装的点位。

现场智能站点由感知单元、发布单元和智能网关组成。城市水文监测信息通信方式采用多种通信方式。智能网关与所属采集单元和发布单元之间采用 LORA/GPRS 通信方式。网关到中心可采用 4G 方式,以方便图像传输。

4.2 信息采集机制

待机状态:为节约能源和降低产品消耗,避免错误数据干扰。在未下雨时,除雨量外,水位、漏电、LED 系统平时处于待机状态;待机状态下,LED 屏幕只能完成来自中心的通知发布。

工作状态:接到中心通知后,系统进入工作状态;水位、漏电传感器等启动,每 2 min 采集 1 次水位信息;雨量传感器每 5 min 采集一次雨量信息。达到预警阈值时,智能网关对结合图像水尺的数据进行初步判断,再通过规则库进行判断,通过后进行预警显示,同时发送一张图片到中心备案,中心通知相关部门(消防、市政等)待命;达到报警阈值时,进行报警显示,同时通过相关渠道全面发送通知。

5 系统功能与关键技术

5.1 系统功能

(1)实时监测与查询:涉及到水位、水量、水质、雨量、预警预报、气象信息展示、工情险情监测、视频监控系统等。

(2)洪涝模拟计算:采集实时降雨信息模拟计算易涝点积水水位。

(3)预警信息发布:预警信息发布包含两类:一类是对内信息发布,主要发布对象是水文局等相关人员;另二类是对外信息发布,主要负责对公众信息发布。

(4)三维模拟仿真:包括洪水演进展示、洪水淹没分析等。

(5)决策支持:城市排涝支持;灾情评估;管道规划支持;排水管道能力评测;排水管网辅助规划;防洪预案管理。

(6)移动应用:通过移动终端,满足外出和现场处置时对水雨情、气象、视频、人员物资、预案等实时信息的查询需要,以及人员、车辆的定位查询,实现移动办公。

济宁市城市防洪水文监测预警系统功能界面见图3。

图3　济宁市城市防洪水文监测预警系统功能界面

5.2　关键技术

5.2.1　物联网单元

物联网(Internet of Things)指的是将末端设备(Devices)和设施(Facilities),包括具备"内在智能"的传感器、移动终端、工业系统、数控系统、家庭智能设施、视频监控系统等和"外在可使用"(Enabled)的如携带无线终端的个人与车辆的"智能化物件或动物"等,通过各种无线或有线的长距离或短距离通信网络实现互联互通(M2M)、应用大集成(Grand Integration)、以及基于云计算的SaaS营运等模式,在内网(Intranet)、专网(Extranet)或互联网(Internet)环境下,采用适当的信息安全保障机制,提供安全可控乃至个性化的实时在线监测、定位追溯、报警联动、调度指挥、预案管理、远程控制、安全防范、远程维保、在线升级、统计报表、决策支持、领导桌面等管理和服务功能,实现对"万物"的"高效、节能、安全、环保"的"管、控、营"一体化。

5.2.2　预报模型分析

洪涝模拟计算采集实时降雨信息模拟计算易涝点积水水位。对城市暴雨积水过程模拟和预测主要集中于城市雨洪模型的应用研究,城市雨洪模型包括经验模型、概念模型和理论模型,其中概念模型和理论模型均依据一定的物理基础而建立。城市雨洪模拟技术已经形成了较为完善的模型框架,但对水文物理过程的认识、数据管理能力和数据资料的缺乏是限制模型模拟精度和应用范围的主要原因。随着数据挖掘和大数据技术的发展,对大量数据进行分析处理挖掘已成为常用的方法之一。

时间序列分析模型是经验模型,它主要是从数理统计的角度揭示和认识水文过程的复杂特性,是揭示和认识水文过程变化特性的有效手段和重要途径。其中,STARMA模型对时空过程机制不清楚、多因素时空变量影响的情况下效果良好,尤其是城市雨洪影响因素复杂,现场排水官网复杂多变。济宁市本期系统采用STARMA模型对城市积水进行预测,通过积累一定资料并对其水文物理过程研究之后,后期增加SWMM模型预测,进行多模型结果对比分析并实时校正,更好地满足城市防洪及水资源管理的需要。郑姗姗等以北京市2012年"7·21"大暴雨事件研究对象,基于丰北桥、花乡桥、马家楼桥和六里桥4个积水监测点,建立降雨积水的STARMA模型,该模型在降雨积水过程中拟合效果较好,模型短时预测精度较高。

5.2.3　三维模拟仿真

采用无人机航拍技术，对城区易涝区进行航空摄影，采集航向重叠不小于80%、旁向重叠不小于50%的影像。同时采用垂直和倾斜影像，选用合适的飞行技术和系统化获取影像。采用3DMAX、Sketh-up等实景建模软件，对原始影像叠加定位数据，进行模型修饰、形状误差修正、纹理映射修饰实现三维精细化建模。

三维数字建模对济宁市进行了三维地形地貌模拟，实现了地形、道路和建筑高精度建模，并实现三维数字化场景360度全方位自由视角，具有飞行、行走等多种漫游模式，支持视角跳转；实现剖分地面，进行地下管网信息查看。济宁市城市防洪水文监测预警系统三维仿真图见图4。

图4　济宁市城市防洪水文监测预警系统三维仿真图

基于三维数字建模与洪水实时计算模块，集成分布式数据库、虚拟现实与堤防安全等技术，对洪水演进、演进过程、区域淹没范围和淹没深度等致灾后果进行三维可视化模拟。基于水位的淹没分析，济宁市综合考虑以下两种情形：

(1)无源淹没。高程值低于给定水位点均为淹没区，相当于整区大面积均匀降水，所有低洼地都可能积水成灾。

(2)有源淹没：考虑"流通"淹没情况，即洪水值淹没它到的地方，相当于高发洪水流域泛滥，例如洪水决堤局部暴雨引起的暴涨水向四周扩散。

6　结论

本系统的开发与应用，基本形成城市水文监测站网，建立城市防洪综合应用平台，做到实时监测城市积水信息并提供预报数据，为城市交通和民众出行提供依据，提醒出行人员及时绕开积水路段，减少人员伤亡和财产损失。但是，由于城市积涝模型理论和相关实测资料的限制，本期只是对城市积涝作了初步的研究，待后期收集、积累一定数据资料后，进一步建立城市雨洪模型，形成完整的城市河流洪水及城市内涝预报体系，为构建智慧城市提供基础。

参考文献

[1] 杜昌华.济宁防洪[M].济南：山东科学技术出版社，2004.

[2] 谢勇，王红卫.基于物联网的自动入库系统及其应用研究[J].物流技术，2007，16(4)：90-93.

[3] 黄海昆，邓佳佳.物联网网关技术与应用电信科学，2010，26(4)：20-24.

[4] 郑姗姗，万庆，贾明元.基于STARMA模型的城市暴雨积水点积水短时预测地理科学进展，2014，33(7)：949-957.

作者简介：舒博宁，男，1980年11月生，济宁水文局，工程师，主要从事水文水资源、水文监测、水土保持等工作。E-mail：zhusbn_2001@163.com.

智能手机APP在农水规划中的应用研究

梁　建[1]　仵　蕾[2]　王保玉[2]

(1.安徽省·水利部淮河水利委员会水利科学研究院　安徽合肥　230088;
2.河南省桐柏县水利局　河南桐柏　474750)

摘　要:"互联网+"现代水利行动计划为推动传统水利向现代水利发展起着重要作用,智能手机是"互联网+"的重要载体。作者独立提出并开发了基于移动终端APP的水利简便信息采集软件。该软件操作简便,简化了水利规划等前期工作,提高了规划前期的工作效率,同时为"水利一张图"以及实现信息协同共享提供了新的信息采集技术手段。新技术的应用能够不断地满足水利信息化建设和管理中的各项需求。

关键词:信息采集　水利规划　智能手机　智慧水利　APP

1　引言

自2015年7月国务院印发《关于积极推进"互联网+"行动的指导意见》议案以来,各地都在积极部署"互联网+"现代水利行动计划。"互联网+"水利行动计划用互联网思维解决水利信息化问题,构建防洪保安体系,加强农田灌溉排涝系统、水土保持、水资源配置体系等建设,不断提高水利行业信息化水平,促进水利行业管理转型升级,建立互联网水利服务新模式。"互联网+"现代水利行动计划要求水利信息化建设者以现实水利需求为目标,以水利普查成果为基础数据,建立"水利一张图"数据库,实现信息协同共享。

智能手机是"互联网+"的重要载体,我国迄今已有5亿智能手机用户,通信网络的进步,互联网、智能手机等的广泛应用,为"互联网+"奠定了坚实的基础。水利信息化应用平台的建设及推广离不开智能手机:水行政主管部门可通过智能手机客户端实现水利信息的收集、项目的建设规划、灌区管理与水情监测等水利工程管控,提高农业水利信息的管理能力;技术人员可通过平台的智能手机客户端获取准确的灌排情况、水质监测、土壤肥力、科技服务等重要农业生产信息,从而有针对性和科学性地指导农民适墒播种、抗旱减灾、适时适量排灌;灌区及农户可通过操作平台的智能手机客户端实现"智能灌溉"的快速建立,通过信息化手段提升灌区农田的科学化管理。

本研究在智能手机应用于"互联网+"水利行动计划方面做了初步探索。在Android系统的智能终端设备上实现信息简便采集,为水利信息化提供了全新的模式。该系统主要用于水利规划信息录入、信息查询、轨迹记录、地理要素添加、长度及面积的测量、图片及拍照点经纬度的保存等,具有高效、便携和可移动的特点。将信息的采集、存储、查询以图、文形式综合展示,做到了空间数据和基础属性数据的一体化,操作简单、易学。相比较传统的人工调查方式,应用本系统更大程度地提高了调查的效率,同时也极大地提高了信息采集、存储和查询的效率,节约了大量的人力、物力和财力,缩短了调查时间,为专家决策提供了更快捷的信息服务。

2　Android信息采集系统功能简介

智能手机作为智慧水利的重要载体,有其独特的优势:

(1)在APP中,每个工程信息的采集都可以体现在地图上,并且可以方便地进行点、线、面的绘制,能够根据用户需求,做到实时显示。

(2)在APP中,可以方便地进行定位、记录。还可以选择多种地图作为软件的底图,如百度地图、自定义导入万分之一地形图等。

（3）智能手机还可以方便地进行图像信息的采集，并且可以以坐标属性保存，方便对照片进行分类。

（4）APP 的开发者可以与用户进行交流，用户意见可以方便地进行反馈；同时程序的更新也更加方便。

经过充分考虑与调研，本研究对软件进行了开发。所开发的系统中操作都是在工程中完成，每个工程都是在地图上体现的。每个工程具有绘制点、线、多边形的功能，并实现实时显示；工程具有图像采集的功能，并通过空间和时间属性对图像进行分类；工程可以记录移动路径反馈给用户。每个工程作为存储单位，在手机的根目录新建文件夹/WCP 作为系统的存储位置。

工程的所有信息以 JSON 数据格式写入工程目录下的 project_info.inf 文件内。工程类型包括标准地图和自定义地图两种。图 1 为系统操作流程图。用户输入工程名和创建者，选择地图模式，生成工程信息；选择新建对象可以生成点、线、面状对象，进而可以进行信息的采集；在此基础上，可以查看已保存的对象信息，也可进行图像资料的采集，采集的图像以经纬度和时间为名称进行保存，对图像直接进行分类，方便后期对资料的处理。

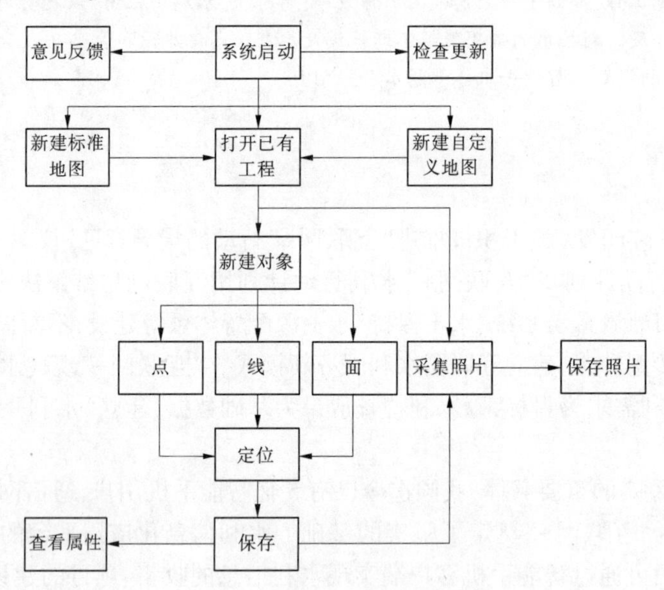

图 1　系统操作流程图

3　智能手机 APP 在农田水利规划现场调查工作中的应用

以安徽某灌区水利工程建设现场调查为例，图 2 中（a）是系统的主操作界面，按照图 1 中系统操作流程即可方便地进行信息采集、记录，点击操作菜单，选择点、线、面状对象，进而进行定位、记录、保存信息。如图 2 所示，（a）是该工程的信息采集规划图，（b）是采集的面状项目的控制点坐标和计算的面积，（c）是采集的线状项目的控制点坐标和计算的长度，（d）是采集的点状项目坐标。

该灌区现状项目区渠道及渠系建筑物等工程设施均已运行 40 年以上，普遍存在标准低、老化失修等问题，抵御自然灾害的能力不足。为了解决这些问题，该县规划对已有工程进行更新改造。灌区水利工程具有点多面广的特点，且项目时间紧、任务重。该信息采集系统将地形图导入软件，利用安卓手机的定位功能，记录点状工程的坐标，记录线状工程的坐标并计算其长度，记录面状工程的坐标并计算其面积，现场进行简单计算并反馈给用户，并且可以按照建筑物对拍照进行分类，极大地减少了寻点时间，提高了工作效率。

图 3 是用系统记录的灌区内某闸不同时间的现场照片，采用“建筑物工程名_纬度-经度_年-月-日时:分:秒”的图像命名格式，从图片名称可以反映图片代表的建筑物名称、经纬度和拍摄时间等，从时间和空间上对照片进行了分类。（a）2012 年 12 月项目区现场踏勘过程中所记录的照片；（b）2014 年 3 月对该闸附近渠道进行整修的照片；（c）2015 年 4 月该闸施工过程中采集的图片；（d）2015 年 5 月，该闸施工结束。

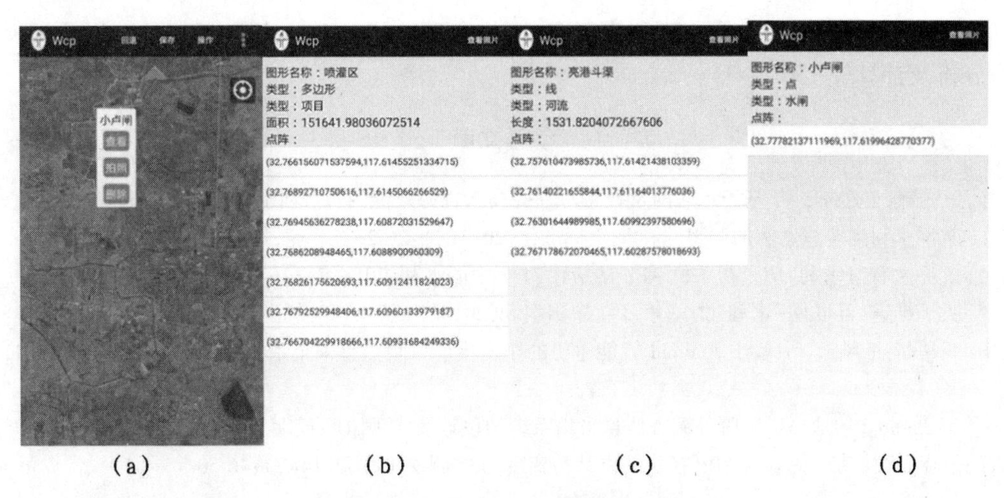

(a)　(b)　(c)　(d)

图 2　系统的操作界面图

(a)闸_32.777821-117.619964_12-12-21 09:42:08

(b)闸_32.777821-117.619964_14-03-04 15:22:53

(c)闸_32.777821-117.619964_15-04-28 17:25:16

(d)闸_32.777821-117.619964_15-05-25 16:30:20

图 3　某渠道节制闸照片采集示意

4　结语及展望

本项研究阐述了用“互联网+”应用于智慧水利的思维，通过实例展示了将智能手机应用于农田水利规划现场调查工作中。“互联网+”水利行动计划用互联网思维解决水利实际问题，构建防洪保安体系，加强农田灌溉排涝系统、水土保持、水资源配置体系等建设，不断提高水利行业信息化水平，促进水利行业管理转型升级，建立互联网水利服务新模式。用手机可以进行简单的实地测绘、处理测绘数据很有必要和实用意义，利用“水利一张图”综合数据库，实现信息协同共享。

要实现一个架构合理、功能齐全的人机交互系统，是一个长期、复杂的过程，本系统应用于智慧水利需进一步完善，包括以下几个方面：增加 ArcGIS for Android 移动开发技术；在日后系统的应用中，完善水利规划辅助系统，将本系统做成一个集规划、施工、监理、建管以及监管于一体的系统，项目的规划一目了然,项目资料的管理效率也会得到很大提高;当信息采集较全面时,增加系统的数据分析模块,进行系统数据分析及计算等工作。

参考文献

[1] 王忠静,王光谦,王建华,等. 基于水联网及智慧水利提高水资源效能[J].水利水电技术,2013(1):1-6.
[2] 曹宏文. 数字水利到智慧水利的构想[J]. 测绘标准化,2013(4):26-29.
[3] 王乃岳,张帆. "智慧水利"应重视手机 APP 的应用[J]. 中国水利,2014(7):16-17.
[4] 庞靖鹏. 关于推进"互联网+水利"的思考[J]. 中国水利,2016(5):6-8.
[5] 尚明华,秦磊磊,王风云,等.基于 Android 智能手机的小麦生产风险信息采集系统[J].农业工程学报,2011(5):178-182.
[6] 李越. 基于 Android 的地质灾害野外调查信息采集系统的设计及实现[D].昆明:云南大学,2015.
[7] 赵杏杏,张晓祥. 移动水利信息 APP 模块的设计与实现[J]. 测绘工程,2014(7):46-50.

作者简介:梁建,男,1984 年 3 月生,安徽省·水利部淮河水利委员会水利科学研究院,工程师,主要从事水利相关软件开发方面的研究。E-mail:sdaulj@ 163.com.

基于GPRS的菏泽水文遥测控制系统的开发及应用

王捷音　周　庆　严芳芳

(菏泽市水文局　山东菏泽　274000)

摘　要:基于GPRS的菏泽水文遥测控制系统能及时、完整、准确地获取本区域内各雨量站点的实时数据,费用较低,取得了较好的效果。

关键词:GPRS　水文遥测　控制系统　应用

1　前言

数据传输是水文遥测系统中的重要环节,近年来随着水文遥测自动化设备的不断增加,菏泽市水情分中心及县区中心水文站,对遥测数据的精确度及要求越来越高。面对形形色色的水文遥测设备,各种数据的精确度及传输运行的稳定性无法得到保证,本是给水情预报工作带来方便的遥测设备,时有故障发生,如无故跳数、漏报,迟报、停报等问题不断,给本就紧张的报汛工作带来更多压力。这就需要分中心及多级部门进行上下协同管理站点,以减少水情分中心压力,而通常采用的方式就是一机双发或多发机制,即数据包发送至水情分中心的同时,又要发送到其他县区中心水文站。这种方式在实际工作中存在以下难以逾越的问题:

(1)县区中心水文站虽然配有服务器,但是机房建设根本达不到全年365天24小时不间断式运行的标准,部分中心水文站没有配置UPS电源,无法保证服务器的稳定运行。

(2)网络通信无法保障,中心水文站根本没有水利专用网络,只有公网,而我们的数据是利用移动数据专网或水利专用网进行传输。如果用公网,势必在水情分中心采用B/S串网方式,安全度根本不是一个网闸所能控制的;此外,每个中心水文站安装一条无论是公网还是专网的光纤费用极高,由于使用度不高,造成资源浪费。

(3)中心水文站工作人员技能素质有待提高,测站工作人员UPS电源基本不会用,网络检修能力不存在。中心水文站如果增加很高的技术要求,对现有人员素质来讲,是个非常大的挑战。例如,中心站需要对增加的雨量站点进行参数配置,工作人员若不了解雨量监测设备的参数、协议、网络通信等;则无法对雨量站点进行正确的配置。

为了从根本上解决上述问题,特别是针对无网、经常断电、工作人员操作水平不高的情况,我们从实际出发,经过多方探索与实践相结合,整合现有资源,开发了基于GPRS无线传输技术的菏泽水文遥测控制系统。实现了通过GPRS卡无线打包传输方式进行雨水情的实时显示与访问,满足水利内网与外网物理隔离安全需要,为中心水文站及县区水文局提供实时雨水情信息服务,满足中小河流中心站实时显示流域范围内雨水情信息的需要。

2　菏泽水文遥测控制系统的开发与应用

2.1　菏泽水文遥测控制系统的开发

菏泽水文遥测控制系统,依托菏泽市水情分中心水文信息管理系统开发。由分中心提供强大的后台数据支持,各县区分中心水文站只需一个GPRS手机卡以及一个无线路由器即可完成数据的接收。平时开关机对接收数据毫无影响,需要数据时,随用随取,节省数据流量,降低成本费用。对于网络通信方面,既支持有线网络又支持无线网络方式进行接收数据。开机后,通过电源给无线路由器供电,同时获取水情分中心的雨水情信息,接收的数据与水情分中心数据统一无误。所有操作实现一键式简单操作，随时更换或增加监测站点，无须安装数据库服务，无须对设备参数进行任何设置，是一个点开即可用的遥测控制系统。

2.2　菏泽水文遥测控制系统的主要应用功能

（1）站点配置功能是本软件的一大特色，可以实现水情分中心站点基础信息共享，一键可以把水情分中心所有站点列到本地，中心水文站用户需要哪个站点的数据就选哪个站点，非常简单方便，并加入了一个密码保护功能，防止误操作。此功能中，软件用户信息可以自己定制，根据需要修改用户的信息或测站编码以及其他相应参数，如长时间自动关机等功能。如图1所示。

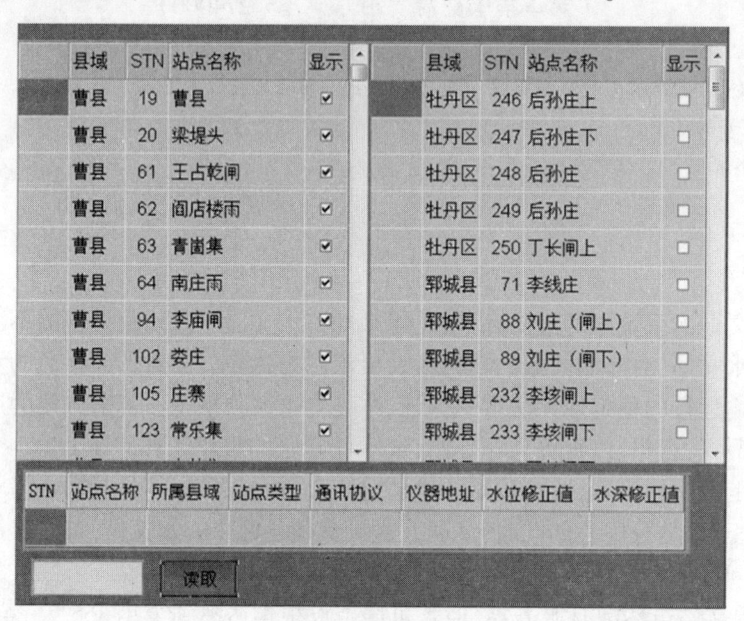

图1　站点配置图

（2）人工发报功能，支持多种方式发送新编码报文，可以通过下拉菜单中的历史报文或示例报文进行编报，当选择报文类型后，发报站码自动调节至当前测站编码，并根据发报当前的时间，自动更改发报时间。具有输入水位自动查询相应库容，并在报文中自动更改库容功能，避免了人工查询库容错误的现象，减少了报文出错机会。报文中每个字段的含义都用中文进行解析，多种发报参数采用下拉菜单选择式。比如，水势（涨、落、平），选中汉字后，自动修改报文，防止输入错误；在报文输入框中，保留了原有的人工输入报文的方式。多种报文输入方式相结合，满足了中心水文站工作的基本要求，以最简单的方式发送复杂报文。很多测站人员将其称为"傻瓜式发报软件"，其中对于报文示例中的名称及报文样式，测站人员可随意增加或更改，有个别测站为了发报方便，根据日期把某些报文名字改成了"1号发报"或"11号发报"，这样只选当前的对应日期就可以了（见图2）。

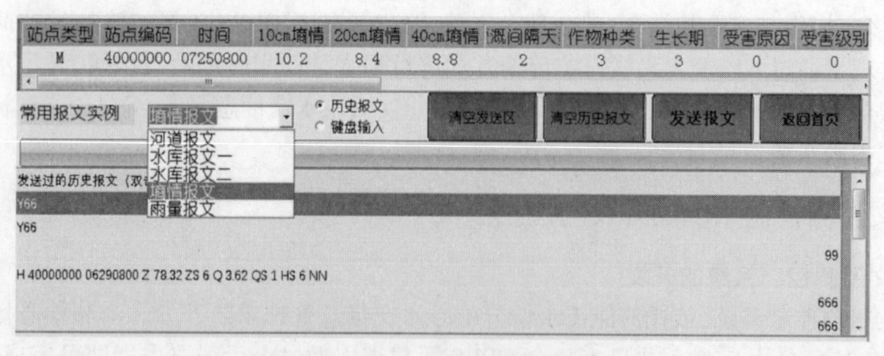

图2　人工发报示意图

（3）加入雨情简报功能，由于目前测站或分中心为当地水利主管部门提供的，报表样式五花八门，我们的雨情简报采用通用的EXCEL方式，用户只需要在EXCEL中编制好自己任何想要的报表样式，软件就能自动生成需求的样式，达到用户根据需要自己定制，随用随改，某个雨量监测站点故障时，可以随时切换备用站点。

(4)加入 GIS 功能模块，包含雨情站点分布图和雨情等值面图；采用流行的网络 GIS 模块，把查询相应站点的雨量信息显示到 GIS 地图中，并同时生成等值面图。每个测站的经纬度可以自行修正，本软件具有经纬度查询功能。该功能模块抛弃了 ARCGIS，MAPGIS 等插件收费、地图收费等巨额费用，而采用现有免费的基础地图资源；同时可以随时更改目录，放入 IIS 目录后，可实现从其他网络 B/S 方式访问该功能；实现数据共享(见图 3)。

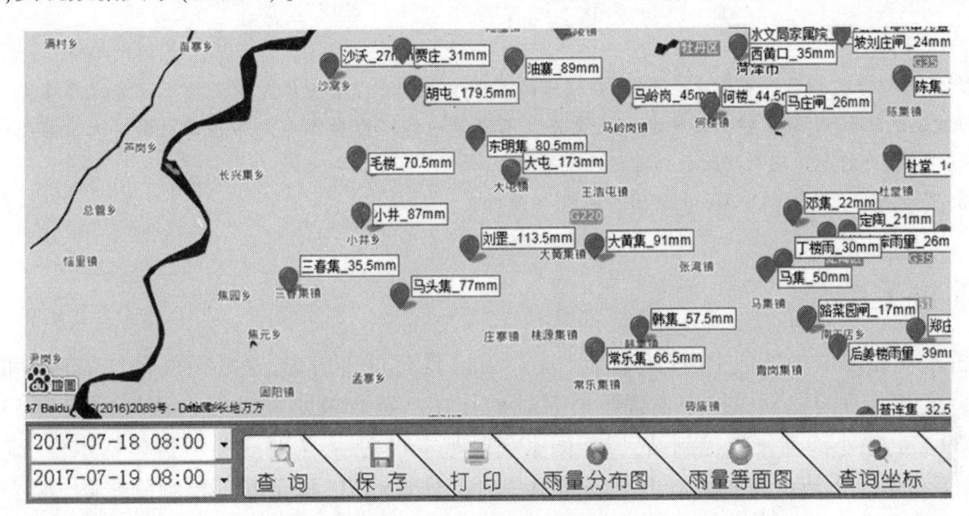

图 3　可视化雨量查询界面

(5)对于历史雨水情数据可以随意查询，并且为 GPRS 无线数据卡设置特有的只获取雨量数据的方式，节省了通信中无用数据占有的流量。

(6)为方便使用者在无网状态下进行软件升级，软件采用 U 盘一键升级功能，在软件更新后，只需把更新软件复制到 U 盘中，即可一键自动升级。

3　结论

菏泽水文遥测控制系统在实际运用中，使用 GPRS 无线网络小带宽即可稳定运行，运行费用低，传输可靠，无数据丢包现象；在雨量站点发生故障时，经水情分中心更新处理后，中心水文站数据同步更新，无须再多次进行修改，减少了工作量；解决了中心水文站人员特别是很多老站长对新水情编码不熟悉，经常产生错报的难题；软件的运行取得了较好的效果。

作者简介：王捷音，女，1978 年 5 月生，菏泽市水文局，工程师，主要从事水文水资源及水文信息化工作。E-mail：727382547@ qq.com.

实时流量在线监测系统应用分析

蒋国民 姚本刚 仇东山 王林霞 于询鹏 刘 铭 郑永华

(济南市水文局 山东济南 250000)

摘 要:黄台桥水文站已有百年建站历史,在城市防洪调度和水资源管理保护中发挥不可替代的作用。由于受下游控制闸的影响,黄台桥水文站水位流量关系不成单一线。黄台桥水文站新设立实时流量监测(Argonaut-SL)系统,并与人工实测测验数据进行比测分析。

关键词:实时流量在线监测 Argonaut-SL 监测 分析

1 黄台桥水文站概况

黄台桥水文站位于小清河上游,始建于1916年,已具有百年历史,是小清河济南城区总把口站,在城市防洪调度和水资源管理保护中发挥不可替代的作用。黄台桥水文站以上流域面积为321 km^2,城区干流长29 km,系小清河干流控制站,属于国家名录基本水文站,主要测验项目包括水位、流量、降水、水质、墒情等。由于小清河黄台桥以上水域属于济南市景观河道,并受下游控制闸影响,水位流量关系不稳定,难以实现流量自动化监测。

由于受下游控制闸的影响,黄台桥采用人工走航式ADCP测流,测验效率低。为提高黄台桥水文站的测验效率,提高测验精度,增强监测数据的连续性,2015年的黄台桥水文站进行升级改造,新设立实时流量监测断面,建设实时流量监测(Argonaut-SL)系统,并与人工实测测验数据进行比测分析。

2 Argonaut-SL(淘金者)测验技术原理

Argonaut-SL 500(简称SL)是声学多普勒流速仪, SL发射超声波沿着水平方向穿过水体可以测量部分水体流速,根据数学模型换算为断面平均流速,声束沿垂直方向测量水位,获得的水位数据与人工预先设定的大断面图可以计算出断面面积,断面平均流速与面积相乘得到断面瞬时流量值。

3 仪器安装布设

SL安装断面设立在黄台新水文站处,在原走航式ADCP测验断面的上游,两断面相距95 m,SL断面河宽92 m,比测期间SL监测断面平均水深2.01 m,最大水深3.31 m,走航式ADCP测验断面河宽107 m,平均水深1.92 m,最大水深3.21 m。

SL断面以上河道经2007年治理后,河道顺直,两岸河堤砌石加高混凝土结构,河底有淤积情况,受下游洪园节制闸的影响,水位流量关系不稳定。

SL设定高程确定:通过SL安装位置的纵横比来确定SL的高程,厂家限定指标为15~25,即水平的测量距离与最近的边界的垂直距离之比,在黄台水文站SL水平探测长度设置为50 m(起点距10~65 m),高程设定为0.5H。

4 数据分析

4.1 平台接收数据摘录分析

8月16~17日,小清河上游流域有一次较强的降水过程,自16日5时起,小清河上游来水增加,由于洪园节制闸已提前开闸泄水,通过黄台桥水文站的水情是一个自然流态的涨落水过程,数据中心每20 min接收一组SL探测数据,共计接收数据284组,通过分析接收平台16日0点至17日24点之间数据统计,在此时间段内,SL 接收平台流量变化区间为 14.6~169.1 m^3/s,水位变化区间为 22.75~24.77 m,断面平均流速变化区间为 0.129~0.672 m/s。

黄台桥 8 月 16~17 日水位流量数据时序曲线分析图如图 1 所示。

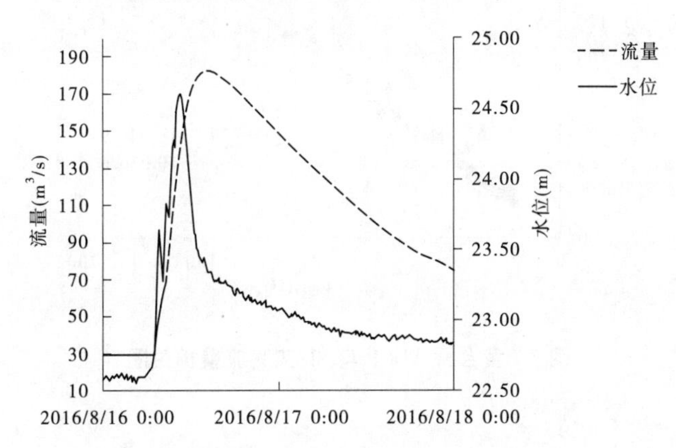

图 1　黄台桥 8 月 16~17 日水位流量数据时序曲线分析图

由数据分析图看出,SL 的监测数据,连续性、稳定性、时序性都符合流量测验规范,数据列无明显的跳变,数据接收合理。

4.2　比测数据分析

4.2.1　比测数据选取

摘取 7 月 20 日至 8 月 31 日之间 60 测次的 SL 与走航式 ADCP 相同时段测验数据,其中 ADCP 数据来自于黄台站走航式 ADCP 人工测验,SL 数据选取与走航式 ADCP 相同时段内的监测数据的平均值,分析 2 种测验的断面平均流速、断面面积、流量。其中,大于 100 m^3/s 的流量测次 7 个,大于 60 m^3/s的流量测次 24 个,小于 30 m^3/s 的测次 12 个,在 8 月 19 日 10 时 56 分出现比测期间 ADCP 最大流量值 145 m^3/s,测次平均流速为 0.53 m/s,相同时间段,SL 的实时监测流量平均值为 140.89 m^3/s,平均流速为 0.568 m/s,比测期黄台桥水位变幅为 22.34~24.60 m。

4.2.2　流量过程曲线分析

由图 2 关系图可以看出,SL 与走航式 ADCP 测验流量过程线拟合性较好,经过统计,两者误差超过 20%的测次有 3 个,占总样本数的 5%,误差控制在 10%之内的占总样本数的 90%,由于黄台桥以上为景观河道,SL 探测波束受过往船只、汛期河道中的大体积杂物影响较大,个别测次会产生较大误差,在排除走航式 ADCP 系统误差和随机误差的基础上分析,整体比测结果符合测验规范,可以满足黄台桥实时流量在线的技术要求。

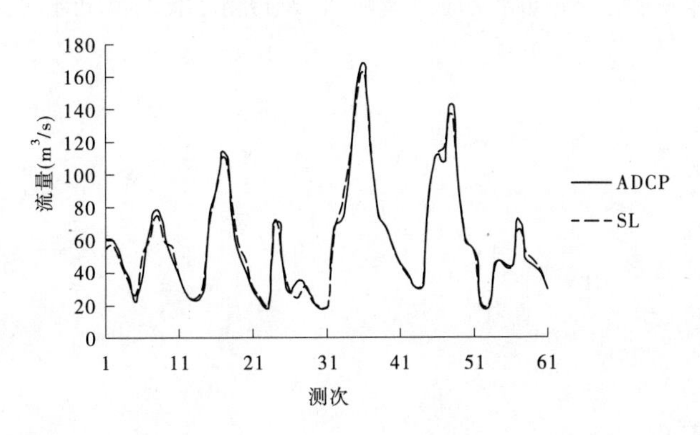

图 2　黄台桥 ADCP 与 SL 流量过程线图

4.2.3　比测数据相关性分析

由图 3、图 4 得知,两组流量、水位数据的相关性较好,相关系数分别为 0.986 6 和 0.985 4,可以满足回归计算分析要求。

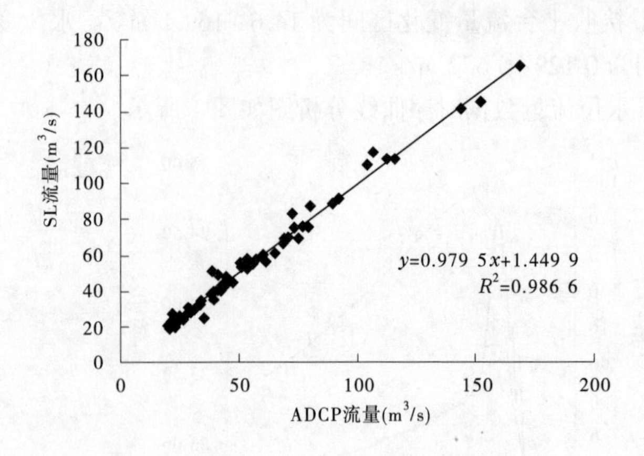

图 3　黄台桥 ADCP 与 SL 实测流量相关图

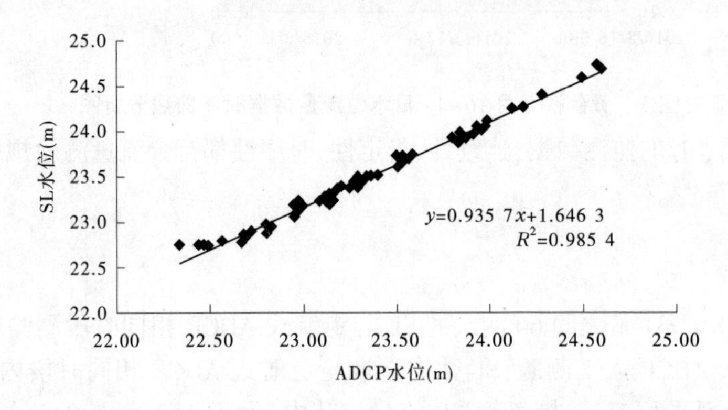

图 4　黄台桥 ADCP 与 SL 实测水位相关图

5　结论和建议

通过对黄台桥水文站流量实时在线测流系统的安装、实测数据等各方面的分析，以及与走航式 ADCP 测验数据的比测分析，其数据的稳定性、准确性、实效性可满足黄台桥水文站的测验业务要求，使黄台水文站测验效率、测验实效性有了很大的提高。但由于受下游节制闸启闭影响，水位流量也不能形成稳定的关系曲线。建议在今后的测验中，应继续对黄台桥水文站在不同水情下进行多样化的比测，通过长序列的比测资料分析，优化 SL 的设定参数，从而获得更加合理准确的测验数据。

作者简介：蒋国民，男，1963 年 6 月生，济南市水文局，工程师，主要研究水文测验、城市水文。E-mail：jnsw_jx@ 163.com.

面向流域信息化建设的大数据分析应用

秦超杰　姚　瑞　刘　强

(淮河水利委员会通信总站　安徽蚌埠　233001)

摘　要:信息化是流域水利事业发展优化升级和实现水利现代化的关键环节,水利信息化为适应国家信息化发展战略和“数字水利”向“智慧水利”发展转变的需要,水利信息采集、分析、处理、共享等方面产生的数据量急剧膨胀,水利基本数据已经从简单的处理对象转变为一种基础性资源。本文以水利工作的新任务和创新发展为切入点,介绍大数据的基本概念,对大数据关键技术进行分析研究,结合淮河流域发展现状,探讨大数据技术在流域信息化建设中的深度应用与发展,提出了水利行业大数据建设的可行性技术方案,解决了流域水利数据共享、整合资源、业务协同的问题,可高效地存储和处理水文、水情、墒情以及防汛异地会商、重点闸坝高清图像监视、水利工程检测等非结构化数据,能够改善服务水平,提高工作效率。该研究也是推进水利大数据资源化进程的有益探索。

关键词:水利信息化　大数据　综合信息管理平台　智能化

1　引言

2017 年 5 月,水利部正式印发《关于推进水利大数据发展的指导意见》。它是水利部深入贯彻党中央提出的国家大数据战略、国务院《促进大数据发展行动纲要》等系列决策部署的重要举措,旨在水利行业推进数据资源共享开放,促进水利大数据发展与创新应用。提出要贯彻国家网络安全和信息化战略部署,紧紧围绕“十三五”水利改革发展,加强顶层设计和统筹协调,加快数据整合共享和有序开放,大力推进水利数据资源协同共享,深化水利大数据在水利工作中的创新应用,促进新业态发展,实现水利大数据规模、质量和应用水平的同步提升。

随着信息化技术的迅猛发展,越来越多的水利信息化基础设施及应用系统被应用到水利工程建设与管理、水行政业务处置等领域中,由此产生的数据量指数攀升,引发了水利数据中心建设的热潮。与此同时,随着整个社会(尤其是互联网上)的信息量呈爆炸性增长态势,大数据技术应运而生。大数据技术是一场技术革命,时刻改变着我们的生活、工作和思维方式。将大数据技术引入水利行业,将其作为水利数据中心建设的基础技术,成为一种必然的趋势。

2　淮河流域水利大数据的概念与特征

淮河流域水利信息化涵盖水利工程运行管理、维护,防汛抗旱、水资源管理、水土保持以及应急救灾等水行政管理等诸多方面。水利数据形式多样、种类繁多,数据总量庞大且持续高速增长,水利数据已逐渐呈现出多源、多维、大量和多态的大数据特性。遥感、GIS 等现代化、信息化技术的发展与应用,全面拓展了水利信息的空间尺度和要素类型。视频图像(异地会商、闸坝监视以及各种工作会议)和文档等非结构化数据大量累计,难以采用关系型数据库存储与管理。

在管理和应用层面上,对流域数据的管理已不满足于数据存储和管理碎片化的现状,提出了高效管理和共享的要求。流域大数据的特征概括为以下 5 点:①数据量大(高清标准):水利数据量在数百 TB 或 PB 以上;②来源及形式多样:结构化、半结构化数据和大量非结构化数据;③持续增长:在水利行业各领域和环节的信息化应用不断增加;④数据价值高:水利数据是水利工程建设、管理及水行政业务处置的依据;⑤实时或准实时要求:部分水利数据(如应急监测、抢险救援等)是判别应急事件的依据。

3　大数据关键技术分析

淮河流域随着信息化的不断深入,淮河水利委员会与水利部、流域内省级水利单位的业务应用相互交错,数据的混杂性和多事权特性给水利数据的管理带来新的挑战。通过大数据的高效存储技术、共享技术以及交换、服务技术解决异构数据的共享和发现等关键技术问题,实现对业务应用的良好支持,进而在淮河流域形成一套完整的水利数据资源化应用体系。面向流域信息化发展框图如图1所示。

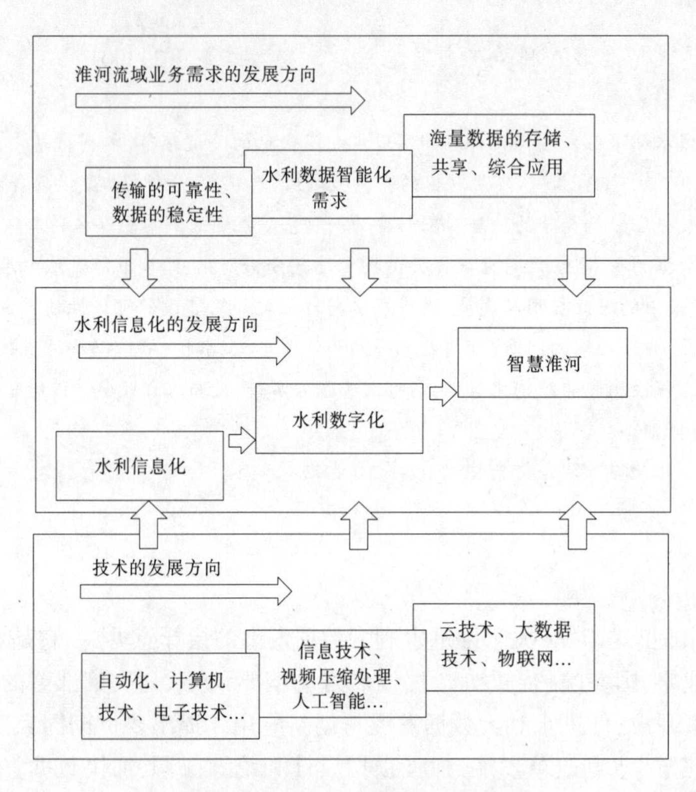

图1　面向流域信息化发展框图

3.1　高效存储技术

随着大数据与云计算的结合成为大数据发展的趋势,Hadoop已经成为大数据存储与处理广泛采用的云计算平台,利用Hadoop构建分布式的大数据存储方案,提高淮河流域视频数据、水情数据等的访问效率,为防汛抗旱指挥系统、水情预报系统等应用系统提供基础数据。

3.2　共享技术

数据共享是数据资源化的基础,面对淮河流域来源于不同事权单位的实时雨情、闸坝视频、水文水质、气象等数据,构建数据共享服务体系,在不改变原始数据的前提下,实现淮河水利委员会、各地方水利单位数据的共享与整合。

3.3　交换技术

流域内水利数据采用多点采集、分散处理现状,促使流域水利数据必须建立高效的交换机制,实现数据的互联互通、信息共享、业务协同。利用基于云计算的水利数据交换方法,以服务的方式封装交换功能,提供相应的个性交换服务,避免重复建设。

3.4　服务技术

水利是关系国计民生的基础行业,经济和社会发展的各行各业均需要水利数据做支撑,这就要求相应的数据支撑条件具备良好的可用性和互操作性,因此需要面向动态业务需求的数据服务技术,构建淮河流域水利数据资源服务体系,为各单位提供服务聚合、远程访问等的数据共享服务。

4　大数据处理技术与创新发展

大数据是伴随着数据获取技术的发展，Web 2.0、传感器网络和 CPS(信息物理系统，一个综合计算、网络和物理环境的多维复杂系统)等应用的快速普及而提出的概念，具备规模性、多样性、高速性三大特征。随着水利信息化技术的不断推进，水利业务积累了极其丰富的数据资源，国家防汛抗旱指挥系统(二期)、水资源监控能力建设、水利信息化顶层设计项目等的开展为数据提供了持续更新的能力。

水利大数据的时代已经来临，水利大数据的创新发展的本质是实现数据的共享与服务。利用大数据处理技术，通过构建水利数据基础服务平台，实现分布异构数据的互连互通与高效利用。目前，水利信息化规划正在开展大数据分析平台试点建设，加强数据知识化处理能力的建设。

5　面向流域信息化的应用分析

淮河流域经过多年的建设与管理积累了大量的业务与管理数据，如水文气象、会议会商、监控图像、水文流量、水质及生态环境以及工作文档等，还包括水利相关的辅助信息，如基础地理信息、人文经济信息等，这些水利大数据集需要结合流域管理的功能需求以及行业及社会需要，将流域管理职能与不断发展的大数据关键技术相融合，最终形成一个具有弹性、可持续发展的数据智能化应用系统。

5.1　建设流域综合信息管理平台

随着淮河流域信息化进程的推进，水文、通信、水保、水质监测、水政、水污染防治等行业部门均建立了满足智能范围内业务发展的管理信息化系统，也积累了大量关于水利建设与管理的数据、信息与文档资料等，但由于信息化建设大多从各部门内部的单一业务和事务需求出发，这种“纵强横弱”的建设方式，导致大量的数据管理没有形成统一、有效的管理组织机制，流域管理部门与基层水利单位的数据间存在需求时效性不同、传输协议差异、数据精度不同等问题，使得流域管理部门内部、淮河水利委员会与地方水利部门的水利数据很难实现便捷的交流与共享。

流域综合信息管理平台依据淮河水利委员会信息化顶层设计理念，把流域内采集或整理的水利数据如水情、墒情、闸坝监视、水利枢纽管理等通过大数据、云计算等技术开发出统一的管理平台，研究数据之间的关联关系，安全规范数据资源空间管理以及信息共享机制的建立，加强流域内不同单位、部门之间的信息交换与共享，减少资源的重复采集与管理应用平台的重复建设，提高水利数据的利用率，增强对淮河流域信息的综合处理能力。

大数据技术是当今正在快速发展的新兴技术，已开始应用于水利行业综合管理、水利基础数据共享平台建立、科学计算与模拟仿真等多个方面，随着研究与应用的不断深入，大数据应用在面向流域信息化建设中发挥着越来越重要的作用，并带动着淮河流域水利行业的科技进步，对未来水利事业各方面的发展必将产生深远的影响。

5.2　会议会商、闸坝监视大数据应用服务

目前，淮河水利委员会与地方水利单位均建设了针对防洪工程的视频监控和会议会商系统，高清实时观测监视流域内王家坝闸、班台闸、宿鸭湖水库、姜唐湖闸、二河枢纽等重点防洪工程的情况，为指挥决策人员提供直观的图像信息。此外，国家防汛抗旱指挥系统视频监视系统在淮河水利委员会部署了接口平台，与淮河水利委员会已建视频监视平台实现了对接，整合共享了淮河水利委员会相关监视点的视频资源，更好地服务于水利工作。国家防汛抗旱指挥系统二期工程项目为了实现资源整合和数据共享，实现了淮河水利委员会与水利部、流域四省(河南省、安徽省、江苏省、山东省)防汛抗旱指挥部的高清视频会商，并对蒙洼、邱家湖、南润段、瓦埠湖、姜唐湖、寿西湖、董峰湖、王家坝、润河集共 9 个防洪工程的视频监控区进行改造，分等级接入水利视频监控平台，构建科学、高效、安全的防洪抗旱决策支撑体系。同时，还有淮河水利委员会内部各类大型办公会议、学术交流、视频会商等视频图像构成流域视频大数据基础资源。在此基础上，通过大数据关键技术，整合资源，构建重点水利工程远程监视服务系统、异地高清会议会商系统等非工程措施，提供查询、监视、分析等服务功能。大数据资源化应用服务示意图如图 2 所示。

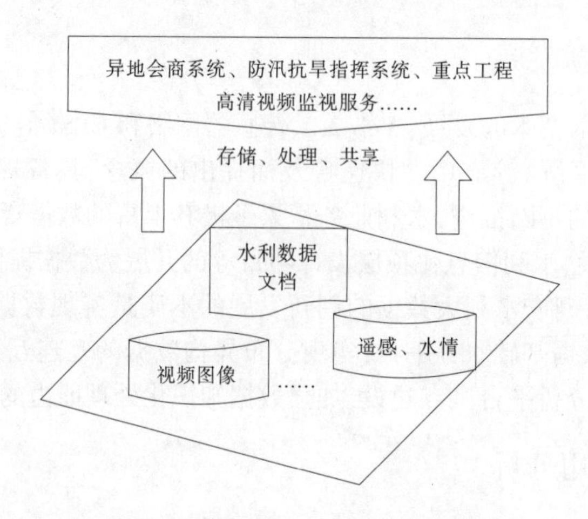

图 2 大数据资源化应用服务示意图

5.3 基础信息与监测大数据应用服务

在水文气象数据采集方面，随着大数据技术和“互联网+”得到广泛应用，实现了水文气象基础数据的自动化、全天候实时获取、传输、存储和处理，水利信息公众服务能力明显增强，以信息化技术为基础的流域水资源实时监控系统的推广和应用，实现了流域水资源的统一调度。与此同时，国家防汛抗旱指挥系统工程（一期、二期）、水利电子政务工程、水资源调度与管理系统等一大批应用范围广、发挥作用大、具有代表性的水利业务应用系统相继投入运行，极大地丰富了水利业务工作的技术手段，有力地提升了水利建设和管理的现代化水平。

目前淮河流域已经建起 5 000 多个监测站，监测系统采集信息完全自动完成，然后通过网络发至淮河水利委员会。淮河上空基本形成了卫星、雷达监测系统，可以全天候监测雨层的分布和强度。在此基础上，整合信息资源和应用系统功能，淮委相继开发的实时水情传输系统、洪水预报调度系统、防汛会商系统、水情查询系统、台风监测系统、天气云图接收系统、测雨雷达系统等 10 余个防汛应用系统的运行，大大提高了淮河流域防汛信息采集、传输、处理的自动化水平，增强业务应用系统的信息处理能力，提升主要江河洪水预报有效预见期。

5.4 流域大数据迎合智能化管理趋势

水利大数据管理的目标是实现对流域内大数据整个生命周期的统一管理，提供全面、统一、及时和易于使用的数据服务，能够为管理者的决策及精细化管理提供支撑和服务，为水利改革发展及经济社会发展创造价值。在新的数据管理理念和发展的趋势下，水利大数据需要将行业需求、软件功能、管理策略与硬件平台的特性、功能相融合，形成一个完整的数据管理平台，无论是磁盘阵列还是整个存储网络，一切承载数据并为了让数据更高效地存储、利用和保护的系统，这也正是数据智能化管理的趋势，并且能够面向未来智慧淮河的挑战。

5.5 流域大数据技术构建数据的安全保障

流域大数据属于敏感性数据，涉及淮河流域水文、水情、闸坝运行、防汛信息、GIS 数据以及基础地理信息等，数据安全问题不容忽视。能够对流域数据安全造成危害的因素主要有存储设备损害、人为错误、病毒、自然灾害、信息窃取、黑客、电源故障以及电磁干扰等，这些安全问题可以概括为两个方面：一是数据本身的安全问题，二是数据防护的安全问题。

现代信息存储手段，如磁盘阵列、数据备份、异地容灾等，已经能够对数据本身的安全问题进行有效地保护。所以，水利大数据安全的问题更多地集中在其安全防护上。数据从产生到使用需要经过采集、传输、处理、分析、测试等过程，要保证数据的整个周期的安全，需要从三个方面考虑：第一，除提供数据泄密风险防护的基本安全设施外，需要同时制定数据安全管理制度和统一审核的日志管理制度；第二，数据的使用权限需要严格的控制，更需要科学的管理设置；第三，在保证数据必要的通道安全方面，需要与各种业务系统联动管理。

6　结语

大数据关键技术的应用在国内很多领域已经非常成熟,而面向流域水利大数据是一个新概念,也是水利信息化发展的趋势。目前,对于水利行业海量数据资源的开发和利用还处于起步阶段,可借鉴的经验少,针对流域水利大数据的研究,应当结合新时期淮河流域水利工作的需要,通过解决流域内有什么大数据、大数据在哪里、如何获取、如何管理、如何开发应用等基础性问题,为后续的水利大数据深度利用提供支撑。

参考文献

[1] 水利部.关于推进水利大数据发展的指导意见,水信息〔2017〕178 号.2017.
[2] 陈蓓青,谭德宝,田雪冬,等,大数据技术在水利行业中的应用探讨[J].长江科学院院报,2016,33(11):59-62.
[3] 冯钧,许潇,唐志贤,等.水利大数据及其资源化关键技术研究[J].水利信息化,2013(4):6-9.
[4] 李臣明,曾焱,王慧斌,等.全国水利信息化"十三五"建设构想与关键技术[J].水利信息化,2015(1):9-13.
[5] 水利部信息中心.国家防汛抗旱指挥系统二期工程初步设计报告[R].2013.

作者简介:秦超杰,男,1981 年 10 月生,淮河水利委员会通信总站,高级工程师,主要研究水利信息化及通信工作。
E-mail:qcj@ hrc.gov.cn.

“智慧水闸”一体化管理系统的设想

陈　虎[1]　高钟勇[2]　王　君[3]

(1.骆马湖水利管理局　江苏宿迁　223800;
2.沭阳河道管理局　江苏宿迁　223600;
3.嶂山闸管理局　江苏宿迁　223800)

摘　要:为提高水闸综合管理水平,推动水闸管理现代化和信息化水平的更高层次发展,充分发挥水利对国民经济发展中的支撑和保障作用。本文以水闸管理现代化为基础,从防汛抗旱指挥、水闸远程测控、精细化行政办公等方面有机结合一体化、智能化,借鉴“智慧地球”的理念,探讨性地设想“智慧水闸”一体化管理系统的内涵、建设意义、总体框架思路设想等。

关键词:智慧水闸　一体化管理　智能化水利

作为国家现代化的重要组成部分,水利现代化既是现代水利发展的实施路径,也是现代水利发展的建设目标。在我国全面建设小康社会,逐步走上现代化,实现中华民族伟大复兴“中国梦”进程中,加快水利改革发展,推进水利现代化,是水利自身发展的内在需要,更是经济社会发展和人民生活水平提高的客观要求。

1　“智慧水闸”一体化管理系统的内涵

“智慧水闸”是在智慧地球、智慧水利的概念下更具针对性、更专业化的智慧系统。所谓“智慧水闸”,是指把新一代 IT 技术充分运用于水闸综合管理,把传感器嵌入和装备到水闸各个角落,如闸门、启闭机、办公区等,普遍连接形成“水闸物联网”,而后通过云存储和云计算将“水闸物联网”整合起来,以水利专业应用平台为支撑,完成“数字水闸”与“物理水闸”的无缝集成;通过智慧决策服务平台和 IT 设备将“数字水闸”界面友好地展示给决策者、技术人员和普通民众,使人们能以更加精细和动态的方式对水闸状态进行认识、设计、规划和管理,从而达到水闸的“智慧”状态,一体化整合。其核心是利用一种更智慧的方法通过新一代信息技术来改变水闸和人们相互交互的方式,以便提高交互的明确性、效率、灵活性和响应速度。“智慧水闸”具有与智慧地球共同的特征:更透彻的感知,更广泛的互联互通,更深入的智能化,更集约的一体化。

“智慧水闸”是“数字水闸”与“物理水闸”的智能化结合。“数字水闸”强调各种数据与地理坐标联系起来,以图形或图像的方式来展示,然后提供三维、空中、地面和水下多视角等多维位置服务。“智慧水闸”以物体基础设施和 IT 基础设施的连接为特色,数字代表信息和服务,智慧代表智能与自动化。“数字水闸”以信息资源的应用为中心,“智慧水闸”以自动化智能应用为中心。“智慧水闸”不但具有“数字水闸”的特点,更强调人类与“物理水闸”的相互作用,实现水闸物理世界中人与水闸、水闸与终端、人与人之间的便利交流。

2　“智慧水闸”一体化管理系统的建设意义

“智慧水闸”有望提高水闸管理和决策水平,进一步推动水闸现代化、信息化建设,有望成为全新的水闸综合管理战略理念。“智慧水闸”能够直观地、全方位地、及时、高效、系统地为水闸管理和决策提供所需依据,可以提高数据的完备性和利用效率,帮助决策者和管理人员提高决策和管理水平。

目前,水闸管理和决策所需的数据还不够完善,并且利用效率很低,通过“智慧水闸”建设,进一步完善数据的采集手段和采集点,保证数据的完备性和及时性,并通过对数据的整合和同化、数据的有效整合等，提高数据的共享能力，从而充分地利用数据，进一步提高数据的利用效率，对提高水闸的综合管理水平都能起到重要的作用。

3　“智慧水闸”建设的整体框架设想

“智慧水闸”是在新一代 IT 技术的支撑下，将水利专业应用平台作为手段，以智能决策支持和人性化的交互服务为目标的高度数字化、高度仿真、高度智能化的水闸。按照“统一规划”、“统一标准”、“统一平台”、“统一运行环境”、“统一管理”的原则，在“一张图”的基础上，建设一套自动化程度高、专业性强、覆盖面广、集成度高的一体化解决方案，最大限度地发挥信息化系统的作用，实现“互联网+水闸”的水闸管理新形态。能够使水闸管理、操控、运行监测工作更加智能化，整体框架的建设思路如下。

3.1　打造水闸“一张图”

采用高精度数字地形和高分辨率的影像图，建立三维电子沙盘场景，叠加水闸管理范围平面图、水闸剖面图、水闸立面图、位移观测点分布图、扬压力和绕渗观测点分布图、特征观测断面图、防汛物资分布图等各类专题图层和图件。

以三维电子沙盘为展示平台，集中、直观、形象、动态地展示水闸、闸区、水域等工程的特征信息和统计数据，实现形象化的集中展示、可视化的系统操作，快速管理水闸运行的重要信息，便于科学决策和管理。

3.2　实现可视化指挥调度

通过三维电子沙盘提供空间决策分析支持，实现可视化、图形化指挥。基于三维进行展示和动态演进，对于快速了解雨水情，获取洪水预测信息等提供技术保障，帮助相关部门更加全面、直观地了解当前与未来数小时内的汛情，从而快速做出应对方案。在三维地图上了解最新的现场实况和反馈状态，使决策更加科学合理，相关人员之间的协调更加充分有序，指挥调度操作更加简便直观。

3.3　整合监测监控与预测预报一体化

通过对气象、水情、雨情、工情信息的实时监测和监控，根据天气降水预报情况，对所在河湖区域进行洪水预测和趋势分析，集降雨预报、径流计算、洪水演进和水位变化、流量监控为一体的科学计算，为水闸调度及运行管理提供专业的数据支撑和技术保障。

根据气象精细化网格预报进行区间洪水分析，采用概化方式进行河道洪水叠加和调度核算，快速分析上游来水量以及下泄洪水对下游的影响情况。实现精细化预报与概化调度相结合，以满足客观层面的调度需求，科学做好来水预报，提供合理的调度方案。

3.4　集成水闸运行监测与综合分析

实现水闸运行监测、综合分析、资料自动整编于流程化、一体化，通过空中、地面、水下多视角、全方位对闸门、启闭机进行实时监控，观察闸门开启状况，启闭机运行情况以及状态反馈，做到远程现场值守。

将水位、流量、扬压力和位移、绕渗观测采集到的全部数据及控制量传输到后台信息资源库，实现数据库规范化管理，提供各类数据的综合查询、分类汇总、统计分析以及数据挖掘等。按照水闸相关规范规程编制分析报告模板，自动对采集来的监测数据进行综合分析与整编，生成内容齐备并符合规范规程要求的工程管理、监测分析报告，提高工作效率和管理水平。

3.5　完善综合管理办公系统

引入工作流引擎，实现水闸调度、监测、应急处理、维修养护、行政办公事务流程性、规范化。综合管理办公系统不仅具有水闸日常运行管理中的维修养护、管理考核、自动化监测、安全生产管理，而且整合了办公自动化系统、水行政管理、档案管理等模块，提供数据在线可视化整编，全面满足水闸管理的信息化需求。

依据水闸日常办公需求，推动水闸自动化办公进程，全面整个个人办公需求及公共事务办公程序，实现水闸日常办公标准化管理。将工作计划和工作任务分解、执行、反馈、审核规范化、流程化，对责任人任务完成情况进行全过程动态跟踪考核，实现精细化管理。

4 “智慧水闸”可行性的探讨

“智慧水闸”不仅具有数字化的特点，更强调人类与物理水闸之间的互联互通，是未来水闸现代化、智能化管理发展的必然方向。但毕竟是一个新兴的概念，缺乏有效的实践指导，同时存在较多的技术难点，是一项复杂开放的巨系统工程，覆盖面极广，影响因素众多，需要做好顶层设计、科学规划、分步实施。

(1)通过对水闸的闸门、主体建筑物、监测点、量测设备等装备射频标签，实现自动获取水闸工程的特征数据和水文监测信息，将感知的运行数据和实时信息通过“水闸物联网”经基础设施网络层发送至信息处理中心的专业应用平台层。

(2)通过装备和嵌入到水闸中的各类集成化的微型传感器共同协作实时监测、感知和采集各种水闸相关信息，然后将采集到的信息以无线方式发送出去，从而实现“物理水闸”、“数字水闸”和人性化交互式水闸的连通。

(3)在虚拟仿真系统的支撑下，将水闸所处河湖以及上下游水循环过程进行模拟，并将其结果通过复杂实体建模集成于三维水闸环境中，直观地展现上游来水、闸门开启、洪水下泄过程的动态变化。

要真正实现“智慧水闸”的建设，需要多方面的总体规划，加大研发力度，提高传感器监测要素全面性以及数据采集的精度，计算的科学性，可靠的智慧化系统支持。

作者简介：陈虎，男，1986 年 7 月生，工程师，骆马湖水利管理局，主要研究水利工程管理、信息化维护、防汛抗旱等方面工作。E-mail：huziaff@ 163.com.

RFID 技术在水利工程巡查系统中的应用

陈　虎　张志滨

（骆马湖水利管理局　江苏宿迁　223800）

摘　要：RFID（无线射频识别）以其快速扫描、体积小型化、抗污染能力强、耐久性、重复利用率高、穿透性与安全性强等诸多优点，在各行各业中得到广泛应用。目前，正在实施的河湖管理范围和水利工程管理与保护范围划定工作，在界桩内装置 RFID 芯片，写入河流情况、堤防桩号等基本信息，建立起 RFID+PDA（手持式数据采集器）+系统管理软件的水利工程管理平台，从而完成移动巡查的数据下载、采集、上报功能。

关键词：RFID　水利工程　确权划界　移动巡查

在河湖管理范围和水利工程管理与保护范围内巡查时，经常会遇到这样的问题：一是无法确认巡查人员是否到达指定位置进行工作，二是无法确认巡查目标的真实现状，三是巡查中发现的问题，无法及时上报和解决。传统的现场手工填写记录，已不适应现今对水利工程管理的要求，也无法从管理上监督巡查的真实性。为了解决这些问题，本文提出以 RFID（无线射频识别）+PDA（手持式数据采集器）+系统管理软件接入的方式，应用于水利工程边界桩建设中，提供一个水利工程移动巡查的解决方案，以保证巡查结果的科学性、可靠性。

1　RFID 技术介绍

RFID，全称为 Radio Frequency Identification，又称无线射频识别，是一种可以通过无线电信号识别特定目标并读写相关数据的通信技术。标签进入磁场后，接收读写设备发出的射频信号，凭借感应电流所获得的能量发送出储存在芯片中的物品信息，读写设备读取信息并解码后，传送至中央信息系统进行有关数据处理。

1.1　RFID 系统的结构组成

一套完整的 RFID 系统，由电子标签、读写设备及系统管理软件三部分所组成。

（1）电子标签：也称应答器，由天线、耦合元件及芯片组成，每个标签具有唯一的电子编码，附着在物体上标识目标对象，储存相关数据信息。

（2）读写设备：由天线、耦合元件及芯片组成，可以读取、写入标签信息的设备，一般设计为手持式或固定式。

（3）应用软件系统：应用层软件，把收集来的数据按照程序要求做进一步处理。

1.2　性能优势

RFID 是一项易于操控，简单实用且特别适合用于自动化控制的灵活性应用技术，因其所具备的远距离读取、高储存量、适用范围广等特性而备受瞩目。主要有以下几个方面优势：

（1）读取方便快捷：数据的读取无须光源，标签一旦进入磁场，读写设备就可以即时读取其中的信息。

（2）标签体积小，数据容量大：RFID 在读取上不受尺寸大小与形状的限制，不需要像传统媒介——纸张印刷一样，为了读取精确度而配合纸张的固定尺寸和印刷品质。而且存储容量更大，可以根据需要扩充到数 10 kB。

（3）应用范围广，穿透性强：RFID 以其无线电通信方式，可以应用于粉尘、油污等高污染环境和放射性环境；即便在被覆盖的情况下，也能够穿透木材、塑料等非金属或非透明的材质，进行穿透性通信，无屏障阅读。

（4）数据可动态更改，标签可重复使用：通过读写设备可以向标签写入数据，从而赋予 RFID 标签交互式便携数据文件的功能，并且可以重复地新增、修改、删除标签内储存的数据，方便信息的更新。

2 水利工程巡查系统的需求分析

水利行业为民生行业，包含防洪抗旱、涉河建设项目监管、水行政监督、水资源管理等，水利工程安全对社会的稳定、经济发展和人民生活都有很大的影响，所涉及的堤防、水闸、泵站等水利设施的巡查也尤为重要。定期巡查是保证水利工程安全运行的一种基本措施，巡查人员定期对水利工程的运行情况进行检查，从而发现有异常的现象或有水毁的工程，及时解决问题，进行相关的维护处理，防止险情的发生，避免工程损毁的扩大。巡查工作能达到什么样的效果，效果是好是坏，对水利工程的正常运行、河湖的健康秩序具有直接的影响。

目前，水利工程巡查在数据采集录入方面仍存在很多不便，现场手工填报数据，对于水利工程的野外工作极为不便。传统的人工巡查已不适应现今对水利工程管理的需求，也无法从管理上监督巡查的真实性。水利工程巡查的执行主要依靠巡查人员的工作责任心进行，缺乏有效的监督管理办法。难免会有因巡查人员工作责任心不强、疏忽大意而未按规定进行巡查或巡查不认真不到位等情况发生，致使水利工程的异常运行未被及时发现，造成水利工程险情扩大的情况发生。

因此，开发出一套比传统的水利工程巡查更科学、更合理、更高效的现代化巡查系统，并通过信息化技术有关的手段加以实现，具有十分重要的意义。

RFID 技术具备巡查人员现场签到的判断功能，最大程度监督巡查人员到场巡查记录，以加强水利工程定期巡查、按计划巡查制度的执行和管理。

传统的纸质记录本缺乏默认选择项，难免出现大量的重复录入工作，容易造成巡查人员对记录工作的厌恶感和不耐烦。RFID 技术通过预先定制的模板辅助巡查人员进行巡查记录，模板具备默认选项，巡查人员仅需勾选即可。

对纸质记录本进行考核统计或者出现问题的查找需要耗费大量的人力、物力，后期统计和问题溯源工作量大。RFID 技术具备后台数据统计和导出功能，管理人员可以通过应用系统软件对数据进行分析，达到考核巡查人员以及问题快速溯源的目的。

3 水利工程巡查系统的主要技术方案

3.1 以水利工程确权划界工作为契机，在界桩上加装 RFID

2015 年 4 月，中共中央、国务院印发了《关于加快推进生态文明建设的意见》，强调要对"水流、滩涂等自然生态空间进行统一确权登记，明确各类国土空间开发、利用、保护边界"。水利部印发《关于开展河湖管理范围和水利工程管理与保护范围划定工作的通知》，对确权划界工作进行了全面部署，要求在 2020 年度前完成河湖管理范围和水利工程管理与保护范围划定工作，并依法依规逐步确定管理范围内土地权属。

以目前正在实施的水利工程确权划界工作为契机，在河湖管理范围和水利工程管理与保护范围，布设界桩（间距根据实际情况确定，一般为 100 m）。在码头、桥梁、取水口、排污口等重要涉河建设项目处、河道转角处、水事纠纷和水事案件易发地段或行政界应增设界桩。

利用 RFID 穿透性强的优势，在预制界桩时植入空白芯片，待界桩布设完毕后，利用读写设备写入界桩特有的相关信息：界桩编号、GPS 坐标、所在河湖、岸别、堤防桩号、管理单位名称等，甚至今后必不可少的河长信息。

3.2 RFID 技术应用于水利工程巡查中的优势

水利工程边界桩由于所处环境的特殊性，长期暴露于大自然中，难免经受污秽、雷雨、洪水、风蚀等外力侵害。大规模集成电路的生产方式确保了 RFID 芯片的可靠性以及低成本，一次性全封闭封装，耐热、抗冻、防水、防震、抗电磁波的技术特点为这些问题找到了最好的解决方法。

界桩独特的钢筋混凝土材质，极易对大部分无线电技术产生影响，拥有优良的抗金属效果的高频段

RFID 却可以轻松应对。

对于一些特殊环境中的巡查工作,例如界桩处于滩涂地等巡查人员不易靠近的特殊环境,RFID 的技术特性就在于可以在特殊环境中采集芯片内的信息,其最大的读取距离可达到 2 m 左右,轻而易举地实现远距离信息采集。

在水利工程巡查中,巡查人员能够做到全方位巡查,或者切实到达指定工程现场检查尤为重要。基于界桩上 RFID 的"唯一性"——储存堤防桩号这一特有的信息,巡查人员必须到达指定的现场位置进行巡查,并通过读取界桩的芯片。以控制现场巡查的到位率,保证巡查人员按时到岗巡查。

3.3　水利工程巡查系统的工作流程

结合水利工程巡查的现场要求和工作环境,水利工程巡查系统由无源非接触式 RFID 电子标签、PDA(手持式数据采集器)和系统管理软件构成。

水利工程管理单位根据具体情况制订巡查计划,录入巡查地点、巡查内容、巡查人员。巡查人员交接班时,首先用数据采集器读取自己的身份识别卡,巡查记录自动记录到其名下,以便信息中心掌握每个巡查人员的工作状况。这样可以做好责任分明。

巡查人员按照巡查计划,沿指定线路进行巡查,每到一处,在巡查的同时,用 PDA(手持式数据采集器)识读该地界桩上的 RFID 芯片。识读时,PDA 会自动记录当前的地点、日期和时间,并自动提示在该地点需做的工作内容,如有停留时间要求,则应按规定停留时间再次识读。将水利工程的运行状态和参数以及损毁类型通过 PDA 进行采集,信息可通过 Wi-Fi、GPRS 或者直接数据线传输汇总到系统管理软件。

巡查完毕后,由系统管理软件对 PDA 采集的数据进行统计分析,根据工作需要生成各种管理报表。通过巡查到位率报表了解巡查人员的巡查轨迹和巡查到位情况;通过水利工程的运行状态和参数等数据类报表可掌握、分析水利工程运行情况。

随着社会的进步与发展,各行业对其管理工作的要求越来越规范化、科学化;各单位对定期定点进行维护、检测人员的责任心的要求也越来越高。水利工程作为保证社会稳定、国民经济发展、人民生命财产安全的基础工程,对日常巡查工作,巡查人员的要求更为严格。本文用的 RFID 技术仅为冰山一角,若能结合水利工程管理工作,充分发挥其先进性、优越性,必将极大地提高水利工程巡查以及日常管理工作的规范化及科学化水平。

作者简介:陈虎,男,1986 年 7 月生,骆马湖水利管理局,工程师,主要研究水利工程管理、信息化维护、防汛抗旱等方面工作。E-mail:huziaff@ 163.com.

浅谈无人机在水域岸线管护方面的应用前景

孙金彦　王春林　钱海明

（安徽省·水利部淮河水利委员会水利科学研究院　安徽合肥　230088）

摘　要：在对河道堤防重要性阐述的基础上，总结了最新的无人机技术发展情况，论述了无人机在水域岸线管护方面的应用前景和需求，针对传统水域岸线管护工作中存在的问题和不足，结合实际工作，讨论了无人机在水域岸线管护工作中应用的优势，提出了无人机在水域岸线管护工作中的应用方案。

关键词：无人机　堤防　遥感　应用

1　引言

堤防是指沿河、渠、湖等水利工程的边缘修筑的挡水建筑物，是防洪工程体系的重要组成部分。堤防工程在防洪体系建设中具有举足轻重的地位。利用堤防约束河水泛滥是防洪的基本手段之一，是一项现实的长期的防洪措施。不仅历史上江河防洪要靠堤防，今后江河防洪仍然离不开堤防。堤防周围建有防浪林带、护堤林带和草皮护坡等生物工程，用以防风、防浪、防冲，起保护堤防的作用，使之减少或免受暴雨洪水、风沙冰凌等自然力的侵蚀破坏，也用以提供抢险用料，美化堤防工程，改善生态环境，增加管理单位的经济收入等。

目前水域岸线管理保护仍然面临一些问题，一方面随着经济持续增长，工业化、城镇化的加快，对水域岸线利用的要求越来越高，在此形势下，侵占河道、围垦河湖等非法侵占岸线资源的行为时有发生，不仅加剧不稳定的河道演变，甚至影响防洪、供水、航运安全和河势稳定；另一方面河道堤防常年累月受流水冲击、雨水侵蚀，无论是一级堤防还是二级堤防大都容易出现问题，需要及时维护。

为此，需加强水域岸线管理保护，及时发现问题，避免人民的损失。传统的堤防周边环境监测一般采用徒步的方式进行定期巡查，存在巡查难度大、取证难、调查缓慢、无法快速精确完成监测任务的问题。

2　无人机的应用特点

无人机（Unmanned Aerial Vehicle，缩写为 UAV）最早由 A.M.LOW 于 1916 年制造，能携带多种任务且能重复使用，是一种可控制、可快速响应、可执行多种任务的设备。

因为无人机成本低、操作简单、云雾影像小、获取数据速度快且地面分辨率（GSD）高等一系列优点，对于无人机技术如飞行系统研制、影像处理方法、定位系统等的研发吸引了众多研究者。进入 21 世纪以后，很多国家都非常重视无人机系统及其配套软硬件设备的研究、开发，不断地拓展无人机的应用范围，这给无人机的发展带来了前所未有的机遇。西方国家已将无人机技术看作未来军用最有前景的发展方向，并集中大量人力和财力进行重点研究。我国也在 20 世纪 90 年代开始研究军用无人机技术，短短二十年已取得飞跃成绩。例如，美航空航天局利用无人机进行自然灾害监测、农业精确、海洋遥感等研究项目。澳大利亚将全球鹰搭载成像 SAR 应用于海洋监测研究。

近些年由于计算机技术、通信技术发展速度不断加快，研究力度的加大，无人机发展迅速，各种体积小、重量相对较轻而且精度高的传感器不断出现，无人机系统的性能不断优化，已经逐步渗透到民用领域的各个行业。依据不同的性能和成本考虑，各国制造了如低空低速、高空高速等不同类型的近百种无人机。随着一些优秀的无人机脱颖而出，如 Trimble UX5、拓普康天狼星无人机等，自动适应高程模型的飞行计划，无须布置像控点即可获得高精度的成果数据（厘米级），满足裸眼测图的要求，无人机技术发展已经较为成熟。无人机与卫星、飞机相比主要有以下优势：

(1)能够弥补卫星访问周期限制、多云地区拍摄、飞机恶劣天气等数据获取能力不足的缺陷。

(2)内置 RTK,小型无人机起飞方便,对场地要求低,而且具有弹射式、手抛式、道路跑道等多种起飞方式。

(3)操作简单,可根据测区设置多边形、条带状、螺旋状、饼字形不同形状的航带。

(4)无人机飞行高度一般低于 750 m,不需要额外申请空域,且可以拍摄高分辨率,高清晰度,高重叠度的影像。

(5)平台的搭建、维护和作业的成本极低,几乎可以不计。

无人机遥感平台能够在短时间提供目标区域的海量图像数据,这些图像数据通过适当的处理,能够给予我们很多需要的信息并且发挥很多的作用。因此,无人机可广泛用于航空遥感、国土监察、城市规划、水利建设、林业管理、资源勘探、灾害勘查、环境监测、地图更新,以及农业、电力、交通、军事等领域。

在国内,多家科研院所和企业经过对无人机遥感的大量有益技术探索,相关经验得到很大增长。

3　无人机在实际业务应用中的实践

选用市场上技术较为成熟的一种无人机:四旋翼无人机对某河道进行巡查,获取河道航拍图像。图 1 所示为部分无人机航拍图像。图 1(a)所示为堤防存在 3 处护坡缺损、坍塌、松动等现象、多处混凝土老化、破损现象;图 1(b)所示为堤防工程防护林存在 4 处违章行为、1 处土堤水毁现象;图 1(c)所示为堤防生物工程 1 处焚烧痕迹、1 处违章行为等;图 1(d)所示为堤防工程防护林存在 5 处违章行为。图 2 所示为部分监测结果。

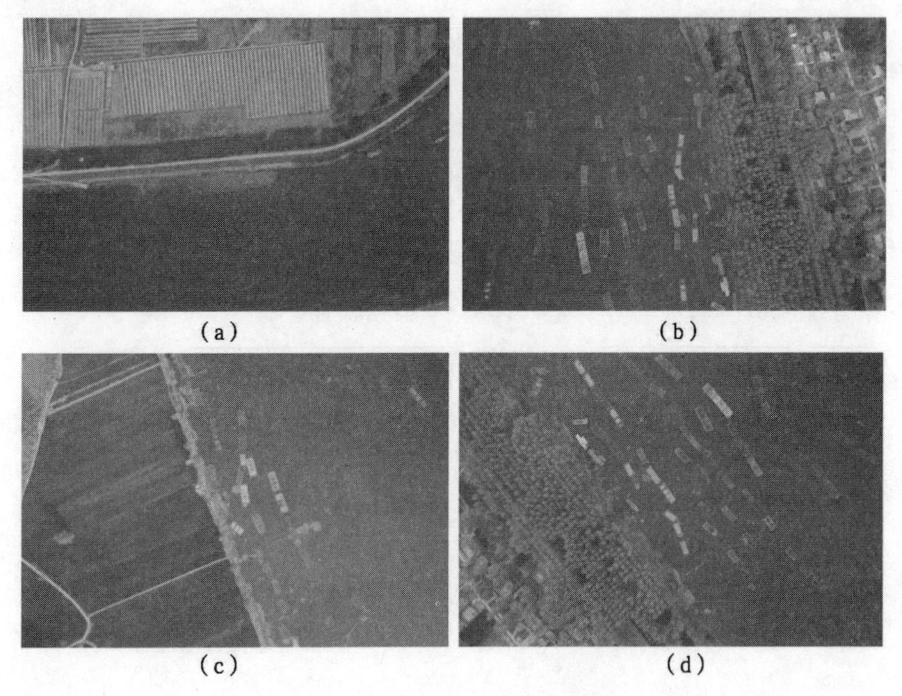

图 1　河道堤防无人机航拍图

利用无人机不仅可以及时掌握堤防现状,也可以快速、方便、准确掌握河道管理保护范围内违章建筑、违章耕种、拦河渔具等侵占水域岸线的违章行为,有助于落实《安徽省水工程管理和保护条例》、《淮河流域河道(湖泊)岸线利用管理规划》,对开展水域岸线管理保护工作具有重要意义。

4　展望

无人机遥感技术具有分辨率高、灵活机动、响应速度快、实时性强、不受地形地貌等区域环境影响等优势。利用无人机快速对河道进行巡查,定点实时监视、巡视,特别是重要的险工险段、河道岸边环境比

(a) 护坡缺损　(b) 违章建筑　(c) 水毁现象

图 2　部分监测结果

较恶劣的地段,可较为便捷地完成监测任务,同时也便于及时发现问题,采集证据,采取措施,避免人民的损失。目前,对无人机拍摄的相片,以人工识别为主,对巡查员要求高,不便于实际应用,后期将针对不同的非法侵占水域岸线行为,通过引入机器学习理论,建立自动化或半自动化识别模型以解决这一难题。

参考文献

[1] 张瑞美, 陈献, 张献锋. 河湖水域岸线管理的法规制度需求与主要实现途径分析——河湖水域岸线管理的法律制度建设研究之二[J]. 水利发展研究, 2013, 13(4):26-29.

[2] 赵宏龙. 浅谈怀洪新河水域岸线的利用管理[J]. 治淮, 2013(10):26-27.

作者简介:孙金彦,女,1988 年 10 月生,安徽省·水利部淮河水利委员会水利科学研究院,助理工程师,主要从事水利遥感、水域岸线提取等方面研究。E-mail:1109591110@ qq.com.

BIM技术在大坝安全监测中的应用
——以前坪水库为例

刘晓宁[1]　孙缔英[2]　皇甫泽华[1]　田毅博[1]

（1.河南省前坪水库建设管理局　河南郑州　450000；
2.河南水利与环境职业学院　河南郑州　450008）

摘　要：将BIM技术应用到大坝安全监测中，把大坝的三维可视化信息、设计信息和施工过程信息有效集成，促进大坝安全监测的可视化、信息化管理，指导水库的安全运用和正常效益的发挥。

关键词：BIM　大坝安全监测　信息集成　前坪水库

1　引言

工程项目建设是一个复杂、综合的生产经营活动，参与者涉及众多专业和部门，工程的全生命周期包括了从勘测、设计，到施工，再到使用、管理、维护的各个阶段。建筑信息模型（Building Information Modeling，BIM）作为建筑物物理和功能特性的数字表达，为解决工程生命周期各阶段的信息"断层"问题提供了有效的途径和方法。

大坝安全监测是掌握大坝工作性态、监控大坝安全的重要举措，对检验大坝的设计与施工、服务工程运行具有重要意义。目前，我国多数新建和已建大坝都已摆脱过去的低水平人工观测，实现了高效能的自动化监测和网络化管理。但是，将大坝的安全监测与BIM技术相结合的研究成果与应用实例甚少，充分挖掘大坝设计、施工、管理与维护等阶段产生的信息，应用到大坝安全监测中，对确保大坝的安全运行，发挥水电站、水库的经济效益和社会效益具有重要意义。

2　技术支撑

2.1　BIM

BIM是基于CAD技术发展起来的三维信息模型集成技术，但又不局限于建筑物的三维模型集合信息。BIM可以从建模和应用两方面描述，建模包括整个工程图形模型和工程物理、功能特性的构建，应用是指利用模型信息，并随时给模型添加其他需求的工程信息。近年来，BIM技术在大坝建模方面得到了较快发展，正在取代传统的2D计算机辅助设计，成为大坝设计的主流，但BIM在大坝使用与管理过程中的利用价值体现较少。基于BIM技术，所有项目建设的参与方都能够协同工作，在建筑物的数字信息模型中留下必要的信息。在基于BIM的工程全生命周期管理中，信息的创建、管理与共享是核心，BIM技术为信息共享提供了平台与可能。

2.2　WebGL

WebGL是一种交互式的3D图形渲染技术，它的优点是不需要安装插件，并且能够兼容任何浏览器。利用WebGL技术发布BIM模型，不仅可以实现在浏览器端查看三维建筑模型，还能实现模型与B/S架构系统其他业务功能的交互。

2.3　编码体系

工程BIM模型中的建筑物构件众多，不同的构件位置、材质、功能、特性等不尽相同。建立标准的编码体系，对所有构件采用统一的编码规则，有利于工程全生命周期各阶段信息的连接与共享。

3　信息的集成与利用

将 BIM 技术应用到大坝的安全监测中,最重要的工作是工程建设信息与安全监测信息的集成与应用。对大坝安全监测来说,大坝的三维模型、大坝的设计信息、大坝的施工过程等信息至关重要。

大坝的安全监测设备通常都是随大坝施工而逐渐埋设的,大坝完工后设备的具体位置描述困难。通过 BIM 模型将工程三维可视化,并把安全设备在模型中标注,可以直观、形象地展现工程模型和安全监测设备信息,再辅以安全分析评估模型、决策支持系统,对安全监测信息进行仿真模拟,很大程度地提高了大坝安全管理的效率与能力。若在大坝设计之初就采用 BIM 技术,那么整个大坝的数字化设计信息、所有构件的设计属性都能够通过 BIM 模型来管理。同时,大坝施工期作为一个动态演变的过程,在施工的过程中必定会产生很多有价值的资料,将这些资料与 BIM 模型关联,就可以再现大坝的施工过程。在大坝后期运行管理过程中,这些三维模型信息、设计信息和施工信息对评估大坝安全风险,掌握风险的作用因素,分析风险产生的影响机制意义重大。

大坝安全监测设备采集到的信息有自动入库和人工录入两种方式,大坝设计信息包括 BIM 模型附带信息和后期数字化的信息,施工过程信息主要通过按时将有价值信息数字化后取得。这些信息通过结构化或非结构化的数据库保存,并利用共同的编码体系连接。

4　实例应用

前坪水库是国务院批准的 172 项重大水利工程之一,位于淮河流域沙颍河主要支流北汝河上游洛阳市汝阳县,是一座以防洪为主,结合供水、灌溉,兼顾发电的大(2)型水利枢纽工程。主坝采用黏土心墙砂砾(卵)石坝,副坝为混凝土重力坝,主副坝的安全监测项目主要包括变形监测、渗流监测、压力(应力)监测、环境量监测等,监测设备有 400 多个。前坪水库在施工期即建立了安全监测管理系统,同时收集施工期安全监测数据和施工过程资料。系统将前坪水库大坝所有监测设备在 BIM 模型中标注,并应用 WebGL 技术发布到系统中,应用成果如图 1 所示。点击图 1 中的安全监测设备点,可以同时查看监测设备的信息、设备所在单元工程的设计与施工信息以及图 2 所示的设备实时监测数据。

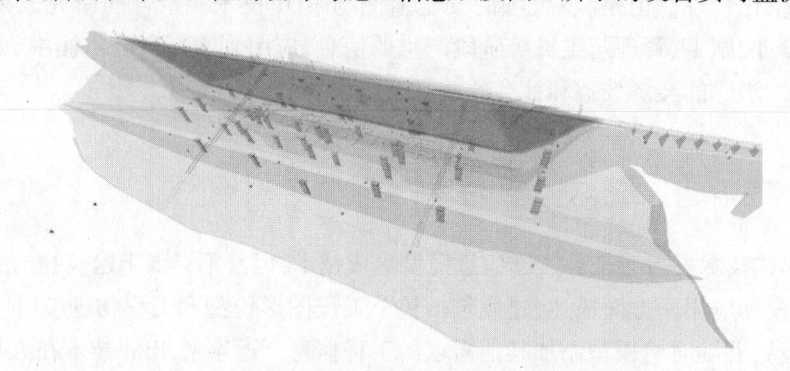

图 1　采用 WebGL 技术发布的前坪水库大坝模型

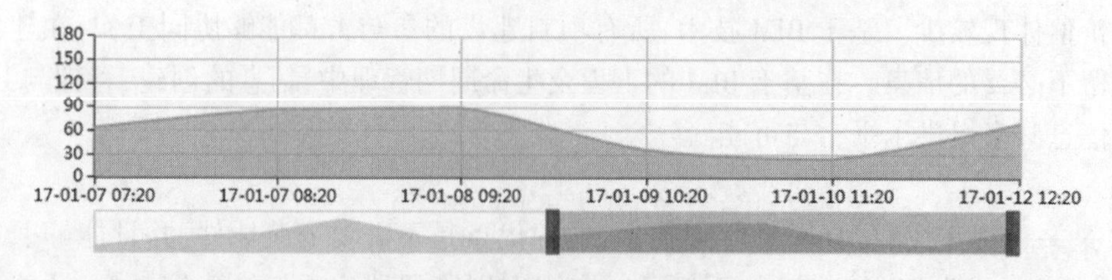

图 2　某设备的实时监测数据

5　结语

将 BIM 技术应用到大坝安全监测中,不仅实现了安全监测设备的三维可视化,更有利于设计施工信息与安全监测信息的互相连接，充分挖掘大坝安全监测的有价值信息，具有较强的实用意义与应用推广价值。

参考文献

[1] 何金平，张博，施玉群. 大坝安全监测中的几个基本概念问题[J]. 水电自动化与大坝监测，2009，33(3)：52-55.
[2] 刘晴，王建平. 基于 BIM 技术的建设工程生命周期管理研究[J]. 土木建筑工程信息技术，2010，2(3)：40-45.

作者简介：刘晓宁，男，1988 年 8 月生，河南省前坪水库建设管理局，助理工程师，主要从事信息化应用方面的工作。E-mail：312269494@ qq.com.

“互联网+”对水利工程维修养护带来的变革和影响

陆婷婷

（山东沂沭河水利工程有限公司　山东临沂　276000）

摘　要：“互联网+”深刻而持续地改变了中国社会的每一个角落。百度地图让我们点点手指，足不出户就可以知道某一条街道的风景；APP让我们远在千里，也能通过文字、图片、语音身临其境，解决问题、调动资源。美团外卖、物流骑手让互联网把离散式的高效管理变成现实，这极大提高了企业的掌控力。ATA考试让我们看到，企业在掌握核心技术下进行服务外包，在保障安全的同时，管理的便捷和高效。本文通过分析“互联网+”对于传统行业和管理模式的冲击和改变，解决了原来难以解决的问题；在此基础上深入分析了在信息高速公路下，维修养护企业所面临的机遇与挑战。通过对比研究，“互联网+”对于传统水利工程维修养护所面临的网点多、战线长所带来的现场监管难题、时间长收益小所带来的成本难题等一系列问题带来了解决的曙光。因此，“互联网+”对于维修养护企业，带来的是一场从人事管理到项目运作的技术革命。本文通过探讨“互联网+”对于维修养护企业管理模式的影响，试分析未来维修养护的新型模式。

关键词：互联网+　维修养护　离散式管理

1　水利工程维修养护现状

自2005年水管体制改革以来，在水利部、淮河水利委员会的正确领导下，各项工作取得了巨大的成绩，制度建设井然有序，单位职责清晰明确，工程面貌明显改善，人员结构不断优化。单就维修养护工程来说，就取得了以下成绩：仅沂沭泗水利管理局辖区内，直管1 726.2 km堤顶道路全部贯通，其中硬化路面1 321 km；治理河道堤防新老险工131处；更新、种植护堤护岸林200余万棵，水闸闸区绿化面积46万m^2，为本地区的防灾减灾做出了突出的贡献，同时产生了巨大的社会和生态效益。

经过十二年的实践，水利工程维修养护工作在走向成熟的过程中，也逐渐暴露了一些问题亟待解决，主要有以下几个方面。

1.1　维修养护经费总额需要提高

维修养护经费的预算，依据的是2004版《水利工程维修养护定额标准》；堤防、闸坝等根据工程级别和规模不同拨付经费。十二年过去了，无论是人工，还是机械、砂石料的单价都出现了大幅的增加；维修养护经费，已逐渐不能满足工程实际维修所需。

1.2　单价偏低，企业微利甚至无利

维修养护经费在制定之时，人工费占比较低；而当前，日人工费单价较十二年前涨了一倍多；同时随着营改增的进行，企业每年税负增长一倍，而这些却不能在单价中同期调整。

1.3　工程战线长，对人力消耗巨大，企业日常运营费用高

以山东沂沭河水利工程公司为例，辖区内3所闸坝，600 km堤防。为了确保日常维修养护的效果，各项目部都配有车辆，每天到工地检查，企业每年仅这方面费用就达百万。

1.4　用工成本高，企业积累少

作为国企，维修养护企业不仅要完成工程任务，还要承担许多社会责任，如抢险演练、退伍军人就业、创城等。在过去的十余年里，企业在承担维修养护的过程中，一直本着微利经营的运作模式，在维修养护实施工程中确保每一分钱都花在工程上，工程标准高了，企业的积累没了。如今，在种种负担下，企业压力过大，入不敷出。

综上所述，维修养护工程的顺利实施，既是上级部门的正确领导和直管基层局加强管理的成果，也

是维修养护企业在党和政府的领导下,作为国企勇于担当的结果。维修养护工程如果推向市场化,那么首先必然是涨价,对比现在许多城市的滨河大道日常维护经费,我们就可以看到,维修养护工程是花小钱办大事;但是在现有模式下,无论是维修养护的建管主体,还是实施企业,都面临着难以为继的困局。针对以上情况,本文试图从“互联网+”的角度寻求问题解决的方法。

2　“互联网+”时代企业的特点

国内“互联网+”概念的提出,最早始于易观国际董事长兼首席执行官于扬。他提出,“互联网+”公式应该是行业的产品和服务,与多屏全网跨平台用户场景结合之后产生的这样一种化学公式。企业应当积极地思考,如何按照这样一个思路找到若干这样的想法。很多企业正是由于掌握了这个想法,在最近的几年取得了极大的成功,如百度地图、美团外卖、顺丰物流、滴滴快车、ATA 公司等。这些公司并非完全是架构在互联网上的平台企业,如阿里巴巴,它们是老行业里的新兴运作模式,具有以下突出的特点。

2.1　以互联网为管理平台

互联网将空间上的距离无限制缩短,将不同的资源有效地整合,将不同的人汇集到一起实现了效率的最大化。以美团外卖为例,最早的外卖是点对点,顾客留下餐厅的联系方式,在需要时通知餐厅送至指定地点并为之支付费用。这样的模式,早在宋朝《东京梦华录》中就有记载。然而,以餐厅为核心的商业模式决定了它的经营规模和顾客人群。而互联网打破了这个限制,所有的餐厅都可以成为产品的提供者,所有的上网者都是潜在的顾客群,美团网并不需要专职的接线员和小二哥,只需要提供平台,不但为上游餐厅提供了更多的订单机会,也为下游消费人群提供了便捷的服务,自然生意兴隆,财富滚滚而来。

2.2　标准化的管理和服务流程

互联网企业提供的服务,大多都是标准化服务。甚至可以说,越标准化的服务,就越容易成功。“互联网+”的时代里,顾客不喜欢烦琐的操作体验,希望最简单的操作来满足自己当前的需求,并愿意为之支付报酬。以打车为例,现在微信和滴滴整合在一起,当你需要打车外出,直接点入滴滴出行,软件会自动检索你所在的位置和你附近的出租车,选择好你要去的终点,确认后不久,就会有最近的出租车司机来主动联系你。整个流程只有 3 个步骤,方便快捷。标准化的管理和服务流程,能使企业的雇员或间接雇员(下游供应商)更容易提供符合标准的产品和服务,减少了沟通的成本,让顾客更满意。

2.3　离散式的公司架构

传统企业中,公司员工与公司本身是紧密结合在一起的,一般要有固定的工作地点,企业自有的设备或场所,公司通过严格的规章制度和考勤来约束员工,通过工作业绩来考核员工。而在互联网时代,外包服务或者说离散式的公司架构已逐渐成为越来越多企业的选择。以 ATA 公司为例,作为一家智能化考试服务的创始者,它在公司架构上和提供服务上就具有典型的特点。ATA 的主业是提供远程考试服务,主要是上机考试,流程如下:考生来到指定的考试地点,ATA 通过网络远程将试题传输到考生的机器上,考试答题后,考试成绩随即反馈到 ATA 的信息库里,ATA 再向服务购买者提供考试成绩。在这个过程当中,ATA 可能只委派 1~2 名技术人员到考试现场排除故障,现场的管理完全是由 ATA 通过网络招募的临时监考人员来执行。ATA 自有人员的管理也是通过手机 APP 来实现远程调度,企业只需要专注于管理的结果,而雇员的减少极大地减轻了这方面的压力。

3　维修养护与“互联网+”结合的好处

以上案例是传统行业和“互联网+”:结合成功的典型范例。“互联网+”与维修养护相结合,同样能产生以下正面的效果。

3.1　互联网可以维修养护带来更多的增值机会

互联网为企业带来了更多的机会。在大数据时代,企业突破了地域的限制,可以在互联网上找到更多的项目和机会;互联网又是一个信息平台,企业可以通过互联网来宣传和展示自己。以滴滴打车为例,它由一种单纯的互联网辅助软件,便成为人们的生活必需品之一,其中很重要的一点就是互联网提供了平台,而它提供了一种“免费”服务。最初的时候,滴滴甚至向乘客付钱;到现在滴滴的基础服务也不是从人们的打的费用中额外加钱。但是,垄断了渠道,就意味着企业的营收得到了保障。

水利工程维修养护本身几千公里的战线本身就是一种无形的资源。通过水利人十二年来的不断奋斗,越来越多的水利设施已成为风景区、休闲场所的重要组成部分。维修养护企业在实施工程,保障设施运转的同时,如果能为沿河的人民群众提供更高品质的生活服务,通过互联网来宣传和降低人们享受服务的门槛,相信其中大有作为。

3.2 借力智慧水利,降低运营成本

维修养护,重在保障当前水利设施能正常运行。这其中包含两个内容:一是随时发现问题,这需要每天消耗很多人力、车辆和油料;二是通过维修解决问题,由于维修养护总是发现问题在刚刚出现的时候,大部分都是小修小补,耗物料少,耗人工多,且极琐碎。与之相似的,需要琐碎的工作和人力的一个行业或许能给我们启迪,那就是超市。

不久前,阿里巴巴的无人超市正式运营。与常规超市不同,这里没有任何店员,人们自主拿起货物,出门会被自动扣款。这里的核心科技有三个:身份认证与实时监控,让人的所有行为无所遁形;信用支付,自动扣款,通过二维码和支付宝,实现信息的100%正确核对;“互联网+”则把两者结合起来。

2015年4月,水利部提出《水利信息化资源整合共享顶层设计》。提出逐步建成水利信息化部署应用体系,实现信息共享、应用协同、基础支撑和安全保障,并逐步过渡到集中部署、多级应用。维修养护应抓住这个机会,建立自身的智慧水利系统,如日常检查可以依靠临近的护堤员通过互联网的方式来发现问题,企业的核心技术人员可以通过手机、电脑等媒体进行远程技术指导,而护堤员也可以通过类似快递员的模式来进行管理,如可以广泛地招募护堤员,企业发布任务,护堤员根据自己的时间通过APP接单上岗,进行巡查或维修,按日付薪,避免以往开车数十公里完成几百元的小工程的情况出现等。

3.3 在用人机制中汲取的“互联网+”智慧

离散式公司架构在“互联网+”的模式下不减公司的核心向心力。互联网企业通过标准的包装盒和交通工具为员工规范了工作内容,手机和互联网的结合让每项工作的上游和下游有机地联系在一起,所以即使没有一个办公室,他们对于公司依旧有很强的归属感和成就感。

在互联网模式下,维修养护企业应当积极地探索用人机制。2014年,水利部提出维修养护实施物业化管理的改革方向。作为公益性的维修养护工程的实施虽然面临种种问题,难以由社会来承担,但是维修养护企业完全应该把握这个方向。成立物业公司有以下几点好处:

(1)物业公司仅承揽日常的维护,不涉及建筑施工业务,不缴纳增值税。

(2)可以机动灵活地用人,降低企业日常运行成本。

(3)逐步与市场接轨,培养一批物业专业人才,对于企业未来的发展开拓新的方向。

4 维修养护在“互联网+”下应注意的问题

4.1 积极引入互联网专业技术人才

当前,许多维修养护企业都建设了自己的工作平台;但大多数是采用购买服务的方式建立的。“互联网+”模式下的维修养护,要求必须有专业的技术人才能够对现有的工作平台进行二次开发;要求能够独立开发自有的APP进行远程管理并能随时排除故障;要求能够根据业务调整,对于工作系统进行升级和改造。因此,互联网专业技术人才不可或缺。

4.2 对于维修养护人员要加强培训和指导

在“互联网+”模式下,工作的内容应尽量标准化或模块化,对于一线工作人员必须要进行严格的培训,明确好他们的工作权限和内容;对于超出他们工作范围的,不得越权限处理,要建立明确的问题报告制度和流程。以上,需要对于维修养护人员定期进行培训和指导,并严格考核,确保全员达到任务要求的能力水平。

5　结语

新形势下，日常维修养护遇到了越来越多的问题，这需要上级主管部门进一步推进改革，也需要维修养护企业转变心态，积极应对，把握住“互联网+”时代带来的技术创新和时代机遇。

参考文献

[1] 郑大鹏.积极探索 规范管理 继续推进沂沭泗水利工程管理体制改革工作[J].治淮,2015(10):7-8.
[2] 王占华.水利信息化资源整合共享顶层设计助推智慧水利发展[J].治淮,2017(2):32.

作者简介：陆婷婷，女，1984 年 11 月生，山东沂沭河水利工程有限公司，经济师，主要从事行政人事管理。E-mail：bgsltt@163.com.

第 6 篇　设计与施工专题

土石坝窄心墙接触冲刷技术研究与坝基帷幕灌浆处理

王春磊[1]　皇甫泽华[2]

(1.河南省水利勘测设计研究有限公司　河南郑州　450000;
2.河南省前坪水库建设管理局　河南郑州　450000)

摘　要:土石坝土质防渗体沿岩基层面的渗流冲刷,包括岩基裂隙中的纵向渗流对防渗土体的冲刷及土与岩基结合面接触不良时渗流沿接触层面出现的接触冲刷,研究岩基面与防渗体(尤其是窄心墙)防渗土料的渗流冲刷问题,不仅可以提供土体遭受岩基裂隙冲刷的水力要素,而且可以为确定基岩裂隙灌浆标准提供理论依据。因此,研究对土质防渗体沿岩基层面的渗流冲刷是十分重要和必要的,本文通过对鲇鱼山水库心墙与基岩接触冲刷研究理论成果和试验结果,为水库主坝坝基帷幕灌浆工程实施提供理论依据。

关键词:心墙　基岩　接触冲刷　帷幕灌浆

1　概述

鲇鱼山水库是淮河水利委员会联合调度的八座大型水库之一,水库主坝为黏土窄心墙砂壳坝,坝顶长1 476 m,最大坝高45.8 m。黏土心墙呈纺缍型,坝顶心墙宽度仅3.0 m,两侧边坡为1∶0.15,底部心墙穿透砂卵石层落在基岩,底宽不足6 m,边坡为1∶0.5。根据《鲇鱼山水库大坝安全评价》中渗流安全评价意见:“主坝坝基大部分地段渗流是稳定的,但局部地段仍存在着高位势和位势突变或升高的趋势,说明坝基已发生渗透变形。”根据除险加固方案比较,确定采用坝基帷幕灌浆处理方案。在大坝窄心墙中进行基岩灌浆帷幕施工,灌浆压力较小时,浆液进不到裂隙中,达不到预期效果;而灌浆压力较大时,因心墙底部宽度较窄,掌握不好易造成接触冲刷,甚至劈裂心墙。这也为我们提出了一个新的研究课题——土石坝窄心墙接触冲刷技术研究与坝基帷幕灌浆处理。该项目通过理论分析与现场施工相结合的方法,对岩基面与窄心墙防渗体土料的接触渗流冲刷控制技术研究,为水库坝基帷幕灌浆防渗处理提供了试验参数,为进一步采取工程措施提供帮助。本研究成果已在鲇鱼山水库除险加固工程设计、施工中得到应用。

2　相关工程研究成果

2.1　岩基表层裂隙中纵向渗流对土质防渗体的接触冲刷

对于该种类型的接触冲刷国内外研究的相对较多,取得了一些成果,基本如下。

(1)B.H.热连柯夫曾专门研究了岩基裂隙开度δ不同情况下各种土料的接触冲刷特性,试验中包括壤土、砂质土及黏土,土料的液限变化范围为19%~57%,塑限为13%~28%,塑性指数为5~22。试验结论如下:

岩基裂隙开度的影响程度。当$\delta \geqslant 4$ mm时,裂隙岩体中接触冲刷流速接近常数,继续加大裂隙开度冲刷流速变化不大,$v_k \approx 20$ cm/s。

接触冲刷的最小水力比降J为

$$J = 1.44 \times 10^4 \frac{v^2(\delta + 0.2)^2}{g\delta^4(\delta + 0.272)} \tag{1}$$

接触冲刷流速 v_k 为

$$v_k = 1.2 \times 10^{-3} \frac{\upsilon^2(\delta + 0.2)^2}{g(\delta + 0.272)} \tag{2}$$

式中 υ——液体的运动黏滞系数,cm^2/s;

g——重力加速度,cm/s^2;

δ——岩基裂隙开度,mm。

基岩裂隙宽度 $\delta \leqslant 0.5$ mm 时在接触带不会产生接触冲刷流速。

(2)中国水利水电科学研究院选用了两个工程的防渗土料,一种是黄河小浪底大坝心墙土料,属粉质黏土料,代表黏性较高的土料;另一种是河北黄壁庄水库副坝覆盖土料,属重砂壤土,代表黏性较差的土料,其研究结果显示:

岩体裂隙渗流流态取决于裂隙开度、糙率和水力比降,但土体的接触冲刷还与土的性质和干密度有关,不完全取决于渗流流态。在裂隙因素相同的情况下,黏性和干密度大的土抗冲刷水力比降大。

裂隙开度是决定接触冲刷的主要因素之一。当裂隙开度 δ>3 mm 后土体的接触冲刷水力比降接近常数,开度不再有明显作用。这一现象表明,当 δ>3 mm 后对土体的接触冲刷强度起主要作用的是土体本身的水化崩解能力及崩解后团粒粒径的大小。崩解能力强、团粒粒径小的土,抗接触冲刷的水力比降小,反之则大。

土的性质对接触冲刷的影响更加明显,黏性高的土抗接触冲刷能力强,砂壤土抗裂缝冲刷的比降很小。

干密度的影响。同一种土,压实系数大,密度高,则抗接触冲刷的水力比降大。对于高液限黏质土,只要接触冲刷带土体的压实系数达 0.94 的要求,岩石裂隙开度在 1 mm 左右,就具有较高的抗接触冲刷的水力比降。

2.2 考虑防渗体与地基接触面力学作用下的接触冲刷

河海大学的有关研究认为接触面的渗流特性不仅依赖相接触的两种介质自身的渗流特性,更依赖于接触面附近的结合程度,则从实现接触面法向压力的模拟,对不同法向压力作用下心墙与岩基、心墙与岸坡接触面进行了渗流试验。试验考虑不同组合下发生接触冲刷破坏对渗透系数和破坏坡降的影响,组合包括围压不同、土料填筑密度不同、渗流出口有无反滤保护措施、接触面光滑与粗糙等方面。试验结论认为:

黏土试样与混凝土试样在接触面上发生冲刷破坏与施加的围压(垂直于接触面的向压力)有很大关系,并且通过试验结果证明,随着围压的增大,发生接触冲刷的破坏比降也增大,并且近似成线性递增。经试验,填筑干密度 1.65 g/cm^3 比填筑干密度 1.597 g/cm^3 抗渗能力提高约 5%。

接触冲刷破坏与下游侧有无反滤保护也有很大关系,当下游侧无反滤保护时就容易发生接触冲刷破坏,并且通过试验观察发现当试样无反滤时,在其破坏过程中试样形态发生很大变化。在相同的填筑条件下,当采用渗流出口处有反滤保护时,抗渗能力将提高约 6%。

心墙黏土试样的接触渗流抗冲刷破坏,紧密依赖于渗压与围压比值,经统计拟合分析,破坏条件渗压与围压比值为 0.9~0.95。

3 主坝心墙与基岩接触冲刷试验研究

河南省水利科学研究院对水库心墙与基岩接触冲刷进行了室内研究,研究内容为对不同干容重的中、重粉质壤土及黏土三种土料,在不同纵向和横向岩石裂隙宽度和深度情况下进行试验,为水库主坝工程设计提供理论依据。

3.1 试验情况

3.1.1 试验土料

心墙土料采用中粉质壤土、重粉质壤土及黏土三种土料。

3.1.2　试验项目

岩石裂隙尺寸对冲刷流速的影响：以干容重为1.65 g/cm³的中粉质壤土为对象，进行岩石裂隙宽度为10 mm，深度为2 mm、5 mm、10 mm、20 mm和裂隙宽度为5 mm，深度为5 mm、10 mm的冲刷试验。

土料干容重对冲刷流速的影响：以中粉质壤土为对象，在裂隙宽度为10 mm和深度为5 mm的情况下，比较了干容重为1.55 g/cm³、1.65 g/cm³和1.70 g/cm³的冲刷流速大小。

土料中黏粒含量对冲刷流速的影响：试验土料为中粉质壤土、重粉质壤土和黏土，干容重为1.65 g/cm³，岩石裂隙宽度为10 mm、深度为5 mm。土的物理性指标如表1所示。

表1　土的物理性指标

土类	颗粒组成(%)			界限含水量			有机质含量
	2~0.05	0.05~0.005	<0.005	流限(%)	塑限(%)	塑性指标	
中粉质壤土	33	50	17	30.4	20.2	10.2	0.8%~1.1%
重粉质壤土	21	51	28	36.4	19.0	17.4	
黏土	7	35	58	47.0	25.0	22.0	

3.1.3　土样制备与岩石及其裂隙的模拟

土样的制备。制备方法是先将土料风干，碾碎，过孔径为2 mm筛，然后按最优含水量控制加水后放入瓷容器内，静置24 h后，拌匀，再把该土按控制干容重称量分10次填入10 cm×10 cm×10 cm的铁模内，每填一次击实至1 cm，将表面再刨毛后再填第二次土。重复上述步骤至10 cm。脱模放入饱和器内进行抽气饱和，饱和度不得低于95%。

弱风化花岗岩的模拟。弱风化花岗岩取样和加工均较困难，而且也很难确定其代表性的大小。故用机制红砖加上水泥砂浆抹石来模拟。顺水流方向的长度为12 cm，进出口部加工成流线型，人为地控制缝宽和缝深。

3.1.4　试验仪器及试验用水

试验仪器，系采用直径30 cm的管涌仪水平放置，略加改装而成。

试验用水，据有关资料介绍用蒸馏水做冲刷试验其破坏冲刷流速最小，但考虑到采用蒸馏水不符合实际情况，使用库水也有许多不便，故使用了自来水。

3.1.5　冲刷流速分级及稳定标准

冲刷流速一般是以0.5 m/s开始，每级相差0.5 m/s，但为节省试验时间也可根据坝体情况加以调整。每级流速下是每小时测定一次，连续冲刷8 h不发生破坏，就升至下级流速。

冲刷过程中流速变化不超过±1%，即认为流速稳定，否则应该调整到规定的流速值。

3.1.6　库水的化学分析和土的分散性试验

经室内化学分析，判定属钙型水，比较稳定。

按华东水利学院译《土石坝工程》判定粉质壤土属分散性土。

3.1.7　冲刷破坏的标准

经过一些初步的试验和分析，暂定为：

上(下)游测压管水位在某级流速下产生较明显的降落(或上升)，并带出比较多的土屑。在双对数坐标纸上绘制比降与流速关系曲线发生的转折点。

3.1.8　试验条件

为安全和简化起见，试验时假定岩石裂隙进出口部分均无防护，裂隙中没有任何充填物质。仅在土样进出口部分的铅直石上覆有一层网眼尺寸为1.5 mm×1.5 mm的尼龙丝网。

3.2　破坏形式和临界流速的计算

3.2.1　破坏形式

进出口部分。进出口部分往往先发生冲蚀，而且范围和深度均较中间部位为大，其原因可能是水流在进出口处产生紊流所致。故在计算中不予考虑。

中间部分。一般都是全面冲蚀,略呈拱形,也有时局部极小地点不发生冲蚀或冲蚀甚浅,这后者可能是制样不均匀造成的。

当岩石裂隙的深度<5 mm 时,破坏往往是突然发生,这可能是由于裂隙太浅冲蚀下来的土屑较大不易冲走,待流速达到一定程度及突然破坏。

当岩石裂隙的深度≥5 mm 时,破坏过程较长,即变化较慢,可能由于被水流冲蚀下来的土屑易冲走,不会造成局部堵塞的缘故。

3.2.2 临界流速计算

把 I—v 曲线上发生转折(即破坏)时的流速加上前一级流速被 2 除得的值,再除以(1+最小冲蚀截面面积/岩石裂隙截面面积),即得临界冲刷流速。

3.3 试验内容结果

3.3.1 不同土类即黏粒含量不同对临界冲刷流速的影响

试验分别对中、重粉质壤土和黏土在控制干容重为 1.65 g/cm^3,岩石裂隙宽度为 10 mm,深度为 5 mm 的情况下进行了冲刷试验,试验成果如表 2 和图 1 所示。

表 2 临界冲刷流速 v

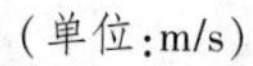
(单位:m/s)

土类	范围值	算术平均值
中粉质壤土	0.38~1.13	0.78
重粉质壤土	1.75~2.75	2.30
黏土	2.26~3.38	3.02

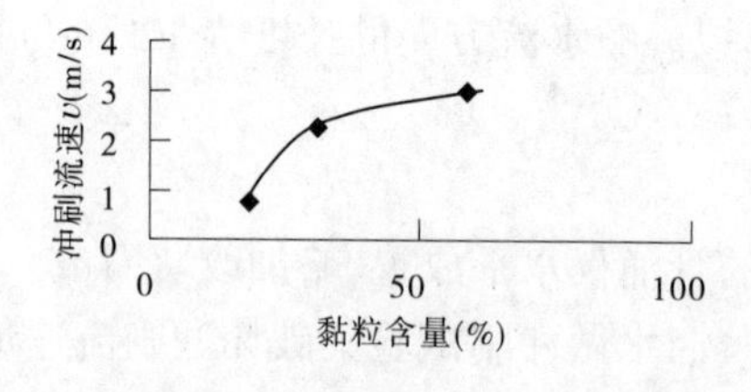

图 1 不同黏粒含量对临界冲刷流速影响成果图

由图 1 可知,黏粒含量为 17%~30%时冲刷流速随黏粒含量增加急剧增大,黏粒含量超过 50%时冲刷流速渐趋于稳定。可能由于土的黏粒含量由低到高时,土的黏聚力增长得快,因此临界冲刷流速也增长得快,但达到一定数量后土的黏聚力渐趋于一个定值,所以临界冲刷流速也就趋于稳定。

3.3.2 土的干容重对临界冲刷流速的影响

试样选用中粉质壤土,岩石裂隙宽度为 10 mm,深度为 5 mm,干容重分别控制为 1.55 g/cm^3、1.60 g/cm^3、1.65 g/cm^3、1.70 g/cm^{3}饱和制样,试验成果如表 3 和图 2 所示。

表 3 临界冲刷流速 v

(单位:m/s)

干容重(g/cm^3)	范围值	算术平均值
1.55	0.32~0.58	0.41
1.60	0.42~0.88	0.64
1.65	0.38~1.13	0.78
1.70	0.58~2.38	1.17

由图 2 可知,临界冲刷流速和干容重的关系十分密切,干容重越大,临界冲刷流速也越大,干容重大于 1.65 g/cm^{3}时,临界冲刷流速出现了转折,其原因可能是干容重越大土粒子排列得越紧密,因而提高了抵抗冲刷的性能。

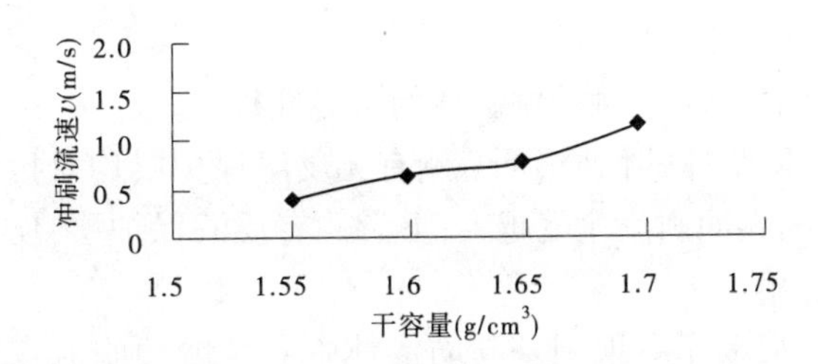

图2　土的干容重对临界冲刷流速影响成果图

3.3.3　岩石裂隙尺寸对临界冲刷流速的影响

试样仍为中粉质壤土，干容重为1.65 g/cm³，裂隙尺寸分为两组：一组是宽度为10 mm，深度分别为2 mm、5 mm、10 mm、20 mm；另一组是宽度为5 mm，深度分别为5 mm和10 mm。试验成果如表4和图3所示。

表4　临界冲刷流速 v

岩石裂隙尺寸		范围值(m/s)	算术平均值(m/s)
宽度(mm)	深度(mm)		
10	2	0.28~0.95	0.55
	5	0.38~1.13	0.78
	10	1.28~1.61	1.39
	20	1.13~2.51	1.91
5	5	1.26~2.63	1.79
	10	1.91~2.63	2.19

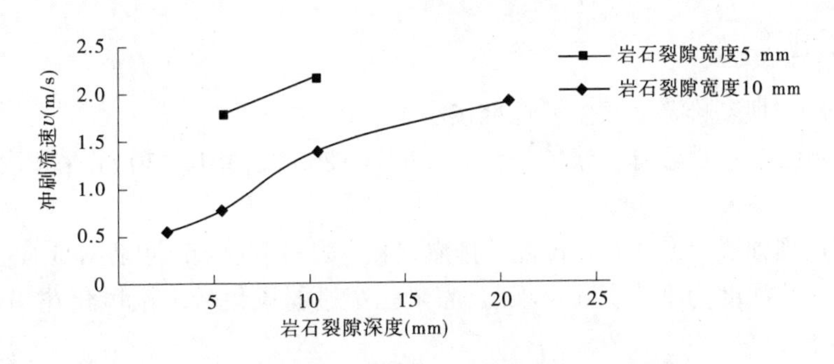

图3　岩石裂隙尺寸对临界冲刷流速的影响成果图

由图3可知，在岩石裂隙宽度固定的条件下，临界冲刷流速随深度的增大而增大，而在裂隙深度固定的条件下，临界冲刷流速则随宽度的减少而增大。这些现象可以从水流速度的分布上得到解释，当宽度固定时深度越小，土样底石的流速越接近最大流速，所以临界冲刷流速也越小，而当深度固定时宽度大者土样底石的流速则接近最大流速。

3.4　试验结论

(1)接触冲刷是复杂的水力现象，现场试验受地形、设备等因素影响，组织实施难度较大，精度也不高，目前更多依赖于通过实际工程现场取样，在室内根据水力条件相似进行室内研究，室内研究基本符合现场实际情况，可以为工程设计提供理论基础。

(2)由试验成果数据可知：土的黏性含量越多，干容重越大，岩石裂隙越窄越深，临界冲刷流速就越大，反之就越小。

(3)建议采用干密度1.65 g/cm³，缝宽10 mm、缝深5 mm的试验成果作为水库主坝坝基与防渗体防接触冲刷流速设计依据，安全系数采用3，其允许不冲刷流速为：中粉质壤土≤0.26 m/s，重粉质壤土≤0.78 m/s，黏土≤1.0 m/s。

3.5 研究成果对水库加固工程意义

(1)主坝岩基与土质防渗体产生接触冲刷破坏的可能性很小。

根据上述研究结论,土质防渗体的性质、下游侧有无反滤保护层均对接触冲刷起着明显影响作用,土的黏性含量、干容重越大,临界冲刷流速就越大;下游侧有反滤保护层,反滤保护层的填筑质量越好,临界冲刷流速就越大。

根据上述试验成果数据,某水库主坝坝基与防渗体临界接触冲刷流速建议为:中粉质壤土≤0.26 m/s,重粉质壤土≤0.78 m/s,黏土≤1.0 m/s。在南京水利科学研究所利用放射性同位素对水库主坝坝基实际渗透流速进行监测显示,在库水位 103~104 m 时,高位势区渗透流速为 $1\times10^{-2}\sim1\times10^{-3}$ cm/s,位势不高的裂隙破碎带渗透流速为 1×10^{-1} cm/s 左右,均远小于允许冲刷流速,最大流速出现在基岩面以下 30~40 cm 处,不在心墙与基岩的结合面位置。

由上可知,在水库正常运行时坝基与防渗体产生接触冲刷这一渗透破坏的可能性很小。

(2)灌浆处理方案是可行的,但应采取合理的施工工艺和方案。

在水库前期主坝渗流问题研讨时对渗流加固方案采不采取灌浆施工多有争议,其中一个重要因素是担心再次灌浆施工会对主坝坝体或与基岩结合面产生不利影响,影响大坝安全。但经过多年来国内诸多病险水库的灌浆工程实践,灌浆施工技术发展很快,灌浆技术和理念也不断创新和改进,各种新工艺、新方法和新设备也得到不断诞生,针对水库复杂地质状况和水力条件,总能找到符合水库实际情况的灌浆施工方案组合。

2007 年 12 月,召开了鲇鱼山水库除险加固工程主坝坝基防渗灌浆处理方案专家论证会,参加会议的国内著名的基础处理专家一致认为"主坝坝基处理采用灌浆方案是可行的,关键是合理确定灌浆工艺和施工方案,选用经验丰富的施工队伍",同时会议对帷幕灌浆应注意的关键问题如灌浆主要工序、钻孔及镶铸钢管、采用孔口封闭法、自上而下分段进行循环式灌浆施工、灌浆段长控制、灌浆压力控制提出建议,有力地保证了灌浆施工的安全性。

4 坝基帷幕灌浆施工

(1)工程防渗标准:坝基帷幕灌浆防渗标准按小于 3 Lu 进行设计。

(2)灌浆范围及形式:设计帷幕灌浆桩号为 0+420~0+850 段,共长 430 m,采用套管压入法,封闭式帷幕灌浆。

(3)灌浆孔布置:坝轴线上游 4.1 m 布置一排灌浆孔,按三序孔施工,孔距 1.5 m。

(4)帷幕深度:钻孔深度为帷幕底面至坝顶,灌浆孔穿过弱风化带至微风化花岗岩,平均深度为 20 m,灌浆孔孔斜不大于 0.5%。

(5)灌浆方法和方式:采用自上而下分段灌浆法,采用孔口封闭式。分段长度第一段 1 m,第二段 1 m,以下各段段长为 4 m,最大不超过 7 m。设计初始灌浆压力为 0.5 MPa,第二段压力为 0.8 MPa,第三段压力为 1.0 MPa,最大灌浆压力不超过 1.2 MPa。

(6)灌浆结束标准和封孔方法:采用自上而下分段灌浆法时,在规定的压力下当注入率不大于 0.4 L/min 时,继续灌注 60 min 或不大于 1.0 L/min 时,继续灌注 90 min,灌浆可以结束。检查孔在灌浆结束后 14 d 进行,检查结束后按技术要求进行灌浆和封孔。灌浆孔封孔应采用"分段压力灌浆封孔法"。

(7)其他注意事项。

考虑到本工程地质条件复杂,为更好地保证灌浆质量,保证大坝黏土心墙的不被破坏,在特殊情况下采用自上而下分段卡塞纯压式灌浆工艺;根据岩体的透水情况,灵活合理地选择适宜的水灰比;同时黏土心墙内下设及镶筑护壁套管的方法,根据接触面岩体风化程度采用如下三种方法:

方法一:钻至距黏土心墙底部后,改用ϕ91 mm(ϕ76 mm)金刚石钻头钻入基岩 50 cm,取出钻具后向孔内投入水泥球将基岩部分填满,然后用吊锤将ϕ89 mm(ϕ73 mm)套管砸至孔底,套管露出地面 10 cm,用水泥砂浆把孔口部位套管与孔壁之间的缝隙封堵,防止地面污水流入缝隙,污染心墙,待凝36 h。

方法二:钻至距黏土心墙底部以上 1 m 处,下入ϕ89 mm(ϕ73 mm)套管,用吊锤将套管砸至基岩面,套管露出地面 10 cm,用水泥砂浆把孔口部位套管与孔壁之间的缝隙封堵,防止地面污水流入缝隙污染心墙。

方法三:钻至距黏土心墙底部后,改用ϕ91 mm(ϕ76 mm)金刚石钻头钻入基岩 50 cm,然后用吊锤将在底部缠绕由丝麻制成的止浆环的ϕ89 mm(ϕ73 mm)套管砸至孔底,套管露出地面 10 cm,用水泥砂浆把孔口部位套管与孔壁之间的缝隙封堵,防止地面污水流入缝隙,污染心墙。

(8)技术经验总结。

通过本工程施工实践,对帷幕灌浆在超深黏土心墙内镶筑套管进行墙下岩石灌浆提供了以下几点经验:

①镶筑方法必须选择与地层相适应的施工方法。若基岩面岩石为强风化岩石中应采用方法一,用水泥镶筑套管并待凝一定时间;若为微风化(弱风化)岩石,可采用方法二或方法三。选择合适的镶管方法,对提高施工工效、减少心墙被破坏的风险、降低工程成本尤为重要。

②黏土心墙内镶筑套管必须使用高质量的护壁套管,并及时检查丝扣。在起拔套管时,随着钻孔深度的增加,套管外壁所承受的摩阻力及受到的冲击拉力也随之增大,若套管质量不好,在孔内发生脱丝及断管的概率也会增大,将极大影响成孔效率。

③对钻孔孔斜的质量控制,每个孔在开钻前及钻孔过程中必须严格控制钻机的水平度和垂直度,从而达到控制钻孔孔斜的目的。以本工程为例:因黏土心墙为薄心墙,在心墙内钻孔很容易偏出墙外,造成心墙破坏而出现质量事故;本工程在施工过程中通过严格控制钻机水平度和垂直度,没有一个孔因出墙而出现质量事故,所有钻孔的孔斜率均满足设计不大于 0.5%的要求。

5　结论

综上所述,本次加固后灌浆后坝基位势总体变化不大,部分坝基段位势稍有下降,一方面说明坝基灌浆处理有一定效果,另一方面也初步显示对水库窄心墙进行灌浆施工没有对心墙造成劈裂破坏,没有对基岩与心墙接触面产生接触冲刷破坏。考虑到主坝坝基长度约 1 476 m,主坝坝基各坝段均不同程度出现高位势或位势变化等问题,本次坝基处理只对主坝桩号 0+420~0+850 段进行治理,其余高位势区及位势变化较明显坝段未进行加固,使得本次加固灌浆施工效果大打折扣。总体而言,坝基灌浆处理取得了一定效果,也为今后主坝加固及其他类似工程提供了宝贵的经验。

参考文献

[1] B.H.热连柯夫.关于土石坝与裂缝岩基连接处的抗渗强度[M].渗流译文汇编,第十辑,南京水利科学研究院,1980.
[2] 刘杰.土石坝渗流控制理论基础及工程经验教训[M].北京:中国水利水电出版社,2006.
[3] 刘杰.土石坝截水槽接触冲刷的试验研究[A]//全国病险水库与水闸除险加固专业技术论文集[C].北京:中国水利水电出版社,2001.

作者简介:王春磊,男,1973 年 11 月生,河南省水利勘测设计研究有限公司,高级工程师,长期从事水库工程设计。E-mail:13633849208@139.com.

闸墩混凝土较高温季节浇筑温控防裂研究
——以出山店水库表孔闸墩混凝土浇筑为例

王桂生[1]　马东亮[1]　杨　中[1]　强　晟[2]

(1.中水淮河规划设计研究有限公司　安徽　合肥　230601;
2.河海大学　江苏南京　210098)

摘　要:出山店水库表孔闸墩在冬季无法浇筑到坝顶,部分混凝土须在春季甚至初夏继续浇筑,而春季至初夏气温不断升高,造成浇筑温度较高,温控难度显著增大。而且浇筑层之间的实际间歇期较长,导致上下层混凝土之间的相互约束较大,变形不协调程度增加,下层对上层新浇筑混凝土的拉应力会更大,不利于防裂。因此,需要根据春季至初夏条件下的温度场和应力场的仿真计算,确定相应的温控方案,为现场施工和温控防裂提供了决策依据。

关键词:混凝土坝　闸墩　温度控制　防裂

1　引言

出山店水库重力坝表孔坝段总长150.5 m,共8孔,每孔净宽15.0 m,边墩厚3.0 m,中墩厚3.5 m,顺水流向长度为31.0 m,堰顶至墩顶高为17.4 m。闸墩采用C30W4F150和C35W4F150混凝土,工程所在地春季环境气温具有日平均气温不断上升、昼夜温差大等特点,在此时段浇筑大体积、高标号混凝土,若不采取有效的温度控制措施,混凝土内部最高温度、最大温升及温度梯度等温度指标将急剧上升,由此产生的温度应力将突破混凝土自身的抗拉强度,导致混凝土产生裂缝。因此,必须对闸墩混凝土浇筑采取有效的温度控制措施。

2　计算模型及计算参数

2.1　计算模型

对表孔坝段选取其典型9#坝段建立有限元整体模型网格,见图1。其中,坝基盖重层及坝下游面为C20混凝土,坝体上游防渗层为C25混凝土,坝体内部为C15混凝土,堰面高程83.0 m以上闸墩内部为C30混凝土,外部为C35混凝土。本文的主要研究对象是表孔坝段堰面上部闸墩结构混凝土。典型表孔坝段有限元模型节点数77756,单元数70888,图2是表孔坝段典型坝段有限元混凝土模型网格,混凝土材料的热学与力学参数见表1。

在温度场仿真计算时,假定坝基础底面及四周均为绝热边界,坝体横缝面为绝热边界,其他面为热量交换边界。在应力场计算时,假定基础底面为铰支座,四周为连杆支撑,上部结构均自由。由于温度应力是一个自平衡力系,其影响主要发生在温度变化激烈部位及其周围,同时考虑到在计算规模和时间上的限制,取计算域基础在坝体向外扩展范围为基础上、下游各取60 m,垂直水流方向各取25 m,地基深度取70 m。

图1 表孔坝段整体模型网格

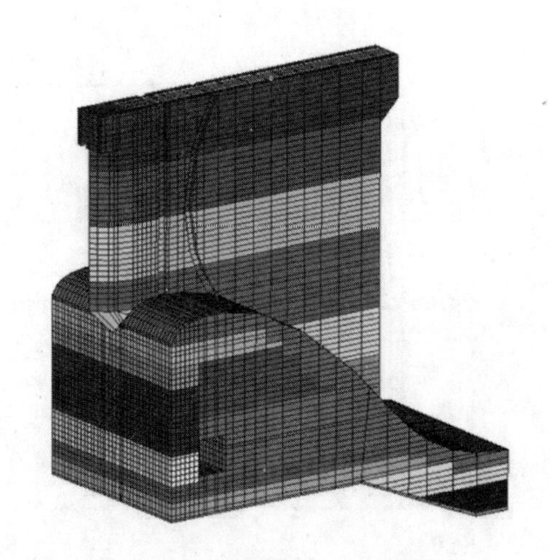

图2 表孔坝段混凝土模型网格

表1 混凝土材料的热学与力学参数

材料	导热系数 λ (kJ/(m·h·℃))	绝热温升终值 θ_0 (℃)	导温系数 a(m²/h)	线胀系数 α(10^{-6}/℃)	泊松比 μ	密度 ρ(kg/m³)	最终弹性模量 E_0(GPa)
C15	9.663	34.0	0.004 45	8.363	0.167	2 350	28.8
C20	9.613	39.5	0.004 44	8.378	0.167	2 353	30.3
C25	9.546	41.5	0.004 41	8.373	0.167	2 357	31.7
C25	9.465	45.0	0.004 39	8.374	0.167	2 360	33.2
C35	9.381	50.0	0.004 37	8.600	0.167	2 381	34.5
岩基	10.50	0.00	0.005 48	7.000	0.200	2 680	55.0

2.2 计算参数

计算时多年平均日气温变化拟合为式(1),即

$$T_a(t) = 15.7 + 13\cos\left[\frac{\pi}{6}(t - 6)\right] \quad (t\text{为月份}) \tag{1}$$

3 计算工况和结果

3.1 计算工况

表孔坝段从2016年11月开始浇筑盖重层混凝土,按照2017年新的浇筑进度计划,2017年5月之前浇筑到坝顶,从6月1日至9月30日为汛期,混凝土表面过水,2018年4月水库开始蓄水,仿真计算一直模拟到蓄水后约10年时间。

2017年浇筑进度见表2,浇筑分层示意图见图3,根据实际进度计划模拟表孔闸墩的浇筑进度,根据实际进度对闸墩采取通冷却水管加保温措施进行温度控制,选择两种不同水管密度和保温措施作为计算工况。

表2 2017年浇筑进度

9#坝段	闸墩 80.5~89.0 m	4月3日
	闸墩 89.0~100.4 m	4月21日
	堰面 C35,63.8~73.0 m	4月30日
	堰面 C35,73.0~80.5 m	5月6日
	堰面 C25 和 C35,80.5~83.0 m	5月12日

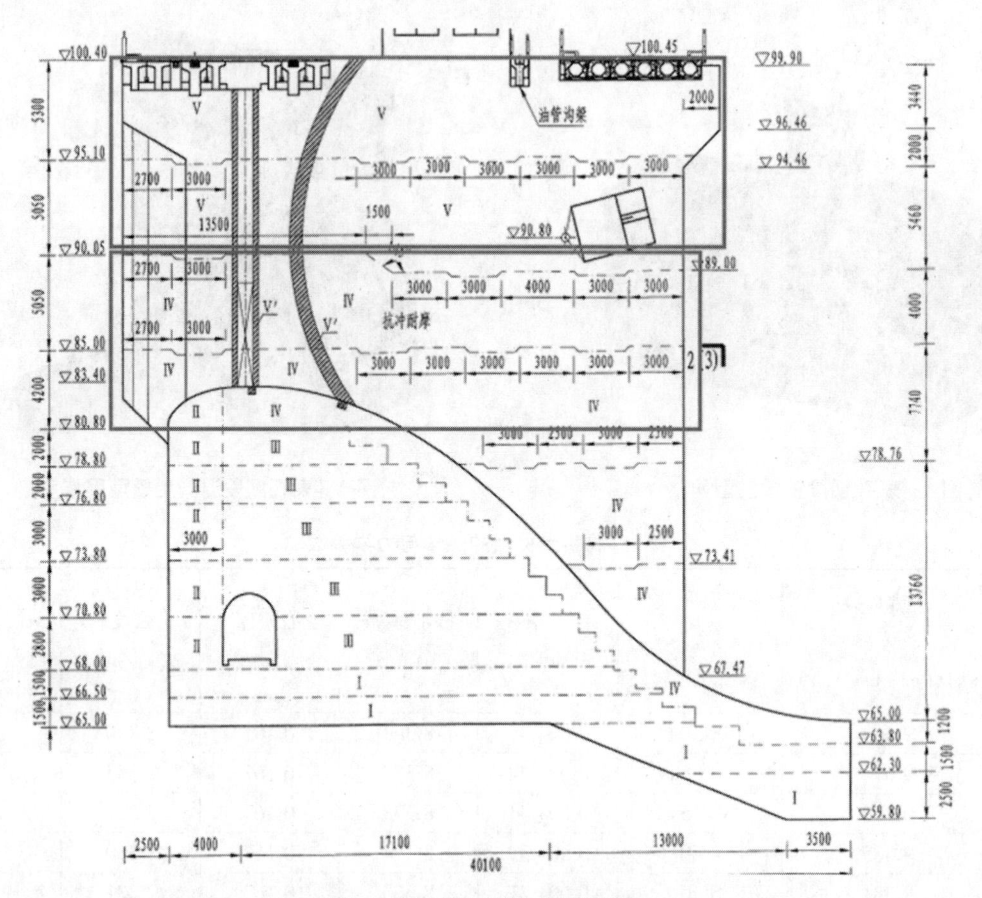

图 3　表孔坝段浇筑分层示意图

工况 1:按照 4 月浇筑进度进行模拟,仓面采用保温被覆盖直至上层混凝土浇筑或覆盖到 5 月初,立面拆模后挂保温被,保温到 5 月初。闸墩内部采用金属冷却水管,布置密度为 1.0 m×1.0 m,采用河水冷却。

工况 2:在工况 1 基础上,闸墩第一大层混凝土水管加密到 0.5 m×0.5 m。溢流面 C35 混凝土掺入膨胀剂,减小 80%的自变,并布置 0.5 m×0.5 m 的水管。各浇筑层立面拆模后以及仓面均保温 28 d。

3.2　计算结果

根据工况 1 和工况 2 计算得到相应的温度,见图 4 和图 5。

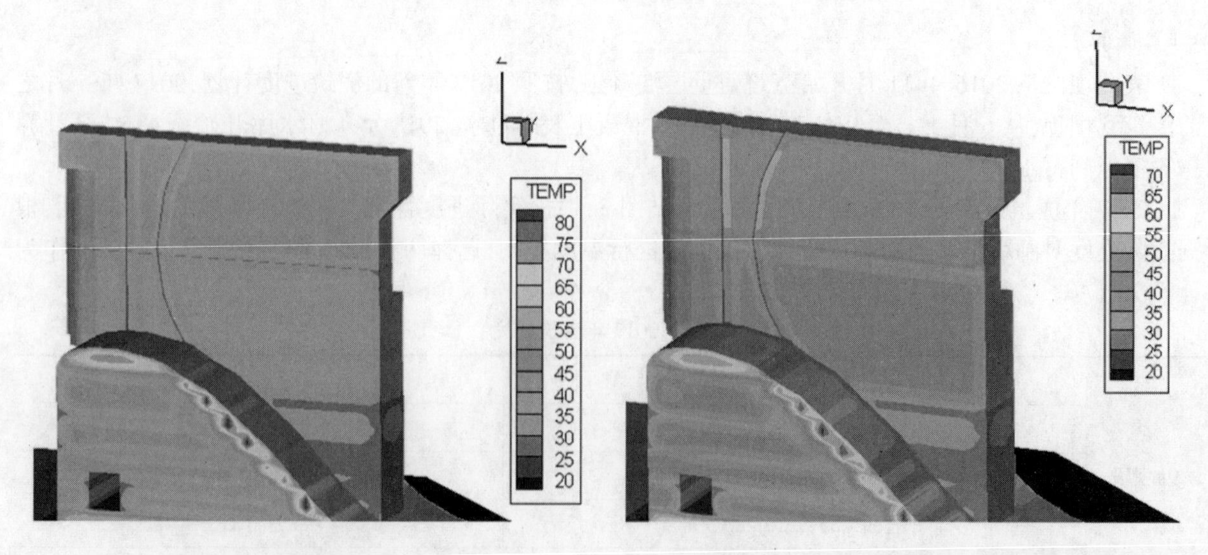

图 4　工况 1 表孔坝段外表面温度包络图　　　　图 5　工况 2 表孔坝段外表面温度包络图

由图4可见,由于4月和5月气温高,导致浇筑温度高,冷却水温高。在1.0 m×1.0 m的水管布置密度条件下,第一大层混凝土的温度峰值为57.6 ℃,第二大层混凝土的温度峰值为64.2 ℃,闸墩底部2 m高范围内的拉应力是闸墩中最大的,达到3.7 MPa,超过了抗拉强度。闸墩第二大层的最大拉应力为2.6 MPa,未超过抗拉强度。由图5可见,闸墩底部2 m高范围内的温度峰值降至50 ℃,最大拉应力降至3.4 MPa,仍超过C30混凝土的抗拉强度。闸墩表面的C35混凝土由于受到了较好的保温,内外温差减小,表面拉应力不再超过C35的抗拉强度。

4　温控措施

在仿真计算结果和温控指标要求的基础上,结合以往类似工程的经验,并考虑该工程的实际情况,提出如下温控建议。

4.1　通水冷却

高程为89~100.4 m的闸墩,水管间距1.0 m×1.0 m。采用河水进行冷却,通水时间长度为10~20 d,温度峰值后的温降速率不大于2 ℃/d,以有效控制混凝土温升幅度。

4.2　表面保温

钢模板外贴5 cm厚聚乙烯苯板,拆模后立即覆盖聚乙烯卷材(俗称大坝保温被),覆盖时长不少于28 d。间歇期仓面的覆盖材料为2.0 cm厚大坝保温被,仓面要尽早覆盖,尽晚掀开。温降在15 ℃左右的寒潮,覆盖4.0 cm厚的保温被,温降在20 ℃左右的寒潮,覆盖6.0 cm厚大坝保温被。

5　结论

采取上述温度控制方案后,混凝土经过内部通水冷却、表面保温措施后,以9#闸墩为例,5月下旬平均大气温度25 ℃,混凝土内平均最高温度34 ℃,满足设计提出的容许最高温度限值。汛期拆模后,检查闸墩混凝土表观质量,未发现裂缝,表明混凝土浇筑质量优良,温度控制措施合理且经济,为类似工程提供了参考。

参考文献

[1] 赵富刚,牛文阁,李超毅.景洪水电站碾压混凝土温控防裂措施及组织管理[J].水利水电科技进展,2007,27(3):46-48.
[2] 邢德勇,徐三峡.三峡三期大坝工程大体积温控技术综述[J].水力发电,2005,15(2):14-16.
[3] 梁仁强.干热河谷地区高拱坝温度控制与防裂研究[J].人民长江,2014,45(17):36-38.
[4] 舒光胜,周厚贵.景洪水电站碾压混凝土工程温控措施效果分析[J]. 水利水电科技进展,2007,27(2):55-57.
[5] 李松辉,张国新,张湘涛,等.高碾压混凝土重力坝施工度汛缺口坝段温控防裂措施研究[J].水利水电技术,2013,44(7):56-58.
[6] 张国新,刘有志,刘毅,等.特高拱坝施工期裂缝成因分析与温控防裂措施讨论[J].水力发电学报,2010,29(5):45-51.
[7] 张德荣,刘毅.锦屏一级高拱坝温控特点与对策[J].中国水利水电科学研究院,2009,7(4):270-273.
[8] 张国新,赵文光.特高拱坝温度应力仿真与温度控制的几个问题探讨[J].水力发电学报,2008,39(10):36-40.

作者简介:王桂生,男,1980年12月生,中水淮河规划设计研究有限公司,高级工程师,主要从事水工结构的设计与研究。E-mail:18856925285@163.com.

高抗冲磨橡胶混凝土在前坪水库导流洞中的应用

罗福生[1]　郝二峰[1]　历从实[2]　冯凌云[3]　皇甫泽华[2]

(1.河南省水利第二工程局　河南郑州　450016;
2.河南省前坪水库建设管理局　河南郑州　450000;
3.河南省水利科学研究院　河南郑州　450003)

摘　要:高抗冲磨橡胶混凝土将废旧轮胎橡胶颗粒掺入混凝土,与普通混凝土相比强度较低,但抗裂性能、抗冻性能和抗冲磨性能显著提高,是一种低强度高性能、环保节能的新型建筑材料。为考察高抗冲磨橡胶混凝土在泵送情况下的抗冲磨性能、施工性能、服役期间的耐久性能等工程应用技术问题,在前坪水库导流洞工程洞身出口及消力池段进行了原型应用试验,结果表明,高抗冲磨橡胶混凝土在泵送条件下,和易性较好,施工工艺简便,抗压、抗拉强度满足工程要求,尤其是抗冲磨强度大幅提高,为其在水利工程中的推广应用提供了工程参考。

关键词:前坪水库　导流洞　橡胶混凝土　抗冲磨性能

1　前言

含沙高速水流对水工建筑物过流表面混凝土的冲磨和空蚀破坏,是水工泄流建筑物如溢洪道、溢流坝、泄洪洞等常见的病害,尤其是当水流流速较高且水流中又挟带着悬移质或推移质时,对水工建筑物的冲磨、空蚀破坏就更为严重,这是水利工程建设和运行中一直存在的技术难题。随着我国水利行业的发展,因坝高、流速、水头等逐渐增大而发生的冲磨破坏的事例也不断增多,如何获得较高抗冲磨性能的混凝土,是我国水工混凝土材料研究领域亟待解决的重要课题。

为提高混凝土的抗冲磨性,在混凝土中加入掺和料是一种常用的技术手段:一种是在混凝土中掺入钢纤维、聚丙烯纤维等,通过增强混凝土的阻裂作用来提高其抗冲磨性;另一种是在混凝土中掺入硅粉、粉煤灰和细矿渣粉等,通过增强混凝土的强度和密实性来提高其抗冲磨性。这两种方法应该归类为通过提高混凝土的强度,实现混凝土抗冲磨性的提高,是一种以“硬”克“硬”的方法。橡胶混凝土是将橡胶颗粒掺入混凝土的一种新型建筑材料,目前对其抗冲磨性能的研究已有报道,认为橡胶混凝土可以提高混凝土的抗冲磨强度,很明显它是一种以“软”克“硬”的新方法。

本文介绍高抗冲磨橡胶混凝土在前坪水库导流洞的应用情况,重点说明高抗冲磨橡胶混凝土在拌合、浇筑过程中的施工工艺、工作性能、抗冲磨性能和表观情况,为高抗冲磨橡胶混凝土在水利工程中的推广应用提供工程参考。

2　实施方案

2.1　工程概况

前坪水库是国务院批准的172项重大水利工程之一,位于淮河流域沙颍河主要支流北汝河上游洛阳市汝阳县,是一座以防洪为主,结合供水、灌溉,兼顾发电的大(2)型水利枢纽工程。主要建筑物包括主坝、副坝、溢洪道、泄洪洞、输水洞、电站等。总库容5.84亿 m^3,控制流域面积1 325 km^2,最大坝高90.3 m,工程等别为Ⅱ等。

前坪水库导流洞布置在大坝右岸山体,工程包括进口明渠段、控制段、洞身段、消能工段及尾水渠段五部分。导流洞轴线总长度约1 128 m,其中进口明渠段长约387 m、控制段长10 m、洞身段长341 m,出口消能段长140 m,尾水渠段长250 m。进口底板高程为343.0 m,闸孔尺寸为7.0 m×9.8 m(宽×高),洞身采用城门洞形,断面尺寸为7.0 m×7.2 m+2.6 m(宽×直墙高+拱高),隧洞出口底板高程342.0 m,采用底流消能,导流洞消力池末端尾水渠入主河道。

2.2　材料概况

高抗冲磨橡胶混凝土,是在普通混凝土基础上,用废旧汽车轮胎粉碎而成的一定粒径的橡胶颗粒取代部分砂配制成的一种新型混凝土材料,利用橡胶颗粒良好的弹塑性和韧性,既能缓和混凝土内部的应力集中,减少原生裂纹缺陷发生的概率,又能耗散外界施加的能量,抑制内部结构的损伤破坏。橡胶颗粒经过由河南省水利科学研究院研制开发的改性剂处理后,使得混凝土具有较好的抗裂性能、抗冲磨性能和抗冻性性能。高抗冲磨橡胶混凝土在水利工程中应用,一方面可有效大量回收利用废旧汽车轮胎,变废为宝,既节约资源又能减少污染,还可节省堆放废旧汽车轮胎所占用土地,社会和环境效益显著;另一方面,其优异的材料性能可在较大程度上延长原混凝土结构的服役期限,减少维护修补成本,直接经济效益显著。

根据工程实际情况,前坪水库选择在导流洞出口段在洞身段(导0+317.64~导0+327.64)底板及"右侧底板⑤600 mm面层"浇筑高抗冲磨橡胶混凝土。

2.3　施工方案

(1)建筑材料。水:井水;水泥:天瑞牌P·O42.5型普通硅酸盐水泥;细骨料:普通河沙,细度模数为2.70,最大粒径5 mm,表观密度为2 703 kg/ m^3;粗骨料:石灰岩碎石,粒径有5~20 mm、20~40 mm两种,连续级配,两者之比为4∶6;橡胶颗粒:由新乡市获嘉县一橡胶厂生产,粒径3~6 mm,表观密度为1 119 kg/m^3(见图1);减水剂:聚羧酸系高效减水剂。

图1　橡胶颗粒表观形态

(2)改性处理。水洗处理:将橡胶颗粒倒入清水中,搅拌,多次清洗,直至水不浑浊,捞出晾干,装袋备用;NaOH处理:配制一定量的1%NaOH水溶液,将橡胶颗粒倒入溶液中浸泡,放置阴凉处24 h,之后用清水多次清洗橡胶颗粒,用pH试纸测量水溶液,直至呈中性,捞出晾干,装袋备用;复合处理:橡胶颗粒经NaOH溶液处理晾干后,再称取橡胶颗粒质量1%的KH570,用一定量的无水乙醇稀释后倒入橡胶颗粒中,以橡胶颗粒恰好全部湿润为宜。

(3)橡胶混凝土配合比。以普通C30混凝土为基准(基准混凝土),橡胶颗粒按照15%掺量(砂总体积的百分比)等体积取代部分砂配制橡胶混凝土,配合比见表1。

表1　混凝土配合比

混凝土种类	混凝土材料(kg/m^3)					
	水	水泥	砂	石子	橡胶	减水剂
基准混凝土	160	400	740	1 100	0	4
橡胶混凝土	160	400	629	1 100	46.87	4

(4)橡胶混凝土浇筑分块。橡胶混凝土按橡胶颗粒的改性方法分为三种,在洞身段(导 0+317.64~导 0+327.64)段底板浇筑复合改性橡胶混凝土,在“右侧底板⑤600 mm 面层”浇筑 NaOH 改性橡胶混凝土,在导流洞出口处 3 m 长的连接段浇筑水洗改性橡胶混凝土。

3　实施过程

(1)混凝土拌和。橡胶混凝土拌和方法和普通混凝土基本一致,唯一不同的是在加料口把预先称好的橡胶颗粒加入料斗,与砂石料一同进入拌和楼进行混凝土搅拌(见图 2)。

图 2　橡胶颗粒加料

(2)混凝土浇筑。第一天晚 23 点导 0+317.64~导 0+327.64 开始浇筑复合改性橡胶混凝土,至次日凌晨 01:05 结束;拌和楼出口拌和物坍落度为 20 cm,入仓坍落度为 19 cm;拌和楼气温 25 ℃,出口拌和物温度 32 ℃;导流洞气温 28 ℃,入仓拌和物温度 36 ℃。

第二天凌晨 02:00,导流洞出口处 3 m 长的连接段开始浇筑水洗处理橡胶混凝土,至凌晨 04:35 结束:拌和楼出口拌和物坍落度为 20 cm,入仓坍落度为 18 cm;拌和楼气温 26 ℃,出口拌和物温度 32 ℃;导流洞气温 28 ℃,入仓拌和物温度 36 ℃。

第二天下午 05:00,右侧底板⑤600 mm 面层开始浇筑 NaOH 改性橡胶混凝土:拌和楼出口拌和物坍落度为 20 cm,入仓坍落度为 18 cm;拌和楼气温 27 ℃,出口拌和物温度 33 ℃;导流洞气温 28 ℃,入仓拌和物温度 35 ℃。

4　橡胶混凝土性能

(1)表观:橡胶混凝土的和易性较好,浇筑成型后表面平整,有部分橡胶颗粒裸露(见图 3),无可见裂缝。

图 3　橡胶混凝土表观

(2)强度:各仓橡胶混凝土试件的抗压强度、劈拉强度和抗冲磨强度见表 2。普通混凝土的抗压强度为 38.62 MPa,抗拉强度为 3.03 MPa,满足 C30 强度等级,但抗冲磨强度只有 4.7 $h \cdot m^2 \cdot kg^{-1}$,橡胶混凝土抗压、抗拉强度较普通混凝土低,但仍满足C30强度等级,而抗冲磨强度大幅度提高。水洗处理、NaOH改性和复合改性橡胶混凝土的抗冲磨强度依次增大,改性效果明显,分别是普通混凝土的3.68倍、4.64倍和5.19倍。从冲磨质量损失看,普通混凝土质量损失严重,达到了1 kg,冲磨后表观坑洼深度较大(见图4),橡胶混凝土冲磨后质量损失较小,最大仅为0.295 kg,表观较平整(见图5)。

表2　高性能橡胶混凝土强度指标

橡胶种类	抗压强度(MPa)	抗拉强度(MPa)	冲磨质量损失(kg)	抗冲磨强度($h\cdot m^2\cdot kg^{-1}$)
普通混凝土	38.62	3.03	1.077	4.7
水洗处理橡胶混凝土	33.4	2.75	0.295	17.3
NaOH改性橡胶混凝土	34.4	3.01	0.233	21.8
复合改性橡胶混凝土	36.8	2.83	0.217	24.4

图4　普通混凝土冲磨后表观

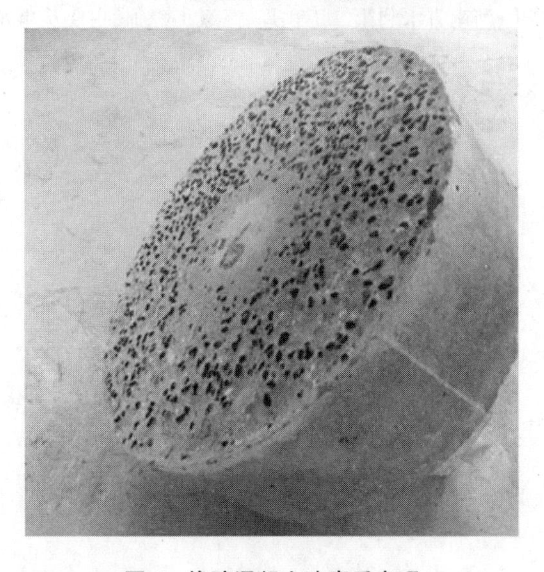

图5　橡胶混凝土冲磨后表观

(3)机制:对于普通混凝土,由于水泥石的强度比骨料低,在冲磨过程中会首先被冲磨掉,进而骨料逐渐凸出,然后凸出的骨料因其所受到的冲磨力大于周边凹处的水泥石而被逐渐磨平,如此反复;而对橡胶混凝土来说,表面的水泥石被冲磨掉以后,裸露出来的不仅有骨料,还有橡胶颗粒,由于橡胶颗粒的韧性要比砂子和石子大很多,对冲磨能量有很强的吸收作用,在一定程度上延缓了水泥石的破坏。随着冲磨程度的发展,橡胶颗粒周围的水泥石被冲磨掉后,橡胶颗粒脱落,水泥石会被再冲掉一层,新的橡胶颗粒又会裸露出来,对水泥石再次形成保护作用。这样往复循环,橡胶混凝土的抗冲磨性能显著提高,而且表面比较平整,也正是因为这个,在相同时间内,橡胶混凝土被冲磨掉的质量比基准混凝土小,磨损率小。

5 小结

(1)橡胶混凝土和易性较好,施工方便,服役期表观较好。

(2)橡胶混凝土较普通混凝土,虽然抗压、抗拉强度较低,但抗冲磨强度大幅提高,是一种"低强度高性能"材料。

(3)橡胶混凝土性价比较高,与同抗冲磨强度混凝土相比,节省了水泥用量,利用了废旧轮胎橡胶,环保意义重大。

参考文献

[1] 韩素芳.混凝土工程病害与修补加固[M].北京:海洋出版社,1996.
[2] 范昆.橡胶混凝土抗冲磨性能研究[D].天津:天津大学,2010.
[3] 谢李,娄宗科.橡胶混凝土抗冲磨性能的研究[J].水资源与水工程学报,2014,25(2):188-191.
[4] 袁群,冯凌云,袁宾,等.橡胶颗粒粒径和掺量对混凝土性能的影响[J].人民黄河,2013,35(2):111-113.
[5] 季卫娟,袁群,李慧霞,等.改性剂橡胶水泥砂浆强度的试验研究[J].南水北调与水利科技,2014,12(4):98-101.
[6] 徐宏殷,袁群,冯凌云,等.改性剂对橡胶水泥砂浆强度的影响[J].南水北调与水利科技,2015,13(1):136-139.
[7] 冯凌云,袁群,马莹,等.橡胶混凝土力学性能研究[J].长江科学院院报,2015,32(7):115-118.
[8] 袁群,马莹,徐宏殷,等.无机改性剂增强橡胶混凝土强度的试验研究[J].人民黄河,2015,37(1):133-136.
[9] 袁群,冯凌云,徐宏殷,等.橡胶混凝土复合改性剂的增强作用机理研究[J].工业建筑,2016,46(2):100-102.
[10] 张国岑,徐宏殷,袁群,等.改性剂对橡胶混凝土的作用机理研究[J].水利与建筑工程学报,2015(4):115-120.
[11] 杨春光.水工混凝土抗冲磨机理及特性研究[D].陕西:西北农林科技大学,2006.
[12] 李晓旭.抗冲磨橡胶混凝土的配制研究及应用[D].郑州:郑州大学,2015.

作者简介:罗福生,男,1974年7月生,河南省水利第二工程局,高级工程师,主要从事水利工程施工管理工作。E-mail:499487641@qq.com.

筑坝砂砾料现场大型相对密度试验应用研究

历从实[1]　张耀中[1]　皇甫泽华[1]　杨玉生[2]

(1.河南省前坪水库建设管理局　河南郑州　450003;
2.中国水利水电科学研究院　北京　100038)

摘　要:砂砾料筑坝材料,质量控制标准一般按相对密度进行控制,目前室内相对密度试验由于试验设备尺寸限制,只能采用经过缩尺处理的模拟级配材料进行试验。现在大型机械设备在水利工程上广泛应用,在工程质量检测中经常出现相对密度大于100%的情况,为解决这种现象,前坪水库在现场对原级配砂砾料筑坝材料进行大型相对密度试验(包括最大干密度试验和最小干密度试验),校核和论证设计填筑标准的合理性,根据试验结果,合理确定砂砾料最大干密度等关键参数,为合理确定相对密度指标和施工质量控制提供基础依据。

关键词:前坪水库　原级配砂砾料　大型相对密度试验　质量控制标准

1　引言

前坪水库是国务院批准的172项重大水利节水供水工程之一,位于淮河流域沙颍河主要支流北汝河上游洛阳市汝阳县,是一座以防洪为主,结合供水、灌溉,兼顾发电的大(2)型水利枢纽工程,总库容5.84亿m^3,主要建筑物包括主坝、副坝、溢洪道、泄洪洞、输水洞、电站等。主坝采用黏土心墙砂砾(卵)石坝,坝顶长818 m,最大坝高90.3 m。

坝壳料设计为天然级配砂砾(卵)石料,由于近年来人工采砂现象严重,导致料场上层砂砾(卵)石料细颗粒缺失,改变了料场砂砾(卵)石料天然级配曲线、物理力学参数、开采条件等。

对于砂砾料筑坝材料,设计填筑标准一般按相对密度进行控制,目前室内相对密度试验由于试验设备尺寸限制,只能采用经过缩尺处理的模拟级配材料进行试验,试验结果不能完全反映实际情况。特别是现在大型机械设备在水利工程上的广泛应用,在工程质量检测中经常出现相对密度大于100%的情况,说明原来的方法得到的最大干密度并不是真实的最大干密度,需要在现场对原级配砂砾料筑坝材料进行大型相对密度试验(包括最大干密度试验和最小干密度试验),校核和论证设计填筑标准的合理性,根据试验结果,优化设计方案,复核和确定设计参数和施工参数,为设计和施工提供科学依据。因此,合理确定砂砾料的最大干密度非常关键,对于合理确定大坝填筑标准质量控制指标,保证大坝施工建设和长期运行安全有重要意义。

2　试验研究方案及内容

2.1　试验方案

由于当地采砂私开乱挖,对前坪水库砂砾料场造成了严重扰动,打乱了天然砂砾料自然形成的赋存条件和分布规律,使得料场不同位置或不同深度的砂砾料级配变化大,离散性大,级配变化无规律。本研究不可能考虑所有料场的级配变化情况,只能作为示范,对选定料场的代表性级配进行试验。

2.2　试验内容

(1)在现场采用直径120 cm密度桶,按级配人工配料,分别根据《河南省前坪水库砂砾料场储量复核地质说明》并经设计认可选定的代表性级配平均线、上包线、下包线、上平均线、下平均线的5个不同砾石含量的砂砾料,进行现场大型相对密度试验(包括最大干密度试验和最小干密度试验),并对试验确定的最优砂砾料含量进行校核试验。

(2)在进行挖坑干密度检测时,根据洒水和不洒水两种工况共4个试验区近100个试坑挖出砂砾料的颗粒级配筛分结果，整理出了现场碾压试验最大粒径达到 300~400 mm 的砂砾料级配包络线，又据此进行了现场碾压试验全级配砂砾料相对密度试验。

3 试验研究方法

3.1 主要试验设备

密度桶：带底无盖钢桶，直径 1 200 mm，高 800 mm，壁厚 12 mm。试验前对相对密度桶进行了体积校正。

振动碾：26 t 自行式振动碾。

3.2 密度桶布置

在选定试验场地用挖掘机挖一个宽约 2.6 m，长约 15 m，深 0.8 m 的沟槽。在桶底碾压体表面均匀铺一层厚度为 5 cm 左右的细砂，静碾 2 遍，沟槽底部找平并采用 26 t 振动碾压实，在槽内一次布置 5 个密度桶。密度桶布置好后再用砂砾料将沟槽填平，将其中心点位置对应标识在试验场外。

3.3 最小干密度试验

在进行振动碾压至最大干密度之前，先进行最小干密度试验。最小干密度试验采用人工松填法。

(1)首先按试验级配和用料总量称量出各粒组的土，将称量出的各粒组的土摊铺在试验场地旁的彩条布上，采用四分法拌均匀。

(2)将拌均匀的砂砾料称重后均匀松填于密度桶中，装填时将试样轻轻放入桶内，防止冲击和振动，试验过程中禁止场地附近振动碾和卡车活动。

(3)填至桶顶后，采用平直工具将桶的顶面找平。

根据装填的总土重和密度桶的体积计算最小干密度。

3.4 最大干密度试验

最大干密度试验是在最小干密度试验完成后进行，步骤如下：

(1)将其中心点位置对应标识在试验场外。再将余下的土料装填并高出桶顶 20 cm 左右，用类型和级配大致相同的砂砾料铺填密度桶四周，高度与试验料平齐。

(2)将选定的振动碾在场外按预定转速、振幅与频率起动，行驶速度小于 3 km/h，振动碾压 26 遍后，在每个密度桶范围内微动进退振动碾压 15 min。在碾压过程中，根据试验料及周边料的沉降情况，及时补充料源，使振动碾不与密度桶直接接触。

(3)将桶顶以上多余的土料去除，桶顶找平。

(4)将桶内试料全部挖出，并称量密度桶内砂砾料质量和进行颗粒分析。

根据装填的总土重和密度桶的体积计算最大干密度。

4 试验研究成果

(1)根据《河南省前坪水库砂砾料场储量复核地质说明》，并经设计院认可，确定部分上坝砂砾料代表性级配包线，并据此进行了 6 个砾石含量级配的最大、最小干密度试验，试验结果见表 1。

表 1 原定代表性级配包线(最大粒径 200 mm)相对密度试验结果及不同含砾量在相对密度 $D_r=0.8$ 和 0.75 时所对应的干密度

(单位：g/cm³)

砂砾料级配	原定代表性级配					
	上包线	复核	上平均线	平均线	下平均线	下包线
P_5 含量(%)	75.5	78	81.1	86.7	92.3	98
相对密度 $D_r=0.8$ 的对应干密度	2.242	2.267	2.265	2.213	2.156	2.078
相对密度 $D_r=0.75$ 的对应干密度	2.223	2.248	2.246	2.194	2.137	2.060
最小干密度	1.963	1.998	1.997	1.942	1.886	1.824
最大干密度	2.325	2.346	2.343	2.293	2.236	2.152

从表中的试验结果可以看出，在细料含量2%~24.5%范围内，最大干密度在2.152~2.346 g/cm³变化，砾石含量在78%时其干密度达到最大值2.346 g/cm³。

(2)由于现场碾压试验上料的最大粒径达到300~400 mm，超出了原计划代表性级配包线的范围(最大粒径不超过200 mm)，结合挖坑干密度检测时，洒水和不洒水两种工况共4个试验区近100个试坑挖出砂砾料的颗粒级配筛分结果，整理出了现场碾压试验最大粒径达到300~400 mm的级配包线(见图1)。

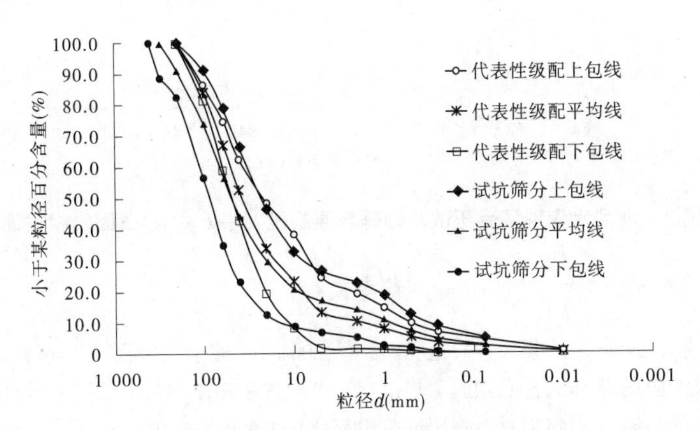

图1　现场碾压试验试坑筛分砂砾料级配包线

(3)补充了一组现场碾压试验料的相对密度试验，试验结果见表2。

表2　现场碾压试验砂砾料全级配(最大粒径400 mm)相对密度试验结果及不同含砾量在相对密度 $D_r=0.8$ 和0.75时所对应的干密度　(单位：g/cm³)

砂砾料级配	试坑筛分级配包线					
	上包线	上平均线	复核	平均线	下平均线	下包线
P_5含量(%)	75.5	78.0	80	83.3	88.2	93.1
相对密度 $D_r=0.8$	2.242	2.298	2.311	2.299	2.250	2.196
相对密度 $D_r=0.75$	2.223	2.278	2.290	2.278	2.229	2.175
最小干密度	1.963	2.007	2.017	2.001	1.956	1.905
最大干密度	2.325	2.385	2.398	2.388	2.338	2.283

由表2可知，现场碾压试验原级配料情况下，细料含量在6.9%~24.5%范围内，最大干密度在2.283~2.398 g/cm³范围内变化。试验结果表明，在现场碾压试验砂砾料全级配包线范围之内，含砾量对最大干密度有一定影响，在含砾量80%附近左右达到最优，最大干密度为2.398 g/cm³。

(4)根据试验结果绘制现场碾压试验上坝料原级配情况下 ρ_d—P_5—D_r 三因素相关图(见图2)。

(5)根据设计要求，前坪水库大坝和戗堤填筑标准是相对密度分别为0.80和0.75，据此可换算出不同砾石含量下满足填筑标准时所对应的最小干密度和压实度，分别列于表1和表2中。

5　试验研究成果应用

前坪水库砂砾石料区因当地群众近年无序开采，部分料场细颗粒缺失，含石量变化较大，级配不良，质量不易控制。通过对设计院认可选定的代表性级配包线和实际挖坑筛分获得的现场碾压试验砂砾料全级配包线进行的相对密度试验，得出了相应的最小、最大干密度试验结果，可作为相应级配情况下上坝砂砾料评价碾压试验成果和大坝碾压施工质量检测的依据。

对其他与本试验研究级配相差较大的上坝砂砾料，也可参照本试验研究方法进行相对密度试验，作为确定碾压试验成果评价和大坝碾压施工质量检测的标准。

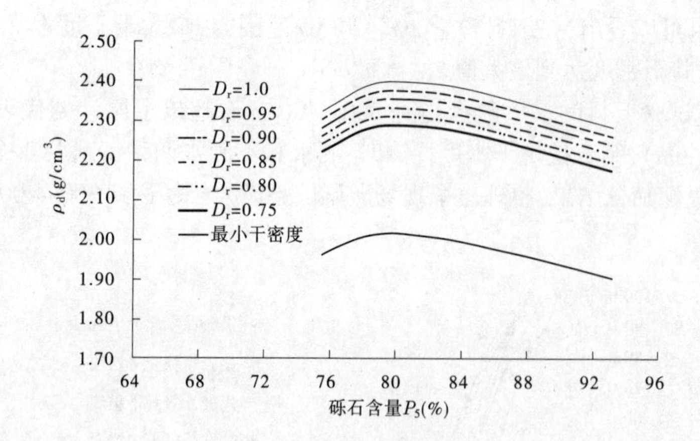

图 2 前坪水库现场碾压试验砂砾料原级配 ρ_d—P_5—D_r 三因素相关图

参考文献

[1] 中华人民共和国水利部.碾压式土石坝设计规范:SL 274—2001[S].北京:水利水电出版社,2002.
[2] 中华人民共和国国家能源局.碾压式土石坝施工规范:DL/T 5129—2013[S].北京:中国电力出版社,2014.
[3] 中华人民共和国国家能源局.土石筑坝材料碾压试验规程:NB/T 35016—2013[S].北京:中国电力出版社,2013.

作者简介:历从实, 男,1972 年 8 月生,河南省前坪水库建设管理局,高级工程师,主要从事水利工程施工及建设管理工作。E-mail:723338254@ qq.com.

前坪水库岩基边坡生态修复技术与应用研究

靳记平[1]　王永强[1]　皇甫泽华[2]　张明月[1]

(1.河南省水利第一工程局　河南郑州　450000；
2.河南省前坪水库建设管理局　河南郑州　450000)

摘　要：单一的生态植被混凝土支护技术适应边坡恶劣环境的抗逆性弱，后期经过雨水冲刷及风蚀作用侵蚀后，防护基层容易脱落，且生物群落稳定性差，往往在 3~5 年植被就出现退化，达不到防护预期效果。前坪水库研究并采用了复合式生态植被混凝土支护技术，该技术在增强坡体稳定能力的同时，所构建的稳定立体复合生态体系，很好地解决了单一草本植物群落易退化的问题，在短期取得绿化效果的同时兼顾长效防护，有效地避免次生灾害发生，最大限度地防止水土流失和坡面垮塌，取得了良好的工程效果及生态效果。

关键词：岩基边坡　复合式生态植被混凝土　支护技术　应用研究

1　复合式生态植被修复技术背景

前坪水库是国务院批准的 172 项重大水利工程之一，位于淮河流域沙颍河主要支流北汝河上游洛阳市汝阳县，是一座以防洪为主，结合供水、灌溉，兼顾发电的大(2)型水利枢纽工程，该工程 2015 年 10 月开工建设，其对外交通道路是一条通往在建的大坝、电站和建设管理区的总长 2.66 km 的三级公路，山体岩性以砾岩为主，部分山体岩性为安山玢岩。山体原始地貌以树木为主，树木下方为野生灌木，道路开挖后，原始生态系统遭到破坏。

因砾岩为不良地质山体，若发生强降雨，极易发生边坡垮塌、水土流失等地质灾害。需要对边坡进行支护、加固。若采用单一的生态植被混凝土支护，会出现三方面问题：一是草种的根系不够发达，抗冲刷能力较弱，后期经雨水冲刷及风蚀作用后，防护基层容易脱落；二是北方天气降雨受季节影响，冬季干冷少雨，客土容易干缩裂缝，保墒能力较差；夏季炎热多雨，当雨势较强时，山顶雨水沿坡体集中宣泄对边坡冲刷尤为严重；三是单一的草本生物群落稳定性较差，3~5 年就会出现退化现象，不能满足长效防护的目的。

针对上述问题，我们考察了一系列成功的护坡形式，如济祁一标路堤纤维毯喷播植草灌生效果，泌舞高速黄楝岗(路堑)草、灌、乔木植生效果，郑尧高速鲁山段(路堑)草、灌植生效果，京港澳高速漯驻段(路堤)草、灌植生效果，并对其生态修复技术进行对比分析，提出并开展了复合式生态植被混凝土支护技术试验及应用研究。

2　复合式生态植被支护技术方案简介

复合式生态植被支护方案是集岩石工程力学、生物学、土壤学、肥料学、园艺学、环境生态学等学科于一体的综合环保技术。该方案采用镀锌铁丝网草纤维客土混喷植生护坡+植物纤维毯护坡+裸根栽植落叶灌木护坡复合式生态植被支护方案。

该方案是在岩体中植入锚杆，增强坡体稳定性，然后挂镀锌铁丝网，采用喷播机械作业的方式将特殊工艺制造而成的客土材料，分别喷射种植基材基层、中层，挂植物纤维毯，然后喷射含植物种子的表层基材，最后在坡面间隔 50 cm 间距栽植灌木，形成灌草结合的稳定立体复合生态体系：包括以灌木为主的灌草生态和以草为主的草灌生态。

3　复合式生态植被支护技术的特点

(1)在草本植物群落中植入灌木，灌木根系发达，灌草生态建植层的根系交织成稳定结构，能最大限度地防止水土流失和坡面滑塌。

(2)植物纤维毯护坡速度快,在边坡植被覆盖之前形成了第一道保护屏障,雨水沿植物纤维毯表面均匀分流,大大减小了径流对边坡冲刷的影响,有效防止夏季雨水集中造成水土流失,另外植物纤维毯的主要原料椰丝或秸秆是天然材料,对周边环境不会造成二次污染。

(3)植物纤维毯内的植物纤维错综排列,既能有效防止土壤皲裂,又能使植物生长所需的水分和空气能透过,且不易积水有益于保护土壤的原始结构,有效克服北方干冷天气对植物生长的影响。

(4)草灌立体复核式生态系统相对于单一的草本植物生态体系相比,生物群落的抵抗力大大增强,避免单一草本生物群落3~5年就出现退化问题。

(5)该立体生态系统既具有保水性,又有透水性、透气性,适于植物生长;达到既能防水固坡,减噪降尘,又能四季常绿(草)。

4　复合式生态植被支护技术的应用

4.1　坡面修整

对坡面进行排险修整,嵌补坡面凹槽、坑洼,确保坡面平顺无杂物,坡比满足设计要求,以保证喷混植生护坡的质量。

4.2　脚手架搭设、拆除

(1)脚手架采用斜支撑防护脚手架,脚手架搭设采用Φ 48×3.5 mm 钢管搭设。

(2)采用错落坡型脚手架,脚手架随坡度而设,每层高度与锚杆排距相一致;主受力立杆间距1.8 m,其余辅助受力立杆随坡度而调整搭设间距1.7~1.8 m,自下而上搭设。

(3)脚手架连墙杆和卸载连壁锁脚锚杆采用Φ 25 mm 螺纹钢,按照1步2跨(1 h×2 L)进行设置,固定点拉杆深度不低于1.5 m,角度与边坡锚杆角度相等,连墙杆和卸载连接点设定在每一级边坡平台、每级斜坡面以上。

(4)立杆底端100~300 mm 高处一律设纵向和横向扫地杆,并与立杆连接牢固,为防止滑动,每隔3缝打入锚管(Φ 48×3.5 mm)深1.5 m与纵横管扣接。

(5)坡面支护施工完成且验收合格后拆除脚手架,移至下一部位施工,拆除时应自上而下拆除,不得上、下层同时拆除。

4.3　锚杆施工

4.3.1　材料选择与质量控制

锚杆:设计选用Ⅲ级高强度的螺纹钢筋,直径为Φ 22 mm,长度4.5 m,间距2 m×2 m。

水泥:水泥采用P.O42.5级硅酸盐水泥。

砂:采用最大粒径小于2.5 mm的中细砂。

水泥砂浆:锚杆注浆浆体采用M20水泥砂浆,水泥:砂:水=1.00:1.10:0.45。

4.3.2　锚杆流程

孔眼定位放样→钻眼→吹孔→安放锚杆→筑砂浆,流水作业。

4.3.3　锚杆钻孔、冲孔

根据设计边坡开挖支护图,由测量人员在现场放出每个系统锚杆的孔位及孔倾角,做出标记。然后分排、分片钻孔,钻孔深度4.5 m。

造孔选用FH100型潜孔钻,锚杆孔的开孔应按设计要求和围岩情况确定孔位并做出标记,开孔允许偏差为100 mm,并结合现场情况进行调整;孔轴方向应垂直于开挖面,钻孔超深不大于100 mm。孔内的岩粉和积水应洗吹干净。

4.3.4　锚杆安装、注浆

(1)开工前对锚杆钢筋进行检验,获取足够的数据,确保使用的材料满足设计要求。材料实验内容包括:锚杆钢筋的规格尺寸及强度指标。

(2)采用“先安装锚杆后注浆”施工方法。

(3)注浆时,先开动注浆泵,手持注浆嘴,逐孔注浆。在锚固砂浆凝固前,不得敲击、碰撞和拉拔锚杆,及时养护,三天内不得悬挂重物。砂浆采用砂浆搅拌机拌制均匀,随拌随用,一次拌和的砂浆应在初凝前用完,并防止石块、杂物混入。

(4)注浆作业开始或中途停止超过 30 min 时,应用水或稀水泥砂浆湿润注浆罐及其管路。

4.4　铁丝网施工

4.4.1　材料实验

开工前对铁丝网进行检验,获取足够的数据,确保使用的材料满足设计要求。材料试验内容包括铁丝网的规格尺寸及单位面积质量等材料指标。

4.4.2　挂铁丝网及钢筋网骨架加固

采用Φ 2.2 mm 热镀锌机编铁丝网,铁丝网网孔规格为 50 mm×50 mm,幅宽 3.0 m;将Φ 12 的横向螺纹钢筋与Φ 22 mm 的锚杆交叉焊接后,将镀锌铁丝网与纵、横向钢筋框条用直径Φ 2.2 mm 镀锌铁丝扎牢,铁丝网用锚杆固定,两网片之间采用Φ 2.2 mm 铁丝穿连,并每隔 30 cm 捆扎连接,两幅搭接宽度不小于 5 cm,使镀锌铁丝网与坡面的距离保持 3~5 cm。钢筋网应与锚杆联结牢固,喷射时钢筋网不得晃动。

4.5　底层基材加工及配比

(1)对确认合格的种植土,采用移动式粉碎机粉碎至粉细土状,并用筛子筛分以保证最大粒径小于 20 mm,筛子网孔径为 20 mm×20 mm。

(2)为了改善土壤的性能,添加相关成分对土壤进行有效生物改良,具体成分为草炭土、木纤维、长效复合肥、有机肥、高次团粒剂、土壤固化剂、保水剂、黏合剂等,使基材应具有保肥、保水、透气等特性,喷射后不得有剥离、流失、龟裂现象,以利于草籽的萌发、生长。各种添加剂成分及用量详见表 1。

表 1　底层每平米各种添加剂成分及用量

序号	名称	单位	单位用量	备注
1	草炭土	kg	0.5	
2	木纤维	kg	0.05	
3	长效复合肥	kg	0.05	
4	有机肥	kg	0.1	
5	高次团粒剂	kg	0.04	
6	土壤固化剂	kg	0.03	
7	保水剂	kg	0.04	
8	黏合剂	kg	0.04	
9	黏土	m^3	0.12	

(3)肥料的选择:肥料选用有机长效肥、高效复合肥。复合肥的成分详见表 2。

表 2　专用复合肥成分

用途	组成	备注
配比	A	
N	6%	
P	38%	
K	6%	
苦土(氧化镁)	18%	或等量钙镁肥替代

(4)底层基材喷射:基材喷射用强力喷射机进行机械喷射,基材厚度为5~6 cm,为确保基材的喷射厚度,在坡面上每100 m^2用钢筋设一铺土厚度指示桩来标示喷射厚度。

底层喷射时,从正面进行喷射,凹凸部死角进行补喷,一次喷射成型;喷射过程中,喷嘴距坡面的距离控制在0.6~1.0 m,一般应垂直于坡面,最大倾斜角度不能超过10°;喷浆中,喷射头输出压力不能小于0.1 MPa;喷射采用自上而下的方法进行,先喷凹陷部分,再喷凸出部分;喷射移动可采用"S"形或螺旋形移动前进。

4.6　中层基材加工及配比

(1)中层基材成分同上,增加草纤维成分。各种添加剂成分及用量详见表3。

表3　中层基材每平方米各种添加剂成分及用量

序号	名称	单位	单位用量	备注
1	草炭土	kg	0.5	
2	木纤维	kg	0.025	
3	长效复合肥	kg	0.025	
4	有机肥	kg	0.05	
5	高次团粒剂	kg	0.015	
6	土壤固化剂	kg	0.015	
7	保水剂	kg	0.03	
8	黏合剂	kg	0.03	
9	黏土	m^3	0.04	

(2)中层基材的添加顺序:

①添加过程中,搅拌机不能停机,始终处于搅拌状态,每隔2 min进行反转搅拌,使所有物料搅拌均匀。

②混合料的添加顺序:搅拌机水的添加比例为60%,依次添加草纤维、木纤维、黏合剂、保水剂、高效复合肥、有机肥、草炭土、高次团粒剂、黏土50%、土体固化剂、黏土50%。

③在喷射之前,机器不能停机,始终处于搅拌状态,中层基材的喷射厚度为1.5~2.5 cm,喷射方法同底层基材喷射流程。

4.7　植物纤维毯铺设施工

(1)铺设时由坡顶自上而下铺设,坡顶部分用U形钉固定,间距50 cm,搭接部分10~15 cm,搭接部分的U形钉间距50 cm。植生毯坡面固定时每平米不得少于一个U形钉,U形钉的长度为15 cm。

(2)植物纤维毯的技术要求详见表4。

表4　植物纤维毯技术指标

材料	厚度(mm)	质量(g/m^2)	网材	网孔尺寸(mm)	备注
稻/麦草秸秆纤维	3~10	240~300	可降解PP	15~20	

(3)植物纤维毯固定好后,进行中层基材第二次喷射,喷射厚度1.5~2 cm,喷射方法同上。

4.8　表层混合料配比及喷射

(1)表层混合料的配比见表5。

表 5　表层混合料的配比

序号	名称	单位	单位用量	备注
1	草炭土	kg	0.5	
2	木纤维	kg	0.025	
3	长效复合肥	kg	0.025	
4	有机肥	kg	0.05	
5	高次团粒剂	kg	0.015	
6	土壤固化剂	kg	0.015	
7	保水剂	kg	0.03	
8	黏合剂	kg	0.03	
9	黏土	m^3	0.04	
10	混合草种	kg	0.05	

(2)混合草种配比见表 6。

表 6　每平方米混合草种特性及配比

序号	种子名称	用量(g/m^2)	主要特征及特性
1	狗牙根	3	禾本科极耐热和抗旱,是中北部地区适长草种,骨干草种
2	荆条	8	落叶灌木,荆条性强健,耐寒、耐旱,亦能耐瘠薄的土壤;喜阳光充足,多自然生长于山地阳坡的干燥地带
3	紫穗槐	8	落叶灌木,耐干旱能力强,耐寒性强,根系发达,萌芽性强,耐水淹,对光线要求充足
4	马棘	8	落叶亚灌木, 生于山坡地、林缘、草坡及沟边。华东、华南、西南及山西、陕西等地均有分布
5	刺槐	8	落叶乔木,耐烟尘、抗污染并能杀菌,生长快,材质好,繁殖容易
6	胡枝子	8	灌木植物,根系发达,耐寒、耐干瘠、生长快,萌芽力强,耐切割,适应能力强
7	苜蓿	5	豆科多年生植物,似三叶草,耐干旱,耐冷热,产量高而质优,又能改良土壤,号称草中之王
8	小冠花	2	多年生草本豆科植物,分枝多,匍匐生长,匍匐茎长达 1 m 以上,自然株丛高 25~50 cm。根系粗壮,侧根发达
合计		50	

(3)表层混合料及草种喷射:表层基材的喷射厚度为 1~1.5 cm,喷射方法同上。

4.9　灌木栽植

(1)表层混合料及草种喷射完成后,整个山体坡面每间隔 50 cm 栽植一株灌木(紫穗槐),平均每平方米 4 株灌木,灌木栽植呈梅花形布置。

(2)灌木苗裸根株高修剪后不小于 25 cm,底部埋入土壤 6~10 cm。

(3)灌木苗坑穴采用洋镐、小铁铲等小型手工工具开挖,开挖时注意避免损伤铁丝网,栽植后将灌木苗竖直放入坑穴内,周围覆土掩盖,并轻轻拍实。

4.10　覆盖养生布

铺设时由坡顶自上而下铺设,坡顶部分用竹钉固定,间距 50 cm,搭接部分 10~15 cm,搭接部分的竹钉间距 50 cm。养生布坡面固定时每平方米不得少于一个竹钉,竹钉长度为 10~15 cm。

4.11 养护管理

夏季每天上午 10:00 以前,下午 05:00 以后各养护一次,避免正中午养护烫伤草苗。

秋季每天上午 10:00 以后养护一次。

4.12 成活率及覆盖率

草种成活率 90%以上,草坪覆盖率 95%以上;灌木成活率 90%以上,灌木覆盖率 90%。

5 小结

复合式生态植被支护技术是灌草结合的稳定立体复合生态体系,灌木根系发达,灌草生态建植层的根系交织成稳定结构,能最大限度地防止水土流失和坡面滑塌,既具有保水性,又有透水性、透气性,适于植物生长;既能防水固坡,减噪降尘,又能四季常绿(草),与周围环境相协调,形成自然美,该技术在前坪水库的应用,取得了良好的工程效果及生态效果,达到了经济效益、社会效益和生态效益并重的目的。

参考文献

[1] 镀锌铁丝网草纤维客土混喷植生护坡施工工法,工法编号 SJGF14-17-218,批准文号晋建质字[2014]136 号.

[2] 植物纤维毯边坡防护施工工法,工法编号 SJGF16-19-296,批准文号晋建质函[2016]121 号.

[3] 郑州万年春园林绿化工程有限公司的植物纤维环保生态毯实用新型专利技术,专利号:ZL 2014 2 0764479.1.

作者简介:靳记平,男,1975.12,河南省水利第一工程局,工程师,主要从事水利工程施工管理工作。E-mail:735690709@qq.com.

前坪水库岩基边坡生态植被(现场照片)

地质勘察与岩土工程治理分析

唐建立[1]　孙绨英[2]　史　恒[1]　皇甫泽华[3]

(1.河南省水利勘测有限公司　河南郑州　450003；
2.河南水利与环境职业学院　河南郑州　450008；
3.河南省前坪水库建设管理局　河南郑州　450000)

摘　要：随着我国经济建设不断加速，水利工程地质勘察与岩土治理的相关工作逐步被社会大众重视，如想确保水利工程的勘察进度与质量，在日常工程的勘察过程中，从事一线勘察工作的技术人员除需掌握岩土工程相关的理论知识，对后续的水利工程的设计与施工提供正确的水文地质勘测资料，还需科学评价地下水对建筑与岩土体的不利影响与作用，同时提出治理岩土工程问题的科学建议，从而避免地下水对水利工程产生的危害。

关键词：水利工程　岩土治理　岩土工程

1　前言

众所周知，水利地质勘察是水利工程建设的基础工作，这对水利工程的建设工期、运行安全以及工程造价产生重要影响，在日常的地质勘察过程中，笔者认为地下水不仅是岩土底层的组成部分，对岩土体特性以及基础工程的重要影响，同时对水利建筑的耐久性与稳定性产生重要影响，对此在日常地质勘察中，勘察人员需要细致分析地下水特征，并预测可能出现的地质勘察与岩土问题，并提出有效的防治措施与建议，从而能够确保水利工程的施工安全与质量。

2　水利地质勘察与岩土治理的意义

地质勘察，是水利工程建设的基础工作，直接关系到工程的运行安全、建设周期和工程造价，然而，在地质勘查中，水文地质问题始终是一个极为重要但也是一个易于被忽视的问题，地下水既是岩土体的组成部分，直接影响岩土体工程特性，又是基础工程的环境，影响建筑物的稳定性和耐久性，因此，在勘察的过程中，必须加强对地下水特征的研究和分析，预测可能出现的地质勘察与岩土问题，提出所需的防治措施与建议，为规划设计和施工提供必要的地质资料，保证水利工程的施工安全和施工质量。

3　加强地质勘察中对岩土的认识

3.1　岩土勘察工作的注意要点

众所周知，岩土类型以及地质性质是工程地质条件的基本因素，任一水利建筑比如需要土体或岩体进行支撑，由于土体分类较为统一，而水利工程地质分类存在漏洞，勘察阶段与分类的粗细较为适应，在对应的规划阶段通常根据成因类型进行划分，在对应的勘察阶段须根据物理要求进行划分。

由于软岩、软土、软弱夹层以及破碎岩体对地基稳定性产生不利作用，而且软弱夹层极易造成边坡的滑移、洞室倒塌，对此在日常的勘察中需重点研究黄土以及膨胀土等土体，而断层岩等破碎石块则是日常勘察工作的重点。在水利工程的日常地勘工作中，需要细致的试验、勘探工作，从而为查清其土层厚度及分布情况，从而能够获取合理的物理力学指标数据。

3.2　加强岩土土层的认识

由于岩土为地质勘察的重要内容，在水利工程地质勘察日常工作中，勘察人员需要重视岩土认识，能够有效处理水利工程中地质勘察与岩土治理问题，同时按照资料进行统计，差异性岩土的岩性描述存在不同,如碎石土需要根据颗粒形状、母岩组成、风化水平,骨架作用、充填物组成、性质、充填与密实水平等方面进行分析,而砂类土,则是从颜色、颗粒级配、颗粒形状和矿物成分、湿度、密实度、层理特征等方面来进行阐述;至于粉土和黏性土,就要从其颜色、稠度状态、包含物、致密程度、层理特征等方面进行描述;对岩石而言比较特殊,主要从颜色、矿物成分、结构和构造、风化程度及风化表现形式、划分风化带、坚硬程度、节理、裂隙发育情况、裂隙面特征及充填胶结情况、裂隙倾角、间距、裂隙等方面进行详细而细致的统计。

4 岩土对水利工程地质勘察的影响

4.1 岩土工程中水位上升对地质勘察的影响

在水利工程勘察工作中,必须要认识到岩土工程中潜水位上升给整个工程带来的影响。虽然潜水位上升的原因是迥然不同的,但主要是因为地质因素,如含水层结构和水文气象因素;如降水量、气温以及人为因素,如灌溉、施工等各方面。当然,不可否定的是潜水位上升,有可能是这几种因素综合作用下的产物。潜水面上升可能造成岩土工程土壤沼泽化、盐渍化,岩土及地下水对水利工程建筑物腐蚀性增强;斜坡、河岸等岩土体岩产生滑移、崩塌等一系列不良地质现象;一些具备特殊性能的岩土体结构破坏、强度降低、软化引起粉细砂及粉土饱和液化、出现流砂、管涌现象等。因此,在地质勘察中,工作人员应采取相应措施对岩土工程进行有效治理。

4.2 岩土工程中水位下降对地质勘察的影响

无论是在古代,还是在科技发达的今天,水都是不可或缺的。古代兴修水利,现代加强水利工程建设,无不传达着水的重要性。然而,人类在进行这些活动的同时,也破坏了有限的水资源,如修建水利工程时,不合理截留下游水补给,地质勘察活动中,岩土疏干以及上游筑坝,加上人类的不科学使用,导致地下水位大幅度的下降。

4.3 地下水频繁升降对地质勘察的危害

地下水的升降变化能引起具有膨胀性的岩土不均匀的胀缩,进而产生严重的变形,直接影响岩土工程的安全。地下水升降频繁时,不仅使岩土的膨胀收缩变形往复无常,甚至会导致岩土的膨胀收缩幅度不断加大,进而形成地裂引起建筑物特别是轻型建筑物的破坏。在水利工程地质勘察中,及时记录水位的准确数值,有利于日后对水位的准确分析和评估,便于对岩土问题的评估和分析,及时采取行动预防或治理问题。

5 水利工程中地质勘察与岩土治理问题

水利工程建设是一项复杂、难度系数高的工程。尤其在一些水文地质条件较复杂的地区,对水文地质进行全面详细的分析和研究就显得尤为重要,如果疏忽了对水文地质的研究,就会导致各种岩土危害频繁发生,不仅对工程造成损失,也使地质勘察和数据设计统计工作步履维艰。因此,在进行水利地质勘察中,应注意对岩土的治理。

5.1 应明确工程地质勘察中水文地质问题的评价内容

就目前的现状来看,在水利工程地质勘察报告中,通常缺少结合基础设计和施工的需要来评价地下水对岩土的作用和危害,所以在以后的工程地质勘察中应加强对水文地质问题的分析和研究。

首先,加强对地下水、岩土土体以及建筑物之间关系的研究,分析地下水对岩土土体的影响,并对可能出现的岩土危害,提出行之有效的解决方案;其次,加强对地基基础类型的分析和确认,并密切结合建筑物地基基础类型,查明水文地质问题,提供选型所需的水文地质资料。

5.2 明确岩土治理的首要因素

水文地质勘察是治理岩土问题的关键,岩石和土是水文地质勘察的主要内容,因此必须加强和提高对岩石和土的认识。岩石和土与混凝土钢筋等人工材料的最大区别在于,岩石的裂隙性和土的孔隙性,这也是影响水文地质条件的主要因素,因此要做好水利工程地质勘察工作,就需要分析和研究岩石的裂隙性以及土的孔隙性。

5.3　认识岩土的水理性

岩土与地下水相互作用用时，岩土显示出来的各种性质，被称为岩土的水理性质。据相关地质勘察数据显示，地下水在岩土体中有着多种赋存形式，按埋藏条件和含水层孔隙性质分类，分别有岩溶水、承压水、上层滞水、裂隙水、潜水、孔隙水等不同形式，然而影响岩土的类型除和赋存方式有关外，还和地下水对岩土体的水理程度有关。

水利工程地质勘察中通过测试岩土的水理性质指标，可以为日后地下水位发生变化时，采取积极有效的工程措施。根据多年水利工程地质勘察研究表明，岩土的水理性质不仅影响岩土的强度和变形，而且有些性质还直接影响到建筑物的稳定性，以往在工程地质勘察中对岩土水理性质的测试多被忽视，这种情况下对岩土的治理以及地质性质的评价是不够全面的。

6　结语

水是万物之本，生命之源，加强对水利工程中地质勘察与岩土治理问题的探讨，提出更具体的防护和治理措施，有利于相关人员更好地进行设计，为施工提出更详细的地质资料，同时还有利于加强水利工程建设的运行安全，缩短工程周期，减少工程造价，有利于我国水利事业安全有效快速发展。

参考文献

[1] 陈利伟.水利工程施工质量及控制措施[J].安徽水利水电职业技术学院学报，2011，11(1)：55-57.

[2] 甄开唱.浅谈水利工程施工质量的影响因素[J].科技致富向导，2010(32)：211，205.

作者简介：唐建立，男，1982年1月生，河南省水利勘测有限公司，工程师，主要从事水利工程勘察工作。E-mail：505176800@qq.com.

高陡岩石边坡生态护坡应用研究
——以前坪水库溢洪道工程为例

杜雅琪[1]　王　恒[1]　皇甫泽华[2]　田毅博[2]

(1.河南省水利第二工程局　河南郑州　450000;
2.河南省前坪水库建设管理局　河南郑州　450000)

摘　要:前坪水库溢洪道工程边坡开挖高度为76 m,开挖坡比为1∶0.5,为保护自然环境和防灾减灾功能,溢洪道边坡采用生态护坡进行防护。在施工时,根据当地气温、降水量,结合边坡坡比、岩石裂隙及岩石硬度,采取不同挂网和喷播方式,选择适合的草种配合比,改善绿色植物的生长环境和促进目标树种生长的双重功能,增强植物生长发育基础与坡体的连接性,确保生态护坡植被成活率,营造富有季节色彩变化的坡面自然景观。

关键词:前坪水库　岩石　高边坡　防护　绿化

1　工程概况

前坪水库位于淮河流域沙颍河支流北汝河上游河南省洛阳市汝阳县县城以西9 km,以防洪为主,结合供水、灌溉,兼顾发电的大(2)型水库。地跨暖温带和北亚热带两大自然单元的我国东部季风区内,气候比较温和,具有明显的过渡性特征,全年四季分明。总的气候特征是:冬季寒冷少雨雪,春短干旱多风沙,夏天炎热多雨,秋季晴朗日照长,日平均气温稳定在10 ℃以上的初日在每年4月1日前后,豫西山地持续天数大致为210 d。

溢洪道布置于大坝左岸。溢洪道左岸高程423.5 m以上边坡采用生态护坡防护,总工程量约为15 000 m^2。边坡高程为423.5~483 m处分别于468.5 m、453.5 m、438.5 m高程处设置3 m马道,边坡坡比为1∶0.5,总开挖高度76 m;边坡设有间距3 m梅花形布置的防护锚杆和UPVC排水管。

近年来,随着大规模的工程建设和矿山开采,形成了大量无法恢复植被的岩土边坡。传统的边坡工程加固措施大多采用砌石或喷混凝土等灰色工程,破坏了生态环境的和谐。随着人们环境意识及经济实力的提高,生态护坡技术逐渐应用到工程建设中。

2　常见生态护坡的特点及高陡岩石边坡生态护坡优化选择

2.1　常见生态护坡及特点

常见生态护坡及特点详见表1。

表1　常见生态护坡优缺点对比

常见生态护坡	施工工艺	优点	缺点
植生基质植物护坡	在稳定边坡上安装锚杆挂网,使用植生基质专用喷射机将搅拌均匀的植生基质材料与水的混合物喷射至坡面上,植物依靠植生基质材料生长发育,形成植物护坡	具有边坡防护、恢复植被的双重作用,可以取代传统的锚喷防护和砌石护坡等措施	施工技术相对较难,工程量较大;喷播的基质材料厚度较薄,被太阳照晒后容易“崩壳”脱落

续表1

常见生态护坡	施工工艺	优点	缺点
液压喷播植草护坡	将草籽、肥料、黏结剂、纸浆、土壤改良剂、色素等按一定比例在混合箱内配水搅匀，通过机械加压喷射到边坡坡面而完成植草施工	施工简单、速度快；草籽喷播均匀，发芽快、整齐一致；防护效果好，正常情况下，喷播一个月后坡面植物覆盖率可达70%以上，两个月后形成防护、绿化功能；适用性广。目前，国内在公路、铁路、城市建设等部门边坡防护与绿化工程中使用较多	固土保水能力低，容易形成径流沟和侵蚀；因品种选择不当和混合材料不够，后期容易造成水土流失或冲沟
土工网垫植草护坡	土工网垫是一种新型土木工程材料，属于国家高新技术产品目录中新型材料技术领域重复各材料中的增强体材料，质地疏松、柔韧，留有90%的空间可充填土壤、砂砾和细石，植物根系可以穿过其间舒适、整齐、均衡的生长，长成后的草皮使网垫、草皮、泥土表面牢固地结合在一起，由于植物根系可深入地表以下30～40 cm，形成了一层坚固的绿色复合保护层	比一般草皮护坡具有更高的抗冲能力，适用于任何复杂地形，多用于堤坝护坡及排水沟、公路边坡的防护。具有成本低、施工方便、恢复植被、美化环境等优点	现在的土工网垫大多数以热塑树脂为原料，塑料老化后，在土壤里容易形成二次污染
土工格室植草护坡	在展开并固定在坡面上的土工格室内填充改良客土，然后在格室上挂三维植被网，进行喷播施工的一种护坡技术	利用土工格室为草坪生长提供稳定、良好的生存环境。可使不毛之地的边坡充分绿化，带孔的格室还能增加坡面的排水性能。适合于坡度较缓的泥岩、灰岩、砂岩等岩质路堑边坡	要求边坡坡度较缓
客土植生植物护坡	将保水剂、黏合剂、抗蒸腾剂、团粒剂、植物纤维、泥炭土、腐殖土、缓释复合肥等一类材料制成客土，经过专用机械搅拌后吹附到坡面上，形成一定厚度的客土层，然后将选好的种子同木纤维、黏合剂、保水剂、复合肥、缓释营养液经过喷薄机搅拌后喷附到坡面客土层中	具有广泛的适应性，客土与坡面的结合，牢固土层的透气性和肥力好，抗旱性较好，机械化程度高，速度快，施工简单，工期短，植被防护效果好。该法适用于坡度较小的岩基坡面、风化岩及硬质土砂地、道路边坡、矿山、库区以及贫瘠土地	要求边坡稳定、坡面冲刷轻微，边坡坡度小的地方，经长期浸水地区均不适合

2.2　高陡岩石边坡生态护坡优化选择

根据经济、耐久、工艺等方面考虑结合高陡岩石边坡特点，对以上生态护坡技术进行对比、分析，确定采用边坡基面先铺设铁丝网与客土植生植物护坡相结合的施工工艺。通过挂网可以增加客土的抗冲刷能力，大大地改善了客土在边坡上的附着条件，在陡于1：0.75的岩质边坡上可以成功地覆盖植被。可以达到既稳固又经济、既环保又美观的良好效果。另外，所需的机械设备比较简单和施工人员投入少，主要有客土喷射设备和草籽喷播设备，施工效率高，一个施工班组只需5～7人，每小时可完成喷射客土和草籽80～120 m^2。

根据当地气温、降水量、坡比、岩石裂隙、岩石硬度、植物的选择及工地条件决定采用钩花镀锌铁丝网+植被基材喷附材料,以增大生长发育基础与坡体的连接性;由于喷播边坡坡比为 1∶0.5,为保持客土植被基材形成整体形象前的稳定,还增加木质支撑板,防止植被基材滑塌、脱落。选择适合的草种和树种配合比,改善绿色植物的生长发育环境和促进目标树种生长的双重功能,以确保喷射效果和质量。

3 客土喷播防护施工

3.1 主要材料

3.1.1 主要客土材料

(1)长效复合绿化剂:有机成分(>80%)、N、P、K(>5%)、pH 为 4.5~6.0,见表 2。

表 2 专用复合肥配比

用 途	木本植物群落	草本植物群落
配 比	A	B
N	9%	9%
P206	25%	13%
K	9%	9%
用量(g/m^2)	60	60

主要作用:改善土壤,促进植物生长,加速岩面风化。

(2)进口特别绿化剂:主要由保水剂(10 倍上下)、高分子凝结剂组成。

保水剂是一种高效的土壤保湿剂,其微粒膨胀体吸收和释放的水分解能使土壤保水,可供植物生长期反复地吸收。团粒剂(0.3‰)是高分子树脂类制剂,能解决基材混合形成易于植物生长的团粒结构。

(3)混合草灌种子:草灌混播有利于边坡的长期绿化与稳定,充分发挥两类植被的优势。早期草本植物能迅速覆盖边坡,避免水土流失,为灌木的生长提供温度湿度环境;灌木根系发达,是稳定群落的重要物种,生长稳定后可避免植被的退化。

根据植物演替及生物多样性理论,生态护坡植物选择应遵循以下原则:

①所选植被最好是乡土类植物或与当地植被环境及已有植物种类一致,使之在工程后较短时间内融入当地自然环境。

②适应当地的气候、土壤条件(水分、pH 等)。

③根系发达,生长迅速,抗逆性强(抗旱、抗寒、抗病虫害、耐贫瘠),多年生。

④种子易得,栽培管理粗放,成本低。

草灌配比选择:黑麦草(10 g)+狗芽根(2 g)+紫花苜蓿(12 g)+多花木兰(3 g)+紫穗槐(3 g)+黄花槐(2 g)+波斯菊(2 g)。

(4)土料:尽量使用当地肥土或熟土,一般选择工程地原有的地表种植土,粉碎风干过 8 mm 筛即可。

3.1.2 客土配合比

土壤改良材料(15%~25%),主要是植物纤维、有机肥、膨胀物的辅助材料。目的是增加土壤肥力的保持水能力和渗透性,增加土壤的缓冲力,微生物活性养分的供应。客土配合比见表 3。

表 3 客土配合比

岩面类型	岩面绿化料	当地材料
强风化岩面	10	2.0
中风化岩面	1.0	1.0
弱风化岩面	2.0	1.0

3.2　投入施工机械

使用主要机械如下:液压泵送式客土湿喷机、12 m^3 空压机、水车、装载机、载重汽车、液力喷播机、小型升降机、开山钻、电焊机、钢筋切割机等,具体配置应根据不同时期工作量和进度要求配置。

3.3　施工工艺及流程

客土喷播施工工艺流程为:清理坡面浮石、杂物→主副锚杆施工→支撑板安装→铺设钩花镀锌铁丝网→固定支撑板→固定铁丝网→客土配置→草种配比→客土及草种搅拌均匀→客土喷播(厚 10 cm)→铺垫覆盖固定草帘子→日常洒水养护、施肥→病虫害防治。

3.3.1　坡面清理施工

清理岩面碎石、杂物、松散层等,使坡面基本保持平整,对浅层不稳定的坡面,对光滑岩面要采用挖掘横沟等措施进行加糙处理,以免客土下滑。

3.3.2　主副锚杆施工

用长 40 cm 的Φ 12 mm 螺纹钢筋做主锚杆用于固定木质支撑板,一般为坡长 80~100 cm 设置一层,同一层锚杆水平间距应控制在 80~100 cm。用长 25 cm 的Φ 6.5 mm 圆钢做副锚杆用于固定钩花镀锌铁丝网,按照每平方米 6 根不规则布设。采用风钻或者电锤在坡面上钻孔,主锚杆孔深应控制在 30~35 cm、副锚杆孔深应控制在 15~20 cm;用大锤将主副锚杆敲击进入岩体,外露在坡面外的锚杆长度一般不得大于 10 cm;对敲击进入岩体仍然松动的锚杆应采用木楔进行固定。

3.3.3　支撑板施工

选择木质一般的杨木(或松木等)提前加工成厚 1.5 cm、宽 5 cm 的板条(长度不限)分层安放支撑板,绑扎铁丝固定支撑板。

3.3.4　挂网施工

钩花镀锌棱形铁丝网,网孔规格一般为 5 cm×7 cm。挂网施工时采用自上而下放卷,并用细铁丝与锚杆绑扎牢固,网片横向搭接不小于 10 cm,纵向搭接不小于 20 cm,坡顶预留不小于 50 cm 的锚固长度。网与作业面放置有木质支撑板可以保证间隙在 5 cm 以上,个别离岩面间隙较小部位,可用草绳按一定间隔缠绕在网上,以保证间隙并能增加附着力。另外,由于边坡较陡、喷播面较大为保证稳固、不至垂落,挂网后,在网外侧边坡防护锚杆横向焊接Φ 8 mm 镀锌钢筋,使客土基质在岩石表面形成一个持久的整体板块,如图 1 所示。

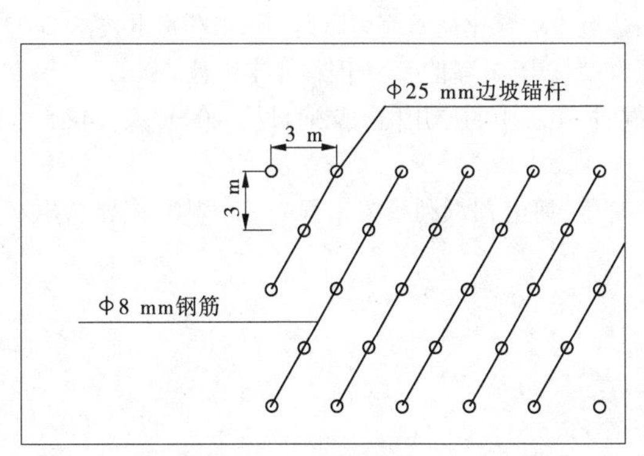

图 1　网外防护锚杆之间焊接Φ 8 mm 钢筋示意图

3.3.5　客土材料及搅拌

将过筛客土配比后草种、纤维、有机肥、黏合剂(黏合剂 20 g/m^2+保水剂 20 g/m^2)、保水剂等基料按比例进行充分搅拌均匀待喷播,拌和采用 PGS-20 筛土拌和机。

3.3.6　喷播施工

喷播采用 KP-25SR 型客土湿喷机,喷射施工时,喷附自上而下对坡面进行喷射,尽可能保证喷出口与坡面垂直,距离保持在 0.8~1 m,一次喷附宽度 4~5 m。

喷附厚度 10~12 cm。将准确称量配比好的基材与植被种子充分搅拌混合后,通过喷射机喷射到所需防护的工程坡面,并保持喷附面薄厚均匀。事先准备好检测尺,施工者经常对喷附厚度进行控制、检查。

3.3.7　覆盖及养护管理

喷播完成后应及时覆盖草帘子或者无纺布,用竹钉固定及泥浆压固,以免雨水冲刷坡面,造成喷播材料流失。

在每级边坡坡顶设纵向供水管,间隔 8.5 m 安装约 1 m 高喷洒器,用于植物种子从出芽至幼苗期间的喷洒养护,保持土壤湿润,个别部位由养护人员使用长杆接喷洒器养护。从开始坚持每天早晨浇一次水(炎热夏季早晚各浇水一次),随后随植物的生长可逐渐减少浇水次数,并根据降水情况调整。适时地进行补种、清除杂草及病虫害的防治。

4　总结

近年来,随着国家经济建设的迅猛发展,工程建设项目越来越多,人民群众对工程后期环境建设和生态恢复的要求日益提高,如何把一个工程项目建设为环保工程、大美工程,已成为工程建设者们的终极目标。

目前的生态护坡,指用活的植物,单独用植物或者植物与土木工程和非生命的植物材料相结合,以减轻坡面的不稳定性和侵蚀,其途径与手段是利用植被进行坡面保护和侵蚀控制,工程界更直观地把它称为“边坡绿化”。国内学者关于生态护坡概念的提法,无论是植被护坡,生物护坡,还是坡面生态工程,虽然都带有一定的生态色彩,属于生态护坡的范畴,但是都不能称为真正的生态护坡,应称为生态型护坡,因为其只是从形式上对生态护坡进行简单描述。而真正意义上的生态护坡,应该是一个完整的生态系统,不仅包括植物,而且还应包括动物和微生物,是一个有机的整体。系统内部以及系统与相邻系统(如河流生态系统和陆地生态系统等)间均发生着物质,能量和信息的交换,具有很强的动态性。

随着应用技术的发展和人与自然共生的要求,生态型护坡不仅是护坡工程建设的一大进步,也将是今后一段时期护坡工程建设发展的主流;而生态护坡将会是未来发展的必然趋势。

参考文献

[1] 汪洋,周明耀,赵瑞龙,等.城镇河道生态护坡技术的研究现状与展望[J].中国水土保持科学,2005,3(1):88-92.

[2] 陈荷生,张永健,宋祥甫,等.太湖底泥生态疏浚技术的初步研究[J].水利水电技术,2004,35(11):11-13.

[3] 许文年,王铁桥,叶建军.岩石边坡护坡绿化技术应用研究[J].水利水电技术 2002,33(7):35-36.

[4] 孙本信,尹公,张绵.草坪植物种植技术[M].北京:中国林业出版社,2001.

[5] 阮道红.三维植被网垫在边坡防护工程中的应用[J].交通科技,2000(2):14-15.

作者简介:杜雅琪,男,1983 年 11 月生,河南省水利第二工程局,工程师,主要从事水利施工投资与计划工作。E-mail:271736897@ qq.com.

前坪水库高边坡预裂爆破优化研究

郭向荣[1]　皇甫泽华[2]　李陆明[3]　耿鹏宇[1]

(1.河南省水利第二工程局　河南郑州　450000;
2.河南省前坪水库建设管理局　河南郑州 450000;
3.河南省水利科学研究院　河南郑州　450000)

摘　要:根据设计要求前坪水库溢洪道工程开挖边坡高度为76 m,坡比为1∶0.5,每15 m设置3 m宽马道。溢洪道所在位置山体岩性为弱风化安山玢岩,岩性裂隙发育,受构造影响,岩体多呈镶嵌碎裂结构,完整性较差。在采用预裂爆破方法开挖时易出现坡面平整度较差、超欠挖部位超标等现象,超欠挖及平整度超标造成在混凝土施工时整坡工作量和混凝土方量增加,增加了施工成本。通过更换爆破孔钻孔设备,在岩性较差部位调整孔间距、单位装药量等爆破参数,提高了预裂爆破质量,使开挖后坡面平整度满足要求,为后续施工提供了便利,节约了施工成本。

关键词:前坪水库　高边坡　预裂爆破　超欠挖　优化研究

1　基本概况

前坪水库位于淮河流域沙颍河支流北汝河上游河南省洛阳市汝阳县县城以西9 km,以防洪为主,结合供水、灌溉,兼顾发电的大(2)型水库,主要建筑物有主坝、副坝、溢洪道、泄洪洞和输水洞,工程等级为Ⅱ等。

溢洪道布置于大坝左岸,包括进水渠段、进口翼墙段、控制段、泄槽段及消能防冲段等五部分,中心轴线总长度约383.8 m,其中进水渠段长约186.8 m、进口翼墙段长46 m、控制段长35 m、泄槽段长99 m,消能段长17 m。控制闸闸室共5孔,单孔净宽15 m,闸室结构形式为开敞式实用堰结构,堰前闸底板高程399.0 m,闸墩顶高程423.50 m,闸室设5扇弧形钢闸门,采用弧门卷扬式启闭机启闭。下游消能防冲采用挑流消能。

溢洪道进口引水渠及翼墙段左岸边坡顶至底板高度76 m;控制段左右岸坡顶至底板处高度28.5~37.6 m;泄槽段左右岸边坡最高约为50 m,每15 m设置一级马道。岩性为弱风化安山玢岩,岩性裂隙发育,受构造影响,岩体多呈镶嵌碎裂结构,完整性较差。为确保边坡岩体的平整度和稳定性采用预裂爆破方法施工。

2　预裂爆破施工

2.1　施工准备

根据地质勘测资料以及以往施工经验编制了预裂爆破试验方案,并经试验取得爆破参数,根据爆破参数编制了施工方案和作业指导书,施工前对现场管理人员和作业人员进行技术交底。

2.1.1　预裂孔钻孔设备的选择

溢洪道每个马道边坡高15 m,采用的是HCR1200Ⅱ型履带式液压钻机和YQ-100型潜孔钻。履带式液压钻机钻孔速度快,但是钻杆细,钻杆压力来源主要在上部,钻孔达到一定深度后易飘离方向;YQ-100型潜孔钻钻孔速度慢,有一定的冲击力。

2.1.2　预裂爆破试验

在岩性相同的邻近施工区域进行了爆破试验,得到了预裂爆破施工参数。

预裂爆破为轮廓爆破。预裂爆破是在主爆孔爆破之前在开挖面上先爆破一排预裂爆破孔,在相邻炮孔之间形成裂缝，从而在开挖面上形成断裂面，以减弱主爆区爆破时爆破地震波向保留岩体的传播，控制爆破对保留岩体的破坏影响，且沿预裂面形成一个超挖很少或没有超挖的平整壁面。孔痕保存率达到85%，且炮孔附近保留岩石不出现严重的爆破裂隙。

根据现场实际情况边坡预裂爆破试验的参数：

孔径 89 mm　　　　孔深 $L=10$ m

孔距 $a=1$ m　　　　线装药量 300 g/m

2.1.3　预裂爆破参数

通过现场试验，预裂爆破炸药采用2#岩石乳化炸药，间断不耦合装药，药卷按一定间隔距离绑扎在竹片上送入炮孔内，导爆索传爆。底部加强装药，顶部堵塞段以下减弱装药，中间段正常装药。钻孔设备选用 YQ-100 型潜孔钻和 HCR1200-ED Ⅱ型履带式液压钻机，钻孔角度及深度能够满足现场施工要求。预裂爆破孔间距为 1.0 m，爆破后，预裂爆破面坡比较平整度满足设计要求，开挖面无明显的爆破裂隙。

2.2　预裂爆破钻孔

2.2.1　测量定孔位

爆破作业区划定后进行测量定孔位，定位测量仪器采用全站仪，测量定孔位应依照设计边线和尺寸要求，按照所选定的爆破参数孔距、排距和孔深，进行布孔放样，并用明显的标识表示。测量布孔后，测量技术人员在现场向造孔机械操作工人和现场施工员进行技术交底。同时，测量技术人员跟踪检测造孔质量。

预裂孔的作用是劈裂岩面，要求劈裂后的岩面在坡度、平整度、完整性等方面符合设计和相关规范的要求，因此施工中严格控制预裂孔的造孔质量。

用铝合金或小角钢制作直角三角形控制样架，例如开挖边坡为 1∶0.5，则样架的两个锐角为 26.57°和 63.43°，用三角尺和钢卷尺检查样架的内角和边长，精度符合要求后，在每个角的两侧用手提钻钻两个小孔以便挂线控制。

2.2.2　钻孔方法及造孔方向控制

潜孔钻就位，钻头对着孔位点，距离孔位点 20 cm 左右。样架一条直角边紧贴控制线，另外一条直角边对准钻杆，若钻杆方向不与这条直角边重合，则调整钻杆直至两者重合，从而使钻杆在坡面上的进钻方向不左右摆动，如图 1 所示。

下部样架不动，在另外一个样架的小孔内拧一颗螺丝钉，并在螺钉上挂垂球，样架斜边紧贴钻杆，若垂线不与样架直角边相重合，则调整钻杆，从而使进钻方向平行于开挖坡面，如图 2 所示。

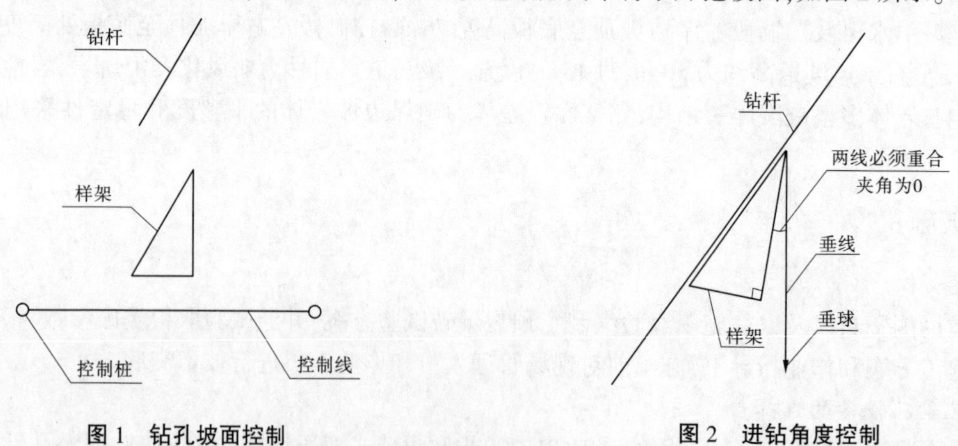

图 1　钻孔坡面控制　　　　图 2　进钻角度控制

在这一过程中，下部样架不动，并安排人员指挥调整钻杆方向。经过以上两个方向的控制，保证了进钻方向平行于开挖坡面，且在坡面上不发生偏移。

进钻深度控制：开钻前，测量孔口高程，根据预先设定的孔底高程计算钻孔高差和斜长，事先把要使用的钻杆放在钻机旁，并计算外露剩余钻杆的长度，多余钻杆放置在其他地方，钻进期间除调换钻杆外，不得使用多余钻杆，防止超钻和欠钻，如图 3 所示。

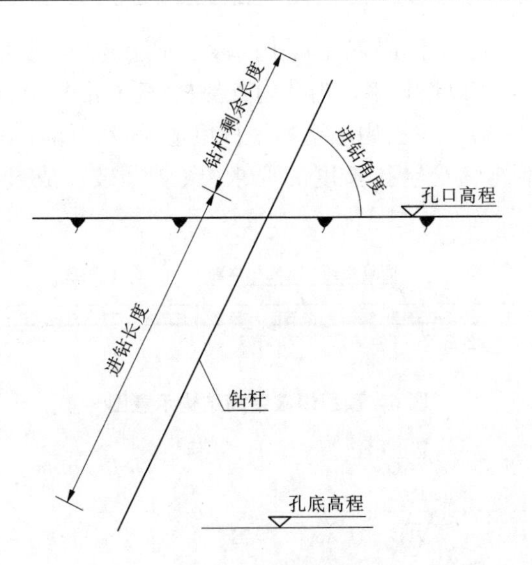

图3　进钻深度控制

现场安排施工人员,全过程监督钻进情况,及时调整钻进方向使之与设计边坡相符,控制钻孔底部高程。每个钻孔完成后,堵塞孔口并做标记。

2.2.3　缓冲孔和主爆孔

人工清理钻爆区,专业测量人员按照设计的炮孔间排距用白灰点出炮孔位置(见图4、图5),其余作业方法与预裂孔相同,因远离边坡,为普通的岩石爆破,因此造孔质量相较于预裂爆破可以适当宽松,注意控制孔底高程,以免开挖后的作业面高低不平,影响后续工作的开展。

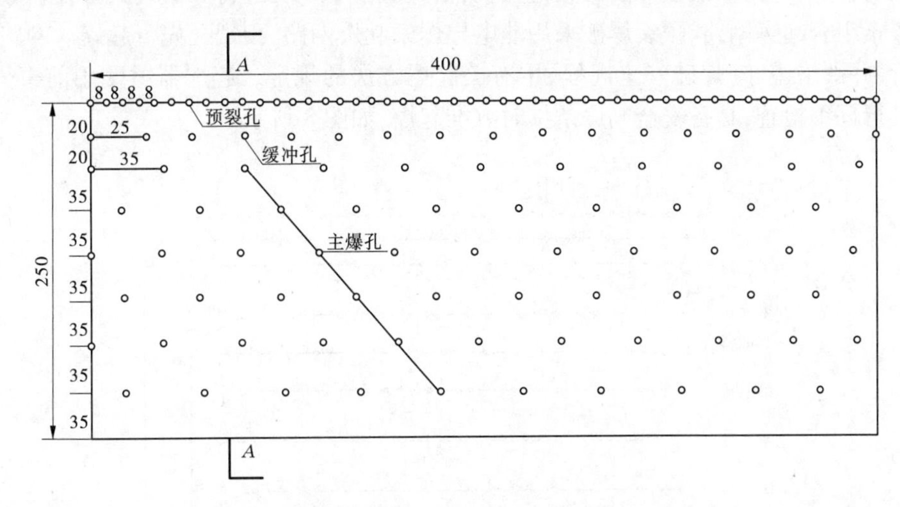

图4　溢洪道深孔预裂爆破炮孔平面布置图　(单位:dm)

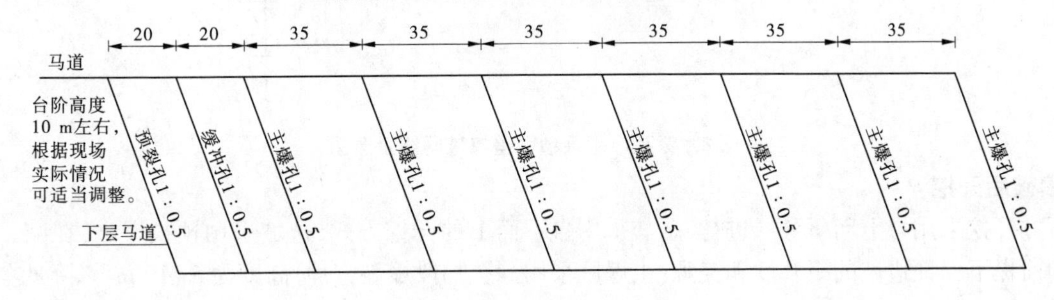

图5　*A*—*A* 剖面图　(单位:dm)

2.3　预裂孔装药结构

预裂爆破炸药采用2#岩石乳化炸药,炸药直径32 mm(200 g/卷)。将药卷与导爆索一起连续或间隔绑扎在一根竹片上,形成所需长度的药串。装药时底部1 m加强装药(2卷一捆绑连续绑扎),顶部堵塞段以下 2 m 减弱装药(单卷 1 卷/m 间隔绑扎),中间段正常装药(单卷 1.5 卷/m 间隔绑扎)。根据现场情况,线装药密度为 0.5 kg/m。以细竹竿作为孔内支撑杆,药卷沿竹竿方向用导爆索连接。为了保证爆破效果,从孔口上方向下 40~50 cm 处,用填塞物进行填塞,间断不耦合装药。炮孔装药时,按实际孔深制作药串,以防孔口部分不能满足空孔长度的要求,致使爆破形成过深的爆破漏斗,如图 6、图 7 所示。

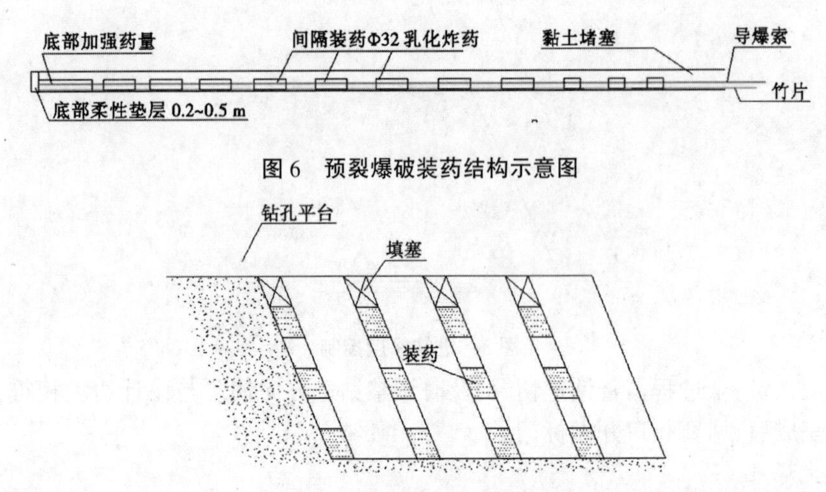

图 6　预裂爆破装药结构示意图

图 7　预裂爆破施工示意图

2.4　起爆网络

装药完成后,撤离与网络敷设无关的其他人员,由爆破技术人员进行爆破网路敷设。爆破采用非电导爆管和导爆索组合起爆网路,预裂爆破采用非电导爆索起爆网路,预裂孔先行起爆。网路敷设按爆破设计要求进行,并严格遵守《爆破安全规程》中有关起爆方法的规定。起爆器材使用前事先进行检验,网路敷设后进行仔细检查,具备安全起爆条件时方准起爆,如图 8 所示。

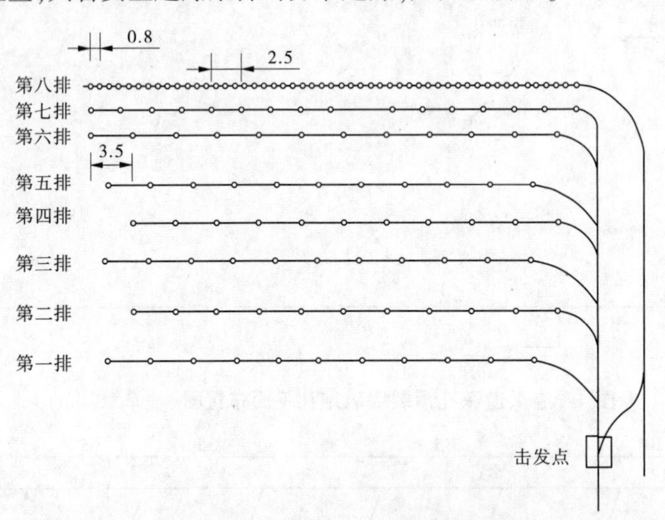

图 8　深孔爆破毫秒微差爆破网络示意图

2.5　爆破后开挖

石方开挖采用自上而下分层进行,严禁采用自下而上的开挖方式,边坡采用预裂爆破,在减小超欠挖量的前提下保证边坡的平整度和美观;主爆区采用深孔梯段爆破,台阶高度为 5~10 m,以降低单位用药量,提高经济效益;临近基底部分采用保护层开挖,以减小对基岩的破坏,提高基岩的完整性;在进行深孔梯段爆破时,一个爆区爆破完成后,移钻至另一个爆区,前爆区进行出渣。靠近边坡的爆区出渣,分层预留 3 m 左右为支护工程提供作业平台,及时进行边坡支护工作,以形成开挖、出渣、支护工作的流水作业。

3　预裂爆破方案及参数优化研究

预裂爆破后,开挖发现坡面局部超欠挖偏差较大及岩体出现明显爆破裂隙等现象。超欠挖及平整度超标造成在混凝土施工时整坡工作量和混凝土方量增加,增加了施工成本;坡面岩体爆破裂隙不利于边坡稳定,影响工程安全运行;针对出现的问题,对预裂爆破方案及参数进行了优化。

3.1　出现局部超欠挖情况下的优化研究

3.1.1　设备因素

溢洪道边坡坡顶至底板高度最高 76 m,每 15 m 设置马道,每级边坡高 15 m;前期预裂孔钻孔采用 HCR1200Ⅱ型履带式液压钻机和 YQ-100 型潜孔钻机钻孔,钻孔时采取一次钻到马道高程的方法进行施工。

液压凿岩机钻头直径为 89 mm,钻杆长 3 m、直径 50 mm,钻孔速度平均 1 m/min,钻孔压力主要来自顶部施压,钻孔达到 6 m 深度后,由于钻杆韧性原因易造成偏离设定方向;YQ-100 型潜孔钻钻头直径 90 mm、钻杆直径 60 mm,钻孔速度平均 0.36 m/min,钻头有一定的冲击力。

在开钻前通过校准预裂孔点位,使钻机钻杆角度和方向偏差在设定范围内。潜孔钻钻孔爆破开挖后的边坡顺直、大面基本平整;液压凿岩机钻孔爆破开挖后的边坡上部基本平整,但在 6 m 以下炮孔痕迹明显偏离设定方向,预裂孔放样点位间距 1 m,孔底部偏差最大达到 1.6 m,孔位偏差较大。

通过对比发现,预裂孔爆破潜孔钻钻孔效果明显好于液压凿岩机钻孔,针对开挖后的坡面效果,溢洪道后面的预裂孔全部选用 TQ-100 型潜孔钻机进行施工。

3.1.2　钻孔时定位和方向控制因素

钻孔时测量人员根据施工图纸放样出钻孔点位和方向线,现场管理人员采用垂线垂球配合三角架进行方向控制。

由于现场施工时,钻孔作业面上有 10~30 cm 浮渣没有清理干净直接进行了点位放样,在钻机工作时,钻头钻到岩石面时发生了位移,造成孔位偏移;现场管理人员在距离钻杆 5~10 m 处设置三角架进行角度控制时,设置距离较远,造成角度误差较大。

针对出现的问题,后期施工时,在浮渣清理干净后,测量人员精确地在基岩面上放出预裂孔点位,并用红漆准确标识。现场人员在钻杆上做标记,在钻进过程中通过水平尺和垂球进行角度和方向控制,特别在入岩初期应多次对孔位和钻杆方向、角度进行校核。通过多方位、多角度的控制,有效地解决了钻孔时发生偏移的问题。

3.2　出现坡面爆破裂隙情况下的优化研究

3.2.1　地质情况影响

溢洪道所在山体岩性为弱风化安山玢岩,局部岩体裂隙发育,多呈镶嵌碎裂结构,完整性较差,对爆破施工影响较大。针对岩体物理力学性质及地质条件较差的部位,采取预裂孔间距由 1 m 减小到 0.9 m,线装药量由 0.3 kg/m 减少到 0.2 kg/m 等措施,进行预裂爆破试验,试验后坡面裂隙明显减少且无松动岩石。

3.2.2　上层主爆破区对下层基岩的影响

溢洪道每级边坡高 15 m,预裂孔钻孔时采取一次钻到马道高程的方法进行施工;缓冲孔与主爆孔爆破使用岩石粉状乳化炸药,对坡面的稳定性和完整性容易造成影响。因此,钻孔时缓冲孔和上层主爆孔孔底距离下层基岩 2 m 以上,爆破后,采用破碎锤清理至设计高程,有效地避免了上层主爆区对下层基岩的影响。

4　小结

预裂爆破造孔是溢洪道边坡爆破成功与否的关键,是确保溢洪道高边坡完整性及安全性的保障,根据前坪水库溢洪道所处山体的岩体物理力学性质及地质条件,认真做好爆破方案设计和控制爆破的参数设计,并通过爆破试验和实践不断优化参数,分析施工中遇到的各类问题,找到影响因素,及时解决问题，以达到最佳爆破效果，保证爆破作业对坡面的振动影响减小到最低程度。

参考文献

[1] 中华人民共和国国家能源局.水利水电工程爆破施工技术规范：DL/T 5135—2013[S].北京：中国电力出版社，2014.

[2] 中华人民共和国水利部.水利水电工程锚喷支护技术规范：SL 377—2007[S].北京：中国水利水电出版社，2008.

[3] 中华人民共和国水利部.水工建筑物岩石基础开挖工程施工技术规范：SL 47—1994[S].北京：中国电力出版社，1994.

[4] 中华人民共和国水利部.水利水电工程施工安全管理导则：SL 721—2015[S].北京：中国水利水电出版社，2015.

作者简介：郭向荣，男，1963年8月生，河南省水利第二工程局，高级工程师，主要从事水利施工质量控制工作。E-mail：1255472239@qq.com.

前坪水库主坝天然砂砾石料填筑质量控制

王新民　周腾飞　皇甫泽华　杨志超

(河南省前坪水库建设管理局　河南郑州　450000)

摘　要:文章结合前坪水库主坝天然砂砾石筑坝料的填筑,阐述了天然砂砾石筑坝料现场大型碾压试验、料源控制、填筑施工及无人驾驶智能碾压机器人碾压等环节的质量控制,为以后类似工程的质量控制提供经验和方法。

关键词:前坪水库　天然砂砾石　现场大型　碾压试验　无人驾驶智能碾压机器人　质量控制

1　概述

前坪水库是国务院批准的 172 项重大节水供水工程之一,位于淮河流域沙颍河主要支流北汝河上游洛阳市汝阳县,是一座以防洪为主,结合供水、灌溉,兼顾发电的大(2)型水利枢纽工程,总库容5.84亿 m^3。主要建筑物包括主坝、副坝、溢洪道、泄洪洞、输水洞、电站等。主坝采用黏土心墙砂砾(卵)石坝,坝顶长 818 m,最大坝高 90.3 m,初步设计批复所需筑坝砂砾料场为大坝上下游近 10 km 北汝河内上层 5.5 m 范围内的天然级配砂砾(卵)石料,总用量约 1 500 万 m^3。

2　主坝天然砂砾料填筑质量控制

2.1　现场碾压试验确定筑坝砂砾石料填筑质量控制参数

2.1.1　建设单位典型筑坝砂砾石料现场碾压试验和大型相对密度试验

已批复的坝壳料设计为天然级配砂砾(卵)石料,由于近年来人工采砂现象严重,导致料场上层砂砾(卵)石料细颗粒缺失,料场砂砾(卵)石料级配曲线、物理力学参数、开采条件等均有变化。鉴于大坝填筑料的重要性,2016 年 3 月,对坝体填筑砂砾石料有效分布(质量、储量等)进行复核,经复核,原有料场及上游两岸阶地中下部可开采原级配砂砾石料约 685 万 m^3,人工采砂扰动料约 700 万 m^3。由于人工开采后扰动料级配范围变化大,离散性大,大坝施工前开展筑坝砂砾料现场碾压试验研究,进一步明确上坝料级配包线,对利用 700 万 m^3 人工采砂扰动料及工程质量控制和施工技术要求至关重要。为此,2016 年 5~8 月,建管局委托中国水利水电科学研究院开展了典型料区的坝砂砾石料现场碾压试验和大型相对密度试验,试验成果如下:

(1)对试验料场扰动砂砾料:采用 26 t 自行式振动碾,开强震挡,行车速度控制在 3 km/h 以下,铺料厚度为 80 cm 并洒水饱和,碾压 8 遍。可以满足设计相对密度 $Dr>80\%$指标要求。

(2)洒水:按照现有的试验成果,洒水与不洒水相比,洒水的效果是非常明显的,同时也说明控制好洒水质量的重要性。因此,建议在施工中一定要控制好洒水质量,保证洒水量和洒水的均匀性。对于河道开采直接上坝砂砾料,可按体积控制洒水 10%,可达充分饱和。

(3)对其他与典型区料场代表性砂砾扰动料试验级配相差较大的上坝砂砾料,可以参照报告提供的方法进行现场碾压试验,具体确定碾压施工参数。

2.1.2　施工单位不同规划区内料场现场碾压试验

施工单位根据中国水利水电科学研究院的试验方法、成果及现场的施工机具及设计要求,在规划料场内对不同料区、碾压遍数作对比性试验。核实砂砾料填筑标准的合理性及可行性,选定合理的碾压施工参数,同时优化砂砾石料填筑施工工艺和质量控制措施。

(1)碾压试验场地规划。碾压试验区布置在围堰上游段,以每一种料区砂砾石料分别进行 3 个不同碾压遍数的碾压试验(铺料厚度 80 cm),每个碾压遍数试验区长 10 m,宽 6 m,不同区域之间留出 2 m

过渡带。

(2)碾压试验成果。上坝料(铺料厚度 80 cm)。26 t 振动碾静碾 2 遍,振动碾压 6 遍,相对密度检测合格率不满足规范要求;26 t 振动碾静碾 2 遍,振动碾压 8 遍,或 26 t 振动碾静碾 2 遍,振动碾压 10 遍,相对密度检测结果均满足设计及规范要求。

根据碾压试验成果分析,结合现场施工条件,确定使用的碾压施工参数见表 1。

表 1　砂砾石填筑碾压施工参数

<table>
<tr><th rowspan="2">铺料厚度(cm)</th><th rowspan="2">料源</th><th rowspan="2">碾压遍数</th><th colspan="4">振动碾施工技术参数</th></tr>
<tr><th>工作质量(t)</th><th>振动挡位</th><th>行驶速度(km/h)</th><th>行走方式</th></tr>
<tr><td rowspan="2">80</td><td>扰动料</td><td>静压 2 遍</td><td rowspan="2">26</td><td rowspan="2">强振</td><td rowspan="2">2~3</td><td rowspan="2">振动碾平行于轴线方向行走,采用搭接法碾压,碾迹搭接不小于 20 cm</td></tr>
<tr><td>原级配料</td><td>振动 8 遍</td></tr>
</table>

2.2　砂砾石料开采与运输质量控制

砂砾石料开采与运输质量控制是大坝填筑前的第一道质量关,砂卵石料源的质量好坏,直接影响着整个大坝填筑质量。

2.2.1　砂砾石料挖装质量控制

砂砾石料挖装由料场管理人员指挥挖装,挖装符合设计要求的填筑料,严禁将超径石等不合格的石料装运。同时,要求实验室人员及时对料源进行鉴别,不合格的填料,及时通知料场管理人员不得挖装。

在现场挖装时,砂砾石料中不允许夹杂黏土、草、木等杂质。

2.2.2　砂砾石料运输质量控制

运输使用车辆相对固定,填筑区域入口设置冲洗站,防止车厢和轮胎上的泥土带入填筑区;填筑区域入口设置填筑料检查站,现场管理人员对来料检查,不合格料不允许进入填筑作业面。基础面或填筑面经监理验收合格后,在铺料前,用白灰划出料区分界线,摆放料区标识牌,设专人指挥运输车辆到指定地点卸料。

2.2.3　砂砾石料卸料质量控制

单元作业面上设 2~3 人手持红、绿旗指挥卸料,卸料指挥员未发出卸料信号,运输车司机不得随意卸料。

2.3　砂砾石料的碾压质量控制

施工前明确各工序负责人,对所有管理人员进行技术交底,严格砂砾石填筑碾压工艺流程,严格各项施工工艺、施工参数和质量指标。

2.3.1　铺料质量控制

(1)运至工作面的砂砾石填筑料采用推土机摊铺。按监理单位批准的砂砾石料碾压试验成果确定的参数进行控制铺筑。铺料时,层厚均匀、表面平整、防止粗细颗粒分离。靠近岸边地带填筑,人工配合推土机进行,边卸料边平整,尽量使填料掺合均匀,保证不出现架空现象。

(2)卸料高度不宜过大,以防分离。已分离的,现场管理人员指挥将其混合均匀。铺料时力求做到粗细颗粒搭配,靠近岸边地带以细料铺填,以防架空现象。

(3)在铺料过程中,出现超径石时,由现场管理人员指挥推土机剔出推至填筑面前方 20 m 之外,并由装载机运至坝面上指定地点集中堆放,用于坝坡雷诺护垫的砌筑。

(4)填筑料厚度控制。根据各区层厚,采用“贴饼法”进行厚度控制,在距填筑面前沿 4~6 m 距离设置标准厚度的“贴饼”,同时测量人员利用 GPS 随时测量填筑料厚度与平整度,避免超厚或过薄。如果超厚,必须用推土机将超厚部分推薄,然后进行碾压。推土机平料时,从料堆一侧开始推料,推进方向平行于坝轴线。

2.3.2　碾压质量控制

前坪水库大坝工程碾压质量控制采用“无人驾驶智能碾压筑坝技术”。2015 年 11 月,前坪水库建设管理局与清华大学合作研发“前坪水库智能碾压筑坝技术研究”,该技术对砂砾石筑坝料的碾压遍数、速度、轨迹、激振力等碾压过程参数进行智能监控,并具有实时、连续、自动、智能、高精度、高效率等特点,可以实现对大坝工程质量的有效控制。

2016年11月27日,大坝上游围堰(坝体一部分)完成建基面验收,28日,上游围堰开始填筑,第一台26T无人驾驶智能碾压机器人投入使用,经过3个月的应用、调试,基本达到了预设的效果,该技术于2017年3月15日获得国家发明专利。截止目前,前坪水库已全部实现由无人驾驶智能碾压机器人进行上坝料的碾压工作。

无人驾驶智能碾压机器人在常规压路机上集成卫星定位导航、网络通信、智能控制等新技术与装置,形成了无人驾驶智能碾压机群协同作业的筑坝施工完整系统。一是构建机载控制器网络,使振动碾压机具有远程唤醒、休眠、高精度RTK-GPS定位导航、安全避障、自主规划碾压作业、自主碾压与自动检测施工质量等功能;二是构建施工场地微波通信网络,实现了多台无人驾驶碾压机群协同作业、碾压区域设计规划、碾压任务远程调度、碾压作业远程监控等功能;三是开发了无人驾驶碾压机操作系统、碾压机群调度监控系统、施工现场信息监视系统;四是实现了碾压环境与现场三维监控模型显示与视频辅助监控功能;五是实现了碾压机群行驶轨迹、碾压遍数、碾压高程、碾压效果的实时显示,具有形成碾压施工效验电子报表功能;五是该技术推动了水利施工从被动监测过程到主动设计、控制过程的转变,实现了碾压筑坝技术的新四化(控制自动化、信息数字化、通信网络化、运行智能化),形成了综合施工机械、筑坝工艺、信息化管理与应用一体化的新模式,实现了大坝填筑料碾压质量的智能控制。

但是,基于目前该技术还需要完善相关技术问题,对于接缝处理和边地形突变或边角等部位的碾压质量控制还要进行特殊处理:

(1)振动碾压实作业由无人驾驶智能碾压机器人根据设定的试验参数采用进退错距法,碾压轨迹搭压宽度为20 cm自动进行碾压。个别部位因大型振动碾不便作业,采用小型碾压、压实设备进行碾压、夯实。

(2)坝壳料接缝处理。对沿轴线方向(横向坡)结合部位采用推土机削坡,坡度不陡于1∶3;垂直轴线方向(纵向坡)结合部,由于接缝处坡面临空,振动碾距坡面边缘留有0.5~0.8 m的安全距离,优先选用台阶收坡法,在先期铺料时,每层预留1~1.5 m的平台,新填料松坡接触,碾辊骑缝碾压不需做削坡处理。

(3)岸边地形突变或边角振动碾碾压不到的局部地带,采用薄层铺筑细料,采用10 t液压夯实器进行夯实。

2.3.3 质量检验

(1)每层碾压结束后,进行现场取样检验。取样采取灌水法。各项指标达到设计要求合格后再进行上层填筑。每层铺筑碾压完成后,即可进行取样检验,取样时严格按规范及试验规程规定的取样程序和频率进行,同时应重点抽查接缝、结合面及边坡边线处等薄弱环节,发现不合格及时通知补压或返工,只有在本层坝体取样合格方可进行下一层的填筑施工。

(2)各段设立若干种类、数量的标识牌,标识各填筑区、当前的状态,如"该区验收合格"、"该区正在碾压"、"该区正在进料"等防止漏压、欠压和过压,便于质检员和监理工程师检查。

3 结语

前坪水库大坝砂砾石填筑,采用现场碾压试验及大型相对密度试验确定碾压参数,采用无人驾驶智能碾压机器人综合施工机械、筑坝工艺、信息化管理与应用一体化的新模式,实现了大坝填筑料碾压质量的智能控制。

参考文献

[1] 皇甫泽华,张兆省,历从实,等.前坪水库筑坝砂砾料现场碾压试验研究[J].中国水利,2017(12):25-26.
[2] 中华人民共和国国家能源局.碾压式土石坝施工规范:DL/T 5129—2013[S].北京:中国电力出版社,2014.

作者简介:王新民,男,1965年8月生,河南省前坪水库建设管理局,高级工程师,主要从事水利工程建设管理工作。
E-mail:1416620292@ qq.com.

城市河道治理中新型环保清淤技术的应用

刘景禹　吕　强　孟佳佳　徐　昕

（淮安市水利局　江苏淮安　223001）

摘　要：传统清淤普遍采用挖泥船和水力冲淤的方式，受排泥场地等各方面限制较多且易造成二次污染，破坏水生态环境。本文以淮安市清浦老城区除涝综合整治工程为实例，针对项目范围内河道情况复杂的特点，通过对不同清淤方式的比选，因地制宜，对部分河道采用新型环保清淤技术进行清淤，达到了良好的效果。该技术与传统方式相比无须输泥管线，不影响交通，并且不会对水体造成二次污染，可以实现尾水和淤泥无害化、资源化利用。

关键词：城市河道　清淤技术　生态　应用

1　引言

在当今世界，特别是经过近40年快速城镇化发展的中国，水是制约可持续发展最重要也是最为复杂的因素之一。城市河道作为城市的基础设施，多年来担负着防洪、排涝、排污的重要作用，负担也逐步加大，对河道进行清淤是各个城市治理水环境，实现"河畅、水清、岸绿、景美"的必要环节。传统清淤方式不仅耗时长，人力投入多，须排泥场地，而且会造成二次生态污染，破坏原有水生态环境，造成不可挽回的生态损失。随着清淤技术的发展，要求在河湖清淤实施的同时，要有环保意识，实现环保疏浚与环保清淤。

2　项目概况

淮安市清江浦区位于苏北腹地，淮河下游，南临苏北灌溉总渠，西靠二河，东北以古黄河为界，全区总面积309 km^2，全区70万人。本次工程位于清江浦区老城区范围内：西至外城河，北至里运河，东至天津路，南至解放路，涉及排涝面积约3.1 km^2。主要外排河道为大运河、里运河、淮河入海水道，内部主要排涝河道为文渠河、圩河、内城河、外城河（见表1）。河道沿线老旧小区生活污水直排入河，河道淤积严重，每到城区突降大到暴雨或汛期排涝时，区域内受涝严重。而且排涝河道之间沟通联系较少，水体流动性不强，缺乏活力，净化能力差，河道水质受到严重污染，区域内河道整治迫在眉睫。项目区内河道近几年经过多次治理，由于每次都是局部整治，综合效果不明显，河道平均淤深仍将近1.0 m。

表1　本次工程涉及的排涝河道现状统计

序号	河道名称	长度（km）	口宽（m）	平均淤深（m）
1	圩河	1.43	5~10	1.0~1.2
2	外城河	2.24	9~24	2~2.2
3	内城河	1.43	7.00	0.8~1.0
4	文渠河中段	1.69	8~12	0.9~1.1
5	高家巷泵站引河	0.23	8~10	0.9~1.1

3　清淤方式

常用的中小河道清淤方式可分为排干清淤和水下清淤。排干清淤就是在河道施工段构筑临时围堰,将河水排干后进行干挖或水力冲挖的方法。水下清淤一般指将清淤机器装在船上,由清淤船作为施工平台在水面上操作清淤设备,将淤泥开挖并通过管道输送到排泥场的方法。

本次工程地处清江浦区中心地带,紧连里运河,周边布满居民区、商业区、风景区等,是清江浦区主要人文、商业、旅游集聚地,根据各河道地形环境等特点,考虑以下几种清淤方案:

(1)人工开挖。高家巷泵站引河主要为暗涵,不便于水下冲淤施工,拟考虑在内城河交汇处引河进口侧设置软体围堰,待底水排干后采用人工挖淤。

(2)水力冲挖。通过泥浆泵将淤泥抽至排泥场,待淤泥沉积后将干土运至弃土区;此方案采用高压水枪将淤泥土冲成泥浆,通过长管道排至临时排泥场,待淤泥固结后,将弃土运至城外弃土场。本方案为城市河道疏浚传统方法,技术成熟,但在城区要有临时排泥场;泥浆需要输泥管线,工程战线长、对沿线交通影响较大。

(3)新型环保水下清淤:采用淤泥快速脱水技术,通过泥浆泵将泥浆抽至储泥罐同时加入一定量聚丙烯酰胺,聚丙烯酰胺与泥浆混合 40 min 之后,根据淤泥的特性再加入一定比聚合氯化铝让泥浆充分絮凝,开启增压开关将絮凝完成的泥浆抽送至压滤机直接出干土。此方案是针对交通不便的河道和淤泥成分中含大量有机质泥的清淤工程,采用机械制式设备,可以根据工程需要,配置一套或多套脱水设备组合操作,机动性佳,所须场地面积小,全部设备都可以用卡车运输到工地组装,处理后分离出来的水可直接排放,脱水后的污泥经过挤压成泥饼,便于卡车运输。但本方案受工艺、成本等因数的影响,工程投资较大。

根据以上分析,水力冲挖投资小,但对环境有一定影响,工期较长;新型环保清淤投资大,但工期短,影响小,且处理后的弃土能回收利用。本工程位于市区内,周边均为交通要道,人车流量大,对施工的工期、环评要求很高。因此,清淤方案选择时,充分考虑投资、环保、工期等因数,拟考虑两种方案相结合的方式。即内城河、外城河(西小闸至淮海路段)拟采用冲淤泵水下清淤,清淤土方集中排放至文渠河北侧、承德路东侧沿线空地上,排泥场设置排水暗沟,待淤泥沉积后运至城外弃土场。圩河、外城河(淮海路至承德路段)、文渠河中段因土方量大、且离排泥场较远,如果采用水下冲淤方式,输泥管线较长,影响交通。拟采用新型环保清淤技术,所处理后的干土直接外运至弃土场。如表 2 所示。

表 2　河道疏浚工程量及清淤方式汇总

序号	河道		淤泥量(m^3)	清淤方式
1	圩河		10 330.50	新型环保清淤技术
2	外城河	西小闸至淮海路约 1 300 m	18 500	水下淤泥泵冲淤
		淮海路至承德路约 940 m	30 402.1	新型环保清淤技术
3	内城河		4 689.53	水下淤泥泵冲淤
4	文渠河中段		57 235.12	新型环保清淤技术
5	高家巷泵站引河		1 740.25	人工开挖

4　实施情况

4.1　清淤设备

根据现行的《疏浚工程技术规范》,抓斗式或铲斗式挖泥船不适合疏浚流态状淤泥,链斗式、耙吸式、普通绞吸式挖泥船较适合疏浚流态状淤泥。但机械疏挖会对底泥产生很大的扰动,使底泥中的污染物大量释放到水中对水体造成很大的污染,且该方法不能疏挖含水率很高的表层流泥,因此不适合疏浚饮用水源水体的底泥。环保绞吸式疏挖是用水下环保铰刀在封闭的外罩内将底泥绞碎,再用泥浆泵将封闭外罩内的泥浆抽出水面。绞吸式疏挖对水质影响小,便于控制疏挖厚度,绞碎的底泥便于采用管道输送。铰刀及泥浆泵均安装于船上,便于在水面移动,铰刀和泥浆泵可连续作业,工作效率高。本次疏浚即采用美国 IMS 公司的绞吸式挖泥船疏浚,该设备配有世界上最先进的防扩散技术,很好地解决了疏浚作业对水体产生二次污染的问题。

4.2　工艺流程

淤泥快速脱水技术工艺流程如图 1 所示。

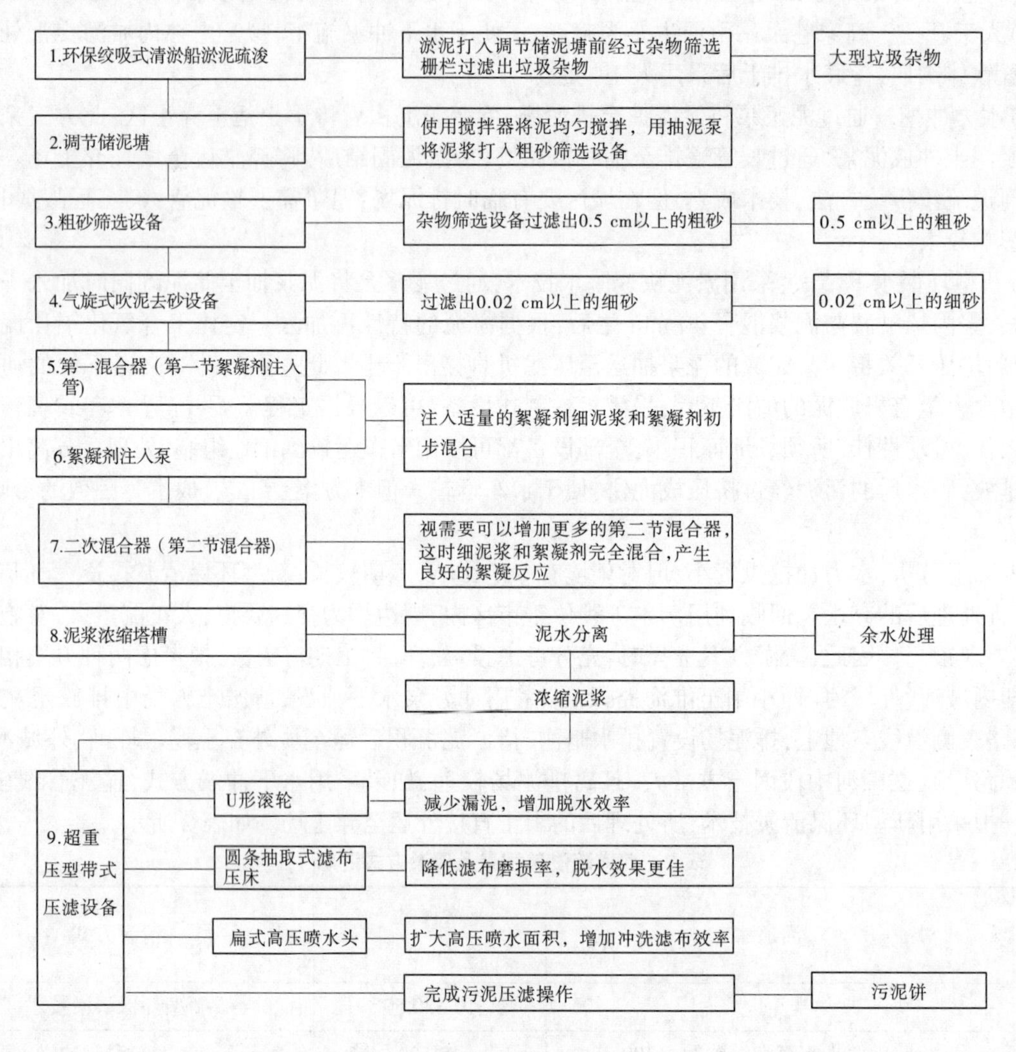

图 1　淤泥快速脱水技术工艺流程

4.3　疏浚土运输

考虑到生态清淤设备堆放地离河道有一定的距离,采用管道将绞吸的底泥输送到设备。为配套环保绞吸疏浚船的工作效率,排泥管用Φ 200 管,排管时以沉管为主,由于输泥距离较长,管道运输中应加装接力泵,接力泵的间距根据接力泵的功率由施工单位自行确定。考虑到接力泵的补给,排泥管沿河岸铺设,以方便施工。

4.4　临时排泥场地

本次工程疏浚土方量大,且位于市区中心老城区地段,施工场地布置难度较大。原设计中确定新型工艺疏浚机械场地布置于清晏园西侧空地,在设备进场时,发现进出道路过于狭窄,运输设备车辆无法进入,周围古树名木较多吊装难度较大,设备无法落地;该场地临近淮阴中学初中部,设备噪声及污泥气味等,恐对学生学习造成不利影响。综合以上原因,经协调,地点调整至承德路东侧、闸口派出所北侧的已拆迁待用地块,淤泥转运至城外弃土区。

4.5　余水处理

本次工程中,余水处理采用物理加化学处理法,处理后的尾水符合排放标准,可直排入河道,未发生余水污染事件。

4.6　淤泥处理

吸除的底泥一般是带水的粒状或絮状物质,结构疏松,体积庞大,含水率较高,强度低,部分淤泥可能含有有毒有害物质,这些有毒有害物质被雨水冲刷后容易浸出,从而对周围水环境造成二次污染。底泥处置以减量化、无害化和资源化为原则,目前底泥处置的方式主要有以下几种:综合利用(堆肥、焚烧利用、制造建筑材料等)、填埋等。国内淤泥脱水一般采用自然干化、机械脱水、污泥烘干及焚烧等方式处理,脱水所需设备有真空压滤机、板框压滤机、带式过滤机及离心脱水机等。国外发达国家比较重视城市环保清淤和淤泥的脱水处理,其脱水方式主要有中固化处理、分级压榨脱水、移动式连续脱水、高压脱水等。

4.7　成效

施工过程中,河道疏浚无须打坝排水,无须水力冲淤,清淤过程对河道周边基本无影响;多台设备同时运作,施工工期明显缩短;处理后的余水清澈,达到排放标准,排入文渠河后未造成二次污染;所出干土基本无异味,无扬尘,能做到随时拖离场地,无须单独安排堆场,节省临时占地。整个工程工艺基本达到高效、环保等预期效果。

5　结语

城市河道清淤是治理城市水环境,构建环境友好型生态城市的重要手段。长期以来,传统清淤不仅耗时长,人力投入多,而且会对生态环境造成不利影响。因此,我们要因地制宜,制定合理的河道清淤施工方案,采用新技术新方法,加强质量与安全管理,在河道清淤施工中做好环境保护工作,对于保证清淤工作的顺利进行以及城市生态系统的建设具有重要的意义。

参考文献

[1] 赵晓维.北京城市河湖环保清淤新技术[J].北京水务,2000(1):19-20.

[2] 李云飞,李伟岸.河道清淤施工技术浅析[A]//建筑科技与管理学术交流会论文集[C].2016.

作者简介:刘景禹,男,1993 年 3 月生,淮安市水利局,助理工程师,主要从事水利工程建设管理工作。E-mail:450092409@qq.com.

南四湖湖东滞洪区建设工程主要环境影响分析

侯祥东[1] 李玥璿[2] 王训诗[1]

(1.山东省淮河流域水利管理局 山东济南 250100;
2.济宁市洙赵新河管理处 山东济宁 272000)

摘 要:南四湖湖东滞洪区位于南四湖湖东堤东侧,是为滞蓄南四湖50年一遇以上洪水而设置的一般蓄滞洪区,滞洪区建设是淮河流域防洪体系的重要组成部分。本文在分析南四湖湖东滞洪区工程建设的基础上,深入探究当前滞洪区建设期和运行期存在的环境问题。针对南四湖环境现状和滞洪区工程环境影响特点,重点剖析了南四湖湖东滞洪区工程建设过程中的主要环境影响,即生态环境影响和社会环境影响。滞洪区建设对环境的负面影响主要在施工期,建成运行后的影响主要为正面影响。

关键词:南四湖 滞洪区 生态环境 社会影响

1 南四湖湖东滞洪区的作用

南四湖湖东滞洪区是根据2009年国务院批复的《全国蓄滞洪区建设与管理规划》确定的新建滞洪区,规划利用南四湖湖东滨湖洼地,临时滞蓄南四湖洪水,减轻下游中运河、骆马湖防洪压力,确保沂沭泗河洪水东调南下续建工程中的湖西大堤、湖东大堤大型矿区和城镇段堤防达到防御1957年洪水的防洪标准,可保证东调南下工程发挥整体效益,完善淮河流域防洪体系。

南四湖湖东堤工程主要由湖东干堤堤防工程、入湖支流回水段加固工程、入湖支流沟口封闭涵闸工程、跨支流河道及配套防汛交通桥、生产桥和排灌工程等内容组成,目前已建成并通过验收。

2 滞洪区范围和主要建设内容

湖东滞洪区范围是地面高程在1957年洪水位以下与湖东堤之间的区域,即泗河—青山、界河—城郭河段36.99 m等高线以下,新薛河—郗山段36.49 m等高线以下,总滞洪面积259.69 km^2,滞洪总容量3.7亿m^3。共涉及济宁市微山、邹城和枣庄市滕州、薛城4个县区。

主要建设内容:两城四村航道堤防工程加高培厚1.4 km,解放沟筑堤0.67 km;新建峦谷堆安全台1处,拆除重建疗养院1处,新建3个村安全楼;修建撤退道路284.18 km;治理建筑物361座,其中建设桥梁45座(新建3座,改建41座,维修1座),拆除改建涵洞110座,维修1座,新建18座,修建过路涵185座,新建涵闸2座;管理设施等。

3 南四湖湖东滞洪区建设工程环境影响重点分析

3.1 对生态环境影响分析

3.1.1 对陆生生态环境的影响分析

对陆生植被的影响。滞洪区工程建设将造成局部区域植被破坏,包括施工期临时占地和运行期永久占地,影响主要表现为降低区域植被生物量。临时占地使用结束后,通过落实植被恢复措施、土地复耕等,临时占地所产生的生物量损失可以基本得以恢复。永久占地所损失的生物量主要来源于人工种植的粮食作物及乔木等,由于工程占地比较分散,局部生物量损失比例很小。通过落实生态恢复措施,可以最大程度地降低占地对植被的影响,滞洪区建设对区内陆生植被影响较小。

对陆生动物的影响。施工期陆生动物的影响因素主要来自于工程占地、施工机械、车辆噪声以及施工人员活动,会造成当地常见野生动物局部数量的变化,但不会对区域野生动物种产生影响。工程运行期存在对野生动物生境的阻隔影响，由于新征占地以耕地为主，且比较分散，对野生动物生境影响较小。滞洪区建设和运行会造成当地常见野生动物局部数量的变化，但不会对区域内野生动物和生活环境种产生明显影响。

对水生生态的影响分析。工程建设对水生生态的影响主要发生在施工期，施工过程中在围堰区内进行，施工搅动对上下游浮游生物影响很小，施工期结束后生物量基本可以恢复。随着河流水体悬浮物的沉积和底质的逐渐稳定，底栖动物的物种数量和生物量将会逐渐得以恢复。桥梁工程施工会暂时造成局部河段鱼类的觅食难度增加，施工结束后随着浮游动植物及底栖动物生物量的恢复，施工河段鱼类觅食也将逐渐恢复至原有水平。因此，工程建设对区域内水生生态的影响也非常有限。

对南四湖省级自然保护区的影响分析。根据工程与自然保护区位置关系，建设项目中部分湖东堤附近撤退道路、庄台、安全楼工程距离保护区的实验区边界较近。安全台距保护区实验区边界约20 m，根据固定点源噪声源不同距离处贡献值及叠加预测结果分析，安全台施工噪声影响范围小，对野生动物的影响时段较短，安全台施工对野生动物的影响较小。堤顶道路其施工噪声影响范围为实验区的部分区域，自然保护区内鸟类及其他野生动物主要分布于自然保护区的核心区和缓冲区，对野生动物的影响属于暂时性影响。工程建设对南四湖省级自然保护区的影响时段较短，影响对象为区域常见的野生动物，影响程度较小，不会对珍稀保护级别动物产生不利影响。

3.1.2　对南水北调东线一期工程的影响分析

施工期影响分析。工程建设区域均位于湖东堤内侧，不属于南水北调东线一期工程核心保护区，施工活动直接影响区与南四湖水面无直接水力联系，仅部分桥梁工程施工导流涉及南四湖较小支流。由于施工导流区域非南四湖主要支流，水体规模较小，导流形式简单，不会对南水北调东线一期工程南四湖输水干线产生影响。施工生产废水、生活污水无法直接进入南四湖水体，不会对南水北调东线一期输水工程水质产生不利影响。

运行期影响分析。工程建设不改变国家防总批复的湖东滞洪区调度运行方式，也未改变湖东滞洪区内现有河流水体与南四湖的水系连通方式，滞洪区内现有污染源也不因工程建设而发生变化，基本与现状保持一致。因此，工程未滞洪运用期间，不会对作为南水北调东线一期工程输水通道的南四湖水质产生影响。

滞洪运用期影响分析。从制度层面，湖东滞洪区滞洪运用与南水北调东线一期工程南四湖输水通道运用是统一调度的，湖东滞洪区运用不会影响南水北调东线一期工程输水安全。考虑到滞洪区内退水最终均排入南四湖，滞蓄的洪水可能对南四湖水质产生不利影响，因此通过建立南四湖二维水质模型，模拟结果表明，工程结束后的汛期排涝水入湖导致污染负荷增大，污染物进入湖区后会在部分湖口区域形成污染带，随着汛期时间推移，污染带分布水域逐步缩减，水质得到改善。类比分析湖东滞洪区退水情况可以判断，湖东滞洪区退水入南四湖后，在各退水支流入湖口形成小区域污染带，滞洪退水新增污染负荷将对南四湖水质造成一定短期不利影响。但在泄洪过程中，由于下游湖区水量较大，流速较快，河道的稀释净化作用明显，滞洪区退水对南四湖的影响范围并不大，影响时间也较短。因此，汛期排涝水和滞洪退水新增污染负荷对南四湖虽有一定影响，但产生的污染带多集中在入湖口及湖湾小区域范围内，且随着时间推移，滞洪退水不会对南四湖的Ⅲ类水质目标构成威胁。

3.2　对社会环境影响分析

3.2.1　对防洪的影响

湖东滞洪区工程实施后，当工程蓄滞洪后，将会淹没滞洪区内的部分土地资源，但南四湖下游更大范围的土地免遭淹没损失，同时最大限度地减少洪涝灾害对蓄洪区造成的人力、物力、财力损失，避免疾病流行，保护滞洪区人民生命、财产安全以及下游重要城市的防洪安全。减少因洪水泛滥引起的一系列社会和环境问题，同时减少防汛人力、物力、财力的巨大投入，避免特大洪水造成的人员伤亡、社会动荡和对经济发展的严重影响。

3.2.2　对社会经济的影响

随着安全设施建设工程及配套生产生活设施的不断完善，滞洪区内的生活环境有了较大的改善和提高,对促进该区改善产业结构调整,扩大服务领域,促进消费,提升地方经济将带来有利的影响。滞洪区工程建成运用后大量的洪水将淹没滞洪区内的大片耕地,对滞洪区的农业经济发展产生一定的不利影响,但群众的生命、房屋和财产得到有效保护。由于工程的蓄洪运用频率为 50 年一遇,启用频率低,工程建设基本不会对区域社会经济产生明显不利影响,对安全区农业经济的发展的不利影响是暂时的。相对于自然蓄洪来说,滞洪区建设工程运行减轻了洪水泛滥对社会经济的不利影响。

4 结语

通过对南四湖湖东滞洪区建设工程主要环境影响的分析,可以得出其主要影响环境在施工期和滞洪运行期,对社会环境的影响主要表现为正面效应,对生态环境的影响不明显,对南水北调东线一期工程水质有短期不利影响。对此,应积极采取生态影响减缓措施,严格按照征地范围施工作业,进一步优化施工方法,最大程度减少对生态环境的影响;实施南水北调东线工程干渠水质的保护措施,加强滞洪区内工业企业污染源治理及农业面源控制,建立完善区域水污染风险应急预案。

参考文献

[1] 朱静儒.南四湖生态湿地型蓄滞洪区可持续发展评价研究[D].济南:济南大学,2014.
[2] 王中敏,柳七一,李欣欣.长江中下游蓄滞洪区建设环境影响评价的重点[J].人民长江,2008,39(23):118-120.
[3] 张彬,朱东凯,施国庆.蓄滞洪区社会经济问题研究综述[J].人民长江,2007,38(9):143-147.
[4] 鲍文.蓄滞洪区减灾与可持续发展研究[J].人民黄河,2007,29(10):14-15.

作者简介:侯祥东,男,1976 年 12 月生,山东省淮河流域水利管理局,工程师,主要从事水利工程建设管理、规划设计等方面的研究。E-mail:jsyglc@163.com.

土石坝坝基防渗墙钢模台车应用研究
——以前坪水库为例

梁　斌[1]　王恒阳[1]　皇甫泽华[2]　崔保玉[3]

(1.河南省水利第一工程局　河南郑州　450000；
2.河南省前坪水库建设管理局　河南郑州　450000；
3.河南宏大水利工程有限公司　河南开封　475000)

摘　要:钢模台车为提高混凝土表面光洁度和浇筑速度,并降低劳动强度而设计、制造的专用设备。钢模台车浇筑功效比传统模板高 30%,装模、脱模速度快 1~3 倍,所用的人力是过去的 1/5。使用模板台车不仅可以避免施工干扰、提高施工效率,更重要的是大大提高了混凝土施工质量,同时也提高了混凝土施工的机械化程度。前坪水库大坝防渗墙深入心墙部分需现浇混凝土,为尽快进行大坝填筑施工,项目部设计 3 台钢模台车,在地下防渗墙导墙顶部立模浇筑,用导墙作为现场浇防渗墙底部模板,加快了施工进度,保证了工程质量,总结出了防渗墙钢模台车应用方法,为类似工程施工提供经验和方法。

关键词:坝基防渗墙　钢模台车　制作安装　应用

1　概况

钢模台车为提高混凝土表面光洁度和浇筑速度,并降低劳动强度而设计、制造的专用设备。钢模台车浇筑功效比传统模板高 30%,装模、脱模速度快 1~3 倍,所用的人力是过去的 1/5。所以,钢模台车在铁路、公路、水利水电等的工程施工中被广泛使用。使用模板台车不仅可以避免施工干扰、提高施工效率,更重要的是大大提高了混凝土施工质量,同时也提高了混凝土施工的机械化程度。

前坪水库是以防洪为主,结合供水、灌溉,兼顾发电的大(2)型水库,主坝采用黏土心墙砂砾(卵)石坝,跨河布置,坝顶长 818 m,最大坝高 90.3 m。坝基处理采用混凝土防渗墙加帷幕灌浆方式。

防渗墙布置于黏土心墙轴线上游 5 m 处,采用钢筋混凝土防渗墙,全长 650.0 m,墙深 11~29 m。防渗墙厚度 1.0 m。混凝土强度等级为 C25,抗渗等级 W8,弹性模量 2.8×10^4 MPa。底部深入基岩 1.0 m(断层破碎带处防渗墙加深),最大墙深 29 m 左右,深入心墙部分钢筋混凝土防渗墙,最大高度 7.0 m。

根据防渗墙施工组织安排,防渗墙导墙顶部高程以上再浇筑高 3 m 坝体防渗墙,因工期紧,任务重,项目部计划坝体防渗墙分 10 m 跳仓浇筑,每隔 10 m 设 2 m 后浇带,制作 3 套定型钢模台车,2 套台车长 10 m、高 3 m,1 套台车长 2.2 m、高 3 m。

2　钢模台车的设计要求

钢模台车是以组合式钢结构门架支撑大型钢结构模板系统,电动机驱动行走机构带动台车行走,利用液压油缸和丝杠调整模板到位及脱模。

钢模台车的内部应有足够的净空,以便钢筋、混凝土等材料设备运输以及各节钢模在支模和脱模过程中顺利进行。

主要荷载为钢筋混凝土自重、振捣荷载、混凝土冲击荷载、施工人员及零星材料等。衬砌台车自身应具备抗浮能力,并在设计中考虑浮力对整体结构的影响。台车为平移式,电机牵引行走(即自行式)。

要求台车为全液压,脱模、行走、定位灵活、便捷。其主要技术参数详见表 1。

表 1　钢模台车主要技术参数

<table>
<tr><th>序号</th><th colspan="2">项目</th><th>单位</th><th>参数</th><th>备注</th></tr>
<tr><td>1</td><td colspan="2">台车每模浇筑长度</td><td>mm</td><td>12 000</td><td></td></tr>
<tr><td>2</td><td colspan="2">钢模宽度</td><td>mm</td><td>4 000</td><td></td></tr>
<tr><td>3</td><td colspan="2">钢模高度</td><td>mm</td><td>4 000</td><td></td></tr>
<tr><td>4</td><td colspan="2">钢模外表平整度</td><td>mm</td><td>±2</td><td></td></tr>
<tr><td>5</td><td colspan="2">台车表面接缝宽度</td><td>mm</td><td>±2</td><td></td></tr>
<tr><td>6</td><td colspan="2">台车行走速度</td><td>m/min</td><td>6</td><td></td></tr>
<tr><td>7</td><td colspan="2">单边脱模量</td><td>mm</td><td>150</td><td></td></tr>
<tr><td>8</td><td colspan="2">水平调整量</td><td>mm</td><td>150</td><td>单边</td></tr>
<tr><td>9</td><td colspan="2">轨中心距</td><td>mm</td><td>3 710±10</td><td></td></tr>
<tr><td>10</td><td colspan="2">系统工作压力</td><td>MPa</td><td>16</td><td></td></tr>
<tr><td rowspan="2">11</td><td rowspan="2">油缸最大行程</td><td>升降</td><td>mm</td><td>300</td><td></td></tr>
<tr><td>水平</td><td>mm</td><td>200</td><td></td></tr>
</table>

3　钢模台车制作安装

3.1　钢模台车制作

钢模台车由模板总成、门架总成、升降系统、液压系统、平移系统、支撑系统和行走系统等组成。

模板总成由模板、模板桁架和模板通梁组成。模板面板采用 6 mm 钢板，背肋采用 10 号槽钢。桁架采用 10 号槽钢和 16 号工字钢组焊而成。模板通梁采用 14 号槽钢双拼。

门架是整个台车的主要承重构件，它由横梁、立柱、连接杆件及底纵梁通过螺栓联接而成，各横梁立柱及纵梁之间通过连接梁及斜拉杆等连接，整个门架保证有足够的强度、刚度及稳定性。门架横梁和立柱采用 300 mm×300 mm H 型钢，底纵梁采用钢板焊接，连接杆件采用 16 号工字钢。

升降系统由升降套、套芯和液压缸组成，通过液压泵站和多路阀来完成台车的升降动作。

液压系统由液压泵站、液压缸、液压管和多路阀组成。一个液压缸配一个操作手柄，这样便于台车的立模位置准确。

平移系统由上纵梁、平移油缸和丝杠组成。通过操作多路阀上平移油缸手柄，操纵油缸的伸出与收回，带动上纵梁的里外移动，进而完成模板的合模与开模。

支撑系统由丝杠和油缸组成。油缸将模板调整到位后，防止油缸内漏造成跑模，用丝杠顶住。

台车行走机构由 2 个主动行走机构及 2 个从动行走机构组成。行走机构上与门架底梁相连，电机功率为 2×5.5 kW，台车运行速度为 6 m/min。

3.2　钢模台车的安装

钢模台车安装主要包括轨道安装、台车组装、模板支撑系统的安装。

轨道采用 43 kg 轨，把导墙两侧混凝土地面找平，直接将轨道铺在混凝土地面上，轨道左右两边在混凝土地面上打锚筋将轨道固定牢固，轨道中心距离为 4 000 mm。

轨道固定好后，在轨道上放行走系统，依次将底纵梁、门架、门架斜撑安装好，组成一个门架体系。将上纵梁装在架体上面，模板系统安装在上纵梁上。

按照液压布置图安装液压缸、液压管，把支撑丝杠挂在相应的位置。

4　防渗墙施工工法

4.1　基础处理

按照设计要求对水下防渗墙灌注顶部的泥浆、混凝土浮浆进行凿除，凿除到新鲜的混凝土面。

4.2　钢筋施工

钢筋材料进场均附有产品质量证明书及出厂检验单，经进场抽检合格后投入使用。钢筋在加工厂根据施工图纸和规范要求进行制作成型，对加工好的钢筋挂牌编号，分仓位、分编号、按序整齐排放堆存。采用 25 t 汽车吊装卸，板车运往施工现场。

防渗墙钢筋共两层，其钢筋图详见图 1。安装用现场绑扎、焊接；安装位置、间距、保护层等严格按照施工图纸和规范进行控制；在钢筋与模板之间，用不低于结构物混凝土施工设计强度的混凝土垫块隔开，保证保护层厚度满足设计要求，垫块相互错开，梅花形布置，在各层钢筋之间，用架立钢筋支撑以保证位置准确。防渗墙现浇部分钢筋无间断，钢筋连接竖向采用电渣压力焊，水平钢筋采用双面焊接。

4.3　立模

钢模台车在防渗墙导墙顶面进行设立，其模板详见图 2。利用导墙作为现浇部分的下部模板，在现浇部分浇筑完成后拆除。

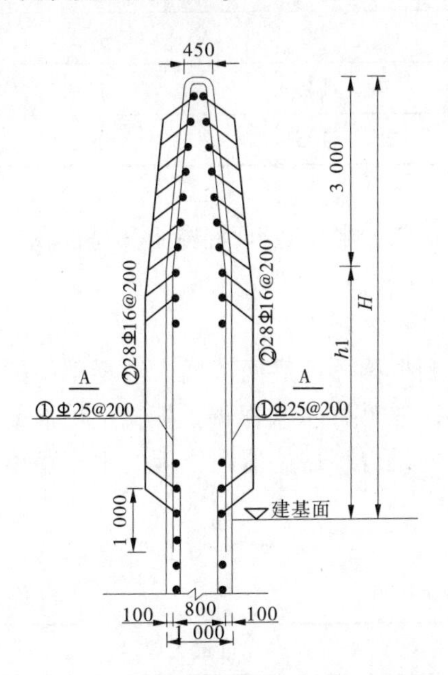

图 1　防渗墙钢筋布置图

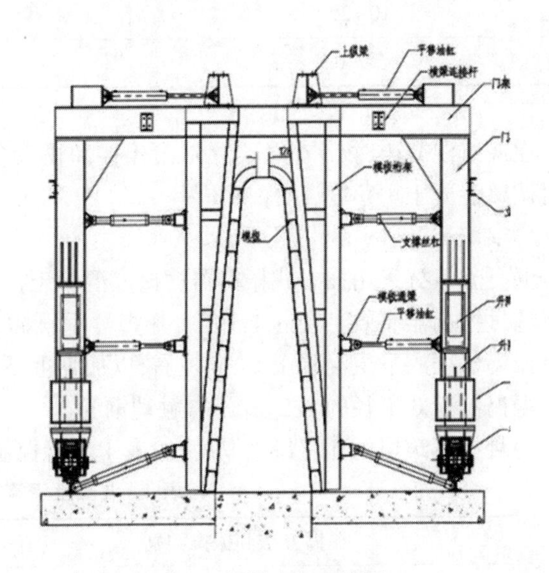

图 2　钢模台车立模图

点动台车行走按钮使台车行走至分仓浇筑位置，启动液压电机，分别操纵平移油缸控制阀的手柄，使左右两侧模板调整到预定的位置，分别再操纵升降油缸控制阀的手柄使模板降到设计高度，模板就位，关闭液压泵电机。把支撑丝杠支撑到位并顶紧。对地丝杠和轨道顶紧，台车达到浇筑状态。测量人员对模板尺寸进行校核，质检人员采用拉线对模板平整度进行检验。

两端堵头模板采用木模板，钢管围檩固定牢固，对模板缝隙进行堵塞。

4.4　浇筑混凝土

4.4.1　混凝土配合比及拌和

为保证防渗墙施工质量，防渗墙现浇部分混凝土采用常态混凝土，坍落度为 70~90 mm，掺加粉煤灰。混凝土配合比参数见表2。

表2　混凝土配合比参数

名称	胶凝结材(kg)		砂石料(kg)		外加剂(kg)	水(kg)
	水泥	粉煤灰	砂	小石(5~20 mm)	减水剂	
配合比	258	64	745	1 214	3.22	145

混凝土采用2台1 m^3混凝土拌和系统拌制,拌和时间设定为90 s,严格按照施工配合比进行下料拌和。混凝土由10 m^3罐车运输至现场。

4.4.2　混凝土浇筑

地下混凝土与现浇部分接头处理:地下混凝土需先凿除浮浆至密实混凝土面,中间部位成凹槽,浇筑20 cm厚C25微膨胀混凝土后,方可开始现浇部分混凝土浇筑,以保证地下与现浇部分混凝土结合良好。

混凝土采用平铺法施工,同层均匀上升。入仓采用吊罐输送入仓,在10 m长的浇筑面设3套串筒下料,人工进行平仓。在混凝土浇筑过程中,应特别注意混凝土的允许间歇时间,其允许间歇时间见表3。

表3　混凝土的允许间歇时间

混凝土浇筑时的气温(℃)	允许间歇时间(min)
	普通硅酸盐水泥
20~30	90
10~20	135
5~10	195

在浇筑混凝土时,严禁不合格混凝土拌和物入仓,严禁在仓内加水,如发现混凝土和易性较差时,应及时调整混凝土坍落度,以保证质量。

4.4.3　混凝土振捣

混凝土振捣采用插入式振捣器振捣。混凝土振捣时要控制振捣器前后两次插入混凝土中的间距,不得超过振捣器有效半径的1.5倍。振捣器垂直插入混凝土中,按顺序依次振捣。振捣上层混凝土时,应将振捣器插入下层混凝土5 cm左右,以加强上下层混凝土的结合。振捣器距模板的垂直距离,不应小于振捣器有效半径的1/2,并不得触动钢筋。

混凝土浇筑层的允许最大厚度,按表4进行控制。

表4　混凝土浇筑层的允许最大厚度　　(单位:mm)

振捣方法和振捣类别		允许最大厚度
插入式	软轴振捣器	振捣器头长度的1.25倍

在混凝土施工过程中要注意以下几点:

(1)混凝土最大下落高度不能超过2 000 mm。

(2)要求钢模台车两侧同步上升,以防止因偏向受力使台车的稳定性受到破坏。

(3)仓内混凝土浇筑采用平铺法,每层铺料厚度30~50 cm,混凝土由人工振捣密实。

4.4.4　养护

根据混凝土浇筑时气温情况采取恰当的养护措施。在混凝土浇筑完毕后12~18 h内即开始养护,如遇气温较高,则采取及时洒水或铺设湿润的黑心棉毯加以遮盖养护,以保持混凝土表面经常湿润;如气温较低,则采取覆盖保温被。养护工作派专人负责,并及时做好养护记录。

4.4.5　脱模行走

混凝土浇筑完成后,必须让混凝土凝固一定时间后才能进行脱模。脱模按以下步骤进行:

(1)拆掉侧向丝杠、对地丝杠和堵头板。

(2)启动液压系统,操作手动换向阀手柄,控制侧向油缸。使钢模板台车模板脱离衬砌面。油缸收缩时,必须分次收缩,切忌一次性强制脱模。油缸收缩行程为50~200 mm。

(3)操作手动换向阀手柄,控制升降油缸。使钢模板台车钢模板面全部脱离地面。油缸顶升时,必须分次顶升,切忌一次性强制脱模。油缸顶升行程为100~250 mm。

钢模板台车脱模之后启动行走电机即可行走。钢模板台车行走时要注意以下几点:

(1)钢模板台车必须完全静止后,才能换向行驶。

(2)当轨向坡度过大,而导致台车行驶打滑时,可洒些干细沙到轨面上,以增大黏着力,而使打滑现象消失。

5　土石坝防渗墙应用钢模台车的优点

(1)地下防渗墙施工平台、基础施工铺设的轨道为钢模台车应用创造了施工条件,便于加快施工进度。

(2)防渗墙钢模台车的使用避免了传统施工方法对拉丝孔的处理,保证了抗渗效果。

(3)防渗墙顶部变形、倒角不易立模的难题得到解决。

6　施工需要注意的问题

(1)每循环工作前应校对预设前、后底座支撑面是否水平、牢固,应测量中心与预设前、后底座支撑面中心是否重合,中心距是否准确。

(2)工作时,检查各部件螺栓、销子的松紧状态,是否安装到相应位置。

(3)单仓混凝土浇筑完成后,凝结时间不宜过长,否则脱模困难。通常,浇筑后24 h即可脱模,夏天可根据情况提前到20 h脱模。

(4)检查液压系统无泄漏现象并保持有清洁的液压油,工作时压力表开关应打开。

(5)每个循环完成后,检查液压站的抗磨液压油用量是否足够,不够应补加。检查各联接螺栓是否松动,销子是否可靠,发现问题及时处理。

(6)定期检查行走电机、液压电机的控制电路是否正常。

参考文献

[1] 任海平.珊溪水库工程引水隧洞斜井段钢模台车设计[J].水力发电,2000(10):51-52.

[2] 中华人民共和国水利部.水工混凝土施工规范:SL 677—2014[S].北京:中国水利水电出版社,2015.

作者简介:梁斌,男,1972年9月生,河南省水利第一工程局,高级工程师,主要研究水利工程施工新技术、新方法。E-mail:895157952@qq.com.

前坪水库导流洞进口渐变段施工方案优化研究

罗福生[1]　郝二峰[1]　皇甫泽华[2]　皇甫玉锋[3]

(1.河南省水利第二工程局　河南郑州　450016;
2.河南省前坪水库建设管理局　河南郑州　450000;
3.河南利水工程咨询有限公司　河南郑州　450000)

摘　要:前坪水库导流洞洞身标准断面使用一体化钢模台车进行衬砌,先衬砌边顶拱后浇筑底板。导流洞进口渐变段长 12 m,为非标准段,顶板始端为平顶,末端为弧顶,无法使用钢模台车,需采用传统模架法施工。导流洞施工时,对进口渐变段施工方案进行了优化,采用钢架梁架高方案,下部可通行,实现了进口渐变段施工、边墙及顶拱衬砌由下游向上游方向推进(渐变段钢架梁下提供钢筋及混凝土运输道路)、底板衬砌由洞身中部向下游方向进行,解决了渐变段顶拱施工和洞身标准段边顶拱及底板施工的交叉干扰问题,实现了多工作面同时施工,确保了前坪水库导流洞工程顺利完工,保证了前坪水库按期截流,对类似洞身施工具有借鉴意义。

关键词:前坪水库　导流洞　洞身衬砌　交叉施工　方案优化

1　工程概况

导流洞布置在大坝右岸山体,工程包括进口明渠段、控制段、洞身段、消能工段及尾水渠段等五部分。导流洞轴线总长度约 1 128 m,其中进口明渠段长约 387 m、控制段长 10 m、洞身段长 341 m,出口消能段长 140 m,尾水渠段长 250 m。进口底板高程为 343.0 m,闸孔尺寸为 7.0 m×9.8 m(宽×高),洞身采用城门洞型,断面尺寸为 7.0 m×7.2 m+2.6 m(宽×直墙高+拱高),隧洞出口底板高程 342.0 m,采用底流消能,导流洞消力池末端尾水渠入主河道。

洞身进口渐变段长 12 m,位于桩号导 0+017.3～导 0+029.3 段,侧墙及底板厚 1.2 m,顶板始端为平顶,末端为弧顶,衬砌厚度 2.5 m,混凝土强度等级为 C30。混凝土工程量 681 m^3,钢筋 13.62 t。

2　施工方案的确定

2.1　导流洞工程施工组织

前坪水库导流洞工程洞身开挖采用双向掘进,在下游方向开挖长度达到 120 m 后开始进行洞身边顶拱衬砌施工,边顶拱衬砌钢筋及混凝土材料从下游方向入仓。

洞身开挖在靠近上游桩号导 0+062 处贯通,贯通时,洞身下游方向边顶拱衬砌已完成 170 m,此时洞身段施工关键线路变成底板衬砌。如何通过合理优化施工方案,实现洞身底板衬砌提前施工(解决洞身进出口同时进料及渐变段施工交叉干扰问题),缩短导流洞工程工期,确保大坝工程按期截流。

2.2　方案的选择

对于非标准段洞身顶拱衬砌,常用的施工方案是在侧墙浇筑完成后搭设满堂脚手架,在脚手架上安装模板和钢筋后进行施工。混凝土浇筑完成后进行拆模,根据中华人民共和国水利行业标准《水工混凝土施工规范》(SL 677—2014),跨度为 2～8 m 的承重模板强度达到 75%以上时方可拆除,自浇筑至拆模约需 15 d。

进口渐变段施工工期及对洞身标准段施工的影响采用满堂脚手架和钢架梁架高方案进行对比。洞身渐变段搭设满堂脚手架后,将阻断交通,导致洞身标准段只能施工边顶拱衬砌(边顶拱衬砌所用钢材及混凝土只能从下游方向进洞),底板衬砌无法及时开始施工。

钢架梁架高方案与满堂脚手架方案各工序施工时间及总工期对比见表1。

表1　各工序施工时间及总工期对比

序号	钢架梁架高方案工序	天数	满堂脚手架方案工序	天数	包含内容
1	侧墙浇筑	15	侧墙浇筑	15	钢筋、立模、浇筑、拆模
2	钢梁及脚手架安装	15	满堂脚手架安装	7	
3	顶模、端模安装	7	顶模、端模安装	10	
4	顶拱首次浇筑	8	顶拱首次浇筑	8	含二次浇注前的间隔
5	顶拱二次浇筑	1	顶拱二次浇筑	1	
6	拆模	18	拆模	18	75%强度后拆模、脚手架拆除
	合计	64	合计	59	

由表1可知，采用钢架梁架高方案总时间略长于满堂架方案，但采用钢架梁架高方案在侧墙浇筑完成后即可开放交通，钢架梁安装及以上施工内容受交通影响时可暂停施工。侧墙浇筑完成时间需15 d，较满堂架方案可提前44 d开始洞身底板浇筑施工。

采用钢架梁架高方案进行渐变段施工，此时下游方向边顶拱衬砌继续向上游施工，所用钢筋及混凝土从渐变段钢架梁下方进料，同时增加底板双向衬砌施工工作面。示意图如图1所示。

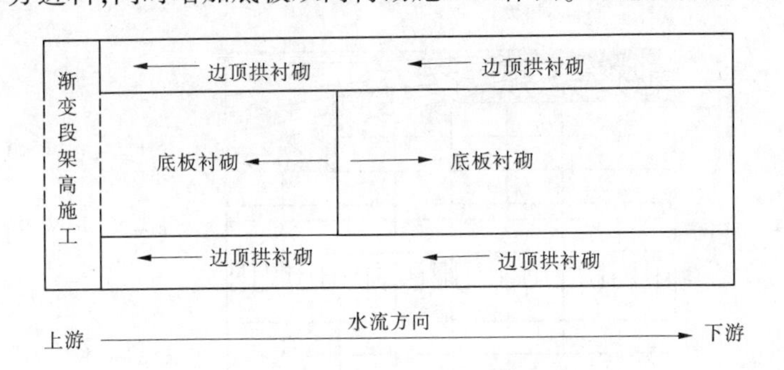

图1　导流洞洞身衬砌施工组织示意图

2.3　架高方案设计

在侧墙浇筑一期混凝土时，预埋入工字钢横担和斜撑钢板。其中横担高度距离底面为6.5 m，可满足装载机、混凝土罐车、自卸汽车等车辆通行要求。横担间距按照1.2 m布置，左右侧横担上部各安装工字钢拼装而成的纵梁，纵梁上按间距0.6 m安装横梁，横梁上安装间距0.6 m的满堂脚手架，下部焊接“八字形”斜撑，如图2所示。

根据相关安全计算，横杆截面抵抗矩（截面模数）需大于520 cm^3，选用40 a工字钢，斜撑截面抵抗矩（截面模数）需大于390 cm^3，选用28 a工字钢。

3　施工方法

3.1　进口渐变段侧墙

进口渐变段左、右岸侧墙一次浇筑成型，为保证顶板与侧墙施工缝美观，浇筑高度为超出起拱线2 cm。

侧墙浇筑时需提前安装顶拱钢架梁预埋件，包括1.7 m长的40 a工字钢横担，20 mm厚斜撑钢板。

侧模采用普通钢模板（1.5 m×0.9 m），局部采用木模拼装，拉筋采用在侧墙上安装锚杆的方式，间距0.75 m，排距0.9 m，锚杆钻孔深1.5 m，外露20 cm。部分拉筋与侧墙系统锚杆相连，部分拉筋采用新钻孔安装锚杆，如图3所示。

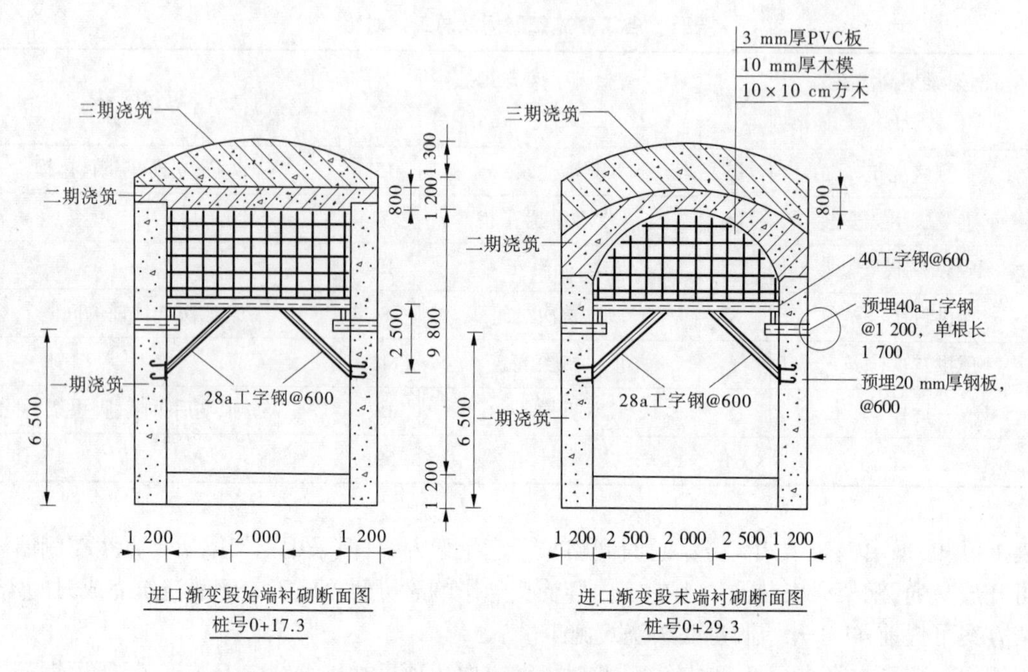

图 2　进口渐变段衬砌断面图

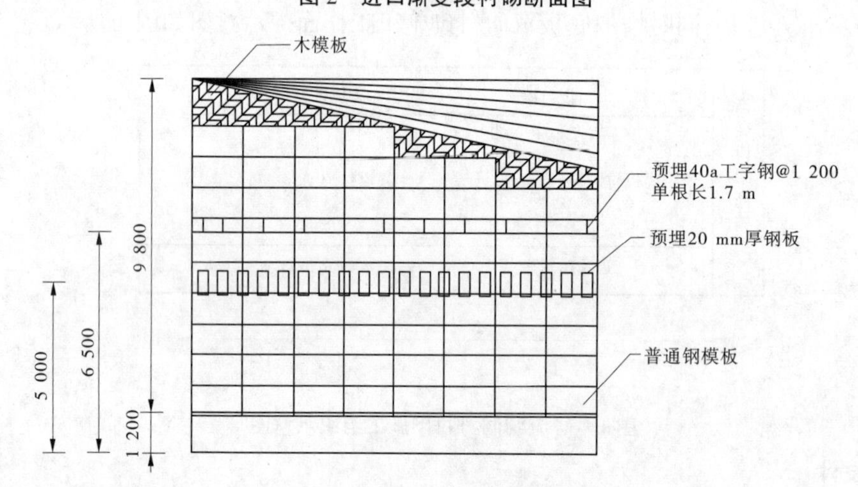

图 3　进口渐变段侧模安装图

侧墙浇筑时，混凝土采用地泵入仓，泵管安装在顶拱拱脚处，每侧侧墙内安装 3 处导管入仓。为避免混凝土浇筑速度过快导致模板变形及涨模，及时观测混凝土初凝速度，在混凝土浇筑时使用钢筋插入新浇混凝土探测初凝面，控制在初凝面以上新浇混凝土不超过 3 层(1.0 m)。

3.2　顶拱

进口渐变段长度为 12 m，迎水面始端顶部为平顶，末端为圆弧，如图 4 所示。

3.2.1　顶模安装

顶拱顶模下支撑采用 60 cm×60 cm 满堂脚手架配合 10 cm×10 cm 方木及钢管支撑，顶模采用钢模板配合木模板，为避免钢木模板拼接处模板缝不美观，在顶模上满铺 3 mm 厚 PVC 板，使用专用胶将 PVC 板粘在钢模及木模上。顶模安装完成后再安装顶拱下层钢筋。

3.2.2　混凝土浇筑

为确保施工安全，分 2 层浇筑顶拱，首次浇筑高度约 80 cm，待第一层混凝土浇筑完成 7 d 后并完成接合面施工缝处理后再浇筑第二层混凝土。

顶拱混凝土入仓均采用在上游端模开窗口(窗口开在端模中间，尺寸为 0.6 m×0.6 m)，水平入仓的

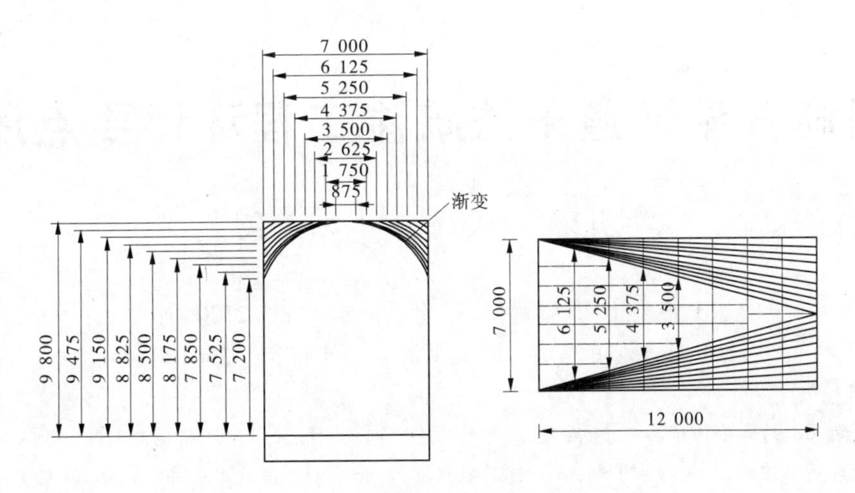

图4 进口渐变段顶模安装图

方式,浇筑顺序自下游向上游方向。渐变段顶拱高度2.5 m,具备工作空间,首层浇筑采用手持振捣棒振捣。二层混凝土浇筑直接使用泵管入仓,浇筑时加强观察,避免混凝土打满后泵车压力过大,造成下部已浇混凝土开裂。

浇筑首层顶拱混凝土时,为确保人员安全,振捣人员带安全绳,安全绳系在顶拱顶层钢筋或顶拱系统锚杆上。浇筑顶拱混凝土时,进行交通管制,钢架以下禁止人员和车辆通行。

3.3 预埋件拆除

进口渐变段预埋件包括预埋横担及斜撑预埋钢板,整体拆除顺序为自上游向下游方向,先全部拆完横梁及斜撑,再拆除预埋钢板及横担。

3.3.1 斜撑预埋钢板拆除

斜撑预埋钢板安装时在表面与模板间紧贴1层1 cm厚木模板,混凝土浇筑后形成1 cm厚的凹槽,钢板凿除后凹槽深3 cm,采用丙乳砂浆填平。

3.3.2 预埋横担拆除

预埋横担为28 a工字钢,需对外露部分进行拆除。拆除前首先凿除工字钢周围混凝土,预先使用切割机在四周切割1~2 cm深的缝,将需凿除混凝土与周围混凝土分隔开,确保混凝土凿除后周围边线美观。待工字钢割除后采用丙乳砂浆填平凹槽。

4 结语

导流洞是前坪水库的前期工程,其能否按时完工,关系到大坝能否按期截流,进而影响前坪水库施工总工期。洞身段是导流洞工程的关键线路,渐变段又是洞身段的咽喉部位,其施工方案的选定影响到洞身标准段及进口引渠段的施工工期。在导流洞工程施工中,采用钢架梁架高方案,使得渐变段、标准段边顶拱衬砌、底板衬砌及进口引渠段可以同时多作业面立体交叉施工,解决了线性洞挖施工中各工作面平面交叉施工干扰问题,对类似洞身施工具有借鉴意义。

参考文献

[1] 王晓刚.无节拍流水作业的两种组织方法在公路施工中的应用[J]. 大众科技,2013(5):58-59.
[2] 王东伟. 关于建筑流水施工几个常见问题的探讨[J].黑龙江科技信息,2009(9):257.

作者简介: 罗福生,男,1974年7月生,河南省水利第二工程局,高级工程师,主要从事水利工程施工管理工作。E-mail:499487641@qq.com.

南四湖入湖河道干法疏浚工程环评要点浅析

李玥璐[1]　侯祥东[2]　刘韩英[1]

（1.济宁市洙赵新河管理处　山东济宁　272000；
2.山东省淮河流域水利管理局　山东济南　250100）

摘　要：南四湖入湖的大小河流共有53条，入湖大型河道滨湖段一般采用挖泥船施工。但对于入湖中小型河道，由于受河口涵闸控制、疏浚场区限制，如用挖泥船疏浚，反而不如干法施工经济。因此，滨湖洼地治理所涉及的入湖中小型河道均采用干法施工。本文结合滨湖洼地入湖河道干法疏浚工程，对施工期和运行期的水环境、生态环境敏感点的影响进行较全面的分析和评价，探讨干法疏浚对水环境、生态环境的影响，特别是对南四湖自然保护区的影响，对滨湖区河道干法疏浚类似工程环境影响评价具有一定指导意义。

关键词：南四湖　干法疏浚　环境影响　评价

1　引言

南四湖流域属淮河流域沂沭泗水系，入湖的大小河流共有53条，滨湖洼地内地势低洼，河道泄流能力小、排水困难，洪涝相互影响，由于河道行洪，田间涝水无法排出，形成“关门淹”，因洪致涝的现象非常明显。因此，开展湖泊洼地内河道疏浚清淤成为了南四湖流域工程治理与生态修复的重要内容。

疏浚工程的实施既有利于内源污染的控制和水环境质量的改善，又有利于河道的泄洪排涝、增加河湖库容和延缓老化。入湖大型河道滨湖段一般采用挖泥船施工。但对于入湖中小型河道，由于受河口涵闸控制、疏浚场区限制，如用挖泥船疏浚，反而不如干法施工经济。因此，滨湖洼地治理所涉及的入湖中小型河道均采用干法施工。但是工程实施过程中将不可避免地产生一些污染物，同时也会造成对水体生态系统影响。本文结合南四湖入湖河道干法疏浚工程，对疏浚工程的环境影响评价的技术要点进行探索和分析。

2　南四湖入湖河道干法疏浚工程概况

滨湖洼地位于南四湖周边济宁、枣庄两市36.79 m等高线以下的地区，规划治理面积2 303 km^2，规划治理骨干排水河道39条，治理长度285 km，其中红旗河、泉河、幸福河、老泗河、岗头河、辛安河、小荆河、汁泥河、微山老运河（上、下段）、泥沟河、东泥河、小沙河、黎墟沙河、蔡河、北大溜河、小王河、吴河、大沙河、老西沟河、老万福河、白马河、俞河、苏河、鱼清河、东沟河26条河道结合除涝疏挖进行复堤，其余13条河道进行除涝疏挖。

河道施工利用水闸或施工围堰，再利用大功率水泵排除河道内剩余积水，然后采取陆地施工方式进行河道疏挖。河道土方开挖主要采用2.75 m^3铲运机或1 m^3挖掘机配8 t自卸汽车挖运两种方式。开挖的土方除填筑堤防外，其余均运至两岸堤后弃土区堆存。工程河道疏挖采取排干河水后陆地施工，将对区域内的水环境、生态环境等产生一定不利影响。

3　环境影响因素识别与评价重点

施工期的环境影响以负面影响为主，施工期间产生的生活污水、混凝土施工废水、冲洗含油污水等会对地表水环境产生影响。运行期以正面影响为主，体现在提高南四湖流域防洪除涝整体效益，但同时要考虑工程建设会破坏一部分耕地、土地，可能会对陆生生态完整性带来一定的负面影响。

根据工程项目的工艺特点和地理位置，评价重点为水环境影响分析、生态环境影响分析，重点是对南四湖省级自然保护区的影响分析。

4 环境影响评价要点分析

4.1 水环境影响评价

4.1.1 施工期及运营期地表水环境影响分析

施工期混凝土养护废水中不含有毒有害物质,但废水具有悬浮物浓度高,碱性大,不得直接排入输水渠、耕地及渔塘等敏感地域,需处理达标后尽可能回用;施工期含油废水应通过设置隔油池处理后回用于机械冲洗、道路洒水,减少对水环境的影响;施工期导流水主要为河道内原有水及渗水,故施工导流不存在污染转移问题。

滨湖洼地治理工程对一些淤积严重、排涝不畅的河道进行了疏浚治理,工程提高了治理河道的过水能力,消除了洼地涝水难以自排的现状,减少了地表水的滞留时间,增大了河道水环境容量。工程均为干法施工,河道疏浚无底泥扰动,不会增加水体悬浮物浓度,但是河道治理后,由于过水能力增加,汛期排涝初期,对外部受纳干流水环境会产生一定影响。通过二维稳态水流水质模型可以看出,工程对外部干流混合带长度有所增加,但增加的幅度并不大,而且汛期排涝初期的水体悬浮物浓度最高,随着排涝时间增加,支流浓度会逐步降低,对外部干流的影响会逐步消除。

4.1.2 区域水文情势影响分析

工程实施后由于现有阻水建筑物的清除及河道的清淤,汛期河流过流量变大,流速增加,但流向不改变。通过采取河槽合理的边坡、比降及适当的设计流速,对河道疏挖治理后,河道淤积将有效减缓。总体上工程建设对入湖河道河势不会产生不利影响。

工程治理后,主要提高了治理区域涝水排出效率,缩短了内涝时间,对入南四湖径流总量增加有限。根据上述分析结果,滨湖洼地治理工程对南四湖上级湖、下级湖水位影响均不明显。

4.1.3 地下水环境影响分析

工程涉及2市11县(区),量大面广、点多分散,单项工程规模较小,工期较短,单项工程施工强度并不大,对地下水影响有限,不会对当地地下水环境造成非常大的冲击。河道疏浚扩挖后,短期内地表水与地下水水力联系轻微增强,丰水期河道水对地下水补给增加,受河道水质影响,局部范围内水质会变差,根据调查,治理河道沿河道外扩30 m范围内无饮用水集中供水水源地,地下水影响带内无敏感点,故河道疏浚工程对地下水环境的影响有限,并不会造成较恶劣的影响。

4.2 生态环境影响评价

4.2.1 对陆地生态系统的影响

工程建设对陆地生态系统的影响主要发生在施工期,由于工程总占地面积较大,对区域生态完整性维护存在一定的影响。通过对区域内植被生物量进行定量的评价,工程项目的实施使区域自然体系的生物量减少了62 215 t,平均生产力降低了0.15 t/hm^2,对自然体系恢复稳定性的影响不大,评价区域内自然体系可以承受。同时项目的实施使区域内1.0%面积上的植被发生改变,而占区域99.0%面积上的植被没有发生变化,仍可以维持现状。

4.2.2 对水生生态系统的影响

对水生生态系统的影响主要发生在施工期,由于河道疏挖会采取截断水体,排水后进行河道疏浚,对浮游生物、底栖生物、水生维管束植物及产卵鱼类都会带来一定不利影响,围堰施工导致局部河段泥沙短期扰动,水体透明度下降,不利于藻类光合作用,藻类生物量降低,即水体第一生产力下降,相应的由于生态食物链的传递,短期也影响到第二生产者浮游动物、底栖动物的生产力,但随着施工的结束,此类影响会逐渐消失。

4.2.3 对敏感生态问题的影响

由于项目区为人类活动强烈干扰区,历史上没有陆生珍稀保护物种,调查中未发现国家保护野生植物,总体上区域植被类型相对简单,群落构成相对单一,可以消除工程施工期对这些物种的不利影响。施工区域只占工程总治理面积的6.6%左右,影响范围相对有限,鸟类会回避人类干扰,且区域内仍有其他生态环境可供受干扰的鸟类回避和栖息,造成的物种损失量较小。从尽可能减少生物量损失的角度,建议工程施工期尽量避开 4~6 月。

4.3 对南四湖自然保护区的影响

4.3.1 新增入湖污染负荷对南四湖的影响

工程采用干法施工,施工期间不涉及排泥场,新增入湖污染负荷主要来自施工生产废水及施工人员生活污水,生产废水施工时先设置沉淀池进行沉淀,投入适量的酸调节,pH 呈中性后大部分可循环利用,不会对入湖水质产生明显影响;施工人员生活污水经化粪池处理后可作为有机肥回用农田。工程施工对入湖污染负荷的影响较小。

4.3.2 对鱼类洄游的影响

根据现场调查,工程涉及的直接入湖河道中均无洄游鱼群,因此不会在施工河道与南四湖之间形成阻隔,阻挡鱼类的正常洄游活动。

4.3.3 对水禽栖息的影响

南四湖自然保护区湿地生物多样性集中分布区及 95%以上的珍稀濒危鸟类栖息在核心区及缓冲区内,而工程远离南四湖自然保护区核心区和缓冲区,因此该影响是可以承受的。

4.3.4 对生物多样性的影响

本次治理工程均在南四湖自然保护区试验区以外,工程对南四湖水质、水量影响极小,工程施工不会改变自然保护区物种的组成和数量,不影响其生物多样性。

4.3.5 对湖泊湿地的自然性影响

工程所属区域受人类活动干扰较大,围垦湿地、生物资源过度利用等现象严重,再加上洪涝灾害严重,水利工程建设频繁,区域自然性已遭一定破坏,但大部分单项工程规模较小,施工期较短。工程施工对湖泊湿地的自然性影响极小。

5 结语

疏浚工程是河道、湖泊治理方面应用广泛、成熟有效的技术之一,随着对河道、湖泊治理力度的加大,在开展疏浚工程的同时,要针对各项环境影响的特点,制订各类环境保护专项预案,采取一系列辅助性工程措施,最大程度地减轻施工对生态的不利影响,保障区域水环境和生态环境的健康可持续发展。

参考文献

[1] 金相灿,胡小贞,刘倩,等.湖库污染底泥环保疏浚工程环评要点探讨[J].环境监控与预警,2009,1(1):42-46.

[2] 郭艳娜,陈国柱,赵再兴,等.湖库底泥疏浚工程环评技术要点[J].四川环境,2010,29(5):36-39.

[3] 刘爱菊,孔繁翔,王栋.太湖底泥疏浚的水环境质量风险性分析[J].环境科学,2006,27(10):1946-1952.

[4] 王少东,房建华,绪政瑞.江河湖库底泥环境疏浚技术进展研究[J].山东水利学会优秀学术,2005.

作者简介:李玥璿,女,1982 年 11 月生,济宁市洙赵新河管理处,工程师,主要从事水利工程规划、管理、设计等方面的研究。E-mail:10409310@ qq.com.

多头小直径深层搅拌桩防渗墙改进工艺在沂河治理砂堤截渗工程中的应用

单建军　宋光宪

（淮河工程集团有限公司　江苏徐州　221000）

摘　要：文章结合沂河治理砂堤截渗工程，以三轴法多头小直径机组为例，阐述多头小直径深层搅拌桩防渗墙改进施工技术的应用。本施工技术是在三轴搅拌桩机的中间钻杆上通过空压机向原排浆孔输送压缩空气，冲击、破坏、扰动土体，减少多头小直径机组的搅拌阻力，有效地减少了钻头的磨损，明显地提高了工作效率。

关键词：多头小直径　水泥土防渗墙　深层搅拌桩　砂堤截渗

目前，用于堤防防渗施工的方法主要有垂直铺塑灌浆、多头小直径深层搅拌桩、高压喷射灌浆、充填灌浆等。多头小直径深层搅拌桩防渗墙以施工难度小、费用低、效果好在堤防防渗设计中多被采用。但在砂性土层中施工时，桩机钻杆转动困难，功耗大，钻头易磨损，甚至出现钻杆拧断等难点问题。本文以沂河治理砂堤截渗工程多头小直径防渗墙施工为例，介绍如何改进多头小直径深层搅拌桩施工工艺，解决其在砂堤截渗工程中的难点问题。

1　工程概况

沂河是沂沭泗河流域的骨干道之一，沂河源于山东省沂蒙南麓，南流经鲁南至骆道口进入邳州境内，再至华沂并入苗圩入骆马湖，流域面积11 138 km^2。沂河在刘家道口辟有分沂入沭水道，分沂河洪水经新沂河直接入海；在江风口辟有邳苍分洪道，分沂河洪水入中运河。

邳州市境内沂河河道长23 km，两岸堤防长37.8 km，堤距自省界700 m向下逐渐增加至邳新界1 880 m，筑堤束水，漫滩行洪。

沂沭邳工程区地处中朝准地台徐淮拗褶带与鲁西断块的分界地带，分布在郯庐断裂带及两侧。

堤身工程地质条件：

（1）堤身概况。

堤顶宽度一般在8 m，堤顶高程：西堤39～36 m，东堤40.8～32.5 m，设计超高水位2.5 m，堤顶宽8.0 m，内外坡1:3。

（2）堤身土质。

沂河大堤堤身无明显裂缝、动物洞穴、通道等，从填土的密实性、渗透性试验数据整理分析来看，虽然堤防自填筑以来已经历较长时间，在很大程度上已完成自重固结过程，但因其填料的不均匀、土质的不同以及施工质量缺陷而导致堤身密实性不均匀和透水性的较大差异。沂河左右堤身填土，根据其组成可分为A类黏性土和A-1类砂性土二种类型；A类堤段堤防总体透水性弱，挡水性能较好，渗漏量小、渗透稳定及堤防边坡稳定性较好，但同时也应考虑到堤身局部填料的不均匀而带来的渗水性不均匀的问题，A-1类堤段为中等透水，堤防抗渗、抗冲能力差，不同程度地存在着冲刷稳定、渗漏、渗透变形、渗透稳定等问题。

（3）堤身渗透性。

二类土均属弱透水性。

2　工程设计

沂河砂堤截渗工程多头小直径搅拌桩防渗墙主要设计参数如下：

(1)防渗墙渗透系数 $K \leqslant A \times 10^{-6}$ cm/s($1 \leqslant A \leqslant 9$)。

(2)防渗墙无侧压抗压强度不小于 0.3 MPa。

(3)防渗墙渗透破坏比降大于 200。

(4)防渗墙最小成墙厚度不小于 15 cm。

(5)水泥采用 32.5 复合硅酸盐水泥,水泥掺入量不少于 12%。

3　多头小直径防渗墙施工工艺

多头小直径防渗墙施工桩机,按钻杆数量可分为三轴和多轴桩机,按成墙方式可分为一序成墙和二序成墙桩机。无论哪种桩机,都是通过主机的双驱动力装置,带动主机上的多个并列的钻杆转动,并以一定的推进力使钻杆的钻头向土层钻进,同时钻头喷浆,达到设计深度时,钻杆提升复搅,直到设计防渗墙顶标高时,停止喷浆。

在上述过程中,通过搅拌系统,用可调泵速的单作用活塞泥浆泵,将水泥浆分别单独向高压输浆管均匀输送到各根钻杆,经钻头喷入土体中,在钻进及提升的同时,使水泥浆和原土充分拌和。

4　沂河砂堤截渗工程难点

沂河砂堤截渗工程,工程地质为砂性土。砂性土的颗粒一般较黏土大,强度高,土颗粒之间的黏聚力较小,呈单粒结构,孔隙率比较大,在水或水泥浆的作用下很容易产生流沙现象。传统的搅拌桩施工工艺是向土层中单一地注入水泥浆,边注浆边搅拌,扰动周围土体,在砂土中形成流沙,紧紧包裹着钻头、钻杆,使钻杆搅动困难,功耗增大,当流沙严重时甚至拧断钻杆。同时,由于流沙的作用,钻头与砂土颗粒频繁接触,砂土颗粒强度高,使钻头磨损严重,在施工不到 500 m^2就得补焊一次。以上存在的难点问题,大大降低了施工效率,增加了施工成本,对工程进度也造成了一定的影响。

5　多头小直径深层搅拌桩施工工艺的改进

由于传统工艺,存在的主要问题是中间钻杆受流沙的影响最大,如何改善和减少流沙对中间钻杆、钻头的影响,是本工艺改进的关键技术。

在另一种截渗墙施工技术——高压喷射截渗墙旋喷技术中,主要是利用高压空气和泥浆的混合体形成切割力,冲击破坏土体,形成防渗墙体。在这种技术的启发下,是否可以通过向多头小直径深层搅拌桩机中间钻杆中输送一定压力的压缩气体,让气体和钻头同时切削搅拌土层,减少钻头磨损和搅拌阻力。在沂河砂堤截渗工程中,我们利用 2 号、3 号机组进行了上述改进试验,通过调整压缩气体的压力使搅拌功率发生了明显的变化,大大提高了功效。

6　改进工艺控制要点

由于该改进工艺是多头小直径深层搅拌桩的辅助工艺,工艺改进后,由于压缩气体的压力大小不一,对切割的土体范围也不一样,形成的截渗墙体范围也就不一样。从质量和成本控制方面,一定要注意以下几个环节:

(1)压力大小应该通过试验控制在多头小直径深层搅拌桩能保持正常施工状况即可,即电机动力正常工况下,钻杆能顺利搅拌提升为宜。主要是因为压力大了,有利于切割土体,但切割范围大了后,需要消耗的水泥浆也多,不利于成本控制。

(2)压力确定后,应通过开挖,观测形成墙体的厚度,验算水泥掺入比是否符合设计要求,若不符合应该及时调整喷浆量或者水灰比,使水泥掺入比符合设计要求。调整方式同传统施工工艺。

(3)控制好搅拌提升的速度,因为中间钻杆由喷泥浆改为喷压缩空气,如果不控制好搅拌提升速度,两侧水泥浆液得不到充分混合,可能导致中间桩体质量降低。

7　结语

本工艺克服了多头小直径深层搅拌桩施工技术在砂性土层中的难点问题。在实际应用过程中,还应考虑和注意以下几个方面：

(1)本工艺较适合三轴小直径搅拌桩施工工艺的改进。

(2)本工艺适合钻杆中心距较小的小直径搅拌桩施工工艺的改进。

(3)应该通过试验段确定输送气体压力、水灰比、喷浆量、搅拌提升等施工参数。

作者简介：单建军，男，1982年12月生，淮河工程集团有限公司工程师，主要从事施工管理。E-mail：2161129@qq.com.

前坪水库土工织物模袋混凝土应用研究

梁　斌[1]　崔　闯[1]　皇甫泽华[2]

(1.河南省水利第一工程局　河南郑州　450000;
2.河南省前坪水库建设管理局　河南郑州　450000)

摘　要:模袋混凝土是一种新型现浇混凝土新技术,采用土工织物模袋作为软膜具,通过泵送混凝土或水泥砂浆充灌模具成型。施工简便、速度快、整体性好、耐久性好、地形适应性强、耐磨防冲效果好,开始广泛运用于水利工程。该技术在前坪水库上游砂卵砾石高边坡围堰背水坡得到应用,并对模袋混凝土施工中出现的问题提出了对策和措施,总结出了土工织物模袋混凝土在砂卵砾石料高边坡施工工法,为以后类似工程施工提供经验和方法。

关键词:前坪水库　砂卵砾石高边坡　模袋混凝土　施工工法研究

目前国内采用模袋混凝土的工程较多,该项技术设计及施工已日渐成熟,但截至目前,模袋混凝土用于砂卵砾石边坡坡护并不广泛,特别是前坪水库上游围堰背水坡护坡中高边坡施工还没有先例。前坪水库在时间紧、任务重的情况下,利用模袋混凝土护砌施工简单、速度快、投资省的优点,在进入 2017 年汛期短短 15 天,从模袋生产到模袋混凝土充灌,完成高边坡护坡 9 000 m^2,充灌混凝土 2 294 m^3,确保了汛前节点目标的完成,为前坪水库 2017 年度汛安全打下了坚实的基础。

1　工程概况

前坪水库是以防洪为主,结合供水、灌溉,兼顾发电的大(2)型水库,主坝采用黏土心墙砂砾(卵)石坝。依据批复的施工组织设计,为确保 2017 年度汛安全,2017 年汛前泄洪洞满足通水条件,上游围堰工程完工。上游围堰为主坝坝体一部分,围堰高 41.1 m(顶高程达到 374.4 m),采用砂砾石填筑,20 年一遇防洪标准(堰前库水量将达到约 8 000 万 m^3),2017 年防汛任务极其严重。围堰上游坡比为 1∶2.5(作为永久工程,上游坡采用现浇混凝土护坡),下游坡为裸露的砂砾石,坡比为 1∶1.75。为防止出现超标准洪水,将下游损失降到最小,前坪水库采取的应急措施为:围堰顶部设子围堰,在右侧预留 100 m 排水通道,背水坡采用模袋混凝土护坡,当遇到超标准洪水时,水流尽可能沿溢流面泄流,不至于发生瞬间溃坝。

2　模袋混凝土施工技术要点

2.1　模袋的生产

土工模袋是一种双层聚合化纤织物制成的连续袋状材料,模袋上下两层织物之间每隔一段距离用一定长度的尼龙绳把两层织物连接在一起。根据上游围堰设计特征,充分利用上游围堰背水坡 2 m 宽的马道,将坡长一分为二,马道以上 31 m,马道以下 53 m。在生产模袋时采用 3 m×33 m 及 3 m×55 m 两种规格,厚度为 25 cm,采用缝包机拼接缝合,每 5 m 预留一个充灌口。沿坡比方向不留拼接缝,避免浇筑时发生撕裂引起滑坡。

2.2　混凝土配合比

模袋混凝土选用 C30 细石混凝土,配合比为水泥∶砂∶细石=1∶3.21∶2.21(重量比),水灰比为 0.55,坍落度 200~230 mm,可适当外加减水剂和引气剂,混凝土拌和时黏聚性良好。

2.3　模袋铺设及加固

围堰为砂砾石填筑而成,在铺设模袋之前,安排人工进行坡面整平,清除超径卵砾石,铺设一层 250

g 土工膜，防止在充灌混凝土时，尖锐石块划破模袋。在围堰顶部及马道上开挖 1 m 深、0.5 m 宽齿槽，齿槽内采用钢钎锚固，锚固深度 1 m、间距 2 m，在模袋顶端套管内插入钢管，钢管套在钢钎上加固。在施工前从生产厂家了解到模袋在施工中会产生收缩，横向收缩量为 8%，沿坡长收缩量为 6%，在铺设时应充分考虑收缩量，避免浇筑后产生尺寸不足现象。

2.4　模袋混凝土的充灌

模袋混凝土采用泵送充灌，先充灌齿槽内的模袋，待齿槽模袋混凝土凝结后，再由下往上分层充灌。每一个充灌口充灌混凝土必须达到饱满状态，并配以人工踩压平顺，根据施工环境，推算混凝土初凝时间，当充灌后的混凝土即将达到初凝时，从下一个充灌口进行充灌，根据从充灌到即将初凝的时间决定充灌的水平宽度，充灌速度控制在 25~35 m^3/h，每个灌口灌充饱满后，应停留 3~5 min，在该段时间内持续踩压灌口周围模袋，待模袋中水分析出后用铁丝将注料口绑扎牢固。

3　模袋混凝土施工中存在的问题及采取的对策措施

在模袋混凝土施工初期易出现尺寸不足，表面不平整等问题，经过分析研究，找出了出现问题的原因，并采取了相应的对策措施，质量得到控制，效果较好，各项检测结果符合设计要求。

3.1　出现的问题及原因分析

模袋混凝土浇筑尺寸不足主要有两个方面，一是浇筑完成后模袋收缩造成尺寸不足，二是浇筑完成后厚度不够。出现问题的原因主要有：

(1)铺设、固定时对材料收缩预留量不足。

(2)模袋顶部锚固钢管分布不均匀，导致浇筑过程中受力不均。

(3)混凝土坍落度、骨料级配不合理。

(4)混凝土疏导不到位。

(5)施工人员责任心不强，质量意识差。

模袋混凝土表面不平整主要有两个方面，一是充灌不连续造成接缝初凝不衔接，二是充灌混凝土不饱满。出现问题的原因主要有：

(1)混凝土疏导不到位，部分区域充填不密实。

(2)模袋材料内部箍筋松紧不均。

(3)充灌不连续，新旧交接缝处理不到位。

(4)成品保护不到位，初凝时人员踩踏。

(5)混凝土泵送功率过大或过小。

(6)未及时清理散落混凝土及水分析出时浮浆，造成外观质量不合格。

3.2　对策和措施

(1)对生产厂家提出要求，模袋材料内部箍筋松紧均匀，保证充灌时均匀受力；与生产厂家及时沟通，吸取其宝贵经验，确定模袋充灌时收缩量，浇筑过程中充分计算收缩量，避免因收缩量预留不足、收缩量分布不均造成尺寸不足。

(2)模袋锚固时，因钢钎受力面积小，外部须套钢管锚固，锚固钢管间距为 2 m，锚固部位通过拉线、量测控制，保证锚固部位间距及横向偏差一致，保证模袋在浇筑填充时材料受力均匀。浇筑填充过程中，加强框格线及底边部位检查，发现局部受力不均，出现“喇叭口”，要及时调整对应位置锚固钢管深度，调整张拉力，保证受力均匀。

(3)模袋混凝土采用泵送方式浇筑，浇筑入仓靠混凝土自流结合人工疏导。混凝土坍落度过小，流动性差，易造成堵塞；坍落度过大，稠度小，容易造成骨料离析。级配不合理亦容易造成混凝土流动不畅，无法满足施工和质量要求。施工前，先进行现场试验，在保证质量和投资较少的前提下不断调试混凝土，经试验，坍落度为 200~230 mm，骨料采用 5~10 mm 细石，砂率为 49%左右，冲灌压力为 0.2~0.3 MPa，能够满足施工需要，保证质量。浇筑过程中，加强过程检查，保证混凝土拌和质量稳定，如有变化，及时采取措施，防止不合格料入仓。

（4）在施工中，由专人对浇筑部位负责疏导，时刻关注模袋鼓包饱满情况，以及混凝土流动情况，及时疏导。疏导方式：人员踩踏拥堵部位，保证混凝土在模袋内部畅通。因模袋混凝土性质特殊，混凝土浇筑基本完全靠自身流动性填充，而混凝土流动性是随着时间在逐步减小，混凝土在模袋中容易堆积拥堵，造成局部填充不饱满，严重拥堵时会造成胀袋。

（5）在施工过程中，加强施工人员成品保护意识，混凝土未达到中凝状态，禁止人员踩踏；因胀袋或操作失误散落的混凝土及表面浮浆，及时安排人工清理，避免外观质量检查不合格。

4　结语

模袋混凝土施工工艺是最近20年来世界上发展起来的一项新技术，具有功效高，投资省，外观美等特点，模袋混凝土在前坪水库上游围堰背水坡边坡护砌中成功应用开创了良好的先例，为今后模袋混凝土在土石坝高边坡施工中总结经验。

参考文献

[1] 霍海平，胡建明，张志坚.模袋混凝土技术在水利工程中的应用[J].水利水电快报，2008，29(1)：36-37.
[2] 崔绍炎.土工模袋混凝土护坡施工工艺及质量控制[J].海河水利，2006(1)：47-48.

作者简介：梁斌，男，1972年9月生，河南省水利第一工程局，高级工程师，主要研究水利工程施工新技术、新方法。E-mail：895157952@qq.com.

浅谈前坪水库泄洪洞塔体混凝土质量控制

程　超[1]　伍方正[1]　宋　楠[1]　皇甫明夏[2]

(1.河南科光工程建设监理有限公司　河南郑州　450000;
2.河南省豫东水利工程管理局　河南开封　457000)

摘　要:泄洪洞控制段塔体工程混凝土施工质量控制的关键点在于塔体混凝土浇筑的垂直运输、大体积混凝土温控及模板工艺的施工。本文重点对这三方面混凝土的质量控制措施进行了详细探讨。

关键词:泄洪洞　塔体混凝土　多卡悬臂模板　垂直运输　温控

1　工程概况

前坪水库是国务院批准的 172 项重大水利节水供水工程之一,位于淮河流域沙颍河主要支流北汝河上游洛阳市汝阳县,是一座以防洪为主,结合供水、灌溉,兼顾发电的大(2)型水利枢纽工程。主要建筑物包括主坝、副坝、溢洪道、泄洪洞、输水洞、电站等。主坝采用黏土心墙砂砾(卵)石坝,坝顶长 818 m,最大坝高 90.3 m。

泄洪洞工程位于主坝左侧,包括引渠段、控制段、洞身段、消能工程段等部分。其中,控制段塔高 68.5 m,为岸坡式建筑物,底板长×宽=38 m×17.5 m,厚 4 m,流道宽 6.5 m,墩墙外侧经 2 次向内收缩,至顶部尺寸为 22.05 m×9.5 m。设置一扇平面检修闸门和 1 扇弧形工作门,在高程 386 m 平台处设置 1 台 2 000/315 kN 液压启闭机,塔顶设置 1 台 3 200 kN 卷扬式启闭机。

2　泄洪洞控制段塔体混凝土施工质量控制

2.1　模板工程施工质量控制

该塔体施工模板采用多卡悬臂模板,多卡悬臂模板是葛洲坝集团项目管理有限公司施工科学研究所的专利产品,该模板具有不用搭设内外脚手架、模板强度高、施工速度快、接缝严密、混凝土表面光洁、周转次数多等优点,被国内大型水利水电工程(例如溪洛渡、向家坝水电站等)普遍采用。该模板主要由模板、上平台、主背楞桁架、斜撑、后移装置、受力三角架、主平台、下平台、埋件系统组成。支架、模板及施工荷载全部由对拉螺杆、预埋件及承重三脚架承担,不需另搭脚手架,适于高空作业;模板部分可整体后移 650 mm,以满足绑扎钢筋,清理模板及刷脱模剂等要求;模板可利用锚固装置使其与混凝土贴紧, 防止漏浆及错台;模板部分可相对支撑架部分上下左右调节,使用灵活;利用斜撑,模板可前后倾斜,最大角度为 30°;各连接件标准化程度高,通用性强;支架上设下工作平台,可用于埋件的拆除及混凝土处理;悬臂支架设有斜撑,可方便调整模板的垂直度。

塔体底板以上的内外模均使用规格 3 m×3.1 m 的多卡悬臂模板,塔体一次浇筑 3 m 高度。采用多卡悬臂模板,不易产生错台,且浇筑出的混凝土表面光滑,接缝少,不易跑模,缺陷处理工作量小,对于目前外观要求严格的混凝土有极高的可操作性。

2.2　大体积混凝土浇筑的温控控制

混凝土浇筑温度是混凝土施工中控制的重点和难点,入仓温度控制不好将直接影响混凝土的坍落度、和易性,而且会使混凝土内外温差过大,从而产生温度应力,导致混凝土产生裂缝。为避免混凝土温度变化影响混凝土的质量,采用了以下措施进行控制。

2.2.1　增设后浇带

在底板的位置增加 0.8 m 宽的后浇带,将 38 m 的底板一分为二,混凝土分两仓浇筑。最后待两侧混凝土内部温度稳定，再采用微膨胀混凝土进行后浇带浇筑。

2.2.2 优化配合比、采用低热水泥

采用三级配常态混凝土（添加聚羧酸高性能减水剂）浇筑，因混凝土强度理论的基础是水胶比的大小，因此在保证水胶比及和易性不变的情况下，进一步减少水泥用量；并采用低热水泥替代普通水泥，进一步减少水化热。

2.2.3 骨料预冷及控制运输过程温度

搭设全封闭砂石料储料仓，并在料仓内安装喷淋设备，通过使用井水和冷水机冷却水对骨料进行预冷；采用2台制冷机生产拌和用水，降低拌和水温度。混凝土罐车外部加裹罐衣，皮带输送机上部加装遮阳板，控制混凝土输送过程的回温。

2.2.4 控制混凝土入仓温度

严格落实“内降外保”的控制措施，降低浇筑层厚度，加快平仓振捣速度，在模板外张贴5 cm厚保温板进行保温。

2.2.5 采用冷却水管

在底板混凝土内埋设水平间距 $S=1.5$ m，垂直间距 $H=1.5$ m 的冷却水管，使混凝土内部热量及时散失，达到削峰与减差的效果。混凝土开始浇筑时即开始大流量通水，及时带走混凝土内部水化散发的热量，使热量不在内部聚集，达到削减内部温度峰值和减小内外温差的目的。通水过程中，结合光纤内部测温，用温度计量取出水口温度，两者温差不应大于25 ℃；并通过采取控制通水流量和变换通水方向的方法，以解决水管四周混凝土出现冷凝和细小裂缝。冷却水管由专人负责，控制降温速度不大于1.0 ℃/d，并做好相应测温与通水方向记录，以方便查询和进行相关数据的分析。

冷却水管铺设过程中，单个冷却水管铺设长度不超过300 m，同一仓面冷却水管长度应尽量平均分配，干管内径40 mm，支管内径32 mm，每根干管上支管最多不超过3根。底板冷却水管典型水平剖面见图1。

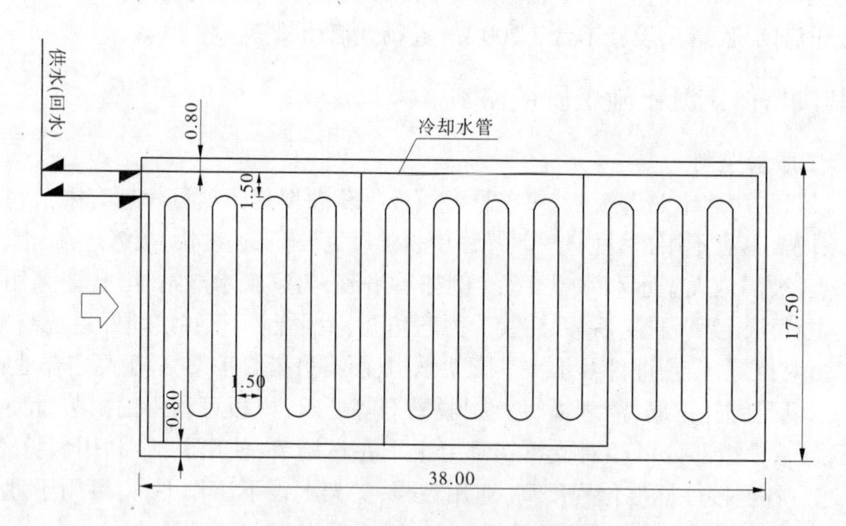

图1 底板冷却水管典型水平剖面

2.2.6 表面保护

混凝土浇筑完成后，采用棉被覆盖进行保护，防止内外温差过大。

2.2.7 采用光纤测温技术

与北京航空航天大学合作，采用光纤测温技术，利用分布式光纤对大体积混凝土内部温度高度敏感的特性，采用数据采集与传输一体化的技术，对核心部位混凝土温度进行在线监测。

通过以上一系列措施的落实，泄洪洞进水塔温控效果显著，未发现一条贯穿性裂缝。

2.3 混凝土的垂直运输

塔体混凝土除底板混凝土从进口引渠经水平安装的皮带机进入布设在流道中央泄0+016.1的仓面

布料机入仓浇筑外(见图2),其余部位的混凝土浇筑(见图3)均经高程424.5 m马道卸料给架设的650 mm宽皮带机(简称1#机),经1#机水平运输至box管钢站柱,卸料进入直径300 mm的box管进行垂直运输,期间经过缓流器的缓冲与消能后进入另外一台水平布设的650 mm宽皮带机(简称2#机),继续水平运输后卸料给布设在桩号泄0+016.1处的臂长22 m的仓面布料机,仓面布料机360°旋转与伸缩大臂,对浇筑仓面进行全覆盖,完成一仓混凝土的浇筑。

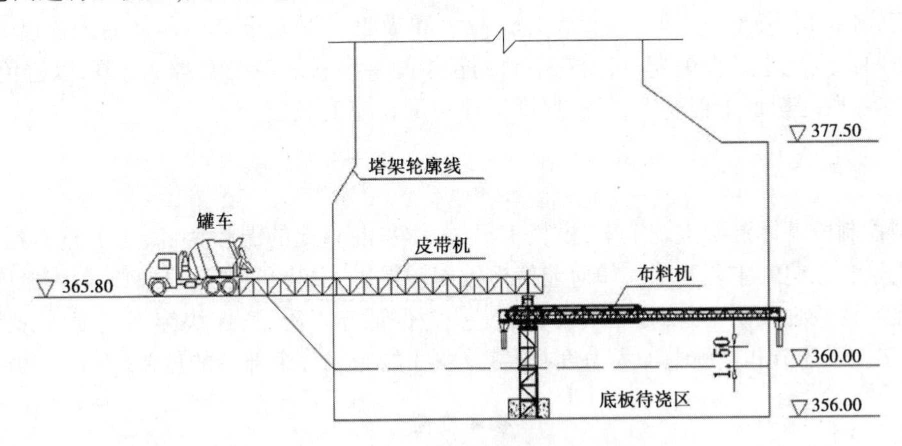

图2　塔体底板浇筑布置纵剖面图

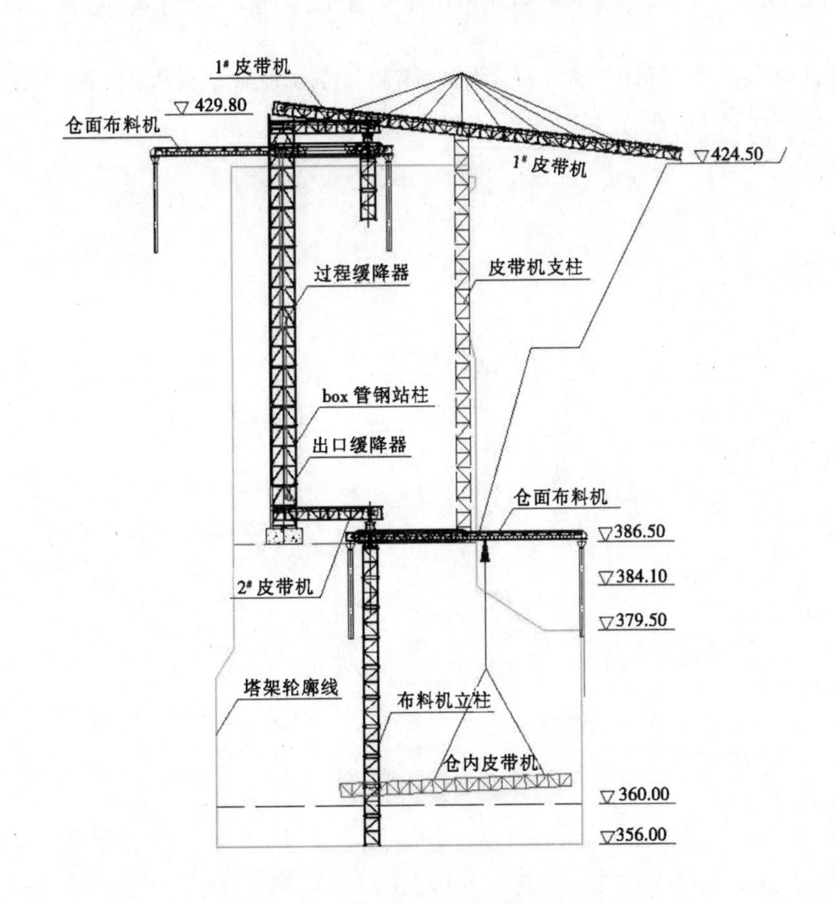

图3　塔体浇筑示意图

布料机布设在0+016.1流道中央,每6 m上升一次,经过液压缸平台时,在立柱上焊接锚固钢筋,使其锚固在平台混凝土内并割除下部立柱,经过液压缸平台后,每6 m设置一道双向扶壁支撑以确保其稳定性,进水塔封顶后,全部拆除布料机钢站柱和混凝土浇筑系统。

每次开仓浇筑前,先用清水湿润皮带机和box管,再用砂浆进一步润滑,避免首车混凝土内的浆液因粘在皮带机和box管管壁上而使混凝土到达仓面时成为疏松的分散体,减轻平仓振捣难度,减少出现蜂窝狗洞的概率。每次浇筑完毕后,把安装有喷淋头的软管从上而下插入 box 管内,通水后对管壁进行冲洗,避免混凝土在管内的逐渐黏结和积存。

混凝土垂直运输系统缓流器由壁厚 10 mm 的钢管和钢板焊接而成,主要由进料口、缓冲消能仓、卸料门和出料口组成,当混凝土从进料口自由下落进入缓流器后,先储存在缓冲消能仓内一部分,其余从出料口出来后继续自由下落,在缓冲消能仓内的混凝土凝固前,打开下部的卸料门,放出仓内的混凝土。由于缓冲消能仓内的混凝土一直处于松软状态,减缓和吸收了混凝土自由落体时的速度和冲击能量。如果混凝土下料高度比本工程更高,只需在下料钢管中间多串联一些缓流器,一样可以避免骨料离析和破碎现象的产生,既能保证工程进度,又能保证工程质量和施工安全。

3 结语

在泄洪洞控制段塔体混凝土施工中,模板工程、大体积混凝土的温控、混凝土的垂直运输是控制混凝土的施工质量和工期的主要问题。如何能使模板周转得快、安装和脱模方便,以及混凝土浇筑方法得力是在施工前需要精心策划、比较分析而最后确定。为保证施工质量、加快施工进度,除必要的材料和设备外,还要在施工环节和措施上加大力度,统筹兼顾才能完成各个部位的任务。

参考文献

[1] 中华人民共和国水利部.水工混凝土施工规范:SL 677—2014[S].北京:中国水利水电出版社,2015.

作者简介:程超,男,1986 年 5 月生,河南科光工程建设监理有限公司,工程师,主要从事水利工程施工现场监理工作。E-mail:172102387@ qq.com.

水利工程临时用地复垦方案编制的必要性浅析

徐睿杰　李鹏程

（河南省前坪水库建设管理局　河南郑州　450000）

摘　要：土地资源是人类生存和发展的重要物质基础，但是正在遭受现代社会发展的侵蚀。只有处理好土地资源的保护和社会发展之间的矛盾，才能保障人类社会安全、合理地向前发展，而水利工程建设中，由于工程建设需要，将征用大量的临时用地，这些临时用地因工程施工挖损、占压等造成了土地资源的破坏及生态环境的恶化。为做好土地的持续利用，水利工程临时用地复垦是十分必要的。本文从土地复垦的意义、目的、原则及相关法律法规等方面分析了水利工程临时用地复垦方案编制的必要性。

关键词：水利工程　临时用地　复垦方案　必要性

1　引言

土地资源是国家重要的自然资源，土地资源的开发利用有力地支持了各项生产建设。工程在施工建设中，由于工程建设需要，需征收部分土地作为临时用地使用，因工程施工挖损、占压等造成了土地资源的破坏及生态环境的恶化。为及时对损毁的土地进行复垦利用并及时恢复建设区生态环境，就必须根据“因地制宜、综合利用”的原则编制土地复垦方案，有利于工程结束后更好地恢复原有地貌。

2　土地复垦的意义

土地复垦在早期被简单地称为“复耕”、“造地覆田”等，没有科学的理论指导。在我国1988年发布的国务院令第19号文件《土地复垦规定》中规定，土地复垦指在生产建设中，因挖损、塌陷、压占等造成破坏的土地，采取政治措施，使其恢复到可供利用状态的活动。2011年国务院常务会议通过的《土地复垦条例》重新界定了土地复垦的概念，定义土地复垦是指对生产建设活动和自然灾害损毁的土地，采取整治措施，使其达到可供利用状态的活动。国外政府也对土地复垦工作十分重视，美国、英国等国家于20世纪也开始进行土地复垦的研究，制定、颁布相关的法律法规，积极采取各种措施来进行土地复垦工作。土地复垦工作得到了各个国家的重视，足见其重大的意义。

2.1　保护土地资源

我国正处于社会高度发展的时期，城镇化的不断推进与各类项目的实施，都需要大量的土地资源。而我国长期以来形成的粗放式发展往往忽略了对土地资源和自然环境的保护。近年来，由于人为因素、土地荒漠化、水土流失等因素的影响，土地资源遭到了严重的破坏，且未得到有效的治理。编制临时用地复垦方案，着实为水利建设中的临时用地得到有效的治理，并能保证土地复垦措施的开展、快速推进土地复垦工作的进程，最终保障土地资源的合理利用和持续利用。

2.2　保护环境

近年来，我国各种极端恶劣天气、洪涝灾害、沙尘暴天气发生的频率严重增加，雾霾等环境问题也频繁发生。沙尘暴天气、洪涝灾害很大一部分原因是我国在工业化、城镇化及各类项目中，土地资源过度利用，未得到有效的保护和治理，这些土地如果没有进行土地复垦，没有植被保护，慢慢就被荒漠化或造成水土流失，进而演变成沙尘暴、洪涝灾害等自然灾害。

3 土地复垦理论

3.1 生态系统恢复与重建理论

任何一个生产系统都具有一定的特点,有自我维持、自我修复的功能,轻微程度的外部因素,不会对生态系统造成致命的打击。生态系统的恢复就是对该生态系统的土壤、植被和自身循环的恢复,使其恢复到原有的系统结构和功能。但是,若遭遇到严重的生态破坏,或超越生态系统自身的承受极限、恢复极限,生态系统将难以恢复到原有的状态,这时便需要进行生态重建。生态重建的关键是提供生态系统循环所需的物质及结构,使其恢复自我维持及自我修复工程。

3.2 土壤重构

被破坏的土地土壤结构、营养等遭到损毁,这将不利于土地复垦工作的进行,其中对复垦土地的地表土壤进行重构是土地复垦的关键。水利工程中经常用到的方法为将目标区域的表层土壤进行收集并集中堆放,等工程结束后再运回到原地,进行回填翻耕。这部分土壤保留了原有的营养成分及微生物分布,对周围的环境能够很好地适应,能够加快土地复垦的进度,达到理想的土地复垦效果。

4 临时用地复垦方案的编制

4.1 编制背景

2006 年 9 月,国土资源部会同国家发展和改革委员会等七部委联合下发了《关于加强生产建设项目土地复垦管理工作的通知》,严把土地复垦关,使国家和地方各项土地管理法规政策落到实处。

水利工程在建设过程中不可避免地要使用临时用地,包括施工生产生活区、临时施工道路等。根据《关于组织土地复垦方案编报和审查的有关问题的通知》(国土资发〔2007〕81 号)和土地复垦条例要求,应做好生产建设项目土地复垦方案的编制、评审、报送审查工作。

4.2 编制目的

为了落实珍惜、合理利用土地和切实保护耕地的基本国策,规范土地复垦活动、加强土地复垦管理,进一步提高土地利用的社会效益、经济效益和生态效益,编制临时用地复垦方案的目的:一是明确土地复垦的目标、任务,规范、指导项目区土地复垦工作,促使土地复垦工作规范化、制度化;二是明确土地复垦责任人的责任和义务,将土地复垦的措施、资金落到实处,保障土地复垦工作的实施;三是合理利用土地、保护耕地,防止项目区水土流失,恢复项目区土地生态环境,促进项目区及周边地区土地资源持续利用,保障项目区经济可持续发展;四是为国土资源主管部门加强对土地复垦义务人实施土地复垦工程的监督管理以及征收土地复垦费提供依据。

4.3 编制原则

根据当地自然环境和经济发展情况,按照经济可行性、技术科学合理、综合效益最佳和便于操作的要求,结合项目特征和区域情况,体现以下复垦原则:

(1)坚持经济可行性原则。土地复垦需要有一个资金投入产出的标准,以农用地为主的复垦中,要考虑投资收益的边际效应,要适应周边的经济状况和生态环境,要兼顾企业的建设成本。

(2)坚持科学规划原则。依据项目所在地的土地利用总体规划及土地复垦专项规划,合理确定复垦目标、任务、复垦进度、复垦措施,编制最佳的复垦区域规划。

(3)坚持综合治理、综合效益最佳的原则。土地复垦方案将土地复垦工程和水土保持、环境治理等工程综合考虑、统筹规划,最终形成一个相互关联、综合整治的方案,使复垦后的区域形成可持续发展状态。在复垦过程中,除保证区域内的农业用地外,还需建立良好的土地利用结构和布局,提高土地利用率。根据复垦后的土地特征,合理规划各项用地,使复垦后的土地综合效益达到最大化。

(4)坚持因地制宜原则。复垦方案结合当地实际情况,使损毁土地达到可利用状态,同时结合我国人多地少、耕地后备资源不足的情况,复垦的土地优先用于种植业、林业等农业生产,选择适当的复垦模式和复垦技术方法,避免简单的生搬硬套。

(5)坚持源头控制、预防和复垦相结合的原则。土地复垦应与项目的主体工程相结合,在最初进行工程施工时,应考虑到土地复垦的重要性,尽量少损毁土地,降低土地损毁的程度,珍惜土地资源,保护好腐殖土,使复垦后的土壤质量不降低。

4.4　相关法律法规及政策

水利工程临时用地复垦方案在编制工程中,应严格按照国家相关的法律法规进行编制,同时应结合国土部和当地国土部门颁布的相关政策、土地复垦的标准规范、地方的总体规划及建设项目的技术文件等进行编制。比如《中华人民共和国土地管理法》、《中华人民共和国土地管理法实施条例》、《土地复垦条例》、《土地复垦条例实施办法》等。

5　结语

我国的土地复垦工作近年来虽然取得了一定的进展,但是离规范化还有很大的差距,在水利工程建设项目中,大量的临时用地在复垦后要达到最佳的效果,就必须科学合理规划编制土地复垦方案,使其在工程结束后,能够按照土地复垦方案科学、系统、合理地去完成土地复垦。土地复垦工作是对国家"十分珍惜和合理利用每寸土地,切实保护耕地"基本国策的支持,做好土地复垦工作,促进社会合理、可持续的发展。

参考文献

[1] 王万茂,王群.土地利用规划学[M].北京:北京师范大学出版社,2010.
[2] 全国土地利用总体规划纲要(2006~2020 年)[M].北京:中国法制出版社,2008.
[3] 魏远,顾红波,薛亮,等.矿山废弃地土地复垦与生态恢复研究进展[J].中国水土保持科学,2012,10(2):107-114.

作者简介:徐睿杰,男,1978 年 5 月生,河南省前坪水库建设管理局,科长,主要从事水利工程管理工作。E-mail:848552768@163.com.

前坪水库输水洞设计

伦冠海[1] 钟恒昌[1] 李 臻[1] 皇甫泽华[2]

(1.中水淮河规划设计研究有限公司 安徽合肥 230001;
2.河南省前坪水库建设管理局 河南郑州 450000)

摘 要:前坪水库输水洞位于大坝右岸,洞身采用有压圆形隧洞,担负着农业灌溉、工业及城市供水、生态基流、引水发电四项任务。主要特点是分四层取水、地质条件复杂。根据输水洞不同部位开挖揭示的地质情况,对锚喷和衬砌进行动态跟踪设计。

关键词:前坪水库 输水洞 设计 锚喷支护

1 工程概况

前坪水库是国务院批准的172项重大水利节水供水工程之一,位于淮河流域沙颍河主要支流北汝河上游洛阳市汝阳县,是一座以防洪为主,结合供水、灌溉,兼顾发电的大(2)型水利枢纽工程,总库容5.84亿 m^3,主要建筑物包括主坝、副坝、溢洪道、泄洪洞、输水洞、电站等,工程等别为Ⅱ等。主坝采用黏土心墙砂砾(卵)石坝,左岸布置溢洪道和泄洪隧洞,右岸布置导流洞和输水洞及电站。

前坪水库输水洞位于导流洞右侧,它担负着农业灌溉、工业及城市供水、生态基流、引水发电四项任务,建筑物主体为2级,进出口边坡级别为3级。设计洪水标准为500年一遇,校核洪水标准为5 000年一遇,最大供水流量34.5 m^3/s。

2 输水洞地质条件

输水洞引水渠段主要位于弱风化安山玢岩中,断层 f_{43} 通过引水渠段。引水渠进口处分布人工堆积的碎石,土质疏松,抗冲刷能力差。引渠边坡岩性主要为弱风化安山玢岩,f_{43} 断层通过处为强风化,结构疏松,裂隙发育,易发生崩塌,掉块,边坡稳定性差。

输水洞进水塔段位于弱风化安山玢岩中,岩体裂隙较发育,完整性差,f_{43}、f_{121} 穿过该段。断层破碎带结构疏松,岩体稳定性差或不稳定。

输水洞进口渐变段上方现有一废弃公路隧洞,隧洞方向为北东40°左右,隧洞底板进口中心高程为371 m,洞径约8.5 m,隧洞开挖长度约45 m。根据隧洞内测绘资料,废弃隧洞内围岩为弱风化安山玢岩,岩体裂隙发育,一般呈闭合—微张状(裂隙宽度一般为0.5~2 cm),延伸短,一般2~3 m,岩体裂隙频率8~9条/m^2,充填泥质,隙面较平滑。f_{43} 断层距隧洞口约22.0 m,至30.0 m左右处未穿越,断层破碎带由碎块岩、断层泥组成、成分较杂,结构较疏松,碎块岩粒径5~20 cm,部分25~30 cm,个别达30~40 cm以上。废弃隧洞开挖过程中在断层带出现塌方冒顶现象,形成高约7.0 m的冒顶塌落区。输水洞进口西北有 f_{43} 逆断层,断层走向(产状110°∠58°~70°)与洞轴线(走向NW22°)近垂直。根据钻孔资料,古近系砾岩透水率为1.2~3.0 Lu;下伏安山玢岩透水率为0.17~3.4 Lu,局部达6.7 Lu,均属于弱透水性。

输水洞洞身围岩以弱风化安山玢岩为主,岩石饱和抗压强度为64.7 MPa,岩体完整性系数为0.28。岩体裂隙发育,岩体裂隙频率8~9条/m^2,裂隙以微张为主,延伸不远,一般为2~3 m,宽度为0.5~1.5 mm,为半—全充填,充填物为钙质、泥质及铁锰质薄膜,围岩类别属Ⅲ类。f_{40} 断层(产状走向190°∠84°)与洞轴线夹角约78°,破碎带宽为0.2~0.6 m,断层带由碎块岩、角砾岩及断层泥组成,强度较低,对洞身稳定有一定影响。输水洞洞身段进口、出口及断层 f_{43}、f_{120}、f_{121}、f_{41}、f_{35} 断层破碎带位置岩体强度较低,隧洞开挖后与裂隙组合成不稳定的楔形体,局部可能存在塌落现象,稳定性差,围岩类别为Ⅳ类。

进口洞脸部分位于强风化安山玢岩中，主要裂隙产状 290°∠ 75°，与进口洞脸边坡呈近垂直相交，倾角 60°，存在洞脸边坡稳定问题。

3　输水洞工程布置

输水洞工程包括进水渠段、进水塔段、洞身段、明埋钢管段、锥阀电站段、尾水建筑物等六部分。

3.1　进水渠段

引渠段中心线长 60 m，渠道底宽 4 m，引渠受地形限制，设置有平面弯道，引渠末端为 10 m 长渐变段与进水塔相连接，渐变段渠底宽由 4 m 渐变为 6 m。引渠横断面采用梯形断面，两岸边坡为 1 ∶ 0.75，设有 8 m 宽马道，兼作施工道路。

3.2　进水塔段

进口采用半径 1 m 的圆弧曲线，后设有清污机及拦污栅，进水塔作为水电生态友好实践的重要组成部分，采用四层取水，下游设事故闸门。最下层工作闸门及事故闸门孔口尺寸为 4 m×5 m，其他三个工作闸门孔口尺寸为 4 m×4 m。进水塔上设有检修平台，顶部设工作平台，工作平台上设操纵室。操纵室内设置 4 台液压启闭机和 1 台高扬程固定卷扬式启闭机。

3.3　洞身段

输水洞为有压圆形隧洞，进口洞底高程为 361.0 m，出口洞底高程为 348.58 m。在进水口后 12 m 长度内洞身断面尺寸由 4.0 m×5.0 m 矩形断面变为直径 4.0 m 的圆形断面。其后为 244 m 长圆形洞身，洞身段底坡为 1/21。Ⅲ类围岩范围内隧洞衬砌厚度为 0.5 m，Ⅳ类围岩（断层带）范围内隧洞衬砌厚度为 0.8 m，洞身衬砌材料为 C25 钢筋混凝土。洞身段固结灌浆孔间排距 3 m，孔深 3 m，灌浆压力 0.3～0.5 MPa。

3.4　明埋钢管段

洞身出口采用压力钢管。钢管内径为 4.0 m，后分三支进入水轮机，内径分别为 2.2 m、2.2 m、1.8 m，一支进入锥阀，内径为 2.4 m。压力钢管均水平布置。输水洞出口边坡为 1 ∶ 0.75。

3.5　锥阀电站段

明埋钢管出口接锥阀用以补充和供给灌溉等用水，后接锥阀消力池段。岔管接电站，电站装机容量为 2×2 400 kW 和 1×1 200 kW，电站尾水与锥阀尾水一同汇入尾水池。

3.6　尾水建筑物

尾水池下游边布置供水渠首节制闸和电站退水闸。节制闸为长 13 m 的双孔开敞式闸，单孔净宽 3 m。闸室内设 3 m×4 m 的工作门，为连接退水闸的交通，在检修平台上游布置有交通桥。交通桥下游为检修平台，检修平台上部为排架结构，布置有操纵室。退水闸为长 13 m 的单孔平底闸，闸孔净宽 3.5 m。闸墩顶部设检修平台，检修平台上部为排架结构，布置有操纵室，闸下游为陡坡暗渠通导流洞尾水渠。

4　支护设计

4.1　进出口边坡支护设计

进出口弱风化安山玢岩边坡采用喷锚支护，锚杆间排距均为 2.5 m，锚杆采用长 4.5 m 的Φ 25 螺纹钢筋；喷 C25 混凝土厚 100 mm 并挂钢筋网进行保护，钢筋直径 8 mm，网格间距 200 mm；采用喷锚支护的边坡设置排水孔，排水孔间排距均为 2.5 m，上倾角 10°，孔径为 50 mm，采用土工布包裹。

4.2　洞身支护设计和地基处理

根据地质情况，支护方式考虑喷 C25 混凝土厚 100 mm，用于洞室侧面和顶部圆心角 240°范围内；锚杆为Φ 25 钢筋长 3 m，梅花形布置，间距 2.5 m，并挂钢筋网，钢筋直径 8 mm，网格间距 200 mm，支护范围为顶部圆心角 180°。

5　结语

输水洞设计方案即考虑了进口尽可能避开北汝河与浑椿河交汇处水流紊乱区域，出口尾水尽可能减少对坝下西庄村的影响，还要考虑与导流洞进口布置间距要求等因素；同时对发电下泄低温水流对水温敏感目标影响程度的分析和水温计算成果设计四层取水，以保证电站在不同工况下进水口均能取到库区上层水，降低低温水对鱼类等生物生长的影响；并根据输水洞不同部位开挖揭示的地质情况，对支护和衬砌进行动态跟踪设计优化。

参考文献

[1] 杜效鹄，喻卫奇，芮建良.水电生态实践——分层取水结构[J].水力发电，2008，34(12)：28-32.

作者简介：伦冠海，男，1985 年 9 月生，中水淮河规划设计研究有限公司，工程师，主要从事水利工程设计工作。E-mail：lunguanhai@ 163.com.